Dr. A. Winter

Angelsport

I. Teil:
Grundangeln

II. Teil:
Spinnangeln

III. Teil:
Flugangeln

in einem Band

Mit insgesamt 271 Abbildungen
und 4 Tafeln

Verlag von R. Oldenbourg, München und Berlin 1929

I. Teil

Grundangeln

Mit 96 Abbildungen

Vorwort zur 1. Auflage.

Es mag fürs erste befremdlich erscheinen, daß ich kein geschlossenes Buch über den Angelsport verfasse, wie es bisher bei uns üblich war, daß ich vielmehr den Angelsport nach seinen Hauptübungsarten in Einzelbänden behandle. Ich glaube aber dem Leser damit entgegenzukommen, insbesondere jenem Teile meiner Sportbrüder, welcher nur Gelegenheit hat, diese oder jene Art des Angelns zu betreiben, oder an ihr und ihrer Ausübung ein mehr oder minder betontes Sonderinteresse hat. Ich habe dabei in erster Linie an den Hauptvertreter unseres Angelwesens, den Grundangler, gedacht, welcher bisher in allen unseren Werken ziemlich stiefmütterlich behandelt worden ist und fast durchgehend englische Texte überliefert erhielt. Es muß zugegeben werden, daß das Grundangeln jenseits des Kanals von jeher gepflegt und den Fortschritten und der Modernisierung des Sports und der dazugehörigen Geräte entsprechend auf eine hohe Stufe gebracht worden ist, andererseits aber darf man wieder nicht außer acht lassen, daß sehr vieles, was für England unbedingt Geltung hat, sich für kontinentale bzw. spezifisch deutsche Verhältnisse nicht oder nur in sehr bedingtem Maße eignet, wenn auch die allgemein gültigen kardinalen Richtlinien an sich die gleichen sind.

Lokale Verhältnisse schaffen dann jeweils eine Menge von Variationen des Themas, die alle zusammenzufassen, abgesehen von der fast nicht zu bewältigenden Arbeit, das Buch zu einem unverhältnismäßigen Volumen anschwellen lassen würde.

Ich habe mich deshalb bemüht, alles in der Hauptsache unseren heimischen Verhältnissen anzugleichen und damit dem Leser einen Führer in die Hand zu geben, der ihm für diese ein durchaus verläßlicher Berater sein soll.

Wenn ich auch von vornherein der Ansicht bin, daß der erfahrene Angler sich vielleicht veranlaßt fühlen wird, das eine oder das andere des Gesagten in seinem Wasser unter besonderen Verhältnissen nachzuprüfen und je nachdem anzunehmen, abzuändern oder abzulehnen, widme ich mein Buch und meine darin niedergelegten Erfahrungen in erster Linie dem Anfänger, dessen Bedürfnisse in unserer bisherigen Literatur, wenigstens soweit sie das Kapitel Grundangeln erörtert, nur wenig berücksichtigt worden sind.

Aus guten Gründen habe ich mich vielfach über die Geräte und deren teilweise Herstellung durch den Angler selbst ausführlicher geäußert, nicht etwa um der Industrie Konkurrenz zu machen, sondern um dem werdenden Jünger Petri zu zeigen, daß der Angler in allen Lebenslagen eine gehörige Portion Selbständigkeit zeigen und besitzen muß, nebst gründlicher Kenntnis der Materie.

Es ist mir eine angenehme Pflicht, allen denen zu danken, die mir durch Rat und Tat bei meiner Arbeit zur Seite standen, ganz besonders dem geehrten Verlage Oldenbourg, sowie Herrn Hermann Stork jun., der mich durch Überlassung zahlreicher Druckstöcke aus seiner „Gerätekunde" in die Lage versetzte, viele vorzügliche Abbildungen mehr bringen zu können.

So darf ich denn mein Buch den Händen der Anglerwelt in der Hoffnung übergeben, sie mit dem neuen Wege, den ich betreten, einverstanden zu sehen.

Waldneukirchen, Herbst 1928.

Dr. August Winter.

Die Angelgeräte-Fabrik H. Stork, München, Residenzstraße 15, stellte aus ihrer „Gerätekunde" und ihrem Katalog die Druckstöcke zu folgenden Abbildungen des vorliegenden Buches dankenswerterweise zur Verfügung.

Abbildungen 3, 4, 5b, 5c, 6, 7, 8, 10, 14. 15, 16, 17, 18, 20a, 20b, 21a, 21b, 22a, 22b, 23, 24, 32, 35, 36, 37, 39, 40, 41, 42, 44, 45, 46, 54, 55, 56, 57, 59, 60, 67a, 67b, 67c, 88, 89, 92.

Inhaltsübersicht.

I. Allgemeiner Teil.

II. Spezieller Teil.

Druckfehlerberichtigung.

S. 30, 1. Z. lies: lasse ich eine Kombinationsgerte gelten (Abb. 12).
S. 42, 9. Z. v. u. lies: zeigt die neue Mallochrolle.
S. 53, 1. Z. lies: Verdrehen statt Erdrehen.
S. 71, 24. Z. v. u. lies: ist ein hervorragender Köder.
S. 74, 25. Z. v. u. lies: Beim Weizenkorn
S. 97, 12. Z. v. u. lies: zur Zielrichtung gesenkt (Abb. 65).
S. 125, 17. Z. v. u. lies: Dieser von allen Salmoniden
S. 125, 18. Z. v. u. lies: Zwirn oder dem Schrot.
S. 164, 10. Z. v. u. lies: Senkbend.
S. 168, 21. Z. v. u. lies: an das Vorfach zu knoten.
S. 178, 17. Z. v. u. lies: Äschenregion.

I. Allgemeiner Teil.

1. Vom Angeln und von Anglern.

Ich will den Leser mit der Wiederholung der allenthalben zu lesenden Tatsache, daß Angeln ein uralter Sport sei, nicht langweilen, ebensowenig mit der Betonung des gesundheitlichen Wertes der Ausübung des Angelsportes. Wer ihn betreibt, der weiß es ohnedies, und wer daran zweifelt, den werden auch die bestgemeintesten Beteuerungen nicht bekehren — außer er entschließt sich dazu, die Probe aufs Exempel selbst zu machen. Vielmehr erscheint es mir viel wichtiger, von vornherein mit allem Nachdrucke darauf hinzuweisen, daß das Angeln in jeglicher Form nur dann Erfolge bringt, wenn eine Conditio sine qua non nie außer acht gelassen wird — nämlich die intensivste Beschäftigung mit der Natur und dem Leben des Fisches, mit seiner und unserer eigenen Umwelt — kurz gesagt — intensives Denken und vollkommene Hingabe an das Werk! Ich möchte es gleich an dieser Stelle sagen, daß die Erfolge jener „primitiven Angler“, die von manchem sog. „Sportangler“ ob ihrer meist bescheidenen Ausrüstung mitleidig oder überheblich angesehen, dafür aber im stillen grimmig beneidet werden, daß diese Erfolge nur und einzig allein auf dieser vorerwähnten intimen Vertrautheit mit dem Fische und seinem Leben sowie den verschiedenen, jeweils nach Wetter und Jahreszeit wechselnden Lebensbedingungen und Gewohnheiten — begründet sind.

Nichts im Leben läßt sich so wenig schablonisieren und in irgendwelche feststehende Formeln pressen wie gerade unser Sport, der ewig jung ist und bleibt; und weil er es ist — gottlob! sage ich — so veraltet nichts rascher als ein anglerisches „Lehrbuch“, insofern es sich um die darin geschilderten Geräte und Methoden und diesbezügliche scheinbar unumstößliche Leitsätze und „Wahrheiten von heute“ handelt.

Ich habe mich bemüht, einen Mangel vieler unserer bisherigen Bücher bzw. deren Spezialkapitel über Grundangelei zu vermeiden, nämlich den Umstand, daß in denselben gute, heimische, in tausendfacher Praxis erprobte und bewährte Geräte und Methoden preisgegeben werden — teils in Anlehnung an Methoden, welche den Verhältnissen anderer Länder besser entsprechen als den unseren, teils aus eigenem Empfinden der Autoren heraus, mit dem Unterton, daß die Grundangelei und alles, was drum und dran hängt, eigentlich doch nicht zum hohen und höchsten Sport gehöre, wenn man es überhaupt Sport nennen dürfe.

Ich habe mich deshalb bemüht, sowohl jeder einseitigen Wertung dieses oder jenes Angelns aus dem Wege zu gehen als auch andererseits alte erprobte Methoden nicht über Bord zu werfen, sondern im Gegenteile den Weg zu finden, sie zu verbessern, zu verfeinern und moderner Technik, Stil und Auffassung anzupassen.

Darum mag es vielleicht auf den ersten Blick manchem unverständlich oder befremdlich vorkommen, daß ich heute, im Zeitalter der kurzen Gerten mit Federgewicht, da und dort den Gebrauch und Nutzen einer langen, wenn auch schweren Gerte betone und befürworte, vielleicht als unabweislich hinstelle. Aber ich finde das mit dem Begriffe feinen sportlichen Angelns wohl vereinbar, sofern das verwendete Geräte und seine Armierung und Handhabung den Voraussetzungen eines solchen entsprechen.

Wenn ich als Grundforderung für eine erfolgreiche und gedeihliche Sportausübung das Denken aufstelle, so tue ich es nicht ohne Berechtigung.

Es gibt heute noch eine Legion gedankenloser Angler — jene, die zu faul sind, sich einer besseren Erkenntnis zum Trotz auf eine fortschrittlichere Basis umzustellen, jene, die alles Neue und jeden Fortschritt von vornherein ablehnen, jene, die keine eigene Meinung haben, aber auch die des anderen um keinen Preis gelten lassen wollen, und endlich jene, die am Buchstaben des „Büchels" kleben. — Für alle die ist überhaupt kein Buch geschrieben worden und wird es auch nie werden.

Ihnen gegenüber steht, Gott sei Dank! — eine täglich wachsende Zahl Denkender, Schauender, Beobachtender, denen jeder Angeltag eine neue Offenbarung bringt, denen der Sport mehr bedeutet als lediglich das Erbeuten eines Fisches.

An sich ist das Angeln ein ungeselliges Tun — das muß zugegeben werden. Der richtige Angler meidet die Masse und die Gaffer und geht am liebsten still und unbeobachtet seine eigenen Wege.

Das mag wohl viel dazu beitragen, daß sportliches Angeln der breiten Menge unseres Volkes völlig unbekannt ist, und ihm fast nur die mehr weniger stumpfsinnigen Witzblattfiguren, welche besonders in Städten die Ufer des meist fischlosen Wassers bevölkern, vertraut sind. Viel trägt auch die Teilnahmslosigkeit und Verständnislosigkeit unserer Tagespresse bei, welche zwar eine „Sportrubrik" führt, weil es jetzt so Mode ist, deren Sportredakteur aber vom Angelsport bestimmt keine Ahnung hat. — Das könnte aber leicht und rasch anders werden.

In den großen Städten unseres Vaterlandes sind so und so viele tausend Angler Abonnenten einer großen Tageszeitung. Es käme nur auf den Versuch an, diese zu veranlassen, ihre Sportrubrik auch dem Angelsport zu öffnen — und es wäre viel gewonnen. Aufklärung würde in die breiten Volksschichten getragen und Verständnis für den Sport würde geweckt werden.

Der wahre Angler wird sich nie und nimmer von dem Satze leiten lassen: Wenn ich nur meinen Sport habe — nach mir die Sintflut. — Noch weniger wird er dem sebstsüchtigen Empfinden Raum geben, daß vermehrtes Verständnis ein vermehrtes Anwachsen der Anglerschaft und damit eine vermehrte Konkurrenz am Wasser zur Folge habe.

Eine solche Auffassung wäre ebenso traurig als falsch und verderblich.

Schließlich müssen wir ja alle einmal, früher oder später, die geliebte Gerte aus der Hand legen und, uns zu unseren Vätern reihend, einem neuen Geschlechte Platz machen. Soll unser Nachwuchs schlechter sein als wir? Wäre das nicht traurig?

Und soll das, wofür wir gekämpft und gerungen haben, mit uns ins Grab sinken, und unsere Erben sollen statt weiterzubauen, wieder anfangen zu lernen? Das kann doch kein rechter Mann wollen?

Nachwuchs müssen wir schaffen und neue Glieder unserer Gilde müssen wir an uns ziehen — das ist das Gebot unserer Zukunft. Eine Vermehrung der Anglergemeinde kann für den Sport und seine Zukunft nur von Nutzen sein, denn eine starke, und vor allem geeinte und gut geleitete Anglerschaft vermag sich auch im öffentlichen Leben und in der Gesetzgebung, soweit es sich um das Wohl und Wehe von Fisch und Fischern handelt, zur Geltung zu bringen. — Das soll nie vergessen sein!

Ein richtiger Angler wird überall und immer, auch und erst recht am Wasser, die geschriebenen und ungeschriebenen Gesetze des Sports hoch halten und befolgen, schon um des Ansehens dieses selbst willen. Er wird sich hüten, fremde Rechte zu verletzen, wird liebenswürdig und bescheiden sein und gegen Angelbrüder hilfreich und gut, zumal gegen den Anfänger.

Denn Anfänger waren wir alle — und als unerreichte Meister sterben wir keiner — das präge sich jeder ein. Unser Leben ist beschränkt — und wir können jeden Tag nur zulernen — vielfach am Ende unseres Lebens noch umlernen, darum ist Überhebung auch im Sport nicht am Platze.

Auch der Neid sei aus der Seele des wahren Anglers verbannt — denn er vergällt uns die reinen Freuden des Sports, und wem ein Fisch, den der andere erbeutet hat oder mehr erbeutet, schlaflose Nächte bereitet, — wer mit seinem bißchen Können und Erfahrung Geheimniskrämerei treibt, und weint, wenn ein anderer etwas Weniges mehr weiß oder kann — der ist kein echter Angler.

Damit soll nicht gesagt sein, daß man dem ersten besten seine Kenntnisse aufdrängen oder besondere Erfolge an die große Glocke hängen soll — das wäre auch ein Fehler. Womit ich aber wieder nicht gesagt haben will, daß man einen außergewöhnlichen Fang nicht in der Fachpresse zu Nutz und Frommen anderer publizieren dürfte. Ein bißchen Fischerlatein spricht ja wohl fast ein jeder, denn der richtige Angler hat auch ein „fröhliches Herz", das manchmal überquillt — aber man beherzige dabei auch das Wort Mark Twains, der auch ein guter Angler war und sagte: „Ich lüge nie — aber weiß Gott — meine Fischwage muß schlecht geeicht sein!"

Wer ein guter Angler werden will, muß sich von Anfang an zwei Tatsachen vor Augen halten: Erstens, daß er von den bescheidensten Anfängen sich in die Höhe arbeiten muß, und zweitens, daß die Kunst des Angelns keine Geheimwissenschaft ist. Das erstere ist wohl mühsam und vielfach im Anbeginn vom Mißerfolge und Enttäuschungen aller Art begleitet — aber das ist schließlich und endlich das Wesen eines jeden Werdeganges und muß ein Ansporn sein dazu, den Weg zum Enderfolg unbeirrt und unverdrossen zu gehen. Wohl gibt es ausnahmsweise prädestinierte Individuen, die alles spielend, förmlich aus sich selbst heraus erlernen — aber diese sind eben die Ausnahme — der große Rest muß sich ehrlich plagen, besonders wenn ihm ein freundlicher Berater fehlt, der seine ersten Schritte und Handgriffe liebevoll leitet.

Hat der Anfänger erst einmal die Schwierigkeiten des allerersten Beginnens überwunden, dann kommt das Verständnis für die Sache schnell, und jeder Erfolg steigert sein Selbstvertrauen und bereichert seine Erfahrung.

Das Angeln ist keine Geheimwissenschaft! Wenn auch kleinliche Seelen sorgfältig bemüht sind, ihr Können mit dem Nimbus von Unerreichbarkeit und Unerlernbarkeit zu umgeben. Nein, die ganze Wissenschaft vom Angeln ist lediglich ein ununterbrochenes Studium, aufmerksames Beobachten und Sammeln von Erfahrungen. Exakte Kenntnis von der Lebensweise und dem Standorte des Fisches, Kenntnis des Wassers und zielbewußtes Angeln zur rechten Zeit am rechten Orte auf den rechten Fisch — das ist das ganze Geheimnis. Wer einmal das begriffen hat und sich dieses Wissen zu eigen gemacht hat, der hat auch den Schlüssel zum Erfolg gefunden.

Nur vor einem schweren Fehler möchte ich den werdenden Angler dringend warnen: Vor dem Einseitigwerden.

Es kommt ja vielfach vor, daß ein Wasser nur diese oder jene Gattung Fische als hauptsächliches Fangobjekt bietet — in einem solchen Falle ist es natürlich und selbstverständlich, daß sich das ganze und einzige Interesse auf diese konzentriert, namentlich dann, wenn man keine Gelegenheit hat, auf etwas anderes zu fischen.

Aber die meisten Wässer, sogar sehr viele Salmonidenwässer, bieten eine so reichliche Abwechselung hinsichtlich der Angelmöglichkeiten, daß es mir als ein Unrecht gegen die Freigebigkeit der Natur erscheint, diese zu ignorieren und an einem solchen Wasser ein einseitiges Spezialistentum auszubilden, welchem Fehler besonders leicht und gerne jene verfallen, deren Wasser edlere Fische in größerer Zahl beherbergt.

Diese Einseitigkeit führt nur allzuleicht zur Überhebung und zur Geringschätzung für den Sport der anderen und ist ebenso unbegründet als ungerecht, ja unter Umständen ein Schaden für das betreffende Fischwasser.

Jeder, und gerade der Grundangler, der von allen der vielseitigste ist — halte daran fest, daß ein jeder, der sein Gerät im wahren Geiste des Sports handhabt — dem anderen gegenüber gleichberechtigt und ebenbürtig ist.

Und noch eines sei dem werdenden und vollkommenen Angler dringendst nahegelegt: Unterstütze und fördere deine anglerische Presse! In Wort, Tat und Schrift! Beteilige dich am anglerischen Leben und stehe ihm nicht teilnahmslos gegenüber.

Eine gute anglerische Presse hat uns bis jetzt gefehlt, und nun wir sie endlich haben, ist es Ehrensache eines jeden Anglers, sie zu fördern, wo und wie er kann — denn es ist zu seinem eigenen größten Nutzen, indem es sein Wissen bereichert und seinen Gesichtskreis erweitert.

Nur eine gute Presse vermag eine Bindung der Angler untereinander zu vermitteln und aufrechtzuerhalten, ihre Interessen zu wahren und unseren geliebten Sport auf die Höhe zu bringen und auf dieser zu erhalten.

2. Das Fischwasser.

Das Fischwasser. Das Verhalten am Wasser. Drill und Landen.

Wenn man vom Fischwasser unter Zugrundelegung der gewohnten Einteilung in Forellen-, Äschen-, Barben- und Bleiregionen spricht, dann beherrscht der Grundangler das ganze Stromgebiet von der Quelle bis ins Brackwasser, nicht zu vergessen der natürlichen Seen und der Stauanlagen.

Die Form und Art der Gewässer wechselt mit der Gegend und den geographischen Verhältnissen. Der Bergbach und der Fluß der Gebirge, besonders in den Alpen, rauscht und braust über Wehren und Steinen, hie und da scharfe Stromschnellen, ja selbst Wasserfälle bildend. Sein Bett ist oft tief eingegraben und die Szenerie um ihn herum oft herrlich, wild und erhaben. Auch der Bergsee unterscheidet sich merklich von seinem Bruder in der Ebene — schwarz und düster sind oft seine Tiefen, bläulich bis grün sein Wasser, schroffe Felswände stürzen senkrecht zu ihm ab, schwarze Wälder umkränzen seine Ufer. — Der Fluß des Mittellandes und der Ebene ist ruhiger, tiefer, nicht mehr so klar, die umgebende Landschaft vielfach lieblich — abwechslungsreich — vielfach langweilig und eintönig. Soweit er nicht reguliert ist, durchzieht er das Land in vielfachen Windungen, seine Ufer sind oft weithin versumpft, vergrast, mit Schilfgürteln bestanden — auch sein Wasser weist meist reichen Pflanzenwuchs auf, sowohl am Boden wie auch an der Oberfläche.

Leider haben die meisten unserer Wasserläufe ihr ursprüngliches Wesen verloren. Kultur und Industrie haben sie in Dienst genommen, und viele sind zu gemauerten Rinnsalen geworden in denen nur noch schmutzige und giftige Abwässer von Industrie oder Kanalisationsanlagen dahinrinnen, von ihrem früheren Fischreichtum geht nur noch die Sage. Trotzdem gibt's in unseren Landen noch gute Wässer, in denen prächtige Fische leben und gedeihen, und mit diesen wollen wir uns in diesem Kapitel befassen, denn unser angehender Angelbruder will ja erfahren, wie und wo er fischen soll.

Es liegt in der Natur der Sache, daß jedes Tier der freien Wildbahn zwei Grundbedingungen für sein Dasein benötigt — Nahrung und eine gesicherte Unterkunft. Wo diese beiden vorhanden, sind auch die Plätze, an denen wir unsere Beuteobjekte suchen müssen. Überall, wo es Fische gibt, muß es für sie Futterplätze und Gelegenheiten geben und geschützte Stellen, in denen sie ruhen, auf Beute lauern oder sich vor ihren Feinden verbergen können. Wer die Lebensweise der einzelnen Fischgattungen kennt, wird bald die Plätze zu nennen wissen, wo diese oder jene ihre Weideplätze hat oder ihre Schlupfwinkel.

Da sind einmal hohe, tief vom Strome unterwaschene Ufer, Einbauten, Faschinen — da liegen große Felsstücke im Wasser, dort ein versunkener Baum — da wieder stehen dichte Gelege von Binsen — wallartige Gürtel von Schilf und dort ganze Beete von Wasserkräutern und Seerosen. Am Grunde stehen wäldergleich ausgedehnte Krautgelege und dort, wo der Fluß gestaut ist, bietet der Unterbau der Wehrkrone prächtige Unterschlupfe. — Reich ist der Tisch gedeckt — unzählige Wassertiere, Insekten, Larven, Schnecken bevölkern den Boden und den Pflanzenwuchs — Würmer aller Art bringt das Wasser — an den geschützten Stellen wimmelt es von Jungbrut und Kleinfischen — die Speise für die Räuber. Hier strömt der Fluß rasch — dann verlangsamt sich sein Lauf — stößt hier in eine Krümmung und bildet dort einen Wirbel und eine Rückströmung — wieder an einem anderen Punkte staut sich das Wasser an einem dichten Gelege oder die Pfeiler einer Brücke brechen seinen Lauf, hinter ihnen bildet sich ein ruhiges Hinterwasser.

Überall da haben wir Fische zu erwarten und zu suchen.

An einem kleinen oder mittleren Wasser werden wir ja bald solche Punkte gefunden haben und deren immer mehr finden, je intimer unsere Bekanntschaft mit ihm wird. Anders aber ist's mit den großen Wässern, deren Oberfläche scheinbar ein gleichmäßig glattes Rinnen zeigt. Es gibt wohl da auch Krümmungen, aber diese sind meist ausgedehnte lange Bögen mit gleichmäßigem Verlaufe. Wer gibt uns da den Führer ab? Hier ist's doch wohl in erster Linie nur die Erfahrung und das Studium des Grundes mit dem Lotblei. Dieses orientiert uns vor allem über die Tiefenverhältnisse und deren Wechsel, über die Bodenbeschaffenheit, ob sandig, steinig oder schlammig bzw. erdig — über den Bodenbewuchs und den Lauf der Stromrinne. Diesen und das Profil der Rinne und des Bodens überhaupt in den ganz großen Strömen sowie in den Seen, welche von einem Flusse durchströmt werden, genau zu kennen, ist für den Angler von höchstem Werte; ebenso wertvoll ist es, die Veränderungen an denselben genau zu beobachten, welche im Laufe der Zeit und durch Hochwässer eintreten — man wird dann die Entdeckung machen, daß vielfach nach solchen Ereignissen das Profil des Flußbettes sich total geändert hat — daß an einer früher seichten Stelle jetzt ein Loch — an einer anderen dagegen eine bisher unbekannte Bank oder sonstige Ablagerung entstanden ist — und mit diesen Veränderungen verschiebt sich auch naturgemäß von selbst das Weidegebiet und Futtergebiet der Fische und ihr Unterstand. Diese Erscheinung ist besonders in solchen Flüssen gut zu beobachten, welche mit großem Gefälle aus Gebirgen kommend, bei jedem Hochwasser mächtige Schottermassen mit sich führen und selbst auf Meilen nach ihrem Austritte in die Ebene die oben beschriebenen Grundveränderungen herbeiführen, wie die beiden Bilder zeigen. (Abb. 1 u. 2.)

Abb. 1.

Das Boot unterstützt uns in diesem Studium und hilft uns in kurzer Zeit eine genaue Orientierung zu gewinnen. Bei solchen Wässern ist es von größtem Nutzen, sich an einen lokalkundigen

Angler anschließen zu können; noch mehr aber als von den strömenden Wassern gilt das Gesagte von Seen.

Weitgehende Berücksichtigung ist dem jeweiligen Wasserstande zu schenken, der Jahreszeit, dem Winde und der herrschenden Witterung.

Abb. 2.

Wir müssen wissen, daß bei hohem Wasser die Fische die Nähe des schützenden Ufers suchen, bei Niederwasser aber die tiefe, strömende Mitte — wir müssen wissen, welche Fische im Sommer und im Winter die gleichen Stände einhalten, und welche zu der einen Zeit hoch, zu einer anderen aber tief stehen, zu einer Zeit in der Strömung, zur anderen aber im ruhigen Wasser. Wieder andere Fische stehen zu gewissen Zeiten im Kraute oder an seinen Rändern, während sie zu anderen Zeiten im freien Strome zu finden sind. Es gibt gewisse Stellen sowohl im Flusse wie auch in Seen und großen Altwässern, an denen nur zu bestimmten Zeitpunkten oder bei einer bestimmten Wasserhöhe oder Witterung mit Sicherheit auf einen Fang zu rechnen ist. Das alles ist lediglich Sache persönlicher Erfahrung und Vertrautheit mit Fisch, Leben und Wasser, läßt sich weder beschreiben noch aus Büchern lernen. Dies gilt besonders von den Seitenarmen und Altwässern, insbesondere von jenen, welche nur periodisch mit dem Hauptflusse in Verbindung stehen. Es ist bekannt, daß man in solchen Wässern hervorragende Fänge machen kann, wenn der Hauptfluß Hochwasser führt, und dieses sich in den Seitenarm bzw. das Altwasser zurückstaut. Auf diese Weise entsteht an den sonst ruhig strömenden oder ganz stehenden Stellen eine kräftige Strömung, welche naturgemäß Futter mit sich führt, abgesehen davon, daß die Fische in dem ruhigen Wasser des Seitenarmes Deckung suchen, wenn ihnen die Strömung im Hauptflusse zu schwer wird.

Umgekehrt, bei Niederwasser wird man in eben diesen Seitenwassern meist nur spärliche oder gar keine Beute machen, namentlich, wenn sie noch vom Hauptstrome ganz abgeschnitten sind, desto sicherer aber dann in letzterem.

Es ist eine bekannte Tatsache, daß manche Gewässer ganz oder zum größten Teile im Sommer derart verkrauten, daß man darin schlechterdings überhaupt nicht angeln kann, trotzdem der Fischbestand ein sehr reicher ist; dafür bieten solche Wasser einen herrlichen Sport, wenn im Spätsommer oder Frühherbste das Kraut abstirbt.

Manche Fischgattungen beißen nicht im Winter, wie Karpfen, Schleien usw., andere dagegen, wie Hechte, Barsche, Zander, Döbel und Alande gerade in dieser Jahreszeit regelmäßig sehr gut.

So ist ein ständiger Wechsel im Programme des Anglers, das sich mit jedem Monate und mit jedem Wasser ändert. Wenn man daher sagt, diese oder jene Jahreszeit oder Tagesabschnitt sei besonders günstig, so ist immer zu bedenken, daß das nur allgemeine Geltung hat und nur einer langen Durchschnittserfahrung entspricht — für dieses oder jenes Wasser aber durchaus nicht zu stimmen braucht.

Um nur ein Beispiel aus meiner eigenen Praxis zu geben: In allen Lehrbüchern ist stets zu lesen, daß die Schleie am besten in der brennenden Hitze des Juli und August an die Angel gehe und durch ihr langweiliges Beißen charakterisiert sei. Ich habe tatsächlich viele Schleien zur angegebenen Zeit gefangen und auch die Art und Weise des beschriebenen Anbeißens bestätigen können. In den Jahren 1916 und 1917 habe ich in einem reich mit Schleien und Karpfen besetzten Flusse in Galizien geangelt, und meine meisten und besten Schleien, viele davon einige Pfunde schwer, ausnahmslos an kalten, regnerischen und windigen Tagen gefangen — und sie alle bissen mit einer Vehemenz und Energie, welche mit allen gegenteiligen Behauptungen im krassesten Widerspruch stand, besonders im April konnte man bei solchem Wetter mit Sicherheit auf den Fang großer Schleien rechnen.

Im allgemeinen gilt als Regel, daß nach Ablauf der Frühjahrshochwässer mit zunehmender Erwärmung von Luft und Wasser die Fische den ganzen Tag über gut beißen, ebenso an warmen, sonnigen Tagen des Spätherbstes und Frühwinters. Weiter ins Jahr hinein verschiebt sich die Beißlust und Freßstunde immer mehr gegen den Abend bzw. die Morgenstunden, außer an regnerischen, trüben oder sonst kühlen Tagen.

Im Winter sind es milde, teils sonnige, teils nebelige Tage oder trübes Wetter mit mäßiger Kälte oder leichtem Schneefall, welche uns reiche Beute verheißen; dagegen rauben Tauwetter mit Schneewasser im Flusse den Fischen den Appetit, vielleicht den Huchen und Hecht ausgenommen, ebenso tun dies aber auch abnorm tiefe Temperaturen. Wind ist im allgemeinen für den Angler vorteilhaft, namentlich an sonst ruhigem Wasser, vorausgesetzt, daß er nicht zu stark bläst und womöglich als Gegenwind den Wurf hemmt. Süd- und Westwinde sind im allgemeinen dem Angeln günstig, weniger dagegen Nord und Ostwinde; letztere sind besonders schlecht im Winter, und erst recht dann, wenn das Wasser klein und klar ist und das Thermometer ansehnlich tief steht. In einem solchen Falle sinken die Aussichten auf einen Fang auf Null.

Andererseits ist es eine bekannte Sache, daß gerade an recht stürmischen Tagen der Hecht, der Barsch und auch der Zander sehr gut beißen und man gerade an einem solchen Tage einen Rekordsfang machen kann, wie viele Angler zu berichten wissen.

Gewitter pflegen auf die Freßlust der Fische einen verschiedenen Einfluß zu üben. Einzelne Arten, wie z. B. die Karpfen, beißen meist hervorragend unter einem aufziehenden Gewitter, andere, wie die Salmoniden, besonders die Forellen, hören mit einem Male zu beißen auf und signalisieren so direkt ein Unwetter.

Einem aufmerksamen Beobachter fällt es auf, daß die Fische auf einmal zu springen beginnen, ohne daß sich ein besonderer Anlaß hierfür sichtbar machen würde; besonders Forellen tun das mit einer Vehemenz, welche erstaunlich ist; die Fische schnellen sich geradezu hoch aus dem Wasser heraus, so daß man in einem gutbesetzten Wasser ein ununterbrochenes Plätschern und Schlagen vernimmt; mit einem Male ist alles ruhig, und eine unheimliche Stille liegt auf dem vorher so lebendigen Wasser.

Auch bei Karpfen kann man diesen Vorgang beobachten, wenn auch nicht so häufig und nicht so schön wie bei Forellen. Aber bei beiden kann man mit Sicherheit auf ein schnell heranziehendes Gewitter schließen oder auf einen in kürzester Zeit erfolgenden Wettersturz oder Umbruch.

Der Wind bzw. seine Richtung spielt eine große Rolle bei den Gewässern, welche in das Meer münden, und wo sich oft auch die Gezeiten noch im Flusse bemerkbar machen. Hier hängt die Möglichkeit, einen Fang zu machen, meist von der Windrichtung ab, je nachdem, ob diese das Wasser vom Meere her gegen die Mündung aufstaut oder umgekehrt. Gewisse Fische beißen am besten bei Nacht, wie Aale, Quappen und Welse, oder in der Dämmerung des Morgens oder des Abends, wie Huchen und manche andere. Oft macht man die Erfahrung, daß an einem scheinbar sehr günstigen Tage der Erfolg den Erwartungen gar nicht entspricht, ja daß fast nichts zu erreichen ist, und umgekehrt macht man seine schönsten und reichsten Fänge an einem Tage, der alles andere war als verlockend oder vielversprechend. Woran das liegt, ist bislang nicht erklärt. Vielfach wird es mit meteorologischen Vorgängen in Verbindung gebracht, ja in jüngster Zeit hat ein französischer Fischer in der Schweizer Fischereizeitung eine Beobachtung veröffentlicht, der zufolge er die Sonnenflecken in Zusammenhang mit diesen Erscheinungen bringt und für verschiedene Mißerfolge verantwortlich macht. Warum schließlich nicht? Jedenfalls ist auf diesem Gebiete noch viel aufzuklären.

Sicher und feststehend ist für mich nur das eine: Man soll angeln gehen und sich durch nichts abhalten lassen, wenn man angeln gehen kann oder will, und außer auf sein Können auch ein wenig auf sein gutes Glück vertrauen. Wer wagt, gewinnt, diese Wahrheit gilt auch in unserem Falle.

Und nun wollen wir wirklich einmal mit unserem Anfänger hinausziehen und ihn seine theoretischen Kenntnisse in Praxis umsetzen lassen. Wir haben unser Angelgeräte fertig gemacht, sorgfältig Gerte, Haken, Schnur und Vorfach auf Unversehrtheit revidiert, den Haken beködert und nun nahen wir uns vorsichtig dem Ufer, ja vorsichtig, ohne fest aufzutreten und ohne uns sehen zu lassen. Man darf nie vergessen, daß die Fische äußerst empfindlich gegen Erschütterungen des Ufergeländes sind, ebensowenig, daß die Fische, und oft gerade die besten, sehr gerne unter dem Ufer selbst stehen, wenn ihnen Unterwaschungen, Faschinen, Einbauten oder versunkenes Holz u. dgl. einen Unterstand gewähren.

Ferner: man darf nie und nimmer vergessen, daß der Wasserspiegel „das Fenster der Fische" ist, durch welches diese ebensogut und vielleicht noch besser heraussehen, als wir durch- und hineinsehen können! Darum ist es ein Gebot der Vorsicht, besonders bei einigermaßen hellem Wasser zum ersten Wurf nicht näher an das Ufer heranzutreten, als man selbst lang ist, außer man kann das im Schutze einer Deckung tun. Wenn es sich halbwegs tun läßt, trachte man, seine Stellung so zu nehmen, daß man die Sonne von vorne oder von der Seite her hat, so daß weder der Schatten des Anglers noch der seiner Gerte auf das Wasser falle; hochstehende Fische werden nur zu leicht durch beides vergrämt, beunruhigt oder gar verscheucht. Gut ist es, im Schatten zu stehen oder Deckung hinter Büschen, Bäumen, Schilf u. ä. zu suchen, obzwar es unter Umständen von größerem Vorteil ist, „einen Hintergrund als einen Vorhang" zu haben. Wissen wir es ja von der Jagd her, daß das Wild einen Jäger, welcher unbeweglich an einem Baum oder Busch sitzt, ganz vertraut ankommt, da man sich von einem Hintergrunde bei ruhigem Verhalten kaum abhebt, während man hinter einer Deckung bei einer gewissen Beleuchtung förmlich als Silhouette erscheint. Unter Berücksichtigung alles Vorerwähnten werfen wir also vorsichtig ein und beobachten unser empfindliches Floß. Richtig — da beißt auch schon ein Schuppenträger, das Floß taucht und verschwindet unter Wasser — und auf den Anhieb fliegt die leere Schnur pfeifend durch die Luft;

Vorfach und Haken fehlen. Verdutzt steht unser junger Angler da. „Hast du so schnell vergessen, junger Freund, was ich dir warnend gesagt habe? Ruhe und Besonnenheit sind des Anglers vornehmstes Gebot und höchste Tugend! Sind deine Nerven mit dir durchgegangen?"

Hoffentlich wirkt diese Lehre für das nächste Mal. Also rasch ein frisches Vorfach eingezogen und beim nächsten Biß nur einen kurzen Ruck aus dem Handgelenke, seitwärts, nachdem die Schnur gut gespannt ist. Jetzt heißt es wieder: Ruhe bewahren! So, jetzt! Diesmal hat er's richtig gemacht, und der Fisch, der am anderen Ende der Gerte um sein Leben kämpft, scheint von annehmbarer Größe zu sein. Nun zeige, ob du das Zeug in dir hast, ein guter Angler zu werden. Laß dir Zeit! Dein Geräte ist neu, von guter Qualität, laß es arbeiten! Vertraue ihm — es wird dich nicht im Stiche lassen, wenn du es nicht durch Aufregung und Unverstand hinderst, für dich zu arbeiten. Reiße nicht an Schnur und Gerte — senke diese nicht zum Fisch, halte sie aber auch nicht senkrecht — gib dem abziehenden Fische Schnur und sei bereit, einzurollen, wenn er stehen bleibt. So — jetzt rolle ein, langsam und bedächtig, Meter für Meter — paß auf, die Spitze macht eine verdächtige Streckbewegung — der Fisch will nochmals abziehen, laß die Rolle laufen! — so war's gut. — Siehst du — er geht schon langsamer wie vorhin — jetzt rolle wieder ein — und halte die Gerte immer steil, siehst du, jetzt kommt er ganz gefügig herein und beginnt sich auf die Seite zu legen. — Bitte, keinen Jubel! Der gefährlichste Augenblick kommt erst — nämlich das Landen — laß dir Zeit mit dem Netz, rolle weiter ein, bis die Schnur auf Gertenlänge verkürzt ist — und jetzt lege die Gerte vorsichtig zurück, schiebe das Netz von unten her unter den Fisch und hebe ihn langsam heraus. — Brav! Jetzt ist er erst wirklich gefangen. Das wäre so der normale Gang der Affäre — aber es gibt eben kein Schema in derlei Dingen, hingegen eine Menge Zufälligkeiten und Abweichungen, die oft außer jeder Berechnung liegen und denen wir nur durch kaltes Blut, raschen Entschluß und Ausnützung jeder Chance begegnen können. Wer nur stets mit so starkem Zeuge angelt, daß ihm jeder Fisch wehrlos zur Beute fällt, ist kein Angler — wer stets nur rohe Gewalt anwenden will — wird nie einer werden.

Das ist ja der Reiz am ganzen Fischen, daß ich mit dem Fische kämpfen will; daß ich suche, ihn am feinen und feinsten Zeug mit List und Kunst zu erbeuten, und ihm doch auf der anderen Seite die Möglichkeit geboten ist, sich zu wehren, alle Vorteile, welche ihm sein Element bietet, gegen mich auszunutzen und auszuspielen, kurz — ebensoviel Chance zu haben in diesem Kampfe Sieger zu bleiben wie ich. Darum muß sich eben schon der Anfänger mit dem feinen, kunstvollen Drill auch kleinerer Fische von Anfang an vertraut machen, um sich die Empfindung für den Reiz des Kampfes mit dem Fisch zu bewahren. Nichts ist falscher, schädlicher und gefährlicher als unvernünftige Kraftanwendung. Im Gegenteil, das Geräte soll alle seine guten Eigenschaften zur Geltung bringen und der Angler es nur darin unterstützen. Es ist dies ebenso, wie wenn beim Wettrennen der Reiter das Rennen machen wollte, statt es das Pferd machen zu lassen und ihm bloß die nötige Führung und Hilfe zu geben.

Auch unser Gerät — Gerte, Rolle und Schnur — bestreiten das Rennen aus eigener Kraft — und wir helfen nur nach durch kluges Nachgeben, straffes Halten und Beherrschen der Situation — im letzten Momente durch energisches Erfassen des Augenblickes — indem wir alles aus dem Geräte herausholen, was wir ihm zutrauen können.

Und wieviel wird gegen diese fundamentalen Grundsätze gefehlt!

Ich glaube nach alledem, was ich erfahren und erlebt habe, daß es kaum einen Fisch in unseren Gewässern gibt, der eine gespließte Gerte von Qualität durch einen noch so jähen Ruck brechen kann, wenn man noch genug Schnur auf der Rolle hat und die Gerte richtig gehalten wird. Andererseits hält eine unglaublich feine Schnur einen sehr schweren und scharf kämpfenden Fisch unbedingt, wenn die Gerte gut ist — und die Rolle funktioniert — viel eher reißt das Vorfach oder zerbricht der Haken.

Wer sich einmal zu dieser Überzeugung durchgerungen hat — kennt keine Unruhe oder Ängstlichkeit mehr, wenn er einen großen Fisch angehakt hat. Man kann ruhig behaupten, von hundert verlorenen Fischen gehen 80% verloren durch die Nervosität und unvernünftige Gewaltanwendung seitens des Anglers, vom Rest 15% beim Landen und nur 5% durch Bruch der Geräte oder üble Zufälle.

Der Kampf mit dem Fische beginnt im Momente des Anhiebes bzw. des Eindringens des Hakens in das Maul des Fisches, und vielfach auch schon im selben Augenblicke der Verlust desselben, wenn der Anhieb zu spät oder im unrechten Momente oder aber zu stark gesetzt wurde.

Vor allem muß man sich darüber klar werden, was der Anhieb überhaupt ist und wie er korrekt zu setzen ist.

An und für sich ist der Anhieb eine instinktiv reflektorische Bewegung, um dem zuschnappenden oder mit dem ergriffenen Köder abziehenden Fische den Haken bis über den Widerhaken ins Maul zu rennen und ihn so festzuhalten. Die Kunst des Anhauens liegt nun darin, sowohl den rechten Moment hierfür zu erfassen — oft nur den Bruchteil einer Sekunde — andererseits das Maß anzuwendender Kraft richtig zu beurteilen. Es ist doch klar, daß der Anhieb mit einer kräftigen, steifen Spinngerte gegen das knochige Maul eines Hechtes stärker und schärfer sein darf, als gegen das weiche Maul einer Plötze oder Äsche. Je feiner und zarter das Geräte, je dünner die Schnüre und Vorfächer und je feiner und fängiger die Haken, desto weniger Kraft ist erforderlich, desto weicher muß der Anhieb geführt werden, oft und sogar meist nur durch eine Drehung im Handgelenk in der Gegenrichtung des Anbisses. Viele Fische beißen mit einer solchen Vehemenz, daß sich ein Anhieb als solcher geradezu erübrigt; große Fische erleichtern den Anhieb, weil ihr eigenes Gewicht den Haken leichter eindringen macht.

Unter allen Bedingungen ist aber die korrekte Richtung des Anhiebes einzuhalten, d. h. stets nach der Seite zu, nie nach oben oder gar in der direkten Fortsetzung des Fischleibes, ganz gleichgültig, welche Art des Angelns betrieben wird.

Der ideale Angriffspunkt soll der Mundwinkel sein, wo der Haken im allgemeinen die besten Eindringungsmöglichkeiten hat, auch bei Fischen mit einem knochigen Maule, und eben diesen Punkt zu treffen, ist der Zweck des seitlichen Anhiebes. Geht seine Richtung in der der Verlängerung des Fischleibes, so läuft man Gefahr, dem Fische den Haken wieder aus dem Maule herauszureißen, und wenn schon das nicht, so wird wahrscheinlich der Haken in die Lippen oder deren Ränder eindringen, wo er sich leicht bei den Verteidigungs- und Fluchtversuchen des Fisches ausschneiden oder ausreißen kann, oder aber er erfaßt nur eine Schleimhautfalte und fällt aus dieser bei einiger lebhafter Gegenwehr einfach heraus.

Angenommen, der Anhieb war korrekt und der Haken sitzt fest — was geschieht nun?

In den seltensten Fällen wird nun der gehakte Fisch den Anhieb sofort mit einer jähen Flucht oder einem Sprunge aus dem Wasser quittieren, wenn es sich nicht gerade um einen Lachs handeln sollte; in vielen, ja, besser gesagt, in den meisten Fällen ist er direkt einen Augenblick ohne Erkenntnis seiner Lage, und oft genug kann man diese Situation zu seinem Vorteil ausnützen und den Fisch geradezu überrumpeln; auf diese Weise gelingt es mitunter, auch recht große Fische fast ohne Kampf dem Landungsgeräte zuzuführen. Versäumt man diesen günstigen Augenblick, oder kann man ihn mangels eines günstigen Landungsplatzes oder zuviel ausgegebener Leine oder aus einem anderen Grunde nicht ausnutzen, dann beginnt eben der Zweikampf zwischen Fisch und Angler, was man gemeinhin als „Drill" bezeichnet.

Bei dieser kämpft der erstere mit seiner ungebrochenen Naturkraft unter Ausnutzung der Strömung und seiner Schwimmkunst, sucht teils durch Tauchen, teils durch Sprünge aus dem Wasser, teils durch Wälzen und Schütteln sich von dem festhaltenden Haken zu befreien, teils wieder sucht er die Schnur oder das Vorfach an Steinen und anderen Hindernissen zu zerreißen, zu durchscheuern, abzusprengen oder durch Schläge mit dem Schweife zu brechen. Auf der anderen Seite steht der Angler, bewaffnet mit einer elastischen Gerte und ebensolcher Schnur, und hat die Angriffe seines Gegenübers abzuwehren, rechtzeitig zu erkennen und zu durchschauen, ihnen zuvorzukommen und den Gegner zu ermüden, ehe er selbst zum Angriff übergeht und die Entscheidung erzwingt.

Jeder von uns weiß aus Erfahrung, daß eine forcierte Anspannung aller Kräfte verbunden mit forcierter Herz- und Atemtätigkeit mit einer früheren oder späteren völligen Erschöpfung endet, die um so schneller eintritt und um so anhaltender ist, wenn diese Anspannung ohne Pause fortgesetzt wird.

Von dieser rein physiologischen Tatsache ausgehend, trachten wir diesen Zustand so rasch als es die Umstände und die Stärke unserer Geräte erlauben, beim Fischen herbeizuführen, und wir könnten nichts Törichteres tun, als den Fisch daran zu hindern, sich selbst tot zu arbeiten; im Gegenteil, wir müssen ihn dazu zwingen und müssen alles tun und veranlassen, um den Fisch bis zum letzten Augenblicke in Atem zu halten.

Das erreichen wir vor allem durch das ständige Schnurabziehenlassen und wieder einholen, wobei uns die Elastizität von Gerte und Schnur unterstützen müssen, in erster Reihe die erstere, denn sie ist es vornehmlich, welche den Fisch besiegt.

In Seen trachte man so rasch wie möglich ins tiefe Wasser zu kommen, damit der Fisch keine Gelegenheit habe, in Kraut oder Rohr zu flüchten. Am Ufer sucht man das Unsichtbarmachen dadurch zu erreichen, daß man, wenn nur immer möglich, ins Land zurückgeht, unter Umständen, wenn das nicht geht, und man sonst keine Deckung hat, sich auf die Knie niederläßt.

Viele, selbst ältere Angler, werden durch den Anblick eines großen Fisches, den sie vorher, ehe sie ihn zu Gesicht bekamen, ruhig und richtig drillten, derart verwirrt, aufgeregt und so um den letzten Rest ihrer Nervenkraft gebracht, daß sie jede Besonnenheit verlieren — und dann geschieht regelmäßig ein Unglück.

Gewöhnlich wird in solchen Momenten versucht, den Fisch so rasch als möglich an das Ufer zu ziehen, ohne Rücksicht darauf, ob der Fisch auch wirklich schon so müde gedrillt ist, daß man es unbesorgt wagen kann, und meist mit noch weniger Rücksicht auf die Beschaffenheit des Ufers und der augenblicklichen Landungsstelle selbst. Ist diese rauh, grobschotterig oder gar mit großen Steinen bedeckt, dann stößt der Fisch mit dem Maule an irgendeines der genannten Hindernisse, und nur allzuleicht reißt ein nur oberflächlich oder außen oder nur in einer Schleimhautfalte sitzender Haken dabei aus, manchmal lockert sich ein Haken auch unter dem Drill, — und mit der letzten Lebenskraft macht der Fisch einen Schlag, daß das Wasser hoch aufspritzt, und erreicht wieder die bergende Tiefe. Man darf nie vergessen, daß der Fisch im Wasser nur ungefähr ein Sechstel seines wirklichen Gewichtes schwer ist, und nur mit diesem Sechstel das Angelzeug belastet; das ist die physikalische Erklärung dafür, daß man mit dem feinsten Zeuge die schwersten Fische landen kann, deren Gewicht ein Vielfaches der Bruchfestigkeit des Gerätes ausmacht. In dem Momente, da auch nur ein Teil des Fisches aus dem Wasser herausragt, macht sich das ganze Gewicht desselben geltend, dem natürlich die Bruchfestigkeit der Geräte nicht gewachsen ist, und es kommt zur Katastrophe.

Man sucht daher, vorausgesetzt, daß der Fisch schon entsprechend gedrillt war, ihn an einer Stelle, welche es gestattet, zu stranden, d. h. man legt ihn mit dem Unterkiefer am Lande fest, unter stetigem Zuge der Leine, welcher nicht einen Augenblick auslassen darf. Dabei muß aber peinlich jeder Versuch, den Fisch aus dem Wasser zu heben, vermieden werden. Ist das Stranden gelungen, dann ist der Fisch absolut wehrlos, und man kann an seine endgültige Bergung denken. Ein Fisch in dieser Lage kann nur nach vorn, aber nie zurück ins Wasser mit seinen Flossen arbeiten.

Taucht der kämpfende Fisch in die Tiefe, so muß man ihn heben und so zwingen, gegen die Federkraft der Gerte zu kämpfen, — geht er hoch oder springt er über Wasser, so ist es die Schnur, welche bei momentan ausgeschalteter Gerte den Fisch durch ihre Dehnbarkeit zu halten hat; macht er eine jähe Flucht, sei es stromauf oder stromab, sei es schräghin zum anderen Ufer, so haben beide vereint diese zu parieren und zum Stehen zu bringen.

Der Uferfischer soll nicht nur mit den Armen, nein, vielmehr mit den Beinen drillen, — so lautet eine alte goldene Regel, welche leider viel zu wenig beherzigt wird.

Das heißt man soll trachten, wenn man die nötige Bewegungsfreiheit hat, sobald als möglich unterhalb von dem Fische zu gelangen, ihn zu drehen und ihn dann unter Ausnützung jedweden Druckes, welchen das Zeug erlaubt, und so rasch als möglich stromab zu führen; wenn das gelingt, dann kann man so den größten Fisch in überraschend kurzer Zeit wehrlos machen, da er beim Stromabführen nicht atmen kann und so förmlich erstickt. Dieser Vorgang wird direkt als „Ersäufen" des Fisches bezeichnet. Immer geht das nicht so programmäßig, wie ich es eben beschrieben habe; im Anfang des Kampfes hat oft und oft der Fisch auch seinen Willen und drängt mit aller Kraft stromauf oder stromab; wer in einer solchen Lage war und dem Fische nicht am Ufer folgen konnte, der weiß, welchen enormen Druck und Zug selbst stärkeres Zeug auszuhalten hat. Es bedeutet infolgedessen eine außerordentliche Entlastung des gesamten Gerätes, wenn man diesen Druck durch Mitbewegung am Ufer vermindern kann.

Solange der Fisch noch im Vollbesitze seiner wilden Kraft ist, unterlasse man alles, was geeignet wäre, feines Zeug zu gefährden oder über die Gebühr zu beanspruchen; erst wenn man Symptome von Müdigkeit an ihm wahrnimmt, wenn man sieht, daß seine Fluchten kürzer, seine Sprünge weniger lebhaft werden oder er sich gar auf die Seite zu legen beginnt, dann erst kann man versuchen, auf ihn einen Druck auszuüben und ihn langsam oder schneller dem Landungsorte zuzuführen.

Dabei darf aber die richtige Stellung der Gerte zum Fisch bzw. zu der Richtung des Zuges nicht außer acht gelassen werden. Beim Drill sollen Schnur und Gerte einen Winkel von 45 Winkelgraden bilden, ganz gleich, ob die Gerte erhoben oder zum Wasserspiegel gesenkt ist. Nur dieser Winkel gewährleistet unter allen Umständen die vollste Ausnutzung der Federkraft einer guten Gerte und bewahrt diese vor Bruch und die Schnur vor Überdehnung und Abgeprelltwerden.

Wird der Winkel kleiner oder größer, so geschieht dieses auf Kosten der guten Eigenschaften, ja sogar unter Umständen auf Kosten der Lebensdauer von Gerte und Schnur. Wird der Winkel kleiner als 45 Grad, so schafft man Bedingungen, welche leicht zu Überstreckung und selbst zum Bruche der Angelrute Anlaß geben können; wird er aber größer, so vermindert man die Elastizität der Gerte, und dies immer mehr, als der Winkel sich dem Rechten nähert; in diesem Falle haben die Schnur und das Vorfach allein die ganze Wucht des Kampfes auszuhalten, und nur zu leicht werden sie überdehnt und reißen.

Nur ein einziger Moment rechtfertigt das Senken der Gerte gegen den Fisch, — das ist der Fall, wenn man einen Fisch heben will, der sich am Grunde festbohren will, um so eine Kampfpause zu erzwingen.

Dies muß dann unter gleichzeitigem Einrollen geschehen, indem man bis zum Wasserspiegel mit der Gertenspitze heruntergeht und nun durch steten stromab und seitlich gerichteten Zug die Gerte in stetigem Zuge wieder emporhebt — und die so gewonnene Schnur gleichzeitig auf die Rolle bringt. Dieser Vorgang bezweckt, den Fisch aus seiner Gleichgewichtslage zu bringen und dadurch zu neuem Kampfe zu veranlassen. Allerdings muß man diesem Momente große Aufmerksamkeit schenken: Ein noch so leises Strecken der Gertenspitze zeigt das prompt an, daß der Fisch zu einer neuen Flucht ansetzt; man bringt die Gerte rasch wieder in den richtigen Winkel und lauft nun nicht mehr Gefahr, in einer unrichtigen Stellung der Gerte von einer wilden Bewegung des Fisches überrascht zu werden.

Es gilt als Regel, den Kampf mit dem Fische möglichst außer Sehweite und in tiefem Wasser zu führen. Ebenso wie der Fisch, welcher den Angler nicht sieht, viel vertrauter den Köder nimmt, ebenso kämpft er weniger wild und verzweifelt, wenn er seinen Gegner während des Drilles nicht zu Gesicht bekommt, sondern sich nur gegen ein unbekanntes Etwas zu wehren müssen glaubt, welches ihn in seiner freien Bewegung hindert. Viele gute Fische gehen dadurch verloren, daß sie den Angler oder seine hastigen Bewegungen erblicken, bevor sie völlig erschöpft sind.

Wenn man vom Boote aus angelt, besonders wenn dieses noch verankert ist, sollte man auf diesen Punkt noch mehr Gewicht legen als beim Fischen vom Ufer, — daher den Fisch in möglichst weiter Entfernung vom Boote drillen und besonders darauf acht haben, daß der Fisch nicht unter dieses gelangen oder sich gar an den Ankerseilen verfange. Ein Drill auf 20 bis 25 Meter Distanz ist am angenehmsten; deshalb lasse man den Fisch ruhig auf diese Entfernung Schnur abziehen.

Ist man soweit, dann lege man die Gerte, nachdem man zuvor die Schnur ergriffen hat, zur Seite, und zwar nie mit der Spitze zurück ins Land, sondern möglichst parallel zum Ufer. Das hat seinen guten Grund! Wenn durch was für Umstände immer der Fisch doch noch eine letzte Flucht machen sollte, dann hat man, wenn die Gerte so liegt, wie ich es rate, diese immer mit einem Griffe gefaßt, und noch mehr — schnell wieder in der zum weiteren Kampfe richtigen Stellung.

An der gefaßten Leine handelt man sich Schritt für Schritt zum Fisch heran, und erst im letzten Momente greift man zum Landungsgerät. Geübte Fischer verzichten vielfach auf ein solches und ziehen es vor, jeden Fisch einfach mit der Hand aus dem Wasser zu heben, sei es mit Untergriff in die Kiemen, sei es mit dem Griff in die Augenhöhlen, von dem ich allerdings zugebe, daß er nicht einer der sichersten ist, — sei es durch Umklammerung der Schweifwurzel mit folgendem Herausschieben oder Heben; jedenfalls gehört dazu eine Portion Kaltblütigkeit und Übung, aber andererseits macht ein so gelandeter Fisch, ganz besonders, wenn die Landung unter schwierigen Verhältnissen erfolgte, doppelte Freude und Befriedigung.

Wenn ich schon vom Landen spreche, so muß ich einen wichtigen Umstand zur Sprache bringen, dessen in der Literatur leider so wenig gedacht wird, daß er in vielen, ja um nicht zu sagen den meisten Fällen ganz außer acht gelassen wird; nämlich die richtige oder, noch besser gesagt, rechtzeitige Anwendung der Landungsgeräte: Netz und Gaff. Ich habe fast nirgends in der Literatur betont gefunden, daß der letzte und überlegteste aller Griffe der nach dem Landungsbehelfe sein soll, und daß er erst zu erfolgen hat, wenn der Fisch tatsächlich müde gedrillt bzw. gestrandet ist. Ausnahmen bei einer forcierten Landung oder bei Ausnutzung außergewöhnlich günstiger Verhältnisse sind und bleiben solche unter allen Umständen, denn derartige Handlungen werden eben nur vom Momente und der gegebenen Situation diktiert.

Regel sei und bleibe: „Zeige dem Fische nie Netz oder Gaff, ehe er nicht landungsreif ist."

Heintz sagt wohl ganz richtig, daß die meisten Fische beim Landen verloren werden, aber warum sagt er nicht bzw. daß in 95% der Fälle daran einzig und allein die verkehrte oder unrichtige oder noch viel öfter die ganz unzeitgemäße Anwendung der Landungsbehelfe die Schuld hat.

Ein noch nicht ganz müde gedrillter Fisch von nur einigermaßen beträchtlicher Größe wird unweigerlich beim Anblick des Netzes oder Gaffs, wenn man ihm gerade in diesem Augenblick mit beikommen will, eine letzte wilde Flucht machen, auch wenn er schon willig dem Zuge der Gerte gefolgt ist, und in diesem Momente passieren meistens die Unglücke: Bruch der Spitze, Reißen der Leine oder der Vorfächer u. dgl.

Der voreilige Angler aber, dem der Fisch die Leine oder das Vorfach abgeprellt hat, jammert über sein Unglück und Mißgeschick, schimpft womöglich kritiklos über den unschuldigen Lieferanten seiner Geräte und — macht dieselbe Dummheit prompt beim nächsten Male wieder, weil Hast und Übereilung ihn die Vorsicht vergessen lassen. Beim Fischen vom Ufer ist es Regel, das Netz von unten her, also stromaufwärts unter den Fisch zu bringen und ihn so darüber zu leiten, daß er mit der Strömung in dasselbe förmlich hineingleite; man vergesse aber nicht, das Netz ganz in das Wasser zu tauchen, und achte peinlich darauf, zu vermeiden, daß der Fisch an dasselbe anstreife, was ihn gewöhnlich zu einer neuen Flucht veranlaßt.

Beim Waten wird man wohl oder übel den Fisch zu sich stromaufwärts herführen müssen und so ins Netz führen, aber doch wird es selbst dabei noch in sehr vielen Fällen gelingen, durch eine Wendung des Körpers eine Stellung einzunehmen, welche es gestattet, von unten und hinten her das Netz unter den Fisch zu schieben; angelt man in einem fließenden Wasser vom Boote aus, dann allerdings muß man die Dinge nehmen, wie sie eben liegen, und muß darum auf ein vollständiges Müdedrillen des Fisches das doppelte Gewicht legen.

Etwas muß ich aber der Vollständigkeit halber noch über das „Werfen" und das „Heben" der gefangenen Fische sagen. Das Werfen ist die roheste Art des Landens, meist nur geübt von den unbeholfensten Anfängern und jenen, welchen unsere Kunst ewig ein Buch mit sieben Siegeln sein wird. Nicht zu reden von jenen, welche nur mit dem allerstärksten Zeuge angeln und denen der Angelsport nur die unbedingte Erbeutung des Fisches bedeutet. Mit feinem oder gar feinstem Zeuge einen Fisch werfen zu wollen, daß er in einem Bogen aus dem Wasser fliegt, bedeutet in allen Fällen ein Unglück, selbst bei recht kleinen Fischen; meist reißt oder bricht etwas, sei es die Schnur oder die Spitze — und ein Angler, den solche wiederholte Vorfälle nicht zur Besonnenheit und Selbstbeherrschung sowie zur vernunftgemäßen Handhabung seiner Geräte erziehen können, soll das Angeln ruhig aufgeben, — er wird es nie erlernen.

Hie und da ergeben sich aber Situationen, in denen man gezwungen ist, einen Fisch, den das Zeug gerade noch trägt, ohne zu reißen, über eine ungünstige Stelle, wie hohe Ufermauern u. dgl., zu heben, namentlich wenn man keine günstige Stelle zur Landung erreichen kann oder dem Fische mit dem Landungsgeräte nicht beikommen kann, weil es zu kurz ist: es ist und bleibt immer eine riskante Sache. Unbedingt soll man den Versuch nie unternehmen, ehe man den Fisch nicht bis zur völligen Erschöpfung gedrillt hat. Und selbst dann verliert man noch oft genug den Fisch im letzten Augenblick, wenn man den scheinbar Leblosen zu sich hereinheben will, durch Anstreifen an irgendein Hindernis, was ihn zum Zappeln und Schlagen reizt. Will man den Fisch mit der Gerte heben, dann trachte man es mit möglichst horizontal gehaltener Rute zu machen, indem man so viel Leine als nur möglich einrollt und nun langsam, ohne den leisesten Riß den Fisch mit gleichmäßigem Schwung aus dem Wasser hebt; aber man hüte sich im letzten Momente des Hebens dem Fische noch einen Schwung geben zu wollen, um ihn so ans Land zu bringen; dieser Versuch endet gewöhnlich böse für den Angler. Bei steilgehaltener Gerte riskiert man diese zu überstrecken oder zu brechen, weshalb ich die Horizontalhaltung angeraten habe.

Viel sicherer habe ich gefunden, ist es, die Gerte wegzulegen, nachdem man vorher die Leine in die Hand genommen hat, und nun Zug um Zug den Fisch in die Höhe zu „hanteln", aber auch dieses „Hanteln" muß ohne Unterbrechung und in gleichmäßigem Tempo geschehen. Auch hierbei muß man sich sorgfältigst hüten, irgendwo mit dem Fische anzustreifen oder die letzten Züge zu überhasten oder gar den Versuch zu machen, den Fisch im letzten Zuge werfen zu wollen. Das führt immer zu seinem sicheren Verluste.

Am besten gelingt das, wenn man zu zweit ist und der andere im geeigneten Augenblick das Netz unter den Fisch halten kann, wenn man ihn soweit heraufgehoben hat. Dann läßt man den Fisch hineinfallen.

Mit der Zeit erlernt nun unser Anfänger alle Kunstgriffe, Kniffe und Fertigkeiten — er wird ein fermer Fänger und Fischer — und damit hat er wohl die Höhe sportlicher Fertigkeit erklommen — aber um Meister in der Kunst zu werden, dazu genügt nicht allein und lediglich die Beherrschung des Handwerksmäßigen. Nein — ein Meister muß sich den Geist seiner Kunst zu eigen machen, muß das Ethische über das Materielle stellen können und auch Beschränkung üben können, d. h. er muß sich zum Heger und Schoner weiterentwickeln, und sei es auch unter Verzicht auf billigen Ruhm.

Ein gerechter Angler fängt nicht mehr „Fische", sondern „Den" Fisch, sucht nur seine Befriedigung darin, nur die größten und schwersten zu erbeuten, die anderen aber leben zu lassen, damit sie wachsen und sich nach dem Gebote des Schöpfers vermehren können, auf daß ein Same bleibe für kommende Geschlechter.

Wieviele Fische werden doch jedes Jahr erbeutet, welche man hätte beruhigt ihrem Elemente wieder zurückgeben können, armseliges, kaum mittelmäßiges Zeug, wertlos als Nahrung und darum noch viel wertloser als Sportobjekt; aber nein, das läßt die liebe Eitelkeit nicht zu, weil vielleicht Genosse Müller oder Schulze um einen solchen Däumling mehr im Netze haben. Das ist kein weidgerechtes Tun!

Unsere Gewässer verarmen von Jahr zu Jahr in ganz bedenklicher Weise und Schnelligkeit, besonders jene, welche Edelfische führen, zu denen ich nicht allein nur die Salmoniden zähle. Zugegeben, daß diese sich spärlicher vermehren als Friedfische oder sogar Hechte und Barsche, das soll doch kein Grund sein, in Gewässern, wo nur solche vorkommen, Raubwirtschaft zu treiben.

Hierfür gibt es keine wie immer Namen habende Entschuldigung oder Begründung, am wenigsten doch wohl die alberne und doch leider gang und gäbe: „Fange bzw. behalte ich den Fisch nicht, so tut's doch der andere."

Wenn solche Ansichten nicht radikal ausgerottet werden, dann werden wir mit unseren Bestrebungen wohl auf keinen grünen Zweig kommen. Darum kann nicht oft und nicht eindringlich genug gesagt und immer wieder gesagt werden: Maß halten und schonen! Maß halten! Nicht mehr Fische fangen, als man gerade braucht und verwenden kann, und selbst dann, wenn es sich nur um Plötzen handelt! Immer auch an jene denken, welche nach uns kommen werden und unser Erbe antreten sollen, und welche gewiß unser Andenken nicht segnen werden, wenn wir ihnen fischleere Wasser hinterlassen haben. Der Fisch hat schon genug Feinde in der Natur selbst, welche seine Vermehrung beschränken; muß es denn gerade die „Krone der Schöpfung" sein, welche ihn ausrottet? Das soll sich ganz besonders der Anfänger gesagt sein lassen und sich frühzeitig an weise Selbstbeherrschung und Maßhalten gewöhnen.

Fleißige Lektüre von Fachblättern und Anglerzeitungen wird ihm behilflich sein, sich weiterzubilden und in die Fragen, welche für unser Sportleben von einschneidender Bedeutung sind, Einblick zu erhalten. Hier wird er auch den Anschluß an andere Gleichgesinnte und gesinnungsverwandte Männer finden und teilnehmen können an dem Widerstreit der Meinungen.

Hier wird er aber auch die Anregung und Überzeugung bekommen, daß der Einzelangler nur in den allerseltensten und allergünstigsten Fällen mit seinen Hege- und Besetzungsmaßnahmen reüssieren kann und daß ein enger Zusammenschluß aller gut anglerisch Fühlenden und Denkenden eine zwingende Notwendigkeit ist. Besonders da, wo es sich um den Kampf mit Faktoren handelt, denen nur eine geschlossene Organisation mit Erfolg gegenübertreten kann.

Nur eine geschlossene und gutorganisierte Masse kann sich durchsetzen und gegenüber Unverstand und Gleichgültigkeit, sei es welcher Schichten und Stellen immer, mit Erfolg ankämpfen.

Wir Angler haben heute andere Ziele, als sie vielleicht unsere Väter hatten. Diese fochten für die Ausgestaltung und das Ansehen ihres Sports, wir aber nicht nur für diese allein, sondern auch, und das heute in erster Linie, für seine Erhaltung; denn wenn die Vernichtung und Verödung unserer Gewässer in dem Tempo von heute noch ein paar Dezennien andauern sollte, dann hört der Angelsport von selbst auf.

Es braucht wohl nicht erst besonders betont zu werden, daß ein gerechter Angler nebst anderen Tugenden auch ein warmes Herz für die stumme Kreatur in seiner Brust trägt und allem abhold ist, was auch nur entfernt nach Tierquälerei aussieht.

Eine solche ist es unleugbar, wenn jemand gefangene Fische, statt sie zu töten, am Boden seines Kahnes oder am Strande des Ufers verschmachten läßt, wie man es leider noch vielfach beobachten kann; auch das Aufreihen gefangener Fische in lebendem Zustande an einer Schnur, welche durch die Kiemen gezogen ist, kann ich nicht als human bezeichnen; Fische, welche man lebend erhalten will, gehören in ein Lägel oder in ein entsprechend geräumiges Tragnetz.

Will man nach dem Angeln die Fische töten, dann tue man dies durch einen energischen Schlag mit einem sog. „Fischtöter" auf den Oberkopf, oberhalb der Augen. Man bedenke immer und überall, daß der Name „Angler" für uns ein Ehrentitel sein muß, und vermeide alles, was unserem Ansehen in den Augen der Nichtangler oder erst recht in denen der Gegner des Angelsports Abbruch tun könnte.

3. Gerätekunde.

Die Angelrute.

So wie die moderne Waffentechnik und Ballistik den Schießsport und die Jagd von heute charakterisieren, so spiegelt sich der moderne Angelsport in seinen Geräten und ihrer Vervollkommnung wieder.

Es ist noch nicht allzulange her, daß die altehrwürdige Haselnußgerte aus dem Rüstzeug des Anglers und besonders des Grundanglers ausgeschieden ist, und viele alte Angler schwören noch heute auf sie, wenn auch ihre Zahl von Tag zu Tag geringer wird. Das waren noch vielfach jene, welche ihre Gerten selbst bauten.

Um aufrichtig zu sein, ich möchte es nach meinen Erfahrungen keinem raten, sich mit dem Bau von Gerten zu plagen; das Resultat ist meist sehr unbefriedigend, und der endliche Gestehungswert einer solchen Gerte, selbst wenn sie gelungen ausfiel, nicht viel geringer, als hätte man sie bei einem soliden Fabrikanten bauen lassen.

Unsere heutigen Gerten sind entweder aus Holz oder aus einer Kombination dieses mit Rohr, auch ganz aus Rohr hergestellt; die ganz feinen und leichten aber aus gespließtem Bambus.

Von den vielen Holzarten, welche sich zum Bau von Angelruten eignen, sind es hauptsächlich nur noch zwei, welche heutzutage in uneingeschränkter Verwendung stehen: nämlich Greenheart und Lanzenholz.

Das erstere zu ganzen Gerten, letzteres meist nur noch zu Mittelteilen und hauptsächlich Spitzen an den Rohrgerten.

Längere Gerten ganz aus Holz herzustellen, würde dieselben zu schwer und massiv ausfallen lassen, deshalb findet für diese Bambus eine ausgezeichnete Verwendung.

Nicht jede Bambusart ist zur Erzeugung von Angelruten geeignet; hauptsächlich sind es zwei Sorten: der Indische, auch Kalkuttarohr genannte, und der gelbe oder schwarze Japanische Bambus; der Schwarze wird vielfach mit dem, allerdings falschen Namen Pfefferrohr bezeichnet. Zu kurzen und sehr leichten Gerten aus einem Stücke bis zu 2½ Meter sowie zu nadelfeinen Spitzen eignet sich hervorragend eine Abart des Bambus, das Jambis-Rohr, bekannt unter dem Namen „Wurzelbambus".

Eine Klasse für sich bilden die gespließten Gerten, welche, wie ihr Name besagt, aus einzelnen Splissen, meist sechs, zusammengesetzt sind. Da diese Splissen nur die zähe Kieselrinde enthalten, können diese Gerten äußerst grazil, leicht und doch enorm widerstandsfähig gebaut werden; allerdings hat der Begriff „leicht", dessen oberste Grenze ich mit 225—280 Gramm für eine Gerte von ca. 3 bis 3½ Meter ansetze, auch bei dieser Länge schon sein Ende; von da an wächst das Gewicht von 3 zu 3 Zoll rapid, was man bei Anschaffung einer langen Gerte nie außer acht lassen soll.

Wer es weiß, mit welcher Sorgfalt und Präzision eine Gespließte hergestellt sein muß, um auf den Namen einer Qualitätsgerte Anspruch zu erheben, der wird sich von vornherein darüber klar sein, daß eine solche nie das sein kann, was man landläufig „billig" nennt. Leider wird in letzter Zeit auch in diesem Artikel unverantwortlich viel Minderwertiges auf den Markt geworfen, das selbst um den billigsten Preis noch viel zu teuer ist.

Beim Einkauf einer Gespließten hat man auf eine Menge Einzelheiten Rücksicht zu nehmen: Außer auf die richtige Gewichtsverteilung und den guten Schwung, den jene, auch die einfachste Bambusrute haben muß, hat man vor allem auf eine korrekte, saubere Ausführung der Spließung und Leimung zu achten. Unreelle Erzeuger geben Gerten heraus, an denen die Spließen auf den Kanten verhobelt sind, um unsaubere Arbeit zu verwischen; das ist ein großer Fehler, denn wo die Kieselrinde fehlt, ist die Gerte geschwächt, und das weiche Innere verfällt trotz allem Lack dem Verderben. Andererseits findet man an solchen Gerten klaffende Spließen, deren Zwischenräume mit irgendeinem Kitt verschmiert sind, um den Fehler zu verdecken.

Oft entdeckt man solche Verschleierungen erst hinterher, wenn im Gebrauche der Lack und die darunterliegende Kittlage abspringen.

Verdächtig sind allemale an „billigen" Gespließten auffallend zahlreiche Bindungen. Der beste Rat, den man einem Käufer geben kann, ist der, lieber bei einer soliden Firma etwas mehr zu bezahlen und dafür die Gewähr zu haben, ehrliche Ware zu erstehen, als billige Sachen irgendwo zu kaufen, wo man über deren Herkunft nicht im klaren ist. Unsere Industrie erzeugt heute gerade Gespließte in einer Qualität, welche dem Auslande vollständig gleich kommt, so daß man vertrauensvoll im eigenen Lande kaufen kann. Um es aber gleich zu sagen, zur Grundangelei, auch zu der feinen und feinsten, ist es absolut keine unabweisbare Notwendigkeit, unbedingt eine Gespließte zu führen. Nichtsdestoweniger halte ich es aber für einen großen Vorteil, wenn die Gertenspitze oder wenigstens ihr letztes Drittel gespließt ist, das kommt dem Anhiebe sehr zugute. Ob wir uns nun zu einer einfachen Gerte aus Holz oder zu einer aus irgendeiner Bambusart oder zu einer mehr kostspieligen Gespließten entschließen: immer muß als erste und oberste Forderung die aufgestellt werden, daß die Gerte einen tadellosen Schwung besitze, das richtige Gleichgewicht habe und im jeweiligen Verhältnis zu ihrer Länge möglichst leicht sei.

Was zunächst den Schwung anbetrifft, so herrscht über diesen Punkt noch vielfach Unklarheit. Der Schwung ist das Endergebnis der Konstruktion; ist diese gelungen, so schwingt die Gerte richtig, wie sie schlecht schwingt, wenn das Gegenteil der Fall war. Nehmen wir eine gut gebaute und richtig dimensionierte Gerte in die Hand und machen die Bewegung eines starken Anhiebes, so muß die Gerte diesem Impulse folgend vom Handteil weg bis in die Spitze hinein gleichmäßig ausschwingen, welche Bewegung an der Spitze nach dem stärksten Ausschlage in ganz wenig, immer kürzer werdenden Ausschlägen beendet sein muß. Je nachdem, ob die Gerte steifer oder weicher ist, werden die einzelnen Schwingungsphasen weiter oder enger sein, aber immer bei beiden Gerten gleich lang und stets in einer und derselben Ebene verlaufen.

Machen wir dieselbe Bewegung mit einer schlecht konstruierten Rute, so sehen wir, daß die Schwingungen ungleichmäßig sind, in manchen Fällen, besonders bei solchen Gerten, welche im Mittelstücke zu schwach oder nicht richtig verjüngt sind, förmlich unterbrochen erscheinen; das Ausschwingen der Spitze erfolgt nicht wie bei der vorerwähnten in rasch abnehmenden Ausschlägen, sondern diese behalten ihre Weite lange bei, und nicht nur das, es treten seitliche Vibrationen auf, oft so deutlich, daß der Endring förmlich einen Kreis beschreibt. Gerten dieser Art sind wertlos, denn mit solchen ist weder ein korrekter noch ein weiter Wurf auszuführen, noch weniger aber ein richtiger Anhieb.

Mit dem Schwunge organisch zusammenhängend, aber nicht identisch ist jene Eigenschaft einer Gerte, welche wir mit „Rückgrat" bezeichnen. Eine Gerte mit Rückgrat hat von Hause aus einen guten Schwung, aber noch mehr als das: das Rückgrat erhält der Gerte ihre gerade Form nach schwerem Drill und jahrelangem Gebrauche sowie die ungeschwächte Federkraft, welche notwendig ist, um den Fisch zu besiegen.

Hat eine Gerte einmal ihr Rückgrat verloren, was sich dadurch zeigt, daß sie die Bogenform annimmt und trotz Ausbiegens und Streckens beibehält, dann stelle man sie getrost außer Dienst.[1]

Zeigt eine neue Gerte von Hause aus diese ominöse Bogenform, dann ist sie das, was man gemeinhin „kopfschwer" nennt, d. h. im Mittelteil schlecht dimensioniert; tritt die Bogenform schon nach kurzem Gebrauche ein, dann hat die Gerte kein Rückgrat; eine Korrektur ist in dem einen Fall wie im anderen so gut wie ausgeschlossen, und es ist besser, sich von einem solchen Besitze bei

Zeiten zu trennen, denn er ist die Quelle unzähliger Mißerfolge und imstande, einem die Freude am Sport zu vergällen. Eine gute Gerte, besonders eine Gespließte, kann, gute Behandlung vorausgesetzt, ihren Besitzer jahrzehntelang durch ihre Dienste erfreuen, ihn sogar überleben, darum sei man nicht knauserig bei ihrer Anschaffung.

Die äußere Ausstattung einer Gerte kann bei aller Gediegenheit doch sehr einfach und trotzdem zweckdienlich sein. Die modernen Gerten sind heutzutage durchwegs mit Einrichtungen zum Anbringen der Rolle und mit Schnurlaufringen versehen.

Bei Befestigung der Rolle erfolgt am Handteil, welcher in vielen Fällen ein besonders gearbeitetes Griffende aufweist, teils aus Kork, teils aus Holz; es ist aber von großer Wichtigkeit, daß das Handteil in seiner ganzen Länge durch dieses Griffstück hindurchgeführt sei und nicht nur aufgesetzt, was besonders bei leichten Ruten von Bedeutung ist. Bei Gerten, welche durchaus aus Rohr gebaut sind, ist ein spezieller Griff nicht immer notwendig; wohl aber stelle ich wenigstens die Forderung, daß der Griff „parallel" sei, und mir die Anbringung der Rolle an jedem beliebigen Punkte mit Hilfe einer frei verschieblichen Rollenbefestigung erlaube, im Gegensatze zu den auch heute noch vielfach üblichen festen Rollenkästen. Die bislang im Gebrauch gewesene Anbringung der Rolle hinter der Hand bei den für Grundangelei bestimmten Ruten ist meiner Ansicht nach überlebt und unzweckmäßig, was vielleicht auch mancher meiner Leser schon als wahr empfunden haben wird.

Ich habe mir deswegen an alle meine Grund- und auch an alle Spinngerten Handgriffe machen lassen, die parallel sind und deren frei verschiebliche Ringe es mir gestatten, die Rolle da anzubringen, wo es gerade meinen Bedürfnissen am besten entspricht.

Abb. 3.

Die frei verschieblichen Ringe müssen allerdings von sehr gutem Materiale sein, vor allem nicht aus zu weichem, sonst biegen sie sich zu viel auf und die Rolle verliert ihren Halt, kann sogar aus ihrer Verbindung herausfallen; aber bei sorgfältiger Ausführung ist das nicht zu fürchten. Wer ganz sicher gehen will, der muß allerdings sich dazu entschließen, die teuere, aber absolut verläßliche Rollenbefestigung mittels Schraubringen, Patent Hardy, einbauen zu lassen. (Abb. 3.)

Die aus einem ungeteilten Stücke bestehende Gerte ist heute fast nur bei den Anglern im Gebrauche, welche direkt am Wasser wohnen; ihre unleugbaren Vorzüge: das Fehlen jeglicher Verbindungsstücke, brillanter Schwung und nicht zuletzt erhebliche Billigkeit und Leichtigkeit bei Längen über das normale Maß hinaus, werden leider durch die nahezu Unmöglichkeit, ein so langes Stück auf weitere Ausflüge mitzunehmen bzw. es an dem Angelorte vor Schädlichkeiten geschützt aufzubewahren, illusorisch gemacht. Deshalb baut man schon seit langer Zeit zerlegbare Gerten aus zwei, drei und mehr Teilen; die alten Angler verwendeten zu dem Zwecke die heute gebräuchlichen Hülsen selten, weil es damals noch kein nahtlos gezogenes Rohr gab und die gelöteten Hülsen nicht verläßlich waren, da sie oft an der Lötung aufplatzten.

Damals verwendete man Splissungen, d. h. die abgeschrägten Teilenden trugen kurze ringförmige Bänder an den Enden, in welche die Teile eingeschoben wurden, die dann durch Umwinden mit Pechfaden oder Pflasterstreifen in ihrer Lage erhalten wurden. Das Verfahren war zwar umständlich, aber nicht schlecht, und selbst heutzutage werden sogar in England noch Lachsruten mit dieser Verbindungsweise gebaut und von diesen allen Ernstes behauptet, daß sie einen besseren Schwung hätten wie die durch Hülsen verbundenen Ruten. Ich selbst habe in meiner Jugend viel mit solchen Gerten gefischt und muß sagen, daß an der Sache etwas Wahres ist. Jedenfalls ist eine solche Verbindung viel solider und verläßlicher als eine mit schlechtem Zwingenmaterial, wie es leider vielfach bei Gerten zu finden ist, die als Massenware auf den Markt geworfen werden.

Moderne Angelruten besserer Sorten werden jedoch heute durchgehend nur noch mit doppelten Zwingen versehen, welche aus nahtlos gezogenem Messingrohr hergestellt sind. Wenn diese so geschliffen sind, daß die beiden Hülsen saugend ineinandergreifen, daß beim Auseinanderziehen der Teile ein Knall wie von einer Stöpselbüchse entsteht, geben sie eine einwandfreie Verbindung ab. Vielfach wird die Verbindung noch verstärkt durch Holz- oder Metallzapfen, welche von dem oberen Teile in eine Ausbohrung des unteren hineingreifen. Mir erscheint dies aber überflüssig, denn bei einer Gerte aus Holz erscheint mir die Ausbohrung des in der Hülse liegenden Teiles als Schwächung oder zum mindesten als künstliche Schaffung eines neuen Punktes verminderten Widerstandes. Diese Meinung scheinen auch die amerikanischen Rutenbauer zu haben, denn diese erzeugen fast ausschließlich Gerten ohne irgendeine Verzapfung. Holzzapfen haben außerdem die unangenehme Eigenschaft, zu quellen, was zu Verklemmungen führt, und Metall- oder mit solchem beschlagene Zapfen erhöhen das Gewicht mitunter nicht unerheblich. Solide, verschliffene Hülsen geben vollständige Sicherheit gegen das Hinausgleiten der verbundenen Teile oder das Verdrehen derselben zueinander während des Angelns; solche Hülsen machen auch die Anbringung von besonderen Verschlüssen, wie Druckknopf und Bajonettverbindungen, welche meist schwer, immer aber teuer sind, überflüssig. Dagegen verdient ein anderer Punkt erhöhte Beachtung — nämlich die Art der Anbringung und Verbindung der Hülse mit dem Rutenteile; die Hülse muß auf diesen so aufgesetzt sein, daß die Verbindung eine unveränderlich feste und dauernde ist, aber das Holz oder Rohr darf dadurch nicht geschädigt werden.

Ein schwerer Fehler des Erzeugers ist es, wenn er unter der Hülse den Körper des Gertenteiles zuviel abnimmt, um so einen schönen Verlauf zu erreichen, oder wenn manche Erzeuger Hülsen verarbeiten, deren Dimensionen nicht zu denen der Teile abgestimmt sind; derartige Gerten neigen zu Bruch an den Verbindungsstellen, denn an und für sich ist ja schon bei der solid gearbeiteten Gerte die Verbindung an der Zwinge ein Gefahrpunkt.

Ein noch schwerwiegenderer Fehler aber ist es, wenn die Hülsen an die Teile angewürgt werden wie eine Messingpatrone an ein Geschoß; diese Verbindungsweise würgt nämlich direkt die Holzfaser ab, und an dieser Stelle kommt es totsicher früher oder später zum Bruche. Auch das beliebte Fixieren der Hülsen mittels durchgeschlagener Stifte ist eine bedenkliche Sache, denn auch das schwächt das untenliegende Material, besonders das der an und für sich dünneren Spitzen; aber nicht nur das: mit der Zeit dringt Feuchtigkeit unter der Hülse ein, und da dieselbe in dem Raume, in dem der Stift läuft, nicht abdunsten kann, kommt es im Laufe der Zeit dazu, daß dort das Holz verrottet, und eines schönen Tages bricht die Gerte in der Hülse.

Wie ich schon oben erwähnt habe, ist der Verbindungspunkt zwischen den einzelnen Teilen ein solcher des verminderten Widerstandes; die Zwinge ist nun einmal etwas Starres, das den Schwung der Fasern des Materials unterbricht; je länger die Hülse, um so länger ist die starre Strecke, um so größer die Verminderung der Elastizität. Man hat daher einen Ausweg zu finden gesucht und denselben auch gefunden, indem man die Hülsen an den den Holzteilen anliegenden Seiten mit Einkerbungen versieht, über denen dann das Metall verlaufend bis zur Papierdünne abgeschliffen wird. Diese Art Hülsen, welche bei allen besseren Gerten Verwendung finden sollte, verhindert das Klemmen und Würgen des Holzes und schmiegt sich der Unterlage passend an, wie nebenstehende Abbildung zeigt. (Abb. 4.)

Abb. 4.

Die Leitung der Schnur entlang der Gerte besorgen die Ringe, welche heutzutage nur mehr noch aus Stahl, mit oder ohne Einlagen aus Achat, Porzellan oder beweglichen Stahlringen erzeugt werden. Die alten „stehenden" Ringe aus Messing findet man nur noch an ganz billigen Gerten der Marktware. Sie sind überholt worden durch die sog. Schlangenringe (Abb. 5a), welche man noch sehr häufig sieht, trotzdem auch sie nicht mehr den Forderungen des Tages entsprechen. Ihr unleugbarer Nachteil ist, daß sich die jetzt gebräuchlichen dünnen Schnüre im feuchten Zustande zu leicht an die Gerte ankleben, was den Wurf erheblich stört.

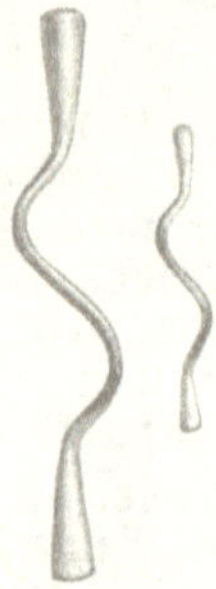

Abb. 5a.

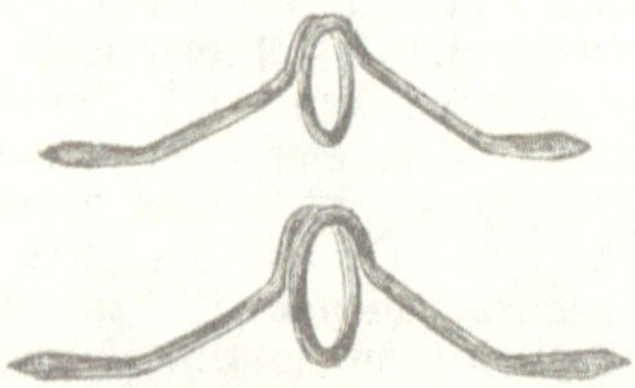

Abb. 5b.

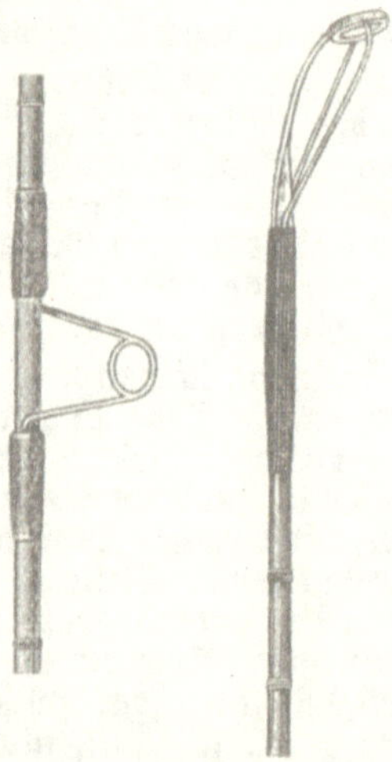

Abb. 5c.

Aus diesem Grunde hat man die Brückenringe (5b) konstruiert, welche diesem Übel begegnen sollen und es tatsächlich auch beheben; besonders die von der Gerte weit abstehenden „Spider Legs“ (5c) — „Spinnenbeine“ erfüllen den gedachten Zweck ideal und sind außerdem viel leichter als die sonst gebräuchlichen gewöhnlichen Stegbrückenringe. Die Gerte ist mit Spiderlegs ausgestattet.

Abb. 6.

An besseren Gerten findet man meist den ersten Ring am Handteile (Abb. 6) und den an der Spitze, den sog. Endring mit Achat oder Porzellan gefüttert, manchmal auch mit einem Stahlring (Abb. 7), der in seiner Fassung leicht beweglich ist. Solche Ringe tragen viel dazu bei, das Leben der Leine zu verlängern, indem sie die Reibung auf ein Minimum herabsetzen, welche bekanntlich am stärksten am ersten und letzten Ringe in Erscheinung tritt. Man sollte im Interesse seiner Schnur immer wenigstens einen gefütterten Endring anbringen lassen, von einer Konstruktion, die das lästige Verfangen der Schnur um ihn möglichst ausschließt; solche zeigen die folgenden Abbildungen.

Es ist ein Fehler, wenn man die Ringe an seiner Gerte zu eng nimmt, besonders dann, wenn man seinen Sport auch im Winter betreiben will; man muß deshalb nicht in das Extrem verfallen, aber im Verhältnis zu den Dimensionen der Gerte nehme man die Ringe lieber etwas weiter. Auch die Zahl der Ringe ist nicht ohne Bedeutung für Schwung und ungestörten Wurf. Man sieht oft Gerten, welche mit Ringen förmlich gespickt sind; das ist überflüssig und störend; auch das Gegenteil ist nicht gut, in beiden Fällen ist ein gesunder Mittelweg das Richtige. Um das Richtige zu treffen, gehört eine gewisse Erfahrung dazu, welche man erwerben muß.

Eine viel diskutierte Frage ist die, wie lang man seine Angelrute wählen soll. Jemand, der immer an ein und demselben Wasser auf dieselben Fischgattungen angelt, hat es bei der Wahl seiner Gerte leicht, weniger der, welcher seinen Sport im Umherziehen betreibt und mit verschieden gestalteten Angelverhältnissen zu rechnen hat. Im allgemeinen kann man wohl sagen, daß man mit einer Gerte von 3—3½ Metern im Durchschnitte sein Auskommen finden wird; aber es ergeben sich soviele Momente im Anglerleben, in denen eine lange Gerte von 4—5 Metern und sogar darüber wünschenswert und wertvoll wäre einerseits, andererseits aber die Anschaffung zweier guter Gerten als zu kostspielig empfunden wird.

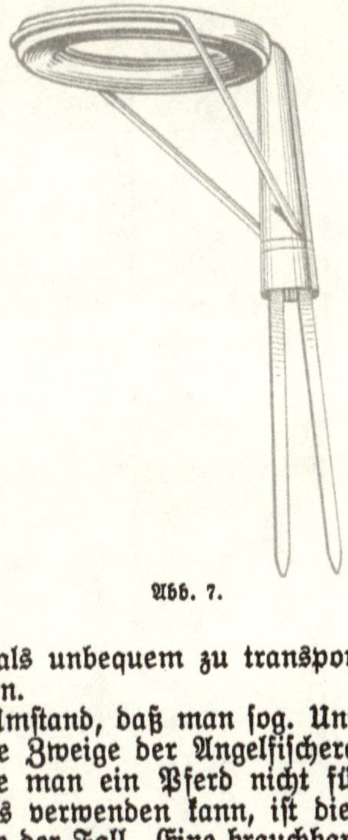

Abb. 7.

Dieser Erwägung Rechnung tragend, hat man in früheren Zeiten Gerten gebaut, welche durch Auswechseln von Teilen und Spitzen verschiedene Kombinationen gestatten sollten; in der Praxis haben sich alle als unbequem zu transportieren und vielfach unpraktisch erwiesen.

Der Hauptgrund dafür war der Umstand, daß man sog. Universalruten schaffen wollte, die für alle Zweige der Angelfischerei dienen sollten; allein ebensowenig wie man ein Pferd nicht für alle Zweige des Reitens und Fahrens verwenden kann, ist dies auch bei unserem Sporte mit der Gerte der Fall. Eine brauchbare Kombination ist nur möglich zwischen Grund- und Spinngerte, und auch da nur in gewissen Grenzen, die nicht allzuweit gezogen werden dürfen.

Anders liegen die Verhältnisse, wenn es sich um die Verbindung von Grund- und Fischchengerte handelt; hier genügt tatsächlich das Wechseln der Spitze, um ein brauchbares einwandfreies Geräte zu haben; wird diese Kombination noch durch einen zweiten, kurzen

Verschiedene Gertenmodelle.

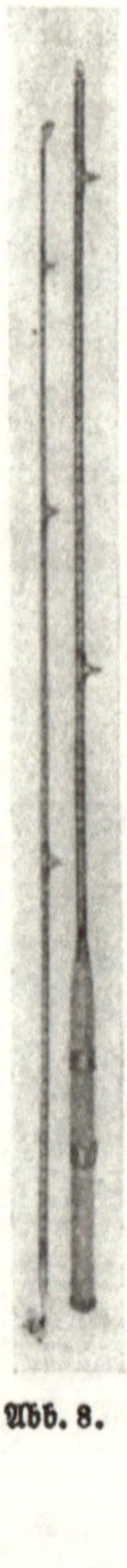

Abb. 8.

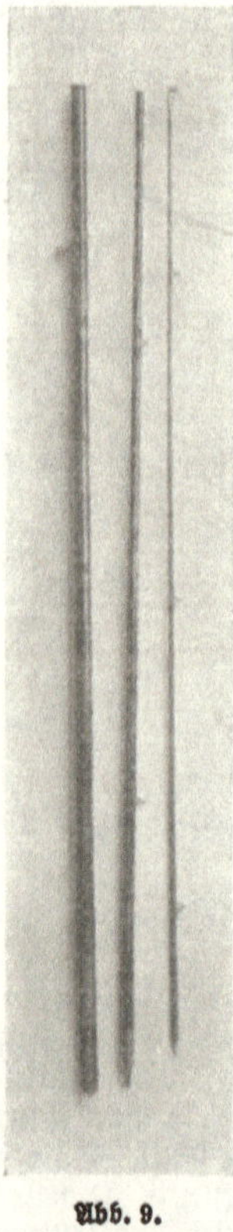

Abb. 9.

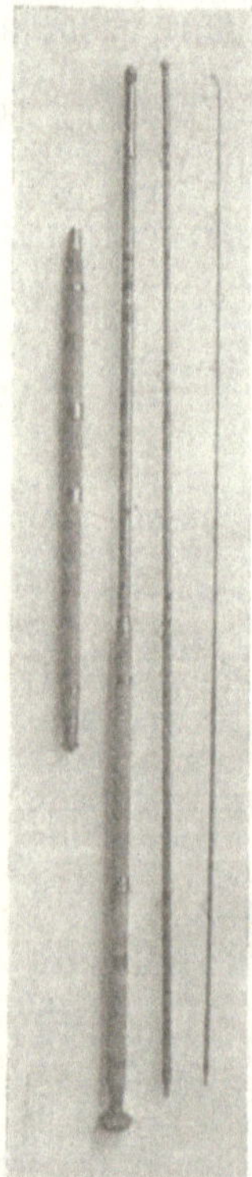

Abb. 9 a.

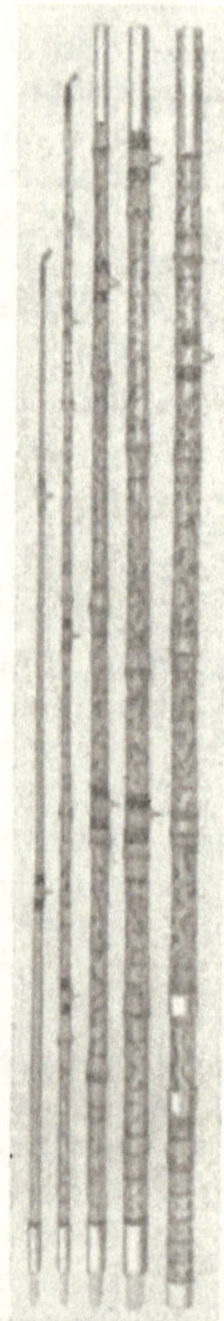

Abb. 10.

Handteil erweitert, welcher es gestattet, die Rutenteile an beiden Enden anzustecken, in welchem Falle seine Zwingen von verschiedener Weite sein müssen, dann kann man mit seiner Hilfe und unter Verwendung einer zweiten Spitze einige brauchbare Kombinationen zusammenstellen, welche in ihrer verschiedenen Länge und Stärke sich den jeweils gegebenen Verhältnissen anpassen. In diesem Sinne lasse ich eine Kombinationsgerte gelten.

Die Handteile der meisten besseren Gerten enden in einen Knopf, teils aus Holz, teils aus Gummi; dem Zwecke des Grundanglers entsprechen beide, nur sollen sie beide sich aus dem Handteile ausschrauben und durch einen Erdspeer ersetzen lassen. Dieser ist in seiner gewöhnlichen Form für die Gerten bis zu $3\frac{1}{2}$ m ganz ausreichend, um diese in der Erde oder am Ufer feststecken zu können. Für die langen und dementsprechend schweren Gerten zur Fischerei mit dem schweren Bodenblei, wie sie zum Barbenfischen in großen Strömen meistens Verwendung finden, ist der von Fellner empfohlene Dorn aus Eisen in der Stärke eines Fingers und ca. 12 cm lang vorzuziehen, weil er der Rute auch noch ziemlich viel Schwere in die Hand verleiht und so ihre Balance verbessert. Ich will nun im folgenden verschiedene Modelle von Gerten besprechen, welche heutzutage bei der Grundangelei Verwendung finden.

Abb. 8. Eine 2,40—2,60 m lange Gerte aus Greenheart oder gesplieẞtem Bambus. Diese Gerte ist vornehmlich für die feine Fischerei mit Wenderollen und sehr feinen Schnüren bestimmt, ist äußerst leicht und einhändig zu führen. Sie eignet sich vor allem dort, wo man kein allzugroßes Wasser zu beherrschen hat, sowie zum Angeln vom Boote aus. Infolge ihrer glücklichen Konstruktion ist sie auch als leichte Spinngerte zu brauchen. Sie wird meist zweiteilig gebaut.

Abb. 9. Eine leichte Gerte aus Tonkinrohr mit Spitze von Greenheart, 3—3,35 m lang; mit weitabstehenden Brückenringen und freiverschieblichen Rollenringen. Diese Gerte entspricht allen Anforderungen, welche man an eine leichte Gerte stellen kann, und wird in ihrer Länge so ziemlich für die meisten Verhältnisse passen.

Abb. 9a. Eine ähnliche Gerte in feinerer Ausführung mit einem zweiten kurzen Handteil, der, wo es erwünscht ist, eine bedeutende Verkürzung gestattet.

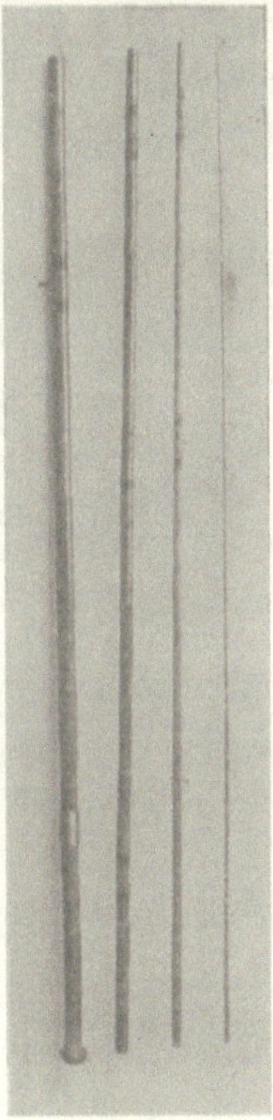

Abb. 11.

Abb. 10. Die bekannte „Schwere Barben- und Grundgerte" aus Bambus, 5—8 m lang. Wegen ihrer Schwere kann sie nicht einhändig geführt werden; der vorerwähnte Dorn läßt sie im Ufer sicher feststecken. Sie wird meist vierteilig gebaut.

Abb. 11. Eine Gerte aus Seerohr (Roseau) mit Spitze aus Jambisrohr oder besser mit einem oberen Spitzenende aus gesplieẞtem Bambus. Diese Gerten sind wegen ihrer enormen Leichtigkeit in den außergewöhnlichen Längen von 5—7 m immer noch mit einer Hand zu führen und eignen sich hervorragend dort, wo man eine lange Gerte führen muß und doch mit sehr feinem Zeuge zu angeln gezwungen ist, was man mit den langen und schweren Bambusgerten nicht tun kann. Auch für die Zwecke der Tippfischerei und des Angelns mit der „Geblasenen Leine" ist sie hervorragend geeignet. Trotz ihrer Zartheit kann man mit ihr den Kampf mit recht großen Fischen aufnehmen, und außer anderen Vorzügen hat sie noch den der auffallenden Billigkeit.

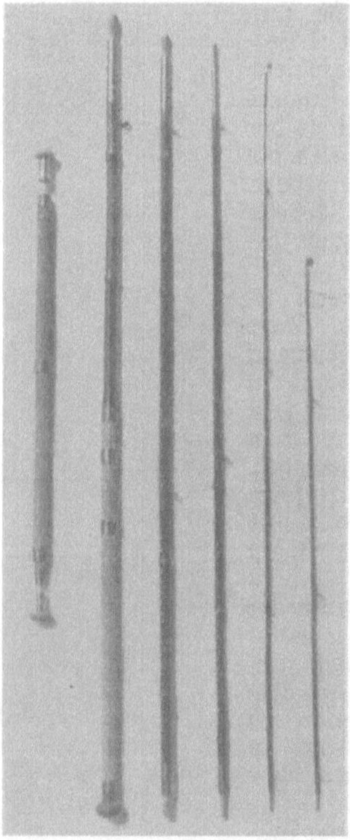

Abb. 12.

Abb. 12. Zeigt die von mir vorgeschlagene Kombinationsgerte; sie ist mit der feinen, langen Spitze 5 m lang. Mit dem kurzen Handteil und den beiden Spitzen, von denen die lange aus Jambisrohr, die kürzere aus Greenheart hergestellt ist, lassen sich verschiedene Kombinationen bewerkstelligen. Der kurze Handteil ist bloß 60 cm lang und erlaubt es, sowohl das zweite wie auch das dritte Mittelstück, welche, um die Gerte leicht herauszubringen, aus Pfefferrohr gemacht wurden, anzustecken, weil jedes Ende eine entsprechend weite Zwinge trägt. Diese Gerte habe ich mir für Angelreisen an fremde Wasser bauen lassen und bin mit ihrer Verwendungsmöglichkeit weitestgehend zufrieden. Auf alle Fälle ist sie der früher gerne gekauften doppelhändigen Fliegengerte nach Stewart überlegen, denn sie gestattet auch die klaglose Verwendung als Spinngerte, da infolge der frei verstellbaren Rollenringe an den Handgriffen die Rolle jeder Handstellung und Armlänge anzupassen ist.

An der Hand vorstehender Beschreibungen wird sich der vorgeschrittene Leser und auch der Anfänger leicht über die Gerte, welche seinen Bedürfnissen und seinem Fischwasser entspricht, orientieren können. Ich glaube aber dieses Kapitel nicht schließen zu dürfen, ohne einiges über die Behandlung und Pflege der Gerte zu sagen, was mir besonders hinsichtlich der zur Grundangelei verwendeten wichtig erscheint, da gerade diese von allen Gertenarten am meisten und längsten, ja man kann sagen fast ununterbrochen in Verwendung stehen, während Spinn- und noch mehr

Fluggerten doch eine mehr minder beschränktere Verwendungszeit haben.

Die Gebote für die Pflege der Gerte lauten:

1. Lasse nie die Gerte nach dem Angeln in einem nassen oder feuchten Futterale stehen! Nimm sie daheim oder im Quartier angekommen sofort heraus, reibe die einzelnen Teile trocken und hänge sie einzeln auf! Nimm die Schutzzapfen aus den Hülsen, damit diese austrocknen. Etwa verbogene Teile biege vorsichtig wieder gerade!

2. Außer Gebrauch hänge die Gerte stets auf! Stelle sie nie wie einen Regenschirm in eine Ecke, ebensowenig lege sie auf einen Schrank; bewahre in der Zeit, wo du nicht angeln gehst, die Gerte in einem mäßig warmen Raume, aber immer fern vom Ofen auf!

3. Lasse deine Gerte nie gegen einen Baum oder eine Wand gelehnt über Nacht und womöglich auch noch im Regen im Freien stehen, wenn du am Fischwasser übernachtest oder eine lange Rast machst!

4. Sieh deine Gerte öfter nach, ob sie und besonders die Lackierung intakt ist, oder lasse sie am Ende der Saison vom Fabrikanten nachsehen! Kleine Schäden lassen sich bald beheben, ignoriert man sie, können sie in kurzer Zeit die beste Gerte vernichten. Wenn man eine Gerte zusammensteckt, so soll man stets mit der Spitze beginnen, ebenso soll man verfahren, wenn man sie zerlegt. Sehr zu beachten ist, daß man die Teile an oder knapp ober den Zwingen faßt und mit einem geraden Zuge voneinanderziehe! Man vermeide jedes Drehen der Teile gegeneinander bei gleichzeitigem Fassen des Holzes, sonst dreht man dessen Fasen ab, oder aber man lockert die Hülsen; besonders gefährlich ist ein solches Tun an den Spitzen.

Die Schutzzapfen halte man stets blank und fette sie ab und zu mit einer Spur Vaselin. Hirschtalg, der auch zu diesem Zwecke empfohlen wird, wird leicht in der Hitze ranzig und bildet einen schmierigen Belag, ebenso die vielempfohlene Seife.

Blanke Hülsen und Schutzzapfen sowie Zwingen verbeißen sich nie. Auch ersetze man einen verlorengegangenen Schutzzapfen ehestens; anderenfalls riskiert man, daß die offene Hülse verschlagen wird, was zum Verbeißen Anlaß gibt.

Man sollte meinen, daß diese wenigen einfachen Sätze Gemeingut aller Angler sein sollten, leider aber macht man die Wahrnehmung, daß in diesem Punkte viel Leichtsinn und Gleichgültigkeit herrscht und man besonders die jüngeren Angler nicht oft und oft genug auf die Wichtigkeit dieser elementaren Gebote aufmerksam machen kann.

Ihre Befolgung wird sie vor mancher unliebsamen Erfahrung bewahren, dafür aber das Leben ihrer Gerten verlängern.

Ich gehe nun zur Beschreibung des nächstwichtigen Gerätes über.

Der Angelhaken.

Wenn ich seine Besprechung der aller anderen Geräte voranstelle, so hat das seinen guten Grund; denn er allein ist der Teil unserer Ausrüstung, der „fängt".

Um diesen Dienst klaglos zu leisten, muß er vor allem gut sein; um aber dieser Bezeichnung voll zu entsprechen, muß er drei Bedingungen erfüllen.

Die erste ist: „Er muß ‚fängig' sein!"

Was nennt man fängig? Die Fähigkeit, unter allen Umständen in das Maul des Fisches eventuell sogar in die Knochen desselben einzudringen und dort zu haften.

Dieses Fängigsein ist von verschiedenen Bedingungen abhängig, über die in den Fachblättern viele, sogar tief wissenschaftliche Abhandlungen und Kontroversen zu lesen waren und sind. Besonders ist und war es das Thema des sog. „Schädlichen Winkels", das lange Zeit die Gemüter beschäftigte.

Der schädliche Winkel ist jener, den die Verlängerung des kurzen Bogenteiles mit einer Linie bildet, welche wir uns von der Hakenspitze zum Ende des Schenkels gezogen denken. Man kann im allgemeinen sagen, ohne auf die verschiedenen mathematischen und physikalischen Begründungen einzugehen, daß dieser Winkel ein Optimum von annähernd 20 Graden hat, d. h. daß ein Haken verhältnismäßig dann am fängigsten ist, wenn dieser Winkel nach oben und unten nicht überschritten wird.

Trotzdem aber gibt es Haken, welche, ungeachtet eines günstigen schädlichen Winkels, eine geringe Fängigkeit aufweisen. Das sind jene, deren Konstruktion im Bogen und in der Spitze falsch ist.

Viele Fabrikate haben zu enge Bogen; das ist ein großer Fehler. Der Bogen muß eine entsprechende Breite haben, gleichviel von welcher Form er sei.

Ebenso wichtig ist aber auch die richtige Form, Anordnung und Länge der Hakenspitze. Vor allem darf sie weder zu lang noch zu kurz sein. Zu lange Spitzen verhindern den Haken am korrekten Eindringen und neigen zum Brechen infolge des eigenartigen Hebelmechanismus, der beim Anhiebe und Drill in Erscheinung tritt.

Ist dann noch dazu der Hakenbogen zu eng, dann ist man fast überhaupt nicht imstande, den Haken im Fischmaule zu setzen, und hat meist lauter Fehlanhiebe.

Die Spitze darf aber auch nicht zu kurz sein und die Form eines Kegels zeigen. Derlei Spitzen besitzen nahezu gar keine Eindringungsfähigkeit, schon gar nicht, wenn sie auf Knochen oder zähe Knorpel stoßen.

Von großer Bedeutung ist auch die Stellung der Spitze; bei einem gut gebauten Haken verläuft sie in direkter Verlängerung des kurzen Bogenteils, d. h. sie darf mit diesem in keinem Falle einen Winkel bilden, weder nach innen noch nach außen. Besonders letztere Anordnung ist ganz fehlerhaft und sowohl eine physikalische wie eine anglerische Unmöglichkeit. Das klassische Beispiel für die Fehlkonstruktion war der — gottlob von der Bildfläche verschwundene — „Leonrod"-Haken (Abb. 13), dessen Abbildung ich nur bringe, um zu zeigen, wie ein Haken nicht aussehen soll.

Bei der Beurteilung eines Hakens darf man auch die Unterschneidung des Widerhakens nicht außer acht lassen; diese darf nicht zu tief sein, sonst bricht der Haken beim Anhieb oder bei einem geringsten Hänger, aber der Widerhaken selbst sei auch nicht zu lang, sonst dringt er schwer ein.

Abb. 13.

Bei den meisten Hakensorten liegen Schenkel, Bogen und Spitze in einer Ebene; es gibt aber auch Haken, bei denen kurzer Bogenteil und Spitze aus dieser Ebene heraustreten. In der Literatur ist viel darüber geschrieben und gestritten worden, welche von den beiden Formen besser bzw. fängiger sei. In der Praxis dagegen ergibt sich das merkwürdige Resultat, daß z. B. der ziemlich stark ausgebogene „Perfekt"-Haken ebenso fängig ist wie der altberühmte und bewährte Limerick.

Wir wollen deshalb hier nicht für diese oder jene Anschauung Partei ergreifen, sondern kurz die Fängigkeit eines Hakens dieser oder jener Gattung dahin präzisieren, daß wir sagen: „Der Haken, welcher im Vergleiche zu seiner Gestalt, Konstruktion und Größe bzw. Stärke den kleinsten Prozentsatz von Fehlfängen liefert, ist der fängigste.

Die zweite Bedingung, die zur Güte erforderlich ist, ist die richtige Härtung. Der bestgebaute Haken ist wertlos, wenn er überhärtet oder andererseits zu weich ist. Im ersten Falle springt er bzw. bricht er, wenn er einen Zug auszuhalten hat, im zweiten biegt er sich auf.

Man kann auf die richtige Härtung eine Probe machen, indem man den Haken mit der Spitze tief in einen Kork einsteckt, und nun am Schenkel einen stetigen Zug ausübt, indem man den Schenkel, soweit es geht, von dem Bogen abzieht. Wenn man auf dem äußersten Punkte der Spannung den Schenkel ausläßt, muß er bei einem richtig gehärteten Haken sofort in seine Ausgangsstellung zurückfedern, und der Haken darf keine Deformation zeigen; bleibt der Schenkel in der Lage, die er durch den Zug erhalten hatte, stehen, so ist der Haken zu weich; wenn aber der Haken unter dem Zuge bricht, ist er überhärtet.

Man darf einerseits nicht vergessen, daß Angelhaken Massenartikel sind, und es sehr leicht vorkommen kann, daß unter den tausenden Stücken, die im Härteofen sind, einige verdorben werden, andererseits kommt gerade in diesem Artikel auch sehr viel Schund in den Handel, so daß es ein Gebot der Vorsicht ist, nur von Haus aus die besten Qualitäten zu kaufen, trotzdem aber in besonderen Fällen den oder die Haken vor dem Gebrauche der beschriebenen Probe zu unterziehen, um nicht unliebsame Erfahrungen zu machen.

Die dritte Forderung, welche wir an einen guten Haken stellen, ist die, daß er im Verhältnis zu seiner Größe und zu den Dimensionen seines Materials die größtmögliche Stärke besitze.

Die meistgebrauchte Hakenform ist der Einhaken, besonders für den Grundangler kommt er am meisten in Betracht, denn es gibt keinen Fisch, ob Fried- oder Raubfisch, der im Grunde genommen nicht mit gleicher Sicherheit am Einhaken zu erbeuten wäre, wie bei Verwendnng von zusammengesetzten Haken.

Im Laufe der Zeit haben sich drei Standard-Formen ausgebildet, welche allen Bedürfnissen entsprechen: der Rundbogen, der Limerick und der Sneckbent.

Alle drei werden sowohl mit spitzem Schenkel als auch mit Plättchen und mit Ringen erzeugt, und es sind besonders die letzteren, welche sich immer mehr die Gunst des Anglers erringen, denn sie haben eine Menge guter Eigenschaften, die sie uns wertvoll machen. Ihrer Größe nach sind sie nach einer Skala geordnet, welche leider bisher nicht vereinheitlicht ist, daher Haken verschiedener Erzeugung mitunter auffallende Größenunterschiede bei gleicher Nummer aufweisen.

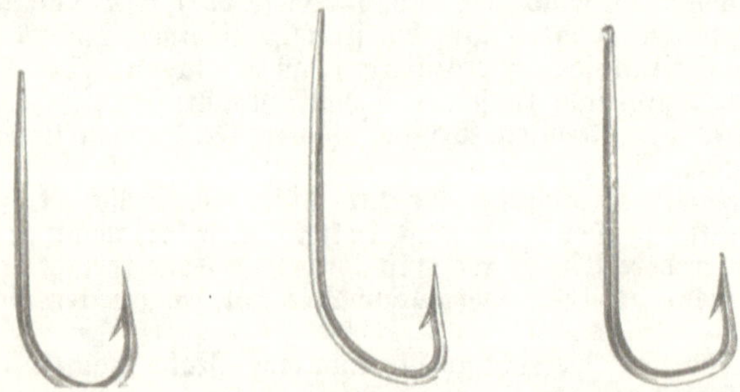

Rundbogen Limerick Sneckbent

Abb. 14.

Es gibt zwei Skalen, die alte beginnend bei 1/0, fallend bis 17 als kleinste Größe, die neue beginnend mit 000 (entsprechend Nr. 17) und steigend bis 15 (entsprechend Nr. 1/0).

Richtiger wäre es, wenn man die Entfernung von Spitze zum Schenkel als Basis annehmen würde, aber das würde eine allgemein richtige Konstruktion des Bogens bedingen, die es, wie ich vorhin erwähnte, leider nicht bei allen Fabrikaten gibt.

In obenstehender Abbildung gebe ich die drei hauptsächlichsten Hakenformen wieder sowie die nachstehend alte Größenskala (Abb. 15).

Ein sehr beliebter und hervorragend fängiger Haken ist der schon erwähnte Perfekt oder auch „Italian" (Abb. 16) genannte, aus Flachstahl, und der feindrähtige Limerick, welcher als „Kristall"-haken bekannt ist und für feine Fischerei fast unentbehrlich ist.

Angelhaken kommen lose und auch bereits an Gutfäden angebunden in den Handel; man bekommt auch solche, die mit Zelluloid mit dem Gut verbunden sind. Wem die kleine Mühe, sich Haken selbst anzubinden, zu viel ist, der mag sich immerhin bei einer soliden Firma solche kaufen. Ich selbst verwende angebundene Haken nur noch zur

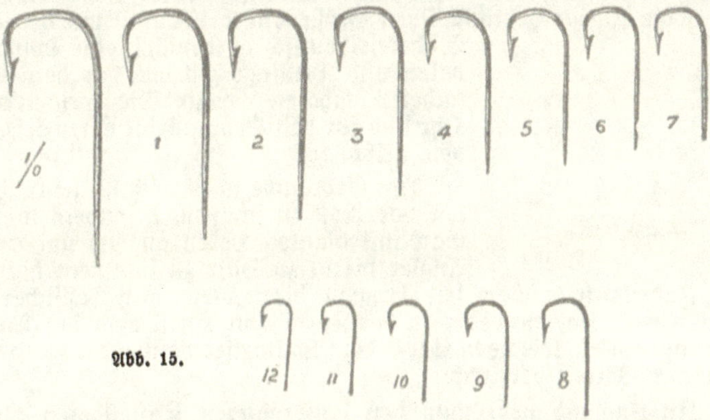

Abb. 15.

Fischerei mit Maden, sonst aber bin ich schon lange dazu übergegangen, nur noch Ringhaken zu verwenden. Die Vorteile derselben sind zu augenfällig, als daß man sie übersehen sollte. Erstens: Ich erspare mir die Anschaffung und das Mitschleppen einer voluminösen „Vorfachtasche", wie sie bei den älteren Anglern gebräuchlich war, denn ich kann in einer flachen Blechbüchse Dutzende Haken in meiner Westentasche mitnehmen. Zweitens: Ich habe immer verläßlich angebundene Haken; bei den gekauften weiß man nie, wie alt sie sind, das Bindemittel trocknet ein, das im Wasser quellende Gut lockert die Bindung, und der Haken rutscht einfach vom Gutfaden, ganz abgesehen, daß Gut durch langes Lagern nicht besser wird. (Abb. 17.)

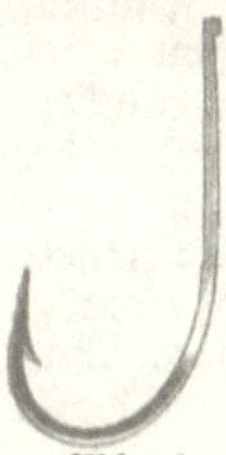

Abb. 16.

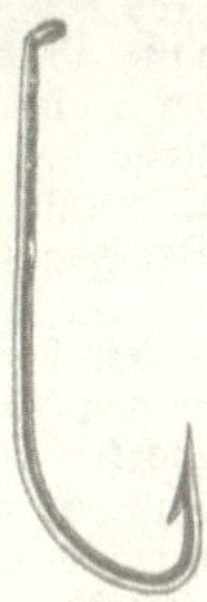

Abb. 17.

Drittens: Ich kann Haken nach Belieben wechseln, ohne an mein Vorfach eine Gutlänge erst anpassen zu müssen, sei es, daß das Gut an der Bindung schadhaft erscheint, sei es, daß ich einen größeren oder kleineren Haken einbinden will, wie es gerade die Situation erfordert. Das sind Vorteile, die berücksichtigt zu werden verdienen. Allerdings, es gibt Angler, die nicht imstande sind, die paar einfachen Knoten zu erlernen, und andere, welche um Gotteswillen keine Minute Zeit am Wasser verlieren zu dürfen glauben, wenn sie einen Haken einbinden sollen, denen ist nicht zu helfen.

Wer aber einmal die Wohltat des Ringhakens erkannt hat, bleibt ihm treu.

Zu gewissen speziellen Arten des Angelns, wie z. B. zur Anköderung von Obst oder von Teigen lieben manche den zusammengesetzten Haken, sei es als Doppelhaken oder als Drilling. Ich bringe daher auch von diesen beiden Hakensorten die Bilder in den für obige Zwecke gebräuchlichen Größen; ihre Skala ist mit der der Einhaken identisch, aber auch für die Doppelhaken und Drillinge gilt das von den einfachen Ringhaken Gesagte: Die Formen mit Öhr sind für den Gebrauch die vorzuziehenden. (Abb. 18.)

Abb. 18.

Im Gebrauche ist es wichtig, seine Haken vor Rost zu schützen, besonders wenn man mit blanken Haken angelt; um dem Angler hierin zu Hilfe zu kommen, haben die Fabrikanten schon seit langem die Haken mit rostsicheren Decken versehen, entweder in der Form von Email oder der Brünierung; Haken, welche in See- oder Brackwasser verwendet werden, sind mit Vorteil verzinnt.

In England liebt man den feindrähtigen Kristallhaken auch vergoldet.

Im Laufe der Verwendung passiert es dem Angler mit den erlesensten Hakensorten, daß der Haken irgendwie defekt wird, durch Anschlagen an Steine beim Wurfe oder durch Hänger, unter Umständen auch durch Auftreffen auf harte Knochenpartien im Maule des Fisches; im ersteren Falle bricht gewöhnlich die Spitze ganz ab, vielfach auch im zweiten; in sehr vielen Fällen jedoch ist der Haken scheinbar unverletzt, und nur die Tatsache, daß die Anhiebe nicht sitzen bzw. daß die Fische wieder nach kurzer Führung abkommen, belehrt den Angler, daß etwas nicht in Ordnung sei. Bei genauem Nachsehen wird er nun die Wahrnehmung machen, daß die äußerste feine Spitze entweder abgebrochen ist, wenn der Haken hart war, oder daß diese direkt umgeschlagen ist, wenn er zu weich war. In beiden Fällen muß man mit Hilfe einer feinen, scharfen Feile (Uhrmacherfeile) den Defekt beheben und womöglich noch mit einem Stückchen sog. Arkansasstein nachschleifen. Wird durch wiederholtes Nacharbeiten die Spitze zu kurz, dann werfe man den Haken weg und ersetze ihn durch einen neuen.

Angerostete Haken poliere man mit Ballistol und feinem Schmirgelleinen wieder blank. Lose Haken, welche man in irgendeinem Behältnis mit zum Angeln hinaus nimmt, sollen immer mit Ballistol gefettet sein, was sie sicher vor Rost bewahrt.

Die Rolle.

Die alten Grundangler kannten in der Mehrzahl den Gebrauch der Rolle nicht in der Form wie wir; die meisten benutzten nur eine Leine von Stockeslänge oder etwas darüber, welche an der Spitze der Gerte fest angeschleift war und wenn sie schon eine Gerte mit Ringen benutzen, dann hätten sie die Leine auf seinem Aufschlagholz aufgewunden. Erst mit der zunehmenden Verfeinerung des Sports wurde die Rolle ein unentbehrlicher Bestandteil der Ausrüstung, und wurde es immer mehr, je feiner und leichter Gerten und Schnüre wurden und der Weitwurf sich mehr und mehr geltend machte, und ebenso die Notwendigkeit, einen Fisch an dem feinen Zeuge länger und intensiver zu drillen, eine zwingende wurde.

Für den Grundangler kommen zwei Arten von Rollen in Betracht: die beim Wurfe mit rotierender Trommel und die mit feststehender, die sog. Wenderollen und die neueste Schöpfung auf diesem Gebiete, die Illingworthrolle, welche eigentlich einen Typ für sich bildet. Die erstere Gattung wird repräsentiert durch die altbekannte „Nottingham"-Rolle und ihre Abarten und Verbesserungen.

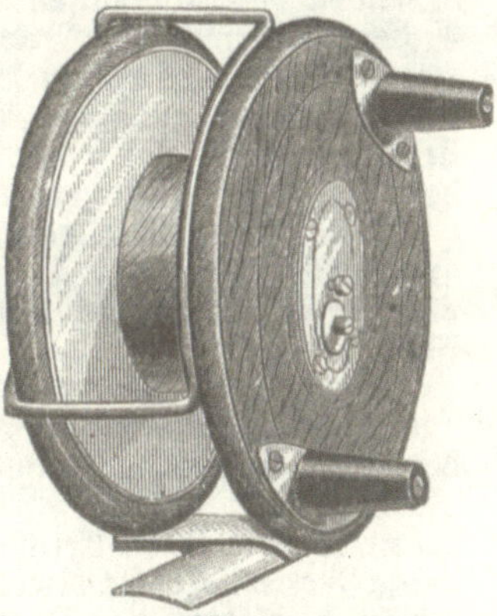
Abb. 19.

Eine jede Rolle, mag sie zu diesem oder jenem System gehören, hat die Bestimmung, die Angelschnur aufzunehmen, und so es dem Angler zu gestatten, von ihr soviel Leine abzuwerfen, als er zur Erreichung der von ihm erwünschten Angelstelle benötigt, umgekehrt aber auch die ausgegebene Schnur durch Wiedereinrollen zu verkürzen und durch diese Möglichkeit den Angler instand zu setzen, einen Fisch regelrecht zu drillen.

Wir wollen zuerst die Rollen vom Nottingham-Typ besprechen.

Die alten Rollen dieses Systemes, welche die nebenstehende Abbildung (Abb. 19) zeigt, waren meist aus Holz oder Ebonit verfertigt; beide hatten einen nicht zu behebenden Übelstand an sich, — man war nicht imstande, mit ihnen einen korrekten Wurf mit leichten Ködern zu machen, woran auch die spätere Ausführung derselben in Aluminium und die noch später angebrachten Ausbohrungen am Rollenkörper nicht viel zu ändern vermochten.

Der Grund hierfür lag in dem zu hohen Eigengewichte der Trommel. Der ausfliegende Köder hatte das ganze Gewicht der Trommel mitzuziehen und deren Trägheitsmoment zu besiegen. Erst die neuere Zeit hat Rollen gebracht, bei denen dieser Übelstand ausgeschaltet ist. Wenn wir uns daher zur Anschaffung einer neuen Rolle entschließen, so müssen wir uns vor allem die Frage vorlegen: Was soll nun diese Rolle für Eigenschaften haben, um meinen Zwecken zu entsprechen?

Vor allem muß dieselbe einen korrekten Lauf besitzen.

Die Ansichten über diese Eigenschaft haben in den letzten Jahren auch bedeutende Wandlungen erfahren. Früher kaufte man eine Rolle und freute sich, wenn die Trommel nach einem mehr oder weniger kräftigen Impuls eine längere Dauer oder gar Minuten lang lief, ohne zu ahnen, daß das eigentlich ein schwerer Fehler sei. Gewiß, eine gute Rolle muß reibungslos laufen, aber das Trommelgewicht muß ein derart kleines sein, daß die Trägheit der Materie sich an ihr nicht auswirken kann und sie daher bald zum Stillstande kommt, gleichviel, ob ihr Durchmesser groß oder klein sei.

Diese Eigenschaft erlaubt es mir, eine Rolle von einem großen Durchmesser zu führen und trotzdem mit ihr leichte Köder weit und sicher zu werfen.

Ferner muß eine gute Rolle eine ausschaltbare Bremse besitzen, welche einerseits genügend stramm geht, um einem abziehenden Fische Widerstand zu leisten, und bei einer sehr scharfen Flucht desselben das Überlaufen der Trommel unbedingt zu verhindern. Andererseits muß diese Bremse so weich sein, daß sie der einrollenden Hand wenig oder keinen Widerstand bietet; endlich und schließlich muß die Anordnung der Bremse so sein, daß sie sich weder verklemmt noch im Laufe der Zeit schlaff wird, wie es bei den Rollen der alten Konstruktionen leider nur zu oft der Fall war.

Die alten Holzrollen hatten außer ihrer Schwere noch die unangenehme Eigenschaft, in der Nässe leicht zu quellen; eine Fütterung mit Metall behob dies zwar, erhöhte aber das Gewicht oft recht fühlbar.

Heutzutage wird man wohl in allen Fällen zu einer Rolle aus Aluminiumlegierung greifen. Um das zu häufige Überlaufen der alten Rollen zu korrigieren, kam man zu der Konstruktion der „Gebremsten" oder „kontrollierten" Rollen, deren erstes die altbekannte nach ihren Erfindern benannte und lange Zeit recht beliebte Marston-Crožlé-Rolle war. Da sie aber außer der Bremsung, welche direkt auf den Trommelkörper wirkte und deren Wert bei leichten Ködern illusorisch und bei schweren problematisch war, keine anderen Vorzüge vor den anderen besaß, kam man zu anderen Arten der „Kontrolle".

Vor allem wurde die Bremsung vom Trommelkörper auf die Achse verlegt, was das richtige Prinzip war; vollendet wurde die Konstruktion erst, als man erkannte, daß das Hauptgewicht auf die möglichste Verminderung des Eigengewichtes des Trommelkörpers zu legen sei und zur Konstruktion des durchbrochenen Körpers kam.

Alle diese guten Eigenschaften vereint in idealer Weise die immer mehr in Aufnahme gelangende Speichenrolle, deren Beschreibung ich im nachstehenden bringe.

Abb. 20a zeigt den Trommelkörper, welcher in sinnreicher Weise sowohl die Achsenbremse als auch die Vorrichtung zum Auseinandernehmen trägt; trotz der scheinbaren Zartheit ist das Ganze von einer

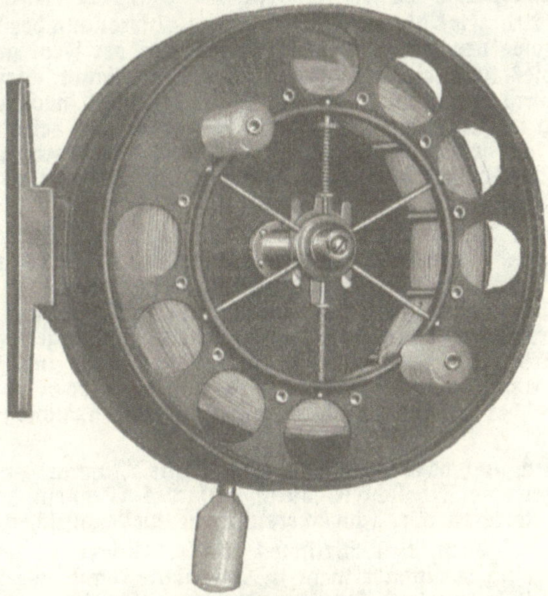

Abb. 20 a.

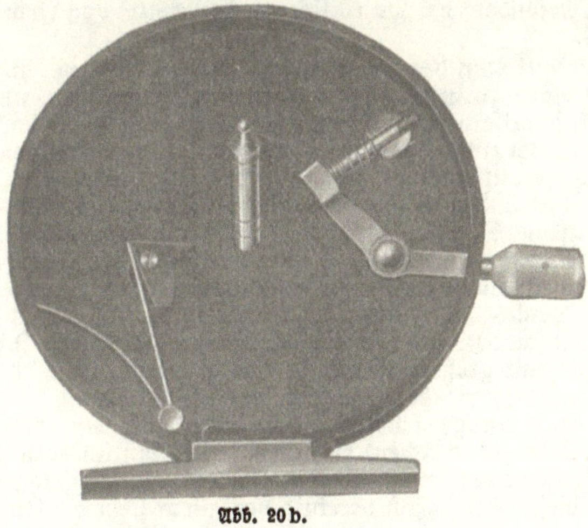

Abb. 20 b.

enormen Widerstandskraft gegen äußere Einflüsse. Die Trommel faßt bei einem Durchmesser von 10 cm, ohne überladen zu sein, 100 m starke Huchenschnur, daher von den für die Grundangelei meist gebräuchlichen Leinen mindestens 125 m und mehr.

Abb. 20b zeigt die äußerst gelungene Anordnung der Knarre, welche infolge der asymmetrischen Anordnung der Federarme ein fast lautloses und widerstandsloses Einrollen erlaubt; diese Konstruktion wird weder im Laufe der Jahre schlottern noch klemmen noch weich werden; auch ein Bruch der Federn, der bei den alten Rollen so oft erfolgt, ist ausgeschlossen, weil die Feder nicht wie bei jenen durchbohrt und deshalb geschwächt ist, sondern aus soliden Blättern besteht.

Da diese Rolle alles bietet, was eine Rolle von Klasse bieten soll und kann, verzichte ich darauf, andere Modelle zu beschreiben; nach meinen Erfahrungen ist sie heute das Beste, was wir in diesem Artikel haben, und ich kann ihre Anschaffung, und zwar nur in dem einen Durchmesser von 10 cm einem jeden Angler getrost empfehlen. Erst recht deshalb, weil diese Rolle heute im Inlande in bester Ausführung hergestellt wird und noch dazu zu einem Preise, welcher kaum die Hälfte dessen für das ausländische Erzeugnis ist.

Wer sich noch dazu entschließt, eine zweite Trommel zu kaufen, hat jederzeit die Möglichkeit, durch einfaches Wechseln derselben mit einer stärkeren oder schwächeren Leine weiterzufischen.

Das Bestreben, den Weitwurf immer leichter zu gestalten, und gleichzeitig die immer mehr in Aufnahme kommende Art des Fischens mit feinem und feinstem Zeuge, mußte sich naturgemäß auf die Verbesserung der Wurfmöglichkeit von der Rolle weg richten, besonders da, wo es sich um den Wurf von Federgewichten handelt.

So kam man dazu, eine zwar schon vorhandene, aber fast vergessene Rollenform wieder in Aufnahme zu bringen, und wendete seine Aufmerksamkeit der Erbauung der „Wende-Rollen" zu. Das Prinzip dieser zuerst vor einigen Dezennien schon von dem Schotten Malloch gebauten Rolle fußt auf der Idee, die Leine nicht von einem rotierenden Körper abrollen zu lassen, sondern von einer feststehenden Spule ablaufen zu lassen, indem man diese durch eine Drehung an ihrem Fuße quer zur Achse der Gerte legte. Die Abbildung 21 a u. b zeigt die alte Mallochrolle. Die meisten dieser älteren Wende-Rollen litten an dem Fehler, daß sie im Fuße nicht genug fest standen und deshalb gern leicht auskippten. Ich bin dieser Rollenart mit großem Interesse nähergetreten, weil ich in ihr das langgesuchte Ideal des Anglers, der die leichtesten Gewichte auf große Entfernungen werfen will oder muß, um den Standort seiner Fische zu erreichen, erblickt habe; so bin ich dazu gekommen, eine Konstruktion auszuarbeiten, welche die Vorzüge der besten Rollen dieser Art in sich vereint; vor allem steht der Fuß, der eine

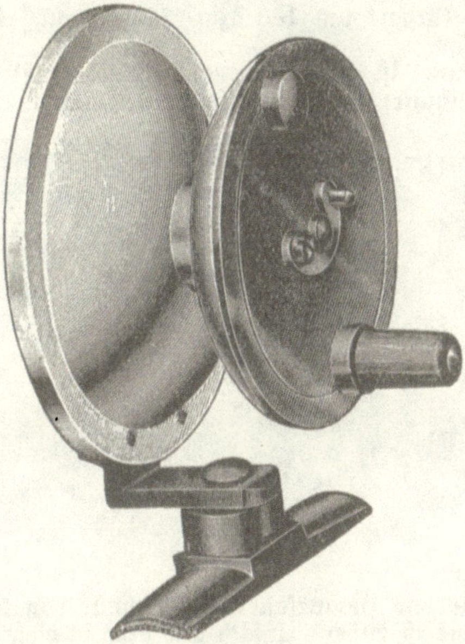

Abb. 21 a.

Abb. 21 b.

Drehung des Körpers um 180 bzw. 360° erlaubt, in jeder Lage unverrückbar fest.

Die Trommel ist äußerst schmal gehalten, faßt aber trotzdem 60 m feine Schnur; der Schnurleiter verhindert ein unrichtiges

Abb. 22 a.

Aufrollen sowie das Herausfallen der Schnur von der Trommel. Die Handhabung ist äußerst einfach und erlaubt diese Rolle sowohl den Seitenwurf wie auch den in neuerer Zeit immer mehr beliebten Überkopfwurf. Die Abbildungen 22 a u. b zeigen die Hand- und Fingerstellungen bei diesen beiden Wurfarten.

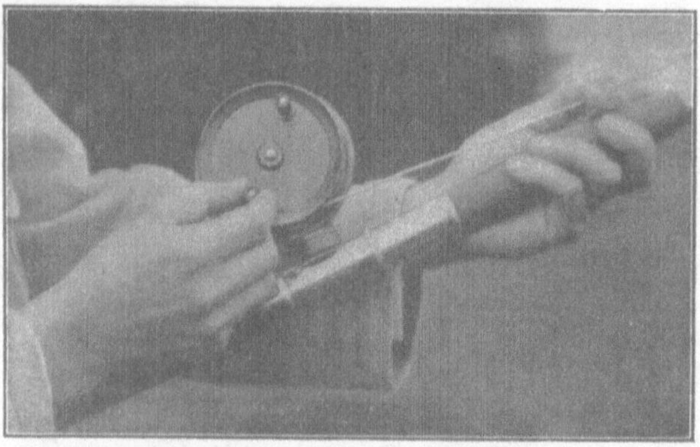

Abb. 22 b.

In Verbindung mit einer der beiden unter Abb. 9 u. 9 a im vorigen Kapitel beschriebenen Gerten ist man imstande, einen Köder von 4—6 g Gewicht sicher auf 15—20 m hinauszubringen; jeder Angler, der in einer solchen Lage war und mit seiner alten Rolle der

Situation ohnmächtig gegenüberstand, weiß diesen Vorteil zu schätzen. Da die Rolle, wie schon gesagt, auf ihrem Fuße um 360° drehbar ist, kann sie sowohl der Rechts- wie auch der Linkshänder gleich gut benutzen.

Daß die Wenderollen eine Berechtigung haben und trotz aller gegenteiligen Behauptungen eine Notwendigkeit geworden sind, zeigt ihre auffallende Beliebtheit in englischen Anglerkreisen, die für feinstes Geräte schwärmen, und die wachsende Anzahl neuer Konstruktionen jenseits des Kanals.

Die bedeutendste von ihnen, welche wirklich eine epochale Neuheit vorstellt, ist die nach ihrem Erfinder genannte „Illing-

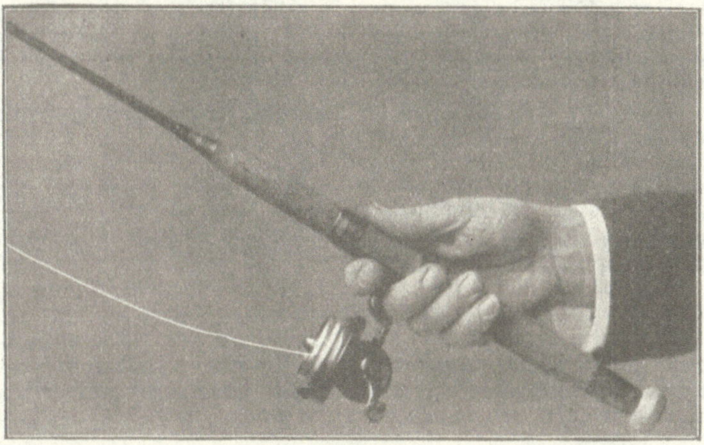

Abb. 23.

worth"-Rolle (Abb. 23); sie ist eigentlich keine Wenderolle, weil die Spule zwar um ihre Achse rotiert, jedoch ihre Lage nie verändert.

Beim Wurfe spult sich die Schnur von ihr ab, beim Einrollen aber besorgt ein eigener Schnurfänger und Leiter ein tadelloses Aufwinden der Leine, was noch erleichtert wird durch das Heben und Fallen der Spule.

Diese Rolle gestattet die Verwendung der allerfeinsten Schnüre; ist doch die Standardschnur nur eine von 2 lbs. Tragkraft, und die stärkste Nummer davon trägt $3\frac{1}{2}$ lbs.! Und doch werden mit diesem haarfeinen Zeuge die schwersten Fische gelandet, sogar Lachse von beträchtlichem Gewichte. Daß man natürlich einen schweren Fisch tadellos und lange drillen muß, erhöht nur den Reiz des Vergnügens; bedauerlich ist nur, daß dieses herrliche Geräte so exorbitant hoch im Preis steht, daß seine Anschaffung nicht einem jeden möglich ist; wer aber ein Freund des allerfeinsten Angelns ist und wem es seine Mittel erlauben, der sollte sich wirklich mit dieser Rolle ausstatten, um die höchsten Wonnen aufregenden Drills auszukosten.

Wenn eine Rolle auf die Dauer klaglos funktionieren soll, dann muß man sie auch mit Liebe und Sorgfalt pflegen und auf dem Wege von und zum Fischwasser und daheim vor Schmutz, Sand, Staub und gewalttätigen Einflüssen schützen; leider kann man in vielen Fällen und bei vielen Anglern das Gegenteil sehen. Man braucht sich dann nicht zu wundern, daß selbst ein hochsolides Fabrikat vor der Zeit den Dienst versagt. Viele scheuen den kleinen Handgriff, die Rolle nach dem Angeln wieder in ihr Beutelchen oder ins Futteral zu tun, und werfen sie einfach achtlos in den Rucksack, daheim bleibt die feuchte Schnur auf ihr liegen, und daß man seine treue Dienerin auch einmal der Wohltat einer gründlichen Reinigung teilhaftig werden lassen muß, und daß sie hie und da auch einen Tropfen Öl auf die reibenden Teile benötigt, das wollen viele nie erlernen und begreifen.

Nach dem Angeln, sei es im Quartier, sei es daheim, nehme man die Rolle auseinander und trockne sie sorgfältig innen und außen, wische mit einem weichen Lappen anhaftenden Schmutz und Staub sorgfältig ab und öle die Achse und sonstige reibende Teile mit einem leichtflüssigen Öle, dem man im Winter, wenn die Temperatur so tief sinkt, daß gewöhnliches Öl stockt, mit Erfolg etwas Graphitpulver zusetzen kann.

Nie aber öle man bei Aluminiumrollen den Rand der Trommel, auch nicht bei den bronzierten; tut man das, so bildet sich mit dem Staub eine klebende Masse, welche den Lauf der Rolle unangenehm hindern kann. Nichtbronziertes Aluminium bildet mit der Luft ein Oxydationsprodukt, welches sich in Form eines grauweißen Staubes ablagert und mit Öl ebenfalls einen mitunter leimartigen Belag schafft.

Vom Standpunkte größerer Unsichtlichkeit und zur Vermeidung der erwähnten Oxydation empfiehlt es sich, nur bronzierte bzw. schwarz finierte Rollen zu führen.

Zur Aufbewahrung und für große Touren sind die Rollenetuis aus Steifleder sehr anzuraten; sie haben nur den Fehler, recht voluminös und schwer zu sein und sind nicht gerade billig; meines Erachtens wäre es eine gute Idee, wenn eine Firma der Angelgerätebranche solche Rollenetuis aus Aluminium herstellen würde.

Für den Gebrauch eines Fischtages und für kleine Ausflüge genügt ein Beutel aus Leder oder Canavas, um die Rolle vor Schmutz und Staub zu schützen.

Ich kann es nicht unterlassen, über das in vielen Katalogen erwähnte „Trocknen der Schnur auf Rolle" zu sprechen, welche Eigenschaft vielfach den Speichenrollen angedichtet wird. Das ist ein für allemal falsch und irreführend. Nur das eine ist richtig: die Schnur wird auf diesen Rollen durchlüftet und neigt bei sonst korrekter Behandlung nicht zum Verstocken wie auf den Rollen, deren Trommelausschnitt allseits geschlossen ist; wenn die Schnur und besonders die präparierten Ölschnüre längere Zeit auf der Rolle liegen. Wer aber seine Leinen nach dem Gebrauche nicht richtig trocknet, wird sich zu seinem Schaden bald von der Wahrheit meiner Worte überzeugen. Und noch etwas möchte ich erwähnen: das Gefrieren der Schnur auf den durchbrochenen Rollen. Um es rund heraus zu sagen: die Gefahr ist nicht größer als bei den anderen. Ist es einmal so kalt, daß die Schnur gefriert, dann ist es ganz gleich, ob die Rolle durchbrochen ist oder nicht. Ich führe jetzt die Speichenrolle seit geraumer Zeit und habe mich nicht mehr und nicht weniger über das Schnurgefrieren zu beklagen als vordem, da ich mit den Rollen alter Bauart fischte, bei denen die Schnur von drei Seiten von dem Trommelkörper umhüllt war.

Die Schnur.

In der Ausrüstung des Anglers spielt die Schnur oder Leine eine Rolle von weitesttragender Bedeutung; ich möchte sagen, die Schnur kann überhaupt nicht gut genug sein, denn von allen Geräten ist sie es, welche nächst der Gerte am meisten beansprucht wird und den meisten Schädlichkeiten ausgesetzt ist. Die Angelschnur hat eine doppelte Aufgabe zu erfüllen: sie hat den Angler in ständigem Kontakt mit dem Fische zu halten — und die Gerte zu entlasten — zu diesen beiden Behufen muß sie sowohl fest wie auch elastisch sein. Das Material zur Erzeugung von Angelschnüren ist Flachs bzw. Hanf und Seide, außerdem für bestimmte Zwecke noch Roßhaar.

Der Hanf bzw. Flachs kommen für die Grundangelei im Süßwasser, soweit es sich um die Ausübung feineren Sportes handelt, kaum mehr in Betracht, dafür um so mehr für das Angeln im Meere.

Wenn wir als Kardinalforderung für unsere Schnur aufstellen: größtmögliche Elastizität und Reißfestigkeit bei jeweils kleinstmöglichem Querschnitt, dann scheidet Hanf von vornherein aus. Vergleichen wir zunächst die beiderseitige Bruchfestigkeit: Hanfschnur trägt ein totes Gewicht von 8—10 Pfund auf den Quadrat-Millimeter Querschnitt, Seide dagegen 24—27 Pfund, je nach der Qualität des Rohstoffes. Aus dem Gesagten kann man sich leicht berechnen, wie dick eine Hanfschnur sein muß, die 12 bis 15 Pfund Bruchquotienten hat im Vergleich zur Seidenschnur von gleicher Leistung.

Gedrehte Schnüre sind heute längst nicht mehr im Gebrauch, sie mußten der geklöppelten das Feld räumen. Aber auch unter den geklöppelten Schnüren gibt es verschiedene Qualitäten, und der Angler muß darauf beim Einkauf Rücksicht nehmen.

Der Natur des Klöppelprozesses entsprechend, ist der Querschnitt einer solchen Schnur quadratisch — was sich weniger bei den feinen als bei den starken Leinen von über 15—17 Pfund Tragkraft bemerkbar macht.

Für die Gebrauchsfähigkeit der Schnur spielt das keine Rolle, maßgebend hiefür ist die Art und Weise der Klöppelung, d. h. ihre Dichte und Regelmäßigkeit und die Güte des verwendeten Rohmateriales.

Eine gute Schnur muß aus den besten Seidenfasern erzeugt werden. Vielfach wird Abfallseide mit verarbeitet, eine solche Schnur ist von Anfang an minderwertig. Manche solche Schnüre sind schon äußerlich daran kenntlich, indem sie an der Oberfläche wollige oder flaumige Stellen aufweisen, was der Engländer mit „fluffiness" bezeichnet. Diese Wolligkeit ist aber nicht zu verwechseln mit der Rauhigkeit jener Schnüre, welche aus nicht entbasteter Seide hergestellt sind; um die Schnüre so glatt als möglich zu gestalten, wird die Seide entbastet und gekocht, ehe sie verarbeitet wird. Es wird behauptet, daß letztere Herstellungsart der Lebensdauer der Schnur abträglich sei — ich möchte das nicht behaupten, und schließlich kommt es ja nicht darauf an, eine Schnur jahrelang zu führen.

Der Klöppelungsprozeß muß mit großer Sorgfalt überwacht werden, sonst reißt ein Strähn in der Maschine, und in der Schnur erscheint dann eine kürzere oder längere Stelle, die wie „ausgefressen" aussieht. Solide Firmen setzen solche Schnüre nie in Verkehr, und sollte aus Versehen einmal ein solches Stück verkauft werden, so wird es anstandslos gegen ein anderes umgetauscht.

Die Klöppelung der Schnur muß außerdem durch die ganze Länge der Schnur gleichmäßig fest sein; ist sie es nicht, so werden die locker geflochtenen Teile bandartig, was zu Wurfhemmungen, und dem so fatalen „Verdrehen", Anlaß gibt.

„Enge geklöppelte Schnüre" verdienen den Vorzug vor den locker geklöppelten. Die ersteren nehmen viel weniger Wasser auf und neigen weniger zum Flachwerden und zum Verdrehen.

Solid und zuverlässig sind nur die durch den ganzen Querschnitt voll geflochtenen Leinen, welche unter dem Namen „Vollschnüre" im Handel sind.

Unbrauchbar sind die „hohl" geflochtenen, denn sie werden nach kurzem Gebrauche total flach und verdrehen sich in garstiger Weise, zudem verfaulen sie in kürzester Zeit, weil das Innere nicht ordentlich abtrocknen kann.

Dasselbe gilt von den Schnüren, die über einen Innenfaden gearbeitet sind; dieser wirkt als Docht, der die Feuchtigkeit durch die ganze Länge der Schnur saugt.

Es gibt auch Schnüre, welche statt über einen einzelnen Innenfaden oder, besser gesagt, über einen ungezwirnten Strähn Seide über eine feine, voll geklöppelte Seidenschnur gearbeitet sind und in irreführender Weise „Doppelvollschnüre" genannt werden. Diese Schnüre sind nicht viel mehr wert als die mit einfachem Innenfaden; man stelle sich nur einfach vor, daß über die feine Leine ein Schlauch geklöppelt wurde. Bei einem schweren Zug wirkt sich dieser naturgemäß anders aus auf den Innenteil und anders auf den Mantel. Bei der verschiedenen Elastizität dieser beiden Teile kommt es zu Überdehnungen des einen oder des andern, und zwar an verschiedenen Stellen — ja sogar zum Reißen. — Man hat an so gearbeiteten Kletterseilen durch Zerr- und Reißproben die Gefährlichkeit solcher nachgewiesen und gefunden, daß die Reißstellen beider Teile voneinander oft weit entfernt lagen. Man weise daher solche Fabrikate beim Einkauf zurück und verlange stets nur Vollschnüre!

Ein Punkt zur Beurteilung einer Schnur scheint mir besonders wichtig, doch fand ich ihn bisher nirgends in einem Buche betont. Das ist die Knotenfestigkeit. Knotenfest im nassen wie im trockenen Zustand muß die Schnur sein, sonst erlebt man unangenehme Sachen. Leider mußte ich die Bemerkung machen, daß unsere im Inlande erzeugten Schnüre zum Teil dieser Bedingung nicht entsprechen und dadurch bedeutend an Wert verlieren.

Die Schnüre sind teils imprägniert (oil dressed), teils nicht imprägniert (undressed).

Von den imprägnierten Schnüren, die naturgemäß mehr Körper haben, kommen nur die dünnsten Nummern für die Grundangelei in Betracht. Um sie schwimmend zu erhalten, muß man sie vor dem Angeln mit einem der vielen „Schwimmfette" abreiben. Sie erfordern viel Sorgfalt und Pflege im Gebrauch und noch mehr außer Gebrauch, wenn sie ihre volle Leistungsfähigkeit bewahren sollen, und sind, wenn von erster Qualität, ziemlich kostspielig, denn der Imprägnierungsprozeß ist langwierig und umständlich. Gute Schnüre werden durchwegs unter der Luftpumpe imprägniert, und zwar zu wiederholten Malen, damit das Imprägnierungsmittel jede Faser vollkommen durchdringe.

Es empfiehlt sich nicht, seine Schnüre selbst mit Öl zu imprägnieren, der Prozeß selber und speziell das Trocknen ist äußerst umständlich und heikel und das Resultat nicht immer befriedigend — ich sehe daher davon ab, ihn hier zu beschreiben.

Eine besondere Art der imprägnierten Leinen sind die sog. „emaillierten" Schnüre, die besonders in Amerika viel erzeugt werden. Das „Email" besteht aus einer Lack- (meist Zelluloidlack-) Schichte. Die Schnüre sind dadurch sehr steif, aber der Lack splittert sehr bald ab und die Schnur verrottet dann enorm rasch. Zum Grundangeln sind sie zumindestens überflüssig, wenn nicht unbrauchbar, außerdem für ihre kurze Lebensdauer viel zu kostspielig.

Für die Zwecke der Grundangelei, besonders der feinen, eignen sich die nichtimprägnierten Schnüre besser. Sie verbrauchen sich vielleicht etwas schneller, vornehmlich die ganz dünnen Sorten, aber dafür sind sie unvergleichlich billiger und ihr eventueller Verlust bzw. Ersatz weniger fühlbar.

Es genügt, wenn man sie mit einem Schwimmpräparat behandelt, um sie vor allem schwimmfähig und gleitend zu machen, wodurch sie leichter durch die Ringe laufen, sich nicht mit Wasser durchtränken und nicht rauh oder filzig werden.

Das Behandeln kann auf zweierlei Weise erfolgen: Entweder man legt die Schnur in die geschmolzene Masse für einige Minuten, je nach der Stärke und der Enge der Klöppelung, und streift dann das überflüssige Imprägnierungsmittel wiederholt zwischen den Fingern und einem weichen Tuch ab, um ein Kleben der Schnur zu verhindern, wenn sie auf der Rolle liegt. Besser ist es, die Schnur durch die heiße Masse hindurchzuziehen und beim sofort folgenden Aufspulen auf die Rolle durch einen Lappen zu streifen. So behandelte Schnüre haben fast gar kein überschüssiges Imprägnierungsmaterial auf ihrer Oberfläche.

Oder man spannt die ganze Schnur zwischen zwei Bäumen oder Pfählen aus, reibt sie erst mit bester Vaseline ab und reibt dann zollweise das Schwimmpräparat mit Hilfe eines Waschlederläppchens und der Finger gut ein und poliert dann die Schnur mit einem trockenen Waschleder nach.

Dieses letztere Verfahren ist besonders für dünnere Schnüre ausreichend. Ab und zu im Laufe der Saison wiederholt man die Abreibung, doch nur mit Schwimmfett.

Es liegt in der Natur der Sache, daß die untersten Partien jeder Schnur infolge der Reibung an den Rutenringen, selbst wenn sie von Achat oder Porzellan sind, sich rascher abnützen, um so mehr, als sie auch am meisten der Ausnützung des Wassers ausgesetzt sind. Deshalb muß man eine jede Schnur vor Beginn des Fischens durch Zug auf ihre Festigkeit prüfen und auch nachsehen, ob sie nicht durch Verfangen an versunkenem Holze oder Scheuern an Steinen usw. irgendwo schadhafte Stellen aufweist, die zu einem Reißen und dadurch zum Verlust von Vorfach und eventuell einem guten Fische führen können.

Solche Stellen schalte man rücksichtslos aus, ebenso jedes Stück verbrauchter Schnur. Da die Abnützung im Laufe der Zeit ziemlich weit geht, wird folgerichtig die Schnur immer kürzer. Je feiner die Schnur und je öfter man damit fischt, desto schneller vollzieht sich dieser Prozeß. Daher nehme man von Haus aus gleich eine ganze Länge von 100 m auf die Rolle; man erspart sich dann das Anknüpfen von Verlängerungen u. dgl. Flickereien.

Ich habe es vorteilhaft gefunden, besonders sehr feine Schnüre öfters auf der Rolle umzudrehen. Die Abnützung geht dann gleichmäßiger vor sich.

Nun zur Frage: Was für eine Schnurstärke soll ich wählen? Vor allem keine zu dicke!

Gerte, Rolle und Schnur müssen eine harmonische Einheit bilden, daher muß die Schnur auch den beiden andern angepaßt sein, unter erster Berücksichtigung ihres Verwendungszweckes.

Wir haben für Schnüre leider keine Maßbestimmung oder Einheitslehre. Das liegt vielleicht in der Natur des Verarbeitungsprozesses und der jeweiligen Beschaffenheit des verarbeiteten Materials. Aber es müßte doch ein Weg gefunden werden, der veralteten und ganz willkürlichen Numerierung der Stärken aus dem

Wege zu gehen. Die Nummernstärke läuft bei dem einen Erzeuger von 0 bis 15, bei einem anderen von 1 bis 6/0 — aber selbst bei gleichlautenden Nummern können die Querschnitte der einzelnen Schnüre bedeutend schwanken.

An der Tatsache ändert auch die Beziehung nach Bruchfestigkeit in Kilogrammen oder Pfunden nichts, auch da ist oft ein großer Unterschied zu finden. Schnüre von enormer Tragkraft sind von einem Erzeuger auffallend dünn, vom anderen bei gleicher Bezeichnung sehr voluminös.

Im allgemeinen kann man sagen, daß heute im Inlande gute, ja sogar ausgezeichnete Schnüre erzeugt werden, die den besten ausländischen Marken vollkommen gleichwertig sind.

Es ist nicht leicht, jemandem zu sagen, welche Stärke von Schnur er wählen soll, wenn man seine Geräte und seine Fertigkeit nicht kennt. Durchschnittlich wird man zum Grundangeln mit zwei Schnurstärken sogar zum Fange von Karpfen, Hechten und Zandern auskommen — eine Schnur von 6—7 Pfund und eine von ca. 10—12 Pfund werden für die meisten Fälle genügen. In speziellen Fällen wird man zu einer stärkeren oder schwächeren Leine sich entschließen müssen, aber meiner Erfahrung nach dürften die angeführten Stärken den Bedürfnissen der großen Mehrheit der Angler genügen.

Von den imprägnierten Sorten ist es die „Alnwick line" von Hardy, welche die höchsten Qualitäten besitzt, von der die Stärken 0 bzw. 1 allen Ansprüchen genügen.

Für die Illingworth-Rollen werden eigene Schnüre hergestellt von $1\frac{1}{2}$—$3\frac{1}{2}$ Pfund Tragkraft.

Ich halte es auch für angebracht, gleich an dieser Stelle die Pflege der Schnur zu besprechen, denn gerade sie ist es, gegen die am meisten gefehlt wird, teils aus Leichtsinn, teils aus Unverstand, worin die meisten „Unglücksfälle" ihre Ursache haben.

Nach dem Fischen muß *sofort die ganze Schnur* von der Rolle auf eine Schnurwinde zum Trocknen aufgewunden werden, eventuell im Notfall auf dem Boden in weiten Ringen aufgelegt werden, wenn man auswärts ist. Für längere Touren empfiehlt sich das Mitnehmen eines der *zusammenlegbaren Schnurtrockner* (Abb. 24). Je länger und gründlicher die Schnur trocknen kann, desto besser!

Der Gebrauch des Schnurtrockners verhindert auch das Neigen zum Verdrehen. Unbedingt zu widerraten ist es, die Schnur von der Hand auf die Trommel zu winden, weil man damit selbst die Schnur zum Verdrehen bringt.

Schnüre, welche nicht in Verwendung stehen, sollten nie durch wochen- oder gar monatelange Zeit auf der Rolle liegen, nichtimprägnierte sowohl wie imprägnierte; besonders die letzteren sind dagegen sehr empfindlich und beginnen zu kleben.

In der Zeit des Nichtgebrauches winde man sie zu großen lockeren Ringen und hänge diese im luftigen, staubfreien Raume auf und lege sie weder in eine Schublade, noch weniger in eine dichtschließende Schachtel!

Imprägnierte Schnüre muß man immer auf Kleben untersuchen und beobachten. Die Neigung dazu erkennt man, wenn man die Rolle in rückläufige Bewegung versetzt und die Schnur nicht à tempo sich klaglos abspult.

In diesem Falle muß man die Schnur abnehmen, ausspannen und mit einem feinen, weichen Tuche polieren, nachher eine Spur Gleitmasse einreiben und wieder polieren, eventuell dieses Verfahren solange wiederholen, bis die Schnur bei rückwärts laufender Rolle allein von dieser zu Boden fällt.

Abb. 24.

Dasselbe Verfahren muß man beobachten, wenn man eine Schnur mit Schwimmfett behandelt hat; nichts stört außer ungleichmäßigem Aufwinden so sehr im Wurfe als überschüssiges Fett auf der Leine.

Gute Schwimmfette sind „Muciline" und „Cerolene" (letzteres von Hardy). Ein mir bewährtes Rezept ist das folgende: Je 40 g festes und 50 g flüssiges Paraffin werden im Wasserbad geschmolzen und dann 5 g feinste weiße Vaseline und 2—3 g feinstes weißes Bienenwachs dazu gegeben; das letztere gibt der Schnur eine Art Politur.

Auch zum Imprägnieren schmelze man die Masse im Wasserbade, noch besser im Sandbade. Um ein Versengen der Schnur beim Kontakt mit dem Gefäß zu vermeiden, verwende man dazu breite, flache Gefäße aus Glas oder Porzellan und lasse die Schnur einige Minuten, je nach Dicke, darin. Das hat den Zweck, die Luft aus den Poren der Schnur entweichen zu lassen, damit die Imprägnierung die ganzen Fasern durchdringe. Zu diesem Zwecke wird auch empfohlen, die Schnur vorher in absolutem Alkohol zu tränken und dann erst ins Imprägnierungsbad zu bringen; sie wird dadurch tatsächlich luftleer und die Durchtränkung gleichmäßiger.

Der Vollständigkeit halber muß ich auch noch der Roßhaarschnur einige Worte widmen, denn sie hat immer noch viel Anwert und Liebhaber — und nicht mit Unrecht. Zu mancher Art Angelei, z. B. der in den Alpenseen, auf verschiedene Korregonenarten wird sie wahrscheinlich kaum von einem anderen Materiale verdrängt werden; sie hat verschiedene gute Eigenschaften und verdient es wirklich nicht, kurzerhand der Vergessenheit überantwortet zu werden.

Nur ist bei ihrer Verwendung folgendes zu berücksichtigen:

Vor allem sei sie nicht alt und verlegen, wie es meist die in Geschäften gekauften fertigen Zeuge und Längen sind.

Sodann achte man auf die Qualität des Haares.

Brauchbar und haltbar ist nur das vom lebenden Pferde geschnittene und ausschließlich das vom Hengste.

Das Haar der Stute ist infolge der Besudelung mit Urin brüchig und morsch, jenes von Wallachen dünnfädig und spröde.

Dem Bezug von Haaren von Geigenbogenerzeugern ist entschieden zu widerraten, da diese das Haar chemisch bleichen, wodurch es seine beste Eigenschaft, die enorme Elastizität, verliert.

Als Naturfarbe kommt Haar von Schimmeln und Grauschimmeln, eventuell auch von hellen Fuchshengsten in Betracht.

Ich will bei dieser Gelegenheit über das Anfertigen von Roßhaarschnüren einige Anleitungen geben.

Das Haar — selbstverständlich Schweifhaar — wird zuerst durch kurzes Waschen in lauwarmem Seifenwasser vom Schmutz gereinigt, sodann gut mit reinem Wasser abgespült, fest ausgeschwenkt, damit alles Wasser abgeschüttelt werde, und dann, auf einem Tuche lose ausgebreitet, an einem kühlen, luftigen Orte getrocknet.

Zum Drehen sucht man sich gleich lange und gleich starke Haare aus; solche, welche Knickstellen zeigen oder in der Länge ungleich stark sind, werfe man fort; ein gutes Haar ist drehrund, glatt und von der Wurzel bis zur Spitze gleichmäßig verjüngt.

Damit die einzelnen Längen gleichmäßig stark werden, muß man immer ein Haar mit der Spitze, das andere mit dem Wurzelteile verknüpfen und dann erst zusammendrehen, was am besten geschieht, wenn man sie durch die Finger der einen Hand laufen läßt und mit Daumen und Zeigefinger der anderen dreht. Empfehlenswert ist der Gebrauch einer Spinnmaschine, die man auch zum Zusammendrehen von Poils, Silkcastgut usw. verwenden kann (Abb. 25). Stärkere Längen wie aus drei Haaren braucht man zur feinen Fischerei nicht. Die unteren Längen bestehen nur aus 2 Haaren, die letzte sei verjüngt, indem man die Haare mit den Wurzelteilen zusammenlegt. Nur sei man bedacht, die Haare nicht zu scharf zu „drellen", sonst bekommt die Schnur die Neigung zum Rollen bzw. zum Erdrehen.

Für ganz klares Niederwasser dürfen die letzten Längen oft nur aus einem einzigen Haar bestehen, das zu unterst auch den Haken trägt — für diese sucht man selbstredend die besten und stärksten Haare aus.

Eines ist nicht zu vergessen: Man verwende Roßhaarschnüre nicht allzu lange — einmal deshalb, weil ihre Elastizität und Haltbarkeit durch oftmaliges Naß- und Trockenwerden besonders bei Sonnenbrand leidet — ähnlich wie beim Poil, welches nach alter

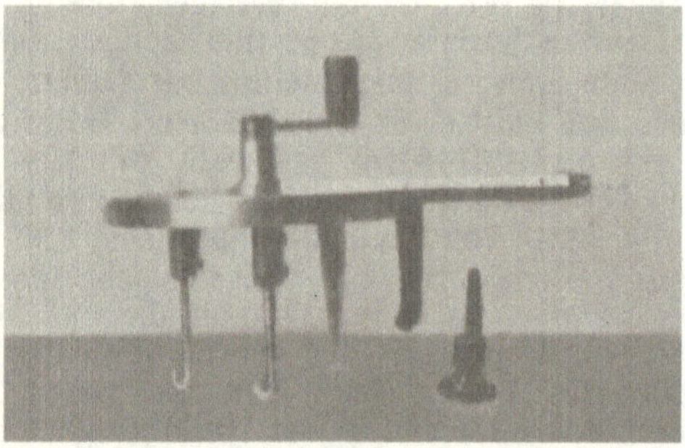

Abb. 25.

Unsitte um den Hut geschlungen mitgeführt wird — das andere Mal, weil ältere Schnüre gerne in den Knoten verstocken und dann dort gerne reißen.

Darum erneuere man sie öfter — sie sind ja heutzutage noch immer fast umsonst.

Auch ist es ratsam, die Knoten öfters neu zu binden. Der beste Knoten hiefür ist der doppelte Fischerknoten, der in einem späteren Absatz beschrieben wird.

Das Vorfach (Trace) (Zug).

Es gibt in der anglerischen Terminologie kaum ein Wort, welches wie gerade dieses so viele und verschiedene Begriffe zu decken hat; je nachdem bezeichnet das Wort „Vorfach" einmal das, was es wirklich ist — nämlich ein Zwischenstück zwischen dem Haken und der Rollschnur, ein anderes Mal einen Haken an Gut oder sonst einem Materiale. — Diese letztere Bezeichnung ist mehr minder lokaler Natur — und geeignet, Verwirrung zu schaffen.

Wir halten daran fest, daß wir „Vorfach" ein für allemal jenes Stück nennen, das in Fortsetzung der Rollenschnur zwischen Haken und diese eingeschaltet ist. Die englische Literatur hat dafür den unveränderlichen Terminus „cast“ oder „Trace“ (amerik.: „leader“) geschaffen.

Wird der Haken, wie es heutzutage wenigstens bei Verwendung von Gut fast allgemein Usus ist, direkt am Vorfach befestigt, dann entfällt die Anschaltung eines Verbindungsstückes, ist aber der Haken von Haus aus an einem separaten Gutfaden, Draht o. ä. befestigt, um mit Hilfe dieses erst am Vorfach eingehängt zu werden, dann nennen wir dieses Stück Geräte richtig „Vorschlag“ oder „Schneller“ (snooding, amerik.: snell). Es gibt selbstverständlich auch eine Menge Namen für den einen oder anderen dieser beiden Teile; ich lasse sie besser unerwähnt, um nicht weitere Verwirrung zu schaffen.

Der Zweck des Vorfaches ist vornehmlich der, den gegen den Fisch endenden Teil des Angelgerätes möglichst unsichtlich zu machen bzw. die Angelschnur nach dem Haken zu zu verjüngen. Seine Stärke richtet sich nach dem verwendeten Angelgerät und der Größe der zu erwartenden Fische, und demgemäß auch die Wahl des Materiales.

Deshalb muß sich der Grundangler mit Vorfächern verschiedener Stärken ausrüsten und auch mit solchen aus verschiedenen Materialien, deren spezielle Eigenschaften im folgenden besprochen werden sollen.

Das meist verwendete Material zur Herstellung von Vorfächern ist das Gut, auch Poil, landläufig, aber falsch, Seidenwurmdarm genannt. Gut wird aus dem Spinnapparat der Seidenraupe gewonnen und in einem ziemlich komplizierten Prozeß zu dem verarbeitet, was wir als glasartige Fäden verschiedener Länge und Stärke zu kaufen bekommen. Spanien, Italien und Griechenland und teilweise die Levante befassen sich mit der Erzeugung von Gut — das beste ist das spanische. Auch bei diesem Produkte scheint das jeweilige Jahresklima, die Ernährung und der Gesundheitszustand der Raupen einen großen Einfluß auf die Qualität der Waren zu haben — ich habe beobachtet, daß manche Jahre ein sehr minderwertiges Gut liefern.

In keinem Artikel ist man so auf die Reellität des Lieferanten angewiesen wie gerade in diesem — in keinem Artikel ist es möglich, soviel Minderwertiges und Schund an den Mann zu bringen. Wer sieht es einem fertig gekauften Vorfach an, ob es letzter Ernte ist oder ein alter Ladenhüter? Erst im Gebrauch kommt man darauf, wenn's zu spät ist — darum kaufe man fertige Vorfächer nur bei den solidesten Firmen, bei denen man sicher ist, nur Ware bester Qualität und letzter Ernte zu bekommen, und auch da kaufe man nur das Beste, wenn's auch scheinbar mehr kostet.

Das Sicherste ist es unbedingt, sich die Gutfäden von der Klasse „pricked and selected“ zu kaufen und seine Vorfächer selbst zu knüpfen, was bei etwas Geschick und Übung jeder fertigbringen kann. Anleitung hiefür bringt Kapitel „Praktische Winke“.

Gut kommt gefärbt und ungefärbt in den Handel in Längen von 10—16 Zoll engl. mit den Handelsnamen Hebra bzw. Imperial-(selecto) Marana I und II, Padron I und II, Regular Fina, Refina (finest undrawn). Letztere Sorte ist die dünnste.

Alle diese Sorten sind Naturprodukt, ohne jede spezielle künstliche Nacharbeit. Gutes Gut muß in der ganzen Länge drehrund sein und von gleichem Durchmesser, von einer opaken Färbung und mattem, seidigen Glanz. Es gibt auch sog. poliertes Gut, das eine eigenartig schimmernde Oberfläche hat. Dieses ist minderwertig. Ebenso solches, dessen einheitliche Färbung Trübungen oder gar Flecke zeigt.

Da infolge der eigenartigen Herstellungsweise mit der Hand es sich nicht vermeiden läßt, daß die einzelnen Fäden in einem Paket von 100 Stücken ganz gleichartig sind und trotz wiederholten Sortierens an der Erzeugungsstelle dickere und dünnere, vollwertige und mindere Stücke zusammengebündelt werden[1]), so empfiehlt es sich eben, von einer soliden Firma die nochmals peinlich sortierten und fehlerfreien, beschnittenen Stücke zu kaufen; man zahlt wohl etwas mehr dafür, aber hat den Vorteil, jedes Stück ruhig verbrauchen zu können. Für die feine und feinste Angelei ist jedoch vielfach die Sorte Refina noch zu dick. Sehr feine und feinste Fäden kommen ja wohl darunter vor, doch sind die wenigsten gleich rund und vollwertig und die Zahl der letzteren ist so gering, daß sie bei weitem nicht den Bedarf deckt. Deshalb kann man auf die Herstellung des „gezogenen Gut" (Drawn-Gut), indem man den Gutfaden durch Metallplatten mit Löchern zieht, um ihn so auf den gewünschten Grad von Feinheit und Rundung zu bringen und stellte hierfür eine Standardskale auf, die sich von $^1/_4 \times$, $^1/_2 \times$, $1\times$, $2\times$, $3\times$ bis $4\times$, eventuell $5\times$[2]) herunter bewegt, wobei ein $^1/_4$ drawn der Stärke Fina der unbearbeiteten Rohware entspricht. Die Bezeichnung $1\times$, $2\times$ usw. entspricht nicht der Vorstellung, der Faden sei $1\times$, $2\times$ usw. gezogen, sondern ist eine abgekürzte Handelsbezeichnung für das Stärkemaß in $^1/_{000}$ engl Zoll.

Dieses Gut ist tadellos drehrund und hat trotz seiner Feinheit eine kolossale Tragkraft — gutes $4\times$ hat eine Bruchfestigkeit von $1^1/_2$ lb.

Bei längerem Gebrauche allerdings franst es sich etwas früher aus als der unbearbeitete Faden und muß dann selbstredend ersetzt werden, immerhin ist es pfleglich behandelt, von einer ganz entsprechend langen Lebensdauer.

Meist wird das Gut gefärbt geliefert — rauchblau oder grünlich. Man kann es sich auch selbst färben — was später besprochen werden soll.

Viel Sorgfalt ist der Aufbewahrung des Gutes und der daraus gefertigten Vorfächer zuzuwenden — ebenso der Verarbeitung.

---

[1]) Selbst die Sorten „super selected" enthalten 5—10% minderwertige Fäden.

[2]) In manchen Katalogen wird 6, 8 und sogar $10\times$ Gut angepriesen. Sorgfältige Messungen, die in England vorgenommen wurden, haben ergeben, daß es sich im besten Falle immer nur höchstens um $5\times$ Gut gehandelt hat.

Gut ist ein äußerst empfindliches Material. Es verträgt kein langes Lagern. Die Einwirkung von Luft, Licht, besonders Sonnenbrand und Feuchtigkeit schädigt seine Qualitäten ganz unberechenbar, und je länger es lagert, desto mehr schwindet seine Zuverlässigkeit — es wird spröde und brüchig.

Darum empfiehlt es sich, keine größeren Vorräte anzulegen, als man im Laufe einer Saison restlos verbrauchen kann.

Zur Aufbewahrung des Gutes empfiehlt es sich, dieses vorerst in Wachspapier einzuschlagen und dann in eine Tasche aus Sämischleder zu legen; so verwahrtes Material ist vor der Austrocknung, Licht und Luft sowie gegen Feuchtigkeit genügend geschützt und kann so ruhig für ein Jahr in Vorrat gehalten werden, ohne an seiner Qualität Einbuße zu erleiden.

Gut, das man verknüpfen will, muß vorher gründlich gewässert werden, die feineren Sorten inklusiv Fina mindestens durch eine halbe Stunde, die stärkeren eine Stunde — ältere Vorräte bedürfen der Sicherheit halber einer mehrstündigen Wässerung. Es ist gut, sogar ratsam, dem Wasser reinstes säurefreies Glyzerin zuzusetzen, und zwar ein Zehntel der Wassermenge.

Ein derart behandeltes Gut erhält eine größere Geschmeidigkeit und neigt weniger zum Fransen oder Aufschilfern als bloß gewässertes. Das Glyzerin gibt dem Gut eine eigenartige Geschmeidigkeit und Festigkeit, wirkt auch konservierend und regeneriert sozusagen altes Gut, welches trotz Wässerns eine gewisse Sprödigkeit zeigt. Dafür müssen die fertig geknüpften Vorfächer oder Vorschläge sehr gründlich an der Luft, aber ja nicht an der Sonne, freihängend getrocknet werden. Das Trocknen beansprucht mehrere Stunden, weil die Feuchtigkeit auch aus den Knoten restlos verdampfen muß. Geschieht dies nicht, verstocken oder verrotten diese oder reißen oft bei geringster Beanspruchung. Dasselbe gilt von den zum Angeln verwendeten Sachen, die gemeinhin zusammengerollt und in die Brieftasche geschoben werden, wenn des Tages Arbeit vorbei ist, oder einer alteingesessenen Unsitte gemäß um den Hut geschlungen, wenn nicht gar unter dem Schweißleder desselben getragen werden. Wer seine Guts so behandelt, wird sie in kürzester Zeit fortwerfen müssen. Fertige Vorfächer versorgt man jedes für sich in einem Kuvert aus Wachs bzw. aus Pergamentpapier (Photographiekuverts in der Größe 9 × 9 eignen sich vorzüglich dazu). Zweckmäßig und zeitsparend ist es, darauf Länge und Stärke zu notieren — die gefüllten Kuverts finden dann ihren Platz in einer Tasche aus Sämischleder oder in einer der nicht unpraktischen Vorfachbücher mit Taschen aus Zelluloid. Man lege Vorfächer, Haken an Gut usw. stets vorsichtig flach und ohne Schleife und Knicke ein — denn trockenes Gut ist spröde und bricht, wenn man es knickt. Ein Vorfach oder Haken an Gut sollen vor Ingebrauchnahme gründlich gewässert werden, wozu eigene Büchsen aus Aluminium dienen, welche Gummischwamm- oder Filzeinlagen enthalten, zwischen denen die einzelnen Vorfächer usw.

eingelegt werden, was wenigstens eine Stunde vor Beginn des Angelns geschehen soll. Ein gut gewässertes Vorfach streckt sich auf einfachen Zug gerade, während ein schlecht oder halbgewässertes die ominöse Spiralform zeigt. Es wird vielfach empfohlen, solche Vorfächer mit Hilfe eines Stückchens weichen, unvulkanisierten Kautschuks gerade zu streifen. Das gelingt wohl, aber auf Kosten der Lebensdauer des Guts — so behandeltes Gut wird nämlich in unglaublich kurzer Zeit rauh und fransend, besonders das „gezogene" — ich kann jedem nur dringend den Gebrauch dieser Methode abraten.

Es ist unter allen Bedingungen ratsam, das Strecken zwischen den Händen, das mit einem sanften, nicht zu starken Zug zu erfolgen hat, mit der Prüfung auf die Haltbarkeit, besonders der Knoten zu verbinden. Man wird so oft eine fehlerhafte Stelle, meist ist es ohnedies der Knoten oder das ihm unmittelbar anliegende Ende finden, und durch eine kleine Reparatur zeitgerecht dem Verlust eines Vorfaches oder gar eines guten Fisches zuvorkommen.

Gut, welches schon wiederholt im Gebrauch gestanden ist, ist äußerst dankbar für eine kleine mühelose Behandlung: das Polieren, welches im trockenen Zustande mit Hilfe von Zigarettenpapier vorgenommen wird — das ausgespannte Vorfach wird damit sanft abgerieben — und seine Lebensdauer wird dadurch bedeutend erhalten. Besonders die gezogenen Gutsorten sind für eine solche Behandlung sehr dankbar!

Mitunter wird Gut auch gesponnen oder geflochten, um seine Tragfähigkeit zu erhöhen — das ist ganz gut und zweckmäßig, besonders wenn man in nicht zu hellem Wasser auf schwere Fische angelt und das teure Lachsgut nicht kaufen kann oder will — aber man darf nicht vergessen: die Haupttugend des Guts ist seine Durchsichtigkeit und daher Unsichtlichkeit, welche gute Eigenschaft verlorengeht, wenn man Gut in größerem Ausmaße als höchstens drei Fäden zusammenspinnt — ganz abgesehen davon, daß dann die Knoten immer unförmiger werden, wenn man größere Längen herstellen will.

Meiner Ansicht und Erfahrung nach sind 4-, 6- oder 9fach gedrehte Gutvorfäden ein Unding — und wem dreifaches Gut nicht stark genug ist, der greife doch lieber zu den im folgenden beschriebenen Drahtsorten.

Wie schon erwähnt — die mit der Hand oder einer Maschine gedrehten Gutlängen geben beim Verbinden ziemlich dicke, sichtbare Knoten, wenn anders man die Enden der Längen nicht verspleißen will oder kann. Wenn dieses Verspleißen aber nicht sehr sorgfältig gemacht wird, beschädigt man die Fäden und vermindert ihre Haltbarkeit. Es ist daher empfehlenswerter, ein längeres Vorfach aus einfachen Längen zu knüpfen und dann so zu drehen, daß die einzelnen Knoten sich ohne aneinanderzukommen über die ganze Länge verteilen.

Während einer Pause im Angeln hängt man das Vorfach stets ins Wasser, damit es nicht an der Luft, womöglich noch im Sonnenbrande austrockne, sonst riskiert man beim Weiterangeln einen Bruch an einem Knoten, andererseits aber vergesse man ja nicht, nach Beendigung des Fischens die Vorfächer usw. sofort aus der Wässerungsbüchse herauszunehmen, sonst verfaulen sie zu leicht.

Das „Silkcastgut", auch Japangut oder Poilersatz genannt (Gutsubstitute), eignet sich sehr gut für verschiedene Zwecke der Grundangelei. Es wird in allen Stärken vom dicksten Lachsgut bis zum feinsten Refinafaden erzeugt und ist in Längen von 5 und 40 Yards im Handel, gefärbt oder naturfärbig. Ursprünglich nur in Japan erzeugt, wird es aber heute in gleicher oder vielleicht noch besserer Qualität auch schon in Europa hergestellt und hat wegen einiger unleugbarer Vorzüge viele Freunde gewonnen. Eine seiner besten Eigenschaften ist die, daß es keine Knoten hat, sich gut streckt, nicht rollt und verdreht, hervorragend zug- und knotenfest ist.

Dagegen wird es im weichen Zustande schlaff und in sehr klarem Wasser ist es unendlich viel sichtbarer als Gut; dafür ist es aber wiederum dem Verderben durch Luft, Licht und Feuchtigkeit viel weniger ausgesetzt als jenes, und endlich mehr als die Hälfte billiger.

Wenn es von guter Qualität ist, kann es für den Gebrauch des Grundanglers, der nicht so sehr wie der Fliegenfischer auf die gewisse Steifheit des Vorfaches, die eben nur das Gut besitzt, angewiesen ist, mit gutem Gewissen empfohlen werden. In gewissen Gegenden, wie z. B. am Luganersee, wird es sogar von den Einheimischen mit bestem Erfolg als ganze Angelschnur verwendet.

Leider ist Silkcastgut nicht immer von egaler Qualität, was besonders von dem japanischen Originalprodukt zu behaupten ist und worauf der Angler zu achten hat. Es empfiehlt sich vor Gebrauch, jene neue Länge sorgfältig durch Zug zu erproben, sonst kann man unangenehme Erfahrungen machen.

Es läßt sich ebenso leicht knoten wie Gut, doch haben die einfachen Knoten die Neigung zum Ausschlüpfen bzw. Gleiten und es empfehlen sich daher überall doppelte Knoten.

Trotz der mancherlei guten Eigenschaften wird es das Gut nie verdrängen, bestimmt nicht dort, wo es sich um äußerst mögliche Unsichtlichkeit handelt — aber zu manchen Zwecken wird es doch öfter imstande sein, das immerhin teure Gut wenigstens teilweise zu ersetzen. Auch Silkcast muß vor dem Knoten gründlich gewässert werden, ebenso vor dem Angeln.

Für das Fischen mit dem schweren Bodenblei, namentlich in tiefen oder sehr scharf strömenden Wassern, ferner zur Paternosterangel können wir mit Vorteil ein Vorfach aus Messingdraht verwenden, in der Stärke von 0,2—0,8 mm.

Dieses Material wird in keinem Buche erwähnt, und doch leistet es für unsere Zwecke hervorragende Dienste. Bekannt ist es, daß die Berufsfischer am Comosee eine mehrere hundert Meter lange Leine aus feinem Kupfer- bzw. Messingdraht an einem kunstvollen Haspel für ihre Schleppfischerei verwenden — weniger bekannt dürfte es sein, daß man in und um Prag die Grundangelei fast ausschließlich mit einer ganz aus Draht bestehenden Angelschnur betreibt und dann nur Gerten ohne Rolle benützt.

Der Messingdraht ist auch bei größter Feinheit von ungewöhnlicher Tragkraft und Dehnbarkeit, sinkt infolge seines spezifischen Gewichtes viel schneller als jedes andere Material mit einer viel leichteren Bleibeschwerung und bietet dem Wasser viel weniger Widerstand, zudem ist er im Wasser fast unsichtlich. Wenn man eine Gerte mit Rolle benützt, wird ein Drahtvorfach von 1½—2½ m Länge genügen. Am oberen und unteren Ende dreht man eine einfache Schleife an, in die obere bindet man die Rollschnur ein — in die untere das Gut, das den Haken trägt —, ober der unteren Schleife klemmt man ein Schrotkorn an, auf dem die Bleikugel aufsitzt (Abb. 26).

Abb. 26.

Das Ganze kann man am Wasser selbst in einigen Augenblicken herstellen, nur muß man den durch das Aufrollen welligen Draht vorher durch leichten Zug strecken. Nach dem Drill eines sehr schweren Fisches oder nach einem schweren Hänger und nach wiederholten Geradestrecken wird der Draht starr, — in diesem Falle werfe man ihn einfach weg, ersetze ihn durch neuen — er ist so lächerlich billig, daß es Unverstand wäre, an ihm zu sparen.

In neuester Zeit wird statt des Messingdrahtes feiner, gesponnener Stahldraht verwendet in der Stärke 0,12—0,15 mm; doppelt genommen gibt er ein vorzügliches Material für Vorfächer zur Grundfischerei, da das Spinnen so einfach leicht ist, kann man sich diese Vorfächer selbst drehen und sich ein sehr billiges Gerät herstellen, welches außer enormer Tragkraft noch den Vorteil großer Unsichtlichkeit besitzt, besonders wenn man den an sich blanken Stahl braun oder schwarz beizt, was mit Hilfe der von den Büchsenmachern verwendeten Beize leicht durchzuführen ist. Einen gewissen Nachteil haben allerdings diese Stahlvorfäden, und zwar den, daß sie verhältnismäßig starr sind und leicht zum Welligwerden neigen, weshalb man sie oft auswechseln muß.

In manchen Fällen ist es aber sehr erwünscht, ein Drahtvorfach von großer Länge zu haben, das sich auch auf die Rolle winden läßt — dieser Fall tritt ein, wenn man vom Ufer her weite Würfe in tiefes, strömendes Wasser zu machen hat. Hat man nur ein kurzes Drahtvorfach, dann wird die stärkere Rollenschnur vom Wasser infolge des großen Widerstandes gegen das Ufer geschwemmt, — außer man verwendet sehr lange und dementsprechend schwere Gerten, was nicht jedermanns Sache ist.

Nun sind in der allerletzten Zeit Drahtvorfächer auf den Markt gekommen, welche sich durch eine schnurartige Weichheit auszeichnen, so daß man eine solche Drahtschnur direkt auf die Rolle aufwinden kann, was bisher weder der Messingdraht noch der usuelle Stahldraht erlaubte. —

Diese Drahtschnüre, welche unter dem Namen „Racinea oder Soie d'acier Phenix" gehandelt werden, ist wirklich eine restlose Erfüllung des Wunsches mancher Grundangler, eine Ansicht, welche von Dr. Köster auch im „Angelsport" vertreten wurde und der man ruhig beipflichten kann. Bei äußerster Feinheit trägt die dünnste Sorte Nr. I noch ein totes Gewicht von 7 kg, welches sonst nur das allerdickste Lachsgut trägt.

Bei der Verwendung von Draht, speziell Stahldraht, hat man bisher zum Befestigen von Haken und Bildern, von Ösen usw. diese Verbindungen meist gelötet, ich bin nach den vielen bösen Erfahrungen, welche ich mit dem Löten gemacht habe, von letzterer Prozedur ganz abgekommen und drehe nunmehr alle Haken und Ösen ein.

Die hiezu nötigen Handgriffe werden in dem Kapitel „Praktische Winke" beschrieben werden.

Das Floß

auch Schwimmer, Pose oder Flottchen genannt, ist nach Ansicht der meisten Autoren ein mehr weniger notwendiges Übel, das in vielen Fällen geeignet ist, den zu fangenden Fisch zu vergrämen und daher, wo es angeht, fortgelassen werden soll.

Ganz richtig — und doch — es hat seinen eigenen Reiz, gerade dieses angefeindete Ding auf dem Wasser treiben, kreisen, tanzen, erzittern, zucken und endlich untergehen zu sehen — es beinhaltet die erste Impression, die wir als Kinder schon vom Angeln bekamen und die sich uns unauslöslich in die Seele gegraben hat. Einer der neuesten englischen Autoren schreibt daher ganz mit Recht den Satz nieder: „Nehmt mir mein kleines, grünes Floß mit dem roten Kopf weg — und ihr habt mir alles genommen, was mich am Angeln fasziniert."

Auch ich bin ein Freund und Liebhaber des Floßes, nur nicht jener irrsinnig mit Farben beschmierten Klötze aus Kork und Kiel, die man die Schaufenster der meisten Gerätehandlungen erfüllen sieht. Auf den Anfänger üben sie aber meist eine suggestive Wirkung aus, und fast kann man wetten, wenn er von seinem ersten Einkauf zurückkehrt, trägt er mindestens drei davon heim, ohne zu ahnen, wieviel Mißerfolg und Ärger sie ihm bringen werden.

Die beste Färbung eines Floßes ist die reine Naturfarbe des Korkes — sein Kopf mag je nachdem rot oder für schlechte Beleuchtung weiß gestrichen sein. Will jemand ein farbiges Floß, dann ist es empfehlenswert, die Wasserseite entweder schwarz oder schilffärbig oder grau gestrichen zu wählen. Die Befestigung an der Schnur erfolgt entweder in der Art, daß diese durch das ganze Floß und den Kiel durchgezogen und dann in der gewünschten oder ermittelten Tiefenstellung durch einen eingeschobenen Kiel oder durch einen Zelluloidkeil festgelegt wird, oder aber so, daß man die Leine zuerst durch den Kielring — in neuerer Zeit durch den widerstandsfähigeren Zelluloidring und dann durch den Ring an der Spitze des Floßes führt — der Ring wird an der gewünschten Stelle auf den Kiel am Kopfende fest aufgeschoben. Die Leine läuft dann außen entlang des Floßes. Gut ist auch eine Befestigung derart, daß der Kiel am Kopfende einen federnden Drahtring trägt, in welchen die Leine eingeklemmt wird. Diese Floße haben den Vorteil, beim Drill nicht zu stören, wenn große Tiefen eingestellt sind, weil sie in dem Moment, da sie an den Endring der Gerte anstoßen, von diesem von der Schnur abgestreift werden und dann an dieser herabrutschen, so daß die Leine dann beliebig kurz eingerollt werden kann (Abb. 27).

Um ein Floß zu wechseln, ist es am einfachsten, den Knoten der Rollenschnur am Kopfende des Vorfaches abzuschneiden und nach

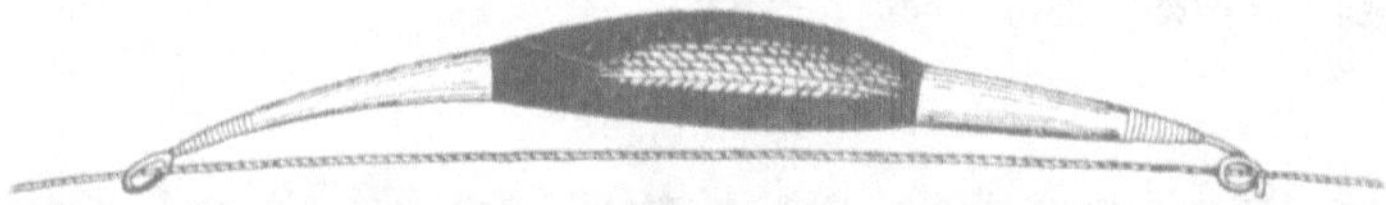

Abb. 27.

dem Wechsel neu zu binden. Der kleine Zeitverlust dürfte wohl kaum das Vergnügen eines langen Fischtages beeinträchtigen.

Es gibt auch Floße, welche mit Hilfe von Spiralen von außen an die Schnur befestigt und abgenommen werden können (Abb. 28), ich bin kein Freund von ihnen, erstens haben die Spiralen, wenn ein Fisch das Floß unter Gras zieht, die Neigung, sich dort zu verhängen, zweitens scheuert sich die Leine an ihnen, was unter Umständen zum Reißen an dieser Stelle Anlaß geben kann.

Was ich vorhin von den Haken sagte, gilt auch vom Floß. Auch das Floß wähle man so klein und unscheinbar wie möglich — sogar zum Angeln auf Hechte mit lebendem Köder! „Je feiner das ganze Angelzeug, je klarer das Wasser und je scheuer der Fisch, desto kleiner das Floß", muß als unumstößliche Regel gelten:

Ich gebe im folgenden die Abbildung der besten Floßformen, (Abb. 29) die im Handel sind, wieder — in der zweiten Reihe eine Serie von mir selbst gemachter Floße, die allen Bedürfnissen feinen Angelns genügen. (Abb. 30.)

Der ganz gewöhnliche Gänsekiel in verschiedenen Größen und Stärken von 4—8 cm Länge tut es aber auch, ist mühelos zu beschaffen und herzustellen und ist vor allem nächst der einfachen Stachelschweinpose der unsichtlichste.

Gewiß, für besondere Zwecke braucht man ein stärkeres Floß, das leugne ich nicht, dann wählt man eines der gleitenden Floße,

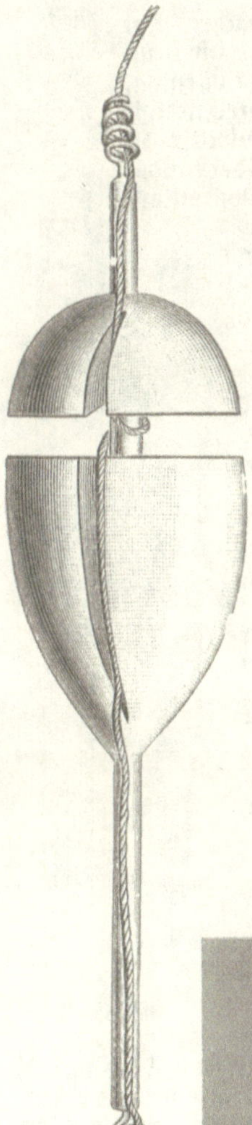

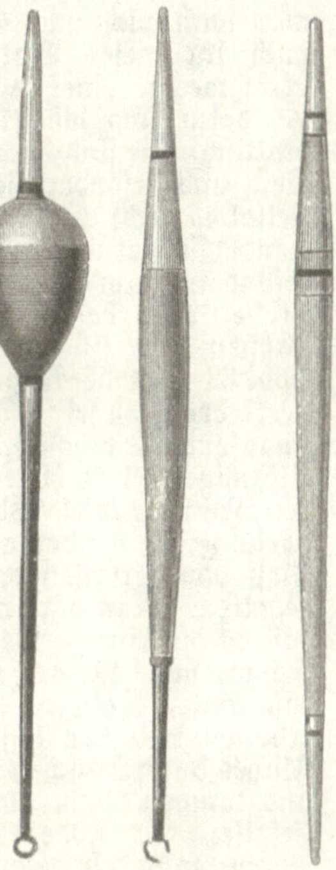

Abb. 29.

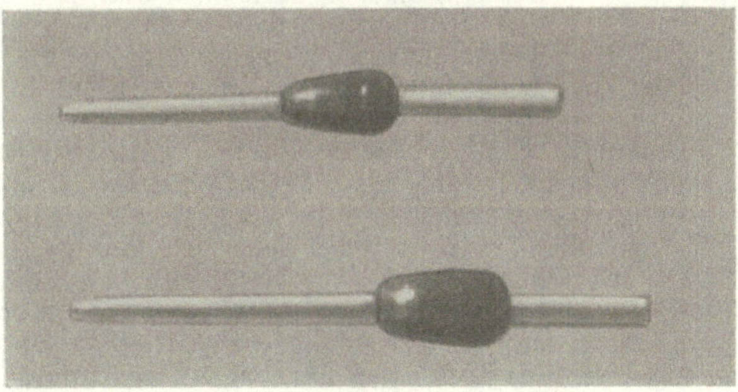

Abb. 28.

Abb. 30.

die aber auch nicht größer zu sein brauchen als das in Abb. 31 (Nottinghamfloß) abgebildete.

Um das Floß unsichtlich zu machen, hat man auch solche aus Glas gemacht, ich kann mich für dieses Material nicht erwärmen, schon wegen seiner zu großen Zerbrechlichkeit — dafür sind die Floße aus Zelluloid recht praktisch. Sie sind leicht, ziemlich widerstandsfähig und besonders jene aus transparentem Zelluloid recht unsichtlich. Ich verwende sie gerne im klaren Wasser, besonders zum Angeln auf scheue Fische. Man bekommt sie in allen Größen, nur sind sie etwas teuer. Abb. 32 zeigt derartige Floße.

Jedes Floß sei so schlank und spitz zulaufend wie möglich, die dicken bzw. eiförmigen Floße bieten dem beißenden Fische zuviel Widerstand, und scheue Fische werden oft durch so ein Floß vom Erfassen des Köders abgehalten. Man darf nicht vergessen, daß es die einzige Bestimmung des Schwimmers ist, den Köder in einer bestimmten Wassertiefe schwebend zu erhalten und den leisesten Biß des Fisches durch Tauchen anzuzeigen — und tauchen, d. h. auf das leiseste Erfassen des Köders deutlich reagieren, kann eben nur ein feines, leichtes, *schlankes* Floß, das fast gar keine Wasserverdrängung hat

Abb. 31.

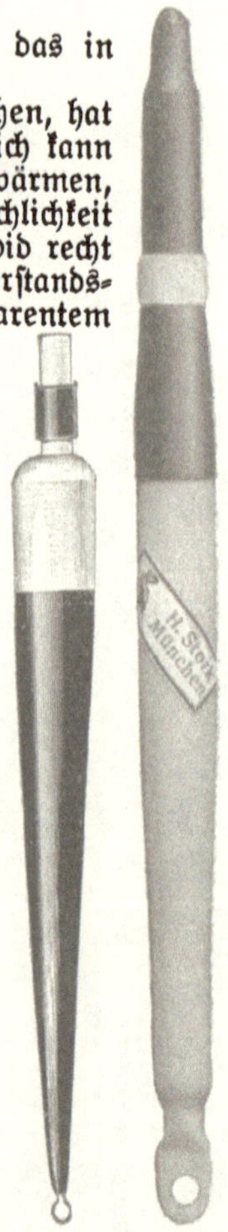

Abb. 32.

Um das Floß noch empfindlicher zu machen, verwendet man soviel Beschwerungen — Senker —, welche das Floß $^2/_3$ bis $^4/_5$ seiner Länge tauchen machen, so daß es senkrecht im Wasser steht. In scharf strömendem Wasser oder in Wirbeln wird man das Floß nur $^2/_3$ tauchen lassen, der besseren Sichtbarkeit halber, dagegen $^4/_5$ in stillem oder stehendem Wasser — außer bei starkem Wind bzw. Wellenschlag.

In allen Büchern findet man den Lehrsatz, daß die Gertenspitze möglichst senkrecht über der Spitze des Schwimmers stehen soll, um einen korrekten Anhieb zu ermöglichen, das ist schön und gut, wenn man in Gertenlänge beim Ufer angelt — wie ist dies aber, wenn ich über einen Wall von Wasserpflanzen hinaus einen Weitwurf machen muß —, wo bleibt da die Senkrechte? Oder wenn ich das Floß 10, 15, 20 m weit hinausrinnen zu lassen gezwungen bin, um den Stand der Fische zu erreichen, denen ich selbst möglichst unsichtbar bleiben will? Ob ich will oder nicht will — die Schnur unter Wasser und die Rollenschnur bilden einen mehr oder weniger großen stumpfen Winkel mit dem Floße als Scheitel (Abb. 33). Wenn ich nun in einer solchen Situation einen Fisch anhauen muß, so trifft der Anhieb erst das Floß, dann erst das Fischmaul, und der Anhieb verliert an Kraft oder geht fehl. Der Einfluß des schädlichen Winkels wird um so größer, je länger und voluminöser das Floß ist und je mehr Schnur zwischen Rutenspitze und ihm liegt — bzw. je schwerer die Schnur wiegt, sei es, daß sie durch Imprägnierung oder durch ihre Stärke oder durch Ansaugen mit Wasser oder durch beide letztere Umstände förmlich als Bremse wirkt.

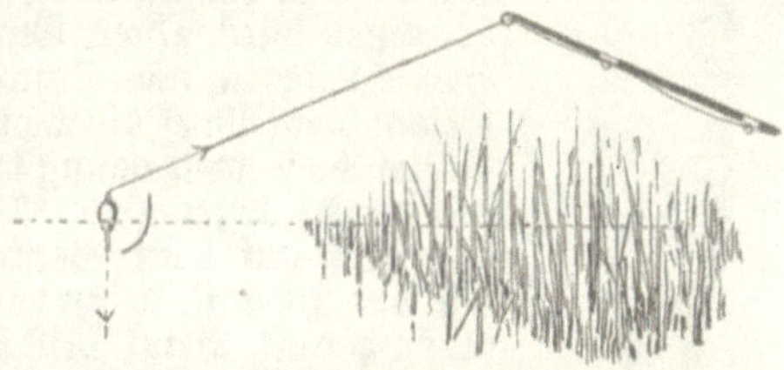

Abb. 33.

Je kürzer das Floß und je schlanker, desto mehr wird die Wirkung des schädlichen Winkels abgeschwächt, durch korrekte Streckung der Schnur zur Geraden nahezu aufgehoben, besonders dann, wenn die Leine an und für sich leicht und fein und vor allem durch geeignete Fettung schwimmend erhalten ist.

Das ist ein Grund mehr, jedem, aber dem Anfänger besonders, die Verwendung feiner, leichter und schlanker Floße nahezulegen.

Ich habe im Kriege bei den ostgalizischen Anglern eine Floßform kennengelernt, welche ich als galizisches Floß hier zur Abbildung bringe; dieses stellt eigentlich den Idealtypus eines Floßes vor, da es derart in die Schnur eingeschaltet wird, daß diese vom Haken bis zur Gertenspitze nahezu eine ungebrochene Linie bildet. Seine spezielle Verwendung werde ich später beschreiben. Wie die Abbildung zeigt, läuft die Schnur nur durch die äußerste Spitze, wo sie durch ein Kielkäppchen bzw. im Ring festgeklemmt wird. Beim Original wird die Schnur einfach durch eine Schleife angelegt, was mir nicht zusagt, da die Schnur zu leicht abgeprellt werden kann.

Das Floß ist aus leichtem Holze gemacht — kann aber selbstredend auch aus Kork hergestellt werden, mit einer Spitze aus Holz oder Stachelschweinborste. Mit einem Klemmring versehen, kann es auch im Bedarfsfalle als gleitendes Floß verwendet werden. Ein Leser des „Angelsport" brachte einen bemerkenswerten Vorschlag, wie man ein beliebiges Floß in gleichem Anwendungssinne verwenden könne, indem man an seine untere Spitze einen Gutfaden anwindet und dessen freies Ende dann in der gewünschten Höhe an die Schnur anknüpft (Abb. 34). Ich meine, man kann sich auch noch das Anwinden des Guts ersparen, wenn man einfach den

Abb. 34.

Schnurlaufring des Floßes mit einer Zange flach drückt und in den so entstandenen Schlitz den Gutfaden einknüpft.

Die „gleitenden Floße" ermöglichen Einstellungen, welche länger sind als die Angelrute, also in Tiefen von 4—5 m und darüber, — die Feststellung erfolgt bei ihnen durch einen Gummifaden, der mit einer Halbschleife in die Schnur verknüpft ist und mit diesem beim Wurf durch die Ringe läuft —, natürlich müssen diese weit genug sein, um den Gummifaden mit durchzulassen (Abb. 35). Beim Auswerfen liegt das Floß auf dem Senker und rutscht dann, sowie der Köder sinkt, an der Schnur bis zum Gummifaden herauf. Beim Drill bzw. Einrollen der Schnur rutscht es wieder bis zum Senker herab und gestattet so die Verkürzung der Schnur bis zum Knoten am Vorfach. Durch ihr Gewicht und ihre günstige Lage gestatten diese Floße einen sehr weiten Wurf von der Rolle sowohl im Seitenwurf wie im Überkopfwurfstil.

Ihre hauptsächlichste Anwendung finden sie beim Angeln in tiefen Gewässern und Seen sowie beim Fange von Raubfischen mit lebendem Köder sowie dort, wo man weite Wurfe zu machen gezwungen ist, aber nicht zuviel Blei anbringen will.

Senker und Wirbel.

Um den Köder in die gewünschte Tiefe zu bringen bzw. ihn am Grunde oder in die Nähe desselben trotz der Strömung festzuhalten, oder um bei Anwendung eines Floßes dieses zum Aufstellen und zur gewünschten Tauchtiefe zu bringen, verwenden wir sog. Senker, das ist Beschwerungen aus Blei in verschiedenen Formen und Gewichten.

Der gewöhnlichste Senker ist das Schrotkorn aller Größen von 2 mm Durchmesser aufwärts, gespalten und

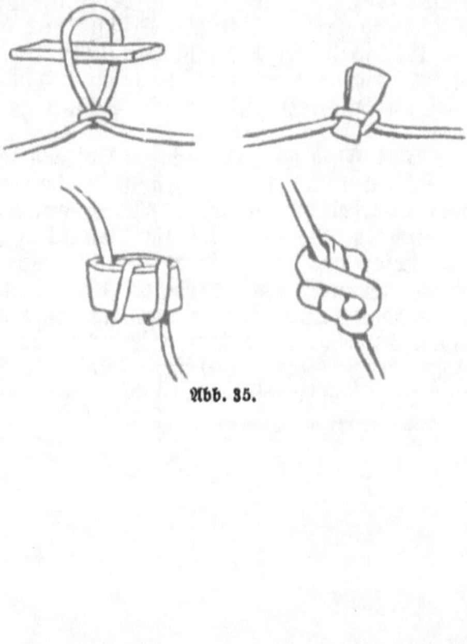

Abb. 35.

an das Vorfach geklemmt. Nicht ganz mit Unrecht wird aber behauptet, daß durch das Anklemmen das Gut, besonders das Feine beschädigt wird. Das von manchen empfohlene Unterlegen mit Papier soll das verhindern, ist aber nur bei recht großen Schroten an-

Abb. 36.

wendbar und hat den Nachteil, daß das Papier die Nässe nicht abgibt und das Gut an dieser Stelle verfault. Besser sind schon die Senker, welche aus einem gestanzten Stück Bleiblech mit einem Loch in der Mitte hergestellt sind. Über einen Knick im größten Durchmesser lassen sie sich flach zusammenpressen, — das Loch gibt Raum für einen Knoten im Vorfach, der das Rutschen des Bleis verhindert. Diese Bleie lassen sich leicht wechseln, sind aber verhältnismäßig teuer, wenn anders man sich dieselben nicht selbst herstellen will (Abb. 36).

Man kann sich solche Flachbleie sehr gut selbst mühelos herstellen: Schrotkörner (man verwende nur solche aus Weichblei) werden mit Hilfe eines glatten Hammers auf glatter Unterlage zu einer flachen Scheibe vom Korndurchmesser breitgeschlagen. Sodann leimt man mit dicker Schellacklösung ein Stückchen dünnster

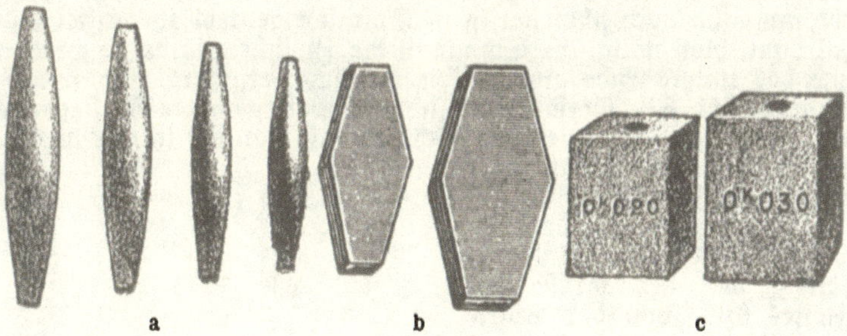

a b c

Abb. 37.

Kautschukplatte (sog. Cofferdam, wie ihn die Zahnärzte benützen, in Dentaldepots käuflich) unter Druckbelastung auf, schneide es dann randgleich zu, biegt die Platte über einer Messerscheide in der Mitte ein — selbstredend mit dem Gummi nach innen. Größere Bleie als 5—6 mm im Durchmesser verwendet man meistens durchbohrt. Die Bohrung sei weit genug, um über die Knoten des Vorfaches glatt laufen zu können — die Kanten der Bohrlöcher runde man ab, damit sie das Gut nicht aufreiben.

Außer Rundkugeln verwendet man noch Oliven und flache — teils prismatische wie ovale Bleie, letztere meist im größeren Formate (Abb. 37).

Zur Paternosterfischerei verwendet man ein besonders geformtes, birnförmiges Blei (Abb. 38), doch tut im Bedarfsfalle eine Kugel oder Olive, am Ende des Vorfaches eingebunden, die gleichen Dienste.

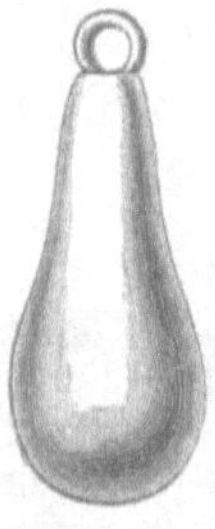

Abb. 38.

In manchen Wässern, besonders an der Donau, verwendet man zur schweren Grundangelei die sog. Barbenwage in Verbindung mit sehr schweren pyramidenförmigen Senkern.

Ich persönlich ziehe im allgemeinen und wo es angänglich ist, das kugelförmige Blei den Oliven und den flachen Bodenbleien vor, weil die Kugel weniger geneigt ist, sich an Steinen usw. zu verhängen oder zu verklemmen und in der Strömung immer ein bißchen hin- und hergerollt wird — welche Bewegung dem Köder mitgeteilt wird, was ich nicht als Nachteil betrachte. Immerhin aber gibt es Gewässer, deren Boden so fest und dabei glatt ist, daß die Kugel den Köder nicht am gewünschten Platze erhält, sondern wieder zum Ufer zurückgerollt wird — ein solches Wasser ist z. B. die Spree, dort kommt ein flaches, kantiges Blei von entsprechendem Gewicht zu seiner Geltung.

Ein guter Senker ist auch der Bleidraht, den man in beliebiger Länge entlang einer Nadel, eines Stückchens Drahtes u. dgl., in Spiralen um das Vorfach oder die Schnur wickeln kann. Man bekommt ihn auch schon fertig in Spiralen gedreht zu kaufen und hat dann bloß nötig, die Schnur in die Zwischenräume zu winden und das untere Ende anzukneifen, um das Heruntergleiten zu verhindern (Abb. 39). Er ist recht unsichtlich, aber das unter ihm liegende Material fault oder verstockt leicht, so daß man ihn immer wieder abwickeln soll, wenn man seiner nicht mehr bedarf.

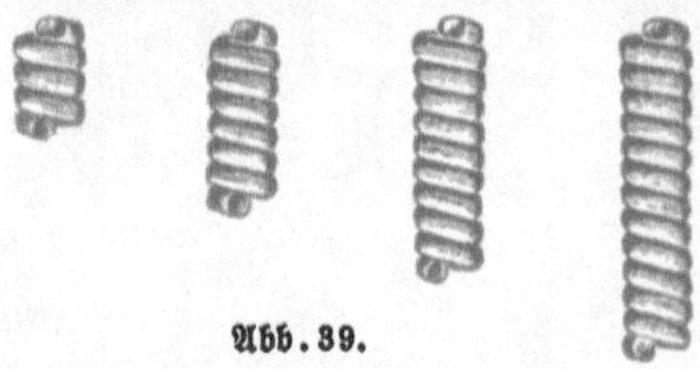

Abb. 39.

Die Größe und das Gewicht des Senkers sind abhängig von der Größe des Flosses bzw. von der Stärke der Strömung und der des Angelzeuges überhaupt. Man trachtet mit dem kleinst möglichsten Senker auszukommen, denn im klaren Wasser wirkt er mitunter beunruhigend. — Es ist in vielen Fällen vorteilhafter, 2 oder 3, selbst mehrere kleine Senker anzubringen, als bloß ein einziges, großes, sichtbares Blei. Erstere sind immer weniger auffallend.

Bei vielen Anglern, besonders bei den Anfängern, herrscht viel Unklarheit darüber, wo sie den Senker am Vorfach anbringen sollen, und ich erachte es für nützlich, darüber etwas zu sagen.

Bei Benützung des Bodenbleis soll dieses vom Köder nicht weiter entfernt sein als 35 cm, wenn das Wasser angetrübt ist und die Strömung stark ist. Ist dagegen das Wasser hell und sichtig, dann geht man mit dem Senker hinauf, 50, 75—100 cm vom Haken weg — je nachdem, je voluminöser das Blei ist, desto weiter hinauf setze man es. Prinzip sei auch hier, gerade nur soviel Blei, daß der Köder am Grunde bleibe! Sonst spürt man den Biß des Fisches nicht, wenn man ohne Floß angelt. Fischt man mit dem festliegenden Floß unter gleichen Verhältnissen, darf der Senker etwas höher hinauf kommen, aber auch nicht höher als 50 cm über dem Köder im trüberen und 1 m im helleren Wasser. Beim Angeln mit dem Floß soll man den Senker möglichst nahe zum Köder bringen — viele Fische haben die Gewohnheit, beim Beißen den Köder zu heben; ist der Senker zu hoch oben, so zeigt das Floß nicht die geringste Bewegung. Ich ziehe es bei dieser Art Fischerei vor, 2 oder mehrere kleine Senker zu benützen. Einen unmittelbar, d. h. wenige Zentimeter über dem Haken, den zweiten oder die übrigen 30—40 cm darüber. Hebt der Fisch den unteren Senker, so geht das Floß aus dem Wasser und zeigt so den Biß an. Verwendet man mehrere Schrote oder Senker, so bringe man dieselben in größeren Abständen voneinander an, 5—10 und mehr cm — das wirkt unsichtlich und kommt dem Wurfe besser zu statten, als wenn die Senker auf dicht nebeneinander gestellt sind, wie man es oft sieht. Einer Art Senker muß ich aber noch Erwähnung tun, welche von einem englischen Angler erfunden und von ihm „Fare well“ - „Lebewohl“-Senker getauft wurden — eine Idee, geboren und verwirklicht unter dem Zwange der Situation.

Mancher hat wohl schon die Notwendigkeit empfunden, in stillem hellem Wasser seinen Fischen, welche am Grunde ihre Nahrung suchen, den Köder anzubieten — ohne es tun zu können, weil er kein Blei anwenden konnte, das die Fische beunruhigt hätte — anderseits mit der unbeschwerten Schnur keinen Weitwurf machen konnte. Solche Situationen ergeben sich besonders an Seen oder stillen Altwässern.

Der Erfinder half sich in diesem Fall damit, daß er Schlamm oder Sand in ein Läppchen band und dieses Bündelchen mit einem feinen Faden am Vorfach befestigte, so daß er nach dem Sinken diesen durch einen kurzen Ruck von seiner Verbindung lösen konnte. In der Folge verwendete er statt des Läppchens Fließpapier, welches sich im Wasser in kürzester Zeit restlos auflöst. Ich habe dieses Verfahren erprobt und kann es jedem, der sich in der gleichen Lage befindet, wärmstens empfehlen.

W i r b e l o d e r U m l ä u f e werden im allgemeinen beim Grundangeln nur in sehr beschränktem Maße verwendet, hauptsächlich beim Fischen in der Nacht auf Aale, Quappen, wenn es sich darum handelt, Haken bezw. Vor- und Zwischenfächer rasch und sicher auszuwechseln, sowie zum Angeln auf Raubfische. Wirbel werden aus Messing und Stahl erzeugt. Die letzteren kommen immer mehr in Gebrauch, da der viel widerstandsfähigere Stahl es gestattet, bei einer vervielfachten Haltbarkeit die Dimensionen der Wirbeln so klein als möglich zu halten. Trägt doch ein kleinster Stahlwirbel Nr. 10 ein Gewicht von ca. 15 bis 20 Pfund, allerdings — und das muß betont werden — nur wenn er von bester Qualität ist. Man kaufe daher nur diese und lasse sich durch die scheinbare Ersparnis einiger Pfennige am Dutzend nicht verleiten, Ausschußware zu erstehen, welche vielfach im Handel ist.

Auch Wirbel wähle man so klein und unsichtlich wie nur möglich, sehe aber darauf, daß sie leicht rotieren, nicht verrosten und ein rasches und sicheres Ein- und Aushängen der zu wechselnden Teile gestatten. Die Größen Nr. 10—6 genügen meistens.

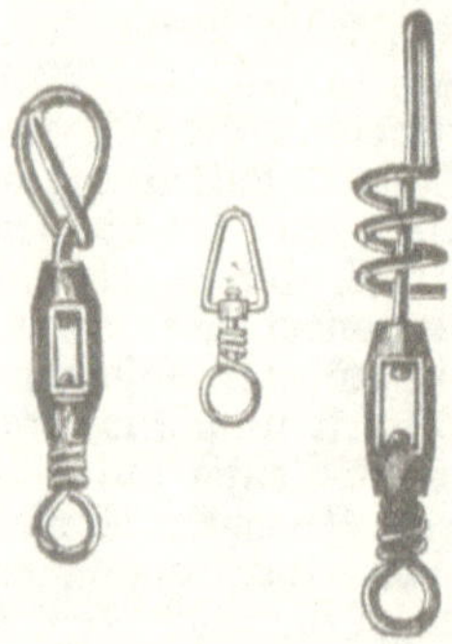

Abb. 40.

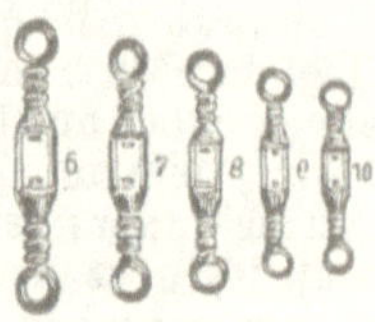

Abb. 41.

Die nebenstehenden Abbildungen geben die besten Wirbelsorten und Größen wieder:

Schlangenwirbel, Labyrinthwirbel, Nadelwirbel (Abb. 40 u. 41), Skala 10, 9, 8, 7, 6.

Wirbel aus Messing haben den Vorteil, nicht zu rosten — mit Hilfe einer Metallbeize kann man sie dunkel färben, aber, wie schon erwähnt, ist der Stahlwirbel vorzuziehen.

Stahlwirbel neigen trotz der Bronzierung zum Rosten, wenn man sie nicht immer sorgfältig trocknet und mit Ballistol behandelt. Wenn sie nicht gut gehärtet sind, brechen sie gerne oder biegen sich auf. Es ist ein Gebot der Klugheit und Vorsicht, vor dem Angeln den Wirbel ebenso genau zu revidieren und zu prüfen wie Vorfach und Leine, besonders wenn er schon sehr lange im Gebrauche stand.

Köder.

Während sich der Flugfischer ganz und der Spinnangler nahezu vollständig vom Gebrauche natürlicher Köder emanzipiert haben, ist der Grundangler ausschließlich auf diesen angewiesen, gleichviel, ob derselbe vegetabilischer oder animalischer Natur ist. Von der Beschaffenheit seines Köders und der Art der Darbietung hängt in den meisten Fällen der Erfolg ab.

Der Flug- und der Spinnangler suchen ihren Fisch in seinen Ständen in raschem Wechsel des Platzes; das tut zwar der Grundangler mehr oder weniger auch, aber im Gegensatze zu den beiden anderen verläßt er seinen Standplatz nicht so rasch und oft, sondern er versucht in der Mehrzahl der Fälle seine Beuteobjekte an einen Platz heranzuziehen, an diesen selbst und an einen bestimmten Köder zu gewöhnen und dann letzteren zum Angeln zu verwenden. — Kurz gesagt, er füttert seine Fische zu den von ihm gewählten und ihm günstig erscheinenden Stellen hin. Seine Köder sind teils lebende, teils nicht lebende, d. h. teils vegetabilischer, teils animalischer Natur.

Von den lebenden Ködern sind es vor allem die verschiedenen Wurmgattungen, die beim Grundangeln jeglicher Form weitgehende Verwendung finden.

Der Tauwurm ist von den heimischen Würmern der größte. Er kommt überall vor — in Feldern, Wiesen, Garten und Moorland —, je fetter und düngerreicher der Boden, desto besser gedeiht er. Am Abend und nachts nach einem starken Regen oder an Abenden und Nächten mit starken Taubildungen kann man ihn oft zu Hunderten mit Hilfe einer Laterne auflesen. Man kann ihn aber auch durch Graben in fetter Erde, Komposthaufen u. dgl. erbeuten — im Winter zieht er sich in die Tiefe zurück.

Eine besondere Art des Tauwurms ist jene, welche die Engländer mit „Pinktail" bezeichnen, er ist 6—10 cm lang, hat einen blauschwarzen Kopf, der Schwanzteil ist rötlich bis dunkelfleischrot. Er hat keine Knoten, lebt auch dort, wo der große Tauwurm zu finden ist, und ist ein vorzüglicher Köder, da er sehr lebendig ist, besonders im Sommer und für helles Wasser, während der große Tauwurm, namentlich im Winter und bei trübem Wasser, seine Anziehungskraft bewährt.

Der „Rotwurm", der in verrottetem Dünger unter faulendem Holze und Laub zu finden ist und deshalb auch in vielen Gegenden „Dungwurm" oder „Mistwurm" heißt, sind hervorragende Köder für den Sommer und klares Wasser. Der Goldschwanz ist von roter Farbe, gelb geringelt, seine Farben sind manchmal vermischt, manchmal recht ausgesprochen und leuchtend. Er sondert einen übelriechenden, gelben Saft ab, wenn man ihn anfaßt. Beide sind ein ausgesprochener Köder für das klare Wasser und werden von allen Fischen gerne genommen. Es gibt auch noch eine Art Würmer, welche gemeinhin „Regenwurm" genannt werden, welche man vielfach nach einem starken Regen auf Straßen und Wegen findet — aber auch graben kann — oder in den Schollen findet, wenn man hinter einem Ackersmann hergeht. Diese Würmer sind blaß, fleischfarben oder weißlichlila, mit einem dunklen Knopf. Sie haben weder das Leben noch die Zähigkeit der vorgenannten Arten — und werden von vielen Anglern als unbrauchbar verworfen — andererseits fängt man an ihnen in manchen Gegenden gerne und reichlich Brachsen und Barsche, weshalb ich sie nach meinen eigenen Erfahrungen nicht unbedingt ablehne. Zu mindestens sind sie von allen am leichtesten zu beschaffen und dort von Vorteil, wo man größere Mengen zum Auffüttern benötigt. Frisch gegrabene oder aufgelesene Würmer sind zum Angeln nicht gut zu brauchen, sie sind meist voll Erde und weich bzw. brüchig.

Um sie zu säubern und zähe zu machen, tue man sie eine Zeit, wenigstens 3—4 Tage oder doch vor dem Gebrauche vorher in einen Leinwandbeutel, der mit feuchtem Moos gefüllt ist. Das Moos darf nicht triefend naß sein, sondern nur feucht und auf einen Beutel der durchschnittlichen Größe von 25×40 cm darf man nicht mehr als 100 große und maximal 200 mittlere oder kleine Würmer geben, sonst gehen sie zugrunde. Den Beutel mit den Würmern bewahre man an einem kühlen Orte auf, namentlich im Sommer. Sonnenglut, ebenso wie die trockene Wärme der menschlichen Hand bedeuten für die Würmer rasches Sterben. Sie „verbrühen". Dort, wo man Würmer nicht nach Belieben kaufen kann, muß man sich einen Vorrat anlegen, besonders für die Winterfischerei. Zu diesem Zwecke nimmt man eine gut in den Fugen schließende Kiste, gräbt diese in die Erde, eventuell stellt man sie auch nur in den Keller, füllt untenhin einige Hand hoch Gartenerde und darüber Moos, welches man feucht halten und ab und zu erneuern muß. Ebenso wie im Wurmbeutel darf das Moos der Kiste gleichfalls nur feucht, nicht naß sein, sonst gehen die Würmer ein. Kranke und verendende Würmer kriechen in das Moos und werden beim Wechsel desselben mit entfernt. Von manchen wird geraten, der Erde einige faulende Zwiebel zuzusetzen, was den Würmern angeblich eine Witterung verleihen soll, die sie für die Fische besonders begehrenswert macht. Daß man die Kiste vor Sonnenbrand bzw. Frost schützen muß, brauche ich wohl nicht besonders zu betonen.

Die Fleischmaden sind ein ebenso wichtiger, wenn nicht wertvollerer und wirksamerer Köder für viele Fischarten als die Würmer, nur ist ihre Beschaffung nicht immer leicht, besonders in der kühlen Jahreszeit und erst im Winter. Seifensiedereien, Leim- und Spodiumerzeuger können diese begehrten Tiere liefern, hie und da auch Abdeckereien, welch letztere häufig sogar deren Zucht als Nebenbetrieb führen. Am besten ist es, sich eine Madenzucht sebst anzulegen, wenn man die Gelegenheit hat, denn es ist eine nicht ganz appetitliche und oft übelriechende Beschäftigung. Im Sommer ist die Sache ziemlich einfach. Eine Leber vom Rind oder Pferd — ein Stück verdorbenes Fleisch — eventuell ein Kaninchen o. dgl. Kleintier legt man an die Sonne, damit die großen Schmeißfliegen ihre Eier darauf legen. Im Notfalle kann man auch gestocktes Rinderblut verwenden, doch sind die von diesem gezogenen Maden auffallend dünnhäutig, deshalb nicht so gut wie solche, die auf Fleisch usw. aufgezogenen. Man legt das eierbesetzte Stück in einen großen, glasierten Topf, auf eine Schichte Kleie oder Sand und bindet ihn gut zu und stellt ihn in die Wärme — in wenig Tagen entwickeln sich die Maden und wachsen rapid. Wenn sie die richtige Größe erreicht haben, nimmt man sie aus ihrem Topfe, gibt sie, am besten in ein großes sog. Gurkenglas, das mit trockener Kleie bis $^2/_3$ gefüllt ist, bindet es gut zu und stellt dieses in einen kühlen Raum, Keller u. dgl. Dies ist sehr wichtig, denn in der Wärme verpuppen sich die Maden sofort — auch gebe man ihnen in dem Glase nur wenig Futter — alle 2—3 Tage ein Stückchen Leber, ca. 10 dg. In der Kleie reinigen sich die Maden, werden blendend weiß und bekommen eine zähe, harte Haut. In Nr. 5 des „Angelsport 1925" beschreibt ein Angler die Madenzucht im Winter. Ich kann jedermann, der in der angenehmen Lage dies tun zu können, nur dringend empfehlen, sich eine solche Wintermadenzucht anzulegen. Der Erfolg beim Angeln wird ihm die Mühe wieder vergelten.

Die Made der Wespen ist vielleicht ein noch besserer Köder als die Fleischmade, nur nicht so einfach zu beschaffen. Man muß vorher die Wespen töten, indem man das Nest mit einem Topfe bedeckt und darunter einen sog. „Schwefeleinschlag", wie er zum Ausschwefeln von Fässern dient, verbrennt. Maden lassen sich für den Winter in konzentrierter Zuckerlösung aufbewahren, selbstredend muß man sie in derselben kochen.

Verschiedene Insekten und Fliegen, wie die große Stuben- und Schmeißfliege, Mai- und Steinfliege, Wespen, Mai- und Junikäfer, Heuschrecken usw., sind bekannt gute Köder. Ebenso deren Larven, wie z. B. die der Steinfliege und der Köcherfliege. Beide findet man mitunter in Massen in Gewässern mit steinigen und teilweise sandigem Grunde.

Frösche sind ausgezeichnete Köder, sowohl lebend wie tot, für Forellen, Aitel und Hechte. Für die letzteren größere als für die ersteren.

Köderfische. Als solche kommen in Betracht: Pfrillen, Mühlkoppen, Grundlinge, Bartgrundeln, kleine Plötzen, Aitel, Hasel und Neunaugen. Die Anköderungsweise derselben, besonders aber der Neunaugen, wird in den betreffenden Kapiteln des näheren geschildert werden. Das Neunauge ist eines der wirksamsten lebenden Köder zum Fange vieler Fischgattungen und wird namentlich von großen Exemplaren, vom Huchen und Waller abwärts gierig genommen — leider ist es nicht überall zu haben und läßt sich schlecht oder, besser gesagt, gar nicht in einer Weise, die es gebrauchsfähig bzw. elastisch erhält, konservieren. Dagegen lassen sich Neunaugen sehr gut lebend erhalten in einer Kiste, in der Sand und Wasserpflanzen sind und welche durch einen Zulauf ständig unter frischem Wasser gehalten werden kann. Für den Transport tue man in die Köderwanne Sand und Grasstöcke und nur wenig Wasser.

Außer den vorgenannten lebenden Ködern gibt es eine Menge lebloser, teils animalischer, teils vegetabilischer Art.

Da diese in großen Mengen bereitgestellt werden können, dienen sie meist auch dem im früheren Kapitel erwähnten „Anfüttern". Von den animalischen Ködern ist es vor allem Rinderblut, das von jedem Fleischer in beliebiger Menge geliefert wird. Man verwendet zum Anködern das hellrote, arterielle — volkstümlich als „Herzblut" bezeichnete, selbstredend in gestocktem Zustande. Frisches Blut und das dunkle bis schwärzliche Blut der Venen ist nur als Grundköder zu brauchen, da es ja weich ist und schlecht am Haken hält. Zum Angeln muß es zähe sein, dies erreicht man, indem man es in trockenen, klaren Sand an einem kühlen Orte einige Tage eingräbt. Durch diese Behandlung wird dem Blutkuchen die gesamte Feuchtigkeit entzogen und er bekommt eine kautschukartige zähe Konsistenz, wodurch er sehr gut am Haken haftet. Er wird in größere oder kleinere Würfel geschnitten, angeködert. Zu seinem Transport verwende man eine Blechbüchse mit Löchern im Deckel und lege die einzelnen Stücke darein in Sand.

Wenn man Blut als Grundköder benützt, sei man vorsichtig und tue des Guten nicht zuviel, die Fische überfressen sich daran und beißen dann schlecht. Seine beste Verwendungszeit ist der Sommer und klares Wasser. Es wird aber auch im Winter gut genommen.

Talggrieven sind gut für die Fischerei im Spätherbst und Winter — man kocht sie vorsichtig, damit sie nicht anbrennen zu einer kompakten weißen Masse.

Zum Angeln auf Aiteln und Barben in der späteren Jahreszeit ist der Darm von der Gans ein hervorragender, aber nicht allgemein bekannter Köder. Er ist sowohl frisch wie auch im trockenen Salz konserviert zu brauchen.

Zahlreich ist die Auswahl der vegetabilischen Köder:

Hanf und Weizenkörner sind als solche berühmt, besonders für die Plötzenfischerei. Beide werden mit kaltem Wasser erst durch einige Stunden ansaugen gelassen und dann neben dem Feuer (durch einige Zeit je nach der Menge) gedämpft. Man muß immer wieder Wasser zugießen, damit die Körner davon bedeckt seien und nicht anbrennen. Beim Weizenkern darf die Schale nicht platzen, beim Hanfkorn darf sich die Schale nur soweit öffnen, daß der innen liegende weiße Kern ein wenig hervorquillt. Der Hanf ist ein direkt mörderischer Köder für Plötzen in Gewässern, deren Boden viel Graswuchs hat, auf dem eine winzige Wasserschnecke lebt, welcher das gedämpfte Hanfkorn täuschend ähnlich sieht. Auch mit diesem Stoffe sei man nicht zu freigebig, wenn man ihn zum Auffüttern benützt. Zur Herstellung kleinerer Quantitäten eignet sich hervorragend eine Thermosflasche, mit Hilfe derer man seinen Köder über Nacht in tadelloser Beschaffenheit herstellen kann. Man fülle $^{2}/_{3}$ der Flasche mit den womöglich vorgeweichten Körnern, bedecke sie mit kochendem Wasser und verschließe sie. Es ist nicht ratsam, mehr als $^{2}/_{3}$ Körner, eher weniger zu nehmen, da die quellenden Samen leicht die Flasche zersprengen können.

Reis, so gekocht, daß die Körner einzeln bleiben (Anleitung in jedem Kochbuche) ist gut für Plötzen.

Erbsen sind ein bekannt guter Köder, jedoch schwer richtig zu bereiten — es empfiehlt sich, dieselbe als Konserve fertig zu kaufen.

Eine große Bedeutung in der Grundangelei haben die Teige und Pasten. Der einfachst zu bereitende Teig ist der aus Semmel bzw. Weißbrot (Wecken). Man schneidet aus der Mitte eines Weckens einen 2 Querfinger breiten Streifen aus und entfernt sorgfältig die Rinde rundherum — es ist vorteilhaft, wenn die Wecken altbacken, d. h. einen Tag alt sind. Den entrindeten Streifen schlägt man in ein reines Stück Leinwand, weicht ihn darin gut ein und knetet ihn in dem Leinen gut durch. Wichtig ist, daß sowohl bei diesem wie beim Bereiten und Gebrauche eines anderen Teiges die Hände frei von Tabakgeruch sind.

Dieser Teig ist sehr zähe und hält gut am Haken.

Man kann ihn auch mit Käse mischen, indem man geriebenen alten Käse (Emmentaler o. ä.) dazu knetet. Dieser Teig ist besonders zähe, man darf aber nicht allzuviel Käse zusetzen, sonst schlägt kaum der Haken durch.

Kartoffelteig stellt man her, indem man 2—3 kleinfaustgroße Kartoffel geschält mit kaltem Wasser zustellt und zum Sieden bringt. Wenn sie weich sind, gießt man das Wasser rasch ab und verrührt die heißen Kartoffel zusammen mit Weizenmehl zu einem steifen Teig; man rührt solange löffelweise das Mehl zu, bis der Teig nicht mehr an den Händen haftet.

Polenta — nach dem Rezept von Hans Fischer im „Angelsport". Auf ein Pfund (500 g) Maismehl, besser gesagt Maisgrieß, nimmt man 1/4 Pfund (125 g) Weißmehl und vermischt beides gehörig miteinander. Dann bringt man soviel Wasser zum Sieden, daß beim Hereinschütten der Masse sofort ein dicker, fester Brei entsteht. Der Polenta wird ungefähr ein Eßlöffel Zucker zugesetzt und dann läßt man sie unter fortgesetztem Rühren und Verstampfen 5—10 Minuten kochen. Sie muß so fest sein, daß sie sich zu einer kompakten Masse ballen läßt, welche man nach dem Erkalten tüchtig knetet. Dann sitzt sie richtig am Haken, der birnförmig damit umkleidet wird.

Wichtig für den Grundangler ist die Kenntnis der Bereitung und Anwendung sog. Pulverköders, zum Zwecke des raschen Anlockens von Fischen in sichtigem, strömendem Wasser:

Man nimmt einen ganz trockenen Weißbrotwecken, entrindet ihn sorgfältig und verschneidet ihn auf Stücke, die man im Ofenrohr völlig trocknet — sie dürfen sich aber nicht verfärben! Diese getrockneten Brocken zerstört man im Mörser zu Pulver. Im Gebrauche tut man sie in ein Tuch und weicht sie so ein, formt im Tuche durch Kneten und Auspressen eine Kugel, die man entweder, allein oder am Vorfach angedrückt, mitsamt dem Köder einwirft — die Strömung löst sie auf, und die aufgelösten Teilchen schwimmen, einer Wolke gleich, den lauernden Fischen zu —, welche sich, Futter vermutend, rasch darauf stürzen, aber nichts kompaktes Freßbares finden, wohl aber beim Fortsetzen des Suchens den mit- oder nachschwimmenden Köder entdecken und vertraut nehmen. Eventl. kann man auch einige Maden mit einkneten. Ich will es gleich an dieser Stelle nochmals betonen, was ich schon vorher bei einzelnen Köderarten betont habe: In der Anwendung von Grundkörnern muß ein weises Maß gehalten werden, namentlich dann, wenn man in den nächsten Stunden nach dem Auswerfen schon angeln will. Nur dann, wenn man eine Stelle für spätere Zeit vorbereitet oder vergrämte und scheue Fische wieder an eine beangelte Stelle gewöhnen will, darf man Grundköder in reichlicher Menge auswerfen, sogar durch längere Zeit — darf dies aber selbstredend einen oder einige Tage vor dem Angeln nicht mehr tun, denn satte Fische haben kein Bedürfnis, den Köder an der Angel zu nehmen.

4. Praktische Winke.

So unglaublich es scheinen mag — es ist aber Tatsache, daß es eine beträchtliche Menge Angler gibt, die nicht imstande sind, einen Angelhaken anzubinden — ein gerissenes oder defektes Vorfach neu zu knoten — von einer größeren Reparatur gar nicht zu reden. — Diese Bedauernswerten sind einfach verloren, wenn sie nicht am Gängelband ihres Lieferanten hängen. Und gerade der Angler sollte sich bemühen, sich in diesen wichtigen kleinen Dingen, deren Unkenntnis oftmals peinliche Situationen oder Störungen schafft, von aller Welt unabhängig zu sein, und sich alle jenen kleinen Kunstfertigkeiten zu eigen machen, die ihn instand setzen, daheim und draußen Herr seiner Geräte zu bleiben und ihm manchen Ärger, manchen Mißerfolg und öfters manche Auslagen ersparen.

Ich gestehe, ich bin kein Freund fertig gekaufter, angebundener Angelhaken. Erstens sind sie nicht gerade billig, zweitens ist die Bindung nicht immer verläßlich, und ob das Gut es ist, kann niemand sagen. Darum ziehe ich es vor, meine Haken selbst anzubinden und weiß dann, was ich habe. Zum Anbinden eines Hakens braucht man eine gute Anwindeseide, für die kleinen und kleinsten eine feine — für die größeren eine stärkere. Für die ersteren eignet sich besonders jene, welche zum Fliegenbinden verwendet wird und unter dem Namen Pearsalls Gossamer fly silk in allen Farben im Handel ist. Für unsere Zwecke genügt eine rote und eine weiße. Für stärkere Haken und Gutfäden verwendet man eine erstklassige Nähseide der Stärke 50—70, welche auch zum Anbinden von Gertenringen oder zur Reparatur gebrochener Spitzen usw. dienlich ist.

Sodann ein gutes Wachs, um den Faden festhaltend zu machen und ein Abgleiten zu verhindern. Am besten ist ein flüssiges Wachs, das auch beim Binden von Fliegen verwendet werden kann; das Rezept ist von Mc. Clellaud, aus seinem Buche über das Binden von Kunstfliegen.

Jeder Apotheker oder Drogist stellt es auf Verlangen nach folgendem Rezept her: Im Wasserbade werden reinstes, weißes Harz (Resina alba) mit nahezu gleichen Teilen Terpentin ö l zusammengeschmolzen. Die Masse muß eine gelatinöse Konsistenz haben, weshalb man etwas weniger Terpentinöl nehmen muß. Die fertige Masse wird in Zinntuben mit Schraubverschluß gegossen und ist sofort gebrauchsfähig. Die Versorgung in Tuben ist äußerst sauber und schützt das Präparat vor Verstaubung und Austrocknung, ist auch äußerst praktisch für das Mitnehmen und den Transport. Sein größter Vorzug ist, daß die Farbe der Seide nicht verändert wird, wohl aber bekommt diese eine gewisse Transparenz.

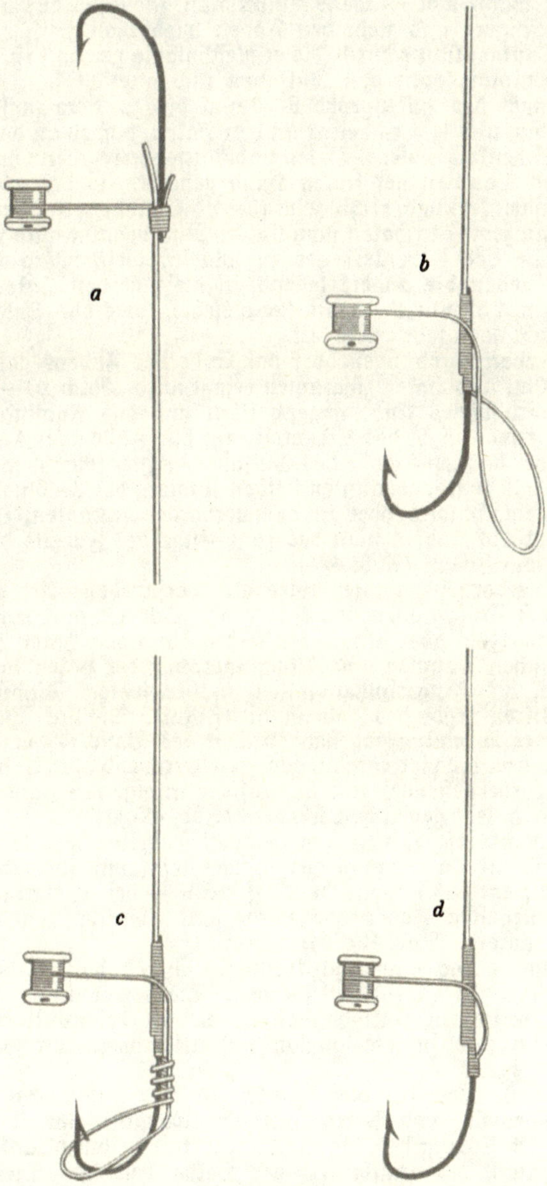

Abb. 42.

Zum Wachsen des Fadens nimmt man eine Spur auf die Kuppe des Zeigefingers und zieht den Faden wiederholt zwischen diesen und der Daumenkuppe durch, bis er gleichmäßig getränkt ist.

Nun nimmt man den Gutfaden und quetscht sein unterstes Ende je nach der Hakengröße 2—3 mm bis zu 1 cm zwischen den Zähnen flach und legt es derart an den Haken, daß es an der Unterseite des Schenkels anliegt. Haken und Gutfaden werden vom Zeigefinger und Daumen der linken Hand gehalten, so daß die Spitze des Hakenschenkels nach rechts zeigt (bei Linkshändern mit der rechten Hand, dann zeigt der Haken nach links). Nun beginnt man von dem freien Ende des Schenkels her zu wickeln, gleichmäßig fest eine Windung neben die andere legend. Man faßt den Hakenschenkel soweit oben, daß nur 2—3 mm heraussehen, was das Anlegen der ersten Windungen sehr erleichtert.

Die ersten Windungen über das Ende des Fadens gelegt, das auch mit Gut und Haken zusammen erfaßt wird. Nach 10—12 Windungen wird dieses Ende abgeschnitten und das Anwinden fortgesetzt bis etwa auf $^3/_5$ des Schenkels, auf alle Fälle aber 4—6 Windungen über das letzte Ende des Gutfadens. Hier schließt man jetzt, entweder mit dem sogenannten halben Knoten, der 3—5mal nebeneinander gemacht wird, oder mit dem verborgenen Knoten. Der halbe Knoten entsteht, indem man das freie Ende des Fadens durch die Windung durchzieht. (Abb. 42a).

Der verborgene Knoten wird auf verschiedene Art gemacht. In unserem Falle bilden wir eine große Schleife mit dem Bauch nach unten. Jetzt aber nimmt die rechte Hand den Haken und hält ihn so zwischen Daumen und Zeigefinger, daß der Hakenbogen nach links sieht, die Fingerspitzen fassen an der letzten Windung und fassen das freie Ende des Fadens mit (Figur). Die linke Hand faßt den von der Windung abgehenden Teil des Bauches der Schleife und macht drei bis vier Windungen — selbstredend aber in der Richtung der vorhergehenden und demzufolge infolge des Handwechsels verkehrt, d. h. jetzt gegen den Körper. (Abb. 42b).

Nachdem diese Windungen gemacht sind, werden sie von der linken Hand mit Daumen und Zeigefinger gefaßt und fortgehalten — die Rechte zieht das Fadenende straff durch — der Knoten ist fertig. Das überstehende Fadenende wird glatt abgeschnitten und die Bindung lackiert. (Abb. 42c, d).

Ein guter Lack muß rasch trocknen und fest haften, darf auch vom Wasser nicht angegriffen werden. Die herkömmlichere Schellacklösung besitzt diese Eigenschaften nur im beschränkten Maße. Vor allem trocknet sie sehr langsam und neigt dazu, von der Unterlage zu springen.

Der beste Lack für diese Zwecke ist der, unter dem Namen „Cellire Varnish" von Percy Wadham erzeugte Zelluloidfirnis — der u. a. den Vorzug hat, die Bindungen mit zu durchtränken, was außerordentlich zur Haltbarkeit der Haken beiträgt. Dieser Lack ist außerdem in allen Farben zu haben und eignet sich auch sehr gut zum Lackieren von Angelruten. Er trocknet binnen 15—20 Minuten glashart.

Der Lack wird mit einem Pinsel ein-, zwei- bis dreimal auf die Bindung aufgetragen, natürlich muß die vorausgehende Lackierung gut trocken sein. Zelluloidlack soll nur in trockenen warmen Räumen angewendet werden, sonst verliert er seine schöne glasartige Helligkeit und trocknet schlecht, dabei nimmt er eine milchige Trübung an.

Er ist feuergefährlich, deshalb soll er nicht bei offenem Lichte verarbeitet werden.

Ich kann den Abschnitt über das Anbinden der Haken nicht schließen ohne auf einen Umstand aufmerksam zu machen, den ich in keinem Buche bisher erwähnt fand. Man macht öfter die Wahrnehmung, daß bei an feineres Gut gewundenen Haken ersteres knapp über dem Schenkel abbricht, namentlich dann, wenn dort irgendein Schrotkorn angeklemmt war, oft aber auch ohne daß dies der Fall war. Diesem Übelstande begegnet man u. a. radikal, indem man das Gut an dieser Stelle verstärkt, d. h. man legt das anzuwindende Ende doppelt an den Haken, derart, daß das kurze Ende (etwa 3—5 mm je nach Größe des Hakens) über die Spitze des Schenkels hinausstehe und beginnt dort, wo es endet, die Windung über beide Gutstücke. Damit erreicht man eine effektive Verstärkung und zugleich einen elastischen Übergang vom Haken zum Gut (Abb. 43).

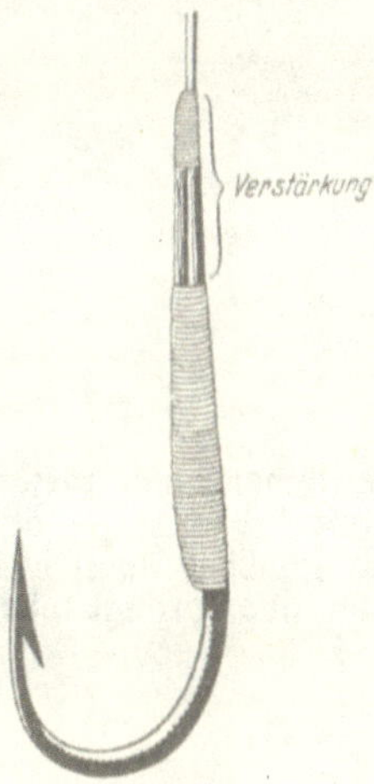

Abb. 43.

Die immer mehr und mehr in Verwendung kommenden Ringhaken werden mit Hilfe von Knoten, teils direkt ans Vorfach, teils mit Hilfe eines Zwischenstückes eingebunden. Von den vielen benützten Knotenformen will ich nur die zwei verläßlichsten und einfachsten beschreiben, weil diese wirklich für alle Fälle ausreichen. Für kleinere Haken, sagen wir bis Nr. 10, welche an teils sehr feine, teils, wie letztere Nummer, an immerhin noch dünnes Gut oder Silkcast gebunden werden, empfehle ich den sogenannten „Turle"-Knoten auch „Henker"- oder Schinderknoten genannt, dessen Entstehen die umstehenden Figuren illustrieren. Er ist nach meinem Dafürachten am leichtesten von allen korrekt zu erlernen und anzulegen und unbedingt verläßlich (Abb. 44).

Für große Haken und starkes Gut hat sich mir der „Schleifenknoten" am besten bewährt, dessen Bindung ich nebenstehend wiedergebe — nur empfehle ich unter allen Bedingungen den Knoten doppelt zu machen, denn der einfache kann doch gleiten (Abb. 45).

Diese Befestigung der Ringhaken mit Knoten ist unbedingt zuverlässig und sauber, vor allem viel sicherer als die oft zu sehende Manier, den Haken an das Gut zu binden, wobei letzteres durch den Ring gezogen ist — ich halte dies für eine Überflüssigkeit und Zeit-

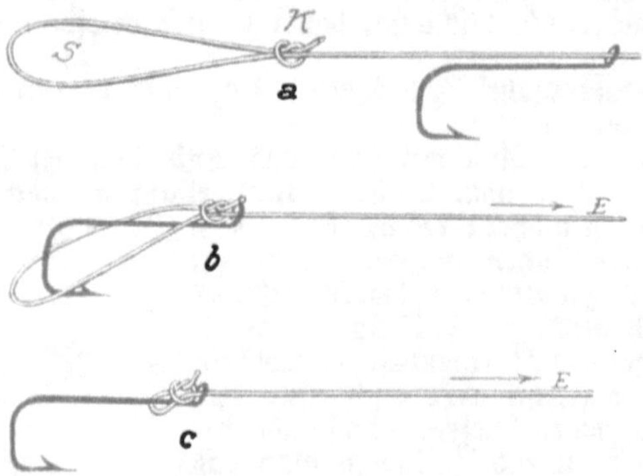

Abb. 44.

verschwendung, weil einmal dadurch der Vorteil des Ringhakens illusorisch wird — andererseits halte ich eine derartige Bindung für schädlich, weil das Gut am Ring scheuert und leicht beschädigt bzw. abgesprengt wird.

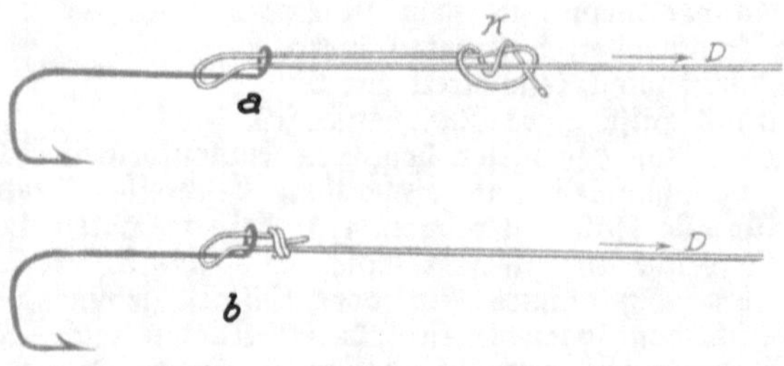

Abb. 45.

Man darf nur bei der Verwendung eingeknüpfter Ringhaken nicht vergessen, den Haken des öfteren einzubinden, wenigstens vor jedem Angeln, möglichst aber auch nach einem stärkeren Hänger oder Drill, und besonders dann, wenn man feine und feinste Gutfäden verwendet. Bei Beachtung dieser Vorsicht wird man selten oder nie den Verlust eines Hakens oder Fisches durch Bruch oder Riß am Knoten zu beklagen haben.

Eine gebrochene Spitze repariert man folgendermaßen:

Die beiden Teile werden auf 5—8 cm je nach der Dicke und der Stelle des Bruches mit dem Hobel abgeschrägt, damit sie schön aneinanderliegen, kein Teil über den anderen vorstehe und die Ebenmäßigkeit der Form gewahrt bleibe. Sodann werden die Teile mit wasserdichtem Leim geleimt, und zwar unter Druck (im Schraubstock). Als guter Leim wird „Issolin" gerühmt. Ich gebe das Rezept zu einem sehr guten Leim, den ich wiederholt erprobte; er hat die hervorragende Eigenschaft elastisch zu sein, was für diesen Zweck von großem Werte ist: Man löse ein Blatt Gelatine in soviel heißem Wasser als dazu gerade nötig ist, füge hinzu 150 g heißes Wasser, 20 g Amylum (Weizenstärke) und 10 g gelösten Leim. Koche das Ganze auf, verrühre es innig und trage es heiß auf. Der Leim muß jedesmal frisch zubereitet werden. Nachdem die Beleimung gut getrocknet ist, durchschnittlich nach 24 Stunden, entferne man über-

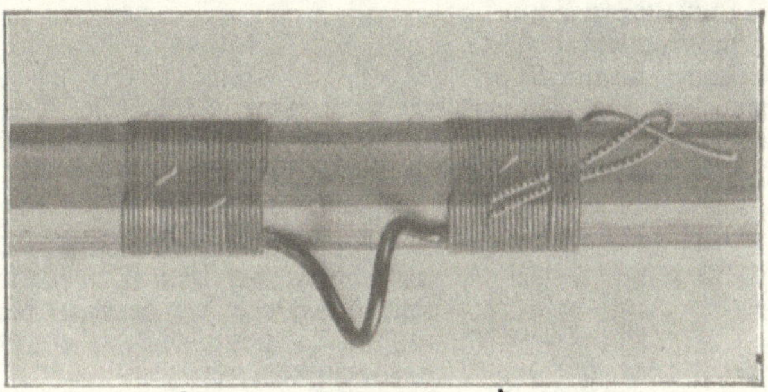

a b

Der verborgene Knoten zum Abschluß von Bindungen an Ruten.

Abb. 46.

quellende Leimpartikel mit Kratzeisen und Glaspapier und binde die Bruchstelle mit gewachster Seide ein. Die Windungen sollen ½ bis 1 cm ober- und unterhalb der Vereinigung reichen. Man beginnt wie beim Angelhaken mit dem Winden über das eigene eine Ende des Fadens, das nach 10—12 Windungen abgeschnitten wird; lege die Windungen recht fest und sorgfältig eine neben die andere und schließe mit dem verborgenen Knoten. Dieser wird hier, sowie beim Anwinden von Gertenringen folgendermaßen gemacht: Von dem gewachsten Faden legt man nur ein Stück von etwa 20 cm Länge zurecht, das man zu einer Schleife zusammenlegt. Wenn man so weit ist, die Bindung zu schließen, legt man die Schleife mit dem Ohr nach links auf die Windungen, führt den Faden noch in 5—8

Touren über die Schleife, fädelt ihn dann durch das Ohr und zieht nun am freien Ende der Schleife das Ohr samt dem Windefaden durch die letzten Windungen, zieht fest, und schneidet den Faden zum Austritte glatt ab (Abb. 46). Diese fertige Bindung wird dann mit 2—3 Schichten Lack gedeckt.

Abb. 47.

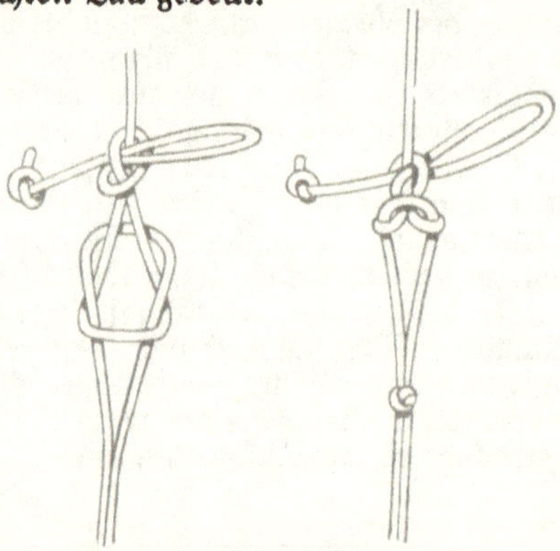

a Abb. 48. b

Ein sehr wichtiges Kapitel im Leben des Anglers sind die Knoten, die teils zur Verbindung der Schnur mit dem Vorfach bzw. einem Wirbel, teils zum Knüpfen der Vorfächer, teils zum Anmachen der Angelhaken mit Ohr dienen. Das Vorfach und die Schnur werden am besten und unauffälligsten durch den sog. Flaggenstich verbunden (Abb. 47). Für das Angeln in der Nacht empfiehlt sich der in England unter dem Namen „Tillerhitch" bekannte Schleifenknoten — er ist zwar plump, aber mit einem Ruck aufzuziehen. (Abb. 48).

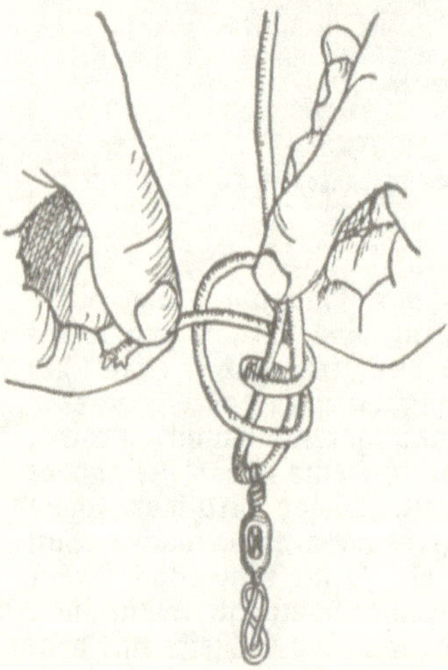

Abb. 49.

Zum Anbinden von steifen Drahtvorfächern oder von Wirbeln an die Rollschnur kann der Herkules (Dreadnought-) Knoten bestens empfohlen werden (Abb. 49).

Eine altbekannte und gute Verbindung mit obigen oder anderen Vorfächern bzw. Wirbeln bildet die Einhängeschleife, nur gebrauche man die Vorsicht, sie nach jedem Angeln abzuschneiden, jedesmal neu zu binden, da sie sich gerne durchscheuert. (Abb. 50).

Die Bindung des „Blood-Knot", den ich in keinem deutschen Buche abgebildet fand und für den ich auch keinen deutschen Namen weiß, ist aus der Figur leicht ersichtlich — wenn die Enden durchgesteckt sind, zieht man an dem langen Teile straff an — sollte der eine oder andere Teil offene Ringe zeigen, zieht man an dem kurzen Ende dieselben glatt. Der fertige Knoten ist glatt und zeigt 6—8 parallele Ringe. Die vorstehenden Seitenenden werden kurz abgeschnitten (Abb. 51).

Der doppelte Fischerknoten ist unbedingt verläßlich; nur wird er meistens falsch gezeichnet und falsch beschrieben. (Abb. 52). Wenn er richtig gemacht ist, so zeigt er vier parallele Ringe, andernfalls zwei schief aufeinandersitzende Höcker. Seine korrekte Schürzung geschieht nachstehend: Man legt die zu verknüpfenden Enden je ein Zoll aneinander, nun macht man mit dem einen Ende 2 parallele Schleifen über das andere Stück, wobei man die Schleifen mit Daumen und Zeigefinger der anderen Hand fest nebeneinanderhält — geht mit dem freien Ende von unten und rückwärts durch beide Schlingen und zieht mäßig fest. Die haltenden Finger geben erst den fertig zugezogenen Knoten frei, wodurch sich die Ringe schön parallel aneinanderlegen. Dasselbe geschieht auf der anderen Seite. Sodann legt man die Gutfäden wieder für ca. $1/2$ Stunde ins Wasser und zieht dann erst die einzelnen Knoten an den kurzen Enden fest, sodann erst die Knoten selbst durch Anziehen der beiden Fäden aneinander, worauf man die Reste der kurzen Enden dicht am Knoten abschneidet. Das nochmalige Wässern vor

Abb. 50.

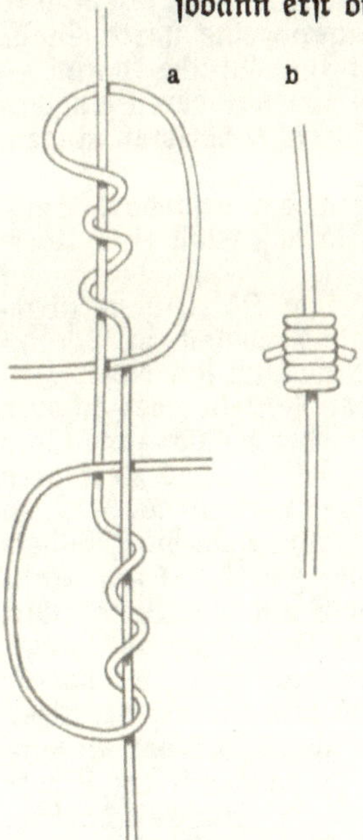

Abb. 51. „Blood-Knot".

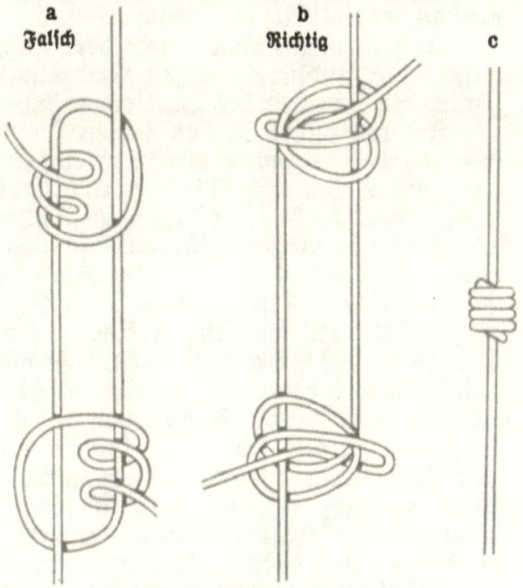

Abb. 52. Doppelter Fischerknoten.

dem Festziehen der Knoten ist sehr wichtig! Denn beim Knüpfen trocknet der Gutfaden ab, und wenn man ihn jetzt fest knotet ohne nochmals zu wässern, wird er an der Knotungsstelle leicht flach. Das flache Gut ist immer ein Locus minoris resistentiae. Sehr starke Gutvorfächer, wie man sie z. B. zur Paternosterangelei auf Hechte benötigt, versieht man mit Pufferknoten — d. h. bevor man den Fischerknoten zuzieht, umwindet man zwischen den Knoten das doppelt liegende Gut mit einigen Touren feiner weißer gewachster Seide oder noch besser feinstem gut gewässerten Gut, was den Knoten ungemein tragfähig macht und besonders vor dem Bruche beim starken Anhieb usw. schützt.

Gut bekommt man, wie schon erwähnt, gefärbt zu kaufen — meist blaugrau oder grün. Hie und da ist es nützlich, ein braun gefärbtes zu benützen. Wenn man Gutfäden in die Blätter von Tee, die aber nicht durch allzuoftes Aufgießen ausgelaugt worden sind, nach dem Teekochen einlegt, und über Nacht stehen läßt, erhält man eine prächtige rotbraune Färbung.

Die in neuerer Zeit stark in Aufnahme kommende Benützung des gesponnenen Stahldrahtes, sei es als Vor- oder Zwischenfach, sei es als Träger des Hakens selber, bedingen eine eigene Verbindungsweise. Bis vor kurzem war die gegebene Methode das Löten. Zugegeben, daß dieser Vorgang verhältnismäßig rasch und sauber ist, so hat es noch andere schwerwiegende Nachteile. Vor allem wird durch das Löten in die sonst elastische Materie eine starre Stelle hineingebracht, an welcher es nur zu leicht zum Bruche kommt — und tatsächlich ist es nicht nur mir, sondern vielen anderen Anglern wiederholt passiert, daß Haken und ganze Vorfächer verloren gingen, weil an der Lötstelle ein Bruch erfolgte.

Außerdem muß man noch berücksichtigen, daß besonders Stahl äußerst empfindlich ist gegen Verbrennen, ja daß selbst eine Überhitzung die Struktur des Stahles verändert.

Ich bin daher in den letzten Jahren vom Löten ganz abgekommen und verwende nur mehr eingedrehte Schleifen zur Verbindung mit Haken und Wirbeln, und habe tatsächlich seit dieser Zeit keinen Bruch mehr zu beklagen, wohl aber den Vorteil, jederzeit auch am Wasser in wenig Minuten eine defekte oder wenig zuverlässig erscheinende Verbindung wieder frisch herzustellen. Das Verfahren ist sehr einfach. Man formt die Schleife, in dem man ein ca. 3—4 cm langes Stück rechtwinkelig abbiegt, dann spannt man die gebildete Schleife in das Schraubstöckchen, faßt mit der Zange das freie Ende und dreht nun den Stiel des Schraubstöckchens um seine Längsachse, dadurch entstehen die Windungen des kurzen Endes um das lange, welches man mit Hilfe der Zange parallel eine neben die andere legt. Nach einigen Windungen muß man bis zum Ende der fertigen Windung frisch einspannen und so fort, bis zum Ende der Anwindung. Etwa abstehende Enden schneidet man dann mit der Schere glatt ab — und bedeckt die Anwindung und ein Stückchen darüber mit Zelluloidlack, wodurch ein sicherer Rostschutz erzielt wird.

Haken werden in derselben Weise angewunden, nur wird vorher der Draht in Form einer Schleife an den Schenkel gelegt, wie die nebenstehende Figur zeigt.

Abb. 53: fertige Schleife, fertig angewundener Haken.

Landungsnetze, wenn sie nicht von Haus aus aus imprägnierten Materialien gemacht sind, tränkt man in Leinölfirnis (Double boiled oil) und läßt sie nachher in der Luft, womöglich in der Sonne trocknen. Sie werden dadurch steif und weniger empfänglich, vom Haken im Gewebe erfaßt zu werden, und wasserdicht.

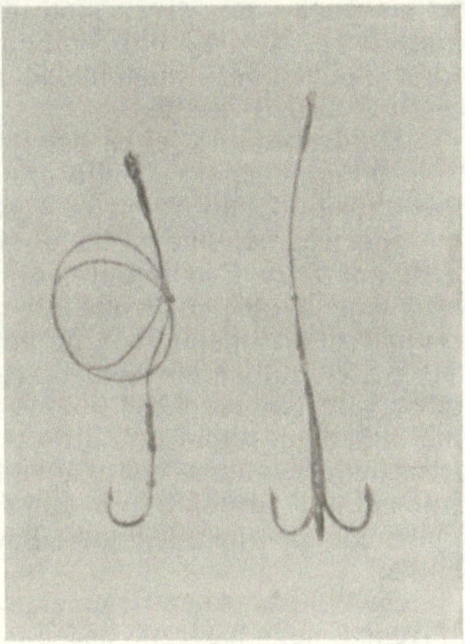

Abb. 53.

Wie ich vorher schon erwähnte, bekommt man den Zelluloidlack von Wadham in allen Farben zu kaufen.

Schwimmer schneidet man sich aus Gänsekielen verschiedener Länge und Dicke. Um die Floße herzustellen, wie ich sie gebrauche, durchbohrt man einen entsprechend großen Kork — man benütze nur die besten poren- und rissefreien Medizinalkorke — entweder mit dem Korkschneider oder mittels eines glühenden großen Nagels u. dgl. und passe ihn auf den Kiel der gewünschten Länge auf — ohne Gewalt; ist das Loch im Kork zu eng, erweitert man es mit Hilfe der Rundfeile. Dem Kork gibt man nun die gewünschte Form mit einem scharfen Messer und seine vollständige Glätte mit Hilfe von feinem Sandpapier. Zu beachten ist, daß die obere Fläche des Korkes und der Rand des Kieles in einer Ebene liegen, und der durchzusteckende Teil des Federschaftes darüber 2—2½ cm heraussteht, unten aber mit dem Ende des Kieles scharf abschneidet; steht es vor, so verliert das Floß seine enorme Empfindlichkeit. Es muß auch so dick sein, daß es den Kiel nach unten luft- und wasserdicht abschließt.

Den Kork leimt man mit dem Zelluloidlack an den Kiel — will man ihn färben, so taucht man seinen Kopf einfach ein Stückchen in den farbigen Lack, nachdem man vorher den Körper mit dem Transparenten in 2—3 Anstrichen bedeckt hat.

Ich ziehe es vor, nur den naturfarbigen Korkkörper zu benützen und mit dem transparenten Lacküberzuge zu versehen.

5. Kleidung und Gebrauchsgegenstände.

Den Vogel kennt man an den Federn — den Angler nicht immer an seinem Kleid, manche gibt es, die in einer gewollten Armseligkeit einherkommen, als wollen sie das Mitleid der Menschen für den armen Angelsport beschwören — Gott bewahre mich, daß ich einer falschen Eleganz das Wort rede, aber man soll eben nicht nach extremen Polen gravitieren, und auch auf das Urteil seiner Umgebung etwas Rücksicht nehmen, das trägt sowohl zur Hebung des Ansehens unserer selbst als auch unseres geliebten Sportes bei. Ob man mehr für die Joppe oder einen Rock schwärmt, bleibt an sich gleich — die Hauptsache ist, daß die Kleidung bequem ist, möglichst viel und große Taschen hat, innen sowohl wie außen, und den Mann vor des Wetters Unbill schützt.

Anglerkleidung sei in der Farbe unauffällig und möglichst der Umgebung angepaßt — also braun, grau, grünlich, oder gelblich — oder auch ein Gemische dieser Farben.

Ich lege besonderen Wert auf Armfreiheit, weshalb ich meine Röcke mit tiefen Quetschfalten am Rücken anfertigen lasse, noch mehr Wert lege ich auf die Größe und Tiefe der Taschen. Die heutzutage so modernen Außentaschen an der Brust liebe ich nicht, dagegen an den Seiten müssen die Taschen groß und geräumig sein. Dafür aber lasse ich im Inneren des Rockes zwei tiefe Brusttaschen anbringen und außerdem rechts und links je eine Seitentasche von mindestens doppeltem Ausmaße der Außentaschen. Wichtig ist, daß alle diese Taschen mit zuknöpfbaren Überfallklappen zu schließen sind, das schützt vor Herausfallen und Verlust der darin versorgten Gegenstände.

So bin ich in der Lage, eine Menge Sachen griffbereit bei mir zu tragen, ohne während des Angelns immer im Rucksack kramen zu müssen, den ich zudem jedesmal abhängen und wieder aufnehmen muß.

Auch die Weste habe große und tiefe Taschen. Diese und die Innentaschen des Rockes liebe ich mit Leder gefüttert, ebenso die Hosentaschen. Im Hochsommer kann man ja ruhig ein Kleid aus Jagdleinen tragen, dagegen im Frühjahr und Herbst ist die richtige Bekleidung von großer Bedeutung, oft sind die Mittagsstunden sonnig und warm, — der Morgen und Abend dagegen empfindlich kühl. Da ist es besser, ein leichteres Oberkleid zu haben und dafür eine wärmende Unterkleidung, die man leicht ablegen kann — und das ist Leder. Entweder eine der jetzt so beliebten Autofahrwesten aus Nappa oder Wildleder mit Ärmeln, oder was ich vorziehe, eine Weste aus Sämischleder, bis zum Halse geschlossen, mit feinem Flanell gefüttert und Ärmeln aus abgesteppter Seide, das ist leicht, porös und hält doch warm, schützt vollständig gegen Wind und kann, wenn nicht gebraucht, leicht im Rucksack befördert werden. Ebenso halte ich eine Unterhose aus Sämischleder in kaltem windigen Wetter für eine Wohltat.

Im Winter ziehe ich eine Lederweste mit gefütterten Ärmeln und einen langen Lederrock allem anderen vor.

Ich bin kein Freund der Lodenkleidung, die dick und schwer ist, und die Bewegung hemmt, am wenigsten aber schwärme ich für Lodenmäntel oder Pelerinnen, die an sich nicht leicht, geradezu unangenehm schwer werden, wenn sie naß sind. Trägt man Lederzeug, ist man ohnedies wasserdicht, wer noch ein Übriges tun will, trage darüber ein Ölzeug oder eine der sog. „Regenhäute". Mäntel, aus Gummi oder gummierten Stoffen sind zwar wasserdicht, aber für längeres Gehen und, wenn man etwas zum Tragen hat, zu heiß, selbst im Winter, da sie ja undurchlässig sind und die Ausdünstung des Körpers verhindern. Höchstens zu Bootfahrten sind sie empfehlenswert. Vor allem sollen sie nicht weiter als bis zu den Knien reichen, denn sonst behindern sie die freie Bewegung. Wenn man sich schon für ein Über- oder Schutzkleid aus Gummi entschließt, dann wähle man eine sog. „Kutscherpelerine" mit Kapuze, welche den Oberkörper und den Rucksack gegen Regen oder Schnee vollständig schützt und dabei doch nicht heiß macht. Die Hose sei bequem, besonders im Schritt wie auch im Knie. Wichtig ist aus Gesundheitsrücksichten, daß ihr Boden wenigstens doppelt sei, wenn nicht schon ledergefüttert. Im Spätherbst und Winter ist ein Lederbeinkleid aus dem Material wie der Rock eine große Annehmlichkeit. Eine vorzügliche Sportkleidung, die sowohl in ihrer äußeren Erscheinung als auch in ihrer Qualität, besonders was Wasserdichtigkeit, guten Schnitt und lange Lebensdauer in jedem Klima anbetrifft, unübertroffen ist, sind die Anzüge und Mäntel von Burbery.

Da man beim Grundangeln nicht watet, genügen in der warmen Jahreszeit hohe, wasserdichte Schnürschuhe, eventuell solche Stiefel vollkommen, letztere, wenn man sumpfige Ufer zu begehen hat — benagelt brauchen sie auch nicht zu sein. Eine Sohle aus Vollgummi, wie man sie jetzt hat, erscheint mir vorteilhafter. Mitunter hat sich mir folgendes vorzüglich bewährt, besonders beim Angeln in feuchtem Gelände und im Boote. Auf den leichten Wollstrumpf einen gewöhnlichen Schnürschuh — darüber einen von den sog. „russischen Schneeschuhen" und über diesen eine Wickelgamasche mit Vorfuß. — Ich bin wiederholt ganze Tage im Boot gestanden oder gesessen, dessen Boden infolge Undichtigkeit stets einige Zentimeter mit Wasser bedeckt war, und hatte warme und trockene Füße; das hat noch den Vorteil, daß man z. B. in der Bahn die Überschuhe ablegen kann, wenn sie zu warm werden sollten oder man in die Stadt zurückkehrt, wo man sie nicht braucht. Als Kopfbedeckung genügt eine Sportkappe mit großem Schild oder ein leichter, breitkrempiger Hut — im Winter ist eine Lederkappe oft ganz angenehm. Gewohnheit und Abhärtung sowie individuelle Widerstandsfähigkeit spielen bei der Wahl der Kleidung eine große Rolle — unbedingt aber sollen empfindliche Menschen diesem Umstande Rechnung tragen und nicht leichtsinnig ihre Gesundheit aufs Spiel setzen, wofür dann gewöhnlich der Sport als solcher unverdienterweise verantwortlich gemacht wird.

Zum Tragen der Geräte, Vorräte und Kleider ist bei uns der Rucksack gang und gäbe, und ich wüßte auch nichts Besseres. Der Anglerrucksack soll, wie der eines Bergsteigers, groß und geräumig sein, verschiedene Innen- und Außentaschen haben, welche mit

Überfallklappen und Knöpfen zu verschließen sind, nicht aus zu schwerem Zeug hergestellt sein und breite verstellbare Tragriemen haben. Ich halte es für gut, den Boden und die Außentaschen mit Gummistoff füttern zu lassen.

Im Rucksack tragen wir das nichtbenötigte Über- oder Unterkleid, unsere Geräte und Vorräte, eventuell auch noch den Fischkorb. Dieser letztere ist auch mein Freund nicht mehr, er ist raumfressend, plump, schwer und starr. — Ich bin darauf gekommen, ihn durch eine der aus weichem Bast geflochtenen Einkaufstaschen, die in allen Größen überall zu haben sind, zu ersetzen.

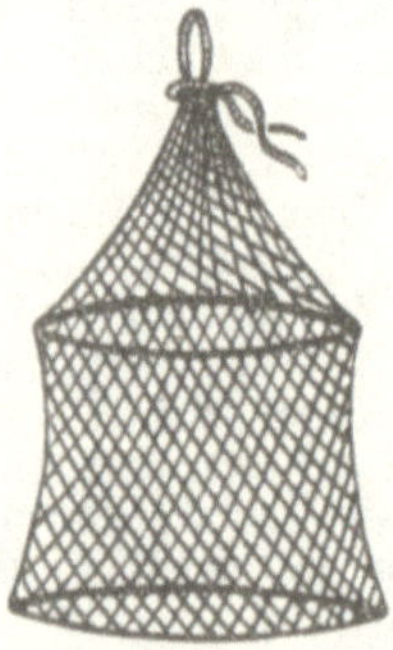

Abb. 54.

Diese sind weich, schmiegsam, porös, leicht zu waschen und außer Gebrauch ganz flach. Die größte hat noch nicht ein Drittel des Volumens eines ebenso großen Korbes und ist um vieles leichter. Einige Stücke „hydrophile Gaze" 2—3 m lang, vervollständigen den Apparat zum Transport der getöteten Fische, welche in dem Stoff eingeschlagen werden.

Ganz große Fische, sagen wir über 2—3 kg, haben ohnedies im Korbe keinen Platz und müssen separat verstaut werden. Wer seine Fische lebend erhalten will, wird unter dem Angeln sich gerne eines sog. Setznetzes bedienen (Abb. 54), eventuell eines Fischlagels oder Fischkastens (Abb. 55).

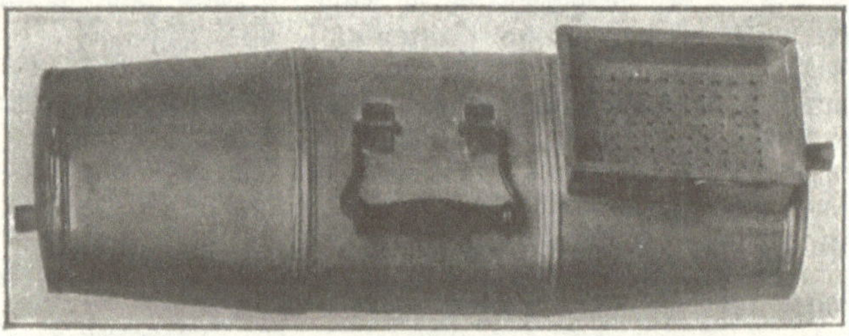

Abb. 55.

Für größere Ausflüge benütze ich gerne zwei solcher Taschen. Die eine mit wasserdichtem Stoff gefüttert zum Transport diverser Gebrauchsgegenstände und Utensilien — die andere für die Unterbringung von Fischen. Zudem haben diese Taschen noch den Vorteil, daß man sie als Sitzunterlage ausgezeichnet verwenden kann.

Zur Ausrüstung eines ordentlichen Anglers gehört unter allen Umständen das Landungsnetz, unter Umständen auch der Gaff.

Das erstere kann größer sein als das zum Flugfischen verwendete — beim Grundangeln ist man ja meist nicht soviel in Bewegung als bei jenem. Für den Transport soll sein Bügel oder Rahmen möglichst zusammenlegbar sein, der Netzbeutel nicht zu flach und sein Handgriff nicht unter 1 m Länge. Meistens ist der Behälter für die Gertenspitze als solcher zu gebrauchen und mit dem erforderlichen Gewinde versehen (Abb. 56).

Wer vom Boote aus angelt und mit großen Fischen zu rechnen hat, der kann auch ein recht großes Netz verwenden, wenn er den Gaff nicht vorzieht, der allerdings nur meist für große Raubfische in Frage kommt. Bei der Wahl eines Gaffs sehe man darauf, daß er nicht zu eng im Bogen ist, aus gutem Stahl gearbeitet sei und lange haarscharfe Spitze habe. Gaffs mit Widerhaken sind, abgesehen davon, daß man sie herausschneiden muß und so den Fisch verunstaltet, schlecht, da man zum Eindringenlassen eines so großen Widerhakens unnötig viel Kraft benötigt und viel mehr Gefahr läuft abzugleiten, als mit der scharfen glatten Spitze.

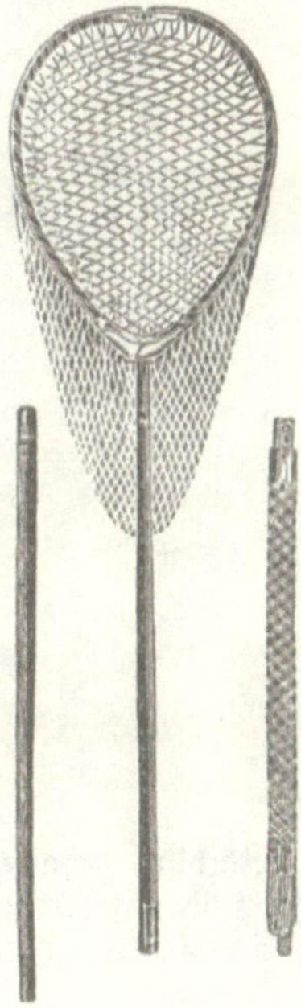

Abb. 56.

Dagegen ist auf eine gute Sicherung der Gaffspitze Wert zu legen, — es gibt verschiedene Konstruktionen, die recht einfach und praktisch sind (Abb. 57). Der Bootangler wird in allen Fällen mit dem handlichen Teleskopgaff, welches ca. 90 cm in ausgezogenem Zustande mißt, sein Auskommen finden — wohingegen der Uferfischer in der Mehrzahl der Fälle einen Gaff oder Netzstock von über 1 m Länge wird haben müssen. Die ausziehbaren Netzstöcke sind leicht auf eine Länge von annähernd 2 m zu bringen und recht empfehlenswert, besonders dann, wenn sie nicht allzu leicht und zart gebaut sind. Man wird gut tun, diesem Umstande bei Anschaffung dieses Gerätes Rechnung zu tragen und sich lieber einen stärker dimensionierten Teleskopstock speziell anfertigen lassen.

Zum Transport und Aufbewahren seiner verschiedenen Köder braucht der Grundangler verschiedene Beutel aus Leinen und Wachstuch sowie Büchsen aus Blech für Maden und Insekten (Abb. 58), ferner eine Grundköderbüchse (Abb. 59), welche dazu dient, den Köder an dem gewünschten Punkte auf den Grund zu bringen und an diesem Platze niederzulegen. Diese Büchse öffnet sich automatisch, sobald sie den Boden berührt oder der Zug der haltenden Schnur nachläßt.

Eine Büchse aus Aluminium zum Feuchthalten der Vorfächer und eine größere Büchse mit Fächern, ebenfalls aus Aluminium zum Aufbewahren von Reservehaken, Bleien, Floßen usw. Diese Büchsen, welche in letzter Zeit aus Zelluloid hergestellt, das

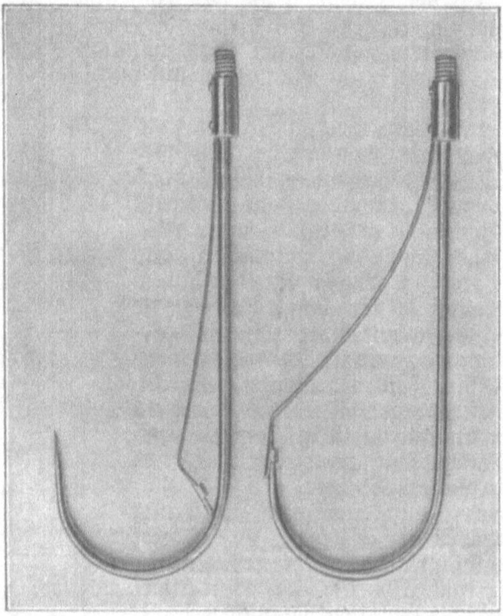

Abb. 57.

ja tatsächlich federleicht und durchsichtig ist und nicht klappert — sogar Köderfischwannen werden daraus erzeugt — aber so bestechend die Sache aussieht: — Zelluloid ist sehr zerbrechlich — daher die Lebensdauer dieser Geräte recht kurz.

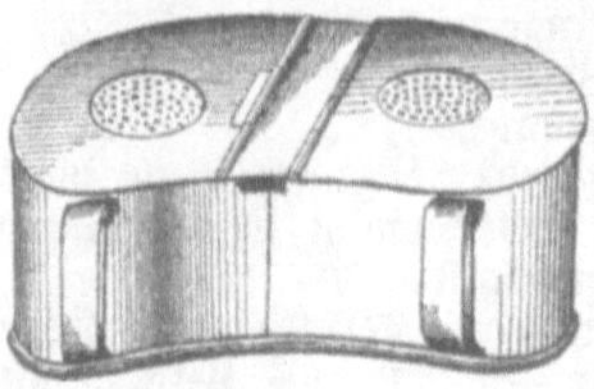

Abb. 58.

Dort, wo Roßhaarschnüre verwendet werden, empfiehlt sich diese auf besonderen Aufschlaghölzern bzw. Winden zu versorgen. Eine scharfe gute Schere und eine kleine Flachzange sowie ein Schraubstöckchen für Drahtarbeit sind nicht zu vergessen, ebensowenig ein kräftiges Messer mit Korkzieher und eine Feile zum Schärfen der Haken.

Besser als diese halte ich jedoch den sog. „Arkansasstein", der auch als „Bruch" in Stahlwarengeschäften zu haben ist — ein kleines Stückchen hat Platz in der Westentasche. Für die feinen Haken ist ein Hakenlöser vorteilhaft zum Abködern zu verwenden. Wer lebende Köder oder Neunaugen zu befördern hat, muß sich für den Transport und die Aufbewahrung derselben mit einer Köderkanne ausrüsten. Das empfehlenswerteste Modell stellt Abb. 60 dar. Für Angler mit empfindlichen oder schwachen Augen halte ich es ratsam, zum Angeln, namentlich mit dem Floß und bei scharfer Beleuchtung, eine der vorzüglichen gelben, bzw. gelb-grünen Brillen zu tragen, die auch als Korrekturgläser von den ersten Fabriken hergestellt werden.

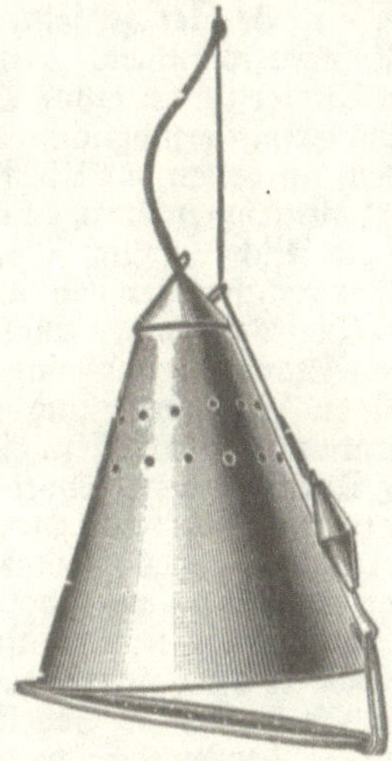

Abb. 59.

Für längere oder weitere Touren empfiehlt sich, eine Thermosflasche mitzunehmen, nicht nur, daß sie ein erwärmendes Getränk für den Angler bereithält, erlaubt sie ihm auch, sich draußen am Fischwasser einen der gedämpften Köder — wie Hanf oder Weizenkörner zu bereiten. In allen Fällen empfiehlt sich das Mitnehmen einer elektrischen Taschenlampe und einer Reservebatterie — sowohl für das Nachtquartier als auch für den eventuellen Heimweg und besonders für das Fischen bei Nacht und Dunkelheit. Auch ein Benzinfeuerzeug mit Flamme und Lunte ist eine wertvolle Beigabe zum Gepäck. Die Kataloge der Angelgerätefirmen zeigen in Wort und

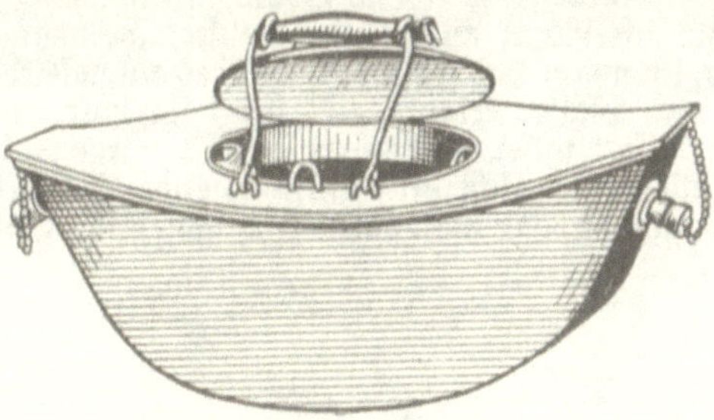

Abb. 60.

Bild meist noch eine Menge anderer Dinge auf, die vielleicht zu besitzen hie und da angenehm wäre, die aber sicher vielfach entbehrlich sind. Der Anfänger ist geneigt, sich eine Menge Sachen zu kaufen, die ihm als unentbehrlich angepriesen werden, darum halte ich es für angebracht, ihm im vorliegenden Kapitel nur das Nötigste und Wichtigste vorzuführen, dessen Besitz eine unleugbare Notwendigkeit ist. Bei lokalem oder anderem Bedarfe wird er später sich das oder jenes Stück noch zulegen, mir handelt es sich hauptsächlich darum, ihm ein Berater zu sein, der ihm überflüssige Ausgaben ersparen will. Ein wichtiges, ja manchmal unentbehrliches Hilfsmittel für den Angler ist ein gutes Boot. Vielfach ist es dieses allein, welches einen Erfolg ermöglicht. Besonders sind es die großen Ströme und Seen, an denen der Uferfischer den Wettbewerb mit dem im Kahn nicht aufnehmen kann, da nur der letztere imstande ist, dort zu angeln, wo die Fische wirklich sind. Aber auch mittlere und selbst kleine Gewässer rechtfertigen den Gebrauch des Bootes.

Dieses macht den Angler in jeder Weise unabhängig, gestattet ihm, jeden Standplatz der Fische zu erreichen und entführt ihn den oft recht lästigen Zuschauern und Kiebitzen, ganz abgesehen von den Uferbetretungsverhältnissen, die oft nicht immer angenehm sind — sei es, daß Anrainer dem Sport feindlich gegenüberstehen, sei es, daß die Uferverhältnisse selbst zum Angeln ungünstig sind — all dem weicht der Besitzer eines Bootes mühelos aus. Doppelt wohltätig wird aber der Besitz eines Bootes empfunden, wenn die Ufer des Wassers weithin verschilft und versumpft sind und ein Näherkommen an die Standorte der Fische nicht erlauben.

Ob Ruder- ob Segelboot, Kiel- oder Flachboot, das entscheidet die Art der zu befischenden Gewässer. Ein Außenbootmotor ist mitunter auch eine angenehme Sache, wenn weite Fahrten in Frage kommen.

Bei Anschaffung eines Bootes berücksichtige man vor allem seinen Zweck und sehe darauf, daß es in erster Linie stabil, in zweiter bequem und leicht sei im Verhältnis zu seiner Größe.

In Einzelheiten einzugehen würde zu weit führen, denn fast jedes Wasser fordert seine eigene Bootsgattung. Doch einer Bootstype möchte ich Erwähnung tun, welche scheinbar eine Zukunft haben wird, ich meine das Faltboot, welches einen leichten Transport von Wasser zu Wasser erlaubt. Es frägt sich nur, ob die Industrie den Bedürfnissen unseres Sportes soweit entgegenkommen wird, Boote herzustellen, welche eine entsprechende Stabilität haben und solche Dimensionen, daß man darin auch stehen kann, ohne zu kippen.

II. Spezieller Teil.

1. Einteilung und Arten des Grundangelns.

Stilarten und Wurftechnik. Anköderung.

Seit alters her ist die Einteilung der Grundangeln in zwei Hauptgruppen feststehend, — nämlich in das Fischen mit Floß und in solches ohne Floß. In jeder dieser Hauptgruppen haben sich verschiedene Untergruppen ausgebildet. Die Paternosterangelei gehört, streng genommen, zur zweiten Gruppe, hat jedoch soviel Besonderheiten, daß sie separat zu besprechen ist, wenn man sie schon nicht in den Rang einer selbständigen Gruppe erheben will. Dasselbe gilt von der Tippfischerei (Dapping).

Sonach ergibt sich nachstehende Einteilung:

1. Angeln mit Floß:
   a) Mit rinnendem,
   b) mit festliegendem Floß.
2. Angeln ohne Floß:
   a) Mit oder ohne Beschwerung bzw. Bodenblei,
   b) Heben und Senken — Plombfischerei, laufende Grundangel,
   c) Tippfischen (Dapping).
3. Paternosterfischerei.

Allen diesen Arten des Angelns ist es gemeinsam, den Köder mit Hilfe eines Wurfes an den Platz zu bringen, an dem man die Fische vermutet oder dieselben angefüttert hat.

Im allgemeinen ist der Wurf kürzer als beim Flug- bzw. Spinnfischen, vielfach beginnt man, besonders im strömenden Wasser, mit dem kurzen Wurfe und läßt den Köder dann weiter draußen stehenden Fischen durch den Strom zuführen.

In still strömendem oder stehenden Wässern muß man auf dieses Hilfsmittel verzichten und zum Weitwurfe schreiten.

Der Wurf auf nahe Distanzen, das ist einfache oder doppelte Angelstocklänge, bereitet auch dem Anfänger keine besonderen Schwierigkeiten. Seine Ausführung erfolgt, indem man, die Gerte seitlich hinaushaltend, die Schnur eine Pendelbewegung nach vorn und hinten machen läßt und im Momente des weitesten Ausschlages nach hinten einen leichten Schwung nach vorwärts gegen den Punkt macht, an welchem der Köder einfallen soll.

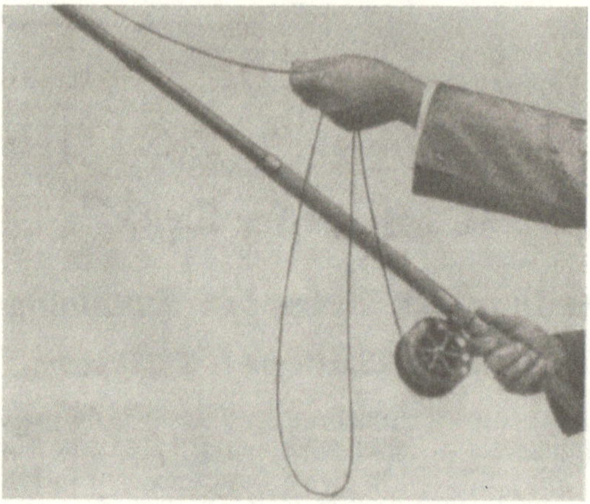

Abb. 61.

Will man weiter werfen, als die Gerte lang ist, zieht man die Schnur von der Rolle und hält sie in Schleifen in der Hand, die man im Momente des Vorschwunges losläßt („Schießen" der Schnur, Abb. 61). Wenn man mit leichtem Zuge angelt, muß man sich angewöhnen, den seitlichen Wurf in einem Halbkreise um sich zu machen, dessen Zentrum das Achseloberarmgelenk ist. Da der Köder bei dieser Wurfweite die Neigung bekommt, das Ziel zu überfliegen, muß der Anschwung hinter dem Werfenden erfolgen und vor dem Ende des Halbkreisbogens schließen. Die beistehende Abb. 62 dürfte das Gesagte leicht anschaulich machen. Die eben geschilderte Art des Wurfes stellt die älteste Art des Weitwurfes dar, die bis noch vor kurzer Zeit herrschend war, — den sog. „Thames"-oder „Themse"-Stil.

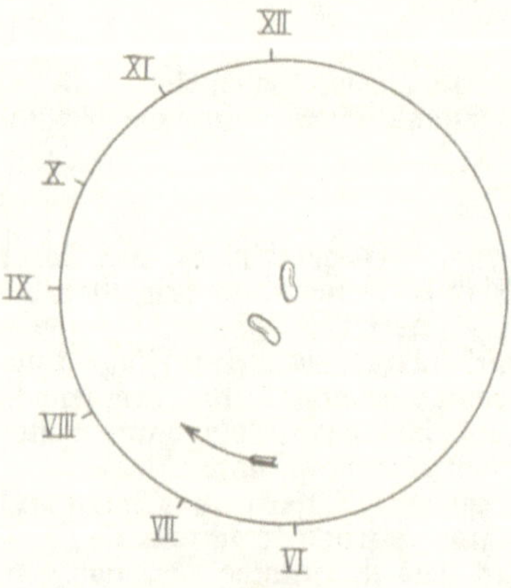

Abb. 62.

Es gelingt am ehesten, wenn die Schnur etwas Körper hat, steif und glatt ist, welche Bedingungen die „Dressed Lines" erfüllen, und natürlich um so leichter, je größer die Beschwerung durch Floß oder Senker oder beides ist.

Hat man aber die heute üblichen feinen und feinsten Schnüre im Gebrauch und nur eine minimale Beschwerung am Vorfache, dann wird ein halbwegs weiter Wurf nahezu unmöglich, erst recht, wenn man Gegenwind hat.

Hier zeigt sich erst die souveräne Überlegenheit der im Kapitel 2 beschriebenen Wenderolle bzw. der Illingworth-Rolle, welche dem Angler die Möglichkeit geben, die leichtesten Köder und das feinste Zeug auf nahezu jede gewünschte Distanz herauszubringen. Man kann aber auch sehr leichte Köder auch auf kürzere Distanzen 6—10 m nach Art des Werfens mit der Kunstfliege hinausbringen. Die Schnur hängt dabei auf Stocklänge herab, — ein Schwung der Gerte aus dem Schultergelenke nach rückwärts bringt die Schnur dahin zurück und zur Streckung. Die Gerte steht in diesem Momente senkrecht. Nachdem sich die Schnur gestreckt hat, schwingt man nach vorne, bis die Gerte einen Winkel von 45° zur Horizontalen erreicht, gleichzeitig läßt man die vorher abgezogenen Schnurschleifen aus den Fingern der linken Hand hinausgleiten (Schießen). Dieses Verfahren eignet sich bei sehr leichten Ködern und Senkern, wo ein Seitenschwung Hindernisse halber nicht gemacht werden kann oder infolge der Leichtigkeit der Beschwerung überhaupt bei Verwendung der gebräuchlichen Rollen unmöglich ist. Diese Wurfart ist mit den heute so beliebten, ca. 3 m langen und leichten Gerten sehr leicht durchzuführen, — weniger gut mit langen und schweren Ruten.

Zum Wurfe von mittelschweren Ködern, d. i. von ca. 8—15 g, kann man auch die leichtlaufende Speichenrolle benützen und von ihr aus den Wurf machen, — den sog. „Nottingham"-Stil in Anwendung bringen.

Mit den leichten, einhändigen Grundgerten, wie ich dieselben im Kapitel 1 beschrieben habe, stellt man sich die Rolle vor die Hand, soweit, daß die volle Faust den Griff umschließt und der ausgestreckte Daumen am Rollenrande liegt. Jetzt glaube ich, wird dem Leser begreiflich sein, warum ich bei den Gerten den parallelen Griff und die frei verstellbaren Rollenhalter als besonders wünschenswert betont und gefordert habe.

Es bleibt sich für den Wurf als solchen gleichgültig, ob der Daumen oben auf dem Rande der Trommel liegt oder seitlich unten an demselben, — aber unter allen Bedingungen muß die Trommel von dem bremsenden Finger weglaufen, sonst tritt beim Bremsen statt eines stetig zunehmenden Druckes ein plötzliches Verhalten ein. Wieweit die Rolle vom Endknopf eingestellt werden soll, läßt sich nicht auf einen Zentimeter genau festsetzen, Handgröße, Armlänge und Gewohnheit sind da meist entscheidend, — im allgemeinen dürfte die doppelte Handbreite als Mindestmaß angenommen werden, wenn eben der Wurf mit einer Hand gemacht werden soll. Von der Spitze bis zum Köder hängt die Schnur 1—3 m senkrecht herab, je nach Stellung des Flosses. Ohne Floß genügen 1—1½ m, je nach Vorfachlänge. Der Körper des Werfenden steht mit der rechten Schulter zum Wasser beim Wurfe von links nach rechts (Abb. 63) mit der Linken beim Wurfe von rechts nach links — beim Rechtshändigen, — beim Linkser ist die Stellung naturgemäß umgekehrt Wurf von rechts nach Links-Ausgangsstellung), Handstellungen). Nun bringt man die Schnur zum Pendeln nach vor- und rückwärts. Auf der Höhe des weitesten Ausschlages nach hinten mache man den Schwung nach vorne und seitwärts, — in welchem Momente auch der Daumen die bisher festgehaltene Trommel freigibt —, dem Ziele zu; gleichzeitig die Gerten-

Abb. 63.

spitze in die Zielrichtung bewegend und sie dann in dieses wie einen Wegweiser haltend. Der Daumen sucht wieder die Fühlung mit dem Rollenrand, ein Überlaufen durch immer stärkeren, aber gleichmäßigen Druck verhindernd. Ist der Köder am Ziele bzw. im Wasser, bremst man fest ein und hebe die Gertenspitze etwas an.

Manche Autoren, auch Heintz, verlangen den Wurf in einer Ebene, die unter einem spitzen Winkel vom Werfenden zum Ziele liegt, und motivieren das mit dem lautlosen Einfall des Köders; ich möchte dem nicht allzuviel Gewicht beilegen, denn im strömenden Wasser macht es nicht viel aus, ob der Köder etwas mehr oder weniger geräuschvoll einfällt, und in ganz stillem Wasser läßt es sich so oder so nicht vermeiden. — Ich halte es für viel wichtiger, selbst nicht gesehen zu werden und das möglichst unsichtige Zeug zu verwenden, welches die zu fangende Fischgattung noch erlaubt. Deshalb widerspreche ich nicht dem übrigens oft unvermeidlichen Bogenwurfe. Was will ich denn anderes anfangen, wenn ich über Gebüsch oder Schilf hinüberwerfen muß, als den Köder im Bogen hinüberzuwerfen. Dagegen halte ich es für viel wichtiger, besonders den Anfänger auf zwei für das Gelingen des Wurfes unerläßliche Bedingungen hinzuweisen. Erstens: den Vorschwung nie zu machen, bevor der rückpendelnde Köder auf dem höchsten Punkt angelangt ist, und auch dann erst, wenn derselbe scheinbar zu stehen scheint. Im anderen Falle erreicht man eine unliebsame Verschlingung. Zweitens: durch fleißige Übung das richtige Maß für die Kraft zu finden, die jeder Wurf erfordert. Gewöhnlich wird des Guten zuviel getan, und oft dauert es, namentlich bei den Autodidakten, ziemlich lange, bevor sie darauf kommen, daß Kraft eine ziemlich unbedeutende Rolle spielt, dafür aber Gleichmäßigkeit im Steigern der Schnelligkeit des Vorschwunges die größte.

Im Anfange mache man die einzelnen Phasen des Wurfes möglichst langsam. Wenn sich einmal Gerte, Hand, Rolle und Arm unter der Leitung von Auge und Willen zu einem harmonischen Ganzen zusammengefunden haben, gibt es keine Schwierigkeiten mehr zu überwinden. Das Gesagte gilt auch für den in letzter Zeit immer mehr überhandnehmenden Überkopfwurf, — sei es mit der speziell hierfür gebauten kurzen, sei es mit der normallangen, 10—11 Fuß langen einhändigen Gerte. Er findet seine Anwendung vor allem dort, wo seitliche Hindernisse den Seitenschwung unmöglich machen; ferner beim Angeln vom Boote aus; eine Einschränkung findet er, wenn man mit einem außergewöhnlich tief gestellten Floß fischen muß, außer man verwendet ein Gleitfloß. Seine Technik ist folgende: Die Gerte wird nach rückwärts über die Schulter gelegt, der Arm ist im Ellenbogen gebeugt und dieser etwas über die Horizontale erhoben. Der Köder hängt höchstens ½ m ruhig, ohne zu pendeln, von der Spitze herab, darf aber nie den Boden berühren. (Abb. 64.) Dann schwingt man die Gerte in einem Viertelkreisbogen unter gleichzeitiger Streckung des Armes zur Vertikalen, indem man die Rolle freigibt, wenn die Gerte die Senkrechte erreicht hat. Vor der Vertikalen hört der Vorschwung auf, die Gerte langsam zur Zielrichtung gesenkt. Zur Veranschaulichung gebe ich die in England beliebte Projektion (Abb. 66) der Bewegung auf ein Zifferblatt, das in der Vertikalebene des Werfenden steht, wieder. Der Anschwung beginnt bei III, geht über II nach I, vor XII wird gestoppt. Es ist von größter Wichtigkeit, daß diese Bewegung in einem Zuge, ja nicht ruckweise erfolge und der Punkt des Stopp richtig erfaßt werde, wenn der Wurf tadellos sein soll.

Benützt man zum seitlichen oder Überkopfwurf eine sog. „kontrollierte" Rolle, stellt man vor dem Wurfe dieselbe auf das zu werfende Gewicht ein und schützt sich dadurch vor dem Überlaufen. Die Einstellung erfolgt dadurch, daß man die „Kontroll"-Bremsung anzieht bzw. lockert. Sie ist richtig, wenn man die Gerte aus der

Abb. 64.

Abb. 65.

Horizontalen auf 45° erhebt und der Köder durch sein Gewicht die Rolle zu einer ca. ½—¾-Umdrehung veranlaßt.

Bei starkem Gegenwind und sehr leichtem Köder darf die Bremsung noch etwas lockerer sein. Aber wie ich schon erwähnte, es ist nicht einfach, vielfach geradezu unmöglich, von diesen Rollen, und mögen sie noch so leicht laufen und präzise gearbeitet sein, mit dem feinsten Zeuge und leichtesten Ködern von 4—7 g Gewicht zu werfen. Manchmal aber, nicht immer, kann man in einem solchen Falle noch das Hilfsmittel verwenden, eine Kugel aus Grundködermasse, wie z. B. des Pulverköders, ans Vorfach anzuknöten und so das zu werfende Gewicht zu erhöhen.

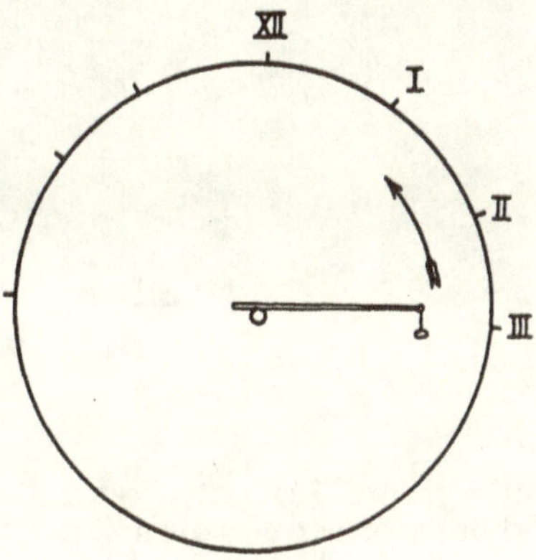

Abb. 66.

Hier tritt die „Wenderolle" in ihr Recht und entfaltet ihre bedeutendsten Eigenschaften.

Es gibt doch nichts einfacheres, als mit dieser Rolle zu werfen. Die Wenderolle wird, wie die Nottingham, vor der Hand eingestellt. Vor dem Wurfe dreht man ihre Trommel senkrecht zur Gertenachse (s. Abb. 62), nimmt die Schnur aus dem Leiter und fixiert sie, indem man einfach den Zeigefinger auf die Trommel legt, Anschwung und Wurf wie beim Nottingham-Stil, — im Augenblicke des Vorschwungs gibt der Finger die Schnur frei, und diese spult sich, unbehindert durch das tote Gewicht der Trommel, glatt ab, bis der Köder ins Wasser fällt; in diesem Momente hört der Schnurablauf von selber auf. Dann stellt man die Rolle wieder parallel zur Gertenachse und hängt die Schnur in den Leiter. Das Drehen der Trommel besorgt die linke Hand, ebenso das Aus- und Einhängen der Leine in den Schnurleiter. Ich habe noch keinen Angler kennengelernt, der nicht von dieser herrlichen Einfachheit der Handhabung entzückt gewesen wäre. Besonders derjenige, welcher die Vorzüge der Wenderolle mit jener der Nottingham kombiniert sieht, wie dies bei dem von mir konstruierten Modell der Fall ist.

Die Handhabung der Illingworth-Rolle ist noch einfacher. Da die Umstellung der Trommel vollständig fortfällt, ebenso die Beihilfe der zweiten Hand, — der Zeigefinger der die Gerte haltenden Hand besorgt alles. Die nachstehenden Bilder erklären die Manipulationen vollständig (Abb. 67).

Nachdem ich dem Leser die Ausführung des Wurfes erklärt habe, muß ich ihn noch mit der Art und Weise der Anköderung

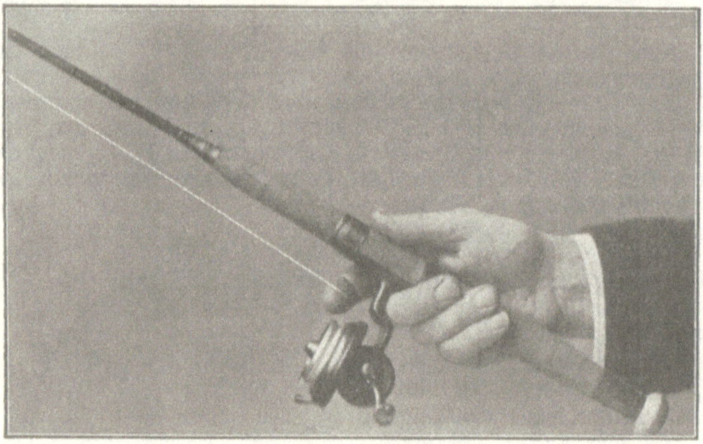

Abb. 67a. Wurfbereit.

verschiedener Köderarten bekannt machen, ehe ich zur detaillierten Schilderung der einzelnen Formen der Grundangelei schreite.

Die Anköderung des Wurmes ist eine mannigfache; sie richtet sich teils nach der Größe des verwendeten Wurmes, teils nach

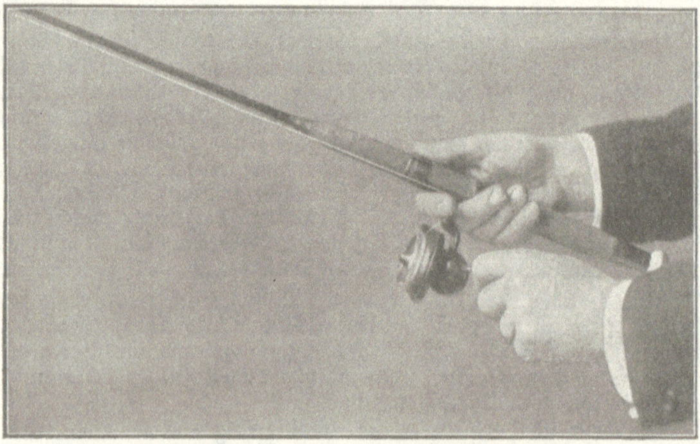

Abb. 67b. Einhängen der Schnur nach dem Wurf in die Führung.

dem Haken, teils nach dem Fangobjekt, — immer aber sei sie derart, daß der Wurm möglichst lange lebend bleibt, denn seine Bewegung ist es hauptsächlich, welche den Fisch zum Anbeißen ver-

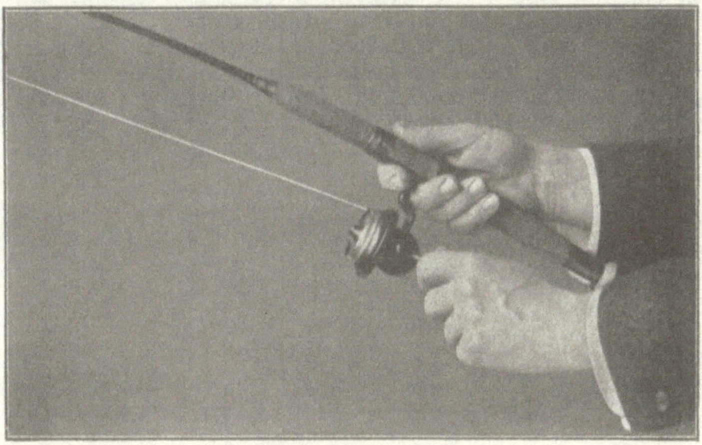

Abb. 67c. Einrollen.

leitet. Beim Angeln im Winter muß man ohne Widerrede den Nachteil in Kauf nehmen, daß die Würmer kältestarr werden, sobald sie in das eiskalte Wasser kommen, dafür ist aber andrerseits das Nahrungsbedürfnis der Fische gesteigerter als zu anderen Zeiten. Ob bei der Anköderung der Haken ganz oder nur teilweise im Wurm versteckt ist, richtet sich nach den Fischen, auf die man angelt. Bei Forellen, auch bei Barschen, kann unbedenklich der halbe Haken unbedeckt bleiben, -- dagegen unbedingt nicht bei Plötzen usw.

Eine sehr gute, allgemein verwendbare Anköderung ist die in Abb. 68 sowie die in Abb. 69. Letztere besonders für die feindrähtigen Wurmhaken. Beliebt ist die Anköderung am Hakensystem nach Stewart mit 2—3 Haken der Größe 13—15. An diesen wird der Wurm einfach auf die Haken

Abb. 68.

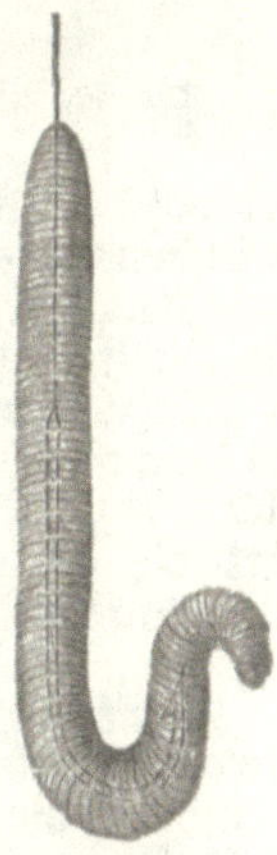

Abb. 69.

aufgesteckt. Abb. 70. Eine sehr praktische Modifikation des Stewart-Systems ist die, daß 2 oder 3 Haken nicht wie bisheer er an einem langen Gutfaden, sondern an einem kurzen, stäaśtarken, oftmals zur Ausgleichung an die Farbe des Wurmes ro rotgefärbten Stücke Gut angewunden sind und daß der ob oberste Haken ein Öhr hat, — das ermöglicht ein rasches Wechselkneln beschädigter Fluchten oder größerer gegen kleinere Haken; ; eine solche Flucht wird direkt im Vorfach eingebunden. Eine ne besondere Anköderung speziell für große Tauwürmer bei Verwerndendung größerer Haken ist die in Prag übliche „Hosen" (tschechisch: „Kallholhoty") Köderweise: ihre Ausführung ist vielleicht etwas umständlich), h, deckt

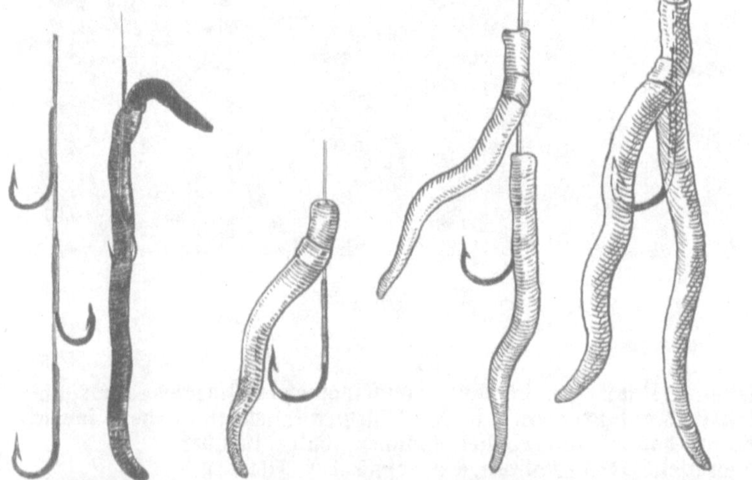

Abb. 70. Abb. 71a. Abb. 71b. Abb.. 71. 71c.

aber dafür den Haken vollständig und ist durch die Lebenldigdigkeit der beiden Enden sehr verführerisch. Man teilt den Wurm in 2 T Teile, — die Länge des Schwanzteiles sei $1/3$ der Gesamtlänge des Wurwurmes. Nun fädelt man den langen Teil durch die Mitte auf ca. die H Hälfte der Länge über den Haken, sticht dann durch und schiebt sie sie am Gut hinauf (Abb. 71a.). Ebenso verfährt man mit dem kurzen en Teil (Abb. 71b). Sodann zieht man den langen Teil herunter er und führt die Hakenspitze von unten her ein. Abb. 71c zei gt igt die fertige Anköderung, — die freihängenden Enden sollen möglichst gt gleich lang sein.

Kleinere Würmer wie Rotwürmer und Gelbschwänze k kann man auch zu mehreren an den Haken bringen, indem man 2— 3 T3 Würmern durch die Mitte ein Stück lang den Haken durchführt unund sie am Gut hinaufschiebt, — den letzten Wurm zieht man so übe er er den

Haken, daß die Spitze und der Bogen bedeckt wird und die Enden beiderseits frei abstehen, worauf man die übrigen Würmer herunterschiebt (Abb. 72). Lebende Neunaugen ködert man am besten derart an: Man faßt das Neunauge mit einem Tuche und führt einen feinen aber haltbaren Seidenfaden (chirurgische Seide, Nr. 1) mittels einer dünnen Nadel quer unter die Rückenhaut, etwa 3—4 mm lang. Sodann sticht man den Haken in der Richtung gegen den Schwanz parallel dem Körper unter die Haut, derart, daß der Einstich hinter dem Faden liegt. Der Haken wird möglichst weit über dem Widerhaken eingeschoben und endlich die Fadenenden ober ihm fest verknüpft und kurz abgeschnitten. (Abb. 73.) Man nehme keine größeren Hakennummern als 8 und hüte sich, die Chordadorsalis — vulgo das Rückgrat des Neunauges zu verletzen, sonst stirbt es sofort.

Abb. 72.

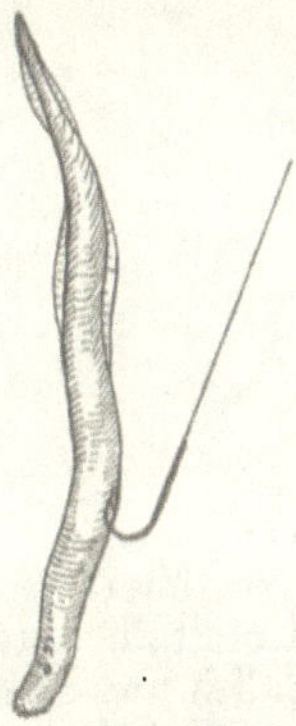

Abb. 73a.

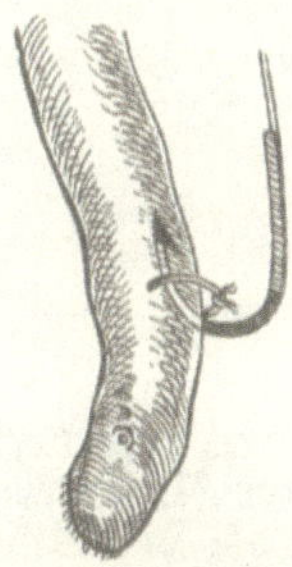

Abb. 73b.

Abb. 74.

Derart geköderte Neunaugen sind fast unverletzt und können in einem mit Sand, Gras und wenig Wasser gefüllten Gefäße lebend ans Wasser gebracht werden, halten sich so sehr lange frisch und gebrauchsfertig.

Eine andere einfachere Art, Neunaugen anzuködern, ist folgende: Man führt den Haken durch eine Kiemenöffnung ein und bei einer zweiten wieder heraus, wobei man nur zu achten hat, nirgends einzustechen. Diese Anköderung ist besonders verlockend und gestattet auch die Verwendung größerer Hakennummern als die vorhergehend beschriebene.

Köderfische und Frösche werden in verschiedenen Arten an dem Haken befestigt; ihre Anköderung werde ich in den speziellen Kapiteln jeweils beschreiben.

Zum Beködern mit Obst verwendet man mit Vorteil eine feine Ködernadel, die man sich am besten selbst herstellt, indem man aus dem Öhr einer langen, feinen Stopfnadel ein Stückchen ausfeilt (Abb. 74). Die fertige Anköderung zeigt Abb. 75.

Teige und Pasten drückt man um den Haken in Kugel- oder Walzenform, achte dabei darauf, daß die Spitze zwar verdeckt sei, aber nur soviel, um beim Anhieb glatt durchzuschneiden, was besonders bei den zähen Käseteigen wichtig ist; bei diesen soll man die Spitze eben noch fühlen, wenn man über die Oberfläche des Köders streicht. (Abb. 76). Käse, Brot, Kartoffeln, Blut und Grieven schneidet man in Würfelform und ködert so, daß das Stück auf der Basis des Bogens fest aufsitze. Auch hierbei sei man bedacht, die Spitze des Hakens sowohl zu verbergen, als auch andrerseits nicht durch zuviel Ködermaterial am Eindringen zu verhindern.

Für solche Köder erweisen sich die Haken mit breiten Bogen, wie die Sorten: Rundbogen und speziell Sneckbend, besonders vor-

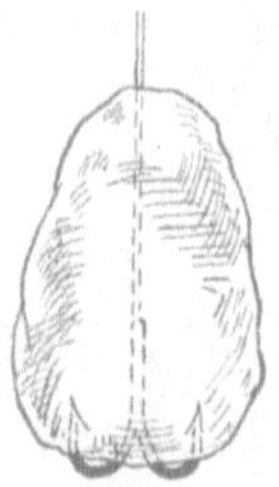

Abb. 75.

Abb. 76.

Abb. 77.

teilhaft. Maden erfordern zum Anködern vor allem feindrähtige Haken kleinerer Nummern. Das vielfach illustrierte Aufstecken der Maden durch die Leibesmitte ist falsch und nur für die konservierten Maden zu verwenden, deren Körperinhalt durch das Konservieren gehärtet ist, — lebende Maden rinnen bei einer solchen Behandlung einfach aus. Das Anziehende an der Made ist ja doch außer ihrer leuchtenden Weiße ihre lebhafte Bewegung.

Die einzig richtige Methode ist, die Haken nur durch die äußerste Haut zu führen, wie Abb. 77 zeigt. Bei kleinsten Haken ködert man nur eine einzige Made, der man gerade nur die Hakenspitze bis über den Widerhaken unter die Haut schiebt.

Die gleiche Vorsicht wie bei Maden muß man anwenden, wenn man Weizenkörner, Malz oder Hanfsamen als Köder verwendet. Auch hierzu eignen sich nur feindrähtige Haken kleinster Nummern, und die Körner müssen vorsichtig an den Haken gebracht werden, der nur unter der Haut laufen darf, sonst platzt das Korn und der Inhalt quillt heraus. Zum Anködern von Insekten und Larven verwendet man entweder einzelne Haken oder besondere Hakenfluchten. Letztere namentlich für Maifliegen und Steinfliegen, Heupferdchen und die diversen Larven. Die Abb. 78a zeigt eine solche Flucht und Abb. 78b die Anköderung einer Steinfliege und ihrer Larve. Auch für diesen Zweck empfiehlt sich die Verwendung eines feindrähtigen Hakens von der Sorte „Crystall", insbesondere für zarte und kleine Insekten und Larven.

Gedärme von Gänsen und Enten ködert man, indem man vorerst über dem Hakenschenkel ein großes Schrotkorn anklemmt, —

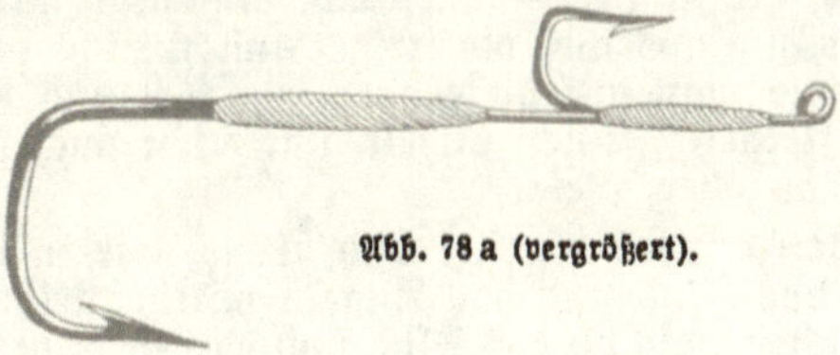

Abb. 78 a (vergrößert).

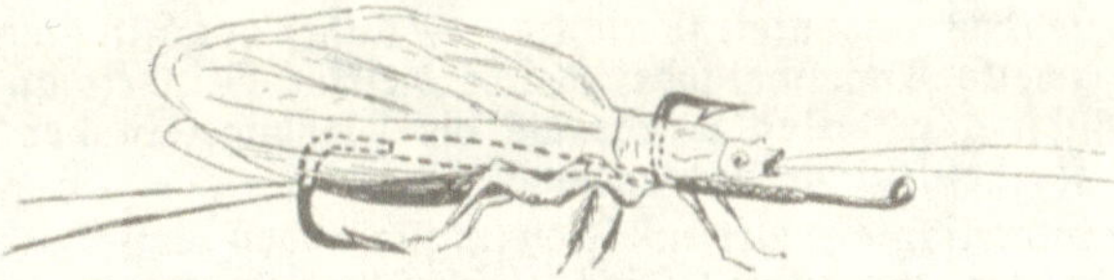

Abb. 78 b nat. Größe.

hier ist die auf Seite 79 beschriebene Verstärkung des Gutfadens von besonderem Nutzen. — Sodann fädelt man 5—6 cm des Darmes auf den Haken, sticht durch, schiebt das ganze Stück bis über das Schrotkorn, über dem man den Darm zu einem Knoten knüpft

Abb. 79a.

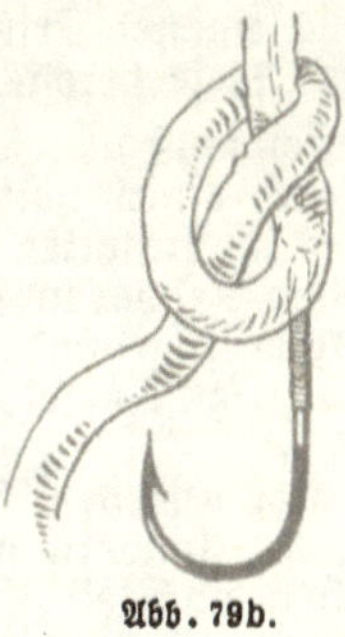

Abb. 79b.

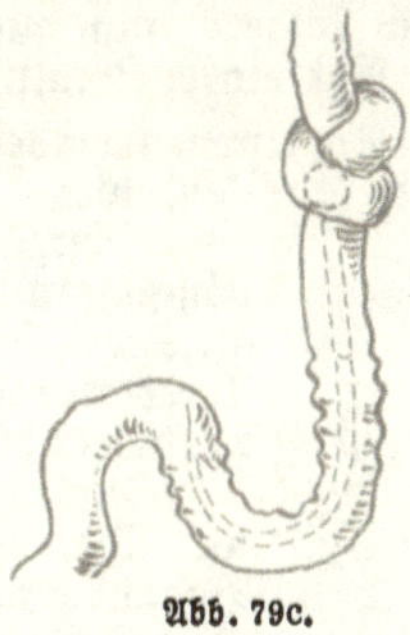

Abb. 79c.

(Abb. 79a, b. Hierauf sticht man wieder in den Darm ein und zieht ihn auf den Haken, bis dieser völlig bedeckt ist (Abb. 79c). Für diesen Köder eignen sich die kurzschenkeligen Perfekthaken ganz besonders.

Das Angeln mit dem Floß.

Überall dort, wo man es wünscht oder gezwungen ist, den Köder in einer bestimmten Tiefe zu führen oder zu erhalten, findet das Floß seine Anwendung, im freien Strome sowohl wie im stillen Wasser eines Sees oder Altwassers. Viele unserer älteren Angelbücher haben die leidige Gewohnheit, immerfort vom „Bache" zu sprechen, wenn sie eine Methode der Angelei, besonders des Grundangelns, erläutern, — ich spreche absichtlich nur vom „Fischwasser", um von Haus aus die irrige Ansicht nicht aufkommen zu lassen, als könne man auf diese oder jene Art und Weise nur an Bächen oder kleinen Flüssen angeln und nicht auch im mächtigen Wasser der Elbe oder Weser.

Desgleichen erweckt die Art und Weise, wie in vielen Angelbüchern über das Floß und das Angeln mit demselben gesprochen wird, den Anschein, als ob das Floß und sein Gebrauch den Angler hinsichtlich seiner Qualität als Sportsmann deklassieren würde, — und gerade das Gegenteil ist richtig. — Außer der Flugangel gibt es keine zweite Angelmethode, welche dieselbe Feinheit an Gerät und Ausübung gestatten würde als die Floßangel in der Form, wie wir sie heutzutage anwenden.

Die interessanteste Art, mit Floß im fließenden Wasser zu angeln, ist die mit dem „rinnenden" Floß, gleichgültig, ob es dem Friedfisch oder dem raubenden Hechte gilt, denn in ihr ist Bewegung, Abwechslung und eine ständige Bereitschaft und ein unablässiges Handhaben und korrektes Führen der Geräte. Um den Köder dort zu führen, wo die Fische stehen, d. h. meist unmittelbar ober dem Grunde, ist es unabweislich, sich vorerst über die Tiefenverhältnisse der zu befischenden Stellen zu orientieren.

Das sollte eigentlich eine Zeit vor dem Fischen selbst geschehen, wenn anders man nicht aus eigener Erfahrung oder gestützt auf den Rat eines Lokalkundigen diese bereits kennt.

An einem fremden Wasser muß man wohl oder übel zum Ausloten schreiten, wozu man sich eines Lotbleies bedient, entweder eines hierzu eigens konstruierten ein- und aushängbaren wie Abb. 80 oder im Notfalle eines an Stelle des Hakens eingebundenen, schweren Bleis oder um den Hakenschenkel gerollten Bleibleches (Abb. 81).

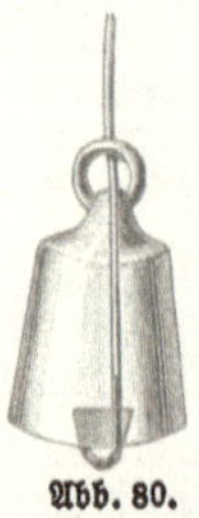
Abb. 80.

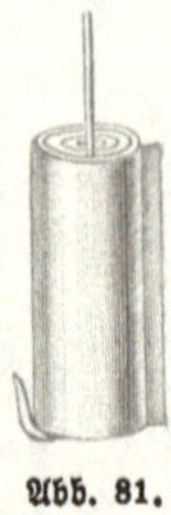
Abb. 81.

Dieses Lot gibt uns den Aufschluß nicht nur über die Tiefe, sondern auch über die Bodenbeschaffenheit, ob Stein, Schotter, Sand oder Schlamm oder Pflanzenwuchs, — man fühlt seinen Anschlag, je nachdem hart oder weich bzw. federnd über einem Krautbette. In hellen, weithin durchsichtigen oder seichten Wassern benötigt man es nicht, wohl dagegen in angetrübten und tiefen Wassern. Es ist nicht zu leugnen, daß seine wiederholte Anwendung die Fische beunruhigen kann, und ich ziehe es vielfach vor, so lange den Schwimmer zu verstellen, bis ich die richtige Tiefe gefunden habe.

Wiederholte Würfe mit dem leichten, unsichtlichen Angelzeug halte ich für weniger störend, als solche mit dem schweren Blei.

Es kommt nun auf die Stelle an, die wir befischen wollen, — ob es sich um ein stehendes Wasser, einen Tümpel mit Rücklauf oder ein freies, rinnendes Wasser handelt.

Im ersteren Falle ist unsere weitere Tätigkeit nach dem Einwurf, wenn wir einmal die korrekte Tiefstellung des Floßes gefunden haben, erschöpft, — wir haben nur mehr auf den Anbiß zu warten. Anders dagegen schon im Tümpel: Hier haben wir schon einige Faktoren in Rechnung zu ziehen: vor allem einmal die wechselnde Tiefe am Einlauf und Auslauf, — an der konkaven Seite und im Rücklaufe gegen das meist flach auslaufende gegenseitige konvexe Ufer —, nicht zuletzt die Strömungsverhältnisse an und über diesen Punkten. Erfahrungsgemäß stehen die meisten Fische am Auslaufe und im Beginn der Rückströmung, ferner an der Grenze der beiden Strömungen und im Wirbel, — hier müssen wir unser Floß dirigieren können, damit es den Köder dorthin trage, wo die Fische sind und auf Nahrung lauern. Wir müssen in einem fort Schnur ausgeben oder einrollen, und das geschieht nach der Manier des sog. „Sheffield"stiles am besten. Die Rolle steht hierbei hinter der Hand, welche am Griff der Gerte soweit unten faßt, daß der Kleinfinger am Trommelrande liegt. Treibt das Floß im Strome, der stark genug ist, von der ungebremsten Rolle Schnur abzuziehen, so dient der Finger eben nur als Bremse, um sowohl das Überlaufen zu verhindern, als auch, um die Schnur in Spannung zu halten und die Rolle zu fixieren, wenn man anhauen muß. Strömt das Wasser aber langsam, dann muß der Finger mit kurzen Rucken die Rolle in Bewegung setzen und Schnur geben. Wenn das Floß in die Rückströmung kommt, muß man die direkt entgegengesetzte Bewegung ausführen, d. h. die Schnur wieder auf die Rolle nehmen, rascher oder langsamer im jeweiligen Verhältnisse zur Strömung. Die Schnur muß schwimmen, darf aber nicht kleben, sondern muß jene Glätte haben, die ich in dem Kapitel Schnur besprochen habe, auch ist der Schnurleiter eine nützliche Sache, da das Auge den Lauf des Schwimmers beobachten und kontrollieren muß und sich nicht mit der Kontrolle des Aufwindens beschäftigen kann wie beim Spinnangeln, um so weniger, als die Rolle hier unter der Gerte liegt. Ich gebe zu, daß im Anfange das Inbewegungsetzen und Halten der Rolle nur mit dem kleinen Finger einige Schwierigkeiten bereiten wird, bis dieser die nötige Gelenkigkeit erworben hat. Darum empfehle ich für dieses Angeln Rollen mit großem Durchmesser, wie die Speichenrolle oder meine Wenderolle.

Wenn das Floß in stetem Zuge untergeht, so schleift der Köder bereits am Boden, dann muß man entweder seichter stellen oder auf dem tiefen Platze das Floß verhalten. Ein Anbiß ist immer mit einem leisen oder stärkeren Zucken verbunden, das die straff gespannte Schnur der Hand des Anglers mitteilt, deshalb ist es ein unabweisliches Erfordernis, daß die Schnur immer in Spannung bleibe, und das kann sie nur, wenn sie frei, leicht und schwimmend ist.

Je kleiner und empfindlicher das Floß, desto besser zeigt es auch den vorsichtigsten Biß an. Ob man nun sofort den Anhieb setzt oder wartet, bis das Floß untertaucht bzw. segelt, richtet sich ganz nach der Fischgattung, die eben beißt bzw. der man nachstellt. Im frei rinnenden Wasser kann man das Floß auf seinem Wege begleiten, besonders dann, wenn das Ufer frei von Baumwuchs ist und das Gewässer auf längeren Strecken ohne besondere Tiefenunterschiede dahinströmt, die Engländer nennen diese Art zu fischen „rotting". Man hat es dabei in der Hand, den futtersuchenden Fisch zu suchen und von weitem her, außer seinem Gesichtskreis, anzugehen. Wiederholtes Einwerfen von Grundköder, welcher dem angelbeschwerten Köder vorauseilt, insbesondere des sog. „Pulverköders", ist von allergrößtem Nutzen.

Es ist gerade das Angeln mit dem rinnenden Floß, welches die Verwendung des feinsten und leichtesten Gerätes ermöglicht und vielfach die schönste Beute bringt, dabei wirklich Sport in jeder Weise gewährend.

Zum Angeln mit rinnendem Floß gehört auch das auf Raubfische mit lebenden Ködern, selbstredend muß dazu das Gerät kräftiger sein mit Rücksicht auf die oft zu erwartenden schweren Fische. Im Kapitel Hechte usw. wird darüber eingehend gesprochen werden.

Das festliegende Floß.

Dort, wo das rinnende Floß wegen zu rasch wechselnder Tiefe inopportun ist, oder ich meinen Köder längere Zeit am Grunde verweilen lassen will, wie in Gumpen oder Wirbeln oder sonst einem Lieblingsplatz größerer Fische, greift man zum festliegenden Floß, das aber auch in sanft strömenden tiefen Wässern am Platze ist, wenn man eben am Grunde bleibend, eine Stelle nicht zu rasch wechseln will, namentlich dann, wenn man diese mit Grundköder ausgefüttert hat. Das Floß wähle man auch hier so klein wie möglich und auch den Senker nur so schwer, daß er den Köder eben noch am Boden hält. Als Floß genügt vielfach ein ganz kleiner, längsgespaltener Kork, in dessen Spalt einfach Angelschnur geklemmt wird.

Den Senker, der so schwer sein soll, daß ihn das Floß nicht tragen kann, bringt man am besten 50—100 cm oberhalb des Hakens an. Ist das Wasser nicht zu klar, kann man auch einen kleinen längsgespaltenen Kork in der Hälfte der Länge ans Vorfach klemmen, was den Köder vom Grunde hebt und ihn darüber schweben läßt.

Man stellt das Floß ungefähr 35 cm höher ein, als die Wassertiefe beträgt, und wirft quer über das Wasser bzw. stromab ein.

Wenn man mit dem auf Seite 65 erwähnten „galizischen" Floße angelt, stellt man es genau so ein wie das gewöhnliche, — wirft aber stromauf ein bzw. quer übers Wasser. Das galizische

Floß liegt nach dem Wurfe nicht flach auf der Oberfläche, sondern steht aufrecht zu $^2/_3$ — $^4/_5$ eingetaucht, — wenn es flach liegt, so ist es zu tief gestellt —, wenn zu seicht, geht es ganz unter. Bei seiner Anwendung muß der Senker ebenfalls so schwer sein, daß ihn das Floß nicht tragen kann.

Das Floß soll auch, wie ich inzwischen erfuhr, in Belgien verwendet werden und nach neueren Publikationen auch in England.

Seine Vorzüge gegenüber dem gewöhnlichen Floße sind außer enormer Empfindlichkeit und der Tatsache, daß die Schnur vom Köder bis zur Gertenspitze ungebrochen verläuft, hauptsächlich der Umstand, daß es auch im heftigen Wirbel eines Mühlschusses oder Wehrdurchlasses ruhig aufrecht steht und nicht herumgetrieben wird, wodurch man manchen Anbiß übersieht. Auch Wellenschlag bei starkem Winde schadet seiner Stabilität nicht das geringste. Ich kann seinen Gebrauch auf das beste empfehlen.

Mit dem festliegenden Floße hat man oft sehr gute Erfolge, besonders was die Größe der gefangenen Fische anbelangt. Man braucht sich mit dem Anhieb nicht allzusehr zu beeilen, denn meist ist der Fisch schon von selbst gefangen. Im scharf rinnenden Wasser kann man aber auf diese Weise nur mit dem galizischen Floße angeln, da das flachliegende Floß das Wasser staut und Bisse schlecht oder gar nicht erkennen läßt.

Angeln ohne Floß.

Angeln mit und ohne Bodenblei. Heben und Senken. „Laufende" Grundangel.

In sehr klarem und seichtem Wasser ist unter Umständen auch ein kleinstes Floß geeignet, die Fische zu beunruhigen. In solchen Fällen läßt man es weg und angelt nur mit der beschwerten Schnur allein, deren Beschwerung je nach den Verhältnissen wechselt, — in ganz ruhigem Wasser oder in Seen genügt der Köder allein als Beschwerung —, ja in solchen Wässern ist es sogar von Vorteil, wenn der Köder so langsam als möglich zum Boden sinkt. Im strömenden Wasser hingegen muß man zur Beschwerung greifen, vom Schrotkorn bis zur schweren Bleikugel, je nach der Stärke der Strömung. Das vielfach verwendete und empfohlene vierkantige oder flachovale Blei hat meine Sympathie im allgemeinen nie genossen, — vor allem deswegen, weil es sich im grobsteinigen Boden zu leicht verklemmt —, ebensowenig bin ich ein Anhänger oder Verfechter der für seinen Gebrauch empfohlenen Zwischenschaltung von Gimp, — abgesehen davon, daß starkes Gimp ungemein sichtig ist, hat es die unangenehme Eigenschaft, zu verrotten, und schließlich wozu?

Es gibt aber doch viele Flüsse, die zwar klaren Sandboden oder feinen Kiesboden haben, dieser jedoch so fest und glatt ist, daß die Strömung, selbst die ganz langsame, die Bleikugel oder Olive von der Einfallstelle weg ans Ufer rollt. In solchen Gewässern ist unwidersprochen das flache, vierkantige Blei von unübertroffenem Vorteile. Heutzutage, wo man Vorfächer aus dem unsichtlichen und widerstandsfähigen Silkcastgut gebraucht, ist das Gimp entschieden überflüssig und entbehrlich, denn an einem Silkcastgut-Vorfaden von 1—1½ m Länge kann ich mit Hilfe angeklemmter Schrote das Blei fixieren, wo ich es haben will. Erst recht aber kann ich das an den modernen Stahldrahtvorfächern tun.

Die gespannte Leine zeigt mir die feinste Berührung am Köder, wenn ich sie in der Hand halte, oder überträgt sie auf die Gertenspitze, wenn die Angelrute im Boden steckt oder über den Rand des Kahnes hinausragt. Wer vom verankerten Boote aus in der Strömung fischt, hat es in der Hand, seine Gerte derart über den Stern desselben auszulegen, daß sie wie eine Schnellwaage funktioniert, deren langer Arm den Köder trägt, — das feinste Antupfen eines Fisches, der mit der Schnauze gegen diesen stößt, gibt ein unzweideutiger Anschlag an der Gertenspitze kund, und ein noch so leiser Anbiß, wie z. B. der großer, vorsichtiger Plötzen, läßt die Spitze zum Wasserspiegel niedertauchen. Je leichter und empfindlicher die Gerte, desto sichtbarer sind die Ausschläge an derselben. Auch hier ist für den Anhieb maßgebend, auf welchen Fisch man angelt, und ich ziehe es vor, dies bei den einzelnen Fischgattungen speziell zu besprechen, statt an diesem Orte allgemeine und unbestimmte Regeln aufzustellen, wie es bisher immer noch der Brauch war. Der alte Angler lächelt darüber, und der Anfänger bekommt einen falschen Begriff von der Sache.

Das Heben und Senken wird, wie sein Name besagt, derart ausgeübt, daß man den Köder, entweder selbst mit Blei beschwert oder an der beschwerten Schnur, abwechselnd höher zieht und dann wieder bis zum Grunde senkt, so gleichsam den ganzen Boden absuchend und jedem Fische in der Umgebung den Köder zeigend. Man kann damit auch weitere Würfe verbinden und so wie beim Spinnangeln eine ziemlich große Wassermenge äußerst gründlich befischen und absuchen. Man wirft quer übers Wasser oder glattwegs stromab und bringt den Köder ruckweise unter Aufrollen zu sich wieder heran, bevor man weitergeht und einen neuen Wurf macht. Mitunter ist diese Art zu fischen sehr wirkungsvoll und kann außer mit allen natürlichen Ködern auch mit Kunstködern, wie z. B. den Kugelspinnern, ausgeübt werden. Man verwende keine zu schweren Senker, auch keine zu voluminösen, lieber einige kleinere, wenn anders der Köder nicht selbst beschwert ist, da man sonst, besonders bei weiteren Würfen, zu viele Hänger hat. Diese Art zu fischen ist sehr dankbar von einem langsam rinnenden Boote aus, wobei man viel weniger Hänger hat als vom Ufer her und den Köder von der Strömung zum Stande der Fische treiben lassen kann, — eine Art „Harlingfischerei“.

Mitunter aber hat man Gewässer oder Teile von solchen zu befischen, in welchen man mit der einen und mit der anderen Methode sein Auslangen nicht findet. Dann empfiehlt sich eine

Methode zu fischen, welche ich die „laufende" Grundangel nenne. Diese Methode hat einen eigenen Reiz, weil sie mich den Fisch in jeder Wassertiefe finden läßt, mich aber auch zwingt, ihn von Ort zu Ort zu suchen, verschiedene und häufige, oft recht weite Würfe zu machen, und mir gestattet, mit feinstem Zeuge zu angeln. Gerade bei klarem Wasser hat sie mir deshalb oft und oft ungeahnte Erfolge und Beute gebracht. Eine einhändige Gerte von $3^1/_2$—4 m ist hierfür vollauf geeignet. Für das Angeln vom Boote aus darf sie auch kürzer sein. — Heute würde ich eine Wenderolle verwenden, — seinerzeit hatte ich noch keine und mußte mir für weite Würfe mit der Wurfart wie beim Flugfischen und Schießenlassen der Leine behelfen —, es geht auch sehr gut so. Eine recht feine Schnur und ein langes Vorfach sind eine Bedingung. Um die Schnur zum Grunde zu bringen, verwendete ich früher feinsten Messingdraht. Heute nehme ich den schon erwähnten feinsten, gesponnenen Stahldraht, etwa 1—$1^1/_2$ m lang und zu unterst 2 Längen Gut, je nachdem von der Stärke $^1/_2$ Drawn, 1 × oder 2 ×. An das Drahtvorfach werden in Abständen von 25 cm drei große Schrote angeklemmt, an das Gutende, etwa 40 cm vom Haken 1 — und nun die beköderte Angel eingeworfen — quer über den Fluß oder schräg nach abwärts — je nachdem es die Situation erfordert. Das leichte Zeug wird von den Senkern zum Grunde gezogen, und nun suche ich Fleck für Fleck auf diesem ab, hebend und wieder senkend, bis ich beim Ufer bin — sicher, jedem Fisch innerhalb des Bereiches meiner Schnur den Köder angeboten zu haben. Besonders verlockende Stellen werden eventuell zwei- bis dreimal überfischt, sonst aber gehe ich weiter und wiederhole Wurf auf Wurf. — So kann ich, wie bei der Spinnfischerei, große Strecken und Wasserflächen befischen.

Eines ist gewiß, ich riskiere manchen Verlust von Zeug und Haken bei Hängern, — aber die Chancen, gute Fische zu fangen, sind so groß, daß man dieses Risiko gerne in Kauf nehmen kann. — Schließlich ist eine verlorene Gutlänge oder ein Haken immer noch billiger als eine oft kostspielige Spinnflucht.

Zum Heben und Senken gehört auch die Anwendung der Schluckangel mit totem Köderfisch, von der im Kapitel „Hecht" des näheren die Rede sein soll. Eine besondere Art des Hebens und Senkens ist die in Holland gebräuchliche Plombfischerei mit dem eigens hierzu konstruierten bleiumgossenen Haken (Abb. 82). Man befischt dort so die Bewässerungsgräben und Kanäle, welche im Sommer mit dichten Schichten von Wasserlinsen und Algen bedeckt sind, indem man mit dem beköderten Haken die Oberfläche abstreicht. Unter der Pflanzenschichte stehende Barsche und Hechte ergreifen den darübergleitenden Köder begierig. Wenn kein Anbiß erfolgt, läßt man den Haken auf den Grund sinken und fischt hebend und senkend. Der Anhieb erfolgt a tempo. Wenn auch bei uns wenige Gewässer das Gepräge dieser typisch holländischen Fischgewässer besitzen, — einzelne Weiher und Altwässer vielleicht ausgenommen —, so läßt sich der Plombhaken mit viel Erfolg an solchen Stellen verwenden, wo ein kunstvolles Angeln ausgeschlossen ist, wo aber doch oft erfahrungsgemäß große Fische stehen, wie in und neben Mühlgerinnen, im Überfallswasser von Wehren, zwischen Einbauten und Piloten, Brückenjochen und Eisbrechern u. dgl. mehr. Man ködert einen großen Tauwurm wie untenstehende Abbildung 83 zeigt, oder auf Raubfische eine Pfrille, Koppe usw., welche Anköderung mir unter anderem zum Fang einer großen Raubforelle verhalf, der, in einem Turbinenkasten stehend, nicht anders beizukommen war. Die zu dieser Angel verwendete Gerte sei lang 4—5 m, steif und kräftig. Die Holländer nehmen hierzu meist

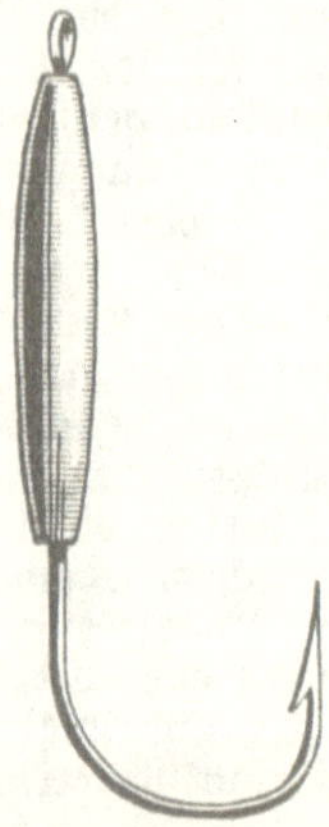

Abb. 82.

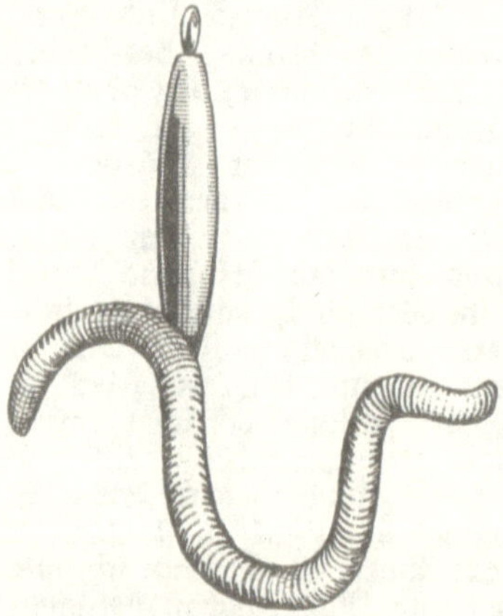

Abb. 83.

Bambusgerten aus einem Stück, ohne Rolle, und nur 1—1¼ m Schnur, an die direkt der Haken befestigt ist, was bei der geringen Tiefe der dortigen Gräben genügt.

Das Tippfischen (Dapping)

wird von manchen Autoren als Appendix zur Fliegenfischerei betrachtet, weil es den Zweck hat, Insekten usw. dem lauernden Fische anzubieten, — meiner Ansicht nach gehört es ebensogut dem Gebiete der Grundangelei an —, sagen wir meinetwegen als Grenzgebiet.

Viele Fische stehen auf Raub zuzeiten nahe der Oberfläche, besonders in der heißen Jahreszeit und bei vollem Sonnenschein lauern sie in der Nähe von Unterständen und Deckungen, hinter oder unter Stauden, Gras und Binsenwuchs, unter Bäumen auf herabfallende oder antreibende Insekten. Einem solchen Fische den Köder an der Floßangel anbieten zu wollen oder auch eventuell an der unbeschwerten Leine ohne Schwimmer wäre in den meisten Fällen ein nutzloses Beginnen, eher geeignet, den Fisch zu verscheuchen.

Hier tritt die Tippangel in ihr Recht.

Leise schleicht der Angler stromauf, jede Deckung klüglich ausnützend, späht er nach dem zu erbeutenden Fische, — nicht bloß Forellen sind es, wie der Unkundige irrtümlich meint, nein, eine Menge anderer, auch Plötzen, Barsche und Aitel stehen, guter Bisse harrend, auf Auslug.

Dieses Angeln ist, das geeignete Wasser vorausgesetzt, ungemein reizvoll, eine Art Fischpürsch, und liefert oft ungeahnte Beute.

Man fischt mit ganz kurzer Schnur, — oft nur mit dem Vorfach allein, ganz feinen Haken und kleinen Senkern, setzt stromaufwerfend oder, besser gesagt, nur schwingend dem lauernden Fische die Schmeißfliege, den Käfer, den Heuschreck oder den Wurm vor die Nase, — selten ohne Erfolg. Meist wird der Köder von dem ahnungslosen Fische gierig genommen, und da jener ein natürlicher ist, immer gleich voll ins Maul geschlürft, so daß der Anhieb den Haken fast stets richtig eintreibt.

Leider ist dieser schöne, kurzweilige Sport nicht überall auszuüben, meist nur an den kleineren und mittleren Gewässern der Vorlande und Ebenen mit reichlichem Gras- und Buschwerk und Baumwuchs am Ufer, deren Wasser im Sommer recht klar wird, aber gerade zu jener Jahres- und Tageszeit, wo man mit anderen Methoden nichts anfangen kann.

Um diese Angelart recht genußreich zu gestalten, nehme man keine schwere Gerte, aber auch keine zu kurze, da man ja oft über Sträucher usw. hinweglangen muß. 3—3½ m sei das Mindestmaß, eine 4—5 m lange Seerohrgerte, die trotz ihrer Länge so leicht ist, daß sie selbst bei stundenlangem Fischen mit nur einer Hand nicht ermüdet, ist eigentlich das richtige. Schnüre und Vorfächer seien so fein als möglich. Wenn man überhaupt einen Senker braucht, dann genügt ein Schrotkorn 5 cm über dem Haken.

Die Paternosterangel.

Mönche sollen sie erfunden haben. In ihrer ältesten Form zeigt sie mehrere in die Schnur eingebundene Kugeln, welche die Angeln tragen, in Abständen in die Angelschnur eingeschaltet. Bei der heutigen Form ist nur noch außer dem Namen und dem am Ende der Schnur befestigten Blei die Vielzahl der Haken geblieben, welche nicht mehr in Perlen oder Kugeln eingeschlauft sind, sondern in Schleifen bzw. in Arme aus Draht. Die Paternosterangel dient zur Befischung größerer Tiefen, mit der Absicht, dem am Grunde ruhenden Fische den Köder vorzuführen, ohne aber mit diesem selbst auf den Grund zu kommen. Dort, wo grobes Gestein, Holz usw. den Grund verunreinigen, gleichzeitig aber erfahrungsgemäß die größten Fische stehen, kann man nur mit dem Paternoster fischen. Die gewöhnliche Grundangel würde sich hier in der kürzesten Zeit rettungslos verfangen, und vielfach wäre dann oft das ganze Zeug verloren. Beim Paternoster verliert man höchstens das Blei, welches in Voraussicht eines Hängers schon an ein leicht reißbares Material gebunden ist. Das Vorfach zum Paternoster besteht aus Gut, Silkcast oder Draht, 1—1½ m lang. Am unteren Ende ist an einem feinen Gut, — es kann auch ein gebrauchtes oder minderwertiges sein —, das Blei eingebunden, je nach Bedarf 20—40 cm davon entfernt. Den oder die Haken am Gut oder Draht schleift man in eine Schlinge oder der Verbindung mit dem das Blei tragenden Ende ein, — natürlich für 2 oder 3 Angeln muß man entsprechend viele Schlingen knüpfen und diese mindestens 30—40 cm voneinander, damit sich Angeln und Köder nicht verhängen.

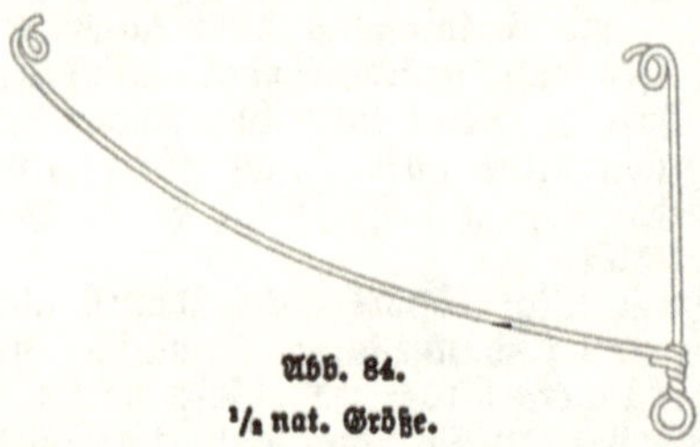

Abb. 84.
½ nat. Größe.

Gebraucht man Gut, so nehme man ja die besten Fäden, für Barsche und Zander von der Stärke Padron I—II, für Hechte Marana I—II, und verbinde sie mit Puffer-Knoten, besonders wenn man auf Hechte oder andere große Fische angelt. In Seen wird man wohl nur Gut, eventuell Silkcast nehmen müssen, wenn das Wasser klar ist; in Flüssen, besonders zum Fange von Hechten, wird das Drahtpaternoster nach Dr. Heintz genügen, wenn das Wasser nicht zu sichtig ist. Das letztere hat infolge seines stark abstehenden Armes den Vorteil, daß der Köder sich weder beim Wurfe noch während des Angelns in dem Vorfach oder Blei verfangen kann, was bei den Paternostern aus Gut oder Silkcast gern und oft geschieht, namentlich wenn man lebenden Köder benützt. Ich habe mir zu diesem Zwecke einen Arm erdacht, den ich unter Umständen am Wasser selbst anbringen kann und einfach aus einem Stückchen oxydiertem Stahldraht, wie er für Vorfächer verwendet wird, anfertige (Abb. 84). Da dieser Arm aber nicht wie beim Drahtvorfach rotieren kann, habe ich einen geschlossenen Nadelwirbel eingeschaltet, welcher das ermöglicht. Das ist sehr wichtig, wenn man lebende Fische anködert, welche die Tendenz haben, im Kreise herumzuschwimmen und damit Vorfach und Schnur verdrehen würden. Bei den Anglern in Konstantinopel ist ein Arm (Boom) in Verwendung, den ich mit einiger Modifikation für meine Paternosterangel gerne verwende. Außer anderen Vorzügen hat er den Vorteil, mir das Einbinden eines separaten Vorfaches zu ersparen, wenn ich an einer geeigneten Stelle gerne die Paternosterangel gebrauchen möchte. Er wird mit den Spiralen einfach in das Vorfach eingedreht und das Paternoster ist fertig. Da er beim Drill usw. gar keine Beanspruchung erfährt, kann man ihn aus dem denkbar feinsten Material herstellen. Er hat nur den Zweck, das Blei zu tragen und den Köder an seinem Arme vom Vorfach wegzuhalten. Da letzteres elastisch ist, setzt es dem Strecken der Schnur beim Anhieb und dem daraus resultierenden „geraden Zug", dem straight pull, wie es die Engländer nennen, keinen Widerstand entgegen. Er ist so einfach, selbst am Wasser, herzustellen, daß selbst der Ungeübteste es zuwege bringt (Abb. 85). Ich habe ihm den Namen „Bosporus-Paternoster" gegeben. Auf Grund seiner hundertfältigen Bewährtheit in Meer und See und Fluß kann ich seinen Gebrauch wärmstens empfehlen.

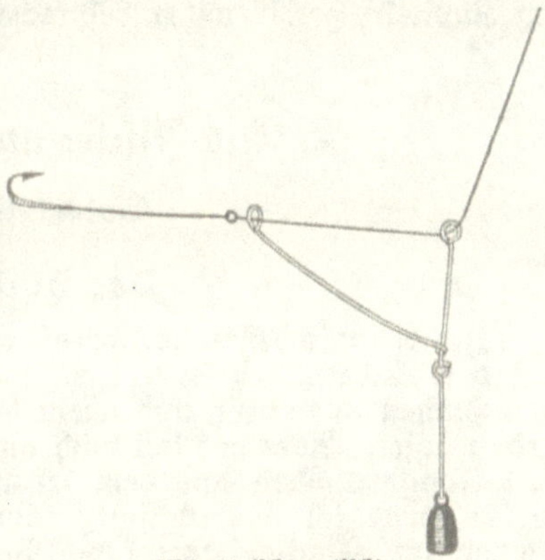

Abb. 85 (schematisch).

Die Paternosterangel wird verwendet sowohl, um den Köder an einem bestimmten Punkte stehen zu lassen, als auch um das Terrain damit abzusuchen und den Köder jedem dort stehenden Fische zu präsentieren. Man vermeide weite Würfe, im Gegenteil, fische zuerst die nächste Umgebung ab, lasse den Köder sinken, bis das Blei am Grunde aufstößt, nach einer Weile bewege man durch langsames Ziehen oder Heben bei steter Spannung der Leine den Köder um etwa ½ m weiter — vor — zurück — rechts — links, bis man jeden Fleck abgesucht hat. Dann erst hole man zum neuen Wurfe aus, beachte jedoch, daß der Köder sich im Boden verstricken oder verstecken kann, wenn der Winkel, den Schnur und Boden bilden, kleiner als 45° wird. Daraus kann man sich beiläufig berechnen, wie weit man werfen darf.

Hat man eine Stelle gründlich abgefischt, so schreite man zur nächsten und verfahre dort ebenso. Vor allem übereile man sich damit nicht und vergesse nicht, die Schnur beim Einziehen aufzurollen und in Spannung zu halten; ebensowenig, daß insbesondere beim Angeln mit lebenden Köderfischen diese durch zu viele rasch aufeinander folgende Würfe sehr schnell zugrunde gehen. Wann und wie man anhauen soll, richtet sich auch bei dieser Art des Angelns nach den gegebenen Verhältnissen und wird am betreffenden Orte besprochen werden. Es unterliegt keinem Anstand, gegebenenfalls zur Paternosterangel auch ein Floß zu verwenden, meist entweder ein gleitendes, eventuell auch nur ein ganz kleines, sog. „Pilotenfloß", das ohne eine Fixierung auf der Schnur zur Wasseroberfläche hinaufgeleitet und eigentlich nur den Zweck hat, bei weiteren Würfen die Schnur in vertikaler Position zu erhalten, wenn man längere

Zeit über einem Flecke verweilen will. Ich ziehe zu diesem Zwecke ein scheibenförmiges, derartiges Floß, naturfarbig oder schwarz gefärbt und einer so engen Bohrung, daß gerade die Schnur bis zum Wirbel oder Vorfachknoten durchgleiten kann, den usuellen runden oder olivenförmigen vor. Es zeigt den Anbiß namentlich in etwas bewegtem oder vom Winde wellig gemachten Wasser besser. Eine Bedingung ist auch hier, daß die Schnur gut schwimmt. Eine besondere Art der Paternosterangel für den Fang von Hechten und anderen Raubfischen ist die von Mr. Rolt angegebene, welche ich im Kapitel „Hecht" näher besprechen werde.

2. Die Fische und ihr Fang.

Salmoniden.

Der Huchen.

Ich bin mir dessen von vornherein bewußt, daß dieses Kapitel auf den Widerspruch jener Unentwegten stoßen wird, welche auf den Huchen nur einzig und allein die Spinnangel stricte Nomine gelten lassen. Aber das soll mich nicht abhalten, meinen Leser mit den Fangmethoden mit dem lebenden Köder bekanntzumachen, welche, was ich ausdrücklich betone, durchaus weidgerecht sind. Es sei mir gestattet, eine kurze Parallele zur Jagd, speziell zur Hochwildjagd, zu ziehen. Wird man jemand einen Vorwurf machen, welcher einen Hirsch kunstgerecht ausmacht und ihn dann mit einem Vorderlader und Rundkugel weidgerecht mit sicherem Blattschusse zur Strecke bringt? — Nein, gewiß nicht. Wohl aber ist es noch nicht einmal ganz 30 Jahre her, daß in den deutschen Jagdzeitschriften eine wüste Fehde ausgefochten wurde über die Weidgerechtigkeit des Gebrauches der „Kilometerbüchse". Eine Sache, welche heute wohl kaum mehr einer Diskussion bedarf.

Und ebenso verhält es sich mit der Frage, ob der lebende Köder, selbstredend kunstgerecht und an feinem Zeuge geführt, weniger weidgerecht sei als die Spinnangel.

Man vergegenwärtige sich nur den mechanischen Teil dieser beiden Arten, zu fischen: Beide haben das eine gemeinsam, daß ein Köder dem Fische mundgerecht vorzuführen ist. Der Unterschied ist nur der, daß dieser Köder bei der einen Manier tot bzw. künstlich, bei der anderen lebend ist. Bei der ersteren Manier muß der Angelnde bestrebt sein, den Köder lebend erscheinen zu lassen, was der nach der anderen Art zu fischen nicht nötig hat; aber führen müssen ihn beide, sonst bleibt der Erfolg aus, denn nicht immer ist unser Beuteobjekt auf dem Raubzuge, sondern eben in den meisten Fällen müssen wir es an seinen Unterständen suchen und zum Angriff auf den verlockend präsentierten Köder reizen, darin liegt eben das sportliche Moment.

Kommt noch der Umstand hinzu, daß man das zulässigst feinste Zeug verwendet und dieses im richtigen Momente und am richtigen Platze in Anwendung bringt, dann erübrigt sich so der müßige Streit um des Kaisers Bart, was von beiden sport- oder weidgerechter sei. Die meisten Gegner des Angelns mit dem lebenden Köder auf den Huchen werden sich auf die Autorität unseres Altmeisters Heintz stützen, welcher dem lebenden Köder einen sehr beschränkten Raum in seinem Werke eingeräumt hat; trotzdem kann er nicht umhin, seine Anwendung in gegebenen Fällen direkt zu empfehlen, hat sogar ein eigenes Paternoster speziell für diesen Zweck konstruiert. Meiner Ansicht nach aber hat Heintz in erster Linie das Bestreben gehabt, die Spinnangelei populär zu machen; andrerseits habe ich den Eindruck, daß Heintz meistens in Gewässern geangelt hat, welche die Bedingungen zum Gebrauche des lebenden Köders als Methode der Wahl nicht oder nur selten boten.

Solche Wässer sind wohl in erster Reihe die großen, insbesondere die regulierten Gewässer, aber auch in jenen, welche noch im Urzustande sind, wird der aufmerksame Beobachter und Kenner des Wassers mehr als genug Stellen finden, an denen er nur mit dem lebenden Köder einen Erfolg zu erhoffen hat.

Ich gebe zu, daß die Spinnangel den unleugbaren Vorzug hat, daß man sich durch Benutzung künstlicher Köder und Spinner die Beschaffung der Köderfische erspart, und daß diese letztere nicht immer einfach ist, auch der Transport derselben zum und am Wasser ist nicht immer ein Genuß; aber wie ein jedes Ding zwei Seiten hat, so stehen den Vorteilen der Spinnangel auch wieder unleugbare Nachteile gegenüber. Bekanntlich steht der Huchen, je weiter das Jahr fortschreitet, um so tiefer, immer den Futterfischen nachziehend, welche in den großen Tiefen Ruhe und Nahrung suchen. Daß in den größeren Wassern diese Stellen Tiefen von vielen Metern erreichen, ist bekannt, ebenso, daß man einen Spinner im besten Falle 4 m tief bringt, selbst bei schwerster Bleibelastung; in sehr schwer strömendem Wasser nicht einmal so tief. Was ist die Folge? Daß ich den Köder über den ruhenden Huchen einfach hinwegführe, ohne daß derselbe ihn auch nur einmal zu sehen bekommt, selbst wenn ich einige Würfe über dieselbe Stelle mache. Das gibt auch Heintz unumwunden zu und bemerkt noch, daß man in solchen Tiefen kein Urteil über die Beschaffenheit bzw. Reinheit des Grundes habe. Nun wohl, schließlich riskiert man auch in einem seichteren Wasser den Verlust von Zeug, aber das wiegt nicht die Chance auf, einen großen Fisch zu erbeuten. Bei Benutzung der Schwimmerangel oder noch mehr des Paternosters habe ich dagegen alle Wahrscheinlichkeit, den Köder dem ruhenden Fische direkt vor den Rachen zu legen und ihn so zu einem Anbisse zu reizen.

Darum kann ich nur der Anschauung von Gustav Fellner beipflichten, der in seinem Buche so treffend sagt: Einerlei, ob Spinnangel oder Schwimmerangel in Anwendung kommen: Hauptsache ist und bleibt, daß sportmäßig geangelt und feinstes Geräte verwendet wird, das wichtigste aber ist, daß man weiß, wo man seinen Fisch zu suchen habe.

Ich möchte diese Ansicht noch um einen Satz erweitern: Man muß sein Wasser genau kennen, um mit der oder jener Methode Erfolg zu haben, nicht aber am wenigsten muß man außer allen anderen Qualitäten auch noch die nötige Zeit haben, um seinen Erfolg erwarten zu können. Nach meiner Erfahrung soll man lieber den Huchenfang bleiben lassen, wenn man ihm nicht mit Muße nachgehen kann, ganz besonders an großen Wässern. Denn nichts wirkt verstimmender, als eine Folge von fruchtlosen Bemühungen und erfolglosen Fischtagen. Man mag noch so bescheiden in seinen Ansprüchen an die Größe des Fangergebnisses geworden sein, aber immer leer heimzugehen ist auch keine Freude, wenn dies seinen Grund einzig und allein darin hat, daß man nicht soviel Zeit auf seinen Sport verwenden konnte, um die günstigsten Stunden zu erwarten oder ausnützen zu können. Nach dieser Einleitung wollen wir nun zu der Besprechung der richtigen Fangstellen übergehen.

Wie ich schon vorher erwähnte, wahllos soll man weder spinnen noch mit der Fischchenangel arbeiten; wer sein Wasser seit Jahren kennt, der wird von vornherein wissen, wohin er seine Schritte zu lenken und was er zu tun hat. Anders ein auf dem Wasser Fremder. Dies gilt besonders von jenen Gewässern, welche ganz oder teilweise reguliert sind. Wenn schon nicht von weitem her kenntliche Merkmale eines Huchenstandes vorhanden sind, wie der Widerlauf an einem Wehre oder große Felsenstücke, an denen sich das Wasser bricht, oder sog. „Kugeln", das sind unter Wasser liegende große Steine oder versunkenes Holz, Faschinenbauten, Brücken und Uferleitwerke, dann gehört schon ein großes Maß an Erfahrung dazu, den richtigen Platz zu finden. Vielfach ist es nur ein kleiner Vorsprung, den der Uferbau ins Wasser hinein macht, oder das Andrängen der Strömung vom anderen Ufer her, oder von einer vorgelagerten Schotterbank, welche uns einen Angelplatz verraten.

Vielfach ist es die Farbe des Wassers, welche uns auf eine vorhandene Tiefe, ein sog. Wasserloch hinweist, über dem das Wasser meist eine dunkelgrüne Farbe zeigt und öfters teils zu stehen scheint, teils sich in kleineren oder größeren Wirbeln bewegt. Hier haben wir besonders gegen den Ausgang des Winters den Huchen zu suchen. Alle diese genannten Plätze sind in der Regel viel tiefer, als man einen Spinner führen kann; und gar erst die langen Gumpen mit ihren verschiedenen Strömungen und Gegenströmungen. Eine typische solche Stelle ist jene, welche Heintz so anschaulich in seinem Buche beschreibt und von ihr erzählt, daß er dort den größten Mißerfolg seines Lebens hatte, weil er infolge der Gegenströmungen nicht imstande war, seine Fische anzuhauen. Ich bin überzeugt, hätte er Gelegenheit gehabt, zur Schwimmerangel hinüberzuwechseln, hätte er vielleicht gerade an dieser Strecke einen Rekordfang erzielt.

Zum Angeln mit dem lebenden Köder kann man im allgemeinen die gewöhnliche Spinngerte verwenden, besonders wenn sie länger ist als das gebräuchliche Maß von 3,20 m. Ich persönlich ziehe für diesen Zweck eine längere und weichere Gerte vor und halte 5 und sogar 6 m für nicht zu lang, an einem großen Flusse schon gar nicht. Ich besitze eine solche aus Pfefferrohr, vierteilig, welche in Anbetracht ihrer Länge nicht einmal schwer zu nennen ist, mit Spitzen aus Greenheart. Zur Not kann ich mit ihr auch spinnen, wenn ich nicht zu schwere Köder und Senker verwende, weil sie etwas weicher ist, als Spinngerten zu sein pflegen.

Mit der Rolle versehen und mit dem von Fellner empfohlenen Dorn aus fingerdickem Eisen von 15 cm Länge statt des Gummiknopfes ist sie prächtig ausbalanciert, weil ihr ganzes Gewicht in die Hand verlegt ist. So sehr ich ein Anhänger des gespließten Bambus bin, gerade für diese Art Gerten, vielleicht mit Ausnahme der Spitzen möchte ich dieses Material nicht empfehlen, schon aus Sparsamkeitsgründen. Eine so lange gespließte Gerte wäre nicht um ein Gramm leichter als die aus Pfefferrohr, welches letztere aber wieder leichter ist als Tonkinrohr — dagegen aber um ein beträchtliches, vielfaches teurer.

Schließlich, — ein paar Jahre leistet die billige Pfefferrohrgerte ihre Dienste klaglos —, erst recht, wenn sie auch mit Liebe gepflegt wird, und hält den Kampf auch mit ein paar Großhuchen aus; muß sie nach dieser Zeit durch eine neue ersetzt werden, dann fällt eine Neuanschaffung immer noch nicht zu sehr ins Gewicht.

Die Ringe müssen mit Rücksicht auf die beim Huchenangeln immer zu erwartende Eisbildung etwas weiter sein, ohne aber überdimensioniert zu sein, da wir ja heutzutage mit sehr dünnen Leinen fischen.

Als Rolle empfehle ich die im betreffenden Kapitel beschriebene Speichenrolle, 10 cm im Durchmesser, und auf ihr eine Vollänge von 100 m bester Seidenschnur von ca. 17 Pfund Tragkraft, gut imprägniert und vor dem Gebrauche noch einmal gut mit Schwimmfett abgerieben. Zum Zwecke des Floßangelns kann ich nur das nebenstehend abgebildete Floß (Abb. 86) wärmstens empfehlen, grau oder grün gestrichen, eventuell mit einem weißen Kopf für das Fischen in der Dämmerung. Das gleitende Floß ist nicht zu empfehlen, trotzdem es den bestechenden Vorteil hat, den Wurf zu unterstützen; dafür hat es den Nachteil, beim Hereinspielen des Köderfisches gegen den Strom an der Leine bis fast zu diesem herunterzurutschen, und kann bei klarem Wasser leicht einen den Köder verfolgenden Fisch vergrämen. Fellner schreibt, daß ihm in der Dämmerung schon Huchen auf das Floß zugestanden sein, als er einholte; ich habe dasselbe mit Hechten erlebt. Das mag andrerseits wieder ein Gegenargument zu der oft geäußerten Behauptung sein, daß das Floß unter allen Bedingungen fischverscheuchend wirke. Ich habe mich zu dieser Überzeugung noch nicht bekehren können. Den Senker wähle man in guter Proportion zum Floße; eher klein als zu groß; eine Bleiolive von 10 g Gewicht wird in den meisten Fällen ausreichen, in sehr stark strömendem Wasser wird wohl eine von 15 g nötig sein, in allen Fällen aber wird ein Senker von 20 g ausreichen, um den Köderfisch in die gewünschte Tiefe zu bringen und dort zu halten, schon in Anbetracht der dünnen Leinen, welche dem Wasserdrucke so wenig Widerstand entgegensetzen. Ein kleiner Wirbel, etwa Größe 8 oder 7, ist ein Vorteil, wenn man rasch Vorfächer ein- und aushängen will; zum mindesten schützt er die Schnur gegen das leidige Verdrehen beim Hereinholen und noch mehr, wenn sich der gefangene Fisch beim Drill wälzt, was besonders Huchen gerne tun.

Abb. 86. 1/2 nat. Größe.

Das Vorfach sei so unsichtlich und fein wie nur möglich. Fellner empfiehlt ein solches von Lachsgut oder doppelt gedrehtes, mittelstarkes Gut. Ich gebe dem ersteren unter allen Verhältnissen den Vorzug, nur hat es den Nachteil, in bester Qualität empfindlich teuer zu sein und sich trotzdem in absehbarer Zeit so abzunützen, daß man sie aus Gründen der Vorsicht ausrangieren muß. Silk-Cast ist ein guter Ersatz, aber leider nicht immer verläßlich. Dafür ist aber der gesponnene Stahldraht ein ideales Material für Vorfächer, zudem recht billig, so daß die Notwendigkeit des Auswechselns oder ein eventueller Verlust den Träger nicht zu herb trifft. Die schon mehrfach erwähnte „Stahlseide" scheint mir aber für diesen Zweck wegen ihrer enormen Schmiegsamkeit noch geeigneter. Man benötigt ja doch nicht mehr als ein Stück von 50 cm Länge, bei seiner enormen Feinheit genügt das vollständig, um eine nahezu unsichtliche Verbindung zwischen Leine und Köder herzustellen. Dieses Stück trägt am einen Ende eine angedrehte Schlaufe zum Einhängen in den Wirbel, am anderen Ende ist ein einfacher Ohrhaken ebenfalls eingedreht. Zum Huchenfischen empfiehlt es sich, etwas im Draht stärkere Haken zu verwenden; ich habe von den vielen Hakenarten am zusagendsten eine gefunden und erprobt, welche unter dem Namen Fine wire Sea Hook von Farlow gehandelt wird. Was mir an ihm besonders gut behagt, ist sein breiter Bogen, der dem Köderfische bei der Lippenköderung das ungestörte Atmen gestattet. Als Größe wähle man, je im Verhältnisse zu den vorhandenen oder benutzten Köderfischen, die Nr. 1/0 bis 3/0. Im allgemeinen wird 2/0 die beste Größe sein. Als beste Anköderung empfehle ich für die Schwimmerangel die einfache Lippenköderung durch beide oder auch nur durch die Oberlippe allein. Abgesehen von der fast minimalen Verletzung des Köderfisches, gestattet diese Art anzuködern die natürlichste Führung gegen den Strom, gewährleistet das längste Leben des Fischchens und schützt vor allem am meisten vor Hängern in der unbekannten Tiefe. Den lebenden Fisch spuckt so leicht kein Huchen aus, schon gar nicht, wenn er halbwegs gierig raubt, und einen mittelgroßen Fisch von etwa 15 cm nimmt er ohne viel Federlesens gleich voll und ganz in den Rachen.

Der beste Köderfisch ist wohl zu allen Zeiten die Laube, leider ist sie so ungemein zart und weich, und schon wenige Würfe beenden ihre Lebensfähigkeit; auch ihre Erhaltung und ihr Transport zum Wasser sind keine leichte Sache. Dasselbe kann man vom Hasel sagen. Viel härter sind Barben und vor allem Döbel.

Nun stehen wir also an einem Punkte, an dem wir schon wiederholt die Anwesenheit eines großen Huchens bestätigen konnten, aber ihm mit der Spinnangel nicht beikonnten. Ein Stück Flußlauf vertieft sich zu einem Loche von ziemlicher Ausdehnung, und ein in der Tiefe liegender Felsen bricht den Strom, einen Wirbel erzeugend.

Wir stellen unser Floß so tief, als wir glauben, dem Grunde zunächst zu kommen, und werfen von der Rolle weg den Köderfisch hinüber in das andrängende Wasser, ihn langsam, immer wieder verhaltend, dem Wirbel zutreiben lassend. Hier lassen wir ihn einige Male kreisen, dann geben wir ihn wieder der Strömung preis, lassen ihn gegen den Auslauf der Strömung zutreiben, und dann holen wir ihn herein, neben dem Ufer her, Zug um Zug, jedesmal die zurückgenommene Schleife erst einrollend, ehe wir die nächste einziehen. Ganz vorsichtig aber fischen wir die letzten paar Meter, denn oft folgt der Huchen dem Fischchen bis fast unter die Füße des Anglers, um erst im allerletzten Moment zu fassen. Besonders in der Dämmerung, würden wir da unachtsam sein, könnten wir uns leicht den Fisch vergrämen. Aber es rührt sich nichts. Weiterzugehen und einfach anzunehmen, es sei eben nichts da, wäre ein Fehler. Im Gegenteil, wir senken noch um ein beträchtliches Stück tiefer und wiederholen unser Spiel von vorhin. Stellenweise streifen wir Grund, das veranlaßt uns aber nur, den Fisch vorsichtiger zu führen, öfters einmal hebend und dann wieder sinken lassend, dafür können wir aber annehmen, in der wirklich tiefsten Stelle mit dem Köder zu dem Huchen zu kommen. Und wir haben uns nicht getäuscht; auf einmal fühlen wir in der Leine ein Zucken und der Huchen fährt mit dem Floß in die Tiefe, schräg hinunter. Wir lassen ihn ziehen, dabei sorgfältigst darauf achtend, daß er keinen

Widerhalt finde, trotzdem aber die Rolle mit den Fingern kontrollierend, damit ein jäher Zug kein Überlaufen verursachen könne, denn das würde ganz sicher den Verlust des Fisches bedeuten. Endlich nimmt die mehr oder minder rasche Fahrt ein Ende, das ist der Moment, der erfaßt sein will. Die Hemmung der Rolle wird eingeschaltet, die Leine wird vorsichtig eingerollt, bis wir Fühlung mit dem Fische bekommen, dann erfolgt der Anhieb. Man hüte sich aber, das Wort Anhieb strikte in Tat umzusetzen! Richtig bezeichnet, ist es ein schnellendes Erheben der Gerte, wobei der federnden Spitze die Aufgabe zufällt, den Haken in das Fischmaul zu treiben. Meist wird man im ersten Augenblick das Empfinden haben, einen schweren Hänger zu haben, denn der Fisch, besonders wenn er groß ist, ist im ersten Moment zu überrascht, um eine Gegenaktion zu machen. Diese läßt aber nicht lange auf sich warten. Mit einem mächtigen Zuge erfolgt nun meist eine lange Flucht, gewöhnlich stromauf, seltener stromab, dann wieder eine quer über das Wasser, dann wieder ein wütendes Bohren nach dem Grunde zu, oder aber der Fisch schießt zur Oberfläche, sich schüttelnd und wälzend. Unsere Gerte kommt aus der Form des Halbkreises kaum mehr heraus, aber ihre Elastizität pariert doch alle Befreiungsversuche, seien sie noch so wild, solange wir selbst unsere Ruhe und Besonnenheit nicht verlieren und den Moment geduldig abwarten, bis wir selbst aktiv in den Kampf eingreifen können. Der wildeste und stärkste Fisch wird früher oder später müde und ausgepumpt; je erbitterter er kämpft, desto früher. Jede Flucht beschleunigt diesen Prozeß. Unsere Aufgabe ist es in dieser Phase des Kampfes, uns so wenig als möglich dem Gegner bemerkbar zu machen und jeden Versuch, den Kampf mit Gewalt entscheiden zu wollen, zu unterlassen. Den Kampf hat unser Gerät allein zu führen, lediglich in seiner Arbeit von uns verständnisvoll unterstützt.

Wenn der Fisch die ersten Symptome von Erschöpfung zeigt, d. h. wenn wir sehen, daß seine Fluchten anfangen kürzer und kraftloser zu werden, wenn er sich gar zeitweise zur Seite legt und vom Strome treiben läßt, um sein eigenes Gewicht als Letztes in den Kampf zu werfen, dann fangen wir an, auf ihn einen Druck auszuüben, indem wir trachten, die ausgegebene Leine hereinzurollen, ihn eventuell zu wenden und stromab zu führen und ihm immer stärker und nachdrücklicher unseren Willen aufzwingen, bis wir den Erschöpften gefahrlos zu der uns am günstigsten scheinenden Landungsstelle dirigieren können. Gewiß, allerhand üble Zufälle müssen wir riskieren: ein ganz neuer Haken kann brechen, ein Vorfach aus Gut kann, wenn der Fisch in die Tiefe bohrt, an irgendeinem Hindernisse durchgescheuert werden und reißen, sogar ein Drahtvorfach kann reißen oder brechen, insbesondere wenn man, zähe am Hergebrachten hängend, mit gelöteten Schleifen usw. arbeitet. Auch der Wirbel kann brechen oder sich aufbiegen, aber das sind Tücken des Materials, deren wir nie und nimmer Herr sind und die wir als gegeben in Kauf nehmen müssen, selbst wenn wir das stärkste Material verwenden. Denn wäre das letztere ein unbedingter Schutz gegen den Verlust eines Fisches, dann ginge ja doch ein solcher nie jenen verloren, welche tatsächlich mit solchem Zeuge angeln; und doch wissen auch diese von solchen Zufällen zu erzählen. Nun gibt es aber auch Stellen, an denen man mit der Schwimmerangel sein Auskommen nicht findet, Stellen, welche so tief sind, daß man durch den fix angebrachten Schwimmer im Wurfe und Drill gestört würde, und trotzdem immer noch nicht zu dem Fische gelangen würde. Hier ist die Paternosterangel am Platze.

Das Geräte ist dasselbe, welches wir zum Schwimmerangeln benutzen; manche Autoren sind zwar der Ansicht, daß eine steifere Gerte zu diesem Zwecke bessere Eignungen habe, ich will es nicht bestreiten, aber ich habe in allen Fällen mit meiner vorhin beschriebenen verhältnismäßig weichen Gerte das Auskommen gefunden.

Vorteilhaft ist es jedenfalls, ein längeres Drahtvorfach vorschalten zu können, eines von 4—5 m Länge. In früheren Zeiten verwendeten wir zu diesem Behufe den Messingdraht von entsprechender Dicke. Heute nehmen wir besser den schmiegsameren und unsichtlicheren Punjabdraht oder die Stahlseide. Am oberen Ende ist eine Schlaufe angedreht, in welche die Rollschnur mit Wirbel oder Knoten befestigt wird. Das untere Ende trägt einen Doppelwirbel, deren einer mit Einhänger versehen ist. In den geschlossenen Wirbel binden wir eine Länge dünneren Guts ein, welches das Blei zu tragen hat. Da es nur diese eine Bestimmung und weiter nichts anderes zu halten und zu tragen hat, kann man sogar mit Vorteil Gebrauchtes dazu verwenden; denn bei einem unlösbaren Hänger mit dem Blei reißt es leichter als ein neues. Sein eigentlicher Zweck ist ja, bei einem solchen Zufall den Verlust des Bleies zu erleichtern.

In den Einhängewirbel schleifen wir den Haken ein, welcher an ein 35—50 cm langes Stück Punjabdraht oder Stahlseide, eventuell nur an Lachsdraht oder eventuell auch an doppeltem, mittelstarkem Gut befestigt ist. Um ein Verhängen von Köder und Vorfach zu vermeiden, bringt man im geschlossenen Wirbel einen Arm aus Draht an, wie ich ihn bei der Paternosterangel beschrieben habe. Diesen kann man eventuell auch erst am Fischwasser herstellen. Seine Länge braucht 15—20 cm nicht zu überschreiten.

Bei Verwendung des von mir beschriebenen „Bosporus-Paternosters" hat man nur notwendig, dieses in das Vorfach einzuhängen. In vielen Fällen habe ich mir aber nicht einmal die Mühe genommen, das spezielle Paternostervorfach herzunehmen. Ich entfernte einfach den Schwimmer und zog das Bosporus-Paternoster in die Rollschnur ein. Allerdings mußte ich dann ein etwas schwereres Blei verwenden, da die Seidenschnur trotz ihrer Feinheit das Wasser nicht so gut schneidet wie der feine Draht.

In der Not kann man auch ein gewöhnliches Bodenblei irgendeiner Form vor dem Wirbel einschleifen, aber man riskiert mit dieser

Art zu fischen viel mehr und schwerere Hänger als mit den vorbeschriebenen anderen, und ebenso den Verlust von viel Zeug.

Heintz hat für die Verwendung der Paternosterangel ein eigenes Hakensystem angegeben, dessen Abbildung ich nebenstehend bringe (Abb. 87); es soll den Vorteil haben, einen sofortigen Anhieb zu ermöglichen. Das gebe ich zu, aber auf der anderen Seite hat es eben den Nachteil aller vielhakigen Systeme: die erhöhte Möglichkeit des Verhängens am Grunde und bei klarem Wasser den der größeren Sichtlichkeit. Ich bin noch immer mit dem einfachen Haken ausgekommen, wenn ich gezwungen war, einen Huchen mit dem lebenden Köder anzugehen, andererseits habe ich die Annahme Heintz', daß der Huchen den Köder ausspucke, wenn er einen Zug oder Verhalt spüre, gerade bei der Paternosterangel nur in den seltensten Fällen bestätigt gefunden; dagegen habe ich die Wahrnehmung gemacht, daß der Fisch einen lebenden Köder sozusagen unbesehen ergreift und fast immer so rasch voll ins Maul nimmt, daß der Anhieb den Haken am richtigen Punkte eindringen läßt. Schließlich und endlich: Man hat mit den Systemen, welche mit fliegenden Drillingen bewehrt sind, auch Fehlbisse uud schlecht sitzende Anhiebe sowie das Abkommen von Fischen zu verzeichnen, was gewiß nicht gegen die Fängigkeit des Einhakensystems spricht.

Abb. 87.

Es wäre nur noch etwas über die Wahl der zu verwendenden Köderfische zu sagen: Aller Wahrscheinlichkeit nach wird man sich in der Mehrzahl der Fälle nach dem vorhandenen Material richten müssen. Ist man aber in der glücklichen Lage, eine Auswahl treffen zu können, dann wähle man für die Schwimmerangel mittelgroße Fische, vor allem Lauben, Hasel oder Döbel. Erst in zweiter Linie Gründlinge oder Mühlkoppen.

Für die Boden- oder Paternosterangel kann man die Köder größer nehmen, so bis zu 20 cm Länge, aber man trachte, möglichst Fische des Mittelwassers anködern zu können, also vor allem Hasel und Döbel, eventuell auch Barben. Koppen und Gründlinge verwende man nur in der Not, da diese Fische die leidige Neigung haben, unter Steine und sonstige Deckungen am Boden zu kriechen, besonders wenn man mit dem Bodenblei fischt; bei der Paternosterangel hat man es in der Hand, den Köder beliebig hoch über dem Boden schweben zu lassen, indem man die zwischengeschalteten Gutlängen zwischen Blei und Vorfach verlängert. Doch hat auch das seine Grenzen, da bei einem Winkel zwischen Leine und Grund von weniger als 45° der Köder eben auch auf den Boden zu liegen kommt. Wenn das Wasser getrübt ist, kann man unter Umständen die Paternosterangel nach Rolt, welche ich im Kapitel über den Fang des Hechtes eingehend beschrieben habe, verwenden; bei sehr klarem Wasser möchte ich ihre Anwendung nicht empfehlen, da ich doch befürchte, daß der Huchen, bei Tage wenigstens, durch das versenkte Floß vergrämt werden könnte.

Überhaupt sind die Methoden der Grundangelei auf den Huchen sowohl wie auf Raubfische aller Art, die der Wahl, bedingt durch die Färbung des Wassers. Ich kann als Anhaltspunkt hierfür nur mit bestem Gewissen die Anweisung Fellners wiedergeben, der als günstigstes Moment empfiehlt, mit dem lebenden Köder dann zu angeln, wenn das Wasser, von oben gesehen, etwa auf einen halben Meter sichtig ist. Ich habe das durch langjährige Erfahrung erproben können und kann die Richtigkeit dieser Ansicht nur vollinhaltlich bestätigen.

Die Forelle

(Trutta fario — Brown Yellowtrout — Truite de rivière).

Diese von allen Salmoniden gedrungenste hat in seiner typischen Färbung einen olivgrünen Rücken, die Seiten zeigen eine gelblichgrüne Tönung mit der typischen Forellensprenkelung, rote, mehr oder weniger leuchtende Flecken, ebensolche schwarze, beide häufig mit einem blauen Saume und einem messingglänzenden Bande. Allein die Farbe der Forelle wechselt nach ihrem Stande und ihrer Lebensweise, die Töne sind oft verwaschen, oft ungemein dunkel (Schwarzforellen), sogar die Flecken können hie und da fehlen, was zu einer Verwechslung mit Seeforellen führen kann, wenn beide zusammen eine Wasserregion bewohnen, nur ihre Lebensweise ist verschieden.

Die Forelle bewohnt kalte, klare, sauerstoffreiche Gewässer der Gebirge, Vorgebirge und sogar der Ebene — und die kalten Seen der Gebirge bis auf 1200 m. Sie ist oft in den kleinsten Bächen und Gräben zu finden, geht aber in manchen Flüssen auf große Strecken bis tief in die Äschenregionen herunter.

Ihre Laichzeit fällt in die Zeit von Oktober bis Februar, je nach der Höhe des Aufenthaltes und infolgedessen erholt sie sich sehr langsam von den Strapazen derselben. Möglicherweise beeinträchtigt das ihre Schnellwüchsigkeit, die vielfach auch von den Ernährungsverhältnissen beeinflußt wird. In nahrungsarmen Gebirgsbächen, wo sie als „Steinforelle" bezeichnet wird, gilt ein Exemplar von 25 cm schon als gut, während in guten Wassern diese Länge kaum das knappe Mittelmaß ist. An und für sich ist sie ein arger, gefräßiger Räuber, der auch seinesgleichen nicht schont, wenn auch ihre Hauptnahrung Insekten und deren Larven, Würmer, Schnecken und sonstige Wassertiere bilden. Ihr Stand ist wohl im ganzen Wasser, hier und dort, die größeren und großen aber haben ihre bestimmten Stände. Überall dort, wo das Wasser über große Steine braust, unter dem Holzwerk von Wehren, unter den Einbauten der Mühlen, in Turbinen und Radkästen, unter hohlen Ufern und versunkenen Bäumen in den großen Rückläufen und Tümpeln, im Stauwasser der Wehre, da hat man den großen Fisch zu suchen. Erst recht dort, wo kein Zugang ist und nichts seine Ruhe und Sicherheit stört, da sind die Unterstände der großen Räuber, die meist nur noch von Fischnahrung leben und auch unter ihresgleichen erbarmungslos aufräumen.

Ihr Fang ist eigentlich die Domäne der kunstvollen Angelei mit der Fliege, in zweiter Linie mit der Spinnangel.

Wenn ich ihren Fang mit der Grundangelei beschreibe, so tue ich es nicht, um diese Methode zu propagieren, — im Gegenteil: ich möchte sie soweit als möglich eingeschränkt wissen, und rate auch an dieser Stelle dem Leser zur weisen Beschränkung auf vereinzelte Ausnahmsfälle und Ausnahmszeiten, besonders dort, wo man den köstlichen Fisch auf kunstvolle Art erbeuten kann. Anderseits kann man es nicht in Abrede stellen: es gibt ganze große Wasserkomplexe, in denen die Fische nicht auf die Fliege steigen, infolge Überflusses an Bodennahrung faul und fett werden — und nur zu erbeuten sind, wenn man ihnen eine Pfrille oder einen Wurm oder Koppen am Grunde präsentiert. Das ist vor allem an vielen künstlichen Stauanlagen der Fall. Des weiteren gibt es fast an jedem größeren Wasser, besonders den großen Alpenflüssen Stellen, die nahezu unzugänglich sind, den Gebrauch der Fliege oder des Spinnzeuges nicht gestatten und der Stand schwerer Raubforellen sind, deren Erbeutung zur Hege des Wassers Gebot ist.

Außerdem gibt es zahlreiche kleine Wasserläufe, Rinnsale, Gräben, Bächlein, eng und schmal, seicht und vielfach von Gras und Pflanzen überwachsen, wo man weder mit der Fliege noch mit der Spinnangel fischen kann und gerade diese oft unscheinbaren Wässerchen beherbergen oft stattliche Fische, die man schon nicht anders erbeuten kann als mit dem Wurm- oder der Senkpfrille.

Wer hierfür und nur in solchen Fällen zur Grundangel greift, handelt völlig sportgerecht.

Aber noch eines: An manchen Gewässern, besonders sind es jene der Ebene oder der niedrigen Mittel- und Vorgebirge, kann man die Beobachtung machen, daß in warmen, trockenen Sommern die Forellen von Mitte Juni ab nicht mehr nach der Fliege steigen, vornehmlich in solchen, wo die Maifliege in Menge vorkommt und die Fische sich an ihr direkt gemästet haben.

Für diese Gewässer hat sich in England eine spezielle Art der Wurmfischerei ausgebildet, die unter dem Namen „Klar-Wasserwurmfischerei" sich Bürgerrecht erwarb und zu deren Ausübung man tatsächlich fast ebensoviel Geschick benötigt wie zum Fliegenfischen.

Je nach der Größe des Wassers verwendet man hierzu leichte Gerten von 10—14 Fuß Länge. Hervorragend für diesen Zweck eignen sich die sog. „Seerohrgerten", welche bei großer Länge federleicht sind. Feine Schnüre von ca. 6—8 lbs. Tragkraft, Vorfächer 1 Yard lang von gezogenem Gut, Stärke: 1×, 2×, sogar 3×, und feindrähtige Haken Nr. 1 oder das Stewartsystem mit 2 Haken Nr. 10. Als Köder für erstere den als „Pinktail" bezeichneten Tauwurm abgeködert wie Abb. 89 zeigt die Anköderung am Stewartsystem. Für das letztere diesen sowie den Gelbschwanz. Man fischt stromauf, ohne Senker oder höchstens mit einem kleinen Schrot 35 cm über dem Haken.

Vorsichtig am Ufer stromauf pürschend oder watend, wirft man den Köder stromauf mit nicht längerer Schnur, als die Gerte lang ist, und läßt ihn von der Strömung zu sich heruntertreiben, dirigiert ihn unter Anheben der Spitze und Verkürzung der Schnur hinter Steine neben Grasbetten unter die hohlen Ufer und haut an, sobald der Köder irgendwo stehenbleibt, um zu vermeiden, daß der Fisch den Wurm verschluckt. Bei Windstille fischt man nur die Strömung ab und die Wirbel, bei Wind dagegen die stillen Hinterwasser und Tümpel.

Die beste Tageszeit für diesen Sport ist der zeitige Morgen, wenn man ebenso viel sieht, daß man den Wurm anködern kann, — bis ca. 7 oder 8 Uhr Wind ist günstig —, wenn aber Nebel im Wasser liegt, beißen die Fische nicht, solange bis er sich verflüchtigt hat. Absolut ungünstig ist aber heißer Westwind bei klarem Himmel und weißen dicken Wolken an demselben. Die gefangenen Fische drillt man stromab in das bereits abgefischte Wasser.

Für die Grundangel im allgemeinen, unter Bedingungen, wie ich sie im vorhergehenden beschrieben habe, wird es sich empfehlen, statt des Wurmes eine Pfrille oder einen Koppen anzuködern, — an Rundhaken Nr. 1—¹/₀, an dessen Schenkel ein großes Schrot angeklemmt wurde. Man führt den Haken beim Maule ein durch die Leibeshöhle des Köderfisches und seitlich durch die dicke Muskulatur heraus, das Maul schnürt man mit Zwirn oder dem Schrot an und stülpt eine Bleikappe darüber. Nun fischt man erst das Ufer und seine nächste Umgebung ab, die Köder bis zum Grunde senkend und in kurzen Rucken hebend und hin und her führend, — erst wenn hier kein Biß erfolgt, macht man weitere Würfe. Der Biß einer großen Forelle ist im allgemeinen unverkennbar, — ein oder zwei heftige Risse, denen sofort der Anhieb zu folgen hat, um den Fisch im Mundwinkel zu treffen, — allein ebensooft und gewöhnlich bei den schwersten Fischen glaubt man hängen geblieben zu sein, bis eine kräftige Gegenbewegung uns den Beweis gibt, daß unser Köder genommen wurde. Manchmal spucken die Forellen den Koppen aus, dann empfiehlt sich die Anköderung des „umgedrehten Koppens". Man schneidet einem großen Koppen den Kopf ab und stülpt, an der Wirbelsäule ziehend, das Fleisch von dieser abstreifend, den Koppen direkt um wie einen Handschuhfinger. Den so entstandenen Sack bindet man nun, das weiße Fleisch nach außen, über dem Schrotkorn fest, und führt die Hakenspitze durch die zähe Haut soweit, daß man die Spitze fühlt, sonst dringt sie beim Anhieb nicht durch. Eine kleine Bleikappe dient als Senker, auch eine kleinste durchbohrte Bleikugel. Diese dann 40 cm über dem Haken. Im übrigen fischt man wie eben beschrieben, unter Heben und Senken, nur noch langsamer und mit viel kürzeren Rucken. In Gewässern, wo neben der Forelle auch das Aitel vorkommt, wird man oft einen solchen Unhold miterbeuten.

Zu gewissen Zeiten macht der Fliegenfischer die Wahrnehmung, daß die Forellen unter Wasser raubend hin- und herschießen oder direkt auf dem Kopfe stehend den Boden absuchen, — und das ist für ihn ein unsympathisches Zeichen —, sie verschmähen seine Fliegen und jagen nach Nymphen, — in solchen Fällen kann er aber doch noch gute Beute machen, wenn er sich die Larven solcher Wasserinsekten verschaffen kann, besonders jene der Steinfliege — Creepes — und der Köcherfliege, und dann diese an der Grundangel seinen Fischen anbietet. Die Anköderung ist in Abb. 78 illustriert. Man fische stromauf, werfe stromauf und sei bemüht, sich so wenig wie möglich sehen zu lassen.

In gewissen Zeiten ist die „Tippfischerei" die „Methode der Wahl", — der manche schöne, alte Forelle zum Opfer fällt, die Kunstfliegen als ungenießbares und gefährliches Futter kennengelernt hat. Immerhin sei auch sie diesem Edelfische gegenüber immer nur eine Hilfe in der Not und nie Selbstzweck.

Die Asche (Grayling. L'ombre).

Auffallend ist an diesem Fische, den seine Fettflosse als Salmoniden kennzeichnet, die große Rückenflosse in den Farben des Regenbogens und seine großen, silberweiß glänzenden Schuppen. Der langgestreckte, schlanke Leib zeigt unregelmäßige feine, schwarze Tupfen, die Schweifflosse ist gegabelt, der Kopf länglich und spitz. Der frischgefangene Fisch hat einen irisierenden goldigen Schimmer und einen Geruch, der an wilden Thymian erinnert. Ihre Verbreitungsgebiete sind die größeren Flüsse der Alpen, Mittel- und Vorgebirge; sie geht in manchen oft weit in die Barbenregion hinunter und erreicht hier eine respektable Größe. Ihre Laichzeit währt je nach der Höhenlage der Gewässer von März bis einschließlich Mai, ist aber meist Mitte April beendet und der Fisch bereits im Mai in guter Kondition.

Im Flusse steht sie gewöhnlich neben der stärksten Strömung, besonders im Auslaufe derselben und im Rücklaufe, — im Winter zieht sie sich in die tiefen, ruhigen Tümpel und Gumpen zurück.

Da sie in der Hauptsache von Luftnahrung lebt, ist sie ein begehrtes Objekt für den Flugfischer.

Für den Grundangler hat sie als Beuteobjekt im Winter besonderes Interesse, denn gerade dann fängt er die größten und fettesten Exemplare, und an dem feinen Zeug, das man für ihren Fang verwenden muß, liefern sie ihm oft erbitterte Kämpfe; ihr Drill erfordert Vorsicht und Geschick, denn sie wehren sich verzweifelt, und nur zu häufig schneidet der Haken aus ihrem zarten, weichen Maule aus.

Im Sommer wird man mit der Grundangel nur Erfolg haben nach einem Hochwasser, wenn der Fluß fällt und sich zu klären beginnt. Im Winter dagegen hat man großartigen Sport an der Angel mit dem rinnenden Floß. Feinste, gut schwimmende Schnur, — ein winziger Schwimmer, ein kleines Schrot, ein Vorfach von gezogenem Gut 1× oder 2× und feindrähtige Haken Größe 10 oder 9 für Rotwurm oder Gelbschwanz — Nr. 12 für Maden.

Letzte sind ein unter allen Umständen sicherer Köder, nur eben im Winter nicht überall zu haben.

Das Floß stellt man einmal seicht, einmal tief, bis man den Stand der Äschen gefunden hat und beangelt den Tümpel vom Einlauf her nach der Sheffield-Methode. Wenn die Äschen nicht gleich zu beißen beginnen, dann ist noch nicht gesagt, daß sie an der beangelten Stelle nicht stehen; man muß eben Geduld haben und die Wassertiefe, in der sie momentan sind, ermitteln. Auch zu dieser Art Angeln empfiehlt sich eine längere leichte Gerte bis zu 4½ m Länge, und wenn man Watstiefeln benützt, kann man in größeren Gumpen dem jeweiligen Standorte der Äschen noch um ein beträchtliches näherkommen. Hauptsächlich hat man sein Augenmerk darauf zu richten, daß die Leine stets die nötige Spannung habe, — die Äsche beißt schnell, aber vorsichtig, und der Anhieb muß sofort beim leisesten Tauchen, eventuell nur Erzittern oder Stehenbleiben des Floßes erfolgen.

Ich habe die Wahrnehmung gemacht, daß auch große Äschen im Momente des Anhiebes ganz überrascht sind und fast keine Befreiungsversuche machen, — wenn man diesen Moment ausnützen kann, gelingt es oft, schwere Fische ohne Kampf ins Netz zu führen, andernfalls muß man einen harten Kampf ausfechten; trotz allem, was dagegen gesagt wird, geht mein Rat dahin, nicht zu nachgiebig zu sein, sonst erlebt man es nur zu oft, daß nach langem Drill die schon ermattete Äsche doch noch vom Haken loskommt, — man übe soviel Druck, als man kann, und trachte, sie so rasch wie möglich ins Netz zu bringen.

Im Sommer, wenn die Äschen launig sind und faul nach Fliegen steigen, wird man oft überraschende Erfolge mit der Tippangel haben, besonders mit großen Erlfliegen gegen Abend und Heupferdchen und Bremsen bei Tage.

Unter allen Bedingungen aber ist das Angeln auf Äschen mit der Floßangel ein Wintersport ersten Ranges, und wer die Gelegenheit ausnützen kann und einen guten, milden oder trüben Tag trifft, wird mit vollem Korbe heimkehren. Ich muß aber ganz entschieden der Behauptung widersprechen, daß die Winterfischerei eine Beschäftigung für Stümper sei, — wie man das vielfach zu hören und zu lesen bekommt —, einmal ist die Äsche im Winter genau so launenhaft wie im Sommer, — andrerseits ist das Angeln mit so feinem Zeuge genau so kunstvoll und anregend wie mit irgendeiner anderen Methode, so daß der oben erwähnte Vorwurf tatsächlich unberechtigt erscheint.

Trotzdem betone ich aber nochmals ausdrücklichst, daß die Salmoniden unbedingt und in erster Reihe der kunstvollen Fischerei mit der Fliege vorbehalten bleiben sollen, und nur in den hier eingehend besprochenen Sonderfällen Objekte der Grundangelei und auch dann nur der mit den zulässig feinsten Geräten betriebenen bilden mögen.

Ich glaube, das Kapitel über das Angeln auf Salmoniden hiermit abschließen zu dürfen, um so mehr, als das Grundangeln auf Regenbogenforellen, Bachsaiblinge usw. unter ganz gleichen Bedingungen und Voraussetzungen und Geräten betrieben wird. Der Fang von Renken und ähnlichen Fischen hat mehr oder minder nur lokale Bedeutung und hat für den weitaus größten Teil der Leser wohl nicht viel Interesse. Wer gerade die Gelegenheit hat, darauf zu angeln, wird mit seinen Geräten mit einiger Anpassung an lokale Besonderheiten auch für diese sein Auskommen finden.

Hechte und Barsche

Der Hecht (Pike).

Die meisten unserer Gewässer, sogar Flüsse und Seen der Alpen, letztere sogar bis zu einer ganz beträchtlichen Höhenlage, beherbergen den Hecht. — Während er in Salmonidenwassern mehr oder weniger, wenn auch vielfach mit Unrecht und kritiklos, als Schädling angesehen wird, ist er in den meisten anderen der edelste Fisch, an dem Unverstand und Unkenntnis seiner Lebensbedingungen viel gesündigt haben und auch heute noch sündigen. In den mehr oder minder kalten Seen der Alpen bewohnt er nur das wärmere Wasser der Ufer — kaltes Wasser behagt ihm nicht, ebensowenig die felsigen Steilufer der Alpenseen —, sein Heim ist hier das flachere Ufer, wo reichlicher Bewuchs ihm Deckung und Nahrung gewährleisten. Wie in der Schweizer Fischerei-Zeitung Dr. Susbeck ganz richtig feststellt, ist er in solchen Seen ein biologischer Faktor, da er das Gleichgewicht im Fischleben reguliert, indem er dem Überhandnehmen der Barsche, welche viel ärgere und gefährlichere Brutvertilger sind, steuert, weshalb er sich in der Region der Koregonen und Saiblinge sowie der Seeforelle nicht aufhält. In solchen Gewässern versieht er den Dienst der Sanitätspolizei und verdiente aus diesem Grunde mehr Schonung als die rücksichtslose Verfolgung, der er vielfach ausgesetzt ist.

In den kalten Wässern der eigentlichen Forellenregion ist er in Flüssen auch nicht zu finden, sein Vorkommen reicht hier höchstens bis in die Äschenregion und auch nur dann, wenn das Wasser dort wärmer geworden ist; allerdings ist er hier ein Schädling, dessen

Bestand man nicht überhand nehmen lassen darf. Aber auch hier und in der Übergangszone zur Barbenregion muß der Fang des Hechtes mit einiger Beschränkung geschehen, denn er ist es, der hier dem Überhandnehmen der Döbel einen Riegel vorsetzt.

Richtig zuhause wird er erst in der Barbenregion, auch in solchen Gewässern, wo schon der Huchen vorkommt, aber nur, wenn er da günstige Lebensbedingungen findet, d. h. ruhige Ausstände und Altwässer, in denen sich das Wasser mehr erwärmt als im Hauptflusse, dessen schwere Strömung ihm ganz und gar nicht behagt.

Sein wahres Lebenselement ist das warme Wasser der großen Bäche, der Flüsse und Seen der Ebene und des Vorlandes. Dort, wo das Wasser nicht mehr wild und tosend in Fällen und Wirbeln sich zu Tale wälzt, — donnernd gegen Felswände schlägt und sich an den großen Gesteinsbrocken im Flußbette bricht —, sondern mehr geruhsam daherströmt, breite Buchten bildend, wo Schilf und Seerosen üppig gedeihen und breite, tiefe Grasbetten den Boden des Flusses bedecken, — wo Schwärme von Lauben und Rotaugen ihr Spiel in der Sonne treiben und das Wasserhuhn durch das Schilf schreitet oder wo ein See seine schilfumgürtete Fläche spiegelt. Dort sonnt sich der alte Räuber gern, den breiten, grauen Rücken halb von einem Seerosenblatt verdeckt. Manchmal ist seine Farbe auch graugrün mit grauen Marmorierungen; ganz ans Ende des Rückens verschoben trägt er eine kleine Rückenflosse. Seine Flossen sind rötlichgelb, oft schwärzlich gefleckt. Der mächtige Schädel läuft in eine entenschnabelartig flache Schnauze aus, heimtückisch funkeln die kleinen, schief gestellten Augen und mächtige Hundszähne bewehren Ober- und Unterkiefer.

In solchen Gewässern, bei reichlicher Nahrung, wächst der Hecht schnell und erreicht hohe Gewichte. Leider hat rücksichtslose Verfolgung und Verkennung seines wirtschaftlichen Wertes die großen Exemplare vielfach stark dezimiert, und viele ideale Hechtwässer gibt es heutzutage, die kaum einen einzigen guten Hecht beherbergen. Es ist noch ein Glück zu nennen, daß er sich sehr reichlich vermehrt. Seine Laichzeit fällt in die Monate Februar, März und April, je nach der Lage seines Wassers.

Im Mai ist er von den Anstrengungen des Laichgeschäftes schon ziemlich erholt und geht auch ganz gut gegen Ende des Monats an die Angel. Die richtige Saison beginnt jedoch im August und wird immer besser, je mehr das Kraut abstirbt, um im Oktober-November den Höhepunkt zu erreichen. Das soll aber nicht heißen, daß man in den späteren Monaten keinen Hecht mehr erbeuten könnte, — vielleicht besser als in den vorhergehenden, doch spielt das Wetter, besonders die Eisverhältnisse, eine bestimmende Rolle, ebenso wie die individuelle Neigung und Widerstandsfähigkeit des Anglers selbst gegen Kälte und widriges Wetter.

Gerade die Herbst- und Wintermonate sind die Erntezeit für den Angler, der die Fischchenangel zu führen weiß, — sei es die Schnappangel mit Floß, sei es die kunstvolle Paternosterangel, solange das Gewässer eisfrei bleibt. Man stellt zwar dem Hechte auch unter dem Eise mit der Angel nach, jedoch sind die hierbei verwendeten Methoden nicht als kunstgerecht anzusehen, zum wenigsten halten sie keinen Vergleich aus mit der kunstvollen Führung von Gerte und Leine, außerdem fällt der Hauptreiz des sportlichen Angelns — der aufregende Drill — bei ihnen weg, so daß ich mir ihre Beschreibung erübrigen darf und den Raum hierfür lieber den höher stehenden Angelmethoden zuwende.

Die Spinnangelei auf Hechte ist ein Kapitel für sich. Uns interessiert hier nur der Fang mit der Floßangel und dem Bodenblei bzw. der Paternosterangel. Mit Ausnahme jener total verkrauteten Gewässer, welche überhaupt nur mit der Schluckangel und totem Köder zu befischen sind, solange das Kraut steht, ist die Floßangel in jedem anderen Wasser, gleichviel ob fließend oder stehend, anwendbar, und ganz besonders dort und zu jenen Zeiten, wenn der Hecht für die Spinnangel schon zu tief steht oder in solchen Wässern, deren Tiefe die Verwendung der Spinnangel von Hause aus ausschließt, in denen aber gerade zumeist die allerschwersten Fische stehen.

Die Angelei mit der Floßangel ist ebenso reizvoll wie die Spinnfischerei, — wenigstens an fließenden Gewässern, und wird sowohl mit der Schnappangel wie mit der Schluckangel betrieben.

Ich gebe im folgenden die Beschreibung der letzteren, der Vollständigkeit halber, nicht um ihre Verwendung als sportliches Gerät zu preisen, denn in meinen Augen ist die Schluckangel mit dem lebenden Köder eine Beschäftigung für denkfaule Menschen oder jene, welche die Führung eines lebenden Köders nie erlernen können oder wollen, oder aber für jene, die rücksichtslos jeden Fisch erbeuten wollen. Das Wesen der Schluckangel ist, wie ihr Name sagt, darin gelegen, daß der Raubfisch den Köder vollständig schluckt, so daß der Haken statt im Maule in den Eingeweiden faßt. Es ist einleuchtend, daß ein solcher Fisch absolut keine Chance hat, sich wieder in Freiheit zu setzen, außer der einzigen, daß das Zeug abreißt.

Zum Schluckangeln mit lebendem Köder benützt man eigene, flach gehaltene Doppelhaken (Abb. 88), an Gimp, Galvans oder Punjabdraht befestigt, welche dem Köderfisch mittels einer Ködernadel von der Brustflosse bis zum Ansatz der Rückenflosse unter der Haut hindurchgeführt werden (Abb. 89). Das Vorfach ist ca. 60 cm lang, aus Gimp oder Draht, mit einem Einhängewirbel unten und oben. Der Senker ist beiläufig in der Hälfte des Vorfaches angebracht, — am besten ein kleines olivenförmiges Blei —, so daß er ungefähr 50 cm vom Köder entfernt sei. Das Floß wird auf $^2/_3$ bis $^3/_4$ der zu befischenden Wassertiefe gestellt. Oftmals werden oberhalb desselben 2—4 Notflosse, sog. Piloten angebracht, welche die Schnur schwimmend erhalten sollen. Man verwendet gerne größere Köderfische, wie handlange Plötzen, Hasel oder Aitel, auch Barsche. Der beißende Fisch zieht mit dem Floße in die Tiefe, man wartet fünf Minuten und setzt dann den Anhieb, nachdem man vorher die Schnur durch Aufrollen gespannt hat. Der in den Eingeweiden gehakte Fisch ist so gut wie wehrlos und kann ohne nennenswerten Kampf gelandet werden, — selbstredend ist auch jeder armselige Schneider oder untermäßige Fisch seinem Schicksal rettungslos verfallen, denn ein Rückversetzen ist ausgeschlossen.

Darum soll kein gerechter Angler diese Art Fischerei in sein Programm aufnehmen.

Der Gebrauch der Schnappangel setzt dafür eine Menge anglerischer Kenntnisse und Fähigkeiten voraus. Vor allem einmal eine ziemliche Beherrschung der Wurftechnik, Ruhe und kaltes Blut beim Drill und beim Landen und — was dieses Angeln besonders reizend macht — ein entsprechendes Maß von Beweglichkeit, denn mit der Schnappangel muß man den Fisch suchen, im fließenden Wasser unbedingt.

Zum Schnappangeln, ebenso zur Paternosterfischerei genügt im allgemeinen eine leichte, nicht zu steife Spinngerte von gewöhnlicher Länge, — d. i. 3—$3\frac{1}{2}$ m. Wenn man vom Boote aus angelt, kann man mit einer kürzeren auskommen. Wer hingegen nur vom Ufer aus angeln kann und große Ströme oder Flüsse zu befischen hat oder aber Gewässer mit stärkerem Uferbewuchs, wird sich vorteilhafter mit einer längeren Gerte, etwa 5—6 m lang, ausrüsten. Unsere Industrie muß und wird imstande sein, solche in erster Qualität in einem handlichen Gewichte herzustellen. Kombinationen von Whole cane bzw. dem leichteren Pfefferrohre mit einer greenheart oder gespließten Spitze sind hierfür hervorragend geeignet, allererstklassiges Material vorausgesetzt. Leit- und Endringe aus Achat oder Porzellan sind sehr empfehlenswert. Die Schnurlaufringe seien aber möglichst weit, die engsten seien nicht unter 12 mm im Durchmesser. Brückenringe sind allen anderen unbedingt vorzuziehen, da sie die Möglichkeit einer Umschlingung mit der Schnur und deren üble Folgen nahezu sicher ausschließen. Die Rolle steht vor der Hand, ich bin aber bei diesen Gerten erst recht für die beliebig stellbaren Rollenhaltringe und den parallelen Handgriff.

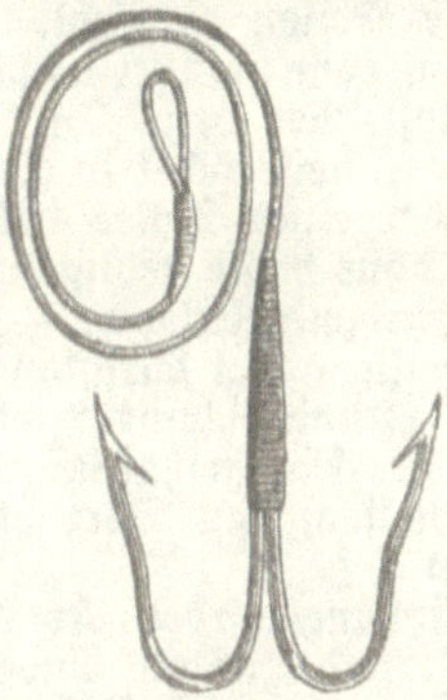

Abb. 88.

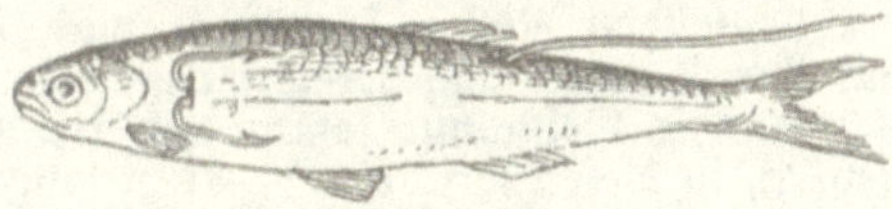

Abb. 89.

Die käuflichen fertigen Schnappangelzeuge sind meist durchwegs unmögliche Phantasiegebilde, darauf berechnet, unwissende Kunden zu fangen, aber keinen Hecht. Vor allem ist schon das Floß meist eine Monstrosität. Für unsere Zwecke genügt vollständig ein 15—20 cm langes, dünnes Korkfloß oder ein kleines, höchstens mittelgroßes Nottingham-Gleitfloß. — Ersteres ist mir persönlich das liebere —, grau oder grün gestrichen, mit rotem bzw. weißem Kopfe.

Die Schnur sei fein, dünn und von ca. 12—17 lbs. Tragfähigkeit, nicht imprägniert (dressed), aber dafür gut gefettet; das Fetten soll man womöglich unter dem Angeln wiederholen, wenn die Schnur Neigung zeigt, Wasser anzusaugen. Man nehme ruhig 100 m Schnur auf die Rolle, denn dünne Schnüre verbrauchen sich am unteren Ende ziemlich rasch, wenn sie stark im Gebrauch sind.

Als Rolle ist eine 3½—4 Zoll leichtlaufende, im Nottinghamsystem mit ausschaltbarer Knarre und kräftiger Hemmung zu empfehlen. Es gibt Autoren, die hemmungslose Rollen empfehlen. Ich gestehe, daß ich dem nicht zustimmen kann, denn nur zu leicht überläuft eine solche Rolle beim Angeln selbst oder beim Drill, und die Folgen davon sind dann unberechenbar, meist endet so ein Zwischenfall mit dem Verlust des Fisches oder eines Teiles des Angelzeuges dazu. Alte Angler haben früher ohne Rolle geangelt, — die Schnur ist dabei auf ein Windebrettchen aufgeschlagen —, aber das hat sich überlebt und bei unseren heutigen gut durchkonstruierten Rollen haben wir einen derartigen Primitivismus nicht mehr nötig, der ja doch letzten Endes nur in der Mangelhaftigkeit der damaligen Rollen begründet war, die vielfach den Verzicht auf ihre Verwendung gerechtfertigt erscheinen ließ.

An die Rollschnur kommt ein kleiner Einhängewirbel, Nr. 7 genügt, in diesen wird ein ¾—1 m langes Vorfach, das am Ende einen ebenso großen Einhängewirbel trägt, eingeführt und in letzteren der Vorschlag mit dem Haken. Das Vorfach kann aus Punjabdraht bestehen, — notwendig ist es nicht —, ich ziehe eines aus starkem Gut von der Stärke Marana I oder II vor. In letzterer Zeit verwendete ich nur noch Silkcastgut der starken Nummern, eventuell grün gefärbt. Das letztere hat vor dem Gut den großen Vorteil, aus einem Stück zu bestehen, ohne die immer leicht reißenden Knoten, und den weiteren, vielmals billiger zu sein. Ein schadhaftes oder nicht mehr vertrauenswürdiges Stück kann selbst am Wasser in ein paar Minuten durch ein neues ersetzt werden. Silkcast ist auch viel billiger als Punjabdraht, der trotz der gegenteiligen Versicherungen sich bei starkem Zuge rollt und ringelt und trotz allem doch abgeknickt werden kann, — man muß ihn, dem Gebote der Vorsicht folgend, ebensooft ersetzen wie das billige Silkcastgut.— Heute aber würde ich nur noch die unendlich fein gesponnenen Stahldrahtvorfächer und Vorschläge verwenden, seien es die selbst gesponnenen, von denen 2 Faden oder höchstens 3 Drähte von 0,12 mm Durchmesser genügen, — seien es die so schmiegsamen Längen der „Stahlseide", welcher ich schon bei Besprechung des Vorfaches gedachte —, die so unendlich fein und haltbar sind.

Am Vorfach bringen wir den Senker an; eine kleine Olive oder eines der „Archer"schen Eindrehbleie, — ein solcher im Gewicht von 10 g wird fast allen Verhältnissen entsprechen —, nur in stärkerer Strömung nehme man einen schwereren — und auch da dürfte einer von 15 g ausreichen. Man vergesse nie, daß der Köderfisch das Gewicht von Senker und Vorfach, eventuell einige Meter Schnur zu tragen hat, wenn er im Wasser spielt. — Je leichter alle diese Dinge sind, desto länger lebt das Fischchen und um so lebhafter bleiben seine Bewegungen, welche ja den Raubfisch zum Anbisse verleiten sollen.

Der Senker sei 50—60 cm vom Köderfisch entfernt.

Dieser selbst wird auf mannigfache Art am Haken befestigt. Es gibt eine ganze Menge von Systemen, mit Drillingen und Doppelhaken, von denen die Systeme von Jardine und Bickerdyke die bekanntesten sind (Abb. 90 u. 91). Alle aber — auch die vorgenannten — verletzen das Köderfischchen mehr oder weniger oftmals und stark. Trotz einigen verführerischen Eigenschaften bin ich aber immer und immer wieder zu der altbewährten Anköderung am Einhaken zurückgekehrt und — wie ich glaube — meine Erfolge damit stehen hinter den mit anderen erzielten nicht zurück. In klarem Wasser aber sind sie im Vergleich

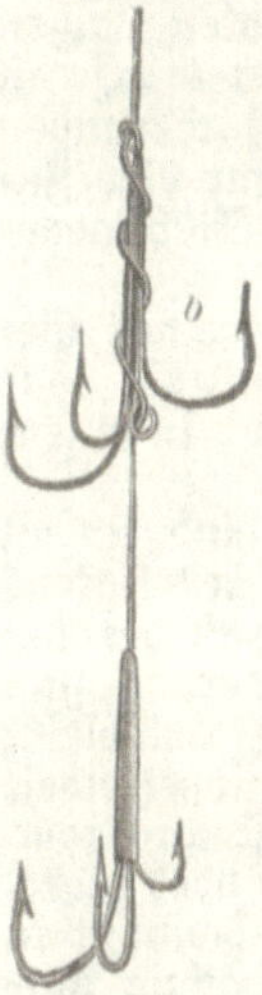

Abb. 90a.

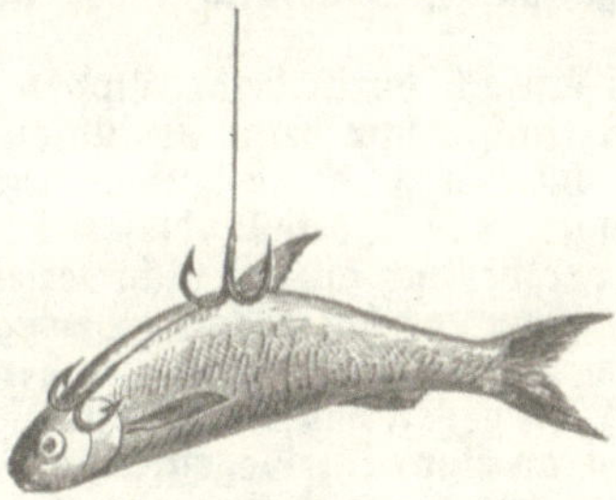

Abb. 90b.

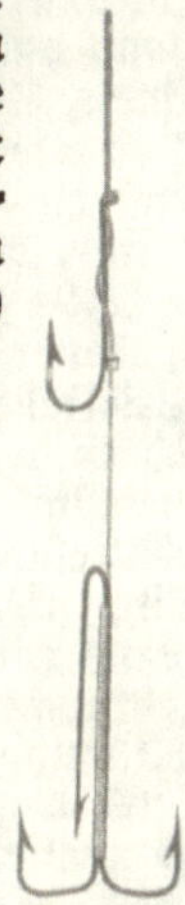

Abb. 91a.

Abb. 91b.

zu den mit Vielhakensystemen erzielten überlegen. Beim Einhakensystem verwendet man einen einfachen Sneckbendhaken mit nicht zu langem Schafte, aber breitem Bogen oder den für Huchen empfohlenen Farlowschen-Haken, beide in der Größe 1/0 oder 2/0. Diese sind zum gedachten Zweck die besten, da sie dem Fischchen das ungestörte Atmen gestatten; weniger gut sind die Rundhaken oder Limericks.

Früher befestigte man diese Haken am Gimp oder Galvanodraht, ich bin davon längst abgekommen. Beides ist ein plumpes, sichtliches und unzuverlässiges Material. Gut von der Stärke Marana II tut es vollauf, wenn man weiß, worauf es ankommt, d. h. den Haken so zu plazieren, daß er im Mundwinkel des Hechtes sitzt, dann kann dem Gut nichts passieren, schon gar nicht, wenn man die Vorsicht gebraucht, in der von mir angegebenen Weise das Gut durch Verdoppelung auf 3—4 cm über dem Haken zu verstärken. Übrigens kann auch der größte Hecht einen Gutfaden nicht zerbeißen, er kann ihn nur bei längerem Zerren an seinen Zähnen durchscheuern, eventuell kann man bei brüskem Anhieb das Gut an einem Zahne abprellen, — aber, wie gesagt, wenn der Anhieb richtig und rechtzeitig gesetzt wird, gleitet das Gut durch die Zähne, ohne Schaden zu nehmen, und der Haken allein sitzt zwischen ihnen im Mundwinkel.

In der allerletzten Zeit verwende ich nur ganz feinen Punjabdraht, der allerdings weich und schmiegsam sein muß wie Gut. — Es gibt auch solchen, der starr und steif ist, dieser ist nicht zu gebrauchen, — und Ohrhaken. Der Draht wird einfach eingeschlauft und angedreht, was man auch am Wasser in wenigen Augenblicken machen kann. Am oberen Ende wird eine Öse gedreht. Das Ganze ist 12—15 cm lang und entspricht den weitestgehenden Anforderungen an Unsichtlichkeit, Stärke und Sicherheit gegen Bruch und üble Zufälle. Wie schon erwähnt, würde ich heute nur die feinen Stahlfädenvorfächer benützen.

Ich gewinne dadurch auch noch eine Entlastung meines Gepäckes. Eine Rolle von 5 m Stahlseide, ein paar Wirbel, ein paar Haken verschiedener Größe, das ist alles und findet Platz in einem Fache der Brieftasche.

Der Köderfisch wird einfach durch beide Lippen hindurch an den Haken befestigt, man trachte nur beim Einführen des Hakens gut in der Mittellinie zu bleiben, und die Anköderung ist beendet (Fig. der Lippenköderung). Die Vorteile dieser Köderung sind folgende: erstens wird der Köderfisch fast gar nicht verletzt und bleibt sehr lange gebrauchsfähig, zweitens hat er volle Bewegungsfreiheit nach allen Richtungen, was für den Raubfisch äußerst anreizend ist, und drittens, wenn ich ihn gegen den Strom einhole oder führe, staut sich das Wasser nicht an ihm, im Gegenteil, er schwimmt in ganz natürlicher Weise zu mir heran, ohne eine verdächtig auffällige Bewegung, wie sie alle am Rücken und vom Angler weg geköderten Fischchen haben.

Das Floß stellt man je nach den Strömungsverhältnissen und der Tiefe seichter oder tiefer, je weiter vor im Jahre, desto tiefer, immer aber denke man daran, daß gerade die großen und größten Fische ganz in der Tiefe stehen und man sie deshalb auch zuerst dort zu suchen hat. Andrerseits: wenn der Köderfisch bei voller Kraft bleibt, wird er das ganze Wasser durchflüchten, um so besser, je leichter sodann Vorfach und Senker sind; er wird sogar in recht oberflächliche Wasserschichten heraufkommen und sich so dem höher stehenden Fische zu Gesicht bringen.

Nie aber lasse man es außer acht, daß das Leben und die Beweglichkeit des angeköderten Fischchens durch nichts mehr geschädigt wird als durch zu häufige, weite und harte Würfe. Man vermeide daher solche nach Möglichkeit und trachte den Fisch solange im Wasser spielen zu lassen, als nur angängig. Das Anködern an sich schädigt schon manche, namentlich zarte Fische, wie z. B. die Lauben, und es wäre verfehlt, mit einem solchen Fische sofort einen Wurf zu machen, ohne ihn vorher einige Minuten ins Wasser gesetzt zu haben, bis er sich erholt hat; im anderen Falle ist der Fisch infolge des Wurfes, wenn schon nicht getötet, so doch schwer betäubt.

Wo nur angängig, suche man den Köderfisch ohne besonderen Weitwurf in die Strömung zu führen und dieser dann das Weiterbringen zu überlassen, was eben die im vorigen empfohlene lange Angelrute besser gestattet als eine kurze. In gleichmäßig rinnendem Wasser läßt man Schnur ablaufen, 15—20 m, ja auch 50 m und mehr. Diese muß gut gefettet sein und schwimmen, denn auch das trägt dazu bei, den Köder lange aktionsfähig zu halten; eine schwimmende Schnur belästigt ihn nicht, wohl aber eine schwere, voll Wasser gesogene, deren Gewicht ihn hindert, sich frei zu bewegen, ihn ermüdet und endlich tötet. Auch der beißende Fisch nimmt die Angel vertrauter, wenn er kein besonderes Gewicht zu schleppen hat, besonders wenn er nach dem Anbiß stromauf geht.

Bei dieser Gelegenheit drängt sich die Frage auf: Wieviel Schnur soll man jeweils ausrinnen lassen? Auf Meter genau läßt sich das nicht beantworten, aber jedenfalls ist das eine sicher: Je mehr, desto besser. Schier bei keinem anderen Fische gilt das Gesetz vom „fine and far off“ mehr als beim Hechte und vielleicht ebenso beim Zander. Und in dieser Hinsicht ist die Floßangel der Spinnangel weit überlegen. Ein Wurf auf 30 oder mehr Meter mit der Spinnangel ist, abgesehen von dem nicht immer vorhandenen Können, einen so weiten Wurf zu machen, angeltechnisch ein Unsinn, weil auf solche Distanzen der Anhieb nicht zur Wirkung kommen kann. Angle ich dagegen mit Floß und lebendem Köder, so macht es nichts aus, wenn ich auch 70 und mehr Meter Leine draußen habe, weil der Hecht eben Zeit genug hat, den Köder so in den Rachen zu nehmen, daß ich ihm den Haken sicher einrennen kann. Allerdings muß auf solche Distanzen der Anhieb mit einem besonderen Schwung durchgeführt werden. Denn man hat zu bedenken, daß die Elastizität und das Gewicht der ausgegebenen Leine überwunden werden müssen.

Besonders in großen Flüssen mit Ufereinbauten, Buhnen, Köpfen u. dgl. kann man beobachten, daß die Fische häufig im Strome am Kopfe der Buhne stehen, statt in derselben, und wenn man ihnen da beikommen will, muß man eben von der oberen Buhne ihnen den Köder zurinnen lassen, und das ist oft eine stattliche Anzahl von Metern, 50, 70, ja auch 100.

Man wird vielleicht einwenden: Auf solche Distanzen habe ich kein Urteil über die Beschaffenheit des Grundes, die Tiefenverhältnisse usw., riskiere eine Menge Hänger und den Verlust von viel Material.

Diese Einwendung ist richtig, aber — erstens: alle diese Möglichkeiten riskiere ich auch bei einer Distanz von nur 10 m, besonders in einem Wasser, das ich nicht genau kenne. Zweitens: das Risiko, eventuell einmal eine Länge von sagen wir 50 m Schnur samt Schwimmer und Vorfach zu verlieren, wird reichlich aufgewogen durch die viel größere Wahrscheinlichkeit, einen kapitalen Fisch zu erbeuten.

Wer es nicht übers Herz bringt, dieser Chance auch gelegentlich mal ein Opfer zu bringen, dem kann man eben nur den Rat geben, es einfach bleiben zu lassen und auf einen guten Fang zu verzichten.

Wenn es angängig ist, geht man am Ufer mit, verhält hie und da das Floß und hebt den Köderfisch durch Anziehen zur Oberfläche, läßt ihn wieder versinken, dirigiert ihn gegen das Ufer, führt ihn eventuell eine Strecke weit entlang demselben zu sich herauf, besonders wenn sich da irgendwelche Unterstände, wie Steine, Baumstrünke, hohle Ufer usw., befinden, in denen ein Hecht stehen könnte, dann läßt man den Fisch wieder mit dem Strome hinaustreiben. Widerläufe, Wirbel und Gumpen fische man besonders vorsichtig und sorgfältig ab, immer Schnur einholend, wenn der Strom das Floß zurückbringt.

Es ist von großer Wichtigkeit, sich zu merken, daß das Einholen der Schnur nicht wie beim Spinnen durch Einrollen, sondern durch Einziehen in Klängen erfolgen soll. Die Erklärung hierfür liegt darin, daß ein kleiner, noch dazu durch beide Lippen geköderter Fisch beim Einrollen einfach ersticken würde. Der jeweilige Zug betrage ca. 1 m, danach macht man eine längere Pause, sowohl, damit der Köderfisch wieder Atem schöpfe, als auch deshalb, damit er am neuen Platze eine Zeit verweile und der Raubfisch Zeit zum bequemen Angriff gewinne, ebenso, damit jeder Quadratmeter Wasser gründlich durchgefischt werde. Während dieser Pause bringt man das eingezogene Stück Schnur auf die Rolle. Es ist sehr wichtig, bis zum letzten Meter vor seinen Füßen der Führung größte Aufmerksamkeit zu schenken; in vielen Fällen läuft der Hecht dem Köderfisch nach, um erst im allerletzten Moment zuzugreifen. Wer das vergißt und hastig unrichtige Bewegungen ausführt, wird sich manchen Hecht vergrämen, der ihm sonst sicher zur Beute gefallen wäre.

Der beißende Hecht zieht mit dem Floß zur Tiefe ab; man lasse ihn abziehen und hüte sich, ihn zu verhalten! Gewöhnlich bleibt er früher oder später stehen, um den Fisch im Maule umzudrehen und zu schlucken. Man rollt dann vorsichtig ein, bis man Fühlung mit dem Fische hat, und kann versuchen, leicht anzuziehen. Das veranlaßt den Hecht, wenn er den Schluckakt noch nicht begonnen hat, diesen zu beschleunigen und den Köderfisch gegen den Schlund zu drücken; in diesem Zeitpunkt — durchschnittlich ½ Minute nach dem Stehenbleiben — ist der Anhieb zu setzen, nicht brüsk und gewaltsam, wohl aber zügig, was den Haken in den Mundwinkel treibt.

Man darf nicht vergessen daß der Hecht den Fisch quer ergreift, über die Leibesmitte, so daß der Haken außerhalb seines

Maules liegt. Wollte man daher anhauen, wenn der Hecht das Floß unter Wasser zieht oder wenn er stehenbleibt, so würde man dem Köderfisch den Haken aus den Lippen reißen und der Anhieb würde ins Leere gehen.

Angelt man mit einer Hakenflucht nach Jardine oder Bickerdyke oder mit dem Lippenhakensystem und einem Drilling, so kann man den Anhieb sofort setzen, wenn das Floß verschwunden ist und man die Schnur gestrafft hat.

Unter keiner Bedingung aber haue man je mit schlaffer Schnur an, ohne mit dem Hechte Fühlung zu haben. Das hätte den sicheren Verlust des Fisches zur Folge, sei es, daß der Hecht den Köder im letzten Moment ausspeit, sei es, daß die Haken zwar irgendwo fassen, aber nicht eindringen und dann während des Drills ausreißen oder vom Hechte herausgeschüttelt werden.

In Gewässern mit stark wechselnden Tiefenverhältnissen oder an Stellen mit Tiefen über 4—5 m wird man sich mit Vorteil der Paternosterangel bedienen. Bei Verwendung des von mir angegebenen „Bosporus"-Paternosters braucht man nur das Floß abzunehmen und jenes einfach ins Vorfach einzuhängen, ohne irgendeinen anderen Wechsel am Geräte, und kann so jede geeignete oder einladende Stelle auf diese Weise befischen.

Zur Paternosterfischerei als solcher verwendet man in strömendem Wasser gerne ein Vorfach aus Draht, in dessen untere Öse der Haken eingezogen wird. Das Blei hängt an einem dünnen Gut von 40—50 cm Länge, — man kann dazu alte ausrangierte Längen ganz gut verwenden, denn im Falle eines unlösbaren Hängers soll es eben abreißen, so daß man nur das Blei verliert. Das Drahtvorfach sei $1\frac{1}{2}$—3 m lang.

Diese Art Vorfach hat aber einen unangenehmen Nachteil: der Köder verschlingt sich vielfach gerne beim Wurfe in das das Blei tragende Gut, ebensooft durch seine eigenen Bewegungen im Wasser. Diesem Nachteile begegnet man durch Anbringung eines 10—15 cm langen rotierenden Armes, sei es, daß man denselben auf eine durchbohrte Perle aufmontiert, sei es, daß man ihn nach Art der zur Meeresfischerei oder Schleppangel verwendeten „Booms" in einem Wirbel anbringt. Die Montierung an einer rotierenden Perle oder Walze ist unsichtlicher. Seit ich die Vorzüge meines Bosporus-Paternosters voll kennengelernt habe, verwende ich spezielle Paternoster-Vorfächer überhaupt nicht mehr, weil das Bosporus-Paternoster alle Vorzüge in sich vereint: Unsichtlichkeit, Kompendiosität, und vor allem, weil es den geraden Zug beim Anhieb, den „straight pull", wie die Engländer es bezeichnen, und auf welchen mit vollem Rechte soviel Gewicht gelegt wird, hemmungslos ermöglicht. Auch bin ich von dem steiferen Messingdraht abgekommen und verwende seit letzter Zeit das vollständig ausreichende Silkcastgut oder gesponnenen Stahldraht bzw. Stahlseide.

Die Paternosterangel hat den Zweck, dem in der Tiefe stehenden oder ruhenden Fische den Köder ebendaselbst direkt vorzuführen, eignet sich demzufolge hauptsächlich für jene Stellen, wo das Flußbett tiefe Löcher besitzt, oder für die Befischung langgestreckter, tiefer Gumpen und Wirbel, Orte, an denen erfahrungsgemäß große oder, besser gesagt, die größten Fische stehen, und für jene Stellen, an denen man auch die Floßangel nicht gut verwenden kann, wie z. B. zwischen versunkenen Bäumen und Wurzelstöcken, großen Felsstücken u. dgl. Auch Mühlgerinne, Wehrdurchlässe und Turbinenausläufe sind Plätze, an denen die Paternosterangel mit größtem Vorteil anzuwenden ist.

Man fischt zunächst die nähere Umgebung des Ufers ab, immer Fühlung mit dem Boden behaltend, läßt man den Köder immer einige Zeit an seiner Stelle spielen und geht dann um ein kleines Stückchen weiter, nach rechts, nach links, stromauf und stromab, bis man den ganzen Platz gründlich befischt hat. Dann macht man weitere Würfe, — quer über's Wasser, stromauf oder stromab. Die Wurfweite beim Paternosterangeln dieser Art ist vom Ufer aus ziemlich begrenzt; sobald der Winkel, den Schnur und Flußbett bilden, kleiner als 45° wird, liegt der Köder direkt am Boden, wo er sich leicht verkriechen oder verhängen kann. Je kürzer die Angelrute, desto kürzer ist ganz naturgemäß der Aktionsradius, außer man fischt von einem Boote aus. Zum Angeln vom Ufer aus ist daher die vorerwähnte lange Gerte entschieden vorteilhafter.

Auch die Wahl des Köderfisches ist nicht ohne Bedeutung, vorausgesetzt, daß man eine Wahl hat. Unbedingt vorzuziehen sind Fische des Mittelwassers oder der Oberfläche, also vor allem Lauben, Hasel, Strömer und Schneider, ferner kleine Plötzen und Aitel. Koppen und Gründlinge, besonders die großen, haben zu viel Neigung, zu Boden zu gehen und sich hier zu verbergen.

Die beste Köderung ist die durch die Lippen, weil für den Fisch am schonendsten, mit dem einfachen Einhaken. Da man öftere Würfe machen muß wie bei der Floßangel, werden die Köderfische viel früher verbraucht als bei dieser.

Die für die Schnappangel verwendeten Systeme, besonders das von Bickerdyke verbesserte Jardinesystem sowie das Lipphakensystem mit einem Drilling, finden auch beim Paternoster Anwendung, wenn man die Absicht hat, sofort beim Anbisse anzuhauen. So vorteilhaft dies einerseits erscheinen und gegebenenfalls vielleicht auch sein mag, so ist andrerseits nicht zu leugnen, daß die Köderfische viel mehr verletzt werden, namentlich durch die Bickerdyke-Jardine-Flucht, man in verkrautetem Wasser viel leichter und öfter Hänger hat infolge der vielen freistehenden Hakenspitzen, und schließlich und endlich der Köderfisch viel mehr in seiner freien Bewegung gehemmt ist und man viel mehr von ihnen verbraucht als bei der einfachen Lippenköderung.

Auch ist es eine Erfahrungstatsache, daß die großen Fische in der sicheren Tiefe den unauffällig bewehrten Köder viel energischer nehmen und rascher schlucken wollen.

Der Anbiß verläuft ebenso wie bei der Floßangel, der Raubfisch zieht mit dem Köderfisch mehr oder weniger weit ab und der Anhieb folgt nach Spannung der Schnur und Fühlungnahme mit dem Fische beiläufig nach ½ Minute; beim Gebrauch von Drillingssystemen natürlich sofort.

Wie schon erwähnt, hat die Paternosterangel den Nachteil, daß bei weiten Würfen der Köder nicht mehr an der senkrecht herabhängenden Schnur im Wasser schwebt, sondern auf den Boden zu liegen kommt. Diesen Übelstand kann man teilweise beheben, indem man an der Rollschnur ein kleines, gleitendes Pilotenfloß anbringt, etwa von der Größe eines Kiebitzeies, das nach dem Ein-

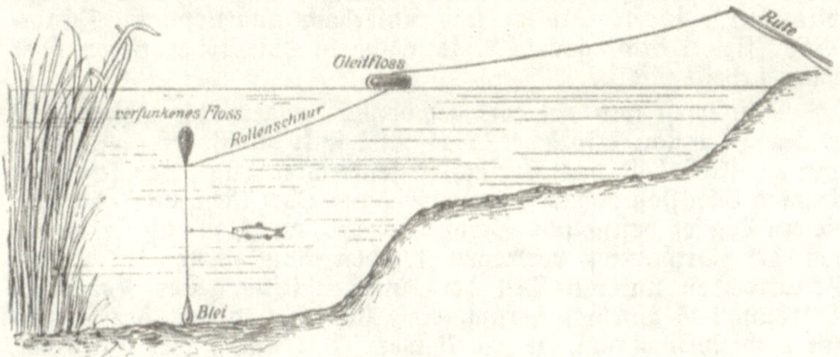

Abb. 92.

wurf an der Schnur zur Oberfläche emporgleitet und so die senkrechte Spannung der Schnur bewirkt. In ruhigem Wasser kann man sogar zeitweise die Angel auf diese Weise auslegen, wenn man sich ausruhen oder sonst etwas anderes tun will. Das Floß zeigt dann durch seine Bewegungen auch den etwa erfolgten Anbiß an. Der Aktionsbereich des Gerätes wird zwar dadurch ziemlich erweitert, aber auch nicht ausreichend, wenn es sich um eine größere Wasserfläche handelt. Diese Umstände brachten den englischen Angler Mr. Rolt dazu, eine Paternosterangel zu konstruieren, die es erlaubt, das Wasser im weitesten Umkreis abzufischen, ohne die vorerwähnten Mängel des gewöhnlichen Paternosters in Kauf nehmen zu müssen. (Abb. 92.)

Sein Angelgerät besteht aus folgenden Bestandteilen: einem Vorfache von 1¼ m Länge aus feinem Punjabdraht in 2 Teilen, einem ¾ m langen mit je einem Einhängwirbel an den Enden. In diesen wird der kürzere, ½ m lange Teil eingehängt, der am Ende auch einen Einhängewirbel trägt, in welchem das Blei mit einem längeren oder kürzeren Ende Gut oder eventuell mit einem Seidenfaden eingehängt wird, welche bei einem Hänger mühelos abreißen.

In die Öse des obersten Wirbels wird die Rollenschnur eingeknüpft, in den Einhänger ein birnförmiges Floß eingeführt. Ein flaches, schwarz gefärbtes Floß gleitet an der Rollschnur und wird gegen das eventuelle Verklemmen am Knoten bzw. Wirbel des Vorfaches dort mittels einer Umwicklung oder Einbindung eines Gummifadens gesichert. Das birnförmige Floß muß soviel Auftrieb haben, um das Vorfach stets senkrecht gespannt zu erhalten, das Blei dafür so schwer sein, daß es das Floß unten hält.

Der längere Teil des Vorfaches läuft durch eine kleine Walze aus Bein, an welcher der Arm angelenkt ist und der Haken angeschlauft wird. Die jeweilige Stellung der Walze wird durch je zwei ober- und unterhalb angeklemmte Schrotkörner fixiert bzw. geändert, je nachdem der Köder tiefer oder höher arbeiten soll.

Man wirft nun ein, wie gewöhnlich, näher oder weiter, wie es die Situation erfordert. Das Blei sinkt zu Boden, das birnförmige Floß hält das Vorfach in senkrechter Lage, das scheibenförmige Gleitfloß dagegen rutscht bis zur Oberfläche und hält hier die im Wasser befindliche Schnur in Spannung, so daß sie weder von der Strömung vertragen werden kann, noch durch ihre Schwere den unteren Teil der Angel irritiert. Der Köderfisch läuft um das Vorfach herum, ohne sich aber infolge des Armes mit demselben verschlingen zu können. Der Anbiß wird durch das Gleitfloß angezeigt.

Man fischt wie mit der gewöhnlichen Paternosterangel, immer den Ort des Köders wechselnd, bis man das ganze Wasser abgesucht hat.

Ich habe mit diesem Geräte viel geangelt und habe es zur Befischung großer Altwässer und Flüsse unvergleichlich verwendbar gefunden, weil es erlaubt, dem Standplatze der Fische auch dort beizukommen, wo die gebräuchlichen Methoden nicht ausreichen, d. h. es erlaubt eben auch den Weitwurf. So hat es mir auf der oberen Elbe unter anderem zu ganz außergewöhnlichen Fängen von Zandern verholfen. Selbstredend müssen für diese die Floße kleiner gewählt werden. Es ist ratsam, eine doppelte Garnitur Flöße zu haben, eine größere und eine kleinere, um sie den gegebenen Verhältnissen anzupassen.

In vielen Gewässern findet man mehr oder weniger ausgedehnte Stellen, an denen das Gras und verschiedene Wasserpflanzen bis zur Oberfläche wuchern, oft wie eine Mauer das ganze Wasser sperrend, und gerade da stehen die meisten und größten Hechte, um diese Stellen zu verlassen, sobald das Kraut abgestorben ist und die kleinen Fische unterstandslos geworden sind und andere Stellen aufsuchen.

Spinnen, Floßangelei, selbst das Paternoster sind an solchen Plätzen unmöglich anzuwenden wegen der sofortigen Verstrickung des Köders in den Pflanzen. Hier, aber auch nur hier ist die Schluckangel mit dem toten Köderfisch das einzige Mögliche. Obzwar ich ein abgesagter Gegner dieser Angelmethode bin, läßt sie sich an derlei Orten durch keine andere ersetzen, wenn man dieselben eben zu dieser Zeit befischen will oder muß.

Sie besteht aus einem besonders geformten Doppelhaken, sog. „Blitzhaken", an dessen Schaft eine ungefähr 5—7 cm lange Schleife aus starkem Messingdraht angewunden wird. Haken und Schleife werden mit Blei umgossen, so daß nur das Ende der Schleife als Ohr heraussieht. Das Blei soll am Haken nicht weiter herunterreichen, als bis übers obere Drittel des Schaftes (Abb. 93), und nicht länger sein als 5—7 cm. Es soll im Magen des Köderfisches liegen, nicht im Maul und Rachen, damit es die Kiemen nicht aufspreizt. Dieser Haken wird an ein ca. 20 cm langes Stück Punjabdraht befestigt und dieser dann entweder an ein 50 cm langes Vorfach aus demselben Material in den Einhängewirbel eingeführt oder direkt in den Wirbel am Ende der Rollschnur. Der Köderfisch, — am besten eine 10—15 cm lange Plötze oder ein Aitel, eventuell auch ein ebenso langer Barsch —, wird mittels einer Ködernadel aufgezogen, indem man diese durch den ganzen Körper durch- und bei der Mitte der Schweifwurzel herausführt. Hier kann man sie durch eine Bindung mit Zwirn oder Seidenfaden noch besonders festmachen, unbedingt nötig ist es nicht, ebensowenig als das Stutzen oder Wegschneiden der Flossen, auch nicht der Rückenflosse beim Barsch.

Abb. 93.

Vorzügliche Köder für diese Art Fischerei sind die großen, grünen Wasserfrösche, nur muß man in Anbetracht ihres breiten Maules größere Haken verwenden als für Fische. Der Draht wird beim After herausgeführt und die Hinterbeine kreuzweise, aber locker an diesem angebunden, damit sie daran auf- und niedergleiten und Schwimmbewegungen vortäuschen.

Die Haken liegen, zu beiden Seiten aus den Mundwinkeln herausragend, zur Seite des Kopfes. Sie sollen nicht zu eng an diesem anliegen, da sie sonst nicht fassen, und auch nicht zu weit abstehen, wegen des Verhängens.

Man wirft stromauf in fließendem Wasser, in die Lücken zwischen den Pflanzen, läßt den Köder bis zum Boden sinken, hebt ihn ruckweise zur Oberfläche, läßt ihn wieder zur Tiefe schießen und sucht so die ganze Umgebung ab.

Der Hecht beißt meist gierig mit einem scharfen Riß, oft aber nimmt er den Köder ganz zart, so daß man glaubt, irgendwo hängen geblieben zu sein, bis einen ein mehr oder weniger starkes Zucken an der gespannten Leine belehrt, daß ein Hecht am anderen Ende sich mit dem Köderfisch befaßt. Je nachdem: Zieht der Hecht nach dem ersten Riß mit dem Köder ab, kürzer oder weiter, — meist sind das die mittelgroßen Stücke, die mit dem Köder oft weit ins Schilf flüchten und die Schnur um Schilfbüschel und Wurzeln winden, so daß man sie oft ohne Boot kaum mehr losbekommt. Große Hechte gehen meist nicht weit, vielfach bleiben sie am Ort des Anbisses am Boden stehen. Hat der Hecht den Fisch geschluckt, geht er weiter, in diesem Momente ist auszuhauen. In jenen Fällen, wo der Hecht mit dem Köder fortgezogen ist und sich nicht rührt, wartet man 5 Minuten, strafft dann die Leine und haut an. Vielfach macht man dann die betrübende Entdeckung, daß der Hecht 25—30 m Schnur kreuz und quer durch und um zähstengliges Schilf oder Seerosen herumgezogen hat und

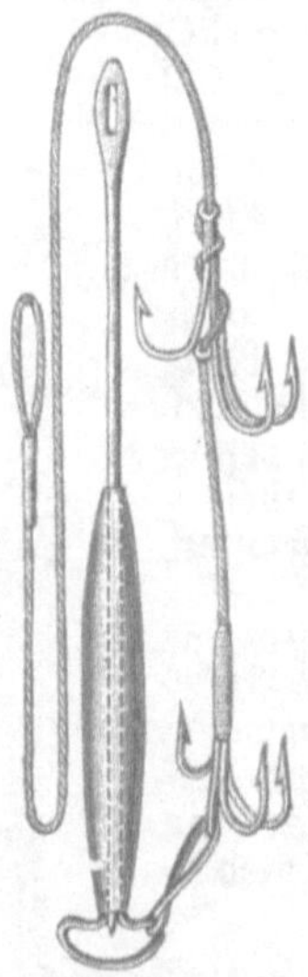

Abb. 94.

Abb. 95 a.

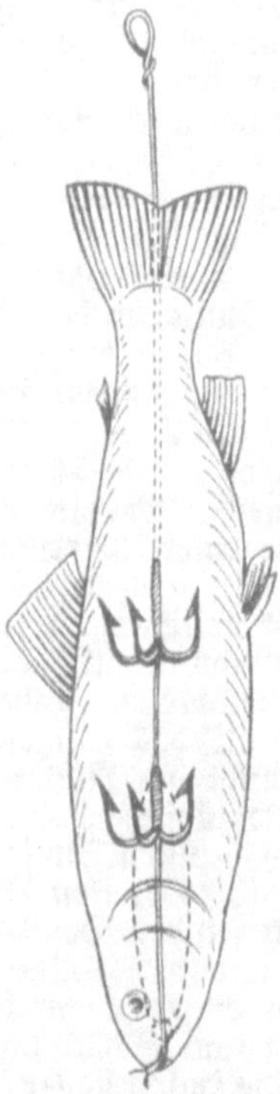

Abb. 95 b.

zum Schluß den Köder ausgespuckt hat. Dafür hat man dann Müh' und Not, seine Schnur wieder frei zu bekommen, welche durch das Reiben und Scheuern sehr stark in Mitleidenschaft gezogen wird, oftmals auch am Ende abgeprellt ist. Im günstigen Falle kommt der Hecht nach kurzem Drill, — denn er ist wehrlos —, in unseren Besitz. Wenn die Verkrautung nicht gar zu arg ist und man nicht mit jedem Wurfe einen und auch mehrere Hänger riskiert, empfiehlt sich die Verwendung der Schnappangel mit totem Köder. Das erste Modell dieser Art (Abb. 94), von Marston angegeben, ist etwas plump, und der dicke Einführungsstift daran macht den Köderfisch steif, so daß er wie ein Stein durch das Wasser schießt. Die zweite Abbildung zeigt ein von mir abgeändertes Modell. Der Bleizapfen kommt in den Bauch des Fisches und wird mit Draht mit der Öse des Vorschlages verbunden. Gut ist es, mit demselben Drahte das Maul des Fisches zu vernähen. Der Punjabdraht wird mit Hilfe einer Ködernadel ungefähr in der Hälfte des Fisches von außen eingeführt, die Nadel dann durch den Fisch durch und in der Mitte der Schwanzwurzel heraus. Die Drillinge liegen außen dem Köderfisch an; ich verwende jetzt nur mehr einen einzigen großen Drilling zu diesem Zweck (Abb. 95).

Die Führung ist dieselbe wie bei der Schluckangel, nur haut man sofort an, wenn der Hecht beißt, und hat nicht nur das Vergnügen, seinen Fisch jetzt kunstgerecht drillen zu können, sondern auch die Möglichkeit, kleine Fische unbeschädigt ihrem Element zurückgeben zu können, was einen mit dieser, ansonsten kunstlosen Methode zu angeln, versöhnen kann.

Jedenfalls betrachte man die eine und die andere nur als „ultima ratio", nie aber als Selbstzweck.

In gras- und seerosenbestandenen Wässern kann man mitunter eine Angelmethode anwenden, die sportlich entschieden höher einzuschätzen ist als die beiden vorerwähnten und zuweilen ganz schöne Erfolge zeitigt. Sie wird in einzelnen Gegenden Böhmens geübt und heißt tschechisch „Šouračka" (von šourati = hinziehen). Man fischt mit einer sehr langen, leichten Rute, Rollschnur, Drahtvorfach von 2—3 m Länge, am Ende ein kleiner Einhängewirbel und ein kleiner Senker, Olive oder Bleikugel. Man nimmt als Köder ganz kleine, eventuell tote, aber frische Fische, 5—6 cm lange Gründlinge, Lauben, Aitel u. dgl., die man durch die Lippen am einfachen Haken ködert, welcher an doppeltes Gut angewunden ist. Stromaufwärts dem Ufer entlang pürschend, wirft man den Köderfisch in Lücken im Schilf, unter Seerosenblätter oder in Zwischenräume der Wasserpflanzen oder wo man sonst einen Hecht vermutet, läßt ihn sinken, hebt ihn, führt ihn im Zickzack hin und her, jede verlockende Stelle absuchend.

Dem beißenden Hechte gibt man Schnur und haut nach einer Viertelminute an, da er ja so kleine Fische meist voll in den Rachen nimmt. Länger zu warten ist nicht ratsam, besonders wenn man mit totem Köder angelt, da der Hecht, wie viele Raubfische, einen toten Köder gerne ausspuckt.

Wichtig bei der Hechtfischerei ist, stets darauf bedacht zu sein, sich nicht sehen zu lassen und dem Wasser ohne Geräusch und ohne Erschütterung des Bodens zu nahen, ebenso den Köder so geräuschlos wie möglich einfallen zu lassen. Je seichter und heller das Wasser, desto vorsichtiger muß man sein und jede mögliche Deckung ausnützen, besonders im Sommer, wo der Hecht, im Nahrungsüberfluß schwelgend, bedeutend scheuer ist als in späterer Zeit und sich auch vielfach mit dem Anbiß Zeit läßt. Zu solcher Zeit kann man oft beobachten, wie er vorsichtig an den Köderfisch ankommt und ihn oft lange zwischen den Zähnen hält, ehe er ihn zum Verschlucken umwendet. Darum möchte ich an dieser Stelle den Rat wiederholen, den mir in jungen Jahren ein alter Hechtangler gab, und den ich hunderte Male bewährt gefunden habe: Wenn man das Malheur hatte, daß einem ein bestimmter Wurf mißlang — warten! Warten, bis sich das Wasser beruhigt hat, und dann erst nach einer geraumen Zeit den Wurf mit aller Vorsicht wiederholen. Die Befolgung dieses Rates hat mir verschiedene Male zu einem unerwarteten Fange verholfen, den ich mir durch übereiltes Herausziehen des Köders und einen sofort gesetzten neuen Wurf höchstwahrscheinlich verdorben hätte. Große Wärme, Klarwasser, Niederwasser und Sonnenbrand sind kein gutes Hechtwetter, ebenso sind die Aussichten gering, wenn ein plötzlicher Barometersturz eintritt und bei effektivem Hochwasser.

Sehr günstig sind im Sommer kühle Tage und Wind, sogar mäßiger Sturm. Im Herbst sind es wieder die milden Tage, an denen die Sonne die kleinen Fische zur Oberfläche lockt, besonders jene des Oktober und hie und da im November. Späterhin sind die milden nebligen Tage in der fortschreitenden Jahreszeit Beute verheißend, auch leichter Regen oder Schneefall tut dem Erfolg meist keinen Abbruch.

Dagegen habe ich einen plötzlichen scharfen Frosteinfall mit Eisbildung nie für günstig befunden, aber doppelt günstig ein darauf einsetzendes Tauwetter, mit leichtem Steigen des Wassers, aber ohne merkliche Trübung desselben.

Überhaupt ist ein höherer, etwas übernormaler Wasserstand zu jeder Jahreszeit dem niederen vorzuziehen, sinkendes Wasser nur nach einem starken Hochwasser, und auch da nur erst dann, wenn es nur mehr bis höchstens 50 cm über das Normale gefallen ist und das Wasser sich soweit geklärt hat, daß es auf ca. $1/2$ m durchsichtig ist.

Wenn es mir glückte, diesen Zeitpunkt zu treffen und auszunützen, so hatte ich jedesmal exorbitante Resultate, besonders hinsichtlich der Größe der erbeuteten Fische.

Wenn auch im allgemeinen an günstigen Tagen, wie sie vorhin erwähnt wurden, der Hecht den ganzen Tag an die Angel geht, so macht man doch die Bemerkung, daß es immer bestimmte Stunden sind, in denen er besonders gierig beißt, — Stunden, für die sich keine sicheren Regeln aufstellen lassen. Ich erinnere mich eines Tages an der Elbe, eines jener Tage, an denen die Luft frostig und der Himmel trübe ist und das Wasser beim Hineinfühlen warm zu sein scheint. Es war Ende November und nach einem Hochwasser, — alles stimmte, nur die Hechte ließen es an Beißlust fehlen. Wir erbeuteten ja wohl ein paar Stücke, aber unsere Erwartungen, welche wir in den Tag gesetzt hatten, erfüllten sich nicht.

Mein Freund hörte um 3 Uhr zu angeln auf, wir machten eine kleine Rast und gingen dann den langen Weg zur Station entlang dem Flusse stromauf zurück. Zeit hatten wir genügend, denn unser Zug ging sehr spät abends, und so beschloß ich, da und dort an günstigen Stellen noch einen Wurf zu machen. Gegen 3¾ Uhr kamen wir zu einer bekannt guten Stelle, einem langen, tiefen Rücklaufe hinter einer Uferverbauung. Hier versuchte ich mein Glück, trotzdem wir vorher an der gleichen Stelle vergebens geangelt hatten. Es dauerte gar nicht lange, so riß ein Hecht mein Floß zur Tiefe und hing nach aufregendem Drill endlich am Gaff, und am Ende des Rücklaufes ein zweiter, noch stärkerer, beides Burschen von vielen Pfunden, und im Verlaufe zweier weiterer Stunden hatten sich noch einige andere starke Hechte den beiden zugesellt.

Ein gleiches Erlebnis hatte ich während des Krieges an einem Spät-Oktoberabend an einem Flusse in Galizien, wo die Hechte auch erst während zweier Stunden bei hereinbrechendem Abende zu beißen begannen und immer gieriger bissen, um dann ganz aufzuhören, als es völlig Nacht geworden war.

In Galizien habe ich während zweier Jahre wiederholt versucht, die Bestätigung der Behauptung zu finden, daß die Hechte in Vollmondnächten jagen und dann am Tage darauf den Köder nicht oder schlecht nehmen; das letztere ist meist richtig, weniger das erstere. Viele Mondscheinnächte habe ich draußen am Flusse verlebt und mit Spinner, Floßangel und Paternoster — keinen Hecht gefangen, weder im Sommer noch im Herbst noch im Frühwinter, wohl aber hatte ich jedesmal und zu jeder Jahreszeit hervorragende Anbisse und kapitale Fänge bei Sonnenaufgang bis ungefähr zwei Stunden darauf. Dann war wohl, wie ich mich wiederholt überzeugen konnte, den Tag über Ruhe und erst gegen Abend zeigte sich neue Beißlust.

Ich neige nach diesen Erfahrungen, welche ich an einem mit sehr großen und äußerst zahlreichen Hechten besetzten Wasser gesammelt habe, zu der Ansicht, daß man die Erfahrungen, die man beim Fange von Forellen, die allerdings nur im Hochsommer bei Nacht und Vollmondschein gut erbeutet werden können, teilweise auch jene beim Huchen, der im September wenigstens mit einiger Sicherheit und auch nicht in jedem Wasser bei Vollmond gefangen werden kann, kritiklos auf den Hecht übertragen hat.

Noch eines möchte ich über das Hechtangeln vom Boote aus sagen:

Wer ein solches zur Verfügung hat, ist hinsichtlich seiner Fangmöglichkeiten dem Uferfischer weit überlegen, aber nur unter der Bedingung, daß er einen Bootsführer hat, der sein Handwerk aus dem ff versteht. Ein paar zu harte Ruderschläge, ein hartes Aufstoßen der Stange auf dem Grunde, ein zu hastiges Fallenlassen des Ankers — und die Aussicht auf einen Fang ist dahin. Da man im Boote viel weniger Deckung hat als am Ufer und auch viel weniger Bewegungsfreiheit als dort, sei man doppelt vorsichtig und bedacht in allen Bewegungen und besonders beim Drill großer Fische. Wenn nur möglich, lasse man die Anker heben und das Boot nur mit der Stange halten, denn ein Hecht, der die Ankerleine erfaßt oder mit der Schnur umwickelt hat, ist nahezu totsicher verloren, ehe es gelingt, die Schnur zu befreien. Unbedingt vermeide man alle forcierten Landungsversuche, drille vielmehr seinen Fisch bis zur völligen Erschöpfung, ehe man ihn langseits des Bootes dem Handnetze oder Gaff zuführt.

Der Drill des Hechtes ist, wenn er einmal eine annehmbare Größe erreicht hat, ziemlich aufregend, wenn man mit feinem Zeuge angelt. In älteren Angelbüchern kann man die Anleitung lesen, mit dem Hecht kein Federlesens zu machen und ihn so rasch als möglich ans Land zu bringen; das hatte vielleicht eine Berechtigung mit Hinsicht auf das schwere Zeug, welches man damals zum Hechtfange benützte, und die nicht ganz hervorragenden Haken.

Heutzutage mit unseren elastischen Gerten von fast unverwüstlicher Federkraft, den elastischen, feinen Seidenschnüren und den haarscharfen, erstklassigen Stahlhaken dürfen wir uns getrost auch mit einem sehr schweren Fische in einen langen Kampf einlassen. Gewiß — den Kopf darf man nicht verlieren, wenn ein großer Hecht den Anhieb mit einem böswilligen Gegenriß quittiert und dann in einem Saus eine gehörige Länge Schnur mit sich hinausnimmt. Darum muß man auch im Augenblicke des Anhiebes die Rolle gesperrt haben, damit sie nicht überlaufe, und von der Arbeitskraft der Gerte den weitestgehenden Gebrauch machen.

Wenn der Hecht, was er meistens tut, in Schilf- oder Krautbetten flüchten will, muß man ihn daran unter allen Umständen verhindern, aber ja nicht etwa versuchen, ihn auf seiner Flucht durch einen gewaltsamen Ruck aufhalten zu wollen. Nein, — man verstärke den Widerstand der Rolle durch stetig stärkeres Aufpressen des Daumens auf den Rand der Trommel und in gleichem Maße lasse man die Federkraft der Gerte auf ihn wirken.

Wenn er nach dem Grund bohren will, so verhindere man ihn daran durch stetes Heben und Steilhalten der Gerte, die man aber sofort zum Wasserspiegel senken muß, sowie er die geringsten Anstalten macht, heraufzukommen, was er am liebsten tut, um über Wasser zu springen und mit offenem Rachen sich zu schütteln, um sich so von den Haken zu befreien. Es gilt demnach fast als Regel, den Drill des Hechtes mit der zum Wasserspiegel geneigten Gerte durchzuführen, selbst wenn deren Spitze ins Wasser taucht. Selbstredend muß auch dabei die richtige Drillstellung der Gerte eingehalten werden, in welcher sie und die Schnur einen Winkel von 45° bilden sollen. Je weiter vom Angler der Kampf ausgefochten werden kann, wobei als günstigste Entfernung 20—25 m angenommen werden, desto leichter und müheloser ist der Drill. Selbstredend ist das Vorhandensein von Hindernissen in Rechnung zu stellen und unter Umständen muß man den Drill auf viel kürzere Distanzen ausführen, was von den Geräten das Maximum an Widerstandsfähigkeit verlangt. Man beeile sich nicht, den Hecht hereinzuholen, ehe er Symptome von Ermüdung zeigt, und sei auch da noch vorsichtig, — oft genug macht ein stärkerer und scheinbar abgekämpfter Fisch noch im letzten Moment eine Flucht von ungeahnter Kraft und wird vielfach dabei frei. Starke Hechte wiederholen zuweilen ein solches Spiel einige Male, und der Drill kann ein recht langer werden. Man lasse sich dadurch aber nicht irritieren, jede Flucht und jeder neue Widerstand des Fisches bringt ihn um so rascher seiner Niederlage entgegen und Sieger bleibt stets „der Mann mit den besseren Nerven".

Manchmal kommt es vor, daß ein starker Hecht nach dem Anhieb sich fast widerstandslos heranrollen läßt. Das ist meist dann der Fall, wenn der Haken in der Zunge oder in den Kiemen gefaßt hat. Man lasse sich durch dieses scheinbare Ergeben in das Schicksal nicht täuschen, denn sobald er den Angler erblickt, oder dessen verfrühte Bewegungen mit Gaff oder Unterfangnetz wahrnimmt, nimmt er den Kampf mit der Wut der Verzweiflung auf und kämpft gewöhnlich viel härter als alle anderen. In solchen Fällen gelingt es manchmal, wenn das Ufer dazu günstig ist, durch rasches Zurückgehen ins Land aus dem Gesichtskreise des Fisches zu kommen und ihn rasch und entschlossen zu stranden, ehe er an Widerstand denkt; aber diese Fälle sind leider nicht die Regel.

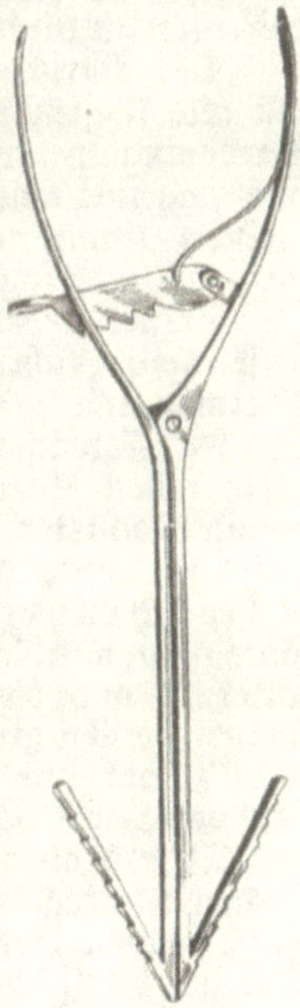

Abb. 96.

Zum Landen des Fisches ist der Gaff das sicherste Instrument; das von manchen empfohlene Ausheben mit der Hand unter den Kiemen ist mitunter eine gefährliche Geschichte, und Hechtzähne oder Angelhaken im eigenen Fleisch gehören nicht zu den größten Annehmlichkeiten des Anglerlebens.

Auch sei man vorsichtig beim Herausnehmen der Haken aus dem Maule der Hechte und bediene sich dabei eines Hakenlösers und eines Holzkeiles, den man dem Hechte zwischen die Kiefer schiebt, um ein Zuklappen derselben und eine unangenehme Verletzung zu vermeiden, wenn man nicht schon einen eigenen Rachenöffner (Abb. 96) hierzu benützt.

Der Flußbarsch. (Perch.)

Der Barsch, wie er allgemein kurz genannt wird, ist einer unserer bekanntesten und farbenschönsten Fische. Er gehört zu den Stachelflossern, wie seine Rückenflosse, welche harte Stacheln oder Strahlen trägt, beweist. Sein Leib ist gedrungen, muskulös, hochrückig, die Augen sind groß und sein Maul breit gespalten, mit feinen Zähnen bewehrt. Die Schuppen sind klein, äußerst fest sitzend, und tragen am Rande eine kammartige Zähnung. Der gezahnte Kiemendeckel endet hinten in eine dornartige Spitze.

Die Farbe des Rückens ist dunkelolivgrün mit schwarzen Rändern. Die Seiten sind weißlichgelb, ebenso der Bauch, oder auch messinggelb, mit einem Schimmer von Grün überhaucht.

Die Rückenflossen stehen unmittelbar hintereinander. Die erste Rückenflosse zeigt am Ende einen schwarzblauen runden Fleck. Die Brustflosse ist gelbrot, Bauch- und Afterflossen zinnoberrot.

Sein Fleisch ist fest, weiß, wenig grätig und wird hochgeschätzt.

Der Barsch laicht im Mai und Juni und vermehrt sich zahlreich. Die Fische eines Jahrganges stehen in Schwärmen beisammen. Erst die älteren und großen Exemplare sondern sich etwas ab, stehen jedoch im Spätherbst auch zusammen. Dieser Umstand und die große Gefräßigkeit der Barsche lassen es erklärlich erscheinen, daß man mitunter ganz exorbitante Fänge macht.

Der Barsch bewohnt mit Ausnahme der kältesten Alpenseen fast alle fließenden und stehenden Gewässer von Europa, von der Barbenregion angefangen bis ins Brackwasser hinein. Je wärmer und nahrungsreicher das Wasser, desto größer wird er; im allgemeinen nimmt seine Größe nach Norden und Osten hin zu. Er wird bis und sogar über 2 kg schwer.

Seiner Lebensweise nach ist er ein äußerst gefräßiger Räuber, dessen Hauptnahrung kleine Fischchen, aber auch Fischlaich, Schnecken, Würmer und andere Wassertiere bilden.

In Gewässern, wo Salmoniden vorkommen, was besonders in manchen Seen der Fall ist, ist er ein vielleicht bislang viel zu wenig beachteter Schädling, dessen Räubereien vielfach zu Unrecht auf das Konto des Hechtes gebucht werden. Schon die Tatsache, daß er sich enorm vermehrt und ein Allesfresser ist, macht das Gesagte glaubwürdig. In Flüssen, in denen das Wasser an und für sich kälter ist und bleibt, wird er dem Salmonidenbestande im allgemeinen keinen großen Schaden tun, weil ihm einmal kaltes Wasser nicht zusagt, zum anderen der dann auch mit ihm zusammen vorhandene Hecht dafür sorgt, daß er nicht zu sehr überhand nimmt.

Anders aber liegen die Verhältnisse in Seen, welche in den flachen Uferregionen im Sommer sich stark erwärmen und in dieser Zone reichen Bewuchs aufweisen, der vorzugsweise von der Jungbrut der Edelfische als Nahrungsspender bevölkert wird. Hier kann der Barsch durch Vertilgen derselben ganz unberechenbaren Schaden anrichten. Kommt hierzu noch der Umstand, daß die Hechte in unvernünftiger Verkennung ihres Wertes sowohl als Marktfisch wie auch als Gleichgewichtsfaktor im biologischen Haushalte der Natur übermäßig abgefangen oder gar ausgerottet werden, dann ist der Übervölkerung der Barsche kein Einhalt geboten. Das hat aber wieder zur Folge, daß diese mit der Zeit zu einer Zwergrasse degenerieren, und das betreffende Wasser ist dann in doppelter Hinsicht geschädigt: einmal durch die Verminderung des Standes und des Zuwachses an Salmoniden und das andere Mal durch die Verkümmerung der Barsche, welche für den Markt wertlos werden.

Diese Erscheinung hat man bereits an einzelnen Gewässern mit Sicherheit einwandfrei festgestellt.

Als Beuteobjekt für den Angler nimmt der Barsch eine hervorragende Stellung ein, — einmal deshalb, weil er ein flotter Beißer ist und mit jeder Methode der Angelei zu erbeuten ist, sodann, weil er das ganze Jahr über an die Angel geht.

In Flüssen liebt er die stillen, tiefen Gumpen und Rückläufe unter Schleusen und Mühlanlagen, Wasserlöcher, tiefe Stellen hinter Schilf und große Krautbetten, Steine, versunkenes Holz usw. am Grunde. Auch steht er gerne unter Brücken und unter Floßholz, in Häfen und Altwässern, hier besonders am Ein- und Auslauf, wenn diese mit dem Hauptflusse zusammenhängen, an der Grenze zwischen Strömung und tiefem, stillem Wasser, wo die Nahrung zusammengetrieben wird. An Buhnen und Einbauten steht er meist am Kopf oder am Ende derselben. Bei Hochwässern steht er zu den Ufern zu und sind es namentlich kleine Wirbel in der Nähe derselben oder am Einlauf eines Seitenwassers, wo man ihn dann zu suchen hat.

In Seen steht er im Sommer in seichterem Wasser, wo Schilf, Binsengelege und Seerosen wachsen; später geht er in größere Tiefen. Die besten Plätze sind die vielfach sog. „Barschberge“, hügelartige Erhebungen des Seegrundes, an deren abfallenden Seiten er zieht.

Man angelt auf den Barsch sowohl mit der Floßangel wie auch mit dem Bodenblei und der Paternosterangel.

Trotzdem, wie schon erwähnt, der Barsch sehr gefräßig ist und den dargebotenen Köder flott, ja sogar oft mit wilder Gier ergreift, wäre es ganz falsch, zu seinem Fange starkes Geräte verwenden zu wollen. Im Gegenteil: haltbar ja, aber so fein wie möglich; eine Schnur von höchstens 10 lbs. Tragkraft ist vollkommen genügend, auch für einen guten Hecht, der zufälligerweise einmal anbeißt, wenn man mit lebendem Köder fischt; ein zartes, schlankes Floß, Gutvorfach von 1—1½ m Länge, eventuell Silkcast und einfache Haken, nicht zu stark im Draht, aber von bester Qualität. Das Gut nehme man für die Wurmangel bei klarem und niederem Wasser von der Stärke Fina, eventuell Refina, bei trübem und hohem Wasser Regular, eventuell Padron, letztere beide Arten auch für die Fischchenangel. Die äußerst feine „Stahlseide“ dürfte aber, außer vielleicht bei sehr klarem Wasser, das Gut ersetzen können, besonders dort, wo man auch mit dem Anbiß eines Hechtes zu rechnen hat.

Bezüglich der Feinheit des zu benützenden Zeuges möchte ich ein eigenes Erlebnis als Beispiel wiedergeben.

An einem milden Novembertage des Jahres 1916 angelte ich mit einem Freunde in einem galizischen Flusse Köderfische. Das Wasser war ziemlich klar und bildete, unter einer Brücke hervorströmend, einen großen Rücklauf von mehr als 3 m Tiefe. Wir benützten Leinen der alten Numerierung ½, winzige Floße und die feinsten Vorfächer, die wir hatten, nebst sehr kleinen Haken, und Rotwürmer als Köder, — und fingen große Plötzen, für die wir keine Verwendung hatten, aber fast keine Köderfische. Dagegen machten wir die Bemerkung, daß öfters unsere Floße langsam in die Tiefe gezogen wurden, ohne daß der Anhieb saß. Beim nächsten derartigen Anbiß wartete ich geduldig, bis der Fisch so weit abgezogen war, daß die Leine sich gestrafft hatte, — und nun saß der Anhieb und ein mächtiges Sträuben zeigte mir, daß ein großer Fisch am anderen Ende hänge. Nach einem vorsichtigen Drill von vielen Minuten führte ich einen kapitalen Barsch ins Netz, bald darauf einen zweiten. Mein Freund wechselte daraufhin Floß, Vorfach und Haken, und das Resultat dieser Umstellung auf stärkeres Zeug war, daß ich noch ein paar Barsche erbeutete, er aber nicht einen einzigen Anbiß mehr hatte, so daß er wieder zum feinen Zeug zurückging, worauf auch bei ihm die Fische wieder bissen.

Welche Nutzanwendung wäre demnach aus dem Gesagten zu ziehen? Erst einmal die, auf Barsche überhaupt das feinst zulässige Zeug zu nehmen, und weiter die, wenn die Fische schlecht oder nicht beißen, es mit immer feinerem Zeuge zu versuchen, als man es eben führte, und letzteres ganz besonders, je niederer und heller das Wasser und je klarer das Wetter ist.

Das gilt auch von den Senkern; lieber mehrere kleine unsichtliche als einen großen. Wenn man mit der Wurmangel fischt, so ködert man je nach Jahreszeit und Wasserverhältnissen: Tauwürmer im Frühjahre, Herbst und Winter sowie bei hohem und trübem Wasser; Rotwürmer und Brandlinge bei klarem und niederem Wasser im Sommer und bei hellem Wetter. Von den letzteren empfiehlt es sich, 2—3 ganz kleine oder kleinere an den Haken zu stecken, so daß die vielen Enden sich lebhaft bewegen.

Man stellt das Floß so tief, daß der Köder möglichst nahe am Grunde sei, und lasse das Floß bis auf $^1/_5$ oder $^1/_6$ seiner Länge tauchen; der Barsch liebt keine großen Widerstände. Ebenso achte man darauf, daß die Schnur gut schwimme. Die kleinen Barsche ziehen unter lebhaftem Rucken das Floß nach der Tiefe, die großen, wie ich oft und oft zu bestätigen Gelegenheit hatte, in bedächtigem, stetem Zuge; finden sie zu großen Widerhalt, sei es durch ein zu großes und wenig tauchendes Floß oder hinterher schleppende, schwere oder voll Wasser gesogene Schnur, lassen sie den Köder gerne aus.

Das ist namentlich wichtig zu bedenken, wenn man mit langer Leine angelt. Der Anhieb darf nicht hart sein, sondern nur ein zügiger Ruck, denn die Barsche haben ein weiches Maul, und trotz ihrer Raubgier sind sie bald vergrämt, wenn einige beim Anhieb verletzt werden oder im Drill abkommen, während man andererseits einen nach dem anderen an derselben Stelle erbeuten kann.

Für die Fischchenangel verwendet man meistens die Angel mit dem Floß, besonders im Spätsommer und Herbst, nicht zu starkdrähtige Haken an einfachem Gut, einen sehr kleinen Senker,

50 cm ober dem Haken und nur einen ganz kleinen Einhängewirbel, Größe 9, an der Rollschnur. Die Hakengröße variiert zwischen Nr. 6—1, je nach Größe der Köderfische. Am besten sind Rundbogen- oder Snekbenthaken. Das Köderfischchen wird durch die Lippen geködert, außer man hat lebende Neunaugen zur Verfügung, die man dann nach den im Kapitel Köder gegebenen Anweisungen anködert. Als Köderfische nehme man nur ganz kleine Lauben, Aitel, Gründlinge, Bachgrundeln, Pfrillen oder Karauschen; letztere sind mir die liebsten, leider sind sie nicht überall zu haben. Jedenfalls nehme man keine Köderfische über 7 cm Länge, weil in der freien Wildbahn der Barsch eben mit Vorliebe nur dem kleinen und kleinsten Fischzeug nachstellt und große Köder meist nur im Maule herumträgt, ohne sie zu schlucken.

Ich konnte einmal einen großen Barsch beobachten, der eine ca. 12 cm lange Bachgrundel, die allerdings nicht für ihn bestimmt war, minutenlang im Maule hin und her schleppte, ehe er sich ruhig auf den Grund stellte, um sie zu wenden und zu verschlucken.

Beim Gebrauche der Paternosterangel kann man oft mit Vorteil zwei Haken verwenden, deren einer mit einem Fischchen, der andere mit Wurm beködert ist. Die beiden Haken sind auf 30—35 cm übereinander eingeschlauft, statt des bei der Hechtangel verwendeten Armes ist es besser, 5—7 cm lange Schleifen ins Gut zu binden, welche die Angeln genügend weit weg vom Vorfach halten, um ein Verhängen zu vermeiden und die Zwischenfächer höchstens 10—12 cm lang zu nehmen. Dort, wo man eventuell mit dem Biß eines Hechtes zu rechnen hat, wird es sich empfehlen, den Haken, welcher mit Fischchen oder Neunaugen beködert wird, an Stahlseide zu montieren.

Immer aber trachte man mit der einen oder anderen Angel möglichst am Grunde oder in dessen Nähe zu sein, besonders im Frühjahre sowie im Spätherbste bzw. im Winter. Und auch hierbei übereile man sich nicht mit dem Anhiebe. Beißen die Barsche gierig, so verschlingen sie den Köder gleichsam auf den ersten Schluck und hauen sich meist selbst an, beißen sie vorsichtig oder träge, lasse man ihnen Schnur und warte ein paar Sekunden nach dem Bisse, ehe man anhaut, was einfach durch Erheben der Gertenspitze geschehen soll. Das genügt, „um den Haken nach Hause zu bringen", wie der Engländer sagt.

Ich habe einmal den Versuch gemacht, Barsche am Paternoster zu fangen und als Köder große künstliche, weiße Fliegen zu verwenden. Der Erfolg, den ich hatte, ermutigt mich, dieses Verfahren zur Nachahmung zu empfehlen.

Wie ich schon erwähnte, beißt der Barsch das ganze Jahr hindurch, jedoch nicht bei jedem Wetter: Hochsommerhitze, heller Himmel, Niederwasser und große Klarheit desselben sind absolut ungünstig, ebenso im Winter klingender Frost, Eisbildung an den Rändern bei klarem Wasser und dazu Nord- oder Ostwind bei hellem Himmel.

Im Sommer sieht man oft die Barsche jagen, kleine Fischchen springen hoch übers Wasser oder sogar ans Land. An solchen Stellen und Zeiten kann man den Barsch leicht erbeuten mit der leichten Spinnangel, sogar mit der Kunstfliege bzw. den kleinen Fliegenspinnern.

Die Aussicht, ihn an der rinnenden Floßangel im Strome zu fangen, ist ziemlich gering, außer an einem recht kühlen und windigen Tage, womöglich mit leichtem Strichregen.

Günstiger wird es schon, wenn starke Regengüsse das Wasser steigen machen und etwas trüben, wo er sich dann knapp an das Ufer stellt und an diesem seiner Nahrung nachgeht. Man wird aber die besten Erfolge mit dem festliegenden Floße haben.

Die beste Zeit aber ist das Frühjahr nach der Schneeschmelze bis gegen die Laichzeit und dann vom September angefangen. Milde Oktober- und Novembertage bringen oft große Strecken, besonders mit der Fischchenangel oder am Paternoster. Der Drill des Barsches ist nicht schwer, auch nicht aufregend, er macht keine Fluchten wie der Hecht oder die Schläge des Zanders, meist strebt er nur nach der Tiefe, und es genügt, ihn stramm hochzuhalten und die Elastizität der Gerte ihr Werk verrichten zu lassen, um ihn bald zu ermatten und ins Netz zu führen. Man hüte sich nur vor hastigem Drill und Reißen, sonst kann man leicht dem Fisch den Haken aus dem weichen Maule schneiden. Deshalb empfiehlt es sich auch, zum Barschfischen eine zwar gut federnde, aber nicht zu steife Gerte zu verwenden.

Der Zander oder Schill (Hechtbarsch), (pike-perch).

Der Zander ist ein weiterer Vertreter der Stachelflosser. Von seinen beiden Rückenflossen, die unmittelbar nebeneinanderstehen, trägt die erste harte Strahlen. Am Kiemendeckel ist nur der Vorderdeckel gezahnt, und zwischen den Bürstenzähnen stehen in seinem Maule auch einzelne längere Hundezähne.

Sein Körper ist langgestreckt, spindelförmig; am Rücken und an den Seiten grünlich-grau, der Bauch weißlich, die Schuppen sind klein und tragen wie beim Barsche kammartige Zinken am Hinterrande. Über Rücken und Seiten ziehen dunkle, vielfach verwaschene Bänder oder Flecke.

Die Rückenflosse ist stets, die Schwanzflosse manchmal schwarz punktiert. Die übrigen Flossen sind von schmutziggelber Farbe.

Männchen und Weibchen lassen sich vom Aussehen unterscheiden: im Profil gesehen haben die ersteren eine konkave Einbuchtung der Vorderschnauze, während bei letzteren die Linie ungebrochen von der Schnauze zur Rückenflosse ansteigend verläuft. Das eigentliche Verbreitungsgebiet des Zanders ist der Nordosten Europas von der Elbe angefangen — nach dem Westen wurde er künstlich verpflanzt, und zwar mit Erfolg, ebenso in einigen Seen. Er kommt aber auch im Donaugebiet vor, und zwar schon mit dem Huchen zusammen.

Er ist der typische Fisch des großen Stromes, der Seen und der warmen Wasser — deshalb gedeiht er im Plattensee so hervorragend, da dieser weithin flache Ufer und sonnendurchwärmtes Wasser besitzt. Er kommt aber auch in Brackwasser häufig und in großen Exemplaren vor. Der Zander laicht im April, Mai und Juni an seichten kiesigen Stellen, wo das Wasser rasch warm wird — und da die fehlerhaften Flußregulierungen, wie z. B. die der Donau, die meisten seiner Laichplätze vernichtet haben, ist in seinem Bestande vielfach eine merkliche Abnahme zu verzeichnen.

Der Zander ist in ihm zusagendem Wasser recht schnellwüchsig und erreicht hohe Gewichte, wie z. B. im Plattensee, aber auch in der Elbe werden noch häufig sehr große Fische erbeutet und die Flüsse des nordöstlichen Deutschlands und die Haffe beherbergen noch stattliche Exemplare.

Seiner Familienzugehörigkeit nach ist er ein Raubfisch und noch dazu ein sehr gefräßiger, der außer Fischen auch Würmer und Schnecken verzehrt. Klares kaltes Wasser sagt ihm nicht zu, daher ist er ein Bewohner der Mittel- und Unterläufe der großen Flüsse, der Vorlande und Ebenen, deren Wasser nie eigentlich ganz klar wird. Hier steht er in der Tiefe, hinter großen Steinen, in Löchern am Grunde, unter versunkenem Holze und Wurzelwerk, meist weit draußen vom Ufer, dem er sich nur in der warmen Jahreszeit meist gegen Abend und in der Dämmerung sowie um Sonnenaufgang und eine Zeit danach nähert, um hier zu jagen. Deshalb findet man ihn nahe der Oberfläche und im Mittelwasser nur zu dieser Zeit; später zieht er sich immer mehr in die Tiefe zurück und um so weiter vom Ufer, je mehr der Wasserspiegel sinkt.

Seine Lieblingsstände sind bis zu 6 und 7 m tiefe Stellen zwischen oder neben Strömungen und Wirbeln oder in Rückläufen, speziell die tiefen Auswaschungen am Grunde, wo das Wasser wieder ruhig geht — hinter Brückenpfeilern und Einbauten oder an den Buhnen. Besonders liebt er tiefe Altwasser, welche mit dem Strome zusammenhängen, hier steht er in der Nähe der Ein- und Ausflüsse, je nach der Jahreszeit höher oder tiefer, auch Häfen liebt er und ist besonders an und um den Hafenmund zu finden, vorausgesetzt, daß daselbst eine entsprechende Tiefe ist. Er steht meist gesellig und wo man einen Schill gefangen hat, kann man deren einige erbeuten, wenn man vorsichtig ist.

Die beste Saison für den Zanderfang an der Angel beginnt nach Mitte August und dauert bis tief in den November, wenn der Winter nicht zu zeitig und zu hart hereinbricht.

Man erbeutet ihn auch mit der Spinnangel — aber die beste Fangmethode ist die Floßangel mit den lebenden Fischchen, die Grundangel mit Bodenblei und die Paternosterangel. Letztere habe ich jedoch meistens nur dann mit vollem Erfolge betrieben, wenn ich ein Boot zur Verfügung hatte.

Die Spinnfischerei auf Zander ist eigentlich undankbar — obzwar mit feinem Geräte zu betreiben, stehen die Erfolge weit hinter den Erwartungen zurück —, weil eben der Schill ein Fisch der Tiefe ist, in die man kaum mit der Spinnangel hinunterkommt ohne sehr viel Beschwerung, welche wieder dem scheuen Fisch verdächtig vorkommt, und wenn man schon hinunterkommt, so hat man eine Unmasse Hänger, denn wie erwähnt, steht der Schill am meisten unter großen Steinen und Holz.

Dagegen kommt man mit der Floßangel, noch mehr aber mit dem Bodenblei und der Paternosterangel in jede gewünschte Tiefe und riskiert viel weniger Hänger als beim Spinnen.

Da der Zander nur in großen Wasserläufen lebt, die vielfach reguliert sind, und diese noch meterweit Steinwurf in den Fluß hinein besitzen, so ist zu seinem Fange eine lange elastische Gerte äußerst empfehlenswert, mit der man weit hinauslangen kann — mit kurzen Gerten kommt man viel zu rasch ans Ufer und in den Steinwurf an demselben. Ich habe mich mit größtem Erfolge seinerzeit einer 18 Fuß langen Lachsrute aus Greenheart bedient und würde mir heute, wenn ich wieder Schille zu angeln Gelegenheit hätte, unbedingt eine solche wieder dazu anschaffen, bzw. eine solche mit Angabe des Zweckes extra bauen lassen mit dem Verlangen, das Gewicht in die Hand zu verlegen und die Gerte weniger schwungvoll zu bauen als zum Wurfe mit der Fliege — eine solche hätte dann die richtige Aktion bei genügender Elastizität. Selbstredend müssen bei einer solchen Gerte die Ringe etwas weiter sein, besonders der Kopfring. Nun zur Schnur: die alten Schillfischer meiner Zeit verwendeten recht dicke Schnüre, die allerdings zu den langen schweren Bambusgerten, die sie führten, paßten; ich bin aber bald davon abgekommen, meine Greenheart allein zwang mich schon dazu und tatsächlich: eine Schnur von maximal 10—12 lbs. Tragkraft genügt für den schwersten Schill vollauf, man darf natürlich mit ihr nicht jahrelang angeln wollen, denn sie verbraucht sich im Laufe einer Saison, oft noch früher, wenn man viel angelt. Ich finde diese meine Erfahrung bestätigt in dem Buche von Otto Fellner, der ein in jeder Beziehung prächtiger Angler ist und im Zanderfischen große Erfahrungen besitzt. Und daß Fellner und ich diese Erfahrungen unabhängig von einander machten, spricht noch mehr für deren Richtigkeit.

Unsere Schnüre von heute sind ja unvergleichlich feiner als jene vor 25 und 30 Jahren waren, viel dünner und glätter bei viel größerer Tragkraft als die damaligen. Von größter Wichtigkeit ist es auch hier, daß die Schnur gut schwimme; ans Ende der Rollschnur kann man einen kleinen Einhängewirbel Nr. 9 einbinden, unbedingt nötig ist es aber nicht, da der Zander sich nicht wälzt, wie es Huchen und manchmal große Hechte tun.

Auch das Floß sei so leicht und klein, vor allem schlank wie möglich, denn der Zander liebt noch viel weniger als alle anderen Fische das Verhaltenwerden beim Anbiß, und läßt beim geringsten Verdachtsmomente den Köder fahren.

Das Vorfach sei 1—1½ m lang, von starkem einfachen Gut, Stärke Padron bis Marana, ebenso wird der Haken nur an einfaches Gut gebunden — die Größe 3—1/0, je nach der Größe des Köders und der Sichtigkeit des Wassers, genügen. Aber auch hier wird man meines Erachtens, fast immer das Gut durch „Stahlseide" oder ein feinstes gesponnenes Vorfach ersetzen können.

Der Senker sei möglichst unsichtig — eine kleine Olive — noch besser Bleidraht 50—60 cm vom Köder — im Gewichte von 8—10 g im Durchschnitt; nur für starke Strömung braucht man etwas schwerere Senker, aber bestimmt nie mehr als 15 höchstens 20 g. Da der Zander ebenfalls kleinere Köder bevorzugt, so gehe man auch bei ihm nicht über eine Größe von höchstens 7—8 cm hinaus. Lauben, Schneider, Grundlinge, Karauschen, Aitel sind von ihm sehr gerne genommen. Die beste Köderung ist die durch die Lippen, doch sollen die Haken zwar kräftig aber nicht zu dick im Drahte sein. Man wirft in den Strom und dirigiert das Fischchen in demselben hin und her, besonders in die Wirbel und Rückläufe und sehe darauf, daß das Fischchen möglichst lange an Stellen verweile, wo man Zander erwarten kann. Hat man keinen Anbiß, versuche man immer tiefer zu senken — eventuell wechselt man das Vorfach und den Haken und versucht feinere Sorten. In der wärmeren Jahreszeit führe man nach Abfischung der weiter draußen gelegenen Stellen das Fischchen in Zügen — nicht einrollend! neben dem Ufer zu sich zurück — vielfach beißt der auf Raub ausgehende Zander bei dieser Gelegenheit. So fischt man jede einladende Stelle ab. Solche Stellen, an denen größere Tiefen sind als die Gerte lang ist, wo man das Floß so hoch stellen muß daß es beim Wurfe stört, beangelt man am vorteilhaftesten mit dem Bodenblei oder Paternoster. Allerdings empfiehlt es sich, für diese Art zu angeln, eine Schleife abgezogener Schnur in der Hand zu halten und diese beim Biß aus den Fingern gleiten zu lassen, damit der Fisch keinen Widerstand findet. Der beißende Zander zieht mit dem Fischchen in die Tiefe und zieht das Floß oder die Leine nach — meistens bleibt er dann einen Moment stehen, zum Schlucken zu wenden und zieht dann weiter. — In diesem Augenblick ist dann der kurze aber zügige Anhieb zu setzen — oft aber besonders bei scheuen Fischen empfiehlt sich der Anhieb, wenn das Floß in der Tiefe verschwindet oder der Fisch die Leine durch die Finger zieht und eine Weile in der Tiefe bleibt. — Das ist Erfahrungssache oder besser Sache des instinktiven Empfindens, das sich weder beschreiben noch lehren läßt.

Auch bei der Verwendung der Paternosterangel ist es rätlich, eine Schleife Schnur in der Hand zu halten und diese im Augenblicke des Anbisses freizugeben, damit der Zander unbehindert abziehen kann, ev. ihm noch Schnur zu geben bis er stehen bleibt. Der Anhieb erfolgt hierbei unter gleichen Bedingungen wie bei der Floßangel. Ich habe auch mit dem Paternoster von Rolt mit gutem Erfolg auf Zander gefischt, nur müssen natürlich die Dimensionen der Schwimmers kleinere sein, was mit Rücksicht auf das feinere Zeug auf keine Schwierigkeiten stößt; ich erinnere mich, einmal in der Elbe damit dem Zander beigekommen zu sein, an einer Stelle, wo die anderen Angelzeuge versagten.

Was ich im Kapitel über den Hecht betonte — das „Weit-weg-vom-Fisch"-Angeln, das gilt auch hier vom Zander. In den großen Flüssen stehen Hechte und Zander in der späten Jahreszeit an den gleichen Stellen, besonders an und in den großen Buhnen, wo man ihnen nur mit sehr lang ausschwimmender Leine beikommen kann.

Wenn ich die Floßangel beim Hechte schon in solchen Gegenden und Verhältnissen als der Spinnangel überlegen bezeichnete, gilt dies doppelt und dreifach vom Zander, der eigentlich für die Spinnangel der am wenigsten geeignete Fisch ist.

In Anbetracht der Kleinheit der zum Zanderfang verwendeten Köderfische und deren Zartheit vermeide man es soviel als möglich, unnötige Weitwürfe zu machen; in stillen Altwässern vermeide man es soviel als möglich, unnötige Weitwürfe zu machen; in großen Altwässern werden sich solche allerdings nicht vermeiden lassen, aber dann werfe man so wenig als möglich, weil jeder Wurf das Leben der Köderfische verkürzt.

Noch wichtiger wie beim Hechte ist beim Zurückholen des Köderfisches das schrittweise Einziehen der ausgegebenen Schnur in Klängen und die Pausen zwischen den einzelnen Zügen seien so lang wie möglich, ganz besonders in stillem Wasser oder in schärferen Strömungen.

Der Drill eines größeren Schills von sagen wir 3—4 kg aufwärts bietet eine Summe von Aufregungen und Vergnügen, an feinem Geräte natürlich. Ein Schill wehrt sich ganz ansehnlich — flüchtet und drückt in die vertraute Tiefe, spreizt sich und schlägt nach dem Vorfach — ein Verfahren, das man durch strammes Heben und das Federspiel der Gerte zu parieren hat, bis er endlich klein beigibt und ins Netz gebracht wird. Ich möchte es nicht empfehlen, wie Fellner es tut, den Schill mit der Hand auszuheben — die Gefahr einer bösartigen Verletzung an den Stacheln der Rückenflosse ist für den Ungeübten zu groß — eines der großen zusammenklappbaren Landungsnetze, wie man sie zum Forellenangeln benützt, ist entschieden sicherer und ohne Unbequemlichkeiten mitzunehmen.

Sonstige Raubfische.

Der Wels (Waller oder Schaiden).

Unter den Raubfischen unserer Gewässer ist er nicht nur der einzige Vertreter seiner Art, sondern auch der größte von allen, denn sein Gewicht erreicht die Schwere von Meterzentnern und seine Länge bis zu zwei Metern; darin wird er nur noch vom Stör übertroffen, welcher aber als mit der Handangel zu fangender Fisch für uns nicht in Betracht kommt. Das Äußere des Welses ist ungemein charakteristisch. Sein Leib ist walzenförmig, seine Haut an der Oberseite olivgrün bis schwarzgrün, auch schwarzbraun gefärbt, an der Bauchseite schmutzigweiß. Außerdem sind zahlreiche dunklere

Flecken wie eine Marmorierung über seine Seiten verstreut. Diese Färbungen wechseln sowohl in den einzelnen Farben und ihren Nuancen, als auch in der Intensität; jedenfalls spielen da Bodenfarben des jeweiligen Standortes mit, wie wir ja bei vielen Fischen, besonders bei den Koppen und Flundern eine mimikryartige Anpassung an die Umgebung beobachten können. In der Tat werden in manchen Gegenden die heller gefärbten Welse mit dem Namen „Steinwaller" bezeichnet, die dunkelfarbigen dagegen „Sumpfwaller" genannt.

Auffallend ist die schier winzig zu nennende, dreieckige Rückenflosse, und die sehr lange, schmale Afterflosse. Das Charakteristischeste des Fisches ist aber sein mächtiger breiter Schädel, mit den sehr kleinen Augen und dem tiefgespaltenen geräumigen, weiten Rachen und den Bartfäden, von denen die Oberlippen ein Paar sehr lange, die Unterlippen vier kurze tragen.

Das Fleisch des Welses ist weiß, fett und arm an Gräten; das junger Exemplare ist sehr wohlschmeckend, ältere Tiere schmecken tranig.

Der Wels bewohnt die großen Ströme Europas, besonders jene des Nordens und Ostens sowie des Donaugebietes, aber er wird auch in vielen Seen gefunden.

Über seine Bedeutung als Angelobjekt gehen die Ansichten auseinander. Sicher ist das eine, daß die Wahrscheinlichkeit, ihn zu fangen im allgemeinen keine allzugroße ist, am geringsten aber doch schon für einen Angler, der ihm zuliebe eine weite Reise unternehmen wollte. Es gibt zwar Gewässer, in denen er recht häufig vorkommt, so in einigen Seen Deutschlands, auch in den Flüssen Polens und Rußlands, aber die Berichte über seinen Fang sind sehr spärlich. Auch die Kenntnis seiner Naturgeschichte ist noch verhältnismäßig mangelhaft. Wir wissen von ihm nur, daß er im Mai oder Juni laicht, über den Vorgang beim Laichen aber wissen wir so gut wie nichts. Auch über seine sonstige Lebensweise haben wir nicht allzuviel Kenntnis.

Im allgemeinen gilt er als nächtlicher Räuber, der bei Tage nur selten seinen Stand verläßt. Es ist dies aber nicht richtig, denn er raubt auch am Tage. Es ist sogar nachgewiesen, daß er nach Badenden geschnappt hat. Allerdings werden nur verhältnismäßig wenige Angler je einen Wels bei Tage beobachtet haben oder die Gelegenheit dazu gefunden haben. Als ich das erste Mal einen Wels im freien Strom zu sehen bekam, hielt ich ihn für einen treibenden Baumstamm, bis mich eine mächtige Bewegung der scheinbar unbeweglichen Masse eines anderen belehrte.

Seinen Standort in einem großen Strome zu erkunden, dürfte auch nicht ganz einfach sein, denn er ist vor allem ein Bewohner der Tiefe. Große Felsen unter Wasser, versunkenes Holz und ausgedehnte Grasbetten, ferner tiefe Unterwaschungen der Ufer sind seine Lieblingsstellen. Außer diesen kommen noch die sogenannten „Wasserlöcher" in Betracht, das sind jene Stellen im Flußbette, an denen die Strömung oder andere Gewalten den Grund zu einer Tiefe bis zu zehn und mehr Meter ausgehöhlt haben. Solche Stellen muß man natürlich genau kennen, was eine jahrelange Bekanntschaft mit dem Wasser, oder eine verläßliche Führung durch einen kundigen Einheimischen voraussetzt. Meinen ersten Fang des Welses verdankte ich dem zufälligen Finden eines solchen Wasserloches.

Für den Grundangler werden in der Hauptsache zwei Methoden in Frage kommen: die Angel mit dem Bodenblei und die Schnappangel mit lebenden Ködern.

In Anbetracht der Größe und Wehrhaftigkeit des Fisches wird man zu einem etwas stärkeren Zeuge greifen müssen als man gewöhnlich benutzt. Eine kräftige Spinnrute oder auch eine Barbengerte werden hierfür die besten Dienste leisten, ebenso darf die Leine ca. 30 Pfund Reißfestigkeit besitzen, namentlich wenn man bei Nacht angelt. Für das Angeln mit dem Bodenblei empfiehlt es sich, ein Vorfach von bestem, starkem, doppeltem, eventuell dreifachem Gut zu nehmen, oder aber eines von gesponnenem Stahldraht. Letzteres aber nur wegen seiner Festigkeit, denn der Wels besitzt nur kleine kegelförmige Zähne, mit denen er nicht imstande ist, einen Gutfaden zu zerbeißen. Das Vorfach sei reichlich einen Meter lang und durch einen Wirbel mit der Rollschnur verbunden. Das Blei wird an dieser angebracht, entweder in Form eines durchlochten Bodenbleies beliebiger Gestalt oder als sogenanntes Laufblei, das mit einer dünnen Schnur an die Hauptleine angeknüpft ist oder aber man bedient sich direkt der Paternosterangel; ich würde heute nur meine Bosporuspaternoster in die Rollschnur einführen. Für das Fischen mit der Paternosterangel kann man besonders in ruhig strömendem Wasser, in Altwässern und in Seen auch ein kleines gleitendes Pilotenfloß anbringen. Von Vorteil ist der Kniff, den mich ein Berufsfischer von der unteren Donau lehrte: In der Länge des Vorfaches in je einem Drittel der Länge einen längsgespaltenen Weinkorken anzuklemmen. Diese Korke verhindern, daß der Köder in den Schlamm oder ins Gras versinke, und erhalten ihn in geringer Höhe über dem Boden schwebend.

Der Haken sei groß und kräftig im Draht. Die Nummern 3/0 bis 6/0 sind keinesfalls als zu groß anzusehen. Als Köder nimmt man das Fleisch der Flußmuschel, von denen man je nach der Hakengröße zwei oder drei anspießt; auch entsprechend große Stücke von Fischen, besonders vom Aal, den man zuvor enthäutet hat, oder ein abgehäuteter großer Wasserfrosch sind hervorragende Köder.

Für das Fischen mit der Schnappangel empfiehlt sich sowohl die gewöhnliche Form derselben mit Schwimmer, als auch die Paternosterangel. An und für sich wird diese Art zu angeln mehr oder minder auf ruhige Wasserstrecken mit nur wenig oder gar keiner Strömung beschränkt bleiben, also auf Altwässer oder Seen oder große Buhnen, wogegen das Bodenblei die gegebene Methode für die freie Strömung bedeutet.

sowie die Kugelspinner u. ä. Aber auch diese empfehle ich mit nur einem Drilling am Schweifende montiert. Ich besitze noch einige der allerersten Blinker, welche Heintz sich gemacht hat; diese haben nur einen ziemlich großen Schweifdrilling, und mit der von mir früher erwähnten Bleibeschwerung am Kopfe spinnen und tauchen sie prächtig bei immenser Fängigkeit.

Je klarer und sichtiger aber das Wasser ist, desto unsichtlicher soll die Bewehrung des Köders werden. In dieser Beziehung sind die Einhakensysteme das einzige Empfehlenswerte. Da es bei ganz klarem Wetter auch ratsam ist, im Vorfach keine Wirbel zu haben, sind jene, welche den Wirbel am Haken haben, vorzuziehen, also vor allem die von Heintz angegebene Konstruktion mit und ohne Bleibeschwerung. Nebenstehende Abb. 107 zeigt ein Einhakensystem, welches ich mir zusammengestellt habe, mit separatem Schlundblei. Infolge seiner Einfachheit kann man es sich selbst herstellen. Sein Vorteil ist, daß die Köder nicht durch den Haken aufgeschlitzt werden und daß dieser gut und am Leibe des Köderfischchens anliegend unsichtlich ist, dabei durch die Gabel im Fischleib verankert, beim Anbiß nicht auskippen kann und doch jede gewünschte Krümmung desselben erlaubt.

Der Gabeleinhaken wird auf die einfachste Weise mit Hilfe einer Stecknadel zum Nadelwirbel verwandelt (Abb. 107 a) in den das Vorfach direkt eingebunden oder eingehängt wird. Das Schlundblei besteht aus einer halben Bleiolive. Über derselben wird das Maul des Fischchens oder der unten beschriebene Hautsack (wenn man mit großen Koppen fischt) durch eine Bindung festgelegt. Darauf bringt man den Leib des Köders zur gewünschten Krümmung und stellt diese durch Eindrücken der Gabel fest. Das Ganze wird dann in den Einhängewirbel am Vorfach eingeführt. (Abb. 107 b.)

Außer diesen mit dem Köderfische fest verbundenen Systemen sind vielfach solche beliebt, — namentlich zur Anköderung von Koppen —, bei welchen der Köder beim Anbiß bzw. Anhieb an dem Gutfaden- oder Drahtzwischenfach hinaufrutscht, wodurch er länger gebrauchsfähig bleibt. Diese Systeme setzen aber die Verwendung von Ködernadeln voraus, um den Haken richtig im Leibe der Koppe placieren zu können. Man führt die Nadel, in welche die Öse des Zwischenfaches eingehängt ist, vom hinteren Leibesende her, am besten vom Rücken durch das Maul heraus. Bei größeren Koppen muß man den Kopf abtrennen und dann noch das Fleisch aus der Haut schälen, so daß ein größerer oder kleinerer Sack entsteht und vom Fischkörper ein ca. 5—6 cm langer Stumpf übrigbleibt; in diesem Falle führt man die Nadel besser in dem Fleische des Stumpfes direkt unterhalb des Rückgrates. Man zieht soweit an, daß der Hakenbogen dem Fischleibe fest anliegt, streift hierauf das Schlundblei, über das Zwischenfach, schiebt es in den Schlund bzw. den Hautsack und bindet nun diesen oder das Maul am Blei fest. Wenn ich recht große Koppen habe, mache ich den Hautsack ziemlich groß und streife dann den überstehenden Teil über die Bindung zurück; es scheint,

Selbst wenn man den Fisch an einer Stelle rauben oder steigen sah, ist sein Fang noch immer keine beschlossene Tatsache; das habe ich wiederholt erproben können, und trotzdem mir ab und zu ein guter Fang glückte, stand der eigentliche Erfolg in keinem Verhältnis zu der aufgewendeten Zeit und Mühe.

Cypriniden.

Der Karpfen. (Carp, Carpe) Cyprinier.

Das charakteristische Kennzeichen aller Fische, welche zu dieser Familie gehören, sind Zähne, welche nur auf dem unteren Schlundknochen aufsitzen, während die Mundhöhle, besser alle ihre Bewegungsknochen vollständig zahnlos sind. Ihr volkswirtschaftlich wichtigster Repräsentant ist der Karpfen, der schon in prähistorischer Zeit eine Rolle in der Ernährung der Menschen Europas gespielt hat, wie die Funde aus jener Zeit beweisen.

Seine hervorragenden Qualitäten als Speisefisch, vor allem seine enorme Widerstandsfähigkeit gegen verschiedene Schädlichkeiten und die leichte Möglichkeit ihn zu züchten, haben schon frühzeitig zu seiner weiten Verbreitung und Einführung in andere Länder geführt. Uns interessiert er in erster Linie als Sportobjekt und tatsächlich ist er ein prächtiger Fisch, dessen Fang viel anglerisches Können bedingt, sowohl um ihn überhaupt an die Angel zu bringen, als auch um den gehakten Fisch zu besiegen — denn er ist ein wilder Kämpfer, der oft einen erfahrenen Angler auf eine harte Probe stellt.

Sein mächtiger Rücken, je nach der Rasse gewölbt oder länger gestreckt, wechselt vielfach in der Farbe — je nach Klima und Standort ist er dunkel-grünlich, grau-bläulich, sogar braun-grau — die Seiten weißlich-gelb, manchmal fast matt messingartig gefärbt — auch grünliche Färbungen kommen vor. Mit Ausnahme der heller oder dunkler bräunlich farbigen Rückenflosse haben die anderen meistens einen blaß rötlichen Anflug, ebenso die Lippen — deren Grundfarbe ein helleres oder dunkleres Ockergelb ist. Die Oberlippe trägt hier Bartfäden — ein weiteres sicheres Kennzeichen des Karpfens. Die Schuppen sind goldig glänzend mit zartem schwarzen Saum am Hinterrande. Schuppenlose, besser schuppenarme Arten sind bekannt unter dem Namen Leder- bzw. Spiegelkarpfen.

Seine Laichzeit fällt in die Monate Mai und Juni — es gibt aber Gegenden und Gewässer, in denen er keine Schonzeit hat.

Er ist ungemein fruchtbar — aber in offenen Wässern und Wildteichen laicht er oft überhaupt nicht. Sein Laich und seine Brut sind vielen Schädigungen ausgesetzt und deshalb sind offene Wasser mit guten oder gar reichlichen Karpfenbeständen ziemlich rar — am besten sind solche, die ausgedehnte Altwässer haben, welche mit dem Flusse zusammenhängen und gute Laichplätze bieten. Zugleich muß das Wasser „warm" sein — das Temperaturoptimum für sein Gedeihen ist 18—22° C —; nur in solchen Gewässern entwickelt er sich zu guter Form und beträchtlicher Größe.

Obzwar ein Allesfresser und in Anbetracht seiner Größe auf eine starke Nahrungsaufnahme angewiesen, ist der Karpfen, namentlich der ältere und größere, einer der vorsichtigsten, scheuesten und launenhaftesten Fische, deren Erbeutung viel Geduld und Warten erfordert. Darum genießt er auch im Wiegenlande des Angelsportes kein Ansehen als Sportobjekt. Wenn wir ihn zwar in dieser Hinsicht höher einschätzen, so muß doch zugegeben werden, daß er nicht der Fisch ist, dessen Erbeutung zuliebe jemand eine lange Reise unternehmen möchte. Eine Aussicht, ihn mit verhältnismäßiger Sicherheit zu erbeuten hat man im allgemeinen nur durch reichliches langes Auffüttern, um ihn einmal an einen bestimmten Ort zu gewöhnen, namentlich dort, wo der Bestand kein allzu reichlicher ist oder in sehr ausgedehnten Wässern.

Je nahrungsreicher ein Gewässer ist, je mehr sein Grund mit Pflanzen bewachsen ist, desto länger und reichlicher muß das Anködern erfolgen. Wenn man dem Karpfen seine Nahrung am Grunde anbieten will, darf natürlich der Köder nicht in diesem oder in den Pflanzen versinken.

Man hat zu diesem Zwecke vorgeschlagen, ein Stück des Grundes mit einem Rechen zu säubern; dieser Vorschlag ist nicht zu verwerfen, aber umständlich und nicht überall durchführbar. Besser ist das Versenken des Grundköders in einem Netze — aber auch dieses kann in den Wasserpflanzen untergehen. — Ich habe einen alten Karpfenfischer gekannt, der zu diesem Behufe das Netz an einer Stange befestigte, und zwar derart, daß der Netzbeutel unter allen Bedingungen über dem Grunde bzw. über dem Kraute schwebte, wenn das Ende in denselben eingerammt wurde. Die aus dem Wasser herausragende Stange bezeichnete ihm genau die Lage des Grundköders und war meterweise markiert, um sofort die richtige Tiefe für die Floßstellung ablesen zu können. Derlei Stangen setzte er an alle Plätze, die er angefüttert hatte. Aber das läßt sich nicht überall durchführen, ganz bestimmt nicht ohne Zuhilfenahme eines Bootes. In größeren Flüssen oder in Seen muß man die Stellen kennen, an denen die Karpfen sich gerne aufhalten — andernfalls ist es eine sinnlose Zeit- und Materialverschwendung, in solchen Wassern aufs Geratewohl anzufüttern und ein ev. Erfolg eines solchen Handelns ist mehr einem zufälligen Lotteriegewinn gleichzustellen als der Folge eines zweckbewußten Tuns.

Der Karpfen liebt tiefe, ruhige oder langsam strömende Stellen im Flusse, Altwässer, langsame große Kehren und Rückströmungen, Kraut- und Seerosengehege und Schilfbänke, vor allem warmes Wasser und weichen Grund. An solchen Stellen sieht man ihn zuweilen im Sommer aufschlagen, ja oft direkt aus dem Wasser herausspringen, und muß sich solche Plätze gut merken. Im Frühjahre, wenn die Hochwasser im Ablaufen sind und die Sonne warm zu scheinen beginnt, liebt er die Nähe des Ufers, besonders wenn dieses unterwaschen ist. In der warmen Jahreszeit dagegen steht er gerne an der Sonne in mäßig tiefem Wasser von ca. 1—1½ m, namentlich dort, wo eine Strömung in eine Krümmung auslaufend sich verflacht und Schilf und Seerosen wachsen. Wenn das Wasser hoch und trüb wird, geht er wieder in die Nähe des Ufers, wenn er dort einen ruhigen Stand finden kann.

Dementsprechend muß der Angler sein Verhalten einrichten, seinen Grundköder einlegen und seine Angel auswerfen — niemals darf er die größte Vorsicht außer Acht lassen und stets den Grundsatze des „Fein-und-von-Weitherfischens" beherzigen.

Gerade gegen diesen wird oft vielfach gefehlt. Ich will gar nicht von den geradezu irrsinnig zusammengestellten Zeugen reden, die man in Geschäften als „Karpfenzeuge" zu sehen und zu kaufen bekommt: 3—4 m dicker Schnur, einen in den Farben des Regenbogens strahlenden dicken Schwimmer, einen großen Einhängewirbel mit ditto Bleikugel und einen Tarponhaken an dickem Gimp oder dreifachem Gut. Aber auch viele Angler sind heutzutage von dem Wahn befangen, zum Fange eines Karpfens gehöre zum mindesten ein feineres Huchenzeug und wenn schon gar nichts anderes, also wenigstens extra starke Haken an doppeltem oder dreifachem Gut. In meiner Jugendzeit war eine solche kräftige Ausrüstung gang und gäbe und die Resultate ziemlich spärlich — Gottlob — heutzutage ist man anderer Ansicht geworden. Ob man eine lange oder eine kurze Gerte benützt, hängt vor allem von den Uferverhältnissen ab bzw. von der Möglichkeit, diese auch im Boote benützen zu können. Für das Angeln vom Ufer rate ich aber entschieden zu einer langen, aber nicht allzusteifen Gerte, da man in vielen Fällen gezwungen ist, recht weit über Gras, Seerosen usw. hinauslangen zu müssen. Nur sind die im Handel befindlichen langen sog. „Karpfenruten" in der Mehrzahl viel zu massiv und schwer, dabei ungemein steif und für das Fischen mit feinem Zeuge direkt unverwendbar. In der Hand eines geübten und kaltblütigen Anglers wird sogar die leichte und zarte Seerohrgerte auch für schwere Fische die besten Dienste leisten, was ich aus eigener Erfahrung bestätigen kann. Viel wichtiger ist die Frage der Schnur — diese sei so fein wie möglich, aber von ca. 12 lbs. Tragkraft — und das Gutvorfach 1 Yard lang. Über die Stärke „Padron" braucht man im allgemeinen nicht hinauszugehen. Dagegen empfiehlt es sich mancherorts, das Gut grün oder braun zu färben. Hakengrößen zwischen 6—9 genügen. Für Würmer ist der Rundbogenhaken beliebt, für Teig oder Kartoffel der Senkband — obzwar durchaus nichts dagegen spricht, letzteren nicht auch mit Würmern beködern zu können. Ich liebe als speziellen Karpfenhaken den „Gladia"-Haken. Ich habe es nicht für unvorteilhaft gefunden, noch einen zweiten Haken 30—40 cm oder auch noch höher oberhalb des ersten im Vorfach einzuschleifen, besonders bei stark bewachsenem Grunde — ein Verfahren, das sich auch zum Angeln auf Schleie empfiehlt. Ich tue das weniger in der Hoffnung, eine Doublette zu erbeuten — es ist mir bislang noch nie geglückt — als in der Annahme, daß, wenn der untere Haken sich in Gras usw. vergräbt, wenigstens der obere den futtersuchenden

Fischen bemerkbar bleibt. Dagegen kann ich die sog. „Karpfenhaken" meist kurzstielig mit ausgebogenen Spitzen, nach meinen Erfahrungen nicht empfehlen. Wenn man, und das wird meistens der Fall sein, mit dem Floße angelt, so sei dieses so klein, schlank und unauffällig wie möglich, aber auch für den leisesten Biß empfindlich. Um es möglichst empfindlich zu machen, lasse man es bei windstillem Wetter so tief wie möglich tauchen, bei Wind und Wellenbildung kann man ein größeres Floß verwenden und dieses zu einem größeren Teile aus dem Wasser sehen lassen.

In einem Flusse in Galizien, der sehr reich an großen Karpfen war, und viele Stellen aufwies, wie ich sie vorhin beschrieben, an welchem die Karpfen im Sommer sich im seichten Wasser tummelten — hat sich mir nachstehendes Verfahren stets bewährt — ich näherte mich diesen nur im Boote, das 20—25 m oberhalb lautlos verankert wurde. Dann ließ ich die mit Teig oder Kartoffel beköderte Schnur vom Strome zu den Karpfen hintreiben. Die Schnur war stets gut gefettet, so daß sie klaglos schwamm — als Floß benützte ich nur eine Sprosse von Schilf mit einem kleinen Schlitz am Ende, worin ich die Schnur bzw. das Vorfach einklemmte — denn ich stellte nie tiefer ein als 50—60 cm. Beim Anhieb fiel dann dieser improvisierte Schwimmer ab, ohne aber weiter hinderlich zu sein. Ich verfiel auf diese Idee, als ich sah, daß die Karpfen meinen Köder nicht nehmen wollten, trotzdem ich nur ein ganz kleines Federkielfloß verwendete — das Stückchen Schilf dagegen scheint ihnen vertraut und ganz unverdächtig gewesen zu sein. Wenn man solche Stellen vom Ufer aus befischt, ist man meistens auf den Weitwurf angewiesen. — Mit Rücksicht auf das leichte Zeug hat man sogar ein Wurfblei erfunden, welches nach dem Wurf allein wieder abfallen sollte — ich habe es nie verwendet, weil ich stets vom Boote aus gefischt habe — heute würde ich es noch weniger verwenden, weil die Wenderolle mir seine Anwendung unbedingt erspart. Eine Beschwerung mit einer Kugel aus Pulverköder dürfte dem Blei entschieden überlegen sein und noch den Vorteil haben, die Fische anzulocken. Ich habe vorhin das Fetten und Schwimmen der Schnur betont, weil ich es für einen wesentlichen Faktor beim Angeln mit dem Floße halte. Der Karpfen beißt in den seltensten Fällen so gierig, daß der Schwimmer mit einem Ruck unter Wasser geht. Meistens beißt der Karpfen vorsichtig den Köder betastend, daran schlürfend und kostend und ganz zuletzt ihn förmlich ins Maul hineinsaugend.

Diese Phasen des Anbisses gibt das Floß getreu wieder — zuerst ein leises Zittern, dann kurze Tauchbewegungen, zum Schlusse stärkere und endlich zieht der Karpfen mit dem voll im Maul gehaltenen Bissen ab — das Floß verschwindet in der Tiefe oder segelt langsam aber stetig weiter. Wenn nun der Karpfen einen Widerhalt spürt, sei es ein zu großes und plumpes Floß, eine dahinter hängende schwere, voll Wasser gesaugte Schnur, so läßt er oft schon im Anfang, aber vielfach auch noch im Momente des vollen Zufassens den Köder aus. Ein ganz leichtes Floß, eine gefettete schwimmende Schnur bieten ihm keinen Widerstand. Von Vorteil ist es, 1—2 m Schnur in offenen Ringen am Boden des Kahnes oder am Lande auszulegen und zu warten, bis der Karpfen diese mit hinausgezogen hat und dann erst den Anhieb zu setzen, wenn sich die Leine gestrafft hat.

Angelt man ohne Floß, dann zeigt die Gertenspitze den Biß an, eine leise zitternde Bewegung, allmählich stärker werdend, bis die Gertenspitze zum Wasserspiegel abgebogen wird — oder wenn man die Gerte in der früher beschriebenen Schaukelstellung über den Bootsrand gelegt hat, senkt sich der ganze hinausragende Teil in stetem Zuge zum Wasserspiegel — worauf anzuhauen ist.

Beim Angeln vom Ufer aus wäre es wohl auf die Dauer ermüdend, die Gerte immerwährend in der Hand zu halten — man steckt sie entweder mit dem Erdspeer ins Ufer oder legt sie über eine kleine Astgabel (Zwiesel, trachte sie aber immer möglichst parallel zur Oberfläche des Wassers zu stellen. Man bemerkt das zarte Beißen viel besser und der Fisch findet viel weniger Widerstand als wenn die Gerte steil ins Ufer gesteckt ist, wie man es so manchmal sehen kann. Da man ja auf den Karpfen in ganz ruhigen Strömungen angelt, verwende man so wenig Bodenblei als möglich. Es ist besser wenn der Köder über dem Boden schwebt und vom klaren Wasser etwas bewegt wird als daß er von einem schweren Blei in den Schlamm oder in Pflanzen gezogen wird. Nun wird mich der Leser fragen: „Wann beißt der Karpfen?“ auf welche Frage man lediglich antworten kann: „Wenn er gerade will!“ Heute zeitig bei Tagesgrauen, morgen in der brennendsten Mittagshitze und übermorgen wenns schon fast stockfinster ist. Im allgemeinen gelten als gute Beißzeiten sonnige warme Tage des Frühlings sowie der Herbstmonate, trübes mildes Wetter und leichter Strichregen; nahezu sicher ist ein Anbiß, wenn ein Gewitter heranzieht oder nach demselben. Im Sommer der frühe Morgen, schon vor Tagesanbruch, und der späte Abend. Im Sommer habe ich kühles windiges Wetter oder laue Strichregen vorteilhaft gefunden, dagegen lang dauernde Landregen selbst bei warmen Temperaturen stets ungünstig. Anhaltend hoher Wasserstand bei nicht zu starker Trübung ist nach meiner Erfahrung günstiger als klares Niederwasser. Die Fische stehen auch näher beim Ufer und beißen weniger mißtrauisch. Wenn das Wasser draußen im Flusse steigt, kann man an den Ausgängen von Häfen und Altwässern mitunter große Fänge machen, ebenso wenn das Wasser wieder zu fallen beginnt. Bei hohem trüben Wasser ist der Wurm der verläßlichere Köder, bei hellem Wasser Teig oder Kartoffeln. Von den Teigen sind es besonders Polenta sowie die Weißbrot- und Kartoffelteige, welche zum Karpfenfange Verwendung finden. Als Grundköder bewähren sich am besten Kartoffel, Polenta, Rinderblut und vielfach Erbsen. Noch erübrigt es mir, den Drill des Karpfens zu besprechen. Nach dem Anhieb schalte man sofort die Sperre der Rolle ein, wenn dies nicht schon vorher geschah — denn gewöhnlich zieht der angehauene Karpfen mit einem mächtigen Zuge ab — dem schützenden Kraut oder Schilf zu. Gelingt es ihm unter dieses zu kommen und kann man es nicht durch die straffgespannte Schnur bei steil gehaltener Gerte zerschneiden, dann ist der Fisch regelmäßig verloren — man muß immer trachten ihn zu heben und in der Mitte des Wassers zu halten. Die Gerte soll immer so steil als möglich gehalten werden. Wenn man am Ufer laufen kann, trachte man stromab unter ihn zu gelangen, ihn zu wenden und stromabwärts zu führen um ihn rascher zu ermüden — im stillen Wasser und im Boote heißts ihn eben drillen bis er ermattet ist. Vor allem aber vermeide man einem noch frisch kämpfenden Karpfen gegenüber Gewalt — er ist trotz seiner Kraft ein nicht ausdauernder Schwimmer und verhältnismäßig bald abgekämpft. Man erkennt seine Ermüdung daran, daß er mit dem Schweif voraus nach oben kommt und sich dann auf die Seite legt. Man halte ihn so stramm wie möglich bei steil gehaltener Gerte, lasse ihn nicht in den Grund bohren, halte ihn von Kraut und Schilf fern, und benütze jede Pause im Kampfe um Schnur zu gewinnen. Das Ausschneiden des Hakens ist bei seinem lederzähen Maule nicht zu fürchten, umso weniger, als der Haken immer in den dicken Lippen festsitzt und der Karpfen auch nicht die Neigung hat zu springen und sich zu schütteln wie Salmoniden oder Hechte es tun. Dagegen schlagen große Karpfen häufig nach der Schnur; diesem Schlagen muß man begegnen, indem man mit der Schnur ausweicht, das läßt sich ebensowenig mit Worten erklären, als wie die Parade beim Fechten. Übung und Gefühl für die Fechtweise des Gegners sind da allein ausschlaggebend.

Heintz hat als Landungsgeräte den Gaff empfohlen — eine Ansicht, der ich nicht zustimme — denn nur zu leicht rutscht dieser an dem sehr harten Schuppenkleide ab oder wird von diesem am Eindringen gehindert. Ich ziehe ein geräumiges Landungsnetz vor, das ohnehin nicht durch seine Größe stört, weil man ja beim Karpfenfischen oft stundenlang geruhsam an einer Stelle sitzen bleibt.

Die Schleie (Tench).

Dieser Fisch fällt vor allem durch seine gedrungene Gestalt seine stumpfen Flossen und die kleinen tief in der Lederhaut sitzenden Schuppen auf, die mit einer reichlichen Schicht Schleim überzogen sind. Der Rücken ist schön olivgrün, ebenso die etwas helleren Seiten, der Bauch messinggelb. Das Maul trägt zwei kurze Bartfäden.

Die Schleie laicht erst im Juli. Obzwar sie in ganz Mitteleuropa, auch in England in stehenden und auch fließenden Gewässern vorkommt, so glaube ich nach meinen Erfahrungen zu schließen, daß sie nach Osten zu an Zahl und Größe zunimmt. Ist der Karpfen schon ein Freund des ruhigen warmen Wassers, so ist's die Schleie erst recht und ist der Karpfen ein launischer Beißer, so ist's die Schleie noch weit mehr.

Sie lebt am Grunde, wo sie im Schlamm wühlend ihre Nahrung sucht, ein Allesfresser wie der Karpfen. Aus stehenden oder stagnierenden Gewässern gefangen, besitzt ihr Fleisch vielfach einen unangenehmen Schlammgeschmack — dagegen sind Schleien aus strömenden Wässern ein vorzügliches Essen.

Leider fängt man sie verhältnismäßig selten an der Angel, meist mit dem Karpfen zusammen, wenn man letzteren angefüttert hat.

In der Regel beißt sie furchtbar langweilig, kostet und saugt am Köder herum, und eigens nur auf Schleihen zu angeln, dünkt mich fürwahr ein langweiliges Vergnügen, selbst dort, wo sie recht zahlreich vorkommen.

Ich habe meine meisten und größten Schleien in Galizien gefangen, wenn ich mit Würmern auf Karpfen angelte, es scheint, daß sie den Wurm, besonders Rotwürmer und Gelbschwänze, dem Teige usw. vorziehen, und eigentümlicherweise fast alle, insbesondere aber die größten habe ich bei kaltem, windigem oder regnerischem Wetter gefangen, immer nur an sehr feinem Zeuge — vielfach Stücke im Gewichte einiger Pfunde. Darum ist es mir unbegreiflich, wie man in Wien zum Angeln auf Schleie in den Donauausständen und Altwässern ein Zeug verwendet, welches für gute Hechte stark genug ist — einen Schwimmer von 15—20 cm Länge und dahinter drei bis vier Pilotenkorke. Auch für die Schleie gilt, was ich beim Karpfen betonte, ein sehr empfindliches schlankes Floß von möglichst kleinen Dimensionen. Da die Schleie im Flusse die stillsten Stellen bewohnt, braucht man sehr wenig oder besser gar kein Blei, am wenigsten in stehenden Gewässern. Muß man in solchen einen weiten Wurf nach deren Standplatze machen, dann ist es vorteilhafter, eine Grundköderkugel an das Vorfach zu knoten, was namentlich bei Verwendung einer Wenderolle einen sehr weiten Wurf ermöglicht. Die Schleie ist ein ausgesprochener Bodenfisch, weshalb man den Köder dort anbieten muß. Wo Kraut und Grasbetten im Wasser sind, trachte man, den Köder in Zwischenräume zwischen diese zu bringen.

Je klarer und niederer das Wasser, desto mehr zieht die Schleie nach der Mitte — bei hohem Wasserstand und etwas Trübung nach dem Ufer. Dort wo ein Altwasser mit dem Flusse zusammenhängt, wird man auf einen guten Fang rechnen können, wenn im Flusse das Wasser steigt und am Auslaufe sich in das Altwasser zurückstaut. In diesem Rückstau ziehen die Schleien ziemlich ufernahe auf Nahrungssuche; sobald aber das Wasser auch nur um ein geringes fällt, ziehen sich die Schleien wieder vom Ufer und in das schützende Kraut zurück. Wer diesen Umstand nicht berücksichtigt, wird sich wundern, wenn er an einem Tage eine gute Strecke machte und am nächsten keinen Anbiß hat.

Hinsichtlich der zu verwendenden Gerten werden dieselben Längen und Stärken in Anwendung kommen wie beim Karpfen und auch hier wird die Seerohrgerte gut zu brauchen sein, wenn man eine lange Gerte zu führen gezwungen ist.

Zwar in einem ist ja ein geringer Anlauf unternommen worden: nämlich in der Art und Durchführung der Flußkorrekturen, allerdings reichlich zu spät, nachdem das meiste verdorben wurde und der Schaden nicht mehr auszubessern ist.

Dagegen geschieht hinsichtlich der Gewässerverunreinigung so gut wie nichts.

Es gibt wohl da wie dort eine Menge Verordnungen, aber nur auf dem Papier und meist nur für den gültig, der sie zu halten gewillt ist. Wäre dem nicht so, dann könnten sich solche skandalöse Vorgänge wie die Vergiftung der Enns nicht ereignen bzw. wiederholen. Es fällt keinem vernünftigen Menschen ein, die Interessen und Existenzberechtigung der Industrie zu bestreiten oder zu verneinen, aber jeder Bürger hat das unbestreitbare Recht, zu verlangen, daß die Industrie Rechte und Interessen der anderen und die sie schützenden Gesetze achte.

Allerdings dürfen wir nicht vergessen, daß die ungeheure breite Masse der Bevölkerung noch immer allem, was Fischerei heißt, absolut verständnislos gegenübersteht, ohne einen Begriff davon zu haben, daß es Volksvermögen ist, welches da in unverantwortlicher Weise vernichtet wird.

Und solange in dieser Beziehung kein Wandel geschaffen wird, solange die Masse unseren Bestrebungen fremd und teilnahmslos gegenübersteht, solange wird sich an diesen Sachen nichts ändern. Es wird allerdings noch sehr lange dauern, bis dieser Gedanke sich auch so in die Seelen unseres Volkes eingewurzelt haben wird, wie er in der englischen Volksseele verankert ist.

Über das Thema Schutzgesetze ließe sich viel schreiben und sagen, viel mehr, als in den Rahmen dieses Kapitels hineingeht; feststellen kann ich hier nur mit Bedauern, daß alle unsere Schutzgesetze mangelhaft und unzureichend sind und leider viel zu lax gehandhabt werden. Was wir uns als zu erreichende Ziele vorhalten müssen, ist vor allem erstens ein ausreichenderes und unsere Interessen völlig deckendes Gesetz gegen jedwede Verunreinigung der Fischwässer, auch im Interesse der allgemeinen Volksgesundheit und Wohlfahrt.

Zweitens: ein den tatsächlichen Verhältnissen entsprechendes Gesetz über Schonzeit und den Verkehr mit Fischen jeder Art sowie deren Laichprodukten mit besonderer Berücksichtigung der am meisten gefährdeten Arten, besonders Huchen und, wie ich später dartun werde, der Saiblinge und Seeforellen.

Vor allem ist die Schonzeit für Huchen zu kurz; in höheren Lagen laicht der Huchen erst Ende April bzw. auch erst im Mai, nichtsdestoweniger kann er vom 1. Mai an gefangen werden. Wieviele Huchen aber in den unteren Lagen Ende Februar voll Laich und erst recht bis Mitte März gefangen werden, wenn die Schonzeit erst am 16. dieses Monats einsetzt, ohne daß die Laichprodukte erhalten werden, das läßt sich überhaupt nicht kontrollieren. Und wie viele werden an den Laichgruben gestohlen? Gespeert oder sogar

er sie überhaupt aufsucht. Er erreicht ein hohes Gewicht — Stücke von 6 und mehr Pfund sind keine Seltenheit — und eine beträchtliche Größe, lebt in Scharen und geht gerne und gut an die Angel. Ruhig strömendes Wasser, tiefe Rückläufe, Altwässer, besonders deren Mündungen sind seine Lieblingsplätze. In den Seen aber auch in größeren Flüssen gibt es Stellen, wo das Flußbett oder der Seegrund einen mehr oder weniger geneigten Abfall zur Tiefe haben — solche Stellen werden von den Bleien mit Vorliebe besucht und die Kenntnis derselben ist von großem Nutzen. Im Sommer steht er gerne im Mittelwasser. Bei stärkerem Winde kann man von einem erhöhten Standpunkte aus häufig die Bleie wandern sehen — es mag das vielleicht nicht in jedem Wasser der Fall sein, aber ich habe das wiederholt beobachten können, und zwar immer in der Richtung gegen den Wind. Die Fische ziehen dann in Massen ganz an der Oberfläche, und wenn man Gelegenheit hat, ihnen in einem Boote den Weg zu verlegen und ihnen den Köder anzubieten, kann man, solange der Zug dauert, enorme Strecken erzielen. Wenn das Beißen aufhört, muß man die Fische wieder suchen, um das Spiel von neuem beginnen zu können. Ich erinnere mich eines solchen Tages an der Elbe, wo wir, ein Freund und ich, so viele Bleie fingen, daß unser Boot voll Fische war. Mit der vorschreitenden Jahreszeit zieht er sich in die Tiefe zurück. Die Laichzeit ist im Mai bis Juni.

Sein Fang beginnt Ende Juli, die besten Monate sind aber August, September und Oktober, teilweise auch der November, wenn die Tage warm und sonnig sind und noch keine scharfen Fröste eingefallen waren. Er beißt zu jeder Tageszeit, im Hochsommer jedoch am besten am frühen Morgen und Abend, oft aber auch unter Tags, wenn ein frischer Wind weht oder der Tag trüb und heiß ist. Wichtig ist es, ihn gut anzufüttern; Kartoffeln, sehr klein zu Würfeln geschnitten, Weizenkörner, Hanfsamen sind ausgezeichnete Grundköder. Ebenso zerschnittene Regenwürmer, wozu sich die überall zu findenden hellrosafarbigen Würmer mit dunklen Knoten hervorragend eignen, da sie in Mengen leicht zu graben sind; man knetet sie vorteilhaft in Lehm oder Grundköderkugeln. Bei klarem, niedrigem Wasser ködert man an den Haken Teig oder Maden, letztere besonders im Herbst. Nicht bald ist ein Fisch bei klarem Wasser so dankbar mit dem Pulverköder anzulocken wie der Blei; man knetet einige wenige Maden mit dazu. Bei trübem Wasser und höherem Stande desselben ist der Rotwurm bzw. der Schwanz des Tauwurmes als Köder zu bevorzugen.

Es ist von größter Wichtigkeit, zum Angeln auf Bleie sich des feinstmöglichsten Gerätes zu bedienen, feine Schnüre und Gutfäden zu verwenden, besonders zum Angeln mit Maden. Selbst zum Wurmangeln bei trübem Wasser nehme man keine größeren Haken als höchstens Nr. 8. Wie ich vorhin erwähnte, hat der Blei ein auffallend kleines Maul und liebt keine großen Brocken und wenn er auch bei weitem nicht in dem Maße scheu und vorsichtig ist wie der Karpfen, mit welchem er, nebenbei gesagt, häufig an der gleichen

Stelle zusammen gefangen wird, so kann man die Beobachtung machen, daß man viel öfters beim Angeln auf Bleie einen Karpfen dingfest macht, als umgekehrt — es scheint das ein analoges Verhältnis zu sein, wie zwischen Huchen und Zander, wo diese beiden nebeneinander vorkommen. Mein Rat geht dahin, zum Wurmangeln bei trübem Wasser nicht über die Hakengröße 10—8 hinauszugehen — für die Teig- und Madenköderung aber nur Haken von 10—13 zu gebrauchen; als Gutstärken für ersteres die Stärke Fina, höchstens Regular, für letztere aber Refina bis 2× sogar 3×, wenn das Wasser sehr klar und niedrig ist. Das Vorfach sei mindestens 1, besser 1½ Yards lang, und das Floß sei so leicht und klein wie möglich. Der Blei wird sowohl mit rinnender Floßangel wie auch mit dem festliegenden Floße und mit dem Bodenblei erbeutet. Mit der ersteren wenn er im Mittelwasser zieht oder nahe dem Grunde — ev. verwendet man auch das festliegende Floß —, mit dem letzteren dort, wo er in der Strömung herumzieht. Ebenso wie man kleine und kleinste Haken verwendet, soll auch die Beschwerung so leicht als möglich sein. Die im betreffenden Kapitel eingehend beschriebene „laufende Grundangel" bringt zu Zeiten an gewissen Stellen reichste Beute, besonders wenn der Grund etwas sandig und nicht zu schlammig ist. Ich kann ihre Verwendung speziell in dem Falle empfehlen, wenn die Bleie den nach anderen Methoden angebotenen Köder refusieren.

Einen weiteren wichtigen Punkt finde ich in unseren Büchern auch nicht betont: den vom „Weither"-Angeln, gleichviel ob vom Ufer, ob vom Boote aus. Wenn eine Schar Bleie sich bei den ausgestreuten Grundködern versammelt hat, kann man oft Schlag auf Schlag mit jedem Wurfe einen erbeuten — vorausgesetzt — daß man die Fische nicht durch das zu nahe Drillen eines gehakten Artgenossen beunruhigt. Der Blei wehrt sich bei weitem nicht so wie der Karpfen, darum ziehe man ihn sofort aus dem Gesichtskreise der anderen und hüte sich, ihn an die Oberfläche zu bringen, ehe er nicht ermüdet, selbst zu dieser heraufkommt, sonst verscheucht er durch sein Plätschern die übrigen. Der Blei macht nicht die zügigen Fluchten des Karpfens, schlägt auch nicht nach dem Vorfach, sondern sucht meist sein Gewicht zur Geltung zu bringen, indem er sich quer zur Strömung stellt und diese auf seinen breiten Leib drücken läßt — er ermüdet aber bei ruhiger Führung sehr rasch. Wenn der Blei an der Floßangel beißt, so geschieht dies in verschiedener Weise — im stillen Wasser legt sich das Floß um, ehe es in die Tiefe geht — in der Strömung taucht es erst ein- bis mehrere Male gleichmäßig, vielfach aber segelt es gleich vom Anfang an schräg in die Tiefe. Man lasse sich Zeit mit dem Anhieb — der Blei ist nicht so argwöhnisch wie der Karpfen und spuckt den Köder nicht so rasch aus wie dieser, wenn er einen Verhalt fühlt. Ich habe es immer für besser gefunden, einmal einen Anhieb zu verpassen als zu bald anzuhauen und den Fisch nur schlecht zu haken, ihn im Drill zu verlieren und dadurch die übrigen zu beunruhigen und zu vergrämen.

Angelt man ohne Floß, so zeigt die Spitze ein 2—3maliges gleichmäßiges langsames Abgebogenwerden, ehe sie zum Wasserspiegel niedergezogen wird, hie und da geschieht dies allerdings auch wie beim Floß sofort. Dasselbe Bild zeigt die schaukelnde über den Kahnbord ausgelegte Gerte. Immer aber ist das mehrmalige, weiche, stetige und bedächtige Niederbiegen der Spitze ein sicheres Kennzeichen für den Biß des Bleis.

Auch hier wartet man mit dem Anhieb, bis die Spitze zum Wasserspiegel herabgezogen wird. Ich habe es für diese Art zu Fischen immer für äußerst vorteilhaft gefunden, wenn die obersten 20 bis 30 cm der Spitze aus Fischbein bestehen. Diese Spitzen sind so empfindlich, daß sie den leisesten Biß anzeigen und auch den weichen zugigen Anhieb in weitestgehendem Maße ermöglichen.

Die Barbe (Barbel).

Wenn die Barbe die liebenswürdige Eigenschaft der Plötze hätte, jederzeit den ihr gebotenen Köder willig zu nehmen, so wäre sie in Anbetracht ihres häufigen Vorkommens, ihrer Größe und Kraft und der energischen Art zu kämpfen als ein Beuteobjekt von hoher Klasse einzuschätzen. Sie bewohnt Flüsse und Ströme mit kiesigem und grobschotterigem Boden weit hinauf in die Äschenregion und hinunter ins Gebiet des Bleis.

Ihre Gestalt ist langgestreckt, der Kopf spitz, das Maul trägt zwei Bartfäden. Ihre Schuppen sind klein, messingglänzend an den Seiten und am Bauche, der Rücken ist braunoliv, die erste Strähne der Rückenflosse ist hart.

Die Barbe ist ein Allesfresser und im Salmonidenwasser ebenso unbeliebt wie der Döbel, da sie ebenfalls ein Laichfresser ist. Große Barben nehmen auch Koppen, besonders gerne Neunaugen, und ohne Zweifel vergreifen sie sich auch an Jungfischen edlerer Arten.

Die Laichzeit dauert von Mai bis Juni, wo man an durchschnittlich 1—1½ m tiefen Stellen mit feinem Kiesgrund die Hochzeitszüge dieses Fisches beobachten kann. Sein Rogen ist giftig; speziell in diesem Jahre wurden mehrere einwandfreie Vergiftungen, einige davon sogar mit tödlichem Ausgange, festgestellt. Jedenfalls ist vor seinem Genusse auch außerhalb der Laichzeit zu warnen, er ruft ruhrartige Darmkatarrhe hervor, was zu beobachten ich selbst wiederholt Gelegenheit hatte.

In den ihr zusagenden Gewässern erreicht die Barbe ein großes Gewicht. Stücke von 3—4 kg und darüber sind keine Seltenheit.

Der Fang der Barbe mit der Angel beginnt unter Umständen im April, nach Ablauf der Frühjahrshochwässer, und dauert bis zur Laichzeit, dann vom Juli ab bis tief in den Spätherbst hinein; wenn dieser frost- und eisfrei ist, oft bis gegen Weihnachten.

Im Frühjahr und bei hohem Wasserstande hat man die Fische in der Nähe des Ufers zu erwarten, späterhin, wenn das Wasser sinkt, gehen sie immer mehr der Strommitte nach und sind es besonders Löcher und Ausschwemmungen im Strombett, welche sie dann als Aufenthalt bevorzugen. Wenn die Luft- und Wassertemperaturen sinken, so ziehen sich die Barben in tiefe, gleichmäßig strömende Stellen zurück, beißen aber, wie gesagt, Eisfreiheit vorausgesetzt, hier oft noch im späten Dezember.

Immer aber muß man die Barbe in der Strömung suchen, vielfach in den großen Wirbeln hinter Buhnen und Wehren, neben den Schleußen, Mühlschüssen und am Einlaufe scharf rinnender Seitenwässer.

Die allergrößten Exemplare findet man aber in den tiefen Löchern, welche das Bett fast aller Flüsse, wenigstens so weit sie nicht rinnenartig reguliert sind, aufweist. Allerdings muß man diese Stellen genau kennen und trachten, meistens vom Boote aus, Grundblei und Köder hineinzubringen. Da das erstere in diesem Falle oft von sehr beträchtlichem Gewichte sein muß, darf das ganze Angelzeug etwas massiver sein, als wir es sonst verwenden.

Je grobsteiniger der Boden, desto lieber ist er ihr.

In großen Flüssen ist es nicht immer leicht, die Aufenthaltsstellen der Barben zu finden, es erfordert dies viel Erfahrung und Beobachtung, wenn anders man nicht durch die Lokalkenntnis eines Einheimischen unterstützt wird.

Das Angelzeug für die Barbe sei fein, aber kräftig. Wer vom Ufer angelt, muß sich in größeren Strömen, wie Donau, Elbe, Moldau usw., mit einer längeren, steiferen und kräftigeren Gerte (siehe Kap. 1) ausrüsten, schon wegen der oft unvermeidlichen schweren Senker, welche da in Anwendung kommen müssen; 5½ bis 8 m Länge sind da oft nicht zu viel. In solchen Gewässern ist eine derart lange und kräftige Gerte auch zum Angeln mit dem lebenden Köder recht vorteilhaft. So wenig ich im allgemeinen für überlange und demzufolge naturgemäß sehr schwere Gerten eingenommen bin, für den Gebrauch an solchen Gewässern kann ich sie gern und gut empfehlen.

Für kleine und mittlere Flüsse langt man mit einer 3—4½ m langen Gerte vollkommen aus.

Das Vorfach sei von einfachem, aber kräftigem Gut, Padron I bei trübem, Regular bei hellerem Wasser, und 1 Yard lang. Der Haken kräftig, seine Spitze stets haarscharf, Größe 8—1, je nach dem Helligkeitsgrade des Wassers und des verwendeten Köders.

Wenn man angebundene Haken verwendet, so empfiehlt sich zum Fischen auf Barben wie bei keinem anderen Fische die im betreffenden Kapitel geschilderte Verstärkung des Guts ober dem Hakenschenkel. Es ist eine Tatsache, daß die Barbe das Gut eben meist an dieser Stelle absprengt. Wenn man Öhrhaken verwendet, ist es ratsam, den Haken öfters neu einzubinden, um ein Durchscheuern des Guts am Öhr zu vermeiden.

Die Schnur sei fein, aber von ca. 10—15 lbs. Tragkraft je nach der Schwere der Gerte.

Als Köder nimmt man große rote oder dunkle Tauwürmer, die man am vorteilhaftesten nach der „Hosenmanier" ansteckt und die Enden recht lang läßt, das Fleisch der Flußmuschel oder Neunaugen, lebend angeködert, diese besonders im Spätsommer und Herbst. Diese und auch kleine, 5—7 cm lange, lebende Mühlkoppen und Gründlinge werden von großen Barben gerne genommen. Beide ködert man durch die Lippen an. Im Sommer sind Käse und gestocktes Rinderblut ein hervorragender Köder, wenn das Wasser hell ist.

Unter allen Bedingungen, ob man mit oder ohne Floß angelt, muß beim Barbenfange der Köder am Grunde aufliegen oder über denselben hinstreifen.

Zum Angeln mit dem Floße eignen sich außer jenen Stellen, an denen eine wenigstens streckenweise ziemlich gleichmäßige Tiefe ist, besonders die Rückläufe und Wirbel hinter Mühlanlagen und Schleußen oder an Buhnen und Einbauten. Das Floß muß entsprechend der Wassermenge und Strömung schwerer sein, soll aber nicht zu groß sein. Ein großer Schwanen- oder Pelikankiel wird in den meisten Fällen genügen, ev. ein kleines Nottinghamgleitfloß, wenn größere Tiefen mit dem Weitwurfe erreicht werden sollen.

Der Senker sei auch nicht zu groß, bestimmt nicht größer, als es die gegebenen Umstände erfordern; besser als ein großer sind mehrere kleinere, der erste ca. 30 cm vom Haken entfernt.

In gerade fortrinnende Flußstrecken muß man den Grundköder — Blut oder Würmer, bzw. Stücke derselben — in Lehm eingeknetet auswerfen, damit er von der Strömung nicht vertragen werde. Dagegen kann man ihn in Rückläufe oder Wirbel ohne Umhüllung, ev. unter Benützung der früher erwähnten Grundköderbüchse, versenken, da er an solchen Stellen immer im Kreise herumgeführt und so zu den nahrungsuchenden Fischen gebracht wird.

Nach dem Einwurf der Floßangel warte man das Sinken des Köders ab und halte dann die Schnur gespannt. Selbstredend muß man dazu in Rückläufen Schnur zurückholen, wenn das Floß gegen den Angler getrieben wird, und wieder ausgeben, wenn der Strom es wieder fortträgt. Der Anbiß der Barbe wird vom Floß durch einen oder einige kurze, energische Rucke und darauf folgendes Tauchen angezeigt; in diesem Momente ist der Anhieb kurz, aber zügig zu setzen, damit der Haken in das lederzähe Maul gut eindringe.

Angelt man mit dem Bodenblei oder der sog. Barbenwage, dann kann man nach dem Wurfe die Gerte mit dem Speer in den Boden stecken, um durch das Halten einer so langen und schweren Rute nicht zu ermüden. Bei dieser Art zu fischen verwendet man mit Vorteil ein Vorfach von Messingdraht in ¾ der Länge des Angelstockes. Der Draht schneidet das scharf strömende Wasser besser und widerstandsloser als die Schnur, was auch den Senker besser am Boden erhält und leichtere Bleie zu benützen erlaubt, trotzdem in schwerer Strömung und tiefen Flüssen oft ein solches von 30, 50, ja selbst 100 g und mehr erforderlich ist.

Um in rauhem Boden möglichst Hänger zu vermeiden, werfe man besser schräg abwärts als quer über die Strömung.

Die Barbe beißt in scharfen Rucken, welche an der Gertenspitze einen sichtbaren Ausschlag erzeugen, und zieht zuletzt diese nach der Oberfläche des Wassers herunter, wobei man anzuhauen hat. Zum Angeln in der Nacht oder Dämmerung bringen manche Angler eine kleine Schelle an der Spitze an, deren Ton den Anbiß meldet. Die Angelei mit Bodenblei ist empfehlenswert im Frühjahr und Herbst sowie bei hohem Wasserstande, bei diesem auch im Sommer. Bei hellem und niedrigem Wasser ist die Floßangel und der Weitwurf mit dieser vorzuziehen. Im Frühjahr sind milde, trübe Tage äußerst günstig, ebenso im Herbst. Im Sommer sind heiße, sonnige Tage schlecht, namentlich dann, wenn das Wasser noch klar und niedrig ist. Am ehesten hat man auf Erfolg zu rechnen vor Tag und in der späten Dämmerung, außer bei regnerischem und kühlem Wetter.

Trotz allem ist die Barbe ein launischer Fisch, dessen Erbeutung auch bei scheinbar günstigen Verhältnissen ungewiß ist.

Der Drill der Barbe, vor allem der großen Exemplare, ist aufregend. Sie wehrt sich durch kräftige Risse und Fluchten, bohrt nach dem Grunde und versucht mit dem Schweif das Vorfach abzuschlagen. Man muß immer bedacht sein, sie zu heben und nicht auf den Grund gehen zu lassen, andererseits ihr Zerren durch die Elastizität der Gerte und Schnurgeben zu parieren. Deshalb muß die Gerte auch eine gute Dosis Elastizität besitzen. Die vielfach im Handel zu sehenden schweren Grund- und Barbengerten haben diese meistens nicht, worauf beim Einkauf zu achten ist. Auch achte man darauf, daß die großen Barben gerne und oft das Vorfach oder den Haken brechen, wenn man mit dem Drill nicht rasch beginnt; das kommt meist vor, wenn die Gerten in den Boden gesteckt sind und der Angler nicht aufmerksam ist oder seine Gerte aus diesem oder jenem Grunde verläßt. Ich bin deswegen kein Freund davon, mehr als einen Stock auszulegen, wie man es häufig sieht.

Der Schied. Rapfen.

Unter den Cypriniden ist er eine von den Arten, welche nicht nur eine beträchtliche Größe erreichen, sondern auch vom sportlichen Standpunkte Beachtung verdienen.

Der Schied ist entschieden auch ein schöner Fisch, von langgestreckter, schlanker Gestalt; dunkelblaugrün ist die Farbe seines Rückens, während Bauch und Seiten in silbrigem Weiß leuchten. Charakteristisch für ihn ist die breit ansetzende, tief ausgeschnittene Schwanzflosse und das tief gespaltene Maul, das ihn als Raubfisch, der er ja tatsächlich ist, kennzeichnet. Sein Unterkiefer greift weit vor und in eine Vertiefung des Zwischenkiefers ein.

Augen und Schuppen sind klein, letztere tragen besonders am Rücken während der Laichzeit, die je nach der geographischen Lage von April bis zum Juni währt, einen deutlichen knotenförmigen Ausschlag. Der Rapfen ist ein Bewohner des Ostens unseres Kontinents; er fehlt in England, Frankreich, Holland und der Schweiz und erreicht ein Gewicht bis 15 kg. Er ist ein Bewohner der größeren Flüsse und Ströme, vor allem jener mit reinem Wasser, kommt aber auch in Seen vor. Er steht am liebsten am Rande starker Strömungen, am Ein- und Auslauf von Gumpen und Wirbeln, an Buhnenköpfen und im Überfallwasser von Wehren sowie an Einmündungen von Seitenarmen, Kanälen und Nebenflüssen und an Häfen. Kiesigen oder grobschotterigen Grund zieht er im allgemeinen weichem Boden vor. Seine Nahrung sind vor allem kleine Fischchen, hauptsächlich Lauben, Frösche, aber auch Insekten und Würmer verschmäht er nicht.

Als Beuteobjekt hat er dort, wo er vorkommt, für den Angler viel Interesse, denn er ist sowohl mit der Spinnangel als auch mit der Kunstfliege zu erbeuten und gewährt an beiden guten Sport.

Im Sommer lebt er im Mittelwasser und an der Oberfläche der vorerwähnten Lieblingsstände, während er sich im Winter mit den Futterfischen zusammen in ruhigere und tiefere Plätze zurückzieht.

Der Angler, welcher in der Nähe solcher Stellen im Sommer fischt, kann ihn öfters nach Fliegen aufgehen und nach Lauben jagen sehen. Wenn das Wasser nicht zu hell ist, kann man versuchen, ihm einen Wurm anzubieten, den man dem Wirbel und der Strömung zutreiben läßt und ihn dann wieder mit Rucken zu sich heraufzieht. Der Schied stürzt sich gierig auf alles, was irgendwie Leben und Bewegung zeigt. Oft genug wird der Köder auf diese Weise vom Schied genommen.

Kann man ein lebendes Neunauge als Köder benützen, so ist sein Fang nahezu stets als gelungen anzunehmen.

Mir hat sich im Sommer folgendes Verfahren am besten bewährt: Wenn ich mir Schiede ausgemacht hatte, köderte ich die großen grünen fliegenden Heuschrecken an große einfache Haken, ev. zwei Stück an einen solchen, wartete auf ein Steigen, oder, wenn ich genug Heuschrecken hatte, provozierte ich es, indem ich ihm solche zuschwimmen ließ, bis er aufging. Dann erst ließ ich den bewehrten Köder zu seinem Stande hinrinnen; selbstredend: Leine und Vorfach müssen gut gefettet sein und schwimmen und am Köder darf nicht der leiseste Zug oder Verhalt ausgeübt werden. Angelte ich unter einem Wehre, dann näherte ich mich von unten her im Boote oder watend und warf den Köder stromauf ins Überfallwasser. So gelang es mir oft, mehrere Schiede hintereinander zu erbeuten.

Im Winter steht er oft neben Zander und Döbel in tiefen, ruhigen Wirbeln, hinter Buhnen und Brücken, beißt hier sowohl auf den lebenden Köderfisch wie auch auf den Tauwurm und den Gänsedarm. Er nimmt aber den lebenden Köderfisch im Sommer auch und gern, und wenn man sich keine großen Heuschrecken verschaffen kann, so ist die Schnappangel entschieden eine sichere Fangmethode. Nur darf man keine auffälligen Floße verwenden, am besten ist ein einfacher, längsgespaltener Flaschenkork, mit dem Messer konisch zugeschnitten, von ca. 4 cm Länge, 1½ m über dem Köder an die Schnur geklemmt. Kein Blei! Keine Wirbel! Das Vorfach ca. ¾—1 m lang von Poil-Stärke Regular, der Haken ein einfacher Perfekthaken Nr. 1 oder 1/0. Als Köder bewähren sich am besten kleine, 5—6 cm lange Lauben. Der Haken wird ihnen einfach durch die Oberlippe, bzw. durch ein Nasenloch geführt. Ebenso wichtig wie das Fehlen jedes Senkers ist das gute Fetten der Schnur. Statt Lauben kann man auch Pfrillen oder Grundlinge nehmen, Lauben aber sind am besten, da sie seine Haupt- und Lieblingsnahrung sind.

Das Ganze läßt man jetzt von einer Entfernung von 15—25 und mehr Metern dem Platze zutreiben, wo man den Schied jagen sah, in Rückläufen und Wirbeln überläßt man das Floß dem Strome. Wenn der Schied beißt, geschieht dies fast regelmäßig mit einem Aufschlage übers Wasser, mit dem er die flüchtende Laube erhascht. Man hat zum Anhiebe Zeit, bis sich die Schnur durch sein Abgehen spannt; vielfach, besser gesagt, fast immer haut er sich selbst an.

Es ist wichtig, keine größeren Köderfische zu nehmen als 5 bis 6 cm. Größere faßt er oft nur am Schwanz und läßt dann gerne aus, während er den kleinen Fisch meist sofort verschluckt. Dadurch, daß man kein Blei nimmt, hat die empfindliche Laube vollen Spielraum nach allen Seiten und wird nicht ermüdet, weil das Gutvorfach fast ohne Gewicht ist. Ebenso bildet die gefettete schwimmende Schnur keine Last für das kleine zarte Köderfischchen, das dafür um so länger lebend und beweglich bleibt. Da man auf diese Art und Weise vom Ufer aus fischt, empfiehlt sich eine recht lange, aber leichte Angelrute mit nicht zu steifer Spitze, mit der sich der Köder bedeutend besser führen läßt als mit einer kurzen Gerte. Eine Angelrute von 5 m Länge halte ich für diesen Zweck für nicht zu lang. Entsprechend der weichen Gerte kann man die Schnur recht fein nehmen; eine solche von 10 Pfund Tragkraft wird entschieden genügen.

Der Drill dieses Fisches ist an feinem Zeuge recht interessant; er kämpft zuweilen ganz energisch, besonders wenn er 2—3 kg und mehr schwer ist, macht er ganz kräftige Fluchten. Man übereile sich nicht im Drill und lasse ihn sich müde kämpfen, und zwar möglichst weit weg vom Stand des Anglers.

Da er gesellig lebt, hat man Aussicht, an derselben Stelle oder in deren Nähe noch den einen oder andern seiner Genossen zu erbeuten; deshalb fische man das ganze Wasser sorgfältig ab. Beißen die Rapfen an diesem Platze nicht mehr, wechsle man ihn, um sie nicht unnötigerweise zu vergrämen, lasse ihn einige Zeit in Ruhe und befische ihn das nächste Mal nach einer anderen Methode bzw. mit Flugangel oder Spinner.

Der Döbel oder Aitel. (Chub-Chevaine).

Das Auffällige an diesem Fische ist ein etwas plumper Kopf — der ihm auch den Lokalnamen „Dickkopf" einträgt — mit dem raubfischartigen, tief gespaltenen Maule, und die schwarze netzartige Zeichnung über dem Leibe, herrührend von dem schwarzen Rande seiner großen Schuppen.

Am Rücken ist er schwärzlich oder dunkelolivgrün gefärbt. Die Seiten sind gelblich bis silberfarbig, die Flossen rötlich mit Ausnahme der Brustflossen, die gelblich gefärbt sind.

Der Döbel wird gerne mit seinem nächsten Artgenossen, dem Hasel verwechselt, besonders die kleinen Exemplare bis zu ½ oder 1 lb. Die Unterscheidung ist jedoch leicht bei Vergleich der Afterflosse: Die des Döbels ist deutlich konvex, jene des Hasels ebenso deutlich konkav. Hasel über 1 lb sind verhältnismäßig selten. Der Döbel lebt in ganz Europa in Flüssen und Bächen, Teichen und Seen und geht ziemlich weit in die Forellenregion hinein, obzwar sein eigentliches Verbreitungsgebiet erst mit der Äschenregion beginnt. In Salmonidenwässern ist er ein unsympathischer Mitbewohner — er frißt Laich und Jungfische; ansonst ist er ein Allesfresser, der sich sowohl von vegetabilischer Nahrung wie auch von animalischer Kost nährt, ebenso gefräßig wie scheu und mißtrauisch. Er laicht im Mai und Juni — zu dieser Zeit bekommen die Männchen einen feinkörnigen Hautausschlag — und vermehrt sich sehr stark.

Für den Angler ist er ein sehr interessanter Fisch — weniger seines Fleisches halber, das ziemlich weich und grätig ist, aber doch nicht so schlecht, wie allgemein behauptet wird. Döbel von über 1 kg aus reinem oder strömendem Wasser und im Spätherbst oder Winter gefangen schmecken gebraten ganz gut, und wo sie 2 und 3 kg schwer werden, sind sie auch als Küchenfische der Beachtung wert.

Der Döbel geht ebensowohl an die Spinnangel wie er auf die künstliche Fliege steigt und beißt das ganze Jahr, was ihm die Sympathie des Anglers sichert; und dabei ist er wegen seiner Vorsicht nicht einmal so ganz leicht zu erbeuten, besonders die alten großen Exemplare nicht.

Im Sommer steht er an der Oberfläche — beim geringsten störenden Moment versinkt er sofort in die Tiefe, und ihn im klaren Wasser zu betören, ist schier eine Kunst. Nicht sobald für einen anderen Fisch gilt das Wort vom „Fein-und-von-weitherfischen" wie gerade für ihn. Darum muß das zu seinem Fange verwendete Zeug in Anbetracht seiner Größe nicht nur stark, sondern auch so fein wie möglich sein und unauffällig — keine Wirbel! wie von manchen unbegreiflicherweise empfohlen wird — und kleinstmögliche Schwimmer und Senker. Für die Floßangel im klaren Wasser empfiehlt es sich, wennmöglich noch unter Ausnützung einer vorhandenen Deckung, den Köder weit von oben her dem ausgemachten Standplatze des Aitels zutreiben zu lassen und eine gut schwimmende

Schnur ist bei ihm noch wichtiger als anderswo. Zum Döbelfangen sind die ganz transparenten Zelluloidfloße sehr zu empfehlen. An Gewässern, die reichlich Baum und Staudenbewuchs an den Ufern haben, stehen die Döbel gerne unter den überhängenden Zweigen und Ästen, auf der Lauer nach Insekten und können dann mit solchen oder einem kleinen Frosch als Köder mit der Tippangel erbeutet werden. Im allgemeinen ist der Winter, das Frühjahr, nach der Schneeschmelze bis zum Beginn der Laichzeit und der Herbst die beste Zeit zum Angeln. Der Sommer ist, wie schon erwähnt, nicht sehr aussichtsreich in solchen Wässern, die sich stark klären — außer zur Kirschenzeit oder gelegentlich höheren Wasserstandes.

Während in der warmen Jahreszeit der Döbel mit Vorliebe rasch strömendes seichteres Wasser bzw. die Oberfläche aufsucht, zieht er sich im Herbste in die ruhigeren Tiefen zurück, wo man ihn am Rande oder am Auslaufe der Strömung, an den Rändern der Wirbel und Rückläufe, neben Mühlschüssen und Schleußen und im Stauwasser der Wehre zu suchen hat.

Sehr gut sind Stellen im Flusse, wo eine Schilfbank ein vorspringendes Eck bildet und dahinter die Strömung einen Rücklauf macht. Hier angelt man je nachdem mit dem festliegenden Floße oder mit dem Bodenblei.

Wichtig ist es, unter allen Bedingungen reichlich Grundköder zu geben. Einer der besten ist Polenta, ferner Kartoffeln oder zerschnittene Regenwürmer, in Kugeln von Lehm eingeknetet, auch Grieben oder fingerlange Stücke von Gedärmen sind gut, ebenso Rinderblut.

Der Döbel liebt große Brocken, was wiederum die Verwendung größerer Haken von Nr. 6—1 gestattet.

Die Stärke des Vorfaches, das nicht kürzer als 1 Yard genommen werden sollte, richtet sich nach den jeweiligen Umständen; im Winter und bei trübem hohem Wasser wähle man die Stärke Regular, ev. Padron. Bei hellem Wasser und im Sommer Fina, ev. sogar Refina.

Im Sommer ködert man am besten große Insekten, Mai- und Juni- sowie Mistkäfer, zur Obstzeit Kirschen, auch Maulbeeren, wo solche zu haben sind, und Zwetschgen. Für die übrige Zeit sind gute Köder: Tauwürmer, Stücke von Fischen, Brot, Teige, besonders Käseteige und Polenta. Im Spätherbst und Winter ist der Darm von Gans und Ente ein fast nie versagender Köder, ebenso das Neunauge, das nur leider nicht überall zu haben ist.

Wichtig und nie außer acht zu lassen ist es, beim Beködern der Angel darauf zu achten, daß der Haken und besonders die Spitze vollständig durch den Köder bedeckt ist, letztere aber trotzdem leicht durch ihn durchschlägt, wenn angehauen wird.

In Gewässern mit einer gleichmäßigen Strömung kann man den auf Beute lauernden Döbeln die Köder auf weite Entfernung zutreiben lassen. Man angelt von 20—30 m oberhalb. Die Schnur und das Vorfach müssen gut gefettet sein, damit sie schwimmen. Man ködert große Insekten, Heupferdchen, Maikäfer, kleine Frösche, Kirschen, Pflaumen u. ä., hüte sich aber, die Schnur beim Anschwimmen zu verhalten, so daß sich am Köder das Wasser staut. Das würde den mißtrauischen Fisch sofort zum Verlassen des Platzes veranlassen. Wenn ein Döbel den anschwimmenden Köder erfaßt, so geschieht dies mit einer gewissen Bedächtigkeit. Man lasse ihm Zeit und warte auf den „Walm" im Wasser, welcher anzeigt, daß er den Köder gefaßt hat und mit ihm abziehen will; dann erst nehme man Fühlung und haue an.

Wenn man mit dem Bodenblei angelt, nehme man es nicht zu groß und bringe es nicht zu nahe an den Köder heran, insbesondere wenn das Wasser nicht trüb ist. Eine Entfernung von ca. 50 cm wird durchschnittlich die günstigste sein, gegebenenfalls mehr.

Der Döbel beißt gierig, das Floß wird mit einem Riß in die Tiefe gerissen und der Anhieb hat in diesem Moment gesetzt zu werden. Angelt man ohne Floß, so behalte man die Gerte ja in der Hand, um den ersten Riß des Fisches mit dem sofortigen Anhieb zu beantworten.

Das große Geheimnis des Erfolges beim Fischen auf Aitel ist und bleibt stets die Kunst, sich dem Fische möglichst unsichtbar zu machen und auch die kleinste Beunruhigung des Wassers und der Ufer zu vermeiden. Man vergesse nie, daß, wie ein alter erfahrener Angler sich auszudrücken beliebte, „der Döbel auf jeder Schuppe ein Auge hat".

Große Döbel gehen nach dem Anhieb mit einer scharfen Flucht ab, worauf man gefaßt sein muß, sonst kann man mit feinem Zeuge und einer leichten Gerte unter Umständen einen Bruch des Zeuges oder der Spitze erleben. Die folgenden Risse und Fluchten sind schon bei weitem schwächer und da der Döbel kein hervorragender Schwimmer ist, ermüdet er verhältnismäßig sehr schnell. Darum keine unangebrachte Gewalt beim Drill und keine Übereilung; in dem fleischigen Maule haftet der ohnedies große Haken gut, und wenn man womöglich noch den Fisch rasch wenden und nach seiner ersten Flucht rasch stromab führen kann, ist der Kampf bald zugunsten des Anglers entschieden.

Die Plötze.

Nächst Lachs, Forelle und Hecht dürfte die Plötze und deren Fang die reichste Literatur gezeitigt haben — in England wenigstens; bei uns hat sich noch kein Angelschriftsteller gefunden, um diesem wirklich reizenden und vielseitigen Sport gewährenden Fisch eine Monographie zu widmen.

An und für sich ist die Plötze ein schöner Fisch; dunkel grün-grau oder olivgrün am Rücken, leuchten seine Seiten wie Silber und diese Farben werden noch gehoben durch die zinnoberroten Flossen und das schöne rote Auge.

Der Leib ist schlank und seitlich zusammengedrückt, sein Bauch rund ohne Kante zwischen Bauch- und Afterflosse.

Ein sicheres Erkennungszeichen und Unterscheidungsmerkmal gegenüber Artgenossen der Leneiseusgattung ist die Stellung der Rückenflosse, deren erster Strahl genau senkrecht über dem ersten der Bauchflosse liegt.

Das Maul ist endständig und die Mundspalte horizontal.

Die Plötze kommt in ganz Europa vor und erreicht in ihr zusagenden Gewässern eine gute Größe, bis zu 2 Pfd. und darüber. Sie ist ein Fisch, der warmes Wasser liebt; in den kalten Seen und Flüssen der Alpen kommt sie zwar hie und da auch vor, bleibt aber klein.

Ihr Fleisch ist weiß, aber etwas weich und ziemlich grätig, trotzdem halte ich sie für mehr wert als lediglich Futter für Raubfische zu sein, wie man es oft zu lesen bekommt, schon allein in Anbetracht des feinen Sportes, den sie bietet. Im übrigen ist ihr Fleisch nicht nur nicht schlecht, sondern besonders in den kälteren Monaten recht wohlschmeckend.

Das Rotauge ist für die meisten von uns die Freude der Jugend und der Trost des Alters, sein Fang ist reizvoll und auch lohnend, außer in jenen Wässern, wo es kaum handlang wird und wirklich nur als Köderfisch bzw. Futter für edlere Fische zu verwerten ist.

Was der Plötze zu so großer Beliebtheit als Sportobjekt verholfen hat, ist wohl vor allem der Umstand, daß sie das ganze Jahr hindurch an die Angel geht und sogar im tiefen Winter sich erbeuten läßt. Sie laicht im Mai und Juni.

Im Gegensatz zu den meisten anderen Weißfischen ist die Plötze ein Liebhaber des strömenden Wassers und harten, d. h. steinigen oder kiesigen Bodens. Schlammigen und sehr grobschotterigen Grund liebt sie nicht. Sie steht ebenso häufig und gerne in der offenen Strömung wie im Rücklaufe von Wehrtümpeln und großen Gumpen, am liebsten jedoch an Schilfgehegen und Krautbetten, solange dieses nicht abgestorben ist. In der Strömung dort, wo eine seichtere rasch fließende Stromstelle sich auf 2—3 m vertieft, eine Strecke gleichmäßig so verläuft und dann wieder sich zu verflachen beginnt. An dieser Stelle hat man die Rotaugen, die hier auf das antreibende Futter warten, zu suchen, und in größeren Flüssen muß man sich durch fleißiges Loten die Kenntnis solcher Plätze unbedingt verschaffen, wenn man Erfolge haben will. Sehr gerne steht sie auch unter Floßholz.

Auch zieht das Rotauge gerne an den steil abfallenden Seiten der Stromrinne, in Seen dort, wo der Grund in einer schiefen Ebene zur Tiefe abfällt, also an denselben Stellen, welche auch der Blei liebt; hier fängt man gewöhnlich die größten Exemplare. Im Winter ziehen sie sich wie die meisten Fische ihrer Art in tiefe, ruhiger strömende Stellen zurück, in Seen oft in ganz beträchtliche Tiefen. Die Plötze wird sowohl mit der Floßangel wie auch mit dem Bodenblei geangelt; die Tiefe und Helligkeit des Wassers, teilweise auch die Jahreszeit und die Bodenbeschaffenheit bestimmen die Wahl usw. der jeweiligen Angelmethode. In solchen Flüssen, welche klares Wasser und starken Bodenbewuchs haben und auch im Winter Bodenvegetation besitzen, wird die Floßangel, auf reinem Sand oder Kiesgrund das Bodenblei ev. das festliegende Floß den Vorzug haben, namentlich bei höherem Wasserstande und im Spätherbst bzw. Winter.

Alles Geräte zum Fange der Plötze sei so fein als möglich. Floße und Senker ebenso klein und unsichtlich als nur angängig. Die Gerte sei leicht, einhändig — ob kurz oder lang hängt von lokalen Verhältnissen ab, vor allem aber muß sie einen prompten Anhieb leisten können, was besonders dann wichtig ist, wenn man mit langer Schnur und rinnendem Floße angelt. Für das Fischen mit dem Bodenblei halte ich das Anbringen eines 15—20 cm langen Fischbeinstückes an das Spitzenende für äußerst vorteilhaft, denn gerade die großen Plötzen beißen meist so unmerklich leise und vorsichtig, daß die Spitze kaum abgebogen wird; fühlen sie einen Widerstand, lassen sie den Köder fahren.

Als Schnur benutzen wir für beide Zwecke eine von nur 4—6 lbs Tragkraft, Gutvorfach mindestens einen, bei sehr klarem Wasser aber auch 1—2 Yard lang. Ist das Wasser trüb, kann man, da man auch größere Haken verwenden kann, die Stärke Fina verwenden. Je klarer das Wasser, desto feiner das Gut, ev. bis zu 4 × hinunter — wenigstens die letzten zwei Längen vor dem Haken.

Diese in den Größen 10 und 12 für trübes Wasser, von 12—14, sogar 16 für das klare und klarste Wasser.

Auch heutzutage steht noch bei vielen alten Plötzenfischern das Pferdehaar als Vorfach und am Haken in höchster Gunst — obzwar es von gutem 4 ×-Gut in jeder Hinsicht übertroffen wird.

Nehmen wir also an, wir wollen Plötze fangen und die Floßangel wählen, weil das Wasser klar ist; wir stellen unser Floß bis zum Boden und strecken nochmals das sorgfältigst gewässerte Vorfach, jede Schlängelung in demselben würde uns die Fische vergrämen. Unmittelbar über dem Haken, ev. an der Spitze des Schenkels, befestigen wir einen kleinsten Schrot, wählen für den Anfang Kristallhaken Nr. 12 und befestigen vorläufig erst über Haken und Schrot eine kleinapfelgroße Kugel des Pulverköders, dem man ev. noch einige Maden beikneten kann, schwingen aus und werfen nach einem ausgewählten Punkte, von dem aus die Strömung den Köder vertragen soll, lassen ihn sinken und wenn er dort ist, wo wir ihn haben wollen — einen Ruck und die leere Angel kommt an der Rolle wieder zu uns zurück — um mit einer zweiten Kugel eingehüllt auf einem zweiten Platze das Anködern zu wiederholen. Jetzt erst wird der Haken mit drei fetten Maden besteckt und die Angel nach Punkt 1 ausgeworfen, 4 oder 5 Maden hinterher, und jetzt heißt es aufpassen, das Floß schön mit der Strömung rinnen lassen und nicht verhalten, damit sich nicht das Wasser daran staut, aber auch die Schnur schön gespannt halten, damit wir mit dem Anhiebe ins Maul der Plötze und nicht daneben gelangen. Jetzt taucht das 1—2 cm lange Endchen Kiel, das von unserem Floße noch aus dem Wasser ragt — der gewisse Ruck aus dem Handgelenk — und schon biegt sich unsere Gerte unter dem Zuge des gehakten Fisches. „Zeitlassen" heißt's beim Plötzenangeln mit dem Drill. Die Elastizität der Gerte und das langsam stetige Einrollen bringen den Fisch ins Netz, nur darauf ist zu achten, daß man ihn baldigst aus der Sehweite seiner Genossen bringt, hübsch im Mittelwasser halte und ihn nicht zu bald an die Oberfläche ziehe, wo er durch Plätschern und Herumschlagen Lärm macht, die anderen Fische vergrämt und häufig abkommt, weil er ein zartes Maul hat und feindrähtige Haken gerne daraus ausschneiden. Darum ist anderseits ein übermäßig langes Drillen nicht ratsam.

Nun kann sich dieses Spiel wiederholen, oder auch nicht, je nachdem die Plötzen vorsichtig geworden sind; man wiederholt das Auswerfen des Grundköders wie am Beginn und befischt inzwischen Punkt 2, aber mit kleinerem Haken und nur 2 Maden daran. Sollte auch das refusiert werden, dann probiert man es nochmals mit kleinsten Haken 15—16 und nur einer einzigen Made als Köder an dem feinsten Vorfache, das man besitzt.

Wenn auch dieses wirkungslos blieb, dann streut man Grundköder; je nachdem: Weizen oder Hanf und wechselt den Platz, bis der Fisch wieder vertraut geworden ist.

Zum Plötzenangeln soll man immer verschiedene Köder und Grundköder mitführen, wenigstens zweierlei, außer dem universellen Pulverköder und dem meist unfehlbaren Teig, letzteren erst recht dann, wenn man keine oder nur wenig Maden hat.

Im Sommer, besonders Juni, Juli und August ist gestocktes Rinderblut ein Köder, der alle anderen übertrifft. In manchen Gegenden ist in diesen Monaten ein fast unfehlbarer Köder die große rote Larve der Zuckmücke, welche in stagnierendem Wasser in unendlicher Menge zu finden ist; in Anbetracht ihrer Zartheit kann man sie nur an die allerkleinsten feindrähtigen Haken ködern. Es kann aber hier und da vorkommen, daß die Rotaugen dieses, sowie Teig und Körner, sogar die Maden verschmähen. — Ich erinnere mich eines Tages, da ich mit einem Freunde Plötzen angeln war; es war Ende Juni, das Wasser glasklar und auf drei Meter und mehr durchsichtig, wir konnten direkt sehen, wie die Fische an unseren Köder heranschwammen, daran anstießen und ihn nicht nahmen. Wir angelten mit Blut, Maden und Teig, das Wetter war kühl und windig und der Himmel bedeckt. Ich ging in eine nahe Mühle um zu sehen, ob man dort nicht Mehlwürmer bekommen könnte, und wie es so oft geht, befiel mich die rein instinktive Idee, ein paar von den fetten Brummern zu fangen, die in der Stube am Fenster saßen. Ich fing etwa ein Dutzend davon und eilte zum Angelplatze zurück, nahm meinen kleinsten Haken und köderte so eine dicke Stubenfliege an. Kaum war der Haken in der Tiefe als ich schon eine große Plötze bedächtig herumschwimmen sah — einige Augenblicke später hing sie schon fest, und jede Fliege brachte einen Fisch.

So verwandelte sich ein aussichtsloser Tag zu einem erfolgreichen. Noch oft wiederholte ich in später Zeit das Anködern von Fliegen und hatte fast nie einen Versager. Bekannt ist es ja, daß Plötzen sehr gut die Kunstfliege nehmen — warum sollten sie das natürliche Insekt verschmähen —, und zur Sommerzeit sind ja Fliegen in Massen und kostenlos und leicht zu beschaffen. Zur Tippfischerei sind sie unstreitig der beste Köder neben dem Heuschreck.

In Gewässern, welche durch Wiesen strömen, sind oft Heupferdchen gute Köder und auch der grüne Schlamm, der sich an Steinen und an dem Holze der Mühlbauten, Wehre u. dgl. ansetzt, wird gerne genommen. Viele Plötzenfischer, besonders diejenigen welche vom Ufer fischen, gebrauchen zum Auslegen des Grundköders einen 4—6 m langen Stock, der an seinem Ende eine Rolle trägt; mit Hilfe des langen Stockes und der Rolle bringt man den Köder noch ein paar Meter weiter in das Wasser hinaus.

Die „altmodischen" Plötzenangler in England fischen noch mit der sog. „Roachpole", das ist eine 16—18 Fuß lange Gerte ohne Rolle und einer kurzen Schnur, welche etwa halb so lang als die Gerte ist. In den meisten Angelbüchern werden nun kurzerhand dem Leser zwei Sätze mitgeteilt, welche eigentlich nur Bezug auf die Handhabung dieser Gerten und diese Art zu angeln haben. Da aber gerade das dem Leser nicht gesagt wird, so werden in ihm falsche Vorstellungen erweckt, für welche er keine Begründung findet, wenn er diesen Sätzen nachgeht: Erstens das Halten der Gertenspitze senkrecht über dem Floße — worüber ich im betreffenden Kapitel schon gesprochen habe — und zweitens die Erzählung von dem „gewandten Plötzenangler", welcher während des Drills Teil für Teil von seiner Gerte heruntemimmt — eine Tätigkeit, deren Grund man sich sonst nicht gut erklären kann, und deren Beschreibung geeignet ist, Verwirrung zu schaffen. Es ist aber leicht erklärlich wenn man bedenkt, daß die Gerte 4—5 m, die ganze Schnur aber nur 1½—2 m lang ist. Es wäre eine direkte Unmöglichkeit, bei diesen Proportionen einen Fisch ins Netz zu führen, wenn man nicht wenigstens das Handteil abnehmen würde.

Im übrigen ist das Angeln mit der „Plötzenstange" im Aussterben. Unleugbar gewährt das Angeln mit dem Floße nach dem Nottingham- oder Sheffieldstil den vielseitigeren, feineren und anregenderen Sport. Das Bodenblei findet seine hauptsächlichste Verwendung in tiefem, trübem oder wenig sichtlichem Wasser, ebenso das festliegende Floß. Als Köder dient am besten der Schwanz eines Tauwurmes, namentlich bei hohem Wasserstande. Zu solchen Zeiten suchen die Plötzen gerne Altwässer auf und Flußhäfen und man findet sie dann auf solchen Plätzen meist am Einlauf wo die Strömung sich verläuft oder einen Rücklauf bildet. Auch unter Floßholz steht sie zu solchen Zeiten gerne in der Nähe des Ufers, wo das Wasser höchstens 2 m tief ist. Sie beißt dann auch viel vertrauter und energischer als zu anderen Zeiten und Gelegenheiten und man kann hier vielfach gerade die größten Exemplare erbeuten.

Wenn man ohne Floß angelt, erkennt man den Biß der Rotaugen an einem kontinuierlichen Anschlag der Spitze, ehe dieselbe zum Wasserspiegel heruntergezogen wird — auch am festliegenden Floße sieht man erst 2—3 Rucke ehe es taucht.

Anders dagegen bei Klarwasser: das festliegende Floß und sei es noch so unscheinbar, habe ich hierbei immer als eine erfolgarme Methode erprobt; wenn man schon überhaupt damit etwas fängt, so sind es höchstens kleine Stücke — die großen scheint das Stauen des Wassers am Floße zu beunruhigen.

Wenn man, was entschieden eher anzuraten ist, mit dem Bodenblei ohne Floß angelt, so achte man peinlich auf die feinste Bewegung der Spitze; gerade die größten Exemplare beißen so vorsichtig, daß selbst eine weiche empfindlichere Fischbeinspitze kaum sichtbar abgebogen wird. Ein Ungeübter wird von zehn Anbissen hierbei bestimmt neun übersehen. Wenn man vom Boote aus angelt und die Gerte schaukelnd auslegt, ist der Anbiß leichter zu erkennen, da der Ausschlag ein größerer ist.

Die Rotfeder. (Rudd.)

Dieser Fisch kommt fast überall vor, wo auch die Plötze lebt, der er ungemein ähnlich sieht, was Körperbau und Farbe der Flossen anbelangt.

Unterschieden wird er von ihr vor allem durch die Stellung der Rückenflosse, deren erster Strahl mehr oder weniger weit hinter dem der Bauchflosse ansitzt, ferner durch die senkrecht stehende Mundspalte, die mehr messinggelbe Farbe der Schuppen, das goldigirisierende Auge und die nicht ganz rein zinnoberrote Farbe der Brust- und Rückenflosse.

Im Gegensatze zur Plötze lebt die Rotfeder mehr im Mittelwasser und an der Oberfläche und bietet an geeigneten Wässern besonders im Hochsommer guten Sport an der Tippangel.

Ansonst verwendet man zu ihrem Fange dasselbe Gerät wie zum Plötzenfischen, nur stellt man eben die Floßangel dementsprechend seicht; auch die gleichen Köder wie für Plötzen werden verwendet.

Der Hasel. (Dace).

Die ihn bei fast gleicher Gestalt und Färbung vom Döbel unterscheidenden Merkmale sind bei diesem erwähnt worden.

Der Hasel ist ein typischer Fisch der Barbenregion, sein Vorkommen reicht aber sowohl in die Äschen- wie in die Bleizone hinein, in welch letzterer er aber seltener wird. Im allgemeinen erreicht er keine besondere Größe, Stücke von 1 lb. und darüber sind ziemlich rar, der Durchschnitt erhebt sich nicht viel über 100—200 g.

Die Hasel sind mehr Oberflächenfische und nur bei Hochwasser werden sie mit tief oder zum Grund gesenkter Angel in der Nähe des Ufers in ca. 1 m tiefem Wasser seitlich der Strömung gefangen.

Sonst stellt man die Angel seicht oder auf halbe Wassertiefe, angelt mit feinstem Zeuge wie auf Plötzen mit kleinstem Haken und ködert Maden, Fliegen oder kleine Stückchen Wurm oder Teig, Weizen- und Hanfkörner. Die Hasel beißen lebhaft und rasch.

Ihr Hauptwert für den Angler ist ihre Eigenschaft, gute Köderfische zu sein.

Die Nase.

Unter den Weißfischen nimmt die Nase wohl die untergeordnetste Stelle ein, sowohl als Sportobjekt wie auch als Speisefisch. Als letzterer wenigstens im Sommer; im Spätherbst und Frühwinter ist das Fleisch der großen Stücke gar nicht übel; leider kommt sie meist zur Laichzeit auf den Markt, zu einer Zeit also, wo das Fleisch auch der edelsten Fische kaum genießbar ist.

Die Nase kommt fast allenthalben in der Aschen- und Barbenregion vor, wo sie in größeren oder kleineren Scharen im Wasser von 1—1½ m Tiefe am Rande der Strömung zieht und durch ihr „Leuchten" die Aufmerksamkeit auf sich zieht, wenn sie Nahrung nehmend sich auf die Seite legt. Als Pflanzenfresser lebt sie vorzugsweise von den Algen, die auf den Steinen des Grundes wachsen und von ihr abgenagt werden. Hiezu ist auch ihr Maul besonders gebaut, die Schnauze ist vorstülpbar, ihre Ränder hornartig und zugeschärft, das Maul selbst ist unterständig.

Die Färbung des Rückens variiert von dunkel schiefergrau zu graugrün. Die Seiten sind weißlich, der Bauch ebenso, bisweilen gelblich, die Flossen rötlich mit Ausnahme der Rückenflosse, die dunkel ist.

Das Fleisch ist weich und stark von Gräten durchsetzt, doch nicht ohne Wohlgeschmack.

Zur Laichzeit zieht die Nase oft in ungeheueren Mengen in Seitenbäche zum Laichen hinauf und wird bei dieser Gelegenheit in Massen gefangen. Ihr Fang gewährt keine besondere Aufregung, trotzdem sie gut 2 Pfd. schwer wird; ihr anfangs heftiges Widerstreben wird in kurzer Zeit besiegt, ohne an den Drill höhere Anforderungen zu stellen. Auch ist der Fang mitunter recht unterhaltend, da man oft an einer Stelle eine größere Anzahl guter Fische erbeuten kann. Da sie das ganze Jahr an die Angel geht, ist sie an vielen Wässern ein begehrtes Fangobjekt, als welches sie sogar der Plötze oft den Rang streitig macht.

Zu ihrem Fange nimmt man dieselben Geräte wie für den Fang der Plötze; da die Nase aber nicht so scheu ist wie diese, kann man etwas größere Haken verwenden, etwa Nr. 10—8.

Man füttert an geeigneten Stellen von 1—2 m Tiefen, am besten ruhigere Stellen neben einer Strömung oder einem kleinen Rücklauf — oder aber Stellen, an denen man die Fische blitzen sieht, reichlich an, am besten geschnittene Würmer, in Lehm geknetet, und fischt mit der bis zum Grunde gestellten Floßangel mit feinem Zeug und sehr kleinen Haken mit kleinen Rotwürmern oder Gelbschwänzen; da sie rasch beißt, muß man bei der kleinsten Bewegung des Floßes anhauen.

Auch das Bodenblei findet zu ihrem Fange Anwendung, unter den gleichen Bedingungen wie die Floßangel. Im Herbste ist das feststehende Floß die beste Methode, mitunter empfiehlt sich aber die laufende Grundangel, besonders dort, wo man die Fische ziehen oder weiden sieht.

Der Aland. (Idus Melanotus).

Dieser Fisch heißt auch Gängling, wird aber vielfach fälschlich auch mit dem Namen Nerfling bezeichnet, was irreführend ist, denn er hat mit dem nachfolgend, beschriebenen Nerfling sehr wenig Ähnlichkeit. Ich werde daher um meine Leser nicht zu verwirren, ausschließlich vom Aland sprechen.

Sein Leib ist seitlich zusammengedrückt und zeigt am Rücken eine graugrüne bis dunkelgrüne Färbung; Bauch und Seiten sind rein weiß, das Maul endständig, die Mundspalte zieht schief aufwärts. Charakteristisch sind seine Flossen, welche kirschrot, manchmal dunkelrot gefärbt sind.

Der Aland ähnelt in seinem äußeren Ansehen am meisten der Plötze, von der er aber doch leicht zu unterscheiden ist: erstens durch die Stellung der Rückenflosse, deren erster Strahl bei der Plötze genau senkrecht über dem ersten der Bauchflosse steht, ferner durch die Schuppen, welche bei der Plötze größer sind, und durch die Stellung der Afterflosse, welche bei der Plötze deutlich abgesetzt ist, während sie beim Aland eine Dreieckform aufweist, mit meist 10 Strahlen.

Der Aland lebt in allen größeren Flüssen Mitteleuropas und laicht vom März bis Juni. Zu dieser Zeit wandert er oft in großen Scharen in die Seitenbäche und Altwässer. Im Frühjahre hat man ihn in seichtem Wasser zu suchen, besonders in der Nähe von Sand- und Kiesbänken, ebenso im Sommer. Mit der fortschreitenden Jahreszeit sucht er aber seine Lieblingsstände auf, das sind kleine Gumpen und Tümpel in der Nähe des Ufers, wenn diese lebhafte Strömung aufweisen. Die großen Exemplare aber stehen mit Vorliebe an solchen Stellen, wo man mitunter auf die Anwesenheit eines Hechtes schließen würde. Übrigens eine Erscheinung, die man bei großen Fischen aller Gattungen oft findet, daß nämlich die großen mit der Zeit zu Einsiedlern werden.

Der Aland wird nämlich gegebenen Falles 4 und mehr Pfund schwer; wenn auch diese großen Exemplare nicht sehr häufig vorkommen, erreicht er aber immerhin ein Durchschnittsgewicht von ca. 2 Pfund und dabei eine Länge von annähernd einem halben Meter, ist also als ein ganz ansehnliches Angelobjekt zu bewerten. Sein ziemlich grätiges Fleisch ist zwar nicht hoch geschätzt, aber im Winter ist er ein durchaus schmackhafter Fisch.

Bei mildem Wetter, also im Sommer und Frühherbste, steht der Durchschnitts-Aland gesellig in sehr seichtem Wasser, namentlich wenn dieses etwas angetrübt ist, in der nächsten Nähe des Ufers. Es genügt hier eine Tiefensenkung von 50—60 cm und eine leichte Bleibeschwerung, etwa einige Schrotkörner im Gesamtgewichte von ca. 5 g. Auch das Floß sei leicht und empfindlich, am besten eignet sich eines der von mir beschriebenen oder eine Stachelschweinborste.

Bei klarem Wetter und Wasser in der warmen Jahreszeit muß man den Fisch in den mittleren Tiefen suchen, unter Umständen sogar nahe dem Grunde. Wenn Fröste eingefallen sind, dann zieht er er sich in die Tiefen der Gumpen zurück und muß nun mit dem Bodenblei angegangen werden. Aber auch hier hüte man sich vor einer größeren Beschwerung als gerade nötig ist, um den Köder zum Grunde zu bringen.

Zu seinem Fange eignet sich jede längere leichte Gerte, ich bevorzuge die Seerohrgerte wegen ihrer Leichtigkeit und Handlichkeit. Auch die Schnur sei so fein wie möglich, eine von 6—8 Pfund Tragkraft reicht unbedingt aus; das Vorfach sei etwa 60 cm lang, aus ½ drawn oder 1 × Gut geknüpft, der Haken sei feindrahtig, aber kräftig, in den Nummern 10—7, den momentanen Verhältnissen entsprechend.

Der beste Köder, der sich unter allen Verhältnissen am wirksamsten erweist, sind gut gereinigte Rot- bzw. Dungwürmer, die anderen Wurmarten kommen erst in zweiter Reihe in Betracht. Fleischmaden und Heuschrecken sind ebenfalls vorzügliche Köder, ferner sind Engerlinge, Mai- und Brachkäfer, große Schmeißfliegen, auch andere Insekten, wie z. B. die Steinfliege und ihre Larve, wo sie reichlich genug vorkommt, zu ihrer Zeit als gerne genommene Köder beliebt.

Ködert man Würmer, so stecke man sie bündelförmig an den Haken, so daß die Enden recht lebhaft im Wasser flottieren.

An den langen Sommertagen wird man die besten Erfolge haben, wenn man schon bei Tagesanbruch mit dem Angeln beginnt. Die Fische beißen dann meist gut bis zum Eintritt der Hitze, manchmal aber auch ungeachtet dieser den ganzen Tag hindurch.

Es ist gut, zu dieser Zeit mit dem Köder zu wechseln, z. B. vom Wurm zur Anköderung von Heuschrecken überzugehen, was manchmal einen ungeahnten Erfolg bringt.

Nach der sechsten Abendstunde beißen dann gewöhnlich die Fische wieder sehr gut bis tief in die Dunkelheit hinein.

Im Frühjahre und im Herbste beginnt die Beißzeit schon wieder gegen 2 Uhr nachmittags. Der Anhieb erfolgt kurz, aber zügig, der Aland ist ein energischer Beißer, aber sein Maul ist ziemlich weich, weshalb ein leichter Ruck aus dem Handgelenke genügt, um den Haken einzutreiben. Im Drill wehren sich größere Fische ziemlich energisch durch kräftige, wenn auch kurze Rucke, und man muß deshalb den Fisch gut führen, bis er ermüdet und dem Netz zugeführt werden kann.

Der Nerfling.

Zum Unterschied von dem mancherorts fälschlich „Nerfling" genannten Aland ist der Nerfling von gestrecktem Körperbau, hat einen kleinen Kopf und ein unterständiges Maul und vor allem: orangegelbe Flossen!

Sein Schuppenkleid glänzt metallisch, am Rücken ist er grau oder auch graugrün, die Seiten schimmern bläulich oder auch grünlich, der Bauch ist weiß; hie und da mit einem Stiche ins Gelbliche. Die Laichzeit fällt in die Monate April und Mai. Im Gegensatz zum Aland ist sein Vorkommen auf das Donaugebiet beschränkt, bis gegen Ulm hinauf. Der Nerfling ist ein beliebter Angelfisch, denn er beißt flott, erreicht ein Durchschnittsgewicht von 1 kg und wehrt sich nicht unerheblich. Zudem hat er die angenehme Eigenschaft, auch im Winter, selbst bei beißendem Ostwinde, an die Angel zu gehen, wenn die anderen Fisch es nicht tun, es sei denn, daß sehr große Kälte eingefallen wäre. Er beißt vom Sommer an gut bis tief in den Januar, wenn der Winter nur halbwegs milde ist.

Zu seinem Fange verwendet man dieselben Geräte, Gerten und Schnüre wie zu dem des Alands, nur kann man etwas stärkeres Gut, etwa ½ oder ¼ drawn verwenden, sowie Haken, die nicht zu dünn im Draht sind, da sie sonst zu leicht aus seinem weichen Maule ausschneiden. Als beste Hakengrößen empfehlen sich die Nummern 8, 7, 6.

Der rote Dungwurm ist der beste Köder, ebenso wie vorher beschrieben, büschelförmig zu mehreren an den Haken gesteckt. Es ist wichtig, die Hakenspitze gut zu verdecken. Eine weitere angenehme Eigenschaft des Nerflings ist die, daß er ganz regelmäßige Anbißzeiten hat: Vom frühen Morgen angefangen, dann von ungefähr 11 Uhr an bis über die Mittagszeit, und dann wieder vom Spätnachmittag angefangen bis in die tiefste Dunkelheit hinein. Im Hochsommer ist die Mittagsstunde erklärlicherweise meist unergiebig bzw. es beißt der Fisch während ihr überhaupt nicht, aber dafür ist diese Zeit die beste im Spätsommer bzw. Herbst und natürlich erst recht im Winter.

Im Sommer steht der Nerfling nicht allzu weit vom Ufer in lebhaft strömendem Wasser in der Mitteltiefe. Man stellt also sein Floß auf diese ein und wirft einige Meter vom Ufer ein, den Köder der Strömung überlassend, welche ihn den Fischen zu Gesichte bringt. Ich habe es vorteilhaft gefunden, Würmer oder Stücke von solchen in lockeren Teig eingeknetet auszuwerfen, besonders in tiefen Gumpen und Tümpeln mit mehr gleichmäßiger Strömung, ein Verfahren, welches sich auch beim Aland sehr gut bewährt und reichliche Beute bringt. Das ist besonders im Winter wichtig, wenn die Fische sich in die tiefen ruhigen Strömungen weiter vom Ufer weg einstellen, in denen man dann außer ihnen noch den Aland, den Döbel, Barben, aber auch ab und zu eine Alrutte oder einen Schied mit erbeuten kann. Selbstredend muß man zu dieser Zeit und an solchen Orten sein Floß so tief stellen als nur möglich, ev. bis zum Boden selbst, wenn anders man es nicht vorzieht, ohne Floß mit dem Bodenblei oder der laufenden Grundangel, wie ich sie in dem betreffenden Kapitel beschrieben habe, den Fischen nahezukommen. Ganz besonders dann, wenn das Wasser, wie meistens in der kalten Jahreszeit, sehr klar und sichtig ist.

Beim Angeln mit dem Floß wird dieses zuerst energisch ein- oder mehreremale untergetaucht, um dann in raschem Zuge schief in die Tiefe gezogen zu werden, in welchem Moment man den Anhieb prompt zu setzen hat. Nach dem Anhieb quittiert der Fisch meist mit einem ziemlich scharfen Risse, dem noch einige, wenn auch schon schwächere weitere Risse folgen. Er ermüdet ziemlich bald, doch schlägt er gerne an der Oberfläche beim Versuche ihn zu landen, weshalb man darauf zu achten hat, sonst schneidet er sich im letzten Augenblick den Haken aus dem weichen Maule aus.

Da auch der Nersling ein gesellig lebender Fisch ist, hat man Aussicht, an einer Stelle mehrere zu erbeuten, wenn man vorsichtig ist und die Stelle nicht durch das Abkommen angehauener Fische vor der Zeit beunruhigt.

Der Aal (Eel).

Von unseren heimischen Fischen ist er einer der bekanntesten; auch dort, wo er nicht vorkommt, wie z. B. in den Alpenländern, die zum Donaugebiet gehören, wenn auch nicht gerade als Beuteobjekt für den Angler, so doch als hochgeschätzter Tafelfisch.

Seine Gestalt ist von der aller anderen Fische ganz verschieden; sein langer, schlangenförmiger Körper, der kleine, spitze Kopf, seine schuppenlose glatte Haut geben ihm ein ganz charakteristisches Aussehen, das eine Verwechslung ausschließt. Seine Färbung ist am Rücken schwarzblau oder schwarzgrün, seine Seiten und der Bauch weiß oder gelblich. Der Kopf klein, spitz, der weit gespaltene Rachen deutet auf den Raubfisch. Seine Haut ist schleimig, die Schuppen sind winzig klein, tief in diese eingebettet. Wenn im August die Hochzeitswanderung der laichreifen Tiere einsetzt, zeigen diese das Äußere der Meeresbewohner: der Kopf wird breit, die Augen groß, die Farben leuchtender. Die bei uns lebenden Tiere sind meist Weibchen, die Männchen scheinen frühzeitig aus dem Süßwasser zum Meere zurückzuwandern.

Bis vor wenig Dezennien war das Leben des Aales ein ungelöstes Rätsel. Da man annahm, daß der Aal im Süßwasser laiche, wie der Waller, unter uns unbekannten Umständen, so unternahm man den Versuch, ihn u. a. im Donaugebiete auszusetzen — ein Experiment, das infolge Unkenntnis seiner Fortpflanzungsweise naturgemäß mißlang. Erst die Forschungen des dänischen Ichthyologen Johannes Schmidt haben dieses Rätsel vollauf gelöst durch den Nachweis, daß der Aal im Atlantik in der Nähe von Jamaika in größter Tiefe laiche und daß die Larven in großen Etappen von ihrem Geburtsorte in die süßen Wasser der Kontinente wandern, um hier auszuwachsen, bis der Vermehrungstrieb sie wieder in die Tiefe des Weltmeeres ruft, aus der sie nimmermehr zurückkehren.

Denn nach unseren heutigen Erfahrungen und Forschungsergebnissen ist es als gewiß anzusehen, daß die Elternaale nach dem Laichgeschäft absterben, was man auch bei den Lachsen in den Flüssen Sibiriens beobachtet hat.

Der Aal fehlt im Donaugebiet und allen Flüssen, die ins Schwarze Meer münden, da dieses in einer gewissen Tiefe, in welcher der Aal scheinbar wandert, mit Schwefelwasserstoff vergiftet ist. Ansonst lebt er in allen Flüssen Europas und ist bis in die kleinen Bäche hinauf zu finden.

In neuerer Zeit macht man Versuche, Aalbrut zu importieren und in geeigneten Gewässern auszusetzen. Diese Versuche sind vollständig gelungen, denn Abfischungen haben ein vorzügliches Anwachsen der Aale ergeben.

Die meist nächtliche Lebensweise des Aales gab Anlaß zur Entstehung vieler Märchen, deren bekanntestes wohl das der Landwanderung und des Besuches der Erbsenfelder sein dürfte.

Er lebt sowohl auf steinigem wie auf schlammigem Boden, in Uferlöchern usw., unter versunkenem Holze, unter Einbauten, Faschinen und Pilotenwerken, meist am Grunde, wo er verborgen auf seine Beute lauert. Würmer, Schnecken, Fische sind seine hauptsächlichste Nahrung, der er gemeinhin bei Nacht nachgeht. Andererseits ist es aber ganz und gar nichts Seltenes, Aale bei Tage zu erbeuten, wenn man gerade auf etwas anderes angelt. So habe ich wiederholt gesehen, daß Aale an einer ganz seicht gestellten Angel bissen, mit der Köderfische gefangen werden sollten; einmal war ich Augenzeuge, daß mein Sportkollege an einem Federkielphantom gelegentlich des Spinnens auf Aitel einen starken Aal erbeutete, und ein Freund von mir fing einen Aal von 3 kg Gewicht an einer Hechtschnappangel Ende Oktober. Ich selbst habe in einem kleinen Bache wiederholt Aale an der Schluckpfrille gefangen, wenn ich dort nach Forellen angelte und die Pfrille zwischen den Wurzelstöcken versenkte.

Der Aal wird hauptsächlich mit dem Bodenblei, bzw. dem fest liegenden Floße erbeutet oder auch an der Paternosterangel.

Man fischt teils vom Ufer, in größerem Wasser besser vom Boote aus oder in der Nähe solcher Stellen, wo man Aale vermutet, also an und unter Brücken, Fachwerk, Pilotenbauten, Ufereinbauten, Schleußen, unter Wehren und Mühlanlagen, in größeren Wirbeln und Rückläufen, häufig den Platz wechselnd.

Als Köder dienen hauptsächlich Tauwürmer, Stücke von Fischen, ev. auch kleine Gründlinge oder Pfrillen, tot oder lebend, sowie Neunaugen. Heute würde ich den Aal nur direkt mit der Schluckpfrille suchen gehen, da ich das für den aussichtsreichsten Weg halte, bestimmt Aale zu fangen, und zwar zu jeder Tageszeit.

Ich habe etwas Ähnliches mit Erfolg betrieben, als ich vor Jahren einen an Aalen reichen Fluß zu beangeln hatte: an einem starken

Drahtvorfach von $1^1/_2$ m Länge und 0,6 mm Stärke war zu unterst ein Senker angebracht und in einem kleinen Einhängewirbel ein mit Wurm beköderter Haken eingeschlauft an einfachem, aber sehr starkem Gut. 30 cm oberhalb des Senkers war an einem 15—20 cm langen rotierenden Arm ebenfalls ein einfacher Haken an 10 cm starkem Gut eingehängt und daran ein lebender oder toter Gründling von 5—6 cm Länge nur durch die Lippen gehakt oder ein Neunauge.

Diese Angeln versenkte ich, mit dem Boote an die Stellen anfahrend, wo ich Aale vermutete, auf den Grund und fischte unter Heben und Senken, immer eine Weile pausierend, die ganze Umgebung ab, ehe ich die Stelle wechselte. Auf diese Weise erbeutete ich viele und große Aale zu jeder Tageszeit, wenn ich auch zugebe, daß ich meine besten Fänge an späten Abenden oder in lauen Nächten in der Zeit von Ende Mai bis Ende August machte.

Im September ließ die Ausbeute stets sichtbar nach, noch mehr selbst in warmen Oktobern; in den Wintermonaten wird man kaum einen Aal erbeuten, da er im Schlamme vergraben in eine Art Kältestarre verfällt. Auch die Frühjahrsmonate bis zum Mai, wenn die Nächte noch kühl sind, bringen wenig Beute.

Der Anbiß des Aales ist ganz charakteristisch: ein wildes Reißen und Zerren an der Gertenspitze, wenn man ohne Floß angelt, zum Schlusse ein brüskes Herunterreißen der Spitze zum Wasserspiegel. Man kann sich mit dem Anhauen Zeit lassen, damit der Aal den Köder gut verschlucke. Angelt man mit dem Floß, so wird dieses meist unter wildem Zerren und unregelmäßigem Tauchen weit ins Wasser hineingezogen, ehe es meist schief in der Tiefe verschwindet.

Alles Zeug zum Aalfange sei recht kräftig, denn einen kunstgerechten Drill kann man mit dem Aale im allgemeinen nicht eingehen, weil er die unangenehme Eigenschaft hat, sich in das Zeug einzuschlingen, und besonders bei Drahtvorfächern gelingt es ihm nur zu häufig, eine jener ominösen Schlingen zu erzeugen, in denen der stärkste Draht unweigerlich bricht, wenn man zu lange mit ihm spielt. Da er seiner räuberischen Natur nach gierig auf den gebotenen Köder losstürzt und durchaus nicht so scheu und mißtrauisch ist wie die meisten anderen Raubfische, genügt es, das Gut des Hakens direkt in den Wirbel am Ende der Rollschnur einzuhängen.

Ich bin sehr für den Gebrauch eines kleinen Wirbels eingenommen, der ein rasches Ein- und Aushängen gestattet, was besonders bei Nacht oder schlechter Beleuchtung ein Vorteil ist. Heute würde ich auch kein Gut und angewundene Haken wie früher benützen, sondern der Billigkeit halber Silkcast und Öhrhaken, denn in vielen Fällen bleibt einem nicht viel mehr übrig, als das Zwischenfach durchzuschneiden, um den Aal abzuködern, und dazu ist das Gut zu schade.

Also wie gesagt: keinen langen Drill, den Aal rasch und stetig hereinrollen und an der verkürzten Schnur mit der Hand heraus ans Ufer schleifen oder ins Boot heben; es ist von Vorteil, auf den Boden desselben zwei Finger hoch trockenen Sand zu streuen, auf dem der Aal bald sein wildes Winden aufgibt. Am besten transportiert man gefangene Aale in einem sehr eng geflochtenen, gut schließenden Korbe, in den man sie Schwanz voraus hineinlegt. Das usuelle Tragnetz ist zu widerraten, denn es ist mir wiederholt vorgekommen, daß sich sogar große Aale durch recht enge Maschen wieder hinausgewunden haben.

Infolge seiner winzigen Kiemen verträgt der Aal einen langen Aufenthalt am Trockenen, ja in feuchte Brennesseln verpackt kann er einen tagelangen Versand ohne Schaden überstehen.

Die in den meisten Büchern beschriebenen Methoden zum Aalfang mit dem Wurmknäuel und der Stopfnadel gebe ich hier nicht wieder, weil ich sie nicht als sportmäßige Methoden, soweit das Angeln mit der Gerte und Leine anlangt, ansehe. Die letztere halte ich direkt für eine Tierquälerei, wie die Schluckangel auf Hechte, und in der Hand eines Anglers, der stets ein warmfühlendes Herz für die stumme Kreatur haben soll, nicht für angebracht.

Wenn ich auch zugebe, daß der Aal als Wanderfisch, der sich in unseren Wässern großmästet und nie mehr wiederkehrt, mit jedem zulässigen Fanggerät, wozu ich in diesem Falle auch die Aalschnur rechne, erbeutet werden darf, um seinen Tribut für unsere Beherbergung zu zahlen, so soll doch aus dem anglerischen Inventar ein so tierquälerisches und ganz und gar unsportliches Gerät wie die Stopfnadelangel verschwinden. Es ist zwar bekannt, daß Aale tief verschluckte Angelhaken nach längerer oder kürzerer Zeit von sich geben und dann wochenlang in ihren Behältern ohne Störung leben; aber ein Tier, in dessen Magen eine Stopfnadel quer eingespießt ist, muß aller Wahrscheinlichkeit nach elend zugrunde gehen, wenn es ihm gelang, die Angelschnur zu zerreißen. Und das soll ein fühlender Angler nie mit Bewußtsein auf sein Gewissen nehmen.

Die Aalraupe oder Rutte.

Dieser Fisch ist die einzige Schellfischart, welche im Süßwasser lebt und, obzwar er sehr verbreitet ist, und in vielen Flüssen und Bächen Europas, sogar in vielen der kalten Alpenseen, ein häufiger und als Laichfresser sehr ungern gesehener Bewohner ist, gibt es viele Angler, die ihn gar nicht kennen, ihn nie gesehen haben.

Sein Äußeres ist sehr auffallend: ein runder, abgeflachter Kopf, ein runder, nach hinten sich verjüngender Leib, graubraun oder grauoliv am Rücken mit dunkelbrauner Marmorierung, gelblich oder schmutzigweiß auf der Unterseite. Die Afterflosse ist kehlständig, Bauch-, Rücken- und Schwanzflosse gehen ohne Absetzung ineinander über, der Unterkiefer trägt in der Mitte einen einzigen Bartfaden.

Die Rutte ist ein äußerst gefräßiger Räuber, der ein rein nächtliches Leben führt und vor der Dämmerung nie an die Angel geht. Sie wird meistens nur an Legangeln erbeutet, die man, mit Fischchen beködert, in der Nähe ihrer Verstecke auslegt.

Ihr Aufenthalt ist tiefes Wasser, unter großen Steinen, versunkenem Holze, in Faschinen und Pilotenwerk, Ufermauern, unter Schiff- und Badehütten sowie in dichtem Schilf und Grasgelegen. Sie wird bisweilen einige Kilogramm schwer. Sie laicht im Jänner und genießt in verschiedenen Ländern keine Schonzeit. Und doch ist es von besonderem Reize, ihr nächtlicherweile mit der Handangel nachzustellen.

Das Angelzeug muß recht kräftig sein, denn in der Finsternis kann man sich auf keinen langen Drill einlassen, weil die Aalraupe nach dem Anhieb in ihre Verstecke zu flüchten versucht, wo sie und das Zeug so ziemlich unfehlbar verloren wären, ließe man ihr den Willen.

Man tut gut, die Plätze, an denen man nachts angeln will, bei Tage herzurichten und genau anzusehen, um über Hindernisse im Wasser, wie versunkene Wurzelstöcke, Faschinen usw., orientiert zu sein, nicht minder aber auch über die Wegbeschaffenheit, wenn man die Uferverhältnisse nicht sehr genau kennt.

Die Gerte sei recht steif; die Schnur kann ebenfalls recht kräftig sein, etwa eine Spinnschnur von 15 lbs Tragkraft. Der Senker wird an ihr direkt angebracht, ein Einhängewirbel und der ziemlich große Haken Nr. 1—³/₀ an stärkstem, ev. doppeltem Gut eingeschlauft. Als Köder dient ein lebendes oder totes Fischchen, ein großer Tauwurm, ev. auch deren zwei oder ein Neunauge. Man wirft mit nicht zu langer Schnur ein, sticht die Gerte in die Erde, die Hemmung der Rolle ist vorgelegt, und wartet auf den Anbiß, der sich durch das Knarren der Rolle anzeigt. Die gierige Rutte hat gewöhnlich den Köder schon tief geschluckt, so daß der Anhieb äußerst selten daneben geht; nun heißt es, den heftig sich sträubenden Fisch stramm vom Grunde und Hindernissen weghalten, rasch einrollen und ihn so bald wie möglich ans Ufer bringen.

Man kann aber ein recht reizvolles Angeln auf Quappen ausführen, wenn man bei beginnender Dämmerung den Fisch sucht; mit demselben Gerät wie vorhin beschrieben, ködert man ein recht kleines, nicht zu lebendiges Fischchen durch die Lippen an und wirft nicht allzuweit, aber an solche Stellen, wo man Rutten vermutet, und sucht diese durch leichtes Heben und Senken vorsichtig ab, den Köder immer eine Weile am Boden ruhen lassend. Starker Steinwurf, Faschinenbauten, Senkholz, das sind die richtigen Stellen, ebenso dichte Grasbetten mit kleinen Lücken. Helleres, sichtigeres Wasser ist vorteilhafter als angetrübtes. Wo die Quappe häufig vorkommt, kann man mitunter eine größere Anzahl an einem Abend erbeuten, und wer sie in seinem Wasser hat, soll die Gelegenheit nicht versäumen, sie an die Angel zu bekommen, oder aber, wenn man ihre Anwesenheit vermutet, sie auf diese Weise zu bestätigen. Man kann so das ganze Jahr auf Rutten angeln, am besten ist aber hierfür der Januar und Februar und der Hochsommer, und vor allem stets dunkle, stille Nächte, im Winter bei nicht zu schwerem Frost. Der Erfolg übertrifft oft alle Erwartungen und dankt für die Anstrengungen durch einen feinen Tafelfisch und die Befreiung des Fischwassers von einem gefährlichen Räuber.

In Salmonidenwässern wird man wohl oder übel auf das reizvolle Angeln verzichten müssen, bestimmt gerade in den Wintermonaten, wenn Forellen usw. laichen, um sich nicht Edelfische zu verangeln, wird auch deshalb keine Legeangel stellen, sondern zur Reuse greifen, welche das beste Fanggerät für Rutten ist. Andererseits aber habe ich kein Bedenken, in den Sommermonaten nächtlicherweise den Quappen einen Fisch an der Handangel anzubieten. Dort, wo diese haust und reviert, steht wahrscheinlich keine Forelle, schon gar nicht eine kleine, und wenn eine dort steht, ist es eine große, alte Stand- und Raubforelle, die so wie so nie nach der Fliege steigt, dafür aber als Kannibale unter ihren Artgenossen gewaltig aufräumt; ein solcher Fisch gehört aus dem Wasser heraus und es bedeutet gewiß keine Schädigung für dasselbe, wenn er gelegentlich des Angelns auf Quappen erbeutet wird. Andererseits habe ich auch keine besonderen Bedenken wegen des gelegentlichen Fanges einer kleineren Forelle; wenn man im März und April mit Spinnzeug oder Koppenangel den Forellenfang betreibt, werden viel mehr und viel kleinere Fische gefangen, bzw. verangelt als beim Quappenfischen, ohne daß darüber besonders gesprochen würde.

Wenn man mit Hinsicht auf das Verangeln die Legangel perhorresziert, so stimme ich dem vollinhaltlich zu, insoweit es sich um ihren Gebrauch in Salmonidenwässern handelt.

Köderfische.

Der Gründling oder Kreßling.

Infolge seines häufigen Vorkommens und der Möglichkeit, ihn leicht und in Mengen zu erbeuten, nicht zum mindesten aber auch wegen seiner Zählebigkeit am Haken und beim Transport, spielt der Gründling, oder wie er vielfach falsch bezeichnet wird, „die Grundel", eine große Rolle als Köderfisch. Nebstbei ist er ein vorzüglicher Speisefisch; „gebackene Grundeln" sind mancherorts eine Spezialität und tatsächlich schmeckt er in Fett ausgebacken ganz außerordentlich gut.

Der Körper dieses Fischchens ist rundlich walzenförmig, sein Kopf stumpf, der Rücken grau bis graublau, mitunter fast hellblau, die Seiten weiß, über der Seitenlinie meist zehn schwarze Flecke, die oft zu einer Binde zusammenfließen. Die Mundwinkel tragen zwei Bartfäden.

Der Gründling lebt am Boden sandiger oder feinkiesiger Stromstellen im fließenden Wasser von 1—1½ m Tiefe und ist ein lebhafter Beißer. Wenn man den Sand seines Standortes mit einem Rechen aufreißt und so das Wasser trübt oder ihm den Pulverköder vorsetzt, kann man mit jedem Wurfe einen Fisch erbeuten. Zudem beißt er bei jedem Wetter, sogar im heißesten Sonnenbrande.

Man fischt mit der Floßangel, feinstem Zeuge, kleinsten Haken und ganz kleinem Floße, das bis auf $^1/_4$ cm tauchen soll. Man haut an, sobald das Endchen Floß verschwindet. Als Köder nimmt man Stückchen eines Wurmes, Maden, Brotkügelchen, Semmelteig oder Stubenfliegen.

Der Köder muß bis zum Grunde gesenkt werden.

Ein weiterer hervorragender Köderfisch ist

Die Laube. (Bleak).

Ihr Rücken ist lebhaft olivgrün oder blaugrün gefärbt und ihre Seiten leuchten wie reines Silber. Ihre Gestalt ist schlank und langgestreckt, die Mundspalte steht fast senkrecht, der Unterkiefer greift mit einem Vorsprung in den Zwischenkiefer ein.

Aus den leicht abfallenden Schuppen wird die Essence d'orient zur Erzeugung der künstlichen Perlen gewonnen.

Als Köderfisch ist die Laube wohl der lebendigste und leuchtendste, leider auch der weichste und gegen Transport empfindlichste von allen, sonst wäre er unbedingt der vollkommenste.

Man kann die Lauben in Massen an der Oberfläche sowohl strömender Gewässer wie auch der Seen erbeuten, sobald die Sonne im Frühling zu wärmen beginnt; im Spätherbst und Winter zieht sie nach der Tiefe. Man füttert am besten mit dem Pulverköder an und angelt in den von ihm erzeugten Wolken mit ganz feinem Zeug, kleinstem Haken und einem winzigen Federkielfloße ohne Senker; das Floß soll wagrecht schwimmen, um den Weg der damit an der Oberfläche fortziehenden Laube sofort zu zeigen. Die Fische beißen rasch und gierig und man kann in kurzer Zeit eine Menge von ihnen erbeuten. Als Köder dienen vor allem Maden, Stubenfliegen, Teig oder Brotkügelchen.

Ähnlich der Laube sind

der Strömer und der Schneider

an Gestalt, Lebensweise und Eignung als hervorragende Köderfische; leider kommen sie nicht überall häufig genug vor. Der erstere trägt eine violette Binde über die Seitenlinie, der letztere zwei parallele schwarze Binden.

Beide leben mehr am Grunde strömender Gewässer auf Kies oder Sandgrund, wo man sie mit denselben Ködern wie die Laube erbeutet. Dementsprechend muß die Angel tief gesenkt werden. Als Köderfische sind sie viel härter als die Laube und verlieren vor allem ihr Schuppenkleid weniger leicht als diese, auch werden sie meist etwas größer.

Die Pfrille oder Ellritze. (Minnow).

Sie bewohnt die kleinsten Rinnsale und Tümpel und ist ein äußerst munteres, lebendiges Fischchen, das nicht nur ein begehrter Köderfisch ist, sondern auch dort, wo sie in Massen vorkommt, gerne wegen ihres wohlschmeckenden grätenlosen Fleisches gefangen und verspeist wird.

Die Pfrille wird durchschnittlich 4—5, höchstens 8 cm lang. Ihr Körper ist walzenförmig, der Kopf stumpf, der Rücken braun oder braunoliv, die Seiten goldig glänzend.

Leider ist sie am Haken sehr weich und muß nach jedem Anbiß frisch geködert werden. Man fängt sie in einem engmaschigen Landungs- oder speziellen Senknetze, indem man dieses ins Wasser versenkt und Semmelbrösel oder Kleienklümpchen darüber ausstreut. Man kann sie auch angeln, indem man Stückchen eines Wurmes an den Haken steckt und den Fisch, der sich darin verbeißt, einfach herauswirft. Zeitsparender ist aber das Netz, ev. eine sog. Reusenflasche.

Die Bartgrundel und die Mühlkoppe (Loach, Bullshead), sind wohl die zähesten Köderfische, die es gibt; leider ist ihr Äußeres absolut glanzlos. Trotzdem sind sie beide von allen Raubfischen stark verfolgt und gern genommen.

Die erstere hat einen langgestreckten, zylindrischen Körper und eine spitze Schnauze mit sechs Bartfäden. Ihre Färbung ist am Rücken braungrau mit graugrünen Flecken, am Bauche weißlichgelb. Sie lebt in klaren Bächen, auch in Seen und Weihern unter Steinen und im Grase und wird am besten erbeutet, indem man sie entweder mit einer Gabel unter den Steinen sticht oder indem man ein Netz mit eisernem Reifen durch das Gras zieht. Sie ist leider nicht allenthalben und häufig zu finden.

Ihr Fleisch ist weiß und äußerst wohlschmeckend.

Die Mühlkoppe oder Koppe kurzweg lebt dagegen fast in allen klaren Bächen und Flüssen, welche steinigen Grund haben, unter den größeren Steinen, wo Strömung $^1/_4$ m über den Schotter fließt. Bei Hochwasser flüchtet sie aus größeren Flüssen in die kleineren seitlichen Zuflüsse oft sehr weit hinauf.

Ihr drehrunder Körper ist stark gegen den Schwanz zu verjüngt, der Kopf sehr breit und flach mit Stacheln besetzt. Sie besitzt zwei lange, aneinanderstoßende Rückenflossen. Ihre Farbe ist außerordentlich wechselnd, je nach Grund und Aufenthaltsort, von hellbraun, bzw. gelbbraun bis dunkelolivbraun mit dunkelbraunen Querbändern am Rücken. Die Unterseite ist weißlichgelb, die Haut trägt nur winzige Schuppen und ist mit einer starken Schleimschicht überzogen. Sie ist außerordentlich gefräßig und wird auch nicht ganz mit Unrecht des Laichraubes beschuldigt.

Man fängt sie am besten im Wasser stromaufwatend und die großen, besonders die flachen Steine vorsichtig aufhebend. Den darunter am Boden angepreßt liegenden Koppen sticht man mit einer Tischgabel auf oder, wenn man ihn lebend erhalten will, hält man ihm ein kleines Netzchen unter, in welches er bei der Flucht hineinfährt. Er ist äußerst zählebig, hält sich ausgezeichnet in der Gefangenschaft und am Transport, ebenso am Haken. Auch sein Fleisch ist äußerst wohlschmeckend.

III. Schlußwort.

Mit dem Abschluß dieses Bandes glaube ich in der deutschen angelsportlichen Literatur eine Lücke ausgefüllt zu haben und damit den berechtigten Wünschen der Anglerschaft im allgemeinen und der Grundangler im besonderen gerecht geworden zu sein.

Um das Buch nicht allzu umfangreich werden zu lassen, habe ich davon Abstand genommen, Fischarten und das Angeln auf solche, welche nur beschränktes regionales Interesse haben, wie die Fischerei auf Felchen und Renken, bzw. die „Hegenen"-angel und dgl. mehr detailliert zu beschreiben.

An und für sich unterscheiden sich ja diese Arten zu Angeln nur wenig von den sonst üblichen, werden von der überragenden Mehrzahl unserer heimischen Angler meist nur gelegentlich betrieben, und schließlich kann das Angeln auch mit den landläufig üblichen Geräten, vielleicht mit einer den jeweiligen Verhältnissen angepaßten Modifikation, ausgeübt werden.

Ich erinnere nur an die Art, im Luganersee oder an der oberen Weser zu angeln. Warum könnte, um nur diese beiden herauszugreifen, nicht ganz wohl die Überkopfgerte in Verwendung treten?

Ich hoffe also, daß mir meine Leser diese Unterlassung nicht als Sünde anrechnen werden.

Viel wichtiger erscheint es mir, daß die geehrten Leser auf meine erziehlichen Intentionen eingehen und weiter an der Verfeinerung unseres geliebten Sportes arbeiten, um ihn ganz auf die verdiente Höhe zu bringen; denn daß im allgemeinen unser Grundangeln noch weitgehend verbessert und verfeinert werden kann, bestreitet im Grunde genommen doch niemand.

So übergebe ich denn dieses Buch den Händen der deutschen Anglerschaft, im Vertrauen darauf, daß sie willig auf den Geist desselben eingehen werde. Und selbst wenn nur ein einziger sich zur Verfeinerung und Veredelung des Grundangelns bekehren würde, hätte ich es nicht umsonst geschrieben.

Gut Wasserweid allewege!

II. Teil

Spinnangeln

Mit 109 Abbildungen und 4 Tafeln

Vorwort.

Unsere deutsche Anglerliteratur besitzt bis heute noch kein in sich abgeschlossenes Buch, welches das Spinnangeln und dessen wesensgleichen Zweig, das Schleppangeln, behandelt — ganz im Gegensatze zu der Literatur des Auslandes.

Von der Annahme ausgehend, daß viele Angler diesen Umstand gleich mir als schmerzlichen Mangel empfunden haben, bin ich darangegangen, diese Lücke durch mein vorliegendes Buch auszufüllen und dem Spinnangler das ihn besonders interessierende Material mit Berücksichtigung der neuesten Geräte, ihrer Verbesserungen und Handhabung, sowie der neuen Stilarten des Westens in einem zusammenfassenden Bande zu widmen.

Auch in diesem Buche habe ich vor allem die Interessen und die Bedürfnisse des Anfängers in der Kunst des Spinnangelns vor Augen gehabt und mich bestrebt, ihm die Schwierigkeiten, welche das Erlernen des Angelns nach dem Buche bietet, nach Möglichkeit überwinden zu helfen.

Eine Reihe von Abbildungen verschiedener Wurfarten und deren Phasen soll ihm neben dem erklärenden Worte eine weitere Hilfe sein.

Für die Anhänger und Freunde des Schleppangelns habe ich diesem Buche vier Tiefenkarten österreichischer Alpenseen beigegeben. Ich habe mich mit Absicht auf diese vier Seen beschränkt, weil sie einmal an sich die fischreichsten sind, sodann weil an ihnen Fischereierlaubnisse ohne vorhergehende Schwierigkeiten und Zeitverluste zu erlangen sind, und endlich weil sie durch äußerst günstige Verbindungen auch für weit weg wohnende Angler bequem erreichbar sind.

Wer je an einem größeren Wasser geangelt hat, weiß die Wohltat von Lokalkenntnissen zu würdigen. Erst recht der, welcher einen See mit wechselnden Tiefenverhältnissen als Fremder zu befahren hat.

Die Karte enthebt ihn aller Sorgen und Schwierigkeiten und erlaubt ihm, die intimen Reize des Schleppangelns voll und ganz auszukosten.

Ich will mich von vornherein gegen den eventuellen Vorwurf verwahren, durch das Gesagte Fremdenverkehrspropaganda zu treiben. Ich habe nur die eine, jeder Selbstsucht bare Absicht, unserem Sport neue Jünger zuzuführen, und jene, welche zaghaft fernestehen, aufzumuntern, sich auch dem kunstvollen Angeln mit der Spinngerte zu widmen und sich nicht durch eingebildete Schwierigkeiten abhalten zu lassen.

In diesem Sinne mögen meine Leser dies Buch zur Hand nehmen.

Gut Wasserweid!

Waldneukirchen, Sommer 1928.

Dr. August Winter.

Die Angelgeräte-Fabrik H. Stork, München, Residenzstraße 15, stellte aus ihrer „Gerätekunde" und ihrem Katalog die Druckstöcke zu folgenden Abbildungen des vorliegenden Buches dankenswerterweise zur Verfügung.

Abbildungen 1, 3, 4, 5, 6, 7, 8, 10, 12, 14, 15, 16a, 16b, 17, 18, 19, 21, 22, 24, 29, 30, 32, 33, 35, 38, 39, 45, 46a, 46b, 48, 55a, 55b, 60, 61, 62, 63, 65, 66, 67, 71, 72, 73, 74, 75, 76, 92, 93, 95, 96, 97, 99, 100, 105, 108.

Inhaltsübersicht.

Druckfehlerberichtigung.

S. 37, 15. Z. v. u. lies: Wickelbrettchen.
S. 71, 7. Z. v. o. lies: der Haug-Spinner.
S. 76, 10. Z. v. u. lies: „Old Shikari" System.
S. 97, 9. Z. v. u. lies: Lieblingsständen.
S. 116, 17. Z. v. o. lies: Punjab.
S. 120, 8. Z. v. u. lies: Gaff statt Griff.
S. 126, 20. Z. v. o. lies: Heintz statt Hientz.
S. 137, 7. Z. v. o. lies: Feinheit statt Freiheit.
S. 142, 23. Z. v. o. lies: „Dowagiac".
S. 150, 15. Z. v. o. lies: Zuckfisch.
S. 164, 13. Z. v. u. lies: Kopfdrilling statt Schweifdrilling.
S. 180, 11. Z. v. u. lies: „Weitwurf" statt Weitruf.

I. Allgemeiner Teil.

Vom Wesen der Spinnangel.

Es ist unbedingt ein Irrtum anzunehmen, daß das „Spinnangeln“ oder, kurz genannt, „Spinnen“ eine Erscheinung der modernen oder wenigstens neueren Entwicklung des Angelsportes sei, vielmehr müssen wir als Beginn dieser Epoche das Erscheinen des Werkes von Izaak Walton, ungefähr um die Mitte des 17. Jahrhunderts, annehmen.

Positiv war das Spinnen schon lange vor Walton bekannt, — wenn auch vielleicht wenig geübt —, ebenso wie das Fliegenfischen schon eine uralte Kunst ist. Sicher ist das eine: daß es empirisch gefunden wurde, derart daß einmal ein Angler auf einem zufällig durchs Wasser gezogenen Fisch den Biß eines Raubfisches hatte. Diese Tatsache führte in der Folge dazu, den Köder durch irgendeine Vorrichtung zum Rotieren zu bringen. Daß meine Annahme richtig ist, beweist wohl der Umstand, daß alle Spinnsysteme, mögen sie auf dem Prinzip der axialen Rotation oder auf dem des „Wobbelns“ aufgebaut sein, mit Wirbeln armiert sind. Im Grunde genommen ist die rein axiale Rotation etwas vollständig Unnatürliches, denn kein Fisch, mag er gesund oder krank sein, rollt sich um seine Längsachse, er tut es schon gar nicht mit einer Umdrehungsgeschwindigkeit, wie sie beim Spinnen in einer halbwegs kräftigen Strömung erzielt wird. Daß der Raubfisch doch auf einen Körper in dieser Bewegungsform zusteht und ihn erfaßt, muß man lediglich der Freßgier des Angreifers zuschreiben.

Eine andere Frage ist es, wieso es kommt, daß die Spinnfischerei so lange Jahrhunderte hindurch sich nicht zur Popularität durchringen konnte, während die Fliegenfischerei und teilweise sogar die Grundangelei sich doch schon eine herrschende Stellung verschafft hatten.

Man wird nicht fehlgehen, wenn man diese Tatsache auf die Mangelhaftigkeit der Geräte und die mangelhafte oder rückständige Wurftechnik zurückführt.

Es ist kaum ein Menschenalter her, daß auf diesem Gebiete Wandel geschaffen wurde, Geräte und Methoden verbessert wurden, und das kunstvolle Angeln anglerisches Gemeingut und Gemeinwissen zu werden beginnt.

Es ist nicht uninteressant, den Werdegang des Spinnangelns in großen Umrissen zu zeichnen.

Noch vor 40 Jahren waren die Geräte zur Spinnfischerei ziemlich massiv, die Gerten überlang und schwer, ebenso die Rollen. Dicke Schnüre schienen eine conditio sine qua non; von entsprechender Beschaffenheit waren die Bleie, Wirbel und Vorfächer, wie auch die Spinnsysteme selbst. Nach und nach verringerten sich die Dimensionen der einzelnen Geräte, doch konnte sich das Spinnfischen nicht einführen. Schon der Wurf war ein Hindernis, über das die meisten nicht hinüberkamen, und wenn es schon glückte, dann war es die geringe Fängigkeit der Systeme, das Kreuz um die Beschaffung und Erhaltung der Köderfische. Nur wenige, ganz wenige konnten sich durch Beharrlichkeit und Zähigkeit zu nennenswerten Erfolgen durchringen.

Es ist eigentlich zu verwundern, wie lange die Spinnfischer auf dem falschen Wege nach der Quelle des Mißerfolges suchten, und wie lange man dem „System" die Ursache des Erfolges zuschrieb. Jeder Angler von Rang und Namen erfand sein eigenes „System", — und selbst unser Altmeister Heintz wandelte lange in dieser Bahn —, schrieb er doch in der ersten Auflage seines Buches mit Genugtuung, „daß sein Röhrchenspinner nun so vollkommen sei, daß er höchstens 10% Fehlbisse habe".

Es dauerte ziemlich lange, bis man sich von den überlangen und schweren Gerten emanzipierte, trotzdem Heushall schon lange vorher auf den richtigen Weg gewiesen hatte. Aber noch länger dauerte es, bis man darauf kam, daß der Rolle der Hauptanteil am Wurfe und dessen Gelingen zukomme.

Nun gehen wir den umgekehrten Weg, — wir kehren zu leichten und kurzen Gerten zurück, verwenden dünne Schnüre und die einfachsten Systeme; dafür hat uns aber die jüngste Zeit jene Rollen gebracht, die wir haben mußten, um unseren Sport mit Vergnügen und jener Sicherheit und Präzision des Wurfes ausüben zu können, welche ein Teil des Erfolges ist.

Jetzt erst können wir das betreiben, was in den Büchern der früheren Epoche „leichte Spinnfischerei" genannt wurde, — das Angeln mit leichten und leichtesten Ködern, das für unsere Vorfahren nur ein schöner Traum war.

Worin besteht nun das Wesen des „Spinnens"?

Das Grundprinzip ist, einem Raubfische einen toten Köderfisch an einem System oder aber einen künstlichen Köder derart vorzuführen, daß er denselben ergreift.

Ob nun dieser Köderfisch oder der Kunstköder mit einem oder mehreren Haken bewehrt ist, ob er sich um seine eigene Achse dreht oder wobbelt, oder aber, wie die modernen amerikanischen Holzköder, wippend kreuz und quer durchs Wasser schießt, bleibt sich gleich.

Das Prinzip ist und bleibt eben immer, daß der Köder so verlockend präsentiert wird, daß der Raubfisch zum Angriff und Erfassen verleitet wird.

Heintz nennt die Spinnangel „jene Methode, welche es erlaubt, in der kürzesten Zeit die größte Fläche Wasser zu befischen und jedem dort stehenden Fische den Köder anzubieten", und das ist unbestreitbar richtig, ebenso wie er weiter sagt: „Mit der Spinnangel werden wohl die meisten — nicht immer aber die größten Fische erbeutet."

Auch dieser Satz ist unbestreitbar, bedarf aber doch einer Erklärung. Bekanntlich stehen die größten Fische an Stellen, wo sie die meiste Deckung finden, das sind also vor allem am Grunde des Flußbettes liegende Felsen, versunkenes Holz, Faschinenbauten und dann die größte Tiefe des Wassers selbst, besonders die sogenanten „Wasserlöcher", welche oft eine Tiefe von vielen Metern haben. Es ist ganz einleuchtend, daß man an solchen Plätzen dem ruhenden oder auf Beute lauernden Fische nicht beikommt, denn abgesehen von der Gefahr, sich in den Hindernissen zu verhängen, wird der Spinnköder meist viel zu hoch, und wenn schon in richtiger Tiefe, viel zu schnell am Raubfische vorübergeführt, als daß er Zeit hätte, ihn richtig zu erblicken oder den Entschluß zu fassen, ihn zu verfolgen und zu fassen.

Wenn man außerdem noch in Erwägung zieht, daß man einen Spinnköder unter den günstigsten Bedingungen kaum tiefer bringt als 4 m — in schwerer Strömung kaum halb so tief — und da nur bei ganz außerordentlicher Belastung mit Senkern —, so ist es leicht erklärlich, daß es nur einem glücklichen Zufalle zuzuschreiben ist, wenn man einen von den ganz Großen zum Anbiß verleiten kann, wenn man den günstigsten Augenblick erhascht, wo er außerhalb des schützenden Geheges in seichteren oder zugänglicheren Regionen auf dem Beutegang ist.

Da ein so großer Fisch in seiner nächsten und auch weiteren Umgebung keinen geringeren Artgenossen duldet, ist es andererseits einleuchtend, daß diese sich mit weniger sicheren und geschützten Standplätzen begnügen müssen, wo sie mit der Spinnangel leichter erreichbar sind und dieser daher eher zum Opfer fallen.

Und noch eines. — In Wassern, welche verhältnismäßig wenig beangelt werden, mag das nicht so auffallen, aber in stark befischten Wassern kann man die Beobachtung machen, daß speziell Kunstköder, wie Löffel oder Blinker, mit der Zeit immer mehr versagen. Heintz gibt das auch zu und sagt ganz richtig, daß ebensoviele Fische, als eventuell gefangen werden, den Kunstköder nur betrachten und davon den Eindruck erhalten, daß er etwas Ungenießbares, wenn nicht Bedenkliches sei, und diesem Köder dann ein für allemal aus dem Wege gehen. — Ja er sagt, daß es „sozusagen Mode sei, welcher Köder an dem oder jenem Wasser eben fängig wäre".

Nun muß man noch bedenken, daß diese Köder von so und so vielen Ungeübten gehandhabt werden, welche sie den Fischen so vorführen, wie sie eben nicht vorgeführt werden sollen oder dürfen, dann ist die Wahrscheinlichkeit der oben ausgesprochenen Behauptung kaum zu bezweifeln.

So stellt auch die Spinnangel den Angler vor Probleme, die er durch eifrige Beobachtung und Vertiefung in das Wesen der Materie zu lösen hat, deren Lösung ihm aber auch die gewünschte Genugtuung bereitet, um so mehr und um so verdienter, je schwieriger das Problem war, gleichgültig, ob es naturgeschichtlicher oder technischer Natur ist.

Ich will mich im folgenden bemühen, meinen Leser in das Spinnangeln einzuführen und ihm die Spinnfischerei in ihrer heutigen Entwicklung zeigen. Vorweg nehme ich aber, daß ich ihn nie zu dem einseitigen Standpunkte bringen will, daß nur diese oder jene Art zu angeln die einzig gerechte und anerkennenswürdige sei, denn man beherzige immer, daß ein solcher Standpunkt nur zu leicht zu anglerischem Pharisäertum führen kann und zu einer ganz unberechtigten Selbstüberhebung, die eines echten Anglers unwürdig ist.

Ich möchte an dieser Stelle auch noch einem Vorurteile entgegentreten, welches ich nicht nur von Anglern selbst ausgesprochen hörte, sondern das auch durch Behörden vertreten wird, — der Behauptung nämlich, daß die Spinnfischerei inhuman, sogar tierquälerisch sei. Motiviert wird diese total unsinnige Behauptung damit, daß die Verwendung von Doppelhaken und Drillingen dem Fische keine Gelegenheit gebe, freizukommen, ja daß der Fisch derart verletzt werde, daß er unbedingt eingehen müsse, wenn er z. B. das Vorfach absprenge. Es ist ja nicht zu leugnen, daß dieser bedauerliche Fall vorgekommen sei oder vorkommen könnte, aber einerseits angeln fast alle Leute, von denen ich den vorhin erwähnten Einwand hörte, unbedenklich mit dem Regenwurm und ebenso unbedenklich mit der Schluckangel, — zwei Methoden, bei denen das Verangeln fast die Regel ist, bei der letzteren zweifellos. Aber keiner will den Einwand gelten lassen, daß seine Methoden für den Fisch und sein eventuelles Weiterleben viel bedenklicher sind als die Spinnangel, bei der der Fisch in 90 von 100 Fällen nur im Rachen gehakt ist.

Und wenn man schon von Tierquälerei spricht: entschieden leidet ein an eine Schluckangel gefädelter lebendiger Köderfisch, der sich an dieser oft stundenlang abzappelt, mehr als ein toter am System.

Und wenn man schon behördlicherseits die Gefühlsduselei für tierschutzbedürftige Lebewesen ex cathedra betreibt, dann müßte man mit viel mehr Berechtigung die Jagd verbieten, bei deren Ausübung jedes Jahr so und so viele tausende Kreaturen elend zugrunde gehen und verludern, weil sie von schlechten und gewissenlosen Schützen angeschossen wurden — oder bei der das Raubwild z. B. oft stundenlang mit zerschmetterten Gliedern in Fallen und Schlageisen dem erlösenden Tode entgegensehen muß.

Daß solche alberne Schlagworte von gedankenlosen Menschen nachgeplappert und als Überzeugung wiedergegeben werden, braucht einen nicht zu wundern. Hier Wandel zu schaffen, die breite Öffentlichkeit aufzuklären und Behörden und Gesetzgeber zur Aufhebung unsinniger Beschränkungen zu veranlassen, muß Aufgabe unserer Presse und unserer anglerischen Verbände sein.

Gerätekunde.

Die Spinngerte.

Mancher Angler, besonders der Anfänger, ist sich über die Wahl seiner Gerte nicht im klaren, und viele haben die Freude am Spinnen verloren, weil sie keinen beratenden Freund zur Hand hatten, der ihnen seine Erfahrung zur Verfügung gestellt hätte. Die Angelbücher früherer Perioden gaben keine Anhaltspunkte für die Wahl einer Spinngerte. Diesem Mangel will ich bei der Beschreibung der einzelnen Gerten abhelfen. Ehe ich aber zu dieser schreite, will ich im allgemeinen über die Qualitäten einer Spinngerte, ihr Material und ihre sonstige Ausstattung Näheres ausführen.

Im allgemeinen läßt sich sagen, daß für leichte und mittelschwere Gerten hauptsächlich zwei Materialien in Frage kommen: Tonkinrohr (sowohl als Vollrohr, „Whole Cane", oder gespließt) und, wenn es sich um Holzgerten handelt: Greenheart. Eventuell auch eine Kombination von beiden, wobei das Greenheart das Material für die Spitzen liefert.

Insoweit es sich um die heute mit Recht so beliebten und allen Zwecken vom Hechtfang bis zur Forellenfischerei verwendbaren leichten Gerten handelt, welche höchstens 2 m 60 cm lang sind (Abb. 1), — früher gingen sie unter dem Namen „Henshall"-Ruten —, kann man dieselben unbedenklich ganz aus Greenheart herstellen. Sie werden dadurch immer noch nicht so schwer, um nicht ohne Ermüdung auch nur mit einer Hand geführt werden zu können; da sie meist nur zweiteilig gemacht werden, sind sie auch noch mindestens um das Gewicht des zweiten Zwingenpaares leichter, und eine solche Gerte ist nicht nur gut und dauerhaft, sondern auch verhältnismäßig recht billig, insoferne, als wirklich gutes Greenheartholz auch ziemlich hoch im Preise ist. Andererseits sollte man, wie überhaupt bei der Anschaffung einer Gerte, nicht an Pfennigen sparen, aber für den Angler mit beschränkten Mitteln ist es die billigste Anschaffung.

Wer nur auf Hechte und da mit etwas schwererem Zeuge spinnt, der wird sein Auskommen auch mit einer soliden Gerte aus gesundem Tonkinrohr finden, welche er schon zu einem Preise von weniger als 20 Mark bekommt. Für die schwere Spinnangelei tut es bei bescheidenen Ansprüchen auch eine Gerte, welche durchaus aus Tonkinrohr gebaut ist.

Wer aber bei den kurzen Gerten auf besonders leichtes Gewicht Wert legt und auf hohe und höchste Qualitäten, der wird sich unabweislich zur Anschaffung einer gespließten Gerte entschließen müssen, deren Preis naturgemäß ein Vielfaches höher ist.

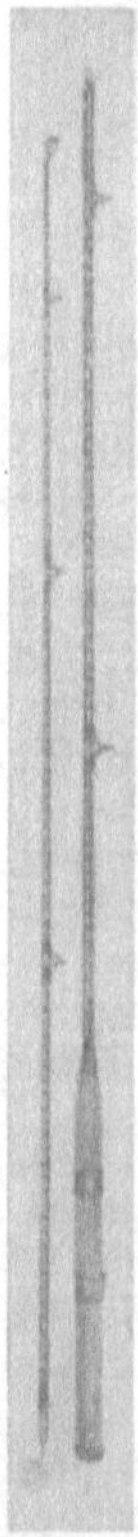

Abb. 1.

Spinngertenmodelle

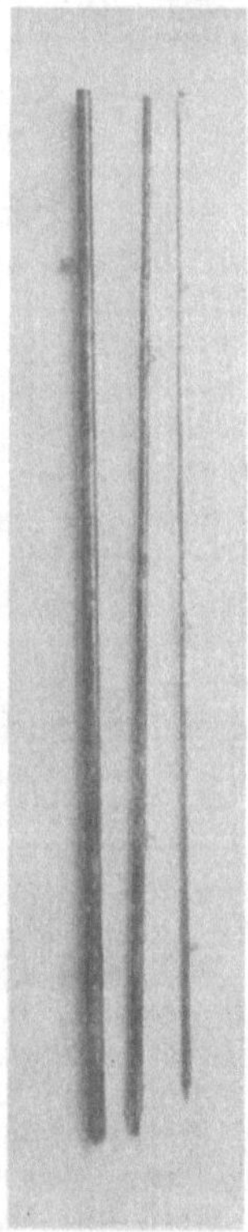

Abb. 2.

Auch bei den längeren und daher folgerichtig auch schwereren Spinngerten normaler Länge, d. h. solchen bis zu 3 m 25 cm Länge, bedeutet gespließter Bambus eine entsprechende Gewichtsverminderung (Abb. 2).

Darüber hinaus aber geht dieser Vorteil verloren, — man kann sagen, mit je 3 Zoll wächst das Gewicht augenscheinlich —, und dort, wo die Verhältnisse das Führen einer Gerte von 4 m und eventuell noch beträchtlich darüber bedingen, bleibt sich das Gewicht einer Vollrohrgerte und einer gespließten nahezu gleich, so daß ich in einem solchen Falle höchstens das Anbringen einer gespließten Spitze empfehlen möchte, im Interesse größerer Haltbarkeit, eventuell besseren Schwunges.

Der Aufbau gespließter Gerten bedarf großer Erfahrung und großer Solidität seitens des Erzeugers, und mein Rat geht dahin, lieber bei einer anerkannt soliden Firma etwas mehr für eine gute Gerte anzulegen, als um billiges Geld einen Schund von unbekannter Herkunft zu kaufen.

Die in der letzten Zeit stark in Aufnahme gekommenen, nur 1,60—1,80 m langen Gerten für den Überkopfwurf werden in Amerika auch aus Stahl (Abb. 3) hergestellt; trotzdem ich im allgemeinen kein Freund von Stahlgerten bin, für diesen Zweck sind die Gerten aus gezogenem nahtlosen Stahlrohr recht geeignet. Sie sind federleicht, werfen sehr gut und sind wirklich billig. Außerdem nehmen sie zusammengelegt den denkbar geringsten Raum ein. Längere Stahlgerten als in obigen Maßen sind zum Spinnen unbrauchbar, da sie zu schwippig sind und keinen guten Wurf gewährleisten.

Zwecks leichteren Transportes baut man die Gerten 2-, 3- oder 4teilig. Die kürzeren, einhändigen Gerten bis zu 2,60 m Länge werden meist nur zweiteilig gebaut, und zwar sowohl im Interesse des besseren Schwunges als auch, um sie um das Gewicht des zweiten Zwingenpaares leichter zu machen. Gerten über 3 m sind am besten dreiteilig, denn Teile über 1,50 m sind unangenehm zu transportieren.

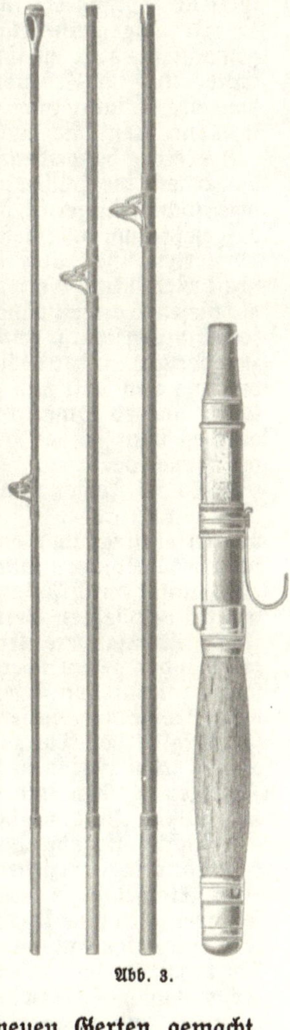

Abb. 3.

Man baut in letzter Zeit auch mehrteilige Gerten mit unsymmetrischen Teilen und rühmt diesen Gerten einen besonders guten Schwung nach sowie eine größere Haltbarkeit und Sicherheit gegen Bruch in der Zwinge, die ja immer eine Stelle verminderten Widerstandes ist. Ich habe persönlich noch keine Erfahrung mit diesen neuen Gerten gemacht, doch zweifle ich nicht daran, daß die Idee möglicherweise gut sein kann; aber die Zeit zwischen ihrem Erscheinen am Markte und der Niederschrift des Buches ist zu kurz gewesen, um mir ein abschließendes Urteil zu gestatten.

Neu ist die Idee gerade nicht, denn ein alter Rutenbauer in Prag hat solche ungleichteilige Gerten schon vor 35 Jahren gemacht, und diese waren recht gut; auch eine englische Firma führt eine spezielle Spinngerte für Lachse mit unsymmetrischen Teilen.

Im allgemeinen kann man aber sagen: wenn eine Gerte solid gemacht ist, d. h. zu ihrem Aufbau das beste Material verwendet wurde und ihr Erbauer ein Mann ist, der weiß, um was es sich handelt, so kann man sein Vertrauen einer solchen Gerte ruhig schenken, wenn sie auch aus symmetrischen Teilen besteht.

Meiner bescheidenen Ansicht nach ist es nicht minder wichtig, daß erstens die Hülsen aus bestem Material bestehen, und zweitens, was noch wichtiger ist, daß dieselben korrekt auf das Holz oder Rohr aufgesetzt sind, d. h. daß sie weder einen mit irgendeinem Kitt verschmierten und durch Bindungen kaschierten Zwischenraum zwischen Metall und Gertenteil besitzen, noch daß andererseits dieselben auf diesen so aufgezwängt sind, daß die Faser des Rohres oder Holzes förmlich abgewürgt wird. Das führt von selbst früher oder später zum Bruche an der Würgstelle. Im ersten Falle aber wird die Verbindung von Teil und Zwinge in absehbarer Zeit schlotterig oder locker, und es kommt entweder zur Lösung der beiden Teile oder aber es fault in der Hülse das Holz und eines schönen Tages ist der Bruch da.

Solche Fehler kann man beim Ankauf nicht sehen, wenn sie nicht gar zu augenfällig sind, und auch dazu gehört viel Kenntnis und Erfahrung; man entdeckt sie gewöhnlich erst im Laufe des Gebrauches. Schützen kann man sich wie gesagt gegen solche Schädigungen nur durch Ankauf von Qualitätsware bei reellen Erzeugern. Ein bei gespließten Gerten unsolider Herkunft oft zu beobachtender Fehler ist unsaubere Arbeit an den Spließen; dieselben klaffen oder die Ränder stehen übereinander. Im letzteren Falle werden dieselben bei unrellen Erzeugern einfach verhobelt, wodurch die kieselharte Epidermis entfernt wird und der die Gerten mordenden Feuchtigkeit das Tor zum Eindringen geöffnet wird, denn an solchen Gerten ist die deckende Lackschichte auch danach. Klaffende Spließen werden mit Kitt verschmiert, meistens liegt irgendeine überflüssige Bindung darüber, um den Fehler zu verschleiern.

Richtig sitzende Hülsen müssen so gut verschliffen sein, daß beim Auseinanderziehen ein lauter Knall entsteht, etwa wie bei einer Stöpselbüchse. Man macht auch die innere Hülse mit Zapfen, welche in eine Aussparung oder Bohrung des anderen Gertenteils eingreifen und angeblich größere Haltbarkeit verbürgen sollen. Ich bezweifle das. Denn erstens bedeutet jede Ausbohrung eine Schwächung, — wenn sie auch hundertmal von der Hülse umschlossen wird —, und zweitens gestattet sie der Feuchtigkeit den Zutritt zum Material der Gerte. Es genügt mir, wenn die Zwingen exakt verschliffen sind und die richtige Länge haben, vor allem nicht zu kurz sind. Unbedingt aber soll jede Gerte Verschlußstopfen für die offenen Hülsen haben, welche ebenso stramm passen sollen wie die gegenseitige Zwinge, sonst sind sie wertlos. Diese Stopfen schützen einmal die offene Hülse gegen das Verschlagenwerden und Deformation am Transport, und zweitens vor dem Eindringen von Feuchtigkeit und Sand oder Staub.

Das Handteil der Spinngerte trägt einen sog. Endknopf (Abb. 4); bei billigeren Gerten aus Holz; die besseren haben einen Knopf aus Gummi, von 3—5 cm Durchmesser. Dieser Knopf verhindert das Abgleiten, wenn die Gerte nach dem Werfen in die Hüfte gestemmt wird. In neuerer Zeit hat man in England zu den schwereren Spinngerten auf Lachse, Masheer usw., einen pneumatischen Endknopf ziemlich großen Formates in Verwendung, der mir recht gut gefällt, zumal er auch nicht einmal besonders teuer ist. Jedenfalls kann er dem empfohlen werden, der gegen den Druck des gewöhnlichen Vollgummikopfes empfindlich ist.

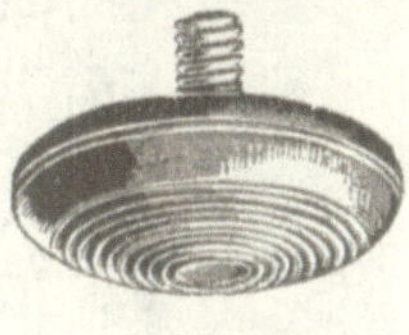
Abb. 4.

Am Handteil der Gerte wird die Rolle befestigt.

Die älteren Spinngerten hatten fixe Rollenlager, d. h. die Rolle konnte nur an diesem Punkte und in dieser unveränderbaren Entfernung vom Endknopfe angebracht werden. Es hat ziemlich lange gedauert, bis wir, d. h. die große Mehrzahl der Spinnangler, uns von dem Dogma der 28 cm Entfernung der Rolle vom Endknopfe frei gemacht haben, welche diese Vorschrift kritiklos hinnahm, ganz ungeachtet dessen, ob dieser Rollensitz für den Einzelnen bequem und handlich sei oder nicht.

Eine Gerte, ganz einerlei, welcher Form oder Bestimmung, muß gut in der Hand liegen, andernfalls wirkt sie störend auf die anglerische Tätigkeit und ermüdend. Es ist das ebenso wie bei einer Flinte, deren Schaft ein Teil meiner selbst sein muß — etwas Individuelles; statt dessen läßt sich der Großteil der Jäger eine Flinte, und sei sie noch so kostbar, mit „Normalschaft" aufschwätzen und wundert sich baß, daß die Leistung im Felde mit der garantierten „Höchstleistung" der Läufe nicht übereinstimmt.

Also vor allem: Die Rolle muß sich an jedem beliebigen Punkte des Handteiles sicher und unverrückbar ansetzen lassen, dort, wo ihre Handhabung und Kontrolle am bequemsten ist. Das ist eine sehr wichtige Sache, wie ich später bei der Beschreibung der Wurftechnik eingehend beweisen werde. Um das aber machen zu können, muß der Handteil bzw. Griff unter allen Umständen parallel sein, gleichgültig, ob er aus Kork oder aus Holz ist. Die die Rolle haltenden Ringe müssen aus bestem Material sein und vor allem nicht aus einem weichen, das sich aufbiegt, und müssen den Rollenfuß soweit umschließen, daß eine Lockerung oder ein Gleiten ausgeschlossen ist. Solid gearbeitete Dinge entsprechen auch dieser Bedingung; wer ganz sicher gehen will, muß sich die Schraubringe von Hardy (Abb. 5) anbringen lassen, sie sind zwar etwas teurer, aber dafür unbedingt verläßlich und wirklich empfehlenswert.

Von der Rolle weg läuft die Schnur durch die Ringe entlang der Gerte zum Endring und durch diesen dann hinaus.

Die Ringe, ihre Beschaffenheit und Qualität, nicht minder ihre Zahl und Anordnung spielen gerade bei der Spinngerte eine große Rolle.

Abb. 5.

Vielfach sieht man selbst heutzutage noch die alten Schlangenringe (Abb. 6), selbst an besseren Gerten, — zu ihrer Zeit waren sie den alten Stehringen aus Messing weit überlegen —, heute sind sie durch den Brückenring (Abb. 7) längst überholt; ganz abgesehen davon, daß der glattpolierte Ring der Schnur eine ideale Führung gibt und es verhindert, daß sich eine etwa feucht gewordene Leine an den Stock anklebt, wie das bei Verwendung von Schlangenringen gerne geschah, ist auch an ihm eine Reibungsmöglichkeit fast ausgeschlossen, besonders dann, wenn man, wie es heutzutage fast allein üblich ist, mit den Ringen nach oben wirft, da die Schnur dann nahezu im Zentrum des Ringes läuft. — Die Abbildungen zeigen den einfachen und den mit Achat gefütterten Brückenring (Abb. 8).

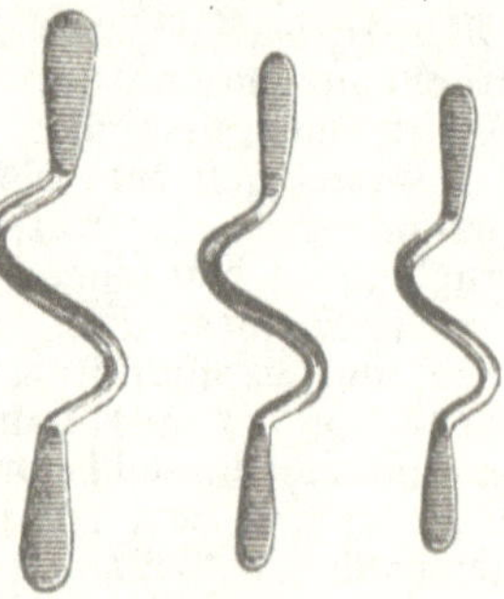

Abb. 6.

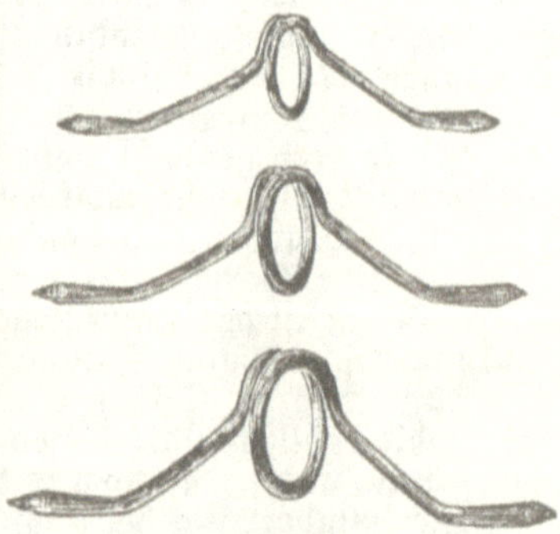

Abb. 7.

An den leichten und kurzen Gerten verwendet man fast ausschließlich Ringe mit Achatfütterung. Für die längeren und über-

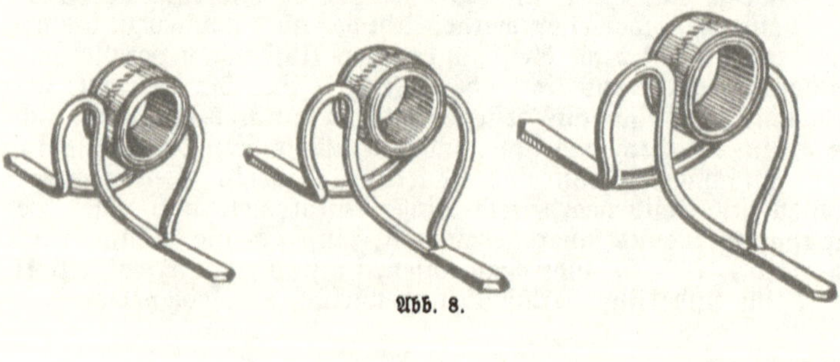

Abb. 8.

normal langen Gerten möchte ich sie nicht empfehlen, da sie das Gewicht der Gerte erheblich steigern, ja sogar Vorschwere erzeugen können. Für solche Gerten genügt es, den ersten Ring am Handteile und den Endring mit Achat gefüttert zu haben; bei billigeren Gerten verwendet man derlei Ringe mit einem federnden Innenringe aus Stahl, die ebenfalls sehr empfehlenswert und vor allem billig sind.

Porzellangefütterte Ringe sind nicht schlecht, aber Porzellan ist gegen das Anschlagen der Steine u. dgl., wie es draußen oft bei größter Vorsicht passieren kann, sehr empfindlich und bricht. Es werden zwar porzellangefütterte Ringe in den Handel gebracht, bei denen die Porzellaneinlage durch eine Gummiumhüllung, die als Puffer wirkend gedacht ist, vor Stoß und Bruch geschützt sein soll. Ich habe, ehrlich gestanden, nicht viel Vertrauen dazu und ziehe einen soliden Brückenring aus Stahl vor. Unter allen Bedingungen schon, wenn ich die Gerte zum Angeln im Winter verwende und Eis von den Ringen abzuklopfen habe, wie es beim Huchenfischen meist der Fall ist. Dabei kann man nur zu leicht die Porzellaneinlage mit absprengen, auch Achateinlagen sind durch diesen Vorgang gefährdet.

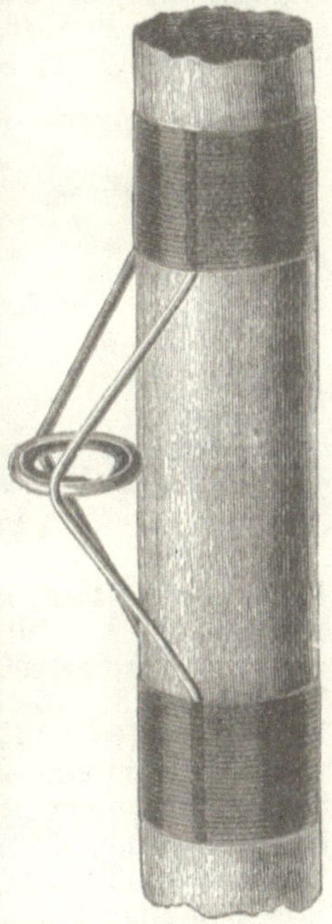

Abb. 9.

Eine Rolle spielt auch die Zahl der Ringe. Für die kurzen Gerten bis zu 2,60 m genügen 4, höchstens 6 Ringe vollauf, aber auch für die langen Gerten läßt sich die Zahl sehr beschränken; fast die meisten Gerten tragen zu viele Ringe. Diese wirken unter Umständen hemmend auf die Wurftätigkeit, besonders im Winter, wenn die Schnur vereist, und häufig um so mehr, als sie vielfach zu eng sind. Wenn ich auch zugebe, daß zu große Ringe dem Wurfe bzw. der Wurffähigkeit der Gerte nicht allzu zuträglich sind, so halte ich zu enge und zu kleine Ringe auch für einen Fehler. Ein guter Gertenbauer wird auch hierin das richtige Maß zu halten wissen, und ein erfahrener Angler wird seinem Fabrikanten selbst Zahl, Sitz und Weite der Ringe vorschreiben können. Am Ende des Handteiles war früher ein sog. Leitring (Abb. 9) beliebt, heutzutage ist er durch die Brückenringe überflüssig geworden und durch unsere moderne Wurftechnik erst recht.

Dagegen ist dem Bau und der Form des Endringes an der Spitze mehr Beachtung zu schenken. Gut und wenig zum Umschlingen geneigt ist der Glockenring (Abb. 10), noch weniger aber der in Abb. 11 gezeigte Ring; allerdings nur, wenn er die seitlichen

Spreizen besitzt, welche außerdem viel zu seiner Haltbarkeit beitragen. Der ohne diese frei heraussstehende Ring allein ist geeignet, hie und da von der Schnur umschlungen zu werden.

Man hat, ob mit Recht oder Unrecht, will ich hier nicht untersuchen, den Endring beschuldigt, die Schnur durch die an ihm erfolgende Reibung zu stark zu scheuern, und hat einen Vorschlag gemacht, ihn durch eine in allen Achsen drehbare Rolle aus Stahl oder Achat zu ersetzen. Ich weiß nicht, ob das für unsere zahme Süßwasserfischerei von besonderem Werte ist, denn schließlich verbraucht sich jede Schnur früher oder später und muß durch eine neue ersetzt werden, was vorsichtige Angler ohnedies beizeiten besorgen. Anders liegen die Verhältnisse für die Angelei im Meere, besonders auf die großen und größten Meeresbewohner. Für diese Angelei ist ein solcher Endring berechtigt, ja sogar notwendig. Ich bin gewiß der letzte, der sich gegen eine Neuerung oder Verbesserung auflehnt, aber ich glaube, ein gut konstruierter Endring mit Achateinlage tut es für unsere Verhältnisse vollauf.

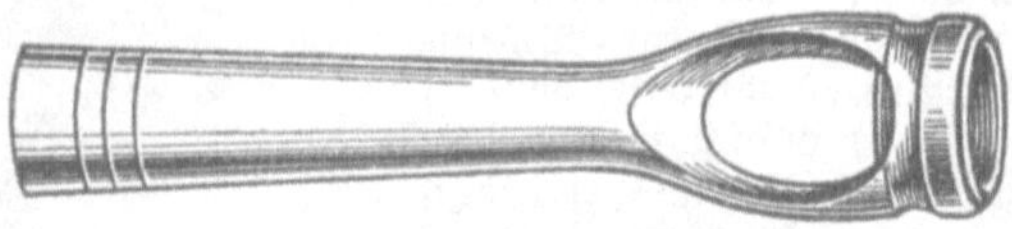

Abb. 10.

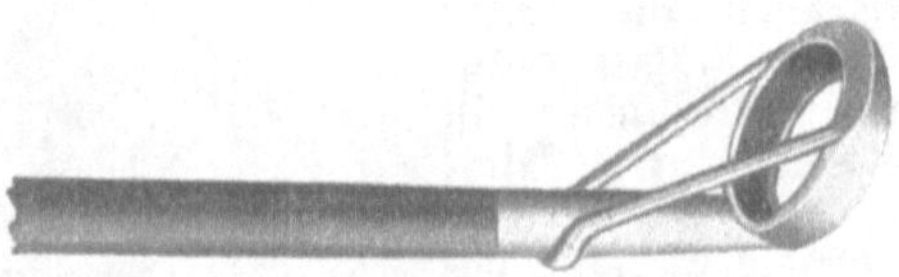

Abb. 11.

Das Gefährlichste für die Schnur ist die Bildung von Eiskristallen an ihr und am Ringe. Dadurch wird die Schnur am meisten beim Einrollen und Drillen gescheuert, — nicht beim Wurfe —, wenn vielleicht eine Rolle das durch ihren eigenen Lauf paralysieren könnte, so ist andererseits mit Sicherheit anzunehmen, daß sie durch das abtropfende Wasser auch festfriert. Dann reibt an ihr die Leine ebenso wie am Ring, wodurch ihr ganzer Vorzug illusorisch wird.

Von einer guten Spinngerte verlangen wir als oberste Eigenschaft die Fähigkeit, einen guten Wurf zu gestatten; das kann aber eine Gerte nur, wenn sie einmal richtig balanciert ist und vor allem vom Handteil bis zum Spitzenring richtig verjüngt ist, und das andere Mal den nötigen Grad von Steifigkeit besitzt, wobei Steifigkeit nicht mit Mangel an Elastizität identifiziert werden darf, ebensowenig wie diese mit Weichheit.

Eine richtig balancierte Gerte hat mit angesetzter Rolle das ganze Gewicht im Handteil. Im anderen Falle hat sie Vorschwere; es ist dasselbe wie bei einer richtig balancierten Flinte, bei der scheinbar das ganze Gewicht im Schafte liegt.

Manchmal läßt sich die Vorschwere korrigieren, wenn sie durch zu lange und schwere Verbindungshüllen und zu viele und massive

Ringe verursacht wurde, oft aber ist das nicht möglich, wenn der Aufbau der oberen Teile an sich von Haus aus fehlerhaft ist.

Solche Gerten ermüden ungemein beim Wurfe und Führen und gestatten keinen sicheren Wurf, da die Schwere der vorderen Teile den Schwung ungünstig beeinflußt.

Ein noch viel schwererer Fehler aber als die Vorschwere ist die Kopfschwere. Diese zeigt sich in einem Abhängen der Spitze, ohne daß die Gerte eine Belastung zu tragen hätte, wenn man sie wagrecht vor sich hält. Bei kopfschweren Gerten ist das oder eines der Mittelstücke fehlerhaft verjüngt; an dieser fehlerhaften Verjüngungsstelle entsteht dann das ominöse Abbiegen der weiter nach vorne liegenden Teile. Eine solche Gerte ist direkt wertlos, denn mit ihr kann man weder korrekt werfen noch anhauen noch drillen.

Weiter muß eine gute Gerte, wenn man mit ihr die Bewegung des Anhiebes macht, nach dem ersten Ausschlage in derselben Ebene noch einige wenige ganz kurze Ausschläge machen und dann wieder gerade liegen.

Ist die Spitze falsch verjüngt, dann folgen dem ersten Ausschlage noch eine Reihe weiterer gleich langer in allen möglichen Ebenen; der Endring beschreibt in ganz extremen Fällen fast einen Kreis, in weniger ausgesprochenen zeigt er Pendelbewegungen nach den Seiten. Auch das ist ein Fehler, der sich aber durch eine richtig gebaute Spitze beheben läßt. Kaufen soll man aber solche Gerten nicht, d. h. wenn man den Fehler erkennt.

Viele haben in Unkenntnis dieses Fehlers mit ihrer Gerte nicht werfen gelernt, weil die ominösen seitlichen Vibrationen der Spitze, die auch beim Wurfe auftreten, diesen empfindlich beeinträchtigen, besonders wenn leichte Gewichte auf größere Distanz geworfen werden sollen.

Des weiteren soll man bei Ankauf einer Gerte auf eine sorgfältige Lackierung achten. Auch eine billige Rohrgerte soll wenigstens einen doppelten Überzug von bestem Bootslack erhalten, und ich kann nur jedem raten, wenn er eine Gerte kauft, auf diesen Punkt besonderes Gewicht zu legen, eventuell noch eine Lackierung selbst vorzunehmen oder anzuschaffen, denn guter Lack erhält und verlängert das Leben einer jeden Gerte.

Gesplieẞte Gerten werden behufs Verstärkung auch mit einer Seele aus Federstahl hergestellt. Ich zweifle nicht, daß das, bestes Material und sorgfältigste Arbeit vorausgesetzt, geeignet ist, eine Gerte für schwerste Fischerei wirklich zu verstärken, — unbedingt notwendig ist es nicht. Ich erwähne es nur der Vollständigkeit halber. Wer sich darauf kapriziert, mag sich immerhin eine solche Gerte kaufen, wenn er die ziemlich bedeutende Mehrauslage nicht scheut.

Welche Gerte soll sich nun der angehende Spinnangler kaufen?

Diese Frage legt sich wohl jeder vor, der einer werden will; dasselbe fragt er seine Freunde.

In erster Linie richtet sich die Anschaffung, abgesehen von den zur Verfügung stehenden Mitteln, nach dem vorhandenen Bedarfe.

Vor allem halte man sich vor Augen, daß es eine „Universal"-Gerte nicht gibt. Man kann wohl eine längere leichte Gerte durch Aufsetzen eines kürzeren Teiles für das Angeln vom Boote oder zum Schleppfischen adaptieren. Deshalb aber wird aus einer Forellengerte nie eine Huchengerte, ebensowenig wie diese zum Angeln auf Forellen taugt, in unseren Gewässern wenigstens, in denen die Vier- und Sechspfünder schon so ziemlich Museumsobjekte geworden sind.

Die überwiegende Mehrzahl meiner Leser wird es zumeist mit dem Fange von Hechten zu tun haben, und auch hierbei mit dem soliden Mittelgewichte von 6—8 Pfund. Zu diesem Zwecke genügt für die meisten Gewässer die leichte, einhändig oder zweihändig zu führende Spinngerte von 2,60—3 m, je nachdem ganz aus Tonkinrohr oder aus diesem und Spitze von Greenheart, oder bei höheren Ansprüchen aus gespließtem Bambus, je nach Geschmack oder Bedürfnis zwei- oder dreiteilig. Die Abb. 2 und 3 zeigen solche Gerten. Die alte Form der Henshallgerte, deren Bild ich in Abb. 1 brachte, möchte ich im allgemeinen für unsere Verhältnisse nicht empfehlen, außer man läßt sie sich mit parallelem Handgriffe anfertigen. Ich möchte an dieser Stelle einen Vorwurf entkräften, den seinerzeit Heintz gegen die kürzeren Gerten als 3,20 m erhob: nämlich daß man mit ihnen den sog. Unterhandschwung nicht ausführen könne, d. h. einen Köder durch einfachen Ausschwung in der Körperebene einem nicht zu weiten Ziele zuzuschwingen. Ich habe oft und viel mit kurzen Gerten geangelt, aber nie gefunden, daß man mit ihnen den Unterhandschwung nicht machen könne, auch habe ich die Behauptung, daß es ihnen zu diesem Zwecke an Elastizität mangle, nicht bestätigt gefunden.

Wer mehr Forellen als Hechte oder nur die ersteren zu beangeln hat, der wird mit Vorteil eines der vorstehenden Modelle in noch zarterer Ausführung wählen. Ein geübter und kaltblütiger Angler wird sich ohne weiteres getrauen, mit diesem scheinbar zarten Zeug auch einen größeren Hecht anzugehen, besonders mit einer gespließten Gerte.

Ich gebe jedem den aufrichtigen Rat, sich von Anfang an lieber mit einer leichteren Gerte auszustatten, als mit einer schwereren. Erstens wird er sich weniger abmühen und leichter werfen lernen, zweitens wird er sich von Haus aus an einen sorgfältigen und kunstvolleren Drill gewöhnen, der ihm dann bei einem zufälligen Zusammentreffen mit einem außergewöhnlich starken Fische wohltätig zustatten kommen wird. Ich habe leider nur zu oft die Wahrnehmung gemacht, daß insbesondere Anfänger sich durch das Führen schwererer Gerten verleiten ließen, jeden Fisch im Vertrauen auf die Stärke ihres Gerätes zu forcieren, und gerade diese erlebten dann eine schmähliche Niederlage, wenn sie einmal einen wirklich schweren Fisch gehakt hatten. Ebenso muß aber leider auch gesagt werden, daß solche Angler den Fehler nicht in sich und ihrem Ungeschick suchten, sondern in ihrem Geräte, was sie veranlaßte, zu noch schwereren Ausrüstungen ihre Zuflucht zu nehmen.

Dem, welcher Gewässer zu befischen hat, deren Beschaffenheit es erlaubt oder erfordert, die Überkopfwurfgerte zu führen, kann ich nur zur Anschaffung einer Überkopfwurfgerte dringendst raten. Es ist wirklich ein Vergnügen, mit dieser federleichten winzigen Gerte absolut zielsichere Würfe auf weite Distanzen zu machen, wie man sie mit dem Seitenschwunge nie mit der gleichen absoluten Sicherheit herausbringt, auch wenn man noch soviel Übung hat. Ich will damit absolut nicht dem Rekordwerfen zu Angelzwecken das Wort reden, aber ich will einmal sehen, ob die absoluten Gegner des Überkopfwurfes imstande sind, mit Seitenschwung ein Gewicht von 10 g, gezielt auf nur 20 m, auf einen bestimmten Punkt zu werfen, was für einen halbwegs geübten Überkopfwerfer eine Kleinigkeit ist.

Daß die Überkopfwurfgerte nicht immer und überall am Platze ist und sich bei uns wenigstens teilweise Einschränkungen in ihrer Verwendbarkeit gefallen lassen muß, gebe ich ohne weiteres zu. Daß man sie aber in Bausch und Bogen als „amerikanisches Invasionsprodukt" ablehnt, das finde ich zuweit gegangen und unbegründet.

Ebenso unbegründet ist der Vorwurf eines älteren Autors, daß man mit der kurzen Gerte einen schwer kämpfenden Fisch nicht richtig drillen könne. Was tun denn die Black bass-Angler, die diesem lebendigsten aller Kampffische nur mit diesen kurzen Gerten bewaffnet gegenüberstehen? Und erst jene Angler jenseits des Teiches, die den Großhecht, den Muscalonge, der bis zu 60 Pfund schwer wird und der sich wie ein Teufel an der Angel wehrt, ausschließlich mit Überkopfwurf angeln?

Abb. 12 zeigt eine Überkopfgerte aus gesplißtem Bambus neuerer Art mit ungleich langen Teilen. Die amerikanische Stahlrute ist in Abb. 3 abgebildet. Obzwar ich sonst für „Kofferruten" gar keine Vorliebe habe, muß ich doch sagen, daß mir die dreiteilige Stahlgerte wegen ihrer Kompendiosität sehr sympathisch ist.

Eine Mittelstellung zwischen diesen vorbeschriebenen einhändigen und den im folgenden zu beschreibenden zweihändigen Spinngerten nimmt eine Gerte ein, welche bei einer Länge von nur 3 m

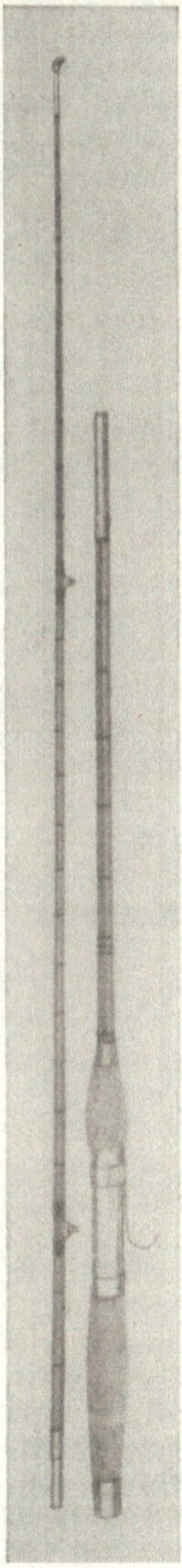

Abb. 12.

ein Gewicht von ungefähr 300 g besitzt. Sie muß zu diesem Zwecke natürlich aus gesplieẞtem Material hergestellt sein, denn nur dieses gestattet den Aufbau in so leichtem Gewichte. Sie ist in England bekannt unter dem Namen „Corbet"-Gerte und dient dem Angeln mit leichten bis mittelschweren Ködern von maximal 20 g Gewicht. Trotz ihrer Zartheit ist sie ungemein stark und erlaubt den Fang jeder Fischgattung von der Forelle bis zum schweren Hechte. Sie ist für einen Angler, der sich mit einer Gerte für europäische Durchschnittsverhältnisse ausrüsten will, sehr zu empfehlen.

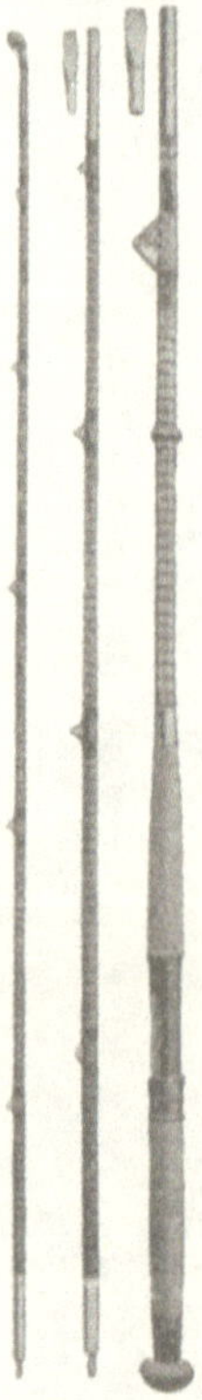

Abb. 13.

Wer seinen Bedarf mit leichten und kürzeren einhändigen Gerten oder der Corbetgerte nicht für gedeckt erachtet oder unter Verhältnissen angelt, welche eine längere Gerte zur Bedingung machen, muß sich entschließen, sich mit einer schwereren doppelhändigen Gerte auszurüsten.

Von diesen erwähne ich die den meisten Anglern geläufigen sog. „Heintz"-Gerten in der Normallänge von 3,20 m. Ich habe sie lange geführt und, wie schon erwähnt, nur den unverstellbaren Rollensitz bei ihnen als Mangel empfunden, der sich aber durch Anbringen eines parallelen Handgriffes beheben läßt. Die leichte Hecht- und Huchengerte hat sich mir im Kampfe mit sehr schweren Fischen stets bewährt, so daß ich gar kein Bedürfnis hatte, die schwereren Modelle in Gebrauch zu nehmen.

Nur mit der „leichten Forellen- und Fischchengerte" habe ich mich nie befreunden können, denn 600 g sind schon ein respektables Gewicht und für eine Forellengerte viel zu viel.

Im allgemeinen wird diese Gertenlänge auch für die meisten Uferangler ausreichen, außer dort, wo die Ufer ganz besonders ungünstig sind und Uferbauten, Uferbewuchs u. ä. den Gebrauch einer besonders langen Gerte zur unabweislichen Notwendigkeit machen. Auch die Spinnangler an den großen Strömen, besonders die Huchenangler, sind auf längere Gerten angewiesen, wenn sie, wie es meist der Fall ist, nur vom Ufer aus fischen können.

In einem solchen Falle bleibt nichts übrig, als eine speziell lange Gerte zu bestellen und das unvermeidlich höhere Gewicht mit in Kauf zu nehmen. Ich zeige in Abbildung 2 meine eigene Huchengerte, die nach speziellen Angaben in Deutschland gebaut wurde. Sie ist aus Tonkinrohr mit einer Spitze aus gesplieẞtem Bambus. Trotz ihrer Länge von 5 m ist sie verhältnismäßig leicht und sehr handlich; um bequemer transportiert werden zu können, müßte sie eigentlich vierteilig gemacht werden.

Die Rolle.

Wenn ein Gerät je zur Verfeinerung des Angelsportes und speziell des Spinnangelns beigetragen hat, so ist es die Rolle, der ich meiner Anschauung nach den Vorrang vor der Gerte gebe. Denn mit einer minderwertigen Gerte kann man noch werfen, aber von einer minderwertigen oder falsch konstruierten Rolle nicht.

Wenn man die Entwicklung der Spinnangelei kritisch verfolgt, so findet man, daß dieselbe wenigstens bei uns — England nicht ausgenommen — noch vor wenigen Dezennien auf einem toten Punkte angelangt war, der sich in der Superiorität des heute fast vergessenen „Themse"-Stiles manifestierte.

Der von Henshall inaugurierte Wurf von der Rolle fand am Kontinent keine oder nur wenige Anhänger, während er über dem Atlantik weiterkultiviert wurde und im Überkopfwurf seinen kunstvollsten Ausdruck fand.

Der altehrwürdige „Thames"-Stil, über den ich bei Behandlung der Wurftechnik des näheren sprechen will, ergab sich als Naturnotwendigkeit aus der Inferiorität der früheren Rollen, und trotzdem er begeisterte Anhänger hatte, gaben die nicht allzu fanatischen gern und unumwunden zu, daß ihm trotz seiner Vorzüge eine viel größere Menge sehr schwer wiegender Nachteile anhafte.

So ging man langsam daran, die Rollen zu verbessern und für den direkten Wurf von dieser brauchbar zu machen; aber der Lebensweg des „Nottingham"-Stiles war ein langer und dornenvoller.

Und der Weg von der alten, schweren Nottingham-Rolle aus Walnußholz bis zur modernsten Speichenrolle aus Aluminium war auch ein recht langer.

Es ist noch gar nicht lange her, daß man das eigentliche Prinzip der brauchbaren Spinnrolle erkannt hat. Ich spreche hier von den Rollenformen, welche eine Trommel besitzen, die sich beim Wurfe um eine Achse dreht, die senkrecht zu der des Angelstockes steht und deren Drehungsebene in dieser liegt, also alle Modifikationen der Grundform, welche von der alten Nottinghamrolle mit oder ohne Gehäuse vorgestellt werden. In dieser Zeit schwebte allen Konstrukteuren das Ideal vor, die „leichtestlaufende" Rolle herzustellen, und dieses Ideal war verkörpert in einer Rolle, die wie ein Perpetuum mobile auf einen leichten Impuls hin überhaupt nicht mehr zu laufen aufgehört hätte. Das wäre vielleicht in der Theorie richtig gewesen, in der Praxis erwies sich aber gerade die leicht- bzw. langelaufende Rolle als Quelle vieler Übel und vielleicht als Ursache davon, daß die meisten Lernenden den Wurf von der Rolle nie lernten, entweder die Spinnfischerei ganz aufgaben oder sich wieder dem Themsestil zuwandten. An dieser Tatsache änderte weder die Einführung von Kugellagern noch die des Aluminiums und seiner Legierungen etwas.

Das Überlaufen war und blieb der ewige Stein des Anstoßes, die Quelle unsäglichen Ärgers und ungezählter Mißerfolge.

So kam man darauf, Rollen zu bauen, die durch sinnreiche Bremsvorrichtungen dem Überlaufen steuern sollten. Es entstanden die Rollen vom Typ „Silex" und ähnliche, mehr oder minder komplizierte Mechanismen, die dem gedachten Zwecke, den Ablauf des geworfenen Köders zu regulieren und das Überlaufen der Rolle zu verhindern, ziemlich gerecht wurden, aber ihn doch nie voll erreichten.

Eine bei uns auch heute noch gangbare Rolle mit Bremsung ist die Marston-Croßle-Rolle und verschiedene auf dem gleichen Prinzip aufgebaute Rollensysteme, wie die „Reuß"-Rolle u. a.

In England ist die Marston-Rolle ein Ding der Vergangenheit, — warum sie bei uns noch vielfach das Ideal des Spinnanglers und des Fabrikanten ist, weiß ich nicht zu erklären. — Jedenfalls ist sie nicht ideal und dafür nicht einmal billig zu nennen. Abgesehen von der als Klotz wirkenden Schraubbremse ist sie zu dem, was wir von einer wirklich guten Rolle verlangen, nämlich zum sicheren Wurfe leichter und ganz leichter Köder, effektiv unbrauchbar, in den kleinen Nummern noch mehr als in den größeren.

Das Warum ist leicht erklärt, trotzdem es so lange gebraucht hat, bis man es gefunden hat: das Trägheitsmoment der Masse des Trommelkörpers und das zu große Gewicht desselben, welches das erstere verstärkt.

In der ersten Erkenntnis dieser Umstände versuchte man das Gewicht der Trommel durch die an den meisten massiven Rollen sichtbaren Ausbohrungen am Rande zu vermindern, — ein lächerliches Beginnen, denn das Minus an Materialgewicht ist direkt verschwindend klein.

So kam man dazu, Rollen zu bauen, welche nicht mehr massive Körper hatten, sondern nur einen Kranz aus Leichtmetall, der mit der sehr leichten Achsenbüchse durch Speichen verbunden ist.

Das war der richtige Weg, denn nur so allein konnte man einen Trommelkörper herstellen, dessen Eigengewicht minimal bei trotzdem hervorragender Stabilität nicht verstärkend auf das Trägheitsmoment wirkte.

Dadurch, daß man ferner die Bremsregulierung von der Trommel auf die Achse verlegte, erzielte man eine äußerst empfindliche Regulierung.

Das erste dieser Rollenmodelle vom Speichentyp war die Coxon-Rolle, die allerdings noch einige Mängel halte, wie die meisten Neuerungen; vielleicht war sie etwas zu zart geraten, aber sie war unleugbar gut, und ich habe sie lange mit Erfolg geführt, habe mich auch nie mit der Ansicht befreunden können, daß sie für praktische Angelbedürfnisse unbrauchbar und daher vor ihr zu warnen sei.

In den letzten Jahren ist nun aber die Speichenrolle derart vervollkommnet worden, daß sie tatsächlich das Ideal einer Spinnrolle darstellt, — stabil, mit einer federleichten Trommel, einer bis aufs feinste abstimmbaren Bremse und, was ich an ihr besonders schätze, mit einer ausschaltbaren Knarre, welche beim Einrollen nahezu lautlos und widerstandslos dem Schnur abziehenden Fische einen enormen Widerstand entgegensetzt.

Überhaupt die Knarre der alten Rollen war ein sehr wunder Punkt. Schon ihre Anordnung war unglücklich, die Feder war

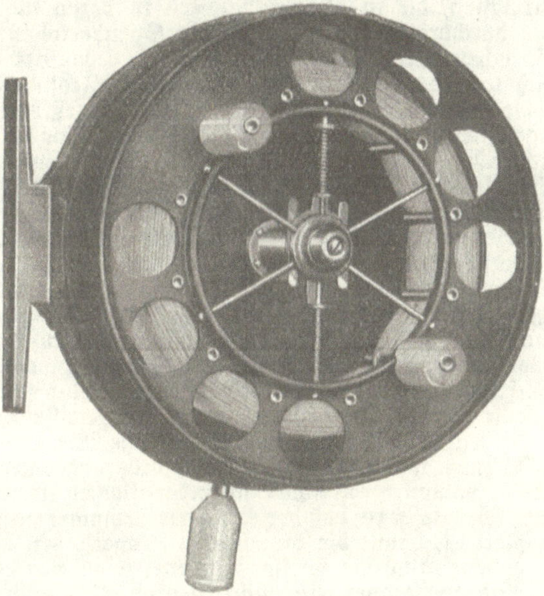

Abb. 14[1]).

leicht dem Brechen ausgesetzt bzw. wurde nach längerem Gebrauch schlaff, der Bremskeil hatte vielfach die unangenehme Eigenschaft, mit der Zeit schlotterig zu werden, gar nicht einzugreifen oder, was noch unangenehmer war, sich zu verklemmen, wodurch mancher gute Fisch verloren ging. Alles das ist bei der neuen Anordnung der Knarre ausgeschlossen.

Dadurch, daß diese wirklich hervorragende Rolle jetzt auch in der Heimat erzeugt wird, ist ihre Anschaffung jedem Angler, der auf wirklich hohe Qualität seiner Geräte Gewicht legt, leicht ermöglicht.

Ich selbst führe jetzt ausschließlich diese Rolle, und zwar in der einen Größe von 10 cm Durchmesser (Abb. 14) für alle Zwecke

[1]) Der Hebel an der abgebildeten Rolle betätigt insbesondere die auf die Peripherie der Trommel wirkende Bremse zur Unterstützung bei besonders schwerem Drill starker Fische.

der Spinnfischerei, von der Forelle bis zum Huchen, und habe es nur nötig, die jeweils meiner Absicht entsprechende Schnur aufzuwinden und beim Angeln selbst die Regulierungsbremse dem Ködergewichte anzupassen. Meine Erfahrungen und die meiner Freunde, welche mit dieser Rolle angeln, berechtigen mich dazu, sie jedem aufs wärmste zu empfehlen, denn sie ist unstreitig die beste Rolle, die wir derzeit haben. Da wir heutzutage fast nur noch mit Rollen aus Leichtmetall arbeiten, darf ich eine Sache nicht unerwähnt lassen, die in älteren Büchern in bezug auf Metall, speziell die durchbrochenen, zu denen die Speicherrollen und die später besprochene Magnalium-Rolle gehören, behauptet wird: es handelt sich um das Gefrieren der Schnur bei Frostwetter. Ich glaube, soviel ich davon erfahren habe, dieser Prozeß ereignet sich bei einer gewissen Temperatur unter Null — ungefähr bei —5° — ganz gleichmäßig bei Metall- wie bei Holzrollen, denn nicht die Leitungsfähigkeit des Metalles führt zum Ein- bzw. Anfrieren der Leine, sondern der Grad der Durchnässung derselben. Gut gefettete Schnüre saugen weniger Wasser bzw. lassen dieses rascher von ihrer glatten Oberfläche ablaufen als schlecht oder nicht gefettete. An sich glatt geklöppelte Leinen, gute Fettung vorausgesetzt, neigen weniger zum Frieren als rauhe bzw. filzig gewordene und locker geklöppelte Schnüre. Zudem friert die Schnur schon auf dem Wege zwischen Wasseroberfläche und Rolle, so daß das Material und die Bauart derselben wohl nicht von besonderem Einfluß sein dürfte.

Die Rolle für die Spinnfischerei muß eine gewisse Breite der Trommel besitzen, denn sie hat eine entsprechende Menge — regulär 100 m — Schnur aufzunehmen. Dieser Forderung entspricht die Speichenrolle vollauf, trotz ihres scheinbar flachen Raumes für die Schnur. Wichtig ist es, daß der Rand der Trommel entsprechend breit und glatt ist, damit die bremsenden Fingerspitzen eine Auflagsfläche haben. Auch die Griffe verdienen eine Beachtung: sie müssen günstig angeordnet sein, nicht zu groß, aber auch nicht zu klein sein, auf ihren Achsen drehbar, diese aber müssen im Rollenkörper so verankert sein, daß sie beim Angeln nicht locker werden oder gar herausfallen, was bei schlechten, billigen Rollen gerne vorkommt.

Eine viel umstrittene Sache ist der Schnurleiter. Es gibt eine Menge Modelle davon, — verstellbare und unverstellbare —. Die einen schwärmen dafür, die anderen nicht; ich gehöre zu den letzteren. Bei Rollen von dem Typ der vorbeschriebenen ist er meiner Meinung nach entbehrlich, — mir persönlich hinderlich —, aber das ist Ansichtssache. Einen Wert hätte er nur, wenn er gleichzeitig als Transporteur dienen würde, d. h. als Vorrichtung, welche das gleichmäßige Aufspulen der Leine so bewirken möchte, wie es bei den amerikanischen Rollen, welche ich im folgenden beschreiben werde, der Fall ist.

Wie ich eingangs erwähnte, hat sich die Wurfmethode Henshalls, ursprünglich ein Seitenwurf, mit der Zeit zum Überkopfwurf weiter entwickelt. Da die alte Nottinghamrolle zu diesem Behufe einfach unverwendbar ist, hat man in Amerika schon seit langem spezielle Rollen konstruiert und diese bis zur heutigen Vollkommenheit immer weiter verbessert. An diesen Rollen ist bereits das Prinzip des möglichst gewichtslosen Trommelkörpers selbst bei den alten Modellen gefunden und festgehalten. Allerdings sind diese Rollen, um handlich zu sein und doch große Längen Schnur fassen zu können, nicht hoch und mit großem Durchmesser, sondern lang und mit kleinem Durchmesser gebaut. Dies erfordert wiederum zwei weitere Zutaten: erstens, um ein rasches Aufwinden zu ermöglichen, was bekanntlich bei Rollen mit so kleinen Durchmessern wie

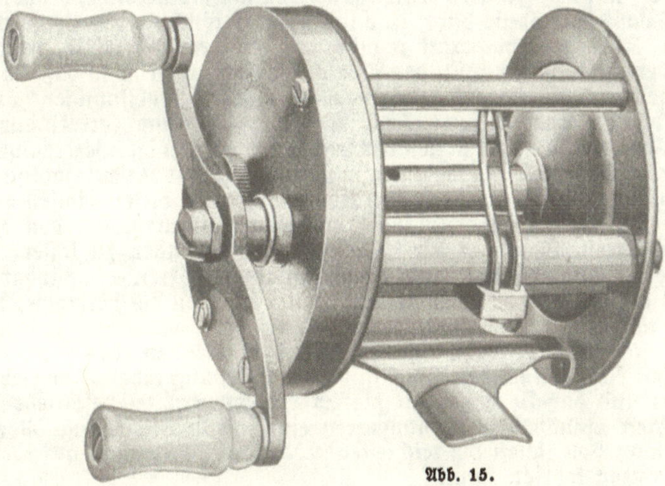

Abb. 15.

4—5 cm sehr schwer ist, mußte man diese mit Multiplikator, d. i. einer Übersetzung, versehen; zweitens mußte man einen Schnurleiter konstruieren, welcher das Aufwinden so glatt und ebenmäßig besorgt wie auf einer Zwirnspule. Ist es schon nicht ganz leicht, für den Ungeübten wenigstens, die Schnur auf einer 2½ cm breiten Rolle leidlich gleichmäßig aufzuwinden, ohne daß sich Windungen überlagern, so ist das auf der langen Spindel noch schwieriger. Mit einer Schnur aber, die nicht Lage neben Lage aufgespult ist, kann man nicht werfen, ohne jedesmal eine sog. „Perücke“ zu haben. Das also führte dazu, diese Rollen mit einer selbsttätigen Aufspulvorrichtung zu versehen. Dies ist so präzis gearbeitet, daß ein Versagen nicht zu befürchten ist. Der Erzeugung solcher Rollen hat sich die heimische Industrie bisher aus unerklärlichen Gründen ferngehalten; allerdings, als billige Massenware sind sie nicht herzustellen, aber bei der zunehmenden Verbreitung und Beliebtheit des Unterkopfwurfes wird es wohl doch eines Tages dazu kommen müssen, daß die Rollen auch in der Heimat in bester Qualität hergestellt werden (Abb. 15).

Wenn in älteren Veröffentlichungen vor der Anschaffung und Verwendung von Multiplikatorrollen eindringlichst gewarnt wird, so kann dies wohl nur in bezug auf billige Schundware berechtigt sein, nicht aber Geltung haben für die tadellosen, wenn auch nicht gerade billigen Qualitätsfabrikate.

Ich möchte nur den Anfänger im Überkopfwurfe dahin unterrichten, daß diese Rollen in zwei Ausführungen auf dem Markt sind: solche, bei denen die Spule eine Freilaufvorrichtung besitzt, die sich automatisch beim Wurfe ein- und ausschaltet, daher beim Wurfe mit den Fingern gebremst werden muß, und solche, bei denen der Lauf der Spule durch eine sinnreiche Bremsung im Verhältnis zum Ködergewicht derart reguliert ist, daß im Momente, da der Köder aufs Wasser fällt, der Ablauf der Schnur steht, so daß Überlaufen und die daraus unvermeidlichen „Perückenbildungen" ausgeschlossen sind, vorausgesetzt, daß die Bremsung korrekt durchgeführt wurde. Die Rollen der letzten Art tragen die Bezeichnung: Antibacklash-Rollen und stellen in Verbindung mit der automatischen Spulvorrichtung geradezu das Nonplusultra in diesen Rollen dar.

Ich möchte dem Anfänger entschieden abraten, sich von den scheinbaren Vorzügen der „Freilaufrollen" blenden zu lassen, — er wird viel mehr Ärger und Schwierigkeiten als Freude damit haben und den Wurf viel schwerer und später erlernen als derjenige, der ihn mit der „Antibacklash" lernt.

Ich brauche wohl nicht besonders zu betonen, daß man mit diesen Rollen auch den Wurf mit Seitenschwung tadellos betreiben kann und daß sie daher für die im vorigen Kapitel beschriebenen leichten einhändigen Spinngerten eine ideale Ergänzung bilden, da man von ihnen die leichtesten Köder mit Sicherheit auf weite Distanzen werfen kann.

Die Unvollkommenheit der alten Spinnrollen mit ihren Mängeln und der Schwierigkeit, mit ihnen von der Rolle zu werfen, wohl auch die Erkenntnis, daß die Überwindung des Trägheitsmomentes des Trommelkörpers und des Beharrungsvermögens die Hauptursache sei, führte schon vor 50 Jahren den Schotten Malloch zur Benützung einer im Wurf starren Trommel, von der sich die Schnur einfach abspulte und der fliegende Köder nur sein eigenes Gewicht und das der hinter ihm folgenden Leine zu führen hat. Er erfand einen neuen Typ, die sog. „Wenderolle".

Wie ihr Name sagt, wird sie derart betätigt, daß die Trommel auf einem Pivot — auf einem drehbaren Fuße — aufmontiert ist; zum Wurfe gibt man ihr eine Drehung von 90° nach rechts oder links; nach Beendigung desselben bringt eine ebensolche Drehung zurück die Rolle wieder in die Ausgangsstellung. Die alten Rollen dieses Systems hatten verschiedene Mängel, welche die anfängliche Begeisterung rasch abkühlen ließen, trotzdem das Ideal des mühelosen und sicheren Wurfes von der Rolle gefunden war.

Abb. 16 a.

Ja, noch mehr — diese gute Sache geriet beinahe in Vergessenheit und erst in den allerletzten Jahren griff man diese gute Idee wieder auf und durch Beseitigung der ursprünglichen Mängel wurde eine vorzügliche, brauchbare Rolle geschaffen.

Die Hauptmängel der alten Wenderollen waren ursprünglich zwei: erstens, die Versicherung des Drehfußes war nicht exakt, die Rolle kippte aus ihrer jeweiligen Stellung aus, was oft recht unangenehm war; aber noch unangenehmer war die Tatsache, daß die Schnüre jener Epoche, die an und für sich schon die unangenehme Neigung hatten, sich zu verdrehen und zu rollen, dies noch mehr taten, da ihneu der Impuls zum Verdrehen schon durch das Abspulen allein gegeben wurde, wozu dann noch eine Verstärkung dieser Neigung durch die Drehbewegung des Köders hinzutrat. Beide Fehler hat man heute ausgeschaltet, der Drehfuß ist sicher festgelegt und das Verdrehen paralysiert man durch Umlegen der Trommel und Einrollen und Abspulen in verkehrter Richtung, wodurch die Verdrehungen wieder ausgeglichen werden. Die Abb. 16 a und b zeigen die Rolle a) in der Stellung zum Einrollen, b) die Umkehr-

Abb. 16 b.

vorrichtung der Trommel. Das Umkehren erfolgt, indem man die Schnur zur Gänze ablaufen läßt, die Trommel von der Achse hebt, den Griff und das vordere Verschlußblatt abnimmt. Die Trommel wird nun verkehrt wieder aufgesteckt, Verschlußblatt und Griff wieder an ihre Stelle gebracht und die Schnur wieder aufgerollt. Selbstredend muß nun das Aufrollen in verkehrter Richtung vorgenommen werden, also

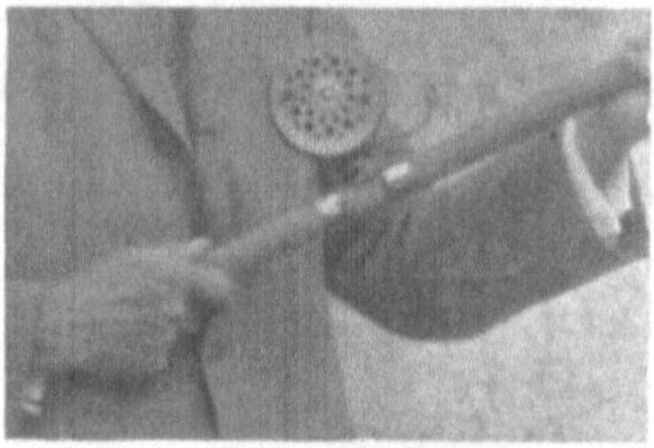

Abb. 17a.

Abb. 17b.

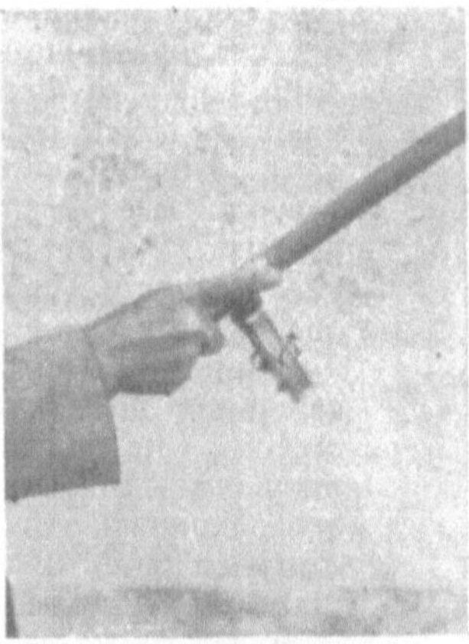

Abb. 17c.

Abb. 17d.

zum Angler hin, wenn vorher vom Körper weg aufgerollt wurde. Zum Zweck der leichteren Spinnfischerei und zum Werfen leichtester Köder sind diese Rollen in kleinerem Formate ebenso hervorragend wie in größerer Ausführung für die schwere Spinnangel.

Ich habe für den ersteren Zweck eine Wenderolle konstruiert, die ich untenstehend abbilde (Abb. 17). Ihr großer Durchmesser erleichtert das rasche Aufwinden und der besonders angeordnete Schnurleiter verhindert das falsche Aufrollen, da der Trommelkörper besonders flach gehalten ist, um die Rolle möglichst leicht zu gestalten. Er faßt aber trotzdem reichlich 60 m einer feinen Leine. Mit dieser Rolle kann ich Köder von 5 g Gewicht sicher auf 15 bis 20 m hinausbringen. Die Abb. 17a zeigt die Rolle in der Stellung zum Einrollen, 17b die Rolle fertig zum Wurf, — Finger am Trommelrand, die Leine festhaltend. 17c Der Finger hat die Leine freigegeben, der Köder fliegt aus. 17d Das Einrollen.

Abb. 17. Wenderolle mit quergestellter Trommel zum Wurf.

Selbstredend muß man vor dem Wurfe, ehe man die Trommel dreht, die Schnur aus dem schneckenförmigen Führungsring aus- und nach dem Zurückdrehen der Trommel wieder einhängen, was man mit Hilfe von Daumen und Zeigefinger in einem Augenblicke besorgen kann; bei einiger Übung geht es auch nur mit einem Finger allein.

Eine Rolle der allerjüngsten Zeit, die eine ganz eigene, an keine andere anlehnende Konstruktion besitzt, ist die nach ihrem Erfinder genannte „Illingworth-Rolle“ (Abb. 18). Ihr Prinzip ist folgendes: Von der starren Spindel spult sich beim Werfen die Leine ab, nachdem sie zuvor aus dem Schnurleiter, welcher zugleich das korrekte Wiederaufrollen besorgt, herausgenommen wurde. Wieder in denselben eingeführt, dreht sich die Trommel durch Drehung der Kurbel durch eine Kegelübersetzung im Verhältnis 1:4. In dem Moment, da der Fisch eine Flucht macht, dreht sich die Trommel allein und eine stellbare Knarre verhindert das Überlaufen. Das Auf- und Abspulen der Schnur erfolgt mit größter

Akkuratesse, da die Trommel bei dieser Bewegung steigt und fällt. Durch Zwischenschaltung von Korkscheiben läßt sich die Trommelbreite bzw. ihr Fassungsraum so regulieren, daß man immer die Trommel gut gefüllt hat, also wenn man die Schnur durch Ausmerzen verbrauchter Teile kürzen muß, braucht man keine Verlängerung zu unterlegen wie bei den anderen Rollen, wenn man das richtige Maß der Füllung erhalten will. Diese geniale Konstruktion ermöglicht es, mit Schnüren von Nähfadenstärke und maximal 3 Pfund Tragkraft zu fischen — die Normalleine hat nur

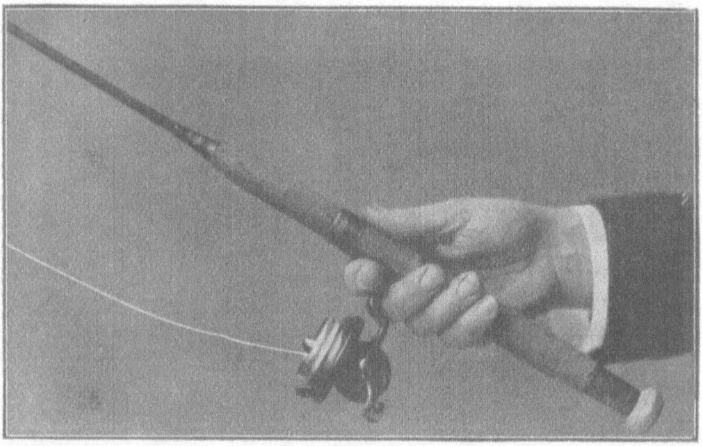

Abb. 18.

$1^3/_4$ lb Bruchfestigkeit — und doch mit ihr schwere Fische zu besiegen. Sind doch an diesem feinen Zeug sogar Lachse von 20 Pfund gelandet worden.

Jedenfalls stellt die Illingworth-Rolle den Gipfel erreichbar feinsten Angelgerätes und Fischerei mit feinstem Zeuge vor, dessen allgemeiner Einführung leider sein immens hoher Preis entgegensteht.

Wer aber über Gewässer verfügt, in denen Gelegenheit für diesen feinsten Sport geboten ist, und der gewillt ist, den hohen Preis für dieses Idealgerät anzulegen, dem sei es empfohlen. Nur wer selbst damit geangelt hat und die Summe der Aufregungen miterlebt hat, weiß, was es heißt, an einem Zwirnsfaden einen mehrpfündigen Fisch zu drillen und zu landen, welcher anderen Anglern an vielfach stärkerem Geräte schon zu drillen und zu landen schwierig vorkam.

Ich lehne von vorneherein den Vorwurf ab, daß ich etwas befürworte, das unter gegebenen Umständen naturgemäß den Verlust des Fisches herbeiführen müsse, oder den Vergleich mit dem Schützen, der mit einem Blasrohr auf Hirsche schießt. Alles an seinem Platze, — gewiß ist das kein Gerät zum Huchenfischen in einem Wildwasser, aber in klaren Flüssen und Seen, welche große Forellen usw. beherbergen, die scheu und vorsichtig sind, wird es seinen Platz und Zweck ausfüllen. Schließlich kommt es auch darauf an, wer hinter dem Steuer steht. Ein erfahrener und kaltblütiger Angler wird sich nicht fürchten, damit den Kampf mit einem schweren Gegner aufzunehmen, und der Andere hat alle Chancen, ihn auch an einer Tarponleine zu verlieren. Denn wenn's das Unglück will, reißt diese auch.

Die Schnur.

Zu den Faktoren, die sich vereinten, um die Spinnfischerei so lange Zeit hindurch unpopulär zu machen, gehörte auch die Schnur. Ich will gar nicht von denen der alten Zeit reden, die einfach gedreht waren, und schon dadurch, wenn auch nicht zum Angeln überhaupt, so doch ganz sicher zum Spinnen völlig untauglich waren. Heutzutage sind sie aus dem Rüstzeug des Anglers, soweit dieser höheren Sport treibt, vollständig verschwunden und von den geklöppelten Leinen endgültig verdrängt worden. Die Leine aus Hanf findet meist nur noch als Handleine bei der Schleppfischerei, wie später besprochen werden soll, Anwendung, auf der Rolle des Spinnanglers wird man sie wohl nur noch selten finden, außer an der einiger der alten Schule, vorzugsweise Huchenfischer, welche immer noch mit dicken Schnüren im alten Themse-Stil fischen und sich auf keinen Kampf mit dem Fische einlassen wollen. Diese Kategorie Angler brauche ich hier nicht zu berücksichtigen; zwar ich kenne einen sehr guten Angler, der auf Huchen besonders bei Eisbildung am Wasser partout nur mit einer amerikanischen Baumwollschnur von erheblichem Volumen angelt und auf sie schwört. Allerdings nimmt er jedesmal eine neue Schnur zu jedem Ausfluge, denn sie ist lächerlich billig. Aber deswegen gehe ich doch von meiner Seidenschnur nicht ab und rate jedem ehrlichst, es auch nicht zu tun.

Unsere heutigen Spinnschnüre sind ausschließlich aus Seide geklöppelt. Im Aussehen sind sich viele Schnursorten gleich, aber ihr wirklicher Wert zeigt sich erst im harten Gebrauch in rauher Praxis, wo manches Erzeugnis, für das eine unsinnige Reklame betrieben wird, versagt und enttäuscht.

Vor allem kommt es auf die Qualität der verarbeiteten Rohseide an, die von der edelsten Sorte sein soll, aber, leider muß man sagen, gibt es immer noch Erzeuger, die mindere Sorten verarbeiten, teils um dem Drängen jenes Publikums, welches „nur billig" kaufen will, gerecht zu werden, teils aus anderen Motiven, die ich nicht weiter diskutieren will.

Schließlich kommt ja der Käufer darauf, daß Qualitätsware nicht „billig" sein kann, aber bis dahin hat er schweres Lehrgeld gezahlt.

Ich kann an dieser Stelle nur das eine wiederholen, was ich anderwärts schon des öfteren betont habe: Es ist die falscheste Ansicht, gerade an der Schnur sparen zu wollen, und wer von dieser Ansicht nicht bekehrt ist, der soll nur die Nachteile falscher Sparsamkeit am eigenen Leibe empfinden.

Wir haben heute gottlob schon in deutschen Landen hervorragende Fabrikate und sind nicht mehr auf das Ausland allein angewiesen. Speziell eine Schnursorte ist es, für deren Herstellung ich mich stark interessiert habe, welche nach vielen Versuchen zu einer Vollkommenheit gediehen ist, welche sie der besten englischen Schnur vollkommen gleichwertig macht.

Was müssen wir von einer Angelschnur verlangen bzw. welche Bedingungen muß sie erfüllen, um auf den Namen einer Qualitätsmarke Anspruch zu haben?

Erstens und vor allem: sie muß durch und durch geklöppelt sein, d. h. sie darf weder einen Hohlraum noch eine sog. Seele oder einen Innenfaden haben. Die solid, d. h. vollgeklöppelte Schnur hat einen mehr oder weniger quadratischen Querschnitt, der aber weder beim Wurf noch beim Laufe durch die Ringe stört.

Wenn die Klöppelung einer solchen „Vollschnur" ganz ebenmäßig ist, d. h. Zoll für Zoll gleichmäßig dicht ist, ist das „Rollen" und „Verdrehen" der Schnur ausgeschlossen. Ist dagegen ein Teil fest und der andere locker geklöppelt, so bilden sich nach kurzem Gebrauche infolge der verschiedenen Dehnungsfähigkeit und Dehnungseinwirkung jene ominösen Ringe und Schlingen, welche einen Wurf unmöglich und die Leine wertlos machen. Außerdem dehnen sich derlei ungleichmäßig gearbeitete Stellen auch ungleichmäßig und die lockeren Teile werden dünner und bandartig.

Unsere Schnüre älterer Art waren selbst in den besten Qualitäten ziemlich locker geklöppelt, hatten daher die Neigung, sich rasch mit Wasser vollzusaugen und beim Lauf durch die Reibung an den Ringen rasch rauh und filzig zu werden, im Winter natürlich durch das Gefrieren noch schneller als im Sommer.

Unsere heutigen Schnüre sind durchwegs sehr eng geflochten, wodurch sie auch im nichtimprägnierten Zustand wenig Wasser aufnehmen und viel glätter sind. Durch die enge Klöppelung sind sie bei gleicher Tragkraft viel dünner als die alten.

Das Bestreben, drehrunde Schnüre zu erzeugen, führte dazu, dieselben hohl, d. h. mit einem lichten Innenraum, also schlauchartig zu klöppeln. Im ersten Moment bestechen solche Schnüre, aber zu bald zeigen sich ihre Schwächen und Mängel. Schon nach kurzem Gebrauche werden sie bandartig flach und, was das Schlechteste an ihnen ist, sie verfaulen trotz aller Pflege und allen Imprägnierens — oder vielleicht eben wegen des letzteren — unheimlich schnell. Die Sache ist physikalisch leicht erklärlich: der offene Innenraum wirkt als Kapillare, in welcher das Wasser in die Höhe gesaugt wird. Daher werden von innen her solche Schnurteile naß, die überhaupt nicht im Wasser waren. Es ist also einleuchtend, daß solche Schnüre von innen her verstocken und verfaulen, erst recht, wenn eine oberflächliche Imprägnierung dem Verdunsten der Feuchtigkeit hinderlich ist, und dann reißt eine solche Schnur überraschenderweise bei irgendeiner Gelegenheit dort, wo sie nie im Wasser war.

Noch gefährlicher als die Hohlschnur ist die, welche eine Seele hat, d. h. wo über einen Innenfaden die Schnur als Mantel geklöppelt wurde. Ich habe solche Schnüre gesehen, wo der Innenfaden sogar statt aus Seide aus Baumwolle bestand. Aber selbst angenommen, er sei aus Seide: in den meisten Fällen ist es, wie ich mich durch Untersuchungen vieler Schnüre überzeugen konnte, nur ein nicht gezwirnter Strähn. Was kann dieser dem Mantel für eine Festigkeit geben? Weniger als keine; dafür wirkt er im Wasser als Docht, der die Feuchtigkeit noch höher hinaufsaugt als die Kapillare der Hohlschnur, so daß diese Leinen in noch kürzerer Zeit verstocken und verfaulen als die ersteren.

Man hat versucht, bei stärkeren Schnüren den Innenfaden durch eine geklöppelte feine Vollschnur zu ersetzen und über diese dann den Mantel zu klöppeln. Diese Fabrikate wurden unter dem hochtrabenden, aber ganz falschen und den Käufer irreführenden Namen „Doppelvollschnüre" in den Handel gebracht und ihnen alle möglichen Vorzüge angedichtet, welche sie nie hatten und nie haben konnten.

Eine einfache Betrachtung beweist das.

Erstens ist die Bezeichnung „Doppel"-Vollschnur unwahr. Denn es ist nur die sehr dünne Innenschnur eine Vollschnur, der auf ihr gleitende Mantel eine Hohlschnur. Zweitens, beide Schnüre besitzen verschiedene Elastizitäts- bzw. Reißkoeffizienten. Unterwirft man eine solche Schnur einem starken Zug, wie er z. B. bei schweren Hängern oft von Nöten ist, um loszukommen, so wird man die unangenehme Wahrnehmung machen, daß die äußere Umklöppelung sich an manchen Stellen geradezu in Falten legt wie eine Harmonika, eine Folge der Überdehnung ihrer Fasern. Wo der Innenfaden aber überdehnt wurde bzw. bei Überschreitung seines Zerrungsoptimums bereits gerissen ist, das kann man weder sehen noch auch vermuten, und auf einmal reißt die ganze Schnur an einem Punkte, wo man nie an die Möglichkeit eines solchen Geschehens denken würde. Man hat solche Produkte seinerzeit als Kletterseile zu alpinistischen Zwecken hergestellt; Reißversuche haben das oben Gesagte bestätigt und ein Kletterseil ist doch noch massiver als eine Angelschnur.

Man soll sich daher nie zum Ankauf solcher Schnüre verleiten lassen, mögen sie unter noch so schönem Namen und mit noch so viel Reklame angepriesen werden, sondern stets und immer nur wirkliche Vollschnüre kaufen.

Des weiteren verlangen wir von einer guten Gebrauchsschnur, daß sie in allen Teilen gleichmäßig elastisch, zerrfähig und vor allem knotenfest sei.

Die ersten beiden Eigenschaften resultieren aus der Qualität des eingearbeiteten Materials und seiner exakten Verarbeitung, über die ich im vorhergehenden ausführlich geworden bin. Ich habe aber bisher noch in keiner Anpreisung einer Schnur ein Wort gehört, welches die „Knotenfestigkeit" hervorgehoben hätte, und gerade dieser messe ich einen ganz besonderen Wert zu, ganz speziell für Schnüre, die zum Spinnangeln dienen sollen. Denn gerade hierbei werden die Knoten viel mehr auf Haltbarkeit beansprucht als bei allen anderen Arten des Angelns: scharfe Anhiebe — schwere Hänger — das sind die Prüfsteine für die Knotenfestigkeit, und in meinen Augen ist eine Schnur, selbst wenn sie auf 30 Pfund Reißfestigkeit geeicht sein sollte, wertlos, wenn sie im Knoten ohne Anstrengung reißt. Ich habe mich nur immer gewundert, daß selbst alte Angler diesem wichtigen Erfordernis geradezu verständnislos gegenüberstehen und unbedenklich solche Schnüre weiterverwenden trotz allen bösen Erfahrungen.

Es ist zwar ein altes Gebot der Vorsicht, vor jedem Angeln und selbst während desselben die Einhängschleife für den Wirbel oder den Verbindungsknopf mit diesem zu erneuern, zum mindesten nach schweren Hängern und nach langem scharfem Drill, wie ja doch selbst in der knotenfesten Schnur dieser immer der Ort des schwächsten Widerstandes ist, um so mehr, je dünner die Schnur ist, weil im Knoten die Faser der Schnur sozusagen abgewürgt wird. Daß man einmal darauf vergißt, das kann im Eifer vorkommen, aber an einer neuen Schnur darf diese eben nicht im frischgebundenen Knoten reißen wie Zunder. Darum soll man jede neue Schnursorte, welche man in Verwendung nimmt, sorgfältigst auf Knotenfestigkeit prüfen, ehe man sie auf die Rolle zieht, und lieber auf ihre Verwendung verzichten, wenn sie keinen Knoten hält, sonst erlebt man unangenehme Überraschungen.

Im allgemeinen gebe ich jedem den wohlgemeinten Rat, seine Schnüre nur bei einer Firma zu kaufen, die ihm einerseits durch ihren Ruf Gewähr für solide Ware bietet, andererseits aber auch einen solchen Umsatz hat, daß man sicher ist, keine abgelegene Leine zu erwerben, wie es oft in Geschäften der Fall ist, welche nebenbei Angelgeräte führen und oft nicht einmal der richtigen Lagerung der Schnüre ein Augenmerk schenken. Denn Seide verliert schon durch das lange Lagern an und für sich ihre Haltbarkeit, und werden solche Schnüre womöglich noch in feuchten Kammern oder der atmosphärischen Feuchtigkeit zugänglich — wie in Schaufenstern usw. — gelagert, dann darf man in ihre Haltbarkeit kein besonderes Vertrauen setzen.

Früher verwendete man fast allgemein rohweiße Schnüre. Heutzutage sind meist solche in einer Schutzfarbe, grau oder grün, beliebt. Ich habe eine besondere Vorliebe für silbergraue Schnüre, welche im Wasser ziemlich unsichtig sind, dafür aber z. B. beim Angeln in der Dämmerung gut erkennbar sind, was z. B. in einem Wasser mit verschiedenen Hindernissen mitunter ein Vorteil ist.

So sehr ich für eine Schutzfärbung eingenommen bin, halte ich es andererseits für einen Unsinn, daß eine und dieselbe Schnursorte von ihrem Fabrikanten in einem halben Dutzend Farbennuancen hergestellt wird.

Die Stärke der Schnüre wird fast allgemein noch immer mit Nummern bezeichnet, welche rein willkürlich und bei jedem Fabrikat verschieden sind.

Nun liegt es in der Natur der Sache, daß eine Schnur, sagen wir von Nr. 2, welche A erzeugt, dünner, aber viel tragfähiger sein kann als die von B. Das liegt schon in der Art des verarbeiteten Materials und seiner Herstellungsweisen.

Man hat eine Einheitlichkeit zu schaffen versucht und die Tragfähigkeit in Pfunden als Maß für die Schnurstärken substituiert, aber auch das gibt dem Käufer, der auf die Bestellung nach dem Katalog angewiesen ist, keine Vorstellung über die Dicke der Schnur, wie ich vorhin erklärt habe, ebensowenig wie es Abbildungen von Stärkenskalen geben können.

Ich glaube, es wird noch lange dauern, bis wir in diesem Artikel eine Normalbestimmung finden werden. Bis dahin wird man immer noch gezwungen sein, sich die zu wählende Schnur bemustern zu lassen, wenn man auf den Bezug von auswärts angewiesen ist.

Bei vielen Spinnfischern herrschen immer noch Zweifel darüber, wieviel Schnur sie auf die Rolle nehmen sollen. In den älteren Büchern stehen Anweisungen, wie z. B. für Huchen 45 m, für Hechte 30 m; ich halte das für falsch, ebenso wie den Rat, die eigentliche Rollschnur mit einer anderen, eventuell minderwertigen zu unterlegen, damit die Rolle ausgefüllt ist. Ich habe es immer noch für das beste gefunden, von einer einheitlichen Schnur 100 m, also eine Vollänge, auf der Rolle zu haben, was meist genügen wird, um diese völlig zu füllen; meinetwegen bei sehr dünnen Schnüren kann man eine ältere zwecks Füllung des Raumes unterlegen, aber sonst muß ich gestehen, bin ich kein Freund von Knoten in der Leine, denn Knoten sind immer eine bedenkliche Sache. Abgesehen von Wurfstörungen, die sie sehr gerne machen, weil nur zu leicht eine Windung Schnur unter einen Knoten rutscht, — und dann ist das Malheur schon fertig —, verstocken sie sehr gerne und leicht, ohne daß man es ahnt, weil aus ihnen die Feuchtigkeit schwer abdunstet. Darum vermeide ich es, wo immer ich nur kann, in der Leine einen Knoten zu haben. Viele nehmen zu viel Schnur auf die Rolle, so daß diese in der Mitte einen dicken Strähn überflüssige Schnur zeigt. Das ist schlecht; man soll die Rolle höchstens soweit füllen, daß 5 mm freier Rand übrigbleibt, sonst kann man es erleben, daß eine zufälligerweise locker aufgerollte Schnur von der Rolle fällt und sich in der tollsten Weise verwirrt.

Immer sei man bestrebt, die Schnur gleichmäßig und fest aufzuwinden, sonst hat man dann beim Wurfe Störungen, wie ich später zeigen werde.

Neue Schnüre, welche meist auf Kartons aufgeschlagen sind, ziehe man nicht derart auf die Rolle, daß man den Karton am Boden liegen hat und von ihm so abhaspelt, daß er auf- und niedertanzt. Das bringt von Haus aus schon eine verdrehte Schnur auf die Rolle. Man durchbohre den Karton mit einer Stricknadel der Quere nach, dann rollt sich auch die Schnur von ihm gut und ohne Verdrehung ab, wenn er um die Nadel, welche eine zweite Person in den Händen wagrecht hält, als Achse rotiert.

Ebenso hüte man sich, die Schnur mit der Hand auf die Rolle zu wickeln, sonst hat man lauter Verdrehungen und macht sich das Werfen unmöglich. Das richtige wäre, wenn unsere Fabrikanten sich entschlössen, ihre Schnur in der Aufmachung auf Holzrollen zu liefern, wie es die Engländer tun. Die Rolle hat in der Mitte eine Durchbohrung; ein Bleistift hindurchgesteckt bildet die Achse und mühelos und tadellos rollt sich die Schnur hinüber auf die Rolle.

Ich glaube, bei einer Schnur von Qualität, die doch ohnehin nicht „billig" sein kann, spielen die paar Pfennige für die ideale Aufmachung auch für den Käufer keine Rolle.

Eine „verdrehte" Schnur wird am besten gestreckt, wenn man sie vor oder während des Angelns ohne Blei oder Köder in der Strömung anslaufen läßt und dann exakt wieder einrollt, indem man die Gerte in der Schnurrichtung senkt, so daß die Schnur ohne eine Knickung geradeaus durch die Ringe zur Rolle läuft. Am besten macht man das von einem Boot oder einer Brücke oder einem in den Strom ragenden Vorsprung aus.

Die Spinnschnüre werden teils imprägniert (dressed), teils ohne Imprägnierung (undressed) gehandelt. Bei uns sind meist nur die letzteren üblich, während in England die ersteren vielfach bevorzugt werden.

Ich will zuerst die bei uns üblichen nichtimprägnierten Schnüre besprechen. Man kann dieselben so verwenden, wie man sie kauft. Es ist jedoch aus vielen Gründen besser, ihnen eine Tränkung mit einem Gleitfett zu geben, das sie teilweise oder wenigstens zeitweise wasserdicht macht und ihnen eine größere Glätte verleiht, was dem Wurfe zugutekommt. Nur will ich im vorhinein betonen, daß dieses Einlassen bei den vorerwähnten „wolligen" Schnüren gar keinen Effekt hat, im Gegenteil: die Wollhaare bilden mit dem Fett Klümpchen, die sich nicht entfernen lassen, die Schnur klebt und bleibt rauh. Das Einlassen geschieht entweder auf kaltem Wege durch Einreiben oder auf heißem Wege durch Tränken in der geschmolzenen Masse.

Bei ersterer Prozedur spannt man die Schnur gut aus, reibt sie zuerst mit guter Vaseline vom niedrigsten Schmelzpunkt gut ein und entfernt dann durch wiederholtes Abstreifen mit Leinenfleckchen das überflüssige Vaselin. Es ist am besten, diese Imprägnierung an einem recht heißen Sommertag in der Sonne zu machen. Wenn die Schnur gut abgestreift ist, dann reibt man mit den Fingern Zoll für Zoll das Gleitfett ein und schließlich streift man mit weichen Leinen- oder Lederläppchen alles Überschüssige ab, bis sich die Schnur wieder trocken anfühlt. Wenn das sorgfältig gemacht ist, hält die Leine eine Saison wasserdicht, nur muß man die untersten Meter, die immer im Wasser sind, hie und da wieder einmal nachfetten, was aber ohne vorhergehende Vaselineeinreibung geschieht.

Das Tränken in der geschmolzenen Einlassungsmasse ist einfacher, aber vielleicht nicht so gleichmäßig, wenn anders man sich nur mit dem Abtropfen des Überschüssigen begnügt und die Masse nicht mit den Fingern nachher in die gespannte Schnur verreibt. Zum Tränken rolle man die Schnur vorerst auf die Rolle und dann erst von ihr auf eine entsprechende Holzspule. Diese legt man dann in die geschmolzene heiße Masse und rollt von ihr auf die Rolle zurück, die getränkte Leine wieder durch einen Leinwandlappen laufen lassend. Nach Beendigung des Tränkens rollt man die Leine wieder ab und wiederholt das Abstreifen, denn auf der Oberfläche darf nichts stehen bleiben, sonst würde die Schnur kleben. Am besten ist auch hier das gründliche Einreiben der ausgespannten Schnur zwischen den Fingern und nachher mit Leder.

Wenn die Schnur richtig getränkt ist, darf sie auf der Rolle nicht kleben, sondern bei rückläufiger Bewegung derselben muß sie sich allein abwickeln.

Bei den Engländern erfreut sich die in gleicher Weise wie die Flugschnüre imprägnierte Schnur großer Beliebtheit. Aber alle ihr nachgerühmten Vorzüge zugegeben als da sind: enorme Glätte, absolute Wasserdichtigkeit, geringste Neigung zum Rollen usw. usw., — sie hat dafür eine Menge anderer Nachteile.

Abgesehen von dem hohen Preise — solche Schnüre erfordern eine monatelange Arbeit, wenn sie gut und brauchbar sein sollen, und das erfordert Geld — hat sie die unangenehme Neigung zum Kleben, wenn sie längere Zeit auf der Rolle liegt, und muß dann peinlich nachbehandelt werden, was ziemlich umständlich und zeitraubend ist. Ferner: durch die Imprägnierung verliert sie das, was ich am meisten an der Schnur schätze — ihre Dünne. Sie bekommt mehr Körper und wird schwerer und endlich und schließlich, früher oder später, wird sie auch wie ihre nichtimprägnierte Schwester rauh und unansehnlich und muß ausgemerzt und endlich ersetzt werden, so daß sich die Vorteile eigentlich nur in einer etwa doppelten Lebensdauer äußern, wofür sie aber fast viermal so teuer ist als eine nichtimprägnierte Schnur.

Warnen aber möchte ich vor „billigen" Schnüren dieser Art, und besonders vor jenen mit der „lackartigen" Oberfläche. Diese sind meistens nur mit Zelluloidlack angestrichen, Schnüre, deren Lack binnen kurzem abblättert und dann dem Eindringen des Wassers an diesen Stellen keinen Widerstand mehr leisten kann; dafür verhindert er an den bedeckten Stellen das Abdunsten und diese Leinen verrotten unglaublich rasch.

Von großer Wichtigkeit ist besonders bei Spinnschnüren die sorgfältige Pflege derselben. Selbst an trockenen warmen Tagen ist es unvermeidlich, daß auch jene Teile der Rollschnur, welche nicht im Wasser waren, von den anderen Feuchtigkeit anziehen, was ja nicht zu verwundern ist, da gerade beim Spinnangeln große Längen Schnur immer im Wasser sind und direkt von diesem wieder auf die Rolle zurückkommen. Es ist daher ein dringendes Gebot sowohl im Interesse der Erhaltung der Schnur als auch in dem der

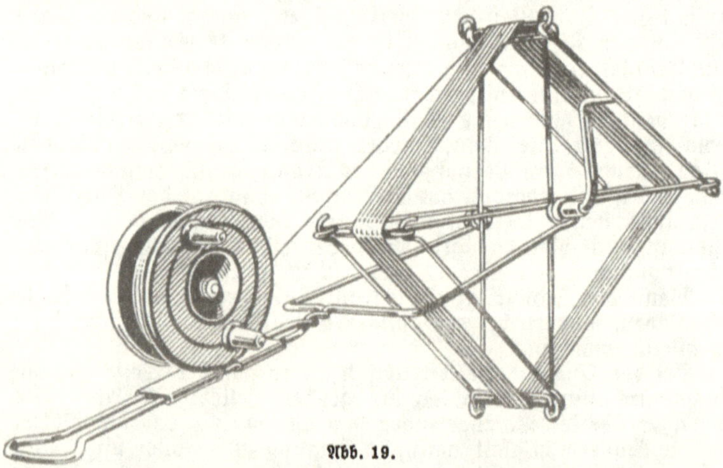

Abb. 19.

Sparsamkeit, seine Schnur so rasch als möglich nach dem Angeln zu trocknen, aber nicht nur die beiläufig gebrauchten Teile, sondern die ganze Schnur, was am besten mit Hilfe eines Schnurtrockners geschieht (Abb. 19). Als Ersatz bewährt sich auch ein sog. Garnhalter ausgezeichnet. Die Schnur soll auf diesen etwas straff aufgewunden werden, das bewahrt sie vor Verdrehungen.

Das hie und da auch empfohlene Auslegen der Schnur in großen Ringen auf dem Boden möchte ich nicht empfehlen, höchstens in irgendeinem Notfalle, und dann auch nur dort, wo bestimmt keine Mäuse sind, welche gern nasse oder gefettete Leinen anknabbern, wie es mir zu meinem Leidwesen einmal selbst passierte. Und wenn schon das nicht, so nimmt die fette Leine Staub und Schmutz vom Boden auf, was auch nicht von Vorteil ist.

Es ist immer gut, auch auf Angelfahrten, namentlich wenn sich diese auf einige Tage ausdehnen, den flach zusammenlegbaren

Schnurwinder mitzunehmen, der das Gepäck nur unwesentlich belastet, dafür aber ein verläßlicher Gefährte ist. Zudem ist er sehr billig und macht sich bald bezahlt durch die Schonung der immerhin nicht billigen Schnüre.

Wenn es aber möglich ist, soll man während einer längeren Rast die Schnur ausrollen und in ihrer ganzen Länge trocknen lassen und die kleine Mühe des Aus- und Wiedereinrollens nicht scheuen. Die Leine wird es durch eine längere Lebensdauer vergelten.

Nie aber lasse man seine Schnur auf der Rolle in Räumen, wo die feuchte Außenatmosphäre freien Zutritt hat, wie auf Veranden, unter Vordächern usw., durch lange Zeit, wie man es leider in Anglerquartieren und Sommerfrischen häufig sieht, wo man ohnedies am Wasser wohnt, aber die wenigen Minuten nicht versäumen darf, die Schnur zu trocknen, — „da man ja ohnedies morgen wieder fischen geht" — das bedeutet den sicheren Tod der besten Schnur, weil sie rapid verstockt, ganz gleich, ob sie eingelassen ist oder nicht, ja sogar nicht einmal mit Öl imprägnierte Schnüre halten so eine Mißhandlung aus. Man bedenke immer, daß die Qualität des Anglers auch danach gemessen wird, wie er seine Geräte behandelt, und bedenke auch immer, daß wir erzieherisch auf unseren Nachwuchs und unsere Sportgenossen zu wirken haben. Und gerade solche scheinbare Kleinigkeiten sind es, die sich in unberechenbarer Weise auswirken.

Das Vorfach.

Unsere alten Spinnfischer kannten nur zwei Materialien zur Herstellung ihrer Vorfächer: Gut und Gimp.

Um mit dem letzteren zu beginnen: Noch vor 25 Jahren spielte es eine bedeutende Rolle, soweit es sich um den Fang von Hechten und Huchen handelte. Einen Vorzug konnte man ihm nicht absprechen: den der großen Schmiegsamkeit und Unempfindlichkeit gegen Knickungen; aber das war auch alles. Im Grunde genommen ist ja Gimp nichts anderes als ein mit Metalldraht umsponnener Strähn Rohseide — eine Saite.

Wie ich im vorigen Kapitel bei den Schnüren mit Innenfaden nachwies, ist dieser die Ursache des frühzeitigen Verderbens solcher Schnüre, bei denen die Umhüllung noch wenigstens mehr oder wenige eng geklöppelt und teilweise wenigstens der Hauptträger der Belastung und Inanspruchnahme beim Fischen ist. Beim Gimp aber ist nur der armselige Innenfaden der tragende Teil, die Drahtumspinnung in nebeneinander liegenden Windungen nur der Schutzmantel.

Daraus kann jeder leicht entnehmen, wie bald Gimp, selbst ohne je im Wasser gewesen zu sein, an Haltbarkeit und Wert verliert, lediglich durch lange Lagerung allein, erst recht aber beim Angeln selbst. In seinen Stärken war seine Haltbarkeit sehr zweifelhaft; wollte man halbwegs verläßliches Material haben, so mußte es schon ziemlich dick genommen werden und das wieder war in halbwegs hellem Wasser sehr sichtbar. Und noch sichtbarer waren die Bindungen der Schleifen und an den Haken und zudem auch nicht verläßlich. Kein Wunder, daß man eifrig bemüht war, einen brauchbaren und verläßlichen Ersatz zu finden. Heute ist Gimp eine vergangene Sache, eine Erinnerung, aber aus dem Rüstzeug des modernen Anglers verschwunden.

Dagegen hat sich Gut noch immer in seiner Stellung behauptet und man kann ruhig sagen, für das Angeln in klarem Wasser auf scheue Fische hat es bis heute von keinem anderen Material auch nur erreicht, geschweige denn übertroffen werden können. Gegen seine universelle Verwendung sprechen aber einige Momente. Zum Spinnen auf große Fische muß man ein Vorfach aus dem allerbesten und stärksten Gut verwenden, wenn es unsichtig bleiben und die Verknotung der einzelnen Längen nicht voluminös und plump sein soll. Derartiges Gut ist aber immens teuer, und leider muß es gesagt werden: im Verhältnis zu seinem exorbitanten Preise hat es doch nur eine sehr beschränkte Lebensdauer. Kostet doch eine einzige Länge besten Lachsgutes zwischen 65 Pfennig bis 1 Mark, so daß der Verlust eines solchen Vorfaches den einiger Mark bedeutet. Feinere Gutfäden zu nehmen kann man höchstens zum Spinnen auf Forellen oder kleinere Hechte wagen. Zugegeben, man kann Gutfäden zusammenspinnen, zweifach, dreifach, — aber mit zunehmender Fadenzahl geht der Hauptvorteil, die fast völlige Unsichtlichkeit, verloren und die Knoten werden immer unförmlicher. Diesem letzteren Übelstande läßt sich zwar durch Verspleißen der Enden begegnen, aber das ist eine Kunstfertigkeit, welche wohl die wenigsten Angler exakt beherrschen, und die fabriksmäßig erzeugten mehrfachen Gutvorfächer sind nicht immer aus dem einwandfreiesten Material hergestellt, und sind sie es, dann sind sie fast ebenso teuer wie das vorerwähnte einfache Lachsgut.

Ein weiterer Übelstand ist das Knoten an und für sich, denn jeder Knoten ist eine ständige Gefahrenquelle, selbst bei sorgfältigster Pflege und Behandlung des Vorfaches. Und trotzdem, entbehrlich wird uns das Gut als Vorfachmaterial niemals werden. Nur geht mein Rat dahin, zum Verbinden der einzelnen Längen nur den Pufferknoten zu verwenden, und auch diesen immer von Zeit zu Zeit auf seine Verläßlichkeit zu prüfen, andererseits rücksichtslos jedes schadhaft gewordene Stück auszumerzen und durch ein einwandfreies zu ersetzen.

Ich möchte bei dieser Gelegenheit betonen, daß kaum ein Raubfisch unserer Gewässer imstande ist, einen Gutfaden von selbst mittlerer Stärke durchzubeißen. Hingegen kann man sehr leicht einen sehr starken, selbst einen doppelt gedrehten Faden an seinen Zähnen, namentlich beim Hecht, durchscheuern bzw. beim Anhieb absprengen. Dem ist aber leicht zu begegnen, wenn man zwischen

Haken und Gutvorfach ein bloß 10—15 cm langes Stück feinen Stahldrahtes einschaltet.

Sehr empfindlich ist das Gut gegen Einbinden in Wirbel. Die beste Methode dafür ist wohl die mit dem als Herkules- oder Dreadnought-Knoten bekannten Knoten, jedoch empfiehlt es sich, das Gut vor Schürzung des Knotens zweimal durch die Öse des Wirbels zu ziehen. Trotzdem kontrolliere man nach einigem Gebrauche, besonders nach Hängern und schwerem Drill, sorgfältig diese Verknüpfungen, weil nur zu leicht hier das empfindliche Material durchgescheuert wird.

Auch vergesse man nie, Gutvorfächer vor Gebrauch gut anzufeuchten und nach Gebrauch gründlichst zu trocknen. Man vergesse nie, daß die Knoten viel schwerer durchtrocknen als die freien Längen. Ältere Gutvorfächer aus dem Vorrat lege man vor dem Gebrauche durch einige Stunden in eine Lösung von 10% Glyzerin und möglichst weichem Wasser, wodurch sie wieder geschmeidig werden. Ohne diese Vorsichtsmaßregel kann man beim einfachen Anwässern des Vorfaches einen Bruch erleben, den älteres, lange gelagertes Gut selbst der allerbesten Sorte wird gerne brüchig und spröde. Auch vor dem Knüpfen weiche man Gut in obige Glyzerinlösung gründlichst ein und vergesse vor allem nicht, darauf die geschürzten Knoten erst dann festzuziehen, wenn man das halbfertig geknüpfte Vorfach in der Lösung gut angefeuchtet hat. Nur so bleiben die Gutstücke in den Knoten rund und dadurch haltbar, andernfalls ziehen sie sich bandartig flach und solches Gut verliert seine Festigkeit. Vor allem aber hüte man sich, eine Länge einzuknüpfen, welche auch nur eine kleine flache Stelle in ihrem Verlauf oder einen Knick zeigt, und zögere nicht, lieber ein Stückchen oder eventuell die ganze Länge zu opfern, sonst erlebt man draußen am Wasser unliebsame Dinge.

Auch hüte man sich, trockene Vorfächer in diesem Zustande auf ein Wickelbrettchen zu winden oder von diesem abzuwickeln, sonst knickt und bricht es über den Kanten. Ich bin überhaupt kein Freund der Winkelbrettchen, auch nicht der aus Metall, selbst wenn sie runde Enden haben, und ziehe es vor, meine Vorfächer zu Ringen gewunden, jedes in einem Pergamentpapiersäckchen zu verwahren und alle Säckchen zusammen in einem Etui aus Sämischleder. Überhaupt mache man es sich zum Prinzip, keinen größeren Vorrat an Gutvorfächern anzulegen, als man in einer Saison verbraucht. Man erspart sich viel Geld, aber auch viel Ärger und Mißgeschick.

Als Ersatz für Gut verwenden manche Angler das in den letzten Jahren stark in Aufnahme gekommene Silk-Cast-Gut, auch Herkulesfiber, Japanhaar, Jagut u. ä. genannt. Es ist in feuchtem Zustand sehr schmiegsam, fast zu weich, hat aber vor Gut den Vorteil der Knotenlosigkeit, ist aber nicht transparent, infolgedessen viel sichtlicher als Gut. Was ihm aber entschieden fehlt, ist die Elastizität, und deshalb reißt es sehr leicht bei etwas scharfen Anhieben u. dgl., viel leichter als Gut. Auch seine Qualität ist nicht gleich. Ich habe schon solches gehabt, das unvergleichlich gut war, und wieder eines von derselben Sorte, das direkt unbrauchbar war. Ich empfehle es nicht und verwende es selbst auch nicht mehr.

Wer es wegen seiner Billigkeit verwenden will, dem rate ich, jeden Zoll vorsichtig zu prüfen und es nicht allzu lange in Verwendung zu haben, denn trotz aller gegenteiligen Versicherungen ist seine Lebensdauer eine recht beschränkte.

Besonders achte man auf die Knoten und sei vorsichtig beim Schürzen. Infolge seiner anfänglichen Glätte gleiten nämlich die Knoten gerne auf, weshalb es sich dringendst empfiehlt, sie alle ohne Ausnahme doppelt zu machen. Auch rate ich, nicht allzu dünne Sorten zu verwenden, wenn man halbwegs rauhes Wasser zu beangeln und größere Fische zu erwarten hat. Alles in allem: es ist eben ein Ersatz und deshalb nichts Vollwertiges.

Das Bestreben, das Gut, aber noch viel mehr das ganz unverläßliche und dabei plumpe Gimp zu ersetzen, brachte die Einführung des Galvanodrahtes, ein Gespinst von feinsten Bronzefäden. Aber auch dieses Erzeugnis erfüllte die darauf gesetzten Hoffnungen nicht, in den dünnen Stärken war es weder unsichtlich noch besonders reißfest, und die dicken Sorten waren nur wenig dünner als Gimp. Dazu kam noch die gefährliche Eigenschaft zu oxydieren und infolgedessen an den Oxydationsstellen zu brechen, und die unangenehmere, sich bei starkem Zug zu ringeln, eine Folge der ungleichmäßigen Spannung der einzelnen Fäden beim Zusammenspinnen. Des öfteren reißen auch einzelne Fäden durch Zug und die ganze Länge franst sich auf.

Das konnte natürlich die guten Eigenschaften der verhältnismäßig großen Schmiegsamkeit und teilweisen Unempfindlichkeit gegen Knickung nicht aufwiegen. Heute wird Galvanodraht nur mehr in sehr beschränktem Umfange zum Spinnangeln verwendet, vielleicht nur mehr mit Rücksicht auf seinen verhältnismäßig niedrigen Preis. Am meisten dürfte er noch Verwendung zur Herstellung von Schleppangelschnüren finden, aber auch da dürfte er durch die viel bessere Stahlseide, von der ich später sprechen will, bald verdrängt werden.

Mit der zunehmenden Verbesserung der Stahlerzeugung war es naheliegend, daß sich auch die Angler diesem neuen Produkte mit Interesse zuwandten und versuchten, den Stahldraht ihren Zwecken nutzbar zu machen. Vor etwa 20 Jahren brachte als erste die Firma Hardy den „Punjab-Draht“ heraus, der aus 2 bis 9 feinsten Stahldrähten gesponnen war. Er war und ist sehr unsichtig, auch in seinen Nummern enorm stark und sehr gleichmäßig, aber ihm haftet des Übel aller gedrehten Schnüre an, er kräuselt, die neueren Erzeugnisse zwar weniger als die alten, aber doch.

Auch die deutsche Industrie wendete sich bald dieser Erzeugung zu und bei der Höhe der deutschen Stahltechnik können wir in der Heimat ein dem ausländischen ganz ebenbürtiges Produkt erhalten.

Bei einigem Geschick kann man sich sogar seine Drahtvorfächer selbst spinnen. Man braucht dazu nur den erstklassigen Klaviersaitendraht Stärke 0,15 mm, von dem eine kleine Rolle genügt, um für einige Jahre seinen ganzen Vorrat zu decken. Das Selbstspinnen, dessen Technik Herr Bornhuse in der Deutschen Anglerzeitung (Oktober-Novemberheft 1925) sehr faßlich und ausführlich beschrieb, erlaubt es, ein gekräuseltes Vorfach ohne große Bedenken wegzuwerfen, da es lächerlich billig ist. Wen der Glanz des Stahldrahtes stört, der kann seine Vorfächer kinderleicht mit Gewehrlaufbeize dauerhaft schwarz brunieren. Die Beize erhält er bei jedem Büchsenmacher um ein paar Pfennige. Ein Fläschchen von 50 g Inhalt reicht für einige hundert Vorfächer.

Ich verwende diese Vorfächer fast ausschließlich eben wegen ihrer Billigkeit; sie haben vor den meisten Fabrikaten meist das eine voraus, daß sie trotz der eventuellen Ringelung keine Neigung zum Knicken haben, was bei einem Stahlvorfach neben dem Rosten die größte Gefahr ist.

Die hohen Anschaffungspreise der Vorfächer aus gesponnenem Drahte führte dazu, mit einfachem Drahte Versuche zu machen, die nicht ganz unbefriedigt waren.

Vor allem war der einfache Draht bedeutend billiger bei gleicher Haltbarkeit hinsichtlich des Zuges, aber die anfängliche Begeisterung hat schon merklich nachgelassen. Der einfache Draht hat doch Verschiedenes an sich, was ihn mit Vorsicht aufzunehmen gebietet. Da ist erstens einmal seine ureigenste Beschaffenheit: Es gibt Stahldraht und Stahldraht — ein wenig zu viel oder zu wenig gehärtet — und er ist unbrauchbar. Sein wundester Punkt sind die Schleifen, besonders wenn man sie, wie es bisher Usus war, lötet. Ich gestehe, daß ich auch einmal, als das Löten publik wurde, von seinen scheinbaren Vorzügen entzückt war. Gibt es doch scheinbar nichts Einfacheres als das! Und doch hat mich die Praxis und vor allem verschiedene Mißerfolge und Mißgeschicke darauf geführt, auf die Löterei ganz und für immer zu verzichten. Doch davon später! Ich will hier nur bemerken, daß namentlich beim einfachen Stahldraht das Löten eine höchst bedenkliche Sache ist, besonders an den Schleifen, sonst hätte man nicht lange schon nach allen möglichen Auskunftsmitteln gesucht, wie z. B. die Kombination mit Ösen aus Kupferdraht u. a. m.

Entsprechend seiner inneren Struktur und seiner verschiedenen Härtung verhält sich aber auch der Stahldraht verschieden gegen Beanspruchung durch Zug. Spröder oder überhärteter Draht bricht wie Glas bei einem etwas brüsken Zug oder Anhieb; ungleichmäßig gehärteter Draht wird wellig und neigt enorm leicht zum Knicken. Am leichtesten aber bricht er in und an den Schleifen selbst. Deshalb habe ich seine Verwendung aufgegeben und bin wieder zum gesponnenen Draht zurückgekehrt.

In der allerletzten Zeit ist ein gesponnener Stahldraht auf den Markt gekommen, der mir sehr gut gefällt — bis auf den französischen Namen; man könnte ihn ja auch ganz gut deutsch benennen und „Stahlseide" heißen. Diese Stahlseide besitzt eine enorme Feinheit, die dünnste Nummer hat eine Bruchfestigkeit von 7 kg, also soviel wie das allerbeste und allerdichteste Lachsgut, ist aber kaum halb so stark. Das Gespinst ist sehr gleichmäßig und tatsächlich ist die Neigung zum Rollen und Kräuseln nahezu minimal. Im Wasser ist das Vorfach fast unsichtbar, jedenfalls ist das Produkt empfehlenswert und brauchbar.

Nun muß ich aber noch einmal auf das Anbringen von Schleifen und die Bebindung des Vorfachmaterials mit Bleien, Wirbeln usw. zu sprechen kommen. Wie ich vorhin bemerkte, bin ich ein Gegner des Lötens geworden, weil ich damit soviele böse und unangenehme Erfahrungen gemacht habe, nicht nur mit Sachen, welche ich selbst gelötet hatte, bei welchen ich mir eventuell hätte den Vorwurf mangelhafter Kenntnis, Technik und Sorgfalt machen können, sondern auch bei Erzeugnissen erstklassiger Firmen. Es ist ja leicht begreiflich, wenn man den Vorgang beim Löten verfolgt, einzusehen, wie leicht da etwas vorbeigehen kann, wenn es sich um ein so heikles Material wie Stahl handelt. Ein etwas zu heißer Lötkolben und das innere Gefüge des Stahles ist verändert, sein Härtungszustand alteriert — das Resultat ist ein Bruch. So ist es zu erklären, daß beim einfachen Stahldraht die Schleifen brechen, und wenn schon nicht diese, dann die Stelle an oder unterhalb der Lötung selbst.

Ich bin nun darauf verfallen, statt zu löten, Schleifen, Wirbel, Haken u. dgl. einfach anzudrehen, und ich sehe zu meiner Genugtuung, daß dieser Weg der richtige ist. Seit jener Zeit habe ich keinen Bruch mehr, und seit ich darauf verfallen bin, die Wickelungen mit Zelluloidlack dick zu überlegen, habe ich auch keine Sorgen mehr wegen des Rostens in denselben, was mir vordem hie und da passierte.

Das Andrehen ist ebenso rasch durchgeführt wie das Löten, sogar draußen am Wasser. Vor allem brauche ich weder Feuer noch Lötmasse noch Kolben, sondern nur ein winziges Uhrmacherschraubstöckchen, dasselbe, welches ich zum Fliegenbinden benütze, und eine kleine Flachzange, die ich ohnedies immer im Rucksack mit habe.

Nur darf man unter Andrehen nicht ein zwirnartiges Zusammenspinnen der beiden Teile im Auge haben, sondern das, was der Ausdruck tatsächlich beinhaltet, d. h. das kurze Ende muß sich in ebenmäßig angezogenen, parallelen Windungen, die senkrecht zur Achse des langen stehen, um dieses herumlegen. Eine solche Andrehung hält, ist glatt und unsichtlich und gleitet auch nicht. Da sie weder die Struktur des Materials noch seine Elastizität, Geschmeidigkeit oder Härtung irgendwie beeinflußt, bleiben alle diese Eigenschaften desselben voll erhalten und die so hergestellten Vorfächer, Zwischenfächer und Angelfächer sind durchaus verläßlich.

Dasselbe bestätigen mir alle Angelkollegen, unter ihnen Männer von überlegener Kenntnis und Erfahrung.

Vielleicht bei den allerdünnsten und geschmeidigsten Stahlgespinsten mag es für den Anfang schwierig sein, das Andrehen korrekt durchzuführen. In diesem Falle rate ich lieber Schleifen usw. nach der alten Weise mit Seide zu binden und gut zu lackieren, als die Anwindung schlecht oder schleuderhaft zu machen. Wegen der Lebensdauer der Seidenbindung braucht man sich keine Skrupel zu machen, sie hält bestimmt so lange wie das Vorfach selbst, wenn man sie nur sorgfältig herstellt und mit gutem Zelluloidlack gut abdeckt. Die alte Schellacküberdeckung ist natürlich nicht dauerhaft.

Über die zu wählende Länge des Vorfaches gehen die Ansichten stark auseinander. Die einen behaupten, es müsse unbedingt mindestens 100 cm, wenn nicht noch länger sein, die anderen kommen mit kürzeren aus. Schließlich, zum Spinnen mit Verwendung des Überkopfwurfes, nimmt man ein Vorfach von genau 15 cm Länge und zum Seitenwurfe mit der Henshallgerte braucht es auch nicht länger zu sein als 30—35 cm. Ich gestehe unumwunden die Berechtigung der langen und feinen Vorfächer für die Schleppangel zu, aber zum landläufigen Spinnfischen genügen mir vollauf 50 bis 60 cm lange Vorfächer.

Seit ich mich vom Zwischenfach vollständig emanzipiert habe, stelle ich meine Vorfächer in einer Einheitslänge von 40—50 cm her, oben mit einer Schleife für den Einhängewirbel an der Rollschnur, unten mit einem Einhängewirbel. Dazu habe ich noch einige etwa 25—30 cm lange Vorfächer, ebenso wie die ersteren mit Schleife und Wirbel versehen.

Ich liebe nämlich das Blei auf dem Köder selbst in Form einer Kappe oder in ihm verborgen als Schlundblei, weil viele Fische, namentlich Forellen, auch Huchen, im klaren Wasser mit Vorliebe das Blei attackieren. Muß ich aber ein Blei nehmen, dann soll es soweit wie möglich vom Köder weg. Seit ich die in einem späteren Absatz beschriebenen, so unendlich praktischen Einhängebleie benütze, kommen diese an die Rollschnur, die ich meistens in schwer strömendem Wasser immer mit einem Doppelwirbel verbinde. Will ich mein Vorfach verlängern, so hänge ich einfach eines der längeren oder kürzeren oben ein.

Im Notfalle mache ich mir für einen speziellen Bedarf direkt am Wasser etwas zurecht; Draht, Schraubstöckchen und Zange habe ich ohnedies mit, auch Wirbel, und in ein paar Minuten habe ich fertig, was ich brauche. Ich kann jedem Spinnangler nur wärmstens empfehlen, ein paar Längen Draht oder Stahlseide, Schraubstöckchen und Zange in einer flachen Blechschachtel, wie sie zum Verpacken von Zigaretten oder Tabak gebräuchlich sind, in der Tasche zu haben; das geringe Mehrgewicht wird reichlichst aufgewogen durch das beruhigende Bewußtsein, jeder Situation gewachsen zu sein. Man bekommt eine solche Ausrüstung auch komplett zu kaufen, aber sie ist teuer, und meine Anordnung tut es bei bescheidenen Ansprüchen auch.

Wichtig ist es, seine Drahtvorfächer vor Rost zu schützen — die Brunierung allein tut es nicht. Wie ich schon sagte: die Andrehungsstellen lackiert man ausgiebig mit Zelluloidlack, die fertigen Vorfächer legt man in eine gut schließende Blechdose zwischen Flanelllappen, die mit Ballistol getränkt sind; das schützt sogar gegen Seewasser. Wer in diesem angelt oder im Brackwasser, der tut gut, seine Vorfächer nach dem Angeln in warmem Süßwasser gründlichst zu waschen, dann zu trocknen und nachher in die mit Ballistol getränkten Lappen einzuschlagen.

Ich habe im vorhergehenden angedeutet, daß Drahtvorfächer mit verschiedenen Mängeln behaftet sind, die sich im Laufe des Gebrauches bemerkbar machen.

Ich will es jetzt an dieser Stelle betonen, daß es eine falsche Sparsamkeit ist, mit einem nicht mehr vollständig einwandfreien Vorfach, sei es aus diesem oder jenem Material, weiterzufischen. Gewöhnlich geschieht ein Unglück; das kleinere ist der Verlust des Vorfaches, — das größere und nahezu regelmäßig damit verbundene — der Verlust eines meist guten Fisches.

Aber auch ein ganz tadellos aussehendes Vorfach soll man unbedingt vor dem Angeln und auch während desselben wiederholt revidieren, eine Vorsicht, welche manchen Ärger und Schaden zu verhüten imstande ist, leider aber so wenig gehandhabt wird. Dagegen ist aber als sicher anzunehmen, daß fast in allen Fällen das Fabrikat und sein Erzeuger der Mangelhaftigkeit beschuldigt werden statt des eigenen Unbedachtes.

Haken, Wirbel und Senker.

Der Haken oder die Haken, ihre Qualität und Form, nicht zuletzt ihre Anordnung bzw. Kombinationen, spielen in der Spinnfischerei eine große Rolle. Hier ist die Domäne der Mehrhaken, also Doppelhaken und Drillinge aller Formen.

Aber auch der Einhaken behauptet seine Stellung, wenn auch nicht so uneingeschränkt wie in den anderen Zweigen der Angelfischerei.

Wenn wir bei dem letzteren anfangen, so sind es meist die größeren und größten Nummern, die da in Verwendung kommen, und von diesen wieder hauptsächlich die Sorten mit breiten Bogen, also Rund- und Sneckbendhaken.

Im allgemeinen kommen diese mehr in Betracht zur Fischerei auf Forellen und deren Anverwandte, während man zum Fange von Hechten und Huchen und anderen großen Fischen des Süßwassers nahezu stets Doppelhaken und Drillinge bevorzugt. Die Idee, auch diesen wie den großen Räubern in der See nur mit einem einzigen Haken nachzustellen, ist zwar schön, hat angeltechnisch viel für sich, aber durchzudringen hat sie bisher in der Praxis nicht vermocht, weil eben die Verhältnisse da und dort zu verschieden sind. Dagegen hat sich eine Form des Einhakens bestens eingeführt, welche sich teils allein, teils in Kombination mit Mehrhaken zur Herstellung von Angelfluchten recht eignet, das ist der sog. „Gabelhaken", der von Farlow in der Form eines Limerickhakens aus Vierkantstahl in gewöhnlicher Stärke (Abb. 20), von Hardy als „Masheer"-Haken in Sneckbendform erzeugt wird. Beiden liegt das Prinzip zugrunde, daß die Gabel sowohl den Haken beim Anbiß des Raubfisches vor dem Umkippen schützen als auch seine Stellung am Köderfisch unverrückbar festlegen soll. Das einzige, was ich an dem Farlowschen Haken bemängle, ist, daß die Gabel zu zart ist und sehr leicht bricht.

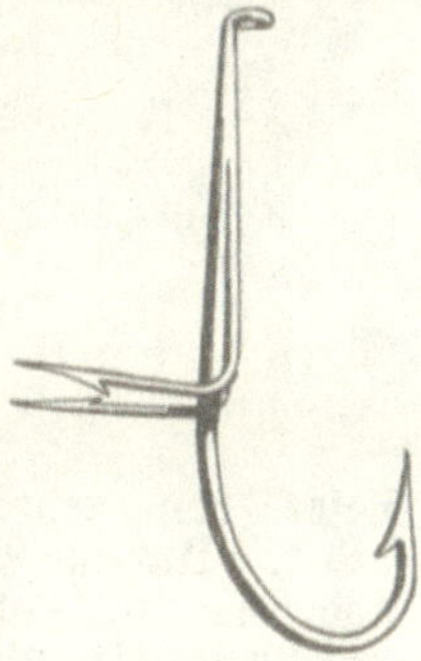

Abb. 20.

Doppelhaken und Drillinge werden sowohl in den normalen Drahtstärken als auch aus extrastarkem Drahte bzw. als „Masheer-Drillinge mit und ohne Öhr herstellt. Ihre Größenskala ist gleichlaufend mit der der Einhaken, und alle Formen dieser finden Anwendung bei der Zusammensetzung der Mehrhaken, welche auch mit den Namen der Einhakensorten bezeichnet werden als Limerick-, Sneckbend- usw. Doppelhaken bzw. -Drillinge (Abb. 21).

In der englischen Literatur wurde viel über die Wertigkeit und Fängigkeit der einzelnen Sorten geschrieben und debattiert,

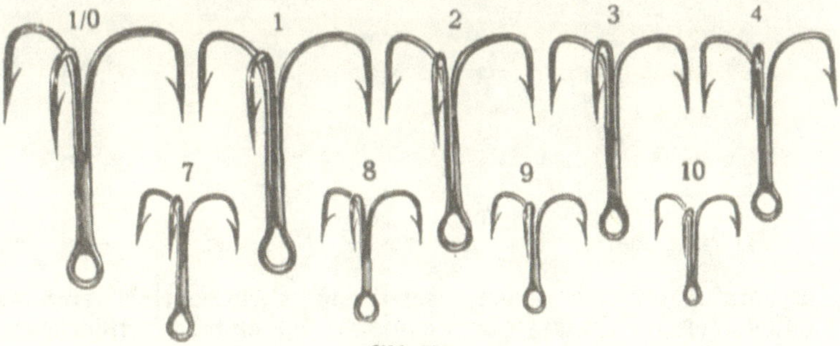

Abb. 21.

namentlich in der Pennellschen Ära. Man hat sich so ziemlich auf die Sneckbendform als beste geeinigt. Mir persönlich ist sie die liebste. Die Rundbogen- und die Limerick-Drillinge finde ich nicht so fängig, ebensowenig wie jene Drillinge, welche lange, nach außen gerichtete Spitzenteile und enge Bogen besitzen.

Für sehr verwendbar habe ich einen Drilling gefunden, welcher sich mühelos in jede Flucht einhängen läßt (Abb. 22), der nur den einen Nachteil hat, ziemlich teuer zu sein. Drillinge und Doppelhaken sind sowohl blank wie bronziert im Handel; ich ziehe die letzteren wegen der geringen Rostgefahr vor.

Interessant ist es zu beobachten, wie sich hinsichtlich der Größenwahl die Ansichten im Laufe der Jahre geändert haben. In der Kinderzeit des Spinnfischens arbeitete man mit sehr großen Haken; später ging man, besonders angeregt durch die Publikationen Panells, zu kleinen Haken über, — heute geht man im allgemeinen einen Mittelweg, aber die Tendenz, möglichst nur einen einzigen Drilling zu führen, ist augenscheinlich. Ich werde bei der Besprechung der Spinnsysteme und Kunstköder noch ausführlich über dieses Thema reden und mich jetzt mit den Wirbeln befassen. Diese sind das Um und Auf der Spinnangelei, soweit es sich um rotierende Köder handelt. — Ihre Aufgabe ist es, sowohl ein einwandfreies und ungestörtes Spinnen desselben zu gestatten, als auch zu verhindern, daß sich die Rotation der Schnur mitteile. Aber sie haben auch noch eine Aufgabe, nämlich die, das Wälzen des gehakten Fisches

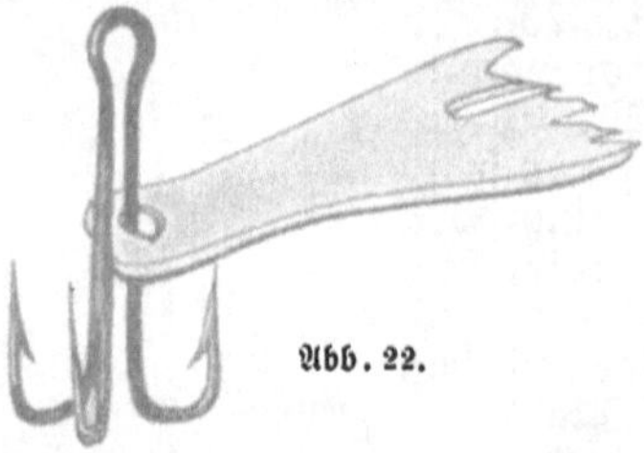

Abb. 22.

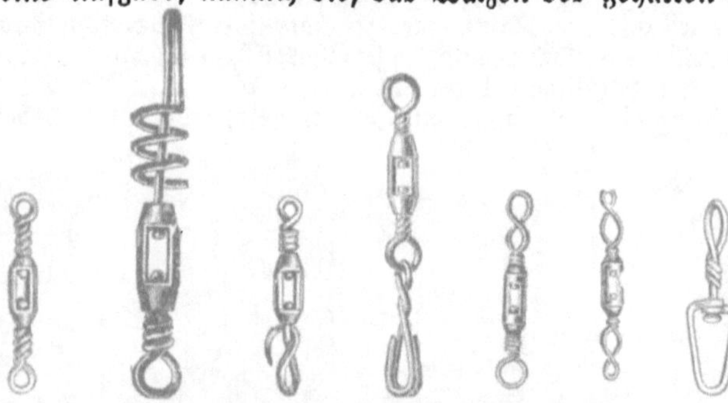

Abb. 23. Abb. 24. Abb. 25. Abb. 26. Abb. 27. Abb. 28.

zu paralysieren und zu verhindern, daß er Fluchten oder einzelne Haken abdrehe. Zu letzterem Behufe werden auch die verschiedenen Haken der Angelfluchten an Wirbeln angebracht.

Die Wirbel aus älterer Zeit waren durchwegs aus Messing gefertigt und wie das übrige Zeug stark, groß und vielfach plump. — Auch hier hat die Verbesserung des Stahles und seiner Bearbeitung eingreifenden Wandel geschaffen und den Messingwirbel wenigstens bei der sportlichen Fischerei im Süßwasser ganz verdrängt. Zum Angeln im Salz- oder Brackwasser ist es aber wegen seines Nichtrostens immer noch beliebt. Es gibt eine Menge Wirbelarten, — von denen ich aber nur die besten im Bilde vorführen will.

Abbildungen: Geschlossener Wirbel (Abb. 23), Schlangenwirbel (Abb. 24), Labyrinthwirbel (Abb. 25), Springwirbel (Abb. 26), Wirbel mit achterförmigem Öhr (Abb. 27), Nadelwirbel (Abb. 28), mit und ohne Einhänger. Geschlossene Wirbel verwendet man vielfach in langen Vorfächern — meist zwischen mittlerem und letztem Drittel; durch die Art und Weise der Anordnung meiner Vorfächer sind sie mir entbehrlich geworden, nur bei der Schleppfischerei kann ich ihrer nicht entbehren. Die Schlangenwirbel sind gut, gestatten ein leichtes Ein- und Aushängen auch der starken Drahtösen und eignen sich besonders als Verbindung zwischen Rollschnur und Vorfach. Bei schlechtem Lichte oder in der Dunkelheit sind sie viel besser zu handhaben wie alle anderen Wirbelarten. Der Labyrinthwirbel ist sehr beliebt wegen seiner gedrungenen Form und des sicheren Haltes der eingehängten Ösen, Ringe usw. und sehr zu empfehlen. Sicher hält auch der Springwirbel, doch ist das Ein- und Aushängen bei Dunkelheit oder schlechtem Lichte, auch mit froststarren Fingern äußerst unbequem, weshalb ich für meinen Teil für diesen Wirbel nicht sehr schwärme. Ganz ausgezeichnet sind die Wirbel, dessen Öse die Form eines Achters besitzt, ganz besonders wenn man Drahtvorfächer benützt. Diese Öse gestattet es, den Draht so einzuführen, daß das unangenehme Schlenkern zwischen Draht und Öse behoben ist.

Die Nadelwirbel erfreuen sich großer Beliebtheit besonders bei der Herstellung von Spinnfluchten und zur Armierung an Haken. Sie sind äußerst haltbar und unsichtlich, und wer über etwas Fingerfertigkeit verfügt, kann sie selbst machen. Angesichts ihrer einfachen Herstellungsweise finde ich ihren Ladenpreis, da sie doch als Massenartikel erzeugt werden, reichlich hoch. Zur Verbindung des Vorfaches, besser Zwischenfaches, mit dem Köder bedient man sich gerne der sog. „Einhänger" — das sind Vorrichtungen, welche eine sichere Verbindung mit dem Kopfwirbel des Systems oder der Flucht ermöglichen, selbst aber nicht rotieren. Ein sehr beliebter und guter Einhänger ist der in Abb. 29 abgebildete, der wohl den meisten Anglern geläufig sein wird. Auch der sog. „Lyra"- oder Springeinhänger wird viel verwendet, er hält sicher, ist aber sicher nicht so leicht ein- und auszuhängen wie der vorige, besonders im schlechten Lichte des Abends und Morgens sowie in der kalten Jahreszeit, wenn man steife Finger hat.

Abb. 29.

In der letzten Zeit erfreut sich der von Amerika hereingebrachte Einhänger in Form einer Sicherheitsnadel (Abb. 30) großer Beliebtheit — und auch mit Recht.

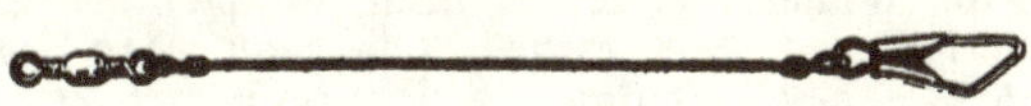

Abb. 30.

Er ist zwar etwas sichtlicher wie die beiden vorigen, dafür aber sehr einfach zu bedienen und dabei doch tadellos fest haltend; die exzentrische Form der Nadel bedingt ein sehr gutes Spinnen; zum Gebrauche der amerikanischen Holzköder ist er direkt unentbehrlich, denn er trägt dazu bei, daß diese Köder die richtigen Bewegungen im Wasser ausführen. Ich verwende ihn jetzt ausschließlich an meinen Vorfächern und kann ihn als gut und verläßlich bestens empfehlen.

Ehe man einen Wirbel in Verwendung nimmt, sehe man zu, daß er in beiden Gelenken gut läuft, denn sonst ist er zwecklos. Ferner achte man darauf, daß die Knöpfchen gut geformt sind, besonders nicht zu klein sind, sonst kann es geschehen, daß sie durch die Ausbohrung hindurchrutschen. Stahlwirbel trockne man nach Gebrauch gut ab und öle sie mit Ballistol.

Abb. 31.

Der Bleie oder Senker bedienen wir uns, um den Köder in die Tiefe zu bringen. Viele von diesen sind schon an und für sich bleibeschwert, andere wieder aus so schwerem Metalle erzeugt, daß sie allein in ziemliche Tiefen gelangen; aber in manchen Fällen muß man doch noch einen der im folgenden beschriebenen Senker beifügen.

Um das Verdrehen der Schnur zu vermeiden, kam man darauf, dem Blei exzentrische Formen zu geben; die alten durchbohrten Pennellbleie sind heute nicht mehr in Verwendung. Dagegen erfreuen sich die sog. Archer Bleie (Abb. 31) noch immer der Beliebtheit in Anglerkreisen, da sie leicht an- und abzumontieren sind, ohne daß man sein Zeug auseinandernehmen müßte. Man schlingt die Schnur oder das Vorfach um die Rinnen im Blei, führt es durch die Spiralen — und biegt dann das Blei mit den Fingern zur gewünschten Form.

Die Bleie nach Farow mit Wirbeln sind nicht unpraktisch, wenn man mit den Vorfächern alter Form fischt und noch die sog. Zwischenfächer benützen muß. Ich finde sie aber etwas zu teuer, — man erreicht dasselbe, wenn man zwei Wirbel mit einem Träger aus starkem Messingdraht versieht, über welchen man dann nach Bedarf verschieden große und dicke Platten aus Bleiblechen, welche man sich selbst mühelos schneiden kann, aufquetscht. Eine solche Vorrichtung hat noch den Vorteil, daß man jeden Moment die Schnur und Größe des Senkers wechseln kann, und noch den, sehr billig zu sein, da man sie ohne besondere Mühe selbst herstellen kann.

Wie ich schon sagte, — ich bin von dem alten Vorfache ganz abgekommen und habe mich auch vom Zwischenfach losgesagt.

Wenn ich schon Blei nehmen muß, dann will ich es recht weit vom Köder haben. — Aber noch ein anderer Umstand ist es, der mich zu diesem Schritte bewog. Ich will die Wirbel, welche ich am Vorfach habe, auch arbeiten lassen. Wenn ich aber ein Zwischenfach benütze und ein Farlowblei mit Wirbeln, — dann arbeitet nur der nach dem Köder schauende Wirbel am Blei und der Wirbel am System. Der obere Wirbel des Bleies und der an der Rollenschnur müssen aber stillstehen, weil das Blei, wenn es richtig funktioniert, nicht mehr mitrotieren darf.

Ich verwende daher nur mehr die Einhängebleie, welche nebenstehend abgebildet sind. Wie die Figur zeigt, hängt der Arm des Bleies in der Öse des Wirbels — und die Rollschnur läuft durch die Spirale (Abb. 32). Durch das Einhängen ist der obere Umlauf des Wirbels blockiert, — es dreht sich nur der untere allein, und auf die Schnur kann keine Rotation übertragen werden. Auch diese Bleie kann man sich in einfachster Weise aus Bleiblech und Messingdraht selbst herstellen, wodurch sich ein ganzer Vorrat aller Größen auf kaum soviel stellt, als zwei Bleie im Laden kosten. Die schmale kahnförmige Form dieses Senkers leistet dem Auftriebe keinen Widerstand und bringt den Köder viel tiefer als alle anderen Bleie.

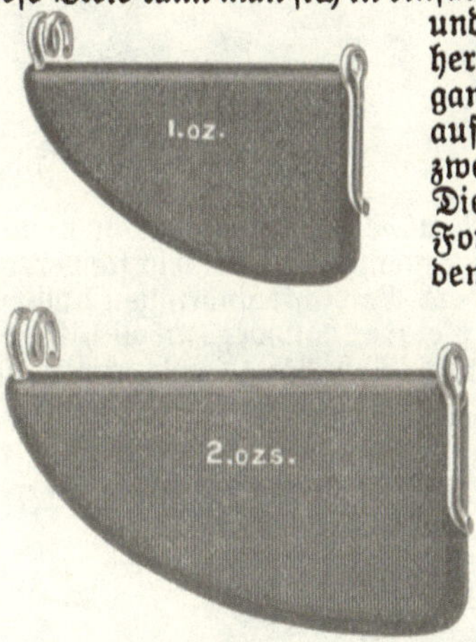

Abb. 32.

Ein hervorragend guter Senker ist das sog. „Hillmann-Blei“ (Abb. 33), welches eine Kugel ist, die einen federnden Einhänger besitzt, mit Hilfe dessen sie in einen Wirbelring eingehängt wird. Diese Kugelbleie sind recht unsichtlich und haben den Vorteil, nicht wie die langen und großen Bleie von den Fischen statt des Köders angenommen zu werden. Man kann auch einfach gewöhnliche durchbohrte Rundkugeln mit Draht in den Wirbel einbinden, was im Notfalle auch am Wasser geschehen kann; — natürlich muß man beim Wechseln des Bleies den Draht abschneiden und von neuem einbinden, was beim Originalblei entfällt. Ich kann den Gebrauch dieser absolut exzentrischen und sehr bequemen Senker nach meinen guten Er-

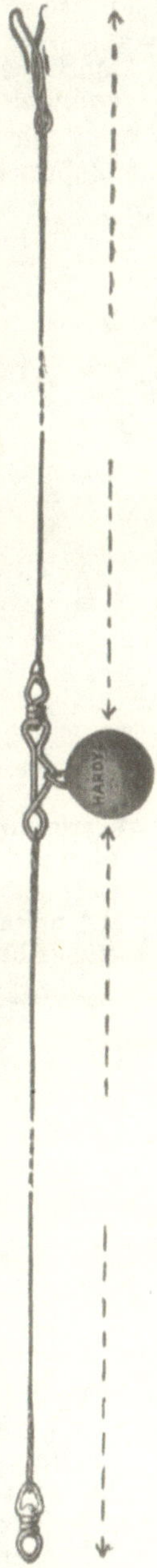

Abb. 33.

fahrungen, welche ich mit ihnen gemacht habe, nur nachdrücklichst empfehlen.

Die Größe und Schwere des Senkers richtet sich nach dem Wasser, in welchem man angelt, nach seiner Reinheit, Tiefe und

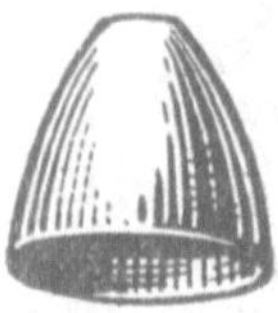

Abb. 34.

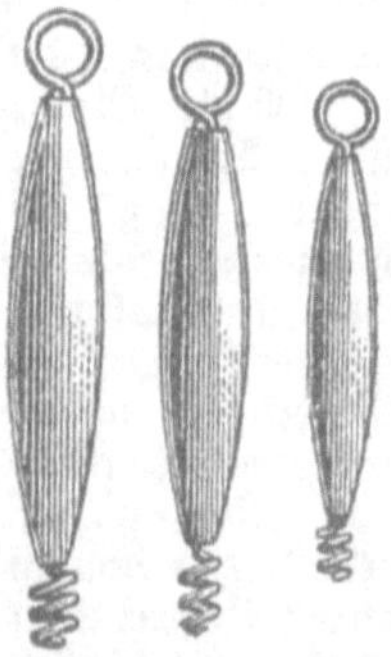

Abb. 35.

Abb. 36.

Abb. 37.

Strömung, auch nach der Größe des Köders. Im allgemeinen wird man mit Bleien von 10—20 g auskommen und nur in sehr schwerem, strömendem Wasser wird man größere Gewichte anbringen müssen. Ich halte es aber auch da für besser, wenn es halbwegs möglich ist, den Köder durch Aufsetzen einer Bleikappe (Abb. 34) zu beschweren, als

Abb. 38.

ein großes auffälliges Blei zu verwenden, besonders wenn das Wasser hell ist. Unsere feinen Schnüre und Vorfächer von heute erlauben es uns, kleinere Senker zu benützen als in früheren Zeiten.

Für die Schleppangel verwendet man Oliven (Abb. 35) bzw. die oben beschriebenen Einhängebleie, wenn man hoch schleppt, dagegen kegelförmige Bleie für das Fischen in großen Tiefen (Abb. 36). Diese Bleie werden auch geteilt hergestellt, um durch Zusetzen oder Abnehmen einzelner Teile das Gewicht beliebig vergrößern zu können. Ein sehr einfaches und praktisches Blei ist das von Heintz angegebene (Abb. 37).

Für das Schleppen nahe der Oberfläche, wo keine oder nur wenig mehr Beschwerung als das Ködergewicht nötig oder erwünscht ist, wurde in den früheren Anleitungen das Anbringen eines „Antikinkers“ empfohlen, der dem lästigen Verdrehen der Schnur vorbeugen soll (Abb. 38). Er hat aber den Nachteil, beim Anstreifen an ein Hindernis die Leine freizugeben und dann nicht mehr zu funktionieren. Ich verwende heute statt seiner nur mehr die oben beschriebenen Einhängebleie.

Angelfluchten und künstliche Spinnköder.

Es ist nahezu mit Sicherheit anzunehmen, daß die ersteren die älteren sein dürften, wenn auch zweifellos die künstlichen Köder auf ein respektables Alter zurückblicken können. Leider gibt uns die Literatur wenig Anhaltspunkte dafür. Die einfachsten Systeme

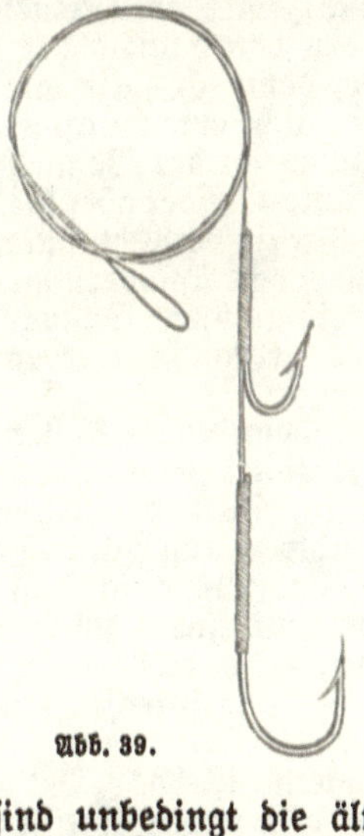

Abb. 39.

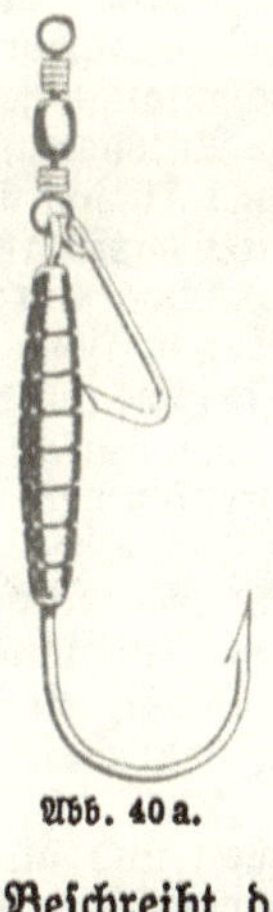

Abb. 40 a.

Abb. 40 b.

sind unbedingt die ältesten. Beschreibt doch schon Izack Walton vor 300 Jahren die heute noch beliebte und brauchbare Anköderung einer Pfrille am einfachen Haken. Diese Anköderungsweise, verstärkt durch einen Lipphaken, ist bekannt unter dem Namen „Schottisches System“ (Abb. 39), eine Verbesserung dieser Köderung ist die von Heintz angegebene, bei welcher der Haken mit einem Wirbel verbunden ist und eine Klammer anstatt des Lipphakens den Fisch an seinem Platze festhält (Abb. 40a und 40b). Diese Systeme genügen für den Fang von Forellen und Barschen vollauf, — vorausgesetzt, daß der Köderfisch die richtige Krümmung bekommt — und behält, um flott weiterzuspinnen. Allerdings will ich dazu bemerken, daß man speziell auf Forellen bessere Erfolge hat, wenn man den mit einer Bleikappe beschwerten Köder bis zum Grunde tauchen läßt und dann ruckweise wieder zur Oberfläche spinnt, das solange wiederholt, bis man die ganze zu beangelnde Stelle abgesucht hat.

Ein sehr einfaches System ist auch der Aalschwanzköder, der in seiner Urform allerdings mehr zum Fange des Lachses berechnet war. Um auf Hechte usw. verläßlich fängig zu sein, würde ich empfehlen, einen Drilling zu verwenden und über den Fleischstumpf eine Bleikappe zu stülpen, über welche dann die überstehende Haut gebunden wird. Der so montierte Aalschweif spinnt und taucht ganz nach Belieben, je nachdem wie er geführt wird; auch die Montierung mit dem später beschriebenen Turbinensystem von Rauser halte ich für empfehlenswert. Ob sich diese Köderung auch auf Huchen bewährt, kann ich aus eigenen Erfahrungen nicht bestätigen. Ich habe es versucht, auf ihn mit dem Aalschwanz, allerdings nach einem anderen System, zu angeln, hatte aber keinen Erfolg, was ich aber nicht dem Köder, sondern den damals herrschenden ungünstigen Verhältnissen zuschreibe, denn ich hatte auch auf alle anderen versuchten Köder und Blinker nicht einen einzigen Anbiß. Heintz war der Meinung, daß Aalraupen an der Pennell-Bromley-Flucht zum Huchenfange geeignet seien, — leider aber sagt er nirgends, daß er diese Anköderung in der Praxis versucht hätte.

Ich möchte, ehe ich das Thema der verschiedenen Anköderungsmittel und Methoden weiter ausführe, die Bezeichnungen „System" und „Flucht", welche wahllos durcheinander gebraucht werden, etwas genauer umschrieben wissen.

Nach meinem Begriffe ist es nur dann richtig, von einem System zu sprechen, wenn dieses eben nur aus einem einzigen Haken, gleichgültig, ob Ein- oder Mehrhaken besteht, wobei ich einen eventuellen Lipphaken, der mit dem Fange des Fisches nichts zu tun hat, da er lediglich zur Fixierung des Köderfisches dient, unberücksichtigt lasse. Wird nun ein solches Einhaken-„System" mit einem zweiten Haken zur Erhöhung der Fängigkeit kombiniert, — sei es starr oder nach dem Prinzip der „Fliegenden" Haken —, dann sprechen wir von einer „Flucht".

Eines der bekanntesten und ältesten Systeme ist das „Dee"-System, in seiner ursprünglichsten Form nur aus einem einzigen Drilling bestehend. Nach meinen Erfahrungen ist in dieser Form, wenn man den Drilling einerseits nicht zu klein, andererseits aber der Größe des Köderfisches angepaßt, wählt, eine der fängigsten Anköderungen. Während bei den vorerwähnten Systemen die Krümmung des Fischleibes dadurch erreicht wird, daß dieser wie ein Wurm, Kopf voraus, auf den Haken gezogen wird, und dann in der gebogenen Form entweder durch die Krümmung des Hakenbogens oder durch Bindungen an denselben erzielt wird, erreicht man die Krümmung des Fischchens beim Dee-System dadurch, daß er der Länge nach, vom After bis zum Bauche heraus mit einer Ködernadel durchstochen und auf das System aufgefädelt wird, bis der Körper auf dem Drilling reitet. Wenn man nun vom Kopfe her den Körper fest auf die Hakenbogen herabschiebt, krümmt sich der Rücken des Fischchens je nach Wunsch und Bedarf mehr oder weniger, — und in dieser Stellung wird er durch eine die Lippenränder angreifende Bindung festgehalten. Eine Bleikappe, deren jeweilige Größe und Gewicht von den oben vorhandenen Umständen bestimmt wird, stülpt man dann über den Kopf des Fisches und die Anköderung ist beendet. Ich halte diese Form des Dee-Systems mit nur einem Drilling für die weitaus beste, besonders wenn man keine größeren Köderfische hat oder verwendet als von 8—12 cm Länge.

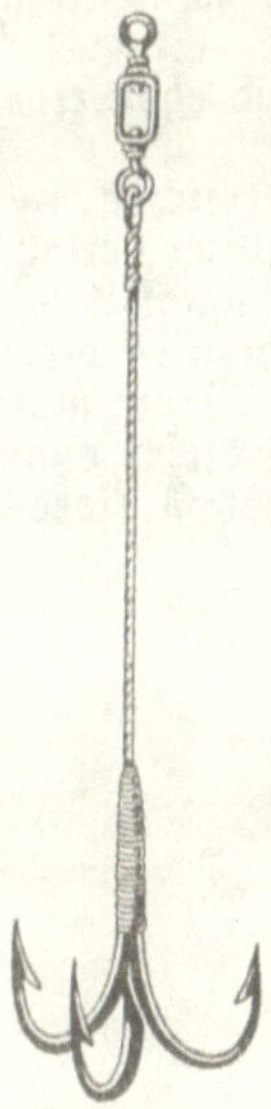

Abb. 41.

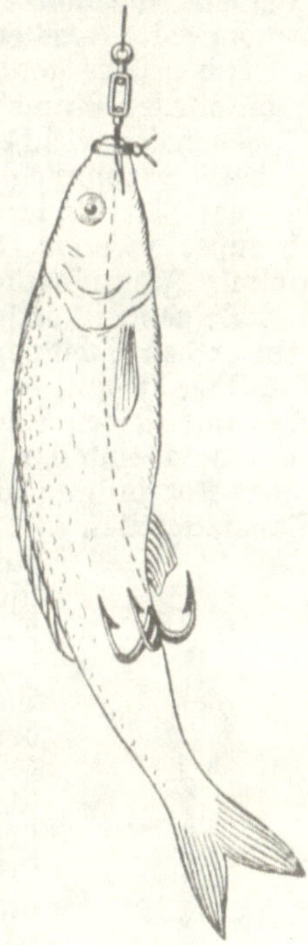

Abb. 42.

Die beim englischen Originale verwendeten Bleizapfen mit Einkerbungen mag ich nicht, die Bleikappe ist viel besser und zerreißt vor allem den Köder nicht wie der Zapfen.

Mancher wird dagegen einwenden, daß die Kappe unter Umständen nicht am Kopfe des Fischchens festsitzt, sondern hin und her rutscht, — das ist richtig, wenn man das Dee-System in der alten Form verwendet, bei dem der Drilling an einem langen Zwischenfach befestigt war. Bei meinem Dee-System ist der Drilling nur an ein so langes Stück Punjabdraht befestigt, daß die Öse noch so weit aus dem Maule des Fischchens heraussieht, daß ich bequem die Kappe aufstülpen und dann die Öse in den unteren Wirbel des Vorfaches einhängen kann. Dieser verhindert das willkürliche Gleiten der Kappe radikal. Andererseits erreiche ich durch den Fortfall des langen Zwischenfaches ein viel schöneres und exakteres Spinnen. Die Abb. 41 und 42 zeigen meine Montierung des Hakens und eine fertige Anköderung.

Durch Hinzufügen von Haken kann man das Dee-System zur Flucht ausgestalten. Die älteste Manier war und ist heute noch die, hinter dem ersten Drilling einen zweiten, meist etwas kleineren anzuschalten. Es sei mir gleich erlaubt zu sagen, daß ich diese Kombination für schlecht halte, erst recht dann, wenn die Haken starr verbunden sind. Eher wäre ich noch dafür, den zweiten Drilling in einem Nadelwirbel rotierend anzuhängen, wenn er wirklich notwendig wäre, was er aber de facto nicht ist.

Ich gestehe ganz offen, daß ich, solange ich noch an der alten traditionellen Grundform festhielt, bedauerliche Verluste von guten Fischen hatte, welche vom hinteren Drillinge allein gefaßt, diesen wiederholt absprengten und abdrehten. Das letztere, namentlich zu jener Zeit, als ich noch angelötete Haken verwendete. So verlor ich außer anderem eben durch das erwähnte fatale Abdrehen eine kapitale Isonzoforelle und einige Huchen.

Deigelmair versucht eine erhöhte Fängigkeit zu erreichen, indem er den Schlundzapfen mit einem wirbelnden Drilling versah. Die Idee ist gut, — der Kopfdrilling erhöht ja die Fängigkeit —, aber mir ist der Schlundzapfen nicht sympathisch, zudem ist diese an sich ja einfache Sache unverhältnismäßig teuer. Wenn man einen Kopfdrilling nötig hat oder liebt, dann läßt sich dieser ohne Schwierigkeiten in der einfachsten Weise durch einfaches Aufsetzen auf den Kopf des Köderfisches anbringen. Die dann aufgestülpte Bleikappe hält ihn in seiner Lage fest und verhindert das unangenehme Schleudern bzw. Überschlagen desselben. Ich stelle meine Kopfdrillinge so her, daß ich einen Ringdrilling mit einem Nadelwirbel verbinde; wenn man die im Kapitel „Haken" erwähnten Einhängedrillinge (Abb. 22) verwendet, kann man das sogar am Wasser machen. Wie ich schon erwähnte, kommt man bei Ködern bis zu 12 cm vollständig mit dem einen Drilling aus; anders aber, wenn man große Köderfische verwenden will, z. B. für den Fang von Huchen. Da ist der Kopfdrilling am Platze und berechtigt. — Abb. 43 zeigt einen Ringdrilling am Nadelwirbel, Abb. 44 den aufgesetzten Kopfdrilling.

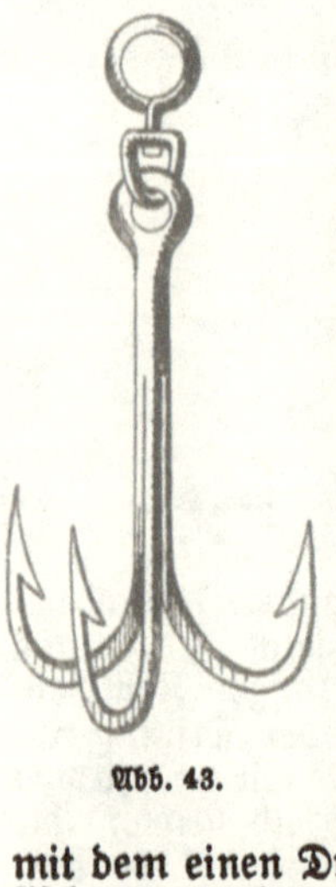

Abb. 43.

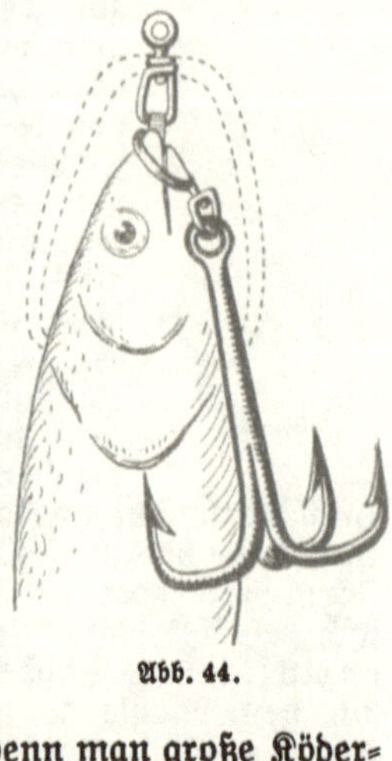

Abb. 44.

Das Dee-System ist unbedingt eines der fängigsten und unsichtlichsten Systeme und besonders im klaren Wasser sehr zu empfehlen. Wenn man nach meinem Verfahren die Bleikappe wechselt, kann man damit in große Tiefen gelangen, ja unter Umständen den Köder direkt bis zum Grunde tauchen lassen, wobei er noch seine Spinnbewegung beibehält. Ich habe auf diese Weise wiederholt aus tiefen Gumpen und Wasserlöchern Fische herausgeholt, denen ich mit anderen Köderungen nicht beikommen konnte.

Jedenfalls ist seine Verwendbarkeit eine universelle, von der Forelle bis zum schwersten Raubfisch, und ein weiterer Vorteil ist seine geringe Neigung, sich zu verhängen. Die Bleikappe erspart mir ein Blei am Vorfach und das Ganze ist entschieden eines der billigsten Geräte, erst recht, wenn man es sich selbst anfertigt, wozu keine außerordentliche Handfertigkeit gehört.

Ich möchte nur raten, den Punjabdraht für die Montierung des Drillings nicht zu fein zu nehmen, auch nicht für Forellen, — er ist ja im Leibe des Köderfisches verborgen und daher unsichtbar —, aber auch nicht von einer zu starren Sorte, damit dem Fischchen eine gewisse Elastizität bleibe. Zu dünner Draht schlitzt mitunter den Fisch auf, besonders wenn man weichere Fische wie Lauben oder Hasel verwendet. Im allgemeinen eignen sich für das Anködern mit dem Dee-System am besten frische Köderfische, jedoch kann man, wie ich mich hundertfach überzeugte, mit bestem Erfolge auch gesalzene Fische anködern. In Formalin konservierte Köder, besonders wenn diese lange eingelegt waren, sind weniger brauchbar, weil zu steif, und nur als Notbehelf zu verwenden.

Eines der allereinfachsten und unter Umständen höchst wirksamen Anköderungssysteme ist das von Heintz und Fellner beschriebene, bei dem nur ein einfacher Haken irgendeiner Form dem Köderfisch schief von einer Mundseite her von unten nach oben durch die entgegengesetzte Augenhöhle geführt wird. Allerdings eignen sich hierfür nur kleine und schmale Fische, wie Gründlinge, Ellritzen, Koppen oder Lauben, und nur frische, nicht dagegen die breiteren Formen wie Rotaugen usw. und Formalinköder. In der Not tut es auch ein Streifen aus einer weichen, selbstredend ungekochten Schweinsschwarte geschnitten, ein Köder, der sich übrigens in Amerika großer Beliebtheit erfreut.

Man kann mit diesem System sogar mit einer Fluggerte angeln, und ich verdanke ihm manche schwere Forelle, sogar große Äschen und Döbel, die mir nicht auf die Fliege zustehen wollten. Das so geköderte Fischchen spinnt eigentlich meist nicht im Sinne des Wortes, es macht vielmehr meist die Bewegungen der später zu beschreibenden amerikanischen „Oreno“-Köder, wenn es gegen den Strom geführt wird.

Von den älteren Spinnfluchten ist wohl die bekannteste und selbst heute noch häufigst verwendete die nebenstehend abgebildete (Abb. 45), mit und ohne Lipphaken. Die Anköderung ist recht einfach: man zieht dem Köderfisch das Zwischenfach durch die Kiemen ein und beim Maul heraus, bis der erste Drilling hinter dem Kiemendeckel liegt; dann gibt man dem Fisch die Krümmung durch Versenken eines Hakens des Mitteldrillings in den Rücken. Der dritte Drilling hängt frei, wird aber auch eventuell um des besseren Haltes willen oder zur Verbesserung des Spinnens in das Schweifende eingestochen.

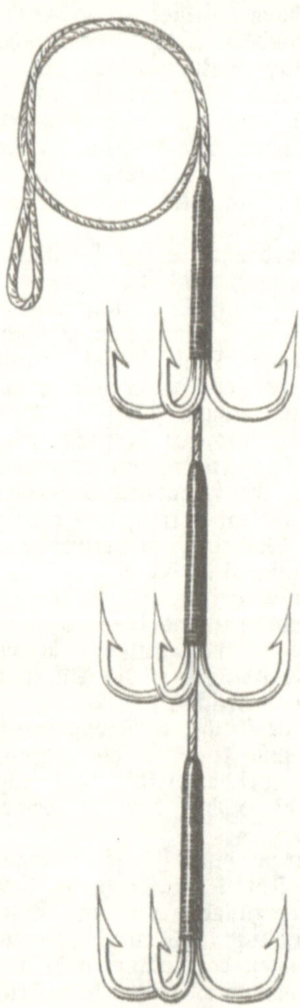

Abb. 45.

Bei Verwendung eines Lipphakens sticht man diesen durch beide Lippen des Fischchens, wodurch dieses seine richtige Stellung behalten soll. Nach den schlechten Erfahrungen, welche ich im Laufe der Jahre mit Lipphaken aller möglichen Konstruktionen gemacht habe, verzichte ich gerne auf seine Anwesenheit; wenn ich ihn schon nicht durch Anbringung einer Kopfklammer ersetzen kann (Abb. 46), dann ziehe ich es unter allen Umständen vor, das Maul des Köderfisches anzunähen. Die vorerwähnte Kopfklammer, welche in verschiedenen Größen zu haben ist, paßt zu den meisten Fluchten, wenigstens zu denen, welche nicht an ein langes Zwischenfach direkt

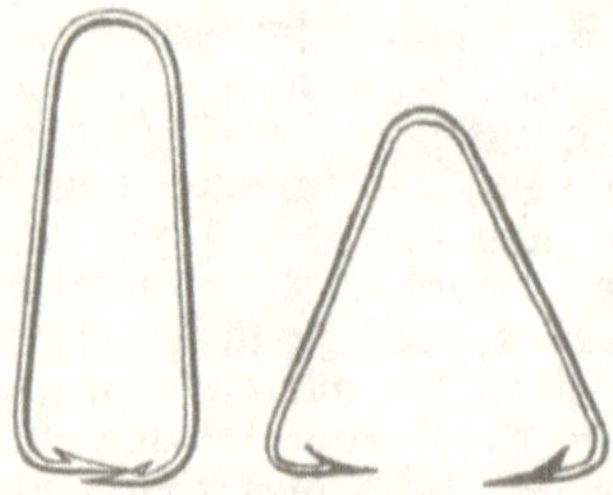

Abb. 46 a.

Abb. 46 b. Anwendung der Kopfklammer.

angebracht sind. Sie ist unsichtlich und hält den Köderfisch unwiderruflich fest. Da ihre Spitzen aus dem Leibe desselben nirgends hervorstehen, kann man sich mit ihr nirgends verfangen, was leider beim Lipphaken nur zu oft und gerne geschieht und vielfach fatal endet.

So einfach und verlockend diese Anköderung aussieht, hat sie doch eine Menge Nachteile. Scheinbar ist es ganz unmöglich, daß ein Raubfisch, welcher den Köder quer über den Leib gefaßt hat und die Drillinge eventuell vollzählig im Rachen hat, eine Aussicht hätte, je von diesem loszukommen, — theoretisch gedacht. In der Praxis aber gelingt es ihm aber nahezu mit Sicherheit in mehr als zwei Dritteln der Fälle, aus dem einfachen Grunde, weil die Hakenbogen bzw. die Spitzen für seine Kiefer Stützpunkte gewähren und die Spitzen nicht eindringen können, weil das Ganze ein einheitlich starres Gefüge ist. Wie es Heintz ganz richtig schildert, faßt beim Anhieb bestenfalls irgendwo eine Spitze eine Schleimhautfalte und diese reißt bei der geringsten Gegenwehr aus bzw. kann der Fisch, wenn er sich bei geöffnetem Rachen über Wasser schüttelt, sich einfach den Haken herausbeuteln.

Aus denselben Erwägungen und Erfahrungen heraus bin ich ein Gegner der gekoppelten Haken beim vorbeschriebenen Dee-System. Und auch das dort beschriebene Abdrehen des Endhakens kommt hier ebenso oft und sicher vor.

Ganz abgesehen davon, daß bei der beschriebenen Anköderungsweise der Köder bald aufhört zu spinnen. Daran ändert auch die Verbindung der Flucht mit einer Turbine nichts, welche Form den ältesten sog. Chapmannspinner vorstellt. Die Turbine verbesserte zwar das Spinnen, aber die übrigen Mängel des Apparates blieben nach wie vor unbehoben.

Diese Erkenntnis führte dazu, die starre Flucht in bewegliche Einzelteile aufzulösen, von der Annahme ausgehend, daß der Fisch wenigstens von einem Drilling oder Haken richtig gefaßt werden sollte und sich dann beim Anhieb oder beim Drill weitere Haken fassend in seinen Rachen versenken sollen.

Abb. 47.

So kam man zur Anbringung der sog. „fliegenden Drillinge". Pennell war ein Bahnbrecher auf diesem Gebiete insoferne, als er auch die Befestigung bzw. Krümmung des Köderfisches von den fangenden Elementen ablöste, indem er zum ersten Zweck einen eigenen Haken, der nach ihm benannt wurde, konstruierte. Diese ursprüngliche Form wurde durch Teilung des ursprünglich einheitlichen Pennelhakens noch weiter verbessert und stellt in ihrer heutigen Aufmachung ein vollendet fängiges Geräte vor, das wir unter dem Namen Pennell-Bromley-Flucht kennen (Abb. 47).

Allerdings, mit dem überlebten Gimp als Träger und als Zwischenfach bin ich nicht einverstanden, ebensowenig mit dem Knoten, auch nicht dann, wenn doppeltes oder dreifaches Gut als Träger der Haken verwendet wird. Knoten sind und bleiben immer eine schwache Stelle. Heintz hat seinerzeit vorgeschlagen, die Einzelteile in einen Wirbel einzuhängen, welcher dann direkt ins Vorfach einzuhängen wäre. Dieser Vorschlag trifft das Richtige. Ich bin dann noch weiter gegangen, indem ich in diesen Wirbel auch noch den Kopfdrilling mit einem Nadelwirbel einhänge, ebenso wie den langen Teil, welcher den Schweifdrilling und die Befestigungshaken trägt. Wenn man für diesen Teil gedrehtes Gut verwendet, dann ist es ratsam, der ganzen Länge nach ein Stück Messingdraht mit in die Haken einzubinden. Das verhindert das Schlenkern des Schweifdrillings, wenn das Gut weich wird. An Stelle des Gimp ist heutzutage überall der Stahldraht getreten und die Bindungen der Haken werden mit Vorliebe gelötet. Wie ich schon in früheren Kapiteln betonte: ich löte nicht mehr, und schon gar nicht die Traghaken an der P.-B.-Flucht, seit mich der nur auf das Löten zurückführende wiederholte Bruch des Punjabdrahtes am Bogen des Einhakens den Verlust schwerer Fische gekostet hat. Die beiden Drillinge drehe ich in der schon beschriebenen Weise ein und die beiden Einhaken binde ich mit Seide an, allerdings bedecke ich die Windungen und den Draht über und unter diesen wiederholt mit Zelluloidlack, um an diesen Stellen Rostbildung zu verhindern.

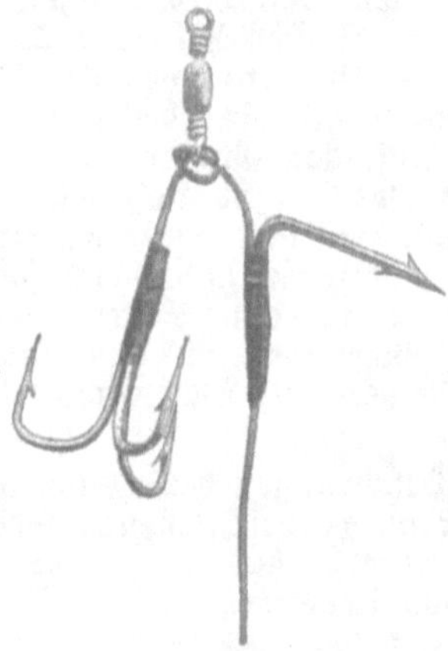

Abb. 47 a.

Statt des Lipphakens, der an der Originalflucht angebracht ist, verwende ich die oben erwähnte Kopfklammer, eventuell nähe ich den Fisch mit den Lippen an einen Wirbelring. Meine Anordnung gestattet es mir, statt des Bleies am Vorfach ein Kappenblei aufzusetzen bzw. den Köderfisch durch eine Bleiolive, die ich ihm in den Schlund schiebe, zu beschweren. Dadurch und durch die Zwischenschaltung des geschlossenen Wirbels spinnt auch der Köder, wenn ich ihn tauchen lasse, um ihn Fischen, die am Grunde stehen, zu zeigen.

Die P.-B.-Flucht hat aber vor den meisten andern Fluchten den großen Vorteil, daß sie mir erlaubt, meinen Köder einmal nach rechts, das andere Mal nach links spinnen zu lassen, indem ich nur einfach den Schweif des Köders von dem Einhaken ablöse und in verkehrter Richtung wieder befestige. Das ist von eminentem Vorteile, wenn die Schnur Neigung zeigt, sich in der einen oder anderen Richtung zu verdrehen. Die entgegengesetzte Rotation des Köders behebt diesen Übelstand binnen kurzem.

Alle bisher beschriebenen Systeme und Fluchten bringen den Köder durch Krümmung, sei es des Rückens oder des Schweifes, zum Rotieren. Mit dieser axialen Drehung verbindet sich aber auch noch eine springende bzw. torkelnde Bewegung, wie sie kranke oder sonstwie beschädigte Fische aufweisen, welche von Haus aus eine Beute der Raubfische darstellen. Diese Bewegung nennt man in England „wobbeln", welche Bezeichnung wir auch übernommen haben, ebenso wie das auch aus dem Englischen stammende „Spinnen". Ich beschreibe im folgenden noch einige Fluchten, welche direkt die Bezeichnung „Wobbler" tragen.

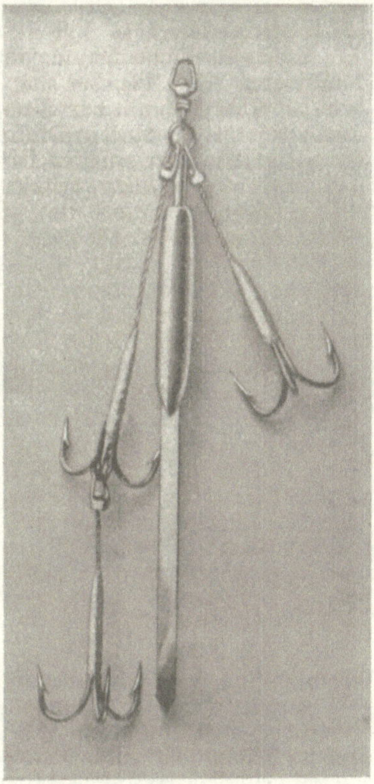

Abb. 48.

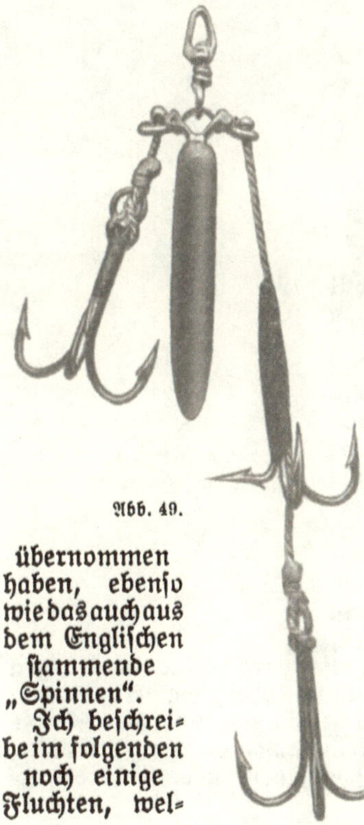

Abb. 49.

Die ursprüngliche Form aller dieser Vorrichtungen besteht aus einem Messing- oder Kupferspieß, besser gesagt -blatt, mit oder ohne Bleiumguß am vorderen Ende, welches dem Fischchen vom Maul her bis zum Schwanz durch den Leib gestoßen wird und dessen Biegung auch dem Fischleib die gewünschte Krümmung gibt. Die Sache ist schön und gut und funktioniert solange, als der Fisch nicht durch den Spieß zerrissen und aufgeschlitzt wird (Abb. 48).

Dieser Übelstand veranlaßte Heintz, seinen Ideal-Wobbler zu konstruieren (Abb. 49), der nur das Schlundblei allein besitzt, an dem der Köderfisch mit den Lippen festgebunden wird. Die Krümmung besorgt der mittlere Drilling, welcher dem Fisch, nachdem er die nötige Biegung erhalten hat, in den Rücken oder Schweif versenkt wird. Diese Flucht, bei der alle Teile in Wirbeln hängend frei

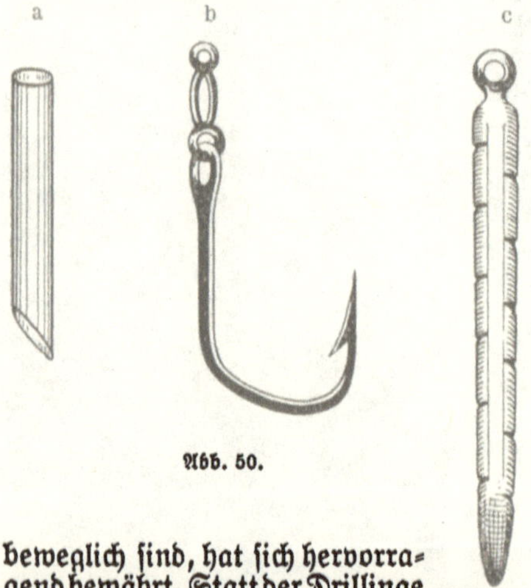

Abb. 50.

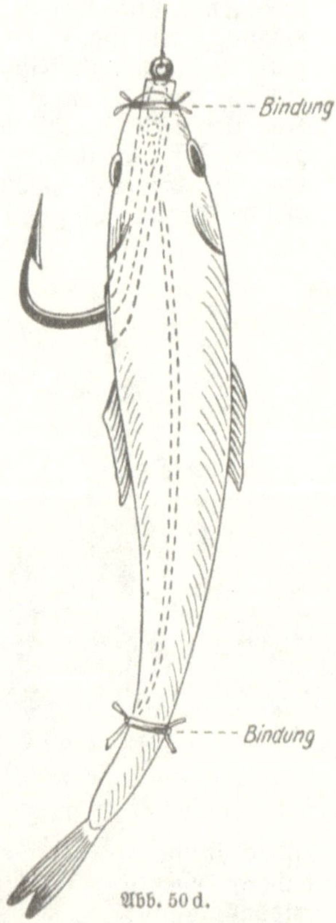

Abb. 50 d.

beweglich sind, hat sich hervorragend bewährt. Statt der Drillinge verwendet man in vielen Fällen mit bestem Erfolg die im betreffenden Kapitel beschriebenen „Gabel-Einhaken" (Abb. 20). Ich habe mich im Laufe der Zeit und in dem Bestreben, mit möglichst wenig Haken auszukommen, von dem Drilling in der Mitte emanzipiert; eigentlich brachte mich die Verwendung der Montierung mit Einhaken auf diese Idee, da diese Flucht mit nur zwei derselben ebenso fängig war, wenn nicht fängiger als die mit den drei Drillingen. So verwende ich also statt des mittleren Drillings nur einen kleinen Einhaken, eventuell einen solchen Doppelhaken, wie man ihn für Kunstfliegen verwendet, weil letzterer frische weiche Köderfische wie Lauben oder Pfrillen fester hält, ohne sie zu zerschlitzen, und den ich wie bei der P.-B.-Flucht auch nur mit Seide anwinde und gut lackiere. Er hat ja auch nur den einzigen Zweck, dem Köderfische die erforderliche Krümmung zu geben.

Einen ausgezeichneten Wobbler, der außer anderen Vorzügen den größter Einfachheit und Billigkeit hat, beschrieb vor ein paar Jahren ein Mitarbeiter der „Fishing Gazette", und nach seinem Pseudonym nenne ich sein System „Old Shikari". Die ganze Vorrichtung besteht aus einem einfachen starken Ringhaken (Abb. 50a Nr. 4/0—8/0 mit nicht zu langem Schaft, welcher mit einem geschlossenen Wirbel, eventuell mit einem Pennellwirbel verbunden wird, und einem Röhrchen aus Zelluloid, wie man sie jetzt zum Flechten der Spulen für Radioapparate benützt. Das Röhrchen ist ca. 5 cm lang und an einem Ende schräg abgeschnitten (Abb. 50b). Seine Länge richtet sich übrigens nach der Größe des verwendeten Köderfisches und kann leicht am Wasser zurecht geschnitten werden. Außerdem braucht man einige blattförmige Spieße aus weichem, nicht zu dünnem (ca. ½—¾ mm starkem) Messing- oder Kupferblech in der Form, wie Abb. 50c zeigt, von verschiedener Länge.

Das Zelluloidröhrchen wird dem Köderfischchen vom Maul her so schräg durch den Leib gestoßen, daß sein abgeschrägtes Ende hinter den Kiemen heraustritt, aber den Leib nicht weiter als 1 mm überragt. Die Lippen des Köderfisches werden oben durch Bindungen festgelegt, über dem unteren Teil des Röhrchens macht man zweckmäßig eine feste Naht. Der Spieß wird vom Schweifende gegen das Maul eingeführt und soll bis ins Maul hineinragen, dann kann er den Fisch nicht aufschlitzen. Sein Ende wird am Schweif festgebunden. Ich habe es vorteilhaft gefunden, auch noch in der Körpermitte über den Spieß eine Naht zu legen. Dann gibt man dem Fischleib die gewünschte Krümmung. Nun hat man nichts weiter zu tun, als den Haken durch das Röhrchen zu schieben und direkt in den Vorfachwirbel einzuhängen. Nachdem man unter Umständen noch eine entsprechende Bleikappe mit weiter Bohrung über den Kopf des Köders gestülpt hat, wozu man ein Blei am Vorfach vermeiden will. Abb. 50d zeigt die fertige Anköderung. Der Hakenbogen liegt in dem Ausschnitte des Röhrchens fest an und kann bei einem Anbiß bzw. Anhieb nicht zur Seite auskippen. Andererseits kann man mit großer Ruhe in verkrautetem oder verunreinigtem Wasser fischen, man hat wenig Aussicht, sich zu verhängen, dafür kommt man gerade in solchen Stellen an die zu fangenden Fische heran, an denen man mit anderem Zeuge meist Hänger angelt und die Stelle durch die Lösungsversuche beunruhigt. Beim Anbisse rutscht der Köderfisch am Vorfach hinauf, während der Haken durch nichts behindert seine volle Wirkung entfalten kann.

Mir hat diese Köderung zu guten Erfolgen verholfen, einmal bei einem alten vergrämten Huchen, das andere Mal bei einem ebensolchen Hechte. Beide standen je in einem kleinen Tümpel, in dem reichlich versunkenes Holz am Grunde lag; gewöhnlich war schon der erste Wurf ein Hänger, und wenn schon nicht, zu den Fischen gelangte ich nicht, denn die Stellen waren zu tief, und beim Sinkenlassen war man meist schon fest. Aber „Old Shkiari" war das Richtige. Ich kann es nur empfehlen, wenn man mit alten

Burschen in schwierigem Gelände zu tun hat. Die kleine Mühe der sorgfältigen Vorbereitung macht der Erfolg bezahlt.

Ich habe seinerzeit in Galizien den Idealwobbler mit Einhaken mit großem Erfolg zum Anködern von Fröschen verwendet, mit einer kleinen Abänderung des Schlundbleies, das für die Köderung von Fröschen flach sein muß, indem ich einen Haken im Rücken, den anderen im Bauche feststeckte. Ich konnte so den Hechten im Kraute ziemlich gut ankommen, hatte aber genug Hänger, wenn auch weniger als mit anderen Fluchten. — Heute würde ich Frösche mittels „Old Shikari" anködern und ihnen ein ovales Stück Bleiblech in den Bauch als Senker geben. Natürlich dürfte dann das Röhrchen nicht an der Seite herausgeführt werden, sondern am Rücken, was noch den immensen Vorteil hätte, daß man dann in den dichtesten Krautbetten seinen Frosch herumführen könnte ohne die geringste Gefahr des Hängenbleibens, da ja bei richtiger Einführung des Hängebleies der Frosch in ganz natürlicher Stellung mit dem Bauche aufs Wasser zu liegen kommt und in dieser Lage seine Bewegungen ausführt und der einzige Haken nach oben vom Rücken absteht. Da der Frosch nicht zu spinnen und nicht zu wobbeln braucht, benötigt man zu seiner Führung ein Vorfach ohne Wirbel, nur mit einem Einhänger am Ende.

Ich darf es nicht unterlassen, eine Flucht zu beschreiben, die unter dem Namen „Wachauerflucht" besonders den Huchenanglern an der Donau bekannt und lieb ist, welche sich auch in leichterer Ausführung ebensogut zum Fange von Hechten usw. verwenden läßt. Sie besteht aus einem Doppelhaken und aus einem Drilling, welch letzterer nur 2—2½ cm unter dem ersten sitzen darf. Beide Haken sind an ein ca. 20 cm langes Stück bester geklöppelter Spinnschnur aus Seide stärkster bis mittlerer Sorte angewunden (Abb. 51 a), je nachdem, wie groß die Haken sind und welchem Zwecke sie dienen sollen. Für Huchen nimmt man die Hakengröße 2/0—4/0, für Hechte usw. die Nummern 1—2/0.

Die Anköderung geschieht folgendermaßen: Mit der Ködernadel sticht man ungefähr 2—3 cm, je nach der Größe des verwendeten Köderfisches, hinter dem Kiemendeckel ein und führt sie beim Maule heraus, fädelt nun die Schnur in ihr Ohr und zieht diese soweit heraus und an, bis die Bogen des Doppelhakens anstoßen. Nun legt man die Schnur zu einer Schleife, die man knapp vor dem Maule des Fischchens knotet, und näht das Maul desselben zu und an die Schnur an. Der Knoten in der Schleife soll verhindern, daß die als Senker nunmehr aufzusetzende Bleikappe auf den Fisch drücken kann, wodurch der Doppelhaken durch das Fleisch gerissen und der Fisch vor der Zeit unbrauchbar würde. Um die Bleikappe am Hinaufgleiten an der Schleife zu hindern, streift man ein Gummiplättchen über dieselbe. Solche Plättchen schneidet man aus einem Schlauch, ca. 1½ cm im Quadrat, sticht mit der Spitze des Messers einen kleinen Spalt durch die Mitte und durch diesen zieht man mit der Ködernadel die Schnurschleife, bis das Plättchen auf der

Kappe festsitzt, was diese unverrückbar festhält. Mit der Schleife wird die Flucht dann wieder in den Einhängwirbel des Vorfaches eingeschlauft. Den Einwand, daß die vom Fischmaul zum Einhängwirbel des Vorfaches führende dicke Schnurschleife zu sichtlich sei, lasse ich nicht gelten, denn ich habe die Beobachtung gemacht, daß sie den Raubfisch auch bei klarem Wasser nicht stört.

Den frei außen hängenden Drilling kann man nun entweder über dem Rücken des Köderfisches festbinden, wenn man dem Fische eine Führung zu geben wünscht, die ihn mehr minder taumelnd und tauchend die Wasserschichten passieren läßt. Will man aber diese Bewegung mit dem Wobbeln verbinden, dann krümmt man den Fischleib und sticht den Drilling in den Rücken ein (Abb. 51 b).

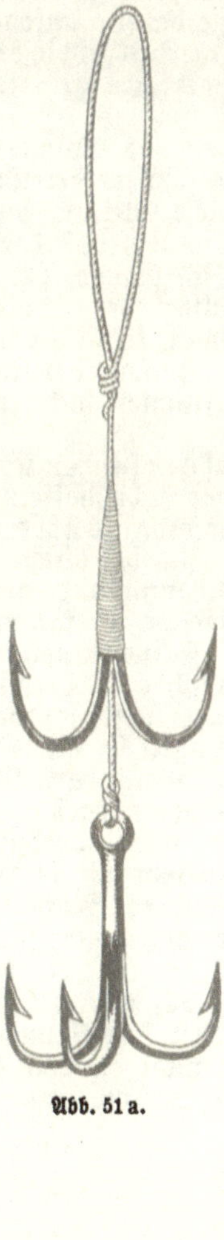

Abb. 51 a.

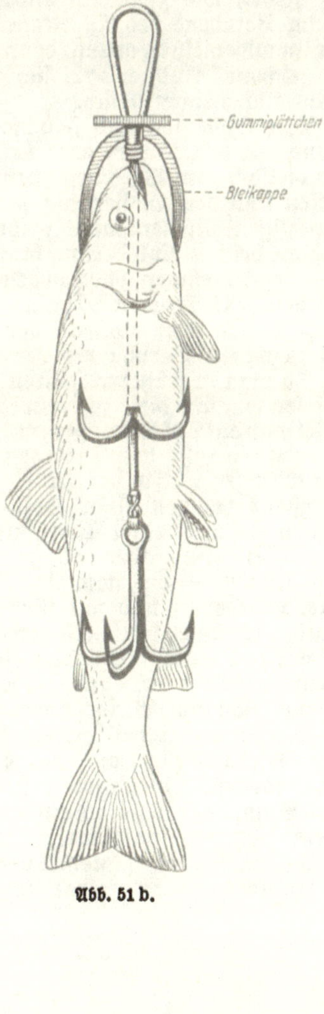

Abb. 51 b.

Ich weiß nicht — und will auch keine Behauptung aufstellen —, welche der beiden Bewegungen für den Fisch die anziehendere und für den Erfolg die ausschlaggebendere ist. Tatsache ist, daß man mit dieser Anköderung dem Huchen, welcher tagsüber gerne in der Tiefe hinter Felsen (Kugeln) und ähnlichen Hindernissen am Grunde oder in den tiefen Wasserlöchern des Flußbettes steht, den Köder zutauchen lassen kann, wie sie sich überhaupt zur Befischung von großen Tiefen mehr und besser eignet als jede andere.

Ein weiterer Vorzug dieser Flucht ist ihre enorme Billigkeit; wenn man schon eine verliert, so hat man eben nur zwei Haken verloren, denn bei ihrer Einfachheit kann sie sich ein jeder selbst verfertigen und selbst ein größerer Vorrat davon kostet noch immer nicht soviel, wie z. B. ein einziger Krokodilspinner. Wenn man sich am Vorabend des Angeltages drei Fische daheim anködert, hat man im allgemeinen genug, denn die Fische werden an dieser Flucht sehr geschont. Auch erlaubt sie, größere Köderfische zu verwenden als im allgemeinen üblich.

Den Systemen und Fluchten, bei denen das Spinnen durch Krümmung von Körper oder Schweif des Fischchens erreicht wird, wird vielfach zum Vorwurfe gemacht, daß diese Stellung durch das Werfen und den Wasserdruck so verändert werde, daß der Köder im richtigen Moment nicht mehr spinne. Ich glaube, bei einiger Sorgfalt bei der Anköderung braucht man selten oder nie eine Korrektur vorzunehmen, vorausgesetzt, daß man keine zu weichen Fischchen, wie Lauben u. dgl., in frischem Zustande verwendet. Solche halten aber auch an den anderen Fluchten nicht, was ich dem Leser zur Beruhigung verraten will.

Da man in früheren Jahren fast nur auf den frischen Köder angewiesen war und diese zuzeiten rar und schwer zu beschaffen waren, verfiel man auf Anköderungen, welche zur Schonung des Köders dessen Spinnen mit Hilfe von Turbinen erzeugten. Eine der ältesten dieser Vorrichtungen dürfte der altbekannte Chapmannspinner sein, der wenigstens bei den alten Spinnfischern, welche ich kannte, zum eisernen Bestande einer Ausrüstung gehörte. Seine Fängigkeit war bedauerlich gering, aber er ließ sich rasch und sicher anködern und der Fisch „spann", — das genügte. Im Laufe der Jahre wurde er bedeutend verbessert und mit fliegenden Drillingen in Wirbeln ausgestattet, so daß er heute ein ganz brauchbares Gerät darstellt. Speziell mit den heute so beliebten Zelluloidturbinen ausgestattet, ist er besonders für die Schleppangel sehr gut zu brauchen, allerdings darf er dann nicht mit Bleibeschwerung versehen sein wie in Abb. 52.

Großer Beliebtheit erfreut sich heute noch der Archerspinner, dessen Turbinenflügel an einer Kopfklammer angebracht sind, was dem Köderfisch einen guten Halt gibt. Eine gute Modifikation dieses Spinners hat Herr Paul Rauser (Abb. 53a), ersonnen, welcher seinem Spinner eine derartige Anordnung der Kopfklammer gab, daß die an ihr befestigten Turbinenflügel nicht an den Seiten, sondern über dem Kopfe des Köderfisches liegen bzw. an der Kehle desselben. Sein Spinner besitzt ebenfalls ein Schlundblei, aber im Gegensatze zu den anderen ist er nur mit einem einzigen Drilling bewehrt, welcher wirbelnd an einer Schaufel befestigt ist und dem Köderfisch ungefähr in der Mitte des Rückens eingestochen wird. Mir ist diese Anordnung sehr sympathisch (Abb. 53b), und ich halte sie

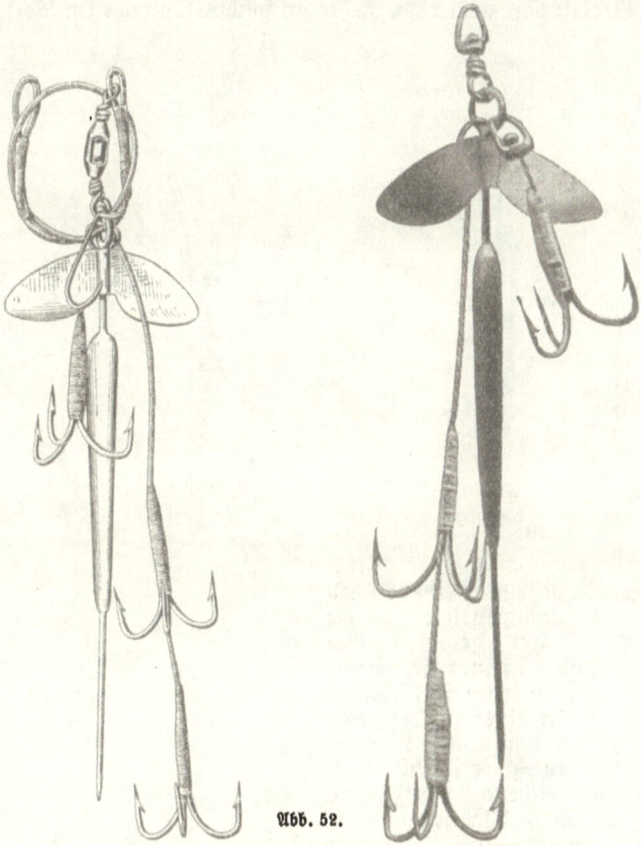

Abb. 52.

Alter Chapmann-Spinner. Verbesserter

für sehr fängig, weil bei dieser Anordnung von Turbine und Haken der Fisch nicht auf die erstere beißen kann, wenn er den Köder, wie es meist geschieht, von der Seite her faßt.

Sehr bekannt und beliebt ist der „Krokodilspinner", dessen erstes Modell von Hardy auf den Markt gebracht wurde. Er gestattet ein ungemein rasches und sicheres Anködern auch der weichsten Fische, welche einfach in die mit Spießen versehenen Arme der seitlichen Klammern gelegt werden, welche geschlossen und zugeschnappt sich allein nicht mehr öffnen kann. Für die Huchenfischerei wird er mit rückwärts liegenden Turbinen erzeugt. Zu bedauern ist nur, daß er so unverhältnismäßig teuer ist, trotzdem er jetzt auch in Deutschland hergestellt wird, so daß der immerhin mögliche Verlust von zwei oder mehreren solcher Spinner im Verlaufe

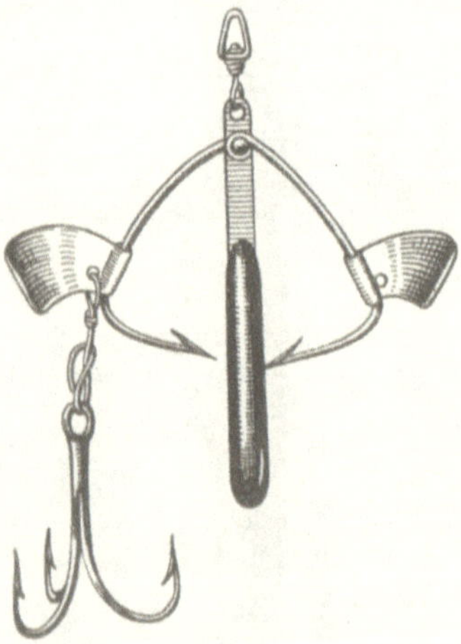

Abb. 53 a.

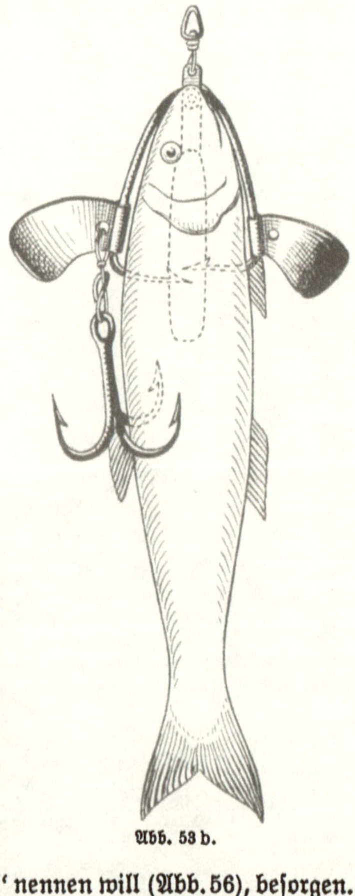

Abb. 53 b.

der Saison oder auch einer Angelfahrt sich unangenehm für die Tasche des Betroffenen fühlbar macht. Auch bei seiner Armierung wären nach meinem Dafürhalten zwei Drillinge, einer am Kopf oder besser gesagt, hinter dem Kiemendeckel, und ein Schweifdrilling vollständig ausreichend. Die Befestigung des den Endhaken tragenden Teiles könnte ja ganz gut eine Drahtklammer (Abb. 55) oder eine „Haltnadel", wie ich den diese Form zeigenden „Emery Fastener" nennen will (Abb. 56), besorgen. Auch beim Krokodilspinner wäre ein Ersatz der Metallschaufeln durch solche aus Zelluloid sehr zu begrüßen — denn sie sind doch in hellem Wasser bedeutend unsichtlicher wie jene. Neuererzeit wird der Krokodilspinner auch mit Schlundblei hergestellt, was als bedeutende Verbesserung zu begrüßen ist.

Von seiner Beobachtung ausgehend, daß speziell die Huchen den Köder am liebsten und häufigsten beim Kopfe packen und damit beim Anbiß die Turbine mit in den Rachen faßten, was zu Fehlbissen Anlaß gab, konstruierte Heintz seinen allbekannten „Röhrchenspinner", der die Turbine flach an den Leib des Köderfisches legt, und zwar im hinteren Teil seines Körpers (Abb. 57). Dieser Spinner ist im Laufe der Jahrzehnte fast jedem deutschen Spinnangler bekannt und vertraut geworden, wenn er auch in den letzten Jahren an Beliebtheit verloren hat; immerhin, zur Schleppangel eignet er sich wie kaum ein zweiter wegen seines leichten Rotierens selbst in langsamster Fahrt. Ich glaube, wenn es gelänge, das Röhrchen und die Turbine aus durchsichtigem Zelluloid herzustellen, würde

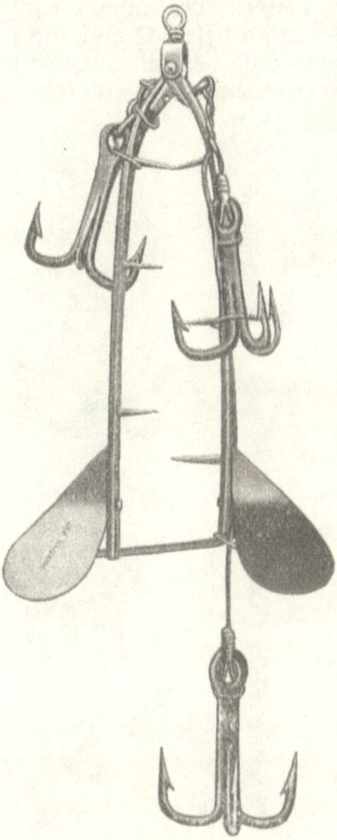

Abb. 54.

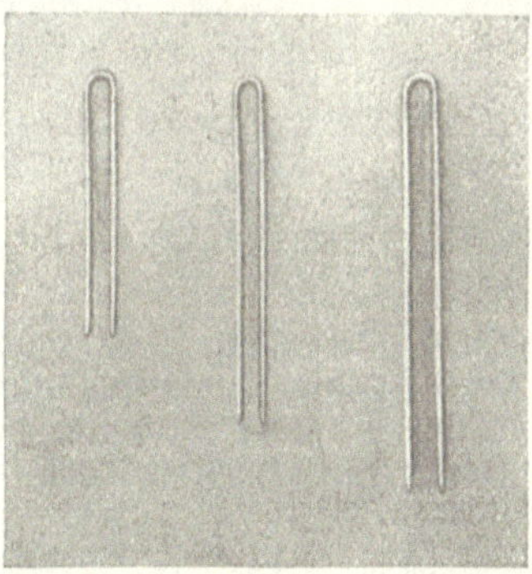

Abb. 55 a.

Abb. 55 b.

Anwendung der Köderklammer.

sich der Kreis seiner Verehrer wieder erweitern; bei unserer vorgeschrittenen Technik der Zelluloidbearbeitung dürfte das doch nicht so schwer sein. In dem Bestreben, die Vorteile der durchsichtigen Zelluloidturbine auszunützen, habe ich mir einen Turbinenspinner konstruiert, der allen Ansprüchen an tadelloses Spinnen und prompte Fängigkeit weitestgehend entspricht und mir besonders in klarem Niederwasser hervorragende Erfolge gebracht hat. Er besteht nur

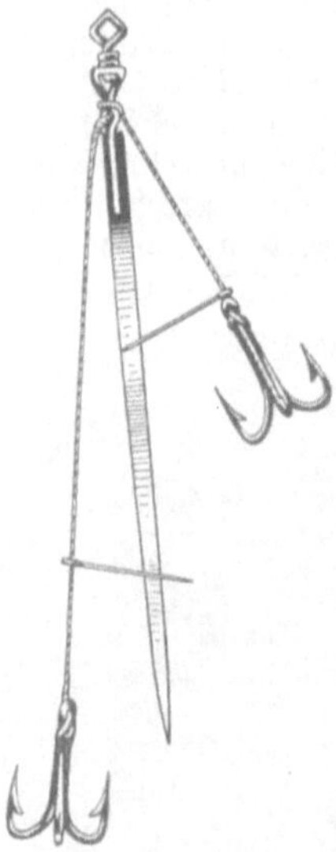

Abb. 56.

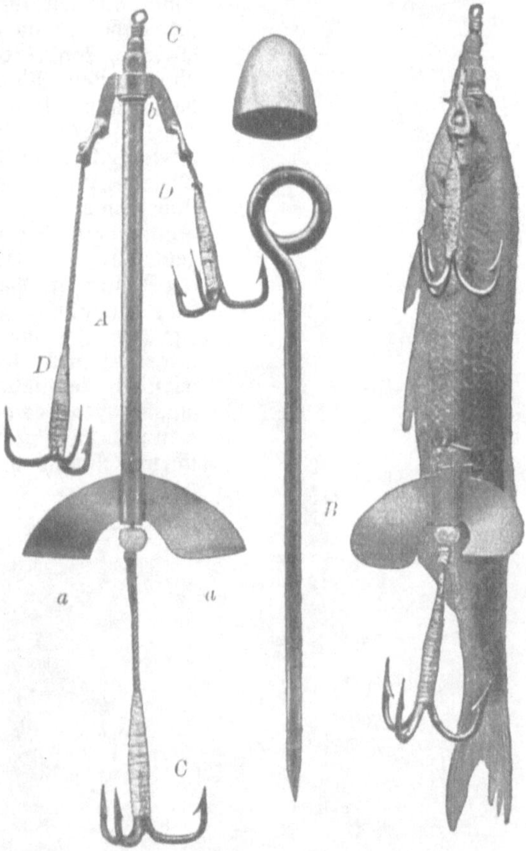

Abb. 57.

aus einer Turbine, welche an einem ca. 4—5 cm langen Röhrchen von etwa 5 mm Durchmesser ebenfalls aus Zelluloid und befestigt ist (Abb. 58a), und einem einzigen Drilling größerer Nummer an Punjabdraht von ca. 12 cm Länge, welcher am anderen Ende in einem geschlossenen Wirbel (Abb. 58b) angeschleift ist.

Die Anköderung ist äußerst einfach: Mit der nebenstehend abgebildeten, von mir konstruierten Ködernadel (Abb. 59) fahre ich durch das Röhrchen der Turbine und das Maul des Köderfisches, —

wenn dieses zu fest schließt, öffne ich es erst mit dem spitzen Ende des hölzernen Griffes —, und in der Mitte des Rückens heraus. Dann schiebe ich die Turbine an ihren Platz, hänge in den Widerhaken der Nadel den Wirbel des Systems ein und ziehe ihn durch Fisch und Röhrchen heraus. Den Drilling stelle ich so, daß er mit seinen Bögen auf dem Rücken des Fischchens reitet. Dann nähe und binde ich das Fischmaul an die Turbine, stülpe noch eine Bleikappe auf und verbinde den Wirbel des Systems mit dem des Vorfaches. Man kann auch umgekehrt verfahren und daheim die Turbine einsetzen und durch Nähte und Bindungen fixieren

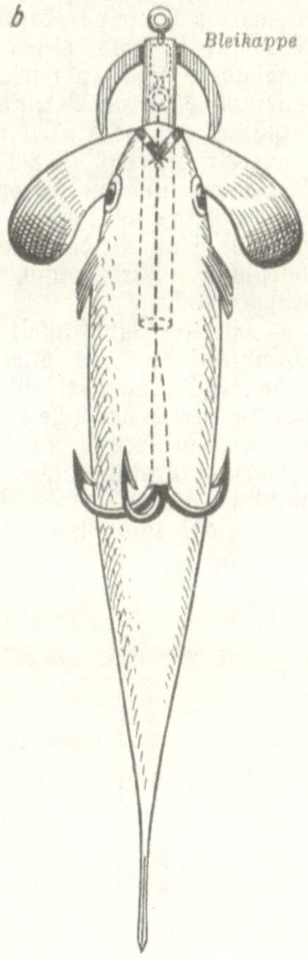

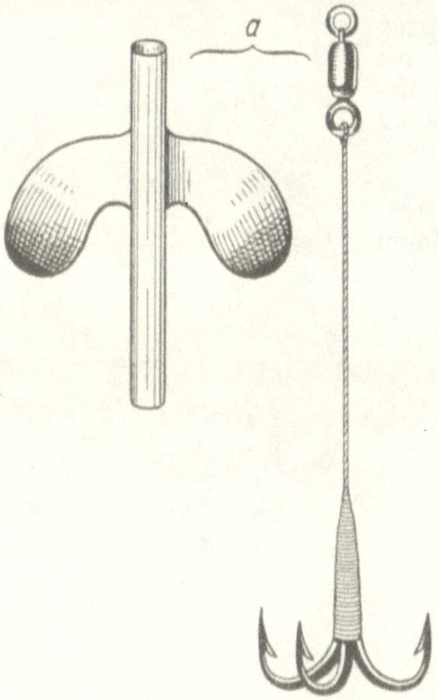

Abb. 58.

und erst am Wasser das System einziehen, wenn man konservierte Fische verwenden will. Der Köder spinnt an diesem System ausgezeichnet, auch beim Tauchen; bei Verwendung frischer Fische zeigen diese ein Verhalten, das dem eines lebenden Fisches sehr ähnelt, da der nicht fixierte hintere Körperteil durch seine natürliche Elastizität im Wasser ähnliche Ausschläge vollführt, wie sie der schwimmende Fisch mit seinem Schweif macht, was in Süddeutschland auch mit „Schwänzeln" richtig bezeichnet wird. Das System ist vorderhand noch nicht im Handel, ich zweifle aber nicht daran, daß es sich durch seine Brauchbarkeit und vor allem durch seine Einfachheit und Wohlfeilheit bald einen Kreis von Liebhabern schaffen wird. Jedenfalls bedeutet es eine Verminderung des Gepäckes; ein paar Turbinen verschiedener Größe, ebensolche Drillinge und Bleikappen und die Ködernadel: alles das findet in einer mäßig großen Blechschachtel Platz, in der man auch noch Vorfächer, Wirbel usw. mit unterbringen kann.

Die Mangelhaftigkeit der früheren Spinnfluchten, vor allem aber die Schwierigkeit der Beschaffung und Erhaltung der Köderfische in den Jahren vor der Einführung der Formalinkonservierung führten notgedrungen dazu, künstliche Spinnköder zu konstruieren, deren Zahl und Namen heute schon

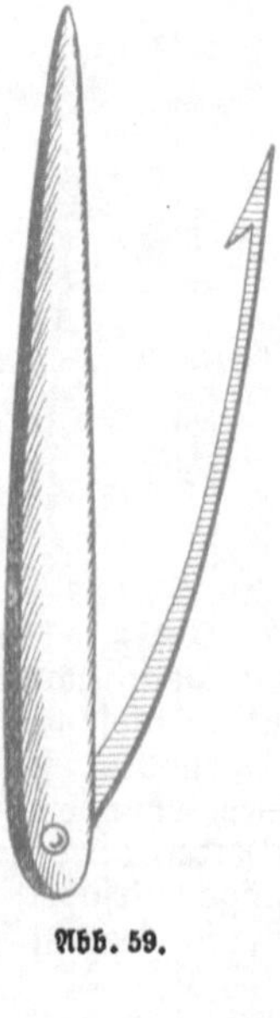

Abb. 59.

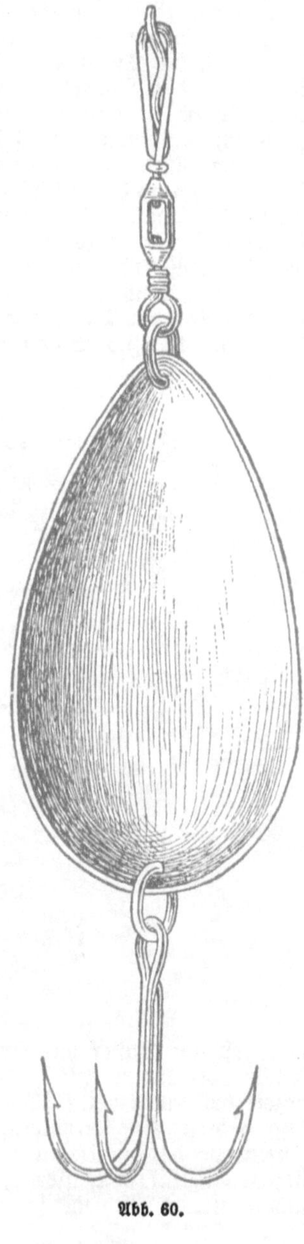

Abb. 60.

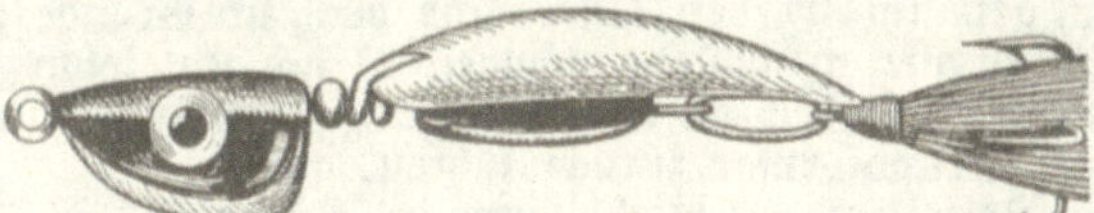

Abb. 64.

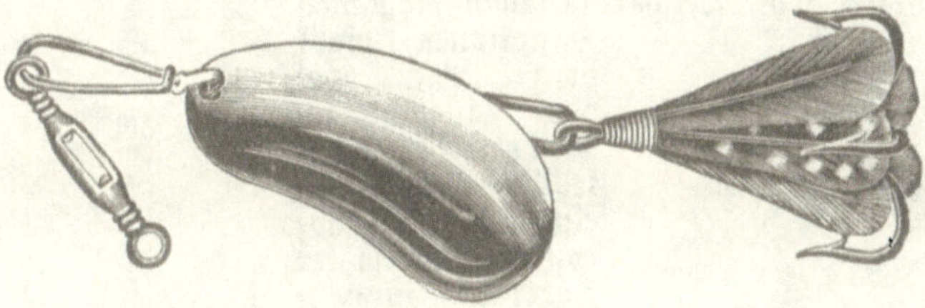

Abb. 63.

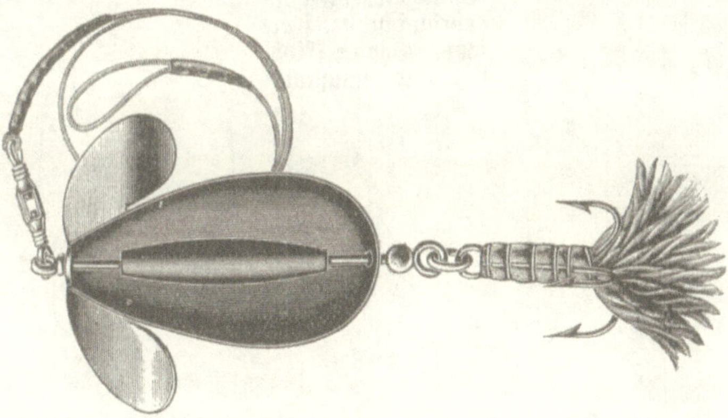

Abb. 62.

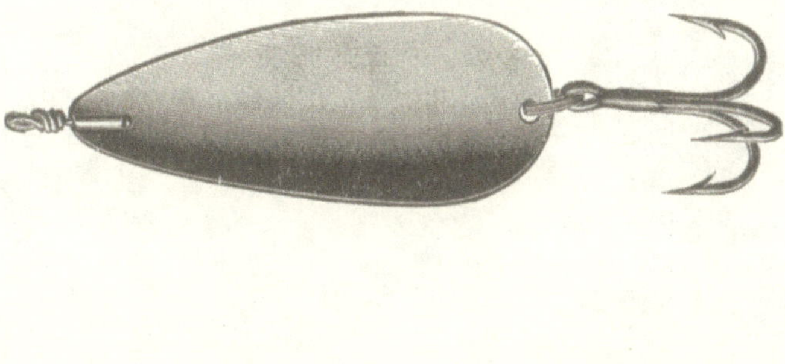

Abb. 61.

stattlich genannt werden kann. Und doch, im Grunde genommen, sind sie fast alle, wenigstens insoweit es sich um solche handelt, in denen das Spinn- bzw. Rotationsprinzip in Anwendung kommt, auf zwei Grundformen zurückzuführen: nämlich den Löffel und die Nachbildung des Fischkörpers, gleichgültig, ob aus Metall, Stoffgeflecht oder Zelluloid bzw. Kautschuk hergestellt.

Die älteste Form dürfte wahrscheinlich der Löffel sein, welcher in allen möglichen Variationen, blank oder färbig, oval oder länglich, an Wirbeln oder exzentrisch angebracht um eine Achse fliegend-rotierend, in letzter Form auch zu mehreren hintereinander an einer Achse im Handel ist. Die Abbildungen zeigen die gebräuchlichsten Formen. Ovaler (Abb. 60) und länglicher

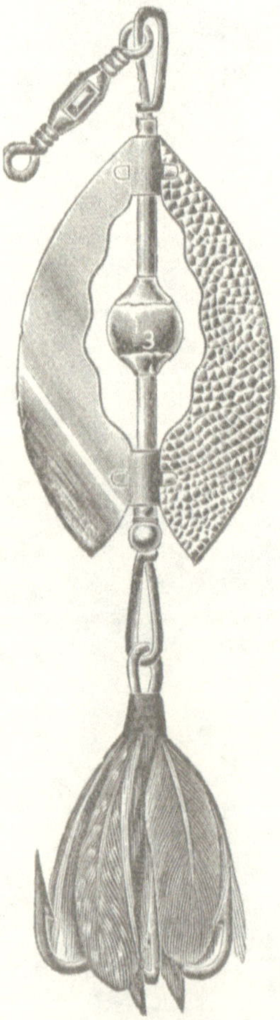

Abb. 65.

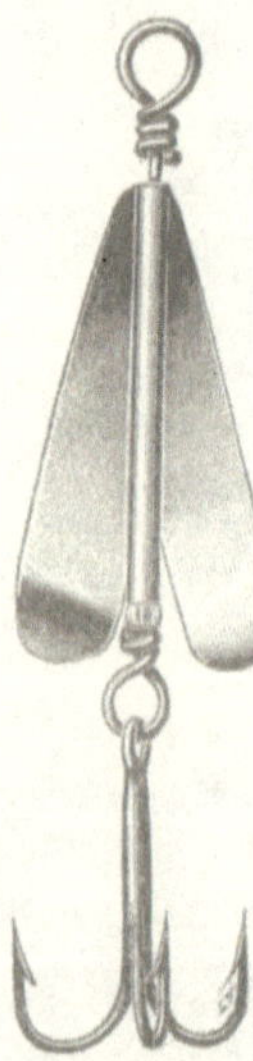

Abb. 66.

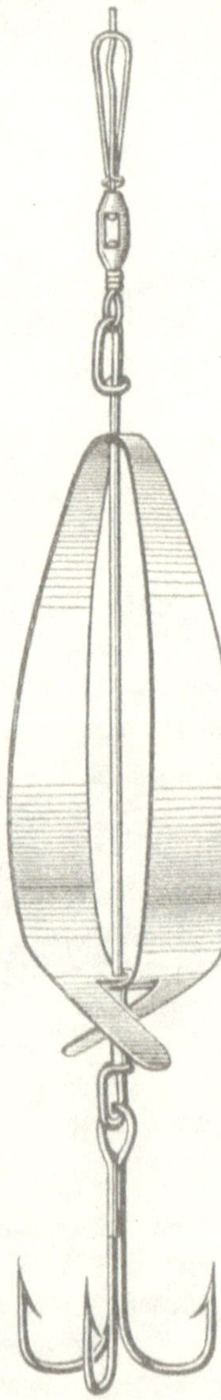

Abb. 67.

Löffel (Abb. 61), Kolorado-Löffel (Abb. 62), fliegender Löffel (Abb. 63); derselbe mit exzentrischem Kopf aus Blei und Leib aus roten Glaskorallen (Modell von Hardy, Abb. 64).

Eine andere Art von Ködern aus Metall, welche eine Zwischenstufe zwischen Löffeln und Blinkern vorstellen, sind jene, welche um eine Achse, die durch den ganzen Körper geht, rotieren. Zu diesen gehört der bekannte „Otter"-Spinner (Abb. 65), der Hang-Spinner (Abb. 66), der altbekannte Spiegel-Spinner (Abb. 67) und viele andere mehr, die alle unter verschiedenem Namen Variationen der genannten Grundformen vorstellen.

Einer der besten Spinnköder dieser Kategorie ist der sog. „Amerikanische fliegende Löffel". Wie die Abb. 63 zeigt, rotiert der Löffel um eine Achse, welche vorne einen Nadelwirbel und hinten einen einzigen großen Drilling trägt, der sich leicht aushängen läßt. An und für sich ziemlich schwer, kann er in vielen Fällen ohne separates Blei am Vorfach geworfen werden und spinnt infolge seiner exzentrischen Anordnung hervorragend auch in stillem Wasser.

Eine entschiedene Verbesserung ist der in Abb. 64 gezeigte exzentrische Bleikopf, welcher das Gewicht des Blinkers erhöht und die Beschwerung verlegt, somit die Anbringung eines zweiten Bleies überflüssig macht. Diese fliegenden Löffel werden auch mit zwei Löffeln hintereinander hergestellt, die sich auch bestens bewähren. Jedenfalls sind sie so einfach konstruiert, daß man sie sich bei einigem Geschick selbst herstellen kann.

Aus der länglichen Form des Löffels entwickelte sich der Blinker, dessen Prinzip erst in zweiter Reihe die Spinnbewegung ist. Vielmehr haben die glänzend polierten Seitenflächen die Aufgabe, das auf sie fallende Licht in verschiedene Wasserschichten zu reflektieren. Zu diesem Behufe soll ein richtig funktionierender Blinker bei langsamem Zuge mit seiner Schmalseite durchs Wasser gehen und dabei seitlich schwankende Bewegungen ausführen, was besonders bei der Schleppfischerei in größeren Tiefen von Wichtigkeit ist. Blinker, die mit Bauch oder Rücken nach oben, also auf der Breitseite liegend, schaukeln, sind unbrauchbar.

Die bewährtesten Formen sind: Der Gardasee- (Abb. 68), Comersee- (Abb. 69) und der Heintzblinker (Abb. 70). Die Blinker für die Spinnangel müssen aus dickerem Blech hergestellt sein als die zum Schleppen, denn erstere müssen den Wurf unterstützen und in die Tiefe sinken, was bei letzteren durch das Gewicht des Bleies besorgt wird. Auch würden schwere Blinker beim Schleppen während langsamer Fahrt zu schnell zum Boden streben.

Man stellt die Blinker in allen möglichen Ausstattungen her, hochglanzvernickelt, kupferpoliert, versilbert, vergoldet, ja sogar farbig.

Da der Comerseeblinker seit jeher, um die Alosa Finta lacustris nachzuahmen, mit farbigen Streifen und Tupfen versehen wird, habe ich versucht, zum Hecht- und Huchenfischen meine Blinker teilweise mit blauen bzw. roten Rückenstreifen zu versehen, und

Abb. 68.

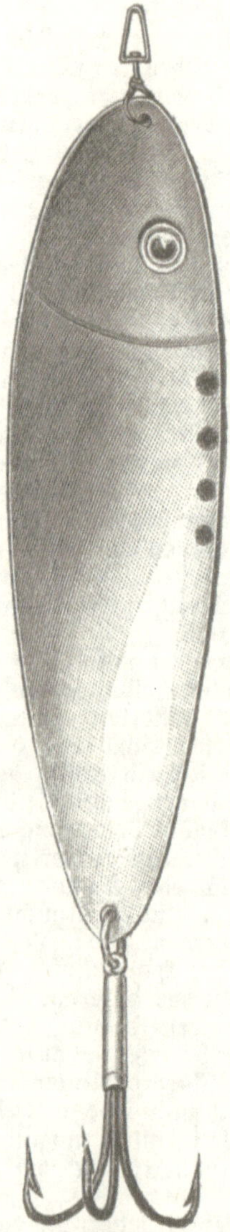

Abb. 69.

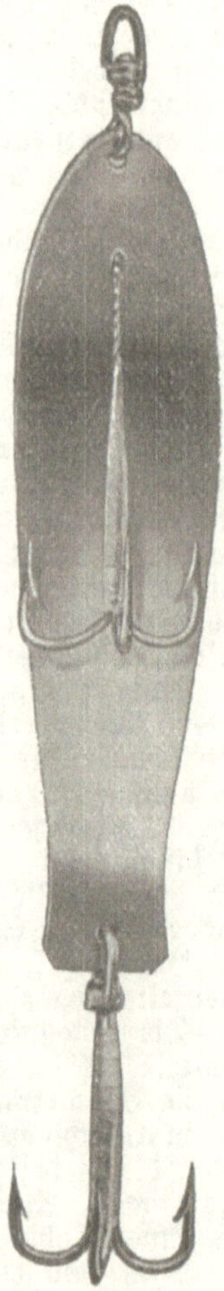

Abb. 70.

ich glaube, daß ich nicht schlecht getan habe. Wenigstens in einem Falle weiß ich bestimmt, — es war hohes und unsichtiges Wasser —, daß ich mit dem am Rücken rotgestrichenen Blinker an jenen Stellen Anbisse und Fänge hatte, an denen ich zuvor mit dem ungefärbten Blinker keine bekam. Jedenfalls ist die Sache wert, nachgeprüft zu werden.

Die Blinker mit Kopfdrillingen leiden unter dem Übelstande, daß dieser letztere sich leicht überschlägt. Die von Heintz empfohlene Befestigung mit dem Gummiring ist wohl gar nicht übel, aber Gummiringe werden durch längeres Lagern leicht brüchig und dann hat man den Ärger, wenn sie bei jedem Wurf reißen. Ein alter Verehrer des Blinkers und erfahrener Huchenfischer, Baron Pino, hat seine Blinker einfach mit je einem Loch neben der Schmalkante versehen, durch welches er einen Faden zieht und den Drilling so anbindet, daß er mit zwei Haken über der Kante steht. Das hat zwei eminente Vorteile: Erstens wird die Belastung des Blinkers exzentrisch, so daß er unbedingt auf der einen Schmalseite stehen muß, da diese belastet ist, daher bei langsamem Zuge oder geringer Strömung eben das typische seitliche Schwanken und damit das wirkliche Blinken erzielt wird. Zweitens, und das ist ebenso wichtig, wird die Fängigkeit des Kopfdrillings speziell beim Heintzblinker um mindestens 50% erhöht. Viele Spinnangler werden schon die unangenehme Wahrnehmung gemacht haben, daß ihnen die Fische, die auf den Kopfdrilling beißen, abkamen bzw. der Anhieb nicht saß. Die Erklärung ist einfach: bei der gewöhnlichen Befestigung des Drillings an der Breitseite mittels Gummiringes oder Drahtes kommt nur eine Hakenspitze zur Geltung, die beiden anderen bilden infolge der Einlenkung des starren Schaftes in den Blinkerkörper mit diesem ein starres, unnachgiebiges Ganzes und besonders bei etwas breiterem Blinkerleib kommt ein Eindringen der einen feststehenden Hakenspitze kaum in Frage. Dagegen kommen bei der Befestigung nach Pino alle drei Spitzen zum Fassen, da der ganze Haken freiliegt.

Ich habe mich mit der jetzt üblichen Verbindung des Kopfdrillings mit dem Körper nicht befreunden können und bin dazu gekommen, einen Ringdrilling mit Nadelwirbeln in die untere Öse des Wirbels am Kopfe einzuhängen, was einerseits dem Haken mehr Bewegungsfreiheit verleiht und andererseits gestattet, ihn bei Bruch oder sonstiger Beschädigung leicht zu wechseln.

Seit ich auch schon zu verschiedenen Malen den Schweifdrilling durch Bruch an der oberen Lötstelle verloren habe, verzichte ich auf den wirbelnden Drilling und hänge ihn lieber mit einem der vorzüglichen „ovalen Springringe" von Hardy ein (Abb. 71). Diese kann ich sehr empfehlen, sie sind bedeutend besser als die bisher gebräuchlichen runden Ringe, dabei doppelt so stark, und gestatten rascheſtes Ein- und Aushängen.

Die Fischkörpernachbildungen haben, bei uns wenigstens, in den letzten Jahren viel an Bedeutung und Beliebtheit eingebüßt.

Von den heute noch gangbaren erwähne ich den sehr fangigen „Storkspinner" (Abb. 72) und den ebenso bekannten „Devon-Spinner". Der letztere ist mir in seiner ursprünglichen Ausführung,

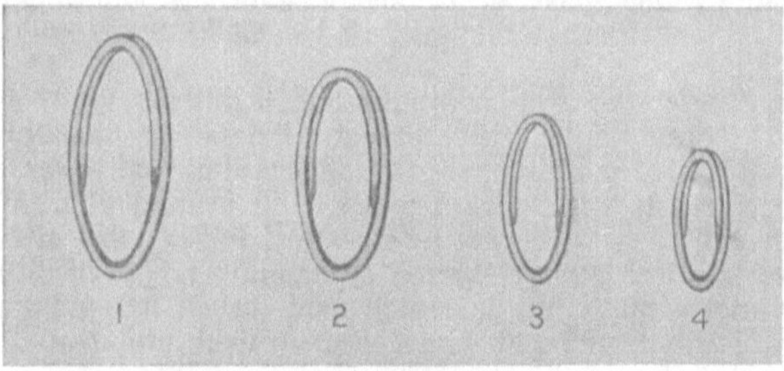

Abb. 71.

ebenso wie seine Varianten und Nachbildungen wegen seines von Haken starrenden Äußeren immer unsympathisch gewesen; in seiner moderneren Form, mit nur einem Drilling, erscheint er mir viel brauchbarer. Sein Vor-

Abb. 72.

Abb. 73.

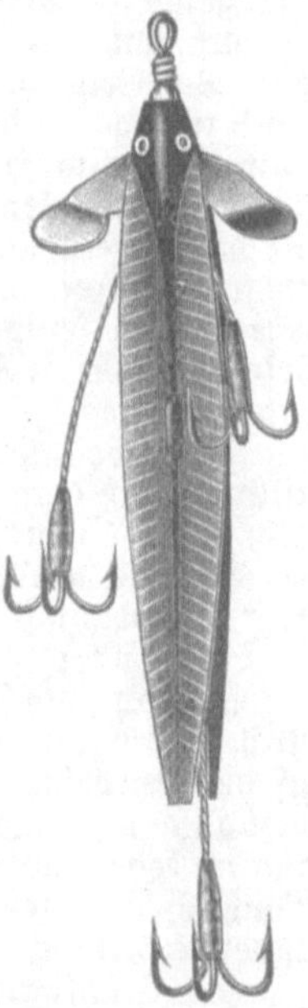

Abb. 74.

teil ist, daß man die Körper nach Farbe und Gewicht nach Belieben mühelos wechseln kann (Abb. 73).

Ein guter Spinner, speziell für Hechte, ist der sog. „Bachstelzenschwanz" (Abb. 74), an dem ich nur die Haken am Gut bemängle, welches bei längerem Lagern unverläßlich wird, ebenso wie die Bindungen; ich ziehe unter allen Bedingungen Haken am Punjabdraht vor.

Alle anderen „Phantome" und „Minnows" sind mehr minder gute oder schlechte Variationen eines Themas, einerlei, ob aus dem oder jenem Material hergestellt, vor allem sind sie viel zu teuer. Die einzige Verbesserung im Laufe der Jahre an ihnen ist, daß man sie jetzt mit separaten exzentrischen Köpfen aus Blei versieht, welche nicht mitrotieren.

Ich für meinen Teil fische schon seit vielen Jahren nicht mehr mit ihnen, da ich ihnen jeden halbwegs brauchbaren Löffel oder Blinker für weitaus überlegen betrachte.

In den letzten Jahren kommen die amerikanischen Tauchköder aus Holz immer mehr und mehr in Aufnahme, und nicht mit Unrecht. Sie verkörpern ein ganz richtiges Prinzip, nämlich das, daß der Fisch im Naturzustande weder als gesunder noch als kranker um seine Längsachse rotiert, sondern Bauch nach unten kreuz und quer im Wasser einherschießt, teils an der Oberfläche, teils in tieferen Wasserschichten.

Infolgedessen tragen sie keinen Wirbel, das Vorfach wird einfach in eine am Kopf befindliche Öse eingehängt, unter der die Tauchfläche angebracht ist. Diese besteht bei jenen Modellen, welche nur eine geringe Tauchtiefe, sagen wir bis zu ½—1 m, haben sollen, nur aus einer Abschrägung des Körpers nach vorn. Dieser selbst ist länglich, rund und von der Form einer Zigarre, deren Spitze dem Schweifende entspricht. Solche Formen, welche in größere Wassertiefen gelangen sollen, tragen eigens geformte Tauchschaufeln aus Blech, einige haben sogar einen Kopf aus massivem Metall, was das Blei am Vorfach ersetzt, das man bei den anderen Modellen einfügen muß, um in größere Tiefen zu gelangen. Damit sie schwimmen können, sind sie aus leichtem Holz hergestellt und mit einer äußerst widerstandsfähigen Lackierung versehen. Sie sind in allen Farben erhältlich; welche Farbe aber für ein bestimmtes Gewässer am besten paßt, muß jeweils ausprobiert werden.

Sie haben den unbestrittenen Vorteil, daß man sie nach dem Wurfe einmal einer gewünschten Stelle, in die man schlecht werfen kann, wie z. B. unter tief überhängendes dichtes Astwerk u. dgl., antreiben lassen kann, da sie erst tauchen, wenn man einzurollen beginnt, das andere Mal, daß man sie über eine gefährliche Stelle wie Grasbänke oder nahe der Oberfläche liegende Steine, Faschinenwerk usw. hinwegführen kann, indem man einfach mit dem Einrollen aufhört. Hat man schon beim Tiefführen das Malheur, irgendwo mit dem Blei hängen zu bleiben, so kann sich der Köder selbst nicht am Grunde verhängen, weil er nicht wie ein Metallspinner oder eine Flucht zu Boden sinkt, sondern in die Höhe steigt.

In ihrem Heimatlande dienen sie fast ausschließlich, mit der Überkopfrute geworfen, zum Fange aller Raubfische, auch der großen Seefische wie Tuna und Tarpon. Bei uns sind die Meinungen über ihre Brauchbarkeit noch geteilt. Die einen loben sie und wissen von großartigen Fängen zu berichten, — zu denen gehöre ich auch —, die anderen zweifeln an ihrer Brauchbarkeit oder sprechen den „Hölzeln" jeden sportlichen Wert ab. Ich glaube aber, daß mit der Zeit auch diese Beiseitestehenden gerne mit den „Hölzeln" angeln werden, wenn sie erst gelernt haben, sie zu führen; denn nur einfach einwerfen und warten, daß ein Fisch schon anbeiße, das kann man nicht verlangen, auch der „Oreno" oder wie er sonst heißt, verlangt richtig und mit Verstand geführt zu werden. Viele sind der irrigen Ansicht, daß man hiezu unbedingt und nur die Überkopfgerte benutzen könne; nein, die größeren Modelle lassen sich auch von der Spinngerte handhaben, die kleinen sogar von der Fliegenrute.

Mir ist diese Mentalität eines Teiles des angelnden Publikums nicht neu. Es sind das dieselben Leute, welche vor 20 Jahren, als die Blinker in den Handel kamen, verächtlich und spöttisch von „den Blecheln" sprachen, ohne sich je die Mühe genommen zu haben, dieselben führen zu lernen. Diese Leute sind nicht zu belehren und nicht zu bekehren. So wie seinerzeit die Blinker sich durchgesetzt haben und heute zum eisernen Bestand einer Spinnangelausrüstung gehören, so werden auch die Amerikaner ihren Weg machen. Mir wenigstens und vielen meiner Angelfreunde sind sie schon unentbehrliche Begleiter. Ich nenne im folgenden die für unsere Verhältnisse geeignetsten Formen: Babe Oreno, froschfarbig, Bass Oreno (Abb. 75), Fish Oreno mit in gleicher Gestalt, aber mit massivem Metallkopf zum Führen in großen Tiefen, Pike Oreno (Abb. 76), besonders geeignet für die Schleppangel.

In verkrauteten Gewässern dürfte es sich empfehlen, um weniger leicht hängen zu bleiben, statt der Drillinge die nebenstehend abgebildeten „Manner-Einhaken" (Abb. 77) zu verwenden, die, wie aus ihrer Konstruktion ersichtlich, sehr leicht ein- und auszuhängen sind. Ich bemängle an ihnen nur die zu stumpfen Spitzen, welche man vor Gebrauch sorgfältig nachschleifen muß. In letzter Zeit verwende ich die Manner-Haken für das auf einer vorhergehenden Seite beschriebene „Old Sikari"-System, für das sie sich hervorragend eignen; nur muß man für letzteres Haken von der „Tarpon"-Größe nehmen.

Eine besondere Stellung unter den künstlichen Ködern nehmen die Tauchköder nach Behm (Abb. 78) und der „Zopf" (Abb. 79) ein; auch der unter dem Namen „Wunderfischli" (Abb. 80) bekannte Spinn- und Tauchköder gehört in diese Kategorie.

Die ersteren weichen von den gang und gäben Spinnködern insoferne ab, als an ihnen bloß der Kopf, dargestellt durch eine um eine Achse rotierende Bleikugel mit Turbinenflügeln, allein die

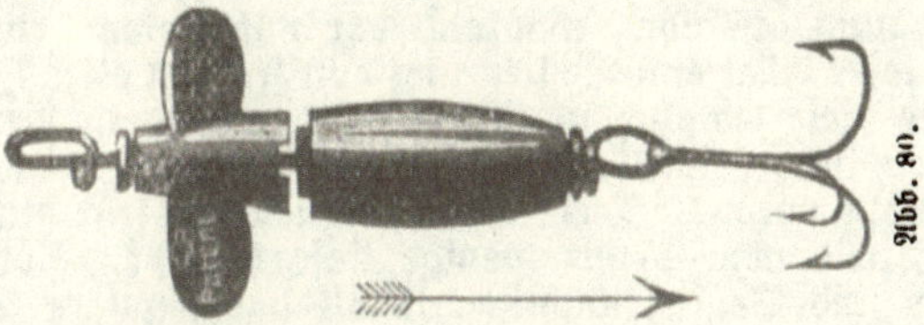

Abb. 80.

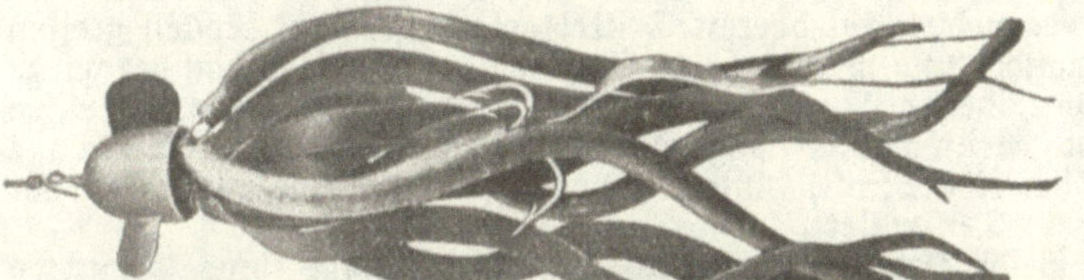

Abb. 79.

Abb. 78.

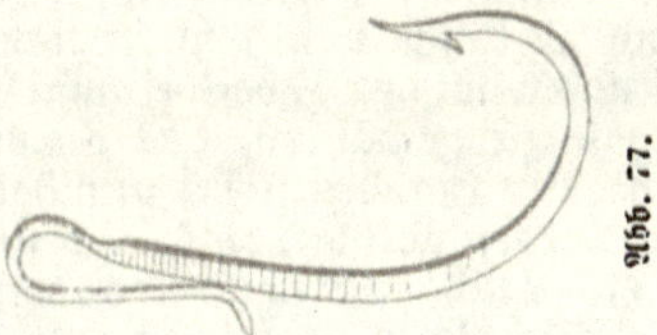

Abb. 77.

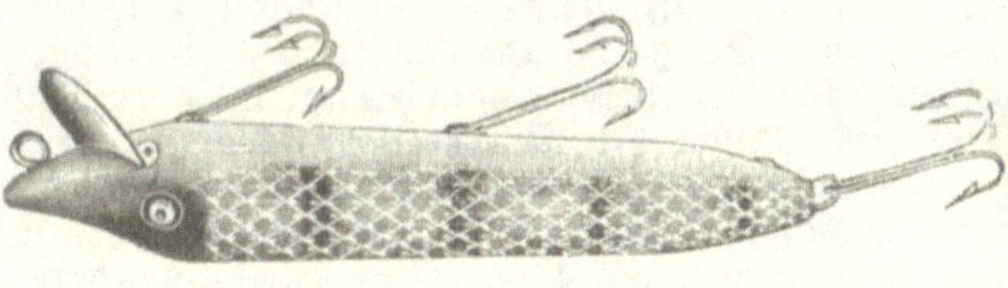

Abb. 76.

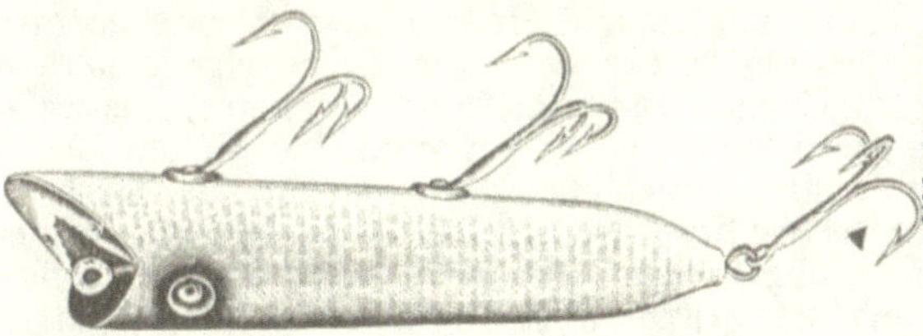

Abb. 75.

Drehbewegung ausführt, während der mit Haken bewehrte Leib starr ist; dieser trägt eine Bekleidung von Federn aller Farben bzw. ist er ohne diese lediglich versilbert oder vergoldet. Beim Hereinspinnen wie auch beim Tauchen rotiert die Kugel, bei letzterer Bewegung Kopf voraus. Diese Köder eignen sich sehr gut für kleine Gewässer, in denen es nur wenige tiefe Gumpen gibt, in denen das Heben und Senken wichtiger ist als das reguläre Spinnen.

Das sog. „Wunderfischli" besteht aus einem massiven Metallkörper, welcher im oberen Drittel geteilt ist: zwei Nocken greifen ineinander und werden beim Spinnen gekuppelt, so daß der ganze Körper, dessen Vorderteil die Flügel trägt, sich um seine Achse dreht. Beim Tauchen dagegen löst sich die Kupplung selbsttätig aus und der Köder sinkt, Hinterleib voraus, in die Tiefe, wobei nur der vordere Teil rotiert.

Beide Arten Spinner sind gut und infolge ihres Gewichtes ohne separates Blei am Vorfach leicht von der Rolle zu werfen.

Der „Zopf" ist urspküglich nur an der unteren Donau und den südlichen großen Nebenflüssen derselben als Huchenköder in Gebrauch gewesen, hat sich aber nach und nach auch an anderen Wässern und auch zum Fange von Hechten, Welsen usw. eingebürgert. Hergestellt wird er, indem 3—5 Neunaugen an eine Flucht von zwei hintereinander stehenden Drillingen befestigt werden. Seine Herstellung ist sehr einfach: Die beiden Drillinge werden je an ein Ende eines ca. 25 cm langen Stückes stärkster geklöppelter Seidenschnur eingeknüpft. Wenn das geschehen, legt man die Schnur zu einer Schleife, in die man einen Knoten, einfach oder doppelt, derart einbindet, daß die Drillinge von dem Knoten ca. 5 und 12 cm herabhängen. Der Knoten hat den Zweck, einmal den angebundenen Neunaugen einen Halt zu gewähren, das andere Mal der aufzusetzenden Bleikappe ein Herabrutschen unmöglich zu machen.

Die Neunaugen werden getötet, was rasch und sicher geschieht, indem man sie in ein Tuch einbindet und dieses mit mäßigem Schwunge gegen die Tischplatte oder sonst eine Unterlage schlägt. Sodann näht man mit einem starken Faden (dicke chirurgische Nähseide) knapp unter dem Saugnapf am Kopfende zweimal durch den Körper und knüpft die Enden über dem Saugnapf oder Maul zusammen. Nun bindet man die Enden so um den Knopf in der Schnur, daß das Neunauge ca. 1—1½ cm davon herabhängt. Verwendet man kleine Haken, so bindet man nur 3 an, bei Verwendung großer Hakennummern dagegen 4—5. Eine Bleikappe, deren Gewicht dem Wasser und seiner Tiefe angepaßt ist, wird übergestülpt und die Anköderung ist beendet. Die Schnurschleife wird direkt ins Vorfach eingehängt. Es ist klar, daß es kaum noch eine einfachere Anköderung geben kann; und zudem kaum eine, die auf alle Raubfische einen so unwiderstehlichen Reiz ausübt wie gerade diese. Selbst Fische, welche vor kurzem, selbst am selben Tage, von einem anderen Köder abgekommen sind oder diesen als verdächtig oder aus einem anderen Grunde nicht angenommen haben, stürzen sich mit Gier auf den Zopf, sobald er in ihrem Gesichtskreise auftaucht. Ich werde über die Führung des Zopfes in einem späteren Kapitel sprechen.

Leider sind Neunaugen nicht überall und nicht immer zu haben und lassen sich nicht in Formalin konservieren, außer auf Kosten ihrer Elastizität bzw. Geschmeidigkeit. Am besten noch in verdünntem Alkohol mit Zusatz von etwas Glyzerin, und zwar nach der Formel: Absoluter Alkohol 20, destilliertes Wasser 100, Glyzerin 5. — Bis annähernd zu 6 Monaten lassen sich Neunaugen auch in 2—3prozentiger Wasserstoffsuperoxydlösung aufbewahren, doch empfiehlt es sich unter allen Bedingungen, diese mit destilliertem Wasser und reinstem Wasserstoffsuperoxyd, als welches das Merckſche Perhydrol anzusehen ist, herzustellen. Die Neunaugen behalten darin ihre natürliche Farbe und Elastizität; nach 5—6 Monaten aber werden sie weiß und zerfallen. Auch darf man so konservierte Neunaugen, welche schon im Gebrauche waren, nach demselben nicht wieder in die Konservierungsflüssigkeit zurücklegen, da sie nicht mehr haltbar sind. Dagegen kann man aber vor dem Einlegen die frischen Neunaugen zum Zopfe binden, um sie im Gebrauchsfalle einfach in die Flucht einbinden zu können; manche binden die Flucht komplett fertig und legen sie so ein. Ich möchte dem widerraten, denn ich bin der Ansicht, daß langes Lagern in Wasserstoffsuperoxyd die Schnur, an der die Flucht gefestigt ist, zermürbt, was leicht zum Verlust des Zeuges oder gar eines guten Fisches führen kann.

Formalin, auch in größter Verdünnung, ist für die Konservierung der Neunaugen absolut ungeeignet, denn in diesem werden sie bald steif und hart, wodurch sie für den gedachten Zweck unbrauchbar werden.

Man hat infolgedessen verschiedene Ersatzmittel versucht, von denen sich noch am besten der künstliche Zopf aus Hirschleder bewährt hat, den man sich sehr leicht selbst anfertigen kann. In der Österreichischen Fischerei-Zeitung hat Baron Pino die Anfertigung des Lederzopfes anschaulich und ausführlich beschrieben, und ich kann seine Herstellungsweise bestens empfehlen.

Die künstlichen Zöpfe aus Gummiröhrchen, Schwamm usw. sind nicht sehr haltbar und unverhältnismäßig teuer, ohne bessere Resultate zu liefern als der einfache und billige Lederzopf.

Zur Herstellung des künstlichen Zopfes dürfte sich aber die in Amerika mit Recht äußerst beliebte Schweineschwarte empfehlen, welche man in Streifen verschiedener Länge in einer vorzüglichen Art konserviert und in Gläsern zu kaufen bekommt. Da dieselbe äußerst zäh und elastisch ist und auch infolge der Form, in der sie geschnitten ist, beim Ziehen durch das Wasser prächtig schlängelnde Bewegungen macht, wäre ein Versuch zu ihrer Verwendung sehr zu empfehlen. Auch in Amerika fischt man mit ihr auf Black Baß und Muscalonge usw., indem man 2—3 Streifen von ihr anködert und ähnlich wie mit dem Zopfe angelt.

Werfen und Wurftechnik.

Das Werfen oder der Wurf mit der Spinngerte kann in zwei Stilarten ausgeführt werden: entweder in Schleifen aus der Hand nach der alten Methode des „Thames"- oder „Themse"-Stiles oder nach der moderneren direkt von der Rolle im sog. „Nottingham"-Stil.

Der sog. Themse-Stil hat vielleicht Jahrhunderte lang eine dominierende Stellung eingenommen und selbst heutzutage sind seine Anhänger noch nicht ausgestorben. In jener Epoche, da die Rollen noch nicht auf der Höhe waren, wie sie es heute sind, war er sogar aller Wahrscheinlichkeit nach eine unabweisbare Notwendigkeit, und auch heute noch kommt man hie und da in die Lage, besonders bei ganz nahen Würfen in kompliziertem Gelände in „Klängen" oder „Ringen" von der Hand aus werfen zu müssen, weshalb ich seine Beschreibung auch gebe.

Vor dem Wurfe zieht man die erforderliche Länge Schnur von der Rolle, welche man in Ringen am Boden ordnet, natürlich in der Richtung des Ablaufes und nicht umgekehrt. Der Köder hängt ca. 1 m von der Gertenspitze herunter. Man bringt ihn langsam in pendelnde Bewegung und auf der Höhe des Ausschlages nach hinten schwingt man die Gerte dem Ziele entgegen, gleichzeitig die bis dahin festgehaltene Leine freigebend, worauf der Köder seinem Ziele zueilt.

Da sich die Schnur am Boden nur zu leicht in Unebenheiten, Ästen oder selbst Grashalmen verhängen kann, wodurch der Wurf sofort unterbrochen wird, hat Ehmant den nach ihm benannten Fächer konstruiert, der dazu bestimmt ist, die auszuwerfende oder wieder eingeholte Schnur zu fassen und zu tragen. Ich habe ihn zu der Zeit, als auch ich noch nach dem alten Stile fischte, nie benützt, da ich es vorzog, die Leine in Ringen auf die Hand zu nehmen, wodurch man viel mehr Kontrolle über dieselbe behält.

Allerdings, etwas darf bei dieser Art zu werfen nicht vorkommen: das ist das Rollen und Verdrehen der Schnur, sonst hat man im Momente ein Gewirr von Leine statt glatter Ringe in der Hand; ebensowenig darf die Schnur weitgehend gefrieren. Die seinerzeit benützten Schnüre waren viel voluminöser als die heutigen und waren ziemlich steif imprägniert.

Das Einholen der Schnur geschieht in regelmäßigen Zügen von etwa 1 m Länge. Das eingeholte Stück wird wieder als Ring festgehalten, entweder mit der linken Hand oder mit der rechten, unter gleichmäßigem Heben und Senken der Gertenspitze in den einzelnen Phasen des Einziehens, wodurch ein gleichmäßiges Spinnen des Köders erzielt wird. Man konnte diese Art zu werfen bald erlernen, ebenso auch ziemlich weite und zielsichere Würfe machen, selbst mit recht leichten Ködern, aber doch war man einer Unmenge von unangenehmen und störenden Zufälligkeiten ausgesetzt, welche vielen das Erlernen und die Ausübung des Spinnfischens verleideten. Vor allem war es das obenerwähnte Verdrehen der Schnur, überhaupt das schwerste Übel, an dem die Spinnangelei jener Zeit krankte, und die daraus resultierenden Ärgernisse und Störungen, ferner der rasche Verbrauch der Schnüre, die bald rauh und filzig wurden, und nicht zum wenigsten die verschiedenen Störungen beim Drill, namentlich in unebenem und verwachsenem Gelände. Wieviele schöne Fische gingen verloren, nicht allein wegen der minderen Fängigkeit der Spinnfluchten, sondern durch die komplizierte Gestaltung des Drilles an sich. Wie oft habe ich es selbst erlebt, daß sich mir die Schnur verknäuelte, wenn ich das Stück von der Hand auf die Rolle bringen wollte, während draußen ein ungebärdiger Fisch wilde Befreiungsversuche machte. Überhaupt das Aufrollen eingeholter Leine war nach dem Anhieb an und für sich schon ein Kunststück, und ein Drill, bei dem man nicht die Rolle mitarbeiten lassen kann, ist meist eine fragliche Sache. Wohl loben ältere Autoren bei Beschreibung des Themse-Stiles das feine Gefühl, das man in den Fingern habe, wenn man mit der Leine in der Hand drillt. Zugegeben, — aber wem je einmal ein Fisch diverse Meter Schnur in einem Saus durch die Finger gezogen hat, der wird das angenehme Gefühl des Brennens an denselben längere Zeit im Gedächtnis behalten haben. Derlei unangenehme Erfahrungen brachten mich beizeiten dazu, nach dem Wurfe sofort einzurollen, — wenigstens hatte ich keine lockere Leine draußen und die Hände frei —, dafür nahm ich gerne den Übelstand mit in Kauf, zu jedem Wurfe jedesmal die erforderliche Länge Leine abziehen und neu ordnen zu müssen. Dafür aber hatte ich die Sicherheit, daß mir unter dem Drill keine Unannehmlichkeiten und Überraschungen unliebsamer Natur widerfahren konnten.

Heute werfe ich meist nur dann von Klängen in der Hand, wenn ich auf nahe Distanz einen Köder nicht anders hinausbringen kann als mit Unterhandschwung, der nicht ausreicht, um von der Rolle genug Leine abzuziehen, wie es z. B. unter überhängenden Bäumen und reichlichem Bewuchs an der Seite häufig der Fall ist, daß man für den Seitenschwung einfach keinen Platz hat, oder aber mit einem sehr leichten Köder, wenn ich ohne Wenderolle angle und diesen gerne weiter hinausbringen möchte.

Die erwähnten Mängel des alten Stiles drängten dazu, den Wurf von der Rolle zu üben. Warum sich diese so langsam durchsetzte, habe ich in dem Kapitel über die Rollen erklärt. — Heute ist er d e r Stil geworden. Im Laufe der Zeit hat er mannigfache Wandlungen durchgemacht, und ob der Stil, welchen wir den von heute nennen, es auch noch morgen sein wird, will ich hier nicht entscheiden.

Bahnbrechend wirkte der Amerikaner Henshall, der vor einem halben Jahrhundert den Wurf von der Rolle mit leichtem Köder und der nach ihm benannten einhändigen Gerte lehrte. Max v. d. Borne machte die deutschen Angler mit dieser Methode bekannt, leider aber fiel die Anregung nicht auf fruchtbaren Boden. An und für sich war die Spinnfischerei damals noch in weitesten Kreisen unbekannt, und die wenigen, welche diese Kunst übten, klebten zähe am Althergebrachten, dem Wurfe aus der Hand. Erst Heintz griff die Vorzüge dieser Art zu werfen auf und machte den Wurf von der Rolle populär, wenn auch sein Stil und seine Handhabung der Rolle vielen immense Schwierigkeiten bereitete.

Selbst im sportfreudigen England konnte sich der Wurf von der Rolle lange nicht gegen die alte Wurfweise durchsetzen, allerdings nicht deshalb, — wie Heintz irrtümlich annahm —, weil die Engländer mit der Rolle nach unten werfen, sondern der Grund war eben wie auch bei uns die Mangelhaftigkeit der Rollen, wie ich im betreffenden Kapitel ausgeführt habe. Diese ist überwunden, seit die Fehlerquelle der bisherigen Rollen gefunden ward. Im Grunde genommen ist es effektiv für das Gelingen des Wurfes an sich vollständig gleichgültig, ob die Rolle nach unten oder nach oben steht, ob man von der Hüfte aus wirft oder die Gerte frei hinaushält.

Für das Angeln hingegen ist es vorteilhafter, die Gerte frei in den Händen zu führen und mit der Rolle nach oben zu fischen. Diese Erkenntnis hat sich längst auch schon jenseits des Kanals durchgesetzt und heute wirft bereits der Großteil der britischen Angler in dieser Weise.

Ehe ich aber zur Beschreibung der verschiedenen Arten, von der Rolle zu werfen, schreite, muß ich etwas zur Sprache bringen, was ich bisher in keinem Buche gesagt fand: nämlich daß man, so paradox es klingen mag, mit den Beinen wirft, ebenso wie man mit ihnen schießt.

Jeder flinke Schrotschütze weiß, daß er schlecht oder gar nicht einem seitlich flüchtenden Ziel nachschwingen kann, wenn er diesen Schwung nicht durch die geeignete Fußstellung vorbereiten oder unterstützen kann, da die seitliche Drehungsmöglichkeit des Rumpfes aus der Hüfte eine sehr beschränkte ist.

Ganz genau dieselben Verhältnisse liegen beim Spinnwurf mit seitlichem Schwunge vor. Hier wie dort unterstützt bzw. ermöglicht die richtige Fußstellung, und was noch wichtiger ist, die richtige Drehung des Körpers auf den Füßen einen mühelosen und richtigen Wurf. Ich halte es deshalb nicht für unangebracht, diese Fußstellungen in bildlicher Darstellung zu veranschaulichen und den Schützen neben dem Werfer zu zeigen, in der Annahme, meinen Lesern eine neue Hilfe bei der Erlernung des Wurfes zu geben oder jenen, welchen der Wurf noch Mühe macht, einen neuen Weg zu weisen.

Ganz gewiß, unter gewissen Umständen, wie im beschränkten Raume des Bootes oder beim Waten, auch beim Begehen widriger Ufer, wird man nicht immer die korrekte Fußhaltung einnehmen können, aber darum handelt es sich ja auch nicht für den Geübten, denn dieser wird durch vorgeschrittene Übung und Beherrschung der Materie in solchen Fällen eine Hilfe wissen. Aber der Anfänger und derjenige, welcher den Wurf als solchen noch nicht voll beherrscht, soll sich an Hand des Gezeigten eine Grundlage für seine Technik bilden, die zu modulieren und dem jeweiligen Erfordernis anzupassen seiner späteren Vollendung vorbehalten bleibt.

Man kann den Wurf von der Rolle ebenso wie den vorhin beschriebenen Wurf aus Klängen auf zwei Arten machen: von der Hüfte oder mit frei herausgehaltener Gerte. Ich will es gleich hier sagen, daß man auf beide Arten korrekt, genau und erforderlichenfalls auch weit werfen kann. Daß man aber mit der — in einer oder beiden Händen — frei geführten Gerte leichter arbeitet, vor allem in einer natürlicheren Haltung unter Vermeidung einer ermüdenden Anspannung der Rückenmuskeln, das wird jeder bald herausfinden, wenn er sich die kleine Mühe macht, in beiden Stellungen werfen zu lernen.

Ob man mit der leichten einhändigen oder der naturgemäß schwereren doppelhändigen Gerte, ob man von links nach rechts oder umgekehrt mit der Rolle nach oben oder nach unten wirft, — das bleibt sich für die Ausführung des Wurfes gleich. Immer aber halte man sich eines vor Augen: Jeder Wurf beginnt mit einem Schwung und endet in einem solchen. Je weniger rohe Kraft und je mehr stetige Bewegung in denselben hineingelegt werden, desto sicherer ist das Gelingen.

Alle Anfänger und viele ältere Spinnfischer machen den kardinalen Fehler, sich zu überstürzen, d. h. dem Anschwung nicht die nötige Zeit zu lassen, seinen größten Ausschlag zu erreichen. Wenn sie dann noch diesen Fehler durch überflüssige Kraftanwendung verbessern wollen, dann mißlingt der Wurf unweigerlich von Haus aus.

Jeder Wurf besteht aus zwei Schwungphasen.

Die erste ist der Anschwung. Von der Gertenspitze hängt der Köder senkrecht 1 m bis $1\frac{1}{2}$ m, je nach der Länge der Gerte, herab. Ein leises Schwingen der Gerte bringt ihn zum Pendeln. Gut und vorteilhaft ist es, wenn man sich von Haus aus angewöhnt, die Schwingungsebene des pendelnden Köders möglichst parallel zur eigenen Körperebene zu legen. Während der einzelnen Pendelausschläge vermeide man jede reißende oder ruckende Bewegung der Gerte, denn das unterbricht die Streckung der Schnur zwischen Köder und Gertenspitze. Wenn der pendelnde Köder den größten Ausschlag nach hinten macht, — besser: wenn er fast oder ganz die Horizontale erreicht hat —, dann ist der Moment für die zweite Phase gegeben für den Vorschwung.

Es wäre ganz gefehlt, diesen mit einem gewaltsamen Ruck oder Stoß nach vorne in Szene zu setzen, nein, im Gegenteil, er muß förmlich fließend aus dem ersten Schwunge hervorgehen und allmählich gegen das Ende seiner Bahn an Stärke zunehmen. Die Gertenspitze bewegt sich im Verlaufe des Vorschwunges nicht in einer Geraden, sondern in einem Kreisbogen von ungefähr 90 Winkelgraden! Dieselbe Bahn muß parallel dazu der Köder durchlaufen! Am Ende des Vorschwunges wird die bis dahin festgebremste Rolle freigegeben, nicht früher, sonst fliegt der Köder seitab von der Zielrichtung, und nicht später, sonst wird der Wurf zu kurz.

Der freigegebene Köder fliegt nun seinem Ziele zu und wird durch Nachgehen mit der Gertenspitze in die Richtung des Einfallspunktes dirigiert.

Ich möchte jedem Anfänger den Rat geben, diese Schwungmomente zu studieren und zu üben, ehe er an den Wurf auf ein Ziel geht. Diese Übungen können ganz gut auf einer Wiese gemacht werden. Hat er einmal das Gefühl für den weichen Schwung los, dann bietet ihm das Werfen keine besonderen Schwierigkeiten mehr, denn das richtige Bremsen der Rolle lernt er viel leichter.

Die meisten Anfänger wollen „weite" Würfe machen und verschwenden eine Menge Muskelarbeit an dieses unfruchtbare Tun, ohne aber zu bedenken, daß ihnen die Grundbedingung für ein gutes Werfen, d. i. die richtige Kenntnis der Ausführung der Schwünge, abgeht, und daß diese wiederum die Vorbedingung für den richtigen, sauberen Wurf ist, den zu beherrschen ihre nächste Aufgabe sein soll. Erst aus diesem entwickelt sich ganz von selbst bei zunehmender Übung die Fähigkeit, gute weite Würfe zu machen.

Wie entwickelt sich nun nach dem Vorschwung der weitere Wurf?

Wir haben die Trommel freigegeben und der Köder fliegt seinem Ziele zu. Wenn der Anfänger nicht gerade eine Rolle des Silex- oder des Antibacklashtyps führt, muß er die Trommel in ihrem Laufe mit den Fingern kontrollieren, d. h. er muß, je näher der Köder dem Ziele kommt, desto kräftiger auf den Rand der Schnurtrommel drücken, um diese in dem Moment ganz festzustellen, wenn der Köder ins Wasser fällt. Täte er dieses nicht, dann würde die Trommel, dem Gesetze der Beharrung und der Trägheit folgend, weiterlaufen und daraus würde ein Überlaufen der Schnur resultieren. Bei den alten Rollen war das Überlaufen eine ewige Gefahr und das richtige Bremsenlernen eine bittere Schule. Heute haben wir besonders in den Speichenrollen so gute Regulierungsmöglichkeiten, daß man fast gar nicht mitzubremsen braucht, zum mindesten aber das fatale und entmutigende Überlaufen bei einiger Vorsicht kaum mehr zu befürchten ist.

Wie, bzw. wo und mit welchen Fingern gebremst wird, hängt von der Stellung der Rolle, vielfach aber auch von der Gewohnheit ab, auch davon, wie die Schnur von der Rolle weg zum Leitring läuft.

Bei den Wenderollen entfällt naturgemäß jede Bremstätigkeit der Finger, da ja die Trommel steht und der Schnurablauf von selbst in dem Augenblicke aufhört, da der Köder ins Wasser fällt, also der Zug an der Leine, welcher ihren Ablauf bewirkt, aufgehört hat. Beim Gebrauche solcher Rollen hat man weiter nichts zu tun, als sie nach dem Einfallen des Köders in die Stellung zum Aufrollen zurückzudrehen und mit dem Einrollen zu beginnen.

Wirft man mit der Rolle nach unten, dann wird man je nachdem mit dem Daumen oder Zeigefinger der einen oder anderen Hand bremsen (Abb. 81).

Heintz empfahl das Bremsen mit dem Daumen und den Verlauf der Schnur von oben her und das Einrollen gegen den Körper. Das letztere ist eine für den Rechtshänder unangenehme Tätigkeit, das erstere schafft meiner Ansicht nach eine überflüssige Reibung der Leine am Leitring. Die Schnur wird ohnedies beim Einrollen genugsam am Endring gescheuert, selbst wenn dieser Achatfütterung hat, und ganz besonders, wenn sich noch Eis an ihm ansetzt. Dagegen stimme ich der anderen Begründung für die Stellung der Rolle nach oben zu, nämlich der, daß sich in dieser Stellung die Schnur nicht an den Zwischenringen reiben kann. Tatsächlich geschieht dies auch nicht, die Reibung bleibt, wenn die Schnur von

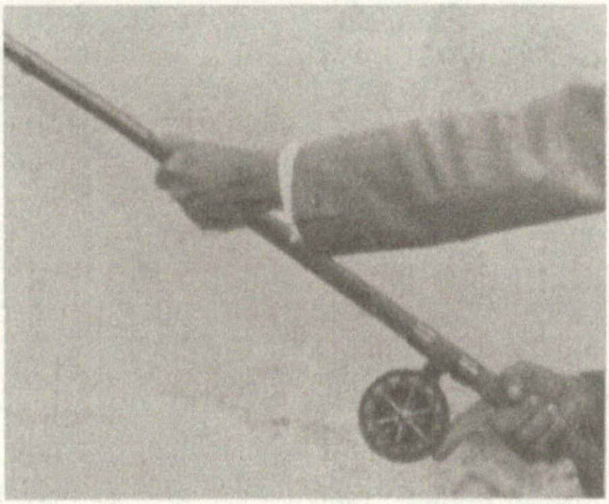

Abb. 81 a.

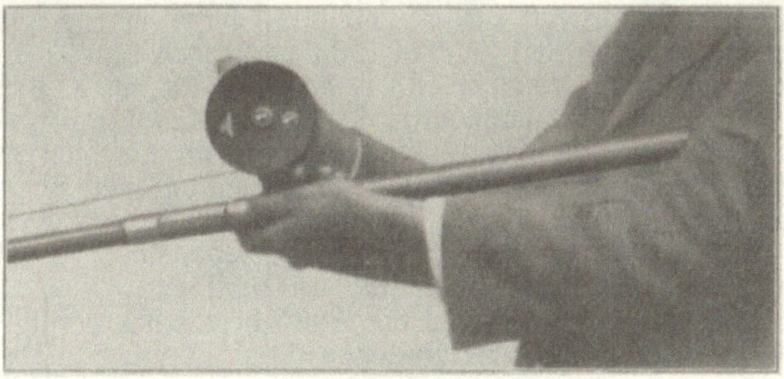

Abb. 81 b.

unten her parallel zur Gerte läuft, sogar nur auf den Endring beschränkt. Diese Art, die Schnur auf die Rolle zu winden, hat aber noch den Vorteil, daß der Rechtshänder in seiner gewohnten Weise rollen kann.

Das wichtigste Argument für die Aufwärtsstellung der Rolle scheint mir aber das zu sein, daß man in dieser Stellung das korrekte Aufwinden der Leine mit den Augen kontrollieren kann, was für das Gelingen der nächsten Würfe von fundamentaler Wichtigkeit ist.

Ich selbst bremse meine Rolle mit den Fingerspitzen der linken Hand, was die besondere Stellung der Rolle bei der Ausführung des Wurfes bedingt, zu der ich, mit der zweihändigen Gerte natürlich, vollständig übergegangen bin; ich werde dieselbe später detailliert beschreiben, wenn ich die verschiedenen Arten zu werfen schildern werde.

Welche Anforderungen hat man an einen guten Wurf zu stellen?

Ein guter Wurf muß sauber, korrekt und zielgenau sein.

Sauber ist der Wurf, wenn er von Anfang bis zum Ende hemmungslos und stilgerecht durchgeführt ist. Korrekt aber ist er, wenn er auch seiner anglerischen Bestimmung gerecht wird. Zum Kriterium eines korrekten Wurfes gehört möglichste Lautlosigkeit beim Einfall des Köders. Heintz stellt dafür die Forderung auf, daß der Köder bei seinem Laufe einer Ebene folge, die im spitzen Winkel zur Wasseroberfläche geneigt sei, und perhorresziert den Bogenwurf mit der Motivierung, daß der von oben ins Wasser fallende Köder aufpatsche und dadurch die Fische vergräme. Ich möchte das nicht so ohne weiteres bejahen. Es gibt Situationen, in denen Schilf oder Gebüsch vor dem Angler diesen zwingen, es zu überwerfen, wenn er eine jenseits davon liegende gute Angelstelle erreichen will. Was bleibt da übrig, als den Köder in mehr minder hohem Bogen über das Hindernis zu werfen? Und trotzdem habe ich wiederholt gerade mit solchen Würfen gute Fische erbeutet. Ich glaube, das „Einpatschen" des Köders stört die Fische nicht allzusehr, denn springende Fische kommen doch stets mit einem mehr minder lauten Aufschlag ins Wasser zurück, ohne daß die Nachbarschaft davon sonderlich Notiz nimmt oder Beunruhigung zeigt. Allerdings auf nahe Distanzen und nahestehende bzw. hochstehende Fische empfiehlt sich ein möglichst leiser Wurf, besonders dann, wenn man sich den Fischen nicht verbergen kann.

Zielgenau ist der Wurf, wenn er dort einfällt, wo es der Werfende beabsichtigt, und zielgenaues Werfen ist das Charakteristikum für den guten Werfer. Wenn man auch im allgemeinen mit der Spinnangel möglichst große Wasserflächen zu bedecken hat, so ergeben sich doch Momente genug, wo eben nur der gezielte und richtig gesetzte Wurf Erfolg verheißt, so daß es erstrebenswert ist, sich auch im zielsicheren Werfen zu üben und auszubilden.

Ich will nun im folgenden die Ausführung der verschiedenen Wurfweisen mit ein- und zweihändigen Gerten sowie den Überkopfwurf schildern.

Zunächst den Wurf mit der in letzter Zeit mit Recht so beliebt gewordenen einhändigen Spinngerte oder „Henshall-Gerte".

Ich bemerke im voraus, daß die Fußstellung und die Drehung des Körpers auf den Füßen bei dieser Art zu werfen und auch bei der nachstehend beschriebenen Führung der zweihändigen Gerten die gleiche ist, und bitte meine Leser, hiezu die Abb. 82 und 83 zu studieren. Ich möchte die im Borne wiedergegebenen Stellungen für den Wurf mit der Henshallgerte nicht empfehlen, da aus ihnen das so wichtige und dem Wurf so unendlich zugute kommende

Abb. 82 a.

Schwingen und Drehen des Rumpfes auf den Füßen viel schwerer herauszubekommen ist als aus den Grundstellungen, die ich bildlich wiedergegeben habe.

Die Rolle steht vor der werfenden Hand, ganz gleich, ob es eine Rolle mit Trommel oder eine Wenderolle ist; wieweit der Rollenfuß vom Endknopf steht, richtet sich unbedingt nach der Größe der

Abb. 82 b.

Abb. 83 a.

Hand und der Länge der Finger des Werfenden, man sehe aber darauf, daß der Griff dieser Gerten nicht zu kurz sei, was leider oft vorkommt und eine unangenehme Ermüdung der Handmuskeln zur Folge hat.

Abb. 83 b.

An- und Endschwung erfolgen wie vorher beschrieben. Angelt man jedoch mit den kurzen Vorfächern genau nach der Henshallschen Originalmethode, dann kann man, eine äußerst leichtlaufende Rolle vorausgesetzt, den Wurf so ausführen, wie ihn Henshall lehrte, d. h. direkt aus der Ruhelage des Köders den weichen Vorschwung machen (s. Abb. 82a und 83a).

Gerade für diese Art zu angeln möchte ich die heimische Speichenrolle und die Antibacklash-Rolle als ideale Behelfe bezeichnen.

Die doppelhändigen Gerten werden ihrer größeren Dimension und Schwere halber mit beiden Händen geführt, wenn auch schon die leichten unter ihnen ab und zu auch den Wurf mit nur einer Hand gestatten.

Hier können wir zwei Arten des Wurfes beobachten. Die alte Form führt die Rolle zwischen den Händen, je nachdem weiter oder näher vom Endknopf angebracht. Heintz normierte dafür eine Distanz von 28 cm als Optimum. Dieser Ansicht möchte ich aber nicht unbedingt zustimmen, und zwar aus dem einen Grunde, weil jeder einzelne Mensch so verschieden vom andern in Körperbau, Gestalt, Armlänge usw. ist, so sehr, daß ich den Bau von Spinngerten mit festem Rollenkasten für einen großen Nachteil ansehe. Jeder muß, wenn er von seiner Wurftätigkeit Genuß und Profit erwartet, sich sein Gerät an seinen Leib anpassen können. Aus diesem Grunde betone ich an dieser Stelle die Notwendigkeit des parallelen Handgriffes mit frei verstellbaren Rollenhaltern, erst recht aber für die nachstehend beschriebene Art des Werfens mit der Rolle vor der Hand.

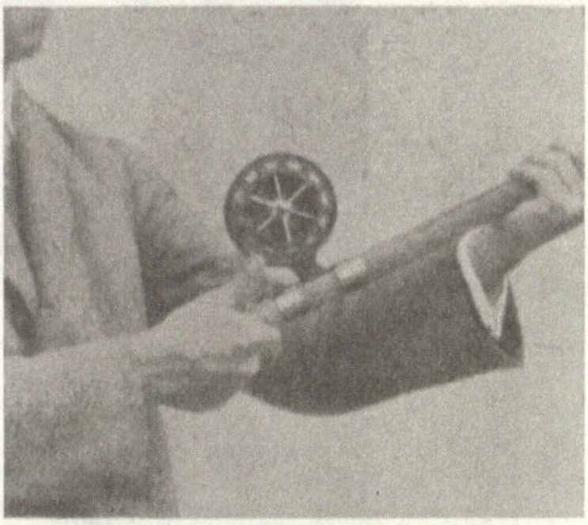

Abb. 84. Hand- und Fingerstellung beim Bremsen „Rolle nach oben" und Wurf mit „Rolle zwischen den Händen".

Um zunächst bei dem Wurfe „Rolle zwischen den Händen" zu bleiben: Die Grundstellungen zum Wurfe sind die gleichen wie vorher, die linke Hand faßt den Griff ober der Rolle, die Rechte unter dieser, den Daumen an der Trommel. An- und Vorschwung sind, dem beschriebenen Seitenwurfe entsprechend, gleich (Abb. 84).

Beim Wurfe von rechts nach links ziehen es viele vor, die Hände zu wechseln, also Rechte vor Linke hinter die Rolle zu legen. Es ist gegen diese Manier nichts einzuwenden, nur muß naturgemäß nach dem Wurfe die Handstellung gewechselt werden.

Die neuere Art zu werfen bevorzugt die Stellung der Rolle vor der Hand, und zwar liegt dabei die Linke unter der Rolle derart, daß die Spitzen des Zeige- und Mittelfingers am Rollenrand von unten her anliegen und so Freigabe bzw. Bremsung bewirken. Die Rechte faßt den Griff weit unten gegen das Ende, eventuell sogar am Endknopf selbst (Abb. 85).

Eine conditio sine qua non ist ein paralleler Handgriff, denn nur dieser gestattet es, die Rolle soweit nach vorn zu setzen, als nötig ist.

Ich bin in letzter Zeit ganz zu dieser Art zu werfen übergegangen, weil ich gefunden habe, daß sie den weitesten und angenehmsten

Abb. 85.

Wurf erlaubt. Die Wurfweise ist aber noch weiterhin verbessert worden, und zwar dahin, daß auch die Gertenhaltung nach dem Wurfe eine von der bisherigen völlig abweichende wurde.

Bisher stemmte man nach dem Wurf sowohl die einhändigen wie die zweihändigen Ruten zum Einrollen in die Hüfte und rollte (vgl. Abb. 86) direkt mit krummem Rücken ein, welche Stellung namentlich bei Tiefführung der Gertenspitze auf die Dauer direkt ermüdend war und bei vielen infolge der unnatürlichen Anspannung der Rückenbeuger und -strecker sogar intensive Muskelschmerzen auslöste, wenn man so stundenlang gefischt hatte. Auch ich habe das immer lästig empfunden und daher die neue Methode mit Freuden akzeptiert, welche nunmehr die Hüfte vom Druck des Knopfes und die Muskeln von einer unnatürlichen Zwangsstellung befreit.

Nach dem Wurfe kommt einfach der Endknopf unter die Achsel zu liegen, wo er völlig festliegt (s. Abb. 81 b). Der die Gerte haltende

Abb. 86.

Arm liegt auch in einer natürlichen Lage, ohne daß seine Muskeln in dieser oder jener einen Richtung überanstrengt werden. Die Rumpfmuskeln sind ebenfalls entlastet und entspannt (Abb. 87).

Die rechte Hand rollt ein, aber die Finger der linken liegen nach wie vor an und unter der Rolle, sofort bereit, sowohl die Knarre

Abb. 87.

einzuschalten als auch im Bedarfsfalle noch als Hilfsbremse mitzuwirken.

Ich kann diese Wurfmethode nur aufs wärmste empfehlen, sie erscheint wohl auf den ersten Blick ungewöhnlich, aber ein Versuch wird wohl viele meiner Leser so rasch zu ihr bekehren, wie ich mich zu ihr bekehrte.

Ehe ich die Technik des Einrollens bespreche, will ich meine Leser noch mit einer Art des Wurfes bekannt machen, welche ich nirgends beschrieben fand, die zu kennen aber in vielen Fällen von Vorteil ist, besonders dort, wo es sich darum handelt, über Hindernisse wie Stauden oder Schilf weiter hinauszuwerfen, zwischen denen wohl Raum ist, die Angelrute durchzuschieben, aber kein Raum für einen seitlichen Schwung. Ich möchte diesen Wurf den „Schleuderwurf" nennen. Bedingung für sein Gelingen ist, daß die Gerte so lang ist, daß sie in der Ausgangsstellung mindestens ca. 1 m über das Hindernis hinausragt. Am vorteilhaftesten ist der Wurf von links nach rechts. Man nimmt Stellung wie zum Seitenwurfe, hält jedoch die Gerte beinahe vertikal. Die Leine ist so weit aufgerollt, daß das Blei am Endring anstößt. Kürzere Vorfächer sind hiebei ein Vorteil, ebenso ein so weiter Endring, daß allenfalls mit aufgerollte Vorfachteile bzw. Wirbel hemmungslos durchlaufen. Der Köder hängt ganz ruhig herab, es wird nicht angeschwungen, sondern mit einem zügigen Vorschwung der Köder dem Ziele zugeschleudert (Abb. 88).

Abb. 88.

Die Sache ist nicht so schwer, als sie sich ansieht. Ich gebe zu, daß es einiger Übungswürfe bedarf, ehe man die Sache richtig weg hat, besonders das richtige Moment für die Freigabe der Rolle erfaßt hat; ebenso aber gebe ich auch zu, daß man vorerst überhaupt werfen können muß, ehe man sich an diese Wurfweise heranmacht.

Sie ist — ich will es gleich sagen — auch mit der Rolle zwischen den Händen ausführbar, aber fast mühelos wird sie gelingen, wenn man zur Stellung Rolle vor der Hand übergeht.

Es erübrigt nur noch, die in den letzten Jahren immer mehr an Bedeutung und Beliebtheit zunehmende Methode des Überkopfwurfes zu besprechen.

Es ist noch nicht zu lange her, daß er von unseren Autoritäten im Sport nahezu glattweg abgelehnt wurde, und doch hat er in unserem Programm seinen Platz erobert und behauptet.

Es liegt mir ferne zu behaupten, daß er das Alleinseligmachende ist, — das kann wohl von keinem Dinge behauptet werden —, aber daß er für viele unserer Gewässer brauchbar und sogar auf manchen allem andern überlegen ist, das kann und darf ich getrost behaupten.

Seine Technik entwickelte sich jenseits des Ozeans aus der Notwendigkeit, vom Kahne aus ohne Gefährdung der Stabilität des Fahrzeugs oder der Gesundheit des Mitfahrers weite Würfe mit Sicherheit am Standorte der Fische zu landen. Wenn auch bei uns diese Bedingungen meist nicht gegeben sind, so hat es andererseits doch einen hohen sportlichen Reiz, ein ausgedehntes Gewässer mit einer kaum 6 Fuß langen leichten, zierlichen Gerte zu beherrschen und dabei doch schwere Fische in weidgerechtem Drill zu besiegen.

Aber mit der zunehmenden Verwendung des Faltbootes für anglerische Zwecke, welche ja nur eine Frage der nächsten Zukunft ist, wird sich naturgemäß auch der Überkopfwurf mehr und mehr einbürgern, um so mehr, als er eben für dieses Fahrzeug der allein mögliche und richtige ist, da er sich tadellos und mühelos eben auch aus der sitzenden Stellung ausführen läßt und mit ganz kurzen Gerten von 150 cm Länge oder vielleicht noch kürzeren volle Gewähr für weidgerechtes Angeln bietet. Man darf eben nicht vergessen, daß der Angler in diesem Falle beim Drill durch das Boot unterstützt wird.

Daß der Überkopfwurf sich aber beim Angeln vom Ufer stets als das einzig gegebene bewähren werde bzw. es sei, dürfte wohl auch sein enragiertester Anhänger nicht behaupten können. Es gibt Gewässer und Uferverhältnisse, welche ihn zwar vielleicht nicht direkt ausschließen, an denen aber die lange Spinngerte das vorzuziehende Bessere ist. Trotzdem wird er auch an den Ufern vieler Wasser seine enormen Vorteile zur Geltung bringen können.

Die Ausführung des Überkopfwurfes wird am anschaulichsten gemacht, wenn man sich den Werfenden im Zentrum eines Zifferblattes vorstellt, welches in seiner vertikalen Körperebene liegt, mit der Blickrichtung nach III.

Die wagrecht nach hinten liegende Gerte (Abb. 89) zeigt auf IX und wird aus dem Armgelenke im Bogen vor- und aufwärts gegen XII geschwungen. Bis dahin hält der Daumen die Rolle gebremst. Vor XII gibt der Daumen die Rolle frei, der Köder fliegt aus und die Gerte folgt langsam der Flugrichtung bis ungefähr II (Abb. 90).

Das wichtigste Moment ist und bleibt: das unbewußt richtige Freigeben der Trommel zu erlernen, alles andere, Weit- und Zielwurf, ergibt sich mit zunehmender Übung von selbst. Habe ich schon

Abb. 89.

Abb. 90.

beim Seitenwurfe betont, daß Schwung alles, Kastanwendung aber nichts sei, so gilt dies vielleicht noch viel mehr vom Überkopfwurf. Schon allein die federleichte Gerte und die leichtlaufende Rolle ersparen dem Werfenden die Kraftanwendung.

Das meist zitierte Argument der Gegner des Überkopfwurfes ist der Vorwurf, daß der Köder „in hohem Bogen geworfen, lärmend ins Wasser falle". Und gerade das ist falsch. Denn der richtige Wurf geht nicht in „hohem Bogen", sondern in einem ziemlich flachen, an dessen Ende der Köder in ziemlich spitzem Winkel zur Wasseroberfläche einfällt, also genau die Bedingungen erfüllt, welche für den Seitenwurf gestellt werden. Dieses Einfallen erfolgt dann fast ohne ein auffallendes Geräusch, selbst bei schweren Ködern.

Ein weiterer Vorwurf ist: Der Überkopfwurf fördere den „Amerikanismus", die „Rekordsucht", den nicht angelgerechten Weitwurf u. a. mehr.

Was ist daran wahr? Nichts!

Daß beim Tournier im Wettbewerb um den weitesten Wurf sich jeder Teilnehmer bemüht, sein Bestes zu zeigen und aus dem Geräte herauszuholen, das ist ganz natürlich und selbstverständlich; und das Bewußtsein, einen Wurf auf 80 und vielleicht mehr Meter machen zu können und von seinem Gerät geleistet zu bekommen, ist wohl auch etwas wert. Ist dieser Tournierteilnehmer ein Angler, dann weiß er von Haus aus, daß in der grünen Praxis seine Wurfweiten sich in bescheidenen Grenzen zu halten haben, weil eben Angeln und Tournier zwei verschiedene Dinge sind.

Es könnte ja ebensogut dem Jäger, welcher eine moderne Rasanzbüchse führt, derselbe Vorwurf gemacht werden; die Büchse hat eine notorische Trag- und sogar Tötungsfähigkeit auf 1000 Schritt. Wird aber ein weidgerechter Jäger jemals im Leben, selbst mit Benützung des Fernrohrs, auf diese Distanz ein Wild beschießen? Gewiß nicht, weil er eben weiß, daß ihm trotz allem ziemlich enge Grenzen gezogen sind, innerhalb deren er auf das sichere Erlegen des Wildes rechnen darf. Wer kein Angler ist und in sich nicht die Berufung zu weidgerechtem Tun und Handeln fühlt, der bleibt ein Schinder und Aasmacher auch mit der teuersten Hardygerte in der Hand, einerlei, was und wie und in welchem Stil er angelt. Darum lasse sich keiner meiner Leser davon abhalten, den Überkopfwurf in sein anglerisches Programm aufzunehmen, wenn er in der Lage ist, ihn auf seinen Gewässern oder Angelfahrten auszunützen. Er wird viel reine und neue Freude erleben und zu der Überzeugung kommen, daß Probieren über alles Studieren geht.

Die Praxis des Spinnangelns.

Sofern es sich nicht um die Handhabung der Henshallschen Originalmethode, d. i. also den Wurf und die Führung eines lebenden Fischchens handelt, ist der Zweck der Spinnangel: einem Raubfisch einen toten oder künstlichen Köder derart vorzuführen, daß er „Leben zeigend oder vortäuschend" geführt wird. Je nachdem soll er einen gesunden, im Strome ziehenden Fisch darstellen oder aber einen schwachen, kranken, der an seiner Schwimmfähigkeit geschädigt, schwer mit der Strömung kämpft, die Gleichgewichtslage verloren hat, torkelt und taumelt, taucht und wieder zur Oberfläche strebt usw.

Um dies richtig zu machen, muß man vorerst den Wurf als solchen beherrschen und dann am Wasser sich die Frage stellen und beantworten können: Wie soll ich werfen— wohin soll ich werfen — wie weit soll, kann und darf ich werfen?

Ich will diese Fragen der Reihe nach besprechen.

Wie soll ich werfen? Das entscheidet im allgemeinen die Natur und Beschaffenheit des Wassers selbst. Vor allem beherzige man, daß Fische zwar meist bestimmte Standorte haben, an denen man sie nahezu mit Sicherheit erwarten bzw. suchen kann, daß sie aber trotzdem im ganzen Wasser zu finden sind. Da man mit der Spinnangel in der Hand in der Lage ist, jeden Meter Wasser bis zu einer gewissen Tiefe, deren unterste Grenze annähernd bei 3—4 m liegt, gründlich abzusuchen, muß man eine gewisse Planmäßigkeit im Werfen befolgen, außer das Wasser wäre so klein, daß man eben nur einige wenige Plätze darin befischen kann, die mit einigen Würfen erledigt sind.

Ich finde nirgends in der Literatur mit Nachdruck darauf hingewiesen, daß man immer und unter allen Umständen die ersten Würfe direkt parallel zum Ufer machen soll. Ich halte das für wichtiger als alles andere, denn viele große Fische stehen teils direkt am Ufer, teils unter diesem selbst und werden nur zu leicht vergrämt, wenn man diesen Punkt übersieht.

Hat man erst die Uferregion gründlich abgesucht, dann gehe man nach der Strommitte. Geradeaus quer über den Strom zu werfen hat nur dann einen Sinn, wenn man dort einen Fisch steigen oder jagen sieht und ihm auf diese Weise den Köder sozusagen schnappschußartig vor die Nase setzen will.

Im allgemeinen hat man in größeren Wassern und bei weiteren Würfen damit zu rechnen, daß die Strömungsverhältnisse draußen im Fluß andere sind als beim Ufer. Dann kann es passieren, daß die Schnur von einer anderen Strömung erfaßt wird als der Köder und man mit einem Anhieb nicht zurecht kommt, weil man die Leine nicht gespannt erhalten und so den richtigen Kontakt mit dem Fisch im Moment des Anbisses nicht herstellen kann.

Es ist unbedingt ratsamer und vorteilhafter, in einem Winkel flußabwärts über die Strömung zu werfen und den Köder von dort gegen das Ufer treiben zu lassen; wenn es auch nahezu als Regel gilt, gerade beim Spinnfischen stromabwärts zu angeln bzw. zu werfen, so gibt es doch auch Fälle, in denen unter Umständen ein Wurf stromauf seine Berechtigung hat und mitunter ungeahnten Erfolg bringt. Über das immer mehr in Aufnahme kommende

„Stromaufspinnen" bei Klarwasser auf Forellen werde ich in dem diesem Fisch gewidmeten Abschnitt ausführlicher werden. Der Wurf stromauf hat aber auch beim Angeln auf andere Fische Erfolg, allerdings nicht immer mit dem „Spinnköder" stricte nominis, sondern mit solchen Köderformen, welche infolge Beschwerung am Kopfe geeignet sind, Tauchbewegungen auszuführen, wobei es weniger auf das exakte Spinnen als solches ankommt, sondern viel mehr darauf, sehr tiefstehenden Fischen den Köder mit so wenig Blei oder Beschwerung als möglich anzubieten. Bei dieser Art zu werfen drückt die Strömung den Köder zu Boden wie einen total erschöpften Fisch, und da er dem ruhenden oder auf der Lauer liegenden Raubfische direkt entgegenschwimmend förmlich in den Rachen getrieben wird, nimmt er ihn meist unbedenklich und vertraut.

Ich bin einmal durch einen Zufall dazu verleitet worden, einem am Boden einer tiefen Kehre stehenden Huchen einen Köderfisch an einer Wachauerflucht so anzubieten; beim regulären Spinnen brachte ich ihn nicht tief genug an den Fisch, welcher im besten Fall ein paar Meter nachging, um sich dann wieder auf den Grund zu legen. Ich hatte wiederholt auf den Fisch geangelt, jedesmal umsonst. Die Stelle war durch überhängende Bäume sehr schlecht zu bewerfen, und damals passierte es mir, daß ich, ich weiß nicht mehr wieso, direkt stromauf geworfen hatte. Um den Platz nicht zu beunruhigen, ließ ich den Köder ruhig treiben und war nicht wenig erstaunt, als ich auf einmal am Boden den Biß des alten Schlaubergers fühlte, der dann auch glücklich gelandet wurde. Dieser Zufallserfolg machte mich kühn. Ich suchte noch einen derartigen Platz aus, an dem ich einen guten Fisch wußte, warf diesmal mit Absicht stromauf und hatte prompt den Anbiß, als ich den Köder an der tiefsten Stelle direkt am Boden schleifte. Auch dieser Huchen ward mir zur Beute und nach ihm noch eine Anzahl anderer und auch verschiedene alte scheue Hechte.

Man fürchte sich nicht vor Hängern, man hat deren nicht mehr und nicht weniger als beim Stromabfischen, aber das Risiko, einmal eine Flucht zu verlieren, wird durch ungeahnte Erfolge reichlich wettgemacht.

Wohin man zu werfen hat: einen Teil der Antwort enthält das Vorerwähnte. Wenn man nicht gerade einen sehr großen Fluß befischt, in dem man die Standplätze der Fische mehr ahnt als erkennt, trachtet man nach dem Absuchen der Ufer den sonstigen Lieblingsstärken der Fische nahezukommen: Schilfstände, Krautbetten, große Steine, Einbauten, versunkenes Holz, aber auch Stein- und Schotterbänke, die zur Tiefe abfallen, sind Lieblingsstände und Jagdreviere der Raubfische. Solche Stellen müssen, allerdings durch besonders präzise Würfe belegt, besonders intensiv und gründlich abgefischt werden.

Und schließlich die Hauptfrage für viele: Wieweit?

Ausgehend von dem Leitsatze: Nicht weiter als unbedingt nötig, gibt es doch auch für diesen verschiedene Varianten. In einem kleinen

Wasser wird man kaum in die Lage kommen, besondere Weitwürfe zu machen oder machen zu müssen, ebensowenig beim Angeln vom Boote aus. Anders liegen die Dinge an großen Flüssen, die man vom Ufer aus befischen muß, und an Seen. Da wird man sich wohl oder übel entschließen müssen, weiter hinauszukommen, um eine besonders günstige Stelle zu erreichen. Aber auch da gibt's eine Grenze, die so um 35 m herum liegt. Darüber hinaus hat man schlechte Fühlung mit dem beißenden Fisch, die lange Leitung muß durch einen ganz besonders kräftigen Anhieb überwunden werden, der auch noch die Elastizität der Leine zu besiegen hat, und das Eindringen der Haken ist immerhin noch recht fraglich. Würfe auf 20—25 m sind schon genug, um ein schönes Stück Wasser zuzudecken und werden wohl im allgemeinen als das Optimum der Wurfweite zu bezeichnen sein.

Wer durchaus „Rekordwürfe" machen will, der lasse sich in diesem Vergnügen nicht stören. Die verschiedenen Mißerfolge, Fehlfänge, Verluste an Zeug und Fischen werden ihn bald zur Vernunft und zum Begehen der mittleren Straße veranlassen, auf der er dann schon seine höchstzulässige Wurfweite finden wird. Wenn das nicht hilft, dann ist dem Manne auch mit dem wohlwollendsten Zureden nicht mehr zu helfen.

Nun nehmen wir an, der Wurf ist gemacht. Was geschieht nun?

Zunächst müssen wir die Gerte in eine Stellung bringen, welche der Situation entspricht, d. h. je nachdem, ob wir seichtes Wasser zu befischen haben oder tiefes. Im ersteren Falle werden wir verhindern müssen, daß der Köder auf den Grund sinkt und sich dort verfängt, — wir werden also die Gertenspitze hochhalten —, im anderen Falle haben wir ein Interesse daran, den Köder so tief wie möglich zu führen, werden also die Gerte mehr, ja eventuell bis zum Wasserspiegel herabsenken, nachdem wir sie in jedem Falle, auch die einhändige und die Überkopfgerte, gegen die Hüfte gestemmt haben.

Und jetzt beginnt eigentlich der Hauptteil unserer Arbeit: das Einrollen und die Führung des Köders.

Das Einrollen will auch gelernt sein, trotzdem es eine simple, sozusagen mechanische Tätigkeit zu sein scheint. Die meisten angehenden und auch viele ältere Spinnfischer rollen in einem Tempo ein, das für den Laien beängstigend wirkt, und vielleicht wäre es nicht unangemessen, gerade hier das alte Gebirglerwahrwort vom „Zeitlassen" anzuwenden.

Man mache es sich zum Prinzip, nicht schneller einzurollen, als es die Situation erfordert, eher noch ein bißchen langsamer, denn der Zweck des Ganzen ist doch, dem Fisch den Köder vorzuführen und nicht zu entführen, schon gar nicht in scharfer Strömung. Wo soll denn der zu fangende Fisch Zeit haben, den Köder zu erblicken, zu verfolgen und endlich zu erfassen, wenn er ihm in Bruchteilen einer Sekunde im D-Zugtempo erscheint und verschwindet. Sagt nicht die bloße Überlegung, daß ein so vorgeführter

Köder dem Fisch, der doch auch weiß, was Strömung ist und was es heißt, ihr entgegenzuarbeiten, verdächtig vorkommen muß?

Also nochmals: Beim Einrollen „Zeit lassen"!

Es genügt, daß der Köder spinnt, überflüssig ist es, wenn er ungezählte Umdrehungen in der Minute macht. Ich glaube, daß in diesem Übertempo der Vorwurf der Verfechter des Themsestils begründet war, welche da sagten, daß man beim Einrollen den Köder nicht so natürlich führen könne. Wenn man bedenkt, daß zwischen den einzelnen Zügen beim Einholen der Schnur unwillkürlich eine, wenn auch noch so kurze Pause entstehen muß, in welcher das Umdrehungstempo des Köders nachläßt, welches vom nächsten Zuge wieder beschleunigt wird, ist es einleuchtend, daß dieser Vorgang, besonders in schärferer Strömung, das natürliche Schwimmen eines Fischchens besser nachahmt als eine ununterbrochene Bewegung in großer und gleichbleibender Schnelligkeit.

Bei vielen ist dieses unmotivierte rasende Aufrollen die Auswirkung der Furcht, hängen zu bleiben, bei den meisten aber Gedankenlosigkeit, weil ihnen die Überlegung fehlt, daß es nicht die Rotation des Köders ist, welche den Fisch zum Anbisse verleitet, sondern die Art und Weise der Führung, welche ihm eine lebende Beute vortäuscht.

Der Köder soll so tief gehen als möglich, und auch so langsam als möglich laufen. Tief gehen, besonders in scharfer Strömung mit großem Auftrieb, kann der Köder aber nur, wenn er langsam geführt wird, und das oft nur mit großer Beschwerung!

Durch Heben und Senken der Gertenspitze führt man ihn durch die verschiedenen Wasserschichten, eventuell gelegentlich bis ganz an die Oberfläche, schneller, langsamer, je nachdem; an besonders günstigen Punkten verhält man ihn auch einige Augenblicke, dann führt man ihn im Zickzack, — kurz, man hält ihn ständig in wechselnder Bewegung, um den Raubfisch zum Biß zu verleiten.

Je tiefer der Köder geführt wird, desto besser wird er genommen, desto weniger Fehlanhiebe kommen vor. Ein oberflächlich geführter Köder wird zwar auch von einem raublustigen Fische angegriffen, aber einmal kann es möglich sein, daß der Fisch dabei des Anglers ansichtig wird und vergrämt wird, das andere Mal wird nur zu leicht der Angler verleitet anzuhauen, wenn er den raubenden Fisch hinter dem Köder erblickt, ohne daß der Anbiß erfolgt ist.

Und noch eines nicht zu vergessen! Viele, besonders die Anfänger im Spinnangeln, werden durch das Erscheinen des Raubfisches bei sichtbarer Führung des Köders derart fasziniert, daß sie darauf vergessen, den Köder weiterzuführen, so daß dieser sein Tempo verlangsamt. Das weiß aber der Fisch, daß dies ein unnatürlicher Vorgang ist, und läßt den Köder als verdächtig in Ruhe. Gerade in diesem Falle wäre aber ein beschleunigtes Einrollen zu empfehlen.

Wenn ältere Autoren empfehlen, den Köder so hoch zu führen, „daß man ihn spinnen sehe", so hatte dies wohl seinen Grund in der Mangelhaftigkeit der damaligen Geräte, besonders der Spinnfluchten. Heute hat dieser Satz bestimmt keine Geltung mehr, denn unsere derzeitigen Fluchten und Systeme spinnen zuverlässig, auch ohne Kontrolle des Auges.

Eine besondere Beschreibung muß der Führung des „Zopfes" gewidmet werden. Das Anziehende an diesem Köder ist das Spiel der sich im Wasser schlängelnden Neunaugenleiber bzw. bei den künstlichen Zöpfen das Flattern der Lederriemen, Gummischläuche usw. Andererseits hat man zu beherzigen, daß Neunaugen normalerweise nicht Fische des freien Wassers sind, sondern am Boden leben. Man wird deshalb den Zopf womöglich in der Nähe des Grundes führen, ihn langsam durch Heben und Senken der Gerte heben und wieder sinken lassen und nur immer wenig Schnur einrollen. Bei dieser Art der Führung wird der Zopf im Wasser eine Wellenlinie beschreiben. Infolge der großen Beschwerung ist es leicht, ihn in die Tiefe zu bringen und auch in scharfer Strömung und Wirbeln ihn dort lange verweilen zu lassen, was mit den meisten Spinnködern kaum durchführbar ist.

Wenn an einer Stelle, an der erfahrungsgemäß ein Huchen steht oder zu erwarten ist oder aber bestätigt wurde, nicht der erwartete Anbiß erfolgt, so heißt das nicht, daß der Huchen nicht vorhanden wäre. Allerdings, im Beginn meiner Tätigkeit als „Zopfangler" war ich auch dieser irrigen Ansicht, bis mich ein alter Angler dahin belehrte, solche Stellen zweimal durchzufischen, indem er die Ansicht vertrat: der Huchen erblicke den Zopf, der ihm aber durch die Führung aus dem Gesichtskreis entführt werde; deshalb lege er sich nun auf die Lauer, und zwar meist am Eingang der guten Stelle, also meist dort, wo die Strömung ins ruhigere Wasser übergeht. Beim zweiten Befischen greife er dann zu — und die Fänge, welche ich nach seiner Anleitung machte, gaben ihm recht. Ich kann nur raten, jede solche Stelle zweimal zu befischen und besonders beim zweiten Mal den Zopf recht langsam und in großen Pausen während des Hereinführens zu führen.

Ich möchte bei dieser Gelegenheit etwas auf den Vorhalt: Zopfangeln sei „mörderisch" und daher wenig weidgerecht, auch wenig kunstvoll, erwidern: Warum mörderisch? Es kommen ebensoviele Huchen vom Zopf ab wie vom Spinner, und es gibt Tage, wo die Huchen den schönsten und bestgeführten Zopf so wenig annehmen wie einen anderen Köder. Andererseits gibt es in jedem Wasser Stellen, in denen man mit etwas anderem nichts ausrichtet. Schließlich ist ja nicht jeder in der glücklichen Lage, seine ganze Zeit dem Sport zu widmen, mancher kann sich nur mit großen Opfern an Geld und Zeit einen oder einige Angeltage leisten und muß oft noch dazu eine lange Reise machen; soll der auf jede Beute verzichten, besonders dann, wenn die Fische die angeblich „kunstvoll" geführten Köder ignorieren? Und schließlich: kunstlos zu führen? Man gebe einem Stümper den Zopf zu führen. Ob er damit mehr erangeln wird als Hänger, das bleibe dahingestellt. Ich meine, es kommt immer darauf an, wer ein Gerät führt. Der wahre und weidgerechte Angler wird auch mit dem Zopf weidgerecht angeln und sich weise Beschränkung hinsichtlich Zahl und Maß der gefangenen Fische auferlegen.

Jetzt erwarten wir also einen Anbiß.

Wie erfolgt dieser? Ganz verschieden, je nach der Größe und vor allem nach der augenblicklichen Beißlust und Raubgier des Fisches. Oft ist's nur ein leises Zupfen, oft gar nur das Gefühl, irgendwo in der Tiefe hängen geblieben zu sein. Und gerade sind es in solchen Fällen die schwersten Exemplare, die den Köder ergriffen haben. Heintz rät in solchen Fällen und auch da, wo man nur irgendeinen Widerstand fühlt, sofort rücksichtslos anzuhauen, selbst wenn es einmal einen Haken kosten sollte, — und ich kann auch keinen besseren Rat geben, als ihm zu folgen. Allerdings, lange überlegen darf man den Anhieb nicht, er muß sozusagen in diesen Fällen instinktiv erfolgen.

Meistens aber ist der Anbiß durch einen mehr oder weniger scharfen Ruck, auch zwei solche, bekanntgegeben. In solchen Fällen ist der Anhieb weniger leicht zu verpassen als in den vorbeschriebenen, aber allzuviel Zeit lasse man sich auch da nicht, namentlich wenn man mit künstlichen oder mit Formalinködern arbeitet. Bei Verwendung frischer Fische oder eines Neunaugenzopfes kann man sich eher Zeit lassen, weil sich in beide gierige Raubfische gern verbeißen bzw. sich beeilen, diese zu schlucken, so daß auch ein etwas verspäteter Anhieb immer noch die Haken ins Fischmaul eindringen läßt.

Über die Ausführung des Anhiebes ist verschiedenes zu sagen. Erstens einmal beherzige der Spinnangler, daß der Anhieb immer und jederzeit nur nach dem Gefühl, nie aber nach dem Gesicht zu erfolgen hat, ein Fehler, den namentlich Fliegenfischer gerne machen. Man haue ferner nie in der Verlängerung der Leine an, sondern trachte die Aushiebrichtung nach oben seitlich zu legen. Nur zu leicht reißt man im ersteren Falle einem Fische, der den Köder nur wenig ergriffen hat, um ihn vorerst festzuhalten, die Haken aus dem Maul heraus.

Bei vielen herrscht Unklarheit über die Kraft, welche in den Anhieb zu legen ist. Je feiner die Schnur, je steifer die Gerte und je weniger Leine draußen ist, desto weicher sei der Anhieb. Bei langer Schnur, die vielleicht durch Gegenströmungen nicht in voller Spannung ist und zudem, wie es besonders ganz neue Seidenschnüre sind, einen hohen Grad von Elastizität besitzen, darf der Anhieb schon etwas kräftiger ausfallen.

Starre Regeln lassen sich nicht gut aufstellen. Gefühl und Übung lassen bald den richtigen Grad finden. Auch denke man daran, daß große Fische sich leichter anhauen, wenn ihre eigene Schwere das Eindringen der Haken fördert. Viele Fische, welche wie die Lachse und Meerforellen z. B. die Gewohnheit haben, sich mit dem erfaßten Köder in rascher Flucht stromab zu wenden, hauen sich damit allein an; in solchen Fällen würde ein brüsker

Gegenhieb die Geräte schädigen und durch deren Bruch den Verlust des Fisches herbeiführen. Ich halte es überhaupt für in allen Fällen schädlich, anzu„hauen". Ich würde vielmehr raten, den Anhieb in einer Ebene auszuführen, in der die Gertenspitze einen Kreisbogen von größerem oder kleinerem Umfang beschreibt. Ein solcher Anhieb ist zügig und wird schwerlich das Geräte gefährden.

Es kommt vor, daß manche Fische, besonders Hechte, auf den ersten Anhieb nicht reagieren, weil sie den Köder derart fest halten, daß die Haken einfach nicht eindringen können. In solchen Fällen muß man den Anhieb solange wiederholen, bis der Fisch durch eine Flucht oder einen Schlag zu erkennen gibt, daß die Haken gefaßt haben und er in den Kampf treten will.

Man beherzige das eben Gesagte wohl, sonst macht man die unliebsame Erfahrung, daß der Fisch nach einer oder einigen Fluchten oder Schlägen den Köder wieder ausspuckt; im günstigsten Falle faßt noch irgendein Haken eine Schleimhautfalte im Rachen oder die äußere Bedeckung der Lippen, — dann wälzt und schüttelt sich der Gefangene einfach los.

Das Verhalten der Fische nach dem Anhieb ist ganz verschieden. Im allgemeinen kann man die Beobachtung machen, daß oft gerade große Exemplare unmittelbar nach dem Anhieb sich der veränderten Situation nicht bewußt sind und, günstige Verhältnisse vorausgesetzt, oft ohne Kampf gelandet werden können. So ist mir ein Fall erinnerlich, daß ein vielpfündiger Hecht einige Sekunden nach dem Anhieb ohne die geringste Gegenwehr aufs Ufer geschleppt werden konnte. Das ist aber die recht seltene Ausnahme; meistens stellen sich große Fische einen Moment auf den Grund und dann beginnt der Kampf.

Diese Pause vor dem Beginn des Drills benutzt man, um die Rolle zu sperren und die Gerte in eine Stellung zu bringen, welche ihr gestattet, die ihr eigene Elastizität gegen den Gegner voll zur Wirkung kommen zu lassen.

Schnur und Gerte sollen stets während des Kampfes einen gegen den Fisch zu offenen Winkel von etwa 45—50° bilden, ganz einerlei, ob man mit erhobener Gerte drillt oder diese bis zum Wasserspiegel herabsenkt. Mir persönlich ist diese letztere Stellung die liebste, schon deshalb, weil ich so meistens den Fisch unter Wasser halten kann und ihn verhindere, zu springen und sich oben zu wälzen.

Man kann oft sehen, daß sich Anfänger bemühen, einen Fisch so rasch als möglich an die Oberfläche zu bekommen; das ist fehlerhaft und ungeschickt. So wie ich es während des Angelns nach Möglichkeit vermeide, mich dem Fische sichtbar zu machen, trachte ich nach dieser Möglichkeit noch mehr während des Drills. Ich lasse also gerne den Fisch Leine hinausziehen und sich in der Tiefe müde arbeiten. Was kann der Fisch da viel tun? Zum Grunde bohren — gut, dann lasse ich die Elastizität der Gerte spielen; Fluchten machen — dann lasse ich ihn Schnur hinausnehmen, die ich schon wieder hereinholen werde. Im schlimmsten Falle keilt er sich am

Grunde fest; dann hebe ich ihn, einrollend und dabei die Gerte bis ganz zum Wasser senkend. Mit stetigem Zuge hebe ich dann die Gerte wieder hoch, die gewonnene Schnur einrollend und das Spiel wiederholend, bis er nachgibt oder zu einer neuen Flucht ansetzt, was letzteres mir das Strecken der Gertenspitze rechtzeitig meldet, so daß mich sein Vorhaben nicht unvorbereitet trifft (Abb. 90, Heben des Fisches). Aber einen schweren Fisch an der Angel haben, der noch im Vollbesitze seiner Kräfte springt, sich an der Oberfläche wälzt und schüttelt und voll Wut mit der Schwanzflosse das Wasser peitscht, das ist nicht der beruhigendste Moment im Anglerleben. Gewiß, manche Fische tun das, bestimmt solche, welche die Erfahrung haben, daß das der sicherste Weg ist, von den haftenden Haken freizukommen, aber noch gewisser ist, daß eine Menge von Anglern diesen Moment direkt provozieren, teils aus Unerfahrenheit, meistens aber aus Nervosität und in der Sucht, den Fisch nur möglichst schnell zu landen.

Abb. 90.

Die Deckung gegen Sicht kann man in den meisten Fällen beim Fischen vom Ufer aus finden, sei es, daß man eine solche hinter Schilf oder Stauden hat oder durch Zurücktreten ins Land sich aus dem Gesichtskreis des Fisches entfernt.

Allenfalls kann man sich, wenn es nicht anders geht, durch Niederknien unsichtlicher machen. Überhaupt mache man sich, wo nur angängig, den „Drill mit den Beinen“ zum Grundsatz. Vor allem trachte man aber, unter den Fisch, d. h. stromabwärts von ihm, zu kommen, weil man in dieser Stellung auf ihn die größte Gewalt bei größter Schonung seiner Geräte ausüben kann. Gelingt es einmal, den ermattenden Fisch zu wenden und durch Laufen am Ufer zu zwingen, dem Zuge stromab zu folgen, dann hat man gewonnenes Spiel, weil der Fisch atemlos wird und so rasch außer Gefecht gesetzt wird. Dann kann man ihn ruhig dem günstigsten Platz zur Landung zuführen.

Anders liegen natürlich die Verhältnisse, wenn man vom Boote aus angelt. Im Strom kann man, in den meisten Fällen wenigstens, trachten, eine Kiesbank oder das Ufer zu gewinnen und dann dort zu drillen. In größeren Seen aber und fern vom Ufer wird man wohl oder übel den Kampf vom Boote aus führen müssen. Allerdings hat man im Boote selbst einen mächtigen Verbündeten, der uns instand setzt, nicht nur dem Fisch auf seinen Fluchten und Fahrten zu folgen, sondern auch das Kampffeld in für uns günstige Regionen zu verlegen. Gerade beim Drill vom Boote aus ist es noch viel wichtiger, erstens den Kampf ins tiefe Wasser zu verlegen, zweitens eine möglichst große Länge Schnur zwischen sich und den Fisch zu bringen. Da man aber keine Wahl des Landungsortes hat, ist es doppelt wichtig, den Fisch bis zur vollständigen Ermattung zu drillen, d. h. so lange, bis er auf der Seite liegend, völlig widerstandslos sich dem Netz oder Gaff zuführen läßt.

Überhaupt ist das Landen eines größeren Fisches vielleicht das heikelste Kapitel des ganzen Kampfes. Am Ufer findet man wohl meistens ein Fleckchen, das, frei von grobem Schotter oder Holz, es erlaubt, den Fisch mit dem Unterkiefer fest aufs Land zu legen, an ganz günstigen Plätzen sogar ganz vorsichtig herauszuschleifen. Dieses Festlegen des Fisches, auch „Stranden" genannt, darf aber nie so geschehen, daß man versucht, den Kopf des Fisches aus dem Wasser zu heben.

Das wäre ein schwerer und bedenklicher Fehler, denn dadurch käme das wirkliche Gewicht des Fisches zur Geltung, was eine enorme Belastung des Angelzeuges bedeuten würde und unter Umständen zum Bruch oder Reißen eines Teiles Anlaß geben könnte.

Überhaupt vermeide man es, mit dem Fische irgendwo anzustoßen oder anzustreifen. Es ist oft kaum glaublich, wie ganz abgekämpfte Fische in einem solchen Falle noch eine unerwartete Kraftäußerung zeigen, welche ihnen nur zu oft zur Freiheit verhilft.

Hat man ein Landungsnetz zur Verfügung, dann führe man den Fisch lieber in freiem Wasser darüber. Meist wird das Netz nur bei der Bootsfischerei verwendet, denn es muß groß und schwer sein und erfordert am Lande einen Gehilfen. Die meisten Spinnfischer verwenden den Gaff; einen Fisch im freien Wasser zu gaffen ist nicht ganz leicht und erfordert ziemliche Vertrautheit mit dem Gerät nebst einer guten Portion Kaltblütigkeit und Entschlußfähigkeit.

Selbst richtig gestrandete Fische werden von Anfängern und aufgeregten älteren Anglern, in vielen Fällen auch von ebensolchen „Helfern" mit dem Gaff „verpatzt", wie der Kunstausdruck lautet.

Der richtige Vorgang spielt sich so ab: Man ergreift die Schnur, indem man die Gerte zurückstreckt. Nachdem dies geschehen, legt man die Gerte rechts von sich, aber immer parallel zum Ufer nieder, hantelt sich Griff um Griff bei gut gespannter Leine an den Fisch heran, aber ohne an ihr zu reißen oder zu zerren. Erst wenn man ganz bei ihm steht, erfaßt man den Gaff, der je nachdem in die Kiemenspalten eingehängt wird, worauf man den Fisch in stetem Zuge aufs Land zieht, oder aber man bringt ihn, Haken nach abwärts, über den Rücken des Fisches und schlägt nun in scharfem Zuge den Haken in das Fleisch senkrecht zur Körperachse, bei großen Fischen möglichst hinter der Rückenflosse. Hierauf bringt man den Stiel des Gaffs in senkrechte Stellung und hebt so den Fisch aus dem Wasser, eventuell faßt die andere Hand vorher noch in die Kiemen oder Augenhöhlen.

Viele Angler verzichten auf Netz und Gaff und bewerkstelligen die Landung nur mit den Händen, indem sie mit der einen Hand den Fisch im Genick hinter den Kiemen fassen und niederdrücken, gleichzeitig mit der anderen Hand in die Kiemen greifen und nun so den Fisch herausheben oder -werfen.

Ich habe vorhin des Niederlegens der Gerte parallel zum Ufer Erwähnung getan. Das ist die einzig richtige Stellung derselben, wenn ich sie beim Landen aus der Hand lege, wie es auch schon Gustav Fellner in seinem Buche stets betont. Es kann doch vorkommen, daß die Landung irgendwie mißlingt, dann habe ich die Gerte griffbereit vor bzw. neben mir, nicht aber, wenn ich sie landeinwärts neben mir liegen habe.

Kleidung und Hilfsgeräte zur Spinn- und Schleppangelei.

Wenn es auch manchem überflüssig erscheinen mag, über die Kleidung zu sprechen, so kann ich es doch nicht unterlassen, dieser einige Worte zu widmen. Wer nur im Sommer spinnt oder schleppt, der braucht keine besondere Toilette, der Schleppfischer schon gar nicht, denn im Hochsommer ist es direkt ein Genuß, in Hemdärmeln im Boote zu sitzen.

Anders liegen die Verhältnisse für den Uferfischer, besonders den Alleingänger, der es liebt, alles im Rucksack auf seinen Schultern zu transportieren. Wohl — den Rock kann man bei großer Hitze auch ausziehen und zu den anderen Dingen im Rucksack verstauen, aber bei der starken und ununterbrochenen Bewegung, welche beim Spinnen vom Ufer aus unerläßlich ist, wird man doch darauf achten müssen, Kleider zu tragen, welche möglichst leicht und porös sind, den Körper aber auch gegen einen möglichen Witterungswechsel schützen. Bescheidenen Ansprüchen genügen wohl auch im allgemeinen die heimischen Loden- oder andere Wollstoffe, — bis auf das eine, daß sie allen Versicherungen zum Trotz nicht wasserdicht sind. Alle haben die unangenehme Eigenschaft, sich auch schon bei schwachem Regen mehr oder weniger rasch voll Wasser zu saugen, was nicht als besondere Annehmlichkeit bezeichnet werden dürfte. In dieser Beziehung kenne ich nichts Besseres als die von Burberry erzeugten Stoffe und Kleider, welche verhältnismäßig nicht einmal teuer zu nennen sind, wenn man ihre hohen Qualitäten, ihre Brauchbarkeit und lange Lebensdauer in Betracht zieht. Leider ist mir bisher noch kein heimisches Fabrikat bekannt geworden, welches diesem Erzeugnisse gleichwertig wäre.

Der Schnitt des Rockes soll auf größte Arm- und Schulterfreiheit eingestellt sein. Vor allem soll der Rock innen viele, große und tiefe Taschen haben. Außen genügen deren zwei. An den landläufigen Joppen, wie sie besonders in den Alpenländern beliebt sind, bemängle ich vor allem die Kürze, sowie die zu wenigen und zu kleinen Taschen. Ich wenigstens liebe es, Gegenstände, die man alle Augenblicke braucht, wie die Zange, eine Büchse mit Bleien und Wirbeln, eine andere mit Vorfächern und noch sonstige Kleinigkeiten, — nicht zuletzt meine geliebte Pfeife nebst Zubehör griffbereit im Rock zu tragen.

Im Spätherbst und im Winter, der eigentlichen Hochsaison des Spinnfischers, muß man der Kleidung schon mehr Beachtung schenken. Im allgemeinen kann man die Beobachtung machen, daß fast die Meisten zu dick gekleidet sind, was einerseits nicht nur die Bewegungsfreiheit stark beeinträchtigt, sondern bei einiger Anstrengung eine Erhitzung bzw. Transpiration verursacht, welche der Ausgangspunkt verschiedener Krankheiten werden kann. Ich möchte da vor einem Zuviel ernstlich warnen, — lieber eine leichte Oberkleidung und dafür warme Unterkleider. Ich kenne für winterliche Jagdausübung und Angeln nichts Besseres als Leder. In früheren Jahren war mein Anzug hiefür aus einem leichten Kammgarnstoff gearbeitet, Rock, Weste und Hose aber mit feinem Sämischleder gefüttert. Das war leicht, porös und vor allem undurchlässig für Wind, was ich für wichtiger halte wie eine problematische Wasserdichtigkeit. Wenn man dann noch bei sehr großer Kälte feines, poröses Unterzeug aus Wolle trägt, dann ist ein Frieren, selbst bei längerem Verweilen an einer Stelle, so ziemlich ausgeschlossen, solange als man trockene und warme Füße und Hände behält. Zum Schutze der letzteren habe ich in den Jagdröcken für die Wintersaison immer pelzgefütterte Mufftaschen anbringen lassen, in denen sich auch eine nasse oder frostige Hand rasch wieder erwärmt. Denn Handschuhe sind beim Schießen und Angeln immer eine mißliche Sache, erst recht, wenn es schneit oder regnet. In den letzten Jahren hat sich überhaupt die Lederkleidung als solche immer mehr für die Zwecke des Sports eingebürgert und das mit vollem Recht. Eine Lederjacke mit ausknöpfbarem Kamelhaarfutter ist leicht und warm, ohne dabei aufzutragen, schützt vor Wind und ist nebenbei wasserdicht. Desgleichen die aus demselben Material gefertigte Hose. Von Pelzjacken möchte ich entschieden abraten, so gut sie sonst auch für Fahrten im Auto oder offenem Wagen sein mögen. Auch von dem Tragen von Mänteln wäre ein gleiches zu sagen, außer beim Schleppfischen. Im Sommer kann man den Mantel im allgemeinen entbehren. Erstens hindert er beim Gehen, zweitens stört er im Gebrauch der Geräte. Ich finde einen Schulterkragen aus Gummistoff, eventuell mit Kapuze, welcher Schultern, Oberarme und Rucksack bedeckt, für viel besser als jeden Mantel, besonders dann, wenn man im Regen angelt oder einen längeren und eventuell noch beschwerlichen Weg zurückzulegen hat, denn er macht auf keinen Fall heiß oder behindert die Atmung der Haut. Lodenmäntel und Kragen sind nicht empfehlenswert, — sie brauchen erstens viel Platz, da sie an und für sich voluminös sind —, und werden schwer, wenn sie sich mit Wasser vollsaugen.

Als Kopfbedeckung empfiehlt sich im Sommer eine Sportmütze mit großem Schild oder ein breitkrempiger leichter Hut, im Spätherbst oder Winter dagegen eine Mütze von Filz oder auch von Leder, welche sich eventuell über Nacken und Ohren herunterschlagen läßt.

Viel mehr Augenmerk ist dagegen auf ein richtiges und gutes Schuhwerk zu richten. Wer nur im Sommer oder meist vom Boote aus angelt und vielleicht nur gute Ufer zu begehen hat bzw. nur schleppt, wird sein Auslangen mit guten starken Schnürschuhen finden, unter Umständen vielleicht einen Schaftstiefel bevorzugen; wenn man sonst gesund ist, liegt im Sommer nicht viel daran, wenn man einmal nasse Füße bekommt, besonders wenn man unausgesetzt in Bewegung ist und bleibt.

Anders aber wenn man gezwungen ist, viel zu waten, wie es wohl die meisten Salmonidenangler zu tun pflegen oder müssen. Ich möchte doch den Satz „daß deutsche Angler gerne in Kniehosen und Nagelschuhen waten" etwas berichtigen. Ausnahmsweise und bei gutem Wetter lasse ich es mir ja mal gefallen, aber in einem eiskalten Gebirgswasser wird die Sache auf die Dauer unangenehm und wenn auch nicht gleich, — aber früher oder später bezahlt man derlei Extravaganzen mit verschiedenen Leiden. Schließlich und endlich gehe ich angeln, um eine unversiegbare Quelle von Freude daran zu haben und meine Gesundheit, Kraft und Lebensmut aus meinem Angelvergnügen zu schöpfen, — und gerade all das soll ich leichtsinnig opfern? Das darf und wird mir auch kein vernünftiger Mensch zumuten. Wem die Auslage für ein Paar Water zu hoch und zu riskant erscheint, der lasse es bleiben, sie anzuschaffen, — unterlasse aber dann auch das Waten.

Wer aber nicht auf dieses Vergnügen verzichten will, der muß sich ein Paar Watstrümpfe oder Watstiefel, welche ihn bis zur Hüfte decken, anschaffen, oder ein Paar Wathosen, die zwar im Sommer ziemlich heiß sind, aber dafür den Träger bis zur Brust hinauf wasserdicht machen.

Leider hat es unsere Industrie unterlassen, diese schönen Sachen zu erzeugen, und deshalb ist man auch wieder gezwungen, sie aus England zu beziehen. Es gibt dort eine ganze Menge von Firmen, welche diesen Artikel spezialisieren, ich kann aber nur das nach meinen Erfahrungen solideste Erzeugnis von Cording & Co., 19, Piccadilly, London, empfehlen. Cording erzeugt sowohl Water als auch Stiefel; besonders die letzteren sind in ihrer Art einzig wegen der unerreichten Verbindung des Oberleders mit der Gummi-

bzw. Gummistoffunterlage. Seine Water bestehen aus zwei Lagen besten Gummistoffes, zwischen die eine Lage Kautschuk eingelegt ist, — das garantiert absolute Wasserdichtigkeit für lange Jahre —, während bei vielen Konkurrenzfabrikaten nur eine einzige Lage gummierten Stoffes verwendet wird. — Trotz dieser armseligen Ausführungen sind diese Erzeugnisse nur wenig billiger als die von Cording, — wie lange sie aber ihren Dienst leisten können, kann man sich leicht ausrechnen.

Für die Fischerei im Sommer oder im Herbste ziehe ich für meinen Teil Watstrümpfe oder auch Hosen dem Stiefel vor, wenn ich auch gezwungen bin, die Watschuhe separat mitzuführen. Braucht man Stiefel, dann muß man dieselben immer nach Ablegen auf Leisten schlagen und draußen im Quartier am Fischwasser über Nacht wenigstens mit heißem Hafer oder zum mindesten mit Papier ausstopfen, um ein Schrumpfen des Leders zu verhüten, denn die Körperausdünstung schlägt sich ja, weil sie nicht abdampfen kann, an der Innenseite des Waters nieder. Dicke Übersocken muß ich in beiden Fällen anlegen, — im Stiefel gegen die Abkühlung des Fußes über dem Water, um ihn vor Durchscheuerung durch Kiesel oder Sand, welche in den Schuh gelangen können, zu bewahren. Da ich aber im Water meinen Fuß auch mit einem wenn auch dünnen Wollsocken bekleidet habe, behalte ich auch im allerkältesten Wasser und an kalten Tagen warme Füße. Der Hauptvorteil des Waters ist aber der, daß ich ihn nach dem Ausziehen umdrehe, so daß die feuchte Innenseite nach außen kommt, wodurch die niedergeschlagene Feuchtigkeit von der Körperausdünstung, welche außerdem den Gummi stark angreift, vollständig abtrocknen kann, worauf dann erst die vom Wasser feuchte Außenseite getrocknet wird. Das soll wohlgemerkt möglichst in frischer Luft, aber nie am Ofen oder in der brennenden Sonnenhitze geschehen, sonst wird der Gummi zerstört und brüchig, außerdem trocknen niedrige Schnürschuhe innen und außen schneller als ein Schaftstiefel am Leisten.

Als Überschuhe kann man ein paar landesübliche Nagelschuhe, sog. „Bergschuhe" oder „Grobgenagelte", die allerdings 2—3 Nummern größer sein müssen als der Fuß, verwenden. Die Benagelung schützt vor dem Ausgleiten auf dem glatten Steinboden des Flußbettes. In England macht man die Überschuhe (Brogues) aus wasserdichtem Stoff (sog. Waterproof) mit Lederbesatz und Doppelsohlen. Die Benagelung unserer Schuhe läßt mit der Zeit viel zu wünschen übrig, da die Nägel aus weichem Material sich rasch abschleifen und dann nicht mehr eingreifen, so daß man leicht abrutscht oder ausgleitet, wenn man auf glatten Grund kommt. Da die Benagelung meist nur eine seitliche des Sohlenrandes ist, werden mit der Zeit die Nägel locker und fallen aus bzw. brechen aus in dem Maße, als das Leder mürb wird. Die Engländer jedoch nageln ihre Sohlen mit Nägeln, welche würfelförmige Köpfe haben, die aus Stahl erzeugt sind und sich nicht so leicht stumpf schleifen wie unsere „Schernken" und „Mausköpfe". Ferner vernieten die Engländer ihre Nägel an der Rückseite der zweiten Sohle erst über Kupferplättchen, ehe diese Sohle an die Rahmensohle angenäht wird. Es ist einleuchtend, daß eine solche Benagelung unverwüstlich zu nennen ist.

Für die Fischerei im Winter kann man zwar auch Water anziehen, aber trotz dicker Wollstrümpfe spürt man die Feuchtigkeit, die sich durch die Körperausdünstung an der Innenseite niederschlägt, auf die Dauer als unangenehm kühl. Es ist daher vorzuziehen, sich für diese Zeit mit den schweren Cordingschen Schaftstiefeln auszurüsten, die über den Paragummilagen noch eine Lage von Vollgummi haben und einen Lederüberschuh bis zum Knöchel. Das Leder ist durch eine eigene Gerbung wasserdicht und darf nie geschmiert werden, da bekanntlich Öl oder Fett Gummi auflöst. Gereinigt wird es nur mit Wasser und Bürste und wird, wenn nach längerem Nichtgebrauch hart geworden, wieder weich, wenn man den Schuh eine Zeitlang in handwarmes Wasser stellt. Eventuelle Verletzungen der äußeren Kautschukschichte kann man wie bei einem Radschlauche verkleben. Allerdings darf man nie vergessen, diese Stiefel nach dem Ablagen bzw. Nichtgebrauch sofort auf Leisten zu schlagen und sie mit diesen bis zum Wiedergebrauche stehen zu lassen. Wer das unterläßt, wird ihre Lebensdauer schwer schädigen, — andernfalls aber kann man sich ihrer guten Dienste bis zu zehn Jahren erfreuen, wenn man sie gut pflegt. Die ansonst in früherer Zeit beliebten Aufschlagstiefel aus Juchtenleder sind zwar bedeutend billiger als die von Cording, — aber sie lassen sich weder hinsichtlich Lebensdauer und schon gar nicht hinsichtlich Wasserdichtigkeit und der daraus folgenden Warmhaltung des Fußes mit letzteren vergleichen. Den Hüftstiefel aus Vollgummi ohne Überschuh aus Leder kann ich nicht empfehlen. Er ist trotz seiner Dicke doch nur zu leicht dem Zerschneiden durch scharfe Steine usw. ausgesetzt und auch seine Sohlen bieten trotz der Riffelung, welche sich übrigens sehr bald abwetzt, keinen guten Halt. Er ist zwar verhältnismäßig billig, aber zum Waten im Wasser ungeeignet. Zum Fahren im Boote kann er eventuell Verwendung finden, wenn es sich nicht um mehr handelt, als trockene Füße zu behalten. Wenn aber jemand z. B. beim Schleppfischen weiter nichts verlangt als nur dieses, dann tun es ein Paar sog. russische Schneestiefel, die über den gewöhnlichen Schuh gezogen werden, vollauf, und haben noch den Vorteil, leichter und bequemer transportiert werden zu können und im Gepäck weniger Platz zu beanspruchen als ein Paar wuchtige Hüftstiefel.

Zum Transport von Geräten und Kleidern usw. ist der Rucksack bei uns üblich. Nur möchte ich raten, ihn nicht zu klein zu wählen, ihn aber mit möglichst vielen Innen- und Außentaschen versehen zu lassen, von denen ein Teil wenigstens mit wasserdichtem Stoff gefüttert sein soll. Auch der Boden soll ein Futter aus Gummistoff haben, damit der Inhalt vor Nässe von unten geschützt werde, — sei es, daß man in regennassem Gelände oder im Tauschnee abhängen muß, sei es, daß der Rucksack am Boden eines nicht ganz ausgedichteten Kahnes liegt. Für die Schleppfischerei halte ich den Gebrauch eines flachen Koffers, der mit verschiedenen Einsätzen und Fächern ausgestattet ist, für vorteilhaft und bequem, da man alles übersichtlich und griffbereit vor sich ausgebreitet hat, was ich in dem beschränkten Raume des Bootes für angenehmer halte, als das Herumkramen im Rucksack.

Zum Landen der erbeuteten Fische bedient man sich des Landungsnetzes oder des Gaff. Der Schleppangler wird in den meisten Fällen das erstere verwenden, auch wenn er mit sehr großen Fischen zu tun hat, denn im Kahne braucht das Netz nicht langstielig zu sein und stört trotz größerer Dimension gar nicht. Anders ist das beim Spinnen vom Ufer, — außer auf Forellen —, wenn es sich um solche handelt und im allgemeinen Fische von höchstens 2—3 Pfund zu erwarten sind, kommt man mit dem gewöhnlichen Landungsnetz in etwas größerem Formate ganz gut aus —, auch der längere Stiel geniert nicht, wenn man das Netz in einem Tragriemen mitführt —, andererseits ist der Stiel ein guter Behelf beim Waten in unsicherem Wasser. Für Hechte und Huchen muß aber das Netz schon recht ansehnliche Größe haben und dementsprechend auch sein Reifen und Stiel kräftiger und länger; wenn man keinen Träger oder sonstigen Begleiter hat, dann verzichtet man lieber auf das Netz und greift zum Gaff. Ob dieser nun langstielig ist und dann gleichzeitig als Stütze beim Waten oder beim Gehen in schwerem Terrain dient, oder aber kompendiös in Form eines sog. Teleskopgaffs verwendet wird, hängt wohl viel von der persönlichen Vorliebe oder von den lokalen Bedingungen ab. An beiden Formen ist das wichtigste die richtige Bauart des Hakens. Dieser darf vor allem nicht zu eng sein und seine Spitze muß parallel zu Schaftstiel verlaufen, sonst ist der Einschlag und das Halten des Fisches schwer zu bewerkstelligen. Auch darf die Spitze nicht zu kurz sein, sonst rutscht der Gaff wieder aus dem Fischkörper heraus. Sehr zu achten ist auf die richtige Härtung. Denn überhärtete Haken brechen gern im Bogen beim Ausheben des Fisches, während zu weiche sich bei dieser Gelegenheit ausbiegen.

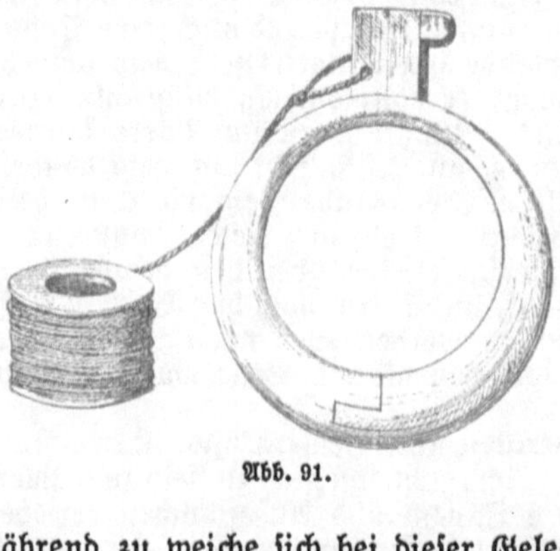

Abb. 91.

Nie und nimmer aber soll der Gaff nebenbei noch dazu dienen, die gefangenen Fische durch Schläge damit zu töten, was man leider nur zu oft sehen kann; abgesehen davon, daß dabei vielfach der Gaff zerbrochen wird, kann man sich auch sehr leicht eine unangenehme Verletzung zuziehen. Zur Lösung von Hängern lieben es manche, einen Lösering mitzuführen (Abb. 91). — Ich gestehe, daß ich gerne auf ihn verzichte, wenigstens dann, wenn ich ihn mit mir herumtragen muß. Eher lasse ich ihn noch beim Schleppfischen gelten, wo ich senkrecht über das Hindernis gelangen kann, wodurch dann der Lösering voll zur Wirkung kommt. Im Strom versuche ich zuerst den Zug nach verschiedenen Richtungen, hilft das nicht, dann kommt das bewährte „Weidenkranzel" in Anwendung. Einige Zweige von Weiden oder Erlen oder einem anderen Strauch werden zu einem Ring verflochten, über den Angelstock gestreift und nun an diesem aus der Schnur ins Wasser gleiten gelassen, wobei man stromauf geht, eventuell noch etwas Leine gibt. — Der Strom führt das „Kranzel" zum Grund, wo es durch seine Hebelwirkung den Hänger löst. Oft hat mir ein Verfahren unerwarteten Erfolg gebracht, das noch einfacher ist. — Ich gehe stromab und lege einfach die Gerte mit langer Leine über's Ufer, nach einiger Zeit probiere ich, ob ich los bin, und auf diese Weise habe ich schon wiederholt Hänger frei bekommen, bei denen ich im Anfang fürchtete, abreißen zu müssen.

Verschiedene Büchsen für Blei, Wirbel, Reservehaken, eventuell auch für ganze Fluchten sowie zur Unterbringung der toten Köderfische dürfen nicht fehlen.

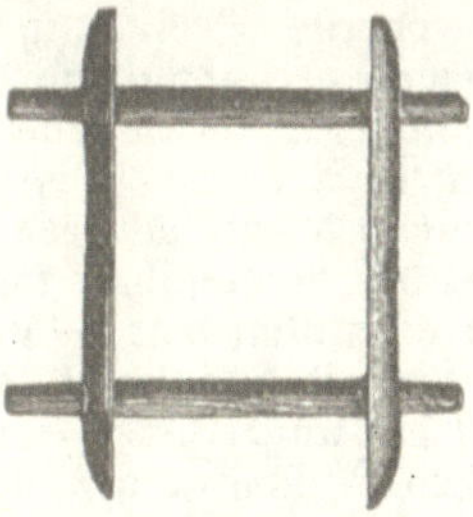

Abb. 92.

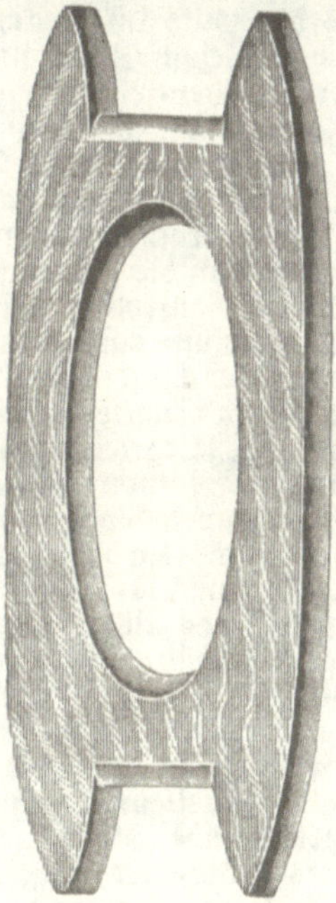

Abb. 93.

Die Angelgerätehandlungen haben darin große Auswahl. Heute, wo wir fast ausschließlich mit Drahtvorfächern angeln, finde ich die von Hardy Bros. in den Handel gebrachte Büchse äußerst praktisch. Es ist darin ein entsprechender Vorrat von Draht aller Stärken, eventuell auch fertigen Vorfächern und das ganze Werkzeug, das man zum Herstellen der Vorfächer braucht, d. h. wenn man diese, so wie ich es tue, nur an- bzw. eindreht und nicht mehr lötet.

Angelfluchten und armierte Kunstköder trägt man gerne nach dem Vorschlag von Heintz in Rehlederlappen eingehüllt, was ein Verhängen und Verbeißen verhindert, wenn anders man dieselben nicht in einem eigenen Spinnerkasten versorgt, den ich ganz praktisch finde. Ein solcher wurde seinerzeit von dem verstorbenen Berbig angegeben, und ich war mit ihm sehr zufrieden.

Der Schleppfischer benötigt außerdem noch verschiedene Windebretter und Rahmen für seine Leinen und Vorfächer, welche in verschiedenen Ausführungen in den Gerätehandlungen vorrätig sind. Die Abb. 92 und 93 zeigen solche. Zur Aufbewahrung und zum Transport der langen Gutleinen empfahl Heintz Plättchen von Neusilber, mahnte aber zur Vorsicht wegen des allzuleichten Abknickens der Gute im trockenen Zustande. Mir sind runde Korkscheiben zu diesem Zweck sympathischer. Man kann sich diese aus Preßkork in jedem einschlägigen Geschäfte kaufen und an der Peripherie eine leichte Rille einfeilen, welche die aus Gut geknüpfte Leine aufzunehmen hat. Diese Rollen sind erstens federleicht, zweitens wird auf ihnen das Gut nicht geknickt; die vom Wässern nassen Rollen trocknen während des Angelns rasch und vollständig aus, so daß man die gebrauchten Vorfächer auf sie wieder ihrerseits zum Trocknen aufrollen kann.

Zum Schlusse darf ich eines wichtigen Gerätes nicht vergessen, das uns ein wichtiger Gehilfe beim Sport ist, — das Boot.

Es gibt so vielerlei Arten von Booten — flache und gekielte — mit und ohne Segeleinrichtung, ja vielfach schon mit festen oder abnehmbaren Motoren ausgerüstet, daß es schwer ist, jemand diesen oder jenen Typ besonders anzuempfehlen, ohne seine Bedürfnisse oder persönliche Liebhaberei, vor allem aber sein Fischwasser zu kennen. Jedenfalls muß immer die oberste Bedingung gestellt werden, daß das Boot stabil, entsprechend geräumig und doch im jeweiligen Verhältnis zu seinen Dimensionen leicht zu bedienen sei.

Wie oft habe ich es erlebt, nach langer Reise an ein entlegenes Fischwasser gekommen zu sein und dann zu sehen, daß trotz Ansage das Boot nicht da war oder leckte oder der Bootsführer nicht vorhanden, eventuell unzurechnungsfähig betrunken war — und was derlei erheiternde Dinge mehr sind. Das alles fällt mit dem Besitze eines Faltbootes weg, und allein die ungetrübte Freude am Sport ist seinen vielleicht etwas hohen Anschaffungspreis wert. Unbezahlbar aber auch der Reiz, heute da und morgen dort von ihm aus angeln zu können und eben jeder Zeit eigener Herr im Hause zu sein. Wer lange Zeit am Wasser lebt, wird vielleicht Freude daran finden, seine Anglerferien als moderner Robinson zu verleben und sich zu seinem Faltboot noch ein Zelt anschaffen, um ganz in freier Natur leben zu können. Ich kann das zu tun nur raten, denn es ist doch etwas ganz anderes, seinen Abend am Herdfeuer in frischer Luft zu verleben, in seinem Schlafsack sich von den Mühen eines Angeltages köstlich auszuruhen, als in irgendeiner rauchigen Kneipe zu sitzen und irgendwo in einem nicht ganz einwandfreien Bette zu liegen; ich halte so ein Lagerleben für den höchsten Reiz, den das Anglerleben überhaupt bieten kann, besonders wenn gute weidfrohe Gesellen Genossen einer solchen Fahrt sind.

Die Schleppangel.

Sinn- und wesensverwandt ist diese Art zu fischen mit der Spinnangel, vielleicht weniger kunstvoll, vielleicht für manchen weniger reizvoll und zu wenig anregend. Beides zugegeben, aber gekannt will sie auch sein, auch sie hat ihre Feinheiten und intimen Reize. Allerdings, territorial beschränkt sie sich auf größere Wassereinheiten, Ströme und Seen und erfordert unter anderem einen größeren Apparat als die Spinnangel.

Schon die Voraussetzung, daß sie nur und ausschließlich vom fahrenden Boote aus betrieben werden kann, unterscheidet sie wesentlich von dieser, auch die Tatsache, daß die Führung und Bewegung des Köders durch die Bootsbewegung erfolgt und nicht durch die eigene Betätigung des Anglers. Man kann gelegentlich auch mit der Spinngerte schleppen, wenn man vom Werfen müde die Gerte über den Bootsrand auslegt, entsprechend Leine ausläßt und nun an den günstigen Plätzen vorbeirudernd, den Köder arbeitenläßt. Um dem Köder die nötige Tiefenführung zu geben, muß man ungefähr 10 m von ihm in die Schnur ein Gleitblei einfügen. Sehr bewährt ist das von Hardy (Abb. 94a), welches in die Schnur eingeklemmt wird und beim Einrollen vom Endring der Gerte abgestreift wird, wenn es an ihn anstößt, worauf es bis zum Vorfach herabrutscht. Heintz beschreibt ein Gleitblei, das sich recht gut bewährt und durch Wechsel des Bleies

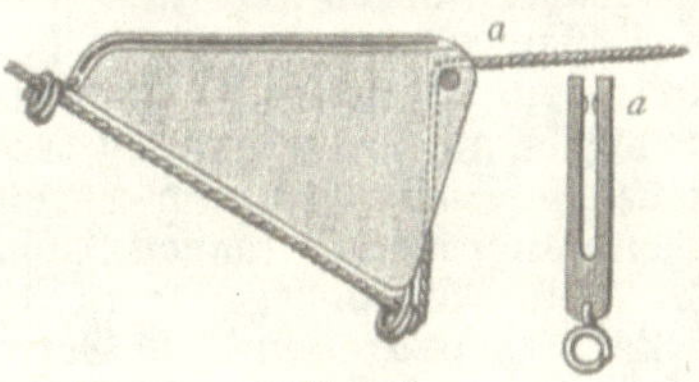

Abb. 94 a.

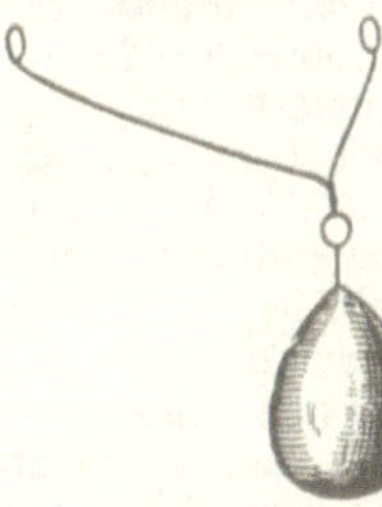
Abb. 94 c.

Abb. 94 b.

verschieden schwer gemacht werden kann: es wird durch einen eingebundenen Gummifaden in seiner Stellung erhalten und beim Einrollen über diesen vom Endring hinübergestreift (Abb. 94b).

Ein einfaches Gleitblei stellt die von mir wiederholt als „Bosporus-paternoster" (Abb. 94c) beschriebene Vorrichtung dar, welche noch den Vorzug hat, daß man sie aus einem Stückchen Draht von 12—15 cm Länge und einem Olivenblei am Wasser selbst rasch herstellen kann. Auch dieser Apparat gestattet Bleie von beliebigem Gewichte ein- und auszuhängen; auch er wird mit Hilfe eines in die Schnur gebundenen Stückchens Gummi in der gewünschten Stellung fixiert.

Wie schwer man die Bleibeschwerung jeweils zu nehmen hat, läßt sich nicht genau sagen, — maßgebend ist hierfür die Stärke der verwendeten Rollschnur und die Tiefe, welche man erreichen will, ebenso auch das Tempo der Fahrt. Wer speziell von der Gerte schleppen will, — hervorragend eignen sich hierfür die 6 Fuß langen Überkopfgerten in stärkerer Ausführung —, dem sei eine große Rolle, welches rasches Aufwinden gestattet, angeraten. Ich möchte zu diesem Behufe die sog. „Magnalium-Rolle" empfehlen, besonders in der von mir angegebenen Verbesserung mit Knarre und zweiter Bremse an der Trommel, welche bei ihrem Durchmesser von 18 cm ein enorm rasches Aufwinden ermöglicht, was in Gefahrmomenten von großer Bedeutung ist. Für das Schleppen von der Gerte hat man eigene Gertenhalter konstruiert, welche am Bootsrande in verschiedenen Stellungen und Lagen festgeschraubt werden können (Abb. 95). Man hat dabei nur nötig, die Rolle zu sperren und die Gerte so festzulegen, daß der anbeißende Fisch sich allein anhaut, wobei die Fahrt des Bootes die Antriebstätigkeit des Anglers ersetzt. Für das Eindringen des Hakens muß allerdings die Rolle so hart gebremst sein, daß sie nicht überlaufen kann. Ist die Bremsung zu schwach, dann geht der Anhieb fehl, und es erübrigt sich dann nichts anderes, als die Schnur in der Hand zu behalten wie bei der Schleppfischerei.

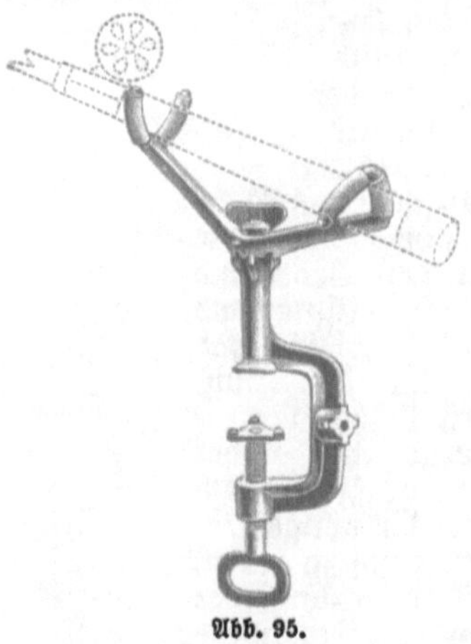

Abb. 95.

Ich will bei dieser Gelegenheit auch die sog. „Harlingfischerei" besprechen, die zwar eigentlich kein eigentliches „Schleppen" ist, aber bei der auch die aktive Tätigkeit des Anglers entfällt, soweit es sich um Köderführung und Anhieb handelt. Voraussetzung für die Harlingfischerei ist tiefes und strömendes Wasser. Ihre Heimat ist Norwegen, wo sie an jenen Strömen Anwendung findet, in denen das Wasser zu mächtig und zu tief ist, um ein erfolgreiches Fischen mit der Fliege auf Lachse zu gewähren, oder in denen die Lachse überhaupt die Fliege nicht annehmen. — Sie wird derart ausgeführt, daß der Bootsführer, auf dessen Tüchtigkeit und Geschicklichkeit im Rudern alles ankommt, das Boot von einem Ufer zum anderen führt und zwischen den einzelnen Landungspunkten hüben und drüben nur eine kurze Entfernung von 1—2 Bootslängen einschiebt. Die Fahrt wird stromab ausgeführt, damit den Fischen, die ja immer mit dem Kopf gegen den Strom stehen, der Köder in den verschiedenen Wasserschichten präsentiert werde. Die Gerten liegen über Bug und Stern des Bootes aus, in den vorerwähnten Haltern eingelegt, und der Angler hat nur auf den Anbiß zu warten, denn der Lachs, welcher sich mit dem erfaßten Köder stromab wendet, haut sich allein an. Selbstredend, die Aufregungen des nun folgenden Kampfes genießt der Angler allein, wenn er auch vom Bootsführer nachhaltig unterstützt wird.

Diese Art zu angeln dürfte sich auch in unseren großen Strömen ausführen lassen, wenn man einen rudergewandten Fahrer hat und dürfte bestimmt große Erfolge bringen. Ich selbst hatte leider nie Gelegenheit, in dieser Weise auf den großen kontinentalen Wassern zu fischen, wundere mich aber, daß noch keiner unserer Angler es der Mühe wert fand, diese Methode zu erproben; wenigstens habe ich bis heute noch nirgends etwas verlauten gehört, und doch möchte ich den Angelbrüdern an der Elbe, Weser usw. nahelegen, einmal wenigstens den Versuch zu machen und ihre Erfahrungen in unseren Anglerzeitungen zu verlautbaren.

Die Schleppangel wird auf zweierlei Weise gehandhabt, entweder so, daß man die Schnur von einer Rolle laufen läßt, welche am Bootsrand befestigt ist, oder auf einem Stiel angebracht, mit diesem im Boote festgelegt, oder so, daß man die Schnur in der Hand hält. Beides ist meiner Ansicht nach vollständig weid- und sportgerecht, wenn ich auch Heintz zustimme, daß die Art des Schleppens, die man an unseren Alpenseen häufig beobachten kann, nicht mit „Sport" bezeichnet werden kann. Hier handelt es sich freilich in fast allen Fällen um Nichtangler, die aus Langeweile oder um eine Sensation zu haben, mit irgendeinem Berufsfischer hinausfahren, der einfach seinen Gast herumrudert. Beißt dann ein Fisch an, wird er einfach hereingehaspelt, ins Netz geschöpft und in den Kahn geworfen, — das ist bestimmt kein Sport und kann dem Fahrgast auch nie den Eindruck eines solchen machen, noch weniger aber in ihm die Begeisterung für das Angeln als etwas Höherem wachrufen.

Ich will zunächst die zur Schleppangel dienenden Geräte einzeln besprechen: zunächst die Schnur. Dieselbe besteht im allgemeinen aus zwei Teilen, wenn aus der Hand geangelt wird, nämlich der eigentlichen Schleppleine und der Handleine. Diese wählt man aus geklöppeltem Hanf hergestellt und in einer ziemlich dicken Nummer, da sich erstens eine voluminöse Schnur leichter hält und die angeschlossene Seidenschnur mit dem Vorfache für die nötige Verjüngung sorgen. Die Handleine imprägniert man nicht mit Paraffin oder sonstigen Schwimmfetten, denn das würde sie zu glatt und schlüpfrig machen, sondern man läßt sie mit Wachs ein, das der Leine auch eine gewisse Steifigkeit verleiht. Ein Einhangwirbel am Ende dient zum Einhängen der eigentlichen Schleppschnur.

Die Schleppschnur besteht aus geklöppelter Seidenschnur stärkerer Sorte, welche vorteilhaft imprägniert ist. Es genügt, diese Schnur 3—10 m lang zu nehmen. Das untere Ende trägt einen Einhangwirbel, in welchem das Vorfach eingehängt wird. Dieses selbst besteht je nachdem, auf welche Fische man angelt, und je nach der Klarheit des Wassers aus einfachem Lachsgut, eventuell auch aus doppeltem oder dreifachen Gute, eventuell aus Draht, — sei es Punjal oder sonst ein Drahtgespinst, sei es einfacher Draht. Ich halte die moderne Stahlseide für diesen Zweck hervorragend geeignet wegen ihrer Feinheit und Schmiegsamkeit, nicht zuletzt wegen ihrer den Galvanodraht vielfach überlegenen Tragfähigkeit und Elastizität. Das Vorfach ist je nachdem 2—4 m lang und trägt über seine Länge verteilt, eine Anzahl geschlossener Wirbel. Bezüglich dieser ist zu sagen, daß man sie nicht klein genug, aber auch nicht zu gering nehmen soll, natürlich immer im Verhältnis der Größe der zu erwartenden Fische. Da ja beim Schleppen die Elastizität der Gerte für den Drill fehlt, muß die Elastizität und Reißfähigkeit der Leine des übrigen Zugehörs erhöht in Anspruch genommen werden, weshalb man diese Sachen in etwas stärkeren Verhältnissen nehmen muß. Die größere Zahl der ins Vorfach eingeschalteten Wirbel erklärt sich aus dem Bestreben, die bestmöglichste Spinntätigkeit des Köders zu erzielen, selbst bei ganz langsamer Fahrt; darum verwendet man sehr oft und gerne Doppelwirbel. Auch wird der Neigung der Schnur, sich zu verdrehen, durch das Anbringen vieler Wirbel wirksam gegegnet.

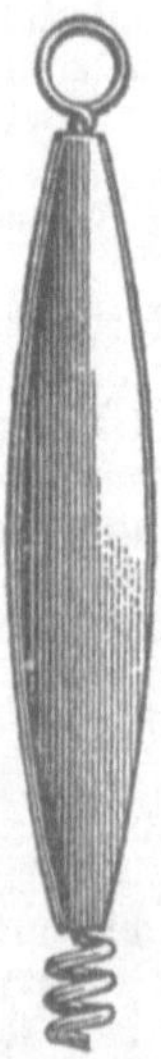

Abb. 96.

Abb. 97.

Abb. 98.

Um den Köder in die Tiefe zu bringen und in dieser zu erhalten, schaltet man Senker ein, und zwar in die Schnur, teils Bleioliven (Abb. 96), teils Bleie von der Form der Abb. 97.

Will man oberflächlich spinnen, d. h. ohne Beschwerung, dann muß man, um die Verdrehung der Schnur zu verhindern, zwischen diese und das Vorfach einen sog. „Antikinker“ einschalten, der in Abb. 98 abgebildet ist. Man kann denselben ohne besondere Mühe selbst herstellen. Angelt man mit Zuhilfenahme einer Rolle, dann ist es angezeigt, die ganze Schnur aus Seide zu nehmen.

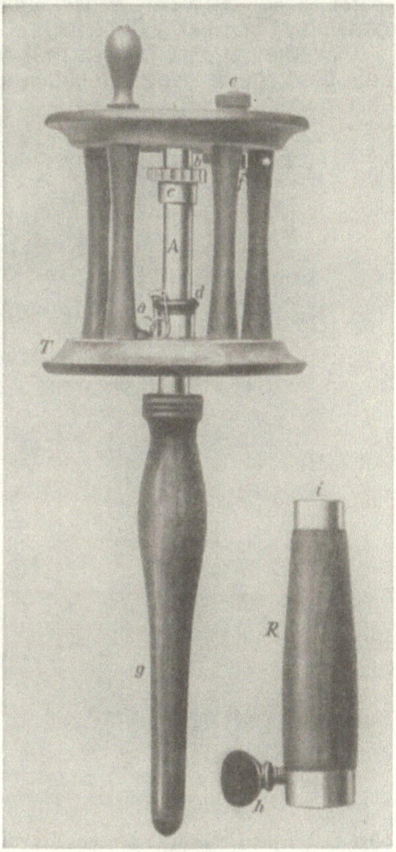

Abb. 99.

Es gibt verschiedene Arten von Rollen zu diesem Zwecke, von denen die in Abb. 99 u. 101 abgebildeten sich großer Beliebtheit erfreuen und einen feinen Drill erlauben. Der in Abb. 100 gezeigte Bootshaspel, auch Heureka-Haspel genannt, ist eine Verfeinerung des Comoseehaspels; es gestattet dem während des Einrollens neuerlich flüchtenden Fische Leine abzuziehen, ohne daß man die Tätigkeit des Einrollens unterbrechen müßte, indem sich nämlich durch den Gegenzug die Trommel automatisch ausschaltet. Daß man mit diesen Haspeln mit sehr feinem Zeug arbeiten kann, ist sehr glaubhaft, allerdings sind sie etwas voluminös und schwer und nicht gerade billig. Der Gegenüberstellung halber muß ich aber auch den gewöhnlichen Bootshaspel erwähnen, der weder eine Knarre, noch sonst eine Bremse zeigt, die ein kunstgerechtes Drillen des Fisches erlauben würde. Lediglich eine Sperrklinke stellt die Trommel in der jeweiligen Lage fest, ansonst dient der ganze Apparat eben nur zum kunstlosen brutalen Hereinwinden des Fisches, also zu jener Art des Angelns, welche im vorhergehenden als unsportmäßig bezeichnet wurde.

Die Angler, welche die in Abb. 99 beschriebenen Haspel verwenden, lieben es, mit zwei Leinen zu angeln, einer oberflächlich und einer tiefgehenden. — Beim Gebrauche der Handleine wird man sich wohl meist mit einer einzigen begnügen.

Ich gebe gern zu, daß der Gebrauch der Handleine mehr Technik erfordert, besonders dann, wenn man allein im Boote sitzt und auch noch die Ruder zu bedienen hat, von deren geschickten Handhabung auch ein Teil der glücklichen Landung abhängt, wie wir später sehen werden. Einen unbestreitbaren Vorteil besitzt die Handleine, den der Billigkeit.

Heintz empfiehlt für den Fall, daß man selbst rudert oder aber nicht die Leine in der Hand halten will, ihr Ende mit einem finger-

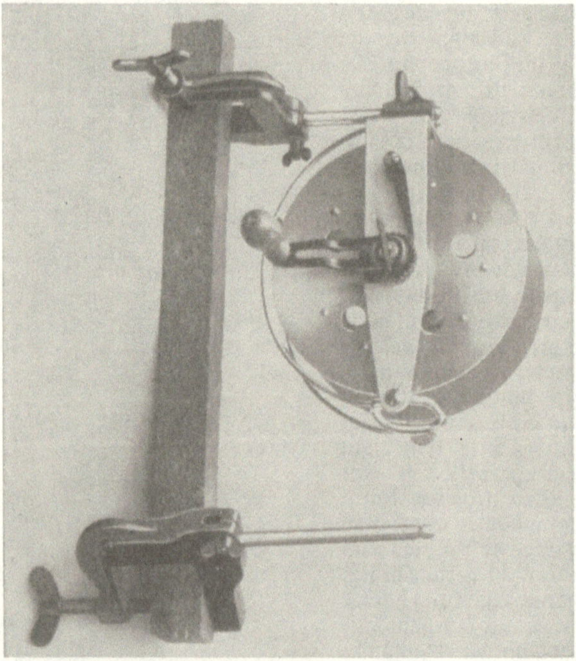

Abb. 100.

dicken Gummischlauch von ca. 1 m Länge zu verbinden. Dies geschieht durch einen Einhänger, der an dem einen Schlauchende angebracht ist. Auf das andere Ende setzt sich der Angler. Beißt ein Fisch, dann sieht man dies an dem ruckweisen Dehnen des Schlauches, ebenso wie man einen Hänger konstatieren kann, wenn sich der Schlauch in einem gleichmäßigen Zuge stark dehnt. Um zu verhindern, daß die über den Bootsrand laufende Leine an diesem scheuere und beschädigt werde, bringt man an diesem eine kleine Rolle oder Spule an, welche auf einer Achse verschiebbar ist und frei rotiert. Über diese läuft die Schnur, ohne zu wetzen. Dieses Verfahren ist sehr empfehlenswert.

Beim Angeln mit der Handleine muß man diese vom hinteren Ende, beginnend in Ringen, auf den Boden des Bootes auslegen; beim Rudern läßt man dann zuerst den Köder und dann nach und nach die Schnur auslaufen.

Es ist wichtig, auch über die Beschaffenheit der zu befischenden Zone sich eine genaue Kenntnis zu verschaffen. Im allgemeinen wird man, außer wenn man auf hochstehende Salmoniden angelt, dem freien Wasser fernbleiben und sich auf die Uferzone beschränken, da man mit der landläufigen Schleppangel nicht in größere Tiefen als 10 m herunterkommt. Besonders wichtig ist es auch, den Verlauf der sog. „Schar", lokal auch „Leiten" genannt, zu wissen, die sich dadurch kenntlich macht, daß die helle grüne oder bläuliche Farbe des Wassers in eine dunkle übergeht. Die Fahrt geht dann parallel zur Schar, um eine Übersicht über ihren Verlauf zum Ufer einerseits — mal näher — mal weiter — und ihre Abfallverhältnisse zur Tiefe andererseits zu studieren. Das ist wichtig an fremden Wassern. Macht man diese Fahrt zum erstenmal, dann lasse man die Leine 30, 40, 50 m ohne Beschwerung auslaufen,

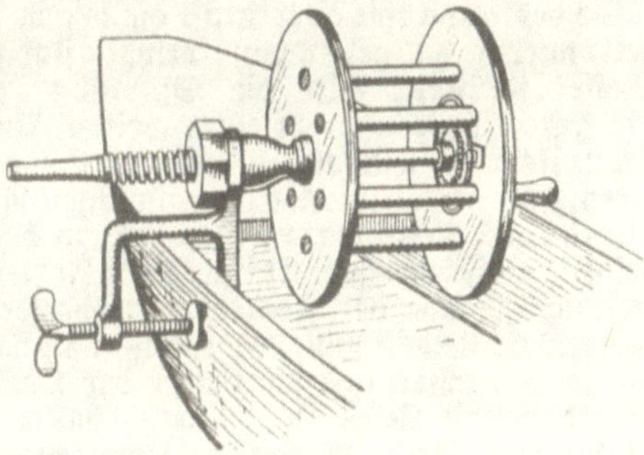

Abb. 101.

um Hangern aus dem Weg zu gehen. Fährt man Uferbuchten aus, dann muß man das Boot im hellen Uferwasser führen, — umgekehrt beim Umfahren von Landzungen weiter hinaus ins freie Wasser gehen. Erst wenn man über die ortlichen Verhältnisse orientiert ist, fischt man mit beschwerter Leine.

Wie ich schon gesagt habe, die Hauptrolle beim Schleppen spielt eigentlich die richtige Führung des Bootes sowohl bei der Führung des Köders als insbesondere beim Drill. Darum lieben es erfahrene Schleppangler, allein das Ruder zu führen, um mit der eigentlich oft monotonen Beschäftigung eine gesunde Muskeltätigkeit, die auch Überlegung und Geschick verlangt, zu verbinden. Angenommen, ein Fisch hat gebissen, was wir je nachdem entweder am Knarren der Rolle oder am Strecken des Gummischlauches oder am Zucken in der Hand spüren, wir müssen also anhauen, was durch einige energische Ruderschläge zu geschehen hat, dann müssen wir in den Drill eingehen. Wenn man in großer Nähe des Ufers fährt und dieses einen reichlichen Bestand von Schilf und sein Boden starken Bewuchs aufweist, dann muß es unser erstes Bestreben sein, das tiefe Wasser zu gewinnen, um dem Fisch die Flucht ins Kraut oder Schilf unmöglich zu machen. Das Boot muß die Fluchtbewegungen des Fisches zu parieren, indem seine Fahrtrichtung stets diesem entgegengesetzt zu stellen ist. Das gefährlichste ist, wenn der Fisch unter das Boot gehen will, welches Vorhaben durch eiliges Rudern und Wiederherstellung der alten Situation verhindert werden muß. Genau wie beim Drill vom Ufer, vielleicht noch viel wichtiger, ist die Befolgung des Rates, den Fisch weit weg vom Angler müde zu arbeiten und sich mit dem Hereinholen recht viel Zeit zu lassen, erst recht, wenn man allein rudert! Gegen schon beim Uferfischen, wo man doch in der größeren Mehrzahl der Fälle den geeigneten Platz zur Landung aussuchen und bestimmen kann, genug Fische eben dabei durch Übereilung verloren, so geschieht dies in viel ausgedehnterem Maße vom Boote aus. Wenn ein nicht abgekämpfter Fisch zu rasch ins Boot gezogen wird und nun in nächster Nähe desselben mit aller Kraft die letzten Versuche macht, die Freiheit wieder zu gewinnen, springt, sich wälzt und den Kopf über Wasser schüttelt, wird die Situation kritisch. Gelingt es nicht, ihn durch Erschrecken zu einer weiten Flucht zu bewegen und das Kampffeld vom Boote zu entfernen, dann ist der Fisch meist verloren, wenn man nicht einen günstigen Augenblick erfassen konnte, um ihn ins Netz oder an den Gaff zu bringen. Es ist ebenso wie beim Uferfischen einer der gröbsten Fehler, diese gewaltsamen Befreiungsversuche des Fisches zu provozieren. Wenn ein Fisch zur Oberfläche steigen will, dann muß man das Gewicht der Leine auf ihn wirken lassen und ganz nahe der Oberfläche einziehen. Wollte man dabei die Leine absichtlich hochhalten oder gar aufstehen, wäre es das verfehlteste Beginnen. Man lasse dem Fisch seinen Willen, soweit es ohne Gefahr angeht, und drille ihn durch Bewegungen des Bootes. Schießt er gegen dasselbe, muß man ihm raschestens davonrudern, wenn er sich dagegen spreizt, dann halte man ihn ruhig ohne Zug an der Leine und ohne zu rudern; zieht er fort, dann gebe man ihm Leine, zieht er nach der Seiten, dann stelle man den Bug des Kahnes nach den entgegengesetzten Richtung.

Das Einziehen der Leine hat in regelmäßigen Zügen Hand in Hand zu erfolgen und man vergesse nicht, die eingezogene Schnur wieder in Ringe auf den Kahnboden zu ordnen, andernfalls kann eine Verwirrung der Leine von recht fatalen Folgen begleitet sein, wenn der Fisch vielleicht noch Fluchten macht. Besonders vorsichtig und gleichmäßig hat das Einziehen in Momente des beabsichtigen Landens zu erfolgen; man zieht ihn bis auf einen halben Meter längsseits des Bootes heran und leite ihn dann erst über das vorgehaltene Netz oder schlage ihm den Griff ein; beide Geräte sollen der besseren Handhabung halber ziemlich kurzstielig sein.

Die eben beschriebene Art zu schleppen gestattet aber, wie schon bemerkt, nur Tiefen bis zu 10 m zu beangeln. Um den Fischen in größeren Tiefen beizukommen, muß man eine besondere Tiefseeangel benützen.

Die Schleppangler früherer Perioden verwendeten hierzu die schon von Bischoff angegebene Kette, aus ca. 15—25 cm langen

Gliedern von starkem Messingdraht zusammengesetzt, welche infolge ihrer Schwere bei entsprechender Länge in große Tiefen sinkt. Sie ist heute ganz außer Gebrauch. Hie und da findet man bei Berufsfischern noch die „Tiefleine", welche durch reichliche Umwicklung mit Bleidraht zum Sinken gebracht wird.

Ein wirklich sportliches Gerät ist die Tiefseeangel der Fischer am Comosee, deren Beschreibung und sinnreichen Umbau für unsere Verhältnisse wir Heintz zu verdanken haben. Wenn ich die Beschreibung der am Comosee gebräuchlichen Tiefseeangel wiedergebe, so tue ich es nur, um dem Leser durch den Vergleich die bedeutend verbesserte Heintzsche Tiefseeangel und ihre Vorteile leichter anschaulich machen zu können.

Die Comoseeleine besteht aus weichem Messing- bzw. Kupferdraht von ca. 600 und mehr Meter Länge, der, um nicht geknickt zu werden, auf einem Haspel aufgespult ist. Diese Haspel, deren ich schon vorher Erwähnung tat, ist eine sinnreiche Konstruktion, die es erlaubt, große Fische an feinem Zeuge zu drillen. Die Drahtschnur ist von 20 zu 20 m unterbrochen durch eingebundene Ringe, bis zu 20 an der Zahl, in welche die Seitenangeln eingehängt werden. Diese wiederum sind je 18 m lang (davon 10 m reine Seidenschnur und 8 m Gutvorfach) und werden mit einem Haken in die Ringe eingehängt. Man sieht daraus, wie kompliziert und kostspielig zugleich dieser Apparat ist. Schon das Auslassen der Leine und Einhängen der vielen Seitenangeln ist eine mühsame Arbeit: Beißt nun ein Fisch an eine der unteren Seitenangeln oder gar an der untersten, dann muß man alle übrigen einholen, aufhängen, aufwinden und beim Wiederauslegen der Hauptleine die ganze Arbeit in umgekehrter Reihenfolge wiederholen.

Nicht nur das: Im Fall daß die Fahrt unterbrochen werden muß, sinken die Seitenleinen entlang der Hauptleine herunter und zu leicht kommt es zu unliebsamen Verschlingungen, deren Lösung nicht immer leicht, unter allen Verhältnissen aber zeitraubend und mühsam ist.

Diese Übelstände haben Heintz veranlaßt, einen Apparat zu konstruieren, welcher unkompliziert und einfach zu handhaben ist und doch eine sichere Befischung selbst der größten Tiefen erlaubt. Vor allem galt es, ein Material zu finden, welches bei entsprechender Dünne doch haltbar genug und leicht zu verarbeiten ist, vor allem knickungsfrei, dabei das Wasser auch bei rascher Fahrt schneidend. Dieses Material fand er im Galvanodraht. Ich bin aber überzeugt, daß er bestimmt diesen durch die viel feinere und dabei viel festere Stahlseide ersetzt hätte, wäre diese bei seinen Lebzeiten bzw. zu jener Zeit, als er noch die Fischweid ausüben konnte, schon am Markte gewesen wäre.

Der Heintzsche Ideengang bei Aufbau seiner Tiefseeangel, welche, nebenbei gesagt, bis heute durch nichts Besseres ersetzt oder übertroffen ist, ist folgender: Um die Verwendung des teueren Haspels auszuschalten und die Anwendung der Handleine zu gestatten, muß die Drahtleine am Ende einen so schweren Senker tragen, daß dieselbe auch bei rascher Fahrt wenigstens annähernd vertikal im Wasser hängt. Statt einer einheitlichen Drahtschnur ist es vorteilhafter, eine solche aus mehreren, untereinander gelenkig verbundenen Einzelteilen zu wählen und statt der vielen Seitenangeln deren bloß 3—5, diese aber in ebenfalls gelenkig verbundene Seitenarme einzuhängen, so daß bei einem Verhängen des Bleies am Boden und Stillstand der Fahrt die Seitenangeln vom Körper der Drahtschnur weit abhängen und somit Verschlingungen ausgeschlossen sind.

In der Tat wird seine Tiefseeangel auch in allen diesen Gesichtspunkten gerecht. Die Drahtschnur besteht aus je einen Meter langen Einzelteilen, die durch einen von ihm erfundenen Um-

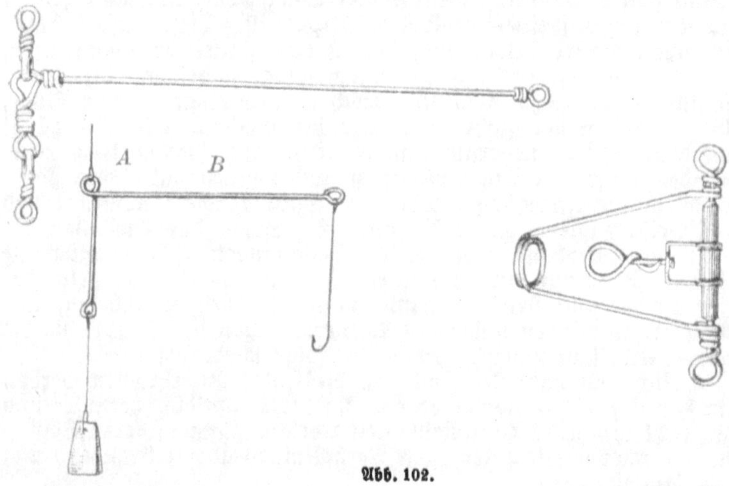

Abb. 102.

lauf verbunden sind. Ihr oberes Ende wird durch einen Wirbel mit der Handleine verbunden, ihr unteres Ende trägt den Senker. Die Seitenangeln sind von 5 zu 5 m in drehbare Seitenarme, sog. „Booms" (Abb. 102), eingehängt, wenn man große Gewichte benutzt, bei leichten Senkern ist der Abstand der Seilarme 10 m, die oberen Seitenangeln sind je 3 m lang, die unterste 8—10 m lang. Die Seitenangeln sind aus Lachsgut geknüpft, man kann zwar auch doppelt gedrehtes Gut verwenden, doch ist es dann ratsam, den letzten Meter aus einfachem Lachsgut anzusetzen. Von dem untersten Boom geht noch ein $1^1/_2$ m langes Stück Drahtschnur ab, welches den Senker trägt (Abb. 103). Die Seitenangeln werden mit den Armen entweder durch Karabiner (Abb. 104) verbunden, welche ziemlich kräftig gehalten sein müssen, oder aber trägt der Seitenarm selbst schon eine Einhangvorrichtung; gegen den Köder zu sind sie behufs Verbindung mit demselben entweder mit einem einfachen Einhänger versehen oder sie tragen einen kleinen Einhängewirbel; das letztere ist mir das liebere, selbst wenn der Köder auch mit einem Wirbel montiert ist.

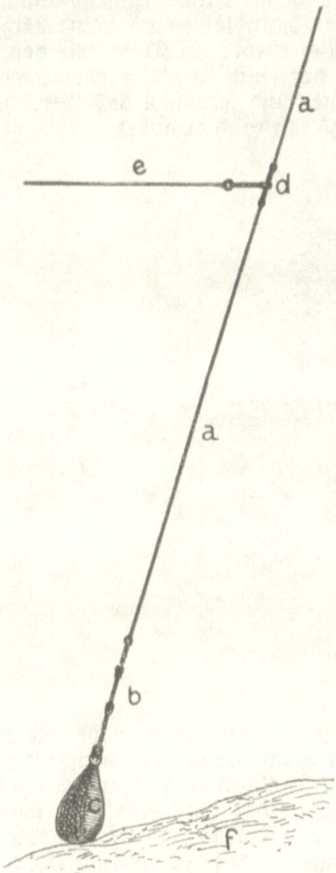

Abb. 103.

Die Gesamtlänge der Hauptschnur beträgt je nach der Tiefe des zu befischenden Wassers 20—50 m, das Senkergewicht derselben angepaßt bis zu 2 Pfund. Es ist von großem Vorteile, das Senkergewicht dem jeweiligen Erfordernis anpassen zu können, daher einen Senker zu haben, der durch Ansetzen bzw. Wegnehmen einzelner Teile Variationen von ½—2 Pfund erlaubt. Der von Heintz angegebene Senker (Abb. 104) entspricht diesem Erfordernis weitestgehend und ist leicht selbst herzustellen.

Abb. 104.

Außer seiner Bestimmung, die Leine zur Tiefe zu führen und sie dort zu erhalten, diene der Senker auch als ständiger Verbindungsmesser des Anglers mit dem Boden, er zeigt ihm Unebenheiten und Niveauverschiedenheiten desselben exakt an und meldet ihm rechtzeitig Hindernisse, wie Felsen oder versunkenes Holz.

Der Angler hat daher nur nötig, dem Verhalten des Senkers Aufmerksamkeit zu schenken: streift dieser am Boden, dann muß er Leine einziehen, bis der Senker wieder ohne anzustreifen seinen Weg macht, umgekehrt kann er nachher wieder versuchen, ihn tiefer zu bringen, wenn er glaubt, der Grund gestatte es, indem er wieder solange Leine gibt, bis der Senker aufschlägt. Faßt dieser ein Hindernis, wie einen Felsen oder versunkenes Holz, dann wird die Fahrt unterbrochen bzw. durch Rückwärtsfahrt der Senker freigemacht, die unterste

Seitenangel aber kann sich nicht verhängen, denn sie liegt fernab von dem Hindernis am Boden.

Aber noch eine weitere wichtige Arbeit hat der Senker zu leisten: er ist auch der Gehilfe des Anglers beim Drill. Angenommen, ein Fisch strebt nach der Oberfläche, dann läßt man Leine nach, und der schwere Senker zieht den Fisch wieder zur Tiefe, wie denn überhaupt bei jeder Flucht, welche der Fisch in dieser oder jener Richtung unternehmen will, er immer und jedesmal das Gewicht des Senkers zu überwinden hat, was ihn rasch ermüdet.

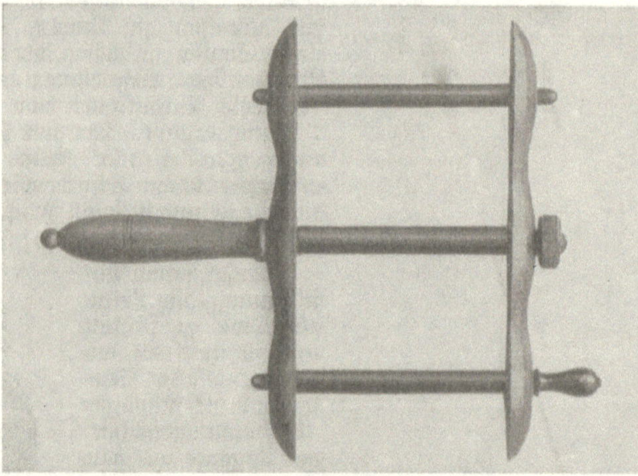

Abb. 105.

Die Drahtschnur wird mit einer 40 oder auch mehr Meter langen Handleine aus geklöppeltem Hanf verbunden, welche mit Wachs eingelassen ist. Je kürzer die Drahtschnur und je geringer die Belastung derselben, desto mehr von der Handleine muß man folgerichtig ausgeben. Zum Zwecke raschesten Nachlassens, wie z. B. bei einem Hänger, muß man stets einige Meter Handleine am Boden des Kahnes in Ringen ausgelegt haben.

Die Schleppangelschnur wickelt man außer Gebrauch auf eigene Winderahmen, teils solche wie Abb. 92 u. 93, teils solche, welche um eine Achse drehbar sind wie Abb. 105. Beide Modelle sind in den Gerätehandlungen in den verschiedensten Ausführungen vorrätig.

Nicht unbesprochen sollen hier die zu verwendenden Köder und Fluchten bleiben. Soweit es sich um Kunstköder, also Löffel und Blinker handelt, müssen diese aus viel dünnerem Bleche hergestellt sein als jene, welche zum Spinnen mit der Gerte verwendet werden, denn erstens werden sie ja nicht geworfen, zweitens sollen sie nicht, wenn die Fahrt verlangsamt wird, durch ihr Eigengewicht zu rasch zu Boden sinken. Aus demselben Grunde dürfen die Spinnfluchten keine Beschwerungen wie Kappen oder Schlundzapfen tragen, auch Turbinen an denselben sollen aus ganz dünnem Bleche hergestellt sein, wenn schon nicht aus transparenten, unsichtlichem und federleichten Zelluloid. Entsprechend dem leichten Gewichte der Systeme sollen auch die Haken möglichst klein und feindrähtig, dafür aber mit desto schärferen Spitzen ausgestattet sein, was alles ganz besonders für die Tiefseeangel Geltung hat und worüber bei den eigenen Fischgattungen des näheren gesprochen werden soll. Das Hauptaugenmerk ist aber auf ein klagloses Funktionieren der Wirbel gerichtet, damit die Köder dieser und jener Art auch beim langsamen Rudern exakt spinnen.

Und nun wollen wir über die Technik des Schleppens mit der Tiefseeschnur sprechen.

Vor der Ausfahrt haben wir alles vorbereitet; die Köder zurechtgelegt, die Seitenangeln montiert und nun hängen wir dort, wo wir mit dem Fischen beginnen wollen, den Senker ein, dann die erste Seitenangel und lassen diese zuerst auslaufen, dann die zweite usw. — und dann Meter für Meter die Drahtschnur und hinterher noch Handleine nach Bedarf.

Wenn ich schon für den Gebrauch der Handangel größtmöglichste Vertrautheit und Kenntnis des Wassers und der Grundverhältnisse als einen für den Erfolg maßgebenden Faktor bezeichnet habe, so hat diese Forderung doppelte Geltung für den Schleppangler. Ich glaube nicht, daß es eine bewußtere Zeitverschwendung und Ververgeudung von Energie gibt, als planlos in einem fremden Wasser herumzufahren und seine Angeln durchs Wasser zu ziehen.

Wenn man schon nicht einen verläßlichen ortskundigen Begleiter gewinnen kann, dann muß man wenigstens trachten, sich so rasch als möglich eine wenigstens teilweise Orientierung zu verschaffen, und das geschieht am besten durch Leerfahrten, die lediglich dem Zwecke des Lotens gewidmet sind. Zugegeben — es ist ein Zeitverlust besonders für den weither gereisten Angler mit beschränkten Ferientagen — aber ich glaube, daß dieser Zeitverlust reichlich aufgewogen wird durch bessere Erfolge und ein Minus an Enttäuschungen, Mißerfolgen und Verlusten von Geräten.

In Seen, welche von einem Flusse durchströmt werden, halte ich es für das erste Gebot, sich über den Verlauf der Stromrinne zu orientieren, weil diese von Haus aus der gegebene Standort vieler Fische ist. Mit kaum einem anderen Geräte kann man sich so rasch über die wechselnden Tiefenverhältnisse orientieren wie mit der Tiefseeleine, da man doch an ihr Meter für Meter messen kann. Empfehlenswert ist es, von der Tiefe gegen das Ufer zu fahren, um so den Abfall kennenzulernen. Wo das Blei auf den Grund kommt, fährt man zurück, bis man die Schnur vertikal spannen kann und zählt dann die Meterzahl der Tiefe an dem Ringwirbel ab. Durch Einzeichnen kann man sich dann den ganzen See oder wenigstens einen Teil desselben graphisch skizzieren, was beim nächsten Angeln von großem Vorteil ist. Leider hat man bisher noch keinen „Baedeker für Schleppangler" herausgegeben und die lokalen Kenner des Wassers sind in den meisten Fällen egoistisch und schadenfreudig genug, den Neuling auf ihrem Wasser alle unangenehmen Erfahrungen durchkosten zu lassen, die sie erleben mußten, ehe sie zu „Wissenden" wurden.

In dieser Hinsicht nun kann ich meinem Leserkreis mit einer kleinen Hilfe dienen, indem ich diesem Kapitel vier tadellose Tiefenkarten heimischer Salzkammergutseen, welche ich dem Nachlaße eines verstorbenen Schleppanglers verdanke, beigebe. Wer also in einem dieser drei Gewässer schleppen will — Erlaubnis bekommt man gegen Lösung einer Karte bei der zuständigen ärarischen Bundesforstdirektion — der braucht nur an Hand dieser Karte zu fahren.

Wie tief soll man schleppen, wird sich nun mancher Leser fragen, und wann soll ich tief schleppen.

Zunächst muß ich bemerken, daß der Erfolg der Schleppangel in erster Reihe von der Sichtigkeit des Wassers abhängt, — je heller dieses ist, desto mehr Chancen und umgekehrt. Hientz hat eine interessante Wahrscheinlichkeitsrechnung aufgestellt, welche dartut, eine wie große Wassermasse ein Fisch bei günstigem Licht übersehen kann; wenn sie auch nicht, wie er selbst zugibt, exakt mathematisch richtig ist, kann man doch an ihrer Hand seine jeweiligen Chancen beurteilen. Nun ist es aber bekannt, daß, je tiefer ein Wasser, desto geringer die Helligkeit, deren unterste Grenze bei der Schleppangel empirisch bei ca. 50 m gefunden wurde. Ebenso bekannt ist es, daß viele Alpenseen zu gewissen Jahreszeiten, besonders in den Sommermonaten, sich infolge des einrinnenden Schneewassers stark trüben, was von vornherein bei der Absicht, eine Angelfahrt zu unternehmen, ins Kalkül gezogen werden muß.

Da für die eigentliche Tiefseefischerei eigentlich nur zwei Fischarten in Frage kommen, vor allem der Saibling und erst in zweiter Linie die Seeforelle, da diese in unseren Alpenseen bis ca. Mitte Juni noch die oberflächlichen Wasserschichten bewohnt, so ergibt sich daraus und aus dem vorher Gesagten, daß die Saison für die Tiefseeangel sich auf die Monate März-April und Mai sowie noch September und Oktober — und diesen Monat nur für den Saibling — einschränkt.

Die Tiefe der jeweiligen Fahrt hat sich nach dem Standorte der Fische zu richten und dieser wieder besonders jener der Saiblinge, richtet sich nach dem Standorte des Plankton.

Nach der Tiefe der Fahrt richtet sich auch die Schwere des Senkers. Für ganz große Tiefen von 40 und mehr Meter wird man bis zu 2 Pfund Beschwerung nehmen müssen. Es ist aber mit Rücksicht auf die angenehmere Handhabung des Gerätes in vielen Fällen von Tief angezeigter, den Senker um ½—2 Pfund leichter, dafür die Drahtschnur um 10 eventuell 12 m länger zu nehmen und mehr Handleine auszulassen. Ich habe mir für derartige Fälle einige Reservedrahtschnüre von je 5 m zurechtgemacht. Diese sind auch meterweise durch Umläufe abgesetzt, tragen aber an ihren Enden je einen Einhängewirbel. Mit ihm bin ich imstande, meine Hauptschnur beliebig zu verlängern, wenn es die Situation erfordert, so daß ich in der Hauptsache nur zwei Drahtschnüre, die eine 25 m, die andere 50 m lang mitzuführen brauche.

Für alle anderen Fische, welche während der warmen Jahreszeit ins wärmere Wasser gehen, ist als tiefster Standort eine Tiefe von 10 m anzunehmen, in welcher die Grenze zwischen warmem und kaltem Wasser liegt. Für diese Fische kommt eine Modifikation der Tiefseeleine in Betracht.

Die Drahtschnur ist nur 10—15 m lang und trägt an jedem Ende einen Seitenarm; unterhalb des unteren sind noch 1½ m Galvanodraht angeschlossen und daran der Senker befestigt, der nur 50 bis 100 g schwer zu sein braucht. Die Seitenangeln sind mit wenigstens 6 m für die obere und 10 m für die untere berechnet; sie können ganz aus Gut hergestellt sein, aber es genügt, wenn nur eine Hälfte davon gemacht ist und die andere aus dünner braun oder grün oder wasserblau gefärbter, steifpräparierter, geklöppelter Seidenschnur besteht. Statt des Gutes kann man besonders dort, wo schwere Hechte usw. zu erwarten sind, besser Punjabdraht oder Stahlseide verwenden.

Auch diese Drahtschnur, welche entweder in einem Stück oder auch meterweise durch Umläufe verbunden sein darf, wird mit einer Handleine aus Hanf verbunden, die aber ziemlich lang sein soll, da man reichlich 40 m von ihr ausgeben soll, um mit den Ködern möglichst weit vom Boote weg zu sein. Für die Benützung dieser Schleppleine gilt das, was im Anfange des Kapitels von der gewöhnlichen Schleppschnur gesagt wurde: es ist ratsam, trotz der größeren Tiefe, in welche sie geführt wird, die erste Fahrt mit leichtem Senker zu machen, da Wasserpflanzen vielfach auch in 10 m Tiefe wachsen und zu Hängern Anlaß geben. Andererseits muß man sich wieder bemühen, mit der unteren Angel so nahe als möglich am Boden zu bleiben, an dem die größten Fische stehen.

Wie der schwere Senker beim Drill eines Fisches an der Tiefseeangel sich auswirkt, habe ich schon dort besprochen. Es erübrigt sich nur noch, über das Drillen einige Worte zu sagen. Überflüssig zu bemerken ist, daß man in Anbetracht der feinen Seitenangeln und der ganzen Situation selbst bei Fischen von nur wenigen Pfunden Gewicht niemals an ein Forcieren denken darf, im Gegenteil, man muß geduldig den Fisch bis zur vollständigen Ermattung führen, ehe man daran denken darf, ihn hereinzuholen.

Beim Einholen legt man die Handleine sowie die Drahtschnur in Ringen auf dem Boden des Kahnes auf, inbegriffen die Seitenangeln, deren Köder man nur separat, am besten in kleine Kästchen legt, wenn anders man es nicht vorzieht, sie auszuhängen und vom Begleiter versorgen zu lassen. Das wird besonders notwendig sein, wenn der Fisch an der untersten Seitenangel hängt. Beim Hereinholen eines Fisches einer der oberen Seitenangeln würde das Gewicht des Senkers erheblich stören. Zu diesem Zwecke hat man eine Schraube von der Form, wie sie Abb. 106 zeigt, in den Bootsrand seitlich derart eingelassen, daß man in den Schlitz die Drahtschnur mit dem nächsten Ringwirbel oder Boom einhängen kann, so daß man sich dann unbehindert dem Einziehen der Seitenangel widmen kann.

Abb. 106.

Immer aber bleibe das Gebot unvergessen, bei jedem Drill nach der Tiefe zu rudern, wenn immer man in der Nähe des Ufers oder seichten Wassers sich befindet.

Daß der Schleppangler der Pflege seiner Geräte nicht weniger Aufmerksamkeit zu schenken hat als sonst ein anderer Angler, brauche ich wohl nicht besonders zu betonen, denn abgesehen davon, daß es nichts Erfreuliches ist, seine Erfolge durch ungepflegte Geräte geschmälert zu sehen, ist auch der Verlust von Blinkern, Vorfächern oder Teilen der Schleppschnur nichts Angenehmes, da diese Sachen immerhin verhältnismäßig teuer sind. Seiden- und Hanfschnüre sind stets nach dem Angeln sorgfältig zu trocknen, ehe man sie wieder auf die Haspel bzw. Winderahmen bringt. Ebenso sorgfältig trockne man die teueren Vorfächer aus Lachsgut und vergesse nie vor dem Angeln diese und die Schnüre auf Unversehrtheit und Haltbarkeit zu prüfen. Wirbel öle man stets gut mit Ballistol; Drahtvorfächer trocknet man nach Gebrauch gut ab und verwahrt sie zwischen Flanellläppchen, die mit Ballistol getränkt sind. Besonderes Augenmerk verwende man auf die Haken, daß sie rostfrei seien und bleiben. Die Drahtschnüre der Tiefangeln revidiere man sorgfältig auf schadhafte Stellen und merze solche bei Zeiten aus.

Bei aller Vorsicht kann es doch hie und da vorkommen, daß man einen Teil der Schnur durch Reißen verliert, besonders bei der Tiefseeangel. Für diese Fälle muß man einen kleinen vierzinkigen Anker mit sich führen, der an einer langen Schnur befestigt ist. Nun fährt man mit dem auf den Grund versenkten Anker senkrecht auf die Richtung der bisherigen Fahrt, bis dieser faßt, worauf man möglichst vertikal aufzuziehen sucht. — Oft ist schon der erste Versuch von Erfolg gekrönt, oft aber muß man diesen Versuch vielmals wiederholen, besonders dann, wenn man sich die Stelle des Reißens nicht genau gemerkt hat. Empfehlenswert ist es, sich in solchen Fällen Richtungspunkte zu merken, nach denen man dann seine Fahrt zu richten hat.

Das Turnierwerfen.

Vielleicht wird mancher Leser dieses Kapitel nicht in ein Buch, das vom Angeln handelt, hineinpassend finden; ich glaube aber nach dem heutigen Stande der Dinge gerade dieses Kapitel in meinem Buche nicht auslassen zu dürfen.

Unsere Turnierbewegung ist noch recht jung im Vergleiche zu der anderer Länder; woran das liegt, will ich hier nicht untersuchen, dafür aber mit Befriedigung feststellen, daß wir nunmehr eine haben und die Resultate nicht ganz unbefriedigend sind.

Unsere älteren Autoren standen dieser Sache ziemlich ablehnend gegenüber, vielleicht von der irrigen Voraussetzung geleitet, daß der Rekordwurf vom Tournierboden in das praktische Angeln übertragen werden könnte.

Daß dem nicht so ist, daß vielmehr die Praxis dem Rekordwerfen am Wasser, wenigstens soweit es sich um Weitwurf handelt, ein sicheres Ziel setzt, habe ich schon in einer anderen Stelle des Buches auseinandergesetzt. Heute ist wohl schon der größte Teil unserer Anglerschaft überzeugt, daß das Turnier eine Notwendigkeit ist und auf den Sport und die damit verbundenen Industriezweige belebend wirkt.

Aus dem Sport, in dem der Wille zu Leistungen hervorgerufen wird und das persönliche Können des einzelnen sich hebt, in dem ferner eine größere Annäherung der Angler untereinander geschaffen wird, sowohl der Einzelpersonen als auch der anglerischen Vereine und Verbände und nicht zuletzt dadurch, daß auch das breitere Publikum Fühlung mit der Anglerschaft und dem Angelsport bekommt und von diesen beiden neue und bessere Begriffe erhält als die althergebrachten. Daß das Turnierwesen „Scharen von neuen Anglern und Anglerinnen" produzieren werde, welche sich „auf die ausgeplünderten Gewässer stürzen werden", wie leider in einem Anglerblatt vor nicht zu langer Zeit zu lesen war, halte ich zumindestens für eine krankhafte Einbildung, ebenso wie ich den Vorwurf, die Industrie werde sich nun, statt den Bau von Angelgerten zu treiben, auf den Bau von „Rennmaschinen" verlegen, als unbegründet und von Voreingenommenheit diktiert, ablehnen. Es ist ja leicht zu begreifen, daß das Turnierwesen einen günstigen Einfluß auf unsere Angler nehmen muß. Wieviele sind unter uns, die früher oft vom Überkopfwurf hörten und lasen, — Lobesworte und Verdammungsurteile —, die sich aber nie ein eigenes Urteil über die Sache bilden konnten. Selbst hatten sie nie Gelegenheit, jemand diesen Wurf machen zu sehen, ihn aus sich selbst heraus zu studieren, fanden viele nicht den Mut oder scheuten die Anschaffungskosten für ein Gerät, das von Autoritäten nicht als voll anerkannt worden war. Nun findet in der Nähe ein Wurfturnier statt, und nun sieht der Mann, wie elegant und zielsicher dieser Wurf ausgeführt wird, und ist in der Lage, sich ein Urteil zu bilden. Ist das nicht mehr wert, wie alle Bücherweisheit und schöne Reden?

Vorderhand sind unsere Turniere noch reine Amateurveranstaltungen, wir haben bis heute noch keinen Berufsturnierwerfer in unseren Reihen und auch noch keine Spezialisten, die nur wesen, aber nicht angeln. Nun, — und wenn es solche auch bei uns gebe wie schon lange in England und Amerika — wäre das gerade ein so entsetzliches Unglück? Wir haben doch Dutzende von

Berufs-Scheiben- und Taubenschützen, die von einem Schießen zum anderen fahren, und noch kein Mensch ist auf die absurde Idee gekommen zu behaupten, daß dadurch die allgemeine Weidgerechtigkeit zu Schaden gekommen ist oder daß die Waffenindustrie sich einzig und allein auf den Bau der von obigen Schützenkategorien geführten und bestellten Spezialwaffen verlegt habe.

Wir haben aber noch eine Unmenge älterer und jüngerer Angler, welche sowohl die Spinngerte wie die Fliegenrute in der stümperhaftesten Weise handhaben und warum? Einzig deshalb, weil sie nie einen diese Geräte auch nur gut beherrschenden Sportkollegen kennenlernten, der ihnen Vorbild und Lehrer gewesen wäre.

Dadurch aber, daß heute der Turniergedanke schon weite Kreise erfaßt hat und selbst schon in kleinen Verbänden Interesse gefunden hat, wird eine gute Geräteführung weiteren Kreisen zur Anschauung gebracht; daß die Industrie sich bemühen wird, ihr Publikum durch Schaffung des Besten zu befriedigen, müssen wir doch nur mit Freude begrüßen, doppelt, weil es unsere heimische Industrie ist.

Das alte Rekordwerfen, das lediglich Distanzwürfe kannte, ist heute schon längst überholt. Gewiß, es ist ganz gut, wenn man in den für Weitwürfe veranstalteten Konkurrenzen zeigt, was Übung und Vertrautheit mit einem guten Geräte aus diesem herausholen können; aber der Schwerpunkt unserer heutigen Wettbewerbe liegt in der Erreichung größtmöglicher Zielsicherheit und punktgenauen Treffens innerhalb anglerischer Distanzen. Und jemand, der sich diese Eigenschaften aneignen will oder aneignet und sie in freiem Wettbewerbe zeigt, daraus einen Vorwurf zu machen, finde ich zum mindesten kleinlich.

Gerade die Spinnangelei hat in der allerletzten Zeit einen ungeahnten Zuwachs an Anhängern bekommen, und ich glaube nicht fehlzugehen, daß es die Veranstaltung von Wettbewerben war, welche diese Erscheinung zeitigte. Darum ergeht mein Ruf an alle Angler, dem Turnierwesen die weitestgehende Beachtung zu schenken und es verständnisvoll zu pflegen als eine hohe Schule der Angeltechnik — ich sage nicht Angel-„Kunst" — denn die Angeltechnik, die richtige Beherrschung der Angelgeräte und des Stils ist die Grundlage, auf der sich die Angelkunst aufbaut. Und wie wollte einer ein Meister der Kunst werden, selbst bei den besten Anlagen, wenn er im Handhaben seiner Geräte ewig ein Stümper bliebe.

II. Spezieller Teil.

Der Hecht.

Es mag vielleicht manchen Leser befremden, daß ich gerade den Hecht an erste Stelle setze, abweichend von dem bisherigen Gebrauch, die Edelsten der Edlen, den königlichen Lachs und den nicht geringer im Range stehenden Huchen vor allen anderen zu besprechen.

Und doch tue ich es aus gutem Grunde und mit voller Absicht, denn der weitaus überwiegende Großteil unserer Angler wird sein vornehmstes Beuteobjekt nur in ihm erblicken, der Tausende von Kilometern deutscher Gewässer bewohnt.

Da ich seine Beschreibung bereits im Bande „Grundangelei" gegeben habe und andererseits annehmen muß, daß er jedem Angler vom Angesicht bekannt sein dürfte, will ich den hiefür benötigten Raum anderen Interessen widmen.

In den letzten Jahrzehnten mehrt sich die Klage über das Abnehmen der Hechte in unseren Gewässern an Zahl und an Gewicht.

Wenn wir den Ursachen hiefür nachgehen, so können wir verschiedene Gründe für diese betrübliche Erscheinung finden.

Einer der Hauptgründe ist die teilweise Schutzlosigkeit, das zu geringe Brittelmaß und vor allem die Verkennung seines wirtschaftlichen Wertes. Es gibt heute noch Bezirke und Länder, in denen für Hechte überhaupt keine Schonzeit eingeführt ist, aber auch die bestehenden Schonzeiten halte ich für viel zu kurz. Schließlich und endlich hängt doch die Laichperiode der meisten kontinentalen Fische von klimatischen und geographischen Verhältnissen ab. Es wird doch kein Mensch ernstlich behaupten wollen, daß in einem höher gelegenen Bergsee — es muß deshalb noch kein Alpengebiet sein — der Hecht im Februar-März in den Laich trete, zu einer Zeit, wo gemeinhin seine Laichpläne total vereist und zugefroren sind, nichtsdestoweniger wird sein Fang bereits im April freigegeben. Zu Ostern müssen doch Fische auf den Tisch. Zwar setzt Oberösterreich den April für den Hecht als Schonmonat ein, aber man kann bestimmt annehmen, daß die Laichzeit sich gerade hier in den höher gelegenen Seen bis Mitte Mai oder noch länger hinausziehen wird. Und dann werden die laichreifen oder aber die ausgelaichten, entkräfteten Fische gefangen und zu Markte gebracht, teilweise auch solche, die noch im Laichgeschäft stehen. Und so wird es anderswo auch sein. Viel zu wenig Beachtung wird gerade beim Hechte dem Laichschutz zugewandt. Es ist ja bekannt, daß zur Laichzeit die Gewässer meist höhere Wasserstände haben, auch die verschiedenen Zuflüsse wie Bäche und Wiesengräben, — und gerade die sucht der Hecht gerne zum Laichen auf —, wie viele Fische finden da ein elendes Ende durch Diebshände, — ja sogar Jagdschutzorgane, in deren Bezirken Hechtwässer sind, entblöden sich nicht, zu dieser Zeit Laichhechte zu schießen, meist mit der Begründung, daß sie dieselben späterhin nicht mehr erbeuten könnten. Wenn das Wetter nur halbwegs warm ist, entwickelt sich die Hechtbrut in sehr kurzer Zeit aus den Eiern. Sind nun diese unseligerweise in einem Überflutungsgebiet abgelegt worden, das rasch wasserfrei wird, dann gehen unzählige Brütlinge zugrunde. Die in Tümpeln und Lachen stehen bleiben, fallen hier den Krähen und anderem Raubgesindel zum Opfer oder werden durch die Eintrocknung vernichtet.

Und nun erst das Brittelmaß! Dieses schwankt im allgemeinen zwischen 25—35 cm, und das ist viel zu wenig. Ich wäre beinahe geneigt, diesem Umstande mehr Bedeutung beizumessen als den meisten anderen, denn das trägt direkt zur Ausrottung des Bestandes bei. Ich kenne z. B. ein ideales Gewässer, einen Donau-Altarm, der bei außerordentlicher Größe alle Bedingungen vereint, um einen herrlichen Bestand an Hechten zu produzieren, aber es ist ausgeschlossen, denn Tag und Nacht wird dieses Gewässer mit Stell- und Zugnetzen befischt und dazu noch mit Legeschnüren bespickt, wo soll denn da ein Fisch heranwachsen können, wenn man ihn nicht einmal laichreif werden läßt.

Zu dem Unverstand der Behörden kommt noch die unglaubliche Indolenz unseres Publikums hinzu, das sich solche armselige Fische anbieten läßt und seelenruhig kauft und noch dazu hübsch teuer bezahlt. Dazu kommt noch das alberne Vorurteil, daß große Fische und insbesondere Hechte, wenn schon nicht ungenießbar, so doch wegen ihres „harten und trockenen“ Fleisches minderwertig seien. Es ist richtig, daß ein Fisch, Karpfen etwa ausgenommen, über 6—8 Pfund ein derbes Fleisch hat, wenn er frisch aus dem Wasser heraus zubereitet wird. Da nützt kein Spicken und keine wie immer Namen habende Sauce. Daß aber ein so großes Stück Fleisch von einem 10- und Mehrpfünder abliegen muß, genau so wie das eines Mastochsen oder Wildes, das will unseren Hausfrauen und Köchinnen nicht in den Sinn, und die meisten weiblichen Wesen dieser Kategorie wissen es bekanntlich immer besser, weil es schon die legendäre „Mutter und Großmutter so gesagt hat“.

Und, werte Brüder in Petro, klopft auch ein bißchen an eure Brust! Es werden viel zu viel kleine Hechte gefangen — und leider behalten, besonders in jenen Gegenden, wo die Schluckangel das hauptsächlichste Fanggerät vorstellt. Es gibt sogar Vereinswässer, wo man dieser Tatsache gar nicht Rechnung trägt und den Fang des Hechtes unlimitiert nach Größe und Zahl freigibt, trotzdem dieser in dem Wasser der einzige Edelfisch ist.

Zu diesen Schäden kommt noch die Verunreinigung der Gewässer und die fehlerhafte Regulierung derselben, welche den Fischen Unterstände und Laichplätze raubt, und nicht allein das, sondern auch die Ernährungsmöglichkeit nimmt. Denn auch der Futterfisch will für seine Brut eine geeignete Stelle als Wiege und zum Aufwachsen, findet er sie nicht mehr, dann verschwindet er aus dem Wasser und ein solches wird auch keinen Hecht mehr beherbergen.

Was soll nun geschehen, um unsere Gewässer wieder mit dem heimischen Edeling zu bevölkern? Vor allem ist zu trachten, die vorhandenen Schäden und ungünstigen Einflüsse nach Möglichkeit zu paralysieren; wohl — ein Wasser, welches zu Tode reguliert wurde oder derart durch Abwässer vergiftet ist, daß darin überhaupt kein organisches Wesen, geschweige denn ein Fisch gedeihen kann, dem wird wohl nicht mehr auf die Beine geholfen werden können.

In erster Linie müssen die anglerischen Verbände mit der Fischerei vereint Hand in Hand gehen und ergiebige Verlängerung der Schonzeiten und einen ausreichenden Laichschutz erkämpfen, — aber nicht nur das, sondern auch eine ausgiebige Erhöhung des Mindestmaßes — auf sagen wir 45—50 cm — vielleicht lokalen Verhältnissen entsprechend noch etwas höher. Es darf doch nicht außer acht gelassen werden, daß der Hecht einen hohen Wirtschaftswert besitzt, — und selbst dort, wo er als Nutzfisch gezogen wird, weniger Pflege erfordert als der Karpfen, den man doch füttern muß, um ihn raschestens marktfähig zu machen, während es doch genügt, für den Hecht die nötigen Futterfische, wie Lauben u. dgl. Kleinzeug zu haben, das man doch in jedem Tümpel züchten kann.

Auch muß der künstlichen Aufzucht und Erbrütung des Hechtes viel mehr Augenmerk und Verständnis gewidmet werden als bisher. Nicht viel weniger muß auch an Aufklärungsarbeit geleistet werden, denn es gibt kaum ein verkannteres Geschöpf im Fischreiche als unser Esox.

Ganz besonders in jenen Gewässern, wo neben ihm die Forelle und andere Salmoniden leben, steht man ihm mit einer fast unglaublichen Verständnislosigkeit und Unkenntnis seiner Eigenschaften und Lebensbedingungen gegenüber. Ich will nichts sagen von kleinen Bächen oder Flüssen, obzwar er dort nicht in seinem Elemente ist, weil das Wasser für ihn zu kalt ist, und auch vielfach seine Hauptnahrung, Fische aus der Familie der Lauben und Rotaugen, gar nicht oder nicht zur Genüge vorhanden sind. Es ist nicht anzunehmen, daß er da besonders groß werden oder sich reichlich vermehren wird, aber immerhin mag er in einem solchen Wasser Schaden stiften können. — In den großen Salmonidenseen aber hat er ein recht eng begrenztes Verbreitungsgebiet, nämlich die warme, flache, schilf- und krautbestandene Uferzone bis zur Warmwassergrenze, d. i. beiläufig bis zu 10 m. Wenn man an der Hand der diesem Buche beigegebenen Tiefenkarten diese Uferzone kontrolliert, kann man sich ein Bild davon machen, wie eng sein Gebiet ist sowohl der Breite wie der Tiefe nach.

Die Salmoniden sind durchwegs Fische des kalten und kältesten Wassers, manche davon direkte Tiefenfische, die in Wasserschichten leben, in denen man nie einen Hecht gefangen hat noch fangen wird. In diesen warmen Uferzonen aber lebt und vermehrt sich die ungeheure Zahl der Futterfische, daneben aber in den meisten Seen auch noch der Döbel und in vielen Seen auch der Barsch. Hier ist nun der Hecht nicht der Schädiger der Interessen des Salmonidenfischers, sonders im Gegenteil dessen Beschützer, denn er allein verhindert das Überhandnehmen der beiden gefährlichen Laich- und Bruträuber — Barsch und Döbel. Nichtsdestoweniger wird er als eine Pest angesehen und mit allen Mitteln verfolgt. Und vielleicht ist es gerade das Ausrotten des Hechtes, welches den auffallenden Rückgang im Bestande der Salmoniden in manchen Gewässern auf dem Gewissen hat. Wie neuere Forschungen dargetan haben, und Dr. Surbeck an den Verhältnissen in gewissen Schweizer Seen bewiesen hat, kommt es dort, wo man den Hecht ausrottet, zur Überhandnahme aber auch Degeneration des Barsches, der sich vor allem von Laich und Brut nährt. Nun ist aber der Barsch ebenso in der Tiefe zuhause wie im Mittel- und Oberwasser und vielleicht noch vielmehr in den ersteren, so ist es auf der Hand liegend, daß er auch die Brutstätten jener Fische plündert und brandschatzt, welche ausgesprochene Tiefseelaicher sind.

Hier tut Aufklärung im weitesten Maße not.

In Gewässern, deren Hechtbestände gering sind, in denen aber die Bedingungen für ein Gedeihen vorhanden sind, insbesondere reichliche Bestände an Futterfischen und geeignete Laichgründe, wird man durch reichliches Aussetzen von Hechtbrut den Stand ausgiebig verbessern können. Man fürchte sich nicht davor, des Guten zu leicht zuviel zu tun, denn der Hecht ist ein Kannibale und der Stärkere frißt den Schwächeren, so daß sich seine Zahl nicht leicht ins Unendliche erhöht. Wer sein Wasser rasch mit Hechten bevölkern will, muß natürlich dieses Ansetzen mit Konsequenz durch mehrere Jahre betreiben, allerdings darf eins nicht vergessen werden, was leider in den allermeisten Fällen unbeachtet bleibt und meist zu bedauerlichen Fehlschlägen Anlaß gibt: Man darf nie vergessen, daß der Hecht auch seine Artgenossen frißt. In Außerachtlassung dieser Tatsache setzen viele jahrein jahraus Hechtbrut in ihre Flußstrecken, Seen oder Teiche, um dann die betrübende Wahrnehmung zu machen, daß der Hechte doch nicht mehr werden. Es ist doch natürlich, daß schon vom ersten Besetzungsjahrgang sich nur die stärksten fortbringen werden, welche schnellwüchsiger und daher gefräßiger als ihre Brüder, unter diesen gehörig aufgeräumt haben. Kommt nun in solch ein Wasser als neuer Besatz nur Brut und wieder Brut, dann kann man sich leicht ausrechnen, wieviel von ihr das Großwerden erleben wird. Diese Art zu besetzen ist grundfalsch, naturwidrig und unendlich kostspielig.

Der einzig richtige und rationelle Weg ist der: Im ersten Jahre Brut-, im zweiten Jahre einsömmerige, im dritten zweisömmerige und im vierten dreisömmerige Hechte auszusetzen, dann sind sich die einzelnen Besätze an Wuchs und Stärke egal und das Weiterwachsen des Bestandes hat man nun der Natur zu überlassen.

Daß man nebenbei entsprechend schonen muß und auf billige Fänge kleiner Hechtlein einige Jahre verzichten muß, ist eine selbstverständliche Voraussetzung, wenn man einen schönen Stand an fangbaren Fischen erzielen will.

Ist das Wasser an sich nicht reich an Futterfischen, dann muß man auch diese dem Wasser durch Einsatz zuführen bzw. diesen schon gleichzeitig mit der Hechtbrut vornehmen.

Wenn ich diesen, allgemeinen Erfahrungen angepaßten Besetzungsplan aufstelle, so will ich damit immer noch nicht gesagt haben, daß er unter allen Umständen und an jedem Orte in dieser Weise durchgeführt werden muß. Wie in allen Dingen der Praxis muß man sich auch hier vor jedem schablonenhaften Tun hüten und an der Hand gegebener Faktoren und Möglichkeiten wirtschaften. Gute Hechtwässer, d. h. solche, in denen gute Fische in ansehnlicher Anzahl vorhanden sind, stehen immer in Wert und Ansehen, das sollten eigentlich alle Wasserbesitzer wissen, leider aber scheint diese Kenntnis noch lange kein Allgemeingut zu sein, und eigentümlicherweise gerade dort, wo der Hecht der sportlich und wirtschaftlich wertvollste Fisch ist.

Wenn man schon ein fischarmes Wasser pachtet, dann muß man durch eine entsprechend lange Pachtzeit sich auch die Möglichkeit sichern, die Früchte seiner Arbeit und teilweisen Entsagung ernten zu können, d. h. eine Pacht für mindestens 10—12 Jahre anzustreben, andernfalls ist die ganze Aussetztätigkeit und ihre Kosten umsonst gewesen. Derartige Fälle sind analog mit jenen berüchtigten Jagdpachtungen, in denen der Anpächter ein wildleeres Revier übernimmt, es mit Liebe und großem Kostenaufwand besetzt und aufhegt, um es am Ende der meist recht kurzfristigen Pachtzeit zu verlieren.

Ich habe vorhin davon gespochen, daß man die ersten Jahre einer Wiederbesetzungsperiode auf den Fang der kleinen Hechte verzichten muß, aber auch die herangewachsenen Fische müssen in vernünftiger Weise geschont werden.

Wer hat denn Freude an Zweipfundhechten? Weder der Fänger noch der, welcher die Embryonen essen soll, — mir wenigstens macht keiner eine Freude, der mir zumutet, eine Gabel voll Fischfleisch aus einem Haufen von Gräten mühselig herauszuklauben.

In einem geschonten und reich besetzten Wasser soll man bestimmt keinen Hecht unter 4—5 Pfund behalten, wenn anders er nicht so verangelt ist, daß man annehmen muß, er würde nach dem Zurückversetzen eingehen. Es ist schon immer bedauerlich, wenn man einen Fisch durch Bruch oder Reißen des Zeuges verliert, der die Angeln im Maule hat, da solche Fische wahrscheinlich in der Mehrzahl eingehen und wenn schon nicht, dann bestimmt lange Zeit kranken. Zwar habe ich wiederholt Hechte gefangen, die in guter Form waren, trotzdem es sich beim Aufbrechen zeigte, daß sie verschiedene Angeleisen, meist Schluckangeln, im Leibe hatten; andererseits habe ich wieder genug solcher Fische gefangen, welche recht herabgekommen waren. Erinnerlich ist mir davon besonders einer, der an der Seite einen ausgedehnten Abszeß hatte, an dessen Grunde ich einen Schluckhaken fand, und ein anderer, der als Gesunder sicher 15 oder mehr Pfund gewogen haben müßte, seinem mächtigen Schädel nach zu schließen, der aber in der Tiefe seines Rachens zwei Drillinge sitzen hatte, Teile einer Spinnflucht, welche er im Kampfe abgesprengt hatte. Diese verhinderten seine Ernährung, so daß der Fisch total abgemagert und kraftlos war; er wog nur noch einige wenige Pfund und leistete kaum noch einen Widerstand. „Der Meister zeigt sich in der Beschränkung", auch beim Angeln, und der Angler, der doch seinem Sport zuliebe die Gerte führt, setzt seinen ganzen Ehrgeiz daran, in seinem Wasser nicht nur Fische zu haben und sie zu fangen, sondern gerade die großen und größten zu erbeuten und auf das kleine Gemüse zu verzichten, damit es auch groß heranwachse zu begehrenswerter Beute.

Was soll man aber davon denken, wenn der Verfasser einer zeitgenössischen Monographie über den Hecht seinen staunenden Lesern stolz berichtet, er habe in einer kurzen Zeit 11 Hechte gefangen, die zusammen sage und schreibe 17 Pfund gewogen haben! Ich glaube nicht, daß das der Weg ist, um weidgerechte Hechtangler zu erziehen trotz der Umdichtung des diesem Büchlein vorausgeschickten Leitspruches „Wer Fische fängt mit Leidenschaft".

Um wieder die Parallele zur Jagd zu ziehen — ein solches Vorgehen ist identisch mit einem Jagdbetrieb, bei welchem die Böcke wahllos, eventuell noch im Bast niedergeknallt werden, gleichviel ob Spießer oder Kapitalbock und womöglich noch auf den Herbstjagden die Kitzböcke mit Schrot geschossen werden.

Das Schonen in meinem Sinn erstreckt sich auch auf die Jahreszeit, in welcher dem Hecht nachgegangen wird.

So ziemlich in allen unseren Büchern steht zu lesen, daß der Hecht im Mai schon sehr gut an die Angel gehe, — das ist richtig —, denn er muß das Minus an Körperbeschaffenheit und organischen Substanzen, welches die kurz vorher überstandene Laichzeit verursachte, wieder hereinbringen, ist daher gefräßiger und vielleicht weniger scheu und mißtrauisch als zu anderen Zeiten. Daß man diesen Zeitpunkt in Forellen- und Äschenwässern benutzt, um seine Zahl niederzuhalten, will ich meinetwegen zugeben, aber in einem eigentlichen Hechtwasser halte ich es für unbedingt zu früh und unzeitgemäß, dem Fische, welcher sich vom Laichgeschäft nicht oder nur wenig erholt hat, mit der Angel nachzustellen. Meiner Ansicht nach ist es Ende Juni dazu früh genug.

Der richtige Hechtangler, speziell derjenige, dessen Hauptvergnügen die Spinnangel ist, wird seinen Saisonbeginn erst gegen Ende August ansetzen, wenn das Kraut abzusterben beginnt, und seinen höchsten Sport im Herbste und selbst im Winter genießen, solange das Wasser nicht vereist ist.

Das Gerät für das Spinnen auf den Hecht soll vor allem größte Festigkeit mit Leichtigkeit und möglichster Freiheit verbinden. Die Spinngerte sei je nach der Größe des zu befischenden Wassers und nach der Vorliebe des Angelnden ein- oder zweihändig, 2,40 bis 3,30 m lang und nicht allzusteif. Man beherzige immer, daß man zum Angeln auf Hechte meist mit kleineren oder mittelgroßen Ködern und nur wenig Beschwerung fischt, ebenso daß der Anhieb stets mehr zugig als scharf zu geschehen hat. Allerdings muß die Gerte auch eine gute Portion Federkraft und Rückgrat haben, um einen starken Fisch halten zu können, wenn er in Kraut oder Schilf, unter Brücken, Holz u. dgl. flüchten will.

Es ist nicht ganz leicht, jedermann und besonders dem Anfänger zu sagen, welche Art Gerte er in dem oder jenem Falle wählen soll. Der Anfänger möge zu einer mittelschweren Gerte greifen, falls er sich für eine gesplieẞte entscheidet, etwa von 450—500 g Gewicht bei ca. 3 m Länge. Die bloß 2,40—2,60 m lange Gerte kann bedeutend leichter sein.

Sehr gut und empfehlenswert sind zwei- oder dreiteilige Gerten aus Tonkinrohr und auch bedeutend billiger. Unbedingt aber soll jede Gerte einen Spitzenendring mit Porzellan oder Achatfutter haben.

Zunehmende Übung und Erfahrung geben dann die Führung zum Anschaffen leichteren Gerätes. Die Gerte für den Überkopfwurf muß etwas stärker sein als die für Forellen verwendete, besonders dort, wo schwerere Fische zu erwarten sind. Wer nur vom Ufer oder wenigstens von diesem aus angelt, der wird vorteilhafter eine 1,70—1,80 m lange Gerte für diesen Zweck wählen, wogegen der vom Boote aus Fischende mit einer ev. nur 1,50 m langen Gerte auskommt.

Wer sich dazu noch mit der im Kapitel „Rollen" näher beschriebenen Antibacklashrolle ausrüstet, der kann diese dann auch mit Vorteil zu der 2,40 m langen einhändigen Gerte verwenden und erspart sich die eventuelle Anschaffung einer zweiten.

Eine Speichenrolle mit 10 cm Durchmesser genügt für den Drill auch des schwersten Hechtes ebenso, wie sie auch den sicheren Wurf mit sehr leichten Ködern und Senkern erlaubt. Die Schnur sei so haltbar und reißfest wie möglich, eine von 17 Pfund Tragkraft genügt unbedingt auch für sehr schwere Fische; ich persönlich bevorzuge die von 12 Pfund. Allerdings verbraucht sich letztere rascher, und ich bin genötigt, sie ziemlich oft zu kürzen. Es ist immer ratsam, eine ganze Länge von 100 m auf der Rolle zu haben, trotzdem man allenthalben liest, daß 35 m Wurfschnur und so und soviele Reserveleine genügen. Ich bin nun einmal ein Gegner der Reserveleine und aller Knoten in der Schnur überhaupt, und wer einmal mit dieser Zusammenstellung bittere Erfahrungen gemacht hat wie ich, der schließt sich meiner Auffassung an.

Wenn man, wie ich es tue, die Schnur nach 2—3maligem Gebrauche immer umkehrt, die gebrauchten Endstücke um 4—5 m kürzend, auch wenn sie scheinbar noch genug tadellos sind, wird die Schnur voll ausgenutzt und kann, wenn schon zu kurz, ruhig außer Dienst gestellt werden. Erst recht, wenn man die leichteren Leinen verwendet, die viel billiger sind als die schweren. Für die zum Überkopfwurf verwendeten Antibackleshrollen soll man unbedingt immer eine ungeteilte Länge Schnur auf der Rolle haben, denn bei etwas stärkeren Leinen bleibt gerne der Verbindungsknopf zwischen Wurfschnur und Reserveleine an dem Schnurtransporteur hängen, klemmt sich unter Umständen sogar darein, was gelegentlich zu bösen Folgen führen kann.

Das Vorfach soll ebenfalls fein, stark und möglichst unsichtig sein. In den Zeiten, als man nichts anderes hatte als das dicke Gimp und dann den nicht viel dünneren Galvanodraht, mußte man bei hellerem Wasser notgedrungen zu dem teueren Gut greifen.

Heutzutage verwendet man wohl nur noch gesponnenen Stahldraht oder Stahlseide. Strittig ist immer die Länge des Vorfaches; ich bin von den langen Vorfächern ganz abgekommen, schon gar, je feiner die Schnüre wurden, die ich in Verwendung nahm. 60 cm halte ich für lang genug, 45 cm genügen mir aber vollauf. Für den Überkopfwurf nimmt man die Vorfächer doch nur 15 oder 20 cm lang und findet damit sein vollständiges Auslangen, also wozu diese unendlich langen Vorfächer, die gewiß eine Daseinsberechtigung hatten, als man noch mit dicken Leinen und schweren Gerten fischte. Entsprechend den feinen Leinen und Vorfächern nehme man auch kleine Wirbel, achte aber darauf, daß sie gut laufen und rostfrei seien. Für Hechte sind sie in der Größe 7 groß genug.

Ein viel zu wenig beachteter Faktor in der Zusammenstellung des Gerätes ist das Senkblei. Wo immer nur angängig, trachte ich es überhaupt nicht zu verwenden und ziehe unter allen Bedingungen eine Beschwerung vor, die entweder im Leib des Köders verborgen liegt oder durch eine Bleikappe bewirkt wird, schon gar, wenn das Wasser seicht und sichtig ist; in etwas angetrübtem Wasser wirkt der Senker weniger störend, allerdings aber ist die Spinnangel in diesem weniger aussichtsreich.

Eine viel umstrittene Frage ist die, was beim Spinnen auf Hechte vorzuziehen sei: natürliche Köder an einer Flucht oder künstliche Köder.

Wenn ich halbwegs die Wahl habe, ziehe ich einen natürlichen Köder vor, wenn schon nicht frisch, dann gesalzen. Den Formalinköder liebe ich nicht sehr, er ist für mich nur ein Notbehelf, dem ich jeden halbwegs brauchbaren Löffel oder Blinker vorziehe.

Von allen Raubfischen ist es besonders der Hecht, der, wenn er seine Beute richtig erfaßt hat und sonst nichts Verdächtiges bemerkt, diese zwischen den Kiefern am längsten festhält. Verfehlt er sie im Sprung und wird er nicht durch irgendwelche Umstände mißtrauisch gemacht, geht er wiederholt sogar den Kunstköder an, aber nie mehr einen Formalinköder, den er, wie ich oft beobachten konnte, mit Geschick und Eile ausspuckt.

Von den natürlichen Ködern eignen sich zum Spinnen fast alle Weißfischarten, am besten Döbel, Hasel und Rotaugen, vor allem aber Lauben. Diese letzteren sind im frischen Zustande zu weich, wenn man sie aber in Salz konserviert, werden sie entsprechend zäh und hart und halten sehr gut an der Flucht. Die beste Art, sie und auch andere Köderfische zu salzen, ist diese: In eine Blechbüchse oder besser in ein Einsiedeglas (Rex- oder Weckglas) zylindrischer Form gibt man zu unterst eine gut zwei Finger dicke Schichte Salz, das ganz trocken sein muß! Auf dieses legt man ein Stück Karton von dem Durchmesser des Gefäßes, welches man siebartig durchlocht hat. Die von den Fischen abgesonderte Feuchtigkeit wird von der unteren Salzschichte aufgesogen und der Karton verhindert die Wiederdurchfeuchtung der oberen Schichte. Über dem Karton werden die Fische fest im Salz, das ebenfalls vollständig trocken sein muß, eingelegt und das Gefäß bis zum Rand mit Salz gefüllt und dann geschlossen. Je nach der Größe und Art sind die Fische in 1—4 Tagen gebrauchsfertig. Auf Eis gelagert oder in einen kalten Keller halten sie sich ziemlich lange. Das Gefäß nimmt man mit zum Fischen und verwendet die Fische so, wie man sie aus dem Salz nimmt. Wenn dieses anfängt, feucht zu werden oder draußen bei nassem Wetter anzieht, ersetzt man es daheim durch frisches, trockenes. Auf einen Umstand bei Verwendung von Salzfischen möchte ich aber doch nachdrücklich hinweisen, nämlich darauf, daß Haken und Montierungen von Stahldraht stark der Rostgefahr ausgesetzt sind! Man vergesse nie, nach dem Angeln seine Fluchten gut abzuspülen, daheim nochmals in warmem Wasser gut auszuwaschen, zu trocknen und dann mit Ballistol gründlich zu ölen, sonst kann man es erleben, daß das ganze Zeug durchrostet und unbrauchbar wird. In der Wahl der Fluchten hat sich im Laufe der Zeit mancher Wandel vollzogen. In neuer Zeit kommt man von den fliegenden Drillingen beim Hechtfischen langsam ab und nicht mit Unrecht. An und für sich ist für das Spinnen auf den Hecht ein kleiner oder mittelgroßer Köderfisch empfehlenswerter als ein großer, also Fische von 7—10 oder höchstens 12 cm Länge. Einen solchen Fisch nimmt aber schon ein 5—6pfündiger Hecht ohne viele Anstrengung voll ins Maul, erst recht ein noch größerer, also wozu dann die vielen Haken, wenn es einer, der die rechte Größe hat, auch tut.

Von diesem Gedanken geleitet, habe ich meinen Zelluid-Turbinenspinner auch nur mit einem einzigen, entsprechend großen Drilling bewehrt und kann mich nicht beklagen, mehr Fehlbisse zu haben, als ich vordem hatte, als ich mit den vielen Drillingen angelte. Ein System oder eine Flucht, die absolut jeden Fisch zur Strecke bringt, der nur irgendwie damit in Berührung kommt, gibt es gottlob nicht zum Heil unserer Fischbestände, ebensowenig wie es keine Büchse gibt, „die auch bei schlechten Schüssen das Wild erlegt“, wie es hie und da zu lesen ist.

Wir dürfen auf die Statistiken der älteren Autore über die Fängigkeit der Spinnfluchten usw. heute nicht mehr allzuviel Gewicht legen.

Wir dürfen nicht vergessen, daß z. B. die von Heintz zitierte Pennellsche Statistik von den 60% Fehlbissen vor mehr als einem Menschenalter aufgestellt ward und die Heintzsche Berechnung der Erfolgsprozente des Röhrchenspinners fast ebenso alt ist wie diese.

In den letzten drei Dezennien hat sich doch ziemlich alles Geräte verfeinert, technisch wie qualitativ, und darin ist der bessere Erfolg unserer heutigen Angler begründet, nicht viel weniger aber auch in einer Vervollkommnung der Technik und des Stils der Angelmethode selbst.

Ich habe mich meist ziemlich bald von den vielen fliegenden Haken emanzipiert und es nicht bedauert. Zugegeben, daß ein kleinerer Haken leichter eindringt wie ein großer, habe ich aber anderseits die Überzeugung gewonnen, daß ich leichter einen einzigen großen Haken ins Fischmaul zum Eindringen bringe als drei kleine. Und wenn dieser eine richtig gefaßt hat, was ja immer der Fall ist, wenn der Fisch richtig zugepackt hat, dann kann ich auf das Mitfassen von zwei oder drei Hilfsangeln verzichten, welche mir außerdem das Lösen von der Angel unnötig erschweren. Hat der Fisch schlecht gebissen, so kommt er eben auch trotz dieser ab, weil sie auch nicht dort fassen können oder gefaßt haben, wo es am Platze wäre.

Es kommt mir das genau so vor, wie wenn man beim Schrotschusse den großen Streukreis oder eine übernormale Schrotladung als Faktor dafür in Rechnung ziehen würde, daß mit ihrer Hilfe das Wild sicherer getroffen werde. Getroffen vielleicht, aber erlegt? Das ist eine andere Frage; ebenso ist es bei den fliegenden Drillingen.

Gehakt vielleicht, — aber auch gelandet?

Meiner Ansicht nach ist es viel wichtiger, daß der eine Drilling die im Verhältnis zum Köderfische passende Größe habe und vor allem seine Spitzen haarscharf seien, was man stets zu kontrollieren hat.

Ich habe vorhin gesagt, daß die Beschwerung möglichst in den Köder verlegt werden soll und jedes Blei an Vorfach oder Leine zu vermeiden sei. Ich betone diesen Punkt nochmals; abgesehen davon, daß ein Blei im Leibe des Köders oder eine aufgesetzte Bleikappe unsichtlich sind, erlauben sie es dem Köder zu tauchen, und gerade auf diese Tauchbewegung lege ich fast mehr Gewicht als auf das Spinnen als solches, ganz besonders beim Angeln in stromlosen oder stehenden Gewässern. Jene Köder, welche die Spinnbewegung beim Tauchen beibehalten, sind als die besten zu bezeichnen; es ist doch eine unleugbare Tatsache, daß gerade die größten Hechte fast immer tief am Grunde stehen und nur im Momente des Raubens an die Oberfläche gehen. Es gehört viel Glück dazu, gerade diesen Moment mit einem nicht tief geführten Spinnköder zu erraten. Andererseits aber ist es mit dem in gewöhnlicher Weise befestigten Spinnapparat nicht möglich, in die größeren Tiefen herunterzukommen. — Ganz anders aber, wenn ich meinen Köder tauchen lassen kann, um ihn dann ruckweise heraufzuspinnen und wieder zum Grunde tauchen zu lassen und so eine Stelle absuchen kann. Dieses Tauchen hat für den Hecht etwas ungemein Anziehendes und nach meiner Ansicht ist es dasjenige, was die Schluckangel so erfolgreich macht. Ich habe darum auch meine Blinker mit Kopfbeschwerungen versehen, indem ich einfach beiderseits ein Stück Bleiblech aufniete, welches ich eventuell noch mit roter Ölfarbe anstreiche, obzwar letzteres nicht unbedingt nötig ist.

Mein erster Versuch mit einem so montierten Blinker brachte mir einen ungeahnten Erfolg und seither versehe ich alle mit dem Kopfgewichte. Ich wurde zu dieser Beobachtung veranlaßt, als ich an einem Flusse Galiziens, der reich an großen Hechten war, diese stets an den tiefsten Stellen erbeutete, wenn ich einen Köder mit Bleikappe hinuntertauchen ließ, aber auf den Blinker selbst bei tiefster Führung, ja nicht einmal beim zu Boden sinken lassen, einen Biß bekam. Ich führte das auf zwei Umstände zurück: erstens auf das vor dem Blinker niedergehende Blei, zweitens auf das Aufhören der Spinnbewegung des Blinkers beim Tauchen. Nach dem Anbringen der Beschwerung am Kopfe taumelt er aber prächtig in Tiefe wie ein kranker Fisch, und jetzt fing ich damit auch an den Stellen, wo er früher versagte. Bei dieser Gelegenheit möchte ich meinen Lesern verraten, daß es zum Zwecke des Hechtefangens nicht nötig ist, über eine Blinkergröße von 8—9 cm hinauszugehen, außer zum Schleppangeln, wozu aber Blinker von dünnem Blech und ohne Seitendrillung zu nehmen sind.

Zur Schleppfischerei aber kann man dafür größere Köderfische verwenden, die sich besonders gut an den mit Turbinen versehenen Systemen und Fluchten, selbstverständlich ohne Bleibelastung, anködern lassen.

Ich kann die Besprechung des Themas „Köder" nicht abschließen, ohne auch den Tauchködern par excellence — den bekannten Kugelspinnern nach Behm — und dem Zopf einige Worte gewidmet zu haben.

Die ersteren sind wohl den meisten Anglern vom Sehen bekannt, daß sie aber wirklich in ihrer Art hervorragend brauchbar sind, das haben wohl nicht allzuviele erprobt. Sie erfüllen voll und ganz die Bedingungen, die ich im vorigen erörtert habe und deshalb sind sie ein wertvolles Stück in der Ausrüstung des Hechtanglers. Wenn ich an ihnen etwas aussetze, so sind es die zwei starr hintereinander gesetzten Drillinge bei den gerade für den Hechtfang in Frage kommenden größeren Spinnern. Ich habe schon wiederholte Verluste gehabt durch Bruch des hinteren Drillings, und werde es vorziehen, sie nur mit einem einzigen großen Drilling montiert zu haben.

Der „Zopf" ist zwar ursprünglich nur für die Huchenfischerei bestimmt gewesen, ich habe ihn aber mit fast noch mehr Erfolg auf den Hecht verwendet. An und für sich sind an den meisten Hechtflüssen Neunaugen fast immer das ganze Jahr hindurch zu haben und ich wüßte keinen besseren Köder, um einen alten, vergrämten Hecht zu betören, wie die schlängelnden Leiber derselben an der unauffälligen und doch so fängigen Flucht. Ich habe oft und oft damit Hechte gefangen, die jeden anderen Köder, den Frosch mit inbegriffen, einfach ignoriert hatten, aber auf den ersten Wurf mit dem Neunaugenzopf bissen.

Von den künstlichen Zöpfen aus Schwamm und Gummi bin ich nicht begeistert, meine Erfolge damit waren sehr bescheiden, so daß ich schon in Anbetracht ihres hohen Preises und ihrer sehr geringen Haltbarkeit sie nicht mit gutem Gewissen empfehle. Am besten bewährt sich noch der Lederzopf, den man sich bei etwas Geschick billig selbst herstellen kann.

In den letzten Jahren haben sich insbesondere zur Hechtfischerei die von Amerika herübergebrachten Holzköder, welche auch drüben vornehmlich diesem Zwecke dienen, große Beliebtheit errungen. Ob sie jetzt „Oreno" oder „Dowagiae" oder sonstwie heißen, ob ihre Körper aus einem Stück oder aus zwei bis drei Gliedern bestehen, ist für den Erfolg ziemlich einerlei. Ihre Bewegung im Wasser ist eine äußerst anziehende und lebhafte, der des natürlichen Fisches ziemlich nahekommend. In seichten Wassern, d. h. solche von höchstens 1 und 2 m Tiefe, sind sie geradezu ideal und die Möglichkeit, sie nach Bedarf tauchen oder ganz an die Oberfläche steigen zu lassen, macht sie besonders wertvoll. Die unter dem Namen „Fish Oreno" im Handel befindlichen Modelle mit dem massiven Metallknopf erlauben ein Befischen selbst sehr großer Tiefen, so daß man mit einigen wenigen Exemplaren für alle Fälle gerüstet ist.

Ich habe diese Köder als für unsere Verhältnisse hervorragend brauchbar kennengelernt und sie dem eisernen Bestande meines Spinngerätes eingereiht. Ich finde sie nur etwas zu stark bewehrt, doch kann man nach Belieben die Hakenzahl verringern bzw. die Größe der Haken wechseln. Für die Schleppfischerei kommen die großen Modelle vom Typ „Pike-Oreno" ganz besonders in Frage und sind mit dem größten Erfolge in Verwendung.

Eine der wichtigsten, aber so selten befolgten, aber auch ebenso selten erwähnten Regeln ist das zuerst vorzunehmende peinliche Abfischen des Ufers durch Würfe parallel zu demselben besonders dort, wo es unterwachsen ist, was bei den Flüssen der Ebene meistens der Fall ist; nur zu gerne steht der Hecht unter demselben und der Angler, der dieses Gebot nicht kennt oder nicht befolgt, sieht dann oft zu seinem Bedauern den Hecht sein Versteck verlassen, wenn er im Glauben, es sei an dieser Stelle kein Fisch, unvorsichtig wird; es ist nicht nur weise, seine Angelstelle leise anzuschleichen, sondern ebenso weise, sie im Falle einer resultatlosen Befischung ebenso leise zu verlassen. Auch unterlasse man es nie, wenn man den Köder schon bis vor seine Füße gearbeitet hat, mit der Gerte noch einen Schwung stromauf zu machen und so dem Fisch förmlich eine letzte schnelle Flucht des Köders vortäuschen zu lassen; gerade in diesem Augenblicke entschließt sich der Hecht oft zum Angriffe und hängt fast regelmäßig.

Dieselben Regeln hat man natürlich auch beim Spinnangeln in Seen oder sonstigen stehenden Gewässern zu beobachten. Jedoch wird man diese meist nicht vom Ufer aus befischen können, da der Schilfbewuchs meist noch weit ins Land reicht und in der nächsten Uferzone gemeinhin zuviel Kraut steht.

Solche Wasser befischt man vorteilhafter vom Kahne aus, der langsam, Kahnlänge um Kahnlänge, in mittlerer Wurfdistanz entlang den Rohrkanten, Schilf und Krautinseln mit den leisesten Ruderschlägen vorwärts bewegt wird. Nun wirft man den Köder in Lücken zwischen Schilf, Seerosenblätter, an die Ränder der Wasserpflanzen und Krautinseln usw.; hier zeigt sich die Überlegenheit des Über-Kopfwurfes am deutlichsten, denn mit keinem anderen Wurfe läßt sich so zielgenau in die kleinste Lücke treffen und dabei so wenig störende Bewegung verursachen. Da man den Wurf mühelos im Sitzen machen kann, entfällt vor allem die ganz unvermeidliche Erschütterung und Vibration des Bodens im Boote, welche die Fische so beunruhigt, besonders bei ruhigem Wasser.

Der gute Erfolg hängt aber auch vielfach von der Kunst des Ruderers ab, die Ruder fast lautlos führen zu können und das Boot immer in der richtigen Distanz zu halten. Die Führung des Köders ist ansonst dieselbe, wie ich sie im weiteren Verlaufe beschreibe, nur etwas mühsamer, da eben die Mitwirkung der Strömung ausfällt.

Zu Würfen nach der Strommitte oder ans gegenüberliegende Ufer schreite man erst dann, wenn sich am diesseitigen Ufer nichts mehr rührte. Es wird zwar als Regel angegeben: „Daß man nicht öfter als zweimal über eine Stelle werfen solle, an der man einen Hecht vermutet; wenn er nicht beiße, dann sei er eben nicht da und man solle weitergehen.“ Ich möchte das nicht so ohne weiteres zugeben, im Gegenteil, und ganz besonders für das Spinnen in der kälteren Jahreszeit, also im Spätherbst und Winter, dem Gesagten direkt widersprechen.

Wie oft habe ich mit einem Freunde an dem vorerwähnten Flusse in Galizien zu solcher Zeit gemeinsam gesponnen, ihm den Vortritt lassend, und hinter ihm her an den Stellen, die er nach zwei Würfen verlassen hatte, mit drei oder vier weiteren Würfen meinen Hecht erbeutet.

Ich möchte an dieser Stelle auch zu der oft geäußerten Ansicht, daß Kälte auf die Beißlust des Hechtes einen lähmenden Einfluß nehme und er in dieser Zeit nicht mehr besonders für den Spinnangler in Frage komme, meine Ansicht darüber aussprechen, daß das grundfalsch ist. Der Hecht, der keinen Winterschlaf hält wie Karpfen oder Schleien, hat genau dasselbe Nahrungsbedürfnis wie im Sommer oder Herbste, — vielleicht, daß gegen Winterausgang die herannahende Laichzeit seine Beißlust beeinträchtigt, was man ja bei manchen anderen Fischen auch beobachten kann; aber soviel ich in meiner Praxis erfahren habe, beißt der Hecht auch bei sehr kaltem Wetter auf den Spinner, vorausgesetzt, daß man tief, fast am Boden und sehr langsam spinnt und den Köder an den geeigneten Stellen Tauchbewegungen machen läßt.

So habe ich nach der eben geschilderten Art in den spätesten Jahresmonaten viele und große Hechte gefangen. Noch eines möchte ich zum Angeln in dieser Jahreszeit bemerken, was ich sonst in den Büchern nicht vermerkt gefunden habe, nämlich daß man ziemlich viel Geduld braucht, denn eigentümlicherweise ist es sehr häufig nötig, durchzuhalten, bis die Hechte zu beißen anfangen; dieser Zeitpunkt ist aber an keine feste Tageszeit oder Stunde gebunden. Ich denke da an einen Angelausflug, den ein Freund und ich einst ungefähr Mitte Dezember machten. Das Wasser war ob seines Bestandes an guten Hechten bekannt; wir angelten am ersten Tage, der trüb und neblig war, mit wechselndem Erfolge, erbeuteten einige gute Fische, aber es war nicht das richtige. Der nächste Tag war windig und brachte teilweise Schnee, also eigentlich gutes Hechtwetter, und wir hatten trotzdem an den besten Stellen den ganzen Tag lang keinen Biß. Auf einmal gegen drei Uhr nachmittags begannen die Hechte derart wild zu beißen, wie ich es nur selten erlebt habe, so daß wir bei Einbruch der Dunkelheit aufhörten, um den Erfolg nicht zu übertreiben.

Dieses stundenweise Beißen habe ich dann wiederholt im Spätherbst und Winter beobachten können und daraus den Schluß gezogen, daß Geduld und Ausdauer in dieser Jahreszeit die Hauptträger des Erfolges bedeuten.

Die Führung des Köders erfordert viel Aufmerksamkeit, besonders, wie ich schon vorhin erwähnte, am Ende des Einrollens. Unbedingt zu warnen ist vor einer mechanischen monotonen Führung und vor einem überhasteten Hereinspinnen.

Der Hecht, ganz besonders der große, macht seinen Angriff mit Überlegung, wenn auch meist vehement, — ganz besonders aber hat er es auf die den größeren Schwärmen von Futterfischen folgenden Nachzügler abgesehen, welche aus diesem oder jenem Grunde ein langsameres Tempo einhalten, und auf kranke oder in ihrer Schwimmfähigkeit geschädigte Fische. Aus diesem Grunde soll man langsam spinnen, den Köder durch verschiedene Wasserschichten führen, ja auch dort, wo die Strömung noch stark genug ist, um ihn rotieren zu machen, direkt verhalten, wie es ja auch Fische tun, denen die Strömung zu schwer ist, und ab und zu direkt tauchen lassen, besonders in Wasserlöchern, Rückläufen, Wehrwinkeln und sonstigen tiefen Stellen. Im allgemeinen hat man den Hecht in ruhigerem Wasser zu suchen und in der Nähe von Unterständen, wie versunkenen Bäumen, Schilfgehegen, Krautbeeten neben Mühlgerinnen und Schleusen, besonders aber dort, wo unterwaschene Ufer und überhängende Stauden sind oder Schilfinseln in freiem Wasser stehen.

In großen Strömen steht er aber auch im freien Strome an den Köpfen der Buhnen und der Einbauten, wo ihm aber meist vom Ufer nicht gut beizukommen ist, mit der Spinnangel wenigstens. — Sehr gerne steht er in Altwässern, teils am Einfluß, teils am Ausfluß, sowie am Eingange von Häfen oder am Zusammenschluß zweier Strömungen; hier an der tiefsten Seite.

In Seen steht er meist an der Rohrkante oder in Schilfinseln. Große Krautbetten am Boden sind sein Lieblingsaufenthalt, solange das Kraut nicht abstirbt und dort, wo Seerosen stehen, kann man fast mit Sicherheit auf einen Hecht schließen.

Im allgemeinen ist ein höherer Wasserstand, allerdings ohne besondere Trübung des Wassers glasklarem Niederwasser vorzuziehen. Heller Sonnenschein und Windstille sind wenigstens im Sommer kein gutes Wetter, hingegen aber ist Ende September, im Oktober und späterhin ein sonniger Tag erfolgversprechend, besonders wenn noch am Morgen und Abend Nebel einfallen.

Die meisten und schönsten Hechte fängt man aber bei hohem Wasserstande und trübem, womöglich windigen Wetter, oder vor einem Gewitter, wenn der einsetzende Sturm das Wasser aufwühlt. Sehr gut sind auch die Tage, welche einer Regenperiode folgen, wenn sich das Wasser zu klären beginnt, aber nicht zu rasch fällt, hingegen ist Landregen für den Fang ungünstig.

In der warmen Jahreszeit ist die beste Beißzeit der Morgen und der Abend, doch kann man an manchen Tagen selbst auch in der Mittaghitze Hechte fleißig rauben sehen und dann, sich vorsichtig anpürschend, versuchen, sie zu betören. Voraussetzung für eine erfolgreiche Betätigung mit der Spinnangel ist und bleibt aber, daß das Wasser zu dieser Zeit nicht derart verkrautet ist, daß man alle Augenblicke einen Hänger hat oder gar, daß die Wasserfläche derart überwachsen ist, daß sie überhaupt keine offenen Stellen zeigt. Der Anhieb ist gegen den Hecht möglichst zugig zu führen; der Hecht ergreift seine Beute fast in allen Fällen quer über den Rücken, daher trifft der Anhieb, welcher in diesem Falle fast senkrecht zu seiner Körperebene geführt wird, leicht Stellen, an denen die Haken in die Weichteile eindringen können. Je zugiger der Anhieb, desto nachdrücklicher geschieht das Eindringen.

Haben die Haken gefaßt, so quittiert das der Hecht mit einem energischen Ruck oder Schlag. Wenn er aber nach dem Anhieb nicht reagiert, dann beeile man sich, denselben so rasch wie möglich zu wiederholen, eventuell auch mehrere Male, bis der Hecht durch seine Gegenbewegungen kundgibt, daß die Haken sitzen. Unerfahrene Angler beginnen in solchen Fällen nach dem ersten Anhieb einzurollen, was sich der Hecht mitunter gefallen läßt, bis er einfach den Köder ausspuckt oder, wenn schon ein Haken oberflächlich gefaßt hat, schüttelt er denselben einfach heraus. Die Erklärung dafür liegt darin, daß der Hecht seine Kiefer so fest über den Köder schließt, daß der Haken einfach wie in einem Schraubstocke fixiert wird und selbst bei größter Kraftanwendung nicht eindringen kann; erst wenn der Hecht den Köder gegen seinen Schlund drückt, um ihn zu wenden, läßt der Druck auf den Haken nach, der nun bei einem neuen Anhieb in die Weichteile eindringen kann. Große Hechte gehen meist auf den Grund und suchen sich dort von dem sie haltenden Unbekannten zu befreien, während die mittleren und kleinen meist nach der Oberfläche streben. Aber diese Tendenz haben früher oder später die großen Hechte auch, da sie dann versuchen, aus dem Wasser zu springen oder den aufgesperrten Rachen über Wasser zu schütteln. Darum ist es eine feststehende Regel, den Hecht so zu drillen, daß die Gerte immer zum Wasserspiegel gesenkt bleibt, selbst wenn die Spitze eintaucht, ist das kein Fehler.

Im freien Wasser macht der Drill auch eines schweren Fisches keine besondere Mühe, aber im verkrauteten oder verschilften Wasser stellt er mitunter an die Elastizität der Gerte die höchsten Anforderungen, wenn es gilt, den Fisch unter allen Umständen daran zu hindern, ins Kraut oder Schilf, oder unter Brücken oder in versunkenes Holz und Gestrüpp usw. zu flüchten.

Das Forcieren eines schweren Hechtes wird wohl nur recht selten und nur unter ganz außerordentlich günstigen Verhältnissen gelingen, wenn man die erste Minute, in welcher der Fisch sich der Situation noch nicht voll bewußt ist, ausnützen kann, um ihn rasch ans Ufer zu schleifen. Im allgemeinen wird man immer mehr oder minder schwer und lang kämpfen müssen.

Große Hechte machen schwere und lange Fluchten, stellen sich auch gerne auf den Grund und „bohren“, wie der Kunstausdruck lautet; die kleineren dagegen machen mehr Lärm und schlagen oft wie toll herum. Je besser man es so einrichten kann, dem Fisch während des Drills unsichtbar zu bleiben, desto eher besiegt man ihn; anderseits wehrt sich oft kein Fisch so wütend bis zum letzten Atemzuge als der Hecht, wenn er den Angler erblickt hat, selbst wenn er schon scheinbar abgekämpft dem Ufer zugeführt wird. Darum gebe man bis zur letzten Sekunde peinlich acht und sei so vorsichtig wie möglich, wenn man nicht im letzten Momente seinen Fisch verlieren will. Insbesondere halte man Begleiter davon ab, voreilige Landungsversuche mit Netz oder Gaff zu machen, denn das ist gewöhnlich gefährlich. Ich bin einmal so um einen meiner besten Hechte gebracht worden.

Ich hatte den schweren Fisch niedergedrillt und führte ihn zu einer flachen Uferstelle, dabei aber selbst immer weiter ins Land zurückgehend; der Fisch folgte dem Zuge ohne Widerstand und schon war ich daran, ihn glatt auf den weichen Sand zu legen, als mein Begleiter trotz aller vorherigen Instruktionen, scheinbar durch den Anblick des unerwartet großen Fisches vom Beutefieber ergriffen, wie ein Wilder auf ihn zustürzte, um ihn zu gaffen. Ehe er aber noch richtig bei ihm war, machte mein Hecht ein paar wütende Schläge und die Schnur lag schlaff da; wie es sich nachher zeigte, hatte nur ein einziger Haken aller drei Drillinge gefaßt, und dieser war durch die letzte Abwehr des Fisches gebrochen. Ich bin sicher, daß ich den Hecht, den ich wohl einige Wochen später doch noch erbeutete, bestimmt schon damals zur Strecke gebracht hätte, wenn ich allein gewesen wäre.

Den gefangenen Hecht trage man zunächst einige Meter weit landeinwärts, ehe man ihm den Fang gibt, und dann erst gehe man in Ruhe an das Auslösen des Hakens. Lebenszähigkeit, Vorsicht, Hechtsperren.

Den gefangenen Hecht tötet man am besten durch einen Stich in den Nacken, indem man dabei die Wirbelsäule bzw. das Rückenmark durchtrennt. Ich habe zwar schon oft diese Weisung gelesen, aber noch niemand hat sich die Mühe genommen, die richtige Handhabung des Messers und die Ausführung des todbringenden Stiches zu beschreiben; infolgedessen kann man Unerfahrene genugsam beobachten, die mit geschwungenem Knicker den Fisch quasi erdolchen wollen, mit dem Resultat, daß sie das arme Tier zerfleischen und quälen, aber nicht töten, dagegen unter Umständen sich selbst mehr oder minder verletzten, besonders dann, wenn sie statt eines feststehen den Messers ein Klappmesser benutzen, welches infolge ungeschickter Handhabung zusammenschnappt und dann seine Schneide im Handballen des Fängers versenkt. Der richtige Vorgang ist folgender: Man drückt den Fisch mit der einen Hand beim Kopf nieder, eventuell hat man ihn vorher durch einen Schlag mit dem Totschläger oder einem Stein — aber nicht mit dem Gaff!! — oberhalb des Auges betäubt, wenn er gar zu ungebärdig war, die andere Hand führt das Messer. Man braucht dazu nicht einen mächtigen Knicker, im Gegenteil, eine schmale, aber haarscharfe Klinge mit einer Spitze von ca. 8 cm genügt. Diese Spitze setzt man ca. 1 cm auf die Körpermitte hinter dem knöchernen Schädeldache an und sticht senkrecht ein, darauf die Schneide einmal links und einmal rechts durchziehend. Wenn man auf Knochen oder einen Wirbel stößt, wende man keine Gewalt an, das Messer durchzustoßen, sondern mache einen neuen Einstich etwas unterhalb des ersten und suche mit der Spitze tastend nach der weichen Knorpelscheibe, welche die Wirbel trennt; in diese führt man dann den Stich senkrecht nach unten so tief, als die Klinge lang ist, damit man auch noch die unter dem Wirbel liegenden Blutgefäße durchtrennt.

Ein zitterndes Schlagen der Schwanzflosse meldet das Ende des Getroffenen. Manche stechen auch noch am Schwanze des Fisches ein, angeblich, um ihn ausbluten zu lassen, ich halte davon nicht viel. Ist warmes Wetter, dann ziehe ich es vor, den Fisch aufzubrechen, die Bauchhöhle trocken zu wischen und dann den Fisch in Gaze einzuwickeln, von der ich auch eine Portion in die Bauchhöhle stopfe. Das Töten mit dem Totschläger ist eine problematische Sache. Ich habe schon wiederholt gesehen, daß solche Hechte nach geraumer Zeit, selbst nach stundenlangem Transport im Rucksack, wieder zu sich kommen, wenn man sie ins Wasser brachte. Der Hecht ist eben ein zäher Geselle.

Zum Auslösen des Hakens aus dem zähnestarrenden Maule besonders wenn dieser tief hinten im Rachen oder den Kiemen sitzt, bediene man sich unbedingt einer Zange, nachdem man vorher den Rachen durch eine Sperre geöffnet und fixiert hat. Das Einfachste ist ein Holzkeil, in die Kieferwinkel eingesetzt, und dann ein kräftiges Hölzchen als Spreize zwischen Ober- und Unterkiefer gesteckt. Es gehört zu den minderen Annehmlichkeiten im Anglerleben, aus einem Hechtrachen tief sitzende Haken mit der Hand herauszuarbeiten und dann mit dieser in den plötzlich zusammenklappenden Zahnreihen gefangen zu sein. Verletzungen durch Hechtzähne sind einmal durch die langen Blutungen nnangenehm, außerdem gefährlich durch die Möglichkeit einer Wundinfektion. Wenn man keine Möglichkeit hat, den Rachen des Hechtes aufzusperren und zu fixieren, nehmen man lieber einen frischen Köder oder Blinker. Es gibt verschiedene Vorrichtungen, um das Hechtmaul zu sperren, die recht gut und praktisch, wenn auch nicht billig sind. Ich liebe ihren Gebrauch besonders beim Angeln im Boote, da man hier wenig Bewegungsfreiheit hat und jedes Hilfsmittel, welches zweckdienlich ist, mit Freude begrüßt.

Die Schleppfischerei auf den Hecht kann entweder mit der Gerte oder der Handleine ausgeübt werden. Über den Gebrauch der ersteren ist nicht viel Besonderes zu sagen, es wird sich, wenigstens auf stehenden Gewässern, meist darum handeln, in das Werfen und Einholen eine Pause einzuschalten.

Wenn man die Handleine verwendet, kann man sowohl die einfache Schleppschnur in Anwendung bringen, als auch, was mir vorteilhafter erscheint, die modifizierte Tiefseeschnur mit nur 10—15 m Drahtschnur und zwei Seitenangeln. Mit dieser hat man eben die doppelte Chance, sowohl dem Hechte in der Nähe des Grundes, aber auch dem hochstehenden den Köder anzubieten. Man kann aber auch an ihr natürliche und Kunstköder gleichzeitig anbringen und durch wechselnde Anordnung ihre jeweilige Anziehungskraft auf den Fisch feststellen. Einer meiner Freunde, der fast ausschließlich schleppt, hat in den letzten Jahren seine Erfolge bedeutend verbessert, indem er an der oberen Seitenangel einen Pike-Oreno und an der unteren abwechselnd einen Blinker oder einen frischen Köderfisch führt.

Man fährt entlang der Rohrgehege — einmal näher, einmal weiter — je nach den Bodenverhältnissen, meist aber entlang der Schar an der Tiefwassergrenze; wichtig ist es, nicht schneller zu rudern, als gerade genügt, um den Köder spinnen zu machen. Auch bei der Schleppangel ist es von größter Wichtigkeit, den Drill stets unter der Oberfläche zu führen, daher das Einziehen ganz an derselben zu bewerkstelligen.

Der Barsch.

Nächst dem Hecht ist der Barsch einer der verbreitetsten Fische, allerdings gedeiht er nicht in jedem Wasser gleichmäßig gut. Es gibt solche, in denen er nicht einmal spannenlang wird, während er in anderen bis zu einigen Pfunden aufwächst. Da er einer der am spätesten im Jahre laichenden Fische ist, reichlich Eier produziert und für die Entwicklung seiner Brut die denkbar günstigsten Verhältnisse hat, ist eine reiche Vermehrung leicht erklärlich. In solchen Wassergebieten, wo er auch sonst günstige Aufenthaltbedingungen vorfindet, wird er selbstredend als Allesfresser raschwüchsiger und größer als in anderen, wo er diese nur in mehr oder minder beschränktem Ausmaße hat. Dementsprechend muß man ihn auch als Beuteobjekt von einem jeweils verschiedenen Standpunkt ansehen.

Es ist natürlich, daß schon die Stellung eines Mindestmaßes eine ganz verschiedene sein muß und nicht generalisiert werden soll. An und für sich ist ja der Barsch ein äußerst wertvoller und geschätzter Speisefisch und von großer Bedeutung für den Fischwirt; für den Angler gewinnt er da besonderen Wert, wo dieser mit der Erbeutung in nennenswerter Zahl und Größe rechnen kann.

Der Barsch ist für den Spinnangler in solchen Gewässern ein Beuteobjekt von besonderer Klasse, größere Barsche beißen gierig auf den dargebotenen Köder, wehren sich ziemlich energisch, und da zu ihrem Fange feines Zeug nötig ist, das trotzdem stark genug sein muß, um auch ab und zu den Kampf mit einem Hecht zu bestehen, gestaltet sich das Spinnen auf den Barsch interessant und abwechslungsreich. Wie eben bemerkt, muß das Geräte fein sein, also eine leichte einhändige Spinngerte oder eine Überkopfgerte, feine Schnur und Vorfächer, vor allem kleinere Köder.

Von den natürlichen Ködern sind es besonders Pfrillen, Grundlinge und Lauben, aber auch Steinbeißer und Grundeln oder Kopfen, die in Frage kommen. 5—6 cm Länge ist das richtige Maß und zum Anködern empfehlen sich hiefür als Fluchten, welche Innenbeschwerung haben, oder eine solche durch Bleikappen.

Die Barsche lieben das tiefere Wasser, womöglich Unterstände am Boden, daher ist es direkt notwendig, die Spinnbewegung mit der tauchenden zu verbinden. Idealwobbler mit Einhakenarmierung der Zelluloidturbinenspinner u. ä. sind die richtigen Fluchten. Auch beim Barsch genügt ein einziger Drilling zur Bewehrung der Flucht, der aber angesichts der kleinen Köder ziemlich weit hinten liegen darf, da der Barsch vielfach die Beute vom Schweif her angreift und faßt. Die Beschwerung des Köders selbst ist der durch einen im Zeuge eingeschalteten Senker vorzuziehen, einmal wegen der besseren Tauchfähigkeit, das andere Mal, weil die Barsche nur zu gerne auf das dem Köder voransinkende Blei beißen und dann jenen ignorieren, nachdem sich der erste Bissen als ungenießbar herausgestellt hat. Ich habe diesen Vorgang wiederholt in klarem Wasser beobachten können und bin dadurch zu der von mir vorgeschlagenen Beschwerung gekommen, auch habe ich die Überzeugung davongetragen, daß durch solche Vorgänge der Barsch trotz seiner Freßgier leicht vergrämt wird.

Wenn die Barsche gut beißen, habe ich auch oft mit dem einfachen Einhakensystem, wie es zum Forellenfange verwendet wird, gute Erfolge gehabt.

Von den Kunstködern sind es vor allem jene, welche exakt tauchen, also die Kugelspinner nach Behm in mittlerer Größe, der Storkspinner u. dgl., auch die mit Kopfbeschwerung versehenen Blinker, mittelgroße, schwere Löffel und das „Wunderfischli" sind gute Köder. Wichtig ist, daß sie einen starken Glanz besitzen und mithin leuchten, was auf den Barsch äußerst anziehend wirkt. Fängt man ihn doch massenhaft mit einer so primitiven Vorrichtung wie den Zuckerfisch oder Kosaken.

Der Barsch geht das ganze Jahr über an die Angel, auch im tiefsten Winter. Die ungünstigste Zeit ist der Hochsommer, wenn das Wetter heiß und windstill, der Himmel wolkenlos und das Wasser klar und niedrig ist, ferner im Spätherbst oder Winter starker Frost bei hellem Wetter und Wasser und bei Nordwind. Ansonst ist trübes oder regnerisches Wetter und windiges Wetter besonders im Frühjahr und Sommer günstig und im Herbst und Winter die milden Tage mit gelegentlichen Sonnenblicken.

Die Barsche stehen meist jahrgangsweise in größeren und kleineren Schwärmen beisammen, immer in Bewegung auf der Suche nach Nahrung. In der warmen Jahreszeit gehen sie zuzeiten ziemlich hoch, wenn sie nach kleineren Fischchen jagen; sieht man solche aus dem Wasser springen, ohne daß dahinter ein Fisch aufschlägt, höchstens daß eine kielwasserähnliche Veränderung der Oberfläche erfolgt, dann ist der Barsch auf der Jagd und ein wohlgesetzter Wurf bringt ihn meist an die Angel. Ansonsten hat man die Barsche zu dieser Jahreszeit in und an Krautbetten und Schilfständen zu suchen, bei Faschinenbauten, unter Floßholz, in der Nähe von Brücken, Schiffen, sowohl im Strome wie in Altwässern. Ganz besonders lieben sie aber zu allen Zeiten tiefe Gumpen und Kolke, wo sie meist in der Rückströmung stehen, Stauwasser oder aber den Rücklauf hinter Mühlgrinnen und Schleusen.

Solche Stellen muß man gründlich abfischen und den Köder fleißig tauchen lassen, denn die größten Burschen stehen meist recht tief.

Mit zunehmender Jahreszeit stellen sie sich immer tiefer.

In den Seen, die kälteres Wasser haben, wie die meisten Bergseen, leben sie mehr in der warmen Uferzone, die reichlichen Boden und Uferbewuchs besitzt. Dagegen in den großen Landseen des Nordens und Ostens in allen Zonen derselben. Besonders beliebte Aufenthalte sind in diesen die sog. Barschberge, das sind Erhebungen des Seegrundes von verschiedener Höhe und Ausdehnung, aus denen die besten Fische erbeutet werden. In manchen Seen gehen sie schon ziemlich frühzeitig in die Tiefe, und es ist von Wichtigkeit, darüber orientiert zu sein, wo und wann dies eintritt.

Im allgemeinen kann man sagen, daß das eigentliche Spinnen des Köders beim Barsche erst in zweiter Linie in Frage kommt und das Tauchen desselben besonders in jenen Wassern, die sehr tief sind, viel mehr Bedeutung hat.

Inwieweit der Barsch für die Schleppangel in Betracht kommt, wenigstens für unsere Gewässer, ist schwer zu sagen. Die Literatur gibt darüber keine Auskunft und in den Zeitschriften liest man nichts darüber, daß jemand dieser Frage nahegetreten wäre. Heintz schreibt zwar, daß die Berufsfischer der italienischen Seen zum Fange des Barsches außer kleinen Blinkern noch einen fliegenartigen Spinner mit Federnmontierung verwenden, er selbst hat aber scheinbar den Fang dieses Fisches nie mit der Schleppangel betrieben.

Ich selbst hatte nie das Glück, in einem See zu angeln, wo es mir möglich gewesen wäre, die Schleppangel speziell auf Barsche praktisch zu erproben, aber ich stelle es mir als einen ebenso feinen als lohnenden Sport vor, z. B. auf einem der großen norddeutschen Landseen auf Barsche zu schleppen. Das hiefür nötige Schleppzeug denke ich mir so zusammengesetzt.

Je nach der Tiefe des Sees und der beabsichtigten Fahrt bzw. dem jeweiligen Tiefstande des Fisches: eine 10—15 m lange Tiefseeschnur aus Galvanodraht oder besser aus Stahlseide mit Umläufen auf Meterdistanz abgesetzt. Zu unterst einen variablen Senker von 25—75 g Gewicht und 3—4 Seitenangeln an Booms. Die untere Seitenangel ungefähr 8 m lang, zwei Drittel graue oder grüne Seidenschnur, das Enddrittel aus feinster Stahlseide. Die oberen Seitenangeln $2^1/_2$—3 m lang, nur aus feinster Stahlseide mit je einem Wirbel an den Enden und einem in der Mitte. Da man immer auf den Biß eines Hechtes rechnen muß, ziehe ich die Stahlseide dem viel empfindlicheren und vielfach kostspieligeren Gut vor. Kleine aber gut laufende Wirbel und Einhänger bester Qualität. Als Köder kleine Blinker mit nur einem Enddrilling oder einem Turbinensystem, kleine Löffel entweder von der gewöhnlichen Form oder fliegend. Als Köderfische Lauben oder Grundlinge, 5—7 cm lang. Die Metallköder sollen außer guter Rotation glänzende Politur besitzen.

Die Handleine kann aus geklöppelter Hanfschnur bestehen und 35—40 m lang sein. Die Fahrt soll langsam sein, damit die Barsche Zeit finden, gut zu beißen, und der Senker soll möglichst Fühlung mit dem Boden behalten. Dazu wären ungefähr 25 m der Handleine auszulassen.

Voraussetzung für das Unternehmen dieses Versuches ist natürlich außer einer sehr genauen Orientiertheit mit Bodenverhältnissen und dem Stand der Fische das genügende Vorhandensein dieser überhaupt und besonders großer Exemplare; denn wegen handlanger Schneider den immerhin nicht billigen Apparat in Aktion zu setzen, lohnt nicht der Mühe.

Der Zander oder Schill.

Eigentlich ist der Schill das undankbarste Objekt für den Spinnangler, trotzdem darf ich ihn aber nicht übergehen, der Vollständigkeit halber.

Obwohl ein Raubfisch und noch dazu ein sehr gefräßiger, ist es einmal seine Lebensweise und nicht minder seine Scheu und Vorsicht, welche ihn nur unter ganz bestimmten Verhältnissen mit der Spinnangel fangen lassen. Über das Warum herrschen ziemlich unklare Ansichten, und ich will mich im folgenden bemühen, dies zu erklären.

Vor allem andern ist der Zander ein Bewohner der großen Flußläufe und namentlich jener, deren Wasser nie allzu klar wird. Ferner ist er ein ausgesprochener Bewohner der Tiefe, und zwar gerade der allertiefsten Stellen mit betonter Vorliebe für Deckungen und Hindernisse des Bodens als große Felsstücke, versunkenes Holz, Faschinen und Wurzelwerk u. dgl. Besonders in der kalten Jahreszeit geht er den Futterfischen in die größten Tiefen nach. Wie ich schon sagte: trotz seiner Gefräßigkeit ist er ungewöhnlich scheu und mißtrauisch.

Was ist nun aus dem Gesagten zu folgern?

Vor allem einmal, daß man tief, sogar sehr tief mit dem Köder hinuntergehen muß, um überhaupt an seinen Standort zu gelangen, zweitens, daß alles Auffällige an Köder und Zeug vermieden werden muß. Und nun sind wir dort, wo wir hin wollen.

Sehr tief mit dem Köder kommen, also in Tiefen von 5—10 m, ist selbst mit sehr viel Blei ausgeschlossen; braucht man großes Blei, so ist dieses sehr auffällig und noch die Tatsache in Betracht gezogen, daß der Fisch an und für sich Wasser bewohnt, die nie richtig klar werden und daher in der Tiefe noch weniger sichtig sind als in den oberen Schichten, so kann man sich ohne Schwierigkeiten die Chancen für die Spinnangel ausrechnen.

Eine Ausnahme bilden nur die Hochsommermonate, wenn der Schill in den Morgenstunden und dann wieder am Abend gegen die seichteren Ränder aufsteigt, um auf Raub auszugehen.

Da gelingt es, ihm den Köder vorzusetzen und ihn zu erbeuten. Da er ein Standfisch ist wie der Hecht, kann man seinen Stand auskundschaften, wenn man sich zu dieser Zeit auf die Lauer legt. Dort, wo man die Lauben, denen er mit Vorliebe nachstellt, flüchten sieht, dort jagt er. Da man bei dieser Gelegenheit nicht tief zu spinnen braucht, kann man ihn mit Erfolg mit der Spinnangel angehen.

Ich glaube mit dem Gesagten dem Leser erklärt zu haben, warum — wie Heintz sagt — nie ein Zander an der Huchenangel gefangen wird, trotzdem diese beiden Fische, in der Donau wenigstens, nebeneinander wohnen.

Rechnet man noch hinzu, daß die beiden ganz getrennte Sommer- und Winterstände haben, daß außerdem der Huchen die scharfe

Strömung bevorzugt, während der Zander mehr die ruhige, ja sogar das stromlose Altwasser als Stand wählt, dann wird man an dieser Tatsache nicht mehr zweifeln.

Ein Fisch aber, der für eine Angelmethode, in unserem Falle die Spinnangel, eine so beschränkte und unsichere Fangmöglichkeit bietet, scheidet für den Großteil der Spinnangler a priori aus, weshalb ich glaube, auch damit den Beweis für die Richtigkeit des ersten Satzes dieses Kapitels erbracht zu haben.

Wer unmittelbar oder in naher Entfernung von seinem Fischwasser wohnt, der mag sich ja immerhin damit vergnügen, den schönen Fisch auszuspüren und seinen Fang zu versuchen, aber eigens ihm zuliebe weite Wege zu machen, ist in Anbetracht des immerhin fraglichen Erfolges zu riskant, wenn man eben nur, um lediglich zu spinnen, irgendwohin fährt.

Zum Spinnen auf Zander genügt im allgemeinen eine leichte Hechtgerte, erst recht, wenn man ein Boot zur Verfügung hat, die gleiche Rolle und Schnur, wobei der feineren 12-Pfund-Leine der Vorzug zu geben ist.

Wer in größeren Strömen vom Ufer fischen muß, wird besonders dort, wo Uferbauten und breiter Steinwurf vorhanden sind, und das ist leider fast schon überall der Fall, sich einer langen, aber leichten Spinngerte bis zu 5 m bedienen müssen, um nicht am Steinwurf zu schnell angetrieben zu werden und ein über das andere Mal hängen zu bleiben. Das Vorfach wähle man so fein wie möglich, bei sehr klarem Wasser aus einfachem Lachsgut, und nur die untersten 10 cm seien von dünnstem, doppelt gedrehtem Stahldraht angelenkt. Auch die Wirbel seien klein und unsichtig, etwa von der Größe 8. Die Bleibeschwerung sei möglichst im oder am Köder selbst, sei es als Schlundzapfen oder als Käppchen angebracht.

Verwendet man Blinker, so wähle man diese möglichst schmal und versehe sie in der von mir geschilderten Weise mit einer Kopfbeschwerung. Keinesfalls aber gehe man über eine Größe von 6 bis 7 cm hinaus und verwende eher noch kleinere Muster, dafür aber recht scharfe und feine Drillinge. Da der Schill seiner Beute in scharfem Tempo auch in guter Strömung nachfährt und dieselbe von hinten her faßt, so habe ich den Kopfdrilling als überflüssig fortgelassen, dafür aber den Schweifdrilling um eine Nummer größer genommen.

Angelt man mit natürlichen Ködern, so wähle man vor allem als solche Lauben von 5—7 cm Länge. Die beste Köderung für diese erscheint mir nach meinen Erfahrungen das Dee-System mit nur einem Drilling; mit Rücksicht auf die Weichheit des Laubenkörpers empfiehlt es sich, den Fisch nicht vom Weidloch aus aufzufädeln, sondern die Ködernadel nahe ober dem Ansatze der Schwanzflosse schon einzustechen und dem Fischleib durch je eine Bindung dort, wo die Hakenbogen anliegen, sowie ein Stück weiter oben einen Schutz gegen das vorzeitige Aufschlitzen zu geben.

Der schon von Bischoff angegebene Köder, bestehend aus einem in Streifen geschnittenen Weißfisch, mit einem Einhaken bewehrt, ist nicht gut und erfordert ein Blei am Vorfach, welches ich nach Möglichkeit vermeide, das sich aber in der Weise umgehen ließe, indem man ein Exzenterblei direkt vor den Haken schaltet, sei es mit oder ohne Wirbel; im ersteren Falle kann man dann das Ganze direkt in das Vorfach einhängen, nur muß man selbstverständlich Ringhaken verwenden.

Inwieweit die Köder von der Gattung der Oreno usw. sich zum Zanderfange eignen, kann ich aus eigener Erfahrung nicht beurteilen, da ich noch keine Gelegenheit hatte, sie daraufhin zu erproben. Aber nach den Erfahrungen, die ich ansonst mit ihnen machte, glaube ich, daß sich ein Versuch mit ihnen lohnen dürfte, schon wegen der außerordentlichen Lebendigkeit, welche diese Köder im Wasser zeigen. Da ihre Verwendung ohnehin in eine Zeit fällt, wo der Schill hoch geht, dürfte auch ihre Tauchtiefe im allgemeinen ohne Bleivorlage genügend sein. Ich würde aber empfehlen, auch sie nur mit einem Eindrilling allein zu verwenden, um so mehr, als ja ohnehin nur die kleinen Modelle in Frage kommen.

Unbedingt des Versuches wert dürfte aber auch ein in Amerika sehr beliebter und äußerst wirkungsvoller Köder sein, nämlich der aus einem Streifen Schweineschwarte geschnittene, den man in verschiedenen Längen fertig zum Gebrauch und konserviert in Gläsern zu kaufen bekommt; auch spezielle Haken für die Anköderung der Schwartenstreifen sind im Handel und wären auch für den Zweck des Zanderfanges zu empfehlen.

Wenn man den Stand eines Zanders kennt oder ihn gar jagen sieht, ist es leicht, ihm den Köder vorzuführen. Man wirft quer über den Strom und wirft das Fischchen oder sonst einen Köder knapp am Ufer herauf, möglichst in der Tiefe bleibend. Den Wurf wiederholt man einige Male an derselben Stelle, ihn immer weiter machend, bzw. läßt man den Köder durch Schnurgeben vom Strome weitertreiben.

Sucht man den Zander, dann muß man besonders jene Stellen im Auge behalten, wo sich das Wasser bricht und tief neben dem Ufer herläuft oder wo eine Schotterbank scharf in die Tiefe abfällt. Weiß man einen versunkenen Baum oder einen großen Stein in der Tiefe, dann fische man diese Gegend besonders peinlich ab, ebenso das Wasser hinter Brückenpfeilern oder Eisschützen.

Hat man ein Boot, so ist man insofern im Vorteil, als man dieses nur streckenweise zu verhalten braucht und den Köder einfach in der Strömung weit vorausrinnen läßt, ihn abwechselnd weiter oder näher zum Ufer oder sonst einem Stand, wo man den Zander vermutet, hindirigierend. Erst recht mit dem Boote sind die meisten sicheren Stände an Brücken usw. zu erreichen und zu befischen.

Der Zander bleibt ziemlich energisch, sein Maul ist aber nicht so eminent knochig wie das des Hechtes, so daß die Haken bei ihm in der Regel gut eindringen. Auch bei ihm empfiehlt es sich, den Anhieb zügig zu führen, schon in Anbetracht des feinen Zeuges.

Große Fische geben einen aufregenden Drill. Wiederholte scharfe Fluchten nach allen Richtungen stellen an die Widerstandskraft von Gerte und Schnur große Anforderungen. Sehr gern schlägt der Zander mit dem Schweif nach der Schnur und man muß immer darnach achten, dieses Vorhaben durch Ausweichen zu passieren.

Den ermüdeten Fisch führt man zu einer günstigen Landungsstelle und hebt ihn am besten mit dem Gaff, der in die Kiemen eingeführt wird, heraus, wenn man es nicht vorzieht, einen Gehilfen mit einem großen Landungsnetze mitzunehmen.

Das Herausnehmen mit den Händen wird zwar von einigen empfohlen und ausgeübt, aber es ist nicht sehr ratsam, denn an den Stacheln der Rückenflossen kann man sich bösartig verletzen. Auch das Auslösen der Haken nehme man erst vor, nachdem man den Fisch durch einen Schlag auf den Kopf getötet hat.

Leider hört man aus den verschiedensten Gauen, daß die Zahl und Größe der Zander rapid abnehme, besonders in jenen Flüssen oder Flußstrecken, die fehlerhaft reguliert wurden. An und für sich ist der Zander nicht sehr produktiv und für seine Laichtätigkeit benötigt er sonnendurchwärmte flache Ufer. Eben diese sind aber in den regulierten Stromrinnen vollständig verschwunden, ebenso die durchströmten Altwässer, welche noch halbwegs günstige Laichstätten boten, fast zur Gänze. Der Rest der Brut, soweit eine solche sich überhaupt entwickeln konnte, wird durch den Wellenschlag der Dampfer ans Ufer geschleudert und geht elend zugrunde, so daß nur noch ganz wenige Fische aufwachsen. Andererseits ist wiederum der Zander ein außerordentlich dankbarer Fisch für die künstliche Aufzucht und für die Besiedlung geeigneter Gewässer, so daß in dieser Hinsicht für die Erhaltung seiner Rasse viel mehr geschehen sollte. Denn er ist nicht allein ein begehrenswertes Objekt für den Angler, sondern auch ein Wirtschaftsfisch ersten Ranges, dessen feines Fleisch teuer bezahlt wird.

Die Forelle.

Über den Wert bzw. die Zulässigkeit des Spinnangelns auf Forellen gehen die Meinungen stark auseinander. Ganz abgesehen von dem starren Standpunkte der orthodoxen „Dry-fly-Puristen", welche überhaupt alles als Sakrileg in Grund und Boden verdammen, was nicht Trockenfliege heißt, gibt es auch in unseren Landen noch genug Leute, die es zwar als durchaus korrekt betrachten, die Forelle an der Fliege zu fangen, dagegen die Spinnangel perhorreszieren und lieber zum Wurm greifen. Ist es mir doch selbst passiert, daß ich einmal, einer Einladung eines lieben Onkels folgend, seinen höchsten Unwillen erregte, als ich nebst anderen Herrlichkeiten auch meine Spinnausrüstung auspackte, deren Verwendung er sich auf seinem Wasser kategorisch verbat; dagegen stellte er es mir anheim, — es war gerade hohes Wasser und mit der Fliege wenig oder nichts zu machen —, mit dem Wurm zu fischen.

Es gibt allerdings Gewässer, in denen man nur mit der Fliege fischen sollte; andererseits aber gibt es deren eine Menge, und das sind speziell die großen Flüsse der Alpen, wo man mit der Fliege meist nur mittelmäßige Fische, bis zu einem Pfund höchstens, bekommt, die großen aber nur mit der Spinnangel erbeuten kann. Der Typus eines solchen Wassers war der Isonzo, aber auch die Etsch, Traun und viele andere bieten ähnliche Verhältnisse, ferner viele Seen und Stauanlagen.

Die Gewässer mittlerer Breite und Mächtigkeit des Wassers werden im allgemeinen nur zu gewissen Zeiten den ausschließlichen Gebrauch der Spinnangel verlangen bzw. rechtfertigen, ganz besonders dann, wenn in ihnen auch die großen Fische gern und gut nach der Fliege steigen.

Die kleinen Gewässer, welche für das Fliegenfischen zu schmal sind oder deren Ufer zu verwachsen sind, würden eher für das Spinnen in Frage kommen, wenn sich auch in ihnen von einem kunstgerechten Führen des Spinners nicht gut reden läßt, vielmehr angesichts der geringen Ausdehnung der Gumpen und sonstigen Angelstellen mehr oder minder nur ein Heben und Senken durchführbar ist, wenn sich auch dieses mit der Spinnbewegung des verwendeten Köders verbinden läßt.

Abgesehen von den im vorhergehenden erwähnten großen Flüssen wird man im allgemeinen die Spinnangel auf die ersten Wochen der Forellensaison beschränken, solange die Flüsse noch hoch sind, und auf jene fallweisen Verhältnisse, in denen das Wasser zum Fischen mit der Fliege nicht geeignet ist, was in einzelnen Gebirgsgegenden vielfach mit der spät einsetzenden Schneeschmelze in den höheren Lagen der Fall ist und im Laufe des übrigen Sommers vielfach mit der Zahl, Menge und Ständigkeit der Niederschläge zusammenhängt.

Allerdings gibt es noch eine Zeitperiode, welche weniger für reine Alpenflüsse als vielmehr für die Gewässer der Mittelgebirge und Ebenen zutrifft. Das ist jene Zeit, in welcher die Forellen erfahrungsgemäß schlecht an die Fliege gehen, also ungefähr nach Mitte Juli bis gegen Ende August, natürlich normale Verhältnisse für diese Zeit vorausgesetzt, d. h. einen heißen Sommer, klaren Himmel und klares, niederes Wasser.

Unter diesen Verhältnissen wird man gerne zur Spinnangel greifen, namentlich dann, wenn man auf das Spinnen mit dem feinsten Zeuge Wert legt. — Ich werde auf diese Art zu spinnen später noch ausführlicher zurückkommen.

Wer viel oder ausschließlich auf Forellen die Spinnangelei ausüben will, wird sich notgedrungen dazu entschließen müssen, sich zu diesem Zwecke eine spezielle Ausrüstung anzuschaffen, es sei denn, er angle auf die großen Exemplare, welche die südlichen Alpenflüsse bevölkern, welche in die Adria münden; für diese oft viele Kilo schweren Fische wird eine leichtere Hechtrute gerade richtig sein, welche für die Bach- und Seeforellen (nicht die Trutta lacustris) zu schwer wäre, da doch hier Exemplare von über 3 bis 4 Pfund schon zu den Seltenheiten gehören. Und selbst für diese langt eine leichte Forellenspinngerte völlig.

Ich möchte für den durchschnittlichen Gebrauch keine längere Gerte empfehlen als 2,60 bis höchstens 3 m Länge, und diese in einem Gewicht von 240—300 g Maximum, vorausgesetzt, daß sie aus gesplieẞtem Bambus hergestellt ist. Aus Greenheart sind diese Gerten ebenfalls von hervorragender Güte — bestes Holz als Bedingung — billiger, aber naturgemäß etwas schwerer. Solche Gerten lassen sich angenehm auch mit einer Hand führen.

Ausnahmsweise mag sich ja eine längere Gerte vorteilhafter erweisen, aber da gerade der Forellenangler oft und gerne watet, hebt ihn dieser Umstand über die unbedingte Notwendigkeit einer langen Gerte hinweg, die naturgemäß schwerer ist und sein muß und doch nur eine beschränkte Verwendungsmöglichkeit hat.

Die sich in neuerer Zeit immer mehr einbürgernden Überkopfgerten sind speziell für die Spinnfischerei auf Forellen hervorragend geeignet. Es wird sich vielleicht empfehlen, die 1,80 m lange Gerte zu wählen, welche immerhin trotz der größeren Länge leicht genug ist; wer sich für eine solche Gerte aus Stahl entscheidet, der hat eine federleichte und dabei recht billige Spinnrute. In den letzten Jahren bin ich ganz zu den Überkopfgerten übergegangen und beherrsche mit ihnen mein Wasser so wie früher mit den längeren. Was sie mir so besonders sympathisch macht, ist ihre Kompendiosität und die Möglichkeit, einen totsicheren Wurf in Stellen machen zu können, die man mit dem Seitenwurfe selbst bei meisterhafter Beherrschung desselben nicht erreichen konnte; oder aber in einem verwachsenen Ufer überall dort meinen Köder ins Wasser zu bringen, wo es mit Seitenwurf und längerer Gerte bisher einfach unmöglich war, einen Wurf anzubringen.

Wenn einmal die veralteten und ungerechtfertigten Vorurteile hinsichtlich des Überkopfwurfes und der dazugehörigen Gerten überwunden sein werden, dürfte sich die Ansicht, daß eine solche Gerte das Bedürfnis des Spinnanglers am Forellenwasser so ziemlich vollständig deckt, allgemein durchsetzen; wenigstens ich empfinde heute kaum noch die Notwendigkeit, zu der früher von mir geführten längeren Gerte zu greifen, und viele meiner Angelfreunde haben sich im Laufe der Zeit zu derselben Ansicht bekehrt.

Nur vor einer Anschaffung möchte ich warnen: vor der einer, wenn auch mit noch soviel Reklame angepriesenen, „Kombinationsgerte", welche lediglich durch den Wechsel der Spitze aus einer Fliegenrute sich in eine Spinngerte verwandeln läßt. So etwas ist ein Unding, im besten Falle noch eine halbwegs brauchbare Fliegenrute, aber nie eine Spinngerte; gewöhnlich aber taugen beide Kombinationen nichts.

Es gibt wohl, was ich zur Information des Anfängers nicht unerwähnt lassen will, eine Art Gerten, deren Handteil so gerichtet ist, daß man darauf die Teile der Fliegengerte bzw. die der Spinnrute aufstecken kann; meist ist der Handteil zum Umstecken eingerichtet. In diesem Falle aber hat man zwei komplette Gerten mit einem gemeinsamen Handteil, also nicht weniger oder ebensoviel, als wenn ich zwei vollständige spezielle Gerten mitnehme, nur mit dem Unterschiede, daß ich mit den immerhin zarten Teilen der einen oder anderen belastet bin, deren Bruch oder Verlust riskiere, und der Preis des Instrumentes ist beinahe so hoch, eventuell höher als der zweier Gerten, deren jede dem für sie gedachten Zwecke vollauf gerecht wird.

Die Wahl der Rolle zu den vorgenannten Gertenformen ist nicht allzuschwer. Wer sich von Hause aus für die amerikanischen Antibacklash-Rollen entscheidet, der hat eine solche von universeller Verwendbarkeit, welche ihm, besonders wenn er im Wurfe mit leichten Ködern noch Schwierigkeiten hat, über dieselben rasch hinweghelfen wird. Da sie ebensogut zum Seiten- wie zum Überkopfwurfe dient, ist sie für alle Gertenarten passend. Ihr höherer Preis macht sich durch die großen Annehmlichkeiten und Vorteile, welche sie bietet, bald bezahlt.

Die Speichenrolle ist das zweite Modell, das unseren Bedürfnissen gerecht wird. Für den Seitenwurf unbedingt und unter allen Umständen; da sie sich dem jeweiligen Ködergewichte entsprechend aufs feinste einstellen läßt, gestattet sie nicht nur den Wurf mit sehr leichten Ködern, sondern auch die Verwendung für den Überkopfwurf. Ich gebe zu, daß bei diesem das Bremsen vielen, im Anfang wenigstens, mehr oder weniger Schwierigkeiten bereiten wird, die sich aber durch Übung und guten Willen überwinden lassen. Es mag sein, daß man beim Seitenwurf das Bremsen leichter lernt und ausführt, weil doch das Auge dabei die Tätigkeit der bremsenden Finger kontrolliert, was beim Überkopfwurf nicht der Fall ist, da diese Tätigkeit hier nahezu rein vom Empfinden und von dem feinen Gefühl in den Fingerspitzen beherrscht wird, was eine ganz andere längere und weniger empfindliche Nervenleitung betätigt als die direkte vom Auge zum Hirn.

Entgegen den älteren Anschauungen, welche für die leichte Spinnfischerei und den Wurf mit leichten Ködern Rollen kleineren Durchmessers empfehlen, bin ich auf Grund meiner Erfahrungen der Ansicht, daß die Speichenrolle von 10 cm Durchmesser eben auch für den genannten Zweck vollkommen genügt. Ich besitze zufälligerweise die Speichenrolle neuester Konstruktion in den Durchmessern 7½, 9 und 10 cm und finde in der Wurfleistung aller drei bei gleich schweren Ködern von sagen wir 7—10 g Gewicht effektiv keinen Unterschied. Da aber die 10-cm-Rolle für alle Zwecke der Spinnfischerei dienlich ist, finde ich es überflüssig, sich die kleineren Durchmesser anzuschaffen. Auffallend dagegen ist der Unterschied in der Wurfleistung, wenn man z. B. die der 8-cm-Marston-Crosle und der 10-cm-Speichenrolle bei gleichem zu werfenden Gewichte — sagen wir 10 g — vergleicht, da zeigt sich erst die unvergleichliche Überlegenheit der letzteren.

Speziell für die leichte Spinnangel ist die von mir angegebene Wenderolle gebaut, welche das Werfen der allerleichtesten Köder sicher und mühelos erlaubt. Da bei ihr jedwede Bremstätigkeit der Finger in Fortfall kommt, ist sie auch für den Überkopfwurf hervorragend geeignet. Wer in klarstem Wasser mit den kleinsten Pfrillen fast ohne jede Beschwerung fischen muß und damit weitere Würfe zu machen hat, wird ihre Vorzüge in dieser Hinsicht bald zu würdigen wissen. Ich gebe neidlos zu, daß sie von der Illingworth-Rolle in manchen Punkten weit übertroffen wird, aber dafür kostet sie kaum ein Viertel dieser wenn auch herrlichen, so doch immens kostspieligen Rolle.

Wenn aber jemand die Kosten nicht scheut und andererseits für Angeln mit dem allerfeinsten Zeuge und Geräte schwärmt, der soll sich unbedingt die Illingworth anschaffen.

Entsprechend dem größeren Gewicht der zu fangenden Fische und der durch das Werfen und Durch-die-Ringe-Laufen größeren Beanspruchung der Leine wird man im allgemeinen bei der Wahl der Spinnschnur zu einer Schnurstärke greifen, welche größte Feinheit mit größter Reißfestigkeit und relativ größter Lebensdauer verbindet. Hinsichtlich der Tragfähigkeit entspricht eine solche zwischen 8 und 12 Pfund auch für den Fang sehr schwerer Fische; leider sind aber die Stärkendimensionen der Leinen so furchtbar ungleich, sogar bei Produkten derselben Erzeugungsstätte, daß man für diese gar kein Maß als Anhalt geben kann. Ich verwende für das Spinnen in klarem Wasser sogar nur Schnüre von 6 Pfund Reißfestigkeit. Naturgemäß darf man so feine Leinen nicht unendlich lange benützen wollen, da sie sich doch bei aller Pflege rasch verbrauchen. Entsprechend der Schnurstärke und der Helligkeit des Wassers wählen wir das Material für das Vorfach. Bei wenig sichtigem Wasser ist die feinste Nummer Stahlseide, die immer noch 7 Pfund totes Gewicht trägt, unbedingt das beste, jedenfalls billiger und dauerhafter als Gutvorfächer.

Der seinerzeit beliebte einfache Stahldraht ist zwar ebenfalls billig, jedoch nie bruchsicher und vor allem starr, eine Eigenschaft, welche mir aus verschiedenen, später noch zu erwähnenden Gründen gerade beim Spinnen auf Forellen nicht sympathisch ist. Spinnt man in sehr hellem und nicht zu tiefem Wasser, dann bleibt wohl oder übel keine andere Wahl, als Gutvorfächer zu gebrauchen, und diese von verschiedener Feinheit.

Ein besonderes Gewicht ist auf die Größe der Wirbel zu legen. Die fertig zu kaufenden Vorfächer sind, abgesehen von ihrer meist überflüssigen Länge, vielfach mit zu großen Wirbeln versehen. Die Größe 9 ist meines Erachtens genügend für stärkere Gut- und Drahtvorfächer. In ganz hellem Wasser ist Nr. 10 zu nehmen. So klein und unsichtlich auch diese winzigen Wirbel sind, so habe ich es wiederholt beobachtet, daß sie von Forellen angenommen wurden; wahrscheinlich hielten sie dieselben für Insekten oder Larven u. dgl. Nur muß man bei diesen ganz kleinen Wirbeln peinlich darauf achten, daß sie tadellos beschaffen sind und leicht laufen; besonders achtsam schütze man sie vor Rost und halte sie gut in Öl!

Die Senker sind hinsichtlich ihrer Größe und Anordnung nicht minder wichtig einzuschätzen. Außer vielleicht dem Rapfen gibt es nicht leicht einen Fisch, der so gerne auf das Blei losgeht wie die Forellen.

Ich verwende daher heute nur noch Köderungen, welche das Blei entweder im Leibe des Köders haben oder bei denen als Beschwerung eine Bleikappe in Verwendung tritt. In ganz hellem Wasser habe ich auch die Bleikappe in vielen Fällen als zu auffällig gefunden, selbst wenn ich in großer Tiefe angelte und die Fische nicht sehr beißlustig waren.

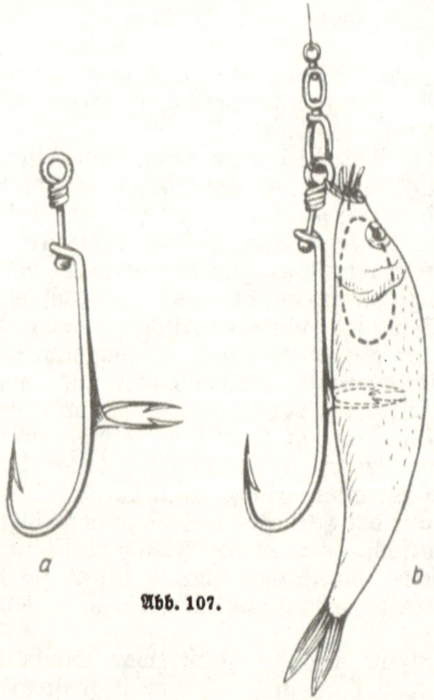

Abb. 107.

Aus dem Vorgesagten ergibt sich auch, daß wir in der Wahl der Fluchten und Systeme uns nach den jeweiligen Verhältnissen richten müssen.

Ist das Wasser sehr tief und nicht allzu klar, dann können wir größere Köderfische an mehr oder weniger stark bewehrten Fluchten verwenden, ebenso, wenn wir vor Tag oder in der Dunkelheit des hereinbrechenden Abends oder gar bei Nacht angeln. Auch können wir zu solcher Zeit größere Blinker verwenden.

Nach langer Durchprobung halte ich auch für den Fang der Forellen jene Fluchten für die fängigsten, welche nur mit einem Drilling bewehrt sind, der beiläufig im hinteren Drittel des Köderleibes liegen soll, um auch den von hinten angreifenden Fisch zu fassen. Dafür darf er um eine bis zwei Nummern größer sein als die Drillinge, mit welchen die landläufigen Fluchten mit 2—3 derselben ausgestattet sind.

Dieser Bedingung entspricht vor allem das altbewährte Deesystem und mein Zelluloid-Turbinenspinner. Auch der Heintzsche Röhrchenspinner mit nur einem größeren Schweifdrilling montiert, gehört in diese Kategorie. Wer aber ohne eine Mehrzahl von Haken nicht auskommen zu können glaubt, der nehme den Idealwobbler, die Pennell-Bromley-Flucht oder den Krokodilspinner von Hardy.

Von den künstlichen Ködern empfehlen sich vor allem die verschiedenen Blinker, auch der fliegende Löffel, einfach oder doppelt, sowie die Kugelspinner u. ä. Aber auch diese empfehle ich mit nur einem Drilling am Schweifende montiert. Ich besitze noch einige der allerersten Blinker, welche Heintz sich gemacht hat; diese haben nur einen ziemlich großen Schweifdrilling, und mit der von mir früher erwähnten Bleibeschwerung am Kopfe spinnen und tauchen sie prächtig bei immenser Fängigkeit.

Je klarer und sichtiger aber das Wasser ist, desto unsichtlicher soll die Bewehrung des Köders werden. In dieser Beziehung sind die Einhakensysteme das einzige Empfehlenswerte. Da es bei ganz klarem Wetter auch ratsam ist, im Vorfach keine Wirbel zu haben, sind jene, welche den Wirbel am Haken haben, vorzuziehen, also vor allem die von Heintz angegebene Konstruktion mit und ohne Bleibeschwerung. Nebenstehende Abb. 107 zeigt ein Einhakensystem, welches ich mir zusammengestellt habe, mit separatem Schlundblei. Infolge seiner Einfachheit kann man es sich selbst herstellen. Sein Vorteil ist, daß die Köder nicht durch den Haken aufgeschlitzt werden und daß dieser gut und am Leibe des Köderfischchens anliegend unsichtlich ist, dabei durch die Gabel im Fischleib verankert, beim Anbiß nicht auskippen kann und doch jede gewünschte Krümmung desselben erlaubt.

Der Gabeleinhaken wird auf die einfachste Weise mit Hilfe einer Stecknadel zum Nadelwirbel verwandelt (Abb. 107 a) in den das Vorfach direkt eingebunden oder eingehängt wird. Das Schlundblei besteht aus einer halben Bleiolive. Über derselben wird das Maul des Fischchens oder der unten beschriebene Hautsack (wenn man mit großen Koppen fischt) durch eine Bindung festgelegt. Darauf bringt man den Leib des Köders zur gewünschten Krümmung und stellt diese durch Eindrücken der Gabel fest. Das Ganze wird dann in den Einhängewirbel am Vorfach eingeführt. (Abb. 107 b.)

Außer diesen mit dem Köderfische fest verbundenen Systemen sind vielfach solche beliebt, — namentlich zur Anköderung von Koppen —, bei welchen der Köder beim Anbiß bzw. Anhieb an dem Gutfaden- oder Drahtzwischenfach hinaufrutscht, wodurch er länger gebrauchsfähig bleibt. Diese Systeme setzen aber die Verwendung von Ködernadeln voraus, um den Haken richtig im Leibe der Koppe placieren zu können. Man führt die Nadel, in welche die Öse des Zwischenfaches eingehängt ist, vom hinteren Leibesende her, am besten vom Rücken durch das Maul heraus. Bei größeren Koppen muß man den Kopf abtrennen und dann noch das Fleisch aus der Haut schälen, so daß ein größerer oder kleinerer Sack entsteht und vom Fischkörper ein ca. 5—6 cm langer Stumpf übrigbleibt; in diesem Falle führt man die Nadel besser in dem Fleische des Stumpfes direkt unterhalb des Rückgrates. Man zieht soweit an, daß der Hakenbogen dem Fischleibe fest anliegt, streift hierauf das Schlundblei, über das Zwischenfach, schiebt es in den Schlund bzw. den Hautsack und bindet nun diesen oder das Maul am Blei fest. Wenn ich recht große Koppen habe, mache ich den Hautsack ziemlich groß und streife dann den überstehenden Teil über die Bindung zurück; es scheint, daß die helle Unterseite der zurückgeschlagenen Haut mit den teilweise noch anhaftenden weißen Fleischfetzen auf die Forellen einen besonderen Reiz ausübt.

Es empfiehlt sich, Bleie verschiedener Größe zu haben, ebenso auch Haken an Gut oder Drahtgespinst in den Nummern 2—2,0, je nach der Größe der Köderfische oder der Beißlust der Fische.

Für den Fall, daß man die beschriebene Anköderungsweise für Pfrillen oder kleine Gründlinge anwenden will, muß man, abgesehen von viel feineren Ködernadeln, auch kleinere Hakengrößen nehmen, etwa Nummer 4 oder 3. Statt des massiven Schlundbleies empfehlen sich die von Heintz angegebenen aus Bleiröhrchen. Wünscht oder braucht man eine stärkere Beschwerung, so stülpt man auf den Kopf der Pfrille noch ein kleines Bleikäppchen.

Eine der besten und vielleicht unsichtigsten Anköderungen am Einhaken ist wohl die von Heintz angegebene: einen Perfekthaken der Größe 4—1, seitlich von unten her durch die Unterlippe und durch das entgegengesetzte Nasenloch bzw. die Augenhöhle hindurchzuführen, nachdem man vorher dem Köderfischchen einige große Schrote oder eine kleinste Bleiolive in den Schlund eingeführt hat.

So einfach die Sache ist und so schön der Fisch, so geködert, sich im Wasser bewegt, so wenig angewendet wird diese Methode, so daß man schier glauben muß, daß gerade das Allereinfachste vielen die größten Schwierigkeiten bereitet, wenn sie schon nicht auf den berühmten Grundsatz eingeschworen sind: „Warum denn einfach, wenn's kompliziert auch geht?"

Allerdings, ein eigentliches „Spinnen" ist's meistens nicht, das ein so geköderter Fisch ausführt, es ist mehr ein unsicheres Taumeln, aber richtig und mit Leben geführt, bringt diese Methode ungeahnte Erfolge. Nur muß man möglichst kleine und schmale Köderfische, wie Pfrillen, Koppen, eventuell Lauben, — je kleiner, desto besser —, verwenden, die man teils tauchend, teils im Zickzack hin und her fluchtend durch das Wasser führt.

Was nun das Spinnen auf Forellen selbst anbelangt, so muß man in erster Linie das zu befischende Wasser in Betracht ziehen. Es ist ein großer Unterschied, ob ich einen größeren oder gar großen Fluß oder aber einen mittleren oder kleinen Wasserlauf zum Felde meiner Tätigkeit wähle; helles, scharf strömendes Gebirgswasser oder ein mehr oder weniger ruhig, vielfach dunkel dahinfließendes Gewässer der Vorberge oder der Ebene, oder gar einen See oder eine Stauanlage. Danach richtet sich in erster Linie die Wahl der Geräte und die Führungsweise des Köders.

Wie bei jeder anderen Art zu angeln ist es die Kunst, seinen Köder dahin zu bringen, wo die Fische stehen. Bei den Forellen ist es verhältnismäßig leicht, besonders in nicht zu großen Wassern, in denen man sich auch als Fremder mit einiger Erfahrung ziemlich rasch zurechtfindet. An den besten Plätzen, als da sind Stauwasser oder Wehren, Einbauten, Mühlschüsse und Ausläufe, Faschinenanlagen, versunkene Bäume und große Steine am Grunde oder beim Ufer, besonders aber tiefe Gumpen, Wirbel und Wehrtümpel sowie tief unterwaschene Ufer in den Flußkrümmungen, werden wir die besten Fische erwarten und suchen können. Je unzugänglicher diese Stellen sind, desto sicherer sind sie im allgemeinen der Aufenthaltsort eines oder mehrerer großer Fische, je nachdem, wie groß ihre Ausdehnung und Tiefe ist.

Nach diesen Umständen müssen wir auch unseren Wurf richten. Im allgemeinen wird man keine besonderen Weitwürfe machen, außer man befischt die großen Flüsse der Alpen oder Seen und große Stauanlagen. Dafür wird man mehr auf präzises Werfen achten müssen, besonders dort, wo überhängende Bäume oder große Felsen vorhanden sind, um überflüssige Hänger oder den Bruch von Hakenspitzen durch Anschlagen auf Stein zu vermeiden.

Nach meinen Erfahrungen unterläßt man es besser, nach hochstehenden Fischen, welche man sieht, zu werfen, denn es ist hundert zu eins zu wetten, daß der Angler von diesem fast immer früher gesehen wird, ehe er den Wurf machen kann, bestimmt schon bei heller Beleuchtung. Solche Fische kann man höchstens mit dem feinsten Zeuge, das nur mit der Illingworthrolle gehandhabt werden kann, angeln, und auch dann nur durch einen entsprechenden Weitwurf, womöglich stromauf, wobei man dem Fische die Pfrille wie eine Trockenfliege fast vor die Nase setzt, ohne ihm Wirbel und Vorfach zu zeigen. Die Erfahrung hat mich gelehrt, daß es weiser ist, einen guten Fisch und seinen Stand zu kennen, welchem man bei geeigneter Gelegenheit den Köder anbieten kann, als sich einen solchen Fisch durch Voreiligkeit und ungeschickte Hast zu vergrämen.

Wenn es schon im allgemeinen beim Spinnen als goldene Regel gilt, so tief wie nur möglich zu spinnen, so möchte ich für das Spinnen auf Forellen empfehlen: „Halte dich so nahe am Boden, als du kannst und dich getraust."

Aus diesem Grunde lege ich mehr noch als sonstwo darauf den größten Wert, daß meine Spinnköder auch richtig tauchen. Das aber können sie nur bei Innenbeschwerung bzw. bei solcher am Kopfe. Man beobachte nur einmal in einem klaren Wasser die Forellen auf der Jagd nach Koppen oder sonstigen Fischchen; da sieht man keine Jagd an oder nach der Oberfläche, kein Aufschlagen und Springen wie beim Hecht, Zander oder Barsch, sondern die ganze Sache spielt sich am Grunde ab, hinter und unter dessen Steinen oder Grasbetten die Fischchen Schutz suchen. Und erst gar der Koppen, der an und für sich unter Steinen seine Heimat hat und nur kurze Strecken knapp am Boden hinschlüpfend seinen Standort wechselt.

Diesem Verhalten Rechnung tragend, müssen wir auch unsere Köder beim Spinnen führen, also möglichst nahe am Boden, möglichst nach der schützenden Deckung strebend, so wenig wie möglich im freien Strom, und vor allem: keine übertriebene Rotation und keine übertrieben rasche Vorwärtsbewegung. Besonders die letztere ist geeignet, der Forelle Mißtrauen einzuflößen, denn als Bewohnerin der scharfen Strömung muß ihr ein mit Windeseile dahinschießendes Fischchen, dem sie kaum zu folgen vermag, bedenklich verdächtig vorkommen. Und daß dem so ist, davon kann man sich reichlich oft überzeugen, wenn man gut gedeckt in hellerem Wasser sehr rasch hereinspinnt: die Forelle folgt dem Köder, aber stets in gleicher Distanz, so lange, bis ihr die Sache zuviel wird; anders aber ist die Sache, wenn man langsam einrollt und den Köder immer nahe am Boden öftere Tauchbewegungen machen läßt; diese Bewegung ist der Forelle durchaus vertraut und oft genug holt sie sich den Köder — den natürlichen vorausgesetzt — direkt vom Boden weg, wenn er nur unsichtlich beschwert und armiert ist.

Diese Tauchbewegungen erfordern aber weiche, schmiegsame Vorfächer, welcher Bedingung der starre, einfache Draht nicht entspricht, weshalb ich ihn in meiner Fischerei nicht mehr verwende.

Ein ganz spezieller Zweig der Spinnfischerei auf Forellen ist das „Klarwasser-Spinnen", das sich in den letzten Jahren, dank der enormen Verfeinerung unserer Geräte, mehr und mehr die Beliebtheit der Angler erringt. Manch einem mag die „Klarwasser-Wurmfischerei" nicht gefallen, obzwar gerade sie eine feine sportliche Methode darstellt; dieser wird bestimmt eine Anregung zum Spinnen in klarem Niederwasser gerne begrüßen. Die oberste Bedingung dafür ist feinstes Zeug, kleinste Köder und — so paradox es klingen mag — Wurf stromauf mit Führung und Einrollen des Köders stromab. In den meisten Fällen wird es unerläßlich sein, zu waten, welche Bewegung selbstredend auch stromauf zu erfolgen hat. Nun wird man vielleicht dagegen einwenden: „Ein stromab geführter Köder spinnt ja nicht", — aber er spinnt doch, nur muß man ihm in dem Augenblicke, da er ins Wasser fällt, einen scharfen Ruck geben und ihn etwas schärfer krümmen als für den Zug gegen den Strom.

Als beste Bewehrung des Köders, meist handelt es sich um kleine Pfrillen, kleinste Koppen oder Gründlinge, empfiehlt sich die in Abb. 108 in natürlicher Größe abgebildete Flucht. Obschon kein Freund vieler Drillinge, hier anerkenne ich ihre Berechtigung wegen ihrer eigenen Kleinheit und der des anzuködernden Objektes. Ein Drilling wird hinter den Kiemen, der mittlere in den Rücken versenkt, der Schweifdrilling bleibt frei hängend. Trotz der Kleinheit des Rachenbleies genügt dieses doch, den Köder tief zu führen, da der Strom den Köder zur Tiefe treibt.

Die zu dieser Flucht passenden Vorfächer sind 45 cm lang und mit den allerkleinsten Wirbeln Nr. 10 oder noch kleiner versehen. Ich möchte nur für unsere Wässer, außer man führt die Illingworthausrüstung, nicht die Originalstärke aus 2 × oder 3 × Gut empfehlen, sondern je nach der Größe der in dem Wasser vorkommenden Fische die Gutstärken 1 × bis 1/4 Drawn, was immer noch reichlich fein ist.

Da nun eine Pfrille usw. an dieser winzigen Flucht samt Blei kaum 6 g wiegt, muß man eine Rolle haben, welche gestattet, diesen federleichten Köder sicher und hemmungslos auf mindestens 15 oder mehr Meter zu werfen, und dazu ist eben die Wenderolle souverän und von keiner anderen zu übertreffen. Es mag sein, daß sich nach einer Reihe von Würfen die Schnur zu verdrehen anfängt; dieser Übelstand läßt sich aber leicht beheben, wenn man erst einmal die leere Schnur sich durch das Auslaufen in der Strömung und dann Wiederaufrollen von der Verdrehung befreit und dann einfach dem Köder eine Krümmung nach der anderen Seite gibt, so daß er nun in der der vorigen entgegengesetzten Richtung rotiert, was einfach durch Umstecken der Mitteldrillings erreicht wird.

Diese Methode des Stromaufspinnens eignet sich mehr für die breiteren Gewässer als für schmale Flußläufe, obzwar sie auch in diesen zum Teil wenigstens anwendbar ist, sofern man in diesen überhaupt spinnen kann.

Man wirft entweder direkt oder quer stromauf, beim Waten vom Seichten gegen die tieferen Stellen, also gegen die Uferlöcher, Gumpen usw., und führt nun den Köder unter Anheben der Gerte und Einrollen, aber immer möglichst nahe dem Boden und tauchend nach den Unterständen der Fische.

Der Vorteil, dieser Art zu fischen, liegt einmal darin, daß man stromauf gehen oder watend stets außerhalb des Gesichtskreises der Fische ist, beim Vorwärtsgehen sich immer im bereits abgefischten Wasser befindet und schließlich und endlich nicht nur den Drill auch in diesem durchführt, so das weiter zu befischende Wasser nicht beunruhigend, sondern auch, daß man stets stromab vom gehakten Fische steht, was für den Drill an seinem Zeuge eine nicht zu unterschätzende vorteilhafte Position ist.

Der Anhieb beim Spinnen auf Forellen, besonders wenn diese gut beißen, sei kurz, a tempo, aber zügig; nach dem Anhieb sperrt man die Rolle und hält den Fisch stramm. Mit kleinen Fischen bis etwa zu einem Pfund oder so läßt man sich, außer mit sehr feinem Zeuge oder sehr ungünstigen Landungsmöglichkeiten, in keinen langen Drill ein, sondern führt sie möglichst auf dem kürzesten Wege ins Netz. Nur sei letzteres nicht zu klein, damit sich nicht Haken in seine Maschen verfangen. Aus demselben Grunde tauche man es gut unter Wasser und trachte — außer man watet — dasselbe von hinten her unter den Fisch zu schieben. Muß man den Fisch aber über einen Felsen, eine Mauer oder sonst eine ungünstige Stelle hinübergeben, dann drille man ihn, so rasch es geht, müde und hebe

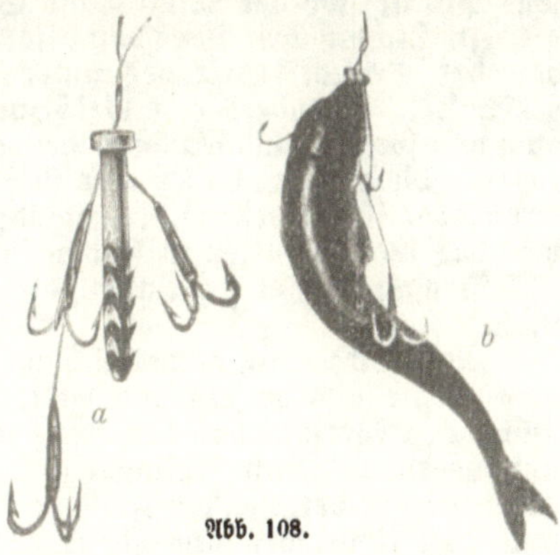

Abb. 108.

ihn an der Schnur Zug um Zug herüber, nachdem man die Gerte zur Seite gelegt hat, vorsichtig darauf bedacht, nirgends anzustreifen, da er sonst sofort zu schlagen anfängt, wobei er meist loskommt oder Haken usw. brechen können. Ich halte das für besser und das Gerät schonender als das Herausheben oder -schwingen mit der Gerte, wenn der Fisch halbwegs gewichtig ist.

Das Landungsnetz genügt auch für Fische von 3—4 Pfund, wenn es entsprechend geräumig ist. Der Durchschnitt unserer Fische reicht ja kaum so bald irgendwo an dieses Gewicht heran, und da tut es das von mir auch zum Fliegenfischen gebrauchte zusammenlegbare Netz in dreieckiger Form von 50 cm Seitenlänge.

Allerdings, für die großen Forellen von der Gattung Trutta marmorata, welche wir seinerzeit im Isonzo und der unteren Etsch erbeuteten, die oft ein Gewicht von vielen Kilogrammen erreichten, mußten wir den Gaff benutzen.

Die Spinnfischerei in Seen und Stauanlagen unterscheidet sich in manchen Belangen von jener im fließenden Wasser. Soweit sie nicht gerade an den strömenden Zu- und Abflüssen oder an der Einmündung von Seitengewässern ausgeübt wird. In den Seen, und besonders in den großen, ist vor allem Lokalkenntnis erforderlich, denn in ihnen haben die Fische zu Zeiten wechselnde Stände, sowohl der Tiefe als auch der Lokalität nach, anders im Frühjahr, anders im Hochsommer, anders bei Hoch- und anders bei Niederwasser, anders bei Tage und anders bei Morgen oder Abend, ja auch die jeweilige Windrichtung und der damit verbundene Wellenschlag, der Nahrung dahin und dorthin bringt, sind auf den jeweiligen Stand der Fische von Einfluß. Ganz besonderes Augenmerk muß der Angler auf Buchten, Landzungen und Felskanten, ferner auf jene Punkte, wo der Wind dichte Schaumstreifen treibt.

In Stauanlagen ist es von besonderer Wichtigkeit, sich Kenntnis von der Beschaffenheit des unter Wasser gesetzten Geländes zu verschaffen, besonders von Gehölzpartien usw., nicht minder aber auch von Gräben und Mulden, welche das ehemalige Festland durchzogen. Die ersteren bilden eine Gefahr für das Angelzeug, die letzteren aber sind meistens die Standplätze der schwersten Fische, da hier das meiste Futter zu finden ist.

Danach muß es sich richten, ob man seichter oder tiefer spinnen muß.

Meist wird man, namentlich auf ausgedehnteren Wasserflächen, vom Boote aus angeln und vielfach statt des auf die Dauer ermüdenden Werfens von der Gerte schleppen. Zu letzterem Behufe und überhaupt zum Spinnen am Tage eignen sich nach meiner Erfahrung in den meisten Fällen am besten natürliche Köder, während den künstlichen am Abend oder noch später der Vorzug zu geben ist; aber das soll keine unumstößliche Regel sein, denn solche Verhältnisse wechseln von Wasser zu Wasser und gar manchmal macht man die Erfahrung, daß gerade das umgekehrte Verfahren das bessere und erfolgbringende ist. Man muß das eben herausbekommen, erst recht, wenn man ein Wasser nicht oder nur wenig kennt; aber selbst die „Kenner" sind nicht unfehlbar, das soll man nie außer acht lassen, wenn auch ihr Rat nicht von der Hand zu weisen ist.

Zum Schleppen mit der Hanvleine empfiehlt es sich, die modifizierte Tiefseeschnur von 10—15 m Länge zu verwenden, eher die letztere mit einem nicht zu schweren Senker und drei Seitenangeln aus Lachsgut, welche es erlauben, mit verschiedenen Ködern zu fischen und diese selbst durch Wechseln an den jeweiligen Seitenschnüren auf ihre Wirksamkeit zu erproben.

In typischen Gebirgsseen wird man sich von Hause aus an die felsige Seite, welche die tiefere ist und das kältere Wasser hat, mehr halten als an die flachere, warme Uferzone, welche mehr die Domäne des Hechtes ist, wenn auch an der Grenze dieser Region die Forelle steht.

Die Tiefe der Fahrt richtet sich nach der Häufigkeit der jeweiligen Anbisse; ansonsten gelten über Drill und Landung die Regeln, welche im Kapitel über die Schleppfischerei niedergelegt sind.

Im allgemeinen kann ich es mir aber nicht versagen, auf den krassen Mangel hinzuweisen, den unsere anglerische Literatur gerade hinsichtlich des Angelns in Seen usw. aufweist. Es ist direkt beschämend, wenn man die große Zahl unserer Angler betrachtet, die alle an unseren herrlichen Alpenseen den Sport ausüben, und das Nichts, welches darüber verlautbart wird, höchstens daß hie und da einer einem Blatte ein Bild mit irgendeinem Rekordfisch schickt. Wie anders ist das in England, über dessen Seen und Stauwässer eine Menge Monographien erschienen, so daß sich der Angler, welcher seine Ferien an diesem oder jenem Wasser zubringen will, orientieren kann, ohne erst Zeit und Geld an Mißerfolge verschwenden zu müssen.

Ich gebe der berechtigten Hoffnung Raum, daß dies in der Zukunft anders wird und der Leser in einem Buche über das Angeln mehr und Konkreteres über das Angeln in Seen usw. zu lesen und zu lernen finden wird als heute, wo man ihm nur mit allgemeinen Ratschlägen und subjektiven Allgemeinerfahrungen dienen kann.

Der Huchen.

Was für den Hochwildjäger die Zeit der Hirschbrunft und das Erlegen eines Hochgeweihten oder gar das eines kapitalen Bartgamses ist, das bedeutet für den Spinnangler der Spätherbst und Winter und die Fischweid auf den Lachs unserer Binnengewässer, den Traum und die Sehnsucht so vieler und leider die Beute nur weniger.

Wenn schon die Aussichten auf einen guten Hirsch oder Gams heutzutage recht geringe geworden sind, so sind die Chancen aber immer noch größer als die auf einen Großhuchen. Vielleicht wird mancher meiner Leser zweifelnd den Kopf schütteln und mich eines unbegründeten Pessimismus zeihen, aber leider spreche ich die reine Wahrheit, die verschiedene alterfahrene Huchenangler vorbehaltlos bestätigen werden.

Schon Altmeister Heintz klagt über die rapide Abnahme der Huchen und führt hierfür Gründe an, die nicht nur ihre Geltung nicht verloren haben, sondern noch immer mehr gewinnen.

Leider, und Gott sei's geklagt, arbeitet die Trias „Gewässerverunreinigung, fehlerhafte Flußregulierung und mangelhafte Schutzgesetze" mehr denn je mit Hochdruck.

Es ist noch kaum ein Jahr her, daß unser vielleicht bester Huchenfluß, die Enns, einige Male hintereinander durch zyankalihaltige Abwässer aus den Hieflauer Hochöfen radikal vergiftet wurde. Und wie oft sich dieser himmelschreiende Vorgang noch ungestraft wiederholen wird, ist nicht vorauszusagen.

Die Donau wird von Jahr zu Jahr ärmer an Huchen infolge ihrer fehlerhaften Regulierung einerseits und der Vernichtung der Laichstätten in den Nebenflüssen andererseits, die teils durch Verunreinigung, teils durch Versandung und andere Umstände erfolgt, wozu noch die fehlerhaften Regulierungen der Seitenflüsse kommen.

Einer unserer einst schönsten Huchenflüsse, die Traun, ist als solcher durch die rinnsalartige Regulierung schon längst erledigt — und so kann man Fluß für Fluß aufzählen. Wer heute noch große Huchen fangen will, wenigstens halbwegs mit Sicherheit, der muß schon nach Jugoslawien fahren, wenn anders er nicht derart mit Glücksgütern gesegnet ist, daß er sich noch eine gute Huchenstrecke pachten kann. Und nicht einmal ein solcher ist noch unter die Glücklichen zu zählen, was den Erfolg anbelangt, denn dieser ist heutzutage schon von zu vielen Faktoren abhängig: es kann einem heute passieren, daß er einige Fahrten zu seinem Wasser macht, ohne auch nur einen nennenswerten guten Fisch zu erbeuten, lediglich aus dem Grunde, weil das und das und jenes nicht stimmte und der Angler keine Zeit hatte, um auf günstige Verhältnisse zu warten bzw. deren erfolgten Eintritt auszunützen.

Dazu kommt noch das beschränkte Verbreitungsgebiet des Huchens: lediglich das Donaugebiet, speziell der Alpenteil desselben. Wenn nun das Hauptreservoir, die große Donau, nach und nach leer wird und ihre Nebenflüsse desgleichen, dann wird man das eingangs Gesagte verständlich finden, daß man heutzutage leichter und sicherer zu einem guten Hirsch kommt als zu einem Huchen, denn Hirsche und Hirschreviere gibt es noch genug in unseren Landen.

Wenn aber andererseits unsere Fischerei sich nur eines größeren Bruchteiles jenes Entgegenkommens und jener Fürsorge seitens der maßgebenden Faktoren erfreuen könnte, welche trotz aller gegenteiligen Behauptungen der Jagd und ihrer Erhaltung entgegengebracht werden, dann brauchte uns um den Bestand und die Zukunft unserer Huchenreviere nicht so bange zu sein als gegenwärtig.

Zwar in einem ist ja ein geringer Anlauf unternommen worden: nämlich in der Art und Durchführung der Flußkorrekturen, allerdings reichlich zu spät, nachdem das meiste verdorben wurde und der Schaden nicht mehr auszubessern ist.

Dagegen geschieht hinsichtlich der Gewässerverunreinigung so gut wie nichts.

Es gibt wohl da wie dort eine Menge Verordnungen, aber nur auf dem Papier und meist nur für den gültig, der sie zu halten gewillt ist. Wäre dem nicht so, dann könnten sich solche skandalöse Vorgänge wie die Vergiftung der Enns nicht ereignen bzw. wiederholen. Es fällt keinem vernünftigen Menschen ein, die Interessen und Existenzberechtigung der Industrie zu bestreiten oder zu verneinen, aber jeder Bürger hat das unbestreitbare Recht, zu verlangen, daß die Industrie Rechte und Interessen der anderen und die sie schützenden Gesetze achte.

Allerdings dürfen wir nicht vergessen, daß die ungeheure breite Masse der Bevölkerung noch immer allem, was Fischerei heißt, absolut verständnislos gegenübersteht, ohne einen Begriff davon zu haben, daß es Volksvermögen ist, welches da in unverantwortlicher Weise vernichtet wird.

Und solange in dieser Beziehung kein Wandel geschaffen wird, solange die Masse unseren Bestrebungen fremd und teilnahmslos gegenübersteht, solange wird sich an diesen Sachen nichts ändern. Es wird allerdings noch sehr lange dauern, bis dieser Gedanke sich auch so in die Seelen unseres Volkes eingewurzelt haben wird, wie er in der englischen Volksseele verankert ist.

Über das Thema Schutzgesetze ließe sich viel schreiben und sagen, viel mehr, als in den Rahmen dieses Kapitels hineingeht; feststellen kann ich hier nur mit Bedauern, daß alle unsere Schutzgesetze mangelhaft und unzureichend sind und leider viel zu lax gehandhabt werden. Was wir uns als zu erreichende Ziele vorhalten müssen, ist vor allem erstens ein ausreichenderes und unsere Interessen völlig deckendes Gesetz gegen jedwede Verunreinigung der Fischwässer, auch im Interesse der allgemeinen Volksgesundheit und Wohlfahrt.

Zweitens: ein den tatsächlichen Verhältnissen entsprechendes Gesetz über Schonzeit und den Verkehr mit Fischen jeder Art sowie deren Laichprodukten mit besonderer Berücksichtigung der am meisten gefährdeten Arten, besonders Huchen und, wie ich später dartun werde, der Saiblinge und Seeforellen.

Vor allem ist die Schonzeit für Huchen zu kurz; in höheren Lagen laicht der Huchen erst Ende April bzw. auch erst im Mai, nichtsdestoweniger kann er vom 1. Mai an gefangen werden. Wieviele Huchen aber in den unteren Lagen Ende Februar voll Laich und erst recht bis Mitte März gefangen werden, wenn die Schonzeit erst am 16. dieses Monats einsetzt, ohne daß die Laichprodukte erhalten werden, das läßt sich überhaupt nicht kontrollieren. Und wie viele werden an den Laichgruben gestohlen? Gespeert oder sogar in Schlageisen gefangen? Das entzieht sich jeder Berechnung, denn die Wasseraufsicht ist bei uns nur ein schöner Traum, in Wirklichkeit gibt es so gut wie keine, und wer überwacht den Verkehr mit Fischen? Doch kein Mensch.

Es ist daher mit allem Nachdruck darauf hinzuarbeiten, daß die Schonzeit für Huchen ausgedehnt werde, und zwar von Mitte Februar bis Mitte Juni, und gleichzeitig das Mindestmaß auf 55 cm, wenn schon nicht auf 60. Laichstätten wären unter gesetzlichen Schutz zu stellen und das Abfangen von Laichhuchen beeideten oder von der Behörde beauftragten Personen zu übertragen.

Besitzern von Huchenwässern wäre ein obligatorischer Besatz von Gesetzes wegen vorzuschreiben.

Das wären in großen Umrissen die Ziele, denen wir entgegenzuarbeiten hätten.

Wenn wir unsere Huchenbestände noch retten wollen, dann müssen wir eben dort, wo eine natürliche Laich- und Erbrütungsmöglichkeit nicht mehr besteht oder zum mindesten sehr eingeschränkt ist, mit künstlicher Aufzucht und Besatz eingreifen. Allerdings dort, wo man dem Huchen so ziemlich jede Möglichkeit genommen hat, sich einen Stand zu schaffen, wo kein Felsen und keine Kugel ihm mehr einen Ruhepunkt in der schweren Strömung bieten, dort werden wir kaum mehr damit rechnen dürfen, ihn wieder zum Standfisch zu haben. Wo das Strombett zur Rinne geworden ist, dort hat auch der Futterfisch keinen Platz, der ihm Ruhe und Schutz gewährt oder an dem er seine Vermehrung besorgen kann. In einem so nahrungsarmen Wasser dürfen wir auch keine Huchen mehr erwarten.

Aber auch in jenen Wässern, in denen man heute noch von einem Stand an Huchen reden darf, soll man diesen durch fleißiges Nachsetzen zu heben trachten, um allen in Betracht kommenden Schädlichkeiten begegnen zu können. Wir tun dies ja heutzutage schon in unseren Forellenwassern und mit Erfolg, also sollen wir es erst recht tun, wenn es sich um die Erhaltung der edelsten Fischgattung handelt, die unsere Gewässer noch beherbergen. Es ist durchaus nicht zu fürchten, daß wir unsere Huchen „überhegen" werden; dafür sorgen schon die Verhältnisse, unter denen der Fisch heute leben muß.

Zu den Klagen über das Verschwinden der Huchen gehört auch die, daß die zunehmende Zahl der Angler daran teilhabe. Etwas Wahres mag ja daran sein, obzwar ich ein Büchlein vor mir liegen habe, verfaßt von dem Angelschriftsteller Baron Ehrenkreuz im Jahre 1846 (!), wo dieser klagt, daß der Fischreichtum dahinschwinde, weil schon zu viele fischen! Und damals lag doch der Angelsport in deutschen Landen sozusagen noch in den Windeln. Fünfzig Jahre später schreibt Heintz noch den stolzen Satz: „Wie viele Zentner Huchen mehr hätte ich gefangen, wenn ich zeitlebens Masheerhaken besessen hätte!" Daß wir mehr Angler haben als vor, sagen wir 25 Jahren, das stimmt; daß von diesen viele nicht weidgerecht fischen und unbedenklich den Fisch knapp mit oder vielleicht unter dem Durchschnittsmaße behalten, gebe ich unbestritten zu; aber das allein kann der Grund nicht sein, denn dann müßte deren Zahl in die Legion gehen.

Der Grund für die Abnahme des Huchens liegt eben darin, daß er recht- und schutzlos wurde, allen Schädlichkeiten der Kultur geopfert ward und deshalb in absehbarer Zeit aussterben wird wie Bär und Wolf und Biber, die in unserer kultivierten engen Welt keinen Platz mehr haben, wie der Lachs aus unseren Strömen verschwunden ist, wo er so gemein war wie Hechte und Karpfen.

Im besten Falle wird aus ihm ein Tiergartenfisch, der vielleicht in einzelnen Reservaten oder Schutzgebieten noch ein kümmerliches Dasein fristen wird, wenn es so weitergeht wie bisher.

Und fast fürchte ich, das richtige prophezeit zu haben, so sehr es mich freuen würde, wenn die Zukunft mir das Gegenteil beweisen könnte.

Der Huchenangler braucht für seinen Sport besondere Geräte, wenn er schweres Wasser zu befischen und große Fische zu erwarten hat. In den kleinen Flüssen, in denen nur ausnahmsweise sehr schwere Fische vorkommen, wird man mit einer leichten Hechtgerte sein Auskommen finden, aber in jenen großen Flüssen, deren schwere Strömung größere Beschwerungen erfordert, wird man wohl oder übel zu einer speziellen Gerte greifen müssen.

Heintz hat seinerzeit drei besondere Gertenformen angegeben, deren mittelstarke wohl den meisten Ansprüchen durchaus genügen wird, besonders dann, wenn man viel waten kann und noch ein Boot zur Verfügung hat. Wenn aber jemand fast nur oder ausschließlich vom Ufer angeln kann und dieses ungünstige Formen und Begehungsmöglichkeiten bietet, dann bleibt nichts anderes übrig, als zu einer wenigstens 4 m langen Gerte seine Zuflucht zu nehmen.

Wie ich bei der Besprechung der Gerten erwähnte, eignet sich hierfür am besten eine solche aus Tonkinrohr mit gespließter Spitze, da diese Kombination noch am ehesten den Aufbau einer verhältnismäßig leichten Gerte gestattet.

Die Zahl und Größe der Ringe muß besonders bei Huchengerten ein besonderes Augenmerk zugewendet werden wegen des Vereisens. Die meisten Gerten tragen deren zu viele. Ich bin der Ansicht, daß wenige es auch tun, die man dafür um so weiter nehmen darf. Das letztere gelte besonders für den Endring, der mindestens eine lichte Weite von 2—2½ cm besitzen soll, um auch bei Eisbildung noch ein ungehindertes Passieren der Schnur zu gestatten. Denn gerade am Endring setzt sich das erste und meiste Eis an.

Da die Huchengerte einmal infolge des Werfens mit schweren Ködern und weiter durch die viel angreifenderen Witterungsverhältnisse bei der Winterfischerei, besonders durch Eisbildung viel mehr strapaziert wird als jede andere Angelrute, soll man auf ihre Pflege die größte Sorgfalt verwenden; ganz besonders

Augenmerk richte man auf die tadellose Beschaffenheit des Lacküberzuges und gebe ihr lieber jedes Jahr ein neues Kleid von bestem Bootslack.

Viel kommt beim Huchenfischen auf die ungestörte Funktion der Rolle an. Alte Huchenfischer benützen zwar noch immer die althergebrachte Nottinghamrolle aus Holz, aber ich glaube, daß diese heutzutage doch schon überlebt ist. Der ihr angerühmte Vorzug des weniger leichten Einfrierens der Leine ist bei näherer Betrachtung nicht so groß, und das wäre ihr einziger, nebst ihrer verhältnismäßigen Wohlfeilheit. Trotzdem ziehe ich eine moderne Speichen- oder andere Metallrolle vor. Für die Uferfischerei an großen Strömen empfiehlt sich trotz vieler gegenteiliger Meinungen die Magnaliumrolle. Für alle anderen Verhältnisse genügt ein Trommeldurchmesser von 10 cm.

Wenn man die Stärken der Spinnschnüre, die vor noch 25 Jahren gebraucht und empfohlen wurden, mit denen der heute benützten vergleicht, findet man einen auffallenden Fortschritt. Unsere heutigen Schnüre sind ganz erheblich dünner und vor allem viel fester und gleichmäßiger in der Ausführung. Hanfschnüre sind heute kaum noch mehr in Verwendung.

Allerdings haben sich bei den meisten Huchenanglern die Ansichten betreffs Drill und Führung des Fisches gegen früher geändert.

Wie ich schon wiederholt betonte, sind leider die Schnurstärken als solche für eine Maßbestimmung ganz ungeeignet, wie auch andererseits die Tragfähigkeit keinen Rückschluß auf das Volumen der Leine gestattet.

Im allgemeinen kann man sagen, daß eine Schnur von 18 bis 20 Pfund Tragfähigkeit jedem Huchen gewachsen ist, vorausgesetzt, daß sie sorgfältig behandelt wird und nicht aus falscher Sparsamkeit zu lange in Gebrauch behalten wird. Da die dünneren Leinen billiger sind, wird man sich leichter zu einer Neuanschaffung in der nächsten Saison entschließen. Einmal wird die Schnur durch die vielen Würfe mit den schweren Ködern sowie das Arbeiten in schärfster Strömung und womöglich noch bei Eisbildung sehr stark in Anspruch genommen, so daß man zur Sicherheit immer große Stücke ihres unteren Endes ausmerzen muß; ferner aber wird die Leine mehr noch als durch alles andere überdehnt und vor der Zeit verbraucht, wenn man viele und schwere Hänger zu lösen bzw. öfter abzureißen hat. Der Bootfischer spart mehr Leinen, da er sie viel schonender behandeln kann, besonders wenn es sich um Hänger handelt, aber auch, weil er viele Stellen lediglich durch Rinnenlassen des Bootes abspinnen kann, an denen der vom Ufer angelnde 30 und 40 und mehr Würfe machen muß. Auch empfiehlt sich zur gleichmäßigeren Ausnützung der Schnur, diese häufig umzukehren. Daß eine Huchenschnur sehr sorgfältig mit Schwimmfett eingelassen werden soll und dieses Einlassen hie und da während der Saison zu wiederholen ist, möchte ich jedem ans Herz legen.

Unbedingt aber sehe man beim Einkauf auf möglichst enge Klöppelung und auf größtmögliche Knotenfestigkeit. Auch vergesse man nie, nach jedem Drill und erst recht nach einem schweren Hänger die Einhängeschleife für den Wirbel neu zu binden. Ich empfehle diese viel mehr als die verschiedenen Knoten; sie hat die wenigste Neigung zum Abgeprelltwerden oder Durchscheuern, und bei entsprechender Länge — mindestens 12—15 cm — ist sie ebenso unsichtig wie ein Knoten.

Bei Eisbildung an der Schnur und treibenden Eisstücken im Wasser bzw. Eisbildung an den Uferrändern kontrolliere man wiederholt die Schnur auf größere Länge, ob sie nicht angeschnitten oder ausgefranst ist; sonst kann es geschehen, daß man nur durch die Gewalt der Strömung allein ein Stück Schnur samt Köder und Vorfach verliert. Wollig oder filzig gewordene Schnüre stelle man außer Dienst, schon allein wegen der durch sie leicht entstehenden Wurfstörungen, aber auch wegen des raschen Verschleißes der lädierten Seidenfaser, der zu einem unvorhergesehenen Bruch führen kann.

Man beherzige immer, daß es keine Ersparnis ist, mit einer minderwertigen Leine zu fischen, wohl aber stets eine Gefahr, Zeug und Fisch zu verlieren, und daß wir heutzutage schon viel zu wenig gute Huchen mehr haben, als daß wir uns den Luxus leisten könnten, sie durch unangebrachte Sparsamkeit zu verlieren.

Die Wirbel dürfen zum Huchenfang etwas kräftiger sein, doch braucht man im allgemeinen über die Größe 4 nicht hinauszugehen. Dafür seien sie von allerbestem Material, jeder einzelne vor Gebrauch sorgfältig erprobt auf Haltbarkeit und guten Lauf. Es empfiehlt sich, an die Rollschnur als Verbindungswirbel zum Vorfach einen Doppelwirbel zu wählen. Mit Rücksicht auf das Angeln bei tiefen Temperaturen und vielfach bei schlechtem Lichte nehme man nur solche Einhänger, welche ein leichtes und doch absolut sicheres Einschlaufen der Vorfachösen und Verbindungswirbel usw. erlauben. Denn es ist kein Vergnügen, in der Abenddämmerung eines Wintertages mit steifen Fingern ein Stück der Ausrüstung ein- oder aushängen zu müssen und Einhänger zu haben, die sich nicht leicht handhaben lassen.

Wenn man den vorerwähnten Doppelwirbel an der Rollschnur benutzt, braucht man nur noch einen Einhängewirbel unten am Vorfach. Dieses selbst braucht nicht länger zu sein als 45—50 cm. Heutzutage wird wohl nur noch gesponnener Stahldraht als Material hierfür in Frage kommen, da dem einfachen doch zu viel Mängel anhaften. Ein solches Vorfach mit einer Tragfähigkeit von 25—30 Pfund ist trotzdem sehr fein und fast unsichtig. Stärkere Vorfächer sind meiner Erfahrung nach überflüssig.

In den letzten Jahren sind auch Stahldrahtvorfächer aus sog. „rostfreiem" Stahl auf den Markt gekommen. Trotzdem dürften sie aber ebenso der Pflege und des Rostschutzes bedürfen wie diejenigen, welche aus gewöhnlichem Stahl hergestellt sind.

Nach dem Gebrauche gut getrocknet und dann in einer gut schließenden Blechbüchse zwischen „Ballistol" getränkte Flanelllappen gepackt, bleiben sie bestimmt vor Rost bewahrt, ebenso die Wirbel. Ganz besonderes Augenmerk richte man auf die Haken, sowohl hinsichtlich ihrer Rostfreiheit als auch ganz besonders auf die Unversehrtheit ihrer Spitzen. Diese leiden am meisten durch die Hänger, besonders bei felsigem Grunde, und man soll nach einem solchen, selbst wenn es nur ein leichter war, nie versäumen, die Spitzen nachzusehen und eventuell schadhafte oder stumpf gewordene nachzuschleifen, unter Umständen sogar den ganzen Haken oder die Flucht auszuwechseln. Wieviele gute Fische sind mir selbst schon abgekommen, weil ich diese goldene Regel außer acht gelassen und nach solchen Zwischenfällen unbedacht und unbesorgt weitergeangelt habe.

Die zur Huchenfischerei verwendeten Haken und Drillinge werden allgemein aus etwas stärkerem Drahte hergestellt als die sonst gebräuchlichen und im Handel als „extrastark" bezeichneten. Ich gebe das als berechtigt zu in Anbetracht des meist schwierigen Wassers, in dem besonders Hänger häufiger und schlechter zu lösen sind als anderswo, wodurch schwachdrähtige Haken viel mehr gefährdet sind. Daß der Huchen einen guten Haken landläufiger Stärke durch die Kraft seiner Kiefer zerbrechen kann, bestreite ich nicht, allein dazu muß der Haken im Kieferwinkel an einer solchen Stelle sitzen, daß die volle Hebelkraft der Kiefer in Wirkung treten kann, und das ist doch nur äußerst selten der Fall. Und ist er es schon, dann bringt dies sogar ein mittelgroßer Hecht auch fertig, wie ich es selbst erfahren habe.

Wer unbedingt sein Vertrauen in die „Ex-Ex"-starken oder Masheer-Drillinge setzt, der möge es ruhig tun; meines Erachtens sind sie nicht unbedingt nötigt. Mir genügt der sog. extrastarke Drilling vollauf.

Viel größer ist die Gefahr, daß der Fisch aus dem Maule herausstehende Haken an Steinen und anderen Hindernissen abbricht, eventuell durch Verhängen fliegender Haken an solchen Hindernissen mitunter eine ganze Flucht abzusprengen vermag, was nicht nur mir allein passiert ist. Das ist mit ein Grund, weshalb ich zu den Anköderungen mit nur einem Drilling zurückgekehrt bin.

Von allen Systemen und Fluchten zur Köderung natürlicher Köder — abgesehen vom Neunaugenzopf — ist mir die liebste die früher ausführlich beschriebene „Wachauer Flucht", weil sie nicht nur ein perfektes Spinnen als solches, sondern auch ein Tauchen des Köders in Tiefen erlaubt, welche man nur noch mit dem Zopfe erreichen kann, wobei der Köder die verlockendsten Bewegungen ausführt.

Allerdings für steife Formalinköder taugt diese Flucht nicht, weil diese Köder nicht die geschmeidigen Bewegungen des frischen haben können, es sei denn, daß man nur Wert auf Rotieren und Wobbeln allein legt, in welchem Falle man als Notbehelf Formalinfische verwenden kann. Diejenigen, welche einerseits nur auf das exakte Spinnen Wert legen, andererseits auf die Bewehrung mit fliegenden Drillingen nicht verzichten wollen, müssen zu den Fluchten dieser Art greifen, und je nachdem, ob ihnen das axiale Rotieren oder die Wobbelbewegung sympathischer ist oder mehr Erfolg verspricht, das Röhrchensystem, den Zelluloidspinner, den Krokodilspinner oder aber die Pennell-Bromley-Flucht, den Ideal- oder einen sonstigen Wobbler oder das Deesystem wählen.

Der Zopf und das Angeln mit demselben ist ein strittiges Kapitel. Unzweifelhaft ist der natürliche Neunaugenzopf unter allen Verhältnissen der beste und sicherste Huchenköder; weniger kann man das von seinen Imitationen behaupten, von denen noch der „Lederzopf" die brauchbarste zu sein scheint.

In den großen Flüssen und Strömen, wo man vielfach oder besser meistens in sehr großen Tiefen arbeiten muß, die man mit den landläufigen Anköderungen, ausgenommen die Wachauer Flucht, überhaupt nicht erreichen kann, ist er unbedingt am Platze, ja vielleicht oft das einzige Mittel, um überhaupt einen Fisch zum Anbisse zu verleiten.

Hinsichtlich seiner Anwendung an mittleren und kleinen Huchenwässern läßt sich manches für und manches gegen ihn sagen: wenigstens was die letzteren anbelangt, welche meist nur eine beschränkte Zahl von sicheren Standorten aufweisen, die selten außergewöhnlich tief sind und gewöhnlich in trockenen Herbsten und nach den ersten Frösten starkes Niederwasser führen, wird man bestimmt in allen Fällen mit irgendeinem regulären Spinnköder auskommen; daher sollte man im Interesse der Schonung bzw. Erhaltung des Bestandes dort nicht mit dem Zopf angeln.

In den mittleren Gewässern liegen die Dinge schon anders. Da wird man schon häufiger mit großen, langgestreckten und tiefen Gumpen, eventuell ausgedehnten Wirbeln usw. zu rechnen haben, welche die Anwendung des Zopfes rechtfertigen, vielleicht sogar direkt erfordern. Schließlich kann man es einem Angler, der vielleicht eine weite und kostspielige Reise nach solchen Gewässern machen muß, nicht verargen, wenn er zum Zopf greift, um wenigstens einen guten Fisch zu erbeuten.

Wie ich übrigens schon bei der Beschreibung des Zopfes erwähnt habe, ist es durchaus notwendig, den Zopf kunstgerecht zu führen, so daß er Bewegung und Leben zeigt, ihn durch alle Wasserschichten zu leiten, tauchen zu lassen usw. Ich bin ganz überzeugt, daß die meisten der landläufigen „Nur"-Spinnangler sich rasch zu einer anderen Ansicht über das Fischen mit dem Zopf bekehren werden, wenn sie erst einmal Gelegenheit haben, ihn führen zu sollen, und dann sehen, daß es doch keine so primitive und kunstlose Sache ist, wie vielfach behauptet wird.

Auch möchte ich mich gegen die besonders zum Zopfangeln gerne benützte „Einring-Gerte" nicht ganz ablehnend verhalten. Bei Eisbildung ist es entschieden angenehmer, wenn man bloß einen

Ring abzuklopfen hat statt einiger, und bloß mit der Vereisung dieses einen zu rechnen hat statt der einer Reihe derselben. Daß die Schnur auch weniger leidet, wenn sie nur einen vereisten Ring zu durchlaufen hat, ist leicht einzusehen, und wenn die Gerte sonst aus gutem Material hergestellt ist und allen Anforderungen an korrekten Wurf und Drill entspricht, warum soll sie deshalb, weil sie bloß einen Endring — eventuell noch einen Leitring am Handteil — besitzt, atavistisch und primitiv sein?

Von den künstlichen Ködern sind es besonders die von Heintz konstruierten Blinker, welche sich ungeteilter Gunst der Huchenangler erfreuen. Die in früheren Zeiten, besonders in der Zeit vor der Einführung der Formalinkonservierung gerne verwendeten Kunstköder, wie der noch von Heintz beschriebene Hartgummifisch von Allcock und ähnliche Produkte aus Seide, Gummi oder Metall sind heute ganz in Vergessenheit geraten.

Nicht zu leugnen ist aber, daß in Gewässern, welche häufig oder fast ausschließlich mit Blinkern befischt werden, diese vielfach an Wirkung nachlassen und man oft mit einem Löffel älterer Konstruktion bessere Erfolge erzielt.

Nach meinen Erfahrungen und denen vieler anderer Spinnangler werden die Blinker für die Huchenfischerei vielfach zu groß genommen; ich halte 9 bis höchstens 10 cm für vollauf genügend.

Nach einem seinerzeit in englischen Sportblättern gemachten Vorschlag versuchte ich Blinker, die mit transparenter Ölfarbe mit Längsstreifen bemalt wurden, und zwar silberplattierte mit blauen für klares, vergoldete mit roten für trüberes und höheres Wasser. Besonders die letzteren schienen mir sehr wirksam, so daß ich es empfehlen kann, auch so ausgestattete Blinker in den Bestand der Ausrüstung aufzunehmen.

Die in den letzten Jahren stark in Aufnahme gekommenen amerikanischen Holzköder scheinen sich auch auf Huchen zu bewähren, wie mir viele Mitteilungen befreundeter Angler verraten; besonders die größeren Modelle und jene mit Metallkopf, die auch eine entsprechende Tauchtiefe erreichen. Die Meinungen der Angler sind zwar darüber geteilt: die einen lehnen sie nach einigen Versuchen ab, die anderen sind von ihnen begeistert. Tatsache ist, daß schon sehr stattliche Fische an ihnen erbeutet wurden. Jedenfalls lohnt es sich, ihre Verwendbarkeit eingehend zu erproben, wobei allerdings nicht außer acht gelassen werden darf, daß die jeweilige Farbengebung dieser Köder nicht in jedem Wasser von gleicher Wirksamkeit ist und man verschiedene Farben sorgfältig und lange genug versuchen soll, um zu einem halbwegs sicheren Urteil zu kommen, da ja bei uns die Sache immer noch zu neu ist. Daß man auch diese Köder, welche zwar an sich schon durch ihre Konstruktion viel Leben im Wasser entwickeln, trotzdem auch noch durch verständnisvolle Führung noch reizvoller zu machen bestrebt sein soll, wäre eigentlich eine selbstverständliche Forderung, aber leider kann man beobachten, daß viele sich damit begnügen, sie monoton durchs

Wasser zu ziehen und von dieser Tätigkeit sich die ungeahntesten Erfolge versprechen, deren Ausbleiben sie bitter enttäuscht, was auch des öfteren mit ein Grund für die Ablehnung sein mag.

Wenn man nicht gerade ein reguliertes Wasser befischt, das sich zwischen Steindämmen rinnsalartig und abwechslungslos bewegt und mit gleichbleibenden Würfen bedeckt werden muß, wird man sich vor allem über die besten Plätze zu orientieren haben, an welchen man wenigstens — wie es heutzutage ist — halbwegs mit Sicherheit auf das Vorhandensein eines Fisches rechnen kann.

In Wildwassern, welche wenigstens zum größten Teile noch in unberührtem Urzustande belassen sind, wird man diese Stellen leichter finden. Da sind es vor allem größere oder kleinere, im Wasser liegende Felsen oder felsige Vorsprünge des Ufers, die nasenartig mehr oder weniger weit in den Fluß hineinragen. Hier bricht sich das Wasser und bildet ausgedehntere oder kleinere Wirbel und Rückläufe hinter dem Hindernis; bestimmt aber kann man eine Grenze zwischen ruhigerem Wasser und der Hauptströmung erkennen. In solchen Stellen haben wir den Huchen zu suchen, zuerst in den scharfen Rinnen vor dem Hindernis, dann in dessen nächster Nähe und nachher in den verschiedenen Abschnitten des Hinterwassers. Dort, wo dieses wieder in die Hauptströmung übergeht, ist ein besonders beliebter Stand des Huchens, namentlich in den Morgen- und Abendstunden der vorgerückteren Jahreszeit, während er bei Tage mehr in dem ruhigen Wasser, eventuell dicht an dem Steine steht.

Mündungen von Seitenwässern, der Zusammenschlag der Strömung hinter Inseln oder Schotterbänken, der Überfall von diesen, Uferbauten, besonders jene mit Faschinenwerk oder Piloten, Uferstellen, gegen die das Wasser in schwerem Schwalle andrängt, wie es besonders in scharfen Krümmungen der Fall ist, von denen das Wasser in weiteren oder engeren Wirbeln wieder abströmt; die Tümpel unter Wehren und Schleusenanlagen; und ganz besonders die „Kugeln", das sind große unter Wasser liegende Steine, das sind die Stellen, welchen man die größte Aufmerksamkeit schenken muß. Die Abb. 109 gibt eine Vorstellung von der äußeren Beschaffenheit solcher Huchenstände.

Viel hängt beim Angeln auf Huchen von der Jahreszeit, vom Wetter und Wasserstande ab, und fast auf jedem Wasser sind die Verhältnisse und die erfolgverheißenden Faktoren grundverschieden. Im allgemeinen gilt es als Regel, daß der Huchen mit Eintritt der kälteren Jahreszeit zu beißen anfange. Trotzdem tritt dieser Zeitpunkt in dem einen Fluß erst im späten November, in einem anderen noch später ein, während wieder in einem anderen die beste Fangzeit der Oktober ist, vorausgesetzt, daß da nicht zu warmes Wetter herrscht.

Die Zeit des Laubfalles gilt als ungünstig, viele behaupten, daß der Huchen zu dieser Zeit nicht beiße. Es ist ja richtig, daß das Laub, welches sich oft büschelweise an die Haken hängt und den

Köder verdeckt, möglicherweise geeignet ist, den Huchen zu vergrämen, und doch habe ich selbst zu dieser Zeit wiederholt gute Fische erbeutet.

Obzwar der Huchen ein ausgesprochener Standfisch ist, so dehnt er seine Raubzüge ziemlich weit stromauf und stromab, von seinem Standort weg, aus. An seinem Standorte selbst lebt er mit dem Wechsel der Jahreszeiten in verschiedenen Tiefen, je nach dem Stande der Futterfische und den Strömungsverhältnissen. Darum ist es sehr wichtig, sich über alle diese Punkte orientieren zu

Abb. 109.

können, um sein Verhalten am Wasser danach einzurichten. Je höher am Tage und je weiter vor in der Jahreszeit es ist, desto mehr muß man die tiefsten Stellen befischen. Am Morgen und Abend geht der Fisch auf Raub, dann wird man ihn an den seichteren Stellen zu suchen haben, zum mindesten dort, wo Tiefe und seichte Plätze ineinander übergehen, also am Ein- und Auslauf der Gumpen und am Rande der Schotterbänke, wo diese steil ins Wasser abfallen, ebenso in der Nähe des Steinwurfes und am Auslauf der Buhnen.

Eine große Rolle spielt auch der Wasserstand. Es gibt Flüsse, in welchen nur bei einem gewissen Höchst- bzw. Niederwasserstande auf einen Erfolg zu rechnen ist. Kann man diese Periode ausnützen, dann ist es gut; muß man aber eine weite Reise zu seinem Wasser unternehmen, wie es bei vielen der Fall sein wird, dann kann man es erleben, resultatlos heimkehren zu müssen. Darum sind die erfolgreichsten Huchenangler jene, die entweder unmittelbar am oder in nächster Nähe ihres Wassers wohnen, oder jene, die Zeit genug haben, den Eintritt günstiger Verhältnisse abzuwarten.

Ein weiterer, den Erfolg bestimmender Faktor ist die Eisbildung. Im Gebirge, besonders in höheren Lagen, ist diese oft eine Frage von Stunden, und der von weitem zu seinem Wasser gereiste Angler, der seinen Platz vielleicht bei warmer Witterung verlassen hat, steht am Ufer und sieht den ganzen Fluß voll Treibeis schwimmen. Zwar kann man unter Umständen gerade dann einen guten Fang machen, wenn das Eis nicht zu dick kommt und man das Herz hat, unnachsichtlich jedes Stück nicht mehr einwandfreier Leine abzureißen. Ich erinnere mich eines solchen Tages an der unteren Drau, an dem ich verschiedene schwere Huchen fing, aber auch eine neue Schnur von 100 m vollständig aufbrauchte, weil stets die untersten Meter nach einigen Würfen vom Eis beschädigt waren.

Treibt das Eis so dick, daß der Köder nicht mehr einfallen oder sinken kann, und wird das Wasser so kalt, daß die Haken sich mit Eisklumpen überziehen, dann ist's mit dem Angeln vorbei.

Eigentümlich ist auch die Erscheinung, daß in manchen Wassern die Huchen nach dem Aufhören einer längeren Frostperiode mit nennenswerten Tiefstemperaturen schlecht, wenn nicht überhaupt gar nicht mehr beißen.

Das beste Huchenwetter ist kühles Wetter in den Frühherbstmonaten, Nebel und Strichregen, eventuell leichtes Schneegestöber. In der vorgeschrittenen Saison sind Temperaturen um 0° herum die besten. Klarer Frost, helle Sonne und dazu schneidender Nordost sind wenig erfolgverheißend.

Gut dagegen sind nebelige Morgen und Abende, ja in einem Wasser, das nicht allzusehr durch versunkenes Holz u. dgl. verunreinigt ist, daher die Gefahr des Hängenbleibens nicht allzu groß ist, kann man bis tief in die Finsternis hinein fischen, wenn das Ufer halbwegs begehbar ist oder man ein Boot besitzt. Tauwetter, Nebelbildung, Regenfall, warmer Wind und Schneegestöber sind das den meisten Erfolg versprechende Wetter.

Vielen Huchenanglern ist das Vereisen der Ringe und das Gefrieren der Schnur eine Qual; besonders jene, welche mit dicken Leinen angeln, leiden darunter. Es ist nicht zu leugnen, daß es nicht zu den Annehmlichkeiten gehört, alle Augenblicke das Eis von den Ringen entfernen zu müssen, was um so öfter geschehen muß, je enger diese sind.

Die Schnur kann man, besonders vom Boote aus fischend, leicht vor dem Frieren schützen, wenn man die Gertenspitze bis zum Wasserspiegel senkend, eventuell hie und da eintauchend einrollt und dabei die Leine zwischen Zeigefinger und dem senkrecht auf dessen Mittelglied aufgesetzten Daumennagel ausstreift. Die beginnende Eisbildung hat noch nicht die Form von Kristallen oder Nadeln angenommen, sondern ist noch sulzig und weich, breiartig, so daß sie sich in der beschriebenen Weise leicht und ohne die Haut der Finger zu beschädigen entfernen läßt. Unerläßlich ist aber, daß die Schnur gut eingelassen ist und eventuell noch vor dem Angeln mit Schwimmfett oder dergleichen gut abgerieben wurde, so daß sie keinen Tropfen Wasser ansaugen kann.

Das auch angeratene Tränken der Leine mit Alkohol ist nicht nur kostspielig, sondern verhindert auch auf die Dauer das Vereisen nicht, ganz abgesehen davon, daß eine auch nur teilweise gefettete Leine den Alkohol nicht annimmt, so daß diese Methode höchstens für nicht eingelassene Schnüre in Frage käme.

Das erwähnte Einrollen mit zum Wasser gehaltener Gertenspitze ist natürlich auch vom Ufer aus und erst recht beim Waten durchführbar, wenn man so nahe zum Wasser treten kann; aber wenn man es nicht kann, — und dieser Fall wird nicht zu selten eintreten, ist sogar an jenen Flüssen, deren Ufer in hohe Steindämme gefaßt sind, die Regel —, dann wird bei einer halbwegs tiefen Frosttemperatur früher oder später ein Gefrieren der Schnur eintreten, das dem Weiterangeln ein Ende setzt, weil die Schnur auf dem langen Wege zwischen Wasserspiegel und Rolle gefriert. Hierbei ist es ganz gleichbleibend, ob man eine Holzrolle oder eine durchbrochene Speichen- oder Magnaliumrolle verwendet.

Will man bei gefrierender Schnur die Angelstelle wechseln, so sehe man darauf, daß vorher die Leine gut ausgestreift wurde, um ein Gefrieren auf der Rolle zu vermeiden, und befreie sorgfältigst die Ringe von jedem anhaftenden Eisbelag. Vor dem nächsten Wurfe empfiehlt es sich, die Schnur erst einmal auf eine gewisse Länge von der Rolle zu ziehen und dann wieder aufzuwinden. Es könnte ja doch möglich sein, daß die Schnur irgendwo angefroren gewesen wäre, was dann störend auf den Wurf gewirkt hätte. Man kann auch, wenn sich das Abrollen aus irgendeinem Grunde nicht machen ließe, einen kurzen Wurf machen und dann entweder die Leine durch Abrollen verlängern oder die Wurfweite schrittweise steigern.

Die meisten Öle haben die unangenehme Eigenschaft, in der Kälte starr zu werden, wodurch der Lauf der Rolle gehemmt wird. Ich verwende im Winter zum Schmieren meiner Rolle Graphitpulver, das mit einem Tropfen Ballistol angerieben ist, und habe nicht über Starrwerden des Schmiermittels zu klagen. Viele Angler sind im unklaren darüber, wie sie eine Huchenstelle zu befischen haben, ja bei sehr vielen scheint der „Weitruf" die Seele der Huchenfischerei zu sein. Um es vorweg zu sagen: in der überwiegenden Mehrzahl der Fälle wird man mit Würfen von 15 bis 25 m sein Auskommen finden und Würfe über 30 m gehören auch im breitesten Strom zu den Ausnahmen. Abgesehen von dem immer unsicheren Anhieb auf so weite Strecken hat man auch noch mit der Verschiedenheit der Strömung in dem Raume zwischen Gertenspitze und Köder zu rechnen, welche oft derart ist, daß eine korrekte Spannung der Schnur, die nun einmal unerläßlich ist, um einen wirksamen Anhieb zu setzen, unmöglich wird. Das von Heintz hierfür erzählte eigene Erlebnis sollte stets beherzigt werden.

Sehr viele Angler machen den Fehler, auch die besten Stellen nicht gründlich genug abzufischen. Ich gebe zu, daß es monoton und auf die Dauer ermüdend ist, von einem glatten Ufer Wurf nach Wurf in gleichmäßig dahinströmendes Wasser zu machen, in dem man fast keinen Anhaltspunkt für die Beurteilung des Standes eines Huchens hat. Anders dagegen in einem richtigen Wildwasser, in dem die Stände sich scharf auszeichnen und man unter diesen die Wahl hat.

Ein alter Huchenangler, der meine Anfängerzeit durch gute Ratschläge und Lehren beeinflußte, prägte mir bei jedem Fischfang als Grundregel ein: „Zuerst muß der Huchen den Köder sehen, dann holt er sich ihn." Er verfocht die Ansicht, der Huchen stehe am Einlauf oder am Auslauf der Strömung auf der Lauer; ein ihm zum ersten Male vorgeführter Köder, der ihm nicht gerade ins Maul rinne, veranlasse ihn, auf denselben zu passen. Erfolgt daher bei korrektem Wurfe und tadelloser Führung der Biß nicht aufs erstemal, dann müssen wir eben zwei und auch drei Würfe über die Stelle machen.

Und ich hatte oft genug Gelegenheit, mich von der Wahrheit seiner Worte zu überzeugen. Wie oft habe ich als „Nachfischender" an demselben Fleck, den mein Vorgänger zuvor oberflächlich und darum erfolglos beangelt hatte, einen guten Fisch erbeutet, lediglich durch sorgfältiges Abfischen. Allerdings waren damals die Fischstände unleugbar besser und reichlicher.

Es ist aber auch ziemlich einleuchtend, daß ein Fisch wie der Huchen, welcher in einer so scharfen Strömung und womöglich noch recht tief steht, Zeit haben muß, erst einmal einen Köder zu erblicken, und dann nochmals Zeit, ihn zu erfassen. Wird ihm aber derselbe rasch entführt und nachher womöglich ein zweites Mal nicht mehr angeboten, so kann es nicht zum Anbiß kommen.

Darum soll man auch bemüht sein, den Köder so langsam als möglich zu führen und ihn alle Wasserschichten passieren lassen. Die exakte Durchfischung der letzteren, verbunden mit der langsamen Führung, scheinen nur der hauptsächlichste Grund für die auffallende Wirksamkeit der tauchenden Köderungen wie Zopf und Wachauerflucht zu sein. Wenigstens habe ich wiederholt die Beobachtung gemacht, daß ich zuerst einen Platz mit irgendeiner Spinnflucht erfolglos befischte und gleich darauf zu einer der ersteren Methoden übergehend den Anbiß hatte.

Darum, je ausgedehnter die Stellen, desto intensiver soll man sie absuchen.

Der Anbiß des Huchens ist ganz verschieden: manchmal ein scharfer Riß, oft nur ein gleichsam tastendes Zupfen und nicht ganz selten nur ein ganz unauffälliges Halten, das den Unerfahrenen verleiten kann, an einen Hänger zu denken; und meist sind es gerade die größten Exemplare, die sozusagen zaghaft den Köder ergreifen.

Heintz rät ganz richtig: „Wenn man auch nur den leisesten

Verhalt spürt, haue man, ohne auch nur einen Bruchteil einer Sekunde zu zögern oder nachzudenken, unbedenklich an, selbst auf die Gefahr hin, seinen Haken zu verlieren!" Ich kann diesen guten Rat nur wiederholen und seine Befolgung dringendst nahelegen.

Hat der Huchen den Köder zwar ergriffen, ohne aber von dem Haken gefaßt zu werden, so kann es — frische, unpräparierte Köderfische vorausgesetzt — gelingen, ihn nochmals durch einen sofort gesetzten Wurf zu einem nochmaligen Angriff zu verleiten. Ich halte es aber für besser, diese Stelle unauffällig zu verlassen und erst nach einiger Zeit mit aller Vorsicht von neuem abzusuchen, wenn der Fisch den Vorfall vergessen hat.

Bei Verwendung von Formalinfischen oder Kunstködern verzichte man unbedingt auf die Wiederholung am selben Tage, wenn anders man nicht einen frischen Fisch oder einen Zopf anbieten kann. Und selbst da ziehe ich es vor, wenn die Umstände es erlauben, erst am nächsten Tag oder sogar nach einer mehrtägigen Pause den Fisch von neuem anzugehen.

Ich möchte da ein eigenes Erlebnis als Beispiel erzählen.

Ich war einmal zu einem mehrtägigen Aufenthalte an das Fischwasser eines Angelfreundes geladen. Gleich an der oberen Grenze dieses Wassers mündete ein ziemlich starker Bach und dort vermutete ich einen guten Fisch. Ich warf meinen Blinker — diese waren damals noch recht neu — von oben her über den Strom und ließ ihn dem Zusammenschlag der beiden Wasserläufe zutreiben, als ich in dem klaren und nicht zu tiefen Wasser einen großen Schatten meinem Köder stets in gleichem Abstande folgen sah. Nach einer Weile gab der Fisch die Verfolgung auf und sank zur Tiefe. — Ich fischte den Wurf regelrecht zu Ende und verließ den Platz mit dem Bootsführer, der den Vorgang auch bemerkt hatte. Im Verlaufe der Diskussion des Falles erfuhr ich, daß am Vortage ein anderer, inzwischen abgereister Gast den Fisch, der ihm auf einen Formalinfisch gestiegen war, verfehlt und leider demselben nachher wiederholt nochmals einen solchen sowie Blinker angeboten hatte. Der alte Bootsmann meinte: „Der frißt heuer keine „eingelegten" Fische mehr und kein Blech auch nicht", — was ich nach dem Erlebten und Gehörten keinen Augenblick länger bezweifelte. Aber wenn es mir gelang, einen Zopf aufzutreiben, dann wäre es möglich, auf alle Fälle aber beschloß ich, die Stelle absolut in Ruhe zu lassen. Am dritten Tage kam ich in den Besitz von drei Neunaugen und am vierten Morgen war ich schon bei Tagesgrauen zur Stelle; auf den zweiten Wurf hatte der Fisch schon zugebissen und fiel mir nach einem längeren Drill auch glücklich zur Beute.

Ich bin überzeugt, ich hätte ihn nie bekommen, wenn ich ihn in der Zwischenzeit mit der Vorführung anderer Köder behelligt hätte.

Spätere, vielfach gleiche Beobachtungen und Erfahrungen bei anderen verprellten Fischen haben mich von der Richtigkeit meiner Annahme überzeugt.

Sehr verschieden ist das Verhalten des Huchens nach dem Anhieb.

Die kleinen Fische fangen gewöhnlich schnell an sich zu wehren, gehen gewöhnlich rasch zur Oberfläche und versuchen sich dort zu wälzen. Mit einem Huchen von 6—8 Pfund an dem starken Geräte wird man nicht viel Aufhebens machen und sich kaum in einen nennenswerten Kampf einlassen.

Der große Fisch dagegen bleibt fast immer im Momente des Anhiebes und auch einen Augenblick nach diesem stehen, gleichsam überrascht von dem unvermuteten Festgehaltenwerden. Diesen Augenblick muß der Angler ausnützen, die Rolle durch Vorlegen der Rolle sperren und die Gerte in Kampfstellung bringen. Im Anhieb hat der Angler das Gefühl, seine Haken in einen unbekannten Widerstand eingehauen zu haben, nur ein gleichmäßig schwerer Zug an der Leine gibt ihm kund, daß es kein Stein und kein Holz war, ab und zu ein Rütteln in der Tiefe zeigt, daß der Gegner sich zum Kampfe rüstet, und auf einmal geht dieser los, wild und unaufhaltsam zieht der Fisch mit der Leine ab, daß die Rolle singt und die Gerte sich zum Halbkreis biegt; hin und her gehen seine Fluchten, immer noch unter Wasser, bis auf einmal ein mächtiger, kupferig leuchtender Körper sich nach oben wälzt und eine mächtige Schweifflosse wütend das Wasser zu Schaum schlägt. Das Spiel kann sich wiederholen, bis der Widerstand des Recken gebrochen ist und er willig dem Zuge der Leine gehorchend sich uferwärts führen läßt.

Trotz allem, solange der Fisch den Angler nicht sieht, kämpft er nur gegen das Unbekannte, das seine Bewegungsfreiheit behindert, und gegen den Willen, welcher das Unbekannte beherrscht. Darum ist es ein weises Gebot, den Kampf recht weit draußen sich abspielen zu lassen, schon einmal, weil man mit langer Schnur deren Elastizität bis aufs äußerste ausnützen kann, ja auch schon ihr Gewicht auf den Fisch hemmend wirkt und ein Reißen oder Abprellen bei wütenden Fluchten, Schlagen oder Springen ausgeschlossen ist. Daß man trotzdem den Fisch stramm und die Leine gespannt hält, so daß die Führung und der Kontakt nie verlorengehen, ist selbstverständlich, wird auch durch noch soviel ausgelaufene Leine nicht alteriert. Kommt einem doch einmal draußen ein Fisch ab, so ist er sicherlich nicht vergrämt, wenn er den Angler nicht vorher sah. Vielfach hat er vielleicht gar nicht das Bewußtsein gehabt, gefangen gewesen zu sein und das Ungewohnte der Situation ist ihm gar nicht klar geworden. Daß ein solcher Fisch gern und unbesehen den gebotenen Köder früher oder später wieder nimmt, ist nicht zu verwundern, und das von Heintz wiedergegebene Erlebnis mit dem abgekommenen Huchen wird vielleicht mancher Angler aus seiner Praxis auch bestätigen können.

Ein Unsinn ist es, einen Fisch selbst nur mittlerer Größe bei ungebrochener Kraft in voller Fahrt „zu halten", statt ihm Leine zu geben, erst recht auf nahe Entfernung. Abgesehen von der ganz unnötigen Beanspruchung und Überanstrengung von Gerte und

Leine, nicht minder auch der Vergeudung der eigenen Körperkraft, riskiert man nicht nur einen unheilvollen Bruch am Geräte, sondern erreicht in vielen Fällen das Gegenteil seiner Absicht: statt den Fisch durch seine eigenen Abwehrbewegungen und Anstrengungen zu ermüden, reizt man ihn zum tollsten Kampfe, schon gar, wenn er, vorzeitig zur Oberfläche forciert, den Angler erblickt.

Bei den Huchenanglern der alten Ära spielt das „Halten" des Fisches eine große Rolle. Mit schweren, überstarken Gerten und dicksten Leinen angelnd, vielfach ohne Rolle, nur vom Aufschlagbrettchen Schnur gebend und einziehend, legen diese Angler, deren es auch heute noch genug gibt, keinen Wert auf feinen Drill, sondern trachten, den Fisch so rasch als möglich heraus oder wenigstens an den Gaff zubekommen.

Nun, Sport ist das nicht, und oft genug endet das „Halten" trotz dem überstarken Zeug mit dem Sieg des Fisches. Ich will damit nicht gesagt haben, daß ich allzu feinem Geräte das Wort geredet haben will und den Kampf, bis zur Unendlichkeit hinausgezogen, als besonders lobenswert oder sportmäßig hinstelle; weder das eine noch das andere liegt mir im Sinn.

Aber ich will meinen Fisch nicht durch rohe Gewalt bekämpfen, will auch die Freude an der eigenen Mitarbeit und an der Arbeit meiner Gerte und Schnur genießen und trotzdem den Verzweiflungskampf einer um ihr Leben fechtenden Kreatur so kurz wie möglich gestalten, indem ich ihn beende, sobald es die Umstände erlauben.

Es kann vorkommen, daß durch einen unglücklichen Zufall ein guter Fisch verloren geht, selbst bei der besten Ausrüstung des Anglers. Aber dieser Fall darf nicht künstlich herbeigeführt werden durch rohe gewalttätige Führung und nicht durch prinzipielle Verwendung von zu feinem Geräte, das mir keine Zwangsmaßnahmen gegen den widerstrebenden Fisch erlaubt. Wenn es schon bedauerlich ist, daß wir unserem Wilde nicht wie der Jäger auf der Spur folgen können, wenn es nicht auf der Strecke bleibt, und selbst diesem passiert es trotz gewissenhafter Nachsuche, daß er ab und zu ein Wild verliert —, dann dürfen solche Fälle nicht auch noch durch eine mißverstandene Auffassung von Sport provoziert werden. Dazu ist unser Wild viel zu edel und — Gott sei's geklagt — nicht mehr zahlreich genug, als daß wir vor unserem Gewissen derartiges Tun verantworten könnten.

Den Huchen landen wir am besten mit dem Gaff. Es gibt zwar eine Anzahl Angler, welche ihn — am Ufer selbstredend — stranden und mit den Händen durch Eingreifen in die Kiemen und Fassen am Genick herausheben. Ich gebe zu, daß dieser Vorgang viel Geschick und Kaltblütigkeit erfordert, ich habe es auch selbst in einigen Fällen machen müssen, weil mein Gaff nicht zur Hand war, und der Fang hat mich doppelt gefreut; aber als „Methode der Wahl" möchte ich das Verfahren nicht empfehlen, am wenigsten nervösen und aufgeregten Leuten und ungeübten Anglern.

Vom Boot aus wird man wohl nur den Gaff in Anwendung

bringen können, höchstens noch ein außergewöhnlich starkes und groß dimensioniertes Unterfangnetz, wie es mancherorts auch üblich ist.

Den erbeuteten Huchen tötet man am besten durch den Stich ins Genick, nachdem man ihn vorher durch einen Schlag auf die Stirn oberhalb der Augen betäubt hat. Die Ausführung des Genickstiches hobe ich im Kapitel über den Hecht ausführlich geschildert.

Der Wels (Waller oder Schaiden).

Bis in die letzten Jahre galt dieser Fisch als ein für die Spinnangel nicht in Betracht kommendes Fangobjekt. Wohl dürften hie und da vereinzelte Exemplare am Spinner erbeutet worden sein, doch verlautete nirgends etwas darüber. Ob es an der Aversion eines Großteiles der Anglerschaft liegt, überhaupt etwas zu publizieren, oder sonstwie mit anglerischen Fragen und Erfolgen in die Öffentlichkeit zu treten, oder an dem Egoismus der einzelnen, oder an der Mangelhaftigkeit unserer früheren Fachpresse, das will ich hier nicht entscheiden. Ich kann mich nur an eine Veröffentlichung eines einzigen Wallerfanges erinnern, das war, wenn ich nicht irre, gegen Kriegsende. Und dieser Fisch wurde gelegentlich einer Schleppangelfahrt auf irgendeinem Alpensee erbeutet.

Die Hinweise von Heintz auf die sportlichen Möglichkeiten beim Spinnen auf Welse in der speziellen Absicht, nur diese zu erbeuten, scheinen mir im allgemeinen unberücksichtigt geblieben zu sein, denn soweit ich die Mitteilungen aus Anglerkreisen der Nachkriegszeit verfolgen kann, fließen die Berichte über Fänge mehr als spärlich. Es mag ja sein, daß die Erfahrung in diesem Zweige des Angelns noch zu gering ist, als daß sich Angler leichten Herzens entschließen könnten, einem sehr ungewissen Erfolge zuliebe Geld und Zeit zu opfern. Und nach alledem, was wir über die Fangmöglichkeiten wissen, sind diese örtlich und zeitlich recht beschränkt, so daß es keinem zu verargen ist, wenn er seine Freizeit oder seinen Urlaub aussichtsreicherem, wenn auch bescheidenerem Sport widmet.

Wie der Gewährsmann Heintz's, der an der oberen Donau zuhause ist, berichtet, sind zu einem aussichtsreichen Fang vor allem zwei Umstände maßgebend: Niederwasser und hohe Temperaturen, bzw. direkte Gewitterschwüle. Also ein heißer Sommer mit anhaltender Trockenheit, die den Wasserspiegel auch der größten Ströme ausgiebig senkt.

Diese Tatsache kann ich auch bestätigen, denn meine eigenen Fänge von Wallern erfolgten jeweils in den Jahren von ausgesprochener Trockenheit und im heißesten Hochsommer. Ich habe meine ersten Welse im Jahre 1898 in der Elbe gefangen, welche damals im August einen derart niederen Wasserstand hatte, daß fast die ganze Schiffahrt eingestellt werden mußte. Dann fing ich die nächsten erst wieder im Jahre 1904.

Allerdings fing ich sie alle an der Grundangel, bzw. der Paternosterangel mit lebendem Fisch als Köder, und fast durchwegs bei Nacht.

Auffallend ist, daß mir zu jener Zeit nie ein Wels auf die Spinnangel biß, trotzdem wir fleißig auf Hechte und Zander damit fischten.

Nun, sei dem wie es wolle, die Donau ist eben ein ganz anderes Gewässer als die Elbe, und es bliebe abzuwarten, wie sich die Erfahrungen des Anglers an der Donau, dessen Fangmethoden und Beobachtungen Heintz wiedergegeben hat, an den so ganz anders gearteten Flüssen und Strömen Norddeutschlands oder Polens bewähren, wo besonders der Dnjestr als sehr reich an Welsen bekannt ist.

Jedenfalls steht das eine fest: Hochsommerliche Hitze, womöglich mit Gewitterbildung, und möglichst niedriger Wasserstand sind die Vorbedingungen für einen Erfolg hier und dort. Von besonderem Vorteil wird es sein, Wallerstandplätze überhaupt zu kennen, bzw. diese Fische, von deren Leben wir eigentlich nicht zuviel wissen, beim Jagen ausmachen zu können.

Richtig gesagt: wir wissen überhaupt nicht einmal mit Sicherheit, ob der Wels ein ausgemachter Standfisch ist wie andere Raubfische. Und jagen sieht man ihn im allgemeinen auch nicht allzu häufig, ebensowenig wie im Strom stehen, da ja die meisten großen Wasserläufe selten klar genug sind und ebenso auch die Seen, in denen er vorkommt.

Soweit ich beobachten konnte, jagt der Wels nicht wie Hechte oder auch Huchen usw. über Wasser schlagend, sondern sein Vorhandensein zeigt sich dadurch an, daß der Wasserspiegel sich wölbt, als ob eine ungeheure Kochblase aufsteigen würde, ohne daß der Fisch selbst oder Teile von ihm sichtbar würden. So habe ich die Waller jagen sehen, will aber von den wenigen Malen, an denen ich dieses Phänomen beobachten konnte, absolut nicht behaupten, daß es nicht auch anders sein könnte, da ich diese Beobachtungen nur an Gewässern der Ebene gemacht habe.

Das Geräte zum Fange unserer Fischriesen wird im allgemeinen dasselbe sein wie zum Spinnen auf Hechte oder Huchen, nur wird man auf beste Qualitäten von Schnur und Vorfachmaterial achten müssen und in Anbetracht der eminenten Kampfkraft des Fisches mindestens eine Vollänge von 100 m Leine auf die Rolle nehmen.

Wenn Heintzens Gewährsmann kleine Hechtblinker von 6 bis 7 cm Länge als die richtige Größe empfiehlt, so pflichte ich dem gerne bei, da nach meinen Erfahrungen die kleineren Blinkergrößen auch bei anderen Fischen die wirkungsvolleren sind. Ob nicht auch andere Köder, wie der „fliegende Löffel" usw., brauchbar sind, muß erst erprobt werden, ebenso dürfte sich gegebenen Falles ein Versuch mit den amerikanischen Oreno- usw. Schwimm- und Tauchködern empfehlen.

Die Verwendung von stärkeren Drillingen oder Haken als jene, mit denen die kleinen Blinker usw. gewöhnlich montiert sind, ist unbedingt anzuraten. Wenn auch die Haken in dem fleischigen Maule und Rachen des Welses ausgezeichnet eindringen und festhalten, so daß ein Ausschneiden kaum zu befürchten ist, so ist andererseits die Gefahr des Aufbiegens bzw. Brechens bei dünndrahtigen Haken sehr naheliegend, weshalb man unbedingt „extrastarke" Hakensorten wählen soll.

Des weiteren wäre die Frage diskutabel, ob sich unter gegebenen Verhältnissen in strömendem Wasser die „Harlingfischerei", über deren Technik ich im allgemeinen Teile dieses Buches eingehend gesprochen habe, nicht hervorragend zum Fange des Wallers eignen würde. Man hätte dabei schon den einen Vorteil, daß man selbst ein so gewaltiges Wasser wie Donau oder Elbe von einem Ufer zum andern gründlich befischen könnte, dabei jedem Fische innerhalb der Reichweite der ausgelaufenen Leine den Köder anbietend, und vor allem dies erreichen kann, ohne sich durch eine ununterbrochene und auf die Dauer monotone Wurftätigkeit vor der Zeit zu ermüden. Wenn diese Fahrt von zwei Anglern gemacht wird, kann man es versuchen, mit verschiedenen Ködern, z. B. einem Blinker und einem natürlichen Fisch, an einer Flucht zu fischen und so eventuell die Chancen zu verdoppeln.

Da der Wels im Kampfe lange und scharfe Fluchten macht, wird der vom Boote aus Angelnde im Vorteil sein, da er dem flüchtenden Fische besser folgen kann und weniger Gefahr läuft, unter Umständen seine ganze Schnur ausgeben zu müssen als der Uferfischer. Für das Angeln vom Boote aus dürfte sich die Überkopfgerte besonders eignen, schon deswegen, weil man sich bei ihrem Gebrauche weder beim Wurf noch beim Drill vom Sitze zu erheben braucht, was bei Verwendung einer längeren Gerte schier unerläßlich ist. Daß die persönliche Sicherheit für den sitzenden Angler namentlich auf einem großen Gewässer mit starker Strömung und Wirbeln eine unvergleichlich höhere ist als für den im schwankenden Boote stehenden, braucht nicht besonders betont zu werden; doppelt gilt das, wenn am anderen Ende der Leine ein mächtiger Fisch mit unheimlicher Kraft kämpfend hängt.

Der Wels reagiert gewöhnlich auf den Anhieb mit einer weiten, sausenden Flucht, je nachdem stromauf, stromab oder quer hinüber zum anderen Ufer, und dann beginnt er sich mit seinem ganzen Gewicht in das Zeug zu legen, so daß dem Uferfischer nichts übrig bleibt als zu folgen. Nicht selten bohrt er in den Grund und bei schweren Fischen, sagen wir von 20 und mehr kg ist es fast unmöglich, ihn zu heben. In vielen Fällen muß man unweigerlich warten, bis er wieder zu gehen beginnt.

Ebenso unmöglich ist es, den Fisch zu „halten" bzw. zu wenden. Letzteres wenigstens solange nicht, als er noch halbwegs bei Kraft ist. Der Drill eines schweren Welses ist nicht nur aufregend und wegen des ungewissen Ausganges spannend, sondern auch langdauernd und sowohl an die Güte des Angelzeuges als auch an die

Muskelkraft und Ausdauer des Anglers selbst mitunter die höchsten Anforderungen stellend. Ich erinnere mich eines Drills, der fast eine Stunde dauerte, trotzdem der Fisch nur wenig über 20 kg wog; ich war nach demselben aber effektiv ausgepumpt, da ich mit dem Fische eine Strecke von fast einem Kilometer wiederholt stromauf, stromab, zuweilen sogar laufend zurücklegen mußte.

Der Angler im Boote hat die besseren Chancen, ja unter Umständen kann er sogar das Boot selbst als Kampfmittel ins Gefecht stellen; unter allen Bedingungen aber schont er seine Körperkraft und auch seine Geräte, welche durch das Folgen im Boote viel weniger Beanspruchung auszuhalten hoben.

Hat man den Fisch müde gekämpft, dann darf man an die Landung denken, aber auch erst dann.

Nicht immer und nicht überall liegen die Uferverhältnisse so günstig, daß man den ermüdeten Fisch mit dem Unterkiefer stranden bzw. ihn auf den Sand oder sonst einen flachen und ebenen Grund herausschleifen kann. In solchen Fällen kann man die endgültige Bergung des Fisches dann in der Weise durchführen, daß man sich mit gespannter Schnur an ihn heranhandelt und mit dem Daumen in seinen Mundwinkel eingehend und mit der Hand den Unterkiefer umfassend ihn vollends ans Land schleppt. Mit den kurzen Hechelzähnen ist der Wels nicht imstande, den Angler zu verletzen.

Nicht immer aber liegen die Verhältnisse so günstig. Dann wird sich die Anwendung eines Landungsgerätes als beinahe unabweisliche Notwendigkeit ergeben.

So wenig ich ein Freund der Harpune bin, wenigstens soweit die Fischerei im Süßwasser in Betracht kommt, für den letzten Kampf mit dem Waller lasse ich sie unbestritten gelten.

Ich denke immer noch daran, wie ich dem Fische, dessen Drill ich vorhin erwähnte, förmlich hilflos mit meinem Gaff gewöhnlicher Größe gegenüberstand, weil der enge Bogen zwar für das Einschlagen in den Leib eines stattlichen Hechtes oder Huchens genügte, aber nicht für den drehrunden Leib meiner Beute. Vielleicht hätte ich den Fisch nach aller Anstrengung noch verloren, wenn nicht mein Begleiter eine Harpune zu holen Gelegenheit gehabt hätte. Nach dem Einstechen derselben machte der Waller noch einige wütende Tauchbewegungen, aber der Harpunenschaft wirkte ihnen kraftvoll entgegen und beschleunigte das Ende des Widerstandes. Besonders beim Fischen vom Boote erscheint mir das Harpunieren wertvoll. Ein Gaff für den Waller muß schon gehörig groß dimensioniert sein, etwa von der Größe jener, welche man zur schweren Seefischerei verwendet. Trotzdem ziehe ich da wie dort die Harpune vor, denn wenn diese einmal im Leib des Fisches sitzt, dann hält sie ihn unweigerlich fest, gestattet auch unter schwierigen Verhältnissen ein besseres Einholen, da sie nicht aus dem Körper herausgleiten kann, wie ein Gaff es mitunter trotz eines Widerhakens tut, ganz abgesehen davon, daß ein senkrechter Stoß von oben nach unten immer sicherer und kräftiger geführt werden kann und die Waffe viel besser eindringen läßt als das seitliche Einschlagen eines Hakens, schon gar, wenn die Eindringungsfläche rund und glatt ist.

Der Wels wird auch an der Schleppangel gefangen und Heintz hat den Vorschlag gemacht, seinen Fang mit dieser und kleinen Blinkern zu versuchen — ob es geschehen ist? Bisher konnte ich es nicht in Erfahrung bringen, leider durch die Ungunst der Verhältnisse auch nicht selbst erproben. Aber doch ist die Sache dort, wo Waller verhältnismäßig häufig vorkommen, unter günstigen Bedingungen zu versuchen.

Jedenfalls bedeutet das Spinnangeln auf Welse eine Bereicherung unseres sportlichen Programmes und sollte von jenen, welche die Möglichkeit hierzu haben, intensiver ausgenützt werden, wenn Wasserstand und Jahreszeit günstig sind.

Die Seeforelle.

Das geographische Verbreitungsgebiet der Trutta lacustris beschränkt sich ausschließlich auf die Seen der Alpen, sowohl der Nord- wie der Südalpen. Sie fehlt den Gewässern der nordwärts daran gelegenen Länder und vor allem in England. Das zu wissen ist wichtig, um von vornherein Verwechslungen zu vermeiden mit jenem Fisch, welchen die Engländer mit „Lake Trout" oder „Great Lake Trout" bezeichnen.

Das Äußere unseres Fisches zeigt einen gedrungenen Leib, der infolge des gering ausgesprochenen seitlichen Zusammengedrücktseins beinahe den Eindruck der Plumpheit macht. Die Farbe des Rückens ist ein dunkles Graublau oder auch Grüngrau, die der Seiten zeigt helle leuchtende Silberfarbe, die am Bauche in stumpfes, kreidiges Weiß übergeht. An den Seiten sowohl des Kopfes wie des Rumpfes sieht man verschieden zahlreiche schwarze Flecke, selten rund, meisteckig, x-förmig, auch sternförmig.

Diese Färbung und Zeichnung macht die Seeforelle sowohl dem Lachse (Salmo salas) als auch der Meerforelle (Trutta trutta) ziemlich ähnlich. Ja sogar die gewöhnliche Bachforelle gleicht zuweilen in manchen Gegenden der Seeforelle derart, daß eine exakte Unterscheidung sehr schwierig ist. Eine sichere Unterscheidung gewährleistet nur die Bezahnung des Vomer. Am Vomerstiel der Seeforelle stehen die Zähne vorn meist in einfacher, hinten in doppelter Reihe. Selten stehen die Vorderzähne durchwegs einreihig, aber noch seltener zweireihig.

Letztere Anordnung ist aber die Anordnung bei der Bachforelle. In unseren Gegenden wird man sicher nicht in die Lage versetzt werden, eine Unterscheidungsdiagnose zwischen der Seeforelle und der Meerforelle machen zu müssen, da hierfür alle geographischen und zoologischen Vorbedingungen entfallen, weshalb ich dem Leser die ihn vielleicht verwirrenden Bezahnungsunterschiede und die Verschiedenheiten in der Bildung des Stirnfortsatzes zu erörtern erübrige.

Die sog. „Schwebforelle“ oder „Maiforelle“, in manchen Gegenden auch „kleiner Silberlachs“ oder ganz falsch geradezu „Lachs“ benannt, wird als eine besondere Form der Seeforelle angesehen, welche angeblich steril sein soll, wofür jedoch kein Beweis vorliegt. Die Annahme, daß es Jugendformen der Seeforelle sind, welche das Stadium der Laichreife noch nicht erreichten, ist viel wahrscheinlicher. Es sind das Fische, die einen leuchtenden Silberglanz an den Seiten zeigen, mit nur wenig, mitunter auch gar keinen Flecken. Ich habe solche wiederholt in der Traun in verschiedenen Größen gefangen. Es ist nur zu verwundern, daß es noch niemand der Interessenten für wert gefunden hat, diesen Fisch bzw. seine Entwicklung in geeigneten Behältern zu beobachten. Denn wenn der Fisch wirklich steril wäre, so wäre die Frage naheliegend: erstens, warum ist er steril, und zweitens, woher kommen die verschiedenen Größen der erbeuteten Exemplare?

Es ist doch nicht gut anzunehmen, daß die Natur von einer Rasse sterile Individuen produziert. Es müßte sich doch gerade nur um pathologische Formen handeln, deren möglicherweise vereinzeltes Vorkommen man ja zugeben kann, für deren Auftreten in Menge man aber eine Erklärung finden müßte, die begründeter wäre als die bloße Annahme: Es ist eben eine sterile Form.

Die Seeforelle ist ein ausgesprochener Raubfisch, dessen Hauptnahrung die Renken und Lauben bilden. Sie ist sehr rasch- und großwüchsig, denn sie wird bis 50 Pfund schwer.

Ihre Laichzeit fällt in die Monate November und Dezember. Zu dieser Zeit steigt sie in die Neben- und Zuflüsse auf, um dort zu laichen; wo diese aber fehlen, laicht sie in ihrem See an den Grundquellen derselben.

Es ist beklagenswert, daß ihr gerade bei ihrem Aufstieg zu den Laichplätzen in den Flüssen so stark und leider nicht immer in der guten Absicht, bloß ihre Laichprodukte behufs gesicherter Aufzucht zu gewinnen, nachgestellt wird, wodurch auch sie sichtlich an Zahl abnimmt. Sportlich wird sie wegen ihrer Kampfesfreude und kraftvollen Gegenwehr dem Lachse gleichgestellt.

Für den Spinnangler kommt sie allerdings nur in Frage, solange sie hoch steht, das sind in den Seen der Nordalpen die Monate April bis etwa Mitte Juni, in jenen der Südalpen Dezember bis März, ferner noch in jenen Flüssen, in welchen sie zum Laichen aufsteigt, nach Beendigung desselben durch etwa 14 Tage, wenn sie wieder an ihre Standorte im See zurückwandert.

Die Ausrüstung zum Spinnangeln wird je nachdem eine leichtere ein- oder zweihändige Spinngerte sein; für das Angeln vom Boote aus dürfte die Überkopfgerte den Vorzug verdienen. Schnur und Vorfach seien so fein, aber auch so haltbar wie möglich. Dieser Forderung wird der feine gesponnene Stahldraht oder die Stahlseide am besten entsprechen. Auch die Köder wähle man, besonders in Seen, nicht allzu groß und montiere sie an möglichst unauffällige Fluchten und mit den möglichst feinsten Haken mit haarscharfen Spitzen.

Angelt man mit künstlichen Ködern, so gilt von ihnen dasselbe. Nur in den Flüssen darf man etwas größere und schwerere Köder verwenden, von denen einer, der sog. „Reußspinner", wegen seiner Schwere und guten Rotierens sehr beliebt ist. Überhaupt vermeide man auffällige Bleibeschwerungen, weshalb es besser ist, diese im Leibe des Köders zu verbergen oder, wenn man künstliche verwendet, diese entsprechend schwer zu nehmen.

Über das Spinnen im strömenden Wasser ist nicht viel zu sagen. Im See dagegen wird man schwerlich aufs Geratewohl ausfahren und werfen, sondern trachten auszumachen, wo eine Seeforelle jagt, diesen Ort dann vorsichtig anzufahren und sorgfältig nach allen Richtungen hin abzufischen. Pfrillen oder kleine Lauben an einem Röhrchensystem oder Zelluloidturbinenspinner, Idealwobbler u. ä. dürften das Empfehlenswerteste sein.

Eine jagende Seeforelle schlägt mehrere Male hintereinander auf, wobei man den Rücken und die Schwanzflosse über Wasser sehen kann.

Sie kommt außer in den vorgenannten Monaten auch später noch zur Oberfläche, besonders frühmorgens bis zu Sonnenaufgang, am späten Abend, nach länger anhaltenden Regenperioden, am sichersten aber vor und nach Gewittern.

Im großen und ganzen kann man aber sagen, daß die Chancen, sie zu solchen Zeiten und auf diese Art zu erbeuten, keine allzu großen sind, wenigstens in den meisten Alpenseen des Nordens.

Bessere Aussichten bietet die Schleppangel mit der Handleine, welche man übrigens mit der von der Gerte aus verbinden kann. Jedenfalls ist die Schleppangel dann vorzuziehen, wenn die Seeforelle sich aus dem ihr zu warm gewordenen Wasser der Oberfläche in die Tiefe zurückzieht, wo sie dann hauptsächlich von Coregonen lebt. Da diese wieder in jenen Schichten leben, in denen das Plankton am reichsten ist, hat man einen Anhaltspunkt für die jeweils zu erreichende Tiefe. Wer ein Planktonnetz zu handhaben versteht, der kann sich selbst die Tiefe bestimmen, andernfalls muß man sich an die Angabe der Berufsfischer halten, wo dieselben ihre Renken fangen.

Allerdings ist die Aussicht auf große Fänge in der warmen Jahreszeit durch verschiedene Faktoren beeinträchtigt: Vor allem steht die Seeforelle, die sich von den Anstrengungen der Laichzeit völlig erholt hat, förmlich in der Mast, so daß sie bei dem Futterreichtum nicht mehr so leicht an die Angel geht. Hauptsächlich aber steht dem Fang die Trübung der meisten Alpenseen zur Sommerszeit im Wege, was sich besonders beim Fischen in größerer Tiefe unangenehm auswirkt, da die Köder vom Fische nicht oder wenigstens nicht gut gesehen werden können.

An den Seen der Nordalpen herrschen zur besten Zeit, d. i. März bis April, nicht immer die angenehmsten Wetterverhältnisse, und das Sitzen und Fahren im Boote gehört zu dieser Zeit nicht zu den vergnüglichsten Sachen. Anders liegen die Verhältnisse in den südlichen Alpenseen, in welchen die Fangzeit schon Mitte Dezember beginnt und im März die Höhe erreicht.

Zum Schleppen in höheren Wasserschichten bedient man sich, wie schon erwähnt, mit Vorteil der Gerte, mit Zuhilfenahme eines in die Schnur eingefügten Gleitbleies oder aber der Handleine, mitunter beider gleichzeitig.

Die von Heintz empfohlene, mit 10 m Drahtschnur und zwei Seitenangeln nebst einem Senker von 30—250 g Gewicht an einer separaten, 2 m langen Drahtschnur hat sich mir hervorragend bewährt. Man beginnt am besten mit einem 100—120 g schweren Senker zu schleppen. Hat man die Bisse an der unteren Seitenangel, dann kann man das Senkergewicht erhöhen, umgekehrt vermindern, wenn die obere Seitenangel die begehrtere ist. Die Handleine soll ca. 70 m lang sein; 50 m annähernd läßt man sie mit der Drahtschnur auslaufen, den Rest behält man als Reserveschnur im Boote. Die Seitenangeln bestehen entweder ganz aus Lachsgut bester Qualität oder aber aus doppelt gedrehtem Gut bis auf die untersten 1—1½ m, die unbedingt aus einfachem Gut zu knüpfen sind. Da es nicht ausgeschlossen ist, daß auf diese höchstens 10—12 m tief laufende Angel auch ein Hecht beißt, ist es ratsam, die Haken der Fluchten an gesponnenem Stahdraht zu befestigen. Ich halte es für einen Vorteil, noch zwischen Köder und Gut ein ca. 10 cm langes Stück eines einfachen feinen Stahldrahtes einzuschalten, um jede Beschädigung des Gutes durch das Gebiß des Hechtes auszuschließen.

Die untere Seitenangel kann bis zu 10 m, muß aber mindestens 8 m lang sein, für die obere ist eine Länge von 6 m genügend.

Zum Fange der in der wärmeren Jahreszeit tiefstehenden Seeforellen bedient man sich der von Heintz angegebenen Tiefseeangel mit 3 Seitenangeln und fischt in der Tiefe, in welcher die Renken stehen.

Wenn der See von einem Fluß durchströmt wird, behält dieser erfahrungsgemäß sein Bett im Seegrunde bei. Den Verlauf desselben genau zu kennen, ist von großem Vorteil für den Schleppangler, da die Seeforellen sehr gerne hier ihre Stände haben.

Außer den vorher schon angeführten natürlichen Ködern eignen sich auch die verschiedenen Blinker hervorragend. Fangen doch die Berufsfischer an den italienischen Seen die Seeforellen zentnerweise ausschließlich mit solchen. Daß diese Blinker aus leichtem Bleche hergestellt sein müssen, ist wohl selbstverständlich, ebenso daß sie tadellos funktionieren müssen.

Bezüglich der Bewehrung mit Haken sind die Meinungen geteilt. Die einen verfechten leidenschaftlich die Ansicht, daß zum Fange der Seeforelle seitliche Drillinge eine unerläßliche Notwendigkeit seien; die anderen verzichten darauf. Heintz sagt, daß er eigentlich nie diese Notwendigkeit empfunden habe, und verweist auf die oberitalienischen Fischer, die auch nur mit einem Drilling ihr Auskommen finden. Auch ich stehe auf dem Standpunkte, daß ein Drilling genügt, mag auch vielleicht einmal ein Fehlbiß vorkommen; es ist dann immer noch kein Beweis dafür, daß er nicht vielleicht auch bei Verwendung des Seitendrillings passiert wäre. Andererseits ist und bleibt ein Drilling am Blinker oder an der Flucht entschieden immer unsichtlicher als eine Vielzahl derselben, welche für einen so scheuen Fisch wie die Seeforelle immer etwas Auffallendes sein muß.

Der Drill einer Seeforelle ist ungemein aufregend; ihre scharfen Fluchten, ihr Bestreben zu springen, halten den Angler stets in Atem. Mit der Gerte pariert man ihre Kampfmethoden bei einiger Erfahrung und Kaltblütigkeit leichter als mit der Handleine. Bei Verwendung letzterer ziehe man stets so tief wie möglich ein, damit die Leine und der Senker ihr Gewicht möglichst zur Wirkung bringen können und der Fisch vor allem am Springen aus dem Wasser gehindert wird. Um die scharfen, oft unberechenbaren Fluchten zu parieren, ist es angezeigt, stets weite Kreise zu fahren, um die Schnur vor einer plötzlichen gewaltsamen Zerrung zu bewahren. Beim Einziehen, das man erst vornehmen soll, wenn der Fisch sichtlich abgekämpft ist — aufkommende leere Seitenangeln hängt man am besten aus. Das schützt am sichersten vor Verwirrungen und anderen unliebsamen Störungen. Zum Boote führt man den Fisch erst nach vollständiger Erschöpfung und leite ihn vorsichtig ins Netz oder zum Gaff. Zur Schonung des edlen Fisches ist der von den Gardaseefischern verwendete dreizinkige Gaff empfehlenswert. Manche Fischer werfen den Fisch lebend ins Boot, indem sie mit der Hand seine Schweifwurzel umklammern, was aber viel Übung und Sicherheit voraussetzt.

Der Saibling.

Sein Verbreitungsgebiet beschränkt sich in Mitteleuropa auf die in den Nordalpen und deren Abhängen und Vorlagen gelegenen kalten Seen. Dann findet man ihn erst wieder in den Seen Schottlands, Finnlands, Skandinaviens, in Island und in Rußland. Der Saibling hat ein typisches Äußere. Junge Fische sind von mehr gestrecktem, seitlich zusammengedrücktem Körper, die älteren, besonders die der großwüchsigen Rasse, sind breit, besonders wird es der Bauch, der sich oft so stark entwickelt, daß der Fisch beinahe unförmig aussieht. Das ist die Form des sog. „Wildfangsaiblings".

Der Rücken zeigt graublaue Färbung, oft nach den Seiten ins Smaragdgrüne übergehend, während der Bauch durch seine orangerote Farbe auffällt. An den Seiten sieht man blaßrote, aber auch weißliche Flecken und Tupfen. Die Flossen sind gelblich oder orangerot, die paarigen weiß gerändert; hinter dem weißen Rand verläuft ein weißer Streifen.

Heintz beschreibt einen dem Saibling eigenen Parasiten, ein Krebschen, das in seinen Kiemenblättchen eingehakt lebt und

Lenaeopoda Heintzii benannt wurde. Ich habe mich diesbezüglich an englische Ichthyologen und Fischkenner gewandt, ob dieser Parasit auch bei den schottischen Saiblingen vorkomme, was aber von diesen verneint wurde.

Der Saibling ist ein ausgesprochener Raubfisch, dessen Hauptnahrung in Renken und Lauben besteht. In kleinen Seen, die arm an Futterfischen sind, frißt er auch Würmer und Schnecken, ja in ganz armen Gewässern wird er zum Planktonfresser. In einzelnen Seen bildet sich aber eine Zwergrasse aus, die kaum 100 g schwer wird, welche lokal „Schwarzreiter" genannt wird. Die Laichzeit fällt in die Monate November-Dezember, in manchen Gewässern zieht sie sich aber bis zur Eisschmelze hinaus.

In den letzten Jahren wird über eine auffallende Abnahme der großen Saiblinge Klage geführt. Man beschuldigt vor allem und nicht mit Unrecht das Fangen an den Laichplätzen mit Stellnetzen, wodurch die Fische einerseits vor Erledigung des Fortpflanzungsgeschäftes dem Wasser entnommen werden, während andererseits die nicht gefangenen von den gewohnten Laichstätten vertrieben werden und gezwungen sind, neue Laichgründe von vielleicht ungünstiger Beschaffenheit aufzusuchen, was natürlich für die Vermehrung nicht von Vorteil ist.

Weiterhin wird in manchen Gewässern das Auftreten von Bandwürmern für die Abnahme des Fischreichtums verantwortlich gemacht. Heintz erwähnt eine eigene diesbezügliche Beobachtung, und es ist leicht zu glauben, daß diese Parasiten den Fischen recht gefährlich werden können.

Zu bedauern ist sowohl in diesem Falle wie auch hinsichtlich der meisten edleren Fischarten, daß wir zu wenig strenge Gesetze haben, welche den Fang von solchen Fischen während der Laichzeit zu anderen Zwecken als ausschließlich zur Gewinnung von Laichprodukten kategorisch verbieten, und ebenso auch, daß alle unsere Schonzeiten viel zu knapp bemessen sind.

Für die Spinnangel kommen nur die kleineren und hochgelegenen Seen in Frage, und nur solange, als die Temperatur der oberen Wasserschichten nicht 10 Grad erreicht. Man kann wohl auch in solchen Gewässern vom Ufer aus spinnen; vorteilhafter ist es, ein Boot zu haben. Die beste Zeit ist das Frühjahr, nach der Eisschmelze, wenn die Fische hungrig und das Wasser noch entsprechend kalt ist, bzw. man mit dem Köder noch in die kalten Schichten des Wassers kommt, wenn dieses mit fortschreitender Jahreszeit wärmer geworden ist.

Als Ausrüstung kommt die leichte Spinnausrüstung in Frage, wie wir sie für Forellen verwenden; jedenfalls wird heute auch die Überkopfgerte ihre Vorzüge geltend machen. Als Köder werden dementsprechend kleine Lauben oder Pfrillen oder kleine Blinker in Frage kommen und diese sowie die Fluchten nur mit einem Schweifdrilling bewehrt.

Mit der fortschreitenden Erwärmung der Wasseroberfläche geht der Saibling in die Tiefe, weil er, an und für sich ein Bewohner derselben, außerdem nur in Wasserschichten lebt, welche Quellwassertemperatur besitzen. In ganz hochgelegenen Alpenseen wird man diese selbst im Hochsommer kaum tiefer finden als 10 m, hingegen in den Seen der tieferen Lagen und jenen des Vorlandes wird man schon im Beginn des Frühsommers auf 30, ja 40 m Tiefe hinuntergehen müssen, um den Saibling zu finden. Daß dazu das Wasser hell und sichtig sein muß, ist nach dem, was im allgemeinen Teil über das Angeln in der Tiefe ausgeführt wurde, unerläßlich, wenn man auf Erfolg rechnen will.

Die großen „Wildfangsaiblinge" leben nur in der Tiefe auf steinigem oder felsigem Untergrund, selten in geringeren Tiefen als 15—20 m. Zufälligerweise erbeutet man in geringerer Tiefe gelegentlich einen an der Hechtangel, aber dann kann man beobachten, daß dies stets am Rande der Schar geschieht, dort wo diese steil zur Tiefe abfällt und der Fisch in der Nähe davon seinen Stand hatte.

Die kleinen Fische, welche infolge Nahrungsmangels und hieraus folgender Degeneration Planktonfresser wurden, leben in allen jenen Wasserschichten, wo außer der entsprechend niederen Temperatur Plankton am reichsten treibt. Wir werden sie daher an der Schleppangel in verschiedenen Schichten erbeuten, während wir dem Wildfangsaibling nur mit der Tiefseeangel beikommen können, welche uns die unmittelbare Fühlung mit dem Seegrund ermöglicht. Da man nur mit einem Anbiß in der nächsten Nähe des Grundes zu rechnen hat, braucht man nicht mehr als höchstens 3 Seitenangeln zu führen. Je intimer die Lokalkenntnis ist, welche man von seinem Wasser besitzt, je mehr Gelegenheit man hat, zu verschiedenen Zeiten in demselben zu fischen und das Verhalten und die Stände der Fische in den verschiedenen Jahresabschnitten kennenzulernen, desto mehr Erfolge wird man unzweifelhaft haben.

An einem fremden Wasser muß man sich vor allem darüber unterrichten, wo die besten Laichplätze sind und wo die besten Fänge gemacht werden. Ferner muß man sich Kenntnis von den Planktonverhältnissen verschaffen, weil in diesem die Lauben und Renken leben und man seine Angeln in diesen Schichten führen muß. Die Orientierung über Bodenverhältnisse, Hindernisse am Grunde usw. verschafft man sich durch eine Probefahrt ohne Angeln, wobei man mit dem Blei vor allem den steinigen Grund zu suchen hat, der wiederum meist auf Laichplätze hindeutet, also auf günstige Standplätze.

Als bester Köder bewährt sich die Laube, an einer Flucht geködert, welche auch bei langsamster Fahrt noch rotiert, mit nur einem einzigen Drilling bewehrt; als solche Anköderungen kommen in Betracht der Röhrchenspinner, wie ihn Heintz für diesen Zweck speziell angibt, und mein Zelluloidturbinensystem, das vielleicht noch unsichtlicher ist.

Von künstlichen Ködern sind es die Blinker, der Gardasee-

Blinker und der Heintz-Blinker, beide auch nur mit einem Schweifdrilling versehen. Bei diesen kommt es außer auf starke Leuchtkraft ebenfalls auf tadelloses Spinnen selbst bei langsamster Fahrt an, denn langsam muß man rudern, um stets in der Tiefe bleiben zu können.

Jedenfalls aber ist es unstreitig, daß die frische Laube unter allen Umständen besser und vertrauter genommen werden wird als der verlockendste Kunstköder.

Die Stellen, an welchen man Saiblinge vermutet oder wo man einen Biß bekommen hat, befährt man am besten in Touren von der Form einer 8, denn so hat man Aussicht, dort, wo man einen gefangen hat, mehrere zu erbeuten, da er gesellig lebt.

Als Fisch der Tiefe kämpft der Saibling auch in dieser und drängt zu ihr hinab, statt Fluchten zu machen oder über Wasser zu springen. Er sträubt sich und schüttelt sich oft minutenlang, um dann plötzlich nach vorn zu schießen, was man durch rasches Rudern parieren muß; dann wiederholt sich dieser Vorgang je nach der Größe des Fisches verschiedene Male, und es dauert mitunter ganz geraume Zeit, bis man den Fisch soweit abgekämpft hat, daß man ihn heranholen kann. Besonders aufregend ist es, wenn man eine Doublette gefangen hat, was nicht gerade selten vorkommt, wenn das Wasser guten Bestand hat.

In der wärmeren Jahreszeit ist es besonders stark windiges, eventuell sogar stürmisches Wetter, welches für den Erfolg günstig ist. Nach Heintz's Ansicht dürfte es auch in den anderen Jahresabschnitten der Fall sein, auch in der kalten, doch wird der Angler, der ruhig im Kahn sitzen muß, wahrscheinlich zu stark unter der Einwirkung der Kälte zu leiden haben, was unbestreitbar ist.

Wer das Glück hat, am Wasser selbst oder wenigstens in erreichbarer Nähe desselben zu wohnen, der mag wohl den Versuch wagen; ich glaube aber nicht, daß jemand, der die Unsicherheit und Rauhigkeit des Alpenklimas kennt, so leicht zu dieser Zeit die Begeisterung aufbringt, eine weite Reise zu machen und sich dann der Unbill der Witterung auszusetzen.

Der Rapfen oder Schied (Bolent).

Obzwar nicht ein Angehöriger der Edelrassen, ist der Schied für den Spinnangler ein interessanter und begehrenswerter Fisch. Abgesehen davon, daß er dort, wo er halbwegs zusagende Lebensbedingungen findet, eine ganz respektable Größe erreicht, ist er auch durchaus kein zu verachtender Bissen; besonders in der kälteren Jahreszeit ist sein Fleisch recht schmackhaft, wenn auch etwas grätig.

Unsere Literatur behandelt ihn recht stiefmütterlich, und wenn ich auch zugebe, daß Huchenfischen unter Umständen der höhere Sport ist, so muß man andererseits bedenken, daß es doch nur verhältnismäßig wenigen gegönnt ist, ihm zu huldigen, während der

Fang des Schiedes vielen eine Quelle sportlicher Befriedigung erschließen kann, die vielleicht gar nicht daran denken, was für schönen Sport er bietet.

Vor allem einmal geht er das ganze Jahr an die Angel, im heißesten Hochsommer und bis tief in den Winter hinein, und wieder nach dem Eisgang bis zur Laichzeit. Und wie mancher passionierte Spinnfischer hat in seinem Wasser Rapfen genug und von respektabler Größe und packt trotzdem im Winter resigniert sein Spinnzeug in den Kasten, von unerreichbarem winterlichen Angeln auf Huchen träumend, während er Ebensogutes daheim hat.

Als eigentlicher Bewohner der Mitteltiefe und der Oberfläche hat der Schied zu verschiedenen Jahreszeiten verschiedene Standplätze. Obzwar seinem Benehmen und auch seinem Körperbau nach ein Raubfisch, ist er mehr oder weniger ein Allesfresser, und das bedingt die Wahl seiner Standorte.

Im Frühjahr, sobald das Wasser warm wird, sucht er die Mitteltiefen und später die Oberfläche auf, immer hinter den Lauben her, die er laut über Wasser aufschlagend jagt. Man wird ihn daher dort zu suchen haben, wo Laubenschwärme ziehen, also am Rande von zwei Strömungen, in stillen Kehren und Wirbeln, hinter Steinwurf, an der Mündung von Kanälen und Seitenwässern, am Auslauf von Buhnen und Altwässern und sehr oft im Überfall von Wehren, wenn die Strömung dort nicht zu schwer ist; überhaupt überall dort, wo nebenbei noch andere Nahrung treibt und angeschwemmt wird.

Es gibt kaum einen zweiten Fisch, der einen dargebotenen Köder mit einer derartigen Gier angeht und packt wie er, vorausgesetzt, daß ihm derselbe unverdächtig und irgendwie Leben zeigend vorgeführt wird. Wenn man ihn rauben sieht, dann ist es beinahe totsicher, ihn mit dem nächsten Wurfe dingfest zu machen. Im Spätherbste und Winter geht er allerdings seiner Hauptnahrung, den kleineren Fischen, in tiefere Stellen nach; dann muß man ihn dort suchen, wo das Wasser ruhig strömt, in langen Kehren, an Steindämmen, in Staugerinnen u. dgl., mitunter auch in den Altwässern selbst, welche aber durchströmt sein müssen; stagnierendes Wasser meidet er.

Es ist eigentlich zu verwundern, wie fremd dieser Fisch einem Großteil der Angler noch ist, woran Vorurteil und unberechtigt abfällige Beurteilung seines Wertes sowohl als anglerisches Beuteobjekt als auch als Speisefisch bestimmt die Schuld tragen.

Eine besondere Spinnausrüstung benötigt man für ihn nicht. Alles, was man zum Spinnen auf Hechte oder eventuell auch nur Forellen besitzt, genügt vollauf. Vielleicht, daß in einem sehr großen Wasser eine längere, sagen wir 4—4½ m lange Gerte angezeigt ist, wenn man ungünstige Ufer zu begehen hat. Sonst sind auch Rolle und Schnur die gleichen. Als Vorfach genügt eines der feinen aus gesponnenem Stahldraht.

Von den künstlichen Ködern haben sich Blinker aller Art in

der Größe von 7—8 cm sowie lange, schmale Löffel am besten bewehrt. Ich ziehe aber, wenn es möglich ist, eine frische oder eventuell gesalzene Laube allem anderen vor. Die beste Anköderung ist die nach dem Deesystem mit nur einem etwas größeren Drilling; ich habe damit weitaus meine meisten Rapfen gefangen. Im Sommer braucht man nur eine ganz kleine Bleikappe oder ein ebensolches Schlundblei, im Winter dagegen, wo man dem Fische in die Tiefe folgen muß, ist eine größere Beschwerung angezeigt, da es ratsam ist, den Köder mitunter bis zum Grunde tauchen zu lassen.

Im Sommer ist mitunter die Art nach Henshall, mit dem lebenden Fischchen nur am Einhaken durch die Lippen geködert zu angeln, hervorragend wirksam, wenn man den Rapfen jagen sieht. In Ermangelung von Lauben kann man auch kleine Gründlinge als Köderfische verwenden, doch soll man sich zur Regel machen, keine zu großen Fische zu nehmen; solche von 6—7 cm Länge haben gerade die richtige Größe.

Nicht unerwähnt darf ich die amerikanischen Holzköder von der Type „Oreno" usw. lassen, welche sich besonders zur Sommerszeit hervorragend bewähren dürften. Solche in den Farben der Laube oder die silberfarbigen mit schwarzem oder rotem Kopfe dürften als besonders verführerisch anzusehen sein und die Lebendigkeit der Bewegung dürfte einen weiteren Anziehungspunkt darstellen. Meines Erachtens brauchte man zum Fange des Rapfens die Kopf- und Mitteldrillinge nicht. Ich hatte leider selbst keine Gelegenheit, diese Köder in der Praxis auf Schiede zu versuchen, da in meiner Gegend weit und breit kein Wasser ist, das eine weitere Angelfahrt zu diesem Zwecke lohnen würde; aber nach meinen günstigen Erfahrungen, welche ich mit ihrer Verwendbarkeit für andere Fischarten gemacht habe, glaube ich sie auch für diesen Zweck mit gutem Gewissen empfehlen zu dürfen.

Im Sommer und überhaupt solange die Schiede hochstehen, kann man sich zwei Arten des Angelns auf sie zurechtlegen. Entweder das Warten, bis man einen Fisch rauben sieht, oder das Suchen an den Plätzen, wo man ihn vermutet. Wenn der Bestand ein guter ist, ziehe ich das erstere vor. In der Sommerhitze ist es entschieden weniger echauffierend und hinsichtlich des Erfolges mindestens ebenso lohnend.

Das wichtigste ist der sichere Wurf und die lebendige Führung des Köders. Ich lasse nach dem Wurf erst den Köder vom Strome zu seinem mutmaßlichen Standort hintreiben, und wenn der Fisch nicht gleich zubeißt, ziehe ich das Fischchen in allen Richtungen kreuz und quer durchs Wasser, langsamer, schneller, höher oder tiefer. Sobald er es erblickt hat, fährt er hin und verschlingt es gierig, so daß sich in manchen Fällen der Anhieb erübrigt, weil er sich beim Rauben schon die Haken ins Maul gerissen hat.

Im Winter muß man dagegen den Fisch an seinem Standorte suchen und die Stellen etwas gründlicher befischen, auch den Köder etwas langsamer führen und hie und da tauchen lassen.

Angeln kann man bei jedem Wetter, wenn es nicht gerade allzu kalt ist, Treibeis hat oder schneidender Nordost bläst. Auch rasch und stark steigendes Wasser ist nicht günstig, wohl aber fallendes und klärendes, womöglich bei Nebelwetter und Föhn.

Ein halbwegs großer Rapfen an der Angel wehrt sich ganz ausgiebig und will am feinen Zeuge ganz regelrecht gedrillt sein. Scharfe Risse und Fluchten und hie und da auch ein Sprung übers Wasser sind Momente, welche den Drill ganz reizvoll machen und uns eine ganz andere Ansicht von dem Fische beibringen.

So anspruchslos der Rapfen ansonst hinsichtlich seiner Lebensbedingungen ist, so scheint er sich doch mit den Flußregulierungen nicht zu befreunden, denn wie ich erfahren habe, nimmt seine Zahl und Größe in scharf regulierten Flüssen gegen früher stark ab. So kenne ich einen Fluß, in dem es früher von Rapfen geradezu wimmelte und in welchem ich hervorragende Strecken erzielte; seit der Regulierung, durch welche das Flußbett stark verengt und die Stromgeschwindigkeit gegen früher fast verdoppelt wurde, sollen die Rapfen direkt aus dem ganzen Bereich der regulierten Strecke — ungefähr 20 km — verschwunden sein. Auch in der Donau beobachtete man von Jahr zu Jahr ein auffallendes Geringerwerden sowohl des Bestandes als auch der Größe der Rapfen, so daß zurzeit der Fang eines Acht- oder Zehnpfünders als etwas Außerordentliches angesehen wird.

Der Döbel oder Aitel.

Es wird kaum einen Wasserlauf geben, — ausgenommen die ganz kalten typischen Forellengewässer —, in dem man den Döbel nicht antreffen würde. Den meisten Anglern ist er nur als Beutestück für die Grundangel, eventuell noch für die Fluggerte geläufig, aber in der Tat gibt es nur verhältnismäßig wenige, denen er vollwertig genug erscheint, eigens ihm zuliebe mit der Spinngerte auszuziehen. Und doch ist es gerade diese Art zu angeln, welche meist die größten und schwersten Exemplare zur Strecke bringt. Allerdings darf man sich dazu nicht einen windstillen Hochsommertag mit klarem Niederwasser aussuchen, wenn man auf Döbel spinnen will; und gar zu kleine Wasserläufe eignen sich auch nicht hervorragend zu diesem Zwecke.

Ansonst aber kann man das ganze Jahr hindurch das Vergnügen haben, auf Döbel zu spinnen. Die beste Zeit dazu ist wohl das Frühjahr, gleich nachdem das Eis abgegangen ist und das Hochwasser unter gleichzeitiger Klärung abzusinken beginnt. Nicht minder gut ist der Herbst und Frühwinter, besonders der letztere, an milden Tagen. Mitunter kann man es auch an solchen erleben, daß man statt des erwarteten Hechtes einen schweren Döbel hakt und am Ende des Tages die Strecke der letzteren die Beute an Hechten weitaus übertrifft.

Überhaupt gibt es heutzutage eine ganze Menge von Gewässern, in denen die Hechte aus dem oder jenem Grunde klein und spärlich sind, dagegen Döbel in reichlicher Zahl und ansehnlicher Größe vorkommen, so daß ihr Fang bzw. die Spezialisierung desselben mehr Sport und Befriedigung gewährt als jener armseliger Junghechte. Und selbst was den Tafelwert anbelangt, ziehe ich einen wenigstens fleischigen, saftigen Döbel im Herbste oder im zeitlichen Frühjahr einem kleinen Hechtchen vor, das entschieden ebensoviel Gräten, dafür aber weniger Fleisch hat als der zu Unrecht gering geschätzte Döbel.

Bei der Anspruchslosigkeit dieses Fisches hinsichtlich der Beschaffenheit des Wassers und der Nahrung und bei seiner reichlichen Vermehrung ist sein Bestand viel weniger gefährdet als der anderer Fische, und da er wirklich das ganze Jahr hindurch vielseitigen Sport gewährt, verdiente er von Seiten der Angler viel mehr Beachtung und Schätzung als bisher. Ich betrachte es als Unrecht, wenn er bisher immer nur als „Wasserpest" oder etwas sportlich Minderwertiges geschildert wurde. Mag er auch in dem oder jenem Wasser unwillkommen sein, dann kann man ihn durch geeignete Maßnahmen kurz halten und seinem Überhandnehmen steuern; vom anglerischen Standpunkte aus ist er aber als der Fisch anzusehen, welcher dem Durchschnittsangler das ganze Jahr hindurch guten Sport bietet, was in meinen Augen durchaus kein Kriterium von Minderwertigkeit ist.

Im Sommer, besonders vor und nach der Laichzeit, suchen die Döbel gerne das seichtere, rasch strömende Wasser auf; wenn jedoch eine stärkere Abkühlung eintritt oder starker Wind bläst, dann gehen sie nach dem tieferen Wasser und an solchen Tagen kann man geradezu erstaunliche Fänge machen, sowohl hinsichtlich der Zahl als auch hinsichtlich des Gewichtes der erbeuteten Fische.

Im allgemeinen halten die Döbel die gleichen Standorte ein: größere Gumpen, Stauwasser oder Wehren, die Tümpel und Rückläufe unter solchen, Altwässer und stille Seitenarme; überhaupt Stellen mit ruhiger oder wenig Strömung ziehen sie bewegtem Wasser vor, außer den kleinen Exemplaren, die man auch in der Strömung findet. Die großen lieben ruhigere Plätze. Wo Kraut und Schilf steht, steht auch der Döbel gerne, ebenso dort, wo Kanäle und Gräben in den Fluß münden, in der kalten Jahreszeit an den tiefsten Punkten der ruhigen Stellen.

Zu seinem Fange braucht man feines, aber widerstandsfähiges Gerät. Eine leichte Hecht- oder stärkere Forellen-Spinngerte, feine Leine, kleine Wirbel und feine Vorfächer. Auch die Köder wähle man nicht allzu groß, wenigstens im Sommer nicht. Im Spätherbst und im zeitlichen Frühjahr darf man ihm schon größere Brocken anbieten. Um diese Zeit habe ich wiederholt Döbel — allerdings kapitale Burschen — an großen Blinkern oder ebenso großen Fischchen gefangen.

Der Döbel ist kein guter Schwimmer und raubt weder mit dem Elan des Hechtes noch mit der Angriffslust anderer Raubfische.

Vor allem sucht er stets seine Beute vom Schweife her zu erfassen, so daß ein einziger Schweifdrilling vollauf genügt, sowohl zur Bewehrung von Fluchten als auch von Blinkern.

Da der Döbel, was Mißtrauen und Scheu anlangt, in der vordersten Reihe steht, ist alles möglichst unauffällig zu montieren. Ich verwende für die Anköderung frischer, höchstens noch gesalzener Köderfische nur das Deesystem und im Sommer oder bei sehr sichtigem Wasser bloß ein Einhakensystem wie für Forellen, welches ich aber mit der Ködernadel derart in den Fischleib einführe, daß der Hakenbogen an der Schweifwurzel heraussteht. In diesem Falle nehme ich auch das Vorfach von Gut — es genügt die Stärke Padron II — und nur dort, wo ich auch auf den Biß eines Hechtes rechnen darf, schalte ich zwischen dieses und den Köder ein 6—10 cm langes Stückchen einfachen Stahldrahtes von 0,25 mm Durchmesser ein.

Die besten Köderfische sind Lauben, Gründlinge, Pfrillen oder Koppen, eventuell, wo sie vorkommen, auch Bartgrundeln oder Schlammbeißer. Breitleibige Köderfische sind unverwendbar.

Was ich für sehr wichtig halte, ist, das Blei in dem Leib des Köderfisches zu verbergen. Da man ohnehin mit feinem Zeug fischt, das dem Wasser wenig Widerstand entgegensetzt, und wenn auch mitunter in ziemlicher Tiefe, so doch langsam und in ruhigem Wasser spinnt, braucht die Beschwerung nicht zu groß zu sein.

Von den künstlichen Spinnern sind die besten die verschiedenen Blinker bis zu 7 cm Länge, schmale Löffel-, Otter- oder Haugspinner, alle je nachdem silberfarbig oder auch vergoldet. Auch mit dem Behmschen Kugelspinner hatte ich zuzeiten gute Erfolge und in letzter Zeit mit kleinen, laubenfarbigen und silberbronzierten Orenos; mit letzteren im Sommer, wenn ich sie von der Strömung den Döbeln unter überhängenden Bäumen und Stauden von weither zutragen ließ.

Mit Rücksicht auf das ruhigere Wasser, in dem die Döbel meist stehen, ist es von Vorteil, wenn man sich so wenig wie möglich bemerkbar macht, jede Erschütterung des Ufers vermeidet und leise und weiche Würfe macht. Zu keiner anderen Art des feinen Spinnfischens leistet die Wenderolle so hervorragende Dienste wie zum Döbelfange, weil sie eben wie keine andere Rolle den leisen Weitwurf mit nahezu unbeschwerten Ködern erlaubt. Von ganz besonderer Wichtigkeit ist es aber — und darauf hat bisher niemand hingewiesen, sofern überhaupt das Spinnen auf den Döbel als eigenes Kapitel behandelt wurde — daß der Köder sehr, sehr langsam geführt werde; die natürlichen Köder noch viel langsamer als die künstlichen, denn die taumelnde Tauchbewegung eines Köderfisches, der ein Schlundblei im vorderen Drittel seines Körpers trägt, reizt vielleicht den Döbel noch mehr zum Anbisse als das exakte Spinnen, eben nur deshalb, weil er trotz seiner Freßgier ein schlechter, langsamer Schwimmer ist und andererseits gewohnt ist, einen großen Teil seiner Nahrung vom Boden aufzunehmen.

Aus diesem Grunde ziehe ich den natürlichen Köder dem künstlichen unter allen Bedingungen vor. Auch die Anköderung nach dem Prinzip des Wobbelns, das einen kranken oder sonst an seiner Schwimmfähigkeit geschädigten Fisch darstellen soll, scheint mir auf den Döbel mehr Reiz auszuüben als auf irgendeinen anderen Fisch, weshalb eben die Taumelbewegungen recht ausdrucksvoll und langsam erfolgen sollen.

Der Döbel beißt auch nicht in der Weise der anderen Raubfische mit dem gewissen typischen Ruck oder Zucken, sogar nicht einmal, wenn er ganz große Köder faßt, sondern man hat in der Hand das Gefühl eines Stoßes oder eines leisen Verhaltens am Köder. Das resultiert aus der Art des Döbels, der Beute von hinten stoßartig nachschwimmend, sie am Schweif zu fassen. In diesem Moment ist auch dann der Anhieb zu setzen.

Der Döbel hat auch nicht die Angriffslust anderer Raubfische, einen ihm entkommenen Köder ein zweites Mal anzugreifen; im Gegenteil, seine angeborene Scheu läßt ihn davon zurückstehen, und es ist gut und ratsam, einen Platz, an dem man einen Anhieb verfehlte, rasch zu verlassen und erst nach einiger Zeit wieder zu besuchen. Schon deswegen, weil der Döbel gesellig lebt und man sich durch wiederholte fruchtlose Würfe auch die anderen vergrämen würde.

Große Döbel wehren sich ganz energisch und wollen richtig gedrillt sein. Wenn auch bei der Spinnangel das Zeug kräftiger ist als bei der Grund- oder Flugangel und mehr Druck gegen den gefangenen Fisch erlaubt, so muß man doch einen Döbel von einigen Pfund Gewicht müde kämpfen, ehe man an seine Landung schreitet. Die ersten Befreiungsversuche sind stets heftige Risse und Fluchten, bei denen der Fisch gerne die Strömung zu gewinnen sucht, in welcher er durch Spreizen diese und sein eigenes Gewicht zur Wirkung bringen will.

Allerdings hält das nicht lange an und bald ergibt er sich in sein Schicksal, besonders dann, wenn man ihn bald wenden und rasch stromab führen kann.

Zu seiner Landung empfiehlt sich der Gebrauch eines geräumigen Landungsnetzes, das zusammengeklappt leicht mitzuführen ist und selbst die Bergung mehrpfündiger Fische erlaubt.

III. Schlußwort.

In dem vorliegenden Bande habe ich dem Leser die Früchte eigener jahrelanger Studien, Versuche und Erfahrungen, sowie die der erfahrensten Autoren und Angler der Gegenwart gesammelt niedergelegt, dem Grundsatze folgend: Prüfet alles, und das Beste behaltet, wobei nicht zu übersehen ist, daß das Allerneueste nicht immer auch das Beste ist, wenn es auch mit viel Reklame herausgebracht wird.

Jedes Jahr bringt eine Menge neuer Dinge, Rollen, Spinner usw., deren Wert oder Unwert zu prüfen, die Kräfte eines einzelnen übersteigt. Meist handelt es sich um unwichtige Variationen bereits bestehender Modelle, deren anerkannte Güte durch Phantasienamen nicht gesteigert wird, wie auch kardinale Mängel hierdurch nicht beseitigt werden.

Man kann von einem Autor nicht verlangen, daß er alle Eintagsfliegenprodukte in seinem Buche schildere, denn dann würde aus diesem nicht ein Belehrungs- und Nachschlagewerk, sondern eine Preisliste.

Aber selbst das Neueste und Beste muß erst seine Probezeit bestehen und darf nicht kritiklos hingenommen werden. So muß es späteren Auflagen vorbehalten bleiben, die in der Zwischenzeit erschienenen Neuheiten zu bringen und zu besprechen. Der erfahrene Angler weiß in den meisten Fällen, wozu er sich entschließen wird, wenn es sich darum handelt, eine Neuerscheinung am Markte in Gebrauch zu nehmen, aber der Anfänger und der weniger Erfahrene wird viel mehr Nutzen haben, wenn er sich zunächst mit dem erprobten Alten und den Grundformen in Stil und Geräte vertraut macht und erst auf dieser Unterlage sein Wissen und Können durch Versuche mit unbekanntem Neuem zu erweitern trachtet.

Nur verhältnismäßig wenige Angler haben die Möglichkeit, sich vielseitig zu betätigen, die meisten werden den Angelsport und seine Bedürfnisse den bestehenden, meist beschränkten Verhältnissen anpassen müssen. Diesem Umstande habe ich weitgehendst Rechnung getragen. Einerlei, ob einer nur Hechte, der andere nur Huchen, der dritte dagegen alles zu angeln hat, Grundbedingung für Erfolg und Freude am Werke ist eine gründliche Anleitung und Ausbildung in der Technik des Angelns selbst. Alles andere lernt man dann von selbst hinzu, und der Erfolg wächst mit zunehmender Erfahrung.

Aus diesem Grunde habe ich dem schulmäßigen Erlernen der Technik den breitesten Raum angewiesen und hoffe, daß mir vorurteilsfreie Leser dafür Dank wissen werden. Was den speziellen Teil des Buches anbelangt, so wird es vielleicht manchen Leser befremden, daß ich von einer Besprechung des Angelns auf Lachs und Schwarzbarsch Abstand genommen habe.

Ich tat es mit Absicht. In unseren deutschen Gewässern ist der Fang von Lachsen heutzutage nur noch eine reine Zufallssache, wenn es sich überhaupt um Lachse und nicht um Meerforellen handelt. Wenn jemand in der glücklichen Lage ist, im Ausland auf Lachse angeln zu können, so wird er bestimmt Erfolg haben, wenn er daheim ein guter Spinnangler gewesen ist; denn Geräte und deren Anwendung sind die gleichen, nur der Drill ist beim Lachse länger und mitunter aufregender.

Der Schwarzbarsch ist bei uns als Sportobjekt lediglich ein schöner Traum geblieben, so daß ich es für zwecklos erachte, über ihn überhaupt zu schreiben oder die in Amerika üblichen Methoden zu schildern. Letztere schon am wenigsten, da mein Buch speziell auf kontinentale, unter besonderer Berücksichtigung unserer heimischen Verhältnisse zugeschnitten ist.

Darum hoffe ich, daß mir niemand diese Unterlassung übel deuten werde, dafür aber unserem lieben Sport, und besonders dem reizenden und kunstvollen Spinnangeln, eine Schar neuer Jünger und Verehrer gewonnen werden.

III. Teil

Flugangeln

Mit 66 Abbildungen

Vorwort.

Wie bei der Abfassung der vorhergehenden Bände hat mich auch bei diesem der Gedanke geleitet, der Anglerwelt ein Kapitel des Angelns als geschlossenes Ganzes zu widmen — diesen Band als erste Monographie des Flugangelns in deutscher Sprache.

Ich habe es allezeit her als beschämend empfunden, daß gerade der deutsche Angler, dessen Vaterland an der Spitze der Buchproduktion einer ganzen Welt steht, nicht einmal über ein einziges Buch dieser Art verfügen konnte, während in anderen Ländern hierüber schier ganze Bibliotheken existieren und immer neue Veröffentlichungen hinzukommen.

Die Flugangel, ihre Ausübung, die Geräte und Behelfe haben im Laufe der letzten Dezennien verschiedenartige Entwicklungen und Veränderungen durchgemacht, welche einzeln zu schildern weit über den Rahmen des Buches hinausgehen würde.

Ich beschränke mich daher darauf, in den vorliegenden Blättern dem Angler nur das Wissenswerte unseres Flugangelns von heute vorzutragen — es ist Stoffes genug. Ganz entgegen der erst vor kurzem in einem Fachblatt geäußerten Ansicht: „Wer bindet heute noch seine Fliegen selbst?" erwidere ich einfach: Ich. Und nicht nur ich, auch eine Reihe meiner Freunde am Kontinent und jenseits des Kanals, alle durch die Bank hervorragende Angler mit Namen, die in Anglerkreisen den besten Klang haben.

Nicht zu vergessen: Wir sind heute arm geworden, und manchem fällt es schwer, für gute Fliegen verhältnismäßig viel Geld auszulegen. Warum soll dieser Angelbruder sich seine Fliege nicht selbst binden können? Und warum soll der Gutgestellte das nicht aus Passion und Liebe zur Sache tun? Und ist es ein Fehler, sich eine Kenntnis oder Handfertigkeit anzueignen — notabene eine so nützliche, die einem oft aus unangenehmen Verlegenheiten helfen kann?

Infolgedessen bekämpfe ich die überhebliche und durch nichts begründete Meinung, daß der Flugangler der Kenntnis des Selbstbindens entraten könne, und lehre alle, die guten Willens sind, diese nützliche Fertigkeit und darf's kühnlich verraten, daß es mir noch jeder gedankt hat.

Mit Bedacht habe ich keine Fliegentafel in den Text aufgenommen.

In der Beschreibung habe ich außer den 28 angeführten Mustern, welche für den kontinentalen Bedarf völlig ausreichen, und vielfach auch dem des Auslandes bzw. der Übersee genügen, noch verschiedene Fliegensorten angeführt, die sich ebenfalls universell bewährt haben.

Wenn ich auch nicht die suggestive Wirkung farbiger Bilder verkenne, so verschließe ich mich anderseits nicht der Erkenntnis, daß diese ihrerseits verwirren, wenn des Gebotenen zuviel ist, und besonders dem Anfänger viel Kopfzerbrechen bereiten und ihn zu allerhand erfolglosen und oft kostspieligen Experimenten verleiten, bis er zu der Erkenntnis kommt, daß „wenig, aber passend" das Richtige ist.

Ich gestehe es ganz offen, daß ich in jungen Jahren eben jener Suggestivkraft unterlegen, den eben erwähnten Leidensweg des Anfängers auch gegangen bin, den ich meinen Lesern ersparen möchte.

Manch einer wird im speziellen Teile die Besprechung des Angelns auf den Lachs vermissen. Ich habe diese absichtlich unterlassen.

Vorerst einmal ist der Lachs heutzutage für unsere Gewässer ein Fisch, der im besten Fall nur noch Interesse für den Berufsfischer hat, soweit er überhaupt noch unsere Gewässer aufsucht bzw. darin noch die Möglichkeit hat, seinem Laichgeschäft zu obliegen. Wer heute Lachse angeln will, der muß schon eine hübsch weite Reise machen und über mehr als durchschnittliche Mittel sowie über viel Zeit verfügen. Und das können heute wohl herzlich wenige. An und für sich ist der Lachs und das Angeln auf ihn ein Problem, ein lebenslanges Studium, dem die prominentesten Angler Englands und Amerikas ergeben sind, die in mehr oder minder umfangreichen Werken ihre Erfahrungen niederlegten.

Selbst wenn man in seinem Leben ein paar Dutzend Lachse erbeutet hat, so hat man eben nur das Glück gehabt, angeln und Beute machen zu können — aber nicht mehr. Erfahrung und eigenes Urteil hat man darüber nicht und tut deshalb besser, gar nicht darüber zu sprechen, als allgemeine Anschauungen anderer wiederzugeben.

Es ist das genau so wie z. B. bei der — sagen wir — Auerhahn- oder Hochwildjagd. Es gibt eine Menge Jäger, welche im Laufe eines Lebens verschiedene Hahnen und Hirsche erlegt haben, geführt vom Jagdpersonal oder auf Treibjagden, und die trotzdem weder als Hahnen- noch als Hochwildjäger zu bezeichnen oder zu werten sind, obzwar sie sonst ganz sichere und weidgerechte Schützen sein mögen. Es fehlt ihnen eben die persönliche Erfahrung, das Studium des Wildes und die intime Kenntnis seiner Lebensäußerungen, kurz das, was eben zum Kriterium eines richtigen Hahn- oder Hochwildjägers gehört. Ein guter Schütze wird ohne besondere Schwierigkeit seinen ersten Hahn oder Hirsch weidgerecht zur Strecke bringen — und ebenso ein erfahrener Angler mit etwas Kaltblütigkeit auch seinen ersten schweren Lachs drillen und an den Gaff führen, schon gar, wenn er einen tüchtigen einheimischen Führer oder Begleiter zur Seite hat, wie sie an solchen Gewässern meist berufsmäßig ihre Dienste zur Verfügung stellen. Wer seine Forellengerte zu handhaben weiß, wird bald den Wurf mit der schweren Lachsrute gelernt haben und auch das Führen der Fliege erlernen und, wenn er Glück hat, ansehnliche Beute machen.

Aber ein „Lachsfischer" ist er deswegen noch lange nicht — wenigstens nicht in den Augen jener, welchen die „Knochen an der Wand" allein nicht imponieren. Und weil ich ein ehrlicher Mensch bin, gestehe ich unumwunden, daß ich selbst mir aus den eben erwähnten Gründen nicht die Berechtigung zuspreche, über ein Thema nicht anders zu schreiben als mit den Worten anderer oder aber anglerische Gemeinplätze wiederzugeben, welche für den Eventualfall gerade nur theoretischen Wert — wenn überhaupt einen — besitzen.

Ich rate daher meinen Lesern, welche in der glücklichen Lage sind, sich eine Reise in Lachsreviere leisten zu können, die Werke der englischen Autoren zu studieren — J. J. Hardy, Hutton u. a. m. werden ihnen die Erfahrungen eines reichen Anglerlebens vermitteln und auch hinsichtlich Ausrüstung und anderer Umstände den besten Rat geben.

Soweit mein Urteil über dieses Thema in Frage kommt, gebe ich den wohlgemeinten Rat, sich für ein so spezifisches Spezialgebiet von dem gewiegtesten Spezialisten des Faches ausrüsten zu lassen und, so sehr ich für den Gebrauch heimischer Erzeugnisse bin, sich diese Ausrüstung in England zu besorgen, wo jahrhundertelange Praxis und Erfahrung den Erhalt des Richtigen und Geeigneten verbürgen. Gerade die führenden englischen Firmen besitzen eine weitgehende Orientierung über die Eigenheiten der verschiedenen Lachsgewässer, teils aus eigener Kenntnis, teils durch den Verkehr und die Information ihrer Kunden, so daß man die Zusammenstellung einer Ausrüstung vertrauensvoll ihrer Hand überlassen kann.

Um wieder auf unsere heimischen Verhältnisse zurückzukommen, möchte ich dem Neuling in der Kunst des Fliegenfischens noch einige Ratschläge auf den Weg mitgeben:

Vor allen den, nicht an der ersten Ausrüstung allzusehr zu sparen und sich stets das Beste zu kaufen, was seine Verhältnisse erlauben — lieber eine solide Greenheartgerte als eine zweifelhafte Gespließte. Auch bei der Anschaffung der Rolle geize man nicht, aber schon gar nicht bei jener von Leine und Vorfach; diese beiden können nicht gut genug sein, und wer es mir heute nicht glaubt, wird bald die bittere Erfahrung machen, daß eine am falschen Orte ersparte Mark sich durch eine Unmenge von Ärger und Mißerfolg rächt.

Darum lege ich es dem Anfänger dringendst ans Herz, im Beginn seiner Laufbahn keine Experimente zu machen und nur bewährte Sachen bei bewährten Lieferanten anzuschaffen, wenn er sich nicht von Anfang an die Freude am Werk vergällen will.

Die Flugangel hat ein viel weiteres Feld und eine viel größere Verwendungsmöglichkeit, als man denkt und bisher glaubte, und selbst Gewässer, die keine Salmoniden beherbergen, geben mit der Fliegenrute mehr und feineren Sport als manches armselige Bergbächlein, in dem man Zwergforellen nur am Wurm erbeuten kann. Nicht zuletzt habe ich dieses Buch für den Grundangler geschrieben, um ihn dazu zu führen, am richtigen Platze Grundrute und Wurm mit der Fliegenrute zu vertauschen und seine Fische mit dem „Federeisen" zu betören. Er darf's mir getrost glauben: Ein Döbel oder ein Rapfen von halbweger Größe geben einen aufregenden Kampf an dem feinen Zeug und sind oft, besonders die ersteren, schwerer zu überlisten und zu erbeuten als knapp drittelmäßige Forellen. Und weil so viele Angelbrüder in Süd und Nord Gelegenheit haben, diesen feinen und eleganten Sport auszuüben, hoffe ich, daß sie mit Freuden meinem Hinweis Folge leisten werden und in Zukunft ebenso begeisterte Flugangler sein werden, wie sie bisher Grundangler waren.

Waldneukirchen, Frühjahr 1929.

Dr. August Winter.

Die Angelgeräte-Fabrik H. Stork-München stellte dankenswerterweise die Druckstöcke bzw. Originalvorlagen für folgende Abbildungen zur Verfügung: Abb. 1 a, 1 b, 2—9, 10a, 10b, 15, 16, 18, 19, 20, 22, 23, 25, 26, 28a, 28b, 30, 31, 37—40, 42—44, 54, 60.

Inhaltsübersicht.

I. Allgemeiner Teil.

II. Spezieller Teil.

I. Allgemeiner Teil.

Vom Wesen des Flugangelns.

Wenn es einen Sportzweig oder eine sonstige Betätigung gibt, welche den Ausübenden mit der Natur, ihrem Weben und Walten in innigste Beziehung setzt, ihn dabei gleichzeitig zur intensivster Beobachtung und logischer Denkart erzieht und außerdem noch die vollste Beherrschung und Vertrautheit mit dem Geräte erfordert, dann muß das Angeln mit der künstlichen Fliege an erster Stelle stehen.

„Triumph der Kunst über rohe Kraft“ nannte es Altmeister Heintz — ich nenne es das Hohelied der Angelkunst — eine Symphonie von Licht, Leben und Freude.

Es war vielleicht bei uns Deutschen eine zu engherzige Auffassung des Flugangelns, welches auch heute noch in den Augen vieler eine ausschließliche Beschränkung auf den Fang der Salmoniden bedeutet, die der Verbreitung dieser höchsten anglerischen Kunst im Wege stand, ganz zu Unrecht, wie ich später dartun werde. Diese Einschränkung führte naturgemäß zu einem Stagnieren, sowohl hinsichtlich des Stils der Geräteführung als auch in der Literatur, denn im Vergleich zu jener anderer Länder ist die unsere geradezu verschwindend klein und veraltet.

Bis in die letzte Zeit hinein war das Flugangeln beinahe ausschließlich ein Monopol der Salmonidenfischer, das breitere Anglerpublikum hatte vielleicht eine Ahnung davon, daß man auch andere Fische als nur Forellen und Äschen mit der Fliege erbeuten könne, aber es hatte keine Kenntnis von der Technik des Sportes und seiner Vielseitigkeit, und so blieb ihm dieser ein Buch mit sieben Siegeln. Zwar brachten die anglerischen Lehrbücher Hinweise auf den Fang der Nichtsalmoniden mit der Fliege, aber diese sozusagen „unter dem Strich“, so daß der Leser daraus in den allerseltensten Fällen eine Anregung schöpfte.

Gottlob, das ist heute auch anders geworden — Aufklärung durch die anglerischen Fachblätter und nicht zuletzt die Einführung und Veranstaltung von Wurfturnieren brachten da auch Wandel und neues Leben und halfen alte Ansichten zu Falle zu bringen und der Fliegenfischerei neue Jünger und Anhänger zu werben.

An sich ist ja das Prinzip des Flugangelns sehr einfach, darin gipfelnd, daß man dem Fische die Nachbildung eines Insektes als Köder darbietet. Dieses einfache Prinzip ist im Laufe der Zeit und der zunehmenden Entwicklung des Sportes teils ausgebaut, teils kompliziert worden, und so kam es mehr oder minder zwangsläufig zur Bildung zweier grundlegender Ansichten. Die eine davon begnügt sich mit dem Vorführen eines Kunstgebildes, das überhaupt nur Ähnlichkeit mit einem Insekte besitzt, die andere fordert kategorisch die exakte, naturgetreue Nachbildung des Insektes bis in die kleinsten Details von Körperform und Farbe. Die weitere Evolution bringt die Scheidung in zwei prinzipielle Verwendungsarten der Kunstfliege — das Fischen mit der „nassen" und das Fischen mit der „trockenen" Fliege.

Ehe ich zur eingehenden Besprechung dieser beiden Arten zu fischen schreite, will ich den Leser zunächst mit dem Wesen der Kunstfliege selbst bekanntmachen.

Wir haben die Bezeichnung „Fliege" in unseren Sprachschatz aufgenommen als Sammelbegriff für die Nachbildung nicht allein der Fliegen als solcher, sondern auch für die von Raupen, Heupferdchen, Käfern, ja sogar von Fischen. Wir verstehen darunter ein Gebilde, das aus Wolle oder Seide, Haaren und Federn oder anderem Material hergestellt, mit einem Angelhaken bewehrt ist und mehr oder weniger getreu die Form und Farbe seines Vorbildes nachahmt oder wiedergibt. Dementsprechend tragen die Gebilde auch die Namen des Orignales, wie Erlenfliege usf. Da sowohl das Fischen mit Kunstfliegen als auch die Erzeugung derselben in England auf die höchste Stufe gebracht wurde, lange bevor beides bei uns populär ward, so hat sich auch die englische Namensgebung bei uns eingebürgert, und auch erst in letzter Zeit denkt man daran, daß man die Fliegen ebensogut bei ihrem deutschen Namen nennen könne, erst recht, weil es auch naturgeschichtlich dieselben Fliegen sind, die sowohl bei uns wie jenseits des Kanales vorkommen.

Die an sich schon stattliche Zahl der Nachbildungen wirklicher Insekten wird noch überreichlich vergrößert durch jene der sog. „Phantasie"-Fliegen (Fancy flies), die zwar die Form einer Fliege o. dgl. kopieren, aber Farbenzusammenstellungen aufweisen, die in der Natur nicht vorkommen.

Typische Vertreter dieser Kategorie sind die „Lachs-" oder „Glanz"-Fliegen, welche angeblich Meerestiere imitieren sollen, welche Ansicht aber von vielen nicht geteilt wird.

Eine viel diskutierte Frage, deren Beantwortung noch immer nicht exakt und einwandfrei gelang, ist die: „Wie sieht der Fisch die Fliege — besser: Als was sieht er sie?" Sieht der Fisch Farben oder ist er farbenblind, d. h. kann er nur Helligkeitswerte unterscheiden? Und in letzter Konsequenz: ist der Fisch wirklich so erfahren (der Engländer nennt es „educated"), daß er Fliegenarten und Details ihrer Körper als echt oder falsch mit Sicherheit ansprechen kann?

Einige Forscher haben die letztere Auffassung vertreten und experimentell festlegen wollen, andere wieder bekämpfen sie als unrichtig.

Es kann nicht im Sinne und im Rahmen des Buches liegen, Beweise und Gegenbeweise zu zitieren, noch weniger, zu dieser Frage Stellung zu nehmen in dieser oder jener Richtung. Das bleibe den Berufsichthyologen und deren Fachpresse vorbehalten.

Nach meinen Erfahrungen und Beobachtungen bin ich zu einer anderen Auffassung dieser Frage gekommen.

Vor allem einmal sieht der Fisch im Wasser und durch dasselbe Gegenstände und Farben unter Beleuchtungs- und Brechungsverhältnissen, welche von unserem Sehen grundverschieden sind, welche sich mit seinem jeweiligen Stande näher der Oberfläche, im Mittelwasser oder am Grunde ändern und auch durch die jeweilige Helligkeit oder Trübung des Wassers sowie des Außenlichtes beeinflußt werden.

Selbst wir Menschen sehen verschiedene Dinge unter gewissen Beleuchtungsverhältnissen in anderen Farben, als jene sie wirklich haben. So erscheint z. B. unter gewissen Bedingungen eine an sich graue Felswand bläulich oder grünlich, sogar schwarz. Nun müssen wir berücksichtigen, daß wir nahezu alle Dinge im auffallenden Lichte sehen und zu beurteilen gewohnt sind, und auch unser Sehapparat daraufhin eingestellt ist. Der Fisch hingegen sieht alles im durchfallenden Lichte, wozu noch Reflexe und Brechungsvorgänge innerhalb des Wassers hinzutreten, die sich unserer Berechnung entziehen, auf welche aber der Sehapparat des Fisches eingestellt ist. Da wir die Fliegen usw. im auffallenden Lichte gesehen, nach unserem eigenen Farbenempfinden kopieren, ist es anderseits nicht nur allein möglich, sondern vielmehr höchstwahrscheinlich, daß der Fisch unter seinen Sehbedingungen die ihm vorgeführte Farbe ganz anders beurteilt als wir.

Sehr interessante Untersuchungen und Beobachtungen hat in dieser Hinsicht der englische Angler J. W. Dunne in seinem Buche „Sunshine and the Dry Fly" beschrieben. So kommt er unter anderm zu dem Resultate, daß z. B. der Körper einer Olive, also eines eigentlich graubraunen Insektes, im durchscheinenden Lichte bernsteinfarbig scheint; andere Fliegenarten zeigen wiederum andere Farben, wovon man sich selbst überzeugen kann, wenn man sich die Mühe nimmt, das Gesagte nach der Anleitung des Verfassers nachzuprüfen.

Es wäre demnach als Folgerung daraus dahin zu streben, die Fliegen so herzustellen, daß sie im durchscheinenden Lichte dem Fische die richtige Farbe zeigen, wenn man Wert darauf legt, unbedingte Naturtreue wiederzugeben.

Als Einschränkung dazu muß ich bemerken, daß es sich in diesem Falle ausschließlich um sog. „Trockenfliegen" handelt, welche dem Fische nur auf der Wasserfläche schwimmend, vorgeführt werden.

In dieser Auffassung Dunnes wäre ja eine plausible Lösung der Farbengebungsfrage zu finden, wenn wir eine Kontrolle des optischen Apparates des Fischauges durchführen könnten. Solange wir aber das zu tun nicht imstande sind, bleiben wir auf Annahmen und Vermutungen angewiesen. Zu diesen rechne ich auch die allenthalben wiedergegebene Behauptung von der „Kurzsichtigkeit" des Fischauges im Ruhezustande. Nach meinen Erfahrungen, die ich mir in einem langen Jägerleben erworben, gibt es in der freien Natur kein „kurzsichtiges" Tier, schon am wenigsten unter jenen Arten, die von Feinden aller Art umringt, den Kampf ums Dasein führen müssen, ebensowenig wie es unter primitiven Naturvölkern, welche unter gleichschweren Existenzbedingungen leben, keine Kurzsichtigkeit gibt, im Gegenteil, alle Sinne sind zu einer Schärfe und Empfindlichkeit entwickelt, welche uns Kulturmenschen längst verloren gegangen ist.

Ebensowenig bin ich von der Farbenblindheit des Fisches überzeugt, trotz der gegenteiligen Behauptungen verschiedener Autoren. Das Phänomen der Farbenblindheit ist noch nicht einmal beim menschlichen Organismus erklärt, wie könnte man das vom Fischauge, dessen optische Mechanik wir noch zu wenig kennen, behaupten, und das nur auf Grund von Experimenten im Aquarium, die unter willkürlich geschaffenen Bedingungen durchgeführt wurden, welche in der Natur nicht vorkommen.

Auch erscheint es mir nicht beweiskräftig genug, daß die Fische auf grüne und rosafarbige Fliegen bissen, zu dem an einem Tage, an welchem sie auch auf die landläufigen „naturgetreuen" Nachahmungen gingen. Es ist ebensogut anzunehmen, daß sie nach irgendeiner anderen beliebigen Phantasiefliege gestiegen wären, wie man das so oft beobachten kann, wenn man sich die Mühe nimmt, zu Versuchszwecken eine solche Fliege ins Vorfach zu binden oder es an Tagen erleben kann, an welchen man mit den erprobtesten Mustern keinen Fisch zum Steigen bringt; schließlich bindet man aus Verzweiflung das ausgefallenste Exemplar einer Fliege von unmöglicher Größe und Farbe ein — und siehe da — man fängt Fisch über Fisch.

So interessant diese Fragen und ihre Lösungen vom wissenschaftlichen Standpunkte sind, für den Angler in der grünen Praxis haben sie nur bedingten Wert — andernfalls müßten wir alles, was sich in jahrzente- und jahrhundertelanger Praxis bewährt hat, über Bord werfen, ohne dafür vollwertigen Ersatz zu haben.

Gerätekunde.

Gerte, Rolle und Schnur.

Entgegen der bisherigen Gepflogenheit habe ich diese drei in ein Kapitel zusammengezogen, denn wie in keinem anderen Zweige des Angelns bilden sie eine organische Einheit von solcher

Untrennbarkeit, daß Unstimmigkeit in auch nur einem Teile die Wirksamkeit dieser Dreieinheit empfindlich zu stören imstande ist, ja sogar das klaglose Zusammenarbeiten direkt aufheben kann. Vor allem müssen diese drei Geräte hinsichtlich Gewicht und Volumen zueinander harmonisch abgestimmt sein, welche Tatsache ich bisher in keinem Lehrbuche betont fand, abzwar es eigentlich ein fundamentaler Grundsatz ist.

Und weil so viele und besonders die Neulinge im Flugangeln dieses Grundgesetz nicht kannten, haben sie nie die schöne Kunst richtig erlernt, vielfach aber an der Möglichkeit des Erlernens verzweifelt und es aufgegeben.

Darum betone ich es an dieser Stelle nochmals, ehe ich zur detaillierten Beschreibung der Geräte übergehe: Gerte, Rolle und Leine müssen nach Gewicht und Volumen zueinander stimmen, andernfalls gibt es keinen korrekten Wurf, d. h. zu einer schweren bzw. steiferen Gerte gehört eine dementsprechend schwere und körperhafte Leine und umgekehrt eine solche leichtere und feinere zu einer leichten bzw. weichen Gerte. Die Rolle legt durch ihre Größe und ihr Gewicht die richtige Schwere hinter die Hand, wodurch die Wurfbewegungen unterstützt werden, wie in einem späteren Kapitel gezeigt wird, wobei es gleich gesagt sein soll, daß in allen Fällen eine schwere Rolle von Vorteil ist, selbst bei der Führung einer Gerte von sog. „Federgewicht".

Wenn ein Neuling den Katalog einer größeren Handlung in die Hand nimmt, so wird er verwirrt durch die Menge des Gebotenen — vor allem in der Auswahl des Materials —, vom Eschenholz bis zum gesplißten Bambus.

Zu seiner Orientierung möchte ich ihm zwei Leitsätze auf den Weg geben: Der erste lautet: „Kaufe dir die beste gesplißte Gerte, die für Geld zu haben ist! Hast du aber nicht soviel, um eine „Gesplißte" zu kaufen, dann kaufe dir die beste aus Greenheart, die dir erreichbar ist." Der zweite Satz mag vielleicht hochtrabend klingen, aber jeder hat seine Wahrheit früher oder später einsehen gelernt: „Gesplißter Bambus ist alles, alles andere ist nichts." Allerdings darf man unter „gesplißtem Bambus" keinen Massenartikel verstehen, wie er besonders aus Amerika auf den Markt geworfen wird zu Preisen, die sich nie mit der Solidität und Qualität auch nur bescheidener Grade vereinen lassen. Gottlob, unsere deutsche Industrie bringt heute gesplißte Gerten heraus, welche Qualität mit erschwinglichen Preisen vereinen. „Billig" kann eine gute Gesplißte nie sein, außer auf Kosten ihrer Qualität — das muß man stets vor Augen halten —, dafür aber kann eine gute Gesplißte ihren Besitzer überleben, mindestens ihm aber lange Jahre eine treue Gefährtin sein. Selbstverständlich nur unter der Voraussetzung, daß sie mit Verständnis, Liebe und Sorgfalt gepflegt und behandelt wird.

Darum kaufe man solche Gerten nicht in der Eisen- oder Galanteriewarenhandlung, sondern direkt vom Erzeuger oder in einem soliden Spezialgeschäft für Angelgeräte.

Unendlich viel Sorgfalt und Arbeit ist nötig, um gute Gerten herzustellen. Schon die Wahl des Materiales: der Bambus — eigentlich eine Grasart — wächst wohl in verschiedenen Ländern, doch seine Qualitäten sind nach seiner Provenienz, Klima und Bodenverhältnissen und Jahrgang ebenso verschieden wie die von Tabak, Wein und anderen Bodenprodukten. Schon in der Wahl des Rohmateriales bekundet sich die Solidität und Erfahrung des Erzeugers, denn nur das Beste vom Besten darf verwendet werden.

Die Stärke des Bambus liegt nur in der außerordentlich zähen, harten Rinde, die weichen Markteile müssen soviel als möglich ausgeschaltet bleiben. Aus einem geeigneten Stücke werden nun dreieckige Splissen geschnitten, diese werden verhobelt und derart zum Sechskant zusammengesetzt, daß das Stück zwar eine richtige Verjüngung erhält, aber die Knoten, welche vorher abgeschliffen werden mußten, nicht aufeinanderfallen, sondern richtig in Abständen sich über die Länge verteilen. Das ist im Interesse der Haltbarkeit der werdenden Gerte außerordentlich wichtig — und beim Einkaufe achte man peinlich darauf. Es werden auch achtkantige Gerten gebaut, doch diese fast nur auf Bestellung. Die erprobte und allgemein benützte Form ist die des Sechskantes.

Die Splissen müssen peinlich genau in den Kanten aneinanderliegen, dürfen weder klaffen noch sich überragen. Dieses Zupassen ist eine Arbeit, welche äußerste Akuratesse verlangt, denn Differenzen von der Dicke eines Zigarettenpapiers können eine Splisse unbrauchbar machen, da sich Bambus nicht wie Holz durch Nachhobeln korrigieren läßt. Unsolide Erzeuger machen sich allerdings kein Gewissen daraus, überragende Kanten zu überhobeln, wodurch die Kieselrinde verloren geht, oder die Spalten zwischen klaffenden Splissen mit Kitt zu verschmieren, Kniffe, welche durch Lack und Bindungen maskiert werden. Bei oberflächlicher Betrachtung durch den weniger Erfahrenen wird dieser Vorgang nicht erkannt, aber im Laufe der Zeit kommt er doch ans Tageslicht.

Gerten unbekannter Herkunft, die sich durch auffallend viele und breite Bindungen auszeichnen, sind immer auf minderwertige Arbeit oder gar Materialfehler verdächtig! Von großer Wichtigkeit ist es auch, daß das Handstück durch den ganzen Griff hindurchgehend einheitlich gesplißt sei und nicht nur in diesen mehr oder weniger tief eingelassen sei.

Die zugepaßten Splissen werden durch einen Leim verbunden, der zwei Bedingungen erfüllen muß: erstens absolut wasserdicht und zweitens derart elastisch sein muß, daß er auch beim forciertesten Biegen der Rute nicht springt oder nachgibt.

Manche Fabriken erzeugen als Spezialität Gerten mit Stahleinlage, d. h. die Splissen sind um ein Mittelstück aus Federstahl gruppiert. Diese Gerten sind wohl widerstandsfähiger, aber auch um 20—28 g schwerer als jene ohne Einlage, welche nebenbei gesagt selbst bei Lachsgerten nicht durch das Spitzenstück, sondern nur durch Hand- und Mittelteile geht, — und ganz erheblich teurer. Ich muß gestehen, daß ich persönlich auf sie verzichte, denn mir ist noch nie eine gesplißte Gerte ohne Einlage durch einen Fisch gebrochen worden — nicht einmal eine Spitze —, wer sich aber erhöhte Sicherheit verspricht und die Mehrauslage und das Mehrgewicht nicht scheut, möge sich sie kaufen.

Die einzelnen Teile werden durch Hülsenpaare verbunden. Der Beschaffenheit und Anbringungsweise der Hülsen ist ein ganz besonderes Augenmerk zu widmen, denn davon hängt ein gutes Teil der Lebensdauer und Funktion der Gerte ab.

Die Hülse muß an dem jeweiligen Gertenteile sitzen wie ein gut passender Glacéhandschuh, d. h. sie darf weder zu weit sein noch zu eng. Im ersten Falle zeigt sich die Differenz der beiden Teile durch ein mehr oder weniger breites Abstehen vom Holze, im anderen Falle aber ist das Übel nicht ohne weiteres kenntlich, sondern äußert sich erst im Gebrauche, meist erst dann, wenn die Gerte an der Hülse bricht, was oft geschieht, wenn man bloß die Wurfschwingungen macht.

Aber auch die Art und Weise, wie die Hülse auf das Holzteil aufgesetzt ist, zeigt große Verschiedenheiten, über die informiert zu sein von Nutzen ist.

Bei den runden Holzgerten oder solchen aus Vollrohr, welche an sich stärker im Körper sind, ist das korrekte Ansetzen der Hülse keine allzugroße Kunst, wenn auch da genaues Anpassen und Akuratesse in der Arbeit verlangt wird. Anders aber liegt die Sache bei den kantig gesplißten Teilen; diese verlangen an und für sich schon speziell geformte Hülsen, deren ein Teil, der Form des Gertenteiles entsprechend, ebenfalls die Sechskantform besitzen muß. Um einerseits die Hülse im Gewicht leichter zu gestalten, anderseits ein gutes Anliegen an das Teilende zu erzielen, verwendet man bei den Gerten besserer Qualität die ausgezackten Hülsen (serrated ferrules), welche gegen die Enden zu verlaufend geschliffen sind. Dieses Verlaufen bis zur Papierdünne ist nicht allein zum Zwecke des glatten Anliegens gemacht, sondern es gibt der an und für sich starren Hülse eine gewisse Elastizität und paralysiert zum Teile die Schäden, welche die starre Verbindung der einzelnen Teile schafft. Diese ist nämlich ein „Ort des geringen Widerstandes", eine bekannte physikalische und technisch begründete Tatsache, die sich aber leider nicht ganz aus der Welt schaffen läßt. Es ist weder schön noch übermäßig vorteilhaft, wenn die Hülse zu weit ist und ihr Haften an der Verbindungsstelle durch dicke Lagen Leim, ev. noch einer Unterlage bewirkt wird, denn mit der Zeit wird diese Verbindung ausbröckeln und die Hülse sich vom Holze trennen, aber viel schlechter und direkt gefährlich ist eine zu enge Hülse. Schlechte und ungenaue Erzeuger machen sich wenig Gewissensbisse darüber, die Kieselrinde einfach abzunehmen und die Hülse auf das weiche, kraftlose Mark aufzusetzen — von außen sieht man das nicht und die schöne Seidenbindung am Ende der Hülse deckt ev. über diese hinausgehende Verletzungen der Epidermis schonend zu. Hauptsache — der schöne

Verlauf der Gerte ist nicht gestört und der Käufer wird erst nach geraumer Zeit des Schadens gewahr. Zu manchen Gerten, besonders amerikanischer Provenienz von jener Sorte, die vor dem Kriege den Kontinent überschwemmte, konnte man beobachten, daß die Hülsen an das Holz direkt angewürgt waren. Einfach ist ja so eine Befestigung und schnell herzustellen, aber das Holz unter ihr wird direkt abgewürgt und über kurz oder lang erfolgt der berüchtigte und gefürchtete „Bruch in der Hülse“. Dieses Abwürgen der Holzfaser erfolgt aber auch, wenn eine zu enge Hülse „heiß“ aufgesetzt wird, wozu noch unter Umständen als weitere Schädigung das Versengen der Faser hinzutritt, wenn die Hülse zu stark erhitzt wurde. Ein gutes Hülsenpaar muß so exakt kalibriert und eingeschliffen sein, daß ein Teil im andern saugend gleitet und beim Auseinanderziehen ein leichter Knall, wie der einer sog. Stöpselbüchse, entsteht. Sowohl zu diesem, wie zum Ineinanderschieben soll keine nennenswerte Kraftentfaltung nötig sein. Schlecht kalibrierte Hülsen schlottern oder klemmen. Das Klemmen tritt manchmal im Gebrauche ein, wenn die Metallteile die Politur verloren haben und Fett oder Staub in der offenen Hülse einen klebenden Belag bilden. Diesen Übelstand behebt aber sofort ein Reinigen bzw. Nachpolieren. Eine weitere Ursache des Klemmens im Gebrauche ist das Verschlagen der Hülsen durch Sturz, Aufschlagen usw., besonders dann, wenn die Schutzzapfen der offenen Hülsen fehlen — dann müssen die Hülsen nachkalibriert werden, was man aber wenn nur irgend möglich vom Fabrikanten oder aber doch wenigstens von jemand machen lassen soll, der etwas von der Sache versteht. Um den Hülsen, d. h. dem eingeschobenen Teile einen besseren Halt zu geben, wird dieser vielfach mit einem dornartigen Fortsatz oder Zapfen ausgestattet, welcher in eine entsprechende Aussparung des entgegengesetzten Gertenstückes innerhalb der offenen Hülse eingreift. — Ob das ein Vorteil ist? Ich bezweifle es. — Unter allen Bedingungen bedeutet es aber eine Schwächung des von dem unteren Ende der offenen Hülse umschlossenen Holzes, vor allem aber eine erhöhte Möglichkeit, daß mit der Zeit Feuchtigkeit in dieses eindringt und es nach und nach zum Verstocken und Faulen bringt. Man kommt immer mehr von dieser sog. Verzapfung ab, und die ersten Angelgertenbauer Englands und Amerikas versehen ihre Gerten fast nur mit glatten, zapfenlosen Hülsen.

Um das Herausgleiten der Hülsenteile zu verhindern, hat man verschiedene Versicherungen erfunden, wie das „Lockfastjoint“, einen „Bajonettschraubenverschluß“ oder das „Stud lock“ (Abb. 1 a u. 1 b), einen „Springknopfverschluß“ u. a., die aber insgesamt zwar die Hülsenteile unnachgiebig fest verbinden, jedoch sowohl oft das Gewicht der Gerte als auch ihren Preis erhöhen, letzteren oft nicht unbeträchtlich.

Trotzdem muß gesagt werden, daß das altehrwürdige „Sucking joint“, wie die Engländer das saugend ineinandergreifende Hülsenpaar nennen, in exakter Ausführung allen, auch den höchstgespanntesten Anforderungen an Dauerhaftigkeit und Sicherheit genügt, auch bei jahrelangem, intensivem Gebrauche, allerdings immer unter der Voraussetzung exaktester Arbeit.

Wer sich die Mühe nimmt, die Hülsen und Zapfen nach Gebrauch stets sauber und trocken zu halten, damit sie nicht die Politur verlieren, und nicht vergißt, außer Gebrauch und beim Transport die Schutzzapfen einzuschieben — in neuester Zeit bringt die Firma Hardy Bros auch Schutzzapfen für die geschlossene Hülse in den Handel, welche diese vor Verschlagen und Verschmutzung beschützen und gleichzeitig fetten sollen —, der wird über mangelhaftes oder gestörtes Funktionieren seiner Hülsen nie zu klagen haben. Die erwähnten Schutzkappen finde ich sehr praktisch und empfehlenswert und führe sie auch an meinen Gerten. Es wäre wünschenswert, wenn dieselben auch von unseren Fabrikanten akzeptiert und erzeugt würden.

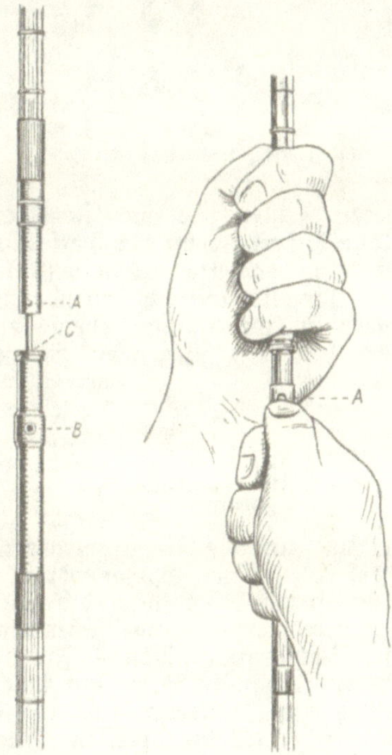

Abb. 1 a. Abb. 1 b.
Nach Storks „Gerätekunde und Katalog".

Die Gertenteile sind mit mehr oder weniger zahlreichen Bindungen aus Seide versehen; diese scheinen aus der Kinderzeit der Erzeugung von gesplißten Ruten zu stammen, als man scheinbar noch nicht den richtigen Leim erfunden hatte oder wenn schon, man seiner Haltbarkeit nicht zu trauen schien und daher die Bindungen anbrachte, um ein Auseinandergehen der Splisse zu verhindern. Daß sie vollkommen überflüssig sind, beweist der Versuch der berühmten amerikanischen Firma Leonard, Gerten ohne jede andere Bindung herzustellen als jenen, die zum Befestigen der Ringe nötig sind — und dieser Versuch ist glänzend gelungen; die Voraussetzung dafür ist aber einzig und allein eine außerordentliche Güte des Leimes.

Gerten unbekannter Herkunft zeigen gerne ein Zuviel an Bindungen, was immer den Verdacht erweckt, daß durch sie irgendwelche innere Mängel verdeckt werden sollen. Buntfarbige Bindungen in allen Farben des Regenbogens halte ich für eine Geschmacklosigkeit.

Das Führen der Leine von der Rolle zur Spitze wird durch Ringe besorgt, welche vom Handteil gegen jene zu an Größe abnehmen, dafür dichter angeordnet sind. So sehr ich gegen eine Überzahl von Ringen bin, so bekämpfe ich anderseits die neuererseits von Amerika propagierte Tendenz, ihre Zahl bis aufs äußerste zu reduzieren. Bei der Feinheit und Leichtigkeit der Ringe an der Fluggerte kommt es wirklich auf zwei oder drei mehr nicht an,

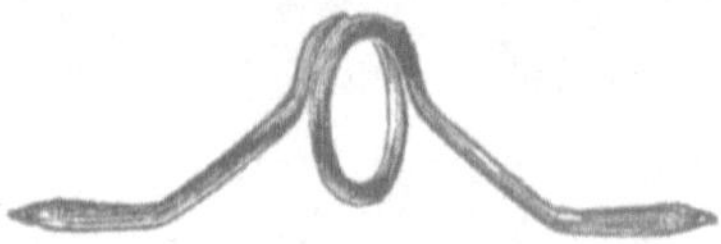

Abb. 2.
Aus Storks „Gerätekunde und Katalog".

Abb. 3.
Aus Storks „Gerätekunde und Katalog".

deren Fehlen sich aber in einer ungleichen Beanspruchung der Teile äußert, wenn die Gerte sich biegt, ebenso in einer größeren Reibung der Leine, worin ich für letztere auch keinen Vorteil erblicke.

Die alten aufrecht stehenden Ringe aus Messing sind heute nicht mehr in Verwendung, ebenso die in früheren Jahrzehnten vielfach beliebten „liegenden" Ringe. Billigere Gerten werden mit den altbewährten Schlangenringen ausgestattet; vorzuziehen sind aber die eigentlich nur wenig teuereren Brückenringe (Abb. 2), welche nicht nur einen besseren Durchlauf der Leine gestatten, sondern auch absoluten Schutz gegen jede Verschlingung derselben an und um die Ringe gewähren. Den ersten Ring am Handteil (Abb. 3) und den Spitzenendring (Abb. 4) soll man schon aus Rücksicht für die Schonung und Erhaltung der Leine mit Achatfutter versehen wählen, zumindest aber den letzteren, da in ihm die Reibung der Schnur am größten ist. Für kräftigere Gerten ist es empfehlenswert, die ganzen Ringe mit Achatfutter zu nehmen; sie sind allerdings etwas schwerer und, was ich nicht leugnen will, etwas gebrechlicher als die usuellen Brückenringe. Selbstredend kosten sie auch etwas mehr und kommen wirklich nur für Gerten höchster Qualität in Frage, bei deren Anschaffung es auf ein paar Mark mehr oder weniger nicht mehr ankommt.

Abb. 4.
Aus Storks „Gerätekunde und Katalog".

Da das unterste Ende einer gesplißten Gerte zu dünn ist, um es allein in der Hand halten zu können, versieht man es mit einem Griffstück — je nachdem aus Holz, Zelluloid oder Kork —; wichtig ist, daß das Handstück in der ganzen Länge durch den Griff hindurchgehe und nicht bloß darin ein Stück eingesetzt sei.

Holzgriffe sind im allgemeinen nicht mehr viel im Gebrauch, am besten eignet sich Zedernholz dazu, das zähfaserig und doch verhältnismäßig leicht ist. Zelluloid ist das Material für die billige Handelsware, es ist hart in der Hand zu halten und macht heiß.

Bessere Gerten haben durchweg Griffe aus Kork, und zwar aus Vollkork, nicht aus Kunstkork. Weder die Form noch die Beschaffenheit des Griffes sind als belanglos für die Handhabung der Gerte anzusehen. Ob der Griff walzenförmig oder nach der Hand modelliert (sog. Fassongriff) ist, bleibt an sich gleich, obzwar ich aus vielen Gründen, die ich später erörtern will, das letztere vorziehe, aber von dem einen wie von dem anderen muß unbedingt verlangt werden, daß er selbst bei den allerleichtesten Gerten genügend lang sei und „Fleisch" habe, um bequem in der Faust zu liegen, damit nicht im Verlaufe der Wurftätigkeit sich das unangenehme Krampfgefühl in den Fingern einstelle, welches ein gutes Werfen überhaupt unmöglich macht.

Manche Fabrikanten von „leichten" Gerten glauben die Gewichtsersparnis dadurch zu erzielen, daß sie den Griff hauchartig dünn machen — das ist ein Fehler und zeigt von geringem Verständnis des Erzeugers für das, worauf es bei der Sache ankommt.

Hinter dem Griff, manchmal an ihm selbst, ist die Vorrichtung für das Befestigen der Rolle angebracht. Die beste und einfachste ist die sog. „Hold-All". Gegenüber den fix eingebauten Rollenkasten hat sie den nicht zu unterschätzenden Vorteil voraus, daß sie jede Rolle, ob mit breitem oder schmalem, dickem oder dünnem Rollenfuß gleichmäßig fest und unverrückbar hält, daher die Verwendung jeder beliebigen Rolle gestattet. Wer eine Rollenbefestigung wünscht, welche die Rolle unter allen Bedingungen festhält, dem empfehle ich den Rollenschraubenverschluß von Hardy Bros, der in drei verschiedenen Ausführungen geliefert wird (siehe Fig. 46). Die Vorrichtung ist ingeniös und einfach. Wie die Abb. zeigt, ist die eine Zunge des Rollenfußes in einer Hülse am Fuß eingeschoben, die andere wird von dem doppelten Schraubringe festgeklemmt, so daß ein Lockerwerden oder Herausfallen ausgeschlossen ist. Als Abschluß des Griffes liebe ich einen einfachen Gummiknopf, vielfach ist aber auch noch der Erdspeer im Gebrauche, dessen einziger Vorteil höchstens darin liegt, daß man die Gerte bei Nichtgebrauch in die Erde stecken kann, d. h. wenn man nicht gerade in ausgesprochenem Felsenterrain angelt, wo auch dieser Vorteil illusorisch wird. Ansonst ist er ein Hindernis, das sich mit Vorliebe in Ärmeln usw. verankert. Ich habe mich schon längst von ihm losgesagt und vermisse ihn wirklich nicht; will ich die Gerte aus der Hand legen, so findet sich doch immer etwas, um sie daran zu lehnen; im äußersten Falle lege ich sie mit der Spitze über das Wasser hinaus ans Ufer, um sie vor einem Getretenwerden zu beschützen.

Die Firma Hardy hat — der Vollständigkeit halber sei es erwähnt — eine sinnreiche Kombination von Gummiknopf mit dem versenkbaren Speer in den Handel gebracht, allerdings ist die Vorrichtung verhältnismäßig kostspielig und scheint jenseits des Kanales sich keiner besonderen Bevorzugung zu erfreuen, wenigstens nach der Tatsache zu schließen, daß Hardy sie nicht einmal bei den teuersten Gerten liefert, sondern nur auf Wunsch gegen separate Berechnung anbringt.

Die unentwegten Anhänger des Erdspeeres rühmen ihm auch noch die Eigenschaft nach, das hinter der Hand liegende Gewicht der Gerte zu erhöhen und ihr dadurch eine bessere Balance und besseren Schwung zu geben. Das war vielleicht zu jener Zeit der Fall, als man die Speere aus Eisen herstellte und mit leichten Rollen kleinerer Durchmesser fischte, was beides sich überlebt hat. Heutzutage stellt man den Speer aus Hartaluminium her, wenn er überhaupt verlangt wird, und die Rollen von heutzutage sind dem Gewichte der Gerte angepaßt, womit ich nicht gesagt haben will, daß es nicht noch Leute gebe, die sich von angelunkundigen Händlern jene veralteten Modelle aufschwatzen lassen.

Einer der allerwichtigsten Punkte in der Herstellung der guten Gerten ist die Lackierung derselben. Da man bei der äußeren Besichtigung schwerlich erkennen kann, ob die Gerte gut oder schlecht lackiert ist, ganz grobe Fehler wie Blasenbildung oder Sprünge bzw. Absplitterung des Überzuges, natürlich ausgenommen, ist man in dieser Beziehung lediglich auf die Solidität des Erzeugers angewiesen. Es genügt nicht, daß die Gerte bloß lackiert sei, es muß vor allem der Lack von bester Qualität sein und nicht bloß die unter ihm liegenden Teile bedecken, sondern auch ihre Bewegungen und Schwingungen mitmachen, ohne zu reißen, zu springen oder abzublättern, d. h. der Lacküberzug muß hochgradig elastisch sein. Ist er das nicht, dann treten schon nach kurzem Gebrauche trotz sorgfältigster Pflege der Gerte die letzterwähnten Übelstände auf. Man kann ruhig sagen: Lack und Lebensdauer der Gerte — bestes Material derselben vorausgesetzt — sind einander gleichwertige Begriffe. Wo der Lack defekt wird, dort ist eine Einbruchspforte für die Feuchtigkeit geschaffen, welche heimtückisch am Lebensmark der Gerte nagt.

Eine gute Lackierung hält selbst bei angestrengtester Benützung viele Jahre, trotzdem muß man sie stets auf Unversehrtheit kontrollieren und lieber einmal öfter die Gerte mit neuem Lack überziehen lassen. Es ist ratsamer, dies vom Erzeuger der Gerte machen zu lassen, als das Lackieren selbst auszuführen, schon wegen der Qualität des Lackes selbst. Unter allen Bedingungen nehmen man nur den allerbesten Bootslack dazu. Dieser — ein Kopallack — ist bisher das beste gewesen; ob er vielleicht in Zukunft von dem äußerst widerstandsfähigen Nitrozelluloselack verdrängt werden wird, kann man heute noch nicht sagen. Einer Gerte von Qualität, besonders der gesplißten, wird nachgerühmt, daß sie ihren Besitzer überleben könne.

Wenn ich trotzdem hier der Pflege und „guten Behandlung" eine eingehende Würdigung zuteil werden lasse, geschieht es aus der Erfahrung heraus, daß der überwiegende Großteil der besten Gerten nicht am Gebrauche und nicht durch die Kämpfe mit schweren

Fischen, sondern nur an der Indolenz und der Lieblosigkeit ihrer Besitzer zugrunde geht.

Darum präge ich jedem, ganz besonders aber dem Anfänger in unserer edlen Kunst, die nachstehenden Gebote ein:

1. Sieh zu, daß das Futteral der Gerte trocken sei.
2. Lasse die Gerte nie in einem nassen Futteral stecken wenn du heimkommst, wenn möglich trachte noch auf der Reise, sie herauszunehmen und sie und das Futteral zu trocknen!
3. Wasche nach der Heimkehr vom Angeln die Gerte mit feuchtem Tuche oder Schwamm von Staub und Schmutz ab, reibe sie mit einem weichen Lappen trocken, nimm die Zapfen aus den Hülsen und hänge die Gerte in frischer Luft aber nie beim Ofen zum Trocknen auf.
4. Lehne daheim oder im Quartier die Gerte im Futteral nie in eine Ecke und lege sie nie auf einen Schrank. — Beides macht sie mit der Zeit krumm — sondern hänge sie stets auf.
5. Verwende nie den Stock des Landungsnetzes als Behälter für die Spitzen.
6. Stelle die Gerte nie im Quartier über Nacht an Bäume oder Mauern, schon gar nicht bei Regenwetter, sondern zerlege sie und gönne ihr die nötige Pflege.
7. Halte Hülsen und Zapfen blank und sauber und verliere nie die Schutzzapfen, dann wirst du nie über Klemmen der Hülsen zu klagen haben. Hast du unglücklicherweise einen Schutzzapfen verloren, so trachte, eiligst einen neuen zu besorgen; in der Zwischenzeit ersetze ihn durch einen gutpassenden Kork.
8. Stecke die Gerte stets mit der Spitze beginnend zusammen und zerlege sie ebenso. Stecke die Teile in geradem Zuge ineinander und trenne sie in gleicher Weise. Drehe nie stramm gehende Teile gegeneinander, sonst würgst du das Holz ab!
9. Beim Zusammenstecken und beim Zerlegen fasse stets die Hülsen und nie das Holz an.
10. Vergiß nie, daß deine Gerte weiblichen Geschlechts ist und eine empfindsame Seele hat. Sie wird dir Liebe mit Liebe und selbstlosen Diensten vergelten, schlechte Behandlung aber mit Haß zurückzahlen. Vor allem sieh, daß ihr Kleid, der Lack, stets tadellos sei und geize nicht ihr bei Zeiten ein neues Kleid zu schenken.

Nun wollen wir uns mit den inneren Eigenschaften der Fluggerte befassen. Von einer guten Fluggerte verlangen wir: daß sie vor allem leicht sei, zweitens richtig verjüngt und balanciert sei und drittens Schwung und Rückgrat besitze.

Der Begriff „leicht" ist ein relativer, jedenfalls wird als oberste Grenze für eine Normallänge von 10 Fuß = 3 m 5 cm, ein Gewicht von 10 englischen Unzen = 280 g anzusehen sein, zum mindesten für kontinentale Bedürfnisse. Es ist noch nicht allzu lange her, daß man eine Gerte von 250 g als „leicht" bezeichnete. In der neueren Zeit haben sich die Ansichten darüber stark geändert und was wir heute als „leicht" bezeichnen, bewegt sich zwischen 170 und 200 g für normal lange Gerten, nachdem es sich durch die Ausgestaltung des Turnierwesens erwiesen hat, daß eine Turniergerte vom Gewichte von 170 g der stärksten Beanspruchung gewachsen ist, auch am Fischwasser. Wie in den anderen Zweigen der Angelkunst, ist in unseren Tagen die Tendenz, die dem jeweiligen Zwecke entsprechend zulässigst kürzeste Gerte zu verwenden unverkennbar, je kürzer aber eine Gerte gewählt werden kann, desto leichter kann sie im Gewichte werden, ohne dabei an Kraft einzubüßen und so sehen wir, daß dementsprechend die Gertengewichte immer geringer werden. Besonders die Amerikaner tun sich da viel zugute und bauen Gerten von 3—4 Unzen, welche allerdings von allererster Qualität sein müssen und dementsprechend kostspielig sind.

Die Ansicht, daß man mit derlei Gerten vielleicht werfen, aber nicht fischen könne, teile ich nicht, denn in Wirklichkeit kann man beides damit tun, aber anderseits bin ich der Ansicht, daß man ein derartiges Federgewicht nicht unumgänglich notwendig hat.

Bei der ungewöhnlich entwickelten Technik im Gertenbau wird man mit einer Gerte von 6—7 Unzen, d. i. 170—190 g Gewicht allen europäischen Verhältnissen gewachsen sein und wahrscheinlich den meisten außereuropäischen auch, soweit ich das aus eigener Erfahrung beurteilen kann.

Im übrigen spielen da persönliche Momente eine große Rolle: wer ein großes, schwer strömendes Wasser zu befischen hat, der wird besonders bei kräftiger Muskulatur und Körperbau eine kräftigere Gerte bevorzugen als jener, der ein sanftströmendes Wasser beangelt und vielleicht minder groß und muskelkräftig ist. Ein großer Mann wird anderseits unter Umständen auch dort mit einer kräftigeren, sagen wir 9—9½ Fuß langen Gerte sein Auskommen finden, wo dem kleineren eine 10 Fuß lange Gerte gerade recht ist, um über Hindernisse hinwegzulangen.

Im allgemeinen kann man also sagen: Um allen Durchschnittsverhältnissen gerecht zu werden, wähle man eine 9½—10 Fuß lange Gerte von 170—190 g und mache die Anschaffung einer speziellen, leichteren oder schwereren, kürzeren oder längeren Gerte von jeweilig gegebenen, besonderen Verhältnissen abhängig. Das Gesagte gilt ausschließlich für gesplißte Gerten. Greenheartruten sind naturgemäß bei gleichen Längen schwerer; es werden zwar auch extra leichte Greenheartgerten gebaut, ich möchte aber von ihrer Erwerbung abraten, denn bei reinen Holzgerten kann die Gewichtsverminderung doch nur auf Kosten der Masse und damit der Haltbarkeit erzielt werden. Lieber nehme man eine um ½ Fuß kürzere Gerte. Eine schwere Gerte zu führen ist aus verschiedenen Gründen nachteilig. Selbst der Geübte wird bei längerem Gebrauche vor der Zeit müde, und ein müder Arm leistet eine schlechte Wurfarbeit. Doppelt und dreifach gilt das aber für den Anfänger und den Lernenden, der außerdem noch in dem Vorurteile befangen ist, daß zum Wurfe auch recht viel Kraft erforderlich ist. Abgesehen von der vorzeitigen Ermüdung und Überanstrengung verdirbt er sich den guten Stil des Wurfes, der die Grundlage für ein gedeihliches Flugangeln ist.

Eine gute Fluggerte muß außer der entsprechenden Leichtigkeit mehr wie jede andere Angelrute richtige Verjüngung und Gewichtsverteilung besitzen, d. h. vom Handteil bis zum Spitzenring muß ihr Umfang millimeterweise richtig abnehmen und selbst bei der Gerte ohne angesetzte Rolle muß man das Gefühl haben, daß ihr Gewicht „in der Hand“ liege.

Beide genannten Eigenschaften ergänzen sich, bzw. die eine bedingt das Vorhandensein der anderen.

Nehmen wir an, die Verjüngung sei ungleichmäßig, und zwar im Spitzenteil, der zu stark ist; was ist die natürliche Folge? Das Gewicht verschiebt sich von der Hand nach oben, die Rute wird vorgewichtig. Vorgewichtigkeit ist zwar ein Fehler, aber an sich in diesem Falle reparabel durch Einbau einer richtig verjüngten Spitze; mit einer vorgewichtigen Gerte kann man immerhin noch werfen, wenn auch nicht gut bzw. angenehm.

Ist die Verjüngung im Mittelteil unregelmäßig, so wird die Gerte beim wagrechten Hinaushalten in auffälligen Fällen nahezu einen Knick zeigen, in weniger auffälligen eine mehr oder weniger ausgesprochene Bogenform: eine solche Rute nennen wir kopfschwer. Mit einer derartig verbauten Gerte kann man nicht werfen, denn ihr fehlt sowohl der Schwung wie auch das Rückgrat, die unerläßlichsten Eigenschaften der Fluggerte.

Es ist wichtig, die beiden Begriffe „Vorgewichtigkeit“ und „Kopfschwere“ streng auseinanderzuhalten.

Was verstehen wir unter „Schwung“?

Jene Eigenschaft einer Gerte, welche als Folge richtiger Konstruktion und Gewichtsverteilung den korrekten Wurf, der sich aus einer Aufeinanderfolge verschiedener Schwingungen zusammensetzt, von Anfang bis zum Ende reibungslos auszuführen und auch den Anhieb richtig setzen zu können ermöglicht.

Als „Rückgrat“ dagegen bezeichnen wir jene Eigenschaft der Gerte, welche sie befähigt, den schwersten Anforderungen des Wurfes und des Drills derart standzuhalten, daß sie unter keinen Umständen ihre ungebrochen gerade Linie verliert, auch nicht nach jahrelangem Gebrauche.

Man würde sich versucht fühlen, vielleicht den Begriff „Rückgrat“ durch „Elastizität“ zu ersetzen, das ist aber nicht richtig. Elastizität ist lediglich die ureigene Federkraft der Gerte, die gering, groß, ja sogar übergroß sein kann, wie z. B. bei den langen Stahlrohrgerten, deren Überelastizität eine so hohe ist, daß die Spitze zurückschnellt, ehe der Endschwung durchgeführt ist, was man als „Schwippigkeit“ bezeichnet.

So sehr ein richtiger Grad von Elastizität eine unerläßliche Grundeigenschaft einer Gerte sein muß, so ist es doch Sache des Konstrukteurs, diesen Grad zu bestimmen und den jeweiligen Erfordernissen anzupassen, denn auch das verwendete Material und seine Bearbeitung sind hierbei zu berücksichtigen.

Wir werden daher bei der Anschaffung einer neuen Gerte die vorerwähnten Punkte: richtige Gewichtsverteilung, richtige Verjüngung, Schwung und Rückgrat zu prüfen haben.

Zunächst stecken wir die Gerte zusammen und halten sie am Handgriff fassend, frei wagrecht heraus; dabei darf uns weder das Gefühl aufkommen, daß das Gewicht in der Spitze liege, noch darf die Gerte ein Vornüberhängen derselben oder gar auch noch eines Teiles des Mittelstückes zeigen.

Sodann machen wir aus derselben horizontalen Lage der Gerte die schnellenden Bewegungen des Anhiebes; die Gerte muß nun in derselben Ebene schwingen, und die Ausschläge der Spitze müssen bis zum Aufhören in derselben verbleiben. Bei einer richtig gebauten Gerte werden diese Anschläge rasch immer kürzer. Bleiben sie aber längere Zeit immer gleich lang, dann ist die Gerte entweder schwippig, also überelastisch oder unrichtig verjüngt, in beiden Fällen unbrauchbar; schwingt außer der Spitze noch ein Teil des Mittelstückes mit, dann ist unbedingt Kopfschwere vorhanden, selbst wenn die Gerte in der Ruhelage keine Bogenform und kein Überhängen zeigt.

Gewöhnlich aber wechseln die Schwingungen der Spitze rasch die ursprüngliche Richtungsebene, ja vielfach beschreibt der Spitzenendring direkt einen Kreis oder eine Ellipse. Diese seitlichen Ausschläge beweisen unter allen Umständen Konstruktionsfehler und damit die Unverwendbarkeit des Gerätes für anglerische Zwecke. Zur Prüfung des Schwunges versehen wir die Gerte mit der Rolle und ziehen eine zu ihr passende Schnur durch die Ringe. Nun machen wir richtige Würfe, um zu sehen, wie die Gerte die Schnur herauslegt. Es ist selbstverständlich, daß man sich eine neue Gerte ebenso zur Hand gewöhnen muß wie eine neue Flinte zum Gesichte, aber trotzdem wird der Geübte bald heraus haben, ob ihm die Arbeitsweise der Gerte zusagt oder nicht.

Allerdings, diese Probe läßt sich nicht gut im Laden machen, und so weit sind unsere Verkäufer und Erzeuger noch nicht gekommen, daß sie für ihre Kunden einen Übungs- oder Versuchsplatz zur Verfügung stellen, wie es in England und Amerika längst gang und gäbe ist.

Nun prüfen wir noch das Rückgrat der Gerte: Die Schnur wird irgendwo eingebunden und wir spannen dieselbe so, als hätten wir einen Fisch zu drillen. Die Gerte muß sich nun in einer harmonischen Kurve biegen (Abb. 5) und sofort nach Aufhören des Zuges wieder geradestrecken.

Ist die Verjüngung der Gerte eine fehlerhafte, dann wird die Kurve unharmonisch, in irgendeinem Punkte des Verlaufes wird ihre Linie eine mehr oder weniger stark ausgesprochene Brechung bzw. Winkelbildung zeigen. Wenn die Krümmung der Gerte bei Steilhaltung derselben statt einer ausgesprochenen Parabel die

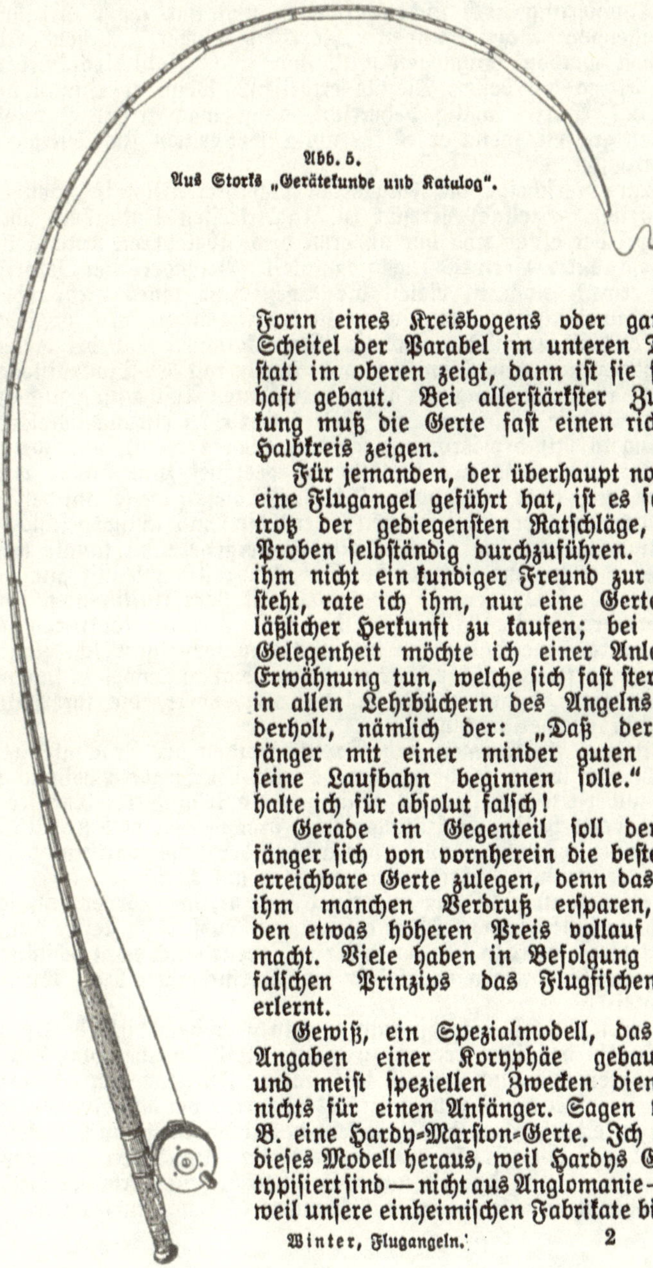

Abb. 5.
Aus Storks „Gerätekunde und Katalog“.

Form eines Kreisbogens oder gar den Scheitel der Parabel im unteren Drittel statt im oberen zeigt, dann ist sie fehlerhaft gebaut. Bei allerstärkster Zugwirkung muß die Gerte fast einen richtigen Halbkreis zeigen.

Für jemanden, der überhaupt noch nie eine Flugangel geführt hat, ist es schwer, trotz der gediegensten Ratschläge, diese Proben selbständig durchzuführen. Wenn ihm nicht ein kundiger Freund zur Seite steht, rate ich ihm, nur eine Gerte verläßlicher Herkunft zu kaufen; bei dieser Gelegenheit möchte ich einer Anleitung Erwähnung tun, welche sich fast stereotyp in allen Lehrbüchern des Angelns wiederholt, nämlich der: „Daß der Anfänger mit einer minder guten Gerte seine Laufbahn beginnen solle.“ Das halte ich für absolut falsch!

Gerade im Gegenteil soll der Anfänger sich von vornherein die beste ihm erreichbare Gerte zulegen, denn das wird ihm manchen Verdruß ersparen, was den etwas höheren Preis vollauf wettmacht. Viele haben in Befolgung jenes falschen Prinzips das Flugfischen nie erlernt.

Gewiß, ein Spezialmodell, das nach Angaben einer Koryphäe gebaut ist und meist speziellen Zwecken dient, ist nichts für einen Anfänger. Sagen wir z. B. eine Hardy-Marston-Gerte. Ich greife dieses Modell heraus, weil Hardys Gerten typisiert sind — nicht aus Anglomanie — und weil unsere einheimischen Fabrikate bislang diese Typisierung noch nicht aufweisen und nur meist mit den nichtssagenden Bezeichnungen „Forellen-“ oder „Äschen“gerte bezeichnet werden. Hingegen wird ihm eine ,,Gold-Medal'' derselben Firma die besten Dienste erweisen. Wenn er einmal die Kunst des Wurfes völlig beherrscht, dann mag er zu Spezialmodellen greifen, wenn er es für nötig oder seinen Zwecken dienlicher erachtet.

Man unterscheidet die Fluggerten nach ihrer Aktion in „weiche“ und „steife“. Vielfach herrscht in Anglerkreisen Unklarheit über den Wert der einen und der anderen bzw. über deren universelle oder beschränkte Verwendungsmöglichkeit. Besonders der Begriff „steif“ erweckt noch in vielen die Vorstellung eines mehr oder weniger unelastischen, wenn nicht steckenartigen Gerätes, obgleich gerade das Gegenteil der Fall ist. Dazu kommen noch bei vielen die recht unklaren Ansichten über das Angeln mit der Trockenfliege, welche sie in Verbindung mit der ersterwähnten Anschauung zu dem falschen Schlusse verleiten, eine „steife“ Gerte sei ein ausschließlich zum Angeln mit der Trockenfliege brauchbares Gerät, und wenn schon das nicht, also nur vornehmlich geeignet zum Fange von Forellen, nicht aber von Äschen. Ich glaube diese Zweifel am besten lösen zu können, wenn ich meinen Lesern die Entwicklungsgeschichte der Fluggerte vorführe. Unsere alte Anglergeneration kannte nur „weiche“ Gerten, und angelte durchwegs nur stromab mit „nasser Fliege“. Ebenso war es in England. Mit dem Aufkommen der Wurfturniere, welche ursprünglich reine Weitwurfkonkurrenzen waren, wurde eine Bauart für die Gerten notwendig, welche einen weiteren Wurf ermöglichte; das wiederum war nur möglich, indem man schwerere Schnüre als bislang verwendete, die ihrerseits steifere Gerten verlangten.

Mit dem Aufkommen und Populärwerden der Trockenfliege, die nicht nur weite, sondern auch gezielte Würfe zur Bedingung macht, anderseits der nun folgerichtigen Umstellung der Turniere auf Wettbewerbe im Präzisionswurfe, brachte den völligen Umschwung: die steife Gerte wurde das Modell der Gegenwart und verdrängte die weiche. Richtig betrachtet ganz mit Recht.

Werfen kann man nur mit einer Schnur, die Körper hat, je mehr, desto sicherer und leichter gelingt der Wurf, desto steifer muß aber die Gerte werden. Unter „Werfen“ verstehe ich nicht lediglich die Wurfweite, sondern ebensosehr die Wurfsicherheit bzw. Wurfgenauigkeit.

Ohne irgendwie rekordsüchtig zu sein oder dem Rekordwerfen beim Angeln das Wort reden zu wollen, will ich aber doch eine Gerte führen, die mich instand setzt, meine Fliege, wenn es notwendig ist, soweithin anzubringen, als es meine persönlichen Wurffähigkeiten erlauben, aber nicht allein das, sondern sie auch gezielt am beabsichtigten Punkt hinzulegen unter Umständen — trotz Gegenwind — und das ist nur mit einer steifen Gerte möglich, welche darum noch lange keine „Turniergerte“ zu sein braucht.

Dabei bleibt es sich gleich, ob ich „naß" oder „trocken" fische, weil eben eine solche Gerte in ihrer Verwendbarkeit universell ist.

Auch dem Gegenargument der Anhänger der „weichen" Gerten, daß der Anhieb mit steifen Gerten besonders auf Äschen zu brüsk sei, ist kein Gewicht beizulegen. Wer kein Gefühl hat, bei dem ist es gleichgültig, was für eine Gerte er in der Hand hält, und wer es hat, der wird das erforderliche Plus oder Minus von Stärke beim Anhieb bald heraus haben.

Meine Freunde und ich angeln seit Jahren mit sehr steifen Gerten, ohne daß wir je die Notwendigkeit empfunden hätten, für Äschen andere zu wählen.

Eine besondere Stellung nehmen jene Gerten ein, die die Engländer als „Top souple" bezeichnen. Einen Ausdruck, für den es keine richtige Übersetzung gibt, weshalb ich ihn als Terminus technicus im Original übernehme. Als einhändige Gerten werden dieselben nur auf besonderen Wunsch gebaut, dagegen sind sie der Typus der zweihändigen und Lachsruten. An sich mehr dem steifen Typus angehörig, ist es die Materialverteilung an Mittelstück und Spitze, welche diesen Gerten einen besonders charakteristischen Schwung verleiht, der eben durch die Wirkung dieses Teiles seine Ausführung findet und in der Führung dieser Gerten, welche, von jener der einhändigen ganz verschieden, begründet ist.

Es erübrigt mir noch, die Einteilung der Fluggerten zu besprechen; von denen man „einhändige" (Abb. 6 u. 7) und „doppelhändige" (Abb. 8) unterscheidet. Eine besondere Gattung der letzteren bildet die „Lachsgerte", ein Spezialgerät, das für unsere deutschen Verhältnisse kaum in Betracht kommt. Wer in der glücklichen Lage ist, den „König der Flüsse" angeln zu können, wird am besten tun, sich auch eine solche Gerte bei einer renomierten Firma in England zu kaufen, denn dies muß neid- und rückhaltlos anerkannt werden, daß diese durch jahrhundertelange Erfahrung im Bau solcher Gerten unserer Industrie weit überlegen sind.

Die einhändigen Gerten teilt man ein in leichte und schwere; wie ich schon erwähnte, wird man nach modernen Gesichtspunkten die oberste Grenze für erstere mit 200 g annehmen müssen. Gerten im Gewichte von 140 g und darunter nennt man extra- oder federleicht. Naturgemäß nimmt mit dem Gewichte auch die Länge der Gerten ab, und solche von 80—90 g Gewicht sind schon ansehnlich kürzer als normallange.

Als äußerste Länge für eine einhändige Gerte ist eine Länge von 12½ Fuß anzunehmen — höchstens 13 Fuß —, darüber hinaus wird sie unhandlich und besser als zweihändige Gerten gebaut und geführt. Die doppelhändige Gerte wird bei uns nur noch selten geführt; in früheren Jahren begegnete man ihr noch häufiger, speziell zu jener Zeit, als man bei uns noch weiche Gerten und dünne leichte Schnüre benützte, die einen weiten Wurf nicht zuließen. Mußte

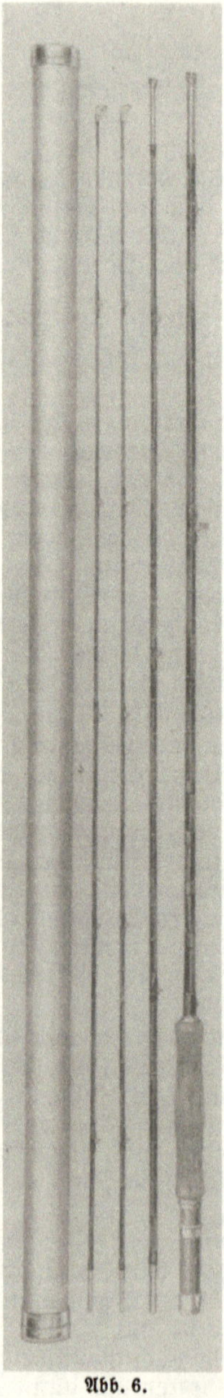

Abb. 6.

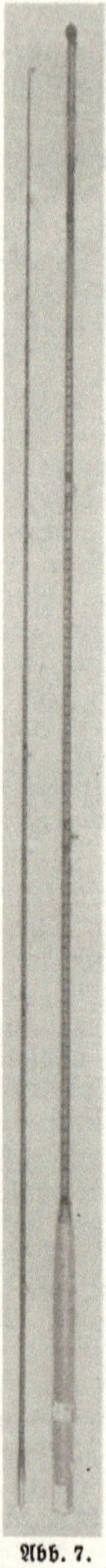

Abb. 7.

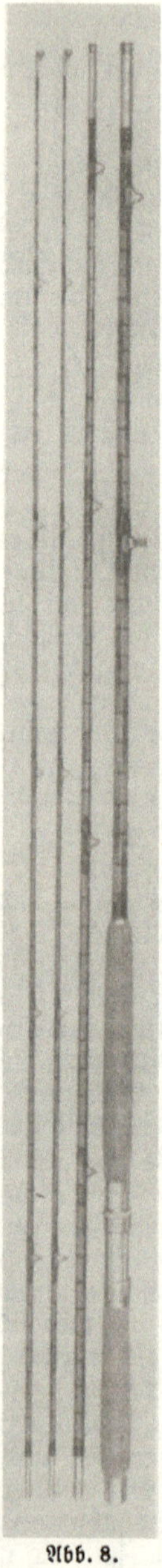

Abb. 8.

Nach Storks „Gerätekunde und Katalog“.

man weite Würfe machen oder in schwerem Terrain angeln, dann war man förmlich gezwungen, die zweihändigen zu führen. Für unsere Verhältnisse könnte ich sie höchstens denjenigen Sportgenossen empfehlen, welche größere Seen nur vom Ufer befischen können, oder jenen, welche die Möglichkeit haben, auf Huchen im Sommer oder Frühherbste mit der Lachsfliege zu fischen. Für alle übrigen Gelegenheiten ist sie in Anbetracht unseres verbesserten einhändigen Gertenmateriales und der verbesserten Wurftechnik zum mindesten entbehrlich zu nennen.

Zum bequemeren Transporte baut man die Gerte meist dreiteilig (Abb. 6), sehr lange Gerten, wie die 17—20 Fuß langen Lachsgerten, sogar vierteilig. Doch sind zweiteilige Gerten (Abb. 7), namentlich in den kürzeren Formaten der oft nur 7½—8½ Fuß langen federleichten Gerten recht beliebt, da die einzelnen Teile doch nicht zu lang sind, um beim Transport hinderlich oder nennenswert gefährdet zu sein.

In neuerer Zeit baut man auch zwei- und dreiteilige Gerten mit unsymmetrischen Teilen, denen man eine bessere Widerstandsverteilung gegen den Zug der kämpfenden Fische und bessere Bruchfestigkeit nachrühmt. Ich habe bisher noch keine Gelegenheit gehabt, eine solche Gerte in der Praxis zu erproben, da diese Modelle erst während der Niederschrift dieses Bandes auf den Markt kamen, anderseits man doch eine Gerte mindestens eine ganze Saison unter den verschiedensten Verhältnissen geführt haben muß, um zu einem annähernd abschließenden Urteile zu kommen. Die zweiteilige Gerte hat den entschiedenen Vorteil, daß das Gewicht eines Hülsenpaares erspart wird und ebenso eine Teilungsstelle im Verlaufe der Gerte, anderseits den Nachteil, daß die einzelnen Teile bei einer Normallänge von 3 m = 10 Fuß schon reichlich lang geraten und infolgedessen die Gerte nicht so bequem zu transportieren ist wie eine dreiteilige. Auch ist für den Fall des Bruches der Spitze ein Ersatz ziemlich kostspielig.

Zu den dreiteiligen Gerten werden meist zwei Spitzen geliefert, welche bei besseren Gerten in einem separaten Etuis aus Bambus oder Aluminium versorgt sind (siehe Abb. 6), um sie vor Bruch zu schützen. Diese Art von Verpackung ist sehr gut und sicher, nur bin ich ein Gegner davon, daß diese Behälter gleichzeitig als Netzstock Verwendung finden. Solange er neu ist, geht die Sache noch, aber bei längerem starkem Gebrauche dringt doch Wasser und Feuchtigkeit ins Innere, und wenn jemand sorglos ist, geht ihm die darin verwahrte Reservespitze zugrunde. Es ist ja von großem Vorteil, solche zu besitzen, besonders wenn man eine größere Tour in Gegenden macht, die mit der Welt schlecht verbunden sind; aber für einen Eintagsausflug ist das Mitschleppen des Spitzenbehälters, wenn man keinen Träger hat, vielfach unangenehm.

Im allgemeinen werden die Gerten in Futteralen aus Stoff geliefert, welche Abteilungen für die einzelnen Teile haben; solche, welche die Abteilungen nicht haben, sind unbrauchbar, da sich die Teile aneinander scheuern, was den Lacküberzug beschädigt, oder aber sie liegen nicht parallel, wodurch sie sich leicht verziehen, wenn das Futteral achtlos zusammengeschnürt wird. Besonders die feinen Gertenspitzen sind dadurch gefährdet.

Überhaupt achte man sorgfältig darauf, die Bänder des Futterals nicht zu fest zu binden; es genügt, daß die Teile nicht locker liegen. Beim Versorgen der zerlegten Gerte mache man es sich zur Regel, zuerst einen stärkeren Teil einzuschieben und dann erst die Spitze, was diese bei irgendeinem unvorhergesehenen Geschehnis vor Bruch bewahrt.

Ganz feine Gerten werden außer mit Stoffutteral auch noch mit einem Behälter aus Aluminium oder Bambus ausgestattet, welcher die ganze Gerte aufnimmt. Das ist besonders für weite Reisen oder für die Fahrt im Auto oder am Motorrad eminent praktisch. Für den wandernden Angler wäre es aber empfehlenswert, statt des großen, starren, unpraktischen Behälters einen solchen aus Hartaluminium zu konstruieren, welcher sich wie ein Teleskop zusammenschieben läßt und dann in dieser Form bequem im Rucksack Platz findet.

Abb. 9.

Die manchen Gerten beigegebenen Futterale aus Holz, in denen die Teile in separaten Aushöhlungen liegen, sind nicht unpraktisch, doch unhandlich und bei längerer Aufbewahrung kann es geschehen, daß sich das Holz des Futterales wirft und die Gertenteile mit verzieht. Da mir dies schon selbst gelegentlich einer längeren Seereise passierte, bin ich ein Gegner dieser Packung geworden; zudem habe ich mit dem gewöhnlichen Stoffutteral noch keine schlechten Erfahrungen gemacht, selbst ohne separate Schutzhülle, so daß ich es für den landläufigen Gebrauch beruhigt empfehlen kann, besonders wenn es aus wasserdichtem Material hergestellt ist.

Wie ich schon im vorhergehenden erwähnt habe, bedingt die Rolle bzw. ihre Größe und ihr Gewicht meist das gute Arbeiten einer Gerte. Es ist noch gar nicht zu lange her, daß man diesem Punkte gar keine Beachtung schenkte und die Rolle für nicht mehr hielt als das Reservoir für die nicht ausgeworfene Leine.

Diese Ansicht wurde erst in letzter Zeit korrigiert.

Ein Blick in unsere anglerischen Lehrbücher zeigt uns, daß man an die Rolle zum Flugangeln recht bescheidene Ansprüche stellte, ebenso aber auch, daß man der harmonischen Anpassung von Rolle und Gerte wenig oder keine Bedeutung zumaß.

Im allgemeinen beschränkt man sich darauf, eine Rolle „mit guter Hemmung“ und „Trieb an der Platte“ zu empfehlen.

Wenn ich nun den älteren Rollenformen hier noch eine Beschreibung widme, so tue ich es nur aus dem einen Grunde, um meinen Lesern und besonders den Anfängern, welche sich erst ausrüsten wollen, deren Fehler und Mängel zu zeigen, um sie zu bewahren, sich veraltete, minderwertige Geräte beizulegen.

Nehmen wir vorerst die alte Rolle mit „feststehender Federhemmung und Trieb an der Platte“ (Abb. 9), welche lange Zeit das Um und Auf der Flugangler war. Ihr Gehäuse, ihre Lager und Achsen waren aus Messing, ebenso das Zahnrad und der Keil der Knarre und meist auch deren Feder. Abgesehen von dem unan-

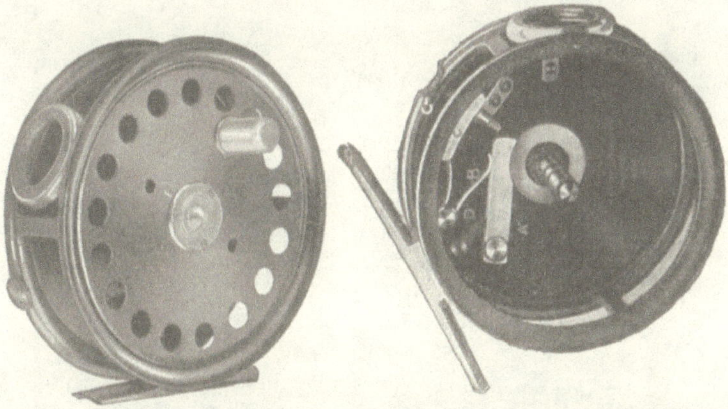

Abb. 10 a. Abb. 10 b.

Aus Storks „Gerätekunde und Katalog“.

genehmen Gekreisch war meist die Feder am Anfang zu hart, so daß man nicht von ihr aus den weichen Anhieb von der Rolle ausführen konnte, ohne einen Teil des Vorfaches oder wenigstens eine Fliege abzuprellen. Regulieren ließ sich die Spannung der Feder nicht, — denn diese Rollen konnte man nicht auseinandernehmen, — dafür wurde sie nach einigem Gebrauche so schlaff, daß von einer Bremsung keine Rede mehr war, wozu noch die naturgemäß rasche Abnützung des Keiles und des Zahnrades kam und das Auslaufen der Lager, denn alle diese Teile waren ja aus weichem Materiale hergestellt.

Nach wieder einiger Zeit pflegte sich der ganze Mechanismus zu verklemmen. Eine allerdings sehr bescheidene Verbesserung war die noch von Heintz empfohlene Rolle von Slater mit stiller Hemmung.

Letztere wurde durch ein zwischen Trommel und Triebplatte eingelegtes Metallplättchen bewerkstelligt, welches man aufbog und das je nach dem geringeren oder größeren Grade des Aufgebogenseins mehr oder weniger stark bremste. Der wunde Punkt aber war das richtige Maß des Aufbiegens: zuviel legte es die Rolle nahezu fest, zuwenig bremste es gar nicht, und das Richtige traf man fast nie. Und wenn man es schon traf, nach kurzer Zeit ließ die Spannung nach und das Spiel begann von neuem, wozu man aber immer die ganze Rolle auseinanderschrauben mußte.

In England ging man in richtiger Erkenntnis dessen, daß nur eine genau und sicher abstimmbare Bremsung für das Angeln von Wert sei und einen sicheren, für das Gerät gefahrlosen Anhieb von der Rolle aus gestattet, daran, Rollen mit einer derartigen Bremsregulierung in Präzisionsausführung zu bauen, und es gibt eine

Abb. 11 a.

Abb. 11 b.

Menge Modelle, deren gemeinsames Prinzip darauf beruht, die Spannung der Hemmungsfeder durch eine am Außenrande des Rollenkastens liegende Schraube zu regulieren und festzustellen. Eine der bekanntesten Konstruktionen ist die von Hardy, deren Modifikation mit stiller Bremse (Abb. 10) mir persönlich die sympathischere ist. Abgesehen von der Lautlosigkeit läßt sich der Druck des Bremsklotzes viel feiner regulieren als der eines Keiles, der über Zahnräder zu gleiten hat. Ich habe sonst an diesen Rollen nichts auszusetzen, als daß wir sie vom Auslande beziehen müssen und daß sie enorm teuer sind.

Ich habe deshalb mit unserem heimischen Rollenerzeuger eine Rolle konstruiert, welche stille Hemmung besitzt, präzise zu regulieren ist und trotzdem im Preise erschwinglich ist. Die Abb. 11a u. 11b zeigen diese Rolle sowie ihren Bremsmechanismus. Da alle reibenden Teile aus Stahl erzeugt sind, ist ein Auslaufen ausgeschlossen.

Die Trommel ist durch einen Druck auf eine Federklinke ohne Werkzeug aus dem Gehäuse zu nehmen, was die Reinhaltung der Rolle ungemein erleichtert. Ich fische nun mit dieser Rolle seit vier Jahren, ohne daß sie je versagt hätte. Bei einem Gewichte von ca. 170 g paßt sie zu einer jeden Gerte.

Die Rolle in Abb. 10 besitzt einen Schnurführungsring aus Achat. Wenn er vielleicht auch nicht unbedingt nötig ist, zur Schonung der Leine trägt er doch viel bei, weshalb ich dem, der ihn anschaffen will, ihn empfehlen kann. Er läßt sich nachträglich an die meisten Arten von Rollen anbringen.

Ich glaube, daß die vorstehenden Rollenmodelle den Leser hinreichend über die Konstruktion und Haupterfordernisse einer zeitgemäßen Fliegenrolle informierten. Hinsichtlich des Gewichtes halte ich ein solches von 170—200 g für richtig, welches auch gegenwärtig das allgemein übliche Durchschnittsgewicht darstellen dürfte, da man heute alle Rollen aus Aluminiumlegierungen herstellt. Dieses Material erlaubt wiederum, Rollen größeren Durchmessers und Formates herzustellen, als es vordem üblich und möglich war, als man nur Messing zur Herstellung verwendete.

Ich halte einen Trommeldurchmesser von 8½—9 cm für besonders vorteilhaft. Im allgemeinen nimmt man ja doch nur die usuelle Länge von 25—30 Yard Flugschnur und dahinter 25—30 m feiner Verlängerungsschnur auf die Trommel. Dementsprechend braucht die Trommelbreite 1¾—2 cm nicht zu übersteigen, ohne daß man befürchten müßte, die Rolle zu überfüllen oder beim Aufwinden Schwierigkeiten zu haben. An und für sich haben ja die Rollen zum Flugangeln durchwegs geschlossene Gehäuse, deren Streben und Ausschnitte als Schnurleiter dienen, wenn man sich nicht schon außerdem noch den oben erwähnten Führungsring aus Achat einbauen läßt.

Gegenüber den alten Rollen mit kleinem Durchmesser und breiter Trommel haben die modernen den Vorteil des rascheren Aufwindens und den, daß die Schnur nicht in engen Ringen aufeinanderliegt, wodurch sie weniger zum Rollen und zum Kleben neigt.

Wer auf Lachse und dgl. mit der schweren doppelhändigen Gerte fischt, muß naturgemäß zu einer schweren und dementsprechend großen Spezialrolle von 10 und mehr Centimeter Durchmesser greifen, die selbstverständlich auch eine größere Trommelbreite besitzt, da sie ja 100—120 m Schnur aufnehmen muß.

Die offene Nottinghamrolle eignet sich nicht zur Benützung in Verbindung mit der Fliegengerte, auch nicht zur doppelhändigen oder Lachsgerte, weil die Leine von ihr, selbst wenn sie einen Schnurleiter besitzt, herunterfällt, was zu unangenehmen Zufällen und verdrießlichen Geschehnissen führen kann. Ebenso ungeeignet sind die Multiplikatorrollen, so sehr ich sie für andere Zwecke schätze; die Schnur wird auf ihnen in zu kleine Ringe gewunden, welche sich unter dem Wurfe nur schwer strecken, was den Wurf unangenehm behindert, namentlich wenn die Leine im Laufe der Zeit oder bei zu großer Hitze etwas Neigung zum Kleben bekommt. Das „rasche Aufwinden" spielt ja beim Flugangeln eine ziemlich untergeordnete Rolle, wenigstens habe ich noch nie in meinem langen Anglerleben die Erfahrung gemacht, daß ich mit meinen unübersetzten Rollen beim Einrollen nicht hätte nachkommen können. An der Hand des Gesagten läßt sich aber das Bedürfnis des Fluganglers an Rollen für den durchschnittlichen Gebrauch mit der einhändigen Gerte dahin präzisieren: Er benötigt eine einzige, sorgfältig gearbeitete Rolle von 8½—9 cm Trommeldurchmesser, deren Bremsung unter allen Bedingungen fein und stabil regulierbar sein soll, ob mit lauter Knarre oder mit stiller Schleifbremse, ist Geschmacksache, obgleich es mir unerfindlich ist, warum ein Großteil der Angler immer noch fanatisch an der alten kreischenden Knarre hängt. Das Gewicht der Rolle sei nicht weniger als 170 g, überschreite aber auch anderseits 200 g nicht wesentlich. Die Rolle sei leicht zerlegbar, damit die inneren Teile leicht gereinigt und in Öl gehalten werden können. Denn auch die Rolle braucht ihre Pflege, wenn sie ungestört funktionieren soll. Obzwar die modernen Rollen ziemlich kompakt gearbeitet sind, empfiehlt es sich doch, sie nie ohne schützende Hülle zu transportieren, schon um das Verstauben und Verschmutzen der inneren Teile und der Schnur zu verhüten. Nach Gebrauch nehme man sie auseinander, wische sie sauber aus, namentlich dann, wenn sie naß geworden war, öle Achsen und Lager, nicht aber die bremsenden Teile!

Das Öl sei nicht zu dünnflüssig, aber auch nicht zu dick; ich verwende jetzt mit Vorliebe eine Mischung von Ballistol mit Motoröl.

Unter allen Bedingungen vermeide man das Ölen des Rolleninnern, soweit es sich um Teile aus Aluminium handelt. Dies bildet an der Luft ein Oxydationsprodukt in Form eines feinen Staubes, der mit Öl und eindringenden Staubteilen einen zähen Belag bildet, welcher den Lauf der Rolle hemmt.

Für kurze Angelfahrten genügt ein Lederbeutel oder ein solcher aus wasserdichtem Stoffe, mit Tuch oder Samt gefüttert, als Schutzhülle. Für längere Touren und kostspieligere Rollen ist aber das steife Rollenetuis aus Blankleder empfehlenswerter.

Die Schnur — gemeinhin Flugschnur geheißen — ist ein Schmerzenskind unserer Industrie; zu meinem und vieler anderer Leidwesen gibt es keine in unserer Heimat erzeugte Flugschnur, die auch nur bescheidenen Ansprüchen genügen würde. Woran das liegt, ist eigentlich nicht recht ersindlich, da wir doch ansonst ganz erstklassiges Material in allen anderen Schnurgattungen herausbringen.

Ein bekannter Fabrikant erklärte mir auf meine Frage, wie das käme: „Unser Publikum will für heimische Erzeugnisse kein Geld auslegen, und zahlt lieber für das ausländische den doppelten Preis." Ich bin zuwenig Fachmann, um die Richtigkeit dieser Angabe nachzuprüfen, aber das eine weiß ich: Eine Flugschnur von hoher Klasse herzustellen erfordert einen monatelang dauernden Arbeitsgang, abgesehen von der Verwendung allerbester Grundstoffe, und deshalb allein kann eine gute Flugschnur nicht „billig“ sein.

Wie es sich überhaupt empfiehlt, von allem nur die besten Qualitäten zu kaufen, da diese auf die Dauer die billigsten sind, gilt dasselbe erst recht von der Flugschnur, und es ist nicht zuviel gesagt, daß eine schlechte Leine selbst geschenkt noch zu teuer ist. Nach allem, was ich im Laufe vieler Jahre erprobt, halte ich die „Corona superba“-Schnur von Hardy Bros für das Beste, was es in diesem Artikel gibt, wenn sie auch scheinbar sehr kostspielig ist. Wenn man aber anderseits die hervorragende Ausführung und unvergleichliche Glätte mit den anderen Fabrikaten vergleicht und nicht zum wenigsten die nahezu Unverwüstlichkeit des Hardyschen Erzeugnisses, das bei richtiger Pflege nach jahrelangem, angestrengtestem Gebrauche so aussieht wie am ersten Tage, dann wird man eben nicht anders können, als ein solches Erzeugnis billig zu nennen. Die Flugschnur von heute ist eine ölimprägnierte Leine aus geklöppelter Seide, entweder von durchwegs gleichmäßiger Stärke — sog. parallele Schnur (Level line) — oder an den beiden Enden auf ca. 3 bis 4 Meter verjüngt, spitz zulaufend, sog. „Tapered line“.

In beiden Fällen muß die Schnur Körper haben, d. h. eine entsprechende Stärke und Schwere sowie eine gewisse Steifigkeit. Diese beiden letzten Eigenschaften verleiht ihr das Imprägnieren. Ich will es gleich vorweg sagen, daß es eine sehr mühevolle und wenig lohnende Arbeit ist, seine Schnur selbst zu imprägnieren. Es ist nicht allein dieser Vorgang, der an sich nicht sehr kompliziert wäre, sondern vor allem der sorgfältige wochenlange Trocknungsprozeß zwischen den einzelnen Imprägnierungen. Das Medium zum Tränken der Leinen ist doppelt raffinierter Leinölfirnis, der Prozeß selbst wird in der fabrikmäßigen Erzeugung mittels Vakuumpumpen vorgenommen.

Aber wie schon gesagt, das wichtigste ist das richtige und äußerst sorgfältige Trocknen der eingelassenen Schnüre und die Nachbehandlung der halb- und ganzfertigen Leinen, so daß ca. 5—6 Monate nötig sind, weil das Trocknen in warmer, trockener Luft erfolgen muß unter Ausschluß jeder Spur von atmosphärischer Feuchtigkeit.

Eine gute fertige Leine muß dann folgende Eigenschaften haben: Durchgehende Glätte, Geschmeidigkeit und doch entsprechende Steifigkeit. Nirgends auf der Oberfläche darf auch nur der kleinste Höcker überschüssiger Imprägnierung sichtbar oder tastbar sein, und die Schnur muß den matten Glanz eines Gutfadens zeigen, welcher durch ein äußerst subtiles Polierverfahren erzeugt wird und nicht, wie viele irrtümlich glauben, durch Auftragung irgendeines Lacks.

Die fertigen Schnüre werden dann in Ringen von 20—35 Yard Länge in den Handel gebracht.

Leider fehlt auch hier eine Normierung der Stärkenmaße, so daß der Käufer, welcher nicht gerade am Platze wohnt, sich nur an allgemeine, ganz willkürliche Stärkeangaben halten kann, die entweder mit Nummern oder Buchstaben ausgedrückt sind oder überhaupt nur die vage Benennung „Stark", „Mittel" oder „Dünn" führen. Die Buchstabenbezeichnung geht von J bis A, wobei J die dünnste Stärke bezeichnet. Tapered lines tragen gewöhnlich die Bezeichnung J-B-J, J-C-J usw., womit ausgedrückt werden soll, daß das Mittelstück die Stärke B-C usw. besitzt und das zugespitzte Ende bis zur dünnsten Stärke J verläuft.

Nun ist es aber eine Kardinalforderung für das Gelingen eines guten Wurfes, daß das Gewicht der Leine dem der Gerte angepaßt sei. Eine bloße Stärkenbezeichnung gibt mir aber keinen Anhalt zur Beurteilung des Gewichtes schon aus dem einen Grunde, weil jeder Fabrikant seine Schnurdicken anders dimensioniert und sogar Gewichtsdifferenzen ein und derselben Stärken vorkommen, welche vom spezifischen Gewichte der Seide und der Imprägnierungsmittel bedingt sind. Die letzteren spielen allerdings bei der Beurteilung keine Rolle.

Vergleicht man gleichbezeichnete Stärken verschiedener Fabrikate, so wird man erstaunt sein, Gewichtsunterschiede bis zu einigen Gramm zu finden — ja noch mehr — man wird sogar die Wahrnehmung machen, daß die dünnere Leine der einen Erzeugung schwerer ist als die dickere einer anderen, was seinen Grund darin hat, daß die dünnere öfters und reichlicher eingelassen wurde. Es dürfte doch nicht so schwer sein, darin eine Einheitlichkeit zu schaffen — wenigstens haben Hardy Bros damit einen Anfang gemacht, indem sie in ihren Katalogen jede Schnursorte und Stärke auch ihrem Gewichte nach anführen, vorbehaltlich jener vorerwähnten kleinen Differenzen der spezifischen Gewichte. Bei einer einheitlichen Länge von 35 Yard wiegt z. B.:

Corona superba:	X fine	J-E-J	9 Drms.
	fine	J-D-J	13 „
	Medium	J-C-J	15 „
	Heavy	J-B-J	23 „

Warum wäre es nicht möglich, die gesunde Idee zum Allgemeingut zu machen und alle Leinen bezogen auf die Einheitslänge von 35 Yard nach Gewicht zu bezeichnen?

Wenn ich weiß, daß für meine Gerte ein Schnurgewicht von 15 Drms. erforderlich ist, habe ich es ein für allemal leicht, mir eine Leine dieser Art zu bestellen, ebenso leicht hat es der Lieferant, mir pünktlich das wirklich Brauchbare zu schicken. Allerdings hätte das noch eine Voraussetzung, daß unsere Gertenbauer ihre Produkte dahin vereinheitlichen müßten, daß sie eben Gertentypen für 13— usw. Drms.-Schnüre bauen und dem Kunden auch das passende Schnurgewicht mitteilen.

Hoffentlich bringt uns eine nächste Zeit die gewünschten Einheitsbezeichnungen.

Eine besondere Art der Flugschnur ist die sog. „Emailschnur". Zum Unterschiede von den eben besprochenen imprägnierten

Schnüren (Dressed lines) ist die Emailschnur „Enameled line“ meist nicht eingelassen, sondern bloß mit einem dünneren oder dickeren Überzug von Email-(Zelluloid-)Lack versehen. Wenn sie neu ist, blendet sie durch die auffallende Glätte, aber im Gebrauche zeigt sie nur zu bald ihre Minderwertigkeit. Abgesehen von der zu großen, fast an Härte grenzenden Steifigkeit neigt sie zu raschem Verderben, einmal durch das sehr bald eintretende Verstocken der Leine, die feucht geworden, unter dem undurchlässigen Lackmantel nicht abtrocknen kann, das andere Mal dadurch, daß der Lack brüchig wird, wodurch wiederum Wasser und Feuchtigkeit in die Schnur eindringt. Bei längerem Gebrauch blättert dann der Lack selbst mehr oder weniger ganz ab. Vor dem Gebrauche und Kaufe dieser Sorte von Schnüren ist unbedingt und entschieden zu warnen — zudem sind sie nicht einmal billig —, aber auf jeden Fall sind sie eine Quelle reichlichen Ärgers und betrüblicher Erlebnisse.

Die einzig brauchbare Schnur ist die ölimprägnierte Leine, deshalb will ich dem Leser und besonders dem Anfänger auch raten, sich nicht durch Anpreisung von sog. „imprägnierten“ Schnüren, welche mit Wachsparaffin u. dgl. Gemischen getränkt, als „Grund-Spinn- und Flugschnur“ angeboten werden, verleiten zu lassen, solche Schnüre zum Flugangeln zu verwenden. Nicht unerwähnt darf ich lassen, daß im Handel auch sog. „Metal centred lines“ mit großer Reklame angepriesen werden; ich kann den Leser vor diesem Produkt nur warnen, denn das „Metall-Zentrum“ ist ein ganz gewöhnlicher Lamettafaden, weder geeignet die Haltbarkeit noch auch das Gewicht der Leine zu erhöhen, wie fälschlich behauptet wird.

Ob man parallele oder sich verjüngende Schnüre verwendet bleibt sich im Grunde genommen gleich, die letzteren werfen sich etwas leichter und bilden einen besseren Übergang zum feinen Vorfach. Die Abnützung am untersten Stück ist bei beiden so ziemlich die gleiche.

Ölimprägnierte Schnüre bedürfen einer besonderen Pflege und Behandlung, wenn sie ihre volle Gebrauchsfähigkeit lange behalten sollen.

Nach jedem Fischen muß man die ganze Schnur auf einen Schnurwinder aufziehen und ausgiebig an der Luft trocknen lassen. Nach der Saison oder während eines längeren Nichtgebrauches ziehe man die Leine von der Rolle ab und hänge sie an einen luftigen Ort, vor Staub geschützt in großen lockeren Klängen auf. Auf der Rolle und bei Aufbewahren in Laden oder festschließenden Schachteln neigen die Ölschnüre zum so gefürchteten „Kleben“.

Wenn dies nicht schon einen außerordentlich hohen Grad erreicht hat, kann man die Schnur wieder heilen, indem man sie für genau 1 Minute in kochendes Wasser taucht, worauf sich das Kleben verliert. Man rollt dann die Leine aus, spannt sie gut und poliert sie mit etwas „Cerolene“, „Muciline“ o. dgl., wonach sie wieder vollständig gebrauchsfähig wird. Wenn das Kleben schon zu hohe Grade erreicht hat, hilft auch das Brühen nichts mehr, die obere Deckschicht löst sich dann von der Leine ab und diese wird unbrauchbar.

Das öftere Polieren der Leine mit einem der vorgenannten Gleitmittel ist sehr wichtig für die tadellose Erhaltung der Glätte, unbedingt aber soll es sofort vorgenommen werden, sobald die Schnur die geringste Tendenz zum Klebrigwerden zeigt. Dies erkennt man daran, daß sie sich nicht von selbst glatt abrollt, vielmehr hängen bleibt, wenn man die Rolle in rückläufige Bewegung setzt. Das Polieren geschieht erst mit den Fingern, indem man auf die gutgespannte Leine Gleitmittel in feinster Schicht aufträgt und verreibt und dann mit einem feinen Poliertuche mit sanftem Drucke so lange nachreibt, bis jedes Gefühl von Klebrigkeit geschwunden ist.

Der größte Feind der Ölschnur ist der Staub, deshalb soll man seine Schnur stets von ihm freihalten und die Leinen nicht auf den Fußboden in Ringen zum Trocknen auslegen, sondern wenn schon, dann auf einem Tische über einem reinen Tuche und vor dem Wiederaufrollen durch einen reinen, weichen Leinenlappen ziehen.

Beim Einknoten des Vorfaches wird ungefähr 1 cm durch Schürzung des Knotens und die Reibung des Gutfadens an seiner Oberfläche beschädigt — es ist eine falsche Sparsamkeit, diesen Zentimeter nicht nach dem Angeln zu opfern, indem man die Schnur an dieser Stelle glatt abschneidet, und sich statt dessen mit dem Aufziehen des Knotens zu plagen. Abgesehen von der Schädigung der Schnur, die durch Verrotten von diesem Endchen aus eintreten kann, hat man doch weiter kein Risiko oder zu befürchten, die Schnur rasch zu verkürzen, denn erst bei 100 solchen Kürzungen hat man einen Meter Leine verbraucht oder etwas mehr, und bei einer beiderseits verjüngten Leine hat man ja noch das andere Ende unversehrt bereitliegen, so daß man die Leine nur umzukehren braucht, wenn man der Ansicht ist, daß der in Verwendung stehende Teil schon zu dick sei.

Nicht unerwähnt will ich die Art und Weise lassen, wie man Wurfschnur und Verlängerung verbinden soll. Die einfachste Manier ist ja ein doppelter Fischerknoten, den ich bei Spinn- und Grundschnüren unbedenklich mache. Bei der Fluggerte sind aber die obersten Spitzenringe und der Endring im allgemeinen so eng, daß gewöhnlich am letzteren der Knoten stecken bleibt. Das kann dann unter Umständen beim Drill eines außergewöhnlich großen, hart kämpfenden Fisches zu einem Bruche des Knotens oder aber durch Abprellen des Vorfaches zum Verlust des Fisches führen. Seit ich selbst einmal diese Erfahrung gemacht habe, ziehe ich es seither vor, Leine und Verlängerung durch Anwinden von gewachster Seide zu verbinden. Man legt die beiden Enden 1½ cm — nicht mehr — nebeneinander, nimmt mit einer feinen Feile so viel von der Masse jeden Endes ab, daß diese zugespitzt sind und nach ihrer Verbindung ein gleichmäßig paralleles Stück vorstellen. Man beginnt das Zusammenwinden von der Mitte her, zuerst das eine Ende, dann nach Fertigstellung dieser Hälfte das andere, schließt mit dem vorborgenen Knoten und firnißt die Bindung sorgfältigst.

Diese Bindung gleitet hemmungslos durch die engsten Ringe, aber auch nur dann, wenn sie nicht länger ist als 1½ cm. Längere Bindungen haben die Tendenz, infolge der Starrheit stecken zu bleiben, wenn sie am Endringe geknickt werden. Anderseits ist es aus Gründen der Sicherheit, um jedes Ausgleiten zu verhindern, ratsam, die Bindung auch nicht kürzer als 1½ cm zu machen. Wer diese kleine Arbeit scheut oder sich deren Ausführung nicht zutraut, kann sie sich bei der Gerätfirma, welche ihm die Schnur liefert, mitbesorgen lassen, obzwar ein richtiger Angler sich derlei Kleinigkeiten selbst machen soll, schon um die Beruhigung zu haben, daß die Arbeit verläßlich ist.

Vorfach und Haken.

Als Material für die Herstellung des Vorfaches zum Flugangeln kommt nur ein einziges Produkt in Frage — das Gut. Alle Ersatzprodukte sind unbrauchbar, denn keines von ihnen hat die Elastizität, Durchsichtigkeit, Geschmeidigkeit und trotzdem auch im nassen Zustande die gewisse Steifheit, welche einzig und allein der Gutfaden besitzt. Es ist aber absolut nicht gleichgültig, wo und wann man seine Gutfäden und Vorfächer kauft. Gut ist ein sehr diffiziles Material, und niemand kann einem ungebrauchten Vorfache ansehen, wie lange es am Lager gelegen ist und wie es dort behandelt wurde.

Vor allem erträgt es nicht die Einwirkung von Sonne und Luftfeuchtigkeit, unter welchen Einflüssen es in kurzer Zeit brüchig wird oder vermorscht; aber auch langes Lagern allein vermindert seine Qualitäten bis zur Unbrauchbarkeit. Man soll sich daher nie größere Vorräte an Gut anlegen, als man innerhalb eines Jahres verbrauchen kann. Und auch dies soll man nur bei einer Firma kaufen, deren Solidität für Qualität bürgt und deren Umsatz so groß ist, daß man sicher geht, keine alte, verlegene Ware zu bekommen, wie es in kleinen Geschäften vielfach der Fall ist. Aber auch seine eigenen Vorräte behandle man nach mehr als Jahresfrist mit Mißtrauen. Unbedingt weiche man sie vor einer beabsichtigten Verwendung längere Zeit bis zu einer Stunde in einer 10proz. Glyzerinlösung, was sie wieder geschmeidig macht, und prüfe sie durch leichten Zug auf Haltbarkeit.

Selbst ein neues Vorfach aus dem Laden sehe man sich vor Gebrauch gründlich an, ob nicht ein schadhafter Faden eingeknüpft ist. Eine tadellose Gutlänge muß unbedingt von einem Ende zum anderen von gleichmäßiger Dicke und drehrund sein, einen matten Glanz besitzen und in seiner ganzen Ausdehnung durchschimmernd sein. Fäden von milchig weißer Farbe und politurartigem Glanze sind minderwertig, wenn nicht wertlos, ebenso solche, welche im Verlauf flache, bandartige Stellen oder gar Knicke aufweisen. Am trockenen Faden kann man leicht flache Stellen übersehen, wenn diese keine zu große Ausdehnung haben, selbst wenn man ihn durch die Finger zieht. Weicht man aber solch einen Faden ein und dreht ihn ausspannend, die beiden Enden zwischen den Fingern in entgegengesetzter Richtung, dann bilden sich an den flachen Stellen sofort Spiralen, während ein fehlerfreier Faden gleich rund und unverändert bleibt.

Ebenso minderwertig sind Fäden, welche mißfarbige Flecke oder undurchsichtige Stellen zeigen. Solche, die im ganzen Verlauf flach sind, werfe man unbedingt fort, sie sind absolut unverwendbar. Es liegt in der ganzen durchaus manuellen Herstellungsweise des Gutfadens, daß viel minderwertige Fäden erzeugt werden, welche die billige Handelsware darstellen. Wenn auch die guten Sorten schon am Erzeugungsorte ausgesucht werden, so muß man diese trotz alledem noch sorgfältig weiter sortieren und alle schadhaften und nicht ganz einwandfreien Stücke ausscheiden. Diese überklaubten und erlesenen Sorten sind naturgemäß erheblich teurer im Preise, aber für den Angler, der auf tadellose Qualität hält, und sich Zeit, Ärger und Geld ersparen will, das einzig Gegebene und auf die Dauer das Billigste.

Es liegt nicht im Sinne des Buches, eine langatmige Beschreibung des Bearbeitungsprozesses und des Werdeganges des Gut zu bringen, ich halte es dagegen für vorteilhafter, dem Leser mit den Handelsformen des Materiales bekanntzumachen, was ihm ein Führer beim Einkauf sein soll.

Gut wird unter bestimmten Namen im Handel geführt, welche die Stärke des jeweiligen Fadens bezeichnen, doch ist diese Bezeichnung keineswegs eine exakte, da ja doch die manuelle Herstellung keine gleichmäßigen Dimensionen gestattet. In einem Bündel von 100 Fäden wird man beim Sortieren eine beträchtliche Anzahl dieser finden, welche in Stärke und Form mit der angegebenen Dimension nicht stimmen. Da dieses Sortieren große Erfahrung und Sorgfalt erfordert und zeitraubend ist, weil Faden für Faden durchgeprüft werden muß und sich oft ein Ausfall von 50% bei einer Sorte und Packung ergibt, darf es nicht wunderlich sein, wenn die Auslese, für deren Beschaffenheit der Verkäufer gewährleistet, höher im Preise steht und z. B. für die erlesensten Fäden von Lachsgut ein englischer Schilling und mehr gefordert und gerne bezahlt wird. Dasselbe gilt von den feinen und feinsten Stärken, bei denen der Ausfall so groß ist, daß man mit den übrigbleibenden tadellosen Fäden den Bedarf kaum zum kleinsten Teile decken könnte.

Ich will durch das Gesagte dem Leser nur erklären, daß er besser tut und sogar Geld erspart, wenn er die benötigten Längen als ausgesuchte Ia-Ware bei einer soliden Firma ersteht, als wenn er ganze Packungen kauft, bei denen er mit einem Verlust von so-undsoviel Prozent minderwertigen Materiales zu rechnen hat. Da diese minderwertigen Fäden aber beim Großhändler bzw. Fabrikanten zu verschiedenen Zwecken anderweit Verwendung finden, kann dieser trotzdem die ausgesuchte Ware immer noch verhältnismäßig billiger abgeben.

Die Handelsbezeichnungen für Gut sind folgende: Imperial und Hebra, welche die stärksten, nur für Lachsfischerei in Betracht kommenden Nummern sind. Ferner Marana I und II, Padron I und II, Regular, Fina, Refina, welch letzteres die dünnste Qualität des natürlichen Produktes vorstellt.

Wie schon erwähnt, ist die Menge dieses Produktes in den feinsten Stärken hinsichtlich vollendeter Qualität so gering, daß sie den Bedarf nicht deckt. Man hat deshalb das Gut einer Bearbeitung unterzogen, indem man die Fäden stärkerer Dimensionen durch kalibrierte Löcher zieht, welcher Prozeß ein vollständig rundes, hervorragendes Material liefert, dessen jeder einzelne Faden von egalem Durchmesser ist. Die gebräuchlichsten Bezeichnungen für diese Stärken dieses gezogenen Guts sind: $^1/_4$ x entsprechend der unbearbeiteten Stärke „Regular", $^1/_2$ x entsprechend „Fina", 1 x entsprechend „Refina" sowie die Nummern 2 x, 3 x und 4 x, entsprechend dem stufenweisen Abnehmen des Durchmessers. 4 x besitzt die Stärke eines Frauenhaares und trägt trotzdem noch ein totes Gewicht von über 1 Pfund ohne zu reißen. Die Bezeichnung „x" bedeutet aber nicht 1-„mal", 2-„mal" usw. gezogen, sondern $^1/_{1000}$ englischer Zoll. Es ist nur verwunderlich, daß unsere heimischen Firmen diese exakte, konkrete und richtige Bezeichnung nicht in ihren Preisbüchern führen, sondern sich darauf beschränken, ihren Kunden die Ware mit den Worten dünn, extradünn usw. zu bezeichnen, worunter man sich nichts vorstellen kann, weil dünn, extradünn viel zu subjektive Begriffe sind. Um nur ein Beispiel zu erwähnen: in Amerika angelt man in Anbetracht der viel größeren Fische und deren Wehrhaftigkeit, nicht minder auch mit Rücksicht auf die rauhen Gewässer durchschnittlich mit viel stärkeren Vorfächern, als sie bei uns üblich sind. Was man in Amerika mit „Medium sized" bezeichnet, also als „Mittelfein", besteht tatsächlich aus solidem Marana I, eine Stärke, welche man in England „leichtes Lachsgut" nennt.

Die strikten Anhänger des unbearbeiteten Gut werfen dem „gezogenen" eine zu geringe Widerstandsfähigkeit gegen die Schädigungen beim Gebrauche vor, eine Ansicht, welche auch in der älteren Literatur hier und da vertreten wird. Besonders das „Auffranzen" wird als großer Übelstand bezeichnet. Nun, etwas Wahres ist ja daran, aber nicht so viel, daß man gleich zu einem ablehnenden Urteile schreiten müßte. Die unterste Länge eines Vorfaches muß man so oder so wiederholt einbinden, durch Scheuern an Steinen oder Kraut oder durch Hängen im Astwerk usw. franzt sie sich auf, gleichviel, aus welcher Art Gut sie besteht und je feiner sie ist, desto intensiver ist der Verschleiß. Nach meinen Erfahrungen kann man gezogenes Gut, wenn man es richtig behandelt, ebenso lange im Gebrauch haben wie das unbearbeitete Produkt.

Gut wird in verschiedenen Längen geliefert von 11—16 Zoll engl. Nur die allerstärkste Lachsgutsorte in bloß 11—12 Zoll Länge. Ich erwähne das deshalb, um dem Leser den Rat zu geben, nicht zu kurze Längen zu wählen, etwa mit Rücksicht auf den etwas höheren Preis der längeren Fäden. Abgesehen davon, daß, je mehr Knoten ein Vorfach besitzt, um so mehr Punkte geringeren Widerstandes vorhanden sind, den jeder Knoten darstellt, wird die einzelne Länge schon allein durch das Einknüpfen auf jeder Seite um ca. einen Zoll kürzer. Ein aus solchen kurzen Längen hergestelltes Vorfach schaut unschön aus, wenn Knoten auf Knoten sitzt, wenn man schon das vorgeschilderte Gefahrmoment außer acht läßt. Das Vorteilhafteste ist, Längen von 14—15 Zoll zu wählen, bei denen selbst im Falle, daß man einen Knoten neu zu binden hätte, dieser nicht zu nahe an den anderen rückt. Zudem sind es meist die Knoten, an denen sich die ominösen Verschlingungen des Vorfaches bilden, und je mehr ihrer sind, desto mehr Gegenheit zum Verschlingen ist geboten.

Vorfächer werden entweder als „parallele" aus gleichstarken oder als „verjüngte" aus an Stärke abnehmenden Längen geknüpft. Über die ersteren ist nicht viel zu sagen, desto mehr über die letzteren und bei dieser Gelegenheit auch über die respektiven Längen und Stärken.

Wenn man mit großen Fliegen, wie Mai- und Stein- oder Lachsfliegen, und großen Palmern angelt, wird man naturgemäß ein Vorfach von stärkerem Gut wählen, ev. bis zur Stärke Regular oder Padron und von paralleler Knüpfung.

Angelt man aber dagegen mit kleinen und kleinsten Fliegen, deren man oft drei einbindet, bei klarstem Wasser oder aber mit der Trockenfliege, dann wird man besser zu einem verjüngten Vorfach greifen, dessen letzte Länge ev. die Stärke 4 x besitzt. Viele der fertig gekauften Vorfächer dieser Art haben eine zu rasch abnehmende Verjüngung und am oberen Ende viel zu dünnes Gut. Solche Vorfächer eignen sich nur für feine Schnüre, sagen wir J-D-J oder J-E-J, in Verbindung mit sehr leichten Gerten zwischen 90—120 g. An stärkeren Schnüren und schwereren Gerten geben sie aber keinen guten Wurf, im Gegenteil kommt es gerne und oft zu den unangenehmen Verwicklungen des Vorfaches, wenn man weite und daher etwas kräftigere Würfe zu machen hat. Ich für meine Person bin von den althergebrachten 3 Yard langen Vorfächern schon längst abgekommen und angle unter normalen Verhältnissen nur mit einem 2 Yard langen Vorfach, das regulär aus 6 Längen Gut geknüpft ist, gleichviel ob ich „trocken" fische oder „naß" mit 2—3 Fliegen am Zug.

Ich binde meine Vorfächer nun in der Weise, daß die obersten Längen der Reihe nach folgende Stärken besitzen: eins $1/4$ x, zwei und drei ½ x, vier und fünf 1 x, sechs 2 x. Den Springer binde ich an ein Stückchen Gut von höchstens 6—7 cm Länge zwischen drei und vier ein — gemeinhin angle ich nur mit zwei Fliegen. Auch benötige ich äußerst selten eine dünnere Endlänge als 2 x. Sollte das aber gelegentlich doch erforderlich sein, diese in der Stärke 3 x oder 4 x benützen zu müssen, dann binde ich eben einen solchen

Faden noch direkt an den 2 x an und nehme dafür eventuell die oberste Länge von $^1/_4$ x weg.

Auf diese Weise bleibt das Vorfach stets im richtigen Verjüngungsverhältnis, welches absolut nicht gestört wird, wenn man auch einen 4 x-Faden direkt an den 2 x-Endfaden anknüpft.

Ich möchte wirklich, und am wenigsten Anfängern, nicht raten, feine Vorfächer in Stärken unter 1 x in paralleler Knüpfung zu führen, am allerwenigsten aber in einer Länge von 3 Yard, denn damit gut zu werfen ist an und für sich schon schwer, doppelt und dreifach bei nur etwas Gegenwind.

Ist dieser sehr stark, dann nehme ich ein nur 1 m 20—30 cm langes Vorfach mit nur einer Fliege, gleichviel ob „naß" oder „trocken", das aus vier Längen Gut derart verjüngt ist: Oberste Länge eins $^1/_4$ x, zwei und drei ½ x, vier je nachdem 1 x oder 2 x. Da bei starkem Winde auch bei sehr klarem Wetter andere Licht- und Brechungsverhältnisse herrschen als bei Windstille, kann man getrost das stärkere 1 x nehmen.

Dasselbe Vorfach nehme ich auch beim Angeln in der vorgeschrittenen Dämmerung oder in der Nacht — außer ich angle mit sehr großen, schweren Fliegen, in welchem Falle ich dann ein paralleles Vorfach der Stärke $^1/_4$ oder ½ x wähle, ebenso zum Angeln mit der sog. „gezogenen" Fliege.

Warum man noch immer an dem 3-Yard-Vorfach unserer Großeltern festhält, ist mir nicht recht erklärlich. Schon unsere heutige Tendenz, kurze Gerten zu führen, müßte darin Wandel schaffen, denn jeder, der unvoreingenommen den Versuch machte, mit einer sagen wir nur 2,75 m langen Gerte und einem 3 Yard langen Vorfach zu werfen, wird sich bald zur 2 Yard Länge bekehrt haben.

Und in Wirklichkeit ist diese für jede Art des Flugangelns vollauf genügend. Für das Angeln mit der sog. „nassen Fliege" ist das Anbringen von zwei bis drei derselben beliebt — zum Angeln auf den großen Seen in England verwendet man sogar deren mitunter vier.

Ich bin davon abgekommen, mehr als zwei Fliegen am Vorfach zu führen — aus verschiedenen Gründen. Erstens setzt die Größe der Fliegen eine gewisse Grenze: solche in den Hakennummern 8 alter Skala (6 neue) lassen sich zu dritt schon nicht mehr gut werfen. Die Aussicht Triplés zu erbeuten, ist selbst in einem hervorragend besetzten Wasser recht gering, dagegen viel mehr die, daß sich ein Fisch am oberen Springer fängt, beim Landen in schwierigem Terrain nochmals ungebärdig wird und sich eine der beiden anderen Fliegen im Gras, Zweigen oder im Landungsnetze verfängt, was gewöhnlich den Verlust des Fisches bedeutet, oder aber, wenn die Landung schon glückte, sich die eine oder andere Fliege ins Netz verbeißt und man dann die langweilige Arbeit hat, sie daraus freizumachen, was namentlich bei schlechtem Lichte, in der Dämmerung usw. keine Freude ist.

Der von Heintz erwähnte Vorteil der dritten Fliege, als Versuchsobjekt zu dienen, ist von problematischem Werte und wiegt die oben geschilderten Nachteile nicht auf. Außerdem halte ich es für viel richtiger, die Endfliege, den sog. Strecker, zu wechseln, wenn man den Fischen eine andere Fliege anbieten will. Denn der Strecker macht den längsten Weg, wird von der Strömung auf und niedergetragen, gleitet über Steine und Grasbetten, kurz er kommt dem Fische viel eher zu Gesicht als die „Springer" genannte Seitenfliege. Nicht zum wenigsten ist der Strecker viel leichter und schneller zu wechseln als ein Springer, was sich schon aus der Natur der Anbringungsweise ergibt. Bei dieser Gelegenheit möchte ich noch eines Umstandes Erwähnung tun, welchen ich eigentlich nirgends bisher gewürdigt sah: man soll stets als Endfliege die kleinere wählen, wenn man verschieden große Fliegen benützt!

Es ist ganz falsch anzunehmen, daß eine große Fliege am Ende dem Wurf zugute komme — ihres größeren Gewichtes wegen —, richtig ist das Gegenteil, wovon sich jeder durch einen Versuch überzeugen kann.

Wenn man den Springer als hüpfende oder eierlegende Fliege auf der Oberfläche führen will, so darf er keineswegs zu nahe der Endfliege angebracht werden; seine Entfernung muß mindestens die halbe Vorfachlänge betragen, besser noch mehr; das dort — bei verjüngten Vorfächern — stärkere Gut stört die Fische absolut nicht.

Bei den fertig gekauften Vorfächern sind die Gutenden für die Springer meist 10 cm lang, was zuviel ist. Mehr als 7 cm soll die Länge des Seitenfadens nicht betragen, weil sich sonst zu leicht die Fliege in das Vorfach verschlingt. Ich komme nun zur Schilderung des Vorganges beim Knüpfen der Vorfächer. Vorerst weicht man die Gutfäden gründlich in einer 10proz. Glyzerinlösung, am besten eine halbe Stunde lang, solche aus einem älteren Vorrat noch etwas länger — der Sicherheit halber! Knüpft man verjüngte Vorfächer, weicht man jede Stärke separat, um keine Verwechslungen zu haben. Vor dem Einknüpfen revidiere man jeden Faden nochmals auf völlige Fehlerfreiheit unter Beachtung des in früheren Zeilen Gesagten.

Die beste und sicherste, dabei eleganteste Verbindung zweier Längen stellt der doppelte Fischerknoten dar, dessen richtige Schürzung Abb. 12b zeigt. Der fertige Knoten muß nach dem Festziehen vier parallele Ringe vorstellen, wie aus Abb. 12c ersichtlich ist.

Wenn man den Knoten so anlegt, wie Abb. 12a zeigt, ist das Resultat statt paralleler Ringe zwei aufeinanderstehende Höker, die sich an den Berührungspunkten abscheuern, was zum Bruche im Knoten führt, was vielen unerklärlich ist. Der Vorteil des doppelten Fischerknotens besteht eben darin, daß die beiden Ringpaare wie elastische Puffer wirken, wenn das Vorfach einem Zuge oder gar bei hart kämpfenden Fischen einem scharfen Riß ausgesetzt ist. Bei den Lachsvorfächern wird sogar zwischen die Knotenpaare vor dem endgültigen Zusammenziehen eine Umwicklung der zwischen ihnen liegenden Gutfäden mit Seide oder feinstem Gut (wozu sich minderwertige Fäden ganz gut eignen) angelegt als federnde Zwischenlage. Diese Verbindung wird auch „Pufferknoten" genannt.

Der doppelte Fischerknoten ist ganz leicht richtig zu machen bzw. das Parallelwerden der Ringe zu erzielen, wenn man sich bemüht, diese beim Anlegen schon gleich groß zu machen und von Haus aus parallel zu legen und mit den Spitzen von Daumen und Zeigefinger der linken Hand zu fassen und so lange in dieser Stellung

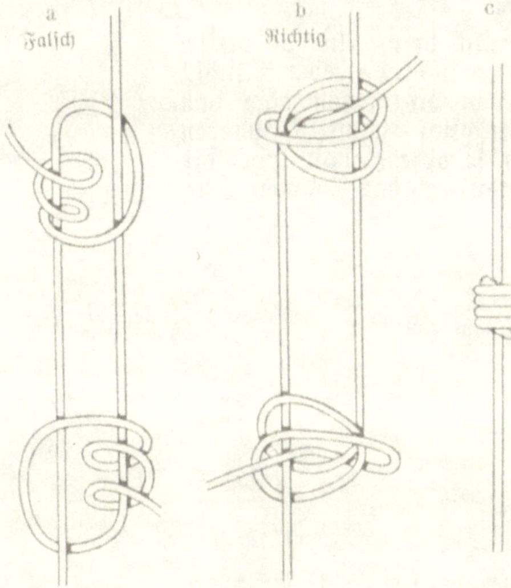

Abb. 12.

festzuhalten, bis man das freie Ende des zu knotenden Fadens richtig durchgeschoben hat und nicht eher loszulassen, bis man den Knoten zwischen den Fingerspitzen zugezogen hat.

Ich betrachte es als einen Mangel aller unserer bisherigen Lehrbücher, daß sie von diesem so eminent praktischen und wichtigen Knoten sowohl falsche Bilder seiner Schürzungsweise, als auch keine Anleitung ihn zu binden brachten; daher kommt es, daß nur so wenige diesen Knoten richtig anlegen können.

Wenn die einzelnen Knoten fertig sind, hüte man sich, dieselben sofort festzuziehen, bringe vielmehr das Gut wieder in die Flüssigkeit zurück und erst nach einigen Minuten Einweichens ziehe man die Knoten ganz fest und gegeneinander, doch vermeide man hierbei überflüssigen Zug; es genügt, daß die Ringe glatt nebeneinander liegen. Die überschüssigen Enden schneide man ganz kurz am

Knoten ab. Ich habe das notwendige Einweichen vor dem Beendigen des Knotens betont, was ich auch nirgends erwähnt finde und doch für wichtig halte, weil das Gut während der Arbeit etwas eintrocknet, wodurch es beim Festziehen leicht flachgedrückt werden kann, was seine Haltbarkeit schädigt; wird es dagegen nochmals geweicht, so ist das Flachwerden verhütet.

Obzwar der Fischerknoten sich aufziehen läßt, um z. B. eine Fliege einzuhängen, wie in (Abb. 13) möchte ich doch dringend raten, dies nicht zu tun. Die Seitenfäden für die Springer befestigt man gleich beim Knüpfen, wie ich es im folgenden beschreiben werde.

Verliert man beim Angeln diesen Faden — was vorkommt — oder wünscht man einen neuen einzusetzen oder den Springer nachträglich an einen anderen Platz zu stellen, so opfere man lieber die wenigen Minuten und das Endchen Gut,

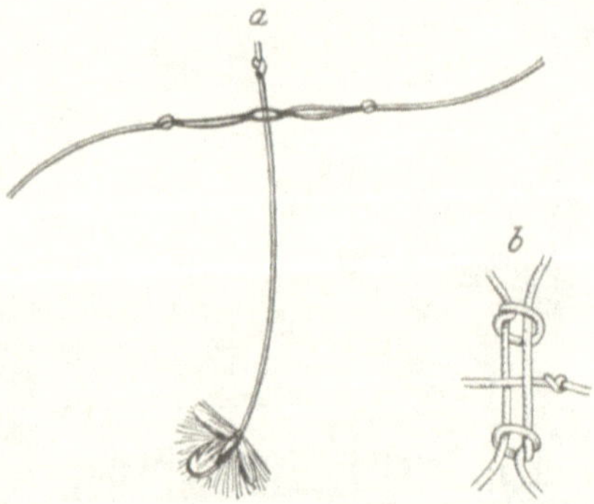

Abb. 13.

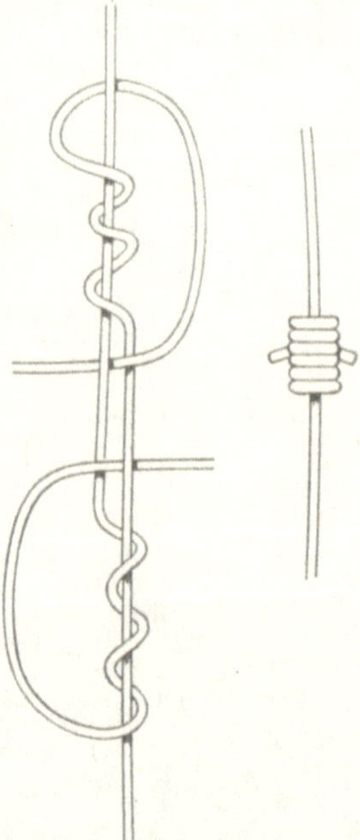

Abb. 14.

um den Knoten neu zu binden, der Zeitverlust wird reichlich vergolten durch die Beruhigung, daß der neue Knoten im gesunden Materiale liegt und weniger leicht ein Bruch sich ereignen kann. Ein anderer beliebter und sehr eleganter Knoten ist der sog. „Bloodknot", dessen Schürzung Abb. 14 erläutert; der fertige Knoten zeigt sechs parallele Ringe. Wenn er aber nicht sehr exakt angelegt ist, kann er aufgehen, was ich gleich bemerken muß. Nimmt man das eine Ende der oberen oder der unteren Länge um ca. 10 cm länger als das andere, so bildet es den Seitenfaden, dessen separates Einbinden man erspart.

In Verbindung mit dem doppelten Fischerknoten, dort wo man einen Seitenfaden einbinden will, gibt es eine zu diesem Zwecke hervorragend geeignete Kombination.

Man macht mit der einen Gutlänge den Fischerknoten, mit der anderen den Bloodknot und läßt dabei das freie Ende um so viel länger, als man den Seitenfaden lang haben will. In dieser Form ist ein Aufgehen ausgeschlossen, der Knoten ist formschön, zeigt fünf parallele Ringe und der Seitenfaden steht senkrecht ab.

Für das Einbinden von Seitenfäden in den doppelten Fischerknoten kann ich nur die eine Manier empfehlen, die in Abb. 13a gezeigt wird. Man hat nur darauf zu achten, daß der Knoten am Ende der Seitenfäden entsprechend groß ist, was man durch ein mehrfaches, ev. 6—8maliges Durchziehen des freien Endes durch die Knotenschleife erreicht und daß die beiden Verbindungsknoten über die Seitenlänge korrekt zugezogen sind, damit diese nicht hindurchgleiten kann. Infolge des Zusammentreffens dreier Knoten ist diese Anbringungsweise weder so glatt noch so unsichtlich wie beim Bloodknot oder der Verbindung dieses mit dem Fischerknoten, aber praktisch in jeder Hinsicht brauchbar. Nur tut man gut, des öfteren, mindestens aber nach dem Angeln, wenn man wiederholt größere Fische am Springer gefangen hatte, nachzusehen, ob das Gut des Seitenfadens unversehrt ist, indem man es am Knoten fassend ein Stückchen vorzieht, wobei man oft genug die Erfahrung machen wird, daß einem der Knoten in der Hand bleibt, weil das Gut unterhalb seiner durchgescheuert war.

Um dem Gut jeden Glanz zu nehmen, färbt man es je nachdem wasserblau, blaugrau oder grün, sogar teilweise grün und braun. Ich halte diese Schutzfärbung für sehr gut, auch bei klarem Wasser. Die Ansicht von Heintz, daß das gefärbte Gut seine Durchsichtigkeit einbüßt und dann Schatten wirft, welche den Fisch irritieren, teile ich nicht. Im Wasser treibt doch Gras, Blätter, Zweige u. ä., was alles den Fisch nicht stört oder beunruhigt — der feine Gutfaden wird von ihm höchstens als Grashalm gewertet werden, an den sich irgendein Insekt angeklammert hat. Ich habe es schon wiederholt gesehen, daß mir Fische nach dem Knoten am Springer gestiegen sind, scheinbar aus demselben Grunde, ebenso wie Fische die Wirbel und das Blei am Spinnvorfach annehmen.

Ich darf es nicht unterlassen, die Pflege des Gut zu besprechen, weil kaum ein Bestandteil des Angelzeuges so mißhandelt wird wie eben dieser.

Vor allem die Aufbewahrung des Vorrates. In irgendeiner Schublade in Papier gewickelt — oft auch ohne dieses —, allen Schädlichkeiten ausgesetzt, liegen die Gutfäden herum, oft auch fertige Vorfächer, durch Wochen und Monate. Dann wundert sich der Besitzer, daß sie manchmal schon beim Indiehandnehmen wie Glas brechen. Gut muß immer und stets vor Luft, besonders vor Feuchtigkeit und vor Sonnenhitze geschützt werden. Am besten geschieht dies durch Verwahren in einer Umhüllung eines fetten Ölpapieres und in dieser in einer Tasche aus Sämischleder. So gelagertes Gut hält sich an einem trockenen Orte oft jahrelang. Vorfächer muß man sorgfältig vor Knickungen bewahren, nach Gebrauch sorgfältig an der Luft, aber nicht in der Sonne trocknen und während einer Angelpause ebenfalls vor überflüssiger Sonnenbestrahlung schützen. Ich lege gewöhnlich bei einer Rast das Vorfach ins Wasser, da ich ohnedies die Gewohnheit habe, bei dieser Gelegenheit die Gerte über das Wasser hinauszulegen, um sie vor Umfallen oder Getretenwerden zu schützen. Raste ich aber in einem Hause oder sonstwie fernab vom Wasser, ziehe ich es vor, das Vorfach abzunehmen und in der Wasserbüchse zu versorgen. Je gründlicher ein Vorfach nach Gebrauch trocknet, desto besser, denn wenn schon der feine Faden bald trocken wird, so brauchen die Knoten eine vielfach längere Zeit, ehe sie das angesaugte Wasser wieder abgegeben haben.

Leider wird dieser Tatsache viel zu wenig Bedeutung beigelegt, und so kommt es, daß sonst erstklassige Vorfächer in auffallend kurzer Zeit verderben bzw. in den Knoten reißen, was dann immer dem Lieferanten zur Schuld gerechnet wird, aber nie der Unwissenheit und Sorglosigkeit des Anglers.

Das Schädlichste für ein Vorfach ist die vielfach noch zu beobachtende Manier, es um den Hut geschlungen ans Wasser zu tragen bzw. die Reservevorfächer so zu transportieren und durch Tage und Wochen am Hut zu lassen. Aber noch verderblicher ist für das Gut die Unterbringung unter dem Schweißleder der Kopfbedeckung, wo es in kürzester Zeit direkt verfault.

Meines Erachtens ist es doch dieselbe Arbeit, das Vorfach aus seiner Tasche zu holen, als es vom Hute abzuwickeln.

Einzig allein beim Angeln in tiefer Dämmerung oder in der Nacht gestehe ich dem Tragen des Vorfaches am Hute eine Berechtigung zu — aber auch nur da allein und nur während der Zeit des Angelns.

Bei längerem Gebrauche wird der Gutfaden rauh, er franst sich auf, gleichviel, ob unbearbeitetes oder gezogenes Gut verwendet wird. Dieses Auffransen wird ziemlich lange hinausgeschoben bzw., wenn es nicht zu stark ist, behoben durch das Polieren des Gut. Man spannt das getrocknete Vorfach gut aus und reibt es sorgfältig Länge für Länge mit Zigarettenpapier ab. Diese einfache und billige Prozedur soll man nicht versäumen nach jedem Angeln durchzuführen; sie verlängert die Lebensdauer des Vorfaches in auffallender Weise. Bei anhaltender großer Hitze soll man ein- oder zweimal während der Angelsaison das Bad in der Glyzerinlösung wiederholen, aber auch nicht vergessen, nach angestrengtem Gebrauche das Vorfach Zoll für Zoll zu revidieren und jeden verdächtigen Knoten zu erneuern sowie jede schadhafte oder nicht mehr verläßlich erscheinende Länge rücksichtslos zu erneuern.

Auch empfiehlt es sich, die Fliegen ab und zu neu einzubinden, besonders die Endfliege, diese selbst unter dem Angeln, nach einem Hänger oder nach dem Drill eines schweren Fisches, ganz besonders aber, wenn die letzte Länge des Vorfaches eine geringere Stärke als 2 x hat.

Viele Fliegen und noch mehr Fische gehen verloren durch Nichtbeachtung dieser einfachen und eigentlich selbstverständlichen Kontrollmaßnahmen, deren Vornahme jeder Angler sich zur Pflicht machen sollte.

In den älteren Lehrbüchern wird empfohlen, das Vorfach nach dem Wässern dadurch zu strecken bzw. gerade zu machen, indem man es durch ein Stückchen Gummi zieht; das ist aber direkt ruinös für das Vorfach, denn durch den rauhen Gummi wird das Gut seiner glatten Oberfläche beraubt und franst sich doppelt so rasch auf als im Gebrauche. Wenn ein Vorfach gut vorgeweicht wurde, genügt es an seinen Enden einen gelinden Zug anzusetzen, um es gerade zu strecken. Ich rate daher ernstlich von der Verwendung des Gummi ab.

Das zum Flugangeln bzw. zur Herstellung der künstlichen Fliegen benötigte Hakenmaterial ist ziemlich einheitlich. Von vornherein kann man die Haken mit Plättchen als unverwendbar und die mit Spitzschenkeln deshalb ausscheiden, weil letztere die Verwendung eines mit der Fliege zusammen eingebundenen Gutfadens bedingen, Fliegen dieser Art aber heute nicht mehr zeitgemäß sind. Vor allem vertragen sie kein Lagern, da das Bindemittel mit der Zeit eintrocknet und die Fliege den Halt am Gut verliert — erst recht, wenn dieses einige Male naß und wieder trocken geworden ist, was infolge der Quellung und der dann folgenden Schrumpfung die Bindung lockert.

Der größte Nachteil dieser Art von Fliegen ist aber der Gutfaden selbst, der in der Mehrzahl der Fälle nicht zum Vorfach paßt, so daß es eine recht umständliche Sache ist, die passende Gutstärke zu finden. Und hat man sie, dann muß man die Fliege erst wässern, was auch nicht immer angenehm ist, denn so wie sie aus der Fliegenbüchse entnommen wurde, ist sie doch nicht zu verwenden. Nicht zuletzt sind die Fliegen am Gut voluminös, wovon die dickleibigen alten Fliegenbücher Zeugnis geben.

Aus diesem Grunde hat sich die an Öhrhaken gebundene Fliege in raschem Siegeslaufe die Gunst des Anglers erworben, nachdem man schon lange vorher die Lachsfliegen mit Öhr versehen hatte, um sie leichter wechseln zu können und die teueren Fliegen nicht durch das Verderben des Gutfadens vorzeitig wertlos zu machen. Allerdings waren diese Öhre früher aus gedrehtem Gut hergestellt.

Darin liegt eben die ungeheure Überlegenheit des Öhrhakens, daß ich erstens mindestens das doppelte Quantum Fliegen, wenn nicht mehr in einer Vorratsbüchse handlich, griffbereit und übersichtlich geordnet bei mir führen kann und ohne umständliches Suchen und Vergleichen die gewünschte oder benötigte Fliege sofort und absolut verläßlich direkt ins Vorfach einbinden und sie ebenso schnell durch eine andere ersetzen kann. Eine an Gut gebundene Fliege ist absolut wertlos und unbrauchbar, wenn sie sich vom Gut getrennt hat, selbst wenn sie nie im Gebrauch gestanden hat, wogegen die Lebensdauer der Öhrfliege eine direkt unbegrenzte ist.

Es gibt Öhrhaken mit nach innen (Abb. 15) und solche mit nach außen (Abb. 16) gebogenem Öhr (sog. Hallsche Haken). Beide Formen sind gleich gut, doch sind die mit nach innen gebogenem Öhr die beliebteren und gebräuchlichsten.

Die drei Grundformen: Limerick, Rundbogen und Sneckbend sind auch die für die Flugangel gebräuchlichsten. Die letzteren, auch die Limerick, werden nach der Angabe des bekannten englischen Sportschriftstellers Pennell mit einem besonders geformten Schenkel (Abb. 17) hergestellt und führen auch die Handelsbezeichnung „Pennell-Öhr-Fliegenhaken". Ich liebe sie außerordentlich, weil sie es ganz besonders gestatten, der Fliege den so wichtigen „freien Hals" zu lassen und weil sie besonders fein im Drahte sind, was man nicht von allen Fabrikaten behaupten kann.

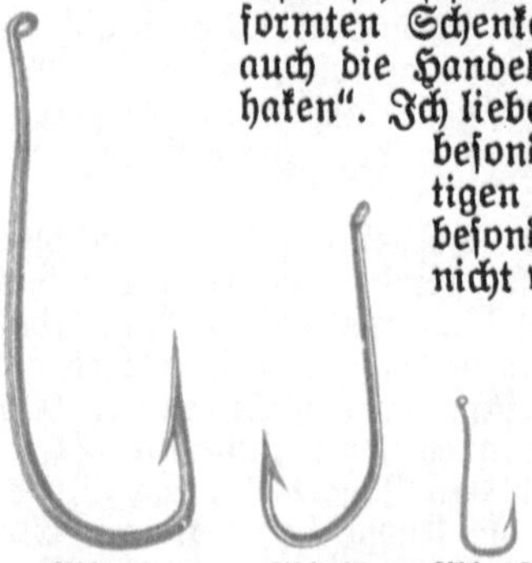

Abb. 15. Abb. 16. Abb. 17.
Aus Storks „Gerätekunde und Katalog".

Hinsichtlich der Fängigkeit sind sich alle drei Hakenformen gleich — unter der Voraussetzung, daß sie richtig gebaute Spitzen und nicht zu enge Bögen haben. Für das Fischen mit der „geblasenen Leine" mit natürlichen Insekten gibt es besondere Hakensorten, sowohl in Rund- wie auch in Vierkantstahl hergestellt, ebenso für die Herstellung der künstlichen Maifliegen. Beide Formen haben etwas stärkeren Draht wie die normalen Fliegenhaken und breite Bögen. Wenn ich auch die ersteren für entbehrlich und durch die gewöhnlichen zum Grundangeln verwendeten Hakensorten durchaus ersetzbar halte, so finde ich anderseits die speziellen Maifliegenhaken von Hardy sehr brauchbar und empfehlenswert.

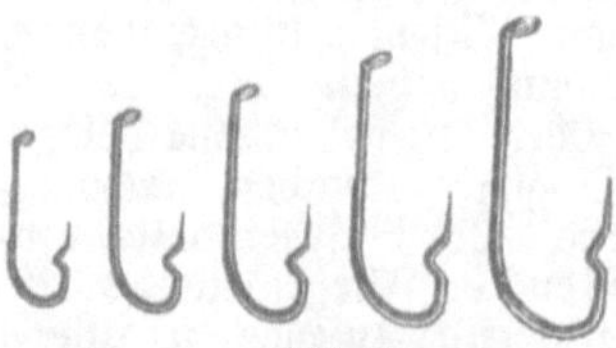

Abb. 18.
Aus Storks „Gerätekunde und Katalog".

Ein Haken ganz eigener Art ist der vor ca. 3 Jahren von Amerika herübergebrachte widerhakenlose Haken von Jamison (Abb. 18). Ich führe ihn sehr gerne, namentlich dort, wo ich die Fische lebend erhalten soll, wie es an manchen Wassern Bedingung, an vielen der Wunsch des Besitzers ist, und insbesondere gegen Ende der Saison, wo viel daran liegt, die schon laichtragenden Weibchen möglichst schonend zu behandeln.

Er ist recht fängig und wäre es noch mehr, wenn sein Bogen breiter und Spitze weniger lang wäre. So befremdend es klingen mag, aber allen Theorien zum Trotz und trotz des Mangels eines Widerhakens hält er den gefangenen Fisch, läßt sich aber dafür mit der größten Leichtigkeit aus dem Fischmaule entfernen. Man „beutelt" förmlich den Fisch vom Haken, ohne irgendein Lösewerkzeug außer Daumen und Zeigefinger einer Hand zu benötigen. Das Einzige, was ich an ihm bemängle, ist der zu dicke Draht, aus dem er gefertigt ist, aber sonst kann ich ihn jedermann empfehlen, der schonen oder lebende Fische behalten will.

Zur Herstellung von Kunstfliegen werden auch besonders geformte Doppelhaken ebenfalls mit Öhr (Abb. 19) verwendet. Heintz empfahl sie besonders in den kleinen Nummern für das Angeln auf Äschen. Ich habe sie in früheren Jahren auch zu diesem Zwecke geführt, bin aber davon wieder abgegangen, denn der einfache Haken steht dem doppelten an Fängigkeit nicht nach, ist aber meist viel leichter aus dem Fischmaule zu entfernen als letzterer.

Bei uns sind Doppelhaken meist nur für gewisse große Fliegen, wie die bekannte Ziegenfliege usw., in Verwendung, in England dagegen werden sie viel zur Herstellung von Lachsfliegen verarbeitet. Die Größenskala der Haken, auch der doppelten, läuft fallend von 1—18 — nach der alten Numerierung — die neuen Nummern beginnen mit 000 — gleich: alt Nr. 18 — steigend 00, 0, 1 usf. bis 10.

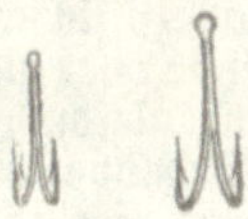

Abb. 19.
Aus Storks „Gerätekunde und Katalog".

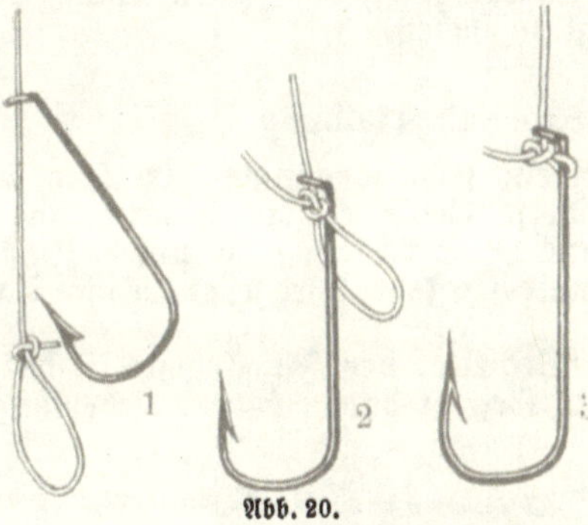

Abb. 20.

Abb. 21.

Aus Storks „Gerätekunde und Katalog".

In dem Kapitel über das Binden der Fliegen werde ich die speziellen Eigenschaften der verschiedenen Hakensorten eingehend besprechen und ebenso die verschiedenen zu verwendenden Größen, welche zu den jeweiligen Mustern am passendsten sind. Ich will nun zum Abschluß dieses Kapitels noch die geeignetsten Knotenformen vorführen, welche zum Anbinden der Fliegen Verwendung finden, und mich auf die einfachsten und verläßlichsten Formen beschränken. Abb. 20 zeigt den am leichtesten zu schürzenden und absolut verläßlichen „Turle-Knoten", der an sich nichts anderes ist als der altbekannte „Schinder-" oder „Galeeren"-Knoten. Nur möchte ich raten, das freie Ende nicht kürzer als 1—2 mm abzuschneiden, um jede Möglichkeit eines Aufgehens auszuschließen. Ein sehr verläßlicher Knoten ist der in Abb. 21 abgebildete „Achter-" oder „Vlämische" Knoten, der besonders zum Einbinden der „Hallhaken“ geeignet und beliebt ist. Doch achte man darauf, daß die beiden Ringe des Achters richtig an dem Hals der Fliege liegen, da diese andernfalls nicht mit dem Gutfaden ein starres Ganzes bildet, sondern am Gut schlenkert, weil der Knoten oberhalb des Öhres zu liegen kommt.

Die meisten anderen Knoten sind Variationen der zwei vorbeschriebenen, und wer diese sauber zu schürzen und anzulegen versteht, ist allen Erfordernissen gewachsen.

Ich möchte nur von dem hier und da empfohlenen Aufmachen der Knoten dringend abraten, wenn es sich darum handelt, neue Fliegen einzubinden. Bei der Feinheit der Gutfäden und dem festen Sitze der Knoten geht es ohne Zuhilfenahme einer Nadel nicht — und daß dabei das Gut ernstlich beschädigt wird, ist als nahezu sicher anzunehmen. Ob man dann hinterher das beschädigte Ende oder gleich von Haus aus den ganzen Knoten abknipst, bleibt sich gleich, neu binden muß man dann in beiden Fällen — der Längenverlust an Gut beträgt nur ca. 1 cm — und man erspart sich nicht nur die Arbeit des Knotenöffnens und nochmals Bindens, sondern hat die Beruhigung, den neuen Knoten im unversehrten Faden angelegt zu haben.

Geräte und Kleidung.

Außer den zum Angeln selbst benötigten Geräten braucht der Fliegenfischer noch verschiedene andere Behelfe und Ausrüstungsgegenstände; manches Stück mag ja unter Umständen entbehrlich sein, aber im Laufe der Jahre wird jeder das ihm Passende zu wählen gelernt haben.

Der unentbehrlichste Begleiter des Fluganglers ist das Landungsnetz — mag es auch Gegner davon geben, die erklären, sie

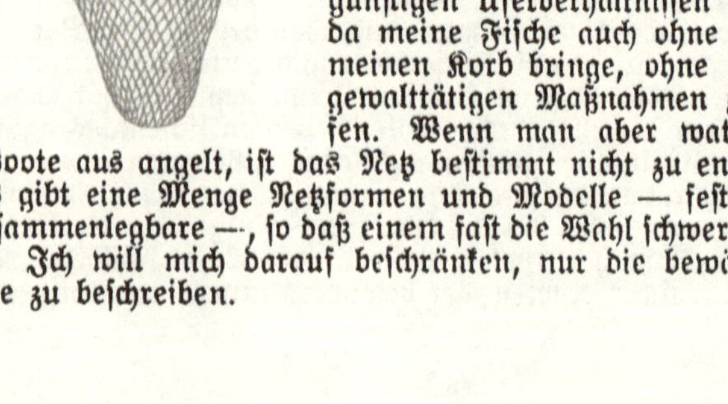

Abb. 22.
Aus Storks „Gerätekunde und Katalog“.

können unter allen Umständen darauf verzichten. Ich gebe zu, daß ich bei günstigen Uferverhältnissen hie und da meine Fische auch ohne Netz in meinen Korb bringe, ohne aber zu gewalttätigen Maßnahmen zu greifen. Wenn man aber watet oder vom Boote aus angelt, ist das Netz bestimmt nicht zu entbehren.

Es gibt eine Menge Netzformen und Modelle — feststehende und zusammenlegbare —, so daß einem fast die Wahl schwer werden könnte. Ich will mich darauf beschränken, nur die bewährtesten Modelle zu beschreiben.

Beginnen wir beim feststehenden Netz (Abb. 22), dessen Stock und Reifen massiv sind, vielfach starr miteinander verbunden.

Die kurzstieligen Formen sind recht handlich und zum Waten und Bootangeln recht empfehlenswert. Der Griff trägt meist einen federnden Einhängehaken, mittels welchem das Netz in einen Ring des Rucksackriemens oder der Tasche usw. eingehängt wird. Als recht praktisch und vielseitig verwendbar muß ich die mit Sicherheitsnadeln verbundenen Anhängevorrichtungen bezeichnen, die Abb. 23 und Abb. 24 zeigen. Da sie an beliebigen Stellen der Kleidung, des Rucksackes usw. an-

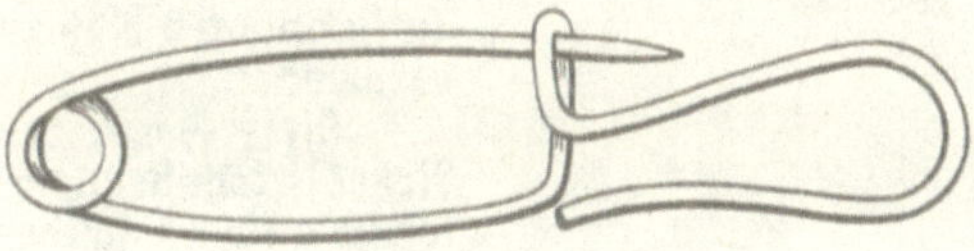

Abb. 23.

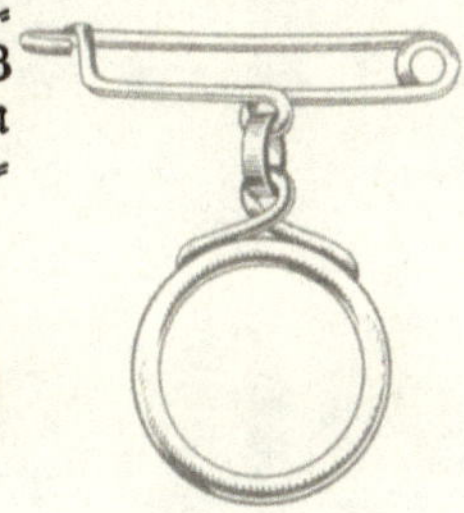

Abb. 24.

Nach Storks „Gerätekunde und Katalog".

gebracht werden können, erlauben sie die daran hängenden Gegenstände zwar in Greifweite, aber doch so zu plazieren, daß sie den Angler in seiner Tätigkeit nicht behindern.

Landungsnetze der vorstehenden Art sind ungemein stabil, dauerhaft und billig und wenn nicht zu groß dimensioniert, auch verhältnismäßig bequem zu transportieren.

In den Fällen, wo ein längerer Netzstock als ca. 50 cm erforderlich ist — und das wird beim Fischen vom Ufer aus immer der Fall sein — ist es schon ein Vorteil und eine Annehmlichkeit, Netz und Stock für den Transport voneinander trennen zu können. Die Verbindung wird gewöhnlich durch ein Schraubengewinde betätigt, das durchaus solide und verläßlich ist.

Längere Netzstöcke wie 1 m sind für den Transport unangenehm. Man kann den Stock in zwei oder drei Teile teilen und diese durch Messinghülsen, wie sie bei den Angelruten gebräuchlich sind, verbinden; dieses Verfahren ist einfach, billig und gestattet den Stock nach Belieben zu verlängern und zu verkürzen, wie es gerade der jeweilige Bedarf erfordert — die nicht benötigten Teile lassen sich bequem im Rucksack unterbringen. Bequemer, allerdings bedeutend kostspieliger sind die Netzstöcke in Teleskopform (Abb. 25) und jene, welche durch ein Klappgelenk (Abb. 26) geteilt sind. Die ersteren ermöglichen es, eine ansehnliche Länge zu erreichen, die letzteren kommen meist bei nicht abnormal langen Stöcken in Verwendung.

Wer viel und in schweren Wassern zu waten hat und außerdem noch streckenweise schweres Uferterrain überwinden muß, wie es fast bei allen größeren Gebirgsflüssen der Fall ist, dem rate ich, das Ende des Netzstockes mit einer abschraubbaren Vorrichtung versehen zu lassen wie in Abb. 27. Der spitze Stachel macht den Netzstock zum Bergstock, der Haken ist sehr vorteilhaft zum Lösen verfangener Vorfächer, Fassen von Ästen usw. Bei Verwendung des „Watstockes“ ist eine Tragvorrichtung wie in Abb. 23 u. 24 sehr vorteilhaft, soweit sie gestattet, den Stock aus der Hand zu geben, wenn man beide Hände, wie z. B. beim Drill, benötigt, ohne daß der Stock umfällt oder ins Wasser oder sonstwie aus der Hand gerät, und dabei doch griffbereit für die nächste Verwendung bleibt, ohne den Angler zu behindern. Bei Gebrauch eines solchen Stockes ist es von Vorteil, zwischen Netz und Stock ein Klappgelenk einzuschalten oder aber ein aufklappbares Netz zu verwenden.

Diese Form des Netzes ist sehr bequem, wenn auch in solider Ausführung nicht gerade billig und auch nicht so widerstands-

Abb. 25.

Abb. 26.

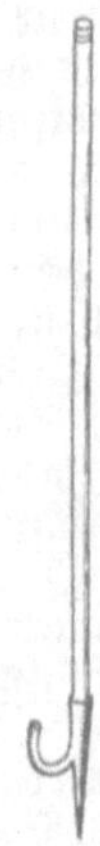

Abb. 27.

Aus Storks „Gerätekunde und Katalog“.

fähig wie ein massiver Reif. Bewährte Formen zeigen die Abb. 28a u. 28b, welche es auch erlauben, das Netz mit nur einer Hand zum Gebrauche fertig zu machen, lediglich durch einen Ruck am Stock. Ob man das Netz oval oder in Dreieckform wählt, bleibt an sich gleich, nur möchte ich den Rat geben, es nicht zu klein zu nehmen; viele gute Fische gehen verloren, weil sie an das zu kleine Netz anstreifen! Eine Seitenlänge von 40 cm für dreieckige Netze dürfte die geringste Dimensionierung sein — ich persönlich ziehe eine solche von 50 cm vor, erst recht, wenn ich größere Fische erwarte.

Der Netzbeutel sei von bestem Garn, zum mindesten als Schutz vor vorzeitigen Verderben geloht. Besser ist es, ihn mit heißem Leinölfirniß zu tränken und dann in warmem, luftigem Raume gut trocken werden zu lassen, ehe man ihn in Gebrauch nimmt. Diese

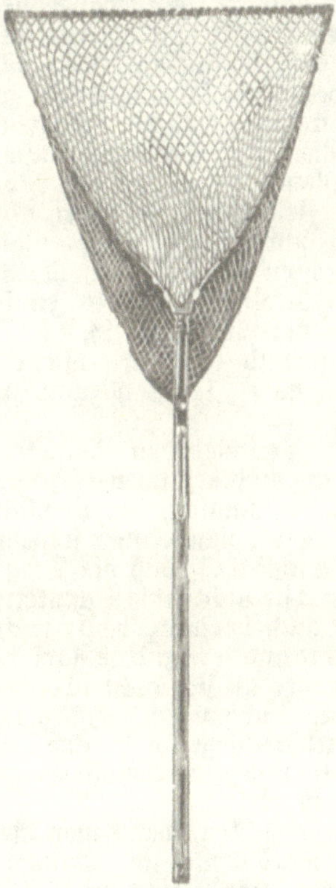

Abb. 28 a.

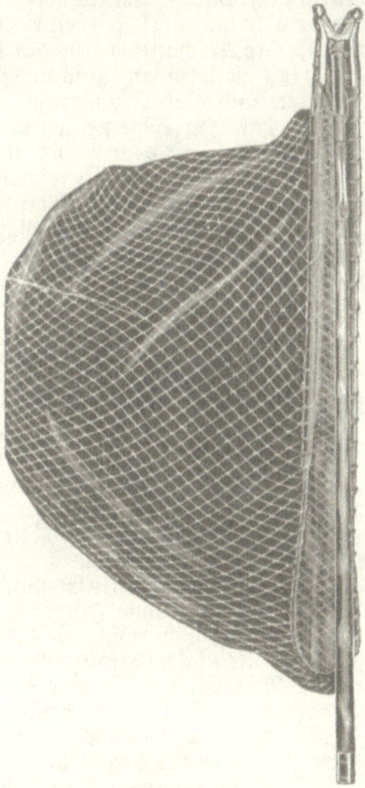

Abb. 28 b.

Aus Storks „Gerätekunde und Katalog".

Tränkung macht das Garn wasserdicht und etwas steif, wodurch das unangenehme „Verschlagen" des Netzes verhindert wird. Zu flache Netzbeutel sind schlecht, weil sich der Fisch leicht aus ihnen herausschnellen kann, namentlich wenn das Netz an sich klein ist; zu lange und namentlich spitz zulaufende Beutel sind aber auch nicht ratsam, immer aber noch besser als flache. Die beste Form ist ein bauchiger Beutel von etwa $^1/_3$ m mehr Tiefe als die Seitenlänge des Netzreifes.

Sehr gut sind die seidenen Netze, d. h. jene, welche in England aus geklöppelter, ölimprägnierter Angelschnur erzeugt werden. Sie sind sehr leicht, nehmen kein Wasser an und haben keine Neigung zum Verschlagen, aber auch die Angelhaken schlagen darin wenig oder gar nicht ein, was besonders beim Angeln in der Dämmerung oder bei Nacht und beim Waten von Vorteil ist. Diese Netze sind natürlich erheblich teurer als solche aus Garn, da sie aber außer den eben erwähnten Vorteilen eine vielfach längere Lebensdauer besitzen, ist ihre Anschaffung trotz des höheren Preises empfehlenswert.

Heintz hat einen zusammenlegbaren Gaffhaken (Abb. 29) konstruiert und empfohlen, wenn man besonders schwere Fische zu erwarten hat. Im allgemeinen wird man seiner entbehren können, außer man hat mit dem Anbiß von Huchen oder Seeforellen usw. zu rechnen. Und ob man in solchen kritischen und aufregenden Momenten die Gelassenheit besitzt und die Zeit findet, das Netz ab- und dafür den Gaff einzuschrauben — außer man hat einen helfenden Genossen bei sich —, will ich dahingestellt sein lassen. Für einen Vier- bis Fünfpfünder hat mein Netz in der Größe, die ich führe, Aufnahmefähigkeit genug, und schwerere dürften wohl — bei uns wenigstens — kaum allzuoft zu erwarten sein.

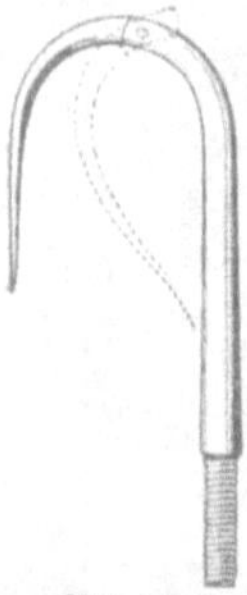

Abb. 29.

Zum Transport der verschiedenen kleineren Geräte, der Reservekleidung und gefangener Fische dient bei uns allgemein der Rucksack, der ziemlich weite Maße und möglichst viele Taschen innen sowohl wie außen besitzen soll. Wichtig ist, daß die Tragriemen sehr breit seien, damit sie nicht in die Schultern einschneiden. Die früher auch bei uns, heute noch allgemein in England beliebte und verwendete Anglertasche — mit oder ohne Fischbeutel — wäre an sich nicht schlecht, wenigstens muß man nicht wie beim Rucksack abhängen, wenn man irgendeine Kleinigkeit herausnehmen oder hineinlegen will. Sie hat nur den Nachteil, daß sie eine Körperseite und eine Schulter einseitig belastet und auf den Brustkorb drückt.

Man kann auf ihren Gebrauch leicht verzichten, wenn man die kleinen Sachen in den verschiedenen Taschen des Rockes unterbringen kann. Dasselbe gilt vom Fischkorb, obzwar man diesen mit Hilfe eines besonders konstruierten Tragriemens um die Hüften festlegen kann, so daß er beim Gehen und Bücken nicht baumelt und sein Gewicht nicht ganz einseitig zur Wirkung kommt. Wenn man watet, ist er insofern angenehm, als man nicht jedesmal ans Land steigen muß, um einen gefangenen Fisch in den Rucksack zu stecken. In diesem selbst schützt er die Fische vor Druck und Heißwerden. Ich bin aber in den letzten Jahren von ihm mehr und mehr abgekommen und ersetze ihn durch eine Tasche aus Bast in der Form von Einkaufstaschen. Diese Taschen sind luftdurchlässig, leicht, gut zu reinigen und nehmen nur wenig Raum ein. Beim Waten kann man sie an einem Tragbande umhängen wie eine Fischertasche und durch Übernähen der Öffnung mit einem Stück Sackleinwand, worin ein Schlitz geschnitten ist, um die Fische durchzustecken, schützt man sich gegen das Herausfallen des Inhaltes beim Bücken u. dgl.

Von den kleineren Behelfen sind wohl die wichtigsten: Die Büchse für die Ohrfliege und die Wasserbüchse für die Vorfächer. Von den ersteren gibt es eine Unmenge von Modellen, solche, bei denen die Fliegen auf Korkleisten oder bei anderen in Filzblätter eingestochen werden und solche, bei denen federnde Klammern die Fliege festhalten. Diese letzteren halte ich für die besten und zwei davon werden den Ansprüchen auch der weitesten Angeltour genügen. Ich benütze die kleine Büchse Abb. 30, welche trotz ihres kleinen Ausmaßes eine ansehnliche Zahl Fliegen beherbergt, für jene Fliegen, die ich hauptsächlich brauche und rasch bei der Hand haben will, wenn ich das Muster wechsle oder eine beschädigte oder verlorene

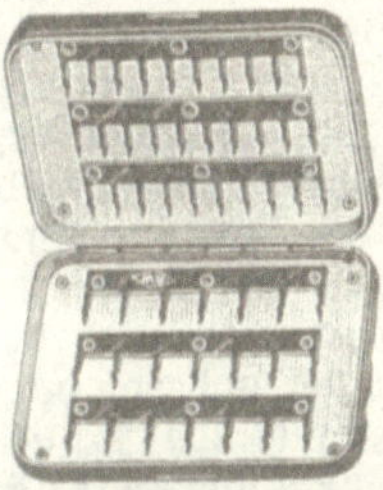

Abb. 30.

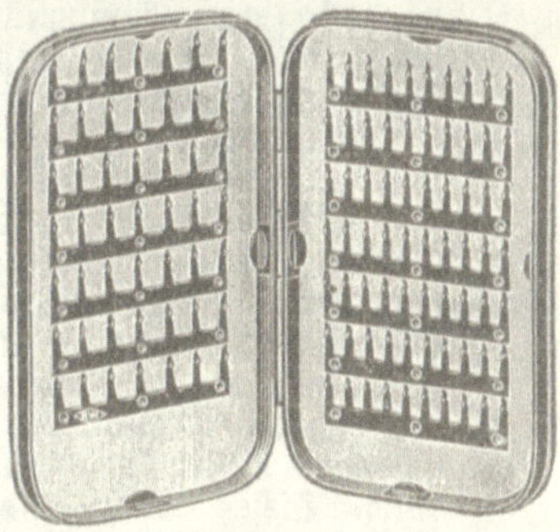

Abb. 31.

Aus Storks „Gerätekunde und Katalog".

Fliege ersetzen will. Wegen ihrer Kleinheit hat sie in der Westentasche Platz, wo sie immer zur Hand ist. Das große Modell Abb. 31 beherbergt die Vorratsfliegen und besonders Muster, die nur zeitweilig oder selten in Gebrauch treten, und hat seinen Platz im Rucksack.

Das alte dickleibige Fliegenbuch unserer Jugendzeit ist heute überlebt, denn ein moderner Angler verwendet nur noch Ringfliegen.

Die Vorfachwässerbüchse enthält einige Scheiben Filz, zwischen denen die Vorfächer und ev. noch einige Gutfäden verschiedener Stärke eingelegt werden, um eine defekte Länge während des Angeln wechseln zu können oder Springer einzubinden u. dgl. m.

Ich bin darauf gekommen, daß Gummischwamm viel besser als Filz ist und verwende jetzt nur noch diesen allein. Eine brauchbare Büchse soll stets überstehende Innenwände haben, die verhüten sollen, daß das heiklige Gut zwischen Rand und Deckel geklemmt und dadurch beschädigt oder gar geschnitten werde.

Es gibt auch Fliegenbüchsen, die mit einer Wasserbüchse kombiniert sind, ohne allzu kompendiös zu sein; ich finde sie sehr praktisch, nur ist ihr Preis zu hoch, so daß sie der allgemeinen Verwendung nicht zugänglich sind.

Die aus einer Reihe übereinandergestellter Dosen bestehenden Vorfach- usw. Büchsen finden meinen Beifall nicht, sie sind plump, auftragend und teuer. Überhaupt soll man seinen Vorrat an Vorfächern, soweit er nicht im momentanen Gebrauch steht, so viel vor Nässe und Feuchtigkeit schützen, als es im Terrain möglich ist. Es gibt zu diesem Zwecke äußerst handliche und recht preiswerte Vorratstaschen aus Leder, in denen die Vorfächer und Reservegutfäden in gut schließenden Taschen aus Zelluloid, jedes einzeln für sich, untergebracht sind. Für bescheidene Ansprüche tut es aber auch ein Täschchen aus Sämischleder, worin die Gutfäden, Vorfächer usw. in Kuverts aus geöltem Papier eingelegt sind.

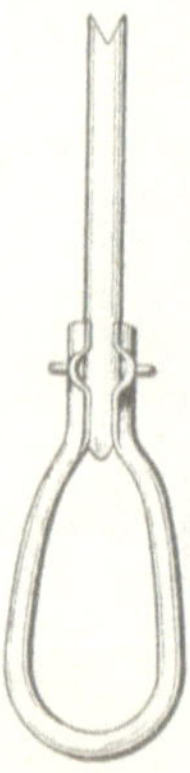

Abb. 32.

Ich bin überhaupt dafür, derlei Gebrauchsgegenstände so flach als möglich zu führen, da man diese am besten in Rock und Westentaschen unterbringt, wo sie stets ohne langes Auspacken und Suchen zur Hand sind.

Eines der unentbehrlichsten Geräte für den Angler überhaupt und den Flugangler im besonderen ist eine gute Schere. Nachdem ich alle möglichen im Handel zu diesem Zwecke angebotenen Modelle, zusammenlegbare und nicht zusammenlegbare, geführt und ausgeprobt habe, bin ich endlich dazu gekommen, mir eine gewöhnliche, kräftige Nagelschere so zuschleifen zu lassen, daß die Schneiden nur eine Länge von 2 cm haben, das Ende des einen Armes spitz ist, das des anderen dagegen rund. Dieses runde Ende steht um einige Millimeter über das spitze vor, so daß im geschlossenen Zustande die Spitze vollständig gedeckt ist. Diese Schere kann ich in der Westentasche tragen, ohne fürchten zu müssen, diese durchzustoßen oder mich zu verletzen. In der gleichen Westentasche trage ich ein Stückchen Arkansasstein (Bruch) zum Schärfen stumpf gewordener Hakenspitzen. Man bekommt diesen Arkansasstein auch in den Gerätehandlungen in Form einer vierkantigen Stange zu kaufen, nur ist er dann nicht so billig, wogegen Bruchstein sehr billig ist, so daß man seinen eventuellen Verlust leicht verschmerzen kann. Zu dem gleichen Zwecke trage ich ebendaselbst eine kleine flache Feile feinsten Hiebes — sog. Uhrmacherfeile —, welche ich mir auf das notwendige Maß reduzieren lasse.

Mehr und öfter als jeder andere Angler braucht der Flugangler den Hakenlöser, von dem eine Menge Modelle am Markt sind. Eine sehr praktische Form zeigt Abb. 32. Mir persönlich ist eine kleine sog. „Kornzange", deren ältere Fassonen man in jedem chirurgischen Instrumentengeschäfte billig erstehen kann, am liebsten, da sie sowohl sicheren Zugriff auch im tiefsten Rachen gestattet, als auch eben dadurch den Körper der Fliege und das Hakenmaterial sowie den Fisch mehr schont als die anderen Formen des Lösers.

Zum Befreien der in Astwerk und Zweigen verhängten Vorfächer oder einzelner Fliegen dienen verschiedene Vorrichtungen — teils in Form von Haken —, wie ich sie beim Watstocke in Abb. 27 vorführte, teils als Messer, vielfach beide Formen kombiniert, wie in Abb. 33. Ein sehr einfaches Messer zeigt Abb. 34. Es hat den Vorteil, sehr leicht und flach zu sein und hat im Gegensatze zu den

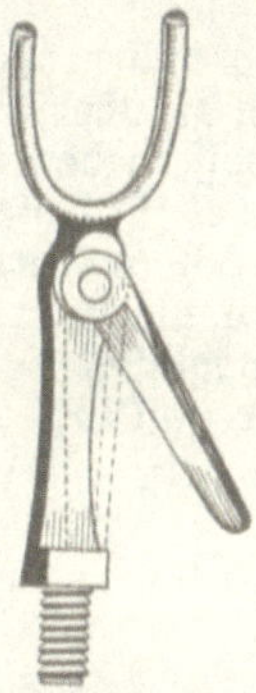

Abb. 33.

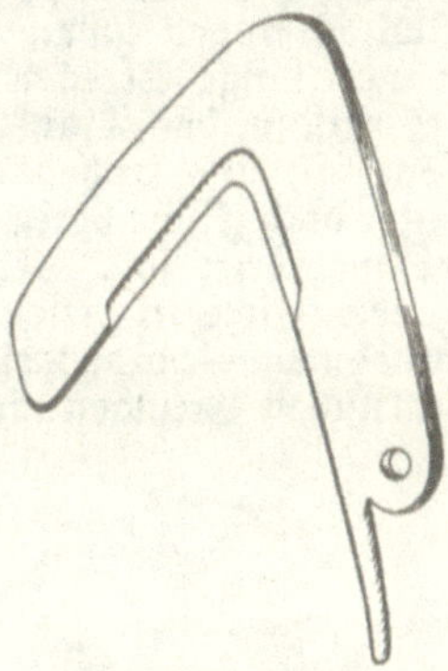

Abb. 34.

meisten anderen die Schneide nur im Winkel des Keiles. Ein Zug an der daran befestigten Schnur bewerkstelligt den Schnitt.

Allen Formen gemeinsam ist, daß sie in den Endring oder einen der obersten Spitzenringe eingesteckt und so über den Zweig gelegt werden, worauf ein Zug an der eingebundenen Leine diesen durchschneidet.

Wenn ich das Pech habe, mich in Stauden zu verhängen, ziehe ich es aber in den meisten Fällen vor, das ganze betreffende Stämm-

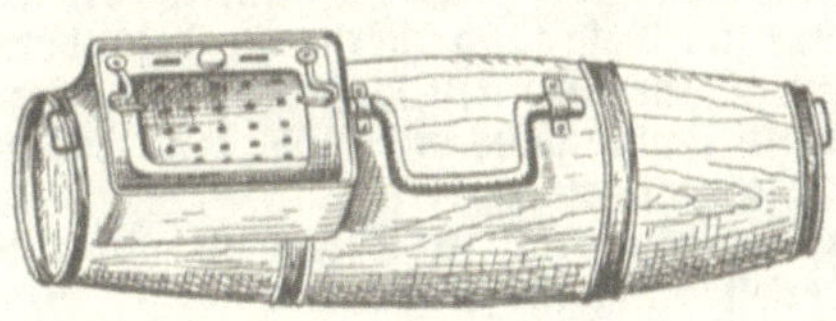

Abb. 35.

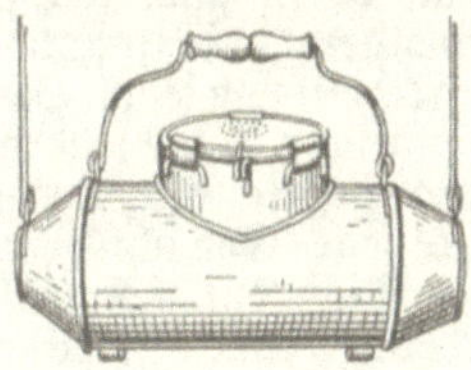

Abb. 36.

chen direkt am Boden abzuschneiden, wozu ich mein Messer mit feststehendem Griffe verwende, wie es hier landesüblich in einer besonderen Messertasche an der Hose griffgerecht getragen wird. Dieser „Knicker" dient aber noch einem anderen Zwecke, nämlich als Totschläger, welches Instrument die Engländer „Priest" nennen.

Der massive Griff erledigt auch ansehnlich große Fische klaglos und ich erspare mir das Tragen eines separaten Gerätes zu dem Zweck.

Für den Lebendtransport bedient man sich der diversen Lagel- und Fischkessel aus Holz[1]) oder Blech, von denen es eine Menge Formen und Modelle gibt.

Abb. 35 zeigt ein Lagel aus Blech, Abb. 36 und Abb. 37 beliebte und bewährte Transportkessel, welche sich gegebenenfalls auch im Rucksack tragen lassen.

Wenn man lange Strecken befischen muß und größere Beute macht, ist es ratsam, das Transportgefäß nicht zu überfüllen, denn bei aller Sorgfalt und trotz wiederholtem Wassergeben stehen bei heißem Wetter doch Fische darin um. Ich halte es für besser, sich mit einem oder mehreren sog. Setznetzen (Abb. 38) auszurüsten und die gefangenen Fische in diesen zu verwahren und von dort fallweise zu entnehmen — vorausgesetzt, daß das möglich ist, was aus praktischen Gründen nicht immer der Fall ist.

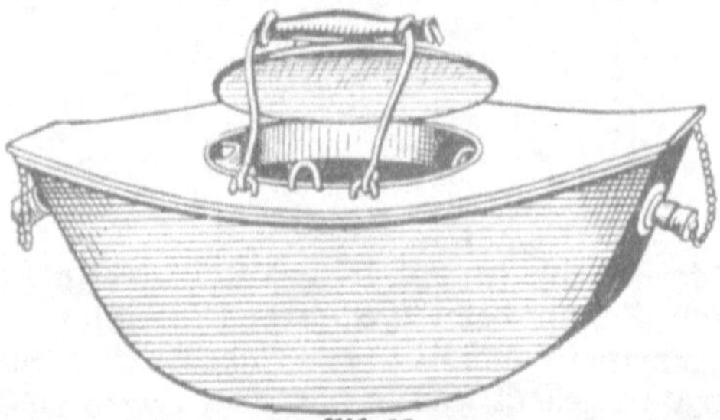

Abb. 37.

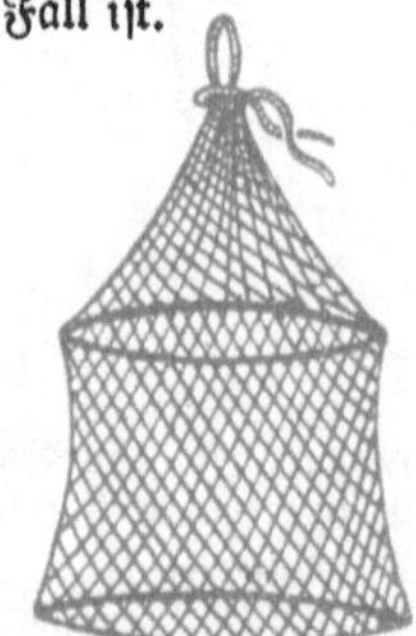

Abb. 38.

Aus Storks „Gerätekunde und Katalog".

Wenn man nur irgendwie des Lagels entraten kann, soll man es unbedingt tun, außer man hat einen Träger zur Verfügung, denn es ist eine mühsame Arbeit, seine Last oft stundenlang zu schleppen, und imstande, einem den ganzen Genuß am Sport zu verleiden, wie jedes Schleppen einer Belastung überhaupt, besonders wenn man in die Jahre kommt. Daher ist mein Bestreben von jeher darauf gerichtet gewesen, alles so kompendiös wie möglich zu haben und jede Gewichtsersparnis auszunützen.

Trotzdem nehme ich auf Angelfahrten in Gegenden mit unsicheren oder schlechten Verpflegungsmöglichkeiten gerne eine Thermosflasche mit Kaffee oder Tee gefüllt mit, ebenso ein Büchschen mit gemahlenem Kaffee und ein solches mit Tee, um mir irgendwo ein labendes Getränk bereiten zu können. Die beliebte „Pulle" mit oder ohne Schraubenverschluß läßt man lieber daheim.

Unbedingt sollte aber der Flugangler stets eine elektrische Taschenlampe, welche sich an einen Rockknopf anhängen läßt, sowie

[1]) Von den hölzernen Lageln sind die aus „Arve"-holz gefertigten wegen ihrer Leichtigkeit und Festigkeit die empfehlenswertesten.

eine verläßliche Reservebatterie mit sich führen. Es ist das eine angenehme Hilfe beim Angeln in der Dämmerung, erst recht bei Nacht und doppelt wertvoll, wenn man in unebenem Terrain oder im Nebel zu gehen hat. Kein anderer Angler empfindet strahlende Sonne und deren blendende Reflexe am Wasser so unangenehm, wie der Flugangler, und kein anderer die Wirkung einer Schutzbrille so wohltätig wie dieser. Besonders zwei Arten von Gläsern sind empfehlenswert: die gelbgrünen, sog. „Hallauer", und die neuen Zeißschen „Umbral"-Gläser, welche man beide auch als Korrekturgläser erhalten kann. Nicht schlecht sind die auch von Autofahrern gerne getragenen grünen Augenschirme aus Zelluloid, obzwar sie die glitzernden Reflexe am Wasser nicht so vollständig paralysieren wie die Gläser, die nur den Nachteil haben, daß sie öfters geputzt werden müssen, wenn sie durch die Transpiration anlaufen.

Am schlechtesten ist der Weitsichtige daran, welcher zu jedem Knotenbinden usw. zum Glase greifen muß. Ich gehöre auch zu diesen Leidtragenden und möchte meinen Leidgenossen die Verwendung eines Einglases empfehlen. Es gibt ja solche, welche ohne Schwierigkeiten mit Hilfe einer federnden Fassung ins Auge geklemmt werden können. Es gibt zwar auch Gläser, in deren unterem Teil das Korrekturglas eingeschliffen ist, während der obere einfach plan ist, die sich speziell für Weitsichtige hervorragend eignen, die aber den Nachteil haben, exorbitant teuer zu sein.

Ein ganz besonderes Augenmerk verdient die Kleidung, welche bequem, leicht, unauffällig und doch den verschiedenen Einflüssen von Luft, Sonne und Wasser gewachsen sein soll. Beliebt sind die Anzüge aus sog. Jagdleinen, das nur den Nachteil hat, ziemlich stark einzugehen und mit der Zeit, gelinde gesagt, sehr unansehnlich zu werden. Loden ist auch in dünnen Sorten heiß.

Ich habe mir vor einigen Jahren einen Anzug aus sog. „Cover-Coat"-Stoffe anfertigen lassen, mit dem ich sehr gute Erfahrungen gemacht habe. Der Stoff ist leicht, unauffällig gelbbraun in der Farbe und sehr widerstandsfähig.

Wichtig ist vor allem der Schnitt des Rockes und der Hose.

Der Rock soll möglichst bequem geschnitten sein, besonders in den Ärmeln, und vor allem eine Menge tiefer, großer und verschließbarer Taschen haben, wozu sich der in letzter Zeit aufgekommene „Reißverschluß" — wenigstens für die Innentaschen — hervorragend eignet. Äußere Brusttaschen liebe ich nicht, abgesehen davon, daß sie auftragen, sie sind Objekte, die zu allen möglichen Verhängungen Gelegenheit bieten. Dafür muß mein Rock solche in guten Dimensionen innen besitzen und ebenfalls innen zwei außergewöhnlich große und tiefe Taschen, in denen selbst recht voluminöse Gegenstände untergebracht werden können. Eine solche Tasche in dem Ausmaße eines Bogens in Quartformat ist noch nicht zu groß, wurde aber noch von jedem, der sie sich auf mein Anraten anbringen ließ, was auch an schon in Gebrauch stehenden Röcken nachträglich geschehen kann, als Wohltat empfunden.

Die landläufigen „Joppen“ liebe ich nicht, sie sind zu kurz, zu knapp und zu arm an Taschen, ebensowenig wie ich für die berühmten „Gamsledernen“ mit den nackten Knien schwärme und den dazugehörigen, in manchem Anglerbuche empfohlenen „Hut mit Gamsbart oder Federgesteck“.

Unsere modernen Sportanzüge, speziell mit den sehr bequemen und dem Bedürfnis eines gehenden und ev. „kraxelnden“ Sportsmannes angepaßten „Knickebocker“-Hosen sind doch so praktisch und dabei kleidsam, daß man es doch nicht notwendig hat, als Salontiroler oder Steirer im Gelände herumzusteigen.

Das Einzige, was ich von der Gebirgstracht gerne adoptiert habe, ist die Tasche für den Knicker rückwärts an der Hose.

Ein sehr praktisches Gewand zu jeder Art Angelns ist das amerikanische „Overall“ namentlich dann, wenn man für längere Zeit am Wasser wohnt. Wenn man es reichlich mit Taschen versehen läßt zur Aufnahme der diversen Gebrauchsgegenstände, erspart man sich das Tragen des Rockes, was besonders bei heißem Wetter ein Vorteil ist. Nur darf man nicht das zum Motorfahren bestimmte Gewand nehmen, sondern eines aus leichtem Baumwollstoffe. Als Kopfbedeckung empfiehlt sich ein leichter, breitkrempiger Hut oder eine Sportkappe mit breitem Schild ev. ein Strohhut.

Wadenstrumpf aus Wolle und kräftige Schnürschuhe vervollständigen den Anzug. Ob die Schuhe genagelt sind oder nicht, ist Geschmacksache. Ich gehe selbst im Gebirge immer in ungenagelten Schuhen, außer jenen, die direkt zum Waten bestimmt sind.

Jedenfalls empfehle ich auch im Sommer Wollstrümpfe zu tragen. Erstens geht man in den immerhin schweren Schuhen besser und wenn man schon einmal nasse Füße bekommen hat, sei es durch ein unfreiwilliges Hineinrutschen, sei es, daß man der Versuchung doch nicht widerstehen konnte, auf einer Schotterbank bis über die Knöchel hineinzuwaten oder auch noch tiefer, um dem Standorte der Fische näherzukommen — im Wollstrumpfe bleiben die Füße warm, erst recht durch die folgende ununterbrochene Bewegung. Dem von mancher Seite empfohlenen, sogar als besonders „deutsch“ gerühmten Waten in Schuh und Wadenstrumpf möchte ich ernstlich widerraten. In den meist sehr kalten Wassern unserer Gebirge kann man sich nur zu leicht den Keim zu einem schweren Leiden holen, wenn man lange und andauernd darin steht — die unteren Körperpartien einer übermäßigen Abkühlung aussetzt und womöglich an den oberen stark schwitzt.

Wer ein Wasser befischt, an welchem das Waten eine unerläßliche Bedingung zum Erfolge ist, der tut weise daran, seine Gesundheit nicht wegen einer vielleicht momentan größeren, einmaligen Auslage für eine Watausrüstung aufs Spiel zu setzen, sondern sich mit einer solchen, seien es nun Strümpfe, Hosen oder Stiefel, auszurüsten. Unter letzteren meine ich aber nicht jene altväterlichen Hüftenstiefel aus Juchten, welche zwar über ein ganz ansehnliches Gewicht, aber dafür nur über ein bescheidenes Maß von Wasserdichtigkeit verfügen, sondern jene Stiefel aus Gummistoff mit Ledervorfuß, welche man nur in England in jener Qualität erzeugt, welche ihr Geld wert ist. Die besten dieser Art liefert Cording & Co. Die Water von Cording bestehen nämlich aus zwei Lagen allerbesten Parastoffes, zwischen denen ein Blatt aus Vollgummi eingefügt ist. Die meisten anderen Fabrikate bestehen nur aus einem mehr oder weniger dicken Gummistoffe, dessen Imprägnierung je nachdem reicher oder geringer ist, und ev. noch einer dünnen inneren Auftragung einer Gummischichte. Nach kurzem Gebrauche wird die Imprägnierung und die innere Schichte in größerer Ausdehnung schadhaft, besonders an den Nähten und Falten, und die Wasserdichtigkeit ist unrettbar dahin. Deshalb soll man lieber den etwas höheren Preis für das erstklassige Cordingfabrikat anlegen, das jahrelang haltbar ist. Trotzdem dieser Stiefel bis zur Hüfte reicht, ist er nicht schwerer als ein heimischer Grobgenagelter, dafür aber wirklich wasserdicht und bei nur einigermaßen sorgfältiger Behandlung schier nicht umzubringen. Wer sich für ihn entscheidet, hat den Vorteil, sich nicht separat Watstrümpfe bzw. Hosen und Überschuhe kaufen zu müssen.

Und trotzdem ziehe ich das letztere vor, schon wegen des einfacheren Trocknens. Nach dem Fischen drehe ich die Water um, damit die an ihrer Innenseite niedergeschlagene Feuchtigkeit, die von der Ausdünstung des Körpers herkommt, abdampfen kann, nachher wird die Außenseite an der Luft getrocknet, wobei Ofenhitze und Sonnenbrand vermieden werden muß. Die Überschuhe, welche lediglich knöchelhohe Schnürschuhe aus wasserdichtem Stoff sind (Abb. 39) und noch dazu längs des Bodens Löcher eingestanzt haben, damit beim und nach dem Waten sich in ihnen kein Wasser ansammeln kann, trocken lediglich an der Luft, ohne Leisten, in kurzer Zeit, ohne zu schrumpfen. Dafür hat man beim Watstiefel nach jedesmaligem Gebrauch die Plage, ihn erst durch Einschütten von heißem Hafer usw. innen trocknen zu müssen und dann ihn erst umständlich auf voluminöse Leisten zu schlagen, wenn der Lederbezug nicht schrumpfen soll. Auf einer Angelfahrt, irgendwo in einem entlegenen Erdenwinkel ist das nicht immer durchzuführen, und dann hat man beim Anziehen der innen feuchten oder nassen Stiefel seine liebe Not. Nach meinen Erfahrungen empfiehlt es sich, Water und Überschuhe bei demselben Lieferanten zu kaufen, dann hat man die Gewähr, daß beide zusammenpassen, denn die letzteren müssen so weit sein, daß der Fuß im Water samt einem dicken darübergezogenen Übersocken aus gewalkter Wolle bequem Platz hat.

Abb. 39.
Aus Storks „Gerätekunde und Katalog“.

Der Übersocken, den man nebenbei gesagt auch direkt über dem Fuß bzw. Strumpf im Watstiefel tragen muß, hat beim Water doppelten Zwecken zu dienen: erstens als Isolator gegen die Kältewirkung des Wassers bzw. den Wärmeverlust des Körpers, zweitens als Schutz für den Water selbst, damit dieser nicht durch in den Schuh eingedrungenen Sand oder Steinchen durchgescheuert werde. Es ist nicht empfehlenswert, sich die Überschuhe (englisch: Brogues) im Inlande anfertigen zu lassen. Erstens sind unsere Schuster allesamt auf diese Arbeit nicht eingerichtet, zweitens ist die Benagelung der Sohlen eine äußerst plumpe, mangelhafte und unzuverlässige und endlich und schließlich kommt so ein minderwertiger Überschuh nur wenig oder gar nicht billiger als der tadellose andere.

Zur Not kann man ja ein Paar alte „Grobgenagelte" als Überschuhe verwenden, doch möchte ich dies nur aushilfsweise gelten lassen, denn solche sind unverhältnismäßig schwer — noch schwerer, wenn sie mit Wasser angesaugt sind —, und ob sie über den dicken Übersocken getragen noch bequem genug sind, ist eine andere Frage.

Für was man sich entscheiden soll — Watstrümpfe oder Hosen? Das richtet sich nach dem Terrain und den Wasserverhältnissen. Hosen gestatten ein Waten bis zum Bauch, sind aber bei warmem Wetter ungleich heißer zu tragen als Strümpfe, und in sehr schwer zu begehendem Wasser, wie es in den meisten Gebirgsflüssen der Fall ist, keine Annehmlichkeit.

Strümpfe schöpfen Wasser, wenn man weiter hineingeht, als sie eben reichen, sind aber naturgemäß lüftiger und hindern nicht übermäßig beim Gehen und Steigen. Ich ziehe sie der Hose bei weitem vor, möchte aber letztere Anglern mit empfindlichen Bauchorganen, ganz besonders aber angelnden Damen wärmstens anraten.

Unangenehm ist in beiden Fällen ein Sturz im Wasser, wobei sich die Schutzkleider mit diesem füllen. In solchen Fällen ist dringend zu raten, dieselben sofort abzulegen und zu trocknen, ebenso die naßgewordenen Kleidungsstücke, was ja im Sommer ziemlich rasch geschehen kann. Längeres Verweilen in solchen nassen Gewändern ist selbst im heißesten Hochsommer höchst gesundheitsschädlich. Über die Behandlung der Wathosen und Strümpfe während des Nichtgebrauches muß noch einiges gesagt werden.

Vor allem dürfen sie nie zusammengelegt und gefaltet aufbewahrt werden, da sonst der Gummi in den Bügen und Falten brüchig wird, sondern stets nur an den Trägern aufgehängt sein. Als Aufbewahrungsort wähle man einen Raum, der trocken, aber auch luftig und weder zu heiß noch zu kalt ist. Sonnenbrand und Ofenhitze dürfen auch nicht auf die Water einwirken, beide sind geeignet, den Gummi zu beschädigen. Im Laufe der Jahre kann es vorkommen, daß irgendwo eine Stelle defekt wird. Diese läßt sich wie ein Pneumatikschlauch flicken[1]). Werden im Laufe der Zeit die Füße defekt, weil diese doch am meisten Schädigungen ausgesetzt sind, so kann

[1]) Die englischen Fabriken liefern spezielle Reparaturdosen, welche alles Erforderliche enthalten.

man in der Fabrik, wenn die Schäfte intakt sind, neue Füße ansetzen lassen, was ungefähr den halben Anschaffungspreis eines Paares neuer Water kostet.

Es ist sehr bedauerlich, daß sich unsere Industrie dieser Art Bekleidung und Ausrüstung, welche ja auch noch zu anderen Zwecken als zum Angeln oder zur Wasserjagd dient, bisher nicht angenommen hat und uns zum Ankaufe aus dem Ausland zwingt. Der Gummistiefel ist an sich nicht unpraktisch, dabei nicht besonders teuer, auch nicht zu schwer, hat aber den Nachteil, daß sich die Sohle zu bald glatt schleift und man dann Gefahr läuft, beim Waten auszugleiten und zu stürzen sowie weiters den, daß er nur zu leicht von scharfen Steinen zerschnitten wird. Wenn man diesen Schaden auch durch Aufvulkanisieren eines Fleckes radikal beheben kann: passiert es unter dem Angeln, dann bedeutet es eine empfindliche Störung des Vergnügens.

Zu gedenken wäre noch eines wichtigen Kleidungsstückes, des Mantels, den man wohl oder übel auf weitere oder längere Angelfahrten mitnehmen muß, besonders ins Gebirge, wo unvorhergesehene Wetterstürze sich oft im Verlaufe weniger Stunden ereignen. Den altbekannten Lodenmantel oder Wetterkragen aus gleichem Stoffe empfehle ich nun einmal nicht; er ist im trockenen Zustande unangenehm voluminös und schlecht zu verpacken, naß geworden ist er schwer — und wasserdicht ist er schon gar nicht. Gummi- und Gummistoffmäntel sind — die ersteren wenigstens — bestimmt wasserdicht, verhältnismäßig leicht und nicht zu umfangreich, sind aber beim Gehen, erst recht, wenn man etwas zu tragen hat, recht heiß, weil sie die Hautausdünstung hindern, daher nicht sehr empfehlenswert.

Ich habe es am besten gefunden, einen leichten kurzen Kragen aus Gummistoff zu führen, der Schultern und Arme deckend auch den Rucksack vor Nässe schützt. Bei seiner Benutzung kann man auch ein ansehnliches Stück Weges gehen, ohne allzusehr in Dampf zu kommen. Gegen eventuelle Temperaturstürze oder zur Fahrt im Wagen usw. ist es viel besser, noch einen der so beliebten und wirklich praktischen „Pullover" aus Wolle mitzunehmen, der leicht im Rucksack Platz findet, als sich mit einem schweren Mantel zu belasten.

Wer am Wasser selbst wohnt oder Quartier hat, kann es schließlich und endlich bei sonst intakter Gesundheit riskieren, auf das Mitnehmen eines Überkleides zu verzichten und naß zu werden, wenn anders er nur in steter Bewegung bleibt und bei der Heimkehr sich sofort der nassen Sachen entledigt.

Die Kunstfliege.

Schon in sehr früher Zeit dürften die Menschen diese Nachbildung von Insekten ersonnen haben, wenn wir auch nur eine einzige historische Erwähnung hierfür bei dem römischen Schriftsteller Arlian finden.

Die Literatur über die Kunstfliege — gemeinhin nur „Fliege" genannt — hat in England den Umfang einer stattlichen Bibliothek erreicht, während sie bei uns auf einige bescheidene Publikationen in Anglerzeitungen beschränkt blieb.

Von jeher kann man in der Verwendung und Herstellung der Fliegen zwei Richtungen unterscheiden, deren scharfe Trennung sich besonders seit dem Erscheinen der Halfordschen Schriften auffällig machte: Die ältere Richtung begnügte sich damit, Fliegen zu führen, welche die Originale beiläufig in Form und Farbe kopierten, ja auch solche, welche reine Phantasiegebilde waren; die jüngere betont die nachweisbare Notwendigkeit, das Original in Gestalt und Farbe bis ins kleinste Detail getreu wiederzugeben.

Ganz besonders Halford und seine Schule, die unbedingten Anhänger und Verfechter der Trockenfliege, predigen das Evangelium der naturgetreuen Nachbildung in Form, Farbe und der kleinsten Einzelheiten und die Unentwegtesten gar den Kreuzzug gegen alles und jeden, der nicht auf die „Dryfly" schwört. Es ist nicht Sache und Zweck dieses Kapitels zu untersuchen, wer von beiden recht hat, um so mehr, als es sich um spezifisch englische Verhältnisse handelt, sondern wir wollen die Frage objektiv behandeln und von verschiedenen Gesichtspunkten aus erörtern.

Zunächst drängt sich die Frage auf: welche Gattungen von Insekten werden eigentlich durch die Kunstfliege nachgebildet?

Eigentlich so ziemlich alle, sowohl die eigentlich wasserbewohnenden als auch die anwohnenden sowie solche, die nur gelegentlich den Fischen zur Beute fallen. Zu den ersteren gehören vor allem jene großen Familien der Ephemeriden oder Eintagsfliegen, der Trichoptera oder Pelzflügler, der Perliden oder Steinfliegen, der Sialiden oder Wasserflor- bzw. Schlammfliegen.

In kurzem seien die prägnantesten zoologischen Merkmale der vorgenannten Familien erwähnt.

Die Ephemeriden oder Eintagsfliegen legen ihre Eier im Wasser ab und führen in diesem ein langes Leben als Larven. Diese Larve trägt als markantes Erkennungszeichen drei kurze Schwanzborsten, wodurch sie sich von ähnlichen Larven auf den ersten Blick unterscheidet. Aus ihr entwickelt sich das Zwischenglied, ein plump gestaltetes, schwerfällig und unbeholfen fliegendes Insekt von unscheinbarer, stumpfer Färbung des Leibes und der Flügel, welches die Engländer „Dun" nennen. Wenn man Gelegenheit hat, einen Aufstieg dieser „Subimagines", als welche sie der Zoologe bezeichnet, zu beobachten, sieht man diese zunächst hilflos in der Strömung treiben. Schwerfällige Flugversuche bringen sie dann dem Ufer näher, bis es ihnen gelingt, sich auf die Stauden und Gräser an demselben zu retten. Hier findet man sie in Ruhe, ohne sonderliche Bewegung, dem weiteren Entwicklungsgange entgegenlebend, der sich in längerer oder kürzerer Zeit vollzieht. Das Subimago häutet sich und nach diesem Prozeß sehen wir das vollentwickelte, fortpflanzungsfähige Tier, das lebhafte Farben und glasartig durchscheinende Flügel besitzt, über dem Wasser schwebend und wieder zu diesem niedersteigend, seine Eier in dasselbe ablegt, um dann nach kurzem Leben, welches nur die Fortpflanzung zum Zwecke hat, abzusterben. Dieses geschlechtsreife Tier nennen die Engländer „Spinner".

Es ist charakterisiert durch einen schlanken, durchscheinenden, weichen Leib, der nach oben gekrümmt, an seinem Ende drei lange Schwanzfäden trägt, welche schon an der Larve angedeutet sind. Die Flügel sind glänzend, glasartig durchscheinend. Die Vorderflügel von dreieckiger Form sind groß, stehen senkrecht von der Schulter weg nach oben und liegen im Ruhezustand eng aneinander, so daß die Tiere, wenn sie auf dem Wasser treiben, den Eindruck eines Segelbootes erwecken. Die Hinterflügel sind bedeutend kleiner, können auch verkümmert sein oder ganz fehlen.

Die Trichoptera oder Pelzflügler wurden früher mit dem wissenschaftlichen Namen als Phryganiden bezeichnet. Die Engländer nennen sie und ihre Nachbildung „Sedgeflies" oder kurz nur „Sedge". Wie der Name sagt, sind sie durch behaarte oder auch beschuppte Flügel gekennzeichnet, deren hinteres Paar im Ruhezustand der Länge nach gefaltet, den Körper dachartig überdeckt. Außerdem besitzen die Pelzflügler lange, fadenförmige Fühler (Antennen).

Die Körper sind nicht wie bei den Eintagsfliegen schlank und durchscheinend, tragen keine Schwanzfäden und auch die Farben sind nicht sehr lebhaft. Sie sind mehr massiv, walzenförmig und rauh an der Oberfläche, von hellerem oder dunklerem Braun, Gelbbraun oder Gelb auch Silbergrau mit dunklen Füßen. Die Flügel haben auch nicht die durchscheinende glasartige Beschaffenheit wie bei den Ephemeriden. Die Larven machen sich Gehäuse aus Sandkörnern, Pflanzenstückchen, Steinchen u. dgl., die sie entweder mittragen oder aber auch an Steinen, Rohrstengeln usw. anheften und welche sie beliebig verlassen. Der englische Namen für diese Larven ist „Caddis".

Die Phryganiden erscheinen weder so regelmäßig am Wasser wie die Ephemeriden noch in solchen großen Massen wie diese, was durch einen anderen Entwicklungsvorgang bedingt ist. Dafür sind sie fast in der ganzen Saison am Wasser anzutreffen.

Die Perliden — Steinfliegen, auch öfter Frühlingsfliegen genannt — besitzen im Gegensatze zu den vorbeschriebenen glatte, fast durchscheinende Körper und ebensolche Flügel.

Ihr bekanntester Vertreter ist die Steinfliege — Perla bicandata —, welche in verschiedenen Gegenden und Höhenlagen zu verschiedenen Zeiten oft in großen Massen erscheint. Oft schon Ende April, oft auch erst später im Mai. Die Engländer haben ihr den Namen „Maifliege des Nordens" gegeben, da sie in diesen Gegenden eine ähnliche spezielle Saison hat wie die Maifliege in den südenglischen Gewässern.

Ihre Larve, englisch „Creeper" benannt, trägt zwei Schwanzborsten von derselben Länge wie das fertige Insekt, lebt am

Boden der Flüsse und Bäche unter den Steinen im flachen Wasser und ist an sich schon wegen ihrer Größe leicht kenntlich. Sie ist einer der wirksamsten Forellenköder. Wenn sie ausgewachsen ist, verläßt sie das Wasser, heftet sich an Ufersteine, Sträucher, Brückenhölzer usw. an, wo man sie zu Zeiten massenhaft findet, oder aber die verlassenen Hüllen, wenn die Fliege nach ihrer Entwicklung ihr Larvenkleid abgestreift hat. Diese selbst findet man dann zu Zeiten in größerer oder geringerer Menge an den Sträuchern, an Einbauten, Brücken usw. Tritt jedoch während der Ausschlüpfungsperiode ein Hochwasser ein, so ist für dieses Jahr die Saison der Steinfliege abgeschnitten. Die Fliege selbst, d. h. die weibliche, hat einen langen, walzenförmigen Körper, ist am Rücken graubraun, am Bauche orangefarbig und zeigt deutliche gelblichweiße bis gelbe Ringe an den Leibessegmenten. Die Flügel, vier an der Zahl, sind gleich lang, liegen am Körper an, sind flach gedrückt und überlappen einander den ganzen Körper bedeckend. Die Hinterflügel sind meist breiter als die vorderen und gefaltet. Die Fliege besitzt gerade gestreckte Fühlhörner und zwei kurze, dicke, gabelförmig gestellte Schwanzborsten.

Das männliche Insekt, von den Engländern „Jack" genannt, ist um ca. ein Drittel kleiner als das Weibchen, seine Flügel sind sehr kurz und decken knapp vier Fünftel der Körperlänge. Auch das Männchen trägt die beiden typischen Schwanzborsten, jedoch sind diese sehr kurz. Es wird im allgemeinen von den Fischen weniger gern genommen wie das Weibchen.

Die Sialiden, Schlamm- oder Wasserflorfliegen, unterscheiden sich von den drei vorerwähnten Arten vor allem dadurch, daß man sie fast nie über dem Wasser sieht, da sie ihre Eier nicht in dieses, sondern an dem Uferbewuchs ablegen, von wo dann die ausschlüpfenden Larven ins Wasser wandern, in dem sie weiter wachsen. Sie leben hier im Schlamm. Die Fliege selbst hat meist einen spindelförmigen Leib und vier durchsichtige Flügel, welche in der Ruhe eine dachförmige Stellung einnehmen.

Die Färbung der Fliegenkörper ist meist eine einfarbige, von nicht besonderer Auffälligkeit. Die Diptera — Zweiflügler — sind, wie ihr Name sagt, durch die Zahl der Flügel gekennzeichnet; zu ihnen gehören die Landfliegen, Schnacken usw.

Nicht vergessen dürfen wir der verschiedenen Käfer, Raupen und Heuschrecken, welche auch in ihrer Nachbildung bewährte und beliebte Köder sind. Nun wollen wir uns weiter mit der Frage der naturgetreuen Nachbildungsmöglichkeiten befassen.

Soweit es die Körpergröße, wenigstens der allermeisten Insekten anbelangt, kann man diese ohne Schwierigkeit exakt wiedergeben. Ebenso die Länge und Zahl der Schwanzfäden und Beine, auch die äußere Form läßt sich mit ziemlicher Treue nachbilden. Der springende und ewig umstrittene Punkt ist und bleibt aber die Farbe bzw. die Durchsichtigkeit des Leibes und der Flügel. Zunächst die Farbe: Der verstorbene Halford, der in einem großen

Werke seine Forderungen niederlegt und präzisiert hat, hat darin außer der Kardinalforderung absoluter Naturtreue eine Standardtafel der zu verwendenden Farben gebracht, um seinen Anhängern für die Zukunft die richtigen Farben seitens der Erzeuger sicherzustellen. Und doch — stimmen die Farben nicht.

Vor allem fehlt dem Fliegenleibe die Transparenz, die Farbe wirkt trotz ihrer Anpassung an das natürliche Vorbild stumpf. Des weiteren ist es durchaus nicht gleichgültig, ob ich die Farbe im auffallenden oder im durchfallenden Lichte betrachte. Nehmen wir z. B. ein Zeißsches Umbralglas zur Hand und betrachten es in der Aufsicht, so erscheint es uns schwarzbraun, in der Durchsicht aber verliert es für unser Auge diese Färbung; so ähnlich ist der Vorgang beim Insektenleib, soweit es sich um die transparenten Körper der Ephemeriden u. ä. handelt. Diese Tatsache betont der Schriftsteller J. W. Dunne in seinem Buche „Sunshine and the Dry Fly", dessen Lektüre ich jedem Flugangler wärmstens empfehlen kann und erhärtet seine Behauptung durch ein Experiment, welches jeder leicht nachmachen kann. Dieses zeigt, daß ein in der Aufsicht olivefarbiger Insektenleib im durchfallenden Lichte bernsteinfarbig ist.

Nun sieht aber der Fisch alle Dinge sowohl im Wasser selbst wie auch die an der Oberfläche desselben ausschließlich im durchfallenden Lichte, so daß der Zweifel an der naturgetreuen Farbenwiedergabe der Fliegen, die in der bisherigen Bindeweise hergestellt wurden, berechtigt ist.

Eine andere Frage ist es aber, ob das Fischauge die Farbe wirklich so sieht wie unser Auge. Nach den Forschungsergebnissen Hofers soll der Fisch farbenblind sein, und zwar in dem Maße, wie es eine photographische Platte ist, d. h. er kann nur Helligkeitswerte von Weiß bis Schwarz in den verschiedenen Tönungen und Zwischenstufen erkennen.

Heintz hat diese Ansicht ebenfalls verfochten und stützt sich zum Beleg auf den Erfolg eines Versuches, den er mit rosa und grünen Phantasiefliegen gemacht hat, welche ich ihm seinerzeit eigens zu diesem Zwecke gebunden hatte.

Andere Forscher bestreiten die Farbenblindheit des Fisches — und es wäre schließlich und endlich auch kein zwingender Grund vorhanden, beim Fische unbedingte Farbenblindheit anzunehmen, der in einer ganzen Welt von Farben lebt.

Viel plausibler erscheint mir die Annahme, daß der Fisch die Farben, welche er immer nur im durchfallenden Lichte betrachten kann, anders sieht, wie auch wir, wenn wir das Experiment mit dem Umbralglas oder das Dunnesche mit den transparenten Insektenleibern machen.

Soweit man bei unseren landläufigen Kunstfliegen überhaupt von Transparenz sprechen kann, ist es doch auffällig, daß man hier und da beobachten kann, daß irgendeine Ephemeridenart am Wasser ist, die Fische nach ihr steigen und man mit der schönsten und naturgetreuesten Nachbildung keinen Anbiß bekommt, wohl aber nach verschieden wiederholtem Wechsel der Fliege auf eine solche, die weder in Gestalt noch in Farbe mit dem eben schwärmenden Insekt eine Ähnlichkeit besitzt, einen Fisch nach dem anderen erbeutet. Es ist dabei anzunehmen, daß dieses scheinbar unmögliche Muster im durchfallenden Lichte gerade jene Farbe haben muß, welche das Original unter diesen Bedingungen zeigt.

Nachdem Dunne beim Studium der Farben des Insekten- oder besser gesagt des Ephemeridenleibes, denn es sind vornehmlich diese Insekten Gegenstand seiner Beobachtungen und Untersuchungen, zu dem Resultate gekommen war, daß es nötig sei, die Farbe wiederzugeben, welche wir im durchfallenden Lichte sehen, kam er zwangsläufig zu der weiteren Forderung, dem Leibe auch die nötige Transparenz zu geben.

Man hat zwar schon vor Dunne verschiedene Materialien diesem Zwecke dienstbar zu machen versucht, insbesondere Kautschuk in feinen Lamellen, sodann die Rippen verschiedener Federfahnen, Kiele und nicht zuletzt Zelluloid, ohne dem beabsichtigten Zwecke gerecht zu werden.

Nach Dunne ist es der dunkelbronzierte bzw. emaillierte Schaft des Hakens, welcher die Lichtstrahlen absorbiert, statt sie wieder in und durch die den Leib bildende Hülle zurückzustrahlen. Aus diesem Grunde verwendet er zur Herstellung seiner Fliegen blanke Haken.

Von einer naturgetreuen Wiedergabe der Flügel will ich überhaupt nicht reden, denn die hierzu verwendeten Federn sind, soweit es sich um die Nachbildung glasartig transparenter Flügel handelt, doch eher das Gegenteil von durchscheinendem Material. Man hat deshalb versucht, die Flügel aus mit Zelluloid imprägnierter Gaze herzustellen, was tatsächlich der Natur ziemlich nahe kommt, aber der Fliege eine unnatürliche Starre verleiht.

Aus dem Gesagten kann sich jeder Leser leicht ein Urteil darüber bilden, was man von der Naturtreue der bisherigen Nachbildungen, auch der so gerühmten Halfordschen zu halten hat, um so mehr, als die gleiche Fliege aus verschiedenen Erzeugungsstätten meist sehr verschiedene Farbennuancen aufweist.

Der einzig richtige Weg scheint mir der von Dunne angegebene zu sein, der sicher auch gegangen werden wird, wenn sich die Mehrzahl von der suggestiven Wirkung der Halfordschen Dogmen frei gemacht hat.

Im übrigen findet man schon selbst in England verschiedene Abweichungen von den Halfordschen Grundsätzen selbst in Kreisen, welche ausschließlich der Dryfly huldigen.

Man kann getrost behaupten, daß alle bisherigen Kunstfliegen mehr oder minder Phantasiefliegen sind, welche lediglich die Form und Größe, nicht aber die Farbe und eventuelle Transparenz des Originales kopieren.

Geradezu verwirrend ist für einen Anfänger die Überzahl der Fliegen, welche am Markt ist, und die Menge der Namen.

Wenn man weiß, worauf es ankommt, reduziert sich der Bedarf auf einige wenige Dutzend, ja auf manchem Wasser geradezu nur auf ein paar Stücke, wozu noch irgendwelche besonders fängige Raupenfliegen oder andere Spezialmuster gelegentlich dazukommen. Die Fliegen, welche ich beschreibe, sind so ziemlich als die Urbilder aller anderen Fliegen anzusehen, die im Handel sind; denn von einer und derselben Fliege existieren eine Anzahl Variationen, welche nur geringe Abweichungen in der Farbennuance des Körpers der Hecheln, der Flügel usw. zeigen und dann unter einem Phantasienamen im Verkehr sind.

Um nur ein Beispiel zu nennen: Die beliebten und an manchem Wasser geradezu unfehlbaren Fliegen mit orange- oder hellgelben Flügeln und Körpern oder Hecheln von der Schulterfeder der Schnepfe bzw. des Moorhuhnes (Grouse) werden als verschiedene Fliegen bezeichnet, z. B. (Orange and Snipe, Yellow and Grouse). Dabei sind die Unterschiede in der Färbung der beiden Federn so minimal, daß sie im besten Falle ein jagdlich erfahrener Angler auseinanderkennt — schwerlich aber der Fisch.

Werden diese Fliegen noch mit einer Rippung aus Gold- oder Silberfaden versehen, so wechselt auch damit ihr Name und ebenso ist es mit jeder anderen Variation. Und in Wirklichkeit handelt es sich bei allen um gar nichts anderes als um eine Nachbildung der „Orange Dun" und „Yellow Dun".

Ich kann daher dem Anfänger nur den einen wohlgemeinten Rat geben, sich nicht durch Namen oder spitzfindige Nuancierungen verwirren zu lassen, sondern sich an die altbewährten Muster zu halten, wenigstens so lange, bis er genügende Erfahrung gesammelt hat; er wird sich dadurch viel Geld und noch mehr Enttäuschungen ersparen.

Die Fliegen werden in folgenden Formen gebunden:

1. Geflügelte Fliegen (englisch Winged flies)
   a) als „nasse" Fliegen mit spärlichen Hecheln oder Beinen und einfachen Flügeln (Wet Fly);
   b) als „trockene" Fliegen mit reichlichen Hecheln und aufrecht stehenden, doppelten, vielfach auch „gespaltenen" Flügeln (Dry Fly);
   c) Lachs- oder Glanzfliegen (Salmon Fly).

2. Summende oder Hechelfliegen (englisch Hackle flies) sowohl für das Fischen mit nasser wie mit trockener Fliege — für letzteren Zweck mit reichlicheren und härteren bzw. steiferen Hecheln.

3. Palmer oder Raupenfliegen. Diese sind eigentlich nur Hechelfliegen mit dickerem Leib, reichlichen, oft über den ganzen Körper gehenden Hecheln und vielfach auch farbigen Schwanzknoten oder Büscheln aus Wolle oder Federn.

4. Käfer, Heuschrecken, Larven usw. Letztere sind außerdem in Nachbildungen aus Gummi oder Zelluloid im Handel. Obzwar

diese ziemlich naturgetreu in Gestalt und Farbe sind, erfreuen sie sich keiner allzugroßen Beliebtheit bei erfahrenen Anglern; außerdem sind sie sehr teuer und nicht sehr haltbar.

Die Fliegen werden meist, auch in den großen Hakennummern, nur mit einfachen Haken erzeugt. Es sind aber auch Doppelhaken im Gebrauch, besonders für die großen Lachsfliegen; ich bin vom Doppelhaken, den ich früher für kleine Äschenfliegen im Gebrauch hatte, wieder abgekommen, weil ich mich überzeugte, daß der einfache Haken ebenso fängig ist.

Die meisten Angler kaufen oder bevorzugen ausschließlich geflügelte Fliegen — warum, ist mir nicht klar —, da doch die Hechelfliege genau so fängig ist als jene. Ich persönlich angle seit einer langen Reihe von Jahren ausschließlich nur mehr mit Hechelfliegen, sowohl „naß" wie „trocken".

Sogar in England setzt sich in den letzten Jahren die Hechelfliege zum Trockenfischen mehr und mehr durch, nachdem dieselbe schon lange, besonders in Schottland, als „nasse" Fliege sich großer Beliebtheit erfreute. So hat u. a. schon Pennell, der bekannte Angelsportschriftsteller, seine Fliegen ausschließlich als Hechelfliegen gebunden. Und in neuerer Zeit propagieren diese Form Baigent, J. J. Hardy und Dunne.

Bei uns hat Behm schon vor ca. 20 Jahren die nach ihm benannte Trockenhechelfliege gebunden, welche sich durch besondere Schwimmfähigkeit auszeichnet.

Ich will an dieser Stelle auch nicht verschweigen, warum ich die Hechelfliege bevorzuge und ihre Verwendung den Anglern empfehle.

Wenn ich „nasse" Fliege fische, ist es erstens schon einmal gleich, ob die Fliege Flügel hat oder nicht, denn sie geht nahezu immer unter die Wasserfläche und täuscht dem Fische ein ertrunkenes Insekt vor, wenn anders sie nicht als sog. „gezogene" Fliege ein Fischchen oder sonst ein Wassertier vortäuschen soll. Bleiben wir beim ersten Falle: ein ertrunkenes Insekt treibt durch die Strömung, treibt mit dieser in Rückläufen und Wirbeln durch alle Wasserschichten und sieht meist nach kurzer Zeit recht unscheinbar und zerzaust aus, wovon man sich leicht überzeugen kann, wenn man z. B. die Schlammstreifen an solchen Stellen auf ihren Inhalt untersucht. Es ist ja bekannt, daß die Fische mit besonderer Vorliebe Fliegen nehmen, die nur noch aus Fragmenten von Leib und Flügeln oder Hecheln bestehen.

Es ist daher für die nasse Fliege vor allem die Silhouette als Maßstab ihrer Gebrauchsfähigkeit anzusehen und im nassen Zustande die größtmöglichste Angleichung an die Formen eines ertrunkenen Insektes.

Bei der Trockenfliege handelt es sich vor allem um möglichste Schwimmfähigkeit. Deshalb bindet man ihr reichliche und vor allem steife Hechel oder Füße ein, denn diese allein ermöglichen der Fliege das Schwimmen infolge der vergrößerten Auftriebsfläche.

Zur Erhöhung der Schwimmfähigkeit werden die Hecheln — und nur diese allein gefettet.

Es ist nahezu als sicher anzunehmen, daß es die Lichtreflexe an den Hecheln bzw. an deren Berührungsstellen mit der Wasseroberfläche sind, welche die Fische anlocken und zum Zugriff verleiten — schwerlich die Farbe der Flügel, die, wie ich schon erwähnte, meist nicht naturgetreu kopiert werden können.

Da ich nun in jahrelanger Praxis und unzähligen Vergleichen und Versuchen zu dem Resultate gekommen bin, daß die „geflügelte" Fliege der Hechelfliege in keiner Weise überlegen ist — hinsichtlich Dauerhaftigkeit ihr sogar stark nachsteht —, führe ich wie gesagt nur noch Hechelfliegen.

Schließlich und endlich sind diese viel leichter, schneller und haltbarer zu binden als „geflügelte", ein Vorzug, der sich besonders beim Binden von kleinen und kleinsten Trockenfliegen angenehm bemerkbar macht, wenn man seine Fliegen selbst bindet. Im Gegensatz zu der Ansicht anderer Autoren bin ich der Meinung, daß jeder Angler seine Fliegen selbst zu binden imstande sein soll. Es ist zwar richtig, daß die Fliegen heutzutage in großer Vollkommenheit hergestellt werden, aber gute Fliegen sind auch dementsprechend teuer.

Für den Anschaffungspreis von wenigen Dutzend Fliegen bekommt man die zum Fliegenbinden nötigen Geräte und Material für Hunderte von Fliegen. Aber abgesehen von der Ersparnis, die ja bei vielen heutzutage ein gewichtiger Faktor ist, wird der Fliegenbinder mit der Materie selbst viel intimer, erwirbt eine neue Fertigkeit und ist vor allem jederorts und jederzeit in der Lage, sich ein besonderes Muster an Ort und Stelle anzufertigen zu können oder seinen ausgegangenen Vorrat ohne Mühe und Zeitverlust zu ergänzen, was besonders bei weiten Angeltouren an fremde und ferne Wässer von unschätzbarem Vorteile ist.

Eine kleine Ausrüstung zum Fliegenbinden auf der Reise ist so kompendiös und leicht, daß sie in jedem Rucksack Platz hat, erst recht, wenn man sich an einem Wasser für längere Zeit häuslich einrichtet.

Aus diesem Grunde widme ich dem Fliegenbinden ein besonderes Kapitel, in welchem ich die Bindeweise der im folgenden Absatz beschriebenen Fliegen sowie verschiedener anderer detailliert erklären werde.

1. Männliche, 2. weibliche Märzbraune (Marchbrown). Beide Fliegen stellen Subimagines von Ecdyurus venosus vor und sind in oft recht abweichenden Mustern im Handel. Nr. 1 wird auch rot sowie silbergerippt erzeugt. Nr. 2 wirkt am besten mit fahl gelbgrünem Leib und Goldrippung. In manchen Wässern, besonders jenen der Mittelgebirge und Ebenen, ist diese Fliege während der ganzen Saison hervorragend fängig. Nr. 1 dagegen im Frühjahr gegen Ende April bis gegen Juni, dann wieder im Herbste. Die Märzfliegen sind ziemlich groß, daher sollen sie an Haken der Größe

3—5 neuer Skala (um Mißverständnissen vorzubeugen, gebe ich alle Hakengrößen nur in dieser an) gebunden sein.

3. Rote Fliege (Red fly) ist eine Nachbildung einer zur Gattung Nemura gehörigen Steinfliege, die mit Körpern in allen Schattierungen, von rotbraun bis rot, einfarbig rot, braunen und braun mit schwarz gesprenkelten Flügeln im Handel vorkommt. Sie ist eine sehr gute Frühjahrsfliege, kann aber auch in anderer Zeit braunrote Fliegen mit Erfolg ersetzen. Auch sie soll mindestens Hakengröße 4 besitzen.

4. Hagedornfliege (Hawthorn fly). Eine Diptera: Bibio marci. Sie kommt im Mai mancherorts in großen Massen vor und bevölkert die Stauden und den Bewuchs des Ufers. Die Nachbildung ist eine etwas dickleibige Fliege an kleinen Haken, Größe 1 oder 2. Wo das Insekt reichlich vorkommt, ist seine Nachbildung hervorragend fängig.

5. Blue Dun (blaue Nymphe), Perla bicaudata, soll die Nachbildung der echten „Steinfliege" sein, ist aber sowohl in Farbe als auch in Größe geradezu unrichtig und wie Heintz ganz richtig bemerkt, die Kopie irgendeiner Bremse. Wenn sie dem natürlichen Vorbilde halbwegs nachkommen soll, müßte sie eine Farbe haben, die ein Gemisch von Grau und Orange zeigt und an Haken Nr. 6—5 gebunden sein.

Ansonst ist die landläufige Steinfliege den ganzen Sommer hindurch sehr brauchbar, selbst wenn andere Fliegen reichlich schwärmen, sogar zur Maifliegenzeit. Entsprechend der Größe der durch sie eigentlich dargestellten Bremsen ist die Hakengröße 4.

Ich binde mir eine Steinfliege, welche das ganze Jahr geht, wenigstens in den Flüssen der Kalkalpen, die ich aber auch zur Maifliegenzeit führe und für viel „tödlicher", wie die Engländer sagen, gefunden habe als die naturgetreuesten Kopien der Maifliege. Ihre Beschreibung gebe ich im Kapitel über das Binden der Fliege.

7. Die Goldfliege (Wickham's fancy) wird allgemein als Phantasiefliege bezeichnet, obzwar es genug Insekten gibt, deren Leib direkten Goldglanz zeigt. Sie ist so oder so eine der besten Sommerfliegen, an manchen Gewässern nahezu immer unfehlbar, an anderen nur zu Zeiten.

An hellen Sommertagen und klarem Wasser sollte man sie immer am Vorfach haben. Mitunter geht sie selbst am Abend. Man führt sie im allgemeinen an kleinen Haken Nr. 1—3. Sie geht als Ersatz der meisten Fliegen mit gelbem Körper. An größeren Haken ist sie mitunter als „gezogene" Fliege außerordentlich wirksam, besonders auf große Forellen.

8. Hoflands Fliege (Hofland's fancy), eine Nachbildung einer braunen Ephemeride. Eine vorzügliche Fliege, welche nur meist in zu dunkler Farbe hergestellt wird. Ich habe die mittelbraunen bis hellrötlichbraunen Exemplare als die besten kennengelernt. Sie geht für alle braunen Fliegen. Die empfehlenswerteste Hakengröße ist Nr. 2 oder 3.

9. Die Sandfliege (Sand fly), eine Trichoptera: Limnophilus flavus. Der Name „Sand fly“ ist jedoch in England nicht gebräuchlich, sondern die Fliege heißt dort „Sedge“ und je nach dem Farbenton: Light, lichte, oder kurzweg „Sedge“, entsprechend unserer Sandfliege, Medium Sedge mit dunkleren Tönen, Dark, dunkle, Sedge mit schwarzbraunem Leib. Die Sandfliege ist eines jener Insekten, welche man das ganze Jahr am Wasser antrifft, sowohl in den hellen wie in den dunkleren Formen. Besonders die ersten beiden zeigen eine Mischung verschiedener Schattierungen von Grau, Gelb und Braun, während die letzteren eine mehr einheitlich dunkle Färbung aufweisen, die zwischen Orange und Kastanienbraun schwankt.

Diese drei Fliegenformen sind nahezu an jedem Wasser wirksam und gehen für eine Menge gleich und ähnlichfarbiger Fliegen, so daß sie in keiner Fliegenbüchse fehlen sollten. Sie sind eine Art „Universalfliege“, welche das ganze Jahr hindurch hervorragend fängig sind. Zur Ergänzung dieser Serie empfehle ich noch die in England unter dem Namen „Welshman's Button“ sehr beliebte Fliege mit dem orange Schwanzknoten.

Da das Originalinsekt verhältnismäßig groß ist, soll man für alle diese Fliegen keine kleinere Hakengröße als Nr. 3—4 nehmen.

10. Die „Erlen“-Fliege (Alder fly) ist die Nachbildung der im Mai und Juni oft in großen Mengen an den Gräsern und Stauden am Ufer zu findenden Sialis flavilateria und zu dieser Zeit eine fast unfehlbare Fliege, besonders am Abend an größeren Haken. An und für sich ist die Größe 3—4 die richtige. An manchen Gewässern ist das Muster mit roten Hecheln fängiger.

11. Pale Blue Dun — „Bläulich Aschgraue“, welchen Namen ihr Dr. Salomon Stein, unser heimischer Angelschriftsteller gibt, und den ich für so zutreffend halte, daß ich ihn als Verdeutschung der englischen Bezeichnung vorschlage. Diese Fliege repräsentiert eine Reihe kleiner, olivfarbener Ephemeriden und ist vom Frühjahre bis in den Herbst hinein wirksam. Es empfiehlt sich diese Fliege in helleren und dunkleren Mustern bzw. mit mehr blauem oder grauem Tone vorrätig zu haben.

In dieser Ausführung deckt sie alle grauen Fliegenarten. Obzwar sie die ganze Saison über wirksam ist, muß man doch die Zeitperiode empirisch herausfinden, in welcher sie an diesem oder jenem Wasser als Hauptfliege anzusehen ist.

12. Die Kuhmistfliege (Cow dung fly). Das Original ist eine Diptera: Skatophaga stercoraria und findet sich in großen Mengen dort, wo Viehweiden sind, und liefert oft reiche Beute, namentlich bei windigem Wetter. Als besonders wirksam hat sich mir ein Muster mit grünlichgelbem Leibe und orange Schwanzknoten erwiesen.

13. Der Rotschwanz (Red tag) wird als Phantasiefliege bezeichnet; er ist der allbekannte und tausendfach bewährte Rote Palmer mit einer roten Wollquaste am Körperende).

Meiner Ansicht nach ist er in dieser Ausführung die Nachbildung einer Hummel. Als solche binde ich ihn mir auch mit einer orange Quaste und finde dieses Muster beinahe fängiger als das andere. Unstreitig ist diese Fliege nahezu allenthalben während der ganzen Saison enorm wirksam. In großen Mustern an Haken Nr. 8 und noch größeren ist der Rotschwanz eine hervorragende Aitelfliege und nach den Erfahrungen von Heintz auch für Huchen sehr verwendbar. Als Hakengrößen empfehlen sich die Nr. 3—5 für Forellen und Äschen.

Eine dem Rotschwanz ähnliche Fliege ist die in England als spezielle Äschenfliege sehr beliebte Witch (Hexe) mit Schwanzbüscheln aus roten Federn und silbergrauen Hecheln. Diese Fliege ist auch bei uns außerordentlich brauchbar in der Größe 2.

14. Die Spinnenfliege (Spider fly). Soll eine Spinne ev. eine Mücke nachahmen. Im ersteren Falle dürfte sie aber keine Flügel, sondern nur Hecheln tragen. Sie ist im Handel in vielen, voneinander ganz abweichenden Farben und Ausführungen zu haben. Soweit es sich um die Nachbildung einer Spinne (Spider) handelt, sind die besten Muster die „schwarze Spinne" (Black spider), Hechel und Leib schwarz, letzterer ev. mit Silberrippung, und die orange Spinne (Orange spider), Leib orange, Hechel schwarz, an Haken 2—4. Diese beiden Muster sind während der ganzen Saison verläßliche Äschen- und Forellenfliegen.

15. Yellow Dun, die „Blaßwasserfarbene", Nachbildung des Subimage kleiner Ephemeriden dieser Färbung der Gattung Baetis. Für das Fischen mit der nassen Fliege bewährt sich ganz besonders das als summende Fliege gebundene Muster mit ingwergelbem Leib und Hecheln von der blaugrauen Brustfeder des Rebhuhnes (engl. Light partridge and Yellow), an Haken Nr. 1 oder 2 als Hochsommerfliege bei klarem Niederwasser. An sonnigen warmen Herbsttagen bringt sie zuweilen reiche Beute an Äschen.

16. Greenwellsfliege (Greenwell's Glory) ist nicht, wie meist behauptet wird, eine Phantasiefliege, sondern die Nachbildung einer im Sommer oft in Massen auf den Ufergesträuchen vorkommenden Fliege mit transparent bernsteinfarbigem Leibe und transparenten, braungeäderten Flügeln.

Die Muster des Handels sind ungemein verschieden, ich werde aber die richtige Bindeweise, wie sie Greenwell angibt, im betreffenden Kapitel schildern. Die Greenwell ist eine vorzügliche Fliege vom Frühsommer an bis in den Herbst, namentlich an sonnigen Tagen mit mäßigem Winde bringt sie oft außerordentliche Strecken und wird besonders gerne von großen Äschen genommen. Die beste Hakengröße ist Nr. 4.

17. Der Brach- oder Junikäfer (Cocky Bondy) ist ein Palmer mit glänzendem Pfauenleib und einer schwarzroten oder schwarzbraunen Ofenfeder als Hechel mit oder ohne Goldrippung, öfters auch mit goldenem Schweifknoten. Er gilt als eine hervorragende Fliege, wenigstens dort, wo die Käfer reichlich vorkommen, was nicht

überall der Fall ist. Wo es aber zutrifft und ein kräftiger Wind die Käfer von den Bäumen und Stauden ins Wasser weht, kann man große Strecken erzielen, wenn man gerade die Freßstunde trifft. In diesem Falle ist aber der Junikäfer vollständig durch den roten Palmer oder auch den Rotschwanz ersetzbar, wenn man gerade seine Nachbildung nicht bei der Hand hat. Die Hakengröße 4—5 ist nicht zu groß gewählt.

18. Der Gouverneur (The Governor) ist die Nachbildung einer Trichoptera, die aber so selten am Wasser beobachtet wird, daß man ihn allgemein als Phantasiefliege hält. Er ist eine Sommerfliege, bringt mitunter gute Beute an großen Fischen, ist aber im allgemeinen eine entbehrliche Fliege, zum mindesten durch den roten Palmer ersetzbar, wie ich mich zu wiederholten Malen überzeugen konnte, wenn ich beide am Vorfache hatte.

19. Der Kutscher (Coachman) hat seinen Namen nach seinem Schöpfer Tom Boswell, dem Leibkutscher der Königin Viktoria. Er ist eine Art Universalfliege, besonders für den Spätabend und die Dämmerung, geht auch für die als Abend- und Nachtfliege berühmte „Weiße Motte" und ist an manchen Wässern ebenso souverän, wie er an anderen versagt. Es ist aber immerhin ratsam, einige Exemplare von ihm in der Vorratsbüchse mitzuhaben, denn oft wird er von den Fischen gierig genommen, wenn sie alles andere refusieren, und zwar in kleinen Hakennummern 2 oder 3, wie ich überhaupt gefunden habe, daß er in kleiner Form viel lieber genommen wird — auch am Spätabend — wo sonst gemeinhin große Muster bevorzugt werden.

20. Die „Augustbraune" (August Dun) ahmt das Subimago von Ecdyurus Flumimum nach. Diese Fliege ist besonders mit Goldrippung im Hochsommer an manchen Gewässern von direkt mörderischer Wirkung, ja oft zu dieser Zeit direkt die einzige Fliege, die geht. Unter Umständen kann sie durch die Hofland-Fliege ersetzt werden, nur nehme man die Fliegen nicht zu dunkel und nicht zu groß, die Hakengröße 1—2 ist richtig.

21. Die „Zimmtfliege" (Cinnamon Sedge) ist die Nachbildung einer Trichoptera, ähnelt der Sandfliege, ist aber dunkler als diese, meist von einheitlichem hellem Zimmtbraun. An manchen Wassern geht sie in der ganzen Saison, andernorts wieder nur hauptsächlich im Frühjahr und Herbst.

22. Die „Ziegenfliege" ist eine Nachbildung der Trichoptera Coenomyia ferruginata und bei uns in zwei Formen geläufig. Die kleine — ohne Korkleib — sieht der „bläulich aschgrauen" nahezu gleich, nur mit Beimischung von gelbbraunen Tönen. Sie ist in der ganzen Saison eine verläßliche Forellen- und Äschenfliege, jedoch ist sie im Herbste am wirksamsten. Die besten Hakengrößen sind 1—3.

Die große Form der Ziegenfliege, auch bekannt als „Schneiders Aitelfliege", ist, wie dieser Name sagt, eine Spezialfliege auf Aitel, die jedoch unter besonderen Umständen auch auf große Forellen eine starke Anziehungskraft besitzt. Sie besitzt einen Korkleib, über den das Körpermaterial gebunden ist, und kopiert eigentlich eine Hornisse o. ä. und wird meist an Doppelhaken gebunden verwendet.

23. Die „Wirbelfliege" (Whirling blue Dun), eine Ephemeride der Gattung Baetis darstellend, gehört eigentlich in die Gruppe der „Olivenfarbigen", hat aber wegen der Mischung mit grauen Tönen eine Mittelstellung zwischen diesen und den „Aschgrauen" inne. Sie ist bekannt als die sicherste Herbstfliege. Hakengröße 2.

24. Der „Rotspinner" (Red Spinner), die ausgebildeste Form von Postamanthus rufesceus mit zinnoberrotem Leib ist eine der besten Hochsommer- und Herbstfliegen, der sich besonders in unseren Alpenländern der größten Beliebtheit erfreut. Seine richtige Hakengröße ist Nr. 2. Er ist nicht zu verwechseln mit dem „Großen Rotspinner", einer Nachbildung einer Ecdyurus-Art, deren Subimago von der Märzbraunen vorgestellt wird. Dieser hat einen rötlichbraunen Leib und ist reichlich doppelt so groß. Seine Nachbildung trägt am besten die Hakengröße 4—5.

25. Die „Hasenohrfliege" (Gold ribbed hare's ear) ist in England vornehmlich als Spezialfliege für Äschen beliebt. Bei uns wird sie sowohl für diese wie auch für Forellen verwendet. Ich kann nicht behaupten, daß sie da und dort von überragender Wirksamkeit wäre, jedenfalls zähle ich sie nicht zu den Unentbehrlichen, da sie durch alle ähnlich gefärbten Fliegen ersetzbar ist.

26. Der „Rote Bär" — „Soldatenpalmer" (Soldier Palmer) ist eine Phantasiefliege, die ihren Namen von den roten Röcken der englischen Soldaten herleiten soll. Möglicherweise sollen die großen Nummern dieser Fliege eine buntgefleckte Raupe darstellen; jedenfalls ist diese Fliege im Sommer sehr wirkungsvoll, die größeren Muster besonders für Aitel und Rapfen, namentlich wenn sie recht buschige Hechel besitzen.

27. Der „Rotbraune Bär" (Red Palmer) ist eine der bekanntesten und wirksamsten Fliegen. In der Ausführung, wie er gang und gäbe ist, dürfte er bestimmt die Nachbildung einer Hummel oder eines Käfers sein — eher noch des letzteren —, da den ganzen Sommer über an Erlsträuchern ein Käfer der Gattung Melanosoma zu finden ist, der einen schwarzen, halbkugelförmigen Leib und rote oder braunrote Flügeldecken besitzt. Seine präzise Nachbildung wird unter dem Namen „Derbyshire beetle" in den Handel gebracht. Der Rotbraune Bär ist eine sehr sichere Fliege, die sogar bei trübem Wasser noch Beute bringt, wenn die Fische überhaupt nach keiner Fliege mehr steigen; seine Verwendbarkeit erstreckt sich über die ganze Saison.

In großen Nummern ist er nicht nur eine vorzügliche Aitel- und Rapfenfliege, sondern sogar während der Maifliegenzeit mitunter besser als diese und trotz seiner dunklen Färbung ist er eine hervorragende Fliege zum Angeln in der Dämmerung und Nacht: ich wenigstens ziehe ihn zu diesem Zwecke der vielgepriesenen „Weißen Motte" vor.

An mittleren Hakennummern wird er zu zweit hintereinander gebunden als sog. „Wurmfliege", welche mitunter, besonders bei trübem Wasser, ungeahnte Erfolge bringt.

28. Der „Schwarze Bär" (Black Palmer) ist wie der vorige in kleinen und mittleren Nummern ebenfalls eher die Nachbildung einer Hummel oder eines Käfers — wohl auch in den großen Nummern, weil ich oft und oft im Magen der Forellen die Körper oder Teile von diesen, der großen dunklen oder schwarzen Laufkäfer (Carabus) gefunden habe.

Auch der schwarze Bär ist eine Fliege, welche das ganze Jahr hindurch sich auf Forellen und Äschen bewährt, ebenfalls auf Aitel und Rapfen.

Um Raupen nachzuahmen, müßten beide Bären viel länger und größer sein und so gebunden werden, wie es Ronalds in seinem Buche „Fly Fishers Entomology" abgibt, d. h. mit zwei hintereinanderstehenden Haken wie an einem Stewartsystem. Ich habe mit derart gebundenen Raupen sehr schöne Erfolge gemacht, doch sind diese heutzutage nur noch bei der englischen Firma Foster erhältlich. Ich stimme mit Heintz überein, daß es bedauerlich ist, daß diese wirklich guten und brauchbaren Nachbildungen nicht mehr geführt werden, trotzdem sie sich in jahrelanger Praxis bewährt haben.

Außer diesen muß ich noch verschiedene andere Fliegen besprechen, die nicht übergangen werden dürfen. Vor allem die Maifliegen. Die Subimagines und Imagines von Ephemera danica, vulgata usw.

Zu den ersteren gehören die unter dem Namen Brown, Green und Grey-Drake bekannten Fliegen sowie weiters die verschiedenen Muster der Imago selbst in den reichsten Variationen als schwimmende und nasse bzw. versunkene Maifliegen. Es gibt leider sehr viele Gewässer, an denen die Maifliege gar nicht oder nur ganz vereinzelt vorkommt, während sie an anderen zur Schwarmzeit im Juni in ungeheuren Mengen auftritt. Die anachronistische Bezeichnung „Mai"fliege ist auch auf den julianischen Kalender zurückzuführen, nach welchem die Schwarmzeit effektiv in den Mai fiel.

Die Maifliegenzeit ist in den betreffenden Gewässern die Zeit der Mast für die Forellen, welche mit Gier ganz unglaubliche Mengen dieses Insektes verschlingen. Wenn dann die Freßstunde kommt, macht man mitunter Rekordfänge — nicht nur an Zahl sondern insbesondere auch hinsichtlich der Größe der gefangenen Fische, da man zu dieser Gelegenheit Exemplare erbeutet, die sonst zu anderen Zeiten selten oder gar nicht auf die Fliege steigen. Nur noch einmal im Jahr bietet sich dem Angler die gleiche Gelegenheit, aber leider auch nur an jenen Gewässern, an denen die Oligoneuria — der „Weißwurm" — schwärmt, und auch da nicht jedes Jahr, da unerklärlicherweise die Schwärme oft mehrere Jahre ausbleiben. Ob man mit der „trockenen" oder „schwimmenden" oder aber mit der versunkenen Maifliege, welche das abgestorbene, dahintreibende

Insekt (spent gnat) vorstellt, fischt, bleibt sich für den Erfolg gleich, wenn die Fische gierig beißen. Ich glaube sogar nach meinen Erfahrungen wird die versunkene Fliege viel bereitwilliger genommen als die schwimmende.

Man darf natürlich nicht zu Vergleichszwecken die überfischten englischen Flüsse und Seen heranziehen, in denen die Fische in kürzester Zeit zur größten Vorsicht erzogen werden. Heintz spendet der blauen Hechelfliege von Farlow viel Lob — ich kann sagen, daß sie der bräunlichen oder grauen Hechelfliege bei uns nicht überlegen ist. So oft ich sie neben einer der beiden anderen am Vorfache hatte, machte ich nie die Wahrnehmung, daß sie von den Fischen besonders bevorzugt würde. Trotzdem lasse ich solche reiche gelegentliche Fänge, wie sie Heintz in Bosnien damit hatte, gerne gelten, weil erfahrungsgemäß die Fische oft ein fremdes Muster viel gieriger aufnehmen als die beste Nachbildung. Das gleiche gilt von einer Hechelmaifliege mit orange Leib, die unter dem Namen „Butcher" bekannt ist. Obzwar sie viel eher einer Stein- als einer Maifliege gleicht, liefert sie oft mehr Fische in den Korb als diese. Ein Fehler der meisten Maifliegen ist der zu enge Bogen der Haken, wodurch viele große Fische abkommen. Ich liebe sie an weitbogige Haken gebunden, entweder an die sog. Italianhaken aus Vierkantstahl oder noch lieber an die Hardyschen Spezialmaifliegenhaken.

Auch die Subimagines Green, Brown und Grey Drake sind vorteilhafter mit einem der vorgenannten Haken bewehrt.

Die „Alexandra" spielt in den Büchern vergangener Tage eine große Rolle, die sie eigentlich gar nicht verdient — in der englischen Literatur erscheint ihr Name heute gar nicht mehr. Eigentlich ist sie die Nachbildung einer Pfrille und wird auch wie eine solche geführt, d. h. stromauf gezogen. In Wirklichkeit ist ihre Wirkung nicht tödlicher wie die irgendeiner anderen sog. „gezogenen" Fliege. Daß sie in manchen englischen Klubwässern verboten ist, stimmt, doch muß dazu bemerkt werden, daß es sich ausschließlich um Gewässer und Klubs handelt, wo nur mit der Trockenfliege geangelt werden darf und wo nicht nur die Spinnangel, sondern sogar jede andere Art des Fliegenfischens, erst recht das mit gezogener Fliege oder gar mit Spinnködern absolut verpönt ist. Dagegen ist eine ganz hervorragende Fliege der „Zulu" — sowohl in seinen kleinen wie in den großen Nummern. Die ersteren die ganze Saison über auf Forellen und Äschen in den Hakengrößen 3—5, die letzteren für Aitel, Napfen und als gezogene Fliegen für große Forellen.

Variationen des Zulu sind der rote, der orange und der blaue Zulu. Die letzteren sind aber nur zu gewissen Zeiten zu verwenden, dann aber schlagen sie jede andere Fliege. Sie alle bewähren sich gleich gut zum Angeln in fließendem Wasser als auch in Seen. Eine vielgerühmte Fliege ist die „Weiße Motte" als spezielle Abend- bzw. Nachtfliege. Ich hatte die besten Erfolge mit ihr an Wassern, in denen der „Weißwurm" — die Oligoneuria — vorkommt, zur

Schwarmzeit derselben; in diesem Falle mit Fliegen in der Größe des Insektes. Ansonst halte ich den braunroten Bären und den Kutscher für weitaus überlegen.

Äußerst wirkungsvolle Fliegen sind die von dem bekannten Angler Cholmendely Pennell angegebenen: Blue Upright, Furnace Hackle, Redspinner für Forellen und Äschen, besonders die erstere.

Seine Hackle Black, Hackle Claret, Hackle Red und Hackle Yellow sowie seine „Dragoon"-Fliegen sind hervorragend zum Fischen in Seen sowie auf Meerforellen, sie gehen aber auch mit größtem Erfolge in den großen Alpenflüssen; ich kann sie nach meinen Erfahrungen jedem Besucher dieser Wässer bestens empfehlen. In England verwendet man zum Angeln auf die Forellen der großen Seen eigene Fliegen. Einzelne davon sind unter 1—28 beschrieben, nur in größeren Hakennummern. Die meisten sind lebhaft gefärbte Phantasiegebilde mit reicher Gold- oder Silberrippung, welche übrigens bei allen Fliegen eine erhöhte Anziehungskraft auf den Fisch besitzen. Auch kleine Lachsfliegen sind gebräuchlich. Wir sind leider nicht in der glücklichen Lage wie die Engländer, in unseren Seen neben Forellen auch noch Lachse und Meerforellen erbeuten zu können, trotzdem sind manche von den englischen Mustern auch für die Fische unserer Seen recht brauchbar. Im allgemeinen aber sind sie für unsere Verhältnisse entbehrlich, zum mindesten genügen die vorerwähnten Pennellschen Fliegen unter allen Verhältnissen, wie ich mich in jahrelanger Praxis überzeugen konnte.

Die künstliche Heuschrecke ist eine bekannte Nachbildung die in Grün, Braun und Gelb am Markte ist. Mitunter bringt sie gute Beute, namentlich an Wassern, welche durch Wiesengründe laufen. Trotzdem habe ich die wiederholte Erfahrung gemacht, daß an einem solchen Wasser die Fische nach den hineingefallenen Grashüpfern rechts und links aufgingen, ich aber mit einer recht gut gemachten Heuschrecke keinen zum Anbiß verleiten konnte. Dafür fing ich einen nach dem andern auf eine Seeforellenfliege, „Mallard and Green" genannt, mit grünem Leib und Hecheln aus Erpelfedern. Ich halte die Heuschreckenfliege für zum mindesten entbehrlich oder durch vorgenanntes Muster ersetzbar.

Dagegen lenke ich die Aufmerksamkeit meiner Leser auf die bei uns noch zu wenig bekannten und geschätzten „Nymphenfliegen", Nachbildungen der wirklichen Nymphen bzw. des Larvenstadiums der verschiedenen Ephemeriden u. a., die mitunter von geradezu fabelhafter Wirkung sind, besonders dann, wenn man sieht, daß die Fische unter Wasser jagen und die angebotenen Fliegen an der Oberfläche verschmähen. In diesem Falle liefern oft die Nymphenfliegen die reichste Beute. Ich kann es nur empfehlen, einige Muster von ihnen in der Vorratsbüchse zu haben.

Die Lachsfliegen, an sich reine Phantasiefliegen, welche wahrscheinlich irgendwelche bunten Fische oder andere Tiere mit lebhaften Farben, wie sie im Meer so häufig vorkommen, darstellen sollen, haben für den kontinentalen Angler nur beschränktes Interesse; auf Lachse in unseren Landen mit der Fliege zu angeln, dürfte sich kaum mehr lohnen — und wer die Lachsflüsse Norwegens, Finnlands oder Amerikas zu befischen in der glücklichen Lage ist, wird sich die besten Informationen in der englischen Literatur holen. Auch geben die großen englischen Firmen wie Hardy Bros, Farlow usw. bereitwilligst an ihre Kunden die eingehendsten Auskünfte und Ratschläge in dieser Hinsicht.

Trotzdem können wir bei uns die Lachs- oder wie sie auch heißt Glanzfliege in beschränktem Maße zum Fange einzelner Fischarten, wie Huchen, Zander, Barsche, Seeforellen u. ä. verwenden. Vielleicht die beste Fliege zu diesem Zwecke dürfte die als „Silver Doctor" bezeichnete sein, bestimmt bei hellerem Niederwasser; für höheres und leicht trübes Wasser empfehlen sich schwarze oder rote Fliegen mit Gold. Als Hakengrößen die Nummern 4—1/0 alter Skala.

Die Lachsfliegen, aber auch einige andere Fliegenarten, besonders die Alexandra, die Zulu und Palmer, werden mit einer kleinen Blechturbine vor dem Kopfe ausgestattet und als „spinnende" Fliegen bezeichnet. Sie sind unter Umständen sehr wirksame Köder. Selbstverständlich ist für so große Fliegen die einhändige Gerte, wenn sie nicht von besonderer Stärke ist, auf die Dauer zu zart und der Gebrauch der doppelhändigen Gerte rätlich.

So befremdend es klingt, so ist es doch eine nicht zu leugnende Tatsache, daß unser Anglerpublikum zum größten Teile nicht imstande ist zu beurteilen, ob eine Fliege korrekt gebunden ist oder nicht. Ich halte es daher für nicht unangebracht, darüber einige Worte zu verlieren.

Ich habe mich schon eingangs über die unbegründete Vorliebe für die geflügelte Fliege ausgesprochen und die Vorteile der Fliege am Öhrhaken nochmals zu erörtern, hieße Eulen nach Athen tragen. Die meisten oder sagen wir viele kennen aber den Unterschied zwischen „nassen" und „trockenen" Fliegen gar nicht und wundern sich, daß letztere ihren Zwecken nicht entsprechen. Wieder andere können die Fliegen nicht dick genug und die Flügel nicht groß genug bekommen. Die wenigsten aber wissen, daß solche Fliegen fehlerhaft gebunden sind. Wenn wir von der naturgetreuen Wiedergabe der Farben absehen wollen, so soll doch die Silhouette des Originales kopiert werden, und dieses ist doch ein zartleibiges, feinflügeliges Insekt.

Darum sollen „nasse" Fliegen mit möglichst wenig Körper und zarten Flügeln ausgestattet sein und sehr sparsam Hechel eingebunden haben.

Fliegen mit „aufrechtstehenden" bzw. „gespaltenen" Flügeln sind speziell gebundene Trockenfliegen.

Eine gut gebundene Fliege muß aber als Haupteigenschaft ein sauberes, freies Öhr haben, damit man die Knoten beim Einbinden ins Vorfach gut um den Hals legen kann, andernfalls läuft man Gefahr, daß sie abgleiten, die Fliege schlenkert oder gar der Knoten aufgeht. Der Hals der Fliege soll unter dem Öhr einen Millimeter ganz frei sein.

Zum Schlusse dieses Kapitels muß ich noch einige Köder besprechen, die nicht eigentlich Kunstfliegen sin , aber doch mit der Fliegengerte geworfen und geführt werden.

Außer den schon erwähnten „Spinnenden“ oder Turbinenfliegen (Abb. 40) sind da zu nennen die ihnen ähnlichen Behmschen

Abb. 40.
Aus Storks „Gerätekunde und Katalog“.

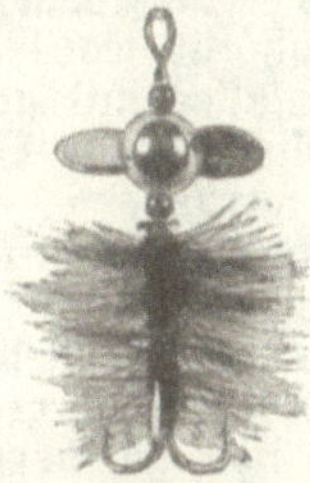

Abb. 41.

Kugelspinner kleinster Größe (Abb. 41), welche durch die rotierende Kugel außerdem auch noch Tauchbewegungen ausführen.

Ferner die kleinsten Größen der verschiedenen Löffel und Blinker, von denen die bekanntesten der „Hogbacked“-Löffel (Abb. 42), der Halcyon-Spinner (Abb. 43) und der Heintz-Blinker (Abb. 44) sein dürften. Auch kleine „Minnows“ und „Devons“ gehören in diese Gruppe. In der letzten Zeit sind die kleinsten amerikanischen Wobbler aus Holz — das „Fly“

Abb. 42.

Abb. 43.

Abb. 44.
Aus Storks „Gerätekunde und Katalog“.

und das „Trout-Oreno“ — sehr beliebt geworden, schon deshalb, weil sie keine rotierenden Bewegungen machen, daher keine Wirbel am Vorfach erfordern wie die vorigen und auch keine Verdrehungen der Schnur verursachen.

Durch ihr äußerst lebendiges Spiel im Wasser, welches sie einem verfolgten Fischchen täuschend ähnlich erscheinen läßt, wirken sie auf den Raubfisch geradezu faszinierend.

Ich habe mit diesen Holzködern die besten Erfahrungen gemacht und schwere Fische, sogar einen guten Huchen an ihnen erbeutet. Allerdings — an jedem Wasser gehen sie nicht, und auch die jeweilige Farbe muß für jedes Wasser erprobt werden. Doch glaube ich, daß die Muster mit grünem Rücken und gelbem Bauche infolge ihrer Ähnlichkeit mit Pfrillen, Stichlingen usw. fast überall angenommen werden.

Gleichfalls amerikanischen Ursprungs sind die „Taumel"-Köder und die „Fuzz-Orenos", die eine Wasserwanze o. dgl. vorstellen sollen. Ich habe mich überzeugt, daß sie zum Fange des Black-Bass außerordentlich geeignet sind — in unseren Wässern habe ich mit ihnen noch zu wenig Erfahrungen gesammelt. Meiner Ansicht nach werden sie am ehesten für die großen Flüsse und Seen der Alpen in Frage kommen.

Wurftechnik. „Nasse" und „trockene" Fliege.

Einerlei, ob jemand naß oder trocken fischt — die erste Bedingung ist, daß er imstande ist, seine Fliege kunstgerecht aufs Wasser hinauszubringen. Und um das zu vollbringen, muß er werfen können. Allerdings besteht zwischen Werfen und Werfen ein Unterschied, bedingt durch die bessere oder die gegenteilige Technik, die einer eben hat. Es ist wohl nicht zu leugnen, daß eine gute Gerte in Verbindung mit der richtigen Leine den Wurf erleichtert und unterstützt; trotzdem wird jemand, der die richtige Wurftechnik innehat, auch mit einer minder guten Gerte noch etwas leisten, wo der andere nichts mehr herausbringt.

Die Wurftechnik mit der einhändigen Gerte hat in den letzten 25—30 Jahren gegen die Zeit vorher eine gewaltige Umwälzung erfahren, was vornehmlich dem Siegeszuge der Trockenfliege zuzuschreiben ist, deren gedeihliche und erfolgreiche Handhabung in erster Linie einen tadellosen und präzisen Wurf als Grunderfordernis verlangt. In zweiter Linie haben die Wurfturniere unleugbar zur Hebung der Technik beigetragen, wenn dies auch von mancher Seite entgegen der besseren Einsicht starrsinnig geleugnet wird und sogar mit kleinlichen Einwänden gegen diese nützlichen Veranstaltungen oponiert wird.

Um dem Leser das Verständnis für die neue Wurftechnik zu geben, muß ich ihn vornächst mit dem Wesen der alten bekanntmachen. Die Autoren der vergangenen Ära lehrten einen Wurf mit fixiertem, unbeweglich am Körper anliegenden Oberarm, lediglich aus dem Ellenbogen und Handgelenk heraus. Jedem, der das nebenstehende Bild unbefangen betrachtet, leuchtet ohne weiteres ein, daß eine derartige Zwangsstellung der Glieder und Gelenke an und für sich ermüden muß, aber nicht nur das, sondern auch keine besonderen Leistungen liefern kann. Wenn nun dazu noch eine Zwangsstellung der Hand, wie sie Abb. 45 a u. b zeigt, dazu gelehrt wurde, dann braucht es nicht wunderzunehmen, daß die Erlernung des Wurfes mit der Fluggerte vielen ein unerreichbares Ideal wurde. Ich kann mich ganz gut einer Zeit erinnern, in der Angler, die an diesen Arm- und Handstellungen festhielten, nach längerem Werfen über Schmerzen in den Vorderarmen klagten, die sich prompt verloren und auch nie wiederkamen, als sie die neue Methode annahmen.

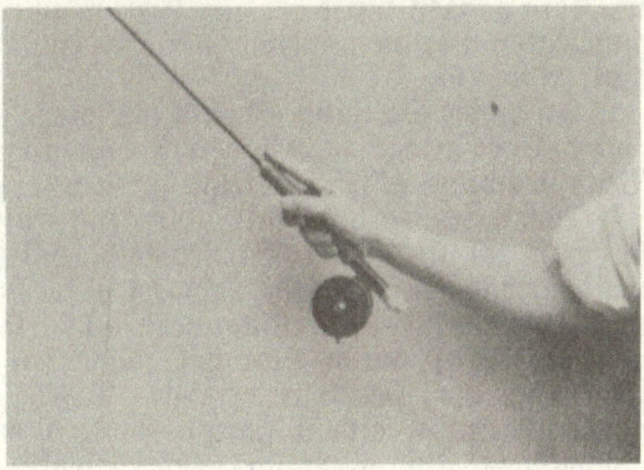

Abb. 45 b.

Abb. 45 a.

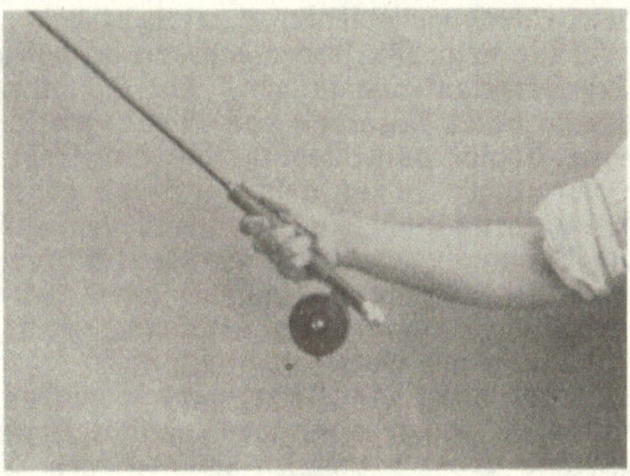

Abb. 46.

Es ist ja auch ohne besondere anatomische Kenntnisse klar, daß der in Streckhaltung dauernd gehaltene Zeigefinger eine Ausspannung verschiedener Muskelgruppen bedingt, welche unnatürlich ist und auch der Haltung der Gerte am Griffe abträglich ist. Statt daß alle Finger gleichmäßig fest und sicher den Griff umfassen, wie in Abb. 46, ist der Halt lediglich auf Daumen und Mittelfinger beschränkt, während Ring- und Kleinfinger am Griffe keinen

Schluß haben und der Griff nur am Handballen ansteht. Eine Angelrute ist endlich und schließlich kein Federhalter, und das Resultat einer derart gezwungenen Haltung ist naturnotwendige Überanstrengung und Ermüdung. Und daß eine ermüdete Muskulatur keine stilgerechte Arbeit leisten kann und wird, bedarf keiner besonderen Beweisführung.

Die einzige richtige und den natürlichen Verhältnissen der Hand angepaßte Haltung des Griffes ist die in der vollen Faust mit dem ganzen Griff der vier Finger und dem entlang des Griffes angelegten Daumen, welcher der Bewegung der Gerte die Richtung gibt (Abb. 46).

In dieser Stellung arbeitet die ganze Hand und konsekutiv der ganze Arm unter natürlichen Bedingungen unter gleichmäßiger Beanspruchung aller Muskelgruppen und Gelenke.

Wenn ich vorhin sagte „die Angelrute ist kein Federhalter", so muß ich an dieser Stelle nachdrücklichst darauf aufmerksam machen, daß sie auch kein Schwert oder Beil ist, dessen Griff man mit „eiserner" Faust umklammern muß. Es genügt, daß die Hand an dem Griff guten Halt hat, ohne daß eine krampfhafte Anspannung der Muskeln erfolgt. Das „Faustmachen" läßt den ganzen Arm zu einem starren Ganzen werden, welches ein geschmeidiges Zusammenspiel der Gelenke verhindert, wovon sich jeder durch einen Versuch leicht überzeugen kann.

Das Gleiche, was ich von der alten Handstellung gesagt habe, gilt von der Forderung des alten Stils, daß der Wurf lediglich aus dem Ellenbogengelenke zu erfolgen habe.

Die neue Wurfweise dagegen beschäftigt den ganzen Arm vom Schultergelenk angefangen. Der Schwung geht aus der Schulter heraus unter Mitarbeit von Ellenbogen und Handgelenk durch alle seine Phasen vom Beginne bis zum Ende. Daraus folgt, daß die Bewegungen in sich geschlossen und abgerundet sind und dadurch den Eindruck müheloser Eleganz für den Zuseher machen. Aber auch die Ökonomie der Kraft ist dadurch gewährleistet und die Kraft für einen etwa notwendigen besonders weiten Wurf stets vorhanden, weil eine Ermüdung nicht leicht eintreten kann, selbst wenn man mit einer schweren Gerte arbeitet.

Der Wurf selbst besteht aus folgenden Phasen, welche sich der Anfänger genau einprägen und einlernen muß. Jeder anders geartete Wurf hat diesen schulmäßigen Wurf zur Vorbedingung. Auch der Wurf mit der doppelhändigen Fluggerte oder mit der Lachsrute wird in diesen drei Phasen ausgeführt, woran die veränderte Haltung des Griffes und die andersartige Ausführung der Schwünge gar nichts ändert.

Die e r s t e Phase ist der R ü c k s c h w u n g.

Durch ihn wird die Schnur nach rückwärts von dem Werfenden gebracht und gestreckt. Er erfolgt aus der Horizontallage bei nach vorne gestreckter Leine, gleichviel, ob diese am Wasser liegt oder zum Zwecke eines Leerwurfes in der Luft bleibt. Der Arm be-

Abb. 47 a.

schreibt dabei, leicht und federnd im Ellenbogengelenk gebeugt, einen Viertelkreisbogen nach oben seitwärts, wobei die Gerte am Ende der Bewegung eine Stellung einnimmt, daß sie ein wenig mit der Spitze nach außen zeigt (Abb. 47 a u. b). Der Anfänger übt sich diese Stellung peinlich genau ein, anfangs unter Kontrolle des Auges, so lange, bis sie ihm zur automatischen Gewohnheit geworden ist. Es ist durchaus fehlerhaft, mit der Gerte aus der Gesichtsebene nach hinten zu fallen. Wenn

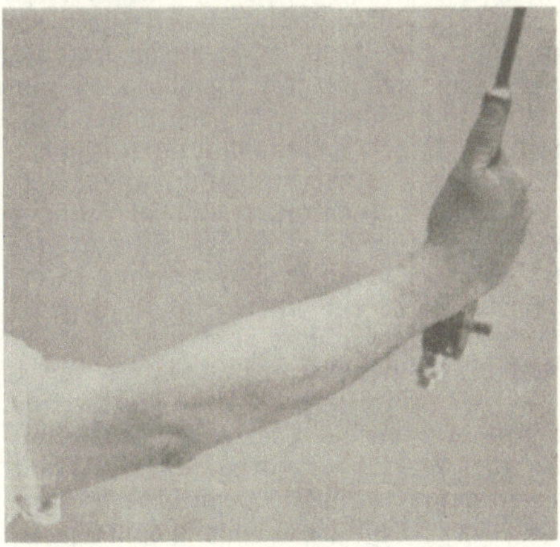

Abb. 47 b.

die Endstellung des Rückschwunges erreicht ist, muß man der Leine Zeit lassen, sich nach hinten vollauf auszustrecken.

Diese sog. „Wurfpause" ist die zweite Phase.

Ihre Dauer ist bedingt von der Länge der ausgegebenen Leine und naturgemäß um so länger, als jene lang ist. Ihr Ende und damit das Zeichen für den Vorschwung signalisiert das Moment, welches der Engländer so treffend mit dem „Fühlen der Fliege" bezeichnet, d. h. also daß die Schnur nun vollkommen nach hinten gestreckt ist und somit zum Vorschwunge bereit ist. Dieses Moment zu erfassen, ist lediglich Sache der Übung — kommt bei dem einen früher, beim anderen später zum Bewußtsein — und ist eigentlich das Schwierigste bei der ganzen Kunst des Werfens.

Der Anfänger, namentlich jener, der seine Wurfstudien gleich am Wasser macht, mit der Nebenabsicht, auch dabei gleich Fische zu fangen, erfaßt die Wichtigkeit der Wurfpause in der Regel am spätesten, da ihn die Fangleidenschaft zu sehr beherrscht und ihn immer wieder vergessen läßt, daß nur eine voll und ganz gestreckte Leine sich wieder tadellos aufs Wasser zurückbringen läßt. Ich bin daher mit der Unterrichtsweise der Engländer viel mehr einverstanden, welche die schulmäßigen Wurfübungen auf einer Wiese oder an einem Bassin machen läßt. In jüngster Zeit hat sich erfreulicherweise das Interesse für gutes Werfen so weit gesteigert, daß verschiedene Vereine Wurfübungen in ihr Pflichtprogramm aufgenommen haben, wenn wir auch noch nicht so weit sind, daß wir Lehrer des Wurfes besitzen wie die Engländer und Amerikaner, welche die Unterrichtung in der Handhabung der Flug- und Spinngerte berufsmäßig ausüben.

Um es nochmals zu sagen: In der Wurfpause streckt sich die Schnur nach hinten und oben aus. Das „oben" ist sehr wichtig, denn die Leine darf nicht unter eine Ebene fallen, die man sich parallel zum Erdboden durch die Gertenspitze oder zum äußersten in Kopfhöhe des Werfenden gelegt denkt. Je länger die Leine, desto mehr muß man beim Rückschwunge darauf bedacht sein, sie über jene Ebene hinauszubringen. Wird die Pause zu lange ausgedehnt, dann fällt die Leine durch ihre eigene Schwere unter diese Ebene, weil die treibende Kraft des Rückschwunges erschöpft ist, und der Vorschwung bringt dann die Leine nicht mehr hinauf; vielmehr ist es wahrscheinlich, daß dieselbe sich irgendwo an der Gerte oder am Körper des Anglers verfängt. Ich gebe daher dem Anfänger den Rat, für seine schulmäßigen Anfangsübungen schwere Fliegen zu verwenden, diese Übungen nicht am Fischwasser, sondern auf einem Rasenplatz o. dgl. vorzunehmen und bei mäßig langer Leine unter Kontrolle des Auges sich dieses Streckungsmoment so lange einzuüben, bis er es gefühlsmäßig erfassen kann. Ich gebe zu, daß ohne Lehrer die Sache ein bißchen langsam geht, aber bei etwas gutem Willen und Beharrlichkeit gelingt's!

Hat der Anfänger einmal die Wurfpause erfaßt, dann macht ihm die dritte Phase — der Vorschwung — keine Schwierigkeiten mehr. Der Arm beschreibt dieselbe Viertelkreisbewegung unter Mitnahme der Gerte zur Ausgangsstellung — also nach vorne — zurück, unter gleichzeitiger Vorwärtsbewegung, aber mit Vermeidung einer Kraftäußerung des Ellenbogengelenkes, so daß die Leine sich in einer Ebene streckt, welche man sich, je nach dem Standpunkte des Werfenden 1—1½ m oder in Augenhöhe über dem Wasser bzw. beim Übungswurfe über dem Boden liegend denkt. Wenn sich die Schnur vollständig nach vorne gestreckt hat, was man ja jedesmal durch das Auge exakt kontrollieren kann, senkt man die Gertenspitze langsam zur Horizontalen; damit erzielt man ein sanftes, schneeflockenartiges Niedersinken der Fliege zum Wasserspiegel.

Ich kann nicht oft und nachdrücklich genug betonen, wie wichtig es ist, diese drei Phasen in präziser Ausführung und ununterbrochener Reihenfolge durchzuführen und so aneinanderzuschließen, daß das Ganze als eine einzige fließende Bewegung erscheint, ohne Absatz der einzelnen Teile gegeneinander. Nichts wäre

Abb. 48 a.

Abb. 48 b.

falscher, als den Wurf wie einen Gewehrgriff am Exerzierplatz zu exekutieren, wozu sich besonders die „Methodiker" nur zu leicht verleiten lassen.

Ich gebe ja zu, daß die Bewegungen im Anfange eckig sein werden, aber das korrigiert sich allein durch fortschreitende Übung.

Ebenso dringend aber und vielleicht noch mehr als vor dem abgehackten Ausführen der Tempos warne ich vor Kraftanwendung — schon gar bei kurzer Leine von höchstens der doppelten Länge der Gerte und noch mehr warne ich vor dem Bestreben „Weitwürfe" zu machen, ehe man nicht die exakte Ausführung des Wurfes beherrscht.

Beides sind Fehler, die nur dazu führen können, den Stil zu verderben oder das Erlernen desselben zu verzögern.

Nochmals zusammengefaßt, besteht die Wurftätigkeit aus: Rückschwung: Die Leine wird zügig vom Wasser gehoben bzw. nach einem Leerwurf nach vollendeter Streckung hoch hinauf zurückgebracht. Wenn Arm und Gerte in Endstellung stehen: Wurfpause, bis man die „Fliege fühlt", d. h. die Schnur nach hinten oben völlig gestreckt ist. Man kann die Schnur nie weit genug nach hinten oben bringen — je höher hinauf, desto besser. Wer weit werfen will, kann es nur, wenn er die Schnur in die Höhe zurückbringt. Dieses kann nie oft und eindringlich genug betont werden. Darauf Vorschwung

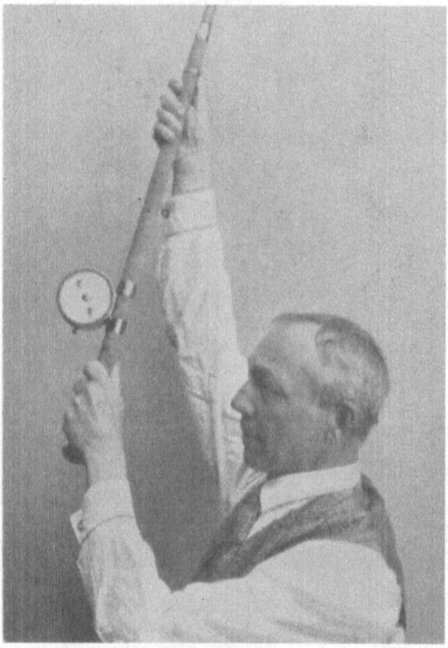

Abb. 49 a.

— ebenso zügig wie der Rückschwung — die Schnur streckt sich nach vorne.

Beim Vor- und Rückschwung vermeide man peinlich Kraftbetätigung des Ellenbogens. Keine Faust machen!

Keine überflüssige Kraftanwendung! Lasse die Gerte arbeiten — das ist ihre Bestimmung! Du hast ihr nur den Weg zur Arbeit zu weisen! Keine Übereilung!

Wie schon erwähnt, gelten diese Regeln auch für den Gebrauch der zweihändigen bzw. der Lachsgerte, deren Führung ich im folgenden beschreiben will.

Das Halten mit beiden Händen erfordert naturgemäß eine besondere Stellung derselben für den Wurf nach rechts oder links, und zwar faßt diejenige Hand, nach welcher der Wurf gehen soll, am Knopf unterhalb, die andere Hand mehr oder weniger weit oberhalb der Rolle am Griff, wie Abb. 48 a u. 48 b zeigen. Der Rückschwung erfolgt auch hier aus dem Schultergelenke des jeweils oben liegenden Armes, der auch hier einen Viertelkreisbogen beschreibt,

Abb. 49 b.

aber nicht seitlich, wie beim einhändigen Wurfe, sondern nach oben, die untenliegende Hand, welche die Stellung der Gerte dirigiert, in derselben Ebene mitnehmend. Das Ende des Rückschwunges und die Stellung der Gerte illustrieren Abb. 49 a u. b. Die nun folgende Wurfpause ist im allgemeinen länger als beim einhändigen Wurfe, schon wegen der meist viel längeren und schwereren Leine; jedenfalls muß man auch hier das „Gefühl der Fliege am anderen Ende des Vorfaches" sich aneignen. Andernfalls ist einmal wegen der erheblich größeren Länge der Gerte und der viel weiter hinauf verlegten Flugbahn der Schnur auch die Ebene, unter welche die Schnur nicht fallen darf, viel höher gelegt, als bei der einhändigen Gerte, so daß ein natürlich nicht extrem getriebenes Verlängern der Wurfpause nicht so schädlich ist wie bei jener.

Der Vorschwung erfolgt wiederum nach vorne, jedoch nicht in der gleichen Ebene, sondern derart, daß die Gertenspitze eine Parabel beschreibt, wie in Abb. 50 (Skizze), an deren Ende die Gerte so lange in der Steillage stehen bleibt, bis sich die Schnur wieder völlig nach vorne gestreckt hat, also ungefähr in Kopfhöhe des Werfenden, und wird dann zur Horizontalen gesenkt in dem Maße, als die Fliege zum Wasserspiegel niedersinkt.

Die ganze Aktion mit der Doppelhändigen ist in allen Phasen ähnlich der des „Holzhackens". Nach dem Einfallen der Fliegen stemmt man die Gerte gegen die Hüfte, ev. verbunden mit einem Griffwechsel, je nachdem einer die Rolle mit der rechten oder linken Hand zu bedienen gewohnt ist.

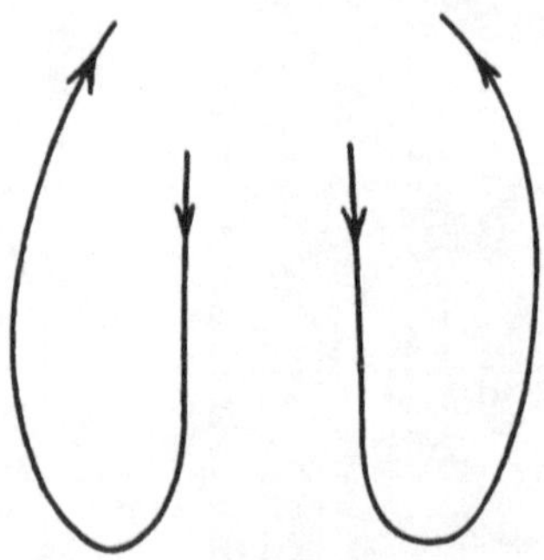

Abb. 50.

Das „Schießen" der Leine wird genau so wie beim einhändigen Wurf durchgeführt, die hierzu abgezogenen Schleifen hält die oben am Griff liegende Hand, wenn anders man nicht die Schnur beim Vorschwung direkt „von der Rolle" schießen läßt, wie es im folgenden beschrieben ist.

Wer den Wurf mit der einhändigen Gerte beherrscht, der wird keine nennenswerten Schwierigkeiten haben, die Führung der doppelhändigen Gerte ohne weiteres zu erlernen, denn die veränderte Handstellung und die verschiedene Schwingungsebene sind die einzigen Unterschiede. Wenn ich aber für das Erlernen des Wurfes schon bei der einhändigen Gerte vor überschüssiger Kraftanwendung und vor Übereilung gewarnt habe, so ist das hier noch mehr am Platze; denn der Anfänger könnte sich mit Hinblick auf das schwerere Gerät nur zu leicht verführt sehen, demgemäß mehr Kraft in den Schwung zu legen, als eben nötig ist, was nicht nur dem Wurfe selbst abträglich ist, sondern auch zu rascher Ermüdung führt. Noch schädlicher ist aber die Übereilung! Man halte sich stets vor Augen, daß die schwerere Schnur viel mehr Luftwiderstand zu überwinden hat, selbst wenn die Luft unbewegt ist. Wenn diese grundlegenden Bewegungen so in Fleisch und Blut übergegangen sind, daß sie sozusagen automatisch ausgeführt werden, dann erst darf man zum Zielwerfen übergehen und das auch nur im Anfange mit einer Leine von höchstens doppelter Länge der Gerte.

Ich lege enormen Wert darauf, daß der Jünger der Flugangelkunst unter allen Bedingungen zielgenau werfen lernt, was er nur dann kann, wenn er zuvor die Ausführung der Würfe vollauf und gründlich beherrscht; mit meinen Schülern habe ich stets diesen Lehrgang eingehalten und bin mit den auf diesem Wege von ihnen erreichten Resultaten sehr zufrieden.

Ist erst einmal der Schüler so weit, daß er auf die kurze Distanz von 6—7 m seine Fliege mit jedem Wurf auf ein handtellergroßes Ziel setzen kann, dann darf er ohne weiteres zu weiten Würfen schreiten.

Für dieses theoretische Werfen empfehle ich den Gebrauch eines stärkeren parallelen Vorfaches von nur 1 Yard Länge mit nur einer größeren Fliege, welche am Hakenbogen abgebrochen sein kann, um Verhängungen oder ev. Verletzungen zu verhüten.

Der Weitwurf erfolgt, indem man die Schnur in Schleifen von der Rolle zieht und sie im Momente des Vorschwunges, wenn die Leine sich nach vorne zu strecken beginnt, losläßt; diesen Vorgang bezeichnet man als „Schießen der Schnur". Hat man besonders weite Würfe zu machen, so muß der Vorgang so oft wiederholt werden, bis die ausgegebene Schnur die gewünschte Länge erreicht hat. Es ist selbstverständlich, daß man bis zu diesem Augenblicke nur Leerwürfe macht, also die Fliege nicht aufs Wasser fallen läßt, aber trotzdem ist es unerläßlich, diese Leerwürfe mit derselben Genauigkeit und Sorgfalt zu machen wie den endgültig letzten Wurf.

Es gibt aber noch eine Art des Weitwurfes mit der Fliegengerte, der, so sonderbar es anmuten mag, direkt von der Rolle gemacht wird. Mein alter Freund und Lehrer im Gebrauche der Lachsgerte John D. Egan machte mich mit ihm schon vor einer langen Reihe von Jahren vertraut — allerdings damals war es eine Kunst, ihn mit den ungefügen Rollen mit der ewigen Tendenz zu überlaufen, auszuführen. Mit einer modernen Rolle, insbesondere mit denen, welche stille Hemmung mittels einer aufs subtilste regulierbaren Schleifbremse besitzen, wie die Modelle „Oku" oder „St. George", ist es kinderleicht. Man hat weiter nichts zu tun, als die Bremse so zu stellen, daß bei einer gewissen Länge, sagen wir 9—10 m, das Gewicht der Leine und in Verbindung damit das treibende Moment des Vorschwunges die Trommel in Bewegung setzen. Je mehr Schnur draußen ist, desto größer ist naturgemäß die treibende Kraft an der Trommel, desto mehr Leine zieht der nächste Vorschwung mit hinaus.

Dieses Verfahren hat gegenüber dem Wurfe in Schleifen den großen Vorteil, daß man sich eine Menge von Leerwürfen erspart, infolgedessen auch eine Menge körperlicher Arbeitsleistung, was sich im Laufe eines Fischtages ganz angenehm auswirkt.

Bezüglich der Einstellung der Bremse ist zu bemerken, daß jene, welche für den Anhieb von der Rolle genügt, auch für den Weitwurf richtig ist. Um zu vermeiden, daß beim Rückschwung auch Schnur auslaufe, hält man diese mit einem Finger an den Griff gedrückt fest und gibt sie im Moment des größten Vorschwunges frei. Im Anfange mag vielleicht das Erfassen dieses Momentes einige Schwierigkeiten bereiten, jedoch wird ein geübter Werfer diese bald überwunden haben; schon gar, wenn er auch Spinnangler ist. In Wirklichkeit ist ja das Ganze nichts anderes wie der Wurf von der Rolle beim Spinnen, nur mit einer anderen Wurfbewegung.

Daß man auch mit dieser Art zu werfen Zielsicherheit erreicht, bedarf wohl keiner besonderen Erwähnung; vielleicht gehört im Anfange etwas Übung dazu, ehe man — genau wie beim Spinnen — sich das Maß von Kraft zu eigen gemacht hat, welches notwendig ist, um eine lange Leine an ein bestimmtes Ziel zu bringen. Da aber der Wurf wie der Überkopfwurf, der auch größere Zielgenauigkeit ermöglicht als der Seitenwurf, ausgeführt wird, ist die Bedingung für präzises Werfen schon von Haus aus in ihm selbst gegeben.

Abb. 51.

Unerläßlich und selbstverständlich ist und bleibt es, daß man bestrebt sein muß, auch auf weite Entfernungen hin so genau als möglich zu werfen, sonst wird man es nie dazu bringen, seine Fliege auf größere Entfernungen unter überhängende Zweige, zwischen Lücken von Grasbetten usw. zu plazieren, also an Stellen, die erfahrungsgemäß von guten Fischen innegehalten werden. Mit der Zeit wird das genaue Werfen zur unabänderlichen Gewohnheit, wenn man es sich, wie gesagt, von der ersten Stunde an zum Prinzip gemacht hat. Das genaue Werfen ist das Charakteristikum für einen guten Flugangler, gleichviel, ob er naß oder trocken fischt. Unbegründete Weitwürfe um jeden Preis imponieren vielleicht einem zusehenden Laien, aber nicht einem wirklichen Angler.

Der eben beschriebene normale Wurf erfährt aber in der Praxis eine Menge Modulationen, welche meist vom Terrain und der Umgebung des Wassers bedingt sind. Selbst der von beiden ziemlich unabhängige, watende Angler kommt da und dort in Situationen, wo er den schulgerechten Wurf nicht machen kann, ohne sich im Hintergrund an irgendeinem Hindernisse zu verfangen. Vielfach bedingt aber auch der Wind, welchen ein bekannter englischer Autor den „Erbfeind der Uferfischer" nennt, Abänderungen in der Ausführung des Wurfes.

Abb. 52.

Einer der häufigsten Fälle ist der, daß der Angler zwischen hohen Bäumen am Ufer stehend einen Wurf zu machen hat. Ein Aufziehen nach hinten wäre so ziemlich gleichbedeutend mit einem Hänger, der in den meisten Fällen mit einem Verluste von Fliegen oder eines Teiles, wenn schon nicht des ganzen Vorfaches verbunden ist. In solchen Fällen bleibt nichts anderes übrig, als den Wurf seitlich zu machen, ja unter Umständen, wenn die Bäume mit ihren Ästen weit übers Wasser ragen, direkt parallel zur Wasseroberfläche (Abb. 51). Bei solchen Würfen offenbart sich erst deutlich die Überlegenheit des Werfens aus dem ganzen Arm gegenüber den alten Methoden, denn das Ellenbogengelenk gestattet nur eine Bewegung in einer einzigen Ebene, d. h. vor und zurück.

Bei sehr starkem Gegenwind oder bei hohen Hindernissen hinter dem Angler, wie Felswände oder hoher Uferbewuchs, Böschungen u. dgl. wird man auch mit dem schulgerechten Wurfe sein Auskommen nicht finden, da man beim Nachhintenschwingen der Schnur unfehlbar mit den Hindernissen in unliebsamen Kontakt gerät. Zu diesem Behufe wendet man den sog. Peitschenwurf an, der aber seinen Namen zu unrecht trägt. Der Rückschwung erfolgt wie beim normalen Wurf aus dem Arm-Schultergelenk, jedoch so, daß man die Schnur möglichst senkrecht nach oben zur Streckung bringt, wobei der Arm nicht seitlich, sondern nach oben zur Senkrechten ausschwingt (Abb. 52). Dann aber wird nicht wie bei einer Peitsche der Arm nach unten, sondern wie beim Schulwurf nach vorne gebracht, so daß die Schnur wieder denselben Weg nach unten nimmt, den sie nach oben genommen hatte. Die in verschiedenen Lehrbüchern gegebene

Anweisung, den Vorschwung peitschenartig nach unten auszuführen, ist vollständig falsch. Wer sich den Versuch nicht verdrießen läßt, wird die Wahrnehmung machen, daß er nach dieser Anleitung die Fliege im besten Falle vor seine Füße, meist aber auf seinen Kopf, statt aufs Wasser hinaus wirft.

Alle diese Würfe sind aber kinderleicht zu lernen, wenn man den schulmäßigen Wurf tadellos beherrscht, denn die Tempi sind dieselben, nur die Art und Weise der Schwünge bzw. die Ebene, in welcher sie ausgeführt werden, sind von der Norm abweichende.

Der Wind wirkt besonders dann störend, wenn er der Richtung des Wurfes direkt entgegengesetzt weht, was namentlich beim Angeln mit der Trockenfliege unangenehm empfunden wird. Trotzdem wird man selbst bei recht kräftigem Gegenwinde mit dem normalen Wurfe auskommen, wenn man eine steife Gerte und eine schwere Leine führt, wie sie ja heutzutage nahezu allgemein im Gebrauche sind, so daß der Peitschenwurf nur fallweise als ein heroisches Auskunftsmittel in Frage kommt.

Bei Seitenwind wirft man am vorteilhaftesten gegen die Windrichtung oder schräg zu dieser, weil die Luftströmung dann die Fliegen förmlich an ihr Ziel weht.

Rückenwind ist für den Angler am angenehmsten; hat er aber eine gewisse Stärke, dann muß man den Rückschwung etwas zügiger machen als gewöhnlich, sonst wirft der Wind die Schnur zurück, ehe sie sich strecken konnte, und das Resultat ist eine Verhederung von Leine oder Vorfach. In solchen Fällen wirft man, vorausgesetzt, daß es das Terrain erlaubt, entweder so, daß man sich derart zum Ufer stellt, daß der Wind nunmehr als Seitenwind wirkt, wenn anders man nicht das Ufer wechseln kann, was mitunter vorteilhafter ist, oder man macht den Rückschwung so wie zum Peitschenwurf und trachtet, die Leine möglichst senkrecht in die Höhe zu bringen. Den Vorschwung ersetzt dann die Kraft des Windes, welche die Schnur übers Wasser zurück zur Streckung nach vorne bringt und sogar die Fliegen über dem Wasser so lange schwebend erhält, bis man sie durch Senken der Gerte gegen den Wasserspiegel zum Einfallen bringt. Es ist dies quasi ein Fischen mit der „geblasenen Leine".

Es ist sehr wichtig, sich schon am Übungsplatze mit den Einwirkungen des Windes bekannt und vertraut zu machen und zu lernen, trotz diesem genau und unter Umständen auch weit zu werfen, denn, wie wir später sehen werden, ist windiges Wetter oft für den Erfolg dem windstillen vorzuziehen. Jeder Flugangler, der seine Laufbahn am Fischwasser selbst begann, wird mir vorbehaltlos recht geben, daß ich so viel Wert auf die vorhergehende Erlernung des theoretischen Wurfes lege, wenn er sich seine eigenen Erfahrungen ins Gedächtnis zurückruft, seine Mißerfolge, seinen Ärger und die Enttäuschungen, die er erlebte, ehe sich die ersten bescheidenen Erfolge einstellten.

Schließlich ist es ja dasselbe, als wenn jemand auf die Jagd geht, ohne die Theorie des Schießens und der Handhabung der Waffen zu kennen und ohne vorbereitende Übung auf dem Schießplatze. Im günstigsten Falle verpulvert er eine Unmenge Munition, wenn er schon nicht das Malheur hat, sich selbst oder einen Mitmenschen zu verletzen, wie man es nur leider zu häufig hört und erlebt. Hat dagegen der angehende Jäger vorher Schießunterricht genossen, dann wird ihm auch das Treffen und Erlegen von Wild nicht mehr große Schwierigkeiten bereiten.

Genau so liegen die Dinge beim Flugangler. Wenn auch die Gefahr der Verletzung seiner selbst oder anderer nicht so drohend ist wie bei der Handhabung einer Schußwaffe, so muß auch er erst seine Geräte handhaben können, ehe er an Fang und Erfolg denken darf.

Das Um und Auf liegt im richtigen Setzen des Anhiebes, aber wie kann jemand, und das muß der verbissenste Verfechter des „Am-Wasser-Lernens" widerspruchslos zugeben, einen Anhieb setzen, wenn ihm die grundlegendsten Bedingungen der Geräteführung fehlen?

Von dem Hinsetzen und Darbieten der Fliegen rede ich überhaupt nicht einmal.

Nun aber wollen wir mit unserem Jünger, der am Übungsplatze Werfen gelernt hat, das Gelernte in die Praxis umsetzen. Vorerst aber werden wir uns entscheiden müssen — werden wir „nasse" oder „trockene" Fliege fischen? Ehe wir aber diese Entscheidung treffen, müssen wir uns über die beiden Begriffe im klaren sein. Was heißt „nasse Fliege" und das Angeln mit derselben?

Unter „nasse Fliege" oder kurz „naß fischen" verstehen wir jene Art des Flugangelns, bei welcher eine bis drei Fliegen am Vorfache dem Fisch derart vorgeführt werden, daß es für ihn den Anschein hat, es handle sich um ertrunkene Insekten, die ihm von der Strömung zugeführt werden, oder um Larven bzw. aufsteigende Subimagines von verschiedenen Ephemeriden n. o. F. Diese Fliegen werden stromabwärts gefischt, der Wurf geht schräg über die Strömung oder auch direkt ans andere Ufer, und man überläßt nun die Fliegen dem Strome, der sie über Grasbetten, Steine, durch Wirbel und Schnellen treibt, in die Tiefe zieht und wieder in die Höhe zur Oberfläche bringt, so daß jeder Wurf, wenn er aufs Geratewohl gesucht wurde, ein großes Stück Wasseroberfläche absucht.

Mitunter läßt man die Fliegen direkt sinken bzw. untergehen, oft sogar splißt man zu diesem Zwecke ein Schrotkorn am Kopfe der Fliege an oder verwendet gar solche mit Bleieinlage. Aber auch die Verwendung von den im vorigen Kapitel erwähnten Kunstködern, Löffeln usw. rechnen wir zur Fischerei mit der nassen Fliege.

Es unterliegt natürlich gar keinem Widerspruche, einen Fisch, den man steigen oder auf der Lauer liegen sieht, die Fliege direkt anzubieten, indem man sie je nach Beleuchtung und Strömungsverhältnissen weiter vor ihm oder direkt vor seinem Maule aufs Wasser setzt, gleich einem von der Höhe herabgefallenen Insekt; in ruhigem Wasser kann dieser Wurf sogar stromauf gemacht werden. „Trocken" oder „mit der Trockenfliege fischen" nennen wir aber jene Art des Flugangelns, bei dem eine einzige Fliege, welche durch besondere Bindungsweise sowie außerdem noch durch Behandlung mit irgendeinem „Schwimmfett" dem Fische schwimmend, also nur an der Oberfläche angeboten wird. Der Wurf erfolgt stromauf, wenn man Trockenfischerei lege artis, wie sie Halford und seine Schule lehren und verlangen, betreibt. Trotzdem gibt es auch eine Art Trockenfliegen stromab zu fischen, die ich später auch beschreiben werde.

Um bei der ersteren zu verbleiben, gibt es in dieser zwei Richtungen: die konservative, um nicht zu sagen orthodoxe — englische —, welche nur den Wurf über einen Fisch, den man stehen oder steigen sieht, gestattet und apodiktisch den Gebrauch naturgetreuer Nachbildungen des eben schwärmenden Insektes vorschreibt, und die neuere — amerikanische —, welche den Fisch stets und überall sucht, wo man ihn eben vermuten kann, und sich auch nicht an sklavische Nachahmung der Insekten bindet, ja sogar direkt Phantasiefliegen verwendet, wie eine Betrachtung der amerikanischen Fliegentafel zeigt, und ebenso wenig an das Schwärmen einer Insektenart oder an die besondere Freßstunde der Fische.

Es liegt wohl auf der Hand, daß die letztere Methode die unterhaltendere und spannendere ist, weil sie den Angler nicht dazu verdammt, müßig am Wasser zu sitzen und auf das Aufgehen eines Insektenschwarmes oder der Fische zu warten, wenn auch vielleicht die erstere an den ebenso nahrungsreichen wie überfischten Kreideflüssen des südlichen Englands eine gewisse Berechtigung haben mag, wie anderseits ihr Auswuchs, der „Purismus", welcher einzig, überall und stets nur die Trockenfliege gelten läßt, unberechtigt ist.

Um es gleich vorweg zu sagen: Richtig und für allgemeine Verhältnisse passend ist die Kenntnis beider Stilarten und die Anwendung derselben bei gegebener Gelegenheit.

Der Stil des „Fischens mit nassen Fliegen" ist an sich einfach. Man sucht den Fisch im ganzen Wasser, zuerst am Ufer, an das man bei Beginn nicht allzu nahe herangehen soll, außer wenn an demselben besonders günstige Stellen sind, vorausgesetzt, daß es das Terrain erlaubt. Nun sucht man durch Würfe längs des Ufers das Wasser ab, läßt ev. bei stärkerer Strömung die Fliegen an eine besonders günstige Stelle durch das Wasser zutreiben, indem man Schnur gibt oder ein paar Schritte mitgeht, und erst wenn man keinen Fisch zum Steigen verleiten konnte, beginnt man die Würfe nach der Mitte bzw. nach dem Gegenufer zu machen. Bei letzteren hat man darauf zu achten, daß die Schnur nicht von der Strömung in der Mitte erfaßt und fortgetragen werde, so daß sie vor der Fliege herschwimmend diese mitzieht, was vorsichtige Fische mißtrauisch macht. Man kann das vermeiden, wenn man der Gerte, ehe die Fliege einfällt, mit dem Daumen einen Impuls stromaufwärts gibt, der sich der Leine mitteilt und sie in dieser Richtung etwas zurückschnellt, wodurch sie sich in einem gegen den Angler offenen Bogen aufs Wasser legt. Die Fliege oder die Fliegen schwimmen nun richtig, d. h. Leib voraus mit offenen Hecheln und im Tempo der Strömung jener Stelle, an der sie sich gerade befinden.

Ob man die Fliegen hoch oder tief führen soll, hängt von verschiedenen Umständen ab. Ich möchte hier noch die Frage einflechten, ob der Anfänger nur mit einer oder gleich vom ersten Male an mit mehreren Fliegen am Vorfach fischen soll. Allgemein heißt es nur mit einer, um seine Aufmerksamkeit nur auf diese konzentrieren zu können.

Dieser Ansicht schließe ich mich nur bedingt an. Selbst wenn man die Leine und einen Teil des Vorfaches fettet, ist man bei den schweren Schnüren, die man jetzt führt, nicht imstande, die Schnur derart in Spannung zu halten, daß die Fliege an der Oberfläche sichtbar erhalten wird, wenn eine halbwegs lange Leine draußen ist. Bei zwei Fliegen am Vorfach ist es dagegen viel besser, möglichst die obere im Auge zu behalten und von ihrer Stellung aus auf die Endfliege einen sicheren Schluß zu ziehen. Darum soll der Anfänger gleich von vornherein getrost zwei Fliegen in sein Vorfach binden; er wird nicht mehr und nicht weniger Anbisse deshalb verpassen, eher aber noch sie schneller sehen lernen.

Wie schon erwähnt, läßt man die Fliegen mit der Strömung treiben, ohne sie selbst sonderlich viel zu dirigieren bzw. ihnen eine unnatürliche Bewegung zu verleihen — das gilt namentlich beim Angeln auf Äschen —, anderseits ist es mitunter von Vorteil, die Fliegen in kleinen Rucken, selbst mit Einziehen der Leine, quer über oder gegen den Strom zu führen, sie versinken zu lassen und wieder ruckweise zur Oberfläche zu bringen, eine Bewegung, welche offenbar beim Fisch den Eindruck einer aufsteigenden Larve, einer schwimmenden Schnecke o. dgl. zu erwecken scheint. Dieses Verfahren ist besonders lohnend an kalten, windigen Tagen, wenn keine oder nur wenige Insekten am Wasser sich zeigen. Eine besondere Art zu fischen ist das Angeln mit der gezogenen Fliege. Zu diesem Zwecke gebraucht man Fliegen an großen Haken, mit dickem Leib und Federkleid von der Form, wie sie Dr. Hepperger im Juniheft 1926 im „Angelsport" beschrieben hat, oder die an ein Stewardsystem gebundenen englischen „Daemons" und „Terrors" usw., aber auch große Palmer, Alexandra oder die „Medusenfliegen" von Behm sowie Lachsfliegen; von letzteren sind Silver Doctor, Jock Scott und Butcher die wirksamsten. Ob sich die gezogene Fliege in mittleren und kleinen Wässern bewährt, weiß ich nicht, dagegen in den großen Flüssen der Nord- und Südalpen bringt sie gute Beute, besonders an großen Fischen im Frühjahr, wenn die Flüsse hoch gehen, aber auch zu anderen Zeiten, wenn der Wasserstand hoch, das Wasser aber nicht allzu trüb ist. Zu solchen

Zeiten sind auch die von der Fliegengerte geworfenen Kunstköder, wie Turbinenfliegen, Löffel, Blinker, Minnows und Devons sowie die amerikanischen Wobbelköder Oreno, Dowagiac usw. sehr wirksam.

Zu Zeiten macht man die Wahrnehmung, daß das Wasser wie tot daliegt und die Fische nach keiner Fliege steigen wollen. In solchen Fällen lasse man die Fliegen so tief sinken, als sie können — und man wird auf einmal am Straffwerden der Leine oder an einem Zerren oder kräftigen Zucken in der Hand einen Anbiß konstatieren können. Ja nicht nur das, man wird unter Umständen eine überraschend große Strecke von stattlichen Exemplaren machen. Der Grund für diese Erscheinung dürfte darin liegen, daß die Fische bei solchen Gelegenheiten auf der Suche nach Bodennahrung, aufgehenden Insekten oder Schnecken sind. Ich konnte einmal die Beobachtung an einem Wasser mit großen Krautbetten machen, daß die Fische, die ich fing, sich mit unglaublichen Mengen einer kleinen gelben Schnecke vollgefressen hatten, trotzdem aber eine orange Fliege gierig nahmen, die ich ihnen „versunken" vorsetzte.

Wenn man auch im allgemeinen beim Flugangeln nach dem Gesicht fischt, d. h. das Aufgehen des Fisches nach der Fliege, welches uns unser Auge vermittelt, durch den Anhieb quittiert, so wird trotzdem jeder alte Flugangler aus seiner Erfahrung heraus bestätigen, daß er seine besten Fische immer dann gefangen hat, wenn er überhaupt keine seiner Fliegen sehen konnte und lediglich das Straffwerden seiner Schnur oder das elektrisierende Zucken in der Hand ihm den Anbiß eines Fisches meldete, er also wie der Spinnangler nach dem Gefühl zu fischen gezwungen war. Ich halte es für falsch, immer nur von der Beobachtung der Fliege zu sprechen und dem Verhalten der Schnur gar keine Beachtung zu schenken. Es ist unbedingt ein Verdienst von Heintz, diesen Punkt herausgegriffen zu haben, denn, wie gesagt, in mehr als der Hälfte der Fälle sieht man seine Fliegen auch im klaren Wasser nicht, schon gar nicht im angetrübten und erst recht nicht in der tiefen Dämmerung oder bei Nacht. Wie soll dann der Angler, der nur angelernt wurde, seiner Fliege das ganze Augenmerk zu schenken, wissen, daß ihm ein Fisch gebissen hat, wenn er die Signale, die ihm die Schnur gibt, nicht zu deuten vermag.

Heintz sagt ganz richtig, daß ein solcher Angler von zehn Fischen, die seine Fliegen unter Wasser nahmen, keine Ahnung hat. Darum mache man es sich zur Regel, auch die Schnur im Auge zu behalten, selbst wenn man seine Fliegen schwimmen sieht, erst recht, wenn es nicht der Fall ist, und bei der geringsten Streckung anzuhauen, selbst auf die Gefahr hin, daß zufälligerweise einmal kein Fisch, sondern ein angeschwommener Grashalm, ein Hölzchen o. dgl. die Ursache war. Man verdirbt sich durch einen solchen Anhieb ins Leere nichts von seinen Chancen — höchstens muß man den Wurf wiederholen, wenn man genötigt war, irgendeinen angeschwemmten Gegenstand, der vom Haken gefaßt war, von diesem abzulösen.

Das Angeln mit der Trockenfliege ist von dem „Naßfischen“ vor allem einmal dadurch unterschieden, daß man nur eine Fliege am Vorfach führt, welche durch Bindeweise und Fettung schwimmend gemacht wurde und daher unter allen Umständen durch das Auge kontrolliert werden kann. Schnur, Vorfach und Fliege werden gefettet, die ersteren beiden durch Schwimmfett, die letztere durch Tränken des Körpers und der Hechel in Paraffin. Der Wurf erfolgt immer stromaufwärts.

Die Flügel aber, wenn die Fliege solche trägt, dürfen nie gefettet oder getränkt werden. Das einfachste Verfahren ist das Aufquetschen der Fliege auf ein in flüssiges Paraffin getränktes Läppchen, doch kann dabei leicht des Guten zu viel geschehen, so daß dann am Wasser um die Fliege herum eine Zone von überschüssigem Paraffin sich bildet, welche für mißtrauische Fische verdachterregend wirkt. Besser ist es, das Paraffin mit einem Glasstäbchen auf die Fliege bzw. deren zu fettende Teile aufzutragen, wenn man sich nicht dazu entschließt, mit Hilfe einer Zerstäubers die Ölung zu besorgen. Für letzteren Zweck verwendet man gewöhnlich nicht reines Paraffin, sondern eine Lösung desselben in einem rasch verdunstenden Medium. Solche Lösungen sind unter verschiedenen Namen, wie „Zephirine“ usw., im Handel.

Ich komme immer mehr davon ab, von der Fliege mehr zu fetten, als die äußersten Spitzen der Hechel, indem ich mit den Fingerspitzen, welche eine Spur eines guten Schwimmfettes tragen, dieses auf den Hechelenden verreibe.

So behandelte Fliegen schwimmen tadellos, ohne die oben erwähnte Fettzone zu bilden und ohne daß die Hechel sich verkleben. Mit einiger Übung lernt man bald die richtige Menge Fett auf die Finger zu nehmen, wobei stets etwas zu wenig einem Zuviel vorzuziehen ist.

Wir wollen zunächst den in England geübten oder, wie ihn die Engländer nennen, den „reinen Stil“ besprechen.

Vor allem verlangt dieser, daß die Fliege nur einem steigenden oder ausgemachten, besser gesagt gesichteten Fische vorgesetzt werde, und zwar so, daß jene dem Fische unmittelbar vor das Maul gesetzt werde, leise wie eine Schneeflocke zum Wasserspiegel niedersinkend. Ich will aber gleich an dieser Stelle bemerken, daß viele angesehene englische Autoren hinterher doch den Rat geben: „Wenn der Fisch die Fliege ignoriert, dann nehme man eine größere Fliege, etwa eine Sedge oder eine Pink Wickham (letztere ist eine Phantasiefliege) und setze sie, sie ev. aufs Wasser klatschen lassend, seitlich hinter den Kopf des Fisches!“ Trotzdem erfordert beides in erster Linie ein absolut weiches, zielgenaues Werfen und folgerichtig eine tadellose Beherrschung der Wurftechnik. Die Fliege darf nicht eher einfallen, als bis die Leine die richtige Länge hat, daher muß man so viele Leerwürfe machen, bis man die Distanz um Fische mit ihr deckt.

Nach dem Einfall der Fliege erfolgt entweder sofort der Anbiß — oder nicht; im letzteren Falle läßt man die Fliege ruhig stromab treiben, wobei man die Schnur in Klängen einziehend in Spannung hält, da erfahrungsgemäß Fische die Fliege vorbeischwimmen lassen, um sie dann, ihr nachfahrend zu rauben. Nimmt aber der Fisch die Fliege trotzdem nicht, dann wiederholt man den Wurf, aber nicht ohne die Leerwürfe am Anfang, die den Zweck haben, nicht allein die Leine wieder in der ganzen Länge herauszubringen, sondern auch die Fliege von dem anhaftenden Wasser zu befreien, also wieder zu trocknen.

Die Leerwürfe mache man auch, wenn man den Platz wechselt. In seine einzelnen Phasen zerlegt, schaut demnach der Vorgang so aus:

1. Wurf nach dem Fische mit einer Anzahl eingeschobener Leerwürfe. Die Gerte geht wie immer nach dem Einfallen der Fliege in die Horizontale und behält diese Lage: Gerte Schnur und Fliege sollen in einer Ebene liegen.
2. Die Fliege treibt stromab. Die linke Hand zieht die Schnur in Klängen ein, um die Spannung zu erhalten, wobei jedoch peinlichst jeder Zug an der Fliege zu vermeiden ist, da diese sonst unfehlbar untergeht.

   Sollte das aus irgendeinem Grunde vorkommen bzw. der Wurf falsch ausfallen, so lasse man ruhig die Fliege herabtreiben und nehme die Schnur auf, um den Wurf erst zu wiederholen, wenn man sicher ist, den Fisch nicht zu vergrämen.
3. Vor jedem neuen Wurfe, besonders wenn die Fliege untergetaucht war, trockne man sie sorgfältig, nach dem Fang eines Fisches befreie man sie erst vom anhaftenden Schleim, trockne sie und fette sie dann wieder.
4. Wenn die Fliege schwimmt, versuche man nicht, sie aus der Richtung, welche sie innehat, zu bringen, selbst dann nicht, wenn die Leine Schleifen gebildet hatte.
5. Der Anhieb erfolgt durch ein Erheben der Gertenspitze.
6. Der Wurf und die Annäherung an den Fisch erfolgt stets stromauf. Letztere unter größter Vorsicht, ev. auf den Knien rutschend, ja sogar an Ufern ohne Deckung, am Bauche liegend bzw. kriechend.
7. Die Fliege am Vorfach muß stets eine getreue Nachbildung der eben schwärmenden sein.

Diese Regeln, besonders Punkt 7, sind wohlgemerkt das Glaubensbekenntnis der „Puristen", wie der Engländer die verbissensten Trockenfliegenmänner nennt. Ich gebe zu, daß an den überfischten Wassern Englands die Fische zu einem höheren Grade von Scheu und Vorsicht erzogen worden sind, was auch der Engländer exakt mit dem Ausdrucke „educated" bezeichnet, ganz besonders dort, wo das Wasser kristallklar und ruhig fließt und Überfluß an Nahrung bietet; daß ein solches Wasser eine raffinierte Methode des Befischtwerdens verlangt, ist auch leicht zu glauben, ebenso, daß diese Art, „trocken" zu fischen, dort eine unleugbare Berechtigung hat.

Aber vielleicht auch nur dort. In unseren Landen ist weder die Beteiligung am Angelsport eine derartige wie jenseits des Kanales, noch sind unsere Wässer der großen Mehrzahl nach so beschaffen, wie die Kreideflüsse des südlichen Englands — und schon gar nicht die Gewässer in der neuen Welt.

Aus diesem Grunde haben die Amerikaner sich mit dem sog. „orthodoxen" Stil nicht befreunden können und sich demzufolge einen eigenen geschaffen, dessen Besonderheiten und Unterschiede ich im folgenden beschreibe.

Vor allem emanzipiert sich der Amerikaner von der Forderung des Wurfes über den gesichteten Fisch.

Unter Beibehaltung des Stromaufwärtsfischens und Werfens wird mit der Fliege jeder Fleck abgesucht, an dem man einen Fisch vermuten kann, sowohl die scharfe Strömung wie die ruhige und die Deckungen sowohl wie das freie Wasser.

Es liegt auf der Hand, daß diese Art von Angeln viel reizvoller ist, einmal deshalb, weil man in steter Bewegung und Erwartung bleibt und sich nicht langweilen muß, wenn die Fische gerade nicht aufgehen oder am Boden stehend verdauen oder dort ihre Nahrung suchen; sodann weil man seine Aufmerksamkeit auf den zu erwartenden Anbiß konzentrieren muß; bei den englischen Methoden kann man diesen förmlich berechnen — bei ihr spielt die Hauptrolle der Wurf —, hier dagegen nicht bzw. ist seine extreme Präzision nicht Hauptbedingung. Auch versteift sich der Amerikaner nicht auf unbedingte Naturtreue der Nachbildung, wovon ein Blick in eine Liste amerikanischer Fliegen überzeugt.

Es ist naheliegend, daß diese Art, mit der Trockenfliege zu angeln, sich für unsere Gewässer hervorragend eignet, besonders zu einer Zeit, wenn ihr Wasserstand niedrig und ihr Wasser bis in große Tiefen hinein durchsichtig ist.

Daß man in rascher Strömung die Schnur schneller einziehen muß als in langsamer, ist selbstverständlich, doch darf das nicht so schnell geschehen, daß man die Fliege unters Wasser zieht. Es wird vielleicht jemand den Einwand erheben, daß der Anhieb nicht zur Wirkung kommt, weil die Schnur nicht vollständig gespannt sei — nun dem ist nicht so. Man vergesse nicht, daß ja auch Schnur und Vorfach infolge der Fettung auf dem Wasser schwimmen.

Ein Impuls, wie der Anhieb, teilt sich der Leine unmittelbar mit und bewirkt, daß nach dem Gesetze der Trägheit die Bewegung weitergeleitet wird; hierzu kommt noch, daß die Strömung, welche ja die Richtung des Anhiebes hat, diesen verstärkt, wozu weiters noch das Gewicht der körperhaften Leine hinzutritt, so daß ein verhältnismäßig sanftes Anheben der Gertenspitze genügend Kraft entwickelt, um den Haken ins Fischmaul zu treiben. Das wird auch dem Leser erklären, warum der Anhieb zur Wirkung kommt, trotz der scheinbar unrichtigen Stellung der Gerte, d. h. unrichtig nach der landläufigen Ansicht und Regel, daß jene etwa einen Winkel von 45° zur Wasseroberfläche zu bilden habe.

Ich fische auch die nasse Fliege mit horizontal gehaltener Gerte, allerdings muß man dazu die Schnur — nicht aber das Vorfach! — fetten, damit sie schwimmt, so daß sie beim Anhieb am Wasser gleitet; liegt sie im Wasser, dann allerdings setzt die Strömung und die daraus resultierende Reibung dem Anhieb einen oftmals so starken Widerstand entgegen, daß jener fehlgeht. Unsere älteren Autoren fischten mit ungefetteten Leinen, waren daher gezwungen, möglichst viel von dieser außerhalb des Wassers zu halten und daher stellten sie die Regel von der Steilhaltung der Gerte auf.

Es gibt auch eine Methode, die Trockenfliege stromab zu fischen, welche von dem Schotten Peter Kerr erfunden wurde. Da sie ebenso originell wie einfach ist und sich für unsere Wässer hervorragend eignet, will ich den Leser mit ihr bekanntmachen.

Bedingung ist, daß die Schnur und die Fliege, nicht aber das Vorfach gefettet werden. Kerr empfiehlt eine 11—13 Fuß lange Gerte von der Art, welche der Engländer „Top supple" nennt, welche Eigenschaft ich im Kapitel über die Gerten erklärt habe. Abgesehen davon, daß eine so lange Gerte erheblich schwer ist und ihre Handhabung ziemlich anstrengt und ermüdet, kann ich getrost verraten, daß auch eine normale 10 Fuß lange Gerte den Wurf klaglos gestattet. Die Schnur ist vorteilhafter parallel zu nehmen, doch geht die zugespitzte, verjüngte auch. Zwischen das normale Vorfach und die Wurfschnur schaltet man noch ein Vorfach von 1 Yard Länge ein, das aus Lachsgut besteht.

Ev. kann man doppelt gedrehtes Gut dazu verwenden. Kerr schaltet vor dieses noch eine Länge von 1 Yard dickes Silkcast, so daß sein Vorfach 14 Fuß lang ist. Notwendig ist es aber nicht, für die normallange Gerte genügt das Zwischenschalten der stärksten Gutlänge.

Der Wurf wird wie sonst ausgeführt bis zu dem Moment, wo sich die Leine nach vorn gestreckt hat. In diesem Moment wird die Gerte rasch nach hinten aufgehoben, so daß die Schnur ein Stück zurückschnellt, und dann wieder rasch gestreckt. Durch das Zurückschnellen entsteht in der Schnur bzw. im Vorfach ein gegen die Fliege offener Bogen, der auch dann stehen bleibt, wenn die Fliege aufgefallen ist und schwimmt (Abb. 53 a u. 53 b).

Das Vorfach treibt unter dem Wasser, seitab von der Fliege, kommt daher dem Fische nicht zu Gesicht. Man läßt die Fliege so lange treiben, bis sich der Bogen zu strecken beginnt, dann wiederholt man den Wurf, nachdem man vorher durch Leerwürfe die Fliege vom anhängenden Wasser befreit hat. Diese Methode ist sehr lohnend, wenn die Fische irgendwie beunruhigt sind — ich verdanke ihr gute Erfolge.

Bemerkenswert ist noch, daß Kerr ausschließlich buschige Hechelfliegen eigener Bindung verwendet, welche von Schwarz bzw. Dunkelviolett bis zum hellsten Gelb und Grau alle Nuancen zeigen.

Ich darf dieses Kapitel nicht schließen, ohne der Besprechung des Anhiebes einige Worten widmen. Meiner Empfindung nach ist das Wort anhauen nirgends so wenig am Platze wie beim Flugangeln, denn wer dabei anhaut, wird viele Fliegen abprellen, aber wenig Fische erbeuten. Wenn schon beim Grund- und Spinnfischen vor allzuviel Kraftanwendung gewarnt werden muß, so ist diese für den Flugfischer direkt ein Verderben. Leider hat unsere Anglersprache keinen anderen Ausdruck für eine Tätigkeit, die mit Hauen aber

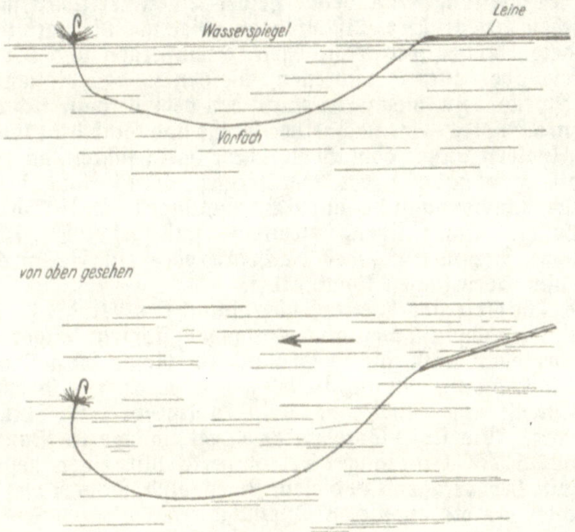

Abb. 53 b.

schon gar nichts gemein hat, sondern nur ein mehr oder minder rasches Erheben der Gertenspitze ist. Ob dieses Erheben nun in der Weise erfolgt, daß die Hand im Gelenk eine Aufwärtsbewegung macht oder aber eine Drehung nach oben innen, bleibt sich an sich gleich, denn der Endeffekt beider Bewegungen ist das Erheben der Gertenspitze. Aber das muß ohne Kraft geschehen, lediglich reflexartig, kommandiert von dem Auge, das den steigenden Fisch erblickte, oder von dem feinen Gefühle in der Hand, welches seinen Anbiß in der Tiefe als feines Zucken empfand.

Ohne Kraft, aber schnell — a tempo. Allerdings mit Modulationen, je nachdem ob man auf Äschen oder Aitel fischt, ob die Fische gierig beißen oder bedächtig.

Das ist und bleibt Gefühlssache und die der Übung, kein Buch und kein Lehrer können den Moment diktieren; hier muß die Individualität des Anglers einsetzen, welche ihn die schulmäßig erworbenen Kenntnisse in Erfolg umsetzen läßt.

Zum Schlusse dieses Kapitels muß ich das von England herübergekommene Fischen mit „geblasener Leine" — Blow line fishing oder Dapping genannt — besprechen. Obzwar dabei eine eigentliche Wurftätigkeit nicht ausgeübt wird, ist diese Methode zu angeln doch nicht so einfach, wie sie aussieht, wenn sie korrekt ausgeführt werden soll.

Ursprünglich und eigentlich ist das Blow-line-Angeln auf den großen Seen in England und Irland zu Hause und dient dazu, natürliche Insekten, deren weiche Leiber keinen Weitwurf gestatten, den Fischen auf größere Distanzen anzubieten. Die hauptsächlichst verwendeten Köder sind Maifliegen, Steinfliegen und die großen Schnacken, aber auch Heuschrecken, Wespen u. dgl. eignen sich zu diesem Zwecke. Zu dieser Art zu fischen bedient man sich auf den Seen eines Bootes — je nach seiner Größe und Stabilität können bis zu drei Anglern außer dem Bootsführer darin fahren, da man sich durch die Handhabung der Geräte gegenseitig nicht behindert, denn erstens bleibt man bei allen Verrichtungen, Drill und Landen eingeschlossen, ruhig sitzen, zweitens fällt jede Wurftätigkeit, welche eine Behinderung des Nachbarn oder ein Verwirren von Leinen usw. verursachen könnte, fort.

Die Tätigkeit des Werfers übernimmt der Wind. Es ist klar, daß man, um möglichst weit hinauszulangen, sich sehr langer, leichter Gerten bedienen muß, die in England für diesen speziellen Zweck unter dem Namen „Dapping Rods" gebaut werden — 5 bis 6½ m lang —, meist aus Wholecane, d. i. Tonkinrohr mit Spitzen aus Greenheart. Wie ich ausprobierte, eignet sich die in Band I beschriebene, 5 bis 6 m lange Seerohrgerte mit einer gespließten Spitze ganz hervorragend zu diesem Zwecke und ist dabei viel billiger und leichter als die englischen Spezialgerten.

Die Engländer verwenden auch speziell geflochtene Schnüre, sog. Dapping lines, welche sehr locker geklöppelt sind und daher sehr leicht sind und vom Wind da und dorthin geblasen werden, wie man es eben braucht. Ich habe oft und viel mit ihnen gefischt, finde aber, daß eine feine Seidenschnur gewöhnlicher Klöppelung von etwa 10—12 Pfund Tragkraft ebensogute Dienste leistet. Selbstverständlich darf diese Schnur weder gefettet noch sonstwie imprägniert werden, da sie durch diesen Prozeß zu schwer und auch zu steif würde. Da man mit dieser Methode gemeinhin die größten Fische erbeutet, besonders zur Maifliegenzeit, ist es einerseits nicht ratsam, feinere Schnüre zu nehmen als von 12 Pfund Reißfähigkeit, anderseits auch nicht weniger als 80 bis 100 m auf die Rolle zu nehmen, da man fast immer mit einem scharfen Drill rechnen muß, der sich möglichst weit vom Boote abspielen soll. Als Rolle genügt jede Art von Nottingham-Rolle, auch die alte hölzerne, doch muß die Knarre tadellos funktionieren. Für diese Art zu angeln ist ein Schnurleiter an der Rolle von größtem Vorteil, da er bei offenen

Rollen mit Sicherheit das Herunterfallen der Schnur von der Trommel verhindert. Es ist angezeigt, Rollen von mindestens 10 cm Durchmesser zu verwenden, um rasch und ausgiebig einrollen zu können.

Das Vorfach besteht aus Gut, je nachdem in den Stärken von drawn bis 1 x und ist nur 1 Yard lang. Der Haken wird direkt an sein Ende eingebunden. Man verwendet mit Vorteil Öhrhaken. Für durchschnittliche Verhältnisse genügt der bekannte und bewährte „Perfekt"-Haken in den Größen 4 bis 1 alter Skala vollständig. Wenn man aber mit besonders starken Fischen zu rechnen hat, ev. sogar mit dem Anbiß einer Seeforelle, dann ist es rätlich, die eigens zu diesem Zwecke erzeugten kräftigen Spezialhaken zu verwenden, die in England unter dem Namen „Dapping Hooks" im Handel sind. Man ködert meist nur eine Mai- oder Steinfliege derart, daß man den Haken unter dem Kopfe einsticht und dann der Länge nach durch das Insekt führt, am Leibesende herauskommend. Ködert man zwei Insekten, dann wird das erste in der eben beschriebenen Manier an den Haken gebracht, an ihm hinaufgeschoben und dann das zweite in gleicher Weise angeködert. Es ist einleuchtend, daß man verschiedene Hakengrößen bei sich haben muß, um sie je nach der Größe der vorhandenen Köder wechseln zu können, was ja bei Öhrhaken weder schwierig noch zeitraubend ist. Um den Köder aufs Wasser zu bringen, muß man selbstredend den Wind im Rücken bzw. von der Seite her haben. Nun hält man die Gerte senkrecht und zieht so viel Schnur ab, als man für nötig hält; der Wind streckt die Leine und nimmt die abgezogene mit hinaus. Es ist klar, daß dazu eine Brise erforderlich ist, welche stark genug ist, die Leine hinauszuführen und in wagrechter Stellung zu erhalten. Um den Köder ins Wasser zu bringen, senkt man die Gerte so lange, bis der Köder und höchstens 1 bis 2 Zoll vom Gut das Wasser berühren. Darin liegt die ganze Kunst dieses Angelns; es ist fehlerhaft und von Nachteil, wenn das ganze Vorfach oder große Teile desselben im Wasser sind. Wenn man einen Fisch aufgehen sieht, so bietet man ihm den Köder auf diesem Wege an und muß natürlich die Menge auszugebender Leine gut berechnen können, um ihm nur den Köder, nicht aber Vorfach und Schnur zu zeigen. Ebenso muß man die Leine in richtiger Spannung erhalten, damit nicht mehr als eben 1 bis 2 Zoll Gut im Wasser liegen. Man kann aber auch aufs Geratewohl angeln — die Wasserfläche mit dem Köder absuchend. Erfolgt kein Biß, dann nimmt man den Köder durch Anheben der Gerte vom Wasser und läßt ihn auf einem anderen Punkt wieder auf dieses zurücksinken. Je kräftiger und stetiger der Wind ist, desto leichter ist es, die Leine zu führen und auch eine lange Leine herauszubringen. Unangenehm ist böiger und umspringender Wind. Es braucht wohl nicht besonders betont zu werden, daß man die Gerte beim Angeln in die Hüfte gestemmt hält und nicht frei in den Händen.

Der Anbiß macht sich verschiedenartig bemerkbar. Oft sieht man den Fisch nach dem Köder aufgehen, oft aber, und besonders bei stärkerem Wellenschlag, sieht man das nicht, nur das Straffwerden der Leine signalisiert den Moment; wieder in anderen Fällen rauben die Fische so gierig, daß sie sofort die Rolle ertönen machen. Nur hüte man sich vor einem Anhieb stricte nominis! Ein einfaches Straffen der Leine durch leichtes Erheben der Gertenspitze genügt vollauf, um den Haken einzutreiben — meist hauen sich die Fische selbst an. Wie ich schon erwähnte, ist es von großer Wichtigkeit, daß die Bremse der Rolle richtig arbeitet, weder zu locker noch zu hart eingestellt sei und doch so fest, um den Anhieb von ihr zu gestatten. Deshalb sind Rollen, deren Hemmung regulierbar ist, von großem Werte. Über den Drill ist nicht viel zu sagen — man trachtet nur den Fisch vom Boote fernzuhalten und zu verhindern, daß er unter dasselbe komme. Angelt man in Gesellschaft, dann kommt es oft vor, daß auch der Genosse gleichzeitig einen Anbiß hat; in solchen Fällen muß man natürlich trachten, jede Verhängung der Leinen zu verhüten. Hat man als Mitfahrer keinen Biß, wird man sein Gerät einziehen, um den im Drill stehenden Gefährten nicht zu genieren. Sehr erleichtert wird der Drill durch die Mitarbeit und Geschicklichkeit des Bootsführers, so daß man oft sehr schwere Fische an dem verhältnismäßig schwachen Zeuge rasch besiegt, ohne dieses allzusehr anstrengen zu müssen. Anderseits kann ein schlechter und ungeschickter Bootsführer die Ursache unendlichen Mißgeschickes und Ärgers werden.

Wie schon erwähnt, richtet man die Fahrt so ein, daß man den Wind im Rücken oder in der Seite hat und fährt die Stellen ab, die gemeinhin Standorte guter Fische sind. Insbesondere beachte man treibende Schaumstreifen oder Flocken, treibende Grasbüschel und Stellen, an denen sich der Wellenschlag bricht.

Man kann aber das Angeln mit geblasener Leine auch in fließendem Wasser und auch vom Ufer aus betreiben oder watend — es ist nicht minder reizvoll und lohnend, besonders was den Fang großer Exemplare anbelangt.

Es ist eigentümlich, daß dieses wirklich reizvolle Angeln bei uns fast unbekannt ist und daß unsere Autoren früherer Epochen ihm so gar keine Beachtung schenkten. Wie viele wohnen direkt am Fischwasser oder verleben ihre Ferien an einem solchen und ziehen es vor, daheim zu bleiben, wenn eine kräftige Brise weht, statt diese herrliche Gelegenheit auszunützen — lediglich deshalb, weil, wie ich glaube, ihnen niemand gesagt hat, was für Genüsse und Erfolge ein Ausflug mit der Blowleine bringt.

Nicht nur Forellen und Äschen — letztere besonders zur Heuschreckenzeit — sind so zu erbeuten, nein, alles was nach Insekten jagt, Schiede, Rotaugen usw. — fallen uns zur Beute, wenn wir die Gelegenheit wahrnehmen.

In unserer ganzen Literatur finde ich überall nur im besten Falle eine dürftige Erwähnung des Blowleinefischens als einen spezifisch englischen Sportzweig — nirgends auch nur eine Ermunterung, auch bei uns einen Versuch damit zu machen, außer bei Heintz, der die Vermutung ausspricht, daß man auf diese Weise Seeforellen erbeuten könnte —, aber auch nirgend eine Anleitung und eine eingehendere Besprechung der Geräte und der Handhabung derselben.

Ich hoffe, daß sich mancher Leser durch das Gesagte verleiten lassen wird, die Reize dieser Art zu angeln auszukosten, die nur mit einer einzigen Beschwerde verbunden ist — mit dem Einsammeln der Köder.

Bezüglich letzterer möchte ich noch einiges sagen: Es ist von Vorteil, wenn diese möglichst frisch gefangen und lebend sind; besonders Maifliegen soll man zeitlich morgens einsammeln, da diese zäher sind als die am Tage gefangenen, auch leichter zu fangen sind, solange sie auf den taufeuchten Gräsern sitzen. Um die Insekten lebend zu erhalten, verwahrt man sie in eigenen Behältern, von denen die Maifliegenbüchse von Cummins, welche in allen besseren Gerätehandlungen erhältlich ist, mir die beste erscheint. Es wird wohl niemand so roh sein, ein lebendes Insekt an den Haken zu spießen, sondern es ist vorher durch Zusammendrücken des Brustkorbes zu töten.

Erleichtert wird das Fangen von Maifliegen, Heuschrecken usw. durch Benützung eines gewöhnlichen Schmetterlingsnetzes, das man auf den Handstock des Landungsnetzes aufsetzen kann.

Das Binden der Kunstfliege.

Wenn man so und so viele Angler fragt, wie man eine Fliege bindet, so wird man die erstaunliche Bemerkung machen, daß die allerwenigsten darüber Auskunft geben können. Ich empfinde diesen Mangel an Kenntnis als geradezu beschämend, denn wenn schon jemand nicht so viel Zeit erübrigt oder mangels Fingerfertigkeit davon absteht, sich mit dem Binden der Fliege abzugeben, so sollte doch ein richtiger Angler wenigstens wissen, wie der Hergang der Bindeweise ist, schon deshalb, um ein objektives Urteil darüber abgeben zu können, ob eine Fliege gut oder schlecht gebunden sei.

Ich habe es aus diesem Grunde immer für einen Fehler gehalten, daß unsere neuere Literatur dem Fliegenbinden gar keinen Platz einräumte und den Angler mit seinen Bedürfnissen ganz und gar dem Erzeuger oder Händler überließ. Abgesehen davon, daß gute Fliegen immerhin nicht ganz billig sind, halte ich das Selbstbinden derselben für einen so intimen Teil des ganzen Flugfischens, daß mir die halbe Freude daran genommen wäre, wenn ich nicht meine eigenen Fliegen fischen könnte.

Und noch etwas: nahezu jedes Wasser hat irgendeine spezielle Fliege, welche dort sozusagen souverän ist. Hat man gerade das Muster nicht mit oder geht es einem aus, so verliert man kostbare Stunden oder gar Tage eines oft karg bemessenen Angelurlaubs durch die Nachbestellung, erst recht in der Hochsaison und bei womöglich noch dazu schlechter Postverbindung des Urlaubsortes, was fast immer der Fall ist, wenn dieser abseits von der großen Heerstraße liegt. Diesen Unannehmlichkeiten entgeht der Angler, der seine Fliegen selbst zu binden versteht.

Bedauerlich ist es, daß unsere Fachgeschäfte sich bislang nicht darauf verlegten, die Angler mit Material zum Fliegenbinden zu beliefern, wie es in England seit jeher gang und gäbe ist, wo das Selbstbinden in hohem Ansehen steht, und trotzdem die Fliegenbindereien jahraus jahrein vollauf beschäftigt sind. Viele möchten ja gern ihre Fliegen oder wenigstens ihre Spezialmuster gerne

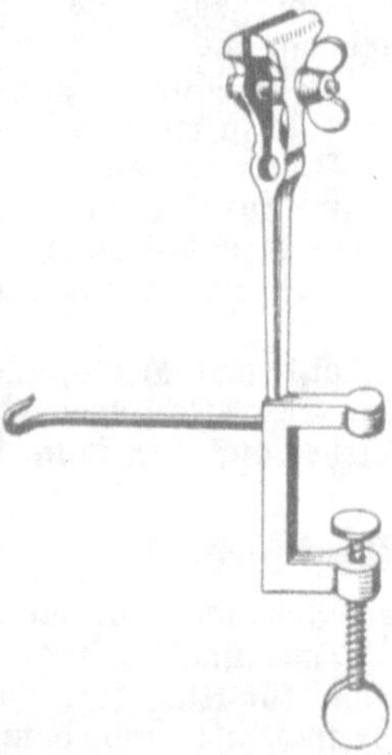

Abb. 54.

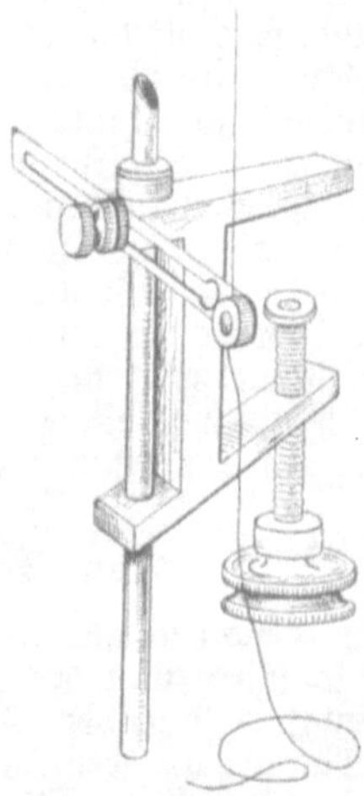

Abb. 55.

Nach Storks „Gerätekunde und Katalog".

selbst binden, wenn eben die Beschaffung des Materiales ihnen nicht so große Schwierigkeiten bereiten würde oder ihnen in der Literatur wenigstens ein Fingerzeig gegeben würde, denn wie wir im folgenden sehen werden, ist die Sache nicht so schwer wie sie aussieht.

Das Werkzeug ist ziemlich einfach und nicht unerschwinglich. Ich möchte bei dieser Gelegenheit darauf hinweisen, daß ich mit der Methode, welche im Bischoff geschildert ist, nicht einverstanden bin. Es ist das jene der berufsmäßigen Fliegenbinder, welche eine lange Übungszeit und viel Hand- und Fingerfertigkeit erfordert. Ich meine die Methode, die Fliege in der Hand ohne Anwendung eines Schraubstöckchens zu binden.

Der Fliegenbinder aus Liebhaberei, erst recht der Anfänger in dieser Kunst, wird viel mehr Vorteil davon haben, seine Fliegen am Schraubstock zu arbeiten. Es sind von diesen eine Menge Modelle am Markte, von denen ich für den allgemeinen Gebrauch das in Abb. 54 abgebildete für das beste halte, weil es allen Bedürfnissen entspricht. Wer will, kann sich noch den von Mc. Clelland angegebenen Fadenhalter (Abb. 55) anbringen lassen, was ihm jeder Mechaniker für wenig Geld besorgt. Diese Vorrichtung ist recht praktisch, erspart in vielen Fällen eine Pinzette und gewährleistet vor allem die Freiheit beider Hände, was mitunter selbst für den Geübten eine besondere Annehmlichkeit beinhaltet; ich kann ihre Verwendung sehr empfehlen. Der in Abb. 56 gezeigte Schraubstock ist besonders für die Befestigung kleiner und kleinster Haken konstruiert, gewährt infolge seiner besonderen Form allseitige Freiheit für die arbeitenden Finger, ist aber meiner Ansicht nach ein

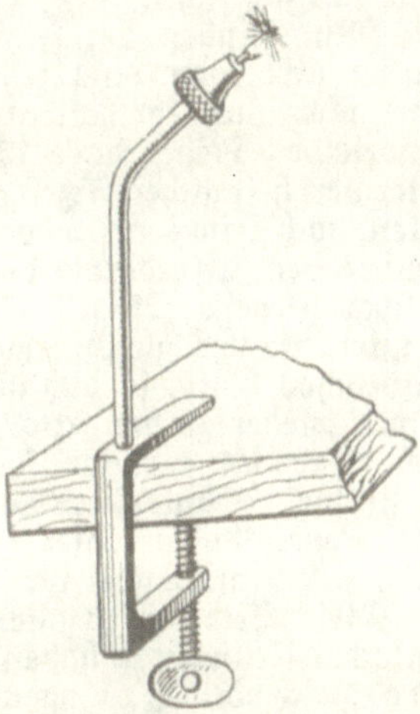

Abb. 56.

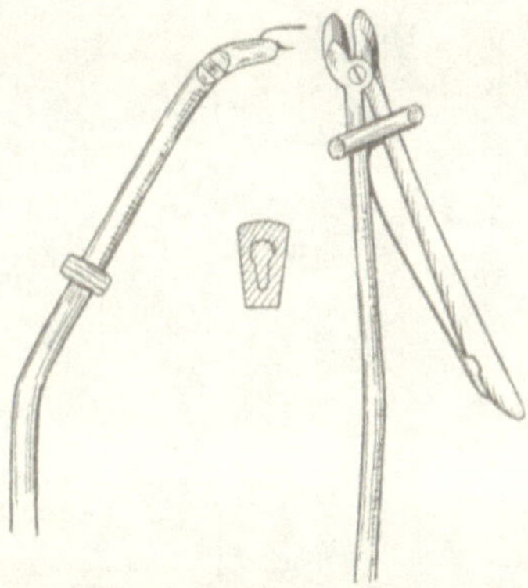

Abb. 57.

Spezialgerät, das ziemlich teuer ist und leider vielfach gerade in den haltenden Teilen schlecht und unsauber ausgeführt ist.

Besser ist der in Abb. 57 wiedergegebene Schraubstock, allerdings noch teurer. Diese Sachen könnten bei uns ebensogut, vielleicht noch besser und vor allem mindestens um die Hälfte billiger hergestellt werden. Immerhin ist diese Anschaffung nur eine einmalige Ausgabe, die sich rasch amortisiert.

An weiteren Geräten benötigt der Fliegenbinder: eine scharf und glatt schneidende Schere (Abb. 58c u. 58d), sog. Manikureschere, eine Uhrmacherpinzette (Abb. 58e) und zwei federnde Haltepinzetten (Abb. 58a). Die letzteren sind sehr gut durch die in jedem Instrumentengeschäft erhältlichen „Schieber-Peans“ kleinster Größe zu ersetzen. Ich verwende nur diese, weil sie mir handlicher erscheinen, und ziehe über die Spitzen ein Stückchen Gummischlauch, wodurch sie besser fassen und Fäden, Federn u. a. nicht schneiden.

Die vielfach empfohlene „Rauhnadel“ (Abb. 58b) ist mir entbehrlich, da sie durch die geschlossene nadelspitze Uhrmacherpinzette vollauf ersetzt wird. Wer sie aber haben zu müssen glaubt, der kaufe sich eine sog. „Präpariernadel" oder Zupfnadel, wie sie zu Mikroskopierzwecken benötigt wird — ebenfalls in einem Instrumentenladen — oder aber man bricht von einer feinsten Häkelnadel das Häkchen ab und schleift die Spitze scharf zu, wenn man sich das Werkzeug selbst oder in der Not rasch herstellen will.

All diese genannten Werkzeuge sind so kompendiös, daß man sie auch auf eine weitere Angelfahrt leicht mitnehmen kann, ohne sein Gepäck sonderlich zu überlasten, sintemal der Flugangler ohnedies die wenigsten und leichtesten Geräte und Ausrüstungsstücke mit sich führt.

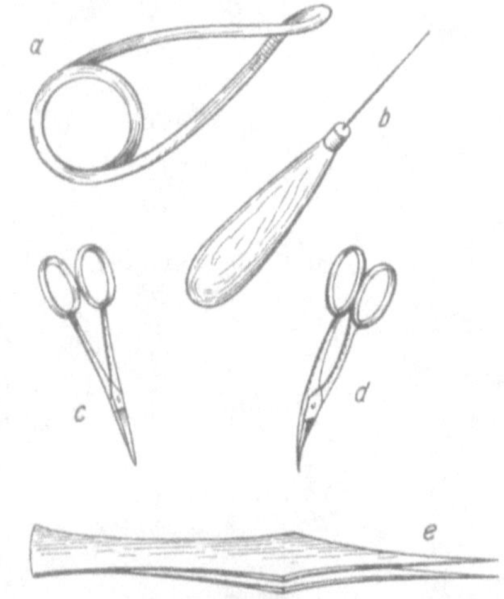

Abb. 58.

Zum Binden der Fliegen braucht man eine sehr feine, aber auch sehr haltbare Bindeseide. Leider habe ich unter den heimischen Erzeugnissen noch keines gefunden, welches dem Erfordernis der Haltbarkeit, besser gesagt Reißfestigkeit immer gleichmäßig entsprochen hätte, so daß ich immer wieder zu dem englischen Fabrikat zurückgreifen mußte, welches unter dem Namen „Pearsall's Gossamer fly tying silk" im Handel ist.

Diese Seide ist in allen Farbschattierungen zu haben; um es gleich vorweg zu sagen: ich komme mit der einen Farbe rot für alle meine Zwecke aus. In letzter Zeit habe ich eine französische Seide zur Verfügung gestellt bekommen, welche ich auch als gut bezeichnen muß — aber warum sollte unsere heimische Industrie uns das nicht auch liefern können? Ich bin überzeugt, daß sie es kann und tun wird, wenn wir Angler es auch nur einmal kategorisch von ihr verlangen.

Zum Gebrauche muß die Seide gewachst werden. Wegen ihrer Zartheit eignet sich zu diesem Zwecke nur ein flüssiges Wachs. Das beste ist das von Mc. Clelland angegebene: Terpentinöl und feinstes weißes Harz (Resina alba) werden zu gleichen Teilen im Wasserbade zusammengeschmolzen. Es ist ratsam, von ersterem etwas weniger zu nehmen als gleiche Teile. Die fertige Masse muß eine geleeartige Beschaffenheit haben. Sie wird aus dem Schmelztiegel direkt in Stannioltuben[1]) mit Schraubverschluß gegossen; in

[1]) Stannioltuben erhält man in Apotheken oder Apothekenausrüstungsgeschäften in jeder Größe. Ich empfehle jene zu ca. 10 g Inhalt, ev. noch kleiner.

diesen bleibt sie selbst durch Jahre unverändert gebrauchsfähig. Zum Wachsen bringt man eine Spur Wachs auf die Zeigefingerkuppe und zieht dann den Faden zwischen ihr und dem Daumen einigemale durch, bis er ganz durchtränkt ist.

Bei dieser Gelegenheit möchte ich erwähnen, daß ich es für vorteilhafter halte, das jeweils benötigte Stück Seide abzuschneiden, aus Gründen, welche ich später beim Binden näher besprechen will.

Für das Herstellen der Körper kommen verschiedene Materialien in Betracht. Flockseide ist das bekannteste, meistverwendete, aber nicht das beste, denn die meisten Seiden verändern ihre Farbe, sobald sie naß werden; weiß wird grau, gelb und orange dunkeln verschiedentlich nach, rot wird meist nahezu schwarz. Ich bin daher schon längst von Flockseide — außer der schwarzen — abgekommen und mache die Körper meiner Fliegen aus Wolle.

Für die großen Fliegen und solche, deren Körper dick oder rauh erscheinen sollen, verwende ich Schafwolle, für alle anderen Zwecke aber Mohair, besser gesagt, die Wolle vom Angorakaninchen.

Sie ist von Kaninchenzüchtern leicht erhältlich, 10 dkg kosten etwa 2 M. und genügen für einige hundert Fliegenleiber.

Die Wolle muß man für die verschiedenen Körper waschecht färben, was keine besondere Kunst ist.

Zu diesem Behufe verwendet man die sog. „Wollecht“-Farben. Besonders zu empfehlen und leicht zu verarbeiten sind die von der Badischen Anilin- und Sodafabrik. Es genügt vollauf, folgende Farben im Vorrat zu haben: Schwarz, Blau, Zinnober und Scharlachrot, Gelb in zwei Nuancen, und zwar Gummigutt und Neapelgelb, und ein leuchtendes Orange und Rostbraun. Von Schwarz gibt es Sorten, die nach dem Färben graustichig trocknen, man probiere daher die Färbung aus. Kostspielig ist das Verfahren nicht, denn an sich sind die Farben nicht teuer und größere Quantitäten als 1 bis 5 g braucht man nicht sich einzuwirtschaften, so daß auch einige mißlungene Färbeversuche bzw. die Ausscheidung einer unbrauchbaren Farbensorte keine Belastung der Börse bedeutet.

Durch Mischen von Blau mit Gelb erhält man Grün, von Blau mit Rot Violett, von Rot mit Gelb Orange, von Schwarz mit Blau Grau und von Schwarz mit Rot Braun. Das Mischungsverhältnis ist für jede Farbensorte ein anderes, so daß sich darüber keine Regel aufstellen läßt und der gewünschte Farbenton einfach auf dem Wege wiederholter Probefärbungen gefunden werden muß. Nur das eine wäre zu betonen: Es ist nicht ratsam, zu dunkel zu färben. Vor dem Einfärben müssen sowohl Wolle wie auch Federn, welch letztere auch des öfteren nicht von Natur aus die richtige Farbe haben, die wir brauchen, von Fett und Schmutz befreit werden.

Dies geschieht, indem man sie in einer starken Sodalösung durch einige Zeit kocht, nach dem Kochen spült man sie dann in reinem, möglichst weichem Wasser ab und aus, worauf sie getrocknet werden.

Die Farblösung wird hergestellt, indem man eine Messerspitze (große Klinge eines Taschenmessers) voll in 1/4 l Liter kochenden Wassers, welches möglichst weich sein soll — also Fluß- oder Regenwasser — löst. Bei Farbmischungen nimmt man von jeder Farbe gleich viel bzw. von einer mehr oder weniger, je nach dem Ton, den man zu erzielen wünscht. So wird Grün mit mehr Gelb heller als solches mit mehr Blau, Violett leuchtender mit mehr Rot usf.

Zu der Lösung fügt man einen Eßlöffel starken Essig bzw. einen halben Löffel Essigsäure hinzu.

Die nach dem vorbeschriebenen Verfahren gereinigten und entfetteten Federn, Wolle usw. legt man nun in diese Lösung und kocht sie darin auf schwachem Feuer eine halbe Stunde. Im allgemeinen trocknen die Sachen etwas lichter auf, als die Farblösung ist.

Manche Fliegenkörper werden von Pelzhaar gemacht. Ich kann dem Leser gleich verraten, daß er mit zwei Sorten vollständig auskommt, nämlich mit der hellen und dunklen Wolle vom Gesicht des Hasen bzw. noch der schwarzbraunen am Grunde der Ohren desselben und mit Maulwurfhaar. Letzteres bekommt man beim Kürschner als Abfall, ersteres kann man sich mühelos von einem Küchenhasen abschneiden.

Ein sehr gutes Material für Körper ist auch der Gärtnerbast, welchen man sogar in allen Farben erhalten kann.

Weiters sind Federkiele ein prachtvolles Material, besonders in den Farben Schwarz und Braun bzw. Rotbraun. Man zieht zu diesem Behufe einfach die Federfahne einer Hechelfeder ab und preßt den Kiel zwischen den Zähnen oder den Nägeln des Daumens und Zeigefingers durch Hindurchziehen in der Weise flach, daß die farbigen Teile oben und unten liegen, umsäumt von der abgezogenen weißen Seite. Beim Aufwinden auf den Haken entsteht dann eine schöne weiße Ringelung, analog den Ringen am Insektenleib.

Zu demselben Zwecke verwendet man auch die Seitenfibern der Pfauenfeder, von denen man die feinen Härchen abgestreift hat. Ich werde darauf noch bei der Bindeweise der einzelnen Fliegen zurückkommen.

Um die Segmentierung oder Ringelung des Insektenleibes zu kopieren, verwendet man Seidenfäden verschiedener Farbe, aber auch mit besonderer Vorliebe Gold- und Silberlametta, welche als Christbaumschmuck unter dem Namen „Engelhaar" bekannt ist, sowie Gold- und Silberdraht. Letzteren kann man bei Saitenerzeugern in verschiedenen Stärken erhalten. Außer dem Vorgenannten kommen noch Fibern der Straußenfeder und solche vom Pfau in Verwendung; auch Pferdeschweifhaare in verschiedenen Farben sind zu diesem Zwecke sehr gut zu gebrauchen.

Die Schwanzfäden von Ephemeriden imitiert man durch Fibern von Hahnhecheln oder auch solche aus der Fasanenstoßfeder.

Für den Schweif der großen Glanzfliegen nimmt man leuchtende Federn exotischer Vögel.

Als Material für die Beine oder Hechel kommen in erster Linie die Halshechelfedern des Haushahnes in Betracht, welche man in allen Farben vom reinsten Weiß bis zum tiefsten Schwarz naturfarbig haben kann. Allerdings sind die schwarzen Hechel fast immer so dünnfibrig, daß es vorteilhaft ist, sich weiße schwarz zu färben. Die schönsten Hechel trägt der Hahn im Frühjahr und im Winter — jeweils nach der Mauser —, worauf man beim Sammeln zu achten hat. Mauserhechel sind mißfarbig, glanzlos und morsch.

Eine besondere Gattung von Hecheln, die sich durch hervorragende Elastizität und Stärke der Fibern auszeichnen, liefert der sog. Kampfhahn, der zum Zwecke des Hahnenkampfes in manchen Ländern speziell gezüchtet wird; leider sind solche Federn sehr schwer zu haben.

Als „Ofenhechel" (Furnace hackle) bezeichnet man eine Hahnhechel, die innen dunkel (schwarz oder schwarzgrün) und außen rot bzw. gelb- oder rotbraun gefärbt ist, als „Dachshechel" eine solche mit dunklem innern und weißlichem oder gelbem Rande (Badger hackle).

Die Halsfedern der Henne sind auch verwendbar, aber sie sind weich und speziell für die Herstellung von Trockenfliegen ungeeignet.

Dasselbe gilt für die Federn vom Rebhuhn, der Waldschnepfe, des Wasserhuhnes u. v. a.

Sehr beliebt sind als Hechel die Brust- und Schulterfedern verschiedener Wildentenarten, die je nachdem grau oder braun mit weiß gebändert oder gesprenkelt sind, ebenso die Kragenfedern des Perlhuhnes.

Zum Nachbilden der Flügel verwendet man entweder ganze Federn oder aber Ausschnitte aus der Fahne der Schwungfedern, wozu die von Staren, Tauben, Fasanen, Schnepfen, Enten u. v. a. Verwendung finden.

In früherer Zeit hatte ich oft Mühe und Plage, das geeignete Material für die Flügel zu beschaffen. Seit ich mich zu der Erkenntnis durchgerungen habe, daß es einfach unsinnig ist, ein so zartes und transparentes Gebilde wie den Flügel eines Insektes mit so derbem und undurchsichtigem Material zu imitieren, wie es Federfahnen sind, und deshalb ganz und ausschließlich zur Verwendung von Hechelfliegen übergegangen bin, ist für mich die Frage der Beschaffung von Material für Flügel bedeutungslos geworden. Wenn ich trotzdem hier darüber spreche und im folgenden auch das Binden der Flügel besprechen und erläutern werde, so tue ich es nur der Vollständigkeit halber, um nicht den Vorwurf hören zu müssen, ich hätte aus Abneigung oder Bequemlichkeit dem oder jenem das Binden geflügelter Fliegen vorenthalten.

Ehe ich weitergehe, will ich noch einiges über das Aufbewahren der Materialien sagen. Wolle, Federn und Pelz sind beliebte Ansiedlungsorte für Motten, daher soll man diese Sachen, nach Farben sortiert, in gut schließenden Schachteln, welche etikettiert sind, verwahren und diese wieder in einem gut schließenden Blechkasten. Für die Reise genügen kleine Quantitäten zum Mitnehmen, welche alle in einer Schachtel Platz haben.

In englischen Katalogen findet man verschiedene Modelle solcher Materialkasten mit und ohne Ausstattung und Inhalt für jede Art der Fliegenbinderei angezeigt. Die Anordnung ist sinnreich und recht praktisch, aber auch respektabel teuer. Wer sich die Mühe nimmt, das lesenswerte Büchlein von Mc. Clelland „How to tie trout and grayling flies" zu lesen, wird darin eine Anleitung zur Herstellung eines Materialkastens finden, die sehr empfehlenswert und billig ist.

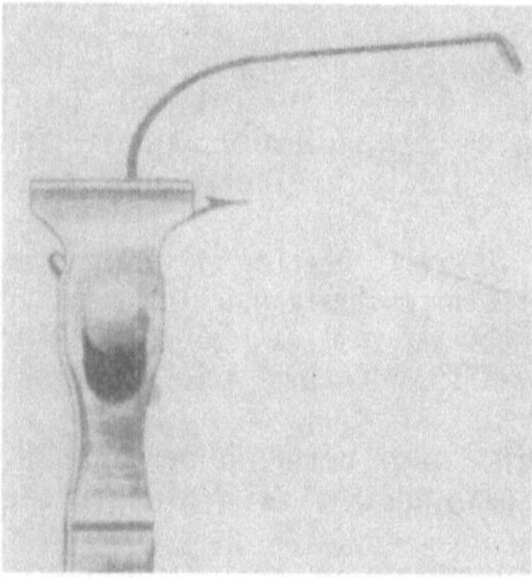

Abb 59.

Und nun wollen wir vom Fliegenbinden selbst sprechen.

Aller Anfang ist schwer, auch hier; Beharrlichkeit, guter Wille und Freude am Tun werden aber die anfänglichen Schwierigkeiten bald besiegen und fortschreitende

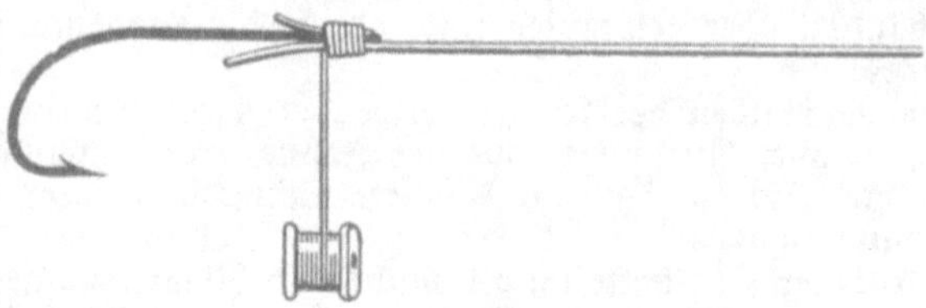

Abb. 60.
Aus Storks „Gerätekunde und Katalog".

Übung und damit verbundene erhöhte Geschicklichkeit werden immer bessere Erzeugnisse liefern.

Vor allem mache sich der angehende Fliegenbinder zwei Dinge zum Prinzip: Exaktes und sauberes Arbeiten und — nicht nervös werden, wenn etwas nicht gleich nach Wunsch und Willen gerät.

Es ist gut, wenn man sich im Anfang nur das Material für eine Fliegenart herauslegt und sich angewöhnt, die Hilfsinstrumente stets in gleicher Ordnung auf den Tisch auszulegen, so daß man blind hingreifen kann, um das Gewünschte zu erfassen.

Da es sich um Kleinarbeit handelt, ist gute Beleuchtung eine Hauptsache. Man arbeite womöglich nur am Tage und trachte womöglich noch durch einen Reflektor (ein Stück weiße Pappe o. dgl.) mehr Licht auf das Arbeitsfeld zu werfen, wenn die Beleuchtung ungünstig oder zu einseitig ist.

Wir wollen mit dem Binden der einfachsten Fliege, einer Hechelfliege ohne Schwanz usw., beginnen.

Wir schrauben den Schraubstock an die Ecke unseres Arbeitstisches und spannen in ihn einen Haken mittlerer Größe — etwa Nr. 5 neuer Skala — derart ein, daß die Backen des Schraubstockes den unteren Teil des Bogens mit der Spitze voll erfassen und der Schenkel nach rechts zeigt, wie in Abb. 59. (Der besseren Anschaulichkeit halber wurde bei der Aufnahme ein ganz großer Haken gewählt.) Zu beachten ist, daß der Hakenschenkel richtig wagrecht liege, andernfalls ist das Abrutschen der Windungen zu befürchten [1].

Jetzt schneiden wir uns eine entsprechende Länge Anwindeseide mit der Schere ab. Ich betone das Abschneiden, denn beim Reißen wird die Faser des Fadens gezerrt und überdehnt. Dadurch verliert nicht nur der ohnedies zarte Faden viel von seiner Festigkeit, sondern er bekommt auch noch eine erhöhte Neigung zum Rollen, was beim Arbeiten ungemein störend ist. Für mittelgroße und kleine Fliegen genügen 35 cm. Der abgeschnittene Faden wird in der schon beschriebenen Weise mit dem flüssigen Wachse [2]) getränkt, wobei ihm durch das Durchziehen zwischen den Fingerkuppen viel von der Neigung zum Rollen genommen wird. Ich bin davon abgekommen, den Faden von seiner Rolle fallweise abzuziehen und diese als Beschwerung bzw. Spanngewicht wirken zu lassen — vgl. Abb. 60 —, wie es oft gelehrt wird.

An und für sich ist das Holzröllchen viel zu leicht, um den Faden in Spannung zu halten, und leistet dem Rollen desselben eher noch Vorschub, weil der fixierte Faden sich nicht „auslaufen" kann. Der Materialverlust, welcher durch das Fortwerfen des unverbrauchten Fadenendes nach dem Abschluß einer Fliege entsteht, spielt doch beim Liebhaberfliegenbinden keine Rolle. In Wirklichkeit ist die Arbeitsweise mit dem ganzen Faden jene der berufsmäßigen Fliegenbinder, welche billige Massenware herstellen; hierbei wird auch vielfach nicht einmal der Faden gewachst, so daß die Fliege ihren ganzen Halt in dem Tröpfchen Firnis besitzt, das auf den Schlußknoten am Kopfe aufgetragen ist.

Wenn ich auch einer Kunstfliege keinen Ewigkeitswert zumesse, so solid soll sie doch gebunden sein, daß sie sich nicht sofort nach dem

[1]) Es ist einleuchtend, daß ein Linkshänder ohne weiteres die ihm besser passende verkehrte Anordnung treffen kann, da die hier gegebenen Anweisungen für Rechtshänder gemeint sind.

[2]) Die Finger reinigt man von anhaftendem Wachse mit einem Terpentin getränktem Läppchen.

Fangen einiger Fische oder wenn der Firnisüberzug am Kopfe defekt wird, in ihre Urbestandteile auflöst.

Wir legen nun den Faden etwa 1 bis 2 cm mit Daumen und Zeigefinger an den Hakenschenkel, so daß je nach der Größe des Hakens 4, 5 bis 10 mm vom Öhr weg frei bleiben, und winden nun straff und sauber, Windung an Windung über das Fadenende zurück gegen den Hakenbogen. Nach einigen Windungen — je nach Hakengröße 4 bis 10 — schneiden wir das freie Endchen glatt ab, führen die Windungen in gleicher Richtung weiter bis nahe an den Beginn des Bogens und spannen den Faden durch Anhängen der Pinzette. Da durch das Winden der Faden gerne zu rollen beginnt, ist es gut, ihn vorerst durch Ausstreichen zwischen den Fingerspitzen zu strecken, dann erst die Pinzette anzuhängen und zu warten, bis die rückläufige Drehung aufgehört hat, ehe man weiterarbeitet. Auch im Verlaufe der weiteren Arbeit ist es ratsam, das Ausstrecken und Ausrollen zu wiederholen, ganz besonders aber vor dem Anlegen des verborgenen Endknotens, denn wenn sich hierbei der Faden rollt, reißt er nahezu sicher beim Festziehen.

Ich kann es nicht oft und eindringlich genug sagen, daß von der sauberen und festen Fadenlegung allein nicht nur die Haltbarkeit und Lebensdauer der ganzen Fliege abhängt, sondern auch das störungsfreie Arbeiten, weil man sich bald davon selbst überzeugen kann, daß im gegenteiligen Falle sich mitunter die ganzen Teile um ihre Achse zu drehen beginnen, ja oft die ganze Fliege sich aufrollt.

Nun gehen wir daran, den Körper der Fliege zu bilden.

Nehmen wir zuerst den einfachsten Fall an: Wir wollen ihn aus Floßseide oder einem Wollfaden herstellen. Zu diesem Behufe schneiden wir uns ein 5 bis 6 cm langes Stück davon ab, dessen eines Ende wir durch zwei bis drei feste, saubere Windungen in der Verlängerung der bisher gemachten am Hakenschenkel festmachen. Ich empfehle es wärmstens, die Pinzette abzunehmen und den Faden frei in der Hand zu führen. Nach Anlegung dieser Windungen hängen wir die Pinzette wieder an und schneiden das überstehende kurze Endchen ganz knapp an der Bindung mit der Schere glatt und sauber weg. Hierauf nehmen wir die Pinzette ab und führen die Anwindeseide in engen Spiralen zurück gegen das Hakenöhr bis zum Ausgangspunkte, unter Umständen nicht ganz so weit, worauf wir wieder die Pinzette einhängen. Bei Gebrauch der Fadenklemme legt man den Faden in ihr fest.

Jetzt windet man das Körpermaterial in gleichmäßigen Windungen gegen das Öhr auf den Hakenschenkel bis zu dem Punkte, wohin man die Anwindeseide geführt hat, und hält die letzte Windung fest, indem man das Material nach oben senkrecht zum Haken zieht und macht mit der Seide zwei Windungen um sie herum; besser ist es noch, zwei Windungen und eine halbe Schleife zu machen, das hält unverrückbar fest. Nachdem man den Seidenfaden mit der Pinzette beschwert hat, schneidet man das überschüssige Ende des Körpermaterials glatt ab.

Wenn man den Körper aber aus Wolle oder Mohair oder Pelzhaar bilden will, muß man anders verfahren. Von Wolle oder Mohair zupft man ein Flöckchen ab und rollt es um den Seidenfaden mit Hilfe der Spitzen des Daumens und Zeigefingers — je nach der Größe der Fliege 1 bis 2 cm lang — locker auf. Es genügt ein geradezu winziges Quantum, dessen Größe man durch Übung bald kennenlernt. Pelzhaar wird ebenso angebracht (der richtige Ausdruck dafür lautet „angewuzelt").

Sodann wird der Seidenfaden samt der Auflage in knappen Windungen gegen das Öhr geführt bis auf die Ausgangsstelle; überschüssiges Material wird einfach abgestreift und zwei Windungen und eine halbe Schleife beenden den Vorgang.

Will man einen zweifarbigen Körper machen oder einen sog. Schweifknoten in anderer Farbe, dann wird naturgemäß zuerst das eine Material angedreht und angewunden, dann erst das andere. Soll der Leib der Fliege rauh erscheinen, so wird mit Hilfe der „Rauhnadel" oder mit der Spitze der geschlossenen Uhrmacherpinzette das Material aufgezupft.

Für einen Schwanzknoten in roter, gelber oder oranger Farbe genügen zwei bis drei Windungen. Ist der Körper zu dick geraten, dann kann man mit der Schere so viel abtragen, als man für nötig erachtet, außer man beabsichtigt, eine besonders dicke Fliege zu binden. Die Leiber der Raupenfliegen oder Palmer und die der Käfer werden aus den Fibern der Pfauenschweiffeder gemacht. Man bindet 5 bis 8 oder mehr solcher Fibern mit dem dünnen Ende dort ein, wo man sonst das Körpermaterial einbindet, dreht sie sodann zu einem Strang zusammen, den man mit der Pinzette faßt, um sein Aufrollen zu verhindern, und windet ihn dann bis zum gewünschten Punkte hinauf um den Haken. Hier empfiehlt es sich, die Anwindeseide nicht unter dem Körper, sondern über diesen hinweg zurückzuführen, weil er dadurch viel größere Haltbarkeit bekommt, oder aber beim Anwinden des Körpers so zu verfahren, wie es im folgenden bei der Anwindung der Hechel beschrieben wird.

Man mache es sich zur Regel, die Leiber der Fliegen im allgemeinen so zart und schlank wie möglich zu formen. Es wird natürlich im Anfang nicht immer nach Wunsch gelingen, aber mit zunehmender Übung wird das Gefühl für die richtige Menge einzuarbeitenden Materials immer sicherer.

Soll der Körper eine Rippung bekommen, dann muß man das Material dafür — Seidenfaden, Lametta, Draht usw. — mit 2 bis 3 Windungen einbinden, ehe man das Körpermaterial anbringt. In solchen Fällen darf man aber die Grundwindung nicht zu weit gegen den Hakenbogen herunterbringen, sondern muß sie um so viel eher beenden, als man Materialien oder Teile einzubinden hat, weil für jeden mindestens zwei Windungen benötigt werden.

Wichtig ist es auch, die Reihenfolge einzuhalten, in der die Teile eingebunden werden: sind Schwanzfäden einzubinden, dann kommen erst diese, nach ihnen das Rippungsmaterial, dann das für einen ev. Schweifknoten oder eine Körperhechel, zuletzt das für den Körper.

Ich will hier gleich auch über die Zahl und Länge der Schweiffäden sprechen: Im allgemeinen nimmt man deren nur zwei, höchstens drei und nimmt sie ungefähr eineinhalb- bis dreimal so lang als den Fliegenkörper, wenn es sich um die Nachbildung eines Ephemeridenleibes handelt. Zum Binden jener Fliegengattungen, welche die Engländer als „Lake trout flies" bezeichnen, verwendet man Fibern aus der Kragenfeder des Goldfasans, und zwar 6 bis 10 von der Länge des Fliegenkörpers.

Das Rippungsmaterial wird erst nach Vollendung des Leibes über diesen in gleichmäßigen Spiralen geführt, ebenso die Körperhechel. Bei gleichzeitiger Anlegung einer solchen und einer Rippung windet man erst die Hechel an und führt dann erst die Rippung über diese. Mit der Nadel werden dann die in falscher Stellung befindlichen Fibern der Hechel hervorgeholt.

Ich habe es für besonders vorteilhaft gefunden, bei Verwendung von Lametta oder Draht vorerst zwei bis drei Windungen davon um den Hakenschenkel zu machen, ehe man auf den Körper geht, es ist vielleicht eine Imitation eines Eies, das das Insekt eben legen will, jedenfalls habe ich gefunden, daß diese Zugabe die Fliege bedeutend fängiger oder begehrenswerter macht.

Wenn die Fliege mit Schwanzfäden versehen ist, so muß man die Windungen u n t e r diese legen. Man erzielt dadurch ein schönes Abstehen derselben, wie es die Insekten tatsächlich aufweisen.

Ist man mit der Rippung oder Körperhechel am oberen Körperende angelangt, wird sie durch zwei Windungen und eine Halbschleife festgemacht, der Rest abgeschnitten.

Wenn die Fliege bis hierher korrekt gebunden war, so muß e i n V i e r t e l der ganzen Hakenschenkellänge noch frei sein, um Hechel, ev. auch noch Flügel oder unter Umständen auch noch einen Kopf binden zu können und trotzdem ein freies Ohr zu behalten.

Dieser Punkt wird in allen mir bisher bekannten Anleitungen nicht betont, und doch halte ich ihn für enorm wichtig, denn Maßangaben nach Millimetern sind irreführend, schon deshalb, weil gleiche Hakengrößen verschiedener Fabrikate ungleich lange Schenkel haben.

Nach meinen Erfahrungen ist es absolut kein Fehler, wenn nach Fertigstellung der Fliege ein nackter Raum von 1 bis 2 mm zwischen Kopf und Öse vorhanden ist, im Gegenteil, das Gut sitzt dann wirklich fest und faßt den Haken rund um die Öse. Schlecht dagegen ist eine Fliege gebunden, bei welcher das Ohr in Hecheln und Flügeln geradezu vergraben ist und man nicht weiß, wo man den Verbindungsknoten anlegen soll.

Die nächste Arbeit ist das Anbinden der Hechel oder Beine.

Wir wählen die zur Fliege passende oder gewünschte Farbe. Die Größe der Hechel bestimmt die Länge des Hakenschenkels, welcher die der Hechelfiber höchstenfalls gleich sein soll; oft ist es besser, sie kürzer zu nehmen. Von der Hechel schneidet man den kieligen Teil mit dem Flaum ab und stutzt auf etwa 1 bis 1½ cm Länge die Fibern entlang des Kieles knapp an diesem zu (Abb. 61). Es ist besser, die Fibern zu beschneiden als sie abzureißen, weil im ersten Falle der gleichsam bürstenartig rauhe Kiel nicht aus der Bindung herausrutschen kann. Die Feder an der Spitze festhaltend,

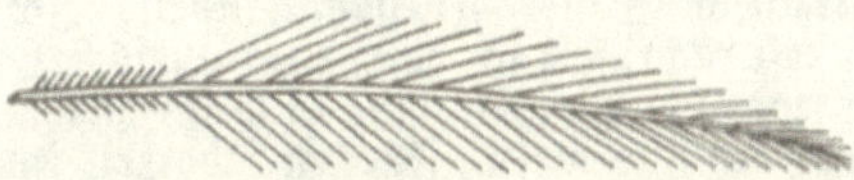

Abb. 61.

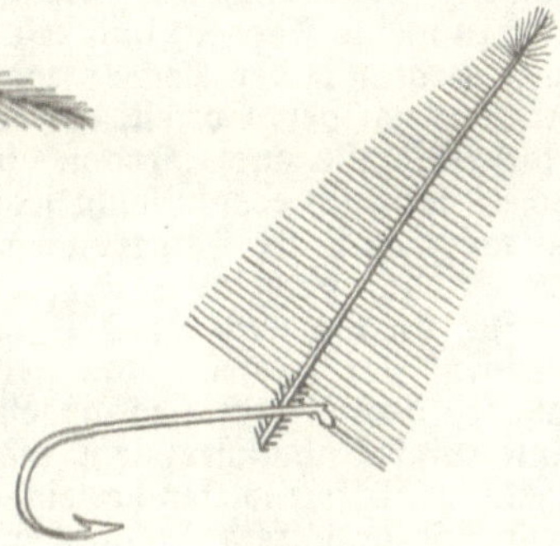

Abb. 62.

streicht man zwischen Daumen und Zeigefinger der anderen Hand die Fibern zurück, so daß sie wagrecht vom Kiel abstehen wie in Abb. 62.

Nun legt man die Hechel derart an den Haken, wie es Abb. 62 zeigt, wobei darauf zu achten ist, daß die lebhaft gefärbte, glänzende Seite der Federfahne nach vorn, also nach dem Ohr sieht, legt über beide drei, bei sehr kleinen Fliegen nur zwei Windungen nach vorn und eine hinter die Hechel, worauf die Anwindeseide wieder mit der Pinzette beschwert und das Endchen des Kieles knapp an der Bindung abgeschnitten wird. Wer ganz sicher gehen will, kann statt der Windungen nach vorn Halbschleifen anlegen, was die Feder entschieden unverrückbar festhält.

Mit einer zweiten Pinzette faßt man sodann das Ende der Feder und führt diese in gleichmäßigen Windungen nach dem Ohr zu um den Hakenschenkel, und zwar so, daß die Hechel einmal vor, das nächstemal hinter dem Seidenfaden herumgebracht wird, wodurch dieser in die Windungen hineinkommt, was zu ihrer Haltbarkeit enorm viel beiträgt. Man tut sich besonders im Anfang leichter, wenn man bei dem Umwinden der Hechelfeder die Hände wechselt, d. h. von oben her mit der Rechten die Pinzette haltend, diese unten der Linken übergebend usf. Nicht zu vergessen ist, daß man die Fibern des bereits angewundenen Teiles immer bei jedesmaliger Umwindung gut zurückstreife und in dieser Stellung festhalte, bis die Windung vollendet ist. Das verhindert, daß abstehende Fibern in die folgenden Touren eingebunden werden. Hier und da kommt es doch vor, dann muß man trachten, die eingebundenen Fibern mit der Nadel herauszuziehen und in ihre Stellung zurückzubringen.

Die Zahl der Windungen richtet sich danach, ob die Hechel reich oder arm an Fibern ist bzw. nach der Stärke dieser, ferner danach, ob man eine „nasse" oder „trockene" Fliege, mit oder ohne Flügel binden will, ferner ob man einfache oder doppelte Hechel, wie z. B. bei den Hechel-Maifliegen u. a., anbringen will.

Englische Autoren, besonders Pennell, verlangen, daß die Fliege mit möglichst magerem Leib und sehr sparsamen Hecheln verfertigt werde. So sehr ich mit der ersteren Forderung einverstanden bin, der letzteren kann ich nur bedingungsweise zustimmen, insoweit, als es sich um spezifisch „nasse" Fliegen handelt. Ich binde in meine Fliegen, und erst recht, seit ich ganz zum ausschließlichen Gebrauch der Hechelfliege übergangen bin, reichlich Hechel ein. Das hat den Vorteil, daß ich alle meine Fliegen jederzeit im Erfordernisfalle auch „trocken" fischen kann. Einen Überschuß an Hecheln kann ich ebenso leicht jederzeit durch Auszupfen entfernen; also möchte ich die Forderung dahin modifizieren: Magerer Leib, aber reichlich Hecheln.

Ich möchte noch eines Umstandes Erwähnung tun: des Beschneidens der Hechel. Man sieht des öfteren Fliegen, besonders Palmer, deren Hechel so abgestutzt sind, daß die Fliege einem Maurerpinsel ähnlicher sieht als einem Insekt. Abgesehen vom ästhetischen Effekt wirken derlei Fliegen auch nicht besonders fängig. Wenn ich auch kein fanatischer Anhänger der Naturgleichheitstheorie bin, so bin ich anderseits doch dafür, das Insekt so weit zu kopieren, daß wenigstens eine Angleichung an seine Naturform erreicht wird und seine Silhouette gewahrt bleibt. — Ist nun die nötige Zahl der Umwindungen erreicht, so gehen wir daran, die Hechel festzumachen. Zu diesem Behufe müssen wir sie nach oben festhalten, die Fibern mit der Hand gegen den Hakenbogen zurückdrücken und den Seidenfaden in zwei bis drei Windungen fest über den Kiel legen. Ich mache gewöhnlich auch noch eine halbe Schleife. Der Faden wird wieder mit der Pinzette beschwert und dann erst der Rest der Feder knapp an der Bindung abgeschnitten.

Wenn nun eine einfache Hechelfliege gebunden werden soll, ist diese jetzt fertig; es erübrigt sich nur noch, die Bindung durch den verborgenen Knoten zu schließen, dessen Schürzung Abb. 63 veranschaulicht.

Da seine rückläufigen Touren jene der letztangelegten Windung überdecken, ist ein ausgezeichneter Halt gewährleistet. Billige Handelsfliegen sind meistens nur mit einer bis zwei Halbschleifen geschlossen und den Halt besorgt der Lack am Schlußknoten. Ich rate jedem, diesen Verschluß nicht zu wählen, sondern die Schürzung des soliden verborgenen Knotens zu lernen, der im Notfalle auch ohne Firnis unverrückbar hält.

Wenn eine doppelte Hechel angebracht wird — z. B. beim Binden von Maifliegen —, wird die zweite nach Schluß der ersten genau so eingebunden wie diese, nur muß man die Fibern der unteren Hechel stets gut zurückstreifen und in dieser Stellung festhalten, damit sie nicht in die obere eingewunden werden. Aber auch auf das Zurückstreifen und Festhalten der Fasern der Oberhechel darf aus den angeführten Gründen beim Binden nicht vergessen werden! Der vorhin beschriebene Händewechsel ist hierbei noch wichtiger, weil die andere Hand auch noch dies Halten der Fibern zu besorgen hat. Es ist ratsam, die Anwindung der unteren Hechel mit drei Halbschleifen statt mit einfachen Windungen zu beschließen und die Fixierungsknoten der oberen Hechelfeder über diese zu legen. Wer seine Fliegen besonders haltbar machen will, kann auch die Schlußwindung der ersten Hechel firnissen.

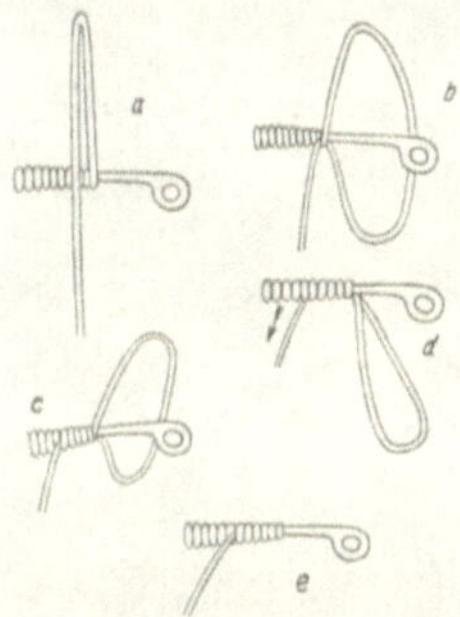

Abb. 63.

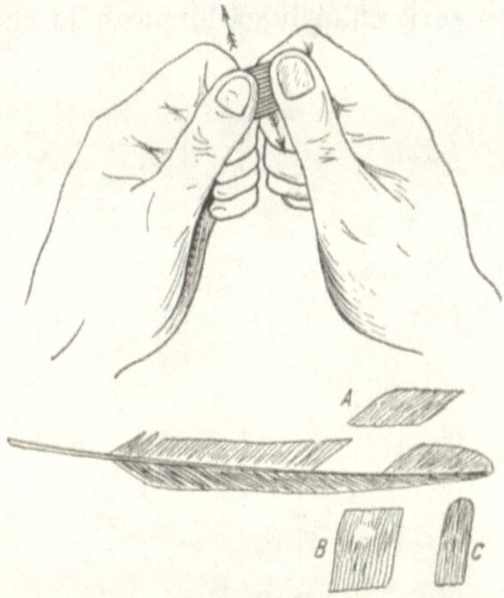

Abb. 64.

Will man eine „geflügelte" Fliege herstellen, so muß man sich die Flügel in der erforderlichen Größe vorbereiten. Zu manchen Fliegen verwendet man ganze Federn, zu manchen, besonders zu den Glanz- oder Lachsfliegen, ein Gemisch von Fibern verschiedener Federn, die Mehrzahl der Fliegen trägt aber nur Ausschnitte aus Federfahnen, welche man, wie Abb. 64 unten zeigt, aus je einer rechten und einer linken symmetrisch herstellt, damit die Fibern aufeinanderliegen und sich nicht kreuzen.

Es ist wichtig, die Flügel erst „auszurichten". Das geschieht, indem man zuerst je einen rechten und einen linken Ausschnitt mit den stumpffarbigen Innenseiten aufeinanderlegt, sodann die Enden zwischen Daumen und Zeigefinger beider Hände nimmt, leicht anzieht und in einer Ebene hin und her bewegt, wodurch sich die Fasern strecken (Abb. 64 oben).

Wenn man „doppelte" Flügel binden will, wie sie für die Trockenfliegen der größeren Steifigkeit und des Aufrechtstehens halber in Verwendung sind, verfährt man folgendermaßen: Man schneidet die einzelnen Teile aus der Fahne in doppelter Breite des zu bildenden Flügels, faltet jeden einzelnen Teil der Länge nach in der Mitte zusammen, so daß die glänzenden Oberflächen nach außen stehen, und richtet jetzt jede Flügelhälfte für sich in der angegebenen Weise aus. Dann erst legt man die beiden Flügel zum Anbinden aneinander.

Dieses erfolgt, indem man den ausgerichteten und fertig gelegten Flügel, nachdem man zuvor die Hechelfibern gut zurückgestreift hat, an den Hakenschenkel anpreßt, ihn zwischen Daumen und Zeigefinger haltend und den Hakenschenkel mit in die Fingerspitzen fassend (Abb. 65). Den Anwindefaden führt man nun zwischen Fingern und Flügel hindurch, so daß er über letzterem einen Bogen

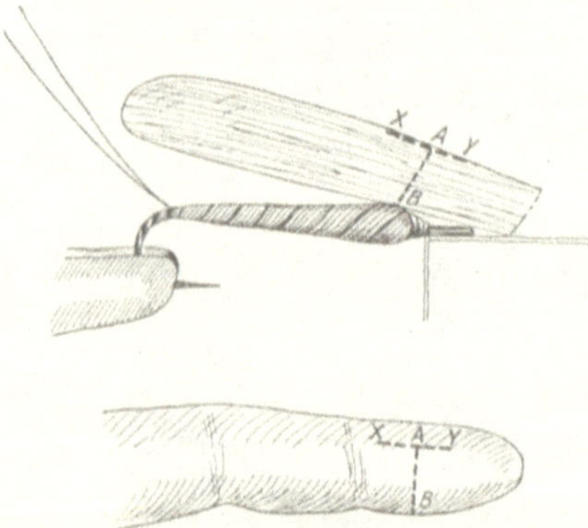

Abb. 65.

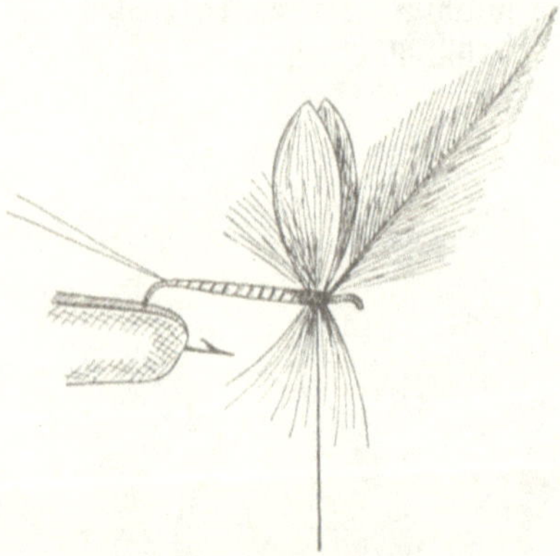

Abb. 66.

macht, achtet darauf, die Fasern nicht zu verschieben, d. h. der Fingerdruck muß immer gleich bleiben und zieht sodann, während die Finger noch immer fest Flügel, Faden und Hakenschenkel zusammenpressen, den Faden fest nach unten, wodurch sich die Federfasern senkrecht aufeinanderlegen; dann macht man noch eine Windung über die erste, immer noch die Finger zusammengepreßt haltend, und läßt erst mit dem Pressen aus, wenn die zweite Windung beendet ist. Hierauf macht man zwei Halbschleifen, schneidet das überstehende Ende der Flügelfedern ganz glatt an der Bindung weg, führt den Faden hinter die Flügel, macht zwischen ihnen und der Hechel eine bis zwei Windungen und führt den Faden wieder nach vorn, um die Fliege mit dem verborgenen Knoten zu schließen.

Das ist die Bindeweise für die gewöhnliche „einflügelige“ oder „nasse“ Fliege. Anfänger tun sich leichter, wenn sie erst die Flügel, und erst nachher die Hechelfeder einbinden. Das Binden von geflügelten Trockenfliegen — „doppelflügeligen“ oder „Fliegen mit gespaltenen, aufrechtstehenden Flügeln“, um die landläufigen

Katalogbezeichnungen zu gebrauchen — unterscheidet sich von der vorbeschriebenen Bindeweise merklich.

Gleichbleibend ist nur die Bindung des Körpers und die Rippung sowie die Anbringung allfällsiger Schwanzfäden.

Um „doppelflügelige" Fliegen zu binden, werden Hechelfeder und Flügel gleichzeitig eingebunden und die Bindung mit dem verborgenen Knoten gesichert (Abb. 66). Jetzt spaltet man die beiden Flügelhälften auseinander, indem man mit der Nadel oder der Spitze der Uhrmacherpinzette zwischen sie hineingeht und mit den Fingern die Flügel zur Seite biegt. Hierauf erst faßt man die Spitze der Hechelfeder in die Klemmpinzette und führt sie in Touren von der Form einer 8 um und zwischen den Flügeln hindurch.

Nach Anlegung einer genügenden Anzahl Touren wird die Hechelfeder vor den Flügeln in der schon beschriebenen Manier festgebunden, abgeschnitten, und die Anbringung des verborgenen Knotens vollendet das Werk.

Anfänger werden vielleicht die nachstehende Arbeitsweise bequemer und leichter finden, denn ich gebe zu, daß viel Übung dazu gehört, bei diesen meist sehr kleinen Fliegen die richtigen Maße zu treffen, innerhalb deren Flügel und Hechel anzubringen sind, um genug der letzteren anwinden zu können und trotzdem genug Platz für den Schlußknoten und ein freies Ohr zu behalten.

Bei dieser Art, Trockenfliegen zu binden, beginnt man mit dem Einbinden von Flügeln und Hechel, und zwar bindet man zuerst die Flügel an und dann erst die Hechelfeder. Nach einigen Versuchen wird man es heraushaben, wie weit die Flügel vom Ohr entfernt stehen müssen, damit Hechel und Schlußknoten richtig gesetzt werden können. Im allgemeinen wird es annähernd richtig sein, die Flügel in der ungefähren Mitte des Hakenschenkels anzusetzen. Nun gibt es zwei Arten zu arbeiten: Bei der einen werden Flügel und Hechel fertig gemacht und dann erst der Körper gebunden. Bei der anderen macht man erst den Körper fertig und bringt dann erst Flügel und Hechel in Stellung. Die letztere Methode hat vielleicht den Vorteil, daß man beim Firnissen der Körperschlußbindung die Hechel nicht mit Lack beschmutzt und auch einen Teil der diese haltenden Fadentouren in die Firnisschichte bringt.

Selbstverständlich muß man erst das Trocknen des Lacks abwarten, ehe man weiterarbeitet, was bei Verwendung von Zelluloidfirnis ca. 6—10 Minuten dauert.

Nach Beendigung dieser Tätigkeit wird der Körper mit Schwanzfäden und Rippen genau so gefertigt, wie ich es eingangs beschrieben habe, nur schließt man den Körper nicht mit dem verborgenen Knoten ab, sondern mit drei Halbschleifen, welche man vorsichtig firnißt, um ein Aufgehen zu verhindern. Ich mache das so, daß ich den Lack direkt mit einer Nadel auf den Seidenfaden auftrage und mit dem so gefirnißten Faden Windungen bzw. Schleifen mache. Da der Zelluloidlack in den Faden eindringt, ist absolute Haltbarkeit der Bindung gewährleistet. Man verwendet am besten Zelluloidlack von nicht zu dicker Konsistenz. Ich empfehle auch hierzu den schon mehrfach erwähnten „Cellire“ Varnish von Wadham, den man sich nach Bedarf mit Amylazetat verdünnen kann.

Wer sich die Zeit nimmt und seine Fliegen besonders dauerhaft herstellen will, dem empfehle ich, die jeweiligen Abschlußwindungen an Körper und Hecheln auch zu firnissen. Zelluloidlack trocknet ja, besonders in der Wärme, binnen weniger Minuten glashart ein.

Ich darf aber noch einen Punkt nicht unerwähnt lassen, nämlich die zu gebende Länge der Flügel. Es ist oft grotesk anzusehen, was manche Fabrikanten darin leisten, nämlich an übertriebener Größe. Sie berufen sich dabei auf die Forderung des Publikums — nun, über Geschmäcker will ich nicht streiten, aber da ich seit Jahr und Tag ausschließlich nur mit flügellosen Fliegen angle, habe ich für diese Zutat jeden Sinn und jede Wertschätzung verloren. Wer aber an den Flügeln festhält oder sie für unentbehrlich ansieht, dem sei gesagt, daß die Länge des Flügels jene des Hakenschenkels nicht überschreiten soll, was besonders für doppelflügelige Fliegen zu gelten hat.

Es kommt mitunter vor, daß der Anwindefaden reißt; besonders gerne ereignet sich das beim Anlegen von Schleifen und am häufigsten beim Endknoten, namentlich wenn sich der Faden unter dem Schürzen rollt. In diesem Falle hilft man sich, indem man rasch einen frischen Faden über die alten Windungen legt in der Form, wie man die Anfangswindung über den nackten Haken macht. Es hat gar nichts zu sagen, wenn der Knoten dann etwas dicker ausfällt. Der alles Gewebe durchdringende Zelluloidlack kittet das Ganze bruchfest zusammen im Gegensatz zu dem althergebrachten Schellack-Spiritus-Firnis, der bloß eine oberflächliche Decke bildet.

Im folgenden gebe ich nun eine eingehende Beschreibung davon, wie die in dem Kapitel: Die Kunstfliege besprochenen Standard-Fliegen zu binden sind, und noch von einigen als besonders wirksam bekannten anderen Mustern. Wer sich für die neuen Fliegen nach Dunne interessiert, findet in dessen Buche „Sunshine and the dry fly“ eine detaillierte Anleitung zum Binden derselben.

Die Märzbraune (March brown), männlich: Hakengröße 3—5[1]). Zwei Schweiffäden aus den gelbbraunen Fibern der Fasanstoßfeder, Leib helle und dunkle Wolle vom Hasengesicht gemischt, wollig gerauht, Rippung mit gelber Seide, auch mit Silberlametta, Hechel: ein Büschel Fibern aus der Rückenfeder des Rebhuhnes, Flügel: je eine ganze solche Feder.

Als Hechelfliege: Hechel von der Rückenfeder des Rebhuhnes. Soll die Fliege „trocken“ gefischt werden: Unterhechel hellbraune Hahnenhechel, Oberhechel Rückenfeder vom Rebhuhn.

Weiblich: Zwei Schweifborsten aus Fibern von der Halsfeder des Perlhuhnes, Leib aus fahlgelboliver Wolle, Rippung:

[1]) Um Mißverständnissen vorzubeugen, bezeichne ich die Hakengröße nach der neuen Skala, außer in den Fällen, wo ausdrücklich „alte Skala“ erwähnt ist.

Goldfaden, Hechel: rote Hahnenhechel, Flügel: Ausschnitte aus der Schwungfeder der Waldschnepfe.

Als Hechelfliege: Hechel von der Brustfeder der Waldschnepfe. Als Trockenfliege mit Unterhechel von blaßroter Hahnenhechel.

Rote Fliege (Red fly): Körper rostrot von Wolle, Hechel hellrote Hahnenhechel, Flügel entweder aus der rotbraunen Schweiffeder des Rebhuhnes oder der roten Unterflügelfeder des Wachtelkönigs oder auch aus Büscheln der Rückenfeder des Rebhuhnes.

Als Hechelfliege: Hechel von der Brustfeder der Waldschnepfe; als Trockenfliege mit Unterhechel von rotbrauner Hahnenhechel, Oberhechel Waldschnepfe. Hakengröße 3—4.

Hagedornfliege (Hawthorn fly): Haken Nr. 1. Leib von zwei bis drei schwarzen Straußenfederfibern, dick, fast kugelig. Hechel: schwarze Hahnenhechel, Flügelspitzen von schwarzer Hechel, sehr kurz. Als Hechelfliege nur kurze schwarze Hahnenhechel.

Blaue Nymphe (Blue dun): Hakengröße 3. Zwei Schwanzborsten von rotgelben Hechelfibern. Leib: graugelbe oder fahlolivgelbe Wolle, zart, mit feinem Silberdraht gerippt. Hechel: gelbrot vom Hahn, Flügel aus der Schwungfeder des Stares.

Als Hechelfliege: Mit gelbolivfarbenen Hahnenhecheln (künstlich zu färben), sowohl für nasse wie für trockene Fliegen.

Steinfliege (Stone fly): Mit und ohne Schweifborsten (aus zwei roten Fibern von der Stoßfeder des Fasans). Leib beim hellen Muster von mittelgrauer Wolle, eng mit gelber Seide gerippt. Beim dunklen Muster vom Maulwurfspelzhaar, ebenfalls gelb gerippt. Hechel: rotbraune Hahnenhechel, Flügel von der Schwungfeder der Waldschnepfe, auch helle Flügel von der Starschwungfeder.

Als Hechelfliege: helle Brustfeder von der Waldschnepfe; als Trockenfliege: mit rotbrauner Hahnenhechel als Unterhechel.

Goldfliege (Wickham's Fancy): Hakengröße 3—5. Mit und ohne Schweifborsten aus rotbraunen Hahnenhechelfibern. Leib von Goldlametta. Hechel: rotbraune Hahnenhechel, Flügel hellgraubraun aus Schwungfedern der Taube, auch hellgrau von Starschwungfedern.

Als Hechelfliege: hellrotbraune Hechel, auch für die Trockenfliege.

Eine sehr fängige Modifikation: Schweif von scharlachroten Fibern (künstlich gefärbt) mit und ohne hellrotbraune, kurz gestutzte Körperhechel. Rotbraune Hechel. In diese Kategorie sind auch einzureihen die „Dragoon"-(Libellen-)Fliegen von Pennell, die sehr wirkungsvoll sind.

Silberlibelle: Schweif krapprote Federfaserbüschel, Leib Silberlametta, Hechel schwarze Hahnenhechel. Meist in größeren Hakennummern (6—4) gebräuchlich, ebenso wie die

Goldlibelle: Schweif wie obige, Leib Goldlametta, Hechel: schwarze oder krapprot gefärbte Hahnenhechel. Vorzüglich als

„gezogene" Fliegen. Die Hakengrößen für die „Libellen" sind 5—7.

Hoflands Fliege (Hofland's Fancy): Hakengröße 2 bis 3. Zwei braune oder braunrote Hechelfibern als Schweiffäden. Leib: rostbraune Wolle, nicht zu dunkel, mit oder ohne Rippung aus Silberdraht. Hechel braun oder rotbraun, Flügel hellrotbraun von Taubenschwungfedern oder auch von der Schwungfeder der Waldschnepfe, auch der vom Moorhuhn (Grouse).

Als Hechelfliege: naß und trocken braune oder rotbraune Hahnenhechel.

Sandfliege (Sand fly): Hakengröße 3—4. Leib von hellgelbbrauner Wolle, ohne Rippung, oder von dunkelingwergelber Wolle, braun gerippt. Hechel braun, Flügel hellbraun von der Taubenschwungfeder oder rotbraun von der Schweiffeder des Rebhuhnes.

Als Hechelfliege: Rückenfeder des Rebhuhnes als Hechel. Als Trockenfliege mit hellbraunen Hahnenhecheln als Unterhechel.

Erlenfliege (Alder fly): Hakengröße 4—6. Leib: dick aus bronzefarbiger Fiber der Pfauenfeder. Hechel: schwarze oder rotbraune Hahnenhechel, Flügel von der Schwungfeder der Waldschnepfe.

Als Hechelfliege, naß oder trocken: Schwarze oder rotbraune Hahnenhechel mit Oberhechel von der dunklen Brustfeder der Waldschnepfe.

Kleine blaue Nymphe (Little pale blue dun): Hakengröße 1—2. Zwei graubraune oder hellgelbbraune Schweiffäden von Hahnenhechelfibern, Leib aus fahlgelblichgrauer Wolle, fein mit Silberdraht gerippt. Hechel fahlgelbbraun oder fahlgelb, Flügel von der Starenschwungfeder, auch von Federn des Wasserhuhnes.

Als Hechelfliege: fahlgelbbraune oder fahlgelbe Hahnenhechel (naß und trocken).

Kuhmistfliege (Cow dung fly): Hakengröße 4. Leib von zitronengelber oder von nilgrüner Floßseide, welche vor dem Anwinden mit einer Lösung von Kolophonium in Chloroform leicht getränkt wird; sie dunkelt dadurch etwas nach, wird transparent und nimmt kein Wasser an. Beide Muster auch mit orange Schweifknoten. Hechel: hellrotbraune Hahnenhechel. Flügel: von der Schwungfeder der Waldschnepfe.

Als Hechelfliege, naß: Hechel von der lichten oder dunklen Brustfeder der Schnepfe oder des Moorhuhnes; trocken mit Unterhechel von hellrotbrauner Hahnenhechel. Es ist vorteilhaft, beide Muster zu führen[1]).

---

[1]) Die Kolophoniumlösung darf nicht dickflüssig sein. Es genügt, in ca. 10 g Chloroform ein erbsengroßes Stückchen Kolophonium aufzulösen. Sonst wird die getränkte Seide zu dunkel, ebenso, wenn die Tränkung zu reichlich war.

Der Rotschwanz (Red tag) wird beim Roten Bär (Red palmer) mitbeschrieben.

Spinnenfliegen (Spider fly) werden in verschiedenen Mustern gebunden. Da sie fast ausschließlich als Hechelfliegen fängig sind, gebe ich nur die Bindeweise dieser an.

Schwarze Spinne (Black spider): Mit und ohne schwarze Schweifborsten von Hechelfibern. Leib: schwarze Floßseide, oder von schwarzem Federkiel sehr mager geformt. Rippung: feiner Silberdraht, ev. auch ohne Rippen. Hechel: schwarze Hahnenhechel. Hakengröße 1—3.

Orange Spinne (Orange spider): Leib von orange Wolle, sehr mager, mit oder ohne Rippung mit Silberdraht. Hechel: schwarze Hahnenhechel. Hakengröße 2, 3, 4.

Rebhuhnspinne (Patridge): orange, yellow, red, (dark and light): Hakengröße 3,2. Körper von orange, hellgelber oder rötlicher Wolle. Hechel: bei den „dunklen" Mustern (dark) von der braunen Rückenfeder, bei den „hellen" (light) von der blaugrauen Halsfeder des Rebhuhnes.

Ich kann alle diese Spinnenfliegen als enorm wirksam und an jedem Wasser während des ganzen Jahres verwendbar wärmstens empfehlen, ebenso eine von mir viel geführte Modifikation, die besonders gegen den Herbst zu von Äschen gern genommen wird. Leib: scharlachrote Wolle. Rippung: Fiber von der Schwertfeder oder auch bronzefarbene Fiber vom Pfauenschweif. Hechel: blaugraue Halsfeder vom Rebhuhn.

Alle genannten Muster sind typische „nasse" Fliegen. Wer sie als Trockenfliegen binden will, muß sie mit Ausnahme der schwarzen mit einer dunklen oder lichten Unterhechel von Hahnenhechelfedern versehen.

Gelbe Nymphe (Yellow dun): Hakengröße 2. Zwei silbergraue oder blaßgelbe Schwanzfedern von Hechelfibern. Leib: sehr mager von primelgelber Wolle. Rippung: keine oder solche von feinem Silberdraht. Hechel: silbergraue Hahnenhechel oder blaugraue Halsfeder vom Rebhuhn. Flügel aus der Schwungfeder vom Star oder Federn vom Wasserhuhn.

Als Hechelfliege: silbergraue Hahnenhechel; als Trockenfliege: mit Oberhechel von der graublauen Rebhuhnhalsfeder.

Greenwells Fliege (Greenwell's Glory): Ich gebe die englische Originalbindevorschrift: Leib von zitronengelber Floßseide, mit Kolophonium-Chloroformlösung gewachst. Rippung: Goldlametta, am Schwanz einige Windungen Lametta. Hechel: rote Hahnenhechel; Flügel von der Schwungfeder des Stars oder Büschel von Fibern aus der Halsfeder der weiblichen Wildente. Hakengröße 3—4.

Als Hechelfliege: naß Wildentenhalsfeder, trocken Unterhechel von roter Hahnenhechel.

Brachkäfer (Cock y bondhu): Leib am Schwanz drei Windungen Goldlametta: Leib bronzefarbige und Schwertfederfibern vom Pfauenschweif gemischt, dick. Hechel: „Ofenfeder" mit rotem oder rotgelbem Rande. Hakengröße 4—5.

Der Brachkäfer ist meist nur als Hechelfliege gebräuchlich. Man kann aber auch noch rotbraune Flügel anwinden, aus der Schwungfeder einer Taube oder vom Wachtelkönig oder auch von der Schwanzfeder des Rebhuhns. Wer will, kann auch noch eine Körperhechel von rotbrauner Hahnenhechel anlegen, welche kurz zu stutzen ist.

Ein anderer, sehr wirkungsvoller Käfer ist das sog. „Derbyshire Beetle": Hakengröße 3. Leib dick, walzenförmig, aus bronzefarbigen und Schweiffederfibern gemischt. Die Flügeldecken werden aus einem breiten Ausschnitt der rotbraunen Schweiffeder des Rebhuhns gemacht. Nach Abschluß des Körpers wird das Flügelmaterial im ganzen über diesen heraufgeschlagen, so daß beiläufig der halbe Körper davon bedeckt ist, und dann am oberen Körperende festgemacht. Hierauf windet man drei Touren einer schwarzen Hahnenhechel mit kurzen Fibern als Beine an und schließt mit verborgenem Knoten.

Gouverneur (Governor): Hakengröße 4—5. Am Leibende 3—4 Windungen Goldlametta, welche ich besser finde als den Schwanzknoten aus roter oder gelber Seide. Körper von bronzefarbenen Pfauenschweiffibern, dick, walzenförmig. Hechel: rostbraune Hahnenhechel. Flügel: hellbraun von der Taubenschwungfeder oder Waldschnepfe, auch von der Starschwungfeder.

Als Hechelfliege: Dunkle Brustfeder vom Rebhuhn. Als Trockenfliege: Unterhechel von rostbrauner Hahnenhechel.

Kutscher (Coachman): Leib mitteldick aus Schwertfederfibern. Hechel: rote Hahnenhechel. Flügel: weiße Taubenschwungfeder. Hakengröße 2—3 bei Tage, 4—6 am Abend.

Als Hechelfliege, naß und trocken: weiße Hahnenhechel.

Augustfliege (August dun) Hakengröße 3. Zwei Schweiffedern von der roten Fiber der Fasanstoßfeder. Leib: hellbraune oder orange Wolle, Rippung Goldlametta. Hechel: braune Hahnenhechel. Flügel: braun von der Taubenschwungfeder oder von der Rebhuhnschwanzfeder.

Als Hechelfliege: rotbraune Hahnenhechel, naß und trocken.

Zimmtfliege (Cinnamon fly Sedge): Hell und dunkel. Hakengröße 3, 4, 5. Leib der hellen aus zimmtbrauner, der dunklen aus schokoladebrauner Wolle. Rippung mit feinem Silberdraht und kurzgeschorene Körperhechel aus hellbrauner bzw. rotbrauner Hahnenhechel. Ebensolche Hechel als Füße. Flügel hellbraun aus der Schwungfeder der Taube bzw. dunkelbraun.

Als Hechelfliege: dunkle Brustfeder des Rebhuhns für die helle, dunkle Brustfeder der Schnepfe oder des Moorhuhnes für die dunkle Fliege. Als Trockenfliege, licht: hellbraune Hahnenhechel als Unter-, hellbraune Erpelbrust- oder -schulterfeder als Oberhechel. Dunkel: rotbraune Hahnenhechel als Unter-, dunkelbraun gefärbte Erpelfeder als Oberhechel.

Silber-Sedge: Leib aus ingwergelber Wolle, gerippt mit Silberdraht, braune Körperhechel, dunkelbraune Hahnhechel, Flügel dunkelbraun bis schwarzbraun von der Taubenschwungfeder.

Als Hechelfliege, naß: dunkelbraun (gefärbte) Schulterfeder vom Wilderpel; trocken: dunkel- oder rotbraune Hahnenhechel als Unterhechel.

Orange-Sedge: Leib von orange Wolle. Alles andere wie bei der vorigen.

Zu den „Sedges" gehört auch der „Welshmans button", eigentlich nur eine mitteldunkle Sedge mit einem orange Schweifknoten, gebunden wie die letzteren, aber ohne Körperhechel.

Ziegenfliege: Hakengröße 2. Leib: hellgelblich-braunoliv. Hechel: braunrote Hahnenhechel, Flügel von der Schwungfeder des Stars oder der Schnepfe.

Als Hechelfliege naß oder trocken: braunoliv gefärbte Hahnenhechel.

Wirbelfliege (Whirling blue dun): Hakengröße 2—3. Zwei Schwanzfäden von rotbrauner Hechelfiber. Leib von gelbgrauer Wolle oder fein gezupftes gelbes Mohair, gemischt mit Maulwurfspelz. Rippung: feiner Golddraht. Hechel: rote, auch rotbraune Hahnenhechel. Flügel aus der Schwungfeder des Stars.

Als Hechelfliege: Rote bzw. rotbraune Unterhechel, blaugraue Halsfeder des Rebhuhns als Oberhechel.

Rotspinner (Red spinner): Hakengröße 2—3. Drei Schwanzfäden von roter Hechelfiber, Leib scharlachrote Wolle, mager, Rippung aus Golddraht. Hechel: rote Hahnenhechel. Flügel von der Schwungfeder des Stars oder vom Wasserhuhn.

Als Hechelfliege, naß und trocken: rote Hahnenhechel. Mitunter auch Muster mit schwarzer Hechel oder rotrandiger Ofenfeder (Pennells Rotspinner), sehr wirksam.

Hasenohrfliege (Golden ribbed hares ear): Hakengröße 2. Leib von der schwarzbraunen Wolle am Grunde des Hasenohres. Rippung Goldfaden, angezeigt auch 2—3 Windungen davon am Schwanz. Hechel werden mit der Rauhnadel aus dem Körper gezupft. Flügel von der Schwungfeder des Stars oder von der Amsel, tunlichst klein.

Da ich diese Fliege nicht für eine Phantasiefliege halte, sondern sie für die Nachbildung einer Nymphe (Larve) anspreche, da ihre Bindeweise identisch ist mit jener der typischen „Nymphenfliegen", so schließe ich die Bindeweise dieser äußerst wirksamen, bei uns fast unbekannten Fliege an: Hakengröße 1—2. Drei kurze (½ cm lange) Schweifborsten aus roter Fiber der Fasanstoßfeder. Leib: dunkle Gesichtswolle vom Hasen, ev. mit Ohrwolle gemischt, recht rauh (allenfalls mit der Nadel auszupfen). Rippung mit Silberdraht, dunkelbraune oder rotbraune spärliche Hahnenhechel, auf ½ cm gestutzt, Flügel ebenso lang aus Fiberbüscheln der braunen Seite der Fasanstoßfeder zugestutzt auf halbe Körperlänge.

Feuerroter Bär = Soldatenpalmer (Soldier palmer): Leib von krapproter oder zinnoberroter Wolle, nicht zu dick, Rippung Goldlametta oder dicker Goldfaden, ev. noch Körperhechel, etwas zugestutzt, von roter Hahnenhechel, von der auch die Füße gemacht werden. Hakengröße 5—9. Auch ein Schweif von roten Federfasern wird hier und da eingebunden. Für Döbel, Rapfen usw. empfiehlt sich die Hakengröße 4—1/0 alter Skala.

Rotbrauner und schwarzer Bär (Red palmer, Black palmer): Leib bei beiden dick von bronzefarbener Fiber aus der Pfauenschweiffeder. Hechel: beim ersteren von rotbrauner, bei letzterem von schwarzer Hahnenhechel.

Eine Modifikation des Rotpalmers ist der Rotschwanz (Red tag), der am Schwanz ein Büschel schreiend roter Wolle oder Federn eingebunden hat.

Zwei gewöhnliche Rotpalmer, hintereinander angeordnet, sind als „Wurmfliege" bekannt und mitunter sehr wirksam.

Eine Abart des schwarzen Palmers sind die „Zulufliegen", deren bekannteste der „schwarze Zulu" ist: Schweif aus einem Büschel schreiend roter Federfasern oder Wolle, Leib aus schwarzer Wolle oder Floßseide, mit Silberlametta gerippt. Hechel: schwarze Hahnenhechel. Der „orange Zulu" hat einen Leib aus orange Wolle, der „rote" und „violette" einen solchen aus roter bzw. violetter, besser gesagt purpurfarbener Wolle, ansonsten ist die Bindungsweise die gleiche wie beim „schwarzen". Die Hakengrößen laufen sowohl bei den Palmern, wie bei den Zulus von 4—9 bzw. von 10—1/0 alter Skala, je nach dem Verwendungszweck.

Ein bei uns nicht häufig geführter, aber an manchem Wasser geradezu unübertrefflicher Palmer ist der „graue" Palmer (Grey palmer): oft mit rotem Federbüschel am Schweif, ist sein Leib aus bronzefarbiger Pfaufiber gebildet und seine Hechel graue Hahnenhechel. Besonders geeignet sind die Hechel der Plymouth-Rocks-Hähne. Man kann aber auch die Halsfeder vom Perlhuhn verwenden. In den Hakengrößen gleichen sie den vorigen.

In die Gruppe der Palmer gehören auch die Hummeln. Ihre Körper werden dick aus grober Wolle (Schafwolle) geformt, der Schwanzteil gelb oder orange, der obere Teil schwarz. Hechel: schwarze Hahnenhechel, mehr oder minder rauh, je nachdem man die Fliege naß oder trocken fischen will. Entsprechend der Größe der kopierten Insekten ist die Hakengröße von 5—9.

Außer den vorstehend beschriebenen Fliegen gibt es aber noch, abgesehen von den Maifliegen, einige Arten, welche sich für unsere Gewässer so hervorragend bewährt haben, daß ich auch ihre Bindeweise angeben will.

Ich nenne vorerst die Kielmücken, rot, schwarz und grau (red, black, grey quill), hervorragende Forellen- und Äschenfliegen in den Hakengrößen 0—2.

Sie besitzen zwei bis drei Schweiffäden in der diesbezüglichen Körperfarbe und ebensolche Hechel aus Hahnenhechel, sowohl für nasse wie für trockene Fliege. Der Körper wird aber aus Federkielen gemacht, wie ich es an einer früheren Stelle beschrieben habe. Naturgemäß bindet man den Kiel an der dünnen Seite ein und nicht umgekehrt, so daß der Körper gegen den Kopf zu an Stärke zunimmt.

Ferner die Ameisenfliegen: Rote und schwarze (red, black ant): Hakengröße 2—3. Der Schweifknoten besteht bei der ersteren aus rostfarbiger oder orange (gefärbter), bei letzterer aus schwarzer Straußfederfiber, der Körper aus orange bzw. schwarzer Wolle, ziemlich schlank. Von ganz besonderer Anziehungskraft ist gerade bei den Ameisen eine Wicklung von drei bis vier Touren Silberlametta hinter dem Schwanzknoten, welche vor ihm anzulegen ist. Ich bevorzuge die Ameisen als Hechelfliegen, die rote mit silbergrauen, die schwarze mit dunkelrotbraunen Hecheln, da man die glasartigen Flügel nicht kopieren kann. In Gegenden, wo die großen Ameisen häufig sind, kann man oft mit ihrer Nachbildung herrliche Fische fangen, wenn jene gerade schwärmen. Bekannt und beliebt sind die Pennell-Fliegen. Außer den schon beschriebenen Libellen sind die nachstehenden, die für jedes Angeln in Bach, Fluß und See jeden Bedarf decken: Blue upright (eine Nachbildung einer blaugeflügelten Olive). Drei Schweifborsten aus grauer Hahnenhechelfiber — zur Not geht auch die von einer „Dachsfeder" — Körper von grauem oder mattschwarzem Kiel. Hechel: graue Hahnenhechel, noch besser eine bläulich nachgefärbte Hechel von Plymouth rocks-Hahn. Die Originalvorschrift lautet auf: Schweif und Hechel vom Andalusierhahn, welche im Kern leuchtend blaugrau, an den Spitzen kupferig glänzend ist. Diese Federn sind aber schwer zu beschaffen und das Surrogat ist ebenso fängig.

Rotspinner: so gebunden, wie auf Seite 123 angegeben, nur mit roter Ofenfeder als Hechel.

Furnace brown, Ofenfeder-Fliege: Drei Schweiffäden von roter Ofenhechel, Körper rostrote Wolle, Rippung feiner Gold- oder Silberdraht, Hechel rote oder rotbraune Ofenfeder.

Die genannten drei Fliegen sind vorzugsweise „naß" zu gebrauchen in kleinen Hakennummern. In England sind sie nur in Nr. 00—1 gebräuchlich, für unsere Gewässer darf man sie getrost in Nr. 2—3 binden.

Rote und gelbe Hechelfliege (Hackle red, Hackle yellow): Hakengröße 4—7. Schwanzfibern von knapper Hakenlänge, entweder ein Büschel Fibern von der Halsfeder des Goldfasans (Originalbindung), aber auch ein solches von roter Hahnenhechel oder auch von krapproten Federfasern. Leib von scharlachroter bzw. leuchtend gelber Wolle, Rippung Goldlametta. Hechel bei der roten hellrote Ofenfeder, bei der gelben gelbe oder gelblichrote Ofenfeder.

Schwarze und weinrote Hechelfliege (Hackle black und Hackle claret): Hakengröße 4—7. Schweif wie bei den vorigen, Leib der schwarzen von schwarzer Wolle, schlank, Rippung Goldlametta, Hechel schwarze Hahnenhechel. Leib der roten weinrote Wolle, Rippung Goldlametta, nach dem Rippen recht rauh ausgezupft, Hechel ebenfalls schwarze Hahnenhechel.

Obzwar die beiden letzteren spezielle Meerforellenfliegen sein sollen, so habe ich doch mit ihnen in den großen Hakennummern die besten Fänge von großen Forellen in unseren heimischen Flüssen und Seen erzielt.

Ich glaube nicht, daß man in Verlegenheit kommt, wenn man an einem fremden Wasser nur diese sieben Fliegen und eine Libelle in der Vorratsbüchse mit hat.

Von den vielen Spezialfliegen will ich nur eine beschränkte Zahl bringen; von den unzähligen Fliegen, welche in englischen Katalogen zum Fangen der Forellen in den Seen angeführt werden, nicht zu reden. Wer die bisher angeführten Muster zu binden gelernt hat, dem wird es ein Leichtes sein, sich an der Hand der farbigen Abbildungen eines Kataloges jede gewünschte Fliege zu verfertigen, wenn er glaubt, daß er dafür Bedarf hat.

Die berühmte und bewährte „Schneidersche Aitelfliege". Meist an Doppelhaken in der Größe 9—7 (alter Skala) gebunden. Schweif von Körperlänge drei bis vier rote Fibern von der Fasanenstoßfeder. Leib sehr dick, daher wird zuerst ein Stückchen entsprechend zugeschnittener Kork auf den Hakenschenkel gebunden, welches dann erst mit dem Körpermaterial überlegt wird. Als dieses dient rostgelbe Wolle (Original). Ich habe aber auch gute Erfahrungen mit einem hellgelben Muster gemacht. Rippung von brauner oder schwarzer Seide, ziemlich eng. Hechel: rote oder rotbraune Hahnenhechel; Flügel von der Schwungfeder des Fasans.

Ich binde die Aitelfliege am liebsten als Hechelfliege — naß oder trocken — mit einer roten Ofenfeder als Hechel und habe sie stets ebenso wirkungsvoll gefunden wie die mit Flügeln.

Die Alexandra: Schweif von Schwertfederfibern, gemischt mit schreiendroten Federfasern; manchmal, besonders bei den kleinen Mustern an Haken Nr. 3—5, nur von letzteren. Leib von Silberlametta: bei den kleinen direkt angewunden, bei den größeren Mustern formt man erst einen Leib aus Floßseide von beliebiger Farbe, firnißt ihn und legt erst nach dem Trocknen des Lackes die Lametta über. Als Kehle bindet man ein Büschel rote Federfibern ein, als Flügel ein solches von Schwertfederfibern mit zwei bis drei roten Federfasern, mitunter auch noch ein bis zwei weiße dazu. Über die Flügel bindet man als „Wange" rechts und links je eine Halsfeder vom Sonneratshahn ein. Es ist aber durchaus nicht nötig, bei den kleinen schon gar nicht. Als Nachbildung einer Pfrille ist die Alexandra der Typus der „gezogenen Fliege" (siehe dort). Nicht unerwähnt darf eine Bindungsweise bleiben, welche direkt den Pfrillenleib kopiert und als „Minnow-Alexandra" im Handel ist. Sie wird ohne Schweif gemacht, dafür an Hakengrößen 4—1/0 alter Skala. Der Leib wird so geformt, wie oben beschrieben, nur etwas dicker. Ein entsprechend großes Bündel von langen

Schwertfederfibern wird mit den Spitzen am Schweifende eingebunden ehe man den Leib formt. Nachdem man nach Fertigstellung des Leibes die Kehle aus den roten Federfasern eingebunden hat, werden die Schwertfederfibern zusammengedreht, wie wir es bei dem Binden der Palmer gelernt haben, und über den Leib hinaufgeschlagen, um am Kopfende in üblicher Weise eingebunden zu werden. Die „gezogenen" Fliegen, ohne die man an manchen Gewässern gar nicht auskommt, werden entweder nach Art der „Demons" usw. hergestellt, indem man zwei bis drei kleinere Fliegen an einem starken Gutfaden hintereinanderbindet, deren oberste zweckmäßig eine Öhrfliege ist und auch den einzigen Flügel trägt, welcher nur aus einer Hechelfeder besteht, oder aber nach Art der besonders in Tirol gebräuchlichen Fliegen an großen Einhaken Nr. 3—1/0 alter Skala. Der Schwanz besteht aus einem Bündel schwarzen oder roten Eichkätzchenhaares vom Schweif — daher auch die Fliegen „Eichkatzelschwänze" heißen —, der Körper wird dick von Chenille gewunden, schwarz oder rot — auch zweifärbig —, die Hechel massig und buschig von schwarzer oder roter Hahnenhechel, ev. noch ober dieser ein Kopf von Chenille.

In diese Kategorie gehört auch die von mir an anderer Stelle angegebene Barsch- und Makrelenfliege: Hakengröße 2—1/0 alter Skala, Körper von weißer Wolle oder weißer Chenille. Rippung: Silberlametta; Hechel: weiße Hahnenhechel ev. auch krapprote; Flügel — wenn gewünscht — weiße Rückenfeder von der Gans oder Hausente.

Ein Kapitel für sich bildet die Maifliege bzw. die Steinfliege.

Da die Maifliegen mit Korkleib einerseits schwer zu binden sind, anderseits sich sehr rasch verbrauchen, beschränke ich mich darauf, nur die heute in England gang und gäbe Bindeweise zu beschreiben. Entsprechend der Größe der Insekten werden diese an und für sich an größere Hakennummern gebunden, und es empfiehlt sich, die für sie speziell gemachten Maifliegenhaken, welche längere Schenkel und breitere Hakenbögen aufweisen, zu verwenden. Ich kann hierzu besonders die von Hardy Bros unter dem Namen „Hardy Emery" may fly hooks in den Nummern 4—7 erzeugten empfehlen. Die Menge der von dieser Firma allein katalogisierten Maifliegenmuster ist schier verwirrend, und doch genügen auch für den kritischsten Angler zwei oder drei derselben.

Ich will zunächst die geflügelten Muster beschreiben, damit sich die Verehrer dieser nicht verkürzt fühlen. Hakengröße 4—7. Drei Schweifborsten von der roten Seite der Fasanhahnstoßfeder. Leib von weißer oder primelgelber Wolle, Rippung: eng mit roten oder schwarzem Seidenfaden. Leib schlank, aber nicht zu mager zu formen. Hechel: rötlichbraune Hahnenhechel; Flügel von der Hals- bzw. Rücken- oder Schulterfeder des Wilderpels oder der Krickente. Entweder naturfarbig grau- bzw. schwarz- oder braungesprenkelt oder zart gelbgrün oder aber braunoliv (nicht zu dunkel) gefärbt. Für die nasse Fliege legt man zwei gleichgroße

Federn mit der konkaven Seite aneinander, indem man vorher die Kiele in der der Krümmung entgegengesetzten Richtung zwischen den Nägeln des Daumens und Zeigefingers hindurchzieht, um ein Aneinanderliegen der Federn zu erzielen. Diese Fliegen gehen unter dem Namen Grauer, Grüner bzw. Brauner Drachen (Grey, Green, Brown drake). Will man diese Drachen als Trockenfliegen binden, dann muß man die Hechel reichlicher und in der Weise einbinden, wie ich es dort beschrieben habe, und die Federn mit den konvexen Seiten, ohne sie auszustreifen, gegeneinandersehend als Flügel einbinden.

Die mir viel sympathischere und nach meiner Ansicht wirkungsvollere Form der Maifliege ist die Hechelfliege (Hackle may). Schwanz, Rippung und Leib wie bei den vorigen. Unterhechel: rotbraune oder braunolive Hahnenhechel, Oberhechel eine der oben genannten Erpelfedern, ev. auch zart blau gefärbt. Auch die Halsfeder des Perlhuhnes gibt brauchbare Oberhechel.

Für eine schwimmende Fliege muß natürlich die Unterhechel entsprechend reich und lang sein. Unter besonderen Verhältnissen bewährt sich hervorragend die Kopie des abgestorbenen Insekts (Spent may oder Spent gnat): Schweif, Körper und Rippung wie bei den vorigen, ev. Körper von zart rauchblauer Wolle. Als Flügel bindet man zwei Hechelfedern vom Plymouth-Rocks-Hahn wagrecht ein, so daß sie mit dem Fliegenkörper ein Kreuz bilden. Sie sollen nicht länger sein als der Körper der Fliege bzw. der Haken! Als Hechel verwendet man die Halsfeder vom Perlhuhn, von deren Fibern man manchmal auch die Schweifborsten macht. Für diese Fliege nimmt man am besten Hakengröße 5 und bindet sie immer als schwimmende Fliege. Infolgedessen wird es manchmal nötig sein, Hechelfedern einzuwinden.

Die Steinfliege (Stone fly): Als Nachbildung der Perla bicaudata existiert eigentlich in keiner befriedigenden Nachbildung am Markte, wenn man von den aus Kork und Zelluloid gemachten Mustern absieht. Ich habe mir deshalb folgende eigene Bindeweise zurechtgelegt: Hardys Maifliegenhaken Nr. 6 oder 7. Zwei Schweiffäden aus roter Fiber des Fasanhahnstoßes. Drei Schwanzwindungen von Goldlametta, Schwanzknoten von bronzefarbener Pfauenschweiffiber. Körper: mäßig dick aus orange Wolle; Rippung: Goldlametta. Unterhechel: braunolive oder rötlichgelbe Hahnenhechel oder Halsfeder des Perlhuhnes, naturfarbig oder gelb gefärbt. Oberhechel: grau oder braun, gesprenkelte Schulter- bzw. Brustfeder vom Wilderpel. Kopf: bronzefarbene Pfauenschweiffiber.

Von den Glanz- oder Lachsfliegen kommen für unsere Verhältnisse hauptsächlich — außer der schon beschriebenen Alexandra — zwei in Betracht, welche in Fluß und See vollständig ausreichen, wie mich eine jahrelange Erfahrung belehrte: es sind das der Silber-Doktor (Silver Doctor) und der Jock Scott.

Silber-Doktor: Hakengröße 8—1/0 alter Skala. Man beginnt bei Lachsfliegen genau so wie bei anderen mit dem Anwinden des

Seidenfadens, nur führt man ihn bis an den Anfangsteil des Bogens herunter. Hier legt man die Schweifwindungen, „Pinne" genannt, an, die meist aus Lametta und Seide, oft zweifarbig, gebildet wird. Entsprechend den größeren zu bedeckenden Flächen verwendet man breitere Lametta als für die kleinen Forellenfliegen. Beim Silber-Doktor besteht die Pinne zuerst aus drei Windungen Silberlametta. Sodann wird leuchtendgelbe Floßseide in drei Windungen angeschlossen und eine Windung und eine Halbschleife als Abschluß gemacht. Hierauf bindet man als Schweif eine kleine Tollfeder vom Goldfasan ein (zwei Windungen und eine Halbschleife) und formt aus zwei bis drei Windungen eines krapproten Wollfadens den unteren Leibesknoten (wieder zwei Windungen und eine Halbschleife). Will man auf besondere Haltbarkeit Gewicht legen, so firnißt man den Abschluß der einzelnen Bindungen, muß aber dann warten, bis der Lack erhärtet ist. Den Leib formt man aus Flockseide in Walzen oder Spindelform und überzieht ihn mit einer Lackschicht, nach deren Trocknen man die gleichzeitig eingebundene Lametta überwindet; die Windungen sollen sich an ihren Kanten eng schließen. Mitunter wird auch eine Rippung mit Silberfaden angelegt. Als Hechel nimmt man eine leuchtend blau gefärbte Hahnenhechel (die englischen Binder verwenden die blauen Federn von exotischen Vögeln), manchmal noch dazu eine Halsfeder vom Perlhuhn. Die Flügel formt man aus einer Mischung von Fasern aus dem Goldfasanenschwanz, Trappenschwungfeder, Enterichfedern verschiedener Entenarten und blau und gelb gefärbten Federfasern des Goldfasans. Über diese wird eine Tollfeder vom Goldfasanen eingebunden und als „Hörner" blaue Ararasfederfasern. Als Abschluß wird wieder ein Knopf aus krapproter Wolle angelegt und die Fliege wie gewöhnlich mit dem verborgenen Knoten beendigt. Soweit die Originalvorschrift. Nun habe ich diese Fliege in der Zeit der Not und des Materialmangels ohne Goldfasantolle und ohne exotische Federn binden müssen, und sie war ebenso wirksam. Ich nahm als Schweif gelb gefärbte Erpelfedern und in die Flügel ganz gewöhnliche Fasanenstoßfedern, gefärbt und ungefärbt, Truthahn- und Erpelfedern — und empfehle diese billige und leicht beschaffbare Bindeweise wärmstens, ganz besonders für die kleinen Fliegen in Größe 8—4.

Die Jock Scott. Ich beschränke mich darauf, die einfachere Bindungsweise wiederzugeben, welche allen Ansprüchen an Wirkung genügt, wie ich mich durch jahrelange Vergleiche mit der Originalfliege überzeugt habe.

Pinne: Silberdraht oder Silberlametta und leuchtend gelbe Flockseide. Schwanz: Goldfasantollfeder und einige rote Federfasern ev. auch nur diese allein. Schwanzknoten: schwarze Straußenfederfasern. Körper zweiteilig: untere Hälfte aus leuchtendgelber Floßseide, durch einen Knopf aus schwarzer Straußenfederfaser gegen den oberen aus schwarzer Floßseide abgesetzt, beide Hälften mit Silberlametta gerippt. Schulterhechel: Halsfeder des Perlhuhns. Flügel gemischt aus Fasern von Truthahnfedern (schwarz mit weißer Spitze), Trappe, Wilderpel, Schwertfederfasern, blau und gelb gefärbten Fasern von Schwanen-(Gans-)Schwungfedern. Kopfknoten von bronzefarbener Pfauenschweiffiber oder schwarzer Wolle.

Das Einbinden der Federfaserbüschel wird vielleicht dem Ungeübten anfangs schwierig vorkommen. Um es zu erleichtern, beachte man folgenden Rat: Man ordnet die Fasern zwischen der Fingerkuppe von Daumen und Zeigefinger flach an, so daß sie dazwischenliegen wie ein Federfahnenausschnitt. Nun setzt man das Ganze genau so auf den Haken auf, wie ich es beim Einbinden der Flügel der Forellenfliege beschrieben habe, und legt genau so wie dort die Fadentouren an, nur empfiehlt es sich, einige Windungen mehr zu machen.

Ich kann dieses Kapitel nicht schließen, ohne dem Anfänger den Rat zu geben, sich zuerst mit der Bindeweise der allereinfachsten Hechelfliegen vertraut zu machen und sich an diesen die nötigen Handgriffe und die Fingerfertigkeit anzueignen, welche ihn dann befähigen, sich an das Verfertigen der komplizierten Fliegen zu wagen.

Und wenn er erst die Freude erlebt hat zu sehen, daß die Fische seine eigenen Fliegen so gerne und gut nehmen wie das teuerste Erzeugnis des Handels, dann wächst sowohl die Befriedigung wie auch das Vertrauen zum eigenen Werk und der Weg zu weiteren Versuchen und schwierigeren Problemen erscheint leichter. Es wird dies oder jenes Muster, das ihm bislang unbekannt war, in Gebrauch nehmen und auf seine Verwendbarkeit an seinem Wasser prüfen, was er bisher nicht tat, vielleicht um Kosten und ev. Enttäuschungen zu vermeiden, vielleicht, weil ihm die Anregung dazu fehlte. Auf alle Fälle aber wird er einen Weg finden: den zur Einfachheit und zur Beschränkung in der Zahl, und sich freimachen von starren Ansichten und Dogmen sowie von kleinlicher Tüftelei. Und das Gefühl, sich ein neues Können angeeignet zu haben und seine individuelle Selbständigkeit und Unabhängigkeit zur Geltung bringen zu können, ist ein weiterer Gewinn, der nicht zu verachten ist und einen echten Mann und Angler mit Stolz, Freude und Genugtuung erfüllen muß.

Vom Turnierwerfen.

„Werfen" ist nicht Angeln — aber gutes Werfen ist die oberste Grundbedingung für erfolgreiches Angeln.

Diese Worte eines modernen Sportmanns charakterisieren das Wesen des Turnierwerfens so vollständig, daß ich keine bessere Einleitung für dieses Kapitel zu geben wüßte. Lange Jahre hindurch war das Turnierwesen dem deutschen Angler ein fremder Begriff und die Idee konnte keinen rechten Boden fassen, wenn auch hier und da einzelne Turniere abgehalten wurden, welche aber allerdings den Charakter interner Vereinsveranstaltungen hatten. Viel trug vielleicht dazu bei, daß die leitenden Personen in der Anglerwelt sich dem Turniergedanken gegenüber ablehnend verhielten bzw. dort, wo sie ihn richtig als verbesserungs- und ausbaubedürftig erkannten, den angezeigten Weg nicht gingen. Möglicherweise war es der Tiefstand der sportlichen Leistungen und Fähigkeiten einer vergangenen Epoche, welche die alten Führer an der Lebensfähigkeit der Wettbewerbe zweifeln ließ, obzwar man dazu sagen muß, daß sie hierbei die unabweisliche Wechselbeziehung zwischen technischer Fertigkeit und praktischer Ausnützung derselben übersahen oder unbewertet liegen ließen, trotzdem sie selbst in Wort und Schrift für die Aneignung der besterreichbaren Technik eintraten und sie für den Erfolg als grundlegend bezeichneten.

Erst der allerjüngsten Zeit blieb es vorbehalten, auch bei uns das Turnier einzuführen, obzwar es nicht an Widersprüchen und Gegenargumentationen fehlte und alle möglichen Schlagworte und Einwände ins Treffen geführt wurden, trotzdem sich diese Institution in anderen Ländern längst bewährt und eingebürgert hat und sich dort segensreich auf die Verfeinerung des Sportes auswirkt.

Ich kann also heute mit Stolz und Genugtuung feststellen: „Wir haben nicht nur einen sich siegreich durchringenden Turniergedanken als Gemeingut aller, sondern auch ein sich auf gesunder Basis entwickelndes Turnierwesen."

Daß jede Sache im Anfange an verschiedenen Kinderkrankheiten leidet, welche erst durch Erfahrung behoben werden können, und uns diese letztere noch nicht im allzureichen Maße zur Verfügung steht, ist wohl nicht zu leugnen. Aber unverdrossene Wechselarbeit zwischen Veranstaltern und Teilnehmern einerseits und unbefangene offene Kritik andererseits werden uns rasch über anfängliche Mißstände hinüberkommen lassen.

Allerdings darf die Kritik nicht persönlich werden, ebensowenig alles in Grund und Boden schimpfen — noch weniger aber Turnierwerfen und Angeln in einen Topf werfen —, dann ist ein gedeihliches Weiterarbeiten ausgeschlossen. Man muß sich wundern, mit welcher Verkennung des Wesens und des Zweckes von Wurfturnieren kritisiert wird.

„Werfen ist nicht Angeln" — an diesem Leitsatze muß auch die Kritik festhalten und fußen. „Werfen" ist ebensowenig „Angeln", wie Scheiben- oder Tontaubenschießen „Jagd" ist. Keinem vernünftigen Jäger fällt es ein, das zu bestreiten oder zu verkennen oder von einem sog. „jagdmäßigen Schießen" der einen oder anderen Kategorie absolut jagdmäßige Verhältnisse zu fordern — schon aus dem einen Grunde, weil es nicht möglich ist; dafür begrüßt er dankbar die Gelegenheit, seine Fertigkeit im Gebrauche der Waffe zu erhöhen oder zu zeigen. Genau so — und nicht anders — ist das Turnier aufzufassen und zu bewerten. Und ebenso wie man es dem Schützen am Scheiben- oder Tontaubenstande nicht verübelt, daß er hierfür Spezialwaffen handhabt, welche in der grünen Praxis keine oder nur beschränkte Verwendung finden, ebensowenig darf man gegen den Turnierwerfer den ebenso kindischen wie kleinlichen Vorwurf erheben, daß er am Turnierboden ein anderes Gerät führe wie am Wasser.

Damit wird der Sache nicht gedient — im Gegenteil — Fernstehende werden falsch berichtet und bekommen von der Sache, ihrem Wert und Wesen ganz unrichtige Ansichten.

Immerhin aber muß man der berechtigten Hoffnung Ausdruck geben, daß auch diese Art Kritik zu den Kinderkrankheiten der neuen Sache zu rechnen sei, und wie jene spurlos vorübergehen werde.

Ich kann einem jeden meiner Leser nur den wohlgemeinten Rat geben, sich vorurteilslos im Rahmen der ihm gebotenen Möglichkeiten an Wurfturnieren zu betätigen; er wird bald am eigenen Können den Nutzen des Gesehenen und Gelernten bemessen können, denn nur Vergleiche mit dem Können und den Leistungen anderer lassen uns einen sicheren Schluß auf das Maß unserer eigenen ziehen.

Es wäre ein Fehler, sich von Beteiligungen fernzuhalten mit der Begründung, daß man keine Aussicht auf einen Preis habe, weil sich diese oder jene Größe mit beteilige. Das ist falsch, denn keine Größe wurde als solche geboren, sondern jeder hat sich durch Übung und Mühe sein Können erringen müssen — höchstens daß der eine oder andere mehr Veranlagung hatte und infolgedessen leichter und schneller lernte —, aber das ist überall auf der Welt und auch in anderen Belangen ebenso der Fall.

Wie im ganzen Leben nur das freie Spiel der Kräfte und der Wettbewerb Fortschritt und Aufschwung zeitigen, so auch im Angelsport, dessen technische Seite eben das Turnierwesen ist. Allerdings — es gehört auch ein bißchen Begeisterung und Opferwilligkeit dazu — zwei Dinge, welche auch das vollendetste Lehrbuch nicht vermitteln kann, weil sie eben ein jeder aus sich selbst herausbringen muß, und wer sie nicht aufbringt, den werden wir auch nie auf der Seite unserer Kämpen und in ihren Reihen finden.

Und noch etwas: Kritiken lese man, um ohne vorgefaßte Meinung hinzugehen, zu sehen, zu hören, mitzusehen und zu einem eigenen Urteile zu kommen. Wie der Mann am Wasser mit sich und seinem Gott allein ist und hier seine Erfahrungen sammelt, so soll er auch im Turnier seinen Mann stellen und Gut und Schlecht aus eigener Erkenntnis scheiden lernen. Ich für meine Person messe aber dem Turnierwesen noch eine weitere Bedeutung bei: ich halte es geradezu für eine nationale Angelegenheit und für die Pflicht deutscher Angler, auch auf dem Boden des Wurffeldes das Können und die Leistungsfähigkeit unseres Volkes aller Welt zu zeigen. Lange genug sind wir ferngestanden und doch haben wir Männer genug, um mit den anderen in erfolgreichen Wettbewerb treten zu können, wie die Resultate der bisherigen Veranstaltungen zeigen. Ich bin mir dessen voll bewußt, daß meine Ansicht auf den Widerspruch jener stoßen wird, welche deutsches Angeln — also unsere Fischweid — von dem rein technisch sportlichen Werfen nicht trennen können oder wollen. Denen kann ich nur die Einleitungsworte dieses Kapitels zurufen. Dafür hoffe ich, daß der Großteil meiner Leser deren Wahrheit erfassen und in ihrer Befolgung, sich meiner Auffassung anschließend, dazu beitragen wird, daß unsere Turniere und unsere Wettkämpfer sich in der nahen Zukunft schon die Beachtung der Welt erobern.

II. Spezieller Teil.

Fischkunde.

Die Forelle.

(Trutta fario, Truite de la rivière, Yellow oder Brown Trout, auch Bach- oder Steinforelle.)

Wer kennt sie nicht, die pfeilgeschwinde, scheue, farbenprächtige Königin unserer Bäche, Flüsse und Seen — die Sehnsucht des Anglers —, deren Fang mit dem Begriff der Flugangel so eng verbunden ist, daß der Flugangler gemeinhin mit dem Forellenangler identisch angesehen wird.

Ihr Verbreitungsgebiet ist ein sehr großes: Vom Alpensee, der in der Grenze des ewigen Eises liegt und vom höchstgelegenen Quellbach angefangen bis tief hinunter in die Ebene, oft sogar in Wasserregionen, von denen man annehmen möchte, sie seien schon zu warm und zu sauerstoffarm für sie, ist sie zu finden, groß und klein, je nach den Nahrungs- und Aufwuchsbedingungen. Wer Forellen mit Erfolg angeln will, muß sich in erster Linie darüber klar sein, wie und wo er das tun will. Es ist ein großer Unterschied, ob man einen Bach von höchstens einigen Metern Breite beangelt, ob dieser als rechter Bergbach über Steine und Geröll, Fällholz und Schotterbänke herunterbraust, hier und da tiefere Ausstände, Tümpel, Rückläufe und wieder kleine Wasserfälle aufweist — in seinem Laufe durch kein Wehr, keine Schleuse oder Holzrechen aufgestaut ist oder aber in einem des Vorlandes oder gar der Ebene, welcher sich mehr geruhsam mit geringem Gefälle in reichlichen Windungen durch das Land zieht, mit tief eingegrabenen bewachsenen Ufern, die breit unterspült, günstigen Unterstand bieten, dessen Lauf von Mühlen und anderen Kraftanlagen unterbrochen, häufige Stauflächen aufweist, die tief und fast strömungslos sind.

Wieder anders ist es, ob man ein mittelgroßes Gewässer des Vorlandes oder der Ebene befischt — oder aber einen der großen wilden Alpenflüsse.

So leicht das Angeln in den einen, so schwer ist es in den anderen Wässern, besonders in den letztgenannten. Das konnte man so typisch kennenlernen, wenn man in den Zeiten vor dem Kriege Gelegenheit hatte, im Isonzo und in der in ihn mündenden Idria zu fischen. In dieser wimmelte es von Fischen, sie waren allerdings nicht groß, aber selbst ein Mindergeübter konnte hier gute Beute machen — anders in Isonzo, da mußte einer schon etwas können, um eine von den großen Exemplaren der marmorfleckigen und Adriaforellen an den Haken zu bekommen, ja auch nur zum Steigen zu verleiten. Im allgemeinen ist ja die Forelle ein Standfisch, welcher seinen Platz nur unter dem Einflusse höherer Gewalten oder von einem stärkeren Artgenossen verdrängt, verläßt. Wo große Steine am Grunde im Strom oder am Ufer liegen, Faschinenwerk, Piloten, Brückenpfeiler stehen, hinter denen sich der Wasserschwall brechend eine ruhige Stelle zeigt, einen Tümpel oder einen Rücklauf bildet — da werden wir einen guten Fisch zu erwarten haben. Aber auch unter dem Balkenwerk von Mühlschüssen und Wehren, an Schleusen und Holzrechen, dort, wo Bäume und Astwerk im Wasser liegen oder wo der Strom die Ufer tief unterwaschen hat sowie unter dem Wurzelwerk von Bäumen und Sträuchern beim Ufer, da muß sie der Angler suchen. Ganz besonders aber liebt sie schattige Stellen unter überhängenden Sträuchern und Bäumen sowie die Kraut- und Grasbetten am Grunde. Recht belehrend ist es, an einem schönen Tage die Ufer entlang zu pirschen und zu beobachten. In jedem größeren Wasser gibt es Plätze, die ich förmlich „Fischställe" nennen möchte, an denen man eine größere Zahl von Fischen gemeinsam beobachten kann, gewöhnlich sind das Plätze, wo hinter einem größeren Hindernis — Steine oder altem Mauerwerke oder einem Brückenpfeiler — sich eine tiefe, ruhige Wasserfläche mit oder ohne Rücklauf gebildet hat, ferner die größeren oder kleineren Rückläufe unter Wehren und Schleusen. Da sieht man die dunklen Rücken der großen Forellen in der Tiefe der ruhigen Stellen. Das sind die Großen, die Fetten, die Satten, die nur ab und zu ihre behagliche Beschaulichkeit unterbrechen, um einen besonders leckeren Bissen zu genehmigen, welchen sie vorher mit kritischen Blicken auf Genießbarkeit und Unverdächtigkeit untersuchen. An der Peripherie dieses geruhsamen Platzes rauscht und brodelt der Strom — dort tummelt sich das Kleinzeug, das Jungvolk, die „misera plebs" im Kampfe ums Dasein, rauft sich um den Bissen, springt und schlägt gierig nach ihm — Ring um Ring entsteht, verrinnt —, unbesehen und beutefroh wird nach allem geschnappt, was irgendwie genießbar erscheint oder wert des Mitgenommenwerdens — und wenn's gut geht, endet dieser Kampf ums Dasein im Magen einer der Großen, Scheuen, wenn der Appetit auf einen fetten, ausgiebigen Bissen in ihm rege wird; Fliegen sind meist eine nicht ausreichende Speise für ihren Magen — höchstens so etwas wie Hors d'oeuvre. Denn „Kannibalen" sind nahezu alle großen Forellen und in gewissen, besonders in großen, Wässern wird es nur äußerst selten gelingen, eine von ihnen an der landläufigen Fliege zu erbeuten, außer zur Zeit des Schwärmens der Mai- oder Steinfliegen, zu welcher Zeit sie ein größeres Interesse an Insektennahrung haben.

Ich habe gesagt: Die Forelle ist im allgemeinen Standfisch, wenigstens was fließendes Wasser anbelangt.

In Seen werden wir die Forelle vor allem dort suchen, wo Bäche und Flußläufe einmünden. Im freien See aber, wo es keine Strömung gibt, müssen wir die Forelle auf ihrem Zuge nach Nahrung suchen — vor allem einmal in der Höhe der Ufer — teils dort, wo diese baumbestanden sind, teils dort, wo Grasbetten das Gedeihen von Schnecken und anderen Wassertieren begünstigen — hauptsächlich aber an Landzungen und Einbuchtungen. Hier müssen wir besonders auf den treibenden und ziehenden Schaum achten. Wind ist beim Angeln in Seen, das meist vom Boot aus betrieben wird, von großem Vorteil. Er erleichtert nicht nur den Wurf, sondern bewirkt auch eine Art von Strömung in den Einschnitten des Ufers, wo sich dann die Fische sammeln. Sehr dankbar ist das Angeln mit der geblasenen Leine und natürlichen Insekten, während man die Kunstfliegen vielfach mitschleppt bzw. als gezogene Fliege führt. Immer aber wird man die größeren Forellen dort zu suchen haben, wo das kältere Wasser ist, was besonders bei jenen Seen wichtig zu wissen ist, deren eine Zone flacher und wärmer, meist bewachsener und vergraster ist, als die andere, mehr steinige oder felsige. In England führt man zum Fange der Forellen in den Seen (welcher der Engländer Lake trout nennt zum Unterschiede von denen der fließenden Gewässer — ich vermeide deshalb das Wort „Seeforellen", um Mißverständnissen vorzubeugen) eigene Fliegen, deren es eine Unmenge und außerdem für jeden See Spezialmuster gibt. Ich bin aber bisher mit den Pennellschen Mustern und meiner Steinfliege überall ausgekommen.

Für das Angeln im See empfiehlt es sich, bei hellem, ruhigem Wetter die Mündungen der Zuflüsse zu befischen, für das freie Wasser aber eine gute Brise zu wählen oder bei Windstille erst in den Spätabendstunden auszufahren. Wenn anders man nicht direkt bei Nacht angeln will, wie ich es später beschreiben werde.

In kleineren Wässern von geringer oder mäßiger Ausdehnung und Tiefe hat die Forelle allerdings nicht zuviel Auswahl hinsichtlich ihrer Standplätze — anders aber in den größeren und tieferen Flüssen und Strömen, besonders jener der Alpen. Da wird ein Kenner des Wassers zu sagen wissen: hier ist eine hervorragende Angelstelle, aber nur bei Hochwasser, und zwar muß der Wasserstand diese oder jene Höhe erreichen, dann wimmelt es hier von Fischen, welche nach Ablauf der Flut diesen Platz wieder verlassen und ihre altgewohnten Unterstände am anderen Ufer beziehen. Wieder andere Stellen sind nur bei ausgesprochenem Mittel- oder Niederwasser gut, wieder andere nur zur Zeit der Aufwärtswanderung, etwa im August.

Ich habe in meinem Wasser, einem großen Alpenfluß, eine solche Stelle, in welcher man nur zu jener Zeit eine Beute machen kann, dann aber unter günstigen Verhältnissen eine außerordentlich reiche.

In jenen Wässern, wo Holztrift getrieben wird — das ist fast in allen unseren Alpenflüssen mehr oder weniger der Fall — wirkt sich das verschieden auf das Verhalten der Fische aus. Ich habe da interessante Beobachtungen gemacht. Durch das Ausstoßen der Hölzer und Balken an die Ufer werden die Fische, welche ja gegen Erschütterungen sehr empfindlich sind, aus ihren gewohnten Standorten vertrieben und stehen im freien Strom am Grunde bzw. im Mittelwasser. Ab und zu geht ein Fisch nach Nahrung auf, aber sobald ein Holz direkt gegen ihn heranschwimmt, geht der Fisch blitzartig schnell auf den Grund, wenn auch das Holz noch zwanzig und mehr Meter weit von ihm rinnt — anderseits ignorieren die Fische seitlich von ihnen treibende Stämme, selbst wenn diese ganz nahe an ihnen vorbeigehen, vollständig.

Dort aber, wo sich Triftholz an den Steinen verfängt und gleichsam Bühnen ins Wasser baut, kann man auf einen prächtigen Fang rechnen.

Verschiedentlich wirkt sich die Schneeschmelze und der Einfluß von Gletscherwasser auf die Beißlust der Forelle aus. Die erstere tritt je nach der geographischen Lage des Wassers und nach den Witterungsverhältnissen der Frühlingsmonate verschieden zeitig oder spät ein. So kann man sagen, daß sie bei den Gewässern der Ebene und der Mittelgebirge durchschnittlich schon im zeitlichen Frühjahre eintritt und bestimmt im April beendet ist, dagegen bei jenen der Hochgebirge selten vor dem Mai, dagegen häufig erst im Juni oder Juli stattfindet. Gletscherwasser, besser gesagt das Schmelzwasser derselben, macht sich in Wässern, welche solchen Zufluß oder Ursprung haben, je nach der Tageszeit durch Trübung bemerkbar — meist gegen den Mittag zu — oder nach der Witterung; an heißen Sonnentagen reichlich, an trüben oder regnerischen und kühlen fast gar nicht. In solchen Gewässern ist das Angeln meist auf die frühen Tagesstunden beschränkt.

Schnee- und Gletscherwasser verderben den Fischen den Appetit auf Fliegen meist gründlich — mag daran die bis zur Undurchsichtigkeit gehende Trübung oder die damit verbundene Abkühlung des Wassers schuld tragen —, ich will das nicht entscheiden. Selbst nach erfolgter Klärung des Wassers dauert es mitunter nach der Schneeschmelze oft einige Tage, bis die Fische wieder nach Fliegen steigen — allerdings ist dieses Verhalten nicht jedes Jahr und allerorten gleich.

Ich glaube das mit der Entwicklung der Bodenfauna und der Wasserinsekten in Verbindung bringen zu dürfen, welche wahrscheinlich durch die Abkühlung irgendwie gehemmt oder unterbrochen wird.

In solchen Wässern kann man aber zu dieser Zeit oft hervorragende Fänge mit der gezogenen Fliege machen.

Ganz merkwürdig ist das Verhalten der Forellen gegenüber bevorstehenden Wetterstürzen oder sonstigem Umschwung und atmosphärischen Störungen. In der Ebene und im Vorlande, auch im Mittelgebirge treten diese selten oder nie so unvermittelt auf wie im Gebirge, besonders in höheren Lagen. Oft geht man hinaus im klarsten Wetter und scheinbar günstigsten Bedingungen — am Wasser aber ist alles tot — kein Ring geht auf — kein Aufschlag ist vernehmbar — ja kein Fisch ist zu sehen. Nasse Fliege, trockene Fliege, versunkene Fliege — alles versagt — höchstens ein vorwitziger Jährling hakt sich aus Dummheit. Auf einmal geht ein Springen und Schlagen los — die Fische schnellen sich hoch aus dem Wasser — an manchen Stellen brodelt es förmlich — und keiner beißt — mag man Fliegen wechseln wie man will. Das ist das Signal für ein rasch heraufziehendes Gewitter. Ebenso plötzlich wie das Aufgehen und Schlagen begann, hört es mit einem Male auf und dann ist es Zeit, sich nach einem sicheren Unterschlupf umzusehen und einzupacken. Im Gebirge verziehen sich die Gewitter nicht so rasch wie in der Ebene, meist toben sie sich in einem Tal oft stundenlang aus und sind regelmäßig mit einem schweren Regen verbunden, der fast ebenso regelmäßig in einen Landregen mit gleichzeitiger anhaltender Wassertrübung übergeht.

Aber selbst die schweren Regen der Berggewitter bewirken oft in kürzester Zeit eine vollständige Trübung des Wassers auch in solchen Abschnitten, wo gar kein Wetter niedergegangen war: diese Erscheinung ist in der Ebene oder in Wässern mit mäßigem Gefälle fast nie zu beobachten, außer nach einem direkten Wolkenbruch.

Da in den ebenen und Mittelgebirgslandschaften nahezu regelmäßig nach einem Gewitter wieder heiteres Wetter herrscht, kann man hier nach einem solchen die herrlichsten Fänge machen, außer es hätte wolkenbruchartig geregnet, daß das Wasser bis zur Undurchsichtigkeit trüb geworden ist.

Eigentümlich ist das Verhalten der Forellen gegenüber dem Leuchten des Blitzes. Ich angelte einmal in sehr später Abendstunde an einer Schotterbank watend. Der Abend war schwül und die Fische stiegen prächtig, besonders große Exemplare, allenthalben hörte man das Aufgehen, bis auf einmal ganz in der Ferne ein Wetterleuchten einsetzte. Nach dem ersten Blitz war alles wie ausgestorben, die Fische mußten auf den Grund gegangen sein und trotzdem ich noch eine halbe Stunde meine Fliegen warf, sie sinken ließ, kurz alles versuchte, was man tun kann — nichts rührte sich mehr. Ich konnte das noch zu wiederholten Malen beobachten, auch wenn das Wetterleuchten wie im ersten Falle nicht von einem Gewitter gefolgt wurde, und finde diese Wahrnehmung bestätigt durch die Mitteilung eines Engländers in Neuseeland, der dasselbe Verhalten der Fische in den dortigen Flüssen beschrieb, ja sogar berichtet, daß das Signalisieren mit den Reflektoren eines weit entfernt verankerten Kriegsschiffes dieselbe Wirkung auslöste.

Angeln während des Gewitters selbst ist ein mäßiges Vergnügen; wenn man schon von der Blitzgefahr absieht, so ist der Fang so wenig lohnend, daß er das Naßwerden nicht rentiert.

Aber noch weniger lohnend ist es, sich in einen meist kalten Landregen hinzustellen, desto mehr aber kurz nach einem solchen, wenn das Wasser im Sinken ist und sich zu klären beginnt.

Auch der Nebel ist kein Freund des Fluganglers, ebensowenig wie die allzu strahlende Sonne und die Glut des Hochsommers. Dafür habe ich zu wiederholten Malen bei Angelausflügen oder besser gesagt Probefahrten mit der Fluggerte im April, an Tagen, wo Sonnenschein mit Schneegestöber abwechselten, die Wahrnehmung gemacht, daß die Fische während eines solchen gierig nach der Fliege stiegen, oft besser als in der sonnigen Zwischenzeit.

Daß im Sommer jene Tage, an welchen leichte Strichregen mit sonnigen Stunden abwechselten, für den Fliegenfischer geradezu als Erntetage zu bezeichnen sind, wird wohl den meisten Lesern nichts Neues sein.

Der Wind genießt bei den Fluganglern verschiedene Wertung. Gemeinhin gelten mäßige, laue bzw. warme Winde aus Süden, Südwesten und Westen für günstig, die aus Nord, Nordwest oder Nordost und Osten für ungünstig, ganz besonders dann, wenn sie noch entsprechend kalt herblasen. Ist die Windstärke eine derartige, daß sie die Wurftätigkeit ausschließt, hört sich überhaupt jedes Angeln auf. Und doch kann man selbst bei einer der als ungünstig bekannten Windrichtungen Beute machen, wenn man sich nicht auf absolut buchmäßige Methoden versteift. Ich will bei dieser Gelegenheit ein interessantes Erlebnis mitteilen. Vor einigen Jahren ging ich nur mit der Fliegenrute bewaffnet zum Fluß — es war gegen Ende April —, das Wetter zwar sonnig, aber es wehte ein ziemlich starker Nord-Nord-Ost — auf meinem Wasser Gegenwind — und ziemlich kalt. Das Wasser war niedrig und glasklar. Nach zwei Stunden Angelns hatte ich noch keinen Anbiß gehabt, so daß ich schon einpacken wollte. Schließlich machte ich noch einen Wurf und ließ die Fliegen — orange Spinnen, die ich immer einbinde, wenn ich nicht weiß, was für eine Fliege besonders zu wählen wäre — vom Strom unter Hecken treiben, welche vom Schnee weit hinaus bis an den Wasserspiegel gedrückt worden waren. Da ich die Schnur nicht aus dem Wasser heben konnte, ohne mich zu verhängen, rollte ich sie unter den Ästen her so schnell ein, wie man gemeinhin einen Spinnköder einrollt. Auf einmal spüre ich einen Riß, den ich mit einem Anhieb erwidere, spüre den Widerstand des Fisches und gehe in den Drill, nach dessen Ende eine gut 1½pfündige Forelle im Landungsnetz liegt. Ich wiederhole nun dieses Spinnen mit der Fliege, das mich ein ungewollter Zufall gelehrt, an einigen anderen Stellen von gleicher Beschaffenheit — und gleichem Glück — ich erbeutete sogar eine prächtige Doublette und ging mit reicher Beute heim, befriedigt von dem Gefühl, um eine neue Erfahrung reicher zu sein. Nur die eine Frage kann ich mir bis heute nicht beantworten: Als was haben die Forellen die rasch gegen die Strömung ziehenden Fliegen angesehen und genommen? Für Insekten bestimmt nicht, am wenigsten die orangefarbenen Gebilde mit schwarzen Hecheln an Haken Größe 5.

Aflalo nennt den Wind den Feind des Uferfischers und den besten Freund des Bootsanglers — nicht ganz mit Unrecht. Wer ein stark bewachsenes Ufergelände zu begehen hat, wird einen ungünstigen Wind, welcher die Fliegen in Äste und Büsche verschlägt, verwünschen, ebenso der stromauf Angelnde den Gegenwind.

Im allgemeinen bin ich nicht gerade des Windes unbedingter Widersacher, am wenigsten, wenn ich bei hellem Wetter und Sonnenschein ein Wasser oder einen Teil desselben befische, das wenig Strömung hat und dazu glasklar ist. Bekanntlich ist es eine goldene Regel, derlei Wasserstrecken bei Windstille und Sonnenschein ganz in Ruhe zu lassen, es sei denn, man kann sich stromauf unter Ausnützung jeder Deckung anschleichen und einem gerade steigenden Fisch die Fliege vor die Nase setzen. Andernfalls vergrämt man sich nur unnötig die meist guten Bewohner dieser Plätze und beraubt sich einer Chance für die nächste Zeit. Aber selbst bei ganz günstigen Bedingungen ist es immer vorteilhaft, wenn die Oberfläche von einem Windhauch gekräuselt wird. Auch die Fische wissen, daß ihnen der Wind manchen leckeren Bissen ins Wasser weht.

Überhaupt spielt die Tageszeit eine große Rolle. Im Frühjahr und im Herbst, wenn dieser nicht abnorm warm ist, kann man den ganzen Tag auf Erfolg rechnen. Allerdings im Beginn der Saison und mit fortschreitender Jahreszeit werden es die Stunden um Mittag herum sein, in welchen die Fische nach Fliegen steigen, wenn es auch hierin ganz unmotivierte Ausnahmen gibt.

In den Sommermonaten verschieben sich die erfolgversprechenden Tageszeiten gegen Beginn und Ende des Tages. Die Mittagstunden sind im allgemeinen nicht vielverheißend und werden besser der Rast und Labung gewidmet. Ich habe es zwar auch schon erlebt, daß in der glühenden Mittagsonne eines Hochsommertages die Fische aufgingen, weil gerade irgendein aufgehender Schwarm von Insekten ihre Freßlust anregte, und habe dann buchstäblich im Schweiße meines Angesichts meinen Korb vollgeangelt; aber diese Sonderfälle bestätigen eben nur die Regel. Wenn am zeitlichen Morgen dicker Nebel über dem Wasser braut und schwerer Tau liegt, wird man mit der Fliege nicht viel Beute machen. Wenn man sich nicht dazu verstehen will oder kann, den Forellen einen Spinner oder Koppen anzubieten, muß man geduldig warten, bis der Nebel sich verflüchtigt hat und der Tau verschwunden ist. Auch des Abends einfallender Nebel bedeutet den Anbruch des Feierabends für den Flugangler. Diese abendliche Nebelbildung ist besonders in engen und tiefeingeschnittenen Flußtälern der Gebirge störend und tritt um so häufiger auf, je kälter das Wasser ist und je heißer und wolkenloser der Tag war.

Im Sommer sind mir die kühlen, trüben Tage, womöglich solche mit leichtem Süd-Südwest- oder Westwind die liebsten. Wenn auch an ihnen die Fische gemeinhin nicht so häufig oder oft auch gar nicht aufgehen, kann man an solchen Tagen oft bessere Fänge machen wie am schönsten Sonnentage, allerdings muß man da mit der „versunkenen" oder an besonders geeigneten Stellen mit der „gezogenen" Fliege ev. mit einem der kleinen Spinner, einem Phantom oder einem Oreno angeln. Nahezu regelmäßig habe ich an solchen Tagen durchwegs große Fische erbeutet, welche sonst nicht an die Fliege gingen. Der ausschließlich Trockenfliegen führende Angler wird dagegen an solchen Tagen meist sehr schlecht abschneiden.

Nicht unbeschrieben darf ich das Angeln bei Nacht lassen, dessen in allen Büchern nahezu keine Erwähnung getan wird, trotzdem es nicht nur äußerst reizvoll, sondern auch lohnend ist, da gerade die größten Fische bei Nacht die Fliege nehmen, welche man bei Tag selten oder nie daran fängt. Vom Ufer aus ist es nicht an allen Gewässern ratsam wegen der Hänger oder der Schwierigkeiten beim Landen. Am besten ist es zu waten, allerdings muß man die Bodenverhältnisse der Angelstelle kennen und es ist immer vorteilhaft, sich seinen Standpunkt schon bei Tage anzumerken, besonders dann, wenn man ein fremdes Wasser befischt, um unangenehmen Zufällen auszuweichen. Denn zum Angeln eignet sich nicht, wie man glauben möchte, eine Vollmondnacht, sondern nur eine jener halbdunklen warmen Nächte des Sommers — eine andere Jahreszeit kommt nicht in Frage — welche aber nebelfrei sein muß.

Der vorteilhafteste Platz ist eine Schotterbank, welche langsam zur Tiefe abfällt und neben dem Hauptstrom mäßig scharf rinnendes Wasser hat, oder ein Tümpel, von der seicht auslaufenden Seite her. In der Nacht kommen die großen Forellen aus der Tiefe oder ihren unzugänglichen Unterständen und machen an den seichten Stellen Jagd auf Pfrillen, Koppen oder auch die eigene Jungbrut. Man sei an seinem Platze vor Einbruch der Dämmerung, bereite sich sorgsam alles vor — lasse überflüssiges Gepäck am Ufer — nur Fischkorb und Taschenlaterne und das Landungsnetz nehme man mit. Mit dem Gebrauche der Laterne sei man sehr sparsam, da die Forellen gegen blitzartige Lichteffekte empfindlich sind. Als Vorfach nehme man ein paralleles von ½ x bis 1 x und am besten nur eine Fliege — einen dicken Palmer an Haken Nr. 6—8. Wenn man auch vielleicht mehr Chancen hat, Doubletten zu erbeuten als bei Tage, so ist einmal das Landen derselben umständlicher, und anderseits riskiert man die Möglichkeit, daß sich die zweite Fliege in den Maschen des Netzes verhängt, und man einen guten Fisch verliert. Man watet bei Beginn der Dunkelheit an die gewählte Stelle und wartet dort einige Minuten bis jene vollständig ist, ehe man mit dem Werfen beginnt.

Da die Forellen an derlei Stellen, wie wir sie gewählt, herumziehen, bleibt man stehen und wirft nur in verschiedenen Richtungen mit längerer oder wieder kürzerer Leine, die Fliegen einmal tief, einmal oberflächlich führend.

Ein Anhieb erübrigt sich, denn meist erfolgt der Anbiß mit Gier und Wucht. Der Drill ist selbst bei schweren Fischen leichter als bei Tag, denn der Fisch sieht ja den Angler nicht; nur möchte ich vor einem Forcieren warnen, da es leicht geschehen kann, daß der Fisch ans Netz anstreift und nun erst wild wird. Darum soll das Netz nicht klein sein. Den erbeuteten Fisch tötet man im Netz durch einen Schlag mit dem Totschläger oder Griff des schweren Knickers, dann erst löst man den Haken aus und legt ihn in den Korb. Während dieser Manipulation steckt man die Gerte in die Röhre des Watstrumpfes, um die Hände frei zu haben, ebenso verfährt man, wenn ein neues Vorfach einzubinden oder sonst etwas zu richten ist.

Das Fischen bei Nacht ist besonders lohnend an heißen Sommertagen, wenn die Forellen bei Tage nicht gut bissen, und zur Zeit des beginnenden Aufstieges, etwa um Mitte August. Im Gegensatze zur Tagesfischerei ist bei Nacht Windstille viel vorteilhafter als selbst ganz leichte Luftbewegung.

Dem Angler, welcher seine Wässer von den großen Stand- und Raubforellen befreien will, der aber die Fliege dem Spinner oder der Koppenangel vorzieht, kann ich diese Art des nächtlichen Angelns nicht genug empfehlen. Allerdings hat sie eine Voraussetzung, nämlich die eines halbwegs größeren Wassers, denn in einem kleinen wird man meist nicht waten können und viel zu viel Hänger riskieren, wenn die Ufer halbwegs bestanden sind. Auch die Möglichkeit, daß der gehakte Fisch unter Wurzelwerk, Ufereinbauten u. dgl. flüchten kann und dort verloren geht, ist in kleinen Wassern oder an zu beschränkten Stellen eine viel größere. Es ist selbstverständlich, daß diese Art zu angeln, auch in Seen anzuwenden ist, speziell dort, wo Zuflüsse in diese einmünden, welche an und für sich schon die Standorte der Forellen sind. Allerdings wird es sich empfehlen, diesen Stellen im Boote beizukommen, was auch mehr Bewegungsfreiheit erlaubt.

Da die Technik des Wurfes mit der nassen und trockenen Fliege in den betreffenden Abschnitten eingehend besprochen wurde, haben wir uns am Wasser lediglich die Frage vorzulegen: für welche der beiden Arten des Angelns wollen wir uns entscheiden. Jemand, welcher nur der einen oder anderen Richtung unbedingt huldigt, ist der Antwort leicht enthoben. Wer aber gerne die Vorzüge beider Richtungen genießen will, muß sich nach den gegebenen Umständen einstellen und entscheiden. Selig werden kann man nach einer jeden und Fische fangen ebenfalls, so daß es für unsere landläufigen Verhältnisse eigentlich überflüssig erscheint, sich für und gegen diese oder jene Methode zu erhitzen. Trotzdem muß ich dem Anfänger den Rat geben, sich in der oder jener — aber doch nur erst mit einer gründlich vertraut zu machen.

Eine weitere Frage ist die, wie und wohin hat man zu werfen. An kleinen Gewässern ist diese Frage leicht und rasch beantwortet: Wir wissen, wo wir den Fisch zu suchen haben, daher muß unsere Fliege diesen Platz genau absuchen. Ist eine solche Stelle an unserem eigenen Ufer, dann werden wir naturgemäß diese zuerst mit einem

Wurfe bedecken und die nächste Stelle weiter unten oder oben auch nicht übergehen, ehe wir dem anderen Ufer unsere Aufmerksamkeit schenken. In einem Rinnsal von 2—3 m Breite wird man allerdings kaum zu derlei Reflexionen gezwungen sein, wohl aber, wenn das Wasser 8, 10 und mehr m breit ist. Ferner ist zu bedenken, daß man die Fische im ganzen Wasser zerstreut findet, daß man also trachten muß, jedem Fische darin die Fliege zu zeigen. Wie das geschieht, ob nach der altehrwürdigen Methode der nassen Fliege oder nach der amerikanischen Manier die Trockenfliege zu handhaben, bleibt sich gleich, wenn nur der Angler nie die nötige Vorsicht unterläßt, am Ufer nie fest aufzutreten, nicht mehr Bewegungen auszuführen als der momentane Zweck erfordert und es versteht, sich dem Fische so unsichtbar wie möglich zu machen.

Das Letztere erzielt man auf zweierlei Weise: entweder man benützt jede sich bietende Deckung, oder aber man watet bzw. sucht sich durch Niederknien, ev. sogar Vorkriechen auf dem Bauch so so klein wie möglich zu machen.

Die Deckung mag ein Stein, ein Busch oder sonst etwas dem Fisch Vertrautes sein.

Mir ist es von der Jagd her geläufig geworden, mich, wenn irgend möglich, vor die Deckung, aber so nahe wie möglich an sie zu postieren, weil man sich in dieser Art kaum von ihr abhebt, nicht einmal, wenn man keine Mimikrykleidung trägt, wenn diese nur nicht allzu auffällig mit dem Hintergrunde kontrastiert.

Nun kommt ein strittiges Kapitel zur Diskussion: die Wahl der Fliege. In den Lehrbüchern wird allgemein das Universalrezept gegeben: im Frühjahr, am Abend und bei trübem Wetter und Wasser größere und dunklere, im Sommer und Herbst bei Klarwasser und Sonnenschein kleinere und hellere bis glänzende Muster zu verwenden.

Nun gehen die Ansichten über „groß" und „klein", „hell" und „dunkel" recht weit auseinander. Was die Farbenschattierung anbelangt, ist meiner Absicht nach der Fisch der Kompetentere, denn die Erfahrung lehrt, daß er ein scheinbar richtig in Form, Farbe und Größe kopiertes, eben schwärmendes Insekt glatt refüsiert und gleich darauf eine unmöglich lichte, aber vielleicht viel größere und nicht einmal die Form annähernd wiedergebende Nachbildung mit Gier nimmt.

Wenn man nicht gerade zur Zunft jener eingefleischten Trockenfliegenmänner gehört, welche man in England „Puristen" nennt, dann wird man mit seinem Entschluß schneller fertig sein. Schwärmt nicht gerade ein Insekt spezieller Art, wie z. B. die Maifliege, dann werden wir uns für eine Fliege entscheiden, welche dem an und über dem Wasser befindlichen ähnelt, und sie als Strecker oder Springer einbinden. Wird sie genommen — gut, wenn nicht, dann versuchen wir am Strecker ein anderes Muster. Ich habe nach jahrelangen Versuchen es am sichersten gefunden, wenn man nicht weiß, welche Fliege man wählen soll, eine schwarze und eine orange Spinnenfliege

(Spider) anzuknüpfen. Wenn man ein Wasser durch lange Jahre oft und regelmäßig befischt, wird man früher oder später zu der Erkenntnis kommen, daß man vom März bis Ende September mit drei bis vier Mustern in verschiedenen Hakengrößen sein Auskommen findet.

Aus diesem Grunde sehe ich davon ab, eine Zusammenstellung von Fliegenmustern nach Jahreszeiten oder Monaten zu geben, welche höchstens für ein bestimmtes Wassergebiet eine Geltung haben könnte. Schon die geographische Situation eines Wasserlaufes macht eine solche Formulierung illusorisch. Die Verhältnisse in und am Wasser, die Entwicklung des Insektenlebens und der übrigen Wasserbewohner ändern sich von Wasser zu Wasser, ja sogar bei manchen auf ein paar Kilometer. Nehmen wir als Beispiel je einen Wasserlauf von je 40 km Länge — der eine entspringt in 200—300 m, der andere um 1000 m oder mehr Seehöhe — der erstere durchströmt nach Verlassen des nächsten Quellgebietes mit mäßigem Gefälle ebenes Terrain, fette Wiesen und Ackerland — der andere stürzt in seinem rauhen Felsenbett zu Tal bis zur Mündung. Wenn es an den Ufern des ersteren längst Frühling ist, liegt zumindestens ein großer Teil des letzteren noch in Schnee und Eis. Hat es daher einen Sinn, eine Monatstafel für Fliegen zu verfassen, die bei einer großen Zahl von Wasserläufen vielleicht nicht einmal an einem einzigen Geltung hat?

Warum schleppen wir noch immer die Einordnung der Fliegen nach Monaten mit uns herum, welche wir von den Engländern übernommen haben, bei denen sie notabene auch nur für süd- und mittelenglische Verhältnisse berechnet ist, aber nicht für die Bergwässer von Wales und Schottland, deren Gebirge doch nicht einmal die Höhen unseres Erz- oder Riesengebirges erreichen — von den Alpen rede ich gar nicht.

Wenn eine solche Einteilung für unsere Verhältnisse von Wert sein sollte, müßte sie für nahezu jedes Wassergebiet einzeln ausgearbeitet werden.

Deshalb ist mir die Ansicht von Francis sympathisch: an ein fremdes Wasser nur die bewährtesten Fliegenmuster mitzunehmen und sich bei einheimischen Anglern nach dem dort besten Muster zu erkundigen.

Ich beschränke mich heute bei einer Fahrt auf ein ganz fremdes Wasser auf das Mitnehmen der „Pennell"-Fliegenserie, einen Satz Spider und Zulu sowie die Palmer — und meine Steinflige[1]) — alle in verschiedenen Hakengrößen. Brauche ich dann an Ort und Stelle irgendein spezielles Muster, das von meinem Vorrat nicht gedeckt oder ersetzt wird, so ist es mir eine Leichtigkeit, es nach Bedarf zu binden.

Was die zu wählende Hakengröße anbelangt, so wird man im Durchschnitte mit den Größen, welche ich bei der Beschreibung der Fliegen nannte, sein Auskommen finden — in unseren Wässern bestimmt. Wenn ich es offen sagen soll, ich bin kein Freund kleiner

[1]) Im Handel unter dem Namen „Gustls Orange".

Fliegen, und zwar aus dem Grunde, weil ich die Beobachtung gemacht habe, daß die großen und größten Fische — und diese interessieren mich in erster Linie — einen großen Brocken vorziehen, besonders in jenen Gewässern, wo solche ohnedies nicht allzugierig nach Fliegen steigen. Untersuchungen des Mageninhaltes solcher Fische belehrten mich, daß dieser außer Fischen oder deren Resten immer auch die Reste oder noch unverdaute Körper großer Käfer, Schnecken u. dgl. aufwies, aber nie kleine Fliegen oder Mücken, welche ich auch nie in den Kiemen oder im Rachen fand. Bekannt ist ja doch die Tatsache, daß man mit der Maifliege, d. h. dort, wo sie in der entsprechenden Zahl schwärmt, die größten Fische erbeutet; aber weniger bekannt ist es, daß man zu jener Zeit noch viel sicherer und eher mit einem großen Palmer zum Anbiß verleitet, selbst wenn das Wasser von Maifliegen wimmelt.

Es ist schwer, apodiktisch zu sagen, daß diese oder jene Hakengröße zu nehmen sei — es richtet sich das nach dem Wasser und muß die günstigste Größe durch Versuche gefunden werden. In dem einen Wasser ist sie nicht unter 5—6 und darüber, im anderen bloß 3—5 höchstens.

Ich bin schon wiederholt ungläubigem Kopfschütteln begegnet, wenn ich einem Gaste eine von meinen Fliegen anbot, oder dieser sie an meinem Vorfache baumeln sah. Einen Fall will ich aber doch zur Bekräftigung des Gesagten erzählen. Ich wurde einmal ersucht, mit einem Amerikaner an einem unserer bekanntesten Wasser zu angeln. Der Fremde stand scheinbar ganz unter der Impression der Halfordschen Schule, denn seine Fliegenbüchsen waren gefüllt mit künstlichen Winzigkeiten. Für meine Fliegen hatte er nur die Anmerkung: „Zu bunt, zu groß — wir angeln doch auf Bach- und nicht auf Meerforellen.“ Nun gut, ich ließ ihn also ruhig seine erst peinlich zu den eben schwärmenden Insekten abgestimmten Fliegen in der Strom werfen — Resultat: Äschen, nochmals Äschen — und dazwischen einige kleine Forellen. Der Mann wurde sichtlich nervös, denn Äschen standen bei ihm nicht in Ansehen, und die großen Forellen, von denen man ihm erzählt hatte, wollten nicht beißen. Schließlich drückte ich ihm meine Gerte in die Hand — ich selbst hatte bislang noch nicht geangelt — und wies ihn an, die Fliege dorthin zu werfen, wo sich das Wasser knapp am Ufer an den großen Steinen brach, und sie dann ins ruhige Hinterwasser schwimmen zu lassen, selbst wenn sie untergehen sollte, und den Wurf nicht zu rasch zu wiederholen, falls auf den ersten kein Biß erfolgte. Ich habe das immer für gut befunden, den Wurf auch mit der Trockenfliege zu wiederholen, wenn es auch der starren Regel eigentlich widerspricht. Die großen Fische lassen sich gerne Zeit, einen Köder zu nehmen, wenn sie nicht gerade hungrig sind. Die an oder über ihnen vorbeitreibende Fliege erweckt meist zuerst nur ihre Aufmerksamkeit — überwiegt die Freßgier, dann fahren sie ihr nach und fassen zu, andernfalls legen sie sich auf die Lauer, um sie beim zweiten Wurfe zu nehmen.

Es ist daher ratsam, die Fliege nach dem ersten Wurfe nicht allzubald vom Wasser zu nehmen, um einen nachfahrenden Fisch nicht zu vergrämen.

Mit sichtlichem Unglauben und Mißtrauen befolgte der Gastfreund meine Anweisung, aber siehe da, schon beim zweiten Wurfe war er in einen scharfen Drill mit seinem Fische verwickelt, welcher sich bei der Landung als guter Zweipfünder zu erkennen gab und dem bald noch einige andere gute Fische Gesellschaft leisteten.

Des Experimentes halber machten wir zur Abwechslung die Gegenprobe. Ich bewarf zuerst eine Angelstelle mit den kleinen Fliegen, mit dem Erfolg, daß die großen Fische für diese nicht zu sprechen waren, und im besten Falle am Ende des Hinterwassers ein kleiner Außenseiter den Bissen raubte. Nach einer Pause wurden meine großen Fliegen — es waren meine bewährten Steinfliegen — in Anwendung gebracht, und jedesmal war der Anbiß eines guten Fisches zu verzeichnen.

Eine vielumstrittene Frage ist die, ob man besser stromauf- oder stromabwärts angeln soll. Der Trockenfliegenfischer des klassischen Stils hat keine andere Wahl, als stromauf zu fischen, wozu es für den Rechtshändigen im allgemeinen von großem Vorteil ist, das rechte Ufer zu wählen, weil er dadurch mehr Gelegenheit hat, hinter ihm stehenden Bäumen, Hecken usw. auszuweichen, indem er den Wurf über dem freien Wasser machen kann und auch sonst leichter wirft als vom linken Ufer, welches aus den gleichen Gründen für den stromab werfenden Angler mit der nassen Fliege bzw. für den Linkshänder das Angenehmere ist. Da man aber, wie ich im betreffenden Kapitel beschrieben habe, nach der Methode von P. Kerr auch die Trockenfliege stromab fischen kann, erweitert sich das Betätigungsgebiet des Mannes mit der Trockenfliege um ein bedeutendes. Aber auch die nasse Fliege ist mit Vorteil stromauf zu fischen, ganz besonders an hellen Tagen bei glasklarem Wasser und ungünstigem Stande der Sonne.

Mühlgerinne und Ausläufe sowie die Tümpel und Rückläufe unter Wehren sind mit besonderem Vorteile stromauf zu befischen. Man fischt zuerst die nächste Umgebung ab, um durch den Drill oder das Abkommen gehakter Fische den Platz nicht zu beunruhigen, und geht erst dann der Mitte bzw. den weiter liegenden Abschnitten zu. Besonders achte man auf die unter Wirbel treibenden oder an den Seiten entlang stehenden oder treibenden Schaumstreifen, denn unter ihnen stehen die Fische, auf Beute lauernd. Man wirft die Fliege — auch die trockene! — direkt auf einen solchen Schaumstreifen hinauf und läßt sie mit ihm kreisen oder treiben, Schnur nach Bedarf ausgebend oder einziehend; meist wird aber schon die auffallende Fliege genommen, kaum daß sie das Ziel berührt hat. Aber auch die meisten Doubletten sind an solchen Stellen zu machen, weil der sich wehrende Fisch den anderen die Seitenfliegen vorführt. Sehr empfehlenswert ist der Wurf direkt in das Überfallwasser; hinter diesem ist ruhiges Wasser, und hier stehen gewöhnlich die besten

Fische, welche in dem Gebälk des Wehrunterbaues ihren Stand haben und auf die Beute warten, die ihnen der Wasserfall zuwirbelt. Hat man bisher mit kleinen Fliegen geangelt, so empfiehlt es sich, diese an einem solchen Platz gegen ganz ansehnlich große umzuwechseln, je näher gegen die Dämmerung, desto größer nehme man sie. Das Angeln stromauf hat unleugbare Vorteile: erstens hat man hinter sich abgefischtes Wasser, in dem der Drill und noch weniger das Abkommen eines gehakten oder gedrillten Fisches keine Beunruhigung mehr schafft. Zweitens kommt man den Fischen, welche doch stets mit dem Kopfe gegen den Strom stehen, von rückwärts, also ungesehen näher, erst recht, wenn man watet, und drittens kann man eben von rückwärts her einen Fisch nach dem anderen fangen, ohne die vorne stehenden zu beunruhigen oder zu vergrämen. Es ist zwar richtig, daß meist der größte Fisch vorn am Einlauf einer Gumpe oder eines Tümpels steht und man sich mit seinem Fange begnügen kann; aber in einem Tümpel von entsprechender Ausdehnung stehen gewöhnlich einige gute Fische.

Ist eine solche Stelle auch noch dazu recht tief, 2, 3 oder mehr Meter, dann stehen die größten Fische nahezu immer am Boden, und man wird ihnen nur mit einer beschwerten Fliege nahekommen können.

Das ist besonders der Fall im Auslaufe von Turbinenanlagen, wo ich es gewöhnlich so mache, daß ich am Kopfe des Streckers ein großes Schrot anbringe und dann die Fliegen in den Wirbel, der sie in die Tiefe zieht, werfe und von ihm auf und nieder treiben lasse.

In extrem tiefen Stellen und in Turbinenausläufen habe ich mir noch ein Verfahren zurechtgelegt, welches mich immer große Fische erbeuten läßt. Ich montiere mir ein starkes Gutvorfach von 1½ Yard Länge mit 4—6 Springern an ganz kurzen Gutenden von nur 4—6 cm Länge; als Fliegen nehme ich eine Lachsfliege, Alexandra, Palmer, Zulu oder eine meiner Barschfliegen — alle in großen Hakennummern. Ins Ende des Zuges knüpfe ich statt des Streckers ein Paternosterblei oder eine Olive ein, und nun „hebe und senke" ich die ganze Stelle ab in derselben Manier, wie man auf Barsche oder Makrelen fischt; der Erfolg ist mitunter verblüffend. Auch in tiefen Seen und Stauanlagen bringt dieses Verfahren oft gute Beute, wenn die Fische alles andere verschmähen, wie ich mich oft überzeugen konnte.

Im freien Wasser muß man die Fliegen führen. Man läßt sie mit dem Strom treiben oder kann sie auch ruckweise quer herüberbringen; wenn die Schnur genügend Spannung hat, kann man den Springer an der Oberfläche tanzen lassen wie eine eierlegende Fliege — man kann auch die Fliegen ruckweise gegen sich stromauf ziehen, ja sogar, wie ich vorher erzählte, wie einen Spinner hereinrollen. Man muß eben alles versuchen, was hilft, um den Fisch zum Anbiß zu verleiten. Abgesehen von der schier unerklärlichen Tatsache, daß es Tage, besser gesagt Stunden an gewissen Tagen gibt, an denen nur kleine Fische beißen und man gelangweilt von dem fortwährenden Hakenlösen und Zurückversetzen besser tut, sich irgendwo in den Schatten niederzulassen und eine günstigere Stunde abzuwarten, gibt es Zeiten, in denen die Fische überhaupt nicht beißen oder von der Fliege gar keine Notiz nehmen, trotzdem sie aufgehen. Die natürlichste Erklärung dafür wäre die Annahme von Sättigung und Verdauungsträgheit; die Forellen stehen still und unbeweglich an ihren Ständen, ignorieren vorbeischwimmende Insekten, erst recht die Fliege und verlassen ihren Platz, wenn man den Versuch, sie mit der Fliege zu reizen, wiederholt.

Auch in diesem Falle ist mit der liebevollsten Ausdauer nichts zu erreichen, es heißt nur warten, bis die Fische wieder hungrig werden. Da diese Periode von Unlust zum Anbiß im Sommer meist mit der heißesten Tageszeit zusammenfällt, in welcher der Angler nach anstrengendem Tageswerk selbst das Bedürfnis hat, zu ruhen und sich zu erholen, versäumt man nicht viel und wird für diesen Ausfall in einem späteren Tagesabschnitt reichlich entschädigt.

Aber es gibt noch andere Äußerungsformen des Nichtsteigens: Man sieht die Fische im Mittelwasser oder am Grunde hin und her jagen, manchmal direkt auf dem Kopf stehen, so daß in seichtem Wasser die Schweifflosse darüber hinausreicht — die Engländer nennen letzteren Vorgang „tailing", was am besten und sinngemäßesten durch „Schweifzeigen" zu übersetzen wäre. Allgemein ist die Annahme verbreitet, daß die Forellen auf der Suche nach Bodennahrung seien oder aufsteigenden Zwischenstufen von Wasserinsekten nachgehen, und diese Annahme erscheint durchaus berechtigt und glaubwürdig. Ein englischer Autor rät, in diesem Falle mit speziellen „Nymphenfliegen", deren Bindeweise ich auch angegeben habe, weil ich mich wiederholt von ihrer Brauchbarkeit überzeugen konnte, zu angeln — entweder in der Art, daß man das Vorfach bis zur untersten Gutlänge fettet, so daß diese mit der Fliege ins Wasser taucht, was ich besonders in seichtem Wasser bei Vorhandensein von Kraut und Grasbetten empfehle, oder aber in tieferem Wasser die Fliege durch ein Schrot beschwert direkt auf den Boden sinken läßt und wieder aufhebt. Ich hatte auf diese Weise wiederholt gute Erfolge, aber auch Versager, die ich ungescheut eingestehe, was aber durchaus nicht gegen die Brauchbarkeit der Methode spricht, weil hier und da auch andere, sogar „unfehlbare" Methoden im Leben versagen.

Ein andermal wieder sieht man die Forellen lebhaft aufgehen, Ring neben Ring — oft sieht man sie knapp neben der Fliege etwas von der Oberfläche aufnehmen und der verzweifelte Angler wechselt Fliege um Fliege mit dem gleichbleibenden negativen Resultat. Heintz erwähnt dafür das Schwärmen winziger schwarzer Mücken, welche in Unzahl am Wasser treiben, als Ursache. Diese kann man aber wenigstens infolge ihrer kontrastierenden Färbung erkennen, aber oft und oft kann man selbst mit den schärfsten Augen nicht wahrnehmen, nach was die Fische aufgehen. Ein englischer

Autor gibt den Rat, zum Angeln eines der kleinen Triederbinokels mitzunehmen, das uns den nötigen Aufschluß gibt. Nach seinen Beobachtungen handelt es sich um kleinste, glashelle Insekten, die man nicht kopieren kann, manchmal auch um ebensolche „Spinner", also geschlechtsreife Formen von Ephemeriden kleinster Gattung. Man wird vielleicht versucht sein, über den Vorschlag, mit einem Trieder bewaffnet zum Angeln auszurücken, zu lächeln. Ich muß aber gestehen, daß er etwas für sich hat. Abgesehen von der minimalen Belastung bietet so ein Glas die Möglichkeit, vieles zu sehen und unauffällig zu beobachten, was am Wasser vorgeht. Intime Szenen und Momente des Tierlebens und vieles andere — nicht zuletzt auch Leute, deren Anwesenheit am Wasser verdächtig ist. Denn ein richtiger Angler sieht nicht allein seine Beute oder sein Wild, sondern er sieht oder soll sehen auch alles, was um ihn herum lebt, fliegt, kriecht oder sonst sein Wesen treibt, und den Reiz der Beobachtung ebenso hoch einschätzen wie den des Angelns selbst, und darin Ersatz und Befriedigung finden, wenn Momente wie die vorgeschilderten seine Fangaussichten schmälern oder in Frage stellen. Eine noch immer strittige Frage ist die des „Kurzsteigens".

Es gibt Stunden, in welchen die Forellen zwar nach der Fliege aufgehen, aber nicht gehakt werden können — ein Vorkommnis, welches man als „Kurzsteigen" bezeichnet und geeignet ist, auch einen alten Flugangler nervös zu machen. Heintz gibt eine sehr sinnreiche physiologische Erklärung für das Fehlgehen des Anhiebes, ausgehend von dem Vergleiche des Kinderspieles, das man in meiner Heimat „Patschfangen" nennt, bei dem die vorgehaltene Hand von der der Gegenpartei getroffen werden muß, ehe sie weggezogen wird. Heintz kommt zu dem Schluß, daß die lange Leitung vom Zentralnervensystem über Arm, Gerte, Leine zur Fliege schuld daran sei, daß der richtige Moment des Anhiebes verpaßt werde, bzw. dieser Moment zu kurz sei, als daß er von den ausgelösten Reflexen beantwortet werden könnte. Diese Erklärung ist vollständig plausibel und einleuchtend, aber erklärt nicht die Ursache des Kurzsteigens.

Einen psychologischen Grund werden wir dafür schwerlich angeben können, da wir die Vorgänge in der Tierwelt weder kennen, noch analysieren können, noch wissen, auf welche Reize die Tiere reagieren. Die Annahme, daß es uns unbekannte meteorologische Einflüsse sind, welche das Kurzsteigen verursachen, wäre nicht von der Hand zu weisen, denn oft kann man es vor einem Witterungswechsel und nahezu immer nur in der heißen Jahreszeit beobachten.

Ich habe mich aber bemüht, den Vorgang des Kurzsteigens zu studieren und zu beobachten und will das Resultat und die Methode im folgenden schildern. Bei verschiedenen Beobachtungsgängen ist es mir aufgefallen, daß die Fische lebhaft aufgingen, aber nicht in der üblichen Weise das Aufnehmen zeigten, d. h. durch Anstoßen des Maules gegen den Wasserspiegel den gewohnten

Ring entstehen zu lassen. Mit dem Glas konnte ich nun feststellen, daß die Forellen das treibende Insekt überhaupt nicht nehmen, sondern unter ihm wieder forttauchten. Selbstverständlich muß man für solche Beobachtungen eine möglichst langsam strömende Strecke, klares Wasser und Windstille haben. Es kam mir nun darauf an, festzustellen, ob meine Vermutung, daß dieser Vorgang mit dem Kurzsteigen identisch wäre, richtig sei. Allein kann man das natürlich nicht durchführen, denn man kann beim Angeln den Vorgang nicht kontrollieren, sondern muß sich mit der Beobachtung der Fliegen beschäftigen und das Werfen einem Gefährten überlassen, welcher auch verstehen muß, worauf es bei der Sache ankommt. Und tatsächlich gelang es mir nach vielen fruchtlosen Gängen wiederholt einwandfrei festzustellen, daß der beschriebene Vorgang jener des Kurzsteigens ist. Bei diesem nimmt also, entgegen der bisherigen Ansicht, daß die Forelle die Fliege nur mit den Lippen betaste bzw. sie ins Maul nehme, ohne sie einzuschlürfen, also wieder ausstoße — der Fisch die Fliege überhaupt nicht! Durch das Anschwimmen und Untenwegtauchen entsteht ein Lichtreflex oder aber eine Bewegung des Wassers, welche wir gewohnheits- und erfahrungsgemäß mit dem Anhieb erwidern, der in diesem Falle natürlich nie seinen Zweck erfüllen kann. Wohl aber wird schier jeder aufmerksame und nachdenkende Flugangler die Wahrnehmung gemacht haben, daß er wiederholt bei solchen Gelegenheiten des „Kurzsteigens"—vielleicht häufiger als sonst—einen Fisch irgendwo am Leibe oder an einer Flosse gehakt hat, welcher Vorgang nun auch erklärlich erscheint, indem ein Haken des Fliegenzuges faßte, wenn die Eindringungsrichtung günstig war.

Über die Geräte zum Forellenfange ist nicht viel Spezielles zu sagen: Eine gute Gerte, nicht schwerer als 200 g, wird allen kontinentalen, ja sogar auch den außereuropäischen Erfordernissen Genüge leisten. Wer sich für spezielle Zwecke noch eine Federgewichtsrute leisten will, der mag es tun, wenn er's kann — notwendig ist sie auf keinen Fall. Eine Gerte von Klasse 9½ bis höchstens 10 Fuß Länge ist für den Allgemeingebrauch das Richtige an Fluß und See. Höchstens zum Angeln mit der geblasenen Leine empfiehlt sich eine Spezialgerte, als welche ich die Seerohrgerte empfehle, welche auch verschiedene andere Verwendungsmöglichkeiten bietet, welche ich in den vorhergehenden Bänden fallweise besprochen habe. Vielleicht wäre etwas über das Vorfach zu sagen: Ich habe im allgemeinen Teile über das Thema ausführlich gesprochen — hier möchte ich nur erwähnen, daß man mit einem 2 Yard langen Vorfache von der Verjüngung ¼ x bis 2 x für alle Eventualfälle gerüstet ist, wenn man verjüngte Vorfächer bevorzugt. Aber auch Parallelvorfächer sind ganz gut, wenn man sie nicht zu fein nimmt. Es ist besser, die letzte Länge im Erfordernisfalle durch einen feineren Gutfaden zu ersetzen.

Es dürfte nicht unangebracht sein, auch noch über die Fangzeit — um nicht Saison sagen zu müssen — einige Worte zu verlieren.

Wir haben es noch nicht so weit gebracht wie England, wo eine generelle Schonzeit für die Forelle vom 1. Oktober bis 1. März in Kraft ist, was als unbedingt richtig bezeichnet werden muß, während bei uns die Schonzeiten bestenfalls am 1. Februar, vielfach aber schon früher enden. In den typischen Gebirgswässern ist vielfach die Forelle Ende März noch nicht vom Laichgeschäfte erholt und ihr Fleisch weich und saftlos. Ein richtiger Angler wird sich deshalb auch aus eigenem Empfinden heraus eine längere Frist stecken, ehe er seine Beutegänge antritt.

Für den Flugangler gibt es eine gute Regel für den Beginn des Fischens mit der Fliege, welche sogar den Vorzug hat, für die verschiedensten Höhenlagen zu stimmen: „Wenn der Hagedorn beginnt Blätter zu treiben."

Da in verschiedenen Lagen dieser Vorgang früher oder später eintritt, kann man ihn wie gesagt als Signal für den Beginn der Fliegenfischerei betrachten. Ich will damit nicht gesagt haben, daß man nicht an warmen Februartagen oder Märztagen einen Fisch auf die Fliege steigen machen kann, schon gar, wo diese ausgehungert und vom Laichen erschöpft, ein größeres Nahrungsbedürfnis haben als zu anderen Zeiten, aber jeder wird die innere Überzeugung haben, daß es trotzdem noch nicht das Richtige sei.

Dieses Treiben des Hagedorns fällt durchschnittlich in Lagen bis zu 400 m in die Mitte des April, also eine Zeit, in welcher sich im allgemeinen auch schon eine reichliches Insektenleben bemerkbar macht.

In fast allen Lehrbüchern steht der Satz: „Die Fliegenfischerei erreicht ihren Höhepunkt mit dem Schwärmen der Maifliege, also etwa im Juni, und mit dem fortschreitenden Jahr nehmen die Forellen die Fliege immer weniger gerne an, erst gegen Ende August bzw. im September steigen sie wiederum besser danach."

Ich möchte das nicht so allgemein sagen — abgesehen davon, daß dieser Lehrsatz von England übernommen wurde, wo er auch nur Geltung für die südenglischen Kreideflüsse mit ihrem Nahrungsüberfluß hat — wird er für unsere Verhältnisse höchstens für eine sehr beschränkte Zahl von Gewässern der Ebene und der niedrigsten Bergzüge anwendbar sein. An und für sich gibt es schon eine Menge von Wässern, ich möchte fast behaupten, die größte Mehrzahl, an denen die Maifliege gar nicht vorkommt und wenn schon, ist ihr Erscheinen für das Angeln ohne Bedeutung und Einfluß. In reinen Berggewässern und erst recht in den Alpen und anderen hohen Gebirgen sind aber gerade die Hochsommermonate diejenigen, welche den besten Sport mit der Fliege bieten, wie ich schon früher erwähnte, gerade mit jenen Mustern, welche in Gewässern niedriger Lagen schon längst nicht mehr gängig sind.

Ich möchte daher diesen Satz dahin richtig stellen, daß er nur eine sehr beschränkte Geltung hat, dafür aber die Forderung erheben, daß in unserer Anglerpresse jeweils eine Aufstellung von Forellengründen erscheinen möge, in welcher Saisonbeginn und

-ende nebst Schwarmzeiten besonders charakteristischer Insektenformen notiert sind. Nicht minder auch eine Anzahl der jeweils fängigsten Fliegen. Das würde nicht allein zur besseren Kenntnis unserer Wässer beitragen, sondern auch dem reisenden Angler ein willkommener Fingerzeig und Anhaltspunkt sein.

Aus dem Vorhergesagten ist leicht der Schluß zu ziehen, daß auch das Ende der Fangzeit mit der Fliege keinen bestimmten Regeln unterliegt, und man ganz allgemein höchstens sagen kann: in Gewässern der Ebene hört der Sport mit der Fliege früher auf als in jenen der Berglagen. Hierzu kommt wohl hauptsächlich als bestimmender Faktor die Witterung der letzten Wochen vor Eintritt der Schonzeit — gerade in Gebirgsgegenden und insbesondere in den Alpen ist nur zu häufig der September ein ausgesprochener Regenmonat; die damit verbundene allgemeine Abkühlung und die dann fast regelmäßig folgenden Hochwässer führen die Fliegensaison einem vorzeitigen Ende zu — wenigstens für die Forellen.

Man sieht also, daß für Anfang und Ende der Fliegenzeit eine ganz große Spannung besteht und Verallgemeinerungen nicht am Platze sind, weil eine zu große Anzahl von Faktoren mitbestimmend wirken, welche aber jeder einzelne für sich sich unserer Voraussicht und Berechnung entziehen. Da ich glaube, alles was den Fang unseres Lieblingsfisches anbelangt, ausführlich und erschöpfend behandelt zu haben, erübrigt es mir noch, auch über die Behandlung und Pflege eines Forellenwassers zu sprechen.

Wenn man alte Angler über den heutigen Stand unserer Wässer urteilen hört, so klingt immer wieder die Klage durch, daß es zu ihrer Zeit besser, die Gewässer reicher und die Fische größer waren. Ganz unrecht kann man ihnen nicht geben, denn auch wir Jüngeren sind nicht ganz zufrieden. Zwar gibt es heute noch ganz hervorragende Wasserstrecken, aber welch eine Mühe und Aufwand kostet es, ihren Stand zu erhalten. Daneben gibt es aber ungezählte Kilometer herrlicher Wasserläufe, die total verödet sind. Ich kenne selbst genug davon, in denen ich in meiner Jugend reiche Beute gemacht habe, die von heute auf morgen fischleer waren und nie wieder besetzt werden können. Wieder andere sind durch Unverstand, Habsucht und Raubwirtschaft entvölkert worden und liegen heute brach, weil niemand sich dazu verstehen wird, für die ausbeuterischen Besitzer diese Wässer zu hegen und zu schonen.

In jedem Fischereiblatt, von der „Fishing Gazette“ angefangen, wird geklagt über die zunehmende Verödung unserer Wässer durch die giftigen Abwässer der Städte und der Industrie, wozu neuzeitlich noch ein anderes Gefahrmoment hinzugekommen ist: Die Straßenteerung, welche durch den zunehmenden Verkehr und die Erschließung der entlegensten Täler Gebiete bedroht, welche man bisher vor Vergiftung sicher glaubte. Es ist klar, daß hier der einzelne machtlos ist und nur eine energische Gesetzgebung Wandel schaffen kann, weshalb ich immer wieder den Zusammenschluß aller Interessenten in eine große Organisation, die Unterstützung der Fachpresse und vor allem die Belehrung der Öffentlichkeit durch die Tagespresse predige, welche einmal begreifen lernen muß, daß es sich erst in letzter Linie um die Befriedigung der Sportpassion eines Teiles der Bevölkerung, dagegen in erster Linie um die Erhaltung eines bedeutenden Stückes vom Nationalvermögen handelt.

Kleine Ansätze sind zwar schon vorhanden, aber das genügt nicht.

Eine große Bedrohung für den Fischbestand bilden die neuzeitlichen Meliorations- und Korrektionsbestrebungen. Zwar ist es hinsichtlich letzterer ein wenig besser geworden, seit man zur Einsicht gekommen ist, daß die vorher üblichen geradlinigen Anlagen unrationell sind. Aber durch die Uferverbauung werden die dem Fische so notwendigen Unterstände vernichtet, schattenspendende Bäume und Stauden verschwinden und die Laichplätze werden auch immer weniger. Kein vernünftiger Mensch wird sich dagegen auflehnen, daß Hab und Gut, Grund und Ernte anderer durch Sicherheitsbauten u. dgl. geschützt werden, aber bei einigem guten Willen und weniger einseitiger Behandlung und Auffassung der Frage vom grünen Tisch aus durch „Sachverständige" können auch die Rechte der Fischwasserbesitzer und Angler gewahrt bleiben.

Neben den Korrektionen der Flußläufe sind es die modernen Wasserbauten, Talsperren, Stauwerke, Industrieanlagen usw., welche unseren Fischbestand schädigen. Die guten alten Wehre aus Pilotenwerk verschwinden und machen hohen, glatten Betonmauern Platz, über die der Fisch nicht aufsteigen kann, die ihm aber auch keinen Unterstand und Ruheplatz gewähren, wie es bei den alten Holzbauten der Fall war. Wenn schon überhaupt Fischpässe und Aufstiegleitern eingebaut werden, dann sind diese vielfach fehlerhaft angelegt und daher wertlos. So werden ganz große Flußstrecken auseinandergerissen, gewiß nicht zum Wohle der Wasserbewohner und nicht zur Freude der Fischfreunde.

Solange ein Wasser nicht so radikal verunreinigt ist, daß überhaupt kein organisches Wesen außer einigen Bakterienarten mehr darin gedeihen kann, muß man versuchen, es künstlich durch Besatz zu bevölkern. Ein ausgeraubtes Wasser kann in kurzer Zeit wieder einen leidlichen Fischbestand bekommen, wenn es halbwegs nahrungsreich ist und rationell bewirtschaftet wird. Kein Fisch, etwa den Karpfen ausgenommen, ist so ein dankbares Objekt für künstliche Aufzucht wie unsere Bachforellen, wenn man zwei Punkte im Auge behält: erstens schnellwüchsige Rassen aus gesunden Elterntieren zu züchten, zweitens ein Wasser nicht zu übervölkern. Ein freies Wasser ist kein Stall — und selbst in einem solchen läßt sich nicht mehr unterbringen als Platz und vor allem genug zu fressen hat — andernfalls geht der Bestand zurück. Wer Fische zu Verkaufszwecken züchten will, der muß eben dafür die entsprechende Anlage schaffen und seine Fische füttern. Wer sich aber ein Fischwasser zu Angelzwecken schaffen will, der muß zunächst einmal wissen, wieviel Besatz seine Strecke verträgt — besser gesagt, ob die Boden- und Wasserfauna so reich ist und derart zusammengesetzt, daß sie seine Fische und den Nachwuchs auch ernähren kann.

Wer das nicht verstehen will oder übersieht, gewärtigt zweierlei Mißgeschick. Entweder seine Fische wandern ab — das wäre die natürliche Regulierung des Zuviel — oder aber sie degenerieren zu einer Krüppelrasse, wenn auf den Nachbarstrecken die gleichen Mißstände herrschen — oder drittens unter seinem Besatz entwickeln sich einzelne Exemplare auf Kosten der anderen rascher und werden dann zu räuberischen Kannibalen, so daß das Wasser zum Schluß nur noch einige wenige solche beherbergt, welche den späteren Einsatz nicht mehr aufkommen lassen, weil sie ihn einfach verzehren.

Ein Flugangler, welcher sein Wasser rationell sportlich bewirtschaftet, den die kommerzielle Verwertung seiner Fische erst in zweiter Linie oder auch gar nicht interessiert, wird also von Haus aus trachten, Fische zu halten, welche vor allem an die Fliege gehen, also Kannibalen ausschalten. Das geschieht durch periodische Abfischung mit dem Netze, um auch fremde zugewanderte Räuber unschädlich zu machen, sodann aber durch Auswahl im Besatz.

Die wenigsten sind in der glücklichen Lage, Aufwachsgelegenheiten selbst zu besitzen. Viele werden sich mit einer mehr oder minder einfachen Brutanlage begnügen müssen, die Mehrzahl aber den Einsatz direkt von einer Züchterei erwerben. Und hierin liegt die Fehlerquelle. Die Züchterei liefert, wohl unter Garantie der Gesundheit — vielleicht auch der Schnellwüchsigkeit — die verlangte Anzahl Brut oder Jungfische. Diese werden an den entsprechenden Stellen ins Wasser gebracht, und damit ist die Besetzungsfrage erledigt. Mit der Zeit wundert sich der Wasserbesitzer, daß die großen Fische nicht mehr nach Fliegen steigen und nur noch im Netz oder an Wurm und Koppen zu erbeuten sind. Wenn ihm aber jemand sagen würde: „Mann, du hast ja selbst diese Raubtiere eingesetzt und hochgezüchtet", dann wird er es bestimmt nicht glauben. Und doch ist dem so.

Ich habe in unserer Literatur dieses Thema nirgends behandelt gefunden, darum will ich es hier eingehend besprechen. In England, wo man den größten Wert darauf legt, nur Fische zu haben, die vor allem Sport mit der Fliege geben, verlangt man direkt, daß schon von der Brutanstalt aus keine Kannibalen oder hierzu veranlagte Tiere geliefert werden. Es mußte daher in den Züchtereien ein intensives Studium einsetzen, um den Kannibalismus bzw. die Veranlagung zum Kannibalen schon beim Jungfisch zu erkennen, um ihn rechtzeitig ausmerzen zu können. Durch jahrelange Beobachtung kam man darauf, daß es unter jeder Brut enorm schnellwüchsige Exemplare gebe, welche naturgemäß ein gesteigertes Nahrungsbedürfnis haben und zwangsläufig dazu kommen, ihre Artgenossen zu vertilgen bzw. zu verzehren. Infolgedessen verfahren die großen Züchtereien so, daß sie je 1000 Jährlinge in einem Aufwachsbassin aufziehen, welche fortwährend genau auf ihr Längenwachstum kontrolliert werden. Sobald ein Exemplar auffallend rasch wächst und den Durchschnitt an Länge und Gewicht überschreitet, wird es entfernt.

Es muß zugegeben werden, daß es eine immense Summe von Kenntnis und Vertrautheit mit der Materie erfordert, um in dem Gewimmel von 1000 Fischen den einen bestimmten herauszufinden, aber wie die Erfahrung gelehrt hat, ist man auf dem richtigen Wege.

Ob ihn auch unsere einheimischen Zuchtanstalten gehen werden, ist eine Frage, die wir Angler nur dann einer Bejahung zuführen können, wenn wir von ihnen auch die Garantie gesichteter Ware verlangen.

Um ein Wasser neu zu besetzen oder nachzubesetzen, gibt es drei Wege: Einsatz von Brut, von Jährlingen und von Zweijährigen. Brut ist wohl von allen dreien das billigste Verfahren, aber nicht das rentabelste und schon gar nicht das sicherste, wenn man außer großen Bachforellen noch Döbel in nennenswerter Zahl im Wasser hat. Am ehesten noch eignet sich der Brutbesatz für Neubesetzungen, wenn man willens ist, das Heranwachsen des Einsatzes abzuwarten.

Etwas mehr versprechender ist der Einsatz von Jährlingen — wenn auch schon kostspieliger.

Wenn es sich aber darum handelt, ein Wasser rasch in die Höhe zu bringen und vor allem den Ersatz für die herausgefangenen Fische zu stellen, dann bleibt eben nur der Einsatz von Zweijährigen die Methode der Wahl; die wachsen bei guten Nahrungsverhältnissen, besonders wenn es sich um raschwüchsige Rassen handelt, binnen zwei Jahren zu fangreifen Fischen aus. Allerdings billig ist das Verfahren nicht, aber sicher und schnell und am besten kontrollierbar.

Die englischen Heger und Sportvereine sind in letzter Zeit vollständig zu diesem Prinzip übergegangen und mit dem Resultate in jeder Hinsicht vollständig zufrieden.

Ich möchte aber noch eine Forderung an den Fischbesatz stellen: In Anbetracht der Einschränkung in den Lebensbedingungen vieler Wässer, der dadurch erfolgenden Vorschubleistung zur Degeneration und verminderten Widerstandsfähigkeit gegen Krankheiten und andere Schädigungen ist es ein unabweisliches Gebot der Zeit, für die Blutauffrischung in gemessenen Abständen zu sorgen. Ganz besonders dann, wenn es sich darum handelt, ein durch eine Epidemie dezimiertes Wasser wieder auf den Stand zu bringen, oder wenn man die ersten Anzeichen von Inzucht oder Degeneration wahrnimmt.

Unsere züchterisch-hegerischen Bestrebungen müssen aber auch durch ein gerechtes Gesetz geschützt werden, welches erstens die Zusammenlegung von Zwergfischereigerechtigkeiten, wie man sie noch vielfach findet, zu großen Wirtschaftsgebieten befiehlt, und zweitens durch eine mindestens zehn- bis zwölfjährige Pachtfrist eine Bewirtschaftung ermöglicht und sichert.

Aber auch der Eigentümer eines Fischwassers müßte von Gesetzes wegen gehalten werden, für die Erhaltung des Fischbestandes Sorge zu tragen und zum regelmäßigen Einsatz verpflichtet werden.

Des weiteren ist eine Verlängerung der Schonzeit anzustreben bis zum 1. März. In vielen Ländern ist die Forelle schon ab 1., längstens 15. Januar freigegeben, was entschieden verderblich ist.

Daß ein Angler von echtem Schrott und Korn aus eigenem Antrieb die Schonzeiten für sich weitersteckt und erst recht ein Verein, halte ich für eine Selbstverständlichkeit, über die nicht mehr Worte zu verlieren sind. Ebenso daß man sich selbst die Brittelmaße weitersteckt, als das Gesetz sie normierte. Ein wichtiger Punkt ist auch der Handelsverkehr mit Fischen, der schärfer überwacht werden sollte. Ich stehe aber nicht auf dem engherzigen Standpunkte, daß ein Angler seine Fische gegebenenfalls nicht verkaufen dürfe — es kommt nur auf die Modalitäten an, unter denen es geschieht.

Wenn jemand als Gast eines Wassers oder als Mitglied eines Vereines fischt, bis sein Rucksack platzt, womöglich alles nimmt, wenn's auch nur ganz knapp das Brittelmaß hat — oft sogar dieses nicht — und dann hingeht und die Fische verkauft, so ist das eine Handlungsweise, die von schäbigster Gesinnung zeigt und nicht scharf genug verurteilt werden kann. Leider gibt es genug solcher Sportkollegen, sogar aus Gesellschaftsschichten, die sonst im allgemeinen auf „Standesehre" u. ä. Begriffe halten. Gerade als Gast oder Vereinsmitglied sollte man größte Delikatesse und Takt als Ehrensache betrachten. In England ist es nahezu allgemein, besonders auf Vereins- und öffentlichen Wässern, üblich, die Tagesstrecke auf eine bestimmte Zahl zu beschränken, und ich finde das sehr weise. Wenn jemand sagen wir acht gute Forellen heimbringt, dann hat er auch für eine größere Tischrunde genügend — wenn er von dem Fang jemand beschenken will, wird er kaum in die Verlegenheit kommen, daß ihm Fische bleiben, mit denen er nichts anfangen kann.

Etwas anderes ist es, wenn der Besitzer des Wassers trachtet, etwas von seiner Ernte zu verwerten und an feste Abnehmer Fische verkauft oder einen Freund mit dem Fang und Verkaufe betraut — das ist eine Selbstverständlichkeit, die nicht gegen anglerische gute Sitten verstößt, denn auch der Jagdherr verkauft sein Wild.

Aber der Verkehr mit Fischen während der Fangzeit und noch mehr während der Schonzeit soll strenger überwacht werden. Damit liegt es bei uns noch sehr im argen. Kommt es doch vielfach vor, daß Fische, welche zum Zwecke der Laichgewinnung gefangen, nicht mehr nach dem Ausstreifen zurückversetzt werden, sondern zu Verkaufszwecken behalten werden, wozu die viel zu kurzen Schonzeiten geradezu einladen.

Viel trägt ja die Indolenz unseres Publikums dazu bei, welches in fischereilichen Dingen total unwissend, gedankenlos im Karneval ausgehungerte und ausgemergelte Forellen konsumiert, welche es vielleicht verschmähen würde, wenn es entsprechend aufgeklärt würde.

Hier ist ein großes Arbeitsfeld für unsere Schutzverbände — und die von mir oft geforderte Betätigung und Heranziehung der Tagespresse für unsere Interessen und Verbreitung fischereilichen Wissens und Verständnisses unter den breiten Massen der Bevölkerung hätte hier einzusetzen, denn wir vergessen immer, daß diese kein Fischereifachblatt, wohl aber ihre Tageszeitung lesen und wir nur allein durch diese zu ihnen reden können.

Ich sehe so lange keine Besserung in allen unseren fischereilichen Nöten und Mängeln, als wir uns nicht zum Wege in die Tagespresse entschließen und von dieser dasselbe Interesse verlangen, welches sie Sachen von viel geringerer Bedeutung und volkswirtschaftlicher Wichtigkeit oft in überreichem Maße entgegenbringt.

Das ist unser gutes Recht — und das müssen wir verlangen —, dann werden wir es auch bekommen.

Die Äsche.

(Grayling Ombre.)

Wer in Anglerzeitungen die verschiedenen Schilderungen vom Äschenfangen liest, könnte sich zu der Annahme verleitet fühlen, die sommerliche Jahreszeit als Hauptfangzeit mit der Fliege anzusehen, weil in jenen Beschreibungen fast immer von glitzernder Sonne, grünem Laub und kühlem Schatten die Rede ist; in Wirklichkeit aber ist die Äsche der Fisch, welcher am besten in der kühlen Zeit des Frühherbstes, wenn das Laub schon welkt oder gar zum Wasserspiegel niederfällt, die Fliege nimmt. Man spricht so gerne und so viel von der launischen Äsche, und doch ist sie es nicht, nur fett und träge ist sie, übersättigt und deshalb nicht beißlustig — im Sommer nämlich — und da ganz besonders übertags.

Die Laichperiode tut der Äsche an ihrer körperlichen Verfassung nicht so viel Abbruch wie der Forelle, denn sie fällt in die Monate März—April, in hohen Lagen dauert sie mitunter bis in den Mai, aber immer fällt sie, und erst recht ihr Ende, in eine Zeit, wo reiches Leben in und auf dem Wasser soviel Nahrung bietet, daß der Körperverlust der Laichzeit rasch ausgeglichen wird.

Ferner lebt die Äsche in jenen unteren Flußabschnitten, welche gemeinhin bedeutend nahrungsreicher sind als die oberen, von der Forelle bevorzugteren. Wenn auch beide Fische nebeneinander auf langen Strecken vorkommen, so zieht doch die Äsche Grund mit Sand und sogar stellenweise Lehmgrund dem grobschotterigen oder felsigen der eigentlichen Forellenregion vor, ja in vielen Gewässern der Vorlande und der Ebene lebt sie in Wasser mit weichem Boden, darin Kies- und Sandstellen abwechseln, und geht bis tief hinunter in die Barbenregion, sofern dort das Wasser noch sauerstoffreich genug ist und im Sommer nicht allzuwarm wird. Genaue Grenzen lassen sich für ihr Verbreitungsgebiet nicht ziehen.

In manchen Wässern erreicht sie stattliche Größen, in manchen wieder wird sie trotz scheinbar günstiger Verhältnisse im Durchschnitt kaum über ein Pfund schwer. Und ebenso verschieden wie ihr Gedeihen und ihr Wachstum in diesem oder jenem Wasser ist auch ihr Verhalten gegenüber dem Flugangler und ihre dementsprechende Einschätzung als Beuteobjekt.

Der Engländer bringt der Äsche bei weitem nicht jene Wertschätzung entgegen, deren sie sich bei uns erfreut, wenigstens insoweit es sich um den Fang mit der Fliege handelt. Allerdings spielen da lokale Verhältnisse eine große Rolle: erstens ist das Vorkommen der Äsche im Inselreiche ein verhältnismäßig sehr beschränktes, zweitens erreichen die Fische dort weder die Größe noch das Gewicht der unseren; wie man aus den recht spärlichen Publikationen über dieses Thema in der englischen Fachpresse entnehmen kann, wird dort eine pfundige Äsche schon als sehr guter Fisch bezeichnet und schließlich: ist auch die Kampfeskraft und -freude der englischen Äschen nach Angabe der Autoren so unbedeutend im Vergleich zur Forelle, daß der Engländer, dem der Kampf mit dem Fisch die Hauptsache ist, am Fang der Äsche keine Freude hat, wenn er sie auch als Tafelfisch schätzt.

Eigentümlicherweise überträgt aber der Engländer seine Geringschätzung des sportlichen Wertes auch auf die Fische unserer Bergwässer, wovon ich mich zu überzeugen oft genug Gelegenheit habe und hatte, trotzdem man diesen Äschen gewiß nicht Kampfesfreude und Angriffsgeist absprechen kann.

In vielen kontinentalen Wässern, allerdings besonders jenen der Ebene, die verhältnismäßig langsam strömen und einen Überfluß an Nahrung produzieren, zeigt die Äsche dasselbe Verhalten wie in England, hauptsächlich in den Hochsommermonaten. Sie steht faul an einer Stelle, nimmt die Fliege nur äußerst bedächtig, sozusagen phlegmatisch, und kämpft nahezu gar nicht. Fälle wie den von Heintz zitierten, daß Francis einer Äsche so und sovielmal die Fliege anbot, ohne sie zu vergrämen, bis sie dieselbe endlich annahm, habe ich in solchen Wassern wiederholt erlebt.

In derlei Regionen tritt auch das „Moseln" des Fischfleisches ein, jener unangenehme Schlammgeschmack, welcher sich erst in der kälteren Jahreszeit wieder verliert.

In den Flüssen der Berge und Alpen, und ihres Vorlandes, mit fast rein steinigem und kiesigem Grunde ist die Äsche ein ganz anderer Fisch. Ihr Kleid leuchtet in hellem Silberglanze, die Regenbogenfärbung der Rückenflosse ist viel feuriger und der ganze Fisch erfüllt von Leben, was wohl die härteren Daseinsbedingungen zur Ursache haben mag. Hier steht sie hart neben der scharfen Hauptströmung, in Wirbeln und Rückläufen, an und neben Wehrschüssen oder hinter großen Steinen und im Überfall; blitzschnell steigt sie aus der Tiefe nach oben und der Anhieb kommt zu spät, wenn er nicht beim ersten Aufleuchten in der Tiefe gesetzt wurde, und erst der nun folgende Drill ist etwas, woran ein Anglerherz sich ergötzen kann. Während die große Forelle unserer Alpenflüsse nahezu stets mächtig in die Tiefe bohrt, immer versuchend, das sie haltende Vorfach an den Steinen des Grundes entzweizuscheuern, oder aber sich spreizt und wälzt, zieht die Äsche, meist stromab flüchtend, die Schnur von der Rolle, um sich dann in wiederholten Sprüngen hoch aus dem Wasser zu schnellen und wiederum die Flucht aufzunehmen, wobei sie auch in die wildeste Strömung geht.

Wenn sie schwerer als ein Pfund ist — und das ist sie in den größeren Gebirgsflüssen meistens —, dann ist der Kampf immer von längerer Dauer als jener mit einer gleichschweren oder noch schwereren Forelle. Und noch unsicherer ist nach einem solchen die endliche Landung. Im Maule der Forelle haftet der einmal eingedrungene Haken fest, in dem weichen Maule der Äsche schlitzt nur zu gerne der Haken aus, was besonders durch das Springen gefördert wird, und namentlich wenn der Haken vorne in den Lippen sitzt. Man kann es fast als Regel annehmen, daß eine Äsche nach zu langem Drill im letzten Augenblicke noch abkommt, wogegen der vielfach empfohlene Doppelhaken auch nicht schützt, weil gewöhnlich nicht beide Spitzen, sondern meist nur eine faßt und eindringt, in welchem Falle dann der Hakenbogen oder auch die zweite Spitze noch als Hebelarm (Hypomochlion) dient und das Ausschlitzen des Hakens begünstigt. Ich bin deshalb vom Doppelhaken wieder abgekommen und verwende nur noch den einfachen, vielfach nur den widerhakenlosen „Jamison"-Haken; aber dafür habe ich es mir zum Prinzip gemacht, die Äschen nicht allzulange zu drillen und vor allem sie nicht springen zu lassen. Wenn es halbwegs geht, trachte ich, den Fisch so schnell wie möglich herauszuführen, indem ich allen Druck, den das Zeug erlaubt, wirken lasse.

Ganz besonders wichtig ist das, wenn man eine lange Leine draußen hat. Wenn man den Fisch dabei nicht unnötig und vor der Zeit an die Oberfläche forciert, springt er auch nicht so leicht, darum drille ich gewöhnlich mit der Gertenspitze über dem Wasserspiegel, erst recht, wenn viel von der schweren Flugleine draußen ist, welche dann durch ihr Gewicht wirkt, indem sie den Fisch in die Tiefe zieht und so dem Springen entgegenwirkt, wozu der noch auf sie drückende Wasserdruck als verstärkender Faktor hinzutritt.

Seitdem ich mir diese Art des Drills zu eigen gemacht habe, verliere ich nur wenige Fische mehr während oder infolge desselben; allerdings muß man dabei auf das „Tot"-Drillen verzichten, anderseits aber das Maß des anzuwendenden Druckes mit Verstand handhaben und bemessen, sowie rohes Forcieren ebenso sorgfältig vermeiden.

Wichtiger noch wie beim Forellenfang ist hier ein entsprechend geräumiges Landungsnetz, schon für den Fall, daß der Fisch im letzten Moment noch zu springen beginnt, denn dann wird man ihn in eines der neuzeitlich so angepriesenen, kleindimensionalen Netze wahrscheinlich nicht hineinbekommen, viel eher aber mit dem Netz an ihn anstreifen und ihn verlieren.

Ebensowenig wie ich für diese kleinen Netze schwärme, kann ich mich für eine weiche Äschengerte begeistern, die so häufig in den Preislisten angeboten werden. An und für sich halte ich es für einen Unsinn, sich eine spezielle Äschengerte zu kaufen, selbst wenn man nur ein reines Äschenwasser zu befischen hätte. Ich angle jahraus, jahrein mit meiner herzlich steifen Trockenfliegengerte, ganz gleich, ob ich speziell auf Forellen- oder Äschenfang ausgehe, aber mit der kann ich auf einen Fisch auch einen Druck ausüben, was man mit „weichen" Gerten gemeinhin nicht kann. Ich weiß, daß das Argument für die Empfehlung der weichen Gerte der zarte Anhieb ist, der wegen des zarten Maules der Äsche erforderlich sei, aber dieses Argument verfängt bei mir nicht. Erstens wird von einem zünftigen Angler überhaupt nicht ange„hauen" und zweitens wer das so tut, der wird auch mit der allerweichsten Gerte dem Fisch den Haken aus dem Maule reißen oder ihn brechen. Und wer sich das „Anhauen" nicht abgewöhnen kann, der soll das Angeln aufgeben, denn er wird auch mit der unmöglich weichsten Gerte nur Unglück haben.

Viel diskutiert wird das Thema der zum Äschenfang zu verwendenden Fliegen. In England gebraucht man hierzu spezielle Sorten, von denen die „Apple green" und „Derbyshire Bumble" in manchen Wässern zu Zeiten sehr wirksam sind, wie sie wiederum an anderen vollständig versagen, was aber auch bei jeder anderen Fliegengattung zutrifft. Für unsere Wässer genügen die landläufigen Forellenfliegen in jeder Beziehung zum Fange der Äsche. Es kann zwar vorkommen, daß diese an einem Tage nur eine bestimmte Fliege bevorzugen, welche zur gleichen Zeit von der Forelle nicht genommen wird, wofür man eben keine Erklärung findet, was aber auch nicht für den Gebrauch spezieller Äschenfliegen spricht.

Die mit Gold und Silber gerippten Fliegen und solche, deren Leib aus ebensolchem Lametta hergestellt ist, auch sonst bunte Fliegen scheinen auf die Äsche eine stärkere Anziehungskraft zu besitzen. Wenigstens habe ich die Beobachtung gemacht, daß z. B. die Alexandra in kleinen Nummern im Beginne des Herbstes fast in allen Wässern, die ich befischte, hervorragend geht und zur Zeit des Laubfalles oder auch etwas später eine Phantasiefliege aus roten, weißen und gelben Federn, ähnlich der amerikanischen Parmachenee, mitunter Rekordstrecken an großen Fischen liefert.

Ich möchte aber nach meinen Erfahrungen die Wahl kleiner und kleinster Hakengrößen nur beschränkt befürworten. Im Sommer, bei sehr klarem und niederem Wasser sind sie wohl angezeigt, wenn man in dieser Zeit die Äsche überhaupt zum Steigen bringt, denn soweit meine Erfahrung reicht, ist heller Sonnenschein, Hitze und Niederwasser sogar bei günstigem Wind dem Äschenfang abträglich; unter solchen Verhältnissen hat man am ehesten Aussicht auf einen Fang am späten Tag, bei beginnender Dämmerung oder sehr zeitig am Morgen.

Dafür ist im Sommer ein kühler trüber Tag mit leichtem Süd- oder Westwind, eventuell sogar milder Strichregen oder auch ohne diesen, fast regelmäßig ein hervorragender Fangtag, selbst wenn weit und breit kein Fisch aufgeht. An diesen Tagen ist es die versunkene Fliege, welche den Korb füllt. Landregen ist ebenso ungünstig wie beim Forellenfangen, ebenso abnorm hoher oder rapid zunehmender Wasserstand, aber nach einem Landregen kann man dafür bei beginnender Aufheiterung und zurückgehendem Wasserstande die herrlichsten Strecken machen, selbst wenn das Wasser noch ziemlich trüb ist, nur darf man dann nicht zu kleine Fliegen nehmen! Überhaupt ist erhöhter Wasserstand das Günstigste und Meistversprechendste zum Äschenfangen sowohl im Sommer wie im Herbste, und gerade die großen Äschen bevorzugen bei solcher Gelegenheit ausschließlich recht große Fliegen, ganz entgegen den landläufigen Lehrsätzen. Ich habe zur Maifliegenzeit an den größten Hakennummern wiederholt die kapitalsten Äschen erbeutet und einmal mit einer Meerforellenfliege „Grün und Wilderpel" (Mallard and Green) zur Heuschreckenzeit einen Rekordsfang gemacht; beide Male war das Wasser fast einen Meter über dem Normalen. Die beste Äschensaison ist aber meiner Ansicht nach im Oktober und November, vorausgesetzt, daß diese Monate keinen abnormalen Witterungscharakter aufweisen, d. h. weder außergewöhnlich warm sind, noch vorzeitig starken und anhaltenden Frost bringen, welche das Insektenleben zum Stillstand bringen und die Äschen in die tieferen Wasserstrecken treiben. Schlechtwetter ist durchaus keine Gegenanzeige, wie ich wiederholt beobachtete; allerdings muß man danach angezogen sein und eine Portion Ausharrungsvermögen besitzen. Dann wird man die Wahrnehmung machen, daß die Äschen einmal wie toll aufgehen und gierig die Fliege nehmen, trotzdem die Luft und der Regen empfindlich kühl sind. Ich gebe zu, daß es nicht jedermanns Sache ist, zu dieser Zeit eine weite, zeitraubende und vielleicht auch kostspielige Anglerfahrt zu machen, schon in Anbetracht der kurzen Fangzeit und des Risikos, trotz aller Aufopferung und Warten doch mit leerem Korbe heimzukehren. Aber wer nicht allzuweit von seinem Wasser entfernt wohnt und bequem Gelegenheit hat, es zu erreichen, dem gebe ich den Rat, die Fliegengerte nicht vorzeitig aus der Hand zu legen. Er wird durch manchen reichen und überraschenden Fang für seine Mühe und Ausdauer belohnt und entschädigt werden.

Ich darf es keineswegs unterlassen, der Führung der Fliege Erwähnung zu tun. Hinsichtlich der Trockenfliege bedarf es keiner weiteren Erläuterungen, nur möchte ich gerade bei dieser Art zu angeln, wenigstens in ruhig strömenden Wasserabschnitten und schon gar in gestauten Teilen den Rat geben, sich an die orthodoxe Methode zu halten, d. h. die Fliege nur über dem aufgehenden oder ausgemachten Fisch zu werfen, erst recht dann, wenn die Fische launig, d. h. faul sind und dann sich mit dem Vomwassernehmen der Fliege nicht zu beeilen, denn oft läßt die Äsche die Fliege weit heruntertreiben, um ihr dann plötzlich nachzufahren und sie zu nehmen, was man übrigens auch oft beobachten kann, wenn sie nach wirklichen Insekten jagt.

Außer dem Döbel gibt es kaum noch einen Fisch, der sich die Fliege mit so viel Vorsicht und Zurückhaltung betrachtet wie die Äsche. Diese Tatsache wird von vielen nicht genügend beachtet.

Beim Fischen mit der nassen Fliege hüte man sich vor allem davor, die Fliege gegen das Wasser zu führen. Wenn es auch, wie ich beschrieben, die Forelle zum Anbiß reizt, die Äsche wird es bestimmt vergrämen, unbedingt in hellem Wasser bei scharfem Licht. Ich rate ernstlich, die Fliegen vor jedem neuen Wurf bis ans Ufer treiben zu lassen. Mit besonderer Sorgfalt fische man den Rand der Strömungen ab und werfe erst dann über diesen hinaus, wenn man hier keinen Anbiß hatte. Rückläufe und Überfälle fische man gründlich ab, beißen die Fische nicht an der Oberfläche, dann lasse man die Fliegen sinken, so tief sie können, aber stets mit lockerer Schnur ohne den geringsten Zug. An solchen Stellen nehmen die alten, großen Exemplare die Fliege ziemlich vertraut, wenn sie ihnen nur unverdächtig vorgeführt wird, d. h. auf dem Wege, auf dem ihnen das Wasser die Nahrung zutreibt.

Es ist bedauerlich, daß sich die Äsche lebend nur mit den größten Schwierigkeiten transportieren läßt, was die Besetzung von Gewässern mit diesem schönen Fisch sehr erschwert.

Ebensowenig widerstandsfähig wie gegen die Einflüsse des Transportes ist die Äsche gegen Verunreinigungen des Wassers und erst recht gegen Krankheiten; namentlich die Furunkulose ist imstande, ein Äschenwasser radikal zu vernichten. Diese Beobachtung kann man vielerorts machen, wo Äschen und Forellen gemeinsam vorkommen. Tritt in einem solchen Wasser Furunkulose auf, dann werden wohl die meisten Forellen daran zugrunde gehen, bestimmt aber alle Äschen.

Mit dem Wiederbesatz hat es dann seine Schwierigkeiten, wenn nicht die Möglichkeit gegeben ist, daß Fische aus einem anderen Wasser zuwandern. Auch die künstliche Erbrütung des Äschenlaiches ist nicht ganz einfach und immer riskant, wenn man nicht eine gut geleitete Brutanstalt in nächster Nähe oder am eigenen Wasser zur Verfügung hat.

In manchen Wässern geht der Äschenbestand von Jahr zu Jahr zurück, ohne daß man dafür eine ausreichende Erklärung findet. So kenne ich einen Fluß in Steiermark, der vor Jahren die prächtigsten Äschen beherbergte. Heute ist der Äschenbestand kaum noch nennenswert. Die dortigen Fischer behaupten, daß er durch das Aussetzen von Regenbogenforellen gelitten habe, welche sich allerdings in diesem Wasser sehr wohl fühlen und respektable Größen und Gewichte erreichen und auch den Bestand an Bachforellen scheinbar überflügeln. Anderseits ist in diesem Wasser bislang nie das Auftreten einer Fischkrankheit oder ein anderweitiges Fischsterben beobachtet worden, welches auf eine besonders schwere Verunreinigung durch Abfallprodukte der Industrie zurückzuführen wäre. Ich bin aber trotzdem der Ansicht, daß infolge der auffallend großen Empfindlichkeit und geringen Widerstandsfähigkeit gegen Schädlichkeiten doch die Verunreinigung des Wassers durch die dort ansässige Eisenindustrie die Hauptschuld am Zurückgehen des Äschenstandes trägt, denn ich kenne anderseits Flüsse, welche einen prächtigen Bestand an großen Aschen und einen ebensolchen von Regenbogenforellen besitzen, ohne daß man eine Verdrängung oder auch nur Verminderung der ersteren wahrnehmen könnte. Allerdings sind an diesen Wässern durchwegs keine metallurgischen Montan- oder sonstige chemische Industrien etabliert. Jedenfalls ist das Problem der Asche und ihrer biologischen Bedingungen eines eingehenden Studiums wert und wir Angler sollen eifrig dabei sein, an seiner Lösung mitzuarbeiten.

Die Regenbogenforelle.

(Trutta iridea. Rainbow-Trout.)

Das züchterische Kapitel ist heute eine der brennendsten Fragen unseres Fischereiwesens: Viele, vielleicht die meisten, sind entschiedene Gegner der Fremdlinge und bezeichnen ihre Einführung als den größten Mißgriff, der je in fischereilicher Beziehung gemacht worden sei, wenigstens soweit es den Kontinent anbelangt. Andere stehen nicht auf diesem extremen Standpunkt und ich glaube, gerade die begeistertsten Flugangler am wenigsten.

Soweit das Angeln als solches auf einen großwüchsigen, wehrhaften und kampffreudigen Fisch in Frage kommt, wird wohl kaum jemand etwas gegen die Iridea einzuwenden haben, denn es gibt wohl nur wenige Fische, welche so gerne und so gierig die Fliege nehmen und so zäh und ausdauernd kämpfen wie eben sie, besonders in jenen Wässern, in denen sie ansehnliche Größen erreicht.

Eine andere Frage ist aber die, ob ihre Einbürgerung für unsere Gewässer ein Vorteil war. Leider muß das für die überwiegende Mehrzahl derselben verneint werden, wenn es auch anderseits Gewässer genug gibt, in denen sie der einzige Salmonide ist, der in ihnen gedeiht, denn sie ist weniger empfindlich gegen Schädlichkeiten und insbesondere Mängel in der Beschaffenheit des Wassers, wie geringer Sauerstoffgehalt und Wärme, als die Bachforelle, denn sie geht ja bis ins Brackwasser.

Der gewichtigste Einwand gegen ihre Einsetzung in unsere Gewässer ist der, daß sie einerseits infolge ihres enorm raschen Wachstums unsere einheimische Forelle verdrängt; weiters der, daß sie bei Erreichung einer gewissen Größe abwandere.

Beide Einwände sind nicht unberechtigt, denn tatsächlich ist vielerorts dort ein Rückgang des Bestandes an Bachforellen zu verzeichnen, wo man die Iridea kritiklos einsetzte. An und für sich ein Sommerlaicher, den das Fortpflanzungsgeschäft nicht besonders schwächt, ist sie ungemein gefräßig und bedeutend schnellwüchsiger als unsere Forelle. Daß sie nebenbei Laich und Brut derselben rauben soll, ist nicht unglaubwürdig. Aber schon allein die Tatsache, daß sie mehr Futter braucht als unsere einheimischen Forellen, genügt, um diese in ihrem Gedeihen zu beeinträchtigen, wobei jene noch den Vorteil der sommerlichen Laichzeit voraus hat.

Das Abwandern ist vom wirtschaftlichen Standpunkt aus noch schwerwiegender, denn an und für sich wird ihr Fleisch bei uns nicht so hoch geschätzt und bezahlt wie das der Bachforelle; wenn sie sich aber noch durch Abwanderung der Nutzung des Züchters entzieht, dann ist der Schaden doppelt.

Allerdings mehren sich heute die Stimmen, daß der Fehler bei der Einführung der Iridea infolge Unkenntnis ihrer Lebensweise in der Heimat gemacht worden sei, dadurch, daß man die Iridea Kaliforniens einführte; diese sei infolge der Kürze der Wasserläufe zwangsweise zum Wanderfisch geworden, während die Iridea des amerikanischen Ostens und des Mittellandes kein Wanderer sei.

Mag dem sein wie es wolle, unsere Gewässer, welche noch voll und ganz die unverkürzten Lebensbedingungen für die einheimische Bachforelle bieten, sind zu gut und zu wertvoll für weitere Experimente. Abgesehen von gewissen Seen und Stauanlagen kommen für eine Neubesetzung oder Einbürgerung von Regenbogenforellen nur jene Gewässer in Betracht, welche entweder nicht oder nicht mehr die Lebensbedingungen für die Bachforelle besitzen, oder vielleicht Küstenflüsse, welche den heimatlichen Lebensformen der Iridea angeglichen sind. In England ist man bereits auf diesen Standpunkt festgelegt und forciert dafür die Wiederbesiedelung mit einheimischen Forellen, wenn anders auch die fabelhaften Erfolge mit der Einführung der Iridea z. B. in den Strömen und Flüssen verschiedener Kolonien nicht in Abrede gestellt werden dürfen.

In neuerer Zeit scheint man auch bei uns die englische Auffassung anzunehmen, wenigstens kann ich die Beobachtung machen, daß viele Pachtverträge den Besatz mit Regenbogenforellen direkt ausschließen.

Als Beuteobjekt ist die Regenbogenforelle ein Sportfisch ersten Ranges. Wild steigt sie nach der Fliege, welche sie oft mit einem Sprung aus dem Wasser raubt, ebenso wild und ausdauernd kämpft sie um ihr Leben in rasenden Fluchten, wildem Springen und Wälzen.

Und wenn sie ein entsprechendes Gewicht erreicht hat, dann ist der Kampf schon aufregend, besonders in schwierigem Terrain an feinem Zeug.

Zum Fange der Iridea benötigt man kein besonderes Gerät, außer vielleicht eine etwas kräftigere Gerte für die ganz besonders schweren Fische der ausländischen Gewässer. Doch da selbst dort nur ganz ausnahmsweise ein Fisch über vier Pfund auf die Fliege steigt, wird man auch hier mit einer erstklassigen Gesplißten normaler Stärke sein Auskommen finden.

Auch die zu ihrem Fange zu verwendenden Fliegen sind dieselben wie für die Bachforelle, sowohl bei uns, wie auch im Auslande.

Der Huchen.

Von hundert Anglern kennen fünfundneunzig den Huchen nur als den vornehmsten Repräsentanten der mit der Spinnangel zu erbeutenden Fische und nur die restlichen 5 haben sich zu der ketzerischen Überzeugung durchgerungen, daß man wohl auch zu einer anderen

Jahreszeit als gerade im Winter und bei Frost und Schnee und auch mit anderen Fangmethoden den wehrhaften Recken erbeuten könne.

Ob aber unter diesen 5 einer ist, der für den Huchenfang sich mit der Flugangel spezialisieren möchte oder aber überhaupt an diese Möglichkeit denkt, möchte ich wirklich nicht glattweg behaupten.

Wenn ich die Bücher unserer älteren Autoren lese, befällt mich als Flugangler jedesmal ein Gefühl stiller Wehmut ob der vielen versäumten Gelegenheiten zu kapitalem Sport, welche ihnen und vielen anderen Anglern jener Epoche auch geboten war in jenen guten, alten Zeiten, als es noch Huchen im Überfluß gab.

Daß der Huchen ein Beuteobjekt hoher Klasse für den Flugangler ist, darf nicht in Abrede gestellt werden. Es mag sein, daß er nicht in jedem Flusse gleich gut auf die Fliege steigt, ebenso wie es auch der Lachs, weniger in englischen, dagegen in vielen norwegischen Strömen nicht tut. Aber durch das konservative Festkleben an dem Axiom: „Der Huchen sei der gegebene Fisch für die Spinnangel und speziell für die Winterszeit" hat man sich den schönsten Sport, den Fang mit der Fliege, entgehen lassen.

Wohl gibt Bischoff spezielle Huchenfliegen an, wohl erwähnt Heintz die Möglichkeit, den Huchen an der Fliege zu fangen und empfiehlt dazu die Lachsfliege, auch beschreibt er vereinzelte Fänge von Huchen an der Flugangel, aber weder er noch seine Vorgänger haben je mit einem Worte darauf hingewiesen, daß es möglich und lohnend sei, diesen königlichen Sport als Selbstzweck auszuüben und stets hat man den Eindruck, diese Fänge seien mehr oder minder unbeabsichtigte Zufallserfolge.

Heutzutage ist wohl die Mehrzahl der Huchenwässer wenn schon nicht ganz verödet und huchenleer, so doch recht bedenklich arm an diesen geworden und unleugbar werden die Huchen immer weniger, wenn es anderseits trotzdem auch noch einige gute Huchenwässer gibt, welche Gelegenheit zum speziellen Flugangeln bieten würden.

Ich will hier nicht das Thema weiter ausspinnen, warum der Huchenstand von Jahr zu Jahr zurückgeht und was dagegen zu tun wäre, sondern gleich den sportlichen Anteil des Fluganglers besprechen.

Vorweg will ich gleich sagen, daß man auf Massenstrecken nicht rechnen darf, daß aber die Anwendung der Flugangel entschieden für ein Wasser weniger verderblich ist als die Spinnangel mit ihrer schweren Bewehrung, jeder wird unbefangen zugeben, daß ich einen Fisch, der am einfachen Haken, meist nur vorne in den Lippen gehakt ist, nahezu unbeschädigt dem Wasser zurückgeben kann, wenn ich ihn aus diesem oder jenem Grunde nicht behalten will, was oft geradezu ausgeschlossen ist, wenn der Fisch an einem Drilling oder gar an einer schwer bewehrten Huchenflucht gefangen wurde.

Gerade an den kleinen oder mittleren Wassern fängt man nur zu oft an der Spinnflucht Fische, welche man viel lieber nicht gefangen hätte, die man aber behalten muß, weil sie so schwer verletzt sind, daß sie bestimmt trotz der schonendsten Abköderung eingehen würden. Ich meine damit nicht nur die mittelmäßigen oder gar untermäßigen Exemplare, sondern jene, welche den hoffnungsvollen Nachwuchs darstellen. Drei- und Vierpfünder, die erst richtig reif zur Fortpflanzung werden sollen, sogar wenn sie das Mindestmaß von 60 cm erreicht oder überschritten haben. Man knallt sich doch auch nicht die hoffnungsvollen Jungböcke aus dem Revier weg, selbst wenn sie schon sechs Enden geschoben haben, und so muß es auch der weidgerechte Angler halten.

Soweit es sich um Fische zwischen 6 und 10 Pfund handelt, wird jedermann widerspruchslos zugeben, daß es keiner besonderen Kunstfertigkeit bedarf, derlei Fische mit der schweren Spinnangel zu besiegen, auch dann nicht, wenn es sich um etwas größere handelt, daß aber in diesem Falle die Flugangel sportlich unbedingt das Höherstehende ist. Und hat man erst das Glück, einen guten oder gar kapitalen Fisch zu haken, dann genießt man sicher die höchsten Freuden, welche der Angelsport bieten kann. Schließlich ist es doch etwas anderes, wenn ich den schweren Fisch an der immerhin weichen und feinen Fluggerte — und sei es auch eine Lachsrute — und an einem einfachen Gutfaden in einem wilden Wasser voll Hindernisse durch und über alle Fährlichkeiten drille und in schwerem Kampfe der Landung zuführe, wobei der Fisch hundert Chancen hat, als wenn ich denselben Fisch an einer doppelt so starken steifen Spinngerte, Drahtvorfach und von einem oder gar mehreren Drillingen gehalten, an den Gaff führe. Soweit meine Erfahrungen darin reichen, habe ich gefunden, daß der Huchen an der Flugangel viel energischer kämpft als an der Spinnangel und deshalb schätze ich seinen Fang mit ersterer viel höher ein.

Und aus diesem Grunde empfehle ich jedem Flugangler, wenn er halbwegs Gelegenheit dazu hat, seinen Huchen mit der Flugangel anzugehen, um sich von der Wahrheit meiner Worte überzeugen zu können.

Als bestes Gerät hierfür ist eine leichte Lachsgerte anzusehen, 4, höchstens 4½ m lang, welche auch zur Befischung eines großen Wassers ausreicht, namentlich wenn man noch watet, zu welch letzterem Zwecke ich aber unbedingt Wathosen, welche bis zur Brust reichen, anrate, statt der sonst gebräuchlichen Stiefel oder Watstrümpfe. Ob man eine gesplieẞte Gerte oder eine solche von Greenhart führt, bleibt sich ziemlich gleich, letztere sind etwas billiger, aber etwas schwerer.

Als Schnur kommt eine zu dieser Gerte abgestimmte Lachsflugschnur in Verwendung und als Rolle eine gewöhnliche Spinnrolle; nur muß diese eine tadellose und trotzdem nicht zu harte Hemmung besitzen und wird vorteilhafter mit einem Schnurführer ausgestattet, falls sie offen ist, um das Herausfallen von Schnurwindungen zu verhindern. Man kann die Flugschnur ganz gut mit der sonst gebrauchten Spinnschnur als Verlängerung verbinden.

Wenn man auch nicht gerade wie für den Lachsfang unbedingt 100 bis 120 m Verlängerungsschnur braucht, so ist es doch kein Schaden, wenn man davon nicht zu wenig hinter der Wurfschnur hat, denn daß mir ein Fisch, noch dazu nicht einmal ein besonders großer und schwerer, die ganze 40 Yard lange Flugschnur und noch 30 bis 40 m Verlängerung in einem Fahrer von der Rolle nahm, habe ich zu wiederholten Malen erlebt, wie denn überhaupt die Fische zwischen 8 und 15 Pfund am wildesten kämpfen. Ein Vorfach von 3 Yard Länge aus mittelstarkem Lachsgut genügt für alle Fälle, für besonders klares und niederes Wasser muß man eines aus feinerem Gut nehmen oder wenigstens die untersten zwei Längen davon an ein stärkeres anknüpfen, wie es sich überhaupt empfiehlt, Reservegutfäden verschiedener Stärke mitzuführen, um schadhaft gewordene Längen zu ersetzen oder feinere Endlängen einbinden zu können. An und für sich verbraucht sich die unterste Länge sehr schnell durch das oftmalige Einbinden der Fliegen und muß deshalb öfters erneuert werden.

Als Fliegen eignen sich außer den von Bischoff angegebenen roten und violetten Hechelfliegen und den verschiedenen Palmern, Rotschwanz und Zulus, besonders die glänzenden Lachsfliegen. Silver Doctor, Alexandra, Butcher und Jock Scott in verschiedenen Hakengrößen; je nach der Größe und Mächtigkeit des Fischwassers und nach der Höhe des Wasserstandes und der Klarheit des Wassers kommen Hakengrößen von 4 bis 1,0 ev. 2,0 (alter Skala) in Betracht. Man fischt alle Stellen ab, an denen man einen Huchen vermuten kann, vor allem Wirbel hinter Steinen, Wehrüberfälle, scharfe Rollen, hinter denen der Grund rasch zur Tiefe fällt, Einbauten, Rückläufe u. dgl. Am Morgen und Abend besonders die seichteren Stellen und besonders jene, wo das Wasser im Schwall gegen das Ufer drückt und dieses unterwaschen ist. Man läßt die Fliege sinken, ev. beschwert man sie mit Schrotkörnern am Kopfe, zieht sie ruckweise in die Höhe, läßt sie im Wirbel treiben, trachtet aber immer, ihr Leben zu geben und sie ihr Farbenspiel zeigen zu lassen.

Der Anbiß erfolgt immer ziemlich vehement und man hüte sich vor einem zu scharfen Anhieb. Das Verhalten des Fisches nach demselben ist sehr verschieden. Meistens steht er einen Moment still, ehe er die erste Flucht macht, manchmal aber zieht er gleich im scharfen Zuge ab, regelmäßig erst zur Tiefe. Selten springt er aus dem Wasser, viel öfters wälzt er sich oder bohrt nach dem Grunde.

Auf jeden Fall ist aber der Kampf aufregend und sein Ausgang nie vorauszusagen, besonders in schwer gangbarem Terrain, wenn man allein ist und das Wasser durch Felsen und versunkenes Holz verunreinigt ist.

In größeren Flüssen ist ein Boot eine große Hilfe, aber in den mittelgroßen und erst recht in den kleinen ist man nahezu immer ans Ufer gebunden und hat auch infolge der Beschränkung des Kampfterrains viel weniger Spielraum und Handlungsfreiheit, was dem

Fische sehr zustatten kommt, aber durch die Ungewißheit des Ausganges den Reiz des Kampfes mit ihm verdoppelt.

Aber eben die Ungewißheit des Ausganges und das erschwerte Drillen machen das Spiel doppelt reizvoll, wozu noch die Beruhigung kommt, daß der Fisch, selbst wenn er sich loskämpft oder das Zeug reißt, nicht ernstlich beschädigt ist. Darum empfehle ich auch nicht den Doppelhaken für den Gebrauch des Fluganglers, weil die Möglichkeit eines Verangelns bei ihm eine viel größere ist, als beim Einhaken.

Außer der beschriebenen Art, auf den Huchen mit der Lachsgerte zu angeln, gibt es aber eine noch viel reizendere: nämlich das Fischen mit der Trockenfliege. Ich weiß nicht, ob diese Art zu fischen in breiteren Kreisen bekannt ist, ich selbst bin eigentlich durch einen Zufall darauf verfallen.

Ich hatte eine Zeit vorher die Abhandlungen des Majors Fraser gelesen, welcher als erster das Fischen auf Lachse mit der Trockenfliege praktizierte und propagierte und auch verschiedene Fliegen hierfür angab. Seine Idee wurde von einem anderen Lachsangler ausgebaut, welcher als besonders wirkungsvoll einen braunen schwimmenden Palmer angibt. Nun wußte ich einen guten Huchen in einem kleinen Flusse in meiner Nachbarschaft, welchen ich den ganzen Sommer hindurch jedesmal unter einem unterwaschenen Ufer, gegen welches das Wasser über eine Schotterbank herandrückte, stehen sah. Wenn man sich dieser Stelle näherte, flüchtete er aus dem kaum 20 cm tiefen Wasser ein Stück stromauf ans andere Ufer, wo er sich unter die Wurzeln eines Baumes stellte und ihm nicht beizukommen war.

Ich beschloß also, den Versuch zu machen, ihm einen von den eben erwähnten Palmern trocken anzubieten, indem ich mich an der Schotterbank weit von untenher flußaufwärts kriechend, unbemerkt seinem Standplatze auf Wurfdistanz näherte und die Fliege nach den Angaben des Engländers knapp vor, aber seitlich von seinem Kopfe aufs Wasser setzte. Mich interessierte nun das Verhalten des Fisches. Der englische Autor sagt, daß der Lachs fast immer die Fliege passieren lasse, um sie dann, ihr nachfahrend, zu nehmen. Mein Huchen tat das gleiche, auch die anderen, welche ich nachher noch auf diese Weise erbeutete, und der Kampf und die glückliche Landung des Achtpfünders an einer 170 g schweren Forellengerte ist mir heute noch eine liebe Erinnerung an den ersten Versuch.

Seither habe ich noch eine Anzahl von Huchen mit der Trockenfliege erbeutet, welche ich mir allerdings immer vorher bestätigt hatte, und kann das Verfahren als sicher und sportlich hochbefriedigend wärmstens empfehlen, selbstredend mit dem Vorbehalt, daß die Verhältnisse dafür geeignet sind. Daß man aber zu diesem Zwecke nicht mit einer Federgewichtsgerte und 4 × Gutvorfach bewaffnet ans Werk gehen kann, glaube ich nicht besonders betonen zu müssen, wenn ich auch anderseits die Anschaffung einer speziellen Lachstrockenfliegengerte nicht als unbedingtes Muß ansehe.

Man kann über das Trockenfischen auf Huchen urteilen wie man wolle, aber eines steht fest: es ist eine reichfließende Quelle für den beobachtenden und naturliebenden Angler. Dieses Ansitzen und Pürschen ist unvergleichlich schöner und reizvoller als das stundenlange Gehen und Bewerfen der Wasserfläche, höchstens vergleichbar mit der Blattjagd auf einen alten, scheuen Bock oder der Jagd auf einen alten Feisthirsch, denn fast ebenso heimlich wie diese sind die größeren Huchen.

Und ebenso wie nach den ersteren wird man nach diesen manchen vergeblichen Pürschgang machen müssen, wenn man eben sein Trachten auf einen bestimmten Fisch eingestellt hat, was der Sache eine reizvollere Note mehr verleiht.

An und für sich erleidet diese herrliche Ausübung des Flugangelns schon eine einschneidende Beschränkung durch den rapid abnehmenden Stand an Huchen, ist aber meiner Ansicht nach besonders an den kleinen Huchenflüssen viel lohnender als das Spinnangeln. Als Winterfischerei kommt dieses an solchen Wässern ohnedies fast gar nicht in Frage, weil zu dieser Zeit nahezu regelmäßig der Wasserstand enorm niedrig ist, sehr niederschlagreiche Winter und Spätherbste ausgenommen. Bei Niederwasser beschränkt sich dann die Tätigkeit des Spinnanglers auf das Befischen einiger weniger guter Plätze und das Resultat ist gewöhnlich sehr bescheiden.

Der Flugangler dagegen hat eine vielfache Chance, gute Fische zu erbeuten und hohen Sport zu genießen, denn das muß doch der erbittertste Verfechter des ausschließlichen Spinnens auf Huchen zugeben, daß es keine so große Kunst ist, selbst einen Dreißigpfünder mit dem immerhin massiveren Spinnangelzeug zur Strecke zu bringen, daß hingegen aber der Fang eines solchen Fisches an der leichten Fluggerte, und sei es selbst eine doppelhändige, am einfachen Haken und einfachen Gutfaden als anglerische Leistung unendlich viel höher zu schätzen und zu bewerten ist.

Da man als Uferfischer sehr häufig in der Wahl des Landungsplatzes für den Fisch durch örtliche Verhältnisse beschränkt ist, so daß ein Stranden und nachheriges Herausheben mit der Hand vielfach direkt eine Unmöglichkeit ist, wird man sich zum Bergen des Fisches zur Benützung des Gaffs entschließen müssen. Wer es nicht vorzieht, zu diesem Behufe den kompendiösen Teleskopgaff mitzuführen, dem bleibt nichts übrig, als einen Gaffhaken zu benützen, welcher im Bedarfsfalle an Stelle des Landungsnetzes in dessen Stiel eingeschraubt werden muß. Das von Heintz angegebene zusammenklappbare Modell kann ich bestens empfehlen, nur möchte ich eine Modifikation seiner Anbringungsweise am Stiel vorschlagen, nämlich statt des gebräuchlichen Gewindes einen Bajonettverschluß, den man im Notfalle mit einer Hand bedienen kann. Allerdings muß das Netz auch damit versehen sein. Denn wenn man, ohne Träger oder Gefährten, allein im Gelände, erst das Netz vom Stiel abschrauben und dann den Gaff wieder einschrauben soll, weiß ich nicht, wie man das mit einer Hand gut machen kann, wenn man mit der anderen die Gerte führen und den Fisch halten muß. Überhaupt, da ich schon bei diesem Thema bin, wäre es meiner Ansicht nach viel besser, einfacher und solider, die Verbindung von Netz oder Gaffhaken mit dem Stil überhaupt durch einfaches Einschieben und Bajonettverschluß herzustellen, statt des veralteten Verschraubens. Jeder hat schon die Beobachtung gemacht, daß im Laufe der Zeit die Verschraubung locker wird. Ich habe mir vor einigen Jahren einen so konstruierten Gaff machen lassen und er funktioniert klaglos bei jeder Witterung, so daß ich diese Konstruktion wärmstens empfehlen kann.

Zum Schlusse dieses Kapitels darf ich es nicht unerwähnt lassen, daß sich die kleinen hölzernen Wobbelköder, besonders das Fly- und Trout-Oreno, für den Fang des Huchens an der Flugangel hervorragend bewährt haben und mir wiederholt Beute lieferten, wenn die Fliege nicht genommen wurde. Da in der warmen Jahreszeit die Huchen gerne an die seichteren Rollen und Schnellen gehen, wird man an solchen Stellen oft durch den Fang eines guten Fisches erfreut werden.

Die Seeforelle.

Infolge der verschiedenen klimatischen Auswirkungen einerseits und des nicht allzureichlichen Bestandes dieses herrlichen Fisches anderseits sowie der Tatsache, daß der Fang mit der Fliege weitaus nicht die Möglichkeiten eines Fanges bietet, wie die anderen Methoden, lassen es erklärlich erscheinen, daß die Mehrzahl der Flugangler sich dankbareren Beuteobjekten zuwendet, und daß man in der Fachpresse so gut wie gar nichts über einen Seeforellenfang an der Fliege verlauten hört.

Heintz stellt sie — und das mit Recht — als mit dem Lachse ebenbürtig hin, allerdings auch mit der Einschränkung, daß es eben zu den Seltenheiten gehört, eine Seeforelle an die Fliege zu bekommen, da sie, ein ausgesprochener Bewohner der Tiefe, nur zu Zeiten an der Oberfläche erscheint. Am meisten Aussicht hat man zu solchen Zeiten an der Einmündung von Bächen und Flüssen. Als Uferfischer hat man wenig Chancen, eine Seeforelle zu fangen. Aber auch der bootfahrende Angler hat vor ihm nur den einen Vorteil voraus, daß er sich einem jagenden und über Wasser schlagenden Fisch auf Wurfdistanz nähern kann.

Ansonst bleibt auch ihm nichts übrig, als die Seefläche mit der Fliege in näheren oder weiteren Würfen abzusuchen. Ob dieses Beginnen auch den Lohn für die immerhin strapaziöse Wurftätigkeit bringt, sei dahingestellt, jedenfalls ist der Erfolg fraglich.

Am ehesten hat man die Wahrscheinlichkeit, eine Seeforelle an der Oberfläche zum Steigen zu bringen, im Frühjahr nach der Schneeschmelze, dann unter dem Jahr nach einem Gewitter oder länger dauerndem Regen, ev. auch bei anhaltend auffrischendem Winde.

Heintz ist der Ansicht, daß man am Hallstättersee zur Maifliegenzeit Aussicht hätte, Seeforellen mit der „Blow line“ an natürlichen Maifliegen zu erbeuten. Ich hatte bis jetzt leider noch keine Gelegenheit, diese Ansicht in die Praxis umsetzen zu können, zweifle aber nicht, daß die Blowleine zu dieser Zeit Erfolg bringen kann. Allerdings hätte es zur Voraussetzung, daß man eine ganze Maifliegenschwarmzeit dort angelnd zubringen könnte, denn von dem Erfolg oder Mißerfolg eines kurzen Angelausfluges darf man keinen verallgemeinernden Schluß ziehen.

Zum Fange der Seeforelle werden Lachsfliegen mittlerer und kleinerer Nummern sowie Palmer und Zulus empfohlen. In Anbetracht dessen, daß die Seeforelle äußerst wehrhaft und kampfesfreudig ist, wird sich entweder die Führung einer leichten Lachsgerte oder eine kräftigen Forellengerte empfehlen, etwa von jener Ausführung, wie sie in England speziell von Hardy für die schweren Forellen in Neuseeland gebaut wird. Naturgemäß sind diese Gerten beträchtlich schwer, und eine solche fruchtlos stundenlang zu schwingen, ist recht ermüdend.

Zudem ist eine derartige Ausrüstung reichlich kostspielig und ich zweifle, daß sich mit Rücksicht auf den sehr problematischen Erfolg jemand leichthin zu ihrer Anschaffung entschließen wird. Und wer schon die Kosten der Reise und des sonstigen Aufenthaltes nicht scheut, der wird kaum gewillt sein, Seeforellen lediglich mit der Fliege erbeuten zu wollen, und sich aller Wahrscheinlichkeit nach auf erfolgversprechendere Methoden verlegen, höchstens daß er eine sich zufällig bietende Möglichkeit, die Fluggerte in Anwendung zu bringen, ausnützen wird. Das ist auch die Ansicht von Heintz, und man muß ihm rechtgeben, wenn er sagt, daß selbst zwei Bootangler, von denen der eine die Fliege, der zweite die Spinnangel führt, gleich wenig Chancen haben, einen Fisch zu erbeuten, wenn er nicht gerade in den oberflächlichen Wasserschichten und in Bootsnähe jagt.

Die Meerforelle.

In den deutschen Küstenflüssen wird der Angler vielfach Gelegenheit haben, diesem schönen Fische seine Fliegen anzubieten und mit ihm zu kämpfen. Wenn er auch im allgemeinen keine exorbitanten Größen und Gewichte erreicht, so sind doch Exemplare von vielen Pfunden nicht gerade selten. Da die Meerforelle dem Lachse täuschend ähnlich sieht, so ist die Ansicht von Heintz, daß die in deutschen Gewässern gefangenen Lachse meist Meerforellen gewesen seien, nicht gut zu bestreiten.

Die beste Saison für ihren Fang ist der Sommer; wenn ein Regen die Flüsse zum Steigen bringt, wandern die Meerforellen in diese hinauf, sonst leben sie vorzugsweise an der Mündung und treten nur im Verlaufe der Gezeiten in den Fluß ein und aus.

Für ihren Fang genügt eine gute Forellengerte. Als Fliegen werden in England eigene Muster erzeugt, ziemlich farbenprächtige

Phantasiefliegen an reichlich großen Haken. Nun hat sich aber eine große Zahl hervorragender Angler direkt auf den Fang der Meerforellen spezialisiert und nach der Ansicht dieser Kenner genügt die Größe der Fliegen in Hakennummer 10—8 und in den Ausführungen der Fliegen, wie sie zum Angeln auf die Bachforellen in den Seen verwendet werden; als wirkungsvollstes Muster bezeichnen sie die „Mallard and Claret" (Weinrote mit Erpelfederflügel) und die berühmten Pennellfliegen. Auch sind diese Angler von den bislang meist gebrauchten Vorfächern aus feinem Lachsgut abgekommen und verwenden solche von gezogenem Gut in den Stärken ¼× bis 1×. Nach der Ansicht der neuesten Autoren ist das dankbarste Fischen bei Nacht in stillen dunklen Nächten, indem man sich bei Tage schon die Standplätze für die Nacht ausmacht und zu diesen dann bei beginnender Dämmerung hinwatet. Man bleibt an seinem Platze stehen und wirft die Umgebung ab, jeweils mit kürzerer oder längerer Leine, ähnlich wie ich es beim nächtlichen Forellenfang beschrieben habe.

Die besten Plätze hierfür sind die Mündungen der Flüsse in das Meer, allerdings muß man über die Wasserstände bei Ebbe und Flut genau unterrichtet sein, wenn man nicht in unangenehme und gefährliche Situationen kommen will. Nun besitzt doch Deutschland eine Menge kleinerer und größerer Küstenflüsse, welche alle Eigenschaften aufweisen, welche die englischen Flüsse, die für den Fang der Meerforellen in Betracht kommen, besitzen.

Da man in der Fachpresse so ziemlich gar nichts vom Fange der Meerforelle liest, muß man geradezu annehmen, daß viele Angler jener Gebiete gar nicht wissen, was für köstlichen Sport ihnen ihre Flußläufe bieten und vielleicht fühlt sich mancher durch diese Zeilen veranlaßt, den Fang der Meerforelle an der Fliege zu versuchen.

Als Kämpfer gibt sie dem Lachse wenig nach, weite scharfe Fluchten, wilde Sprünge übers Wasser, das ist ihre Kampfesweise. Es ist sehr anzuraten, Rollen von größerem Durchmesser, mindestens 8—9 cm, und sehr leichtem Lauf, womöglich mit Kugellager, zu führen, welche aber trotzdem eine sehr exakte, wenn auch weiche Hemmung haben müssen. Ein Anhieb, besonders bei Nacht, erübrigt sich, da der Fisch die Fliege erfaßt und sich stromabwendend selbst den Widerhaken ins Fleisch rennt. Um so wichtiger ist aber die Möglichkeit des leichten Ablaufes der Rolle trotz der vorgelegten Hemmung und jene des raschen Einrollens. Ebenso wichtig ist ein recht geräumiges Landungsnetz, das ja trotz seiner Größe namentlich bei der Nachtfischerei nicht stört.

Die Nichtsalmoniden.

Es war bis vor kurzem eine weitverbreitete irrige Ansicht vieler Angler, daß sie von dem hohen Sport des Flugangelns ausgeschlossen seien, weil ihr Wasser keine Salmoniden enthielt. Als ob es einzig und allein darauf ankäme und andere Fische für den Flugangler nicht in Frage kämen. Warum sich diese Idee so in den Köpfen und Herzen festgewurzelt hat, ist schwer zu sagen, aber die Tatsache ist nicht zu leugnen. Viel mag dazu beigetragen haben, daß die Nichtsalmoniden seit altersher ein für allemal als Hauptdomäne des Grundanglers bezeichnet wurden und die ältere Literatur diese Einteilung beibehielt. Wenn sich dann auch in den einzelnen Kapiteln über den Fang der und jener Fischgattung eine mehr oder minder kurze Bemerkung fand, daß man diese auch mit der Kunstfliege erbeuten könne, so war das für den Durchschnittsangler viel zu wenig gesagt, als daß er sich ernstlich daran gemacht hätte, zur Fliegengerte zu greifen, schon gar nicht, wenn er keinen Lehrer fand und in den Büchern das Erlernen der Flugangelkunst als ein geheimnisvolles Etwas geschildert wurde, welches sich nur unter den größten Schwierigkeiten und nur von dazu von Gott und der Natur besonders Auserwählten erlernen lasse.

Die Sache liegt nun aber ganz anders:

Erstens ist das Flugangeln keine Geheimwissenschaft, sondern an der Hand einer faßlichen Anleitung auch von jenen zu lernen, die nie einen eine Fluggerte handhaben sahen, und zweitens sind auch die Nichtsalmoniden ideale Beuteobjekte für den Flugangler, wenn dieser sich nicht seinerseits in die unmotivierte Idee verrannt hat, daß nur Forellen u. dgl. wert und würdig seien, mit der Fluggerte gefangen zu werden. Unser schöner Angelsport ist in seinem ganzen Wesen etwas Universelles, das in sich frei von jeder Zünftelei ist, welche leider nur durch uns selbst hineingetragen wird und wurde.

Mancher „zünftige“ Forellenfischer wird baß erstaunen, daß so ein ganz proletarischer Döbel ihm absolut nicht den Gefallen tut, nach seinen Fliegen zu steigen und wird zur Einsicht kommen, daß er noch verschiedenes hinzuzulernen hat.

Daher soll man von Haus aus das engherzige Zunftwesen aus unserem Sporte entfernen, weil es mit dessen Geist und Wesen unvereinbar ist und jeder trachte, von diesem Geiste so viel wie möglich zu erfassen und sich so vielseitig auszubilden, als ihm die gegebenen Verhältnisse erlauben. Wer die Gelegenheit nicht nützt, welche sich ihm bietet, wer wider bessere Erkenntnis sich gegen Neues und Gutes sträubt und verschließt, der gleicht dem Manne, der sein anvertrautes Pfund in die Erde grub, statt damit zu wuchern, und sündigt gegen den erhabenen Geist unseres Angelsportes. Darum sage ich allen, die es hören wollen: Ihr seid vom hohen Sport nicht deshalb ausgeschlossen, weil keine Salmoniden eure Wasser bevölkern, sondern deshalb, weil ihr euch selbst davon ausschließt.

Nicht das, „was“ er fängt, sondern das, „wie“ er fängt und wie er's treibt, charakterisiert den wahren Angler und bestimmt seinen persönlichen Wert und den des von ihm betriebenen Angelns.

Darum greift getrost zur Fliegengerte und überzeugt euch durch eigene Erfahrung, daß es auch guter, ehrlicher und hoher Sport ist, Nichtsalmoniden mit dem Gebilde aus Seide, Haar und Federn zu fangen, wenn man's kunstgerecht und weidgerecht treibt.

Der Döbel oder das Aitel.

Ihn habe ich von den Nichtsalmoniden an erste Stelle gesetzt, einmal weil er von allen der bestgekannte und weitest verbreitete ist, zum andern Male, weil er von allen der am schwersten zu fangende ist, trotz seiner Gefräßigkeit, die nichts verschmäht. Man betrachte ihn nur, wie er an heißen Sommertagen im Schatten der Uferbäume steht, still, bewegungslos, scheinbar apathisch und doch ist alles an ihm auf sofortiges Verschwinden gestimmt, sobald das geringste Verdächtige auftaucht. Versuch's, wirf ihm die Fliege vor sein gefräßiges Maul, ob er sie nimmt?

Bestimmt nicht, aber lautlos gleitet er in die schützende Tiefe. Das ist unser Döbel, der Verachtete, der Minderwertige. Ich meine gewiß nicht jene ungenießbaren, unappetitlichen Vertreter seiner Art, die man in den Kanalmündungen der Städte stehen sieht, aber den Döbel des reinen, strömenden Wassers, das ist ein ganz anderer Geselle. Und wenn man ihn erst einmal mit der zarten Fluggerte zu drillen hat und der Bursche am anderen Ende der Schnur zwei oder drei Pfund wiegt, dann staunt man, was er für kräftige Risse machen kann und wie langsam er klein beigibt.

Wenn im Frühjahre das Wasser anfängt, sich zu erwärmen und die Sonne ihn zur Oberfläche lockt, dann kann man ihm schon die Fliege anbieten und ihn dann, ausgenommen die Laichzeit, das ganze Jahr hindurch bis in den Herbst, so lange dieser sonnig und warm ist und das Wasser sich nicht zu schnell abkühlt, fangen.

In den Gewässern, wo er neben Forellen und Äschen vorkommt, schnappt er gelegentlich auch noch die für jene bestimmten Fliegen, wenn auch selten und nicht gerade die größten seiner Gattung, denn der Döbel ist ein Freund großer Bissen. Die viel bewährte Schneidersche Aitelfliege, große Palmer, Zulu, Alexandra, das sind die richtigen Sorten, recht dick und buschig. In England sind die Spezialfliegen für Aitel mit einem Schweif aus weißem Waschleder versehen, ich habe aber nicht gefunden, daß sie deshalb fängiger wären, als solche ohne Beigabe.

Viel wichtiger ist es, die Fliege richtig zu werfen und zu führen und vor allem keine zu dicken Vorfächer zu nehmen: 1 ×-Gut ist hinlänglich stark, auch für den schwersten Döbel, wenn es nur intakt und von bester Qualität ist. Im allgemeinen kann gerade zumeist vom Döbel gesagt werden: „Die Fische, die man stehen sieht, bekommt man am wenigsten". Es ist kaum zu glauben, wie vorsichtig der Bursche ist und wie empfindlich gegen Erschütterungen am Ufer, selbst wenn er weit draußen im Flusse steht. Kann man solchen hochstehenden Fischen nicht unter Ausnützung jeder kleinsten Deckung und das womöglich stromauf ankommen, dann lasse man sie besser in Ruhe und warte auf eine günstigere Gelegenheit. Als solche erweist sich ein warmer Wind, der das Wasser in ansehnliche Wellen hebt — dazu noch warmer Sonnenschein, dann kann man schon auf einen Erfolg hoffen, allerdings, eine Bedingung wenigstens für ruhiges oder sehr langsam strömendes Wasser ist und bleibt ein sehr genauer Wurf. Die Fliege muß knapp neben dem Kopf des Fisches einfallen; absolute Lautlosigkeit ist nicht gerade unbedingt erforderlich, denn ein großes Insekt, wie es ein Palmer imitiert, oder eine große Raupe, fallen ja auch nicht wie Schneeflocken auf den Wasserspiegel. Aber der Fisch darf keine Zeit zum Überlegen und Betrachten haben, andernfalls verzichtet er auf das Zugreifen. Darum mache man es sich zur Regel, lieber einen Leerwurf mehr als einen zu wenig zu machen, denn vom gelungenen ersten Wurf hängt der Erfolg ab. Im scharf rinnenden Wasser steht der Döbel zu Zeiten auch, besonders nach der Laichzeit, aber meist steht er in ruhigerem Wasser neben dem Strom oder im Rücklauf. Die großen Exemplare findet man stets nur dort.

Im allgemeinen liebt er mehr das Stauwasser und ruhige Gumpen und Tümpel, den Rand des Schilfwuchses, dort, wo die Schilfwand ein Eck bildet, hinter dem das Wasser fast stillsteht. Ferner liebt er den Stand unter überhängenden Bäumen und Stauden, wenn ihm die Strömungsverhältnisse zusagen. Die kleineren Exemplare bis zu einem Pfund und darüber findet man im ganzen Wasser oft einzeln, meist aber in größeren oder kleineren Schwärmen. Auch der große Döbel ist meist kein Einsiedler, sondern steht regelmäßig mit einigen Artgenossen zusammen.

Wenn der Döbel im ruhigen Wasser die Fliege auf den ersten Wurf nicht nimmt oder besser gesagt nicht nach deren ersten Einfall zugreift, dann lasse man ihm oder den anderen nicht viel Zeit zur genauen Betrachtung, sondern wiederhole den Wurf so rasch als möglich; beißt er dann auch nicht, dann gebe man den Versuch auf. Mitunter bewährt es sich, die Fliege in schnellenden Rucken übers Wasser zu ziehen, so ungefähr, wie eine Ruderwanze sich fortbewegt. Manchmal versagt auch dieses Verfahren. Wenn man zwei Fliegen am Vorfach hat, dann kann man versuchen, den Springer am Wasser tanzen oder auch besser kreisen zu lassen, so wie ein ins Wasser gefallenes Insekt darauf herumschwimmt, das geht aber nur, wenn man keine zu lange Leine draußen hat und die Fliege so buschig und von steifen Hecheln gebunden ist, daß sie auch ohne Ölung schwimmt. Jedenfalls ist der Fang des Döbels an der Fliege nicht die einfache Sache, wie man anzunehmen geneigt wäre, und viel öfter ist das erzielte Resultat weit unter der Erwartung, namentlich im offenen Wasser und ganz besonders an Seen.

Die besten Strecken erzielt man regelmäßig am Abfluß von Mühlgerinnen, Gräben, Bächen und Turbinenanlagen sowie an Schleusen, wenn man die Fliege vom Strom ins Hinterwasser treiben läßt.

An solchen Stellen bewähren sich auch die kleinen Fly Orenos hervorragend, von denen ich die mit grünem Rücken und gelbem Bauch als die fängigsten bezeichnen kann. In früheren Zeiten fing ich viele und große Döbel an einem kleinen Federkielphantom, aber auch die kleinen Löffelchen bringen mitunter gute Beute.

So gierig sich der Döbel auf einen Grundköder stürzt, den er für gewöhnlich so blitzschnell raubt, daß ein unaufmerksamer Angler mit dem Anhieb zu spät kommt, so langsam und vorsichtig, um nicht zu sagen phlegmatisch, nimmt er die Fliege, weniger im rinnenden Wasser, da ihn dieses doch zu rascherem Zugriff zwingt, als im ruhigen. Wer an den raschen oder a tempo-Anhieb von anderen Fischarten her gewöhnt ist, wird im Anfang regelmäßig die Fliege vom Wasser nehmen, ehe der Döbel richtig sein Maul geöffnet hat. Es empfiehlt sich also, in den Anhieb ebensoviel Phlegma hineinzulegen als die Gegenseite beim Anbiß zur Schau trägt und erst dann das Handgelenk in Bewegung zu setzen, wenn die Wasseroberfläche den gewissen „Schwall" zeigt, welchen der Döbel erzeugt, wenn er, die Fliege im Maule, sich wendet.

Also nicht früher, aber ja auch keinen Augenblick später, denn im nächsten Moment hat er das Truggebilde auch schon ausgespuckt.

Zur Schwarmzeit der Mai- und Brachkäfer kann man diese sehr gut mit der Fliegengerte werfen, da ihre harten Körper durch den Wurf nicht so leicht zerrissen werden wie die weichen Leiber anderer Insekten, so daß man mit ihnen auch weite Würfe machen kann. Bei ihrer Benützung kommt man mit dem Anhieb fast nie zu spät, da sie der Fisch stets gierig einschlürft und nicht mehr ausläßt, es wäre denn, er hätte sich an den vorstehenden Hakenspitzen verletzt. An sehr großen Flüssen, Altwässern und auf großen Teichen oder Seen ist es mitunter dankenswert, vom Boote aus die Fliege zu schleppen, 20 und mehr Meter seitlich hinter dem Boote, so daß sie vom Kielwasser bewegt wird. Ich habe dabei gefunden, daß das Rudern, wenn es nicht gar zu lärmend betrieben wird, die Fische nicht sonderlich beunruhigt. Besser ist es noch, besonders auf Seen, zu segeln, mit ganz wenig Leinwand, so daß das Boot gerade noch Fahrt macht und entlang den Schilfkanten und Grasbetten zu fahren, so daß die Fliege neben diesen hinstreift; das Wellenspiel, der Wind und die Fahrt geben ihr dann ein eigenes Leben. Wichtig ist aber bei dieser Art zu schleppen, daß Leine und Vorfach gut eingefettet sind, damit die Fliege nicht unter Wasser gezogen werde, sondern immer an der Oberfläche bleibe. Die Fliege selbst ist nicht zu fetten, wohl aber von Zeit zu Zeit durch Auspressen und darauffolgende Leerwürfe vom Wasser zu befreien und zu trocknen, damit sie besser schwimme. An solchen Wassern und bei nicht zu starkem, aber vor allem warmem Winde, kann man mitunter ungeahnte Beute mit der Blow-Leine machen, sowohl mit natürlichen Insekten als Köder, wie auch mit Kunstfliegen, die man da und dort, wo man Fische vermutet, auf die Wasseroberfläche wehen läßt. Auch hierbei ist es stets von mehr Vorteil, Schilfstauden und Grasbetten oder Wasserrosenbeete abzusuchen, als das offene Wasser. Wo der Wind Schaumstreifen treibt, wird man auch mit Sicherheit einen Döbel erbeuten, wenn man seinen Köder in jenen richtig zu setzen vermag. Auch bei dieser Art zu fischen vergesse man nicht, die Fliege ab und zu vom angezogenen Wasser zu befreien und zu trocknen. Zum Schleppen und zum Blowleinefischen empfehlen sich recht große Fliegen, besonders Palmer mit sehr steifen und reichlichen Hecheln. Zu Zeiten und an manchen Wässern sind Haken Nr. 1 oder 1/0 (alter Skala) durchaus nicht zu groß.

Alles in allem: ich wüßte keinen Fisch, der wie der Döbel so geeignet wäre, Flugangler zu reizen, auszubilden und vor Probleme zu stellen; der außerdem noch den Vorzug besitzt, überall vorzukommen und für jedermann als Fangobjekt erreichbar zu sein.

Der Häsling oder Hasel.

Als nächster Verwandter zum Döbel, dem er in Gestalt und auch in der Farbe täuschend ähnlich sieht, unterscheidet er sich von diesem oft nur durch die Form der Afterflosse, welche bei ihm einen Konkavrand besitzt. Es ist nur schade, daß dieser reizende Fisch nicht das weite Verbreitungsgebiet seines Vetters hat und nicht die Größe desselben erreicht, denn Hasel von einem Pfund sind seltene Exemplare. Meist wird er durchschnittlich nur ein halbes Pfund schwer.

Dafür gewährt sein Fang mit der Flugangel viel Vergnügen; er ist nicht so scheu und vorsichtig wie der Döbel, im Gegenteil, er beißt mit Gier, und aus einem Schwarm Häsel kann man einige herausfangen, ehe die anderen mißtrauisch werden.

Zu seinem Fange dienen die landläufigen Forellenfliegen in kleinen Hakennummern, etwa 2 oder 1 neuer Skala. Besonders gut bewähren sich solche mit goldenem oder silbernem Körper, wie Wickhams Fliege oder Butcher, ferner der Kutscher oder die orange oder gelben Spinnenfliegen mit Goldfaden und schwarzen Hecheln.

Er steht sowohl in der Strömung wie auch im ruhigen Wasser am Auslaufe einer Rolle oder in einem Rücklauf. Wo er besonders häufig vorkommt, das ist zumeist in den Flüssen der Vorberge und der Ebene, teils in der Äschenregion oder an der Grenze dieser gegen die Barbenregion, teilweise auch in dieser kann man große Strecken erzielen.

Wenn er auch etwas grätig ist, hat er doch ein sehr wohlschmekkendes Fleisch und liefert daher auch einen nicht zu verschmähenden Beitrag für den Tisch.

Eigentümlicherweise ist er nicht in jedem Wasser daheim oder wenigstens nicht gleich häufig. In den sehr kalten und meist reißenden typischen Alpenflüssen fehlt er nahezu ganz, wenigstens im Oberlaufe. Auch liebt er keinen felsigen oder grobschotterigen Grund, vielmehr feinkiesigen oder sandigen und schon etwas höhere Wassertemperaturen. Trotzdem ist er bei gleichen Lebensbedingungen in manchem Wasser sehr spärlich vertreten, ohne daß man dafür eine Erklärung hätte.

Was an ihm besonders zu schätzen ist, ist die Tatsache, daß er, wie schon erwähnt, nicht besonders scheu und vorsichtig, aber auch schon gar nicht launisch ist, sondern gern und willig nach der Fliege steigt. Für einen Anfänger im Flugangeln ist er nebst der Laube unbedingt das dankbarste Lehrobjekt, denn selbst ungeschickte Würfe vergrämen ihn nicht allzu leicht und schnell und was anderseits sein Tempo im Angriff anbelangt, so steht dies nicht viel hinter jenem der Forellen und Äschen, so daß man am Fang des Hasels eine gute Schule für den Anhieb bekommt.

Man kann auf ihn mit der nassen und trockenen Fliege mit gleich gutem Erfolge angeln und daß er in der heißesten Tageszeit der Hochsommermonate, wo man kaum mit dem Fange einer Forelle oder Äsche rechnen darf, unbeirrt an die Angel geht, macht ihn uns doppelt sympathisch.

Ein besonderes Angelzeug ist zu seinem Fange nicht nötig, höchstens daß man feinere Vorfächer nehmen mag, etwa bis zu 3 × oder 4 × abnehmend, als für die anderen Fische, und wie gesagt, kleine Fliegen.

Von einem Drill kann man bei der durchschnittlichen Kleinheit des Hasels nicht viel reden, auch die ausnahmsweise großen Exemplare sind rasch abgekämpft, lediglich durch den elastischen Widerstand der Gerte. Nur behandle man den Fisch beim Hereinbringen zart, weil er ein sehr weiches Maul hat, aus dem die feindrähtigen Häkchen leicht ausschneiden.

Die Plötze und die Rotfeder.

Ich beschreibe den Fang dieser beiden Fische miteinander, schon aus dem Grunde, weil die beiden nebeneinander vorkommen und leben.

In großen Flüssen und Strömen wird man allerdings im offenen Strom auf den einen oder anderen nicht viel mit der Flugangel ausrichten, es wäre denn gerade, daß jene Seitenarme und Altwässer hätten, mit Grasbetten und Schilfbestand und nicht zu großer Tiefe.

An solchen Plätzen kann man hinwider sehr gute Strecken erzielen, besonders dann, wenn die Schilfbestände nicht mauerartig dick sind, sondern mehr inselförmige Anordnung besitzen. Seerosenbetten sind ein weiterer günstiger Fleck, ebenso Grasbetten, welche teilweise bis zur Oberfläche reichen. In ausgedehnteren Altwässern und in Seen wird ein Boot eine große Hilfe sein, da man in ihm die verschiedenen Standplätze abpürschen kann. In kleineren Flüssen dagegen wird man als Uferfischer überall sein Auskommen finden.

Plötze und Rotfeder kommen für die Flugangel nur in den heißesten Monaten richtig in Betracht, wenn die Sonne grell aufs Wasser herniederscheint und höchstens ein leises Lüftchen den Wasserspiegel zart kräuselt. Dann stehen beide nahe der Oberfläche, an den Schilfkanten, unter den Wasserrosen und in den Grasbetten.

Man angelt mit feinen Vorfächern aus 3 × oder 4 × Gut am besten mit nur einer Fliege in kleinen Hakengrößen, Nummer 1 oder 0 (neuer Skala). Als bewährt gelten: der Kutscher, aber auch die Wickham mit Goldleib, der Butcher mit Silberleib, die Hasenohrfliege und an manchen Wässern schwarze und rote Ameisenfliegen und zur Schwarmzeit eine weißgraue Fliege um Mitte August, dort, wo der Weißwurm (Oligonuria) vorkommt.

Man angelt in der Manier der Trockenfliege, Schnur und Vorfach gefettet, ich habe es für besser gefunden, die Fliege selbst nicht zu fetten. Aber abweichend von der korrekten Trockenfliegenfischerei ist es gut, die Fliege übers Wasser zu ziehen.

Man wirft im offenen Wasser auf den Strom, meist sieht man ja die Fische direkt stehen und setzt ihnen dann die Fliege knapp vor die Nase, aber seitlich davon.

Während man die Plötzen nahezu immer in den Stellen neben der Strömung findet, wo das Wasser gleichmäßig fließt oder steht, wird man die Rotfeder an den seichteren Stellen, wo das Wasser über Kies und Schotter fließt, also in einer Schnelle oder Rolle, ev. noch in deren Auslauf oder am Rande einer Schotterbank suchen müssen, wenn man den Wurf auf Geratewohl macht. Im ruhigen Wasser und im See sucht man, wenn man gerade keine Fische stehen sieht, die Kanten, Buchten und Ecken der Schilfgehege ab, die Lücken zwischen den Seerosen und in den Grasbänken sowie deren Ränder. Die Fliege soll leicht auf das Wasser fallen.

Plötze und Rotfeder beißen ziemlich rasch und energisch. Größere Exemplare liefern auch einen kleinen Kampf. Die Fliegenfischerei auf beide ist unter Umständen sehr lohnend. Bedingung auf Erfolg ist aber immer warmes, sonniges Wetter, klares Wasser und niedriger Stand desselben, leichter Wind ist mitunter von Vorteil. Da zu solcher Zeit das Angeln mit anderen Methoden ohnedies nicht sehr lohnend und auch nicht sehr aussichtsreich ist, hat man wenigstens eine Chance, die Fische mit der eleganten Flugangel zu erbeuten und einen interessanten Sport ausüben zu können.

Der Rapfen oder Schied.

Es ist fast nicht zu glauben, aber es ist eine Tatsache, daß es auch heute noch eine Menge Angler gibt, welche diesen schönen und interessanten Fisch nie gefangen haben, trotzdem er in ihren Fischwassern recht zahlreich vorkommt. Noch verwunderlicher ist es, daß der Rapfen in manchen Gegenden als „Brassen“ und in manchen sogar als „Asch“ bezeichnet wird, und den Leuten nicht beizubringen ist, daß es doch ein von diesen Gattungen grundverschiedener Fisch ist.

Mag es nun sein wie es wolle, der Rapfen ist dort, wo er vorkommt, einer der idealsten Fische für den Fang mit der Flugangel. Schon die Tatsache, daß er beachtenswert groß wird, 2, 3 und 4 kg schwere Fische sind nichts Außergewöhnliches, geht er vehement an die Fliege und liefert einen aufregenden Drill. Gründe genug dafür, daß es genug Spezialisten gibt, welche den Rapfenfang mit der Flugangel unter Umständen sogar der Forellenfischerei vorziehen.

Sobald das Wasser anfängt warm zu werden, also in normalen Jahren im Mai, kommt der Rapfen aus seinem Winterquartier, den tiefen, ruhigen Wasserlöchern und Gumpen, an die Wasseroberfläche, weil die Lauben, seine Hauptnahrung, auch in die höheren und warmen Wasserschichten übersiedeln. Dort, wo man Laubenschwärme beobachten kann, wird man auch die Anwesenheit eines Schied annehmen dürfen.

Als guter Schwimmer steht er auch im Strom, wenn er auch gemeinhin das ruhigere Hinterwasser an Uferleitwerken, Hafenein- und -ausgängen, ferner Wehrtümpel, Rückläufe an den Schleusen und Mühlgerinnen vorzieht. Sehr gerne steht er auch im Einlauf eines Seitenarmes oder Altwassers sowie in und an der Mündung eines Zuflusses. Nichtsdestoweniger aber steht er auch — und gar nicht selten — direkt im Überfall eines Wehres.

Zu seinem Fange genügt eine gute einhändige Forellengerte. Das Vorfach kann man von kräftigerem Gut nehmen, Regular, oder auch, wo sehr große Fische vorkommen, Padron und vor allem große Fliegen, denn wie der Döbel liebt auch er nicht zu kleine Bissen. Hakengröße von 4—1 (alter Skala) sind eben recht und als Fliegen sind der Soldatenpalmer und die Alexandra diejenigen, mit welchen ich die meisten und größten Schiede erbeutet habe. Gut sind auch die verschiedenen Palmer und Zulu, schwarz und rot, sowie Löffelchen und Kielphantome.

Da er sich auf alles gierig stürzt, was in seinem Bereiche auftaucht und halbwegs genießbar und vor allem lebendig ausschaut, ist es wichtig, der Fliege Leben zu geben, also nicht bloß sie schwimmen zu lassen, sondern sie durchs Wasser zu führen, hebend und senkend, dann in langen oder kurzen Rucken und Zügen, und endlich sie ruckweise knapp am Ufer bis zu sich zu führen, ihr immer durch einen Ruck neuen Impuls gebend.

Ein alter Rapfenspezialist versah seine Fliegen mit mehreren, einige Zentimeter langen Schweiffäden aus weißer und roter Wolle, von denen er behauptete, daß sie zum Lebenderscheinen der Fliege viel beitragen. Ich zweifle nicht daran, daß die in der Strömung flottierenden Fäden irgendeine Ähnlichkeit mit Würmern, Flossen usw. haben. Ein anderer Rapfenfischer meiner Bekanntschaft band als Schweif einen schmalen, 5—6 cm langen Streifen aus Schweinsschwarte ein und ich gestehe, daß ich es im Hinblick auf seine Erfolge nachmachte und tatsächlich fand, daß so armierte Fliegen auf den Fisch geradezu unwiderstehlich wirkten. Jahre später lernte ich dann in Amerika die Verwendung von Schweinsschwarte zum Angeln auf den Baß kennen, sowohl allein wie in Verbindung mit Kunstfliegen wie mit Spinnern. Auch hier nur zu dem Zwecke, dem Köder mehr Leben zu geben, da ja der Baß auch einen lebendig scheinenden Köder verlangt.

Diese Schwarte bekommt man heute in jeder Angelgerätehandlung konserviert als amerikanische Spezialität fertig zu kaufen, sogar außer in der Naturfarbe grün und rot gefärbt. Außerdem eine

Imitation aus Gummi, welche auch nicht schlecht ist. Ich kann diese Zugabe tatsächlich bestens empfehlen, da ich mit ihr die besten Erfahrungen gemacht habe.

Wenn man einen Rapfen jagen sieht, dann kann man bei einiger Übung getrost behaupten, er sei auch schon gefangen, denn man braucht nur das Wasser sorgfältig abzufischen. Beißt er nicht gleich beim ersten Abgehen der Strecke, dann kann man ruhig wieder von oben anfangen und das so lange wiederholen, bis er tatsächlich nach dem Köder steigt. Das läßt sich nicht leicht ein anderer Fisch so geduldig gefallen. Und selbst nach einem mißlungenen Angriff läßt er sich binnen kurzem zu einem neuen verleiten, wenn man nur immer wieder die Fliege recht lebendig führt und sie durch alle Wasserschichten zu bringen versteht.

Der Anbiß des Fisches erfolgt vehement, aber trotzdem darf man den Anhieb nicht übereilen, da der Rapfen erst eine Drehung machen muß, um mit seinem Maule den Köder zu fassen. Hat er gefaßt, dann ist ein Anhieb eigentlich nicht mehr nötig, da er sich meist allein durch sein Ungestüm den Widerhaken einrennt. Wie ich schon andeutete: man fischt stromab, also mit nasser Fliege, von denen man in Anbetracht ihrer Größe und Schwere am besten nur eine führt, um die Gerte nicht zu überanstrengen. Der Wurf erfolgt am besten nicht direkt über den Strom und sei im Anfang nicht zu weit. Meist steht auch der Fisch nicht direkt im Strom, sondern daneben oder im ruhigen Wasser zwischen zwei Strömungen, wie es am Ende von Uferleitwerken, an Hafenspitzen u. dgl. Orten meist der Fall ist. An einem Wehr werfe man zuerst stromauf, direkt in den Überfall, und lasse die Fliege von diesem herunterbringen. Die Rapfen stehen hier meistens unter oder besser gesagt hinter dem überfallenden Wasser, wo es ruhig ist, im Schutze der Wehrkrone und warten auf die ihnen zutreibende Beute. Das Befischen des Wehrtümpels bzw. der Rückläufe und Wirbel in demselben hebe man sich für später auf.

Im Drill ist der Rapfen kein zu verachtender Gegner und liefert an dem leichten Flugangelzeug einen interessanten Kampf von längerer Dauer und größerer Heftigkeit, als man ihn erlebt, wenn man den Fisch an der unvergleichlich schwereren und kräftigeren Grund- oder Spinnangel fängt. Da der Rapfen in großen Rissen kämpft, ist es von Vorteil, hinter der Wurfschnur eine ansehnliche Menge Verlängerung auf der Rolle zu haben. Man braucht nicht ängstlich zu sein, daß der Haken ausschneide, denn erstens tut das ein großer Haken nicht so leicht, zweitens hat der Rapfen ein hartes Maul und drittens faßt er so gierig zu, daß der Haken nahezu immer irgendwo tief drin im Rachen sitzt, so daß auch ein langer Kampf ihn nicht locker werden läßt.

Wer in seinem Wasser Rapfen hat, der soll sich die Gelegenheit nicht entgehen lassen, ihnen mit der Flugangel nachzustellen, schon gar nicht, wenn der Bestand ein guter ist und die Fische ansehnliche Größen erreichen. Aber wie mich eine lange Erfahrung gelehrt hat, wissen die wenigsten, was für herrlicher Sport ihnen geboten wäre, wenn sie sich dazu entschließen könnten, die Grund- oder Fischchengerte mit der Fluggerte zu vertauschen, welche in den Augen der überwiegenden Mehrzahl der Grundangler ganz zu unrecht noch immer als das Spezialgerät und als unantastbares Vorrecht der Salmonidenangler angesehen wird.

Laube (Ukelei) und Schneider

sind äußerst dankbare Objekte für die Flugangel, vornehmlich die erstere. Für den angehenden Flugangler ist sie wohl das Beste, um sich den weichen, leichten Wurf und vor allem jene weiche Bewegung anzueignen und das Fühlen der Fliege beim Rückschwung zu erlernen. Es ist nicht die Massenstrecke, welche man im Laufe kurzer Zeit erzielen kann, wenn anders es auch ganz angenehm ist, sich auf so kurzweilige und doch kunstvolle Art einen Vorrat von Köderfischen zu beschaffen, als vielmehr die Tatsache, daß man an keinem Fisch so leicht und gut die Fliegenfischerei lernen kann, den Hasel vielleicht ausgenommen, was besonders für jene Angler wichtig ist, welche sonst keine oder wenig andere Gelegenheit zum Flugangeln haben.

Die Fischchen beißen unermüdlich, selbst wenn der Anfänger seine Würfe herzlich ungeschickt aufs Wasser placiert, was ihm in anderen Fällen unweigerlich jeden Erfolg von vorneherein ausschließen würde. Da die Lauben rasch beißen, wird auch Nervenleitung und Auge für den raschen Anhieb erzogen. Ich kann es jedem Anfänger nur raten, seine Fangübungen an Lauben zu beginnen, wenn er sonst keine anderen Gelegenheiten hat. Erreicht er dann die nötige Fertigkeit und Sicherheit in der Handhabung der Flugangel, dann kann er getrost jede andere Fischart mit ihr angeln.

Als Fliegen nimmt man kleinste Muster von schwarzen, roten oder gelben Spinnen oder Madenfliegen nach Baxmann an Haken Nr. 00 oder 0 neuer Skala.

Hecht, Zander und Barsch.

Ich fasse diese drei absichtlich in ein Kapitel zusammen. Im allgemeinen wird es nur wenig Flugangler geben, welche ihr Gerät mit Willen und Absicht eigens zum Fange dieser typischen Raubfische verwenden. Und doch kann man ganz ungeahnte Erfolge haben. In unserer Literatur, auch in der englischen, findet man nur sehr spärliche Andeutungen hierüber. Der Altmeister v. d. Borne hat zwar wiederholt bei der Besprechung von Lachsfliegen darauf hingewiesen, daß diese für den Fang unserer Raubfische mehr in Betracht gezogen werden sollen, ohne aber mehr darüber zu sagen. Aus früheren Zeiten erinnere ich mich, daß alte Angler mit eigenen Hechtfliegen ausgerüstet waren, doch scheint dieses Angeln in Vergessenheit geraten zu sein. Heintz erwähnt zwar die Hechtfliege zum Huchenfange, aber e r führt sie an der Spinnangel. Und jene alten

Angler in meiner Jugendzeit führten auch keine Fliegen- bzw. Lachsruten, sondern handhabten die ziemlich plumpen Gebilde von gewöhnlichen Grundgerten, vielfach sogar ohne Rolle.

Als ich meine erste Lachsgerte bekam, erbte ich mit ihr auch eine Hechtfliege außer verschiedenen Lachsfliegen und ging daran, Hechte und Zander zu erbeuten, weil v. d. Bornes Buch und Angaben mich anregten, nachzuprüfen, was man damit erreichen könne.

Ganz ehrlich gestanden, ich zweifelte an der Erfolgsmöglichkeit; aber ich fing doch Hechte und Zander, allerdings nicht ein nennenswert großes Exemplar, obzwar ich Wasser befischte, welche beide Fischarten reichlich und in großen Stücken beherbergten. Zum mindesten die großen Hechte zeigten gar keine Neigung auf die ihnen gebotene Fliege, einerlei was es für eine war, zu beißen. Eher noch erbeutete ich einen leidlich guten Zander an großen Lachsfliegen, welche ich durch Beschwerung am Kopfe bis zum Grunde senken konnte, wie denn überhaupt das Angeln auf den einen wie auf den anderen in der Hauptsache nur ein Heben und Senken mit der Fliege ist, was die Lachsfischer „Pumpen" nennen, und von einer kunstvollen Führung nicht gesprochen werden kann. Nimmt man dazu die immerhin ermüdende Handhabung einer 17 Fuß langen Lachsrute und hält dagegen die verhältnismäßig recht bescheidenen Erfolge, so kann man sagen, daß die Methode, wenigstens was Hechte und Zander anbelangt, nicht übermäßig lohnend ist und gegen die anderen erheblich zurücksteht, soweit es sich um Angeln mit der Fliege als solches handelt.

Bessere Erfolge hatte ich unleugbar, wenn ich statt der Fliege ein Löffelchen oder Phantom, in späteren Zeiten einen Behmschen Kugelspinner führte.

Dafür hatte ich aber ganz unerwartete und ungeahnte Erfolge auf große Barsche, wenn ich mit möglichst glänzenden großen Lachsfliegen fischte. Noch besser wurde es, als ich die auffällige Beschwerung am Kopfe wegließ und dafür meine Fliegen in der Weise band, daß ich die Beschwerung in den Körper hinein verlegte.

Ich fing auf diese Weise zum Erstaunen meiner damaligen Angelkollegen eine Menge Barsche zu einer Zeit, wo dieselben Wurm- und Fischchenköder ignorierten, ganz besonders in den großen, tiefen und klaren Altwässern, welche zu unserem Fischereirevier gehörten. Auch meine Erfolge auf Zander besserten sich, seit ich die Fliegen mit Bleieinlage verwendete, aber wie gesagt, ich erinnere mich, nicht einen von ihnen gefangen zu haben, welcher mehr als vier Pfund gewogen hätte, auch in der March nicht, welche damals als der beste Zanderfluß galt.

Ich beschränkte mich in der Folge ganz darauf, nur Barsche mit der Fliege zu angeln und ging mit der Zeit von der schweren Lachsgerte zur einhändigen Fliegengerte über. Aus Bequemlichkeitsgründen, wenn ich auch ganz unumwunden zugebe, daß in vielen Fällen die Lachsrute vorteilhafter ist, besonders in Gewässern mit starken Gras- und Seerosenbeeten und Schilfwuchs.

Im rinnenden Wasser kommt man mit der Einhändigen vollkommen aus und wirft seine Fliege in Wirbel und Rückläufe, Mühlgerinne und Hinterwasser von Schleusen usw., besonders ruhige Buchten und Tümpel fische man gründlich ab.

Mit Rücksicht auf die schweren Fliegen muß man ein kräftigeres Vorfach nehmen aus Gut der Sorte Regular oder Padron, das aber nicht länger als 1,50 m zu sein braucht und vorteilhaft grün oder braun gefärbt ist. Wegen der Möglichkeit, daß doch ein Hecht die Fliege nimmt, habe ich nach verschiedenen Verlusten infolge durchgescheuerten oder abgesprengten Guts ein knappes Endchen, 5—6 cm, Stahl- oder Messingdraht zwischen Fliege und Vorfach eingeschaltet. Heute würde ich nur die feine Stahlseide „Soie d'acier Phénix" dünnster Sorte nehmen, wenn ich schon nicht daran denken würde, direkt das ganze Vorfach aus diesem nahezu unsichtlichen Materiale zu machen, welches äußerste Feinheit mit Schmiegsamkeit und enormer Festigkeit verbindet.

Später lernte ich — es war in Odessa im letzten Kriegsjahre — bei den dortigen Makrelenanglern ein Paternoster mit Kunstfliegen kennen, welches mir sofort als zum Barschfange außerordentlich brauchbar erschien. Auf meinem Urlaube versuchte ich es sofort auf einem galizischen Flusse und war durch den Erfolg mehr als überrascht. Die Sache ist sehr einfach. An einem Vorfach von 1½ bis 2 m Länge sind vier bis sechs Fliegen als Springer an ganz kurzen Gutfäden von nur 4 bis 5 cm Länge eingebunden, die unterste knapp über dem Blei. Die anderen in Abständen von ca. 25 bis 30 cm.

Die Fliegen selbst sind an Haken Nr. 1 alter Skala gebunden, weiß mit weißen Flügeln und breiter Silberrippung. Ich glaube aber, daß man ruhig auch eine Alexandra oder etwa eine Fliege mit Leib von Silber- oder Goldlametta mit schwarzen, roten oder hellblauen Hecheln mit dem gleichen oder vielleicht noch größerem Erfolge verwenden kann. Es käme ja nur auf den Versuch an. Ich selbst habe leider keine Gelegenheit, diese Methode weiter auszuüben oder auszubauen, weil ich kein Barschwasser zur Verfügung habe. Da sich aber dieses Verfahren mit den vorgenannten Fliegenmustern auch auf große Forellen hervorragend bewährt hat, habe ich nicht den geringsten Grund zu glauben, daß es auf Barsche versagen sollte. Jedenfalls gewährt das Angeln auf den Barsch mit der Fliege zur heißen Sommerzeit Aussicht auf ganz besondere Erfolge, welche man gerade zu dieser Zeit mit den anderen Angelmethoden nicht erreicht, und sollte mehr gepflegt werden und weiteren Anglerkreisen bekannt werden als bisher. Manch einer, der seine Angelrute gelangweilt bei Tag in die Ecke stellt, weil ja die Barsche nicht beißen sollen, wird dann finden, daß sie gerade die Fliege hervorragend nehmen und wird zur Überzeugung kommen, daß der Angelsport doch eine überraschende Vielseitigkeit in sich hat, wenn man sich nicht auf eine Methode versteift und auch einmal eine andere, scheinbar ganz außergewöhnliche, in Anwendung bringt.

III. Schlußwort.

Mit dem Endkapitel des vorliegenden Bandes schließe ich auch meine Bücherfolge „Angelsport".

Ich hoffe, daß meine Leser mit meinen Ausführungen in der Einleitung zum dritten Bande einverstanden sind, ebenso wie ich annehme, daß Sie mir nicht darob gram sein werden, wenn ich die in anderen Büchern enthaltenen Besprechungen über den Bachsaibling und die beiden amerikanischen „Baß"-Arten, den „groß"- und „kleinmauligen" Barsch nicht gebracht habe. Beide sind der Typus verunglückter Akklimatisations- und Einbürgerungsversuche, und ich gestehe, daß mich nichts so schmerzlich enttäuscht hat, als das Mißlingen der Einbürgerung der Barsche, auf welche der Altmeister v. d. Borne und mit ihm eine Menge Angler so große Hoffnungen gesetzt hatten. Doppelt schmerzlich ist die Enttäuschung für den, welcher das Glück hatte, auf diese einzigartigen Fische in ihrer Heimat angeln zu können, wo dieselben eine derartige Fülle aufregenden und interessanten Sports gewähren, wie kaum ein anderer Fisch diesseits oder jenseits des Ozeans, so daß es vom Standpunkte des sportfreudigen Anglers wirklich sehr zu bedauern ist, daß diese beiden Fremdlinge bei uns nicht heimisch wurden.

Aber anderseits, wenn sie sich wirklich in der Art bei uns entwickelt hätten, wie es Heintz in seinen Erfahrungen mit ihnen in heimischen Wassern schildert: daß von ihrer Eigenschaft als Sportfische höchster Klasse nichts übriggeblieben wäre, daß sie also weder für die Flug- noch für die Spinnangel als Beuteobjekte in Frage kommen, lediglich auf den vielen unsympathischen Wurmköder beißen und nichts von jener tollwütigen Wehrhaftigkeit mehr haben, welche ihnen in der Heimat die große Beliebtheit verschafft, brauchen wir um das Fehlschlagen des Einbürgerungsversuches nicht zu trauern.

Einen positiven Gewinn haben uns aber die verschiedenen Einbürgerungsversuche doch gebracht: wenn auch keine nennenswerte oder begrüßungswerte Bereicherung unserer Fischbestände, so doch die Erkenntnis, daß wir kontinentalen Angler, Fischer und Fischzüchter nichts besseres tun können, als mit aller Kraft und aller Hingebung an der Hebung unseres eigenen heimischen Fischbestandes zu arbeiten und vor allem an der Erhaltung und Hochzucht unserer wertvollen heimischen Fischrassen interessiert zu sein.

Diese Erkenntnis scheint heute schon ziemlich Allgemeingut geworden zu sein, auch bei den Behörden, welche zum größten Teile schon den Besatz mit Exoten, wenigstens in öffentlichen Gewässern, verbieten.

Ohne auf dem Standpunkte eines Kirchturmpolitikers oder chauvinistischen Lokalpatrioten zu stehen, muß man doch zugeben, daß es unsere erste und vornehmste Pflicht ist, das angestammte Vätererbe zu erhalten und zu mehren; die hierfür verwendete Mühe und Ausgaben kommen unserem eigenen Volkstum und unserer eigenen Wirtschaft zugute, und beide zu fördern und zu stützen ist heute mehr Pflicht und Notwendigkeit denn je. Und so übergebe ich denn diesen Band und mit ihm den ganzen „Angelsport" den Händen und den kritischen Augen der Anglerwelt.

Was ich an verschiedenen Stellen des Buches wiederholt betont habe, wiederhole ich am Schlusse noch einmal: Wenn es auch ein Lehrbuch der Angelsports sein soll, so darf nie und nimmer daran gedacht werden, daß mich bei der Abfassung je der Gedanke erfüllt hätte, irgendwelche starre Regeln oder unanfechtbare Lehrsätze aufzustellen. Im Gegenteil, ich bin mir dessen bewußt, daß das, was heute neu ist, morgen veraltet und überholt sein wird; aber ich will und wollte mit meinem Werke den Brüdern der Petrusgilde ein Stück Boden bereiten, auf dem gedeihlich weitergearbeitet werden soll, damit unser Sport nicht verdorre, sondern sich gesund und ewig jugendfrisch weiterentwickle.

So bitte ich denn, diese Bände aufzufassen und zu nehmen als das, was sie sind — als die Wiedergabe eines langen und reichen Anglerlebens — nicht mehr und nicht weniger.

In diesem Sinne wünsche ich meinen lieben Lesern ein frohes

„Gut Wasserweid allewege".

SCHUTZMARKE
Springer
schnüre
LUDWIG HOHLWEIN
MÜNCHEN

Der Zeller See.

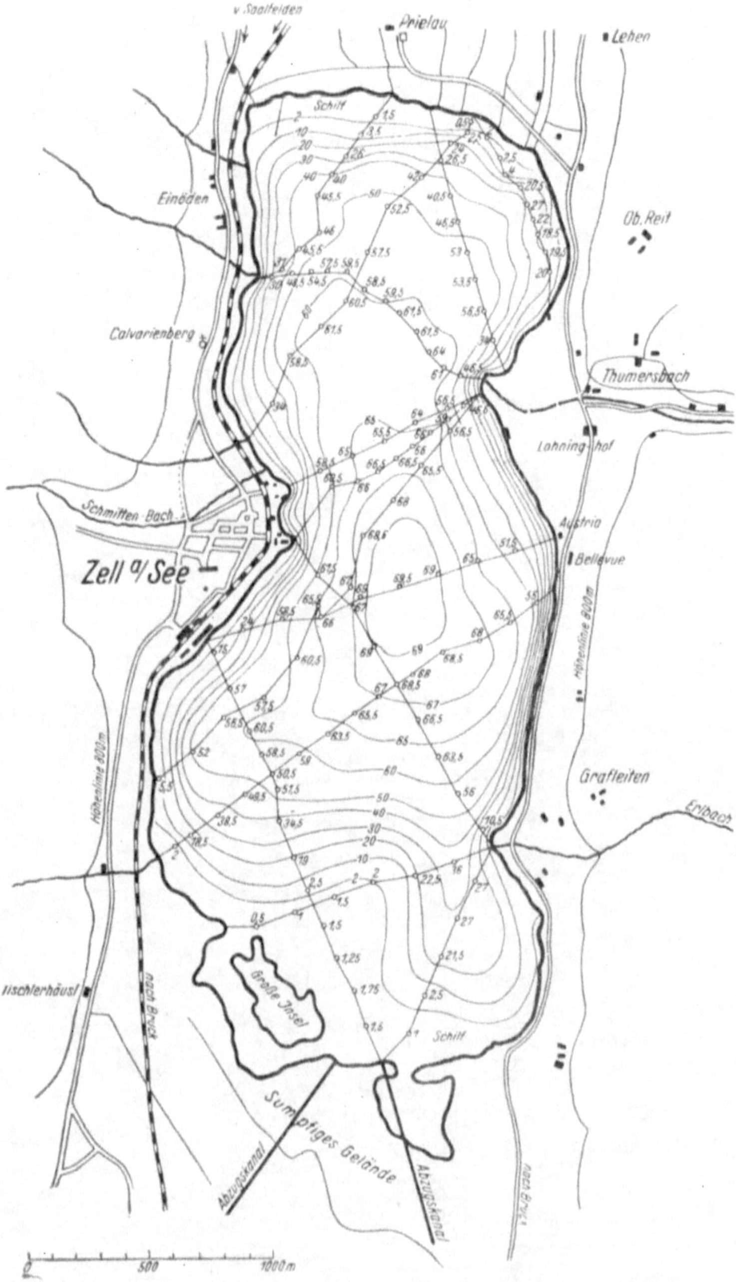

Winter, Angelsport, Bd. II, Spinnangeln.
Verlag von R. Oldenbourg, München und Berlin.

Der G

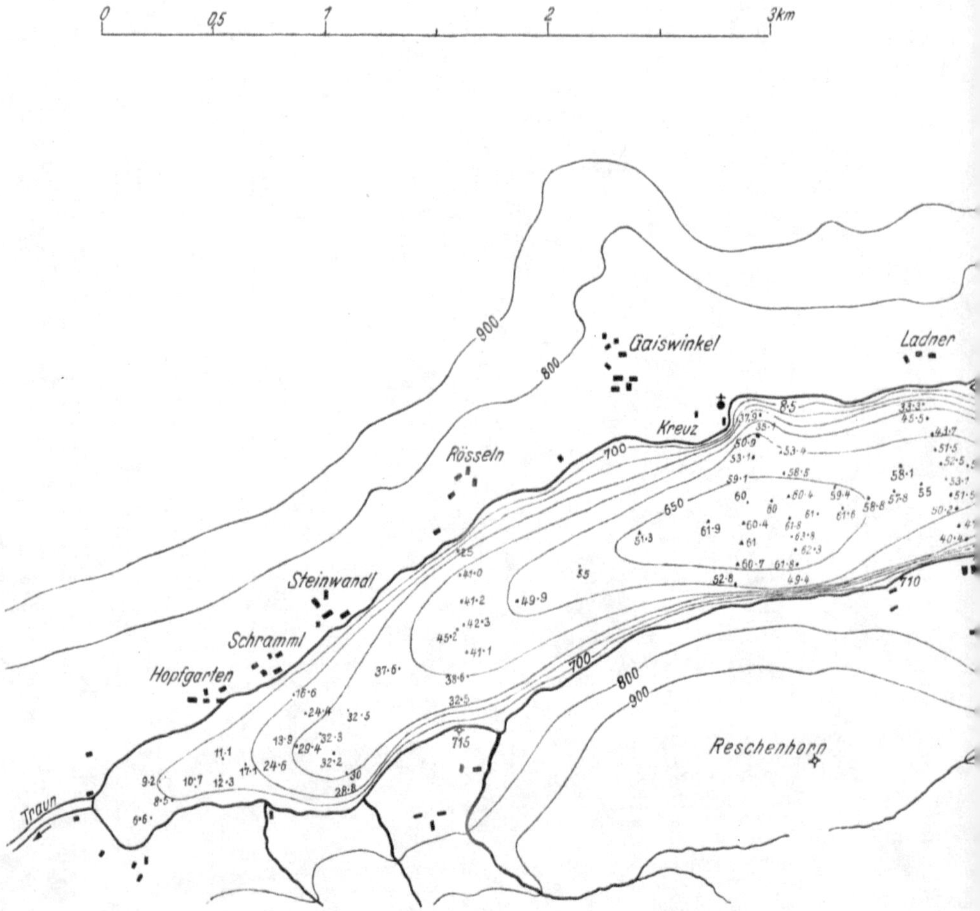

Winter, Angelsport Bd. II. Spinnangeln
Verlag von R. Oldenbourg, München und Berlin.

Toplitzsee.

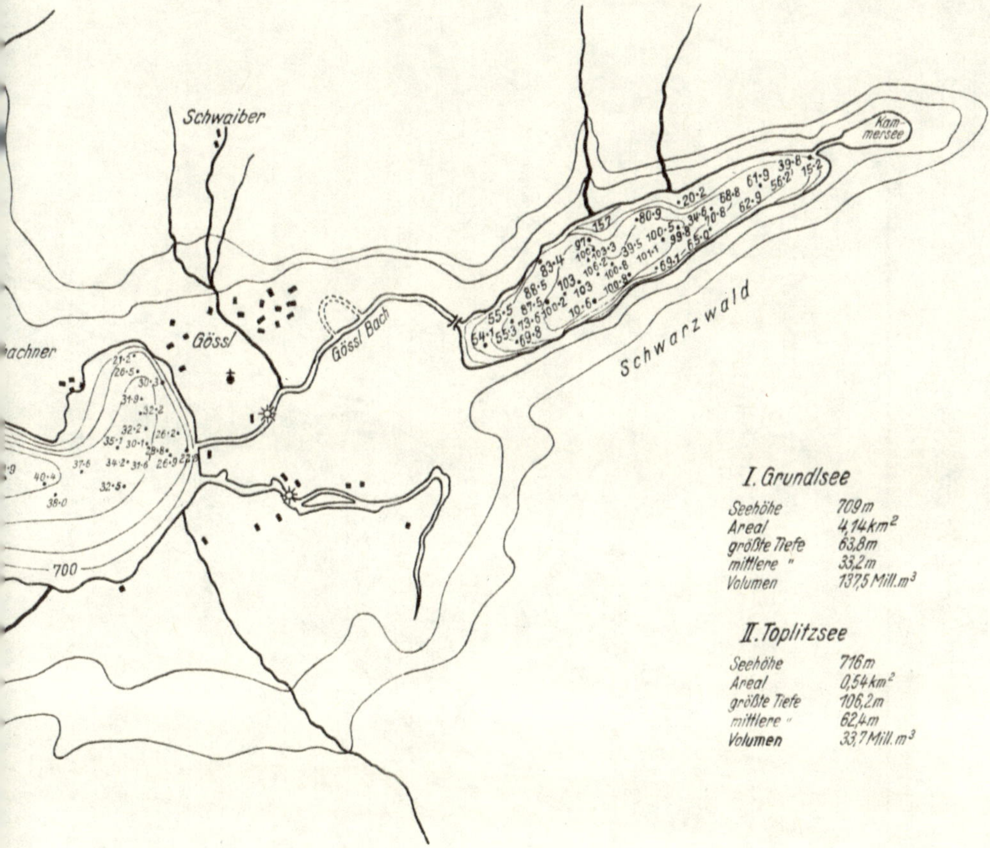
Schwaiber
Gössl
Gössl Bach
Schwarzwald
Kammersee
700
I. Grundlsee
Seehöhe 709 m
Areal 4,14 km²
größte Tiefe 63,8 m
mittlere " 33,2 m
Volumen 137,5 Mill. m³
II. Toplitzsee
Seehöhe 716 m
Areal 0,54 km²
größte Tiefe 106,2 m
mittlere " 62,4 m
Volumen 33,7 Mill. m³

Der Hallstättersee.

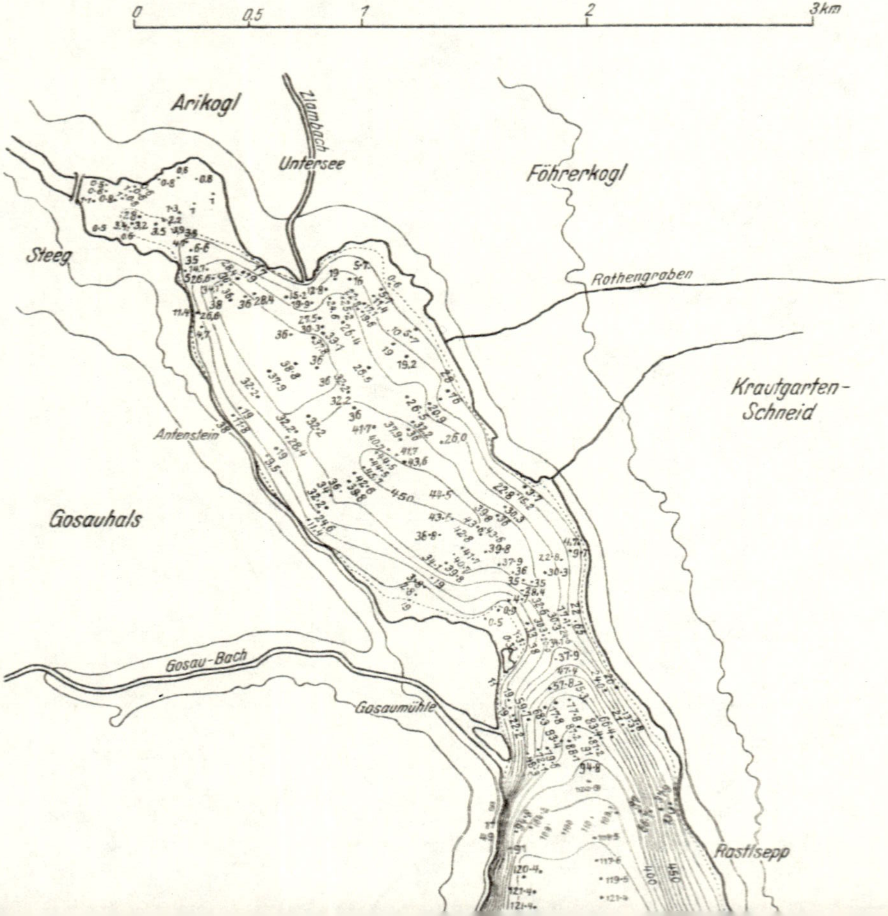

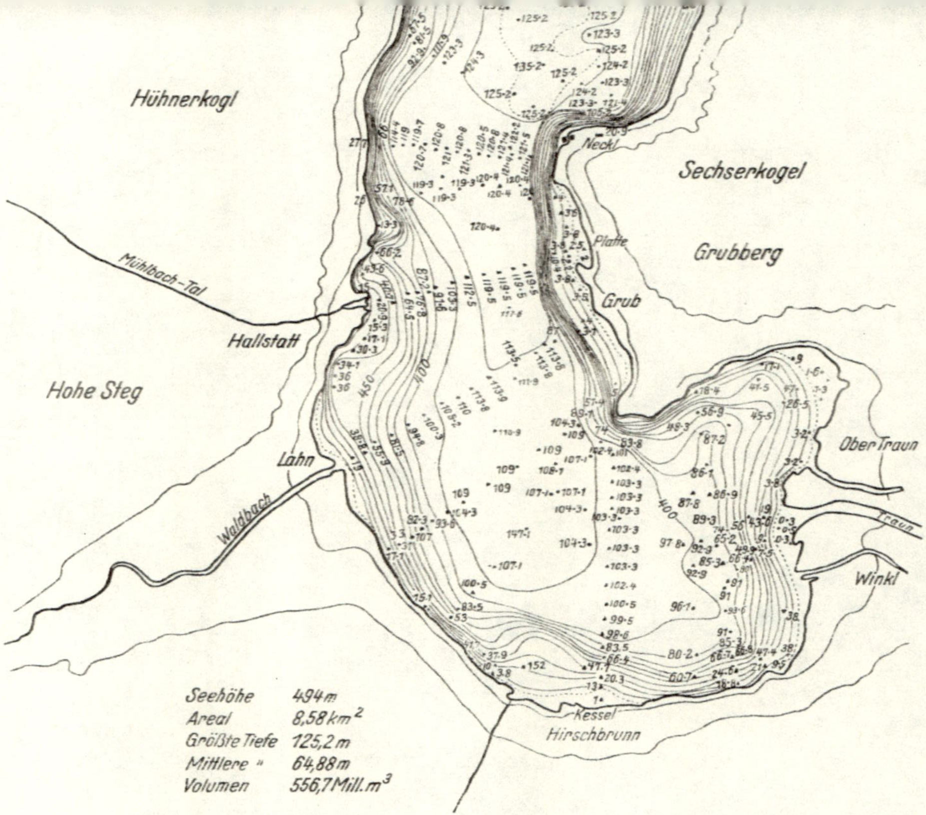

Winter, Angelsport Bd. II. Spinnangeln
Verlag von R. Oldenbourg, München und Berlin.

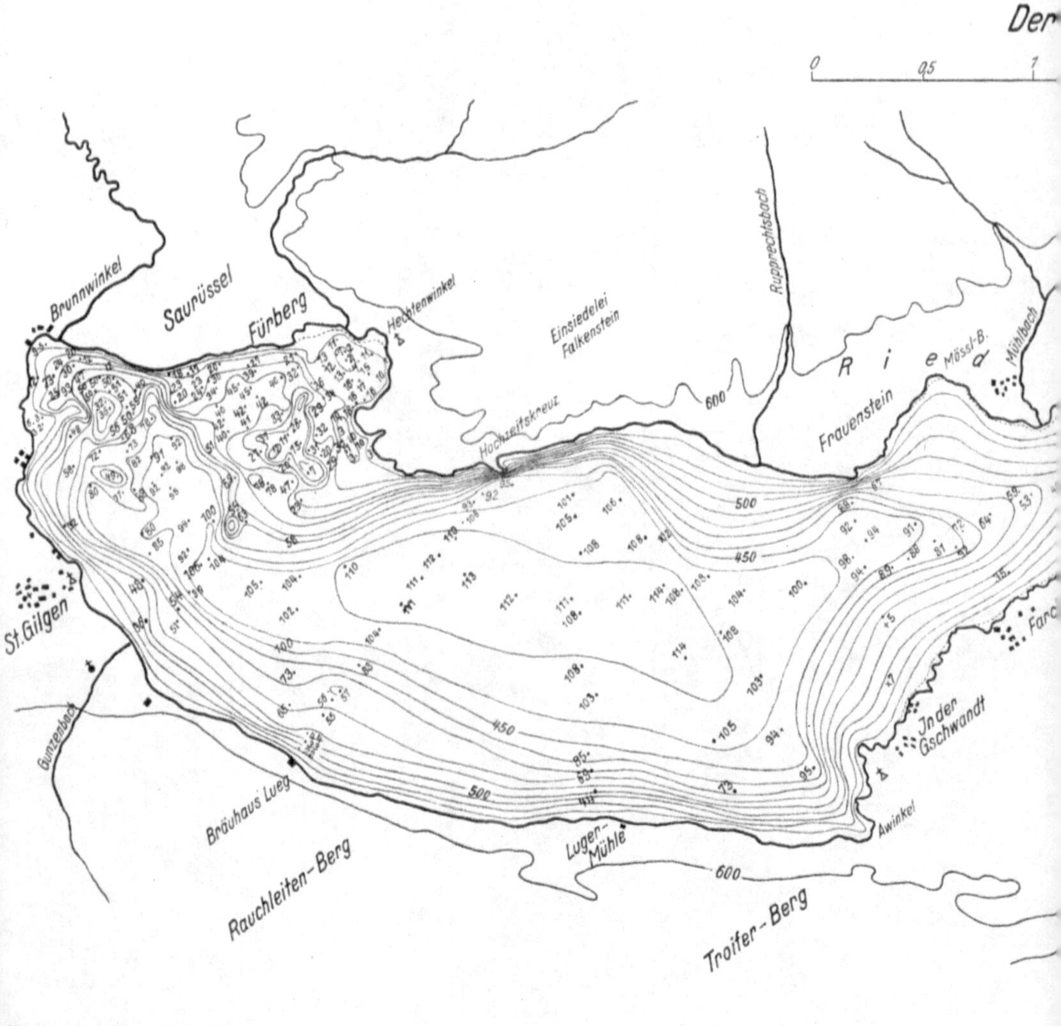

Winter, Angelsport Bd. II. Spinnangeln
Verlag von R. Oldenbourg, München und Berlin.

gsee.

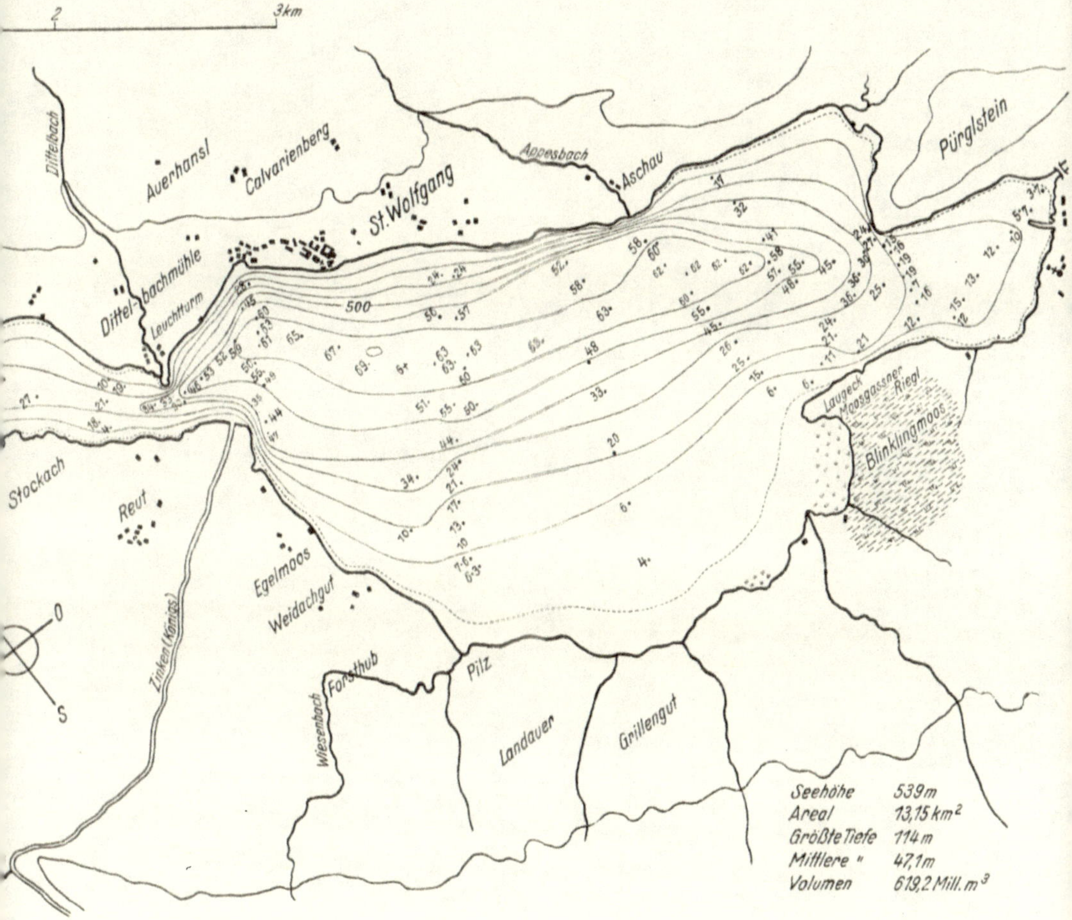

2
3km
Dittelbach
Auerhansl
Calvarienberg
St. Wolfgang
Appesbach
Aschau
Pürglstein
Dittel-bachmühle
Leuchtturm
500
Stockach
Reut
Egelmoos
Weidachgut
Zinken (Königs)
Laugeck
Moosgassner Riegl
Blinklingmoos
O
S
Wiesenbach
Forsthub
Pilz
Landauer
Grillengut
Seehöhe 539 m
Areal 13,15 km²
Größte Tiefe 114 m
Mittlere " 47,1 m
Volumen 619,2 Mill. m³

www.ingramcontent.com/pod-product-compliance
Lightning Source LLC
LaVergne TN
LVHW092123300926
849161LV00002B/210